HANDBUCH DER KÄLTETECHNIK

UNTER MITARBEIT
ZAHLREICHER FACHLEUTE

HERAUSGEGEBEN VON

RUDOLF PLANK

KARLSRUHE

NEUNTER BAND

BIOCHEMISCHE GRUNDLAGEN DER
LEBENSMITTELFRISCHHALTUNG

SPRINGER-VERLAG

BERLIN / GÖTTINGEN / HEIDELBERG

1952

BIOCHEMISCHE GRUNDLAGEN
DER
LEBENSMITTELFRISCHHALTUNG

BEARBEITET VON

M. BIER-NEW YORK . W. DIEMAIR-FRANKFURT/M.
H. KÜHLWEIN-KARLSRUHE . F F. NORD-NEW YORK
K. PAECH-TÜBINGEN . G. STEINER-HEIDELBERG
J. E. WOLF-KARLSRUHE

MIT 123 ABBILDUNGEN

SPRINGER-VERLAG
BERLIN / GÖTTINGEN / HEIDELBERG
1952

ISBN-13: 978-3-642-94596-0   e-ISBN-13: 978-3-642-94595-3
DOI: 10.1007/978-3-642-94595-3

Vorwort.

Die Frischhaltung von Lebensmitteln bildet eines der wichtigsten Anwendungsgebiete der Kältetechnik. Um die Einwirkung tiefer Temperaturen auf die Haltbarkeit der Lebensmittel richtig zu beurteilen und den bestmöglichen Einsatz der Kältetechnik bei der Behandlung schnellverderblicher Lebensmittel tierischen und pflanzlichen Ursprungs zu gewährleisten, muß der Kältetechniker sich mit den physikalischen, chemischen und biologischen Eigenschaften der Lebensmittel vertraut machen. Es ist mühsam und zeitraubend, diese Kenntnisse aus den Lehr- und Handbüchern der verschiedenen einschlägigen Disziplinen zu schöpfen. Es erschien daher zweckmäßig, in einem Band des *Handbuchs der Kältetechnik* die biochemischen Vorgänge bei der Lebensmittelfrischhaltung zu behandeln und dabei auf die allgemeinen Grundlagen der Lebensmittelchemie, der Kolloidchemie und der Mikrobiologie einzugehen. Anschließend werden etwas ausführlicher die spezifischen Eigenschaften der pflanzlichen und der tierischen Lebensmittel behandelt, und es wird ihr Verhalten bei der Abkühlung, beim Gefrieren und bei der Kaltlagerung erläutert. In einem Schlußkapitel wird dann noch auf die ernährungsphysiologischen Grundlagen eingegangen.

Man kann verschiedener Meinung darüber sein, wie eingehend sich der Kältetechniker mit diesen Problemen beschäftigen soll. Bleibt er zu sehr an der Oberfläche und versucht er nicht ein wirkliches Verständnis für die Zusammenhänge zu gewinnen, dann wird ihn das zusätzliche Wissen mehr belasten als fördern, und er wird kaum etwas dazu beitragen können, die üblichen, auf rein empirischer Grundlage entwickelten kältetechnologischen Frischhalteverfahren zu verbessern. Wenn manche Leser beim Studium der einzelnen Beiträge gelegentlich den Eindruck gewinnen sollten, daß die Verfasser das Maß des für den Kältetechniker Wissenswerten überschritten haben, dann mögen sie darin ein geringeres Übel erblicken, als wenn die Darstellung lückenhaft geblieben wäre.

Der Kälte- und Lebensmittelingenieur der Zukunft braucht auf jeden Fall eine breitere Ausbildung als bisher allgemein angenommen wurde. Der vorliegende Band des Handbuchs der Kältetechnik bezweckt, die auf chemischem und biologischem Gebiet vorhandenen Ausbildungslücken zu schließen.

Den Mitarbeitern an diesem Band sei für ihr verständnisvolles Eingehen auf die Vorschläge des Herausgebers herzlich gedankt. Dem Verlag gebührt Dank für die würdige Gestaltung des Werkes.

Karlsruhe, im Juni 1952.

R. Plank.

Inhaltsverzeichnis.

Chemische Grundlagen der Lebensmittelfrischhaltung.
Von Professor Dr.-Ing. Dr. phil. WILLIBALD DIEMAIR.
Leiter des Universitäts-Instituts für Lebensmittelchemie, Frankfurt/M.

Mit 3 Abbildungen.

Kolloidchemische Grundlagen der Lebensmittelfrischhaltung.

Von Professor Dr. F. F. NORD und Dozent Dr. M. BIER.
Department of Organic Chemistry and Enzymology, Fordham University, New York.

Mit 12 Abbildungen.

Inhaltsverzeichnis. IX

Mikrobiologische Grundlagen der Lebensmittelfrischhaltung.

Von Dozent Dr. phil. HANS KÜHLWEIN, Regierungsbotaniker.

Botanisches Institut der Technischen Hochschule Karlsruhe.

Mit 32 Abbildungen.

Biologische Grundlagen der Frischhaltung pflanzlicher Lebensmittel.

Von Professor Dr. phil. KARL PAECH.

Botanisches Institut der Universität Tübingen.

Mit 13 Abbildungen.

Biologische Grundlagen der Frischhaltung tierischer Lebensmittel.

Von Professor Dr. Gerolf Steiner.

Zoologisches Institut der Universität Heidelberg.

Mit 58 Abbildungen.

Ernährungsphysiologische Grundlagen der Frischhaltung von Lebensmitteln.

Von Dr. phil. habil. Johannes Erich Wolf.

Bundesforschungsanstalt für Lebensmittelfrischhaltung Karlsruhe.

Mit 9 Abbildungen.

Chemische Grundlagen
der Lebensmittelfrischhaltung.

Von

Professor Dr.-Ing. Dr. phil. **Willibald Diemair.**

Leiter des Universitats-Instituts fur Lebensmittelchemie, Frankfurt a Main

Mit 3 Abbildungen.

Zur Aufrechterhaltung der Funktionen des *Lebens* bedürfen wir der *Mittel*, die in den verschiedensten Formen und Zusammensetzungen aus dem Tier- und Pflanzenreich stammen: Lebensmittel. Es sind dies alle Stoffe, die dazu bestimmt sind, in unverandertem oder zubereitetem oder verarbeitetem Zustand vom Menschen gegessen oder getrunken zu werden, soweit sie nicht uberwiegend zur Beseitigung, Linderung oder Verhütung von Krankheiten bestimmt sind. Die eingehendere Beschäftigung mit diesen Stoffen führt uns nicht allein in die chemischen Bereiche sondern auch in die physiologisch-chemischen und technologischen, sofern wir uns mit den Eigenschaften, Veränderungsmöglichkeiten, Wirkungen und Wechselwirkungen und mit der Mannigfaltigkeit ihres Verhaltens bei der Aufbereitung und Zubereitung und schließlich bei der Lagerung und Haltbarmachung beschäftigen. Dabei sind aber nicht nur die Wege der Lebensmittelerzeugung, der Verarbeitung und Verteilung zu begehen, sondern auch diejenigen der Grenzwissenschaften: Physiologie, Biologie, Medizin und Hygiene und Technik, und nur durch eine enge Zusammenarbeit mit diesen Grenzwissenschaften ist die gesteckte Aufgabe der Versorgung der Verbraucher mit einwandfreien Lebensmitteln zu erfüllen.

Die fortschreitende Industrialisierung in fast allen Zweigen des Lebensmittelgewerbes und die zwangsläufig durch die Ansammlung großer Menschenmassen in den Städten bedingte Massenverköstigung, nicht zuletzt aber die Kriegszeiten und ihre Nachwirkungen haben unsere bisher lückenhaften und unzulänglichen Kenntnisse wesentlich zu erweitern vermocht. Sie sind aber noch verfeinerungs- und erweiterungsbedürftig, wie wir überhaupt erst am Beginn der Entwicklung der Lebensmittellehre stehen (H. v. EULER). Hier kann nur die zielbewußte Zusammenfassung aller Erkenntnisse ordnend eingreifen und die Ernährungskunde zu erweitern versuchen, die hier als Wissenschaft gewissermaßen zwischen Kochbuch und Physiologischer Chemie, zwischen abstrakter chemischer Stoffwissenschaft und der vielfach verzerrten laienmäßigen Auffassung von der Chemie steht, zwischen Botanik und Gartenbau, zwischen Volkswirtschaft und der einfachen Einkaufslehre, zwischen Luxusernährung des Einzelnen und der Massenverköstigung (B. BLEYER).

A. Die chemische Beschaffenheit der Inhaltsbestandteile.

Die zum Leben benötigten Stoffe sind außer Wasser und Luft jene aus dem Tier- und Pflanzenreich stammenden Nahrungsstoffe, die folgende wichtigen Bestandteile enthalten: *Eiweißstoffe, Kohlenhydrate, Fette* und ihre *Begleitsubstanzen*. Daneben sind hervorhebenswert die *Mineralstoffe* und die *Ergänzungs-* und *Wirkstoffe*, die als Biokatalysatoren in kleinsten Mengen wirksam sind.

I. Die Eiweißstoffe.

Die Eiweißstoffe nehmen unter den organischen Naturstoffen in bezug auf Menge und Wichtigkeit einen hervorragenden Platz ein. Der tierische Organismus ist (im Gegensatz zum pflanzlichen) nicht zur Synthese aller Eiweißstoffe befähigt und durch Abgabe stickstoffhaltiger Stoffwechselprodukte ständigen Substanzverlusten ausgesetzt. Es muß daher für eine regelmäßige Zufuhr von Eiweißstoffen besonderer Zusammensetzung gesorgt werden. Die Eiweißstoffe, auch *Proteine* genannt, sind Stoffe von hohem Molekulargewicht, deren Elementaranalyse anzeigt, daß sie regelmäßig die Elemente: C, O, H, N enthalten, daneben kommen S, P, Fe, CN, Cl, Br und J vor. Hervorhebenswert ist der zwischen 16 und 17% stehende N-Gehalt. Eiweißstoffe sind zusammengesetzte Verbindungen, die durch chemische und fermentative Eingriffe in einfache Bruchstücke zerlegt werden können. Diese Bruchstücke sind *Aminosäuren*, von denen etwa dreißig näher bestimmt werden können und von denen zehn zu den unentbehrlichen, essentiellen Aminosäuren zählen. Durch die Vielzahl derselben und durch die Tatsache, daß in einem Eiweißmolekül die gleiche Aminosäure mehr als einmal vorkommen kann, ergeben sich viele Kombinationsmöglichkeiten, die noch dadurch erhöht werden, daß die Reihenfolge, in der die Aminosäuren im Molekül eingebaut sind, sich von Protein zu Protein ändern kann. Die Molekulargewichte der Proteine schwanken zwischen 16 000 und einem Vielfachen bis zu einigen Millionen, und der eigenartige Quellungszustand des lebenden Eiweißes wird durch physikalische und chemische Einflüsse (Kälte, Wärme, Luft, Feuchtigkeit, Säuren, Salze u. a.) verändert; er kann bis zum Gerinnen des Eiweißes gebracht werden und bis zur vollständigen irreversiblen (nicht umkehrbaren) Denaturierung. Die Aminosäuren weisen ampholyten Charakter auf, d. h. sie können als Säuren und Basen wirken, wobei ihr Dissoziationsgrad außerordentlich unterschiedlich ist.

Auf Grund der Feststellung, daß sich eine Säuregruppe (Carboxyl) mit einer basischen Gruppe (Aminogruppe) unter Abspaltung von Wasser zu einem Dipeptid vereinigen kann, und daß zur Wiederholung dieses Vorganges Tri-(3), Tetra-(4) und Poly-(mehrfach) Peptide entstehen können, ist man der Annahme, daß Eiweißstoffe hochmolekulare Polypeptide darstellen (E. Fischer). Neben dieser Vorstellung existiert die einer ringförmigen Verkoppelung der Aminosäuren zu Diketopiperazinen (E. Abderhalden) und die der Esterpeptide (M. Bergmann). Die Verkoppelung der Grundmoleküle erfolgt so, daß etwa dreißig verschiedene Aminosäuren zu einem Polypeptidmolekül verknüpft sind, wobei sich aber die meist α-ständigen Carboxyl-Aminogruppen mit an der Bindung beteiligen. Mit Sicherheit wird die Disulfidbindung als Verknüpfungsmöglichkeit angenommen und als mitverantwortlich für die leicht reversible Spaltung mancher Proteine angesehen (H. Schoeberl). Experimentell wurden diese Verhältnisse und damit zugleich die Bauart des Eiweißmoleküls durch Messung der Osmose, Bestimmung

der Viscosität und der Strömungsdoppelbrechung durch Röntgenografie, Ultra-
mikroskopie und Ultrazentrifuge geklärt. Langgestreckte Fäden oder Ketten
(Gelatine, Myosin), die auch zickzackförmig oder verzweigt sein können, sowie
Kugel- und Knäuelformen (Ovalumin, Myogen) kommen als hauptsächlichste
Formen vor. Man kann ganz allgemein sagen, daß es sich bei den Eiweißstoffen
um reversible dissoziable Komponentensysteme handelt (J. SOERENSEN); sie enthalten Grundteilchen vom Molekulargewicht 17 600 oder 34 200 als stabile Moleküle, die durch andersartige Bindungen, gegebenenfalls durch eiweißfällende
Substanzen, zu größeren Einheiten verknüpft sind (PEDERSEN-SWEDBERG).

Die Aminosäuren teilt man ein in:

*Monoaminomonocarbonsäuren: Glykokoll, Alanin, Serin, Cystin, Phenylalanin,
Tyrosin, Threonin, Methionin, Norvalin, Valin, Norleucin, Leucin, Isoleucin;*

Monoaminodicarbonsäuren: Asparaginsäure (Asparagin), Glutaminsäure
(Glutamin), Oxyglutaminsäure.

Diaminocarbonsäuren: Lysin, Arginin, Cystin.

Heterocyklische Aminosäuren: Histidin, Prolin, Oxyprolin, Tryptophan.

Zu den unentbehrlichen Aminosäuren gehören dabei: Arginin, Histidin, Leucin,
Isoleucin, Lysin, Methionin, Phenylalanin, Threonin, Tryptophan. Sie müssen
mit dem Nahrungseiweiß zugeführt werden, weil der Organismus zur Synthese
derselben nicht fähig ist.

Die Einteilung der Eiweißstoffe erfolgt in zwei Hauptgruppen:

Einfache Eiweißstoffe (Proteine)

Albumine	Gliadine	Histone
Globuline	Gluteline	Protamine
		Gerüsteiweißstoffe

Zusammengesetzte Eiweißstoffe (Proteide)

| Phosphorproteide | Chromoproteide | Glykoproteide | Nucleoproteide |

In den tierischen und pflanzlichen Geweben liegen die Eiweißstoffe in *genuiner*,
unveränderter Form vor und können so nur sehr schwer abgetrennt werden. Sie
werden durch chemische oder enzymatisch-chemische Eingriffe oder physiologische Maßnahmen ihrer Natürlichkeit beraubt, denaturiert.

1. Einfache Eiweißstoffe.

Albumine sind in Wasser und in Neutralsalzlösungen löslich und können mit
halbgesättigter und gesättigter Ammoniumsulfatlösung ausgesalzen werden. Sie
sind im Tier- und Pflanzenreich (hier weniger als die Globuline) weit verbreitet und
sind durch das Fehlen von Glykokoll und die Anwesenheit von S charakterisiert
(1 bis 2%). Auffallend ist die Giftigkeit mehrerer Pflanzenalbumine (z. B. Ricin).
Wichtig für die technische Behandlung von Lebensmitteln ist die Gerinnungstemperatur (tg) der Eiweißstoffe. Zu den Albuminen gehören das *Lactalbumin*
(tg = 72° C), *Eieralbumin* (tg = 56° C), *Serumalbumin* (tg = 67° C), *Myoalbumin*,
Legumelin (Sojabohnen) und ein Albumin der Kartoffel.

Globuline sind die am weitesten verbreiteten Proteine, die sich durch eine
schwach saure Reaktion und durch eine leichte Aussalzbarkeit mit Neutralsalzen
auszeichnen. Sie sind fällbar mit halbgesättigter Ammoniumsulfatlösung. Unlöslich
in Wasser, fallen sie bei der Dialyse gegen Wasser aus, lösen sich in verdünntem
Alkali und in Neutralsalzlösungen, woraus sie durch Säuren wieder ausgefällt
werden können. Sie sind phosphorfrei und ihr Schwefelgehalt liegt meist unter
1%. In ihrer Löslichkeit ähneln sie den Phosphorproteiden, und da die Globuline
sehr leicht Lecithine und Phosphate aus den Gewebsflüssigkeiten festhalten, hat

man sie auch mit Phosphorproteiden verwechselt. Zu erwähnen sind das *Serum-globulin* (tg = 75° C) im Blut, das bei Nierenerkrankungen in den Harn, in die Milch und Lymphe geht, und das *Fibrinogen* des Blutplasmas. Bei der Blutgerinnung geht es in den Gelzustand über und fällt als *Fibrin* aus, ein Vorgang, bei dem sich das *Thrombin* als ein durch die Thrombokinase (Calcium-haltiges Lipoproteid) und Vitamin K in Gegenwart von Cu-Ionen aktiviertes *Thrombogen* beteiligt. Hierher gehören auch das *Lactglobulin*, das in der Colostralmilch und in der Milch vorkommt, das *Eiglobulin*, das *Kristallin* des Auges, das *Thyreoglobulin* der Schilddrüse und das *Myosin*, das als Organglobulin im Muskelplasma, in der Niere, im Knochenmark, in der Milz, im Gehirn, in den Schleimhäuten und in der Thymusdrüse vorkommt.

Die hierher gehörenden pflanzlichen Globuline sind nahezu alle in Wasser unlöslich, z. T. sind sie in Salzlösungen löslich, z. T. aber fallen sie aus, wenn der Gehalt an Kochsalz sinkt; dadurch unterscheiden sie sich gegenüber den tierischen ebenso wie durch ihre starke Koagulierbarkeit. Hervorhebenswert ist ihre teilweise Löslichkeit in verdünnter Salzlösung und ihr Verhalten gegenüber Säuren und Basen, mit denen sie einige lösliche kristallisierte Salze geben.

Daneben kommen in allen Samen Eiweißstoffe vor, die in Wasser löslich sind und sich bei der Dialyse von salzhaltigen Auszügen nicht abscheiden, die beim Erhitzen denaturiert werden, so daß man sie eigentlich zu den Albuminen zählen müßte. Sie unterscheiden sich aber dadurch, daß sie durch Halbsättigung mit Kochsalz durch Ammoniumsulfat ausgeschieden werden, und verdienen auch deshalb Interesse, weil an ihnen die Samenfermente haften und auch das giftige *Ricin*. Im Kartoffeleiweiß kommt das biologisch hochwertige Globulin *Tuberin* vor.

Neben diesen Eiweißstoffen sind solche der Getreidesamen zu erwähnen, die als Globuline in 70%igem Alkohol löslich, in Wasser aber unlöslich sind. Wegen ihres hohen Gehalts an *Prolin* werden sie auch *Prolamine* genannt; sie sind frei von Lysin und weisen einen hohen Gehalt an *Glutaminsäure* auf, die bei der Aminierung und Umaminierung von Wichtigkeit ist: *Gliadin* (Weizen), *Edestin* (Hanf), *Zein* (Mais), *Hordein* (Gerste), *Avenin* (Hafer) gehören hierher. Von den Leguminosen sind zu erwähnen das *Phaseolin* (Bohne), *Legumin*, *Vicilin* (Erbse und Sojabohne), *Glycinin* (Sojabohne). Neben dem Gliadin kommen in den Getreidekörnern auch die *Gluteline* vor, die zusammen das Klebereiweiß bilden und die mit verdünnter Säure und Basen extrahierbar sind. Da sie Lysin und Tryptophan enthalten, sind sie auch biologisch wertvoll: *Glutelin* (Weizen), *Oryzenin* (Reis).

Für die Technik der Stärkegewinnung spielen die Zusammensetzung und die chemische Reaktionsbereitschaft der verschiedenen Eiweißstoffe eine entscheidende Rolle und bestimmen Art und Durchführung des Gewinnungsverfahrens. Dies gilt insbesondere für die in den stärkehaltigen Rohstoffen enthaltenen Eiweißkörper. So sind vorhanden im Weizeneiweiß: *Glutenin* (40%), *Gliadin* (40%), *Leucosin* (3—5%) und *Edestin* (6—8%), im *Maiseiweiß*: *Zein*, *Albumin*, *Leucosin*, *Edestin*, im *Reiseiweiß*: *Leucosin*, *Globulin*, *Oryzenin* (K. Weiss).

Histone stehen als eigenartige Eiweißstoffe zwischen den Protaminen und hochmolekularen Proteinen und sind auch in Nucleinsäuren salzartig gebunden aufgefunden worden. Sie sind reich an Hexonbasen, reagieren basisch, werden aus neutralen Lösungen durch Phosphorwolfram-, Molybdän- und Pikrinsäure gefällt und werden durch Pepsin unter Bildung von Histopeptonen verdaut. Sie lösen sich in Wasser mit deutlicher alkalischer Reaktion und können durch geringe Salzmengen oder Ammoniak ausgefällt werden. Sie kommen im Fischsperma, in Blutkörperchen und Leukocyten vor. Eines der wichtigsten Histone ist das *Globin*, die Eiweißkomponente des Hämoglobins.

Protamine sind die einfachsten Proteine mit niedrigstem Molekulargewicht (2000 bis 3000) und geben mit Wasser alkalisch reagierende Lösungen, die beim Erhitzen nicht koagulieren. Sie sind aus verschiedenen Aminosäuren aufgebaut, unter denen die Hexonbasen (Arginin) hervorragen. Sie werden gefunden in den Spermatozoen der Fische, vergesellschaftet mit Nucleinsäure. Durch Pepsin werden sie nicht verdaut, dagegen durch Trypsin und liefern peptonähnliche Stoffe und Aminosäuren, von denen bis zu 80% Diaminosäuren sind. Der Gehalt an Histidin, Lysin, Monocarbonsäure ist geringer als bei den Histonen.

Gerüsteiweißstoffe. Sie werden vertreten durch das *Kollagen*, das sich, im Bindegewebe, den Sehnen, in der organischen Knochensubstanz als leimgebende Substanz vorfindet, durch das *Elastin*, das gleichfalls im Bindegewebe vorkommt, durch das *Keratin*, den Hauptbestandteil der Epidermis, der Haare, Wolle, Nägel, Hörner, Hufe und Federn und das *Glutin*. Es sind biologisch minderwertige Eiweißstoffe, weil das Tryptophan fehlt und das Tyrosin nur in Spuren vorkommt, während vorwiegend *Glykokoll* neben anderen Monoaminosäuren auftritt. Sie kommen im tierischen Körper nicht in gelöster Form sondern fest vor und haben mechanische Funktionen zu erfüllen. Ihr S-Gehalt schwankt zwischen 2 bis 5% (Keratin) und 0,3 bis 0,4% (Elastin). Sie zeigen in chemischer Hinsicht große Widerstandsfähigkeit, unterscheiden sich aber in ihren allgemeinen Werten prinzipiell nicht von den anderen Eiweißstoffen.

2. Zusammengesetzte Eiweißstoffe (Proteide).

Es sind dies Stoffe, die bei der Aufspaltung neben Eiweiß nicht-eiweißartige Verbindungen: Phosphorsäure, Kohlenhydrate, Farbstoffe, Nucleinsäuren liefern. Daher nennt man sie auch Phosphor-, Glyco-, Chromo- und Nucleinproteide.

Phosphorproteide. Man bezeichnet sie so, weil die Phosphorsäure aus ihnen ebenso leicht abgespaltet werden kann wie die entsprechenden prosthetischen Gruppen aus anderen Proteiden. Da der gesamte P als Phosphorsaure durch 1%ige Natronlauge abspaltbar ist, muß der P der prosthetischen Gruppe angehören. Über die Art der P-Bindung ist wenig Sicheres bekannt, doch unterscheidet sich der P der Phosphorproteide wesentlich von demjenigen anderer organischer P-Verbindungen, denn er wird durch Säuren, selbst durch starke, nicht abgespalten. Die Phosphorproteide sind ausgesprochene Säuren, die in Wasser unlöslich sind, aber leicht löslich in Form ihrer Salze mit Alkalien und Ammoniak. Durch Säuren konnen sie aus diesen Lösungen gefallt werden. Am besten studiert sind das *Kasein* und das *Vitellin*.

Das *Kasein* ist ein suspensionkolloides Phosphorproteid der Milch, eine schwache bis mittelstarke Säure. In Wasser ist es unloslich, mit Alkalien bildet es echte Salze, die Kaseinate, die in wassriger Lösung einer hydrolytischen Spaltung unterliegen. Das Flockungsoptimum liegt bei $p_H = 4,6$. Kasein ist als Calciumverbindung einer komplexen Nucleoalbuminphosphorsaure im Milchserum verteilt, wobei zur Stützung des labilen Proteinsystems hydrophiles Albumin als Schutzkolloid und Zitrate, Phosphate, Rhodamide als fallungshemmende Peptisatoren dienen. Die große Empfindlichkeit gegenüber Säuren und Labenzym liegt in dem mühsam gestützten Eiweißsystem. Es kann durch Spontansäuerung, durch künstliche Säuerung oder durch Lab gefallt werden. Der mittlere N-Gehalt beträgt 15,5%. Die Kaseine der verschiedenen Milcharten (Frau, Kuh, Schaf, Ziege) sind, abgesehen von individuellen Schwankungen, in ihrer chemischen Zusammensetzung ähnlich. Die Spaltung mit Pepsinsalzsäure führt in einem bestimmten Verdauungszustand zu Paranucleinsäure, die in Wasser löslich ist. Bei langandauernder Pepsineinwirkung entstehen freie Aminosäuren und unter

Abspaltung von P etwa 70% als Orthophosphorsäure. Bei der Trypsinverdauung geht schon nach 24 Stunden der gesamte P in Lösung, 35% als Ortophosphorsäure, 65% in organischer Bindung.

Das *Vitellin* des Hühnereies ist den Globulinen dadurch ähnlich, daß es in Wasser unlöslich, in verdünnter Neutralsalzlösung löslich ist. Es löst sich in 0,1%iger Salzsäure, in sehr verdünnter Alkali- und Alkalicarbonatlösung. In salzhaltigen Lösungen kann es durch Verdünnen mit Wasser ausgefällt werden. Die Gerinnungstemperatur in Kochsalzlösung liegt bei 70 bis 75° C, bei schnellerem Erwärmen bei 80° C. Es enthält 15,29 g Ges.N, 0,85 g Amid-N, 3,84 g Diamino-N, 10,26 g Monoamino-N und 0,25 g Humin-N in 100 g Trockensubstanz. Glykokoll ist nicht vorhanden. Es scheint immer mit Lezithinen vergesellschaftet zu sein, die sehr schwer entfernbar sind. Etwa 65% des P im Hühnerei sollen im Lecithin, 27% im Vitellin enthalten sein, dessen Gehalt während der Entwicklung des Eies abnimmt und dabei der P zum Aufbau der Nucleinsäure benutzt wird.

Chromoproteide. Es sind stark basisch reagierende Verbindungen, die infolge der besonderen Eigenschaften der prosthetischen Gruppe Farbstoffcharakter haben. Hierzu gehört das *Astazin*, das aus den blaugrünen Eiern des Hummers, der roten Hypodermis und den braunschwarzen Chromoproteiden des Panzers kristallisiert dargestellt wurde. Es trägt als prosthetische Gruppe ein Karotinoid, ferner das *Hämoglobin*, das bei der Spaltung eine eisenhaltige Farbstoffkomponente (Hämochrom, Hämochromogen, Häm) und einen Eiweißstoff, das Globin, liefert. Das Globin steht den Histonen insofern sehr nahe, als es durch Alkalien und Ammoniak gefällt werden kann, wobei es bei einem geringen Überschuß wieder in Lösung geht. Die Verbindung des Häm mit dem Hämoglobin ist durch geringe Mengen Säuren, Laugen, durch Erhitzen und durch Pankreassaft leicht zerlegbar, kann aber mit der Farbstoffkomponente leicht wieder gekoppelt werden. Das Hämoglobin hat die Eigenschaft, molekularen Sauerstoff zu binden und in Oxyhämoglobin überzugehen, wobei 1 Mol Hämoglobin 1 Mol O_2 in dissoziabler Form bindet unter gleichzeitiger Aufrechterhaltung der Zweiwertigkeit des Eisens. Bei dem anderen Oxydationsprodukt, dem Methämoglobin, geht das Fe II in Fe III über, was auch mit einer Farbveränderung von rot nach braun verbunden ist (z. B. beim Kochen des Fleisches oder bei der Ozonbehandlung in Kühlräumen). Das Globin ist durch einen hohen Histidin- (10,6 %) und Lysingehalt (10,5%) ausgezeichnet, daher die leichte Fällbarkeit durch Alkalien und die leichte Verdaulichkeit durch Pepsin und Trypsin.

Das *Chlorophyll* (Blattgrün) ist der Phytolester des Chlorophyllins, das Mg an Stelle von Fe in komplexer Bindung enthält. Es existiert ein Chlorophyll a und ein Chlorophyll b, beides Substanzen, die beim Assimilationsvorgang beteiligt sind.

Bei den Chromoproteiden sind noch zu nennen die *Zellhämine*, die eine funktionelle Rolle bei der Atmung spielen.

Glykoproteide. Es sind zusammengesetzte Proteide, unter deren Spaltungsprodukten sich ein oder mehrere Abkömmlinge von Kohlenhydraten befinden. Es sind Schleimstoffe, die in den Schleimhäuten, in den Hautdrüsen, in den Drüsensekreten vorkommen und die unter den Namen *Muzine* und *Mucoproteide* bekannt sind. Sie haben die Aufgabe, die Speisen einzuspeicheln und sie dadurch gleitfähig zu machen. Analytik und Lebensmitteltechnologie sind bezüglich des Verhaltens dieser Protein-Kohlenhydrat-Symplexe z. B. beim Trocknen und Erhitzen, aber auch in physiologischer Hinsicht sehr interessant. Die Glykoproteide besitzen saure Eigenschaften und werden von Alkalien gelöst. Als prosthetische Gruppe fungiert die Mucoitinschwefelsäure (enthält 2 Amino - d - Glukose) und die Chondroitinschwefelsäure (enthält 2 Amino - d - Galaktose). Sie zerfallen in

Glukuronsäure (Galakturonsäure), Essigsäure, Schwefelsäure, Hexosamin. Die Schleime der Schnecken, Fischlaiche, des Nabelstrangs und des Sputums geben mit Alkali schleimig-fadenziehende Lösungen, die mit Essigsäure gefällt werden können. Zu diesen Mucoiden zählen auch diejenigen in der Hornhaut des Auges, im Glaskörper, Ovarialsystem, Hühnereiweiß und in den Schwalbennestern. Solche Glykoproteide (Amyloide) sind in dem Knorpel und in den Sehnen und unter pathologischen Verhältnissen auch in Milz, Leber und Niere vorhanden.

Bemerkenswert ist, daß in rein dargestellten Proteinen folgende Mengen an Kohlenhydraten gefunden wurden: Eidotter 6,5%, Eiklar 3,5%, Glutenin 8,0%, Glycinin (Soja) 5,1%.

Nucleoproteide. Sie kommen in den Zellkernen (Kernsubstanzen), in den zahlreichen Organen aber auch in den meisten Sekreten des tierischen Organismus vor. Es sind Mehrstoffsysteme, an deren Aufbau Protein-, Purin- und Pyrimidinbasen und Kohlenhydrate (Ribose und 2 – Ribodesose) beteiligt sind. Auch in Hefen kommen sie vor. Die Natur der Eiweißkomponenten ist nicht in allen Fällen aufgeklärt, man hat stark basische Histone und Protamine gefunden, doch scheint die Verschiedenheit der einzelnen Nucleoproteide durch die Natur der eingebauten Nucleinsäuren bedingt zu sein. Sie enthalten regelmäßig auch Fe, bisweilen Cu, lösen sich schwer in Wasser, leichter in verdünnten Alkalien und können daraus durch Essigsäure gefällt werden; sie sind optisch aktiv. Durch Säurebehandlung und Pepsinverdauung findet eine Denaturierung statt, Eiweiß scheidet sich aus, und es hinterbleibt ein P-reicheres Proteid, Nuclein, Pseudonuclein zurück.

Die *Nucleinsäuren* sind P- und N-haltige aber S-freie organische Säuren, die bei der Hydrolyse organisch gebundenen P, Purin-, Pyrimidinbasen, Kohlenhydrate, Pentosen, Hexosen abspalten. Die kleinsten Bausteine sind die *Nucleoside*, Verbindungen, die aus einem Kohlenhydrat (Ribose, 2 – Desoxyribose) und einer Base (Purin, Pyrimidin) bestehen und *Ribonucleoside*, bzw. Desoxyribonucleoside heißen. Die *Nucleotide*, die zum Unterschied von den Polynucleosiden (Hefe- und Thymonucleinsäuren) als Mononucleotide bezeichnet werden, setzen sich aus Base, Zucker und Phosphorsäure zusammen. Die höheren Nucleinsäuren hat man schon immer als echte Nucleinsäuren bezeichnet, die pflanzlichen als Hefenucleinsäuren und die tierischen als Thymonucleinsäuren. Durch neuere experimentell gestützte Erkenntnisse scheint die Thymonucleinsäure ganz allgemein sowohl in tierischen als auch in pflanzlichen Zellkernen vorzukommen, während die Hefenucleinsäure nur im Protoplasma enthalten ist. Sie konnte auch im Protoplasma der Cerealienkeimlinge nachgewiesen werden. Die hohe biologische Bedeutung dieser Stoffklasse wurde in den letzten Jahren bewiesen. Das Vitamin B_2 (Lactoflavin) kann, als Nucleinsäurederivat angesehen werden, und es ist wahrscheinlich, daß die Vorstufe des Lactoflavins in der Natur ein echtes Nucleosid darstellt. Auch die *Cozymase* und die *Codehydrase II* konnten als Nucleinsäurederivate erkannt werden. Diese Cofermente spielen als reine H-Überträger bei der Gärung und Glykolyse eine Rolle. Eine biologische Synthese aus den Nucleinsäuren des Zellkerns oder des Protoplasmas ist ziemlich sicher, während noch manche Unklarheit über die Funktion der Nucleinsäure in den Zellkernen besteht.

Bei der Fäulnis entstehende Stoffe.

Die Fäulnisbakterien spalten durch Ausscheidung von Enzymen die Proteine in Peptone, Proteosen und Aminosäuren, die als gute Bakteriennährstoffe dienen. In ihrem weiteren Verlauf werden daraus eine große Zahl giftiger bis sehr giftiger Stoffe gebildet, neben Aminen auch andere Spaltprodukte. So bilden sich H_2S, *Mercaptane, Phenol, Indol, Kresol, Skatol, Putrescin, Cadaverin.* Diese proteinogenen Amine werden nicht nur durch Fäulnisbakterien sondern auch durch Hefen gebildet. Als weitere Basen können entstehen: *Neurin, Neuridin, Muscarin* (in faulem Fleisch, Fischfleisch, Käse, Leim), *Methylguanidin, Gadinin, Mydin, Mydatoxin, Mytilotoxin* (Miesmuschel), *Sardinin* (Sardinen).

II. Die Kohlenhydrate.

Diese im tierischen und pflanzlichen Haushalt weit verbreitete Stoffklasse enthält nur die Elemente C, H, O, und ihre Bedeutung kommt in der zentralen Stellung zum Ausdruck, die sie in der Ernährung des Menschen und des Tieres einnimmt. Es sind primäre Oxydationsprodukte, Aldehyd- und Ketonalkohole und je nach der Zahl der auftretenden C-Atome im Molekül spricht man von Biosen, Triosen, Tetrosen, Pentosen und Hexosen. Diese einfachen Zucker beschreibt man auch als *Monosaccharide*, weil sie weder durch chemische noch durch enzymatisch-chemische Einwirkung in einfachere Spaltstücke zerlegt werden können. Zum Unterschied von ihnen gibt es *Oligosaccharide*, die aus mehreren Monosacchariden aufgebaut sind, und solche, deren Monosaccharidzahl unbekannt ist und die man *Polysaccharide* nennt. Die Kohlenhydrate werden durch ihre Aldehydgruppe charakterisiert als *Aldosen* oder durch die vorhandene Ketongruppe als *Ketosen* bezeichnet. Die übrigen C-Atome sind durch OH-Gruppen besetzt. Alle Kohlenhydrate sind dadurch ausgezeichnet, daß sie asymmetrische C-Atome besitzen, d. h. solche, die mit vier verschiedenen Atomgruppen besetzt sind und daher die Ebene des polarisierten Lichtes drehen und stereoisomere Formen bilden. Sie sind teils rechts- (d-), teils links- (l-) drehend, teils optisch inaktiv. Die Zuteilung des Zuckers zur d- oder l-Reihe erfolgt nicht nach dem Drehungssinn sondern auf Grund der Konfiguration, wofür die Verteilung der Atomgruppen am vorletzten C-Atom verantwortlich ist.

$$
\begin{array}{cc}
\overset{\textstyle |}{\text{H\,C\,O\,H}} & \overset{\textstyle |}{\text{O\,H\,C}-\text{H}} \\
\overset{\textstyle |}{\text{C\,H}_2\text{O\,H}} & \overset{\textstyle |}{\text{C\,H}_2\text{O\,H}} \\
\text{d-Reihe} & \text{l-Reihe}
\end{array}
$$

Sie sind durch Säuren und Enzyme leicht angreifbar und werden von Hefen z. T. schwer, z. T. sehr leicht angegriffen.

1. Monosaccharide.

Von den Monosacchariden finden nur solche Berücksichtigung, die zum besseren Verständnis der später abzuhandelnden Abschnitte beitragen können.

Pentosen. Ihre wichtigsten Vertreter sind die *Arabinose* und *Xylose*, die im freien Zustand nur selten vorkommen, aber um so häufiger in Verbindung mit Hexosen als Gerüstsubstanz in pflanzlichen Zellmembranen, in Gummikörpern und Pektinstoffen. Die natürliche Form der Arabinose ist die l-Form, diejenige der Xylose die d-Form. Ihre anhydrisierte polymere Verbindung ist von Bedeutung. Die d-Ribose und 2-Desoxyribose sind wichtige Bausteine der Hefe der Thymonucleotide. Die l-*Rhamnose*, eine methylierte Pentose, kommt im Querzitin und in Orangen vor. Bei der Destillation mit Salzsäure liefern die Pentosen unter Abspaltung von 3 Mol H_2O Furfurol. Die Fukose kommt in Algen vor und spielt neuerdings bei der Alginaufbereitung (Alginsäuregewinnung) eine Rolle. Die Vergärung der Pentosen durch raschwüchsige Hefen (torula utilis) ist für die biologische Eiweißsynthese bedeutungsvoll.

Hexosen. Es sind Zucker mit 6 C-Atomen, optisch aktiv und mit direkter reduzierender Wirkung. Sie schmecken süß, lösen sich sehr leicht in Wasser und sind kristallisierbar. Beim Erwärmen verfärben sie sich (unter Bildung von Humin) nach Gelb bis Braun, beim trockenen Erhitzen bilden sie braungefarbte Karamel-substanzen. Hierher gehören:

Traubenzucker. Dextrose oder d-Glukose ist in der Natur weit verbreitet, in den meisten süßen Früchten, im Nektar, im Honig usw. Ihr Gehalt ist im pflanz-lichen Material in Abhängigkeit von der Jahreszeit großen Schwankungen unter-worfen, auch Tageszeiten, Sonnenbestrahlung, Temperaturen wirken sich auf den Glukosegehalt aus. Diese wichtige Erscheinung für die Reifung und daher auch für die Lagerung von Obst und Gemuse war in den letzten Jahren Gegenstand eingehender Untersuchungen. Glukose kommt in den meisten Früchten zusammen mit dem Fruchtzucker vor, ferner im Harn der Diabetiker. Sie findet sich im Blut, im Gewebe, im Eiklar, in physiologischen Flüssigkeiten und ist der Baustein der Glykogene (Leberstärke), der Stärke und der Zellulose. Sie wird glatt durch Hefe vergoren. Glukose kristallisiert als Hydrat mit 1 Mol H_2O oder als Anhydrid: ihre Süßkraft ist die Hälfte derjenigen von Rohrzucker. Schmelzpunkt $t_{sm} =$ 144 bis 146° C (Anhydrid), 80 bis 86° C (Hydrat); optischer Drehungswinkel $= [a]$ $D^{20} = 52,74°$.

Mannose. Sie findet sich in vielen Hemizellulosen als mannanhaltige Zellwand-substanz. (Holz, Samenendosperm, Sterin, Dattelkern, Knollen, Flechten.)

Galaktose. Sie ist die Komponente des Milchzuckers (50%), der Raffinose (33^1/$_3$%), der Stachyose (50%) und weit verbreitet auch in Form der hoch polymeren Galaktane. Auch in den Lipoidstoffen der Tuberkelbazillen kommt sie vor und in den Cerebrosiden. Sie ist in Wasser löslich und kommt in einer hochdrehenden a-Form und in der β-Form vor, kristallisiert und zeigt ein

$$[a]\ D^{20} = +\ 80,47°.$$

Ihr Oxydationsprodukt ist die Schleimsäure.

Fruktose oder Fruchtzucker ist die natürliche Ketose und tritt in freiem Zustand im Fruchtsaft als Begleitsubstanz des Traubenzuckers auf, mit dem sie zusammen durch Inversion des Rohrzuckers entsteht. In der Jerusalem-Artischocke kommt sie allein vor, ferner erscheint sie in der *Raffinose* und *Stachyose.* Nur aus Frucht-zucker aufgebaut ist das *Inulin,* der Reservestoff der Zichorie und der Dahlien-knollen. Sie kristallisiert als Halbhydrat in langen Nadeln, selten als Hydrat und ist in allen Lösungsmitteln bedeutend leichter löslich als Glukose. Charakte-ristisch ist die kristalline Additionsverbindung mit Kalk aus Ca-Fruktosat.

Sorbose ist in den Früchten der Eberesche aufzufinden, sie kann auch durch Bacterium xylinum aus Sorbit erhalten werden, sie kristallisiert in rhombischen Kristallen und zeigt eine optische Drehung von $[a]\ D^{20} = -\ 43,4°$. Die l-Sorbose dient als Ausgangsprodukt zur technischen Darstellung von l-Ascorbinsäure (Vitamin C). Der durch Reduktion von Glukose erhaltene Sorbit dient zum Nachweis von Obstwein in Traubenwein, ist gut kristallisierbar und wird als Süßungsmittel (Sionon) bei Diabetikerspeisen verwendet.

2. Oligosaccharide.

Wenn zwei Moleküle ein und desselben oder verschiedener Monosaccharide unter Wasseraustritt zusammentreten, so entsteht ein Disaccharid, dessen Syn-these auch auf chemischem und enzymatischem Wege möglich ist.

Lactose, auch Milchzucker genannt, kommt vorwiegend in der Milch der Säuge-tiere vor, sie wurde neuerdings aber auch in den männlichen Geschlechtsorganen der Forsythia aufgefunden (R. KUHN). Sie schmeckt nur etwa ^{1}/$_5$ so süß wie Saccharose und ist ein Disaccharid, das aus 1 Molekül Glukose und 1 Molekül Galaktose besteht; sie kristallisiert in schiefen rhombischen Säulen von glasheller bis weißer

Farbe (mit 1 Mol Kristallwasser, Molekulargewicht 360,2). Lactose mutarotiert (Übergang von der α- in die β-Modifikation). Die Inversion der Lactose unterscheidet sich in ihrer Geschwindigkeit erheblich von derjenigen der Maltose und Saccharose, was auf die verschiedene Konstitution und Verknüpfung der beiden Moleküle zurückzuführen ist. Lactose ist ein Disaccharid mit einer noch vorhandenen Carbonylgruppe (Maltosetyp) und ist daher sehr schwer durch Säuren aufspaltbar, sie ist aber ganz besonders empfindlich gegen Alkali. Die Bräunung der Milch, die schon bei niedriger Temperatur einsetzen kann (von 70° C ab), ist mit der Bildung von Huminstoffen unter Katalyse von Hydroxylionen verbunden und nicht zu verwechseln mit der Lactokaramelbildung bei höheren Temperaturen. Die Lactose zerfällt durch den Angriff von Desmolasen und wird von zahlreichen Mikroorganismen unter Milchsäurebildung aufgespalten.

Maltose besteht aus 2 Molekülen Glukose, auch Malzzucker genannt, und ist ein Abbauprodukt der Stärke. Reichlich nachgewiesen wurde sie in Malz, in Buchweizen, Kartoffelkeimlingen und in Blättern verschiedener Pflanzen. Sie ist auch als Maltosetyp aufgebaut und hat direkt reduzierende Wirkung. Sie zeigt Mutarotation und wird von den meisten Hefen vergoren. Ihr Drehungswinkel ist (α) $D^{20} = + 137,5^0/_0$.

Saccharose kristallisiert in zwei verschiedenen Modifikationen, in einer Modifikation A $t_{sm} = 184°$ C und einer Modifikation B $t_{sm} = 169$ bis $170°$ C. Sie löst sich leicht in Wasser, besonders mit steigenden Temperaturen, so daß sich bei 40° C 70,42 Teile, bei 100° C 82,97 Teile lösen; bei der Lösung in Wasser tritt Volumenverminderung ein. Saccharose kommt im Zuckerrohr und in Zuckerrüben vor und wird daraus auch großtechnisch gewonnen. Ferner findet man sie in Samen und süßen Früchten. Saccharose ist ein Doppelzucker, der sich unter Wasseraustritt aus einem Mol d-Glukose und einem Mol d-Fruktose bildet. Er weist eine beiderseitige glukosidische Verkettung auf und hat keine freie reduzierende Komponente (Trehalosetyp). Saccharose wird leicht durch Säuren gespalten, ist dagegen widerstandsfähig gegen Alkalien, was durch die Schließung der glukosidischen Carbonylgruppe bedingt ist. Das Produkt der Inversion heißt *Invertzucker*, der technisch meist durch Inversion von Rohrzucker mit Milch-, Wein-, Citronen- oder Phosphorsäure hergestellt wird. Die optische Drehung einer Rohrzuckerlösung ist (α) $D^{20} = + 66,67°$, diejenige einer Invertzuckerlösung (α) $D^{20} = 20,5°$. Beim trockenen Erhitzen von Rohrzucker entstehen teils chemisch aufgeklärte, teils noch unbekannte Caramelane, Caramelene und Caramelinverbindungen von brauner bis schwarzbrauner Farbe (Zuckercouleur). Saccharose wird von Hefen leicht angegriffen.

Hierher gehören auch die *Cellobiose*, die *Gentobiose* (auch durch Reversion bei der Stärkezuckerfabrikation gefunden, schmeckt bitter und verleiht daher dem technischen Stärkezucker bisweilen einen unangenehmen Geschmack), *Trehalose*, *Melibiose* und *Isomaltose*.

Trisaccharide sind aus drei Mol eines Monosaccharids unter Austritt von zwei Mol Wasser zusammengesetzt. Zu nennen wäre hier die *Raffinose*, die mit fünf Mol Kristallwasser kristallisiert; $t_{sm} = 118$ bis $120°$ C und optischer Drehungswinkel $[\alpha]$ $D^{20} = + 104°$ (Anhydrid) und $+ 120°$ (Pentahydrat). Sie ist gut wasserlöslich, besteht aus je einem Mol Glukose, Fruktose und Galaktose, kommt in Weizen und Roggen, sowie in den Zuckerrüben vor und findet sich daher auch in der Melasse mit etwa 1,4 bis 4,1%. Die *Gentianose*, eine Geniobiose mit d-Fruktose verknüpft, hat einen optischen Drehungswinkel von $[\alpha]$ $D^{20} = + 33,4°$ und einen t_{sm} von 209° C, während die *Melezitose*, eine Turanose mit d-Glukose, einen optischen Drehungswinkel von $[\alpha]$ $D^{20} = + 88,8°$ und einen t_{sm} von 153° C zeigt.

3. Polysaccharide.

Größere Molekularverbindungen entstehen, wenn sich mehrere Olygosaccharide glukosidisch verknüpfen und makromolekulare Stoffe liefern, deren chemische Eigenschaften und chemisch-physikalisches Verhalten von verschiedenen Faktoren abhängen, einmal von der Natur der niedrig-molekularen Bausteine und der Zahl derselben und ihrem Verhältnis zueinander, zum anderen von der Zahl der im Makromolekül vereinigten Bausteine und damit vom Molekulargewicht, der Molekulargröße und schließlich von der Verknüpfungsart, den Einheiten und deren Anordnung, womit Form und Gestalt des Moleküls gegeben sind. Aus der großen Zahl der Polysaccharide seien nur einige herausgegriffen, und zwar diejenigen, die nur Glukose als Bausteine aufweisen. Infolge ihrer verschiedenen Molekülanordnung haben sie aber gänzlich unterschiedliche chemische und physikalisch-chemische Eigenschaften. Nimmt man bei der *Stärke*, die inhomogen ist und aus Amylopektin und Amylose besteht, a-glukosodische 1,4 — 1,6 — Bindung mit weniger starken Verzweigungen der Molekülketten an, so ergaben nach den physikalischen Untersuchungen am *Glykogen* eine a-glukosidische 1,4 Verknüpfung und ein stark verästeltes Gebilde; bei der β-glukosidisch 1,4-Bindung untereinander verketteter Glykopyranose-Moleküle der *Cellulose* werden Fadenmoleküle (Linear-Moleküle) angenommen.

Stärke. Die schöpferische Pflanze, von der der Mensch und das Tier als Nutznießer leben, vermag aus der in der Atmosphäre vorhandenen Kohlensäure durch eine endotherme Reduktion unter Zuhilfenahme des Sonnenlichtes und des Chlorophylls Verbindungen zu schaffen, aus denen Stärke auf einem noch nicht völlig geklärten Weg entsteht. In den Blättern gebildet, wandert sie zu den Reservedepots (Samen und Wurzeln). Ihre Größe, Gestalt und Schichtung ist verschieden, so daß dadurch eine mikroskopische Charakterisierung leicht möglich ist. Gesichert ist die Feststellung, daß die Stärke aus Sphärokristallen besteht, die sich aus mikroskopisch kleinen radial gestellten Nadeln zusammensetzen. Stärke ist hygroskopisch, gibt das etwa zu 20% vorhandene Wasser beim Trocknen schnell ab (beim Stehenlassen an der Luft wird es ebenso schnell wieder aufgenommen). Neben der durch Hydrolyse erhältlichen Glukose sind in der Stärke noch vorhanden: 0,05 bis 0,4% Mineralbestandteile, die durch Reinigung (Dialyse) nicht abtrennbar sind und die aus Phosphorsäure und Kieselsäure bestehen. Außerdem sind 1% eines phosphatid-ähnlichen Gemisches (aus Palmitin-, Linol- und Linolensäureestern) nachgewiesen worden. In kaltem Wasser ist Stärke nahezu unlöslich, sie quillt (insbesondere in Salzlösungen) auf und verwandelt sich in eine Gallerte (Kleister), dasselbe tritt beim Erwärmen ein, die Stärkekörner platzen auf und man erhält gleichfalls eine kleisterige Masse. Läßt man diese in der Kälte einige Tage stehen, dann tritt Retrogradation ein unter Ausscheidung einer pulverigen Kristallmasse (künstliche Stärke). Bezüglich der Konstitution wird die Auffassung vertreten, daß die Stärke aus zwei verschiedenen Substanzen, der *Amylose* (dem inneren Anteil) und dem *Amylopektin* (dem äußeren Anteil) besteht. Während die Amylose in heißem Wasser löslich ist, keinen P enthält, keine kleisterige Beschaffenheit zeigt und mit Jod eine Blaufärbung liefert, ist das Amylopektin schwer löslich, P-haltig, liefert einen Kleister und färbt sich mit Jod violett. Die Amylose hat eine optische Drehung von $[a]\,D^{20} = +186°$, das Amylopektin eine solche von $+196°$. Durch totale Säurehydrolyse erhält man Glukose, durch enzymatische Spaltung (Amylase) kommt man zu Maltosederivaten. Durch Einwirkung von Säuren in der Kälte erhält man ebenso wie bei höherer Temperatur unter Druck *lösliche* Stärke. Läßt man Halogenfettsäuren auf native Stärke unter bestimmten Bedingungen einwirken, so fällt ein in Wasser leicht lösliches außerordentlich quellfähiges *Ultraamylopektin* (Na-Amylopektin-Glykolat) mit dem niedrigen Molekulargewicht von 278 an, das als Verdickungsmittel gut geeignet ist. Die beim Abbau mit Amylasen entstehenden Zwischenprodukte, die *Dextrine*, unterscheiden sich durch Molekulargewicht, Löslichkeit und Jodreaktion; Amylodextrin reagiert mit Jodlösung blau, Erythrodextrin rotbraun, Achroodextrin gibt keine Reaktion.

Glykogen. Der Aufbau läßt auf Grund physikalisch und chemisch experimentell gestützter Tatsachen auf 12 bis 18 Glukose-Bausteine schließen, die in 1,4-Bindung glukosidisch verknüpft sind. Das Aufbauprinzip steht noch nicht mit Sicherheit fest, es scheint aber ein stark verästeltes Gebilde von α-glukosidisch verknüpften Glykopyranose-Molekülen vorzuliegen, ein typisch kugelförmig gebautes (globares) Molekül. Man nennt das Glykogen auch tierische Stärke, die in der Leber (biologische Reversion: Glukose $\leftrightarrows$ Glykogen, Fruktose $\leftrightarrows$ Glykogen), im Muskelgewebe, in Nervenzellen, Tumoren, der Hefe, in niederen Pilzen und Algen vorkommt. In der Muskulatur ist es die Muttersubstanz des Lactocidogens. Glykogen ist ein weißes amorphes Pulver, das sich in Wasser löst, bei der Hydrolyse ausschließlich α-Glukose liefert und sich gegenüber Fermenten ebenso verhält wie Stärke. Mit Jodlösung reagiert Glykogen mit rotbrauner Färbung, die beim Erwärmen verschwindet. Es hat eine optische Drehung von $[\alpha] \, D^{20} = + 190$ bis $210°$, besitzt einen höheren Phosphorgehalt als Stärke und ein Molekulargewicht von etwa 114000.

Cellulose ist ein hochpolymeres Kohlenhydrat, das im Tier- und Pflanzenreich vorkommt, ohne daß aber Unterschiede zwischen diesen Cellulosen bestünden. Sie ist widerstandsfähig gegen Säuren, unlöslich in Wasser, aber nicht quellbar und nicht süß schmeckend und liefert bei der Hydrolyse ausschließlich Glukose. Sie ist neben Kohle der am häufigsten auf der Erde verbreitete Stoff. Röntgenografische Untersuchungen sprechen für eine kristalline Struktur der Cellulose, die starke Doppelbrechung zeigt und optisch aktiv ist. Der in 17 bis 18 %iger Natronlauge unlösliche Natronanteil ist α-Cellulose, der lösliche β-Cellulose. Aus dem Verlauf der Säurespaltung ergibt sich, daß alle Bausteine konfigurativ in gleicher Weise verknüpft sind und eine β-glukosidische Bindung zeigen. Sie ist von fadenförmiger Struktur mit einem Polymerisationsgrad von etwa 700 (als niedrigsten). Sie findet sich rein in Baumwolle und Hollundermark und wird aus Holz für die Papier- und Sprengstoffindustrie in großem Maßstab hergestellt. Die dabei anfallenden Sulfitlaugen dienen als Substrat zur biologischen Eiweißsynthese, zur Gewinnung von Alkohol, Vanillin, Butyl- und Amylalalkohol u. a. Von den Cellulose-Derivaten interessieren neben der Schießbaumwolle (Cellulosenitrat) Celluloseacetate als Ausgangsstoffe für Kunstseide (Acetatseide) und die als Verdickungsmittel verwendeten Tylosen (Trimethyl-, Triäthyl- und Tribenzylcellulose), die z. B. in heißem Wasser schwerer löslich sind als in kaltem. Cellulosexanthogenat behandelt mit Natronlauge und Schwefelkohlenstoff liefert Viscose, den Ausgangsstoff für Kunstseide und Zellglas z. B. *Cellophan*, den in der Lebensmittelindustrie und anderen Industrien unentbehrlich gewordenen durchsichtigen Umhüllungsstoff (Transparent, Cellophan „Wetterfest" u. a.).

Zu den Hemicellulosen zählen die als Pentosane und Hexosane bekannten Cellulose-Begleitstoffe, die auch als Gerüst- und Festigungssubstanz dienen und von raschwachsenden Nährhefen angegriffen werden können.

Pektinstoffe. Es sind die die Cellulose begleitenden komplexen Polysaccharide, die in Wasser stark quellen und schleimige Lösungen oder charakteristische Gallerten bilden. Als Kittsubstanz spielen sie in den fleischigen Pflanzenteilen (Früchten, Wurzeln, Stengeln) dieselbe Rolle, wie das Lignin in den verholzten Membranen.

Es sind hochmolekulare Verbindungen, die zu den Polyuroniden zählen. Grundbestandteil ist die aus einer großen Anzahl d-Galakturonsäure-Bausteinen makromolekular aufgebaute Polygalakturonsäure. Mit Wasser, Zucker und Säuren bilden sie thermostabile Gele, für deren Entstehung die Molekülgröße, der Grad der Veresterung mit Methylalkohol und die Menge der unverseifbaren Ballaststoffe (Pentosane) verantwortlich sind. Die Pektinstoffe teilt man ein in das *Protopektin*, eine wasserunlösliche Verbindung, die nur im Pflanzengewebe vorkommt. das *Pektin*, eine partiell veresterte Polygalakturonsäure und die *Pektinsäure*, eine unveresterte Polygalakturonsäure. Die Pektinstoffe sind in den Blütenpflanzen, in Zellmembranen höherer Pflanzen, im Kollenchym- und Parenchymgewebe vieler Früchte und Wurzeln anzutreffen. Bei der Reifung und Lagerung geht das Protopektin in das lösliche Pektin über. Das Pektin ist eine makromolekulare Verbindung, deren physikalische Eigenschaften für eine feste Struktur sprechen. Die Pyranosekonfiguration der Galakturonsäure mit a-glukosidischer Verknüpfung ist experimentell gesichert. Maßgebend für die Eigenschaften ist die Kettenlänge der Makromoleküle, die Molekularität und die Verteilung der Estergruppen im Pektinmolekül. Gewonnen wird Pektinstoff aus Apfeltrester, Citrusabfällen, Zuckerrübenschnitzel und Sonnenblumenkernen durch Extraktion, Reinigung, durch Waschen mit Alkohol, Behandeln mit Kieselgel oder Aktivkohle, Elektrodialyse und Umfällung. Pektinangreifende Enzyme sind die *Protopektinase*, die das Protopektin angreifen, die *Pektinase*, die glukosidische Bindungen hydrolisiert, die *Pektase*, die das Pektin unter Abspaltung von Methanol verseift und solche Enzyme, die die Galakturonsaure aufspalten (Galakturonasen). Pektinasepräparate werden aus Schimmelpilzen gewonnen.

Zu erwähnen sind die *Pektate*, Salze der Pektinsäure, die viscose, nicht klebrige Lösungen geben und für dichtende Oberflächenbehandlung von Papier und Geweben geeignet sind. Wichtig sind die mit organischen Basen (Nicotin) erhältlichen Pektate, die leicht wasserlöslich sind und giftig für solche Organismen, die fähig sind, Cellulose zu verdauen (Apfelgespinstmotte).

Inosite. Als Zwischenglieder zwischen Kohlenhydraten und den in den natürlichen Geweben gebildeten aromatischen Stoffen sind die Ringzucker zu nennen. Sie sind außerordentlich weit verbreitet im Tier- und Pflanzenreich. Sie sind wasserlöslich, haben süßen Geschmack, liefern beim Erhitzen Furfurol, reduzieren aber *Fehlingsche* Lösung nicht. Es sind Zyklohexanabkömmlinge, die als *Mesoinosit* in Milz, Leber, Lunge, Herz und Gehirn und in der Muskulatur aufzufinden sind. In den Pflanzen findet sich das Phytin, das Calciummagnesiumsalz des Hexaphosphorsäureesters des Mesoinosits. Neben dem Inosit wurden noch gefunden: der *Skyllit* (Kokosmilch, Eicheln, Rochen, Hai), *Quercit*, ein Pentaoxycyclohexan in der Eiche, *Betit* im Rübensaft, *Mytilit* in der Miesmuschel. Die physiologische Reversibilität zwischen Glukose und Inosit ist bewiesen.

III. Die Fette und ihre Begleitstoffe (Lipide).

Fette. Die Fette sind in rein chemischer Hinsicht Verbindungen des Glycerins mit Fettsäuren, die im Tier- und Pflanzenreich in unterschiedlichen Mengen auffindbar sind. Fettstoffe können aber bis zu 65% der frischen Organe einnehmen (Rückenmark). Neben diesen Glyceriden enthalten die Fette mehr oder weniger geringe Mengen von freien Fettsäuren, Sterinen, Phosphatiden und ätherischen Ölen, die dieselbe Löslichkeit in organischen Lösungsmitteln zeigen. Die den Fetten nahestehenden *Wachse* bestehen aus den Fettsäureestern höherer Fettsäuren mit einem höheren Alkohol der aliphatischen oder aromatischen Reihe. Die Neutralfette dienen, wie die Polysaccharide als Energiestoffe, die im

Organismus als Fettdepot zur Verfügung stehen und die dann eine Mobilisierung erfahren, wenn die Nahrungszufuhr mangelhaft ist. Neben dem Depotfett gibt es noch das Organfett, das vorwiegend aus Lipoiden besteht. Diese beiden Fettgruppen sind hinsichtlich ihrer funktionellen Aufgabe und ihrer chemischen Zusammensetzung verschieden. Das Depotfett ist relativ unspezifisch zusammengesetzt, das Organfett nicht. Milchfett, Körperfett (Speck, Talg, Tran) und Pflanzenfette (Oliven-, Kokos-, Sesam-, Erdnuß-, Soja-, Rüböl) dienen zur Ernährung und werden durch Ausschmelzen, Auspressen oder Extraktion mit Lösungsmitteln technisch gewonnen.

Dazu kommen noch die durch Paraffinoxydation gewonnenen Fettsäuren, die mit Glycerin zu Glyceriden verestert werden (Synthese-Fette). Die festen natürlichen Fette schmelzen alle unter 100° C, und je niedriger der Schmelzpunkt ist, um so besser ist die Ausnutzung durch den Körper. Durch Behandeln mit starken Säuren oder durch Erhitzen mit Wasser unter Druck werden die Fette in Glycerin und freie Fettsäuren gespalten, bei der Einwirkung von Alkalien entstehen die Alkalisalze der Fettsäuren (Seifen).

Mit Ausnahme weniger im Frischfleisch gewisser Beerensorten vorkommenden sind die natürlichen Fettsäuren Monocarbonsäuren, die alle eine gerade Anzahl von C-Atomen zu einer unverzweigten Kette vereinigt aufweisen. Trotz der einfachen Struktur ist die Mannigfaltigkeit der natürlichen Fettsäuren überraschend groß, sie bilden eine Reihe von Verbindungen mit 4 bis 26 C-Atomen. Neben *gesättigten* gibt es eine Reihe *ungesättigter* Säuren mit 1, 2, 3, 4, 5 Doppelbindungen im Molekül und nach neuesten Untersuchungen mit reaktionsbereiten konjugierten Doppelbindungen.

An gesättigten Fettsäuren sind beteiligt: Butter-, Isovalerian- und Capron-, Caprin-, Capryl-, Laurin-, Myristin-, Palmitin-, Stearinsäure; an ungesättigten Fettsäuren: die der Öl-, Linol- und Linolensäure-Reihe.

Die geradzahlige Anordnung der Säuren hat einen tiefen biologischen Sinn, sie hängt mit der Tatsache zusammen, daß der physiologische Abbau dieser Ketten nach Knoop an dem der Säuregruppe benachbarten C-Atom (β-Oxydation) erfolgt. Neben diesem Abbauweg ist noch der der Ω-Oxydation von *Verkade* und derjenige der multiplen alternierenden β-Oxydation bekannt, wobei unter gleichzeitiger Oxydation an allen entsprechenden Kohlenstoffatomen ein Zerfall in mehrere Moleküle (Acetessigsäure) eintritt.

Den physikalischen Unterschied der Fette, die Härte, Konsistenz und den Schmelzpunkt bestimmen die Fettsäuren; im allgemeinen sind die an gesättigten Fettsäuren reichen Fette härter in der Konsistenz, und zwar um so härter, je mehr Stearin- und Palmitinsäure vorhanden sind. Die Fette mit viel ungesättigten Fettsäuren (Öle) sind weicher und dünnflüssiger. Durch Hydrierung mit Wasserstoff unter Zuhilfenahme von Ni, Cu, Fe oder anderer Katalysatoren erfolgt eine Härtung der flüssigen Öle. Die auf synthetischem Weg (Paraffinoxydation unter Anwesenheit von Katalysatoren: Ag, Ni, Pt, Pp, Mn) bei 180 bis 200° C gewonnenen Fettsäuren unterscheiden sich von den natürlichen durch die Anwesenheit ungeradzahliger C-Atome mit verzweigter Kette. In bezug auf Ausnutzung im Organismus und sonstiges Verhalten scheinen sie den natürlichen Fetten nicht nachzustehen. Sie haben bei einem 50° C nicht übersteigenden Schmelzpunkt die gleiche Verträglichkeit, Verdaulichkeit und denselben Nährwert wie tierische und pflanzliche Naturfette (K. Lang).

Squalen. Es ist dies ein hoch ungesättigter Kohlenwasserstoff, der bei manchen Haifischölen den Hauptbestandteil bildet, indem sein Gehalt neben geringen Mengen von Triglyceriden, Cholesterin und fettlöslichen Vitaminen bis über 80% betragen kann. Solche Leberöle kann man nicht als Fett ansprechen, denn die

Fettsäureesteranteile können bis auf 10% herabgedrückt sein. Auch zu den Wachsen zählt das Squalen nicht, da es keinen verseifbaren Wachsester enthält. Es sind Kohlenwasserstoffe, in denen Fette gelöst sind, die man als Lipoidgemische besonderer Art bezeichnen kann. Sie wurden auch in Nähr- und Brauereihefen gefunden. Ein chemischer Zusammenhang zwischen Phytol und Squalen besteht in konstitutioneller Hinsicht.

Die Begleitstoffe (Lipide). Zwischen den Fetten und Lipoiden und Lipovitaminen bestehen engste biologische Zusammenhänge. Man hat auch die Fette vom Standpunkt der Systematik neuerdings zu den Lipiden gerechnet, und zwar zu den einfachen, zu denen auch die *Steride* (der Alkohol ist das Sterol) und die *Ceride* und *Aethiolide* zählen. Zu den zusammengesetzten Lipoiden gehören die *Phosphatide* (Lecithin, Kephalin, Sphyngomyelin) und die *Phosphatidsäuren,* sowie die stickstoffhaltigen Lipide ohne Phosphor und Schwefel und die Stickstoff- und schwefelhaltigen *Sulfatide.*

Sterine. Es gibt Zoosterine und Phytosterine der Pflanzenfette, von denen die wichtigsten Vertreter das *Cholesterin* und das *Phytosterin* sind. Cholesterin gehört, wie die anderen Sterine und eine Reihe anderer hochaktiver Stoffe, zu dem viergliedrigen Ring Kohlenwasserstoff Zyclopentano — perhydro — phenanthren, das sich vom *7-Dehydrocholesterin* nur durch die Lage der Doppelbindungen am 7,8 C-Atom unterscheidet. Es findet sich als primärer Zellbestandteil und wird gelegentlich von seinem Hydrierungsprodukt Cholestanol begleitet. Es tritt teils frei, teils in veresterter Form mit Ölsäuren und anderen Fettsäuren im Blut, in der Haut, in der Nebenniere und anderen Organen auf. Es ist in den Fetten meist mit 0,1 bis 0,4% vorhanden, im Lebertran mit 1%, im Eieröl mit 5%. Das Isocholesterin, aus dem Wollfett der Schafe, ist kein echtes Sterin, sondern ein Gemisch von Lanosterin und Agnosterin. Das Cholesterin kristallisiert in Täfelchen mit $t_{sm} = 148,4$ bis $150°$ C. Im Weizenkeimling, Mais, Lein-, Sesam-, Oliven- und Rüböl und im Kakaofett kommt das *Sitosterin* vor, ferner *Stigmasterin* in Calaberbohnen und im Rüböl, das *Theasterin* in Kakaokeimen, *Ergosterin* in der Hefe und in der Nährhefe. Das 7-Dehydrocholesterin liefert bei der UV-Bestrahlung der Milch das Vitamin D_3.

Phosphatide. Ihr charakteristisches Merkmal ist es, wässrige und lipoide Systeme zu liefern, wozu sie auf Grund ihres Aufbaues aus hydrotropen und lipotropen Elementen befähigt sind. Sie können durch Emulsionbildung als Vermittler zwischen der lipoiden und wässrigen Phase in der Zelle wirken und damit die Zellwanddurchlässigkeit regulieren. Es sind insbesondere Kohlenhydrate und Eiweißkörper, die durch adsorptive Bindung festgehalten und im Bedarfsfall abgestoßen werden. Sie ermöglichen auch den Transport der verschiedensten Stoffgruppen z. B. Fettsäuren im Organismus.

Die *Glycerophosphatide* sind mehrsäurige Triglyceride, in denen ein Phosphorrest und ein Aminoalkohol-Cholinrest eingebaut sind. Die einfachen Diglyceridphosphorsäuren nennt man *Phosphatidsäuren,* die Cholinalkoholester der Phosphatidsäuren sind die *Lecithine* und *Kephaline.*

Am Aufbau der Glycerophosphatide sind neben Glycerin, Phosphorsäure, Cholin und Colamin gesättigte (insbesondere Palmitin- und Stearinsäure) sowie ungesättigte (Öl-, Linol-, Linolensäure) Fettsäuren beteiligt.

Neben diesen Glycerophosphatiden sind auch die neuerdings in Organlipoiden aufgefundenen *Acetalphosphatide* (Plasmalogene) zu erwähnen, die infolge ihrer Acetalbildung eine auffallende Alkalibeständigkeit zeigen, dagegen von Säuren und Schwermetallen leicht angegriffen werden. Als Baseanteil fungiert hier das Colamin.

Im tierischen Organismus, in der Leber und im Gehirn kommen Phosphatide mit 2 bis 3% vor, in Eiern mit durchschnittlich 9,6% (Trockenei 20%), in der Milch mit 0,05%, in der Butter mit 0,15% und 0,17%; Muskel- und Gehirnphosphatide enthalten 20 bis 25% Acetalphosphatide. An reinen Phosphatiden wurden in der Gerste 0,16%, im Weizen 0,12%, im Hafer 0,14%, in Sojabohnen 1,64%, in der Lupine 1,64% in, Wicken und Erbsen 1,03 bis 1,89%, in Baumwolle 0,94 und in Leinsamen 0,73% gefunden.

Die Symplexverbindungen zwischen Eiweiß und Lipoiden, die Lipoproteide oder Lezithinalbumine sind als Anlagerungsverbindungen von Lecithinen, Kephalinen und anderen Phosphatiden erwähnenswert. Sie scheinen auch bei der Vitaminierung der Milch aufzutreten, indem das Vitamin D_3 frei aber auch gebunden an Eiweiß vorzukommen scheint. Diese Verbindungsstoffe sind physiologisch bedeutungsvoll, da sie das Eiweiß in die Lipoidphase hineinbringen. Bezüglich der Synthese der Phosphatide hat uns die jüngste Forschung durch Einbezug der Isotopen (P^{32}) einen Schritt vorwärts gebracht und man kann wohl annehmen, daß eine Phosphatidsynthese im Plasma und in der Leber erfolgt.

Wachse. Sie entstammen zum größten Teil dem Tier- und Pflanzenreich und sind Ester einbasischer hochmolekularer Fettsäuren mit ein- oder zweiwertigen hochmolekularen Alkoholen (Wachsalkohole). Außerdem enthalten die Wachse noch freie Fettsäuren, freie Wachsalkohole und hochmolekulare Kohlenwasserstoffe. Es gibt *flüssige* und *feste* Wachse, von denen die ersteren Ester ungesättigter Fettsäuren mit niedrig schmelzenden Alkoholen, letztere Ester gesättigter Fettsäuren mit hochschmelzenden Alkoholen darstellen. Zu nennen sind das *Bienenwachs*, ein Ausscheidungsprodukt der Honigbiene, das zum Bau der Waben benutzt wird. Es ist ein Palmitinester des Myricylalkohols, in dem noch freie Cerotinsäure und 12 bis 17% feste Kohlenwasserstoffe vorhanden sind. Das *Wollfett* (*Wollwachs* ist der neutrale Anteil des Wollfettes) wird durch Ausziehen der frischgeschorenen Schafwolle mit organischen Lösungsmitteln oder durch Auswaschen der Wolle mit Seifenlösung gewonnen. Es ist ein Ester höherer Fettalkohole (Cholesterin, Isocholesterin) mit z. T. noch unbekannten Fettsäuren. Das *Walrat* wird aus dem Tran des Pottwals gewonnen und besteht aus dem Palmitinsäure-Cetylester (Cetin), dem geringe Mengen anderer Ester und freier Fettsäuren beigemischt sind. Das *Ceresin* entsteht durch Behandeln von Erdwachs mit starken Mineralsäuren und Entfärbungsmitteln und wird mit Paraffin, Montanwachs, Japanwachs und Karnaubawachs gehärtet. *Paraffine* sind die in Erdöl- und Trocken-Braunkohlendestillaten enthaltenen festen normalen Kohlenwasserstoffe. Es gibt auch synthetische Wachse, die durch Oxydation und gleichzeitige Veresterung von Paraffin, Ceresin, Wollfett, Ölen und Harzen entstehen und die zur Herstellung von Emulsionen, zum Härten von Papieren und Umhüllungsstoffen für die Kälteindustrie Verwendung finden. Desgleichen die Kunstwachse, die durch Chlorierung von Naphthalin und nachfolgender Vakuumdestillation gewonnen werden.

IV. Mineralbestandteile.

Die Kenntnisse über die Mineralbestandteile der Lebensmittel sind noch recht wenig entwickelt, obwohl man unter Zuhilfenahme der Ultrafiltration, der Spektroskopie, der Elektroosmose, der Kapillaranalyse und der Kompensationsdialyse Einblick in die mineralischen Nährstoffe erhalten hat. Die nach dem Veraschen eines Lebensmittels erhaltenen Mineralbestandteile können organischer oder anorganischer Natur sein. Über Art, Menge und Zustandsform läßt sich nur schwer etwas Genaues aussagen. Jedenfalls können die Mineralstoffe im ionisierten und nichtionisierten Zustand auftreten, als mineralische Grundstoffe zum Aufbau dienen oder auch in den physiologischen Prozeß eingreifen (z. B. Phosphorylierung) oder Verbindungen mit organischen Substanzen eingehen (z. B. Magnesium im Chlorophyll, Eisen im Hämoglobin oder Zellhäminen). Als sogenannte Asche begegnen uns in Wirklichkeit kolloiddisperse, molekulardisperse und iondisperse Stoffe.

Die Phosphate können z. B. aus den verschiedensten Quellen stammen, aus den phosphorhaltigen Nucleoproteiden, aus den Phosphatiden, aus anorganischen Phosphaten und können als Elektrolyte und Nichtelektrolyte vorhanden sein. Ähnlich liegen die Verhältnisse bei den Calciumverbindungen, die in organischer Bindung (Casein), aber auch als ionisierte und molekulargelöste Salze vorhanden sind. Die Chloride, Sulfate, die K-, Na-, Mg-Salze, die in relativ großen Mengen im Pflanzengewebe vorkommen, die Fe-, Mn-, und Al-Salze, die Jodide, die in kleinen bzw. sehr kleinen Mengen sich vorfinden, werden wohl iondispers vorhanden sein. Die Kieselsäure, Fluoride und die Spurenmetalle, die Vielheit und die große Zahl der mineralischen Körperbausteine, deuten auf die besondere biologische Aufgabe hin. Die mittelbaren Auswirkungen der Mineralien auf Fermente, Vitamine, Hormone ermöglichen ein sinnvolles Ineinandergreifen der Lebensvorgänge.

Von den besonderen Aufgaben der einzelnen Mineralien weiß man nicht viel; alle tierischen Zellen enthalten K, Mg, Fe, P, S, außerdem Ca, K, Mn, Al, Br, J, Si, ferner hat man Al, As, Pb, Cu, Ag, Zn, Sn gefunden. S und P sind von hoher biologischer Bedeutung beim Eiweiß- und Lipoidaufbau, auch beim Vitamin B_1 spielen sie eine Rolle. K benötigt man bei der Muskeltätigkeit, man findet es in festen Geweben, während Mn in der Körperflüssigkeit vorkommt und unentbehrlich ist für die Erregbarkeit der Nerven und Muskeln. Wassertransport, Wasserbildung und Wasserabscheidung sind eng an das Na gebunden. Na mit Vitamin-C, Na, Cl und Bauchspeicheldrüsenfunktion sind miteinander gekoppelt, Ca gibt den Knochen und Zähnen die Festigkeit und beteiligt sich entscheidend an der Wirkung des Vitamins C und D. Mn scheint für bestimmte Stoffwechselvorgänge entscheidend zu sein, wie auch das Cu (Viruskrankheiten). Alle folgenden Mineralstoffe scheidet der Körper ständig aus, weshalb sie fortlaufend mit der Ernährung zugeführt werden müssen: K, Na, Sn, Cl, Mg, Fe, Zn, Mn, Al, Pb, S, Fl, J und wahrscheinlich auch As und Br.

V. Die Ergänzungs- und Wirkstoffe.

Neben den beschriebenen Substanzen gibt es im tierischen und pflanzlichen Organismus noch eine Reihe von Verbindungen, die chemisch von einander oft recht verschieden sind, deren physiologische Aufgabe jedoch viel Gemeinsames aufweist, so daß sie unter der Bezeichnung *Ergänzungs- und Wirkstoffe* zusammengefaßt werden können. Beim Fehlen eines dieser Stoffe treten Funktionsstörungen auf, die zum Aufhören jeglichen Lebens führen können. Diese Verbindungen sind unerläßlich für das Zustandekommen gerade solcher Reaktionen, die die Grundlage des Lebens darstellen. Sie sind es, die im lebenden Organismus Reaktionen katalysieren, welche im Laboratorium physiologisch untragbare Bedingungen für Temperatur, Konzentration, p_H und Druck erfordern würden.

Von diesen Biokatalysatoren sollen in den folgenden beiden Abschnitten die Vitamine und die Enzyme Gegenstand der Betrachtung sein. Die Literatur über diese beiden Naturstoffe ist in den letzten Jahren ungeheuer angewachsen, so daß hier nur ein kurzer Überblick geboten werden kann.

1. Die Vitamine.

Die Entdeckung der Vitamine und die Untersuchung ihrer Wirkungen gründen sich auf ernährungsphysiologische Versuche. Durch groß angelegte Fütterungsversuche stellte man fest, daß in der Nahrung neben den Hauptnahrungsstoffen, wie Eiweißstoffe, Fette und Kohlenhydrate, noch Stoffe in kleinsten Mengen vorhanden sind, die für ein normales Wachstum und für die Entwicklung erforderlich sind. Diese Ergänzungsstoffe bezeichnet man als *Vitamine*.

Die Vitamine sind demnach Stoffe, die der Organismus im allgemeinen nicht selbst bilden kann, sondern die in minimalen Mengen in der Nahrung enthalten sein müssen, da ihr Fehlen zu Störungen des normalen Lebensablaufes führt. Bei teilweiser oder vollständiger Abwesenheit treten Mangelerkrankungen auf, sogenannte Hypovitaminosen bzw. Avitaminosen, die durch Zufuhr von Vitaminen wieder behoben werden können.

Man unterscheidet die einzelnen, in Wirkung und chemischen Eigenschaften verschiedenen Vitamine durch große Buchstaben (A, B, C, D usw.). In einigen Fällen ist eine weitere Aufteilung nötig, die durch Anfügung von Indexzahlen erfolgt. Soweit die chemische Konstitution bekannt ist, werden die reinen Vitamine auch mit Eigennamen benannt. Die endgültige Zahl ist noch nicht bekannt. Ihre Feststellung wird dadurch besonders erschwert, daß nicht für alle Lebewesen die gleichen Vitamine erforderlich sind.

Die Einteilung der Vitamine erfolgt im allgemeinen nach ihrer Löslichkeit. Man unterscheidet zwischen *wasser-* und *fett*löslichen. Obwohl diese Einteilung weder chemischen noch physiologischen Zusammenhängen entspricht, hat sie sich doch als recht nützlich erwiesen, da sie gewisse Hinweise auf das Vorkommen in Nahrungsmitteln bietet. Die Mengenangabe erfolgt nach internationalen Einheiten (I.E.) oder Gewichtsmengen, wenn das betreffende Vitamin als wohl definierte Substanz bekannt ist.

Übersicht über die wichtigsten Vitamine.

Vitamin	Chemische Bezeichnung	Eine I.E. entspricht
Fettlösliche Vitamine		
A Antixerophthalmisches Vitamin	Axerophthol	$0{,}6\,\gamma\ \beta$-Carotin[1]
D Antirachitisches Vitamin	Calciferol	$0{,}025\,\gamma$ Vit. D_2
E Antisterilitätsvitamin	Tocopherol	1 mg d,l-α-Tocopherolacetat
K Antihämorrhagisches Vitamin	Phyllochinon	
Wasserlösliche Vitamine.		
B$_1$ Antineuritisches Vitamin	Aneurin (= Thiamin)	$3\,\gamma$ Aneurinhydrochlorid
B$_2$ Wachstumsvitamin	Lactoflavin (= Riboflavin)	1 Sherman - Bourquin - Einheit = $20\,\gamma$ Lactoflavin
Pellagraschutzstoff (PP-Faktor)	Nicotinsäureamid	
B$_6$ Pellagraschutzstoff der Ratte	Adermin (= Pyridoxin)	1 Ratten-Einheit = $7{,}5\,\gamma$ Aderminhydrochlorid
Antianämisches Vitamin		
Pantothensäure		1 Hühnchen-Einheit = $14{,}0\gamma$ Pantothensäure
p-Aminobenzoesäure (Vitamin H')	p-Aminobenzoesäure	
C Antiskorbutisches Vitamin	l-Ascorbinsäure	$50\,\gamma$ l-Ascorbinsäure

Hinsichtlich des Mechanismus lassen sich keine gemeinsamen Gesichtspunkte erkennen. Man kann nur sagen, daß die Vitamine die Stoffwechselvorgänge beeinflussen. Es bestehen Beziehungen zu den Enzymen und Hormonen.

Vitamin A. Es kommt im Pflanzenreich wahrscheinlich nicht als solches vor, sondern in Form von Vorstufen (Provitaminen). Diese Provitamine, die zur

---

[1] $1\,\gamma = 0{,}001$ mg.

Klasse der *Carotinoide* gehören, werden in der Leber durch die Carotinase unter
Aufnahme von zwei Mol Wasser gespalten. Als Provitamin A sind alle die Carotinoide anzusprechen, die wenigstens einen β-Jononring enthalten. Das β-Carotin
wird somit in zwei Mol Vitamin A umgewandelt. Hiermit ist auch die größere
Wirksamkeit des β-Carotins gegenüber dem α- und γ-Carotin zu erklären. Das

$$
\begin{array}{l}
CH_3 \quad CH_3 \\
\quad \diagdown C \diagup \\
CH_2 \quad C-CH=CH-C=CH-CH=CH-C=CH-CH= \\
| \quad\quad \| \quad\quad\quad\quad\quad | \quad\quad\quad\quad\quad\quad\quad | \\
CH_2 \quad C-CH_3 \quad\quad CH_3 \quad\quad\quad\quad\quad\quad CH_3 \\
\diagdown CH_2 \diagup
\end{array}
$$

$$
=CH-CH=C-CH=CH-CH=C-CH=CH-C \quad CH_2 \\
\qquad\qquad | \qquad\qquad\qquad\qquad | \qquad\qquad \| \quad | \\
\qquad\quad CH_3 \qquad\qquad\qquad CH_3 \quad CH_3-C \quad CH_2
$$

β-Carotin

Vitamin A ist ein primärer Alkohol, der in der Natur meistens verestert vorkommt
(z. B. im Thunfischlebertran als Palmitinsäureester). Die Leber wandelt das freie
wie auch das aus Carotin entstehende Vitamin A in Ester um. Das reine Vitamin A
stellt ein schwach gelb gefärbtes Öl dar, das bei 7,5 bis 8° C kristallin erstarrt.

Isolierung, Aufklärung der Konstitution und des Zusammenhangs mit den
Carotinoiden sind vor allem von H. v. EULER und P. KARRER (seit 1930) durchgeführt worden.

Das Provitamin A kommt in grünen Gemüsen, Karotten, Tomaten, Eigelb,
Keimdrüsen vor. Das Carotin der Karotten wird nur sehr unvollkommen ausgenutzt (2 bis 5%) durch weitgehende Zerkleinerung und durch Beigabe von
fettreicher Nahrung kann die Resorption wesentlich erhöht werden.

Das Vitamin A wird in tierischen Fetten (Butter, Fischölen), in der Leber und
Niere gefunden. Als besonders reiche Quelle wird die Leber des Eisbären angesehen.

Die Gewinnung des Vitamin A erfolgt als Konzentrat oder in kristallisierter
Form aus dem Unverseifbaren vitaminreicher Trane. Karotten dienen als Ausgangsmaterial für die Gewinnung von Carotin, in denen es als fast einziger Farbstoff vorkommt. Vitamin A ist wegen seines ungesättigten Charakters lichtempfindlich, bei höherer Temperatur sauerstoffempfindlich und wird bei der
katalytischen Hydrierung von Ölen und Fetten zerstört. Dieser Mangel kann
durch Vitaminisierung der betreffenden Lebensmittel behoben werden.

Beim Fehlen von Vitamin A wurden als hauptsächlichste Mangelerschei-
nungen Nachtblindheit durch nicht ausreichende Sehpurpurbildung aus dem
Vitamin in der Netzhaut des Auges, Trübung der Hornhaut, die bis zur Erblin-
dung führen kann, Verhornung der Haut und Schleimhäute und dadurch bedingt
erhöhte Infektionsanfälligkeit, Nerven-, Wachstums- und Fortpflanzungsstö-
rungen beobachtet.

Der mittlere Tagesbedarf des Menschen wird meist mit 2 bis 3 mg Vitamin A
(= 2500 I.E., bzw. 5000 I.E. β-Carotin) angegeben. Der Bedarf scheint unabhängig vom Alter und Geschlecht beim Menschen und den verschiedensten
Tierarten 15 bis 25 I.E. je kg Körpergewicht zu betragen.

Das Vitamin A kann in der cis- und trans-Form vorkommen, die beide die
gleiche Wirksamkeit haben.

In den Lebern von Säugetieren, insbesondere von Walen, hat man *Kitol* gefunden, das aus zwei Mol Vitamin A besteht, das aber keine Vitamin-A-Wirkung aufweist. Diese Verbindung kann nur chemisch in Vitamin A übergeführt werden.

Ausschließlich in Süßwasserfischen, besonders in der Leber des Hechtes, hat man eine weitere Verbindung, das *Vitamin A_2*, gefunden, das sich von dem Vitamin A durch zwei weitere C-Atome in der Polyenkette, die durch Doppelbindung verbunden sind, unterscheidet. Das Vitamin A_2 hat gegenüber Vitamin A nur eine geringe Wirkung.

Vitamin D. Das antirachitische Vitamin weist enge chemische Beziehungen zu den Sterinen auf, einer Klasse von Verbindungen, die im Pflanzen- und Tierreich vorkommt. Frühzeitig war es schon bekannt geworden, daß Sonnenbestrahlung, Bestrahlung mit UV-Licht und die Verabreichung von bestrahlten Lebensmitteln (Milch) die Rachitis verhüten und heilen können. Aus diesen Beobachtungen war zu schließen, daß in der Haut und auch in den Nahrungsstoffen Verbindungen vorkommen, die durch Bestrahlung in antirachitisch wirksame Stoffe übergeführt werden können. Nach langen Versuchen gelang es, aus Ergosterin durch sorgfältig geleitete Bestrahlung über Zwischenprodukte zum antirachitischen Vitamin D_2 (Calciferol) zu kommen. Überbestrahlung führt zu giftigen Stoffen.

$$\text{Ergosterin}$$
$$|$$
$$\text{Lumisterin}$$
$$|$$
$$\text{Tachysterin}$$
$$|$$
$$\text{Vitamin } D_2$$

Susprasterin I   Toxisterin   Suprasterin II

Das zunächst gefundene Vitamin D_1 erwies sich als eine molekulare Verbindung von Lumisterin und Vitamin D_2. Später gelang die Isolierung des natürlichen Vitamins D_3 aus Lebertran. Als Provitamin wurde das 7-Dehydrocholesterin erkannt, das aus der Schweinehaut isoliert werden konnte.

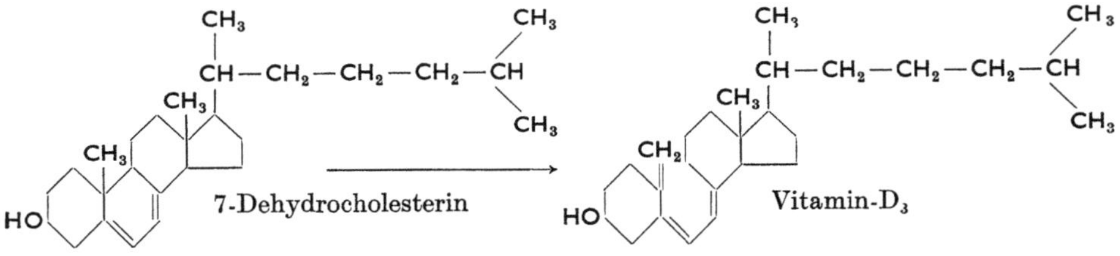

Neuerdings gelang es, durch Erhitzen von sterinhaltigen Fetten und Ölen mit Schwefelsäure und Essigsäure zu antirachitischen Verbindungen zu kommen. Auch andere Sterine liefern durch Bestrahlung antirachitische Produkte, die als Vitamin D_4 und D_5 bezeichnet werden.

Den D-Vitaminen kommt in erster Linie eine Bedeutung für die Verwendung des Phosphates bei der Knochenbildung zu; fehlt es, so lagern sich erst bei erhöhtem Phosphatniveau die Mineralstoffe in den Knochen ab, ist es dagegen in ausreichender Menge vorhanden, so kann dies schon bei einem niedrigen P-Spiegel der Fall sein. Hierbei wird den Geweben das für den Knochenaufbau wichtige Phosphat entzogen. Phosphat und Vitamin D spielen also bei der Heilung der Rachitis die beherrschende Rolle. Den Calciumsalzen kommt unterstützende Bedeutung zu. Als optimales Verhältnis im Blut wurde das von Ca : P = 1 : 1 gefunden.

Die weitaus reichste Quelle für das Vitamin D ist der Lebertran. Heilbutt- und Thunfischtrane enthalten hiervon noch mehr als der allgemein verwendete Dorschlebertran. Die Frage, warum gerade die Leber besonders reich an Vitamin D_3 ist, konnte bisher noch nicht geklärt werden. Es kommt außerdem in Butter, Eigelb, Milch und im Fleisch vor. Der Vitamin D_3-Gehalt der Milch kann durch ultraviolette Bestrahlung auf das 25fache erhöht werden. In Pflanzen finden wir diese Stoffe nur selten, gelegentlich als Provitamin im Unverseifbaren der Fette. Die Wirksamkeit von Vitamin D_2 und D_3 ist bei einzelnen Versuchstieren verschieden. Beim Säugling ist Vitamin D_3 doppelt so wirksam wie D_2. Die in den Nahrungsmitteln angebotenen Provitamine sind nur in begrenztem Umfang resorbierbar. Der Körper vermag aus Cholesterin 7-Dehydrocholesterin zu bilden und so einer D-Avitaminose vorzubeugen. Bei Überdosierungen tritt Hypervitaminose auf, die Entkalkung der Knochen und Kalkablagerung in verschiedenen Organen verursacht.

1 klinische Einheit $= 100$ biolog. Einheiten $= 12{,}5$ bis 17 Internationale Einheiten.

Vitamin E. Neben den Vitaminen A und D kommt im Unverseifbaren der Fette noch das Antisterilitätsvitamin E vor. Man kennt bisher 4 Chromanderivate, die man als α-, β-, γ-, δ-Tocopherole bezeichnet. Diese Verbindungen stellen Hydrochinonderivate mit einem Phytolrest dar. Es sind schwach gelb gefärbte Öle, die gegen Erhitzen wenig empfindlich sind, durch Luftsauerstoff bei Gegenwart von Alkali und Katalysatoren (Schwermetalle) oxydiert werden. Sie werden als Fettantioxydantien verwendet.

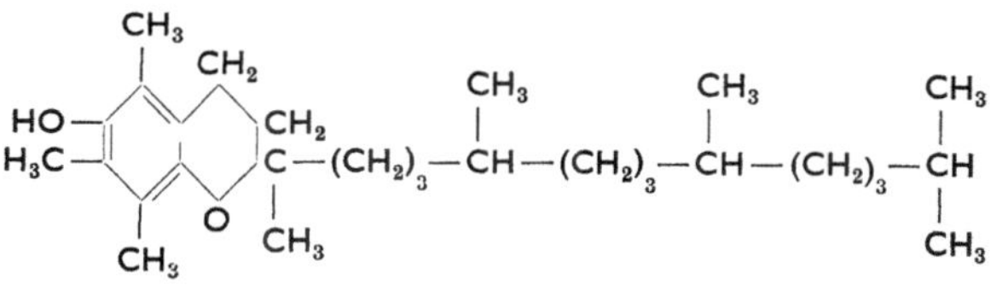

α-Tocopherol

Beim Fehlen des Vitamins E kommt es zu Lähmungen der Extremitäten und zu Muskeldystrophie sowie zur Störung der Geschlechtsfunktionen, die zur Sterilität und Neigung zu Fehlgeburten führt. Die Vitaminwirkung soll eine Redoxwirkung sein und außerdem von dem Bau der Seitenkette abhängen.

Es wurde in pflanzlichen Fetten, besonders in Mais- und Weizenkeimlingsöl gefunden, außerdem im Salat und Eigelb.

Vitamin K (Phyllochinon). Das antihämorrhagische Vitamin wurde 1939 von P. KARRER aus Pflanzenmaterial in reiner Form als gelbes Öl isoliert und erwies sich als das Phytolderivat eines Methylnaphthochinons.

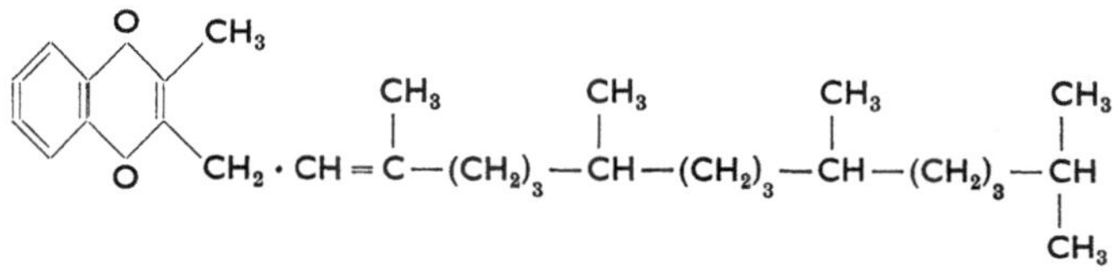

α-Phyllochinon

Fast gleichzeitig berichtete DOISY über eine Verbindung mit gleicher Wirkung und ähnlicher Konstitution. Inzwischen hat man etwa 60 Verbindungen mit Vitamin K-Wirkung hergestellt.

Das Vitamin K kommt in Pflanzen (Spinat, Kohl) und Mikroorganismen vor, aber auch die Schweineleber hat sich als gute Quelle erwiesen.

Für Mensch und Tier stellt das Phyllochinon kein eigentliches Vitamin dar, da es im Darm von Bakterien erzeugt werden kann. Avitaminosen können nur dann auftreten, wenn die Tätigkeit dieser Bakterien gehemmt ist. Vitamin K ist für die Bildung von Prothrombin in der Leber verantwortlich, das nach Übergang in Thrombin (Enzym) die Blutgerinnung herbeiführen kann. Sein Fehlen bedingt eine verlängerte Gerinnungszeit des Blutes und das Auftreten von Hämorrhagien und Blutungen in Haut und Muskel.

Von den *wasserlöslichen* Vitaminen sollen im folgenden einige Vertreter der Vitamin B-Gruppe und das für den Menschen so wichtige Vitamin C behandelt werden.

Vitamin B. Die Vitamine der B-Gruppe wurden lange Zeit als einheitlicher Faktor betrachtet und als Antiberiberi-Vitamin bezeichnet. Die Aufgliederung erfolgte nach und nach, einige Vertreter sind chemisch und physiologisch klar identifiziert, während bei anderen der Wirkungsbereich noch nicht eindeutig festgelegt werden kann und die chemische Konstitution unbekannt ist. Es dauerte lange Zeit, bis der reine Beriberi-Schutzstoff, dessen Isolierung wegen seiner Hitze- und Alkaliempfindlichkeit große Schwierigkeiten bereitete, rein erhalten werden konnte. Seine Synthese ist heute im technischen Ausmaß möglich. Der Beriberi-Schutzstoff wird heute als Vitamin B_1 (Aneurin, Thiamin) bezeichnet. Es besteht aus einem Pyrimidin- und Thiazolring.

$$\text{Vitamin } B_1$$

Die Bindung über den Stickstoff des Thiazols bedingt die Bildung eines quarternären Ammoniumsalzes mit besonderen Eigenschaften, die in Beziehung zur physiologischen Wirkung stehen. Das Vitamin B_1 kann reversibel reduziert werden. Diese Reduktion vollzieht sich am Stickstoff des Thiazolringes, der dadurch 3-wertig wird.

Bei der Resorption wird das Aneurin in der Darmschleimhaut durch Aufnahme von zwei Mol Phosphorsäure in die Aneurinpyrophosphorsäure, die Cocarboxylase, übergeführt, die bei der Decarboxylierung von α-Keto- und α-Aminosäuren wirksam wird. In den Zellen kommt Aneurin praktisch nur in dieser Form vor. Es bildet mit Säuren gut kristallisierbare Salze und verträgt kurzes Erhitzen auf 100° C. Es ist gegen Luftsauerstoff beständig. In alkalischer Lösung wird es dagegen von schwachen Oxydationsmitteln unter Thiochrombildung (blaue Fluoreszenz) leicht angegriffen. Das Vitamin B_1 kommt besonders in Hefe, Reis, Kleie, Getreidekeimlingen, im Schweinefleisch, in geringerer Menge in grünen Pflanzen und in der Kartoffel vor. Beim Reis wurde es in der Schicht unter der Silberhaut gefunden, die beim Schälen zum größten Teil mit entfernt wird, so daß geschälter Reis nur etwa 90 $\gamma/100$ g gegenüber 1100 bis 1500 $\gamma/100$ g in Reiskleie enthält. Manche Bakterien vermögen Aneurin zu bilden, z. B. *Bact. bifidus* im Darm des Säuglinges bei der Ernährung mit Muttermilch, so daß weitgehende Unabhängigkeit von der Zufuhr besteht. Infolge der Störung des Kohlenhydratstoffwechsels kommt es beim Mangel an Vitamin B_1 zu nervösen Symptomen (Polyneuritis, Neuralgien), zu Beschwerden am Herzen und zu Störungen des Wasserhaushaltes. In schwereren Fällen treten Lähmungen in der Muskulatur, besonders der Beine, zuletzt tödliche Herzmuskelschwäche auf.

Der Tagesbedarf für den Menschen beträgt etwa 900 γ. Diese Menge ist von der Kohlenhydratzufuhr abhängig.

Vitamin B₂-Komplex. Bei der Untersuchung von Hefe und Vitamin B_1-reicher Kleie fand man schon frühzeitig, daß nach Erhitzen in alkalischer Lösung Produkte hinterbleiben, die deutlich Wachstumswirkung haben. Diese als Vitamin B_2 bezeichnete Fraktion ist nicht einheitlich, sondern konnte in eine Reihe von Faktoren aufgeteilt werden.

Lactoflavin (Vitamin B_2) gehört zu einer Gruppe von in Wasser löslichen Farbstoffen (Lyochrome) mit gelbgrüner Fluoreszenz. Es wurde aus Molke (1 g aus 5400 l) kristallin erhalten. (S. P. 293° C) und stellt ein 6,7-Dimethyl-9-d-ribo-isoalloxazin dar, das von R. Kuhn und F. Karrer gleichzeitig synthetisiert wurde.

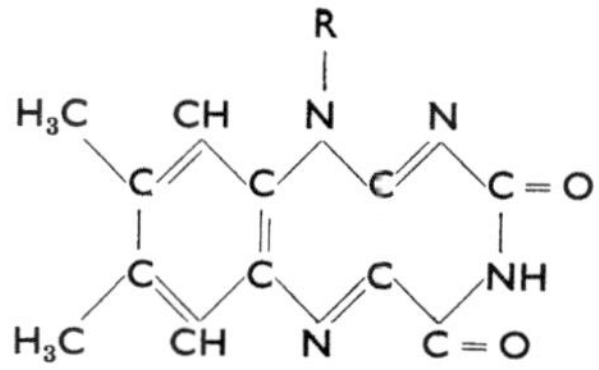

R = Ribitylrest

Lactoflavin (= Riboflavin)

Die Substanz ist lichtempfindlich, sie wird durch Belichtung in eine physiologisch unwirksame Substanz, das Lumiflavin, verwandelt. Durch Reduktion kann Lactoflavin unter Anlagerung von 2 H in Leukolactoflavin übergeführt werden. Es bildet in phosphorylierter Form die prosthetische Gruppe der gelben Oxydationsfermente.

Bei Vitamin B_2-Mangel tritt im Tierversuch Wachstumsstillstand, Veränderung der Haut und des Haarkleides und bei manchen Tieren Nervendegeneration auf. Wachstumsstörungen auf Grund einer B_2-Avitaminose werden bei Menschen selten beobachtet. Lactoflavin kommt in der Netzhaut in freier Form vor und hat Einfluß auf die Sehvorgänge. Es schützt das Auge beim Dämmerungssehen vor der Reizwirkung des kurzwelligen Lichtes, indem es die blauen Strahlen in gelbgrünes Fluoreszenzlicht umwandelt. Es beschleunigt die Regeneration des Sehpurpurs. Als Quellen für Lactoflavin werden Leber, Niere, Rinderherz und Hirn, Bierhefe, Eiklar und Milch angegeben. Manche Pilze wie *Eromothecium Ashby* erzeugen Lactoflavin in großer Menge. Außerdem ist es Bestandteil von einigen Enzymsystemen wie Xanthinoxydase, Diaphorase und der l- und d-Aminosäurenoxydasen.

Der *Pellagraschutzstoff* (Pellagra preventing factor = PP-Faktor) gehört auch zur Gruppe des Vitamin B_2-Komplexes und erwies sich chemisch als Nicotinsäureamid (farblose Kristalle S.P. 122,2° C), das schwach basischen Charakter hat.

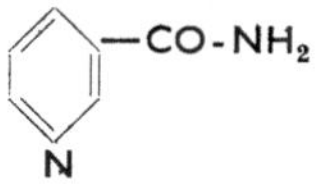

Nicotinsäureamid.

Beim gleichzeitigen Fehlen von Nicotinsäureamid u. a. B_2-Faktoren tritt besonders bei einseitiger Maisernährung Pellagra (= rauhe Haut) auf, die sich in Rötung, Knötchen- und Blasenbildung, Schuppung der Haut und Verfärbung der besonnten Stellen äußert. Dazu kommen noch ähnliche Veränderungen an der Schleimhaut des Verdauungskanals sowie Nervenstörungen, die bis zu Krämpfen mit Bewußtseinstrübungen führen können. Es ist außerdem Bestandteil von zwei Enzymsystemen (Codehydrasen I und II) und ist in seiner Enzymwirkung eng mit derjenigen der gelben Oxydationsfermente verbunden. Es ist in Fleisch, Leber, Niere, Hefe und Kleie reichlich enthalten.

Durch geeignete Diät läßt sich bei Ratten eine Mangelkrankheit erzeugen, die mit der menschlichen Pellagra Ähnlichkeit hat, die aber nicht mit Nicotinsäureamid zu beeinflussen ist. Der Rattendermatitis-Schutzfaktor wurde als Pyridinderivat erkannt. 3-Oxy-4,5-dimethoxy-2-methylpyridin, *Adermin*:

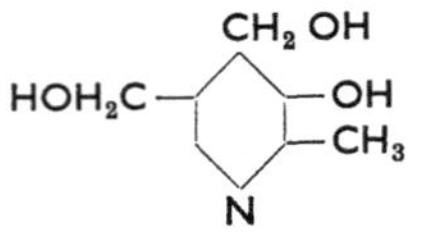

$$HOH_2C \diagup\diagdown \begin{array}{c} CH_2\,OH \\ \diagdown\diagup \end{array} \begin{array}{c} OH \\ CH_3 \end{array}\ ,\ N$$

Beim Menschen ruft sein Fehlen Hautschäden und Veränderungen im Blutbild und im Nervensystem hervor. Es wurde im Fleisch, Rinderleber, Schellfisch, Ei, Hefe, Spinat und in Kartoffeln und Kleie gefunden.

In dem gleichen Ausgangsmaterial findet man auch die *Pantothensäure*, die auch zur Vitamin B_2-Gruppe gehört.

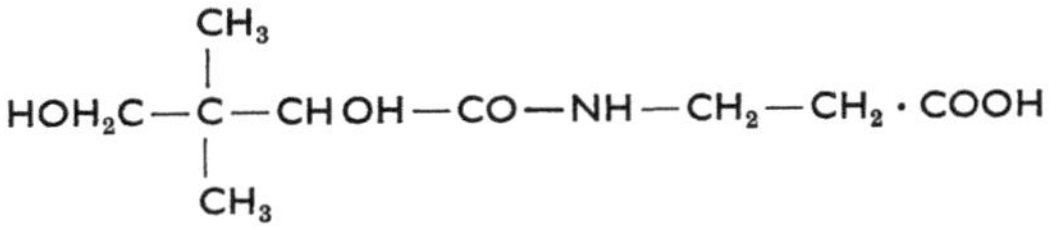

$$HOH_2C - \underset{\underset{CH_3}{|}}{\overset{\overset{CH_3}{|}}{C}} - CH\,OH - CO - NH - CH_2 - CH_2 \cdot COOH \qquad \text{Pantothensäure}$$

Sie wird als *Antigrauehaarfaktor* bezeichnet, da bei ihrem Fehlen bei Ratten und Katzen Wachstumsstillstand mit gleichzeitigem Ergrauen des Felles eintritt. Für manche Mikroorganismen ist sie auch ein Wuchsstoff. Gleichfalls als Wuchsstoff wirkt die *p-Aminobenzoesäure* (Vitamin H′). Möglicherweise kommt diese Funktion nicht der p-Aminobenzoesäure selbst zu, sondern der *Folsäure* (Vitamin M, Faktor Bc, Lactobacillus casei-Faktor), in die sie eingebaut ist. Diese Verbindung besteht aus Xanthopterin, p-Aminobenzoesäure und Glutaminsäure und wird auch als Pteroylglutaminsäure bezeichnet.

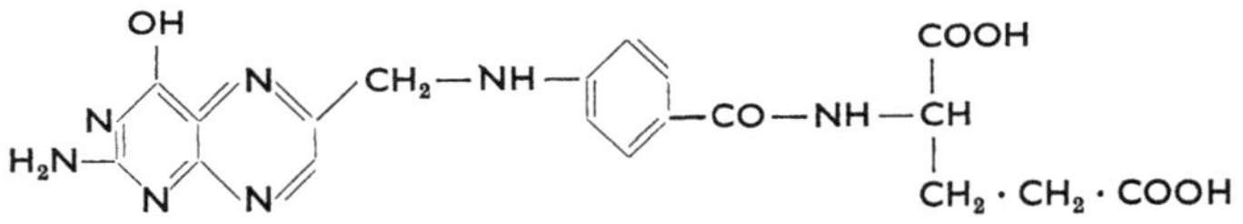

$$\text{(Strukturformel Folsäure)} \qquad \text{Folsäure}$$

Man verwendet sie mit Erfolg bei bestimmten Anämien und bei Sprue. Zur B_2-Gruppe werden außerdem noch einige Faktoren gezählt, die auch bei Anämien wirksam sind. (Antiperniciosafactor.) Neuerdings wird von dem *Vitamin B_{12}* berichtet, daß es in der Lage ist, perniciöse Anämie einschließlich der Begleiterscheinung am Nervensystem zu heilen. Es fällt durch einen hohen Gehalt an Kobalt (4%) auf, das auf Grund von Valenzwechsel physiologisch als Katalysator (Redoxase) zu wirken vermag.

Vitamin C. (l-Ascorbinsäure.) Bei langanhaltendem Fehlen von frischem Gemüse und Obst kommt es zu einer, besonders bei den alten Seefahrern bekannten und gefürchteten Krankheit, dem Skorbut, der sich in Blutungen im Zahnfleisch, Lockerung und schließlich im Ausfall der Zähne, Blutungen in Muskeln und Geweben, Hautveränderungen und allgemeinem Kräfteverfall äußert. Infolge geschwächter Abwehrfunktion des Organismus treten leicht Infektionskrankheiten auf. J. Tillmans vermutete als erster Zusammenhänge zwischen Reduktionswirkung und antiskorbutischer Wirkung. Etwa gleichzeitig wurde dann 1932 von J. Tillmans aus Citronen und von P. Szent-Gyoergyi aus Nebennieren eine farblose, kristallisierte Säure (Hexuronsäure) (S. P. 190 bis 192° C) gefunden, die als l-Ascorbinsäure bezeichnet und als antiskorbutisches Vitamin erkannt wurde. Es existieren mehrere stereoisomere Formen; die l-Ascorbinsäure erwies sich als die wirksamste. Die Substanz kann in 2 **tautomeren** Formen reagieren; die Reaktionswirkung beruht auf der leichten Dehydrierbarkeit, **die** reversibel ist, so daß man **annehmen** kann, daß die Bedeutung für den Organismus auf der Vermittlung von Redoxvorgängen beruht. Die Verbindung ist synthetisch zugänglich.

l-Ascorbinsäure   Dehydroascorbinsäure.

$$HO \cdot C = C \cdot OH \qquad\qquad\qquad OC = CO$$
$$HC \quad CO \qquad\qquad\qquad\qquad HC \quad CO$$
$$HO \cdot H_2C \cdot HO \cdot CH \quad O \qquad\qquad HO \cdot H_2C \cdot HO \cdot CH \quad O$$

Sie wird besonders in hormonreichen Organen gespeichert, so daß ein Zusammenhang zwischen Vitamin C und den Hormonen angenommen werden kann. l-Ascorbinsäure scheint nur für den Menschen und einige Tiere (Meerschweinchen) Vitamincharakter zu haben, da die meisten Tiere (Ratten, Mäuse, Tauben, Küken) diese Substanz synthetisieren können. Das Kind benötigt im ersten Lebensjahr kein Vitamin C, da es von der Mutter einen gewissen Vorrat mitbekommt. l-Ascrobinsäure ist in der Pflanze in ausreichender Menge, die vom Standort, Boden, Düngung, Jahreszeit und Wassergehalt abhängig ist, vorhanden, so daß bei gemischter Kost beim Menschen keine C-Avitaminose zu befürchten ist. Den höchsten Gehalt weisen Sanddornbeere, Hagebutte, Paprika und die Citrone auf. Zur fabrikatorischen Gewinnung dienen die Gladiolen und die Synthesen von REICHSTEIN, RUZICKA u. a. Für die Volksernährung ist die Kartoffel als Vitamin-C-Spender wichtig (150 bis 200 mg/kg). Das Vitamin C wird durch Erhitzen, besonders in alkalischer Lösung, und durch Schwermetalle (Cu, Hg, Ag) zerstört. Deshalb ist das Weichkochen von Gemüse mit *Natron* zu verwerfen. Die Pflanzen enthalten natürliche Schutzstoffe, die eine Oxydation hemmen: Pektine, Amylose, Senföl, Purine und Aminosäuren. Infolge Komplexsalzbildung verhindern Metaphosphorsäure, Diäthyldithiocarbamat, 8-Oxychinolin und andere Verbindungen die Oxydation mit Cu. Als erstes Oxydationsprodukt entsteht die Dehydroascorbinsäure, die wieder zu l-Ascorbinsäure reduziert werden kann.

Nach P. SZENT-GYOERGYI ist der Skorbut keine reine C-Avitaminose. Insbesondere die in Blutungen sich äußernde Kapillardurchlässigkeit wird auf ein besonderes Vitamin (P) zurückgeführt. Es wurde als Quercetin-rutinosid (Rutin) erkannt und kommt in etwa 25 Pflanzenfamilien vor.

Antivitamine. In den letzten Jahren wurden in tierischem und pflanzlichem Material Stoffe gefunden, die in der Lage sind, Vitaminwirkungen aufzuheben. Diese Verbindungen bezeichnet man als Antivitamine.

In der Sojabohne kommt ein Enzym, die *Lipoxydase*, vor, die bei Gegenwart von Sauerstoff ungesättigte Fettsäuren zu oxydieren vermag. Die entstehenden Oxydationsprodukte verändern das Provitamin A, das Carotin, und machen es unwirksam.

Das Muskelgewebe einiger Fische (Karpfen) enthält das Enzym Thiaminase (Chastek-Faktor), die das Aneurin zerstört. Das Aneurin wird hierbei in den Pyrimidin- und Thiazolanteil gespalten. In einigen Farnkräutern, besonders in Pteris aquilina, und in einigen Schachtelhalmen, insbesondere in Equisetum palustris, sowie in Fischen sollen enzymartige Stoffe vorkommen, die auch Aneurin zerstören.

l-Ascorbinsäure kann durch die Ascorbinsäureoxydase, Phenolasen, Peroxydasen, durch das Cytochromsystem und durch Schwermetallproteide zerstört werden.

Neben diesen Enzym-Antivitaminen kennt man für einige Wuchsstoffe des Vitamin-B-Komplexes Hemmstoffe. Diese bakteriostatisch wirkenden Verbindungen werden auch als *Antivitamine* bezeichnet. Es bestehen strukturchemische Analogien zwischen dem Vitamin und dem betreffenden Hemmstoff.

p-Aminobenzoesäure H_2N—◯—$COOH$ H_2N—◯—SO_3H Sulfanilsäure

Nicotinsäureamid N—◯—$CONH_2$ N—◯—$SO_2 \cdot NH_2$ β-Pyridinsulfo- säureamid

Als hochwirksame Antagonisten der p-Aminobenzoesäure wurden jüngst 4,4-Diaminobenzil und 2,2-Dioxybenzil (Salicil) erkannt.

2. Die Enzyme.

Die Enzyme, auch als Fermente, in der französischen Literatur als Diastasen bezeichnet, kommen nur in der belebten Natur vor und müssen von den Organismen gebildet werden. Hierdurch unterscheiden sie sich von den Vitaminen, die im allgemeinen dem tierischen Körper zugeführt werden müssen. Der pflanzliche Organismus hat jedoch die Fähigkeit zur Vitaminbildung.

Man kann ein Enzym definieren als einen makromolekularen, meistens kolloidalen, organischen, thermolabilen Katalysator, der in einer tierischen oder pflanzlichen Zelle entsteht, der in außerordentlich geringer Menge wirkt und in den Endprodukten der Reaktion nicht erscheint.

Man hat Lyoenzyme und Desmoenzyme zu unterscheiden. Bei einem Desmoenzym ist der Wirkstoff fest an die Zelle gebunden. Es gelingt nicht, ihn mit einem Lösungsmittel, im Gegensatz zu den Lyoenzymen, in Lösung zu bringen. Die Bindungen werden durch Nebenvalenzen hervorgebracht. Man hat Symplexbindungen beobachtet, an denen Eiweißstoffe, Kohlenhydrate und, wenn auch seltener, Fette beteiligt sind. Durch chemische und biochemische Eingriffe können diese Symplexe oftmals gelöst werden.

Die Frage nach der chemischen Natur kann heute in vielen Fällen noch nicht beantwortet werden. Eine Reihe von Enzymen läßt sich durch Dialyse in zwei Anteile, in einen thermolabilen (Apoenzym) und in einen widerstandsfähigeren (Coenzym), trennen; Holoenzym = Coenzym + Apoenzym.

Das Apoenzym ist in den meisten Fällen ein spezifischer Eiweißkörper, den man bei einigen Enzymsystemen bereits kristallin erhalten hat. Das Coenzym kann verschiedene chemische Strukturen haben. Man kennt z. B. Porphyrinabkömmlinge mit Schwermetallen, Di- und Triphosphopyridinnucleotide, Flavinfarbstoffe und andere chemische Verbindungen als Coenzyme.

Neben dieser Art von Enzymen, die sich in Co- und Apoenzym trennen lassen, gibt es noch solche, die ausschließlich aus Eiweißstoffen bestehen. Es ließ sich bei ihnen bisher noch keine prosthetische Gruppe (Coenzym) abtrennen. Hier wird dem besonderen Eiweißbau die enzymatische Wirkung zugeschrieben.

Es mehren sich jetzt die Beobachtungen, nach denen Proteine durch bestimmte Metallionen (Fe, Cu, Mg, Mn, Zn) in wirksame Enzyme umgewandelt werden können.

Die Wirkungsweise der Enzyme vollzieht sich nach Gesetzen, die je nach der einzelnen Gruppe verschieden sind. Gemeinsam ist ihnen, bevor sie zur Wirkung kommen, eine Bindung mit dem Substrat unter Bildung eines Enzym-Substrat-Komplexes. Der weitere Verlauf besteht darin, daß dieser Komplex sich wieder spaltet. Es handelt sich aber nicht um eine inverse Reaktion, denn das Substrat hat sich in der kurzen Zeit tiefgreifend verändert. In manchen Fällen kann es sekundär zu einer Vereinigung des Enzyms mit den gebildeten Stoffen kommen; eine Hemmwirkung tritt dann ein.

Das Enzym hat eine besondere Spezifität; es ist z. B. nicht möglich, mit einer Protease Fette zu spalten. Nach einem Ausspruch von E. FISCHER muß das Enzym zum Substrat passen wie der Schlüssel zum Schloß.

Die Wirkung der Enzyme ist abhängig von *physikalischen* und *chemischen* Faktoren.

Die Temperatur vermag bei vielen durch Enzyme katalysierten Reaktionen die Umsetzungen zu beschleunigen oder auch in vielen Fällen zu hemmen. Man hat zu unterscheiden, ob die Erhitzung trocken oder im feuchten Medium erfolgt. Einige Enzyme, z. B. Haferperoxydase und Haferphosphatase, vertragen, wenn sie trocken erhitzt werden, Temperaturen von über 100° C, im feuchten Medium werden sie bereits zwischen 50 und 60° C zerstört. Niedrige Temperaturen verlangsamen die Reaktion. Temperaturerhöhungen im physiologischen Bereich bewirken ein Ansteigen der Reaktionsgeschwindigkeit, was auf eine Vermehrung der aktiven Moleküle zurückzuführen ist. Hieraus ergibt es sich, daß für viele Enzyme eine optimale Temperatur besteht, bei der sie ihr Optimum an Aktivität haben. Viele haben über weite Bereiche die gleiche Aktivität. Unter *kritischer Inaktivierungstemperatur* versteht man diejenige, bei der das Enzym innerhalb einer Stunde seine halbe Aktivität einbüßt. Dieses Maß der Temperaturempfindlichkeit der Enzyme ist abhängig von dem Reinheitsgrad. Gereinigte Präparate sind thermolabiler als ungereinigte, die durch kolloidale Begleitstoffe vor der Hydrolyse geschützt werden.

Hohe Temperaturen bewirken eine vollständige Inaktivierung, die viele Analogien mit der Eiweißdenaturierung aufweist. Sie ist abhängig vom p_H, vom Reinheitsgrad und vom Wassergehalt. Manchmal tritt bei hitzeinaktivierten Enzymen eine Reaktivierung ein, die auf einer Ablösung des Enzyms von den ausgeflockten Eiweißstoffen beruht. Die bisher gemachten Beobachtungen über den Einfluß tiefer Temperaturen lassen keine Verallgemeinerung zu. Es wurden sowohl Steigerungen wie Hemmungen der Aktivität beobachtet.

Die Kenntnis des Einflusses der Wasserstoffionenkonzentration bei biologischen Prozessen hat sich auch befruchtend auf die Enzymchemie ausgewirkt. Man stellte fest, daß die Enzyme ein ganz bestimmtes p_H-Wirkungsoptimum haben. Dieses kann sogar bei Vertretern derselben Gruppe verschieden sein. So kennt man Phosphatasen, deren Optimum im sauren bzw. im alkalischen Gebiet liegt. Die Bestimmung des p_H-Wirkungsoptimums gehört unbedingt zur Charakteristik eines Enzyms. Dieses Optimum kann sich bei einem anderen Substrat und einer anderen Puffersubstanz verschieben. Der p_H-Einfluß läßt sich mit einer Änderung der elektrischen Ladung im Enzym oder im Substrat erklären.

Außer diesen physikalischen und chemisch-physikalischen Beeinflussungen sind es auch noch chemische Faktoren, die hemmend oder aktivierend wirken können. Es sind dies Verbindungen organischer oder anorganischer Art, die sich mit bestimmten Atomen oder Atomgruppen des Moleküls verbinden.

Über die Kinetik der Enzymwirkung sind umfangreiche Untersuchungen angestellt worden. Man wendet die Gesetze der physikalischen Chemie auch auf die Enzymchemie an und hat folgende Beziehungen zwischen Umsatz und Zeit gefunden:

1. Der *lineare Verlauf* (Reaktion nullter Ordnung). (Beispiel: Spaltung von Aethylbutyrat durch Leberlipase). Der Umsatz ist der Zeit direkt proportional. Die in jedem Augenblick

verschwindende Substratmenge ist unabhängig von der jeweils noch vorhandenen. In gleichen Zeiten werden gleiche Mengen an Substrat verändert. Die Reaktionskonstante ist

$$K = \frac{x}{t}$$

x = die zur Zeit t umgesetzte Substratmenge (oder die zur Zeit t gebildete Menge an Spaltprodukten).

2. Der *monomolekulare Verlauf* oder die Reaktion erster Ordnung (Beispiel: Spaltung von Glycylglycin durch Erepsin). Die in jedem Augenblick verschwindende Substratmenge ist ein ganz bestimmter Bruchteil der noch vorhandenen.

$$K = \frac{1}{t} \cdot ln \frac{a}{a-x}$$

a = die anfangs vorhandene Substratmenge
x = umgesetzte Substratmenge.

3. *Die bimolekulare Reaktion* (Beispiel: Spaltung des Serumalbumins durch Pepsin).

Treten zwei Moleküle in Reaktion und bezeichnet man mit a und b die Anfangskonzentrationen dieser Molekülarten und mit x die zur Zeit t umgewandelten Mengen dieser Molekülarten, so sind die Geschwindigkeiten in jedem Augenblick proportional der Konzentration der beiden miteinander reagierenden Stoffe. Bei äquimolekularen Mengen von a und b:

$$K = \frac{1}{t} \cdot \frac{x}{a(a-x)}$$

Da es noch nicht möglich ist, die Enzyme nach ihrer chemischen Struktur einzuteilen, muß man die Einteilung vorläufig von der Art der von ihnen beeinflußten Reaktionen abhängig machen. Man bezeichnet die Enzyme, abgesehen von einigen historisch bedingten Ausnahmen, indem man an die Namen der umgesetzten Stoffe (Substrat) oder auch an die Bezeichnung für die Art der vollzogenen Reaktion die Endsilbe *ase* anhängt. Man unterscheidet zwei Hauptgruppen: die Hydrolasen und Desmolasen.

Hydrolasen.

1. *Enzyme, welche die Bindung ... C — O ... spalten:*

a) Esterasen oder esterspaltende Enzyme:

Untergruppen:
Lipasen: Fettspaltende Enzyme.
Lecithasen: spalten die Bindung zwischen Fettsäuren und Glycerin in den Lecithinen.
Cholinesterase: spaltet die Ester des Cholins z. B. Acetylcholin.
Cholesterinesterase: spaltet Cholesterinester.
Phosphatasen: phosphorsäureesterspaltende Enzyme.
Sulfatasen: schwefelsäureesterspaltende Enzyme.

b) Carbohydrasen oder kohlenhydratspaltende Enzyme:

Untergruppen:
Hexosidasen (Oligasen): Enzyme der Glykosid- und Disaccharidspaltung.
Lactase, Saccharase, Emulsin.
Polyasen: Enzyme der Polysaccharidspaltung: Amylasen.

2. *Enzyme, welche die Bindung ... C — N ... spalten:*

a) Amidasen:

Untergruppen:
Urease: spaltet Harnstoff in Ammoniak und Kohlensäure.
Arginase: spaltet Arginin in Ornithin und Harnstoff.
Asparaginase: spaltet Asparagin in Asparaginsäure und Ammoniak.
Hippuricase (Histozym): spaltet Hippursäure in Benzoesäure und Glykokoll.
Purindesamidasen: spalten aus den Aminopurinen Ammoniak ab und führen sie in Oxypurine über.

b) Proteasen: Enzyme des Eiweißabbaues.

Untergruppen:
Peptidasen: peptidspaltende Enzyme.
Proteinasen: eigentliche eiweißspaltende Enzyme.

Desmolasen. Ihre Tätigkeit erstreckt sich auf die eigentlichen Prozesse des Abbaues, bei denen im allgemeinen die Kohlenstoffketten gelöst werden. Die

Desmolasen sind zumeist die Enzyme der verschiedenen Gärungen, der Glykolyse, des gesamten anoxybiontischen und oxybiontischen Stoffwechsels bis zu den endgültigen Verbrennungsprodukten.

Im folgenden werden nur einige Enzyme behandelt. Es ist nicht notwendig, im Rahmen dieses Handbuches sämtliche bekannten Enzyme zu beschreiben.

Esterasen sind Enzyme, die den Ablauf der Reaktion

$$R \cdot COOH + HO \cdot R_1 \; \rightleftarrows \; R \cdot CO \cdot O \cdot R_1 + H_2O$$

katalysieren, also entweder die Bildung oder Spaltung von Estern bewirken. Die Zahl der Ester, die dieser Einwirkung unterliegen, ist außerordentlich groß; es bestehen lediglich Unterschiede in der Geschwindigkeit der Spaltung oder Synthese der verschiedenen Ester. Von den verschiedenen möglichen und natürlich vorkommenden Substraten sind biologisch besonders wichtig die Fette als Glyceride höherer Fettsäuren und die verschiedenen Phosphorsäureester.

Im tierischen Organismus finden wir die *fettspaltenden Esterasen (Lipasen)* in den Verdauungssäften und zwar im Speichel, Magensaft, Darm- und Pankreassaft und in den Organen selbst. Die Verteilung der Lipasen in den Geweben ist unterschiedlich, ebenso ihre Spezifität für die verschiedenen Substrate und ihr p_H-Wirkungsoptimum. Zu ihrer Wirkung benötigen sie natürliche Aktivatoren wie Gallensalze, Aminosäuren und Calciumsalze höherer Fettsäuren. Fette mit niederem Schmelzpunkt werden schneller angegriffen als solche mit hohem. Die Lipasen finden sich auch im Pflanzenreich. Das Enzym aus dem Ricinussamen wurde bereits technisch zur Fettspaltung verwendet. Nach unseren heutigen Kenntnissen sind die Lipasen Proteidenzyme.

Bei den *Phosphatasen* finden wir die als Isodynamie bezeichnete Erscheinung, daß Enzyme gleicher Wirkung sich durch p_H-Optimum und andere Eigenschaften voneinander unterscheiden. Die Phosphatasen katalysieren gleichermaßen die Synthese und Spaltung von Phosphorsäureestern. Man unterscheidet vier Typen: Typ I wirkt im schwach alkalischen Gebiet und hat eine besondere Affinität zu β-Glycerophosphaten (vorwiegend tierische Phosphatasen), Typ II bei $p_H = 5 - 6$ (Pflanzenphosphatasen), Typ III bei $p_H = 3{,}5 - 5$ (Bakterienphosphatasen) und Typ IV bei $p_H = 6{,}5$. Die Phosphatasen kommen im tierischen und pflanzlichen Material vor. Sie sind für die Resorption der Kohlenhydrate und Fette notwendig. Sie wirken bei der Knochenbildung mit und kommen in den Verknöcherungszonen viel reichlicher vor als in den übrigen Knochen. Die Phophatase der Milchdrüse ist wahrscheinlich erforderlich für die Bildung des Phosphorproteids Casein. Besondere Bedeutung haben Phosphorylierungsreaktionen für den intermediären Stoffwechsel der Kohlenhydrate, sowie für den Chemismus der Muskelkontraktion. Die Phosphatasen werden als Mg-Proteide angesehen. Die Muskelphosphatase konnte dagegen als Komplex von Protein und Adenylsäure kristallisiert erhalten werden.

Aus der Gruppe der *Carbohydrasen* soll die *Diastase (Amylase)* behandelt werden. Die biologisch wichtigsten Polysaccharide sind die Stärke und das Glycogen, die beide aus α-Glukose aufgebaut sind. Sie können durch die Amylase bis zur Maltose und z. T. bis zur Glukose abgebaut werden. Man unterscheidet zwei Amylasen, die *Saccharogenamylase* (β-Amylase) und die *Dextrinogenamylase* (α-Amylase). Die Saccharogenamylase greift die Kettenmoleküle von den freien, nicht reduzierenden Kettenenden her an und spaltet Maltosemoleküle nacheinander ab. Die Wirkung der Dextrinogenamylase ist gekennzeichnet durch Dextrinbildung, ohne daß zunächst reduzierende Zucker im wesentlichen Ausmaß entstehen, während späterhin bei vorgeschrittenem Abbau auch eine gewisse Maltosebildung festzustellen ist. Die langkettige Amylose wird also vollständig in Maltose umgewandelt, während Amylodextrin nur etwa zu 40 % in Maltose übergeht, und dabei der übrige Teil des Moleküls als Grenzdextrin, Dextrin A, Erythrogranulose oder α-Amylodextrin zurückbleibt. Der β-Amylase wird beim Amylopektin, das sie auch vom freien Kettenende unter Maltosebildung her angreift, durch die schließlich erreichten Verzweigungen ein Halt gesetzt. Erst nach Lösung dieser Verzweigungsstellen (1,6-Bindungen) ist ein erneuter Angriff der β-Amylase, die nur 1,4-Bindungen löst, möglich. Mit Hilfe von Phosphatasen bzw. von Phosphorylasen ist auch ein Aufbau von stärkeähnlichen Verbindungen möglich. Die Amylasen kommen im Tier- und Pflanzenreich vor. Die üblichen *Diastase*-Präparate sind Gemische, die neben den beiden genannten Amylasen noch Phosphatase enthalten. Die α-Amylase kommt vorwiegend im Pankreas, Blutserum, Speichel, Harn, in den Leukocyten, sowie in Schimmelpilzen vor, ist aber auch in den Zellen, in denen Stärke aufgebaut und gespalten wird, neben β-Amylase zu finden. Bei der Keimung wird unter Beteiligung von Quellungserscheinungen und Proteasen das inaktive Enzym in seine aktive Lyoform übergeführt. Die β-Amylase ist vorwiegend ein pflanzliches Enzym.

Die *Amylasen* sind auch Proteidenzyme; eine besondere prosthetische Gruppe hat man bisher noch nicht feststellen können. Das Wirkungsoptimum der α-Amylase liegt bei $p_H = 5{,}6$—$6{,}0$ und das der β-Amylase bei $p_H = 4$—$5{,}75$.

Als *Proteasen* bezeichnet man alle Enzyme, die an der Spaltung von Eiweißkörpern bis zur Aminosäurestufe beteiligt sind. Ihre Wirkung ist vollkommen einheitlich, die Spaltung der Peptidbindung vollzieht sich unter Freilegung einer Carboxyl- und Aminogruppe. Sie unterscheiden sich durch verschiedene p_H-Optima und durch die Art des Substrates. Die folgende Tabelle zeigt die Haupttypen.

Haupttypen der Proteasen.

Proteinasen	Peptidasen
Pepsin (pH-Optimum etwa 2)	Dipeptidase
Papain (pH- „ „ 4 bis 7)	Aminopeptidase
Kathepsin (pH- „ „ 4 bis 7)	Carboxypeptidase
Trypsin (pH- „ „ 8)	Protaminase
	Prolinase, Prolidase

Die Spezifität der einzelnen Proteasen wurde durch Untersuchungen an synthetischen Substraten weitgehend geklärt.

Die am besten untersuchten eiweißspaltenden Proteasen sind das *Pepsin, Papain* und das *Trypsin;* neuerdings schreibt man dem *Kathepsin* eine besonders wichtige Rolle bei der Eiweißverdauung im Magen zu.

Die Wirkung des Pepsins ist keine sehr weitgehende, es werden nur 10% der Peptidbindungen gelöst und es entstehen noch recht hochmolekulare Peptone. Vor einigen Jahren konnte es kristallin erhalten werden (Mol. Gew. 34000). Es wirkt nur im stark sauren Milieu. Es kommt in der Magenschleimhaut in einer inaktiven Vorstufe vor, die im Gegensatz zum Pepsin eine bemerkenswerte Alkalistabilität aufweist. Die Aktivierung dieses Propepsins erfolgt durch saure Reaktion, bei $p_H = 5$ ziemlich langsam, bei $p_H = 1$ sofort.

Papain und Kathepsin sind zelleigene Proteasen, Gewebsproteasen, die bei $p_H = 4$ bis 7 ihr Optimum haben. Zu ihrer Wirkung ist die Anwesenheit von Sulfhydrilgruppen erforderlich. Papain und ähnliche Enzyme kommen in Pflanzen vor, während Kathepsin in der Magenschleimhaut und im Magensaft gefunden wurde.

Die eiweißspaltende Wirkung des Pankreassaftes ist schon lange bekannt, sie ist auf die Wirkung des Trypsins zurückzuführen, das in alkalischem Milieu wirksam ist. Es wird von der Pankreasdrüse in inaktiver Form, als Trypsinogen, abgegeben. Diese Vorstufe kann durch Enterokinase oder durch autokatalytische Umwandlung durch geringe Trypsinmengen in Trypsin umgewandelt werden. Trypsin und Trysinogen wurden kristallin gefunden.

Von den Desmolasen sollen die Oxydationsenzyme, die *Peroxydasen* und die *Katalasen* besprochen werden.

Die *Peroxydasen* sind Enzyme, die bei Anwesenheit von H_2O_2 die Oxydation von vielen Phenolen und aromatischen Aminen, ebenso Dioxymaleïnsäure (ohne H_2O_2) katalysieren. Sie kommen im Pflanzen- und Tierreich vor. Die bisher kristallin erhaltenen tierischen Peroxydasen (Lactoperoxydase aus Milch, Verdoperoxydase aus Leukocyten) enthalten grüne Hämatine unbekannter Konstitution, die pflanzlichen (Rettichperoxydase) Protohämatin im Molekül. Die Peroxydasen bilden mit H_2O_2 drei gefärbte Verbindungen, die sich durch verschiedene Absorptionsbände unterscheiden. Das Eisen der prosthetischen Gruppe liegt in der Ferriform vor. Beim Reaktionsablauf findet kein Valenzwechsel statt.

$$\begin{array}{l} \text{HO—Fe—Fe—OH} \\ \text{HO—Fe—Fe—OH} \end{array} + 2H_2O_2 \longrightarrow \begin{array}{l} \text{HO—Fe—Fe—OOH} \\ \text{HO—Fe—Fe—OH} \end{array}$$

Ferriperoxydase   Ferriperoxydase-H_2O_2

Sauerstoff-Acceptor $\begin{array}{l} \text{HO—Fe—Fe—OH} \\ \text{HO—Fe—Fe—OH} \end{array}$ $+$ Acceptor-O_2

Das Molekül enthält 1 Atom Fe und hat ein Mol.Gew. von 44100. Es enthält neben Eiweiß noch Kohlenhydrat; ein Atom Peroxydase-Fe zerlegt pro sec. 16000 Moleküle H_2O_2.

Die *Katalasen* katalysieren auch die Zersetzung von H_2O_2 unter Bildung von molekularem Sauerstoff. Sie vermögen aber auch Methanol und Aethanol zu oxydieren unter Bildung einer Katalase-H_2O_2-Verbindung (intermediate compound).

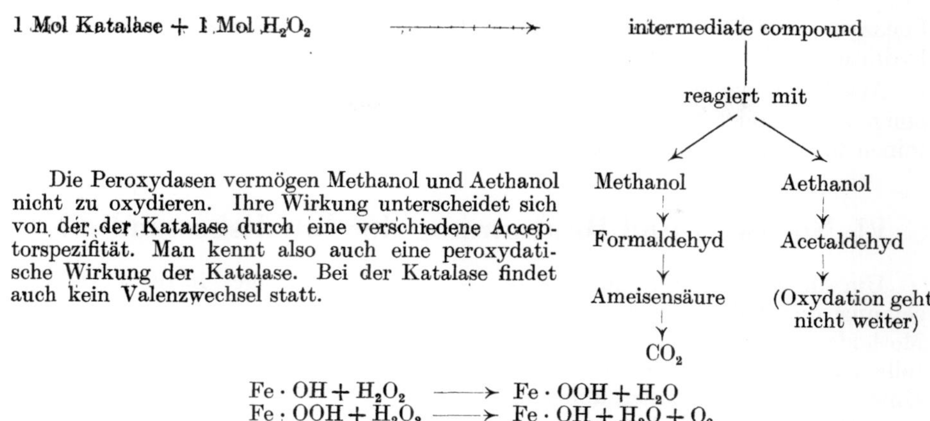

Die Peroxydasen vermögen Methanol und Aethanol nicht zu oxydieren. Ihre Wirkung unterscheidet sich von der der Katalase durch eine verschiedene Acceptorspezifität. Man kennt also auch eine peroxydatische Wirkung der Katalase. Bei der Katalase findet auch kein Valenzwechsel statt.

$$Fe \cdot OH + H_2O_2 \longrightarrow Fe \cdot OOH + H_2O$$
$$Fe \cdot OOH + H_2O_2 \longrightarrow Fe \cdot OH + H_2O + O_2$$
$$2\,H_2O_2 \longrightarrow 2\,H_2O + O_2$$

In der kristallisierten Pferdeleberkatalase wurden neben Fe (0,1 %) noch 0,021 % Cu gefunden. Über die spezifische Wirkung des Cu in dieser Verbindung liegen bisher keine Ergebnisse vor.

Antienzyme. Die Enzyme können sich wie Antigene verhalten, die, in den Organismus eingeführt, die Bildung von Antikörpern (Antienzymen) anregen. Die einzigen echten Antienzyme wurden erst seit der Möglichkeit, gereinigte Enzyme herzustellen, erhalten. Die unreinen Zubereitungen schließen assoziierte Eiweißstoffe ein, die auch Antikörper bilden können.

Antiurease wurde im Serum von Meerschweinchen gefunden, denen wiederholt kristalline Urease in steigenden Dosen eingespritzt worden war. Die Tiere konnten nach 60 Tagen die 60fache tödliche Dosis ertragen. Aus dem Serum konnte die Antiurease erhalten werden, sie ist ein Glykoprotein, das bei milder Oxydation und bei UV-Bestrahlung ihre Wirkung verliert. Außer der Antiurease hat man ähnliche Verbindungen der Katalase, der Hyaluronidase, von Pepsin, von Trypsin und Emulsin, Phenolase und Amylase erhalten.

Beziehungen zwischen Vitaminen und Enzymen

Einige Vitamine stehen im physiologischen Geschehen in engem Zusammenhang mit den Enzymen. Sie bilden im Enzym einen Bestandteil der prosthetischen Gruppe, die zusammen mit dem Apoenzym das wirksame Holoenzym ergibt. Die Vitamine erlangen dadurch doppelte Bedeutung. Als Beispiel sollen einige Vertreter des Vitamin B-Komplexes angeführt werden.

Das Vitamin B_1 bildet nach seiner Veresterung mit Phosphorsäure, die auch in vitro enzymatisch durchgeführt werden kann, die Cocarboxylase, die den Abbau der Brenztraubensäure bewirkt.

Das Vitamin B_2 (Lactoflavin) ist in seiner phosphorylierten Form das Coenzym der Flavinenzyme; Warburgs Gelbes Ferment und die Cytochrom-c-reduktase sind Flavinphosphorsäuren, während die Xanthinoxydase (Schardinger Enzym), Diaphorase und die d- und l-Aminosäureoxydasen Flavin-adenin-dinukleotide sind.

Das Nicotinsäureamid ist in Verbindung mit Ribose, Adenin und Phosphorsäure das Coenzym der Codehydrasen: Codehydrase I ist das Nicotinsäureamid-Adenosindinukleosid, die Codehydrase II das Nicotinsäureamid-Adenosintrinukleotid. Fast sämtliche Dehydrasen haben eines der beiden Codehydrasen als

Coenzym. Auf die zentrale Stellung der Dehydrierungen beim Abbau der Kohlenhydrate, bei der Atmung und Gärung, kann nur verwiesen werden.

Aus diesen kurzen Ausführungen geht hervor, daß ein Zusammenhang zwischen einigen Vitaminen und Enzymen besteht. Der Körper ist in der Lage, aus Vitaminen für den physiologischen Ablauf wichtige Enzyme selbst aufzubauen.

VI. Nachweis und Bestimmung der Inhaltsbestandteile.

Um die Sachbehandlung zu erleichtern und den Einblick in die Zusammensetzung der Lebensmittel zu vereinfachen, werden im Nachfolgenden einige Methoden des Nachweises und der Bestimmung der wichtigsten Inhaltsbestandteile beschrieben. Es werden in erster Linie Verfahren aufgeführt, wie sie in Untersuchungslaboratorien üblich sind, und zwar abgestellt auf die Erfassung der wesentlichen Bestandteile und ohne Rücksicht auf die in der Lebensmittelanalytik allmählich einsetzenden verfeinerten Versuchsmethoden, die erst im Anfang der Entwicklung stehen. Dabei muß hervorgehoben werden, daß Lebensmittel als biologische Stoffe vielseitige Gemische von Einzelkomponenten darstellen, deren mengenmäßige Erfassung im einzelnen durch ihre Vielfalt außerordentlich erschwert ist. Lebensmittel-Untersuchungsmethoden sind vorwiegend konventionelle Methoden, die auf Lebensmittel als *Mehrkomponentensysteme* abgestellt sein müssen.

1. Bestimmung des Wassers.

Hierfür gibt es verschiedene Methoden, die je nach der Konsistenz und Beschaffenheit des Ausgangsmaterials Anwendung finden. Die älteste und meist angewandte Methode beruht auf der Tatsache, daß eine Substanz ihr ganzes Wasser abgibt, wenn sie Druck- und Temperaturbedingungen ausgesetzt wird, unter denen reines Wasser verdampft, also unter gewöhnlichem Atmosphärendruck bei 100° C und darüber oder unter vermindertem Druck bei entsprechend niedriger Temperatur. Es wird dann der Gewichtsverlust der Substanz gleich dem Wassergehalt gesetzt.

Eine genau abgewogene Menge der Substanz wird (ohne oder mit Zusatz von Sand) in einer ausgewogenen Schale mit Alkohol durchfeuchtet, auf dem Wasserbad bei 50° C vorgetrocknet und in einem elektrisch geheizten Trockenschrank bei 105° C bis zur Gewichtskonstanz getrocknet.

Daneben wird noch die Destillation des Wassers mit einer organischen Flüssigkeit und die volumetrische Messung des übergegangenen Wassers herangezogen, die auf dem Prinzip beruht, daß die zu untersuchende Substanz in einer mit Wasser vermischten organischen Flüssigkeit (Benzol, Toluol oder Gemischen oder Tetrachloräthan) aufgeschlämmt, das organische Lösungsmittel abdestilliert wird, wobei das gesamte Wasser übergeht und das überdestillierte Wasser volumetrisch erfaßt wird. Auch chemische Methoden der Wasserbestimmung sind bekannt, wie die Ca-carbid-Methode, bei der das Ca-carbid mit dem Wasser der Substanz Ca-hydroxyd und Acetylen gibt, das volumetrisch gemessen wird. Als eine physikalische Methode dient die Ermittlung des Wassergehaltes auf Grund der Beziehung zwischen der Dielektrizitätskonstante (DK) einer Substanz und ihrem Wassergehalt. Die (DK) ist bei verschiedenen Stoffen verschieden groß; Wasser zeigt bei weitem die höchste (DK). Zur Bestimmung stehen voll entwickelte Apparate von E. Berliner und R. Rueter[1] zur Verfügung.

---

[1] Zeitschrift analytische Chemie 78, 375, 1929.

2. Bestimmung der Asche (Mineralbestandteile).

Unter Asche versteht man den Rückstand, der bei der vollständigen Verkohlung der organischen Bestandteile einer Substanz übrigbleibt. Der Rückstand, den man durch einfache Verbrennung erhält, wird als *Rohasche* bezeichnet, wenn diese neben anderen aus den Lebensmitteln stammenden Stoffen Kohleteilchen oder mehr oder weniger erdige Teilchen (Sand, Ton) enthält, die nicht zu den Mineralstoffen des Lebensmittels zählen. Man bringt daher von der Rohasche den Gehalt an Kohle, Sand, Ton in Abzug und bezeichnet den auf diese Weise erhaltenen Wert als *Reinasche*.

Etwa 5 bis 10 g der lufttrockenen Substanz werden in einer gewogenen Platinschale bei anfänglich kleiner Flamme, am besten über einem Pilzbrenner, verkohlt und dann über einer starken Bunsenflamme oder im elektrischen Muffelofen verascht. Zur Beschleunigung kann man der größtenteils verkohlten und zerdrückten Substanz eine 3%ige Lösung von reinem Wasserstoffperoxyd zusetzen, auf dem Wasser- oder Sandbad verdampfen, den Rückstand schwach glühen und diese Behandlung nötigenfalls wiederholen. Der erhaltene Rückstand wird rasch gewogen.

Bestimmung der Alkalität der Asche. Unter Alkalität versteht man die Anzahl ccm n-Alkalilauge, die der Gesamtmenge der alkalisch reagierenden Stoffe der Asche äquivalent sind bzw. die Anzahl ccm n-Säure, die zur Neutralisation der Asche aus 100 g Substanz bzw. der darin enthaltenen Carbonate und Oxyde erforderlich sind. Man kann sie in einfacher Weise so bestimmen, daß man zur Asche 5 ccm n-Schwefelsäure gibt, die Masse mit heißem Wasser in ein Becherglas spült, 5 bis 10 Min. lang schwach erhitzt und die verbrauchte Säure zurücktitriert (Phenolphthalein als Indikator).

3. Nachweis und Bestimmung von Eiweißstoffen.

Man begnügt sich in der Lebensmittelanalytik damit, die Proteine aus dem Gesamt-N der Substanz zu ermitteln unter der Annahme eines mittleren N-Gehaltes des Rohproteins von 16% durch Multiplikation des gefundenen N-Wertes mit dem Faktor 6,25. Die Art der Berechnung ist ziemlich ungenau, denn es werden die Nichtproteinsubstanzen (Amide, Alkaloide, Ammoniak, Nitrate usw.) unberücksichtigt gelassen, und andererseits weichen die verschiedenen Proteine in ihrem N-Gehalt voneinander ab. So benutzt man z. B. bei der Bestimmung des Kaseins den Faktor 6,37, des Serums den Faktor 5,55. Nach dieser Methode erhält man aber immer nur das Rohprotein oder die N-*Substanz*.

Zum Nachweis der Proteine dienen Farb- und Fällungsreaktionen und zur Unterscheidung von tierischen und pflanzlichen Eiweißstoffen serologische Methoden.

Farbreaktionen.

Biuretreaktion. Die auf Proteine zu prüfende Lösung wird mit Alkalilauge gemischt und vorsichtig mit geringen Mengen einer stark verdünnten Kupfersulfatlösung versetzt. Sind gelöste Eiweißstoffe vorhanden, so tritt rotviolette Färbung auf. Beim Abbau der Eiweißstoffe bis zu den Peptonen wird die Reaktion außerordentlich empfindlich (1 : 100 000), und die Farbe ist mehr oder weniger rot. *Reaktion nach* MILLON. Als Reagens dient eine Lösung von Quecksilbernirat in Salpetersäure, die noch salpetrige Säure enthalten muß. Versetzt man die Versuchslösung mit diesem Reagens, so tritt bei hoher Konzentration schon in der Kälte ein Niederschlag auf, der sich allmählich rot färbt. Bei geringerer Konzentration erscheint erst beim Kochen die Rotfärbung. Diese Reaktion ist eine allgemeine Phenolreaktion und spricht auf die Phenolgruppe des Tyrosins an. *Xanthoproteinreaktion.* Auf Zusatz von konz. Salpetersäure zu einer Proteinlösung tritt bei starker Konzentration schon in der Kälte eine kräftige

Gelbfärbung auf (gelbe Flecken auf der Hand beim Arbeiten mit konzentrierter Salpetersäure). Träger dieser Reaktion sind das Tryptophan und Tyrosin. Beim Überschuß an NaOH wird die Farbe rotbraun, mit NH_3 orangefarben.

Schwefelbleireaktion. Kocht man Eiweiß mit Alkalilauge in Gegenwart von Bleisalz, so bildet sich ein schwarzer Niederschlag oder die Flüssigkeit färbt sich braun bis schwarz. Die Reaktion beruht auf der Abspaltung von H_2S, ist also durch den S-Gehalt bedingt.

Fällungsreaktion. Die Proteine können bei verschiedenen Stoffen aus ihren Lösungen gefällt werden. Durch Alkohol werden die meisten Eiweißstoffe gefällt, durch Säuren (Schwefel-, Salz-, Metaphosphorsäure), durch Ferrocyankalium und Essigsäure, durch Gerb- und Pikrin-, Phosphorwolfram- und Molybdänsäuren und ebenfalls durch Trichloressigsäure. Durch Schwermetallsalze wie Cu-acetat und -sulfat erhält man blaue Niederschläge, die sich in Alkali mit blauer Farbe lösen. Hg-Chlorid, Hg-Jodid und Bleiacetat geben gleichfalls Fällungen. Anscheinend ist die giftige und desinfizierende Wirkung von Hg-Lösungen auf die Bildung von Hg-Eiweißverbindungen zurückzuführen.

Milch-, Eier- und Muskel*albumin* und *Globulin* lassen sich durch die Gerinnungspunkte voneinander unterscheiden. Zur *Aussalzung* von wasserlöslichen Proteinen kommen Na-chlorid,-sulfat,-nitrat, Mg-sulfat, Ca-chlorid,-nitrat, vor allem aber Ammonium- und Zn-sulfat in Frage. Man arbeitet mit einem mehr oder minder großen Überschuß der gesättigten wäßrigen Lösungen.

Bestimmung des Stickstoffs. Das Verfahren nach Kjeldahl beruht darauf, daß der N in organischer Bindung durch Erhitzen mit konz. Schwefelsäure bei Gegenwart von O-übertragenden und unter Umständen auch reduzierenden Mitteln in Ammoniumsulfat übergeführt wird. Durch Destillation mit überschüssiger Lauge wird das in Freiheit gesetzte NH_3 übergetrieben, in vorgelegter gemessener Säure aufgefangen und titrimetrisch bestimmt. Zum Aufschluß verwendet man 250 bis 500 ccm fassende Kjeldahl-Kölbchen, bringt die abgewogenen Mengen Substanz hinein und versetzt sie mit 20 ccm konz. Schwefelsäure und den Oxydationsmitteln (Kupferoxyd, -sulfat, Selen, Quecksilber) und setzt zur Erhöhung des Siedepunktes der Schwefelsäure eine ausreichende Menge K-sulfat zu. Nach eingetretener Entfärbung wird das Erhitzen noch 15 Min. lang fortgesetzt. Den erhaltenen Aufschluß verdünnt man vorsichtig (zweckmäßigerweise unter gleichzeitigem Abkühlen mit Wasser) mit etwa 200 ccm Wasser. Die aufgeschlossene Lösung wird mit etwa 80 bis 100 ccm Lauge (33 %ig) versetzt, etwas fein geraspeltes Zink zur Vermeidung des Stoßens zugegeben und mit einem Destillationsapparat, dessen Kühlerende in eine Vorlage taucht, die mit 0,1 n Schwefelsäure beschickt ist, destilliert. Man destilliert, bis etwa 100 ccm übergegangen sind. Hierauf wird mit 0,1 n Lauge zurücktitriert, wobei als Indikatoren Methylrot, Methylorange, Bromkresolgrün, Tashiroindikator verwendet werden. Der Verbrauch an Lauge ergibt durch Multiplikation mit 0,00140 die N-Menge in g.

Bestimmung der Aminosäuren. Man findet sie überall dort, wo Proteine abgebaut (hydrolysiert) werden. Zur Bestimmung hat sich das Formolverfahren nach Soerensen in der von Gruenhut abgeänderten Form bewährt. Das Verfahren beruht auf der Beobachtung, daß neutrale wäßrige Aminosäurelösungen beim Zusatz von neutraler Formaldehydlösung unter Bildung von Methylensubstitutionsverbindungen titrimetrisch bestimmt werden können. Das Verfahren erfaßt nur die Aminosäuren (nicht die Säureamide oder Nitritverbindungen).[1]

---

[1] Über weitere Einzelheiten siehe Pawlowski-Doemens: Die brautechnischen Untersuchungsmethoden. Berlin und München: R. Oldenburg 1938; Handbuch der Lebensmittelchemie, Allgemeine Untersuchungsmethoden, Bd. II, Berlin: Springer 1935.

Die volumetrische Bestimmung von Aminosäuren nach VON SLYKE. Aliphatische Aminosäuren reagieren mit HNO_2 nach der Gleichung

$$R \cdot NH_2 + HNO_2 = ROH + H_2O + N_2.$$

Das Verfahren beruht darauf, den in Freiheit gesetzten N volumetrisch zu erfassen, und wurde so fein ausgebaut, daß die Bestimmung in einer besonders geschaffenen Apparatur in wenigen Minuten ausgeführt werden kann. Der Analysenfehler beträgt bei sorgfältigem Arbeiten nur $\pm$ 0,05 mg N. Die zu untersuchende Lösung soll zweckmäßigerweise nicht mehr als 20 mg Amino-N enthalten.

Als neueres Verfahren zur quantitativen Bestimmung von Aminosäuren sei die Chromatographie mit Aluminiumoxyd (BROCKMANN) und anderen Adsorbentien sowie die Elektrophorese auf Filtrierpapier und die Retentionsanalyse erwähnt (WIELAND, GRASSMANN). Einzelheiten sind in den Arbeiten von W. DIEMAIR und A. CURTZE, Z.U.L **88**, 293 (1948) und **88**, 390 (1948) und denjenigen von W. DIEMAIR und H. NEU, Zeitschrift analytische Chemie **128**, 566 (1948) und Th. WIELAND und Mitarbeiter, Naturwiss. **35**, 29 (1948); **62**, 473 (1950); Angewandte Chemie **62**, 473 (1950) und **63**, 171 (1951; **63**, 258 (1951) ersichtlich.

4. Bestimmung der Zuckerstoffe (Kohlenhydrate).

In den N-freien Extraktstoffen sind Stärke, Zucker, Dextrin, Gummi- und Pektinstoffe enthalten, die noch in geringer Menge mit schwerer erfaßbaren Pflanzenschleimen, Bitter-, Farb- und Gerbstoffen vergesellschaftet sind.

Bestimmung des Extraktes. Der direkten Bestimmung wird die indirekte vorgezogen. Dabei verwendet man 3—5 g Substanz. Liegt eine fettreiche Substanz vor, so empfiehlt es sich, die Menge der im Wasser löslichen Stoffe im entfetteten Rückstand zu erfassen. Die Substanz wird in einen gewogenen Glastiegel gebracht, in diesem im Soxhlet-Apparat entfettet und dann bei 105° C bis zur Gewichtskonstanz getrocknet. Den trockenen Rückstand übergießt man mit Wasser, läßt durchtropfen, füllt wieder mit Wasser an und wiederholt diese Behandlung, bis das Filtrat nicht mehr gefärbt ist und alle löslichen Stoffe ausgezogen sind (5- bis 6maliges Anfüllen genügt). Darauf saugt man mit der Saugpumpe möglichst schnell ab, wäscht einmal mit 95%igem Alkohol, dann mit trockenem Äther nach und trocknet bei 105° C bis zur Gewichtskonstanz. Die Gewichtsabnahme des Tiegels gegenüber der Wägung vor dem Ausziehen mit Wasser entspricht der Menge der durch Wasser in Lösung gegangenen Stoffe.

Weiterhin wird der Extrakt bestimmt aus der Dichte der wäßrigen Lösung bei 20° C oder durch Lichtbrechung im Eintauch- oder Butterrefraktometer (Marmelade, Malzextrakt, Honig u. a.).

Bestimmung des Zuckers vor der Inversion (Hexose). 25 ccm Zuckerlösung, die höchstens 1%, am besten aber weniger, enthalten darf, werden mit 25 ccm Fehling I und 25 ccm Fehling II 20 Minuten lang im siedenden Wasserbad erhitzt[1]. Das ausgeschiedene Kupferoxydul wird durch mehrmaliges Dekantieren mit heißem Wasser von der Reaktionsflüssigkeit getrennt, und zwar so, daß die Hauptmasse des roten Niederschlages im Erlenmeyerkolben zurückbleibt, jedoch dauernd mit Flüssigkeit bedeckt ist. Nach etwa 3- bis 4maligem Dekantieren löst man den Niederschlag im Erlenmeyerkölbchen und auf dem Filter mit

---

[1] Die *Fehling*sche Lösung besteht aus gleichen Raumteilen Kupfersulfatlösung und alkalischer Seignettesalzlösung. Zur Herstellung der Kupfersulfatlösung werden 69,278 g chemisch reines unkristallisiertes Kupfersulfat in Wasser unter geringem Erwärmen gelöst. Die Lösung wird nach dem Erkaltenlassen auf 1 Ltr. aufgefüllt. Die Seignettesalzlösung wird nach SOXHLET durch Auflösung von 173 g Seignettesalz in 400 ccm Wasser hergestellt, wozu 100 ccm einer Natronlauge zugegeben werden, die 516 g NaOH im Ltr. enthält.

möglichst wenigen ccm einer 10%igen Eisenalaunlösung, die im Liter noch 50 ccm konz. Schwefelsäure enthält. Man soll dabei möglichst nicht mehr als 20 ccm dieser Lösung verbrauchen. Der Inhalt des Erlenmeyerkölbchens wird durch das Filter gegossen, und man spült mit etwas Eisenalaunlösung und anschließend gründlich mit heißem Wasser nach. Die in der Saugflasche sich ansammelnde Lösung wird noch heiß mit n/10 $KMnO_4$ titriert. Nach Multiplikation der verbrauchten ccm $KMnO_4$-Lösung mit dem Faktor 6,357 erhält man den Reduktionswert in mg Cu, der nach der Zuckertabelle (z. B. im Pawlowski-Doemens, „Die brautechnischen Untersuchungsmethoden", Berlin und München: R. Oldenburg 1938), in mg Invertzucker oder in % Invertzucker (RG') umgerechnet wird.

Zucker nach Inversion. 50 ccm der höchstens 1%igen Zuckerlösung werden in einem 100 ccm Meßkölbchen mit 10 ccm frisch bereiteter 20%iger Citronensäure 8 Minuten lang am Rückflußkühler gekocht, anschließend sofort abgekühlt und mit verdünnter NaOH gegen Phenolphthalein neutralisiert und auf 100 ccm aufgefüllt. 25 ccm davon werden mit je 25 ccm Fehling I und II gemischt und wie oben behandelt. Das Ergebnis wird wieder als % Invertzucker (RG') berechnet; daraus errechnet sich die Saccharose folgendermaßen:

$$(RG' - RG) \cdot 0,95 = \text{Saccharose } \%.$$

Bestimmung der Lactose. 10 ccm der Lösung werden zu 200 ccm aufgefüllt, davon werden 100 ccm mit Bimssteinstückchen und 5 ccm Peptonwasser in einem Kolben zum Sieden erhitzt, und etwa zur Hälfte eingedampft. Dann werden 0,5 g Hefe, die zweckmäßig mit 5 ccm sterilem Wasser aufgeschlämmt worden sind, zugesetzt. Der Kolben wird mit Watte verschlossen und 48 Stunden bei 30° C stehengelassen. Dann wird in einem 200 ccm-Meßkolben übergespült, mit je 10 ccm 15%iger Kaliumferrocyanid- und 30%iger Zinksulfatlösung geklärt, zur Marke aufgefüllt und filtriert. 100 ccm des klaren Filtrates werden mit je 25 ccm Fehlingscher Lösung versetzt, zum Sieden erhitzt und 5 Minuten im Sieden erhalten. Das Kupferoxydul wird in bekannter Weise mit n/10 $KMnO_4$ titriert, und aus der Tabelle von Soxhlet der Lactosewert ermittelt.

An Stelle von Peptonwasser kann eine Lösung von 5 g Ammoniumnitrat und 0,5 g Magnesiumsulfat in 1000 ccm verwendet werden. Es ist empfehlenswert, in einem Blindversuch die Gärkraft der verwendeten Hefe zu prüfen, wobei 1 g Glukose oder auch Saccharose, in 100 ccm gelöst, auf die gleiche Weise behandelt werden. Man prüft nach 48 Stunden mit Fehlingscher Lösung, ob aller Zucker vergoren ist, und bestimmt dann die nicht vergärbare Lactose.

Bestimmung des Zuckers durch Polarisation. Zur polarimetrischen Bestimmung der Saccharose löst man z. B. 10 g Substanz in einem 100 ccm-Kölbchen, klärt, wenn nötig, durch Zusatz von 5 ccm Bleiessig und füllt auf 100 ccm auf. Das Filtrat wird entweder direkt oder (bei vorhergehendem Bleiessigzusatz) nach Zugabe von 7 ccm gesättigter Natriumphosphatlösung auf 70 ccm der mit Bleiessig versetzten, filtrierten Lösung polarisiert. Zur Klärung von Zuckerlösungen bedient man sich vielfach mit Erfolg des sogenannten Carrez-Serums. Hierzu werden 10 ccm der zu klärenden Zuckerlösung (z. B. Milch) mit 50 ccm Wasser verdünnt, sodann mit 2 ccm Ferrocyankaliumlösung (150 g im l) vermischt und danach mit 2 ccm Zinksulfatlösung (300 g im l) versetzt. Man macht dann mit Natronlauge gerade Phenolphthalein alkalisch, füllt bis zur Marke auf und filtriert. Das Filtrat ist völlig klar und frei von Eiweiß, es kann für die verschiedensten Zuckerbestimmungen verwendet werden. Hat man 10 g Substanz angewendet und wurde die Polarisation der auf 100 ccm aufgefüllten Lösung im 200 mm-Rohr vorgenommen (Ergebnis = a), so ergibt sich der Saccharosegehalt (Z) in %. Z = $a \times 7,5$ (bei Apparaten mit Kreisteilung beträgt das Normalgewicht der Saccharose

75,0 g). Wurde mit Bleiessig gearbeitet und die Lösung (durch Auffüllen von 70 ccm auf 77 ccm) noch um $^1/_{10}$ verdünnt, so ist $Z = 1{,}1 \cdot a \cdot 7{,}5$.

Mehrere dieser Zucker wie z. B. Glukose, Lactose, Galaktose, Maltose zeigen Mutarotation, d. h. Lösungen dieser Zucker geben anfänglich das doppelte oder mehrfache der endgültigen Drehung. Man kann die Mutarotation durch Aufkochen oder durch Zugabe von höchstens 0,1% Ammoniak beseitigen.

Bestimmung der Dextrine. Der Abbau der Dextrine beruht darauf, daß dieselben alkoholunlöslich sind, oder darauf, daß gleichzeitig anwesende Zuckeranteile von Hefen angegriffen werden, während Dextrine nicht oder nur schwer vergärbar sind. Die durch Alkoholfällung gewonnenen Dextrine werden entweder polarimetrisch bestimmt oder durch Hydrolyse in Glukose übergeführt und als solche bestimmt. Die Hydrolyse der Dextrine erreicht man dadurch, daß man sie mit 75 ccm n-Salzsäure im 100 ccm-Kölbchen löst, eine Stunde im siedenden Wasserbad erhitzt, nach dem Erkaltenlassen neutralisiert und die gebildete Glukose jodometrisch bestimmt. Die ermittelte Glukosemenge, multipliziert mit dem Faktor 0,9, ergibt die Dextrine.

Bestimmung der Stärke. Sie kann gewichtsanalytisch und polarimetrisch erfolgen. Bei der polarimetrischen Bestimmung werden 5 g Substanz (Mehl, Brot) mit 25 ccm einer 1,124%igen Salzsäure, bei Getreidestärke mit einer 0,421%igen Salzsäure in einem 100 ccm-Kölbchen gut verteilt, so daß möglichst wenig Substanz an den Wänden hängen bleibt. Man spült dann mit 25 ccm derselben Salzsäure nach, erhitzt genau 15 Min. lang im siedenden Wasserbad unter öfterem Umschwenken und kühlt ab. Hierauf versetzt man mit 20 ccm 25%iger Salzsäure sowie mit 6 ccm einer Lösung von phosphor-wolframsaurem Natrium (120 g Dinatriumphosphat + 200 g Natriumwolframat in 1 l). Nach dem Umschütteln füllt man auf, filtriert und polarisiert. Die spez. Drehung der Kartoffelstärke beträgt 195,4°. Der Stärkegehalt berechnet sich aus folgender Gleichung:

$$\% \text{ Stärke} = \frac{100 \cdot a}{b \cdot (a)_D} \cdot 20$$

Dabei ist:

$a = $ Polarisationswert im 100 oder 200 mm-Rohr,
$b = $ Schichtdicke im 100 oder 200 mm-Rohr,
$(a)_D = $ Spezifische Drehung der Stärke.

Pentosanbestimmung. Pentosane spalten, mit 12%iger Salzsäure behandelt, Methylfurfurol bzw. Furfurol, das man quantitativ bestimmen kann. Dazu werden etwa 0,15 g Pentosan bzw. eine entsprechende Menge Substanz unter Zusatz von Siedesteinchen in der Apparatur nach B. Peter, H. Thaler und K. Taeufel mit 100 ccm 12%iger Salzsäure versetzt und in die Apparatur gebracht. Nach den ersten 10 bis 12 Min. sollen etwa 30 ccm Destillat übergehen. Man gibt dann von neuem aus dem Zulauftrichter 30 ccm Salzsäure zu, destilliert wieder 30 ccm ab und fährt so fort, bis etwa 210 ccm Destillat vorliegen. Ist dasselbe getrübt, dann wird es filtriert und die Vorlage zweimal mit je 10 ccm 12%iger Salzsäure nachgewaschen. Hinzu gibt man eine in der Wärme hergestellte Lösung von 0,5 g Barbitursäure mit 25 ccm 12%iger Salzsäure, rührt um und läßt 18 Stunden bedeckt stehen. Dann wird durch einen konstant getrockneten Glasfiltertiegel filtriert, zweimal mit dest. Wasser nachgewaschen und scharf abgesaugt. Hierauf trocknet man bei 130° C bis zur Gewichtskonstanz. Die Furfurolmenge berechnet sich aus der Gleichung:

$$f = (N + L \cdot 0{,}0000122) \cdot 0{,}4659$$

in der N = Menge des gewogenen Niederschlages in g, L = Gesamtvolumen der Flüssigkeit in ccm ist (210 ccm Destillat + 20 ccm Salzsäure zum Spülen + 25 ccm Barbitursäurelösung = 255 ccm). Der Faktor 0,0000122 gibt die Löslichkeit der gebildeten Furalbarbitursäure in 12%iger Salzsäure an, der Faktor 0,4659 stellt den Quotienten aus dem Molekulargewicht des Furfurols (96,03) und demjenigen der Furalbarbitursäure (206,13) dar.

5. Bestimmung der Rohfaser.

Zur Rohfaserbestimmung wurden zahlreiche Verfahren ausgearbeitet, von denen sich dasjenige von Scharrer-Kuerschner mit Erfolg eingeführt hat[1].

1 g des Untersuchungsmaterials wird mit 25 ccm der Aufschlußflüssigkeit (75 ccm 70%iger Essigsäure, 5 ccm konzentrierte Salpetersäure $a = 1,40$, 2 g Trichloressigsäure) in einem Acetylierungskölbchen mit eingeschliffenem Steigrohr 30 Min. lang gekocht. Sodann nimmt man das Kölbchen von der Flamme, kühlt es unter der Wasserleitung ab und bringt den Inhalt auf ein Filterpapier (Schleicher & Schüll Nr. 589[2]), das man in einem Wägegläschen bei 105° bis zur Gewichtsgleichheit getrocknet hat. Nach dem Abtropfen der Aufschlußflüssigkeit füllt man das Filter einmal mit 70%iger Essigsäure und wäscht dann das Kölbchen und den Niederschlag gründlich mit heißem Wasser unter gutem Aufwirbeln der Rohfaser so lange, bis das abfließende Wasser neutral reagiert. Sodann wird das Filter dreimal mit Aceton und darauf dreimal mit Äther gefüllt. Es wird aus dem Trichter herausgenommen, zusammengefaltet, vorsichtig ausgedrückt und im gleichen Wägegläschen getrocknet und gewogen. Schließlich verascht man das Filter mit seinem Inhalt in einem Glühschälchen und erhält durch Abziehen des Glührückstandes von dem Gewicht der aufgeschlossenen Masse die Menge der eigentlichen Rohfaser.

6. Bestimmung der Gelierkraft des Pektins nach Luers.

60 g Zucker werden mit 35 g der Pufferlösung (9,81 g Kaliumacetat auf 1 l, davon 700 ccm mit 300 ccm 2-n Milchsäure auf 1 l aufgefüllt und gemischt) in einer Porzellanschale von etwa 14 cm Durchmesser auf einem Sandbad (Elektrobrenner oder Luftbad) unter Rühren auf 85 g eingedampft. Dann wägt man möglichst rasch und genau 16 g Pektinextrakt direkt in die Schale ein und rührt 60 Sekunden nach der Stoppuhr rasch und gründlich um. Hierauf gießt man möglichst quantitativ die heiße Lösung umgehend in den vorbereiteten Pektinometer-Becher und kühlt eine Stunde lang in fließendem Wasser bei Zimmertemperatur ab. Beim Eingießen muß man darauf achten, daß der Einsatz aus Draht ordnungsgemäß eingesetzt ist und der Becher beim Kühlen auf waagerechter Unterlage steht.

In das Kühlglas tritt von unten Wasserleitungswasser ein und fließt kontinuierlich 3 cm unter dem oberen Becherrand wieder ab. Das Kühlwasser soll bei allen Versuchen möglichst konstante Temperatur besitzen. Ist die Kühlzeit abgelaufen, so wird der Becher aus dem Kühlgefäß herausgenommen, in die Führung am Pektinometer eingesetzt, und die Bleikügelchen, die nicht über 1 mm Durchmesser haben, werden zur Feststellung des „Zerreißgewichtes" auf die Waage gebracht.

Man muß für eine ganz gleichmäßige „Einflußzeit" der Schrote in der Weise sorgen, daß je Sekunde 10 g Schrote ohne Stockung einfließen. Unter „Einflußzeit" der Schrote versteht man die Zeit vom Beginn der Schrotzugabe bis zum Beginn kontinuierlichen Zerreissens des Gelees. Die Schrotzugabe wird jetzt gestoppt, und man bestimmt nun das Gewicht der erforderlich gewesenen Schrotmenge = Zerreißgewicht.

---

[1] Scharrer, K. und K. Kuerschner: Zbl. Agrikulturchemie 3, 302, 1932; vgl. H. Thaler u. A. Malzer, Z.U.L. 83, 141, 1942.

7. Bestimmung des Fettes.

Unter Fett versteht man in der Lebensmittelanalyse den Ätherauszug der wasserfreien Substanz, alle Stoffe, welche aus dieser durch wasserfreien Äther ausziehbar und bei einstündigem Trocknen im Trockenschrank bei 105° C nicht flüchtig sind. Außer den Glyceriden der Fettsäure und der freien Fettsäure enthält das Fett auch Fettbegleitstoffe, Lipoide, Sterine und deren Ester, Phosphatide, Wachse, Kohlenwasserstoffe, ätherische Öle, Alkaloide, Farbstoffe, organische Säuren usw. Man bezeichnet den Ätherauszug auch als „Rohfett", „Ätherische Stoffe", „Ätherextrakt".

Bestimmung des Fettes nach Soxhlet. 5 oder 10 g der gemahlenen, gut pulverisierten Substanz werden in eine Papierhülse gebracht und 2 bis 3 Stunden lang im Trockenschrank bei 95 bis 100° C getrocknet, dann im *Soxhlet*-Apparat bis zur Erschöpfung mit wasserfreiem Äther ausgewaschen. Nachdem dies geschehen ist, wird der Äther abdestilliert, der Fettrückstand im Kölbchen 1 Stunde lang im Trockenschrank getrocknet und nach dem Abkühlen des Kölbchens im Exsiccator zur Wägung gebracht.

Bestimmung des Fettes nach Grossfeld. Das Verfahren eignet sich für fettreiche Stoffe und beruht darauf, daß man 5 bis 10 g Substanz in einem weit- oder kurzhalsigen 300 ccm fassenden Rundkölbchen mit einem dicht schließenden aufgesetzten, gut wirkenden Rückflußkühler mit genau 100 ccm Trichloräthylen von Zimmertemperatur unter Zusatz von etwas Bimssteinpulver 5 bis 10 Min. lebhaft kocht. Die erkaltete Fettlösung kann man aus dem Scheidetrichter durch ein trockenes Filter filtrieren, von dem klaren Filtrat 25 ccm in ein Glasschälchen auf dem Wasserbad verdampfen und den Rückstand eine Stunde im Trockenschrank bei 105 bis 110° C trocknen. Den Fettgehalt entnimmt man der Tabelle von J. Grossfeld[1]. Statt dessen kann man 15 ccm Lösung auch in ein Erlenmeyerkölbchen geben, die großen Mengen des Trichloräthylens über einem Pilzbrenner abdestillieren und das Kölbchen in waagerechter Lage bei 100° C bis zur Gewichtskonstanz trocknen.

Bestimmung des Unverseifbaren. 25 g Fett werden mit 25 ccm 2-n-alkohol. (95%ig) KOH 30 Min. lang am Rückflußkühler oder am Steigrohr zum Sieden gebracht. Nun gibt man 25 ccm Wasser hinzu, schüttelt um und kocht nochmals auf. Die erhaltene Lösung wird in einem Scheidetrichter gemessen, der Rest aus dem Kolben mit 2 × 10 ccm 50%igem Alkohol übergespült und die Seifenlösung mit 50 ccm Petroläther (Siedepunkt 40 bis 60°) durchgeschüttelt. Sobald sich die beiden Schichten vollständig getrennt haben, zieht man die Seifenlösung in einen zweiten Scheidetrichter ab, schüttelt wieder mit 50 ccm Petroläther aus, dekantiert die erhaltene Petrolätherlösung in den ersten Scheidetrichter und nimmt eine dritte Extraktion der Seifenlösung mit 50 ccm Petroläther vor. Etwa übertretende Emulsionen werden durch Zusatz kleiner Mengen Alkohol oder konzentrierter Lauge entfernt. Die in dem Scheidetrichter vereinigten drei Petrolätherausschüttelungen wäscht man dreimal mit je 25 ccm 50%igem Alkohol und wiederholt das Auswaschen, falls die alkoholische Waschflüssigkeit nach Verdünnung mit der dreifachen Menge des Wassers und nach Zugabe von Phenolphthalein noch gerötet wird.

Die Petrolätherschichten führt man in einen Fettkolben über, destilliert das Lösungsmittel ab und trocknet bei 100° C bis zur Gewichtskonstanz.

---

[1] Grossfeld, J.: Anleitung zur Untersuchung der Lebensmittel: Berlin, J. Springer, 1917; A. Thiel, R. Strohecker u. H. Patzsch: Taschenbuch für die Lebensmittelchemie, Berlin: Walter de Gruyter & Co., 1946. Eine neue Methode der Fettbestimmung in Milch und Milcherzeugnissen, Butter, Käse und Speiseeis wurde von W. Stoldt veröffentlicht (Bibliothec Lactis, Nürnberg: Verlag Hans Carl, 1951).

8. Bestimmung der Enzyme und Vitamine.

Die folgende Zusammenstellung von Bestimmungsmethoden erhebt auch keinen
Anspruch auf Vollständigkeit; es wurden nur die allgemein angewandten Vorschriften zur Bestimmung derjenigen Vitamine und Enzyme aufgenommen, die,
von der allgemeinen Lebensmittelanalytik aus betrachtet, für den Kälte- und
Lebensmittelingenieur von Interesse sein dürften. Von den Enzymen sollen
daher nur einige proteolytische (Pepsin und Trypsin), die Amylase, ferner noch
die Peroxydase und Katalase und ihre mengenmäßige Erfassung behandelt
werden.

Bestimmung der Enzyme. Für die Verdauung von Lebensmitteln sind insbesondere drei Fermente: Pepsin, Trypsin und Amylase (neben Lipasen u. a.) verantwortlich. Man hat daher die Bestimmung der Verdaulichkeit durch künstliche
Verdauung mit solchen Enzymen dem Verdauungsvorgang am Menschen vorgezogen. Der Grund liegt darin, daß damit der individuelle Faktor des einzelnen
Menschen, der Einfluß der Darmgärung und schließlich die Schwierigkeit bei der
Kotverbrennung ausgeschaltet wird und sich die Bestimmung dadurch wesentlich
einfacher gestaltet. Mögen der künstlichen Verdauung auch verschiedene Mängel
anhaften, so die unterschiedliche Temperatur, der Wegfall der Darmperistaltik,
so wird sie im vorliegenden Fall doch neuerdings der menschlichen Verdauung
vorgezogen. Dabei handelt es sich hier darum, festzustellen, in welchem Umfang
die proteolytischen Enzyme, Pepsin und Trypsin sowie Amylasen ihre Wirksamkeit entfalten und wie dieselben mengenmäßig bestimmt werden können. Zunächst sei über die quantitative Bestimmung von reinen Pepsin-, Trypsin- und
Amylasefermenten berichtet.

Bestimmung des Pepsins. Aus einer Caseinlösung wird durch Zusatz von
Na-azetat das Casein gefällt. Die Abbauprodukte des Caseins bleiben dabei in
Lösung. Zur Bestimmung sind erforderlich:

1. Eine 1 $^0/_{00}$ ige reine Caseinlösung (1,0 g Casein puriss. *Hammarsten*) wird
mit 16 ccm einer 25% igen Salzsäure ($\gamma = 1,124$) in einem 1 l-Meßkolben auf
dem Wasserbad gelöst und mit dest. Wasser aufgefüllt).

2. 20% ige Lösung von Na-acetat.

Ausführung. Eine Reihe von Reagensgläsern wird mit absteigenden Mengen
des vorher filtrierten Magensaftes oder der Pepsinlösung (2%) (Pepsin E. Merck)
bestückt, wobei die Verdünnungen mit dest. Wasser hergestellt werden können.
Dann werden zu jedem Gläschen 10 ccm der Caseinlösung (zweckmäßigerweise
vorher auf 39 bis 40° C erwärmen) gegeben, die ganze Reihe 15 Min. lang in ein
Wasserbad von 38 bis 40° C gesetzt und dann das unverdaut gebliebene Casein
durch einige Tropfen konz. Na-acetatlösung ausgefällt. Man bestimmt die geringste Menge an Magensaft (Pepsin), die in 15 Min. alles Casein verdaut hat.

Als *Pepsineinheit* gilt diejenige Menge Magensaft bzw. Pepsin, die noch imstande ist, 10 ccm Caseinlösung in 15 Min. so zu verdauen, daß auf Zusatz der
Na-azetatlösung keine Trübung mehr auftritt; man berechnet hieraus die Zahl der
Einheiten für 1 ccm Magensaft (Pepsin). Findet man z. B., daß 0,025 ccm Magensaft 10 ccm völlig verdauen, so enthält der Magensaft 1/0,025 = 40 Einheiten.

Bestimmung des Trypsins. Fast alle für Pepsin bekannten Bestimmungsmethoden sind bei entsprechender Änderung des p_H-Wertes auf Trypsin über-
tragbar. Neben vielen Verfahren hat sich folgendes gut bewährt:

Das Prinzip beruht darauf, daß das in dünner Caseinlösung (0,1% in 1% Soda-
lösung) unverdaute Casein durch 1% ige Essigsäure ausgefällt wird. Man bestimmt
entweder die Zeit, die benötigt wird, bis eine der Trypsinverdauung unterworfene

Caseinlösung durch Essigsäure nicht mehr gefällt wird, oder man bestimmt die Fermentmenge, bei der bei konstanter Zeit die Trübung ausbleibt.

Erforderlich sind folgende Lösungen:

1. Eine $1^o/_{oo}$ige Caseinlösung (0,1 g Casein, wird in einem 200 ccm fassenden Becherglas mit 5 ccm n/10 NaOH und 25 ccm dest. Wasser versetzt und auf dem Drahtnetz zum Sieden erhitzt. Nach einmaligem Aufkochen wird gekühlt, mit n/10 HCl neutralisiert und mit Wasser auf 100 ccm aufgefüllt);

2. eine Mischung aus 1 Teil Eisessig, 49 Teilen Wasser und 50 Teilen Alkohol (96%ig).

Ausführung. 10 Reagensgläser werden mit absteigenden Mengen der Fermentlösung beschickt, wobei die Verdünnungen mit dest. Wasser hergestellt werden. Sodann gibt man in jedes Reagensglas 2 ccm der Caseinlösung, läßt die Gläschen eine Stunde lang bei 38° C im Brutschrank stehen und gibt nach dem Abkühlen zu jeder Portion 6 Tropfen der Eisessig-Alkohol-Mischung. Das noch völlig klar gebliebene Gläschen dient zur Berechnung der Trypsinmenge. Sie erfolgt so, daß festgestellt wird, wie viel ccm der Caseinlösung von 1 ccm der untersuchten Fermentlösung innerhalb der Einwirkungszeit verdaut worden ist.

Bestimmung der Amylase (Diastase). Die Wirksamkeit der Amylase wird nach der Methode der Kupferreduktion (Reduktion von FEHLINGscher Lösung durch die gebildete Maltose) und oxydimetrischen Bestimmung nach KJELDAHL-BERTRAND festgelegt.

Ausführung. Man läßt 3 ccm einer 0,1%igen Diastaselösung (Diastase puriss. E. MERCK) auf 100 ccm einer 3%igen Stärkelösung (lösliche Stärke E. MERCK) bei $p_H = 4{,}8$ und bei 20° C einwirken. Nach Ablauf von 10 Min., 20 Min., 30 Min. werden 25 ccm der im Abbau begriffenen Lösung entnommen und die Fermenttätigkeit durch Einfließenlassen in 10 ccm n/2 Na-Lauge unterbrochen. Von der auf 50 ccm aufgefüllten alkalischen Flüssigkeit werden 25 ccm zur Zuckerbestimmung verwendet und die gefundene Maltosemenge unter Berücksichtigung der Eigenreduktion von Stärke, *Fehlingsche Lösung* und Diastase auf 1 g Ferment berechnet nach folgender Formel:

$$F_Z = \frac{K \cdot g \text{ Stärke}}{g \text{ Trockensubstanz des Fermentes}}$$
$$K = \text{Reaktionskonstante}$$

g = Stärkemenge in g auf die Maltose berechnet, welche im Grenzabbau erzeugt wurde; g Tr. Ferment = Fermentmenge in g auf 100 ccm bezogen.

Durchführung der künstlichen Verdauung. H. STEUDEL fand bei tierischen Lebensmitteln sowie bei Gemüsen, Kartoffeln, Reis, Weizenmehl gute Übereinstimmung zwischen den durch künstliche Verdauung und den Verdauungsversuchen bei Menschen erhaltenen Werten. Größere Unterschiede ergaben sich bei Brot, Haferflocken und gelben Erbsen.

Bei der Untersuchung verfährt man so, daß die einzelnen Lebensmittel direkt mit Wasser gargekocht und ausreichend zerkleinert werden.

In den so gewonnenen Lebensmitteln werden Wasser, N und Asche bestimmt· Dann werden je 100 g mit je 1 l Pepsinlösung (0,05 g Pepsin, MERCK oder DAB VI) und 8 ccm konz. HCl versetzt, vier Stunden im Brutschrank unter häufigem Umrühren bei 37° C stehen gelassen. In gleicher Weise setzt man eine Trypsinlösung an und gibt zur Einwaage 1 l Pankreatinlösung (0,5 g Pankreatin puriss. (MERCK) und 2 g krist. Na-carbonat in 1 l) und eine Diastaselösung (0,5 g Diastase [MERCK] in 1 l) wobei man zweckmäßigerweise bei einem p_H von 4,8 arbeitet und dieses durch Na-acetat und Essigsäure einstellt.

Die nach der Einwirkung der Enzymlösung zurückbleibenden ungelösten Rückstände werden vor der weiteren Behandlung abgesaugt und mit Alkohol und Äther getrocknet. Sie ergeben die Menge des „Unverdauten" und werden auf Wasser, N und Asche untersucht. Die Differenz der Werte beider Untersuchungen in 100 Teilen der ursprünglichen Substanz ergibt die durch die Verdauung abgebauten Anteile des Lebensmittels.

Bestimmung der Peroxydasen. Peroxydasen und Katalasen sind bei der Herstellung, Aufbereitung, Haltbarmachung und Lagerung biochemischer Materialien von besonderer Bedeutung. Es soll daher die mengenmäßige Bestimmung dieser beiden Enzymgruppen kurz umrissen werden. Ihre Aufgabe besteht in der Beseitigung des evtl. auftretenden Wasserstoffperoxyds. Dieses wird aber nicht zersetzt, wenn keine oxydablen Substanzen vorhanden sind. Die Peroxydasen bewerkstelligen nur eine Aktivierung von Peroxyden und charakteristisch ist, daß sie ihre Substrate nicht mit Hilfe von O_2, sondern unter Beihilfe von H_2O_2 zu oxydieren vermögen.

Das Prinzip der Bestimmungsmethode beruht darauf, daß einer reduzierten 2,6-Dichlorphenol-Indophenollösung geringe Mengen von Peroxydase und H_2O_2 zugegeben werden und dabei spontan eine Bläuung eintritt. Diese Bläuung bleibt bei Zugabe von H_2O_2 (ohne Peroxydase) zu reiner 2,6 Dichlorphenol-Indophenollösung aus. Da erst durch Zugabe einer Peroxydase eine Färbung auftritt, so haben wir es mit einer Peroxydasereaktion zu tun, bei der sich das Enzym an das H_2O_2 anlagert und das peroxydisch gebundene aktive O—Atom auf den als Akzeptor wirkenden Leukofarbstoff überträgt. Eine Unterbrechung der Reaktion mit nachfolgender Bestimmungsmöglichkeit des Farbstoffes gelingt bei Anwendung von angesäuertem Äther.

Ausführung. In einen 100 ccm fassenden Scheidetrichter werden 4 ccm 0,05 %ige Ascorbinsäurelösung gegeben; man fügt 0,5 ccm gesättigte Natriumacetatlösung hinzu und titriert die Ascorbinsäurelösung mit 0,001 n-2,6-Dichlorphenol-Indophenollösung bis zum Auftreten des mausgrauen Farbtons. Es empfiehlt sich, die Titration bei einer Tageslichtlampe im Titrierkasten vorzunehmen, damit ein stets gleichmäßiger Umschlagsfarbton erhalten wird. Dazu gibt man die gleichfalls bis zum Auftreten des schmutziggrauen Farbtons mit 2,6-Dichlorphenol-Indophenollösung austitrierte Peroxydaselösung, füllt auf 50 ccm im Meßkölbchen mit Wasser auf und versetzt die Lösung nach kräftigem Umschütteln mit 2 ccm 0,5 %igem Wasserstoffsuperoxyd. Nach 30 Sek. (mit Stoppuhr gemessen) wird das Reaktionsgemisch mit 50 ccm Äther (mit Eisessig angesäuert) überschichtet und nach weiteren 7 Sek. (diese Zeit ist zum Zugeben des Äthers und zum Bereitstellen des Scheidetrichters notwendig) kräftig durchgeschüttelt, bis der gesamte Farbstoff in Äther gelöst ist. Die ätherische Farbstofflösung wird in ein 50 ccm Meßkölbchen gebracht und hier auf 50 ccm mit Äther ergänzt. Die Messung wird im Stufenphotometer (Zeiß-Jena) mit Filter S 53 vorgenommen und aus je sechs Ablesungen wird durch Multiplikation mit dem Faktor 8,76 die ausgeschiedene Farbstoffmenge errechnet. Als Vergleichslösung dient eine reine Ätherlösung, die mit Essigsäure angesäuert ist. Bei stark oxydasehaltigen Lösungen muß ein Blindversuch angestellt werden. Die absolute peroxydatische Wirksamkeit wird dann nach Abzug des ermittelten Blindwertes von der gemessenen Farbstoffmenge festgestellt und kann als „Farbstoffzahl" angegeben werden.

Bestimmung der Katalase. Katalasen sind ein notwendiger Bestandteil der meisten aeroben Zellen und sind weit verbreitet im tierischen und pflanzlichen Organismus. Katalase zersetzt H_2O_2 unter Bildung von molekularem O und Wasser. Eine einfache Methode zu ihrer Bestimmung hat sich in folgender Ausführungsform gut bewährt.

Ausführung. Ein 200 ccm-Erlenmeyerkölbchen (Abb. 1, c), das sich auf dem Schüttelapparat befindet, dient als Reaktionsgefäß, das mit einem durchbohrten Gummistopfen verschlossen wird. Durch die Bohrung führt ein gebogenes Glasrohr, an dem ein Gummischlauch befestigt ist. Durch den Schlauch wird das Reaktionsgefäß mit dem Meßgefäß — der Saugflasche (d) — verbunden. Das Meßgefäß enthält 100 ccm Wasser und ist mit einem durchbohrten Gummistopfen verschlossen. Durch die Bohrung ist das Meßrohr eingesetzt. Das Meßrohr taucht einige Zentimeter tief in die Flüssigkeit der Saugflasche. Je nach der Stärke der Katalaseaktivität wird ein Rohr mit Zehntel- bzw. Hundertstel-ccm-Teilung benutzt. Während der Reaktion, die im Gegensatz zur Oxydasebestimmung nur wenige Minuten lang verfolgt zu werden braucht, muß das Reaktionsgefäß ständig geschüttelt werden. Wenn keine Schüttelapparatur vorhanden ist, kann mit der Hand geschüttelt werden; dabei wird das Reaktionsgefäß mit einer Holzklammer gehalten, um zu vermeiden, daß durch die Handwärme der Dampfdruck im Reaktionsgefäß erhöht wird.

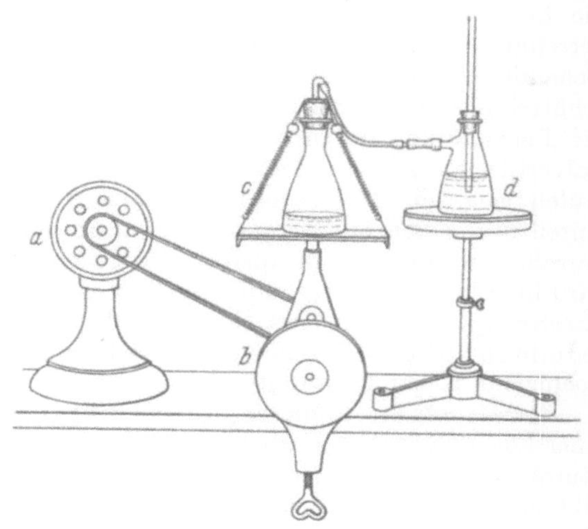

Abb. 1. Apparatur zur Bestimmung der Katalase.

Arbeitsweise. 5 g Gemüse werden unter Zugabe von 20 ccm dest. Wasser im Mörser mit Quarzsand zu einem Brei verrieben und in das Reaktionsgefäß eingefüllt. Dazu werden 50 ccm Wasserstoffsuperoxyd (0,5%ig) gegeben, und unter lebhaftem Schütteln wird die Verbindung von Reaktionsgefäß und Saugflasche hergestellt. Nach Erreichung eines vorher festgelegten Fixpunktes wird der Anstieg der Flüssigkeitssäule im Meßrohr in Abständen von 30 bis 60 Sek. festgestellt. Bei ungenügend vorbehandeltem Material ist die Drucksteigerung durch den gebildeten Sauerstoff im Reaktionsgefäß meist so stark, daß der Anstieg im Meßrohr sehr rasch vor sich geht. Die Blindprobe mit 5 g zerriebener und auf dem Wasserbad 10 Min. lang erhitzter Masse bewirkt dagegen keine nennenswerte Drucksteigerung und damit praktisch keinen Anstieg der Flüssigkeit; nur bei verschmutztem Material sind hier geringe Ausschläge zu beobachten. Die Reaktion kann bei einiger Übung so eindeutig werden, daß in vielen Fällen auf den Blindversuch verzichtet werden kann.

Bestimmung der Vitamine. Wenn auch der Tierversuch zur Bestimmung der Vitamine die sicherste Methode darstellt, so haben die modernen chemischen und physikalisch-chemischen Verfahren so weit Eingang gefunden, daß sie mit den biologischen Methoden zum Rüstzeug des Analytikers gehören. Nur von diesen Methoden soll hier die Rede sein und nur solche sollen beschrieben werden, die sich mit der Bestimmung der Vitamine A, B_1, B_2, C und D befassen. Wenn auch die Spezifität nicht in allen Fällen gesichert ist und insbesondere noch Schwierigkeiten bestehen, die Vitamine aus den Gemischen der mit ihnen gleichzeitig vorhandenen anderen Naturstoffe zu isolieren und zum Nachweis und zur Bestimmung in reiner Form darzustellen, so sind doch die bisherigen Ergebnisse für die Praxis des Analytikers sehr begrüßenswert.

Bestimmung des Provitamins A (Carotin). Aus der großen Zahl der hierüber veröffentlichten Methoden soll diejenige von C. Pfaff und G. Pfuetzer herausgegriffen werden, die gut übereinstimmende Werte liefert.

Ausführung. Es werden etwa 2 g des frischen, zerkleinerten, durch den Fleischwolf getriebenen Pflanzenbreies mit Methanol und Benzin erschöpfend extrahiert; die Benzinschicht wird vom Methanol durch Zusatz von Wasser (etwa 10%) getrennt und darauf mehrmals mit 90%igem Methanol ausgeschüttelt. Nach Behandlung der Methanolschicht mit Benzin werden die vereinigten Benzinausschüttelungen vom Methanolwasser durch Waschen mit Wasser befreit. Nun wird die Benzinlösung durch eine Schicht (10 cm hoch, 0,5 cm Durchmesser) von pulverisiertem Aluminiumoxyd (E. Merck, standardisiert nach H. Brockmann) laufen gelassen. Das Carotin wird mit Benzin, gegebenenfalls mit steigenden Anteilen von Benzol ausgewaschen. Im Aluminiumoxyd bleiben Chlorophyll und verschiedene Carotinoide quantitativ zurück. Die Farbtiefe der Carotinlösung wird im Stufenfotometer unter Benutzung des Filters S 47 gemessen und auf mg Carotin umgerechnet. Als Standard dient eine Lösung von 0,1 mg reinstem Carotin in 100 ccm Normalbenzin (Siedepunkt 70 bis 80° C), deren Extinktionskoeffizient K = 0,2 beträgt.

Bestimmung des Vitamins B$_1$ (Aneurin). 0,4 bis 1 ccm (= 4 bis 10 γ Aneurin) einer Lösung von Aneurindichlorid (5 mg auf 499 ccm Wasser und 1 ccm 2 n-Salzsäure) werden mit Wasser auf 10 ccm in einen Schütteltrichter gebracht. Dazu gibt man 9 ccm der Oxydationslösung (2 ccm einer 1%igen Kaliumferricyanidlösung und 7 ccm n/10 NaOH) und 15 ccm Isobutylalkohol. Nach 30 Sek. langem Schütteln werden die Schichten getrennt und zur Isobutylalkohollösung 1,5 g Na-Sulfat (wasserfrei) zur Entfernung der Trübung zugegeben. Die Fluoreszenz wird gegen diejenige einer bekannten B$_1$-Lösung (10 Aneurin = 100%ige Durchlässigkeit) im Stufenfotometer im auffallenden UV-Licht gemessen. Lösungen, welche mehr als 14 γ Vitamin B$_1$ enthalten, absorbieren nicht mehr vollständig das UV-Licht, und es besteht keine Proportionalität zwischen dem Aneuringehalt und der Fluoreszenzintensität.

Will man in Lebensmitteln das Vitamin B$_1$ bestimmen, so verfährt man so, daß je nach dem Gehalt an Vitamin B$_1$ 5 bis 10 g Substanz mit 50 ccm n/100 Salzsäure und 0,2 g Diastase (bei zuckerhaltigem Material) bzw. 0,2 g Papain (bei eiweißhaltigen Produkten) versetzt und die Lösungen 24 Stunden lang bei 30° C stehen gelassen werden. Nach dieser Zeit wird vom ungelösten Anteil abgeschleudert und der Rückstand noch dreimal mit Wasser nachgewaschen und filtriert. Das Filtrat wird auf 100 ccm aufgefüllt. 20 ccm werden mit 40 ccm Isobutylalkohol geschüttelt, und nach Trennung der Schichten (evtl. Abschleudern) wird die wäßrige Lösung durch ein trockenes Faltenfilter gegeben. 10 ccm des klaren Filtrats werden wie oben oxydiert und die Fluoreszenz im Stufenfotometer gemessen. Die Nebenfluoreszenz wird so ermittelt, daß 10 ccm des Filtrates mit einer Lösung Na-Hydrosulfit, 2 ccm Wasser und 7 ccm n/10-Natronlauge und 15 ccm Isobutylalkohol geschüttelt werden. Nach Abtrennung der Schichten wird die Fluoreszenz in bekannter Weise ermittelt und der Wert von dem Hauptfluoreszenzwert abgezogen.

Neben dem chemischen Verfahren wurde auch ein biologisches ausgearbeitet, das die Feststellung äußerst geringer Mengen des Vitamins erlaubt. So können mit dem Pilztest *(Phycomyces)* noch etwa 10^{-3} nachgewiesen werden. Der hierzu benötigte Schimmelpilz ist der *Phycomyces Blaskesleeanus Burgeff.* Das Wachstum, ausgedrückt als Gewicht des nach einer bestimmten Zeit gebildeten

Mycels, steigt mit zunehmendem Vitamin B_1-Gehalt nach einer stetig flacher werdenden und bei der Sättigung horizontal verlaufenden Kurve. Arbeitet man mit sporenhaltigen Nährlösungen konstanter Zusammensetzung, so kann man durch Zugabe bekannter Vitamin B_1-Mengen eine Eichkurve aufstellen, die zur Untersuchung von Material mit unbekanntem Vitamin B_1-Gehalt verwendet werden kann.

Bestimmung des Vitamins B_2 (Lactoflavin). Es werden 20 bis 50 g Substanz (etwa 50 bis 60 γ Vitamin B_2) mit der fünffachen Menge 96%igem Alkohol 10 bis 15 Min. auf dem Wasserbad behandelt, dann filtriert und der Rückstand noch zweimal mit der gleichen Menge 70%igem Alkohol extrahiert. Die vereinigten Extrakte werden im Vakuum bei 50° C auf 100 bis 125 ccm eingeengt, mit Salzsäure auf $p_H = 3$ eingestellt und das Fett und ätherlösliche Farbstoffe durch Schütteln mit trockenem Äther entfernt. Dann werden 6 ccm einer 4%igen Kaliumpermanganatlösung zugesetzt und nach 10 Min. langer Einwirkung das überschüssige Permanganat mit H_2O_2 entfernt. Die so behandelte Lösung wird mit 5 bis 6 g Frankonit eine Stunde lang geschüttelt, das Adsorbat abfiltriert, mit Wasser ausgewaschen und mit 50 ccm einer Pyridin-Methanol-Wassermischung (1 : 2 : 3) auf dem Wasserbad eluiert, dann filtriert und das Adsorptionsmittel mit 50 ccm der obigen Mischung nachgewaschen. Vom Eluat werden zweimal 20 ccm verwendet, indem 20 ccm mit 2 ccm Eisessig und 2 ccm einer gesättigten Kaliumpermanganatlösung (6 g im l) versetzt werden. Nach gutem Durchmischen läßt man 10 Min. stehen und entfernt das Permanganat gleichfalls mit $H_2 O_2$. Das nunmehr klare Filtrat wird im Stufenfotometer in einer 3-cm-Küvette mit Filter S 45 gemessen. Die anderen 20 ccm werden ohne Kaliumpermanganat gemessen. Hierauf gibt man eine kleine Menge festes Na-Hydrosulfit zu, bis sich die Farbe nicht mehr ändert (am besten in neutraler oder schwach alkalischer Lösung, da sonst kolloidaler S auftritt). Die Absorption dieser Lösung ermittelt man wieder im Stufenfotometer. Die Differenz der beiden Absorptionslösungen ergibt die Absorption des Vitamins B_2 (Lactoflavin).

Bestimmung des Vitamins C (l-Ascorbinsäure). Die chemischen Bestimmungsmethoden beruhen sämtlich auf der Ermittlung der Reduktionskraft der l-Ascorbinsäure, und darum sei hier nur die zuerst von J. TILLMANS entwickelte und in der Folgezeit weiter bearbeitete Methode beschrieben, die in allen Untersuchungslaboratorien Eingang gefunden hat. Reine l-Ascorbinsäure reduziert 2,6-Dichlorphenol-Indophenol, Methylenblau, Jod usw. Bei der Oxydation zunächst entstehende Dehydroascorbinsäure läßt sich sehr leicht zu l-Ascorbinsäure reduzieren, so daß man sowohl die l-Ascorbinsäure als auch die Dehydroascorbinsäure (Gesamtvitamin C) erfassen kann.

Ausführung. Das Untersuchungsmaterial wird unter Metaphosphorsäure (oder mit einem Gemisch von gleichen Teilen Metaphosphorsäure und Oxalsäure oder nur mit Oxalsäure) mit einem rostfreien Messer zerkleinert und mit reinstem, grobkörnigem Quarzsand verrieben und anschließend mit Wasser am Rückfluß unter Einleitung von CO_2 oder N_2 10 Min. gekocht. Dann wird auf Zimmertemperatur abgekühlt, schnell durch ein Seihtuch filtriert und ausgepreßt. Mit der zum Ausziehen verwendeten Säure füllt man ein Meßkölbchen auf 100 ccm auf und bestimmt in einem aliquoten Teil die Reduktionswirkung mit einer genau eingestellten n/1000 Dichlorphenol-Indophenollösung (0,16 bis 0,17 g Dichlorphenol-Indophenol [E. MERCK oder H. SCHUCHARD] in 1 l).

Die Mengen schwanken je nach dem Reinheitsgrad des Präparates.

Zur Einstellung der Farbstofflösung bereitet man sich eine genaue n/100-Lösung von MOHRschem Salz (pro analysi) durch Einwägen von 3,9215 g in 1 l Lösung. Beim Auffüllen gibt man ungefähr 40 ccm n/2 Schwefelsäure hinzu, um die Lösung haltbar zu machen. Zu 10 ccm Farblösung werden 5 ccm Na-Oxalat-lösung oder eine Messerspitze Na-Oxalat zugegeben. Sodann wird die n/100-Ferrolösung in eine Feinbürette gefüllt und die Farblösung mit der Ferrolösung titriert. Der Umschlag von Blau nach schwach Gelb ist sehr genau sichtbar. Bei Verwendung einer n/100-Mohrschen Lösung und 10 ccm Farbstofflösung ist der Faktor gleich dem Verbrauch an ccm Ferrolösung.

Die Titration des Auszuges (insbesondere des gefärbten) des Untersuchungsmaterials erfolgt in einem mit einer Ausstülpung versehenen Zentrifugenglas, in dem durch Zugabe von reinem Chloroform oder Nitrobenzol der Umschlagspunkt (hellrosa Färbung) scharf zu erkennen ist. Es empfiehlt sich zur Vermeidung einer Emulsion ein vorsichtiges und langsames Umschütteln.

Bei der Umrechnung des Farbstoffverbrauchs von l-Ascorbinsäure ist zu berücksichtigen, daß das Molekulargewicht der l-Ascorbinsäure = 176, das Reaktionsäquivalent = 88 ist. Es entspricht daher 1 ccm n/1000 Farblösung = 0,088 mg Ascorbinsäure.

Das brauchbarste Verfahren zur Erfassung der Dehydroascorbinsäure ist die Reduktion mit H_2S. Dabei wird das H_2S in langsamem Strom 15 Min. lang eingeleitet und die erhaltene Lösung im geschlossenen Kölbchen über Nacht stehen gelassen. Zur vollständigen Austreibung des H_2S muß 1 ½ Stunden lang CO_2 oder N_2 eingeleitet werden. Vitamin C-Verluste treten dabei nicht auf. Andere störende Begleitstoffe, die infolge ihrer Reduktionswirkung l-Ascorbinsäure vortäuschen können, werden durch vorherige Behandlung des Auszuges mit Quecksilberacetat (20%) ausgeschieden.

Bestimmung des Vitamins D_3. Die bei Milch und Milcherzeugnissen gut anwendbare Methode der colorimetrischen Bestimmung sei hier genauer beschrieben. Das aus 2 l bestrahlter Vollmilch (mit bekanntem Fettgehalt) durch Zentrifugieren gewonnene Fett wird in einem Rundkolben mit 350 ccm n-alkoholischer Kalilauge 45 Minuten lang unter Rückflußkühlung gekocht und dann die erhaltene Seifenlösung sofort mit 350 ccm Wasser verdünnt. Die kalte Seifenlösung wird sodann in einem Scheidetrichter dreimal mit je 200 ccm, 150 ccm und 100 ccm Petroläther ausgeschüttelt. Die Petrolätherauszüge werden vereinigt, mit Wasser gewaschen und zwei Stunden lang mit Natriumsulfat sicc. getrocknet. Unter Einleiten von Stickstoff wird der Petroläther auf dem Wasserbad abdestilliert.

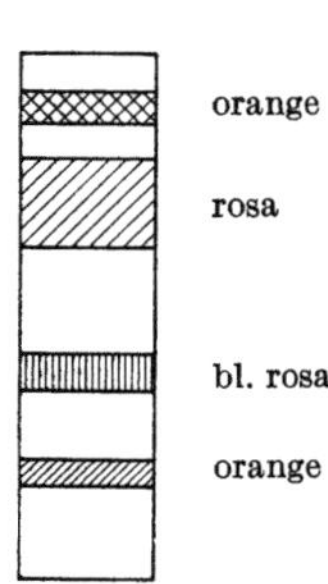

Abb. 2.
Chromatogramm.

Die Adsorption der petrolätherischen Lösung erfolgt an Aluminiumoxyd (H. Brockmann), das zwei Stunden lang im Trockenschrank auf 160° C erhitzt wurde. Das Adsorptionsrohr hat eine Länge von 10 cm und einen Durchmesser von 0,9 cm. Vor dem Einfüllen des im Exsiccator erkalteten Aluminiumoxyds verschließt man die eine Seite des Rohrs mit einem Gummistopfen, gibt darauf eine 1 cm hohe Watteschicht und füllt nun langsam unter leichtem Klopfen in dünnem, gleichmäßigem Strahl das Aluminiumoxyd ein. Die Aluminiumoxydschicht wird mit einer 1 cm hohen Watteschicht abgedeckt, die Säule mit Petroläther befeuchtet und vorsichtig das Unverseifbare, das man in 3 bis 5 ccm Petroläther aufgelöst hat, aufgegossen. Den Kolben spült man einige Male mit wenig Petroläther nach. Man läßt durch die Säule abtropfen (nicht saugen) bis noch ½ ccm der Lösung über der oberen Watteschicht steht und achte darauf, daß die Säule nie trocken wird. Das Chromatogramm wird nun mit einem Gemisch aus gleichen Volumenteilen Petroläther : Benzol + 0,25% Methanol entwickelt.

Das Chromatogramm zeigt meist folgendes Bild (Abb. 2):

Vitamin D_3 befindet sich in Schicht 2. Die gebildeten Farbringe nimmt man mit einem Draht oder Glasstab, der an einem Ende leicht gebogen ist, einzeln heraus und bringt sie getrennt in Reagensgläser. Mit einem Gemisch von Benzol—Methanol (4 : 1) eluiert man dreimal die abgetrennten Zonen bis zur völligen Entfärbung des Aluminiumoxyds und filtriert vorsichtig durch Trichter (Durchmesser 2,5 cm) in kleine Abdampfschalen (Durchmesser 5 cm). Auf dem Wasserbad läßt man im Stickstoffstrom das Lösungsmittel verdampfen und trocknet die einzelnen Rückstände über Nacht unter Stickstoff im Exsiccator. Die jeweils erhaltenen Rückstände werden in 2 ccm Chloroform gelöst, einzeln in Reagensgläser gegeben, mit 0,8 ccm einer 20%igen Antimontrichloridlösung in Chloroform und 5 Tropfen einer 5%igen Guajakollösung in Chloroform versetzt und nach dem Verschließen mit Korkstopfen 10 Min. lang im Wasserbad von 60° C erwärmt. Sodann läßt man 10 Min. lang abkühlen. Bei Anwesenheit von Vitamin D tritt ein von der Vitamin-D_3-Konzentration abhängiger grüner Farbton auf, dessen Extinktion im Stufenfotometer mit Filter S 75 in einer 1 cm-Küvette gemessen wird. Als Vergleichslösung dient Chloroform, Wasser oder eine Blindprobe.

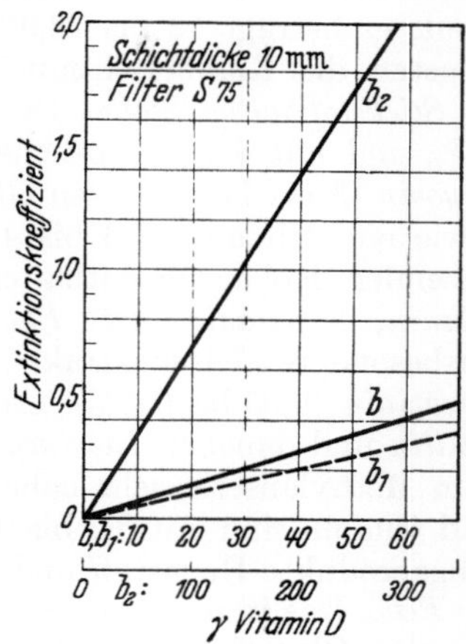

Abb. 3. Eichkurve zur Vitamin-D-Bestimmung.

Der Vitamin-D_3-Gehalt wird dann an der festgelegten Eichkurve (Abb. 3) abgelesen.

B. Die Zusammensetzung der tierischen und pflanzlichen Lebensmittel.

I. Tierische Lebensmittel.

1. Fleisch- und Fleischerzeugnisse.

Für Fleisch, das unter den Lebensmitteln tierischen Ursprungs die erste Stelle einnimmt, gilt folgende Begriffsbestimmung, die im Fleischbeschaugesetz und in den dazu abgefaßten Ausführungsbestimmungen niedergelegt ist:

Fleisch sind alle Teile von warmblütigen Tieren, frisch oder zubereitet, sofern sie sich zum Genuß für Menschen eignen. Als Teile gelten auch die aus warmblütigen Tieren hergestellten Fette und Würste. Als Fleisch sind daher insbesondere anzusehen: Muskelfleisch (mit und ohne Knochen), Fettgewebe, Bindegewebe, Lymphdrüsen, Zunge, Herz, Lunge, Leber, Milz, Nieren, Gehirn, Brustdrüsen, Schlund, Magen, Dünn- und Dickdarm, Gekröse, Blase, Milchdrüse, vom Schwein die ganze Haut, vom Rindvieh die Haut am Kopf, einschließlich Nasenspiegel, Gaumen und Ohren, sowie die Haut an den Unterfüßen, ferner Knochen mit daran haftenden Weichteilen, frisches Blut; Fette unverarbeitet oder zubereitet, insbesondere Talg, Unschlitt, Speck, Liesen, sowie Gekröse und Netzfett, Schmalz, Oleomargarine und solche Stoffe enthaltende Fettgemische jedoch nicht Butter und geschmolzene Butter (Butterschmalz); Würste und ähnliche Gemenge von zerkleinertem Fleisch.

Andere Erzeugnisse aus Fleisch, insbesondere Fleischextrakte, Fleischpeptone, tierische Gelatine, Suppentafeln, gelten bis auf weiteres nicht als Fleisch.

Zur menschlichen Ernährung dient vor allem das Muskelfleisch der Haustiere: Rind, Kalb, Schwein, Schaf, Ziege. Es wird aber auch dasjenige vom Pferd, Wild und Geflügel verzehrt. Der chemischen Zusammensetzung nach besteht das Fleisch hauptsächlich aus Eiweiß, Fett, Kohlenhydraten, Mineralstoffen und Wasser.

Wasser. Der Gehalt ist in Abhängigkeit von der Rasse, dem Alter, der Aufzucht und Mästung der Tiere großen Schwankungen unterworfen. Er bewegt sich zwischen 48 bis 78%. Daneben spielt der Fettgehalt insofern eine Rolle, als der Wassergehalt mit zunehmender Fettablagerung abnimmt. Das fettfreie Muskelfleisch der verschiedenen Schlachttiere ist in seinem Wassergehalt ziemlich konstant, er beträgt 72 bis 78,9%. Das Schweinefleisch zeigt mit 72,9% den geringsten, das Kalbfleisch mit 78,9% den höchsten Wassergehalt.

Stickstoffhaltige Stoffe. Die echten Proteine sind in unlöslicher Form mit 13 bis 18% und mit 4% als lösliche Eiweißstoffe in der Muskelfaser vorhanden. Das *Myosin* (3 bis 11%) ist ein Globulin, neben ihm sind *Myoglobulin* und *Musculin* sowie ein Albumin (0,6 bis 4,6%) vorhanden. Im Bindegewebe sind die leimgebenden Kollagene enthalten. Von Aminosäuren sind nachgewiesen worden: *Alanin, Asparaginsäure, Phenylalanin, Valin und Spuren* von *Diaminosäuren* (insbesondere Fleischextrakt). Unter den Fleischbasen treten hervor *Kreatin* und *Kreatinin* (0,05 bis 0,4%). Außerdem finden sich noch *Carnosin, Ignotin, Neosin, Oplitin* und daneben *Inosinsäure*, eine einfache Nucleinsäure. Das *Anserin* steht dem Methylanserin sehr nahe. Die Purinbasen: Hypoxanthin, Xanthin, Adenin und Guanin sind mit 0,2 bis 0,3% nachgewiesen worden, ebenso deren Umwandlungsprodukte Harnstoff und Harnsäure (etwa 0,18%).

Fett. Das in den Muskelfasern und im Bindegewebe eingelagerte Fett besteht aus den Glyceriden der Palmitin-, Stearin- und Ölsäure, die mit Phosphatiden (2 bis 3%) und Sterinen (0,1 bis 0,2%) vergesellschaftet sind. Auch weißes Muskelfleisch kann noch Fett mit 0,4 bis 4% enthalten. Nach Herkunft, Rasse und Tierart wechselt das Fett im Aussehen, in der Beschaffenheit und Konsistenz und auch hinsichtlich der chemischen Zusammensetzung, deren Verschiedenheit mit zur analytischen Bewertung herangezogen werden kann.

Stickstofffreie Stoffe. Sie werden vertreten durch das *Glykogen*, das in der lebenden Muskulatur immer, in der toten nur ganz selten vorkommt und das im Pferdefleisch mit durchschnittlich 0,67%, im Rindfleisch mit 0,16% auftritt. Daneben sind in geringer Menge Traubenzucker und Maltose zu finden. Ferner ist die d-Milchsäure (Fleischmilchsäure) mit 0,05 bis 0,07% neben verschiedenen Eiweiß- und Fettabbauprodukten vorhanden, desgleichen Ameisen-, Essig- und Buttersäure. Der Ringzucker *Inosit* (Mesoinosit) kommt in den Muskeln, in der Leber, Niere, Milz teils frei, teils als Calcium-Magnesiumsalz der Inositphosphor-säure vor. Der Muskelfarbstoff, der die rote Farbe der Muskelfaser bedingt, ist identisch mit dem Hämoglobin (Myohämoglobin).

Mineralstoffe. Sie machen etwa 0,8 bis 1,8% des Fleisches oder 3,2 bis 7,5% der Trockensubstanz aus und bestehen aus K-Phosphat neben kleinen Mengen Ca-, Mg-Phosphat und Na-Chlorid sowie Spuren von Eisen.

Vitamine. Fleisch ist bekanntlich vitaminarm, die Vitamine A, B_1 und C bewegen sich in etwa gleicher Größenordnung. Die inneren Organe wie Niere, Herz, Hoden und Leber sind reicher an diesen. Im mageren Schweinefleisch wurden durchschnittlich 220 γ Vitamin B_1 in 100 g, in Rindfleisch 150, in Ziegen-, Hammel- und Pferdefleisch 120 γ gefunden. Vitamin B_2 ist im Fleisch und in den inneren Organen reichlicher vorhanden.

Enzyme. Sie sind in größerer Menge im Muskelfleisch vorhanden und haben eine besondere Bedeutung bei der Haltbarmachung. Nachgewiesen wurden eiweißspaltende Enzyme (Proteasen) und fettspaltende (Lipasen), die eine Rolle bei der Aufbewahrung und Lagerung und den hier ablaufenden Reaktionsvorgängen spielen, ferner desmolytische Enzyme wie Zymasen und Katalasen. Außerdem ist noch das Thrombin zu nennen, das das Fibrinogen in unlösliches Fibrin überführt.

Blut. Das flüssige Gewebe aus roten und weißen Blutkörperchen besteht aus Plasma mit 54% und Formelelementen mit 46%. Es macht etwa 3 bis 7% des Lebendgewichtes aus. Das Blutplasma und das Serum sind leicht gelb gefärbte viscose Flüssigkeiten mit einem Wassergehalt von 90%. Das Serum entsteht bei der Gerinnung des Blutes aus dem Plasma und unterscheidet sich dadurch von ihm, daß es thrombinhaltig und fibrinogenfrei ist. Das Blut besteht aus Wasser (80%), Blutkörperchen (11,7%), Albumin und Globulin (6,0%), Fibrinogen (0,4%), Fett (0,2%), Salzen (0,9%), Kohlenhydraten (0,03%).

Von den Enzymstoffen sind Proteasen, Lipasen, Katalasen und Amylasen anzuführen, die in wechselnder Menge auftreten. Die Salze des Blutes sind Na-Chlorid und K-Phosphat, ferner in geringer Menge Ca-, Mg- und Fe-Salze. Ein Teil des Na, K, Ca und Mg liegt als Bicarbonat vor, ein Teil ist aber auch an das Eiweiß gebunden. Br, J, Cu, Zn und Al sind nachgewiesen worden.

Knochen und Knorpel. Knochen und Knorpelgewebe bestehen aus derselben Grundsubstanz; während aber das Knorpelgewebe (Nase, Ohren, Luftröhre) elastisch ist und leimgebende Stoffe enthält, ist das Knochengewebe hart und derb und weist viel mehr mineralische Substanzen auf. Die wertvollen Inhaltsbestandteile machen die Bewertung der Rohstoffe lohnend (Leim-, Fett- und Knochenmehlgewinnung).

Innere Organe. Zu ihnen gehören: Herz, Lunge, Leber, Gehirn, Nieren, Zunge; ihr Nährwert ist groß, nicht nur des Eiweißgehaltes wegen, sondern ob ihres beachtlichen Vitamingehaltes. Hierher gehören auch die Drüsenorgane (Pankreas, Ovarien, Hoden, Schilddrüsen, Nebennieren, Hypophyse), die zur Gewinnung hochwertiger Hormon- und technisch wichtiger Fermentpräparate dienen.
Därme. Sie dienen technischen Zwecken als Wursthüllen in der Wurstfabrikation und medizinischen Zwecken (Schafdärme zur *Catgut*herstellung). Zerkleinerte Magen, Kuddelflecke stellen ein beliebtes Lebensmittel dar.

An Fleischerzeugnissen wären kurz aufzuführen die Fleischdauerwaren und die Fleischzubereitungen. Zu den Fleischdauerwaren, die im Rahmen dieses Abschnittes interessieren, gehören *Pökelfleisch* und *Rauchfleisch*, unbesprochen sollen bleiben Gefrierfleisch und Dosenfleisch.

Pökelfleisch. Unter Pökeln versteht man das Einlegen von Fleischstücken in eine 15 bis 25%ige Kochsalzlösung oder das Einreiben mit Kochsalz oder Bestreuen des Fleisches mit mehr oder weniger Salz und Einlegen in Fässer, wobei sich infolge Auflösung des Salzes in dem austretenden Fleischsaft eine Lake bildet. Da hierbei der rote Farbstoff (Hämoglobin) zerstört würde, verwendet man ein Gemisch von 100 kg Kochsalz mit 1 bis 2 kg Kalisalpeter und Zucker, wobei infolge der Einwirkung des entstehenden Nitrits sich das beständige Stickoxydhämoglobin bildet. Dieses geht bei höherer Temperatur in das rotbleibende Stickoxydhämochromogen über. Mit dem Pökeln ist ein Gewichtsverlust und eine Abnahme des Nährstoffgehalts verbunden.

Rauchfleisch. Man gewinnt es, indem man das Pökelfleisch „kalt" oder „heiß" räuchert. Beim Kalträuchern wird der Rauch durch Verschwelen von trockenem Sägemehl aus Hartholz sowie von Wacholderzweigen erzeugt, und der nur etwa 17 bis 22° warme Rauch durchzieht die in mehreren Stockwerken angeordneten Räucherkammern (Braunschweiger Art). Beim Heißräuchern wird Rauch von 70 bis 100° C erzeugt. Das Verfahren wird in erster Linie für Brühwürste usw. angewandt. Mit dem Rauch werden antiseptisch wirkende Stoffe, insbesondere Essigsäure, Ameisensäure, Aceton, Methylalkohol, Formaldehyd, Phenole und Kresole erzeugt, die in das Fleisch eindringen und demselben den charakteristischen Rauchgeschmack verleihen.

Zu den Fleischzubereitungen zählen die *Wurstwaren* sowie Pasteten, Pains, Fleischsalate, Sülze. Hier interessieren insbesondere die Würste, die in den Begriffsbestimmungen des Vereins deutscher Lebensmittelchemiker in folgender Zusammensetzung aufgeführt sind:

Würste sind Fleischwaren, zu deren Bereitung gehacktes Muskelfleisch und Fett, ferner Blut und Eingeweide, d. h. Leber, Lunge, Herz, Nieren, Milz, Rindermagen und Gekröse sowie Gehirn, Zunge, Knorpel und Sehnen der verschiedensten Schlachttiere unter Zuhilfenahme von Salz, Gewürzen, Zucker usw. verwendet werden. Als weitere Zutaten sind bei einzelnen Wurstarten Zwiebeln, Knoblauch, Schnittlauch, Citronenschalen, Trüffeln, Sardellen usw. gebräuchlich. Die Wurstmasse wird in Hüllen aus gereinigtem Darm, Magen oder Blase oder in Hüllen von Pergamentpapier eingefüllt.

Innerhalb dieser allgemeinen Begriffsbestimmung unterscheidet man etwa folgende Sorten: Fleisch-, Blut-, Leber- und Weißwürste. Für die Zusammensetzung lassen sich im Hinblick auf die überaus großen Schwankungen namentlich des Gehaltes an Muskelfleisch und Fett keine zuverlässigen Durchschnittswerte angeben.

In ihrer Zusammensetzung den Würsten gleich oder ähnlich sind die Fleischpasteten. Sie werden zum Zwecke längerer Aufbewahrung nicht in Därme oder Membranen gefüllt, sondern in Metall- oder Porzellangefäßen luftdicht verschlossen aufbewahrt. Die bekannte Straßburger Gänseleberpastete besteht aus zerkleinerter Gänseleber u. U. auch Gänsefleisch, Gänsefett, Trüffeln und Gewürzen.

Die Fleischwürste werden entweder geräuchert, gekocht oder gebraten; die üblichen Arten werden sämtlich in gekochtem Zustand, und zwar entweder frisch oder geräuchert oder nachträglich gebraten, genossen.

2. Fischfleisch und Fischerzeugnisse.

Vom Fisch kommt hauptsächlich das Muskelfleisch als Nahrungsmittel in Frage, das in seinem anatomischen Aufbau dem Warmblüterfleisch ähnlich ist und aus quergestreiften dicken Fasern besteht, die vom Sarkolemm umgeben sind. Das Fleisch ist infolge des fehlenden Hämoglobins weiß gefärbt. Rotfarbiges Blut besitzen nur der Stör, Karpfen, Lachs und zum geringen Teil noch andere Fische. Von Bedeutung sind in ernährungsphysiologischer Hinsicht die Leber (Lebertran), sowie die Produkte der Geschlechtsorgane, welche (bei weiblichen Tieren Rogen = Kaviar, beim männlichen Sperma = Milch) zu den vollwertigsten Nahrungsmitteln zählen.

Die chemische Zusammensetzung des Fischmuskels unterscheidet sich im allgemeinen nicht von derjenigen des Warmblüters; auch das Fischfleisch besteht aus Wasser, Eiweiß, Fett, Kohlenhydraten, Mineralstoffen sowie Enzymen und Vitaminen.

Wasser. Der Gehalt ist nach Alter, Standort, Beweglichkeit und Rasse gewissen Schwankungen unterworfen und ist im allgemeinen höher als derjenige des Warmblüterfleisches; nur fettreiche Fische (Lachs, Hering, Flußaal) sind wasserärmer, außerdem wechselt der Wassergehalt auch mit den Laichzeiten und der Laichdauer. Er bewegt sich zwischen 68 und 86%, kann aber z. B. beim Aal auf 50 bis 60% sinken.

Stickstoffhaltige Stoffe. Hier sind die echten Proteine *Globulin* und *Albumin* und die leimgebenden Kollagene vertreten. An Eiweißspaltprodukten fand man *Alanin, Arginin, Betain, Histidin, Leucin, Lycin, Lysin, Methylguanidin, Prolin, Taurin, Trypthophan* und *Tyrosin.* Auch *Ammoniak,* das insbesondere beim Aufbewahren an der Luft zunimmt, sowie Harnstoff, wurden gefunden. Die stickstoffhaltigen Extraktstoffe sind niedriger als beim Warmblüterfleisch. Die Fleischbasen *Kreatin* und *Kreatinin* sind nur mit 0,003 bis 0,04% vorhanden,

Xanthin und Hypoxanthin mit 0,04 bis 0,08%. Charakteristisch und eigenartig im Geruch ist das Trimethylamin, dessen wechselnder Gehalt auf die Ernährungsweise oder aber auf die Aufspaltung von Phosphatidstoffen zurückzuführen ist.

Im *Fischrogen* wurden *Taurin*, *Mucin* und *Mucinogen* gefunden, sowie ein *Globulin*, das in Kochsalzlösung löslich ist und durch Säuren wieder gefällt werden kann. Bemerkenswert ist hier noch das *Ichthulin*, das als echtes Phosphorproteid adsorptiv oder chemisch gebunden mit den Phosphatidsubstanzen vorkommt.

Im *Sperma* sind Protamine, Histone, Thymonucleinsäuren sowie Sphyngomyelin und Cerebroside gefunden worden, in *Fischschuppen* das Guanin, Glutin und Ichthylepdin, das zusammen mit dem Kollagen die Grundsubstanz der Schuppen bildet, die ihrerseits wieder als Oberflächenschutz bei der Konservierung der Fische eine Rolle spielen.

Das im Fischfleisch fein verteilte oder aber in der Fischleber abgelagerte Fett (Öl) ist auch nach Alter, Geschlecht und Rasse, nach Menge und chemischer Zusammensetzung verschieden. Es besteht aus den Glyceriden nieder- und hochmolekularer gesättigter und ungesättigter Fettsäuren, und zwar aus: Laurin-, Myristin- und Palmitinsäure, Öl-, Eruka-, Linol-, Linolen-, Gadolein- und Glupanodonsäure. Letztere ist ein leichtflüssiges Öl mit Fischgeruch und der hohen Jodzahl von 365 bis 370, ferner sind regelmäßig vorhanden Phosphatide (0,1 bis 0,7%); Sterine (0,5 bis 1,5%) und Kohlenwasserstoffe, Spinazen und Squalen.

Außerordentlichen Schwankungen unterliegen die Vitamin A- und-D-Gehalte; so wurden je g Tran an Vitamin A Werte von 1000 I.E. (niedrigst) bis 50000 I.E. (höchst) gefunden. In Fischkörperölen wurden Werte zwischen 6 bis 1000 I.E. je g Öl ermittelt. An Vitamin D wurden in Fischlebertranen 100 I.E. je g (niedrigst) bis 60000 I.E. je g (höchst) gefunden und in Fischkörperölen Werte, die zwischen 50 und 200 I.E. je g schwanken.

Enzyme. Zur Aufrechterhaltung der Lebensfunktionen bei den tiefen Temperaturen (Körpertemperatur der Fische = + 1° C über der Wassertemperatur) sind Enzymstoffe erforderlich, die hinsichtlich ihrer Wirksamkeit sich von denjenigen des Warmblüterfleisches unterscheiden. Grundsätzlich handelt es sich aber auch um Proteasen und Lipasen, die unmittelbar nach dem Fang und nach der Lösung der Totenstarre die autolytischen Zersetzungen beeinflussen und geruchliche und geschmackliche Veränderungen bedingen. Daneben sind noch die Desmolasen, Katalasen und Oxydasen zu erwähnen, die insbesondere zur Verfärbung des Fischfleisches beitragen.

Mineralstoffe. Sie machen etwa 1 bis 1,5% des Fleisches aus, sind also gegenüber dem Warmblüterfleisch wenig erhöht und werden durch K, Ca, Mg, Chloride, Phosphate und Sulfate vertreten.

An *Fischerzeugnissen*, die im Rahmen der nachfolgenden Ausführungen interessieren, sind anzuführen die Salzfische und die durch Räuchern und Marinieren erhältlichen Erzeugnisse.

Salzfische. Für die Zubereitung werden Fettfische ausgenommen, mit Salz bestreut und lagenweise in Tonnen eingelegt. Eine schwache Salzung (8 bis 10% Salz) ergibt die Mattjesheringe, eine mittlere Salzung (12 bis 13% Salz) Salzheringe; Sardellen enthalten 20 bis 22% Salz.

Räucherfische. Die durch Salzung gargemachten Fische werden zur Entfernung des Salzes gewässert, aufgespießt und bei niedriger Temperatur der Kalt- oder Heißräucherung ausgesetzt. Der Prozeß dauert je nach Größe der Stücke 1 bis 4 Stunden. Der Wassergehalt der geräucherten Fische liegt bei 40 bis 60%.

Marinierte Fische. Die Fische werden mit einer Lösung Kochsalz und Essig behandelt. Zur Herstellung der sogenannten Kaltmarinade legt man die Fische in das etwa 8% Salz und 6% Essig enthaltende Garmachebad von 15° C und erzielt durch Zugabe von Zwiebeln, Tomaten, Gurken und Gewürzen besondere Warensorten in Mayonnaise, Senf-, Tomaten- oder Milchtunke. Durch 10 bis 20 Minuten langes Einlegen der schwach gesalzenen Fische in ein siedendes Bad mit 4% Essig und bis zu 8% Salz, sowie Gewürzen erhält man die Kochmarinaden. Durch Braten der gesalzenen Fische auf Pfannen mit Fett oder Pflanzenöl bei 170 bis 180° C evtl. nach Zugabe von Würzen und Tunken erhält man *Bratmarinaden*. Alle diese Erzeugnisse haben nur eine beschränkte Haltbarkeit und stellen Halbkonserven dar.

In diesem Zusammenhang sind auch die Ölpreßkonserven (Ölsardinen, Lachs in Öl usw.) zu erwähnen.

Krustentiere. Hierher gehören die verschiedenen Krebse (Flußkrebs, Hummer, Languste) sowie auch Krabben, Garnelen, die sowohl frisch gekocht als auch in Form verschiedener Zubereitungen (Krebsschwänze, Krebsbutter, Krebssuppen, Krebspulver) in den Verkehr gebracht werden. Das Krebsfleisch unterscheidet sich von dem Warmblüterfleisch durch einen höheren Wassergehalt (80%) und einen niedrigeren Gehalt an Proteinen (10 bis 12%) und Fett (1 bis 1,5%).

Schalentiere. Zu erwähnen sind noch die eßbaren Muschelarten, von denen die Austern und Miesmuscheln die größte Bedeutung haben und die auch hinsichtlich ihres Nährwertes den Krebsen ähnlich sind. Von weiteren Weichtieren dienen zur Ernährung Schnecken und Tintenfische. Von sonstigen Kaltblütern werden Schildkröten und Frösche gegessen.

3. Eier.

Für die menschliche Ernährung dienen insbesondere Vogeleier und hier hauptsächlich Hühner-, seltener Enten- und Gänseeier und die als Delikatesse anzusprechenden Kiebitzeier. Hier soll nur das Hühnerei näher beschrieben werden.

Eier sind Erzeugnisse des tierischen Körpers und haben die Aufgabe, dem werdenden Individuum Schutz und Nahrung zu liefern. Der Vorrat an hochwertigen Nahrungsstoffen legt es nahe, das Ei in der menschlichen Ernährung zu verwenden, wo es infolge seiner leicht resorbierbaren Inhaltsbestandteile eine Vorzugsstellung einnimmt. Beim Ei unterscheidet man die feste *Kalkschale* (12%), das *Eiklar* (*Weißei* 58%), und den *Dotter* (30%). Die Farbe der Eierschale ist verschieden und wechselt zwischen gelb, gelbbraun und braun-gesprenkelt, je nach der Rasse der Hühner. Das Gewicht schwankt zwischen 40 und 70 g. Die Inhaltsbestandteile des Weißeis und des Dotters (beide können mechanisch voneinander getrennt werden) sollen gesondert besprochen werden.

Das *Weißei* (*Eiklar*) ist eine zähflüssig erscheinende Masse, die nach Entfernung der Membranstoffe ziemlich dünnflüssig ist. Sie reagiert alkalisch und gerinnt beim Erwärmen auf 60 bis 70° C. An chemischen Inhaltsbestandteilen sind hervorzuheben:

N-haltige Stoffe. Es gehören hierher das Ovalbumin (69,7%), das Ovoglobulin (6,7%), das Ovomucin (11,9%), das Ovomucoid (12,7%), wobei die Prozentgehalte sich beziehen auf die Gesamteiweißstoffe mit 12 bis 13,5%. Daneben sind das Ovoflavin, ein Farbstoff, zu erwähnen und geringe Mengen von Kreatin sowie von Phosphatiden, Cholesterin und Glutenin.

N-freie Bestandteile. Als Kohlenhydrat ist die d-Glukose vertreten, und zwar durchschnittlich mit 0,43%. Sie ist im gebundenen Zustand mit etwa 0,2% vorhanden.

Mineralbestandteile und Wasser. Neben Wasser mit 84,7 bis 86,4% treten Mineralbestandteile mit etwa 0,3 bis 0,8% auf und werden von K, Na, Mg, Ca und Fe und den Anionen SO_4 und Cl eingenommen. Ein relativ hoher Sulfatgehalt ist durch die beträchtlichen Mengen des im Eiweiß vorhandenen organischen Schwefels bedingt.

Der *Dotter* (Eigelb) weist eine andere und kompliziertere Zusammensetzung auf, und die in der alkalisch reagierenden gelbgefärbten, in Wasser unlöslichen Masse vorkommenden Stoffe sind im Eiklar nicht vorhanden.

N-haltige Stoffe. Der Hauptvertreter ist das Vitellin (13,35%) und das Livetin (3,55%), ferner Spaltprodukte dieser Stoffe, die einen niedrigeren P-Gehalt aufweisen, schwefelhaltig sind und bei der hydrolytischen Spaltung Tyrosin, Tryptophan und Cystin liefern.

Fett. Das Fett- oder Eieröl ist hell- bis dunkelgelb gefärbt und enthält neben etwa 5% Unverseifbarem (Cholesterin, Farbstoffe) die Triglyceride der Fettsäuren: Palmitin-, Stearin- und Ölsäure sowie größere Mengen von freien Fettsäuren und Glycerinphosphorsäure.

Phosphatide und Sterine. Es liegen verschiedene Phosphatide teils frei, teils gebunden vor, und zwar vom Lecithin- und Kephalintypus. Von den Sterinen ist das Cholesterin mit 3,0 bis 4,4% in gebundener Form vertreten.

Farbstoffe. Sie werden vertreten durch das Lutein (Gemisch von Xanthophyll und Zeaxanthin) und dem Ovoflavin, so daß an Gesamtfarbstoff in einem Eidotter vorhanden sind 1,36 mg Lutein, 0,58 mg Zeaxanthin und 0,02 mg Ovoflavin. *Mineralbestandteile.* Die Asche des Eidotters hat im wesentlichen eine andere Zusammensetzung als diejenige des Eiklars. Der Dotter enthält reichlich Phosphate und weist einen höheren Ca- und Fe-Gehalt auf.

Enzyme. Auch hier sind wieder von der Gruppe der Hydrolasen die Proteasen und Lipasen sowie Cholinesterasen zu erwähnen und von den Desmolasen die Glykolase und Oxydase.

Vitamine. Im Eidotter sind bis zu 0,9 mg% an Vitamin A vorhanden, ferner Vitamin D, das mit 150 bis 500 I.E. in 100 g ermittelt wurde. An Vitamin B_1 wurden 160 I.E. in 100 g festgestellt. Das antiscorbutische Vitamin fehlt. Die Anwesenheit von Biotin und Vitamin K wurde bewiesen.

An *Eiererzeugnissen,* die neben den Eiern selbst für eine Behandlung durch Kälteverfahren in Frage kommen, wären das *flüssige Vollei, das flüssige Eigelb* und das *Eipulver* zu erwähnen. Ihre Herstellung wird veranlaßt durch die bei der Konservierung des ganzen Eies mit Schale bekannten Schwierigkeiten, sowie durch die technische Verwendung einzelner Bestandteile besonders im Bäckerei- und Konditoreigewerbe.

Flüssiges Eigelb. Es kommt, ebenso wie flüssiges Ganzei, vorwiegend aus China. Es wird durch Gefrieren oder durch Zusatz von 13 bis 15% Kochsalz konserviert und gelangt in Blechkanistern in den Verkehr. Der Zusatz von 1% Benzoesäure oder 1,2% Na-Benzoat oder 0,8% Benzoesäureäthyl- und Propylester ist zur Konservierung von flüssigem Eigelb zur Verwendung in der Feinbäckerei und Teigwarenfabrikation in Deutschland zugelassen.

Eipulver. Die Technik der Eiertrocknung wurde immer weiter entwickelt und für Eigelb, Ganzei und Weißei besonders ausgebildet. Nach Abtrennung von Dotter und Weißei von der Schale wird das Vollei oder der Dotter durch Passieren von Siebvorrichtungen von mitgerissenen Zellelementen befreit, in Mischmaschinen gründlich gemischt und im Vakuum auf Walzen oder durch Zerstäubung im Sprühturm getrocknet. Da infolge der zugeführten Luft leicht Oxydationserscheinungen am Fett und Lecithin eintreten, hat man die Vakuumtrocknung bei niedriger Temperatur unter Ausschluß von Luftsauerstoff der Zerstäubungstrocknung bisweilen vorgezogen.

Aus 500 Stück Frischeier werden 5 kg Trockeneigelb erhalten.

Die Zusammensetzung von Volleipulver beträgt im Durchschnitt 48,5% Eiweiß in der Trockensubstanz, 48,0% Fett und 3,8% Asche. Das Trockeneigelb hat 43,3% Eiweiß, 43,5% Fett und 3,6% Asche.

Eialbumin (Weißei). Die völlig geklärte Eiweißlösung wird in Lufttrockenschränken auf Schalen aus hochpoliertem verzinktem Blech oder Glas bei Temperaturen von 40 bis 45° C schonend getrocknet. Gegen Ende der Trocknung zieht sich die Albuminschicht zusammen und löst sich von den Rändern ab, nach vollständiger Trocknung blättert sie ganz ab und wird dann aus der Trockenkammer entfernt. Dieses Spezialerzeugnis dient zur Verarbeitung von Nährmitteln, diätetischen Mitteln, in der Technik als Klärmittel, in der Papierverarbeitung, für Klebestoffe und Fixiermittel.

4. Milch und Milcherzeugnisse.

Milch ist das nach dem Aufhören der Colostrumbildung während der Lactationsperiode abgesonderte Sekret der Milchdrüsen weiblicher Säugetiere. Ziege und Schaf waren früher die hauptsächlichsten Milchspender, heute wird im weitaus größeren Umfang Kuhmilch als Nahrungsmittel verwendet. Milch ist eine gelbe bis gelblich-weiße Flüssigkeit, deren Farbe durch Lichtreflektion des emulsoiden Fettes und der dispersoiden Proteine bedingt wird.

Die Hauptbestandteile sind *Wasser, Eiweißstoffe, Fett, Milchzucker* und *Mineralstoffe*. Daneben ist noch eine Reihe von anderen Stoffen vorhanden, vor allem Enzyme und Vitamine, ferner Gase, wie Kohlendioxyd, Stickstoff und Sauerstoff.

Wasser. Es ist der mengenmäßig weitaus überwiegende Bestandteil, der sich zwischen 83 und 87% bewegt.

N-haltige Stoffe. Etwa 80% der Proteine werden durch das *Casein* vertreten, das als eine wenig kolloidstabile Nucleoalbumin-Calcium-Verbindung im Milchserum vorkommt. Die Koagulationstemperatur liegt bei 130 bis 150° C. Durch Säuren und durch Lab erfolgt eine Ausflockung. Bei der Fällung durch Lab tritt eine Molekülverkleinerung (2 Para-Casein-Spaltstücke) ein, hierauf die Ausflockung des Calcium-Paracaseinats oder Käsestoffs; schließlich folgt noch eine vorübergehende hydrolytische Spaltung. Daneben sind das dem Serumalbumin nahestehende Lactalbumin und das Lactglobulin vorhanden. Lactalbumin gerinnt ebenfalls in saurer Lösung und beim Erwärmen bereits bei 70° C. Das Lactglobulin hat eine Gerinnungstemperatur bei 72° C. Neben diesen Haupteiweißstoffen sind noch Albumose und Peptone nachgewiesen worden und Reststickstoffsubstanzen: Purinbasen, Harnstoff, Harnsäure, Kreatin, Kreatinin, Aminosäuren und Ammoniak.

Fett. Es ist in Form mikroskopisch kleiner Tröpfchen, Fettkügelchen im Milchplasma emulgiert. Rasse, Lactation und Fütterung beeinflussen ihre Zahl und ihre Größe. Die Farbe des Fettes wechselt von rein weiß bis zu gelb und ist zumeist bedingt durch Bruchstücke des Chlorophylls und der Carotinoide (Carotin, Xanthophyll u. a.) oder durch veränderte oder unveränderte Lipochrome. Der Fettgehalt liegt im Durchschnitt bei 3,4%. Das Milchfett selbst ist ein Gemisch einfacher und gemischter Triglyceride einschließlich Cholesterin und Phosphatiden. Mit Sicherheit sind die Fettsäuren: Butter-, Capron-, Capryl-, Caprin-, Laurin-, Myristin-, Palmitin- und Stearinsäure sowie die ungesättigte Ölsäure nachgewiesen worden. An Phosphatiden sind Lecithin und Kephalin in einer Größenordnung von 25 bis 31 mg in 100 ccm vorhanden. Cholesterin ist mit 0,19% (0,05% in der Frauenmilch) großen Schwankungen unterworfen.

Stickstoffreie Bestandteile. Der wichtigste ist der Milchzucker (Lactose), der zwischen 4 bis 6% liegt, bei Erkrankungen aber absinkt. Er wird durch die Tätigkeit von Kleinlebewesen leicht in Milchsäure (Aethylidenmilchsäure) und in Butter- und Propionsäure und Alkohol überführt. Die sehr leichte Aufspaltbarkeit des Milchzuckers im alkalischen Bereich ist von großer physiologischer Wichtigkeit.

Mineralbestandteile. Sie bestehen aus den Phosphaten und Chloriden der Alkalien (K, Na) und Erdalkalien (Ca, Mg), welche teils kolloidalgelöst, teils ionisiert vorkommen. Der P stammt aus dem Casein und den Phosphatiden, der S aus den Eiweißstoffen. Fe und J wurden in sehr geringen Mengen nachgewiesen; in Spuren B, Ti, Va, Rb, Li und Sr, Cu, Al, Cr, Zn, Sn und Pb.

Als wichtigste organische Säure (mit Ausnahme geringer Mengen Rhodanwasserstoffsäure) ist die *Citronensäure* zu nennen, deren Gehalt zwischen 2,4 und 4,0 g in 1000 ccm schwanken kann.

Enzymstoffe. Es sind die beiden Hauptgruppen vertreten, nämlich die *Hydrolasen:* Esterasen, Proteasen, Amidasen, Peptidasen und die *Desmolasen:* Katalasen, Oxydasen, Oxydoreduktasen.

Vitamine. Von den Vitaminen fällt das Vitamin A auf, das insbesondere bei Grünfütterung stärker hervortritt, so daß die Sommermilch reicher an Vitamin A ist. Gefunden wurden zwischen 185 und 320 I.E. in 100 g. An Vitamin D wurden in der Sommermilch 2,4 bis 3,8 I.E., in der Wintermilch 1,7 I.E. in 100 g nachgewiesen. Auch der Vitamin C-Gehalt ist gewissen Schwankungen unterworfen; es wurden durchschnittlich zwischen 1,59 und 2,40 mg in 100 g ermittelt. Erwähnenswert ist noch das Lactoflavin, das Vitamin B_2, das mit 176 bis 260 γ in 1000 g festgestellt wurde.

Milcherzeugnisse. Nach den Ausführungsbestimmungen zum Milchgesetz gehören hierher Sauermilch, Magermilch, Molken, Buttermilch, Rahm, kondensierte Milch und Milchpulver. Im Rahmen dieser Ausführungen sollen aber nur Sauermilch, Molken sowie kondensierte Milch und Milchpulver besprochen werden, die auch bei der „Kälteanwendung" Berücksichtigung finden.

Sauermilch. Beim Stehenlassen der Milch an der Luft wird durch die Lebenstätigkeit von Milchsäure bildenden Bakterien der in der Milch vorhandene Milchzucker (Lactose) in Milchsäure umgewandelt, die dann ihrerseits mit dem Casein-Calcium der Milch unter Bildung von Calciumlactat und freier Caseinsäure in Reaktion tritt. Die Milch gerinnt zu einer dicklichen, sauer schmeckenden Masse und wird daher auch Dickmilch genannt. Wegen ihrer Beliebtheit und ihren günstigen diätetischen Wirkungen wird sie auch künstlich durch Zugabe von Bakterienreinkulturen zu sterilisierter Milch hergestellt. Zu diesen Zubereitungen gehören der *Joghurt* sowie *Kefir* und *Kumys.*

Der *Joghurt* wird in Bulgarien und den benachbarten Ländern aus eingeengter Schaf-, Büffel- oder Ziegenmilch durch Säuerung mit einem Maja genannten Ferment hergestellt, bei uns ausschließlich aus Kuhmilch durch Säuerung mit Trockenpräparaten von Milchsäure-Kurz- und -Langstäbchen (*Thermobact. bulgaric. Orla Jensen, Streptococc. thermophilus*). Die chemische Zusammensetzung des Joghurt schwankt, was Casein-, Albumin-, Fett-, Zucker-, Asche-, Milchsäure- und Alkoholgehalt anbelangt, je nach dem Eindickungsgrad und der Gärführung, wodurch der Michsäuregehalt sich zwischen 0,8% und 2,0% bewegen kann.

Kefir und *Kumys* sind schäumende alkoholische Getränke, die im Kaukasus aus Stutenmilch, bei uns aus Kuhmilch hergestellt werden. Die Fermente, die neben Milchsäure-Erregern auch Hefe enthalten, verwandeln einen Teil der Lactose in Alkohol und in Milchsäure und einen Teil des Caseins in lösliche Eiweißverbindungen. Der Gehalt an Milchsäure schwankt zwischen 0,5 und 1% und derjenige an Alkohol zwischen 0,2 und 1%.

Molken. Unter Molke versteht man die nach der Abscheidung des Käsestoffes und Fettes durch Spontansäuerung oder Lab bei der Käsefabrikation zurückbleibende schwach gelblich-grüne Flüssigkeit. Sie enthält neben Eiweiß (Albumin und Reste von Casein und Globulin) mit 0,3% und Fett mit 0,1% noch den gesamten Milchzucker (Lactose) sowie einen erheblichen Teil der Mineralbestandteile. Durch Eindickung unter schonender Bedingung werden daraus Molkenpasten, Molkensirup und Molkencreme gewonnen.

Rahm. Unter Rahm versteht man das Fett, das sich beim Stehenlassen der Milch an der Oberfläche ansammelt oder durch Abschleudern (Entrahmung) gewonnen wird. Je nach dem Fettgehalt unterscheidet man: Kaffeerahm mit 10—15% Fett, Butterungsrahm mit 20—25% Fett, Schlagrahm mit 25—28% Fett und Rahm für Versandzwecke und besondere molkereitechnische Verfahren mit einem Fettgehalt von 60%.

Kondensmilch. Vollmilch, meistens homogenisiert, wird zur Abtötung der Keime 5 bis 10 Min. lang bis zum beginnenden Sieden erhitzt. Durch dieses Vorkochen wird auch eine Härtung der Eiweißstoffe und eine Abscheidung des Albumins in feinen Flöckchen bezweckt, so daß nachträgliche Veränderungen der Milch in der Dose ausgeschlossen sind. Die heiße Milch wird in einen Vakuumverdampfer besonderer Bauart kontinuierlich eingeengt. Die eingedickte Milch wird abgekühlt, mit Füllmaschinen in Dosen abgefüllt und hier nach dem Auffalzen oder Zulöten der Deckel 20 Min. lang bei 0,5 atü im Autoklaven sterilisiert. In ähnlicher Weise werden durch Eindicken von Magermilch „Kondensierte Magermilch" sowie durch Eindicken von mit Zucker versetzter Voll- oder Magermilch „Gezuckerte Kondensmilch" und „Gezuckerte Kondensmagermilch" hergestellt. Die Kondensmilch muß mindestens 7,5% Fett und 17,5% fettfreie Milchtrockensubstanz aufweisen, die gezuckerte Kondensmilch 8,3% Fett und 22% fettfreie Milchtrockensubstanz, die Kondensmagermilch 12% fettfreie Milchtrockensubstanz und die gezuckerte Kondensmagermilch 26% fettfreie Milchtrockensubstanz bei einem Wassergehalt von höchstens 30%.

Milchpulver. Trockenmilch wird durch weitgehenden Entzug des Wassers der auf den erforderlichen Fettgehalt eingestellten Milch gewonnen. Grundsätzlich unterscheidet man bei der Milchtrocknung zwei Verfahren: die *Zerstäubungs- oder Sprühtrocknung* und die *Filmtrocknung* (Sprühmilch und Walzenmilch). Die Sprühmilch wird so hergestellt, daß man die ausgewählte frische Milch auf etwa $^1/_3$ bis $^1/_4$ ihres Volumens bei 60° C unter Luftabschluß und vermindertem Druck eindampft. Die anfallende Milch wird dann im Zerstäubungstrockner durch eine Düse oder durch eine Zerstäubungsscheibe in einen feinen Nebel aufgeteilt, welcher der Wirkung eines heißen Luftstromes ausgesetzt wird. Dadurch wird ziemlich rasch bei Temperaturen um etwa 40 bis 45° C die Milch zu Milchschnee getrocknet, der sich am Boden des Turmes ansammelt, von wo er mit einer Schaufelvorrichtung herausbefördert wird. Die Sprühmilch hat den Vorzug, daß sie sehr leicht löslich ist; infolge ihrer starken hygroskopischen Eigenschaft ist sie aber leichter oxydativen und autoxydativen Veränderungen des Fettes ausgesetzt. Sie wird zweckmäßigerweise luftdicht in gut verzinnten Weißblechdosen oder in paraffinierten Pappdosen trocken und kühl aufbewahrt.

Walzenmilch. Bei der Film-, Walzen- oder Walzensprühtrocknung wird die Milch in dünner Schicht auf durch Wasser oder Dampf beheizten beweglichen Metall-, Porzellan- oder Quarzglaswalzen zu dünnen feinen Häutchen (Film) getrocknet, die mit Hilfe einer Schabevorrichtung abgenommen werden. Beim Walzenverfahren ohne Vakuum erreicht die Heiztrommel Temperaturen von 115 bis 130° C, beim Vakuumverfahren höchstfalls solche von 95° C, so daß hier ein Teil der Eiweißstoffe in unverändertem Zustand erhalten bleibt.

Aus der unterschiedlichen Trocknungstemperatur ergibt sich eine unterschiedliche Löslichkeit der Milchpulver, wobei die Walzenmilch schwerer löslich ist.

Milchpulver müssen mindestens 25% Fett in der Trockensubstanz und höchstens 4% Wasser (Sprühmilch) bzw. 6% Wasser (Walzenmilch) aufweisen;

Magermilchpulver höchstens 6% Wasser. Walzenvollmilchpulver enthält im Durchschnitt 5,2% Wasser, 26,2% Fett, 25,5% Eiweiß, 34,03% Milchzucker, 6,2% Mineralstoffe. Sprühvollmilchpulver enthält 25 bis 29% Fett, 26,8% Eiweiß, 36,6% Milchzucker und 5,9% Mineralstoffe.

Käse. Die Anwendung der Kältetechnik spielt bei der Lagerung, welche die meisten Käsesorten für ihre Reifung durchmachen müssen, eine wichtige Rolle.

Käse ist das aus Milch, Rahm, teilweise oder vollständig entrahmter Milch (Magermilch), Buttermilch oder Molke oder aus Gemischen dieser Flüssigkeiten durch Lab oder Säuerung abgeschiedene Gemenge aus Eiweißstoffen, Milchfett und sonstigen Milchbestandteilen, das meist gepreßt, geformt, gesalzen, auch mit Gewürzen versetzt wird und entweder frisch oder auf verschiedenen Stufen der Reifung zum Genuß bestimmt ist. Die Gewinnung des Käsestoffs aus der Milch, aus dem Rahm und der Buttermilch erfolgt entweder durch Zusatz von Lab zur süßen Vollmilch oder durch Anwendung von Säure, d. h. durch natürliche Säuerung der Milch. Man unterscheidet je nach der Herstellungsweise aus Vollmilch bzw. Magermilch:

Sauermilchkäse. Er wird fast ausschließlich aus Magermilch hergestellt; zur Überführung in den eigentlichen Käse wird der Sauermilchquark gesalzen, stark gepreßt und mil Hilfe besonderer Maschinen in die Form runder oder länglicher Stücke (Mainzer-, Harzer-, Hand-, Stangenkäse) gebracht. Die Reifung erfolgt von außen nach innen, so daß sich im Inneren der gelblichen Außenschicht meist noch ein weißer Quarkkern befindet.

Speisequark. In Großbetrieben wird hierzu fast ausschließlich die entrahmte, schwach gesäuerte Milch mit Lab gefällt. Dieses Koagulum wird von der Molke getrennt, durch Pressen von Wasser befreit (höchstzulässiger Wassergehalt 80%) und unter verschiedenen Bezeichnungen wie Quark, weißer Käse, Streich- oder Schmierkäse, Topfen usw. zum unmittelbaren Genuß in den Handel gebracht. *Lab- oder Süßmilchkäse.* Man unterscheidet je nach ihrer Konsistenz Weich- und Hartkäse, die beide verschiedene Fettgehaltsstufen aufweisen:

Weichkäse erhält man, wenn man in dem Käsestoff bei höherem Wassergehalt (etwa 50%) so viel Molke beläßt, daß die im Überschuß entstehende Milchsäure nach völliger Neutralisation der Kalkverbindungen milchsaures Casein bildet, das von den Milchsäurebakterien nur schlecht angegriffen wird. Die Reifung erfolgt daher von außen durch säureresistente Mikroorganismen und nachfolgende Eiweißzersetzung. Je nach der Art der verschiedenen Mikroorganismen unterscheidet man Käse ohne Schimmelreifung, Weißschimmelkäse (z. B. Camembert), Grün- und Blauschimmelkäse, bei denen die Reifung von innen hervorgerufen wird (Roquefort, Gorgonzola, Stilton).

Hartkäse, zu denen von den bekannteren Sorten Emmentaler-, Holländer-, Tilsiter-, Chesterkäse sowie Parmesankäse gehören, reifen langsam von innen heraus.

Schmelzkäse. Er ist ein Erzeugnis, das durch Schmelzen von Käse unter Zusatz von Lösungen bestimmter Salze (Citronensäure, Milchsäure, Weinsäure sowie der orto-, meta- und pyrophosphorsauren Salzen des K, Na, Ca) unter Erhitzung hergestellt wird. Die zähflüssige Schmelze läßt man in Holz- oder Pappschachteln oder in für diese Zwecke besonders zugerichteten Einwicklern, meist aus Aluminiumfolie, erstarren.

Für einige bekanntere Käsesorten gilt folgende durchschnittliche Zusammensetzung:

Speisequark 76,6% Wasser, 19,3% Protein, 0,7% Fett, 2,1% Kohlenhydrate, 1,6% Mineralstoffe, 3% Fett auf Trockensubstanz.

Emmentaler 34,4% Wasser, 29,8% Protein, 29,8% Fett, 2,5% Kohlenhydrate, 3,5% Mineralstoffe, 45,4% Fett in Trockensubstanz.

Gervais 43,3% Wasser, 7,6% Protein, 43,3% Fett, 2,8% Kohlenhydrate, 3,0% Mineralbestandteile, 76,4% Fett in Trockensubstanz.

5. Speisefette und Speiseöle.

Im folgenden sollen nur die wichtigsten für die Ernährung bestimmten Speisefette und Öle nach ihrer Herkunft und Zusammensetzung besprochen werden.

Butter. Sie ist das feinste aller tierischen Speisefette und stellt das aus der Kuhmilch durch Verbutterung gewonnene unveränderte, in starrer Emulsion befindliche Fett dar, in welchem sich neben einer gewissen Menge Wasser Reste anderer Milchbestandteile in feiner Verteilung, sowie etwas Luft befinden. Milch anderer Haustiere kann gleichfalls zur Butterbereitung dienen, doch muß in diesem Fall die Bezeichnung des Tieres angegeben werden (Ziegenbutter). Es gibt verschiedene Sorten von Butter (Markenbutter, Molkereibutter, Landbutter); eine Verordnung[1] legt die einheitlichen Beurteilungsgrundsätze nach Geruch, Geschmack, Ausarbeitung, Gefüge und Aussehen fest.

Die Herstellung vollzieht sich so, daß Milch oder Rahm (Sauer- oder Süßrahm) durch mechanische Bewegung (Schlagen, Rühren oder Stoßen) in lebhafte Bewegung gebracht wird, wodurch sich die feinen Fetteilchen zu einer festen, formbaren Masse zusammenballen. Diese wird in einer besonderen Vorrichtung durch Kneten und Waschen von den anhaftenden Milchbestandteilen (Casein, Milchzucker, Wasser) befreit. In modernen Molkereibetrieben arbeitet man ausschließlich mit Butterfertigern, wobei neuerdings kontinuierlich arbeitende Butterungsmaschinen (Fritz- oder Alfa-Fertiger) Verwendung finden (s. Band X, Abschn. 4). Zur Gewinnung von 1 kg Butter werden 20 bis 30 l Milch benötigt. Die Verpackung erfolgt maschinell in 250- oder 500-g-Stücken, die in Pergamentpapier oder Aluminiumfolien eingepackt werden, welche das Packdatum tragen müssen.

Butter enthält im Durchschnitt 14% Wasser, 84,5% Fett, 0,8% N-Substanz, 0,5% Lactose, 0,1% Milchsäure und 0,2% Mineralbestandteile. Gesalzene Butter weist 1 bis 2% Kochsalz auf. Der Wassergehalt darf nicht mehr als 18% betragen, der Fettgehalt liegt mit 80% fest.

Der Hauptbestandteil der Butter, das *Fett*, besteht aus einfachen und gemischten Glyceriden (Triolein, Tristearin, Oleo-dipalmitin, Butyro-diolein, Butyropalmito-olein), die von Phosphatiden (Lecithin, Cephalin) begleitet sind (etwa 0,11%). Daneben sind das Cholesterin (0,3 bis 0,5%) und das Farbstoffgemisch (Carotin-Xanthophyll) erwähnenswert. Von den flüchtigen und nichtflüchtigen Säuren werden die auf S. 52 ,,Milch" angegebenen gefunden.

Die N-haltigen Bestandteile werden durch *Casein* und *Lactalbumin*, die Kohlenhydrate durch Milchzucker (*Lactose*) vertreten. Die *Mineralbestandteile* bestehen vorwiegend aus den Phosphaten Ca und K. Der Gehalt an Cl und Fe, der mitunter die Oxydationserscheinungen beschleunigen kann, ist nicht unwesentlich.

Die *Vitamine* werden durch das Provitamin A, das Vitamin A und das Vitamin D vertreten, die aber in Abhängigkeit von der Fütterung (Trocken- oder Grünfütterung) größeren jahreszeitlichen Schwankungen unterworfen sind. So werden am Provitamin A und Vitamin A zwischen 1000 und 4500 I.E. in 100 g gefunden und an Vitamin D 40 bis 110 I.E. in 100 g Sommerbutter und 50 bis 100 I.E. in 100 g Winterbutter.

---

[1] Bestimmungen für die Durchführung aller Butterprüfungen und Grundsätze für die Beurteilung von Butter. Deutsche Molkereizeitung, Folge 42 v. 20. 10. 38.

An *Butterfehlern*, die sich durch eine ungünstige Veränderung der Farbe, der Geruchs- und Geschmacksstoffe äußern und die verschiedensten Ursachen haben, seien aufgeführt: Rübengeschmack, ölig-traniger, bitterer, fischiger, metallischer und Kochgeschmack; ferner kann als Folgeerscheinung von Autoxydationen und Oxydationen ein ranziger und ein traniger Geschmack auftreten (Aldehydranzigkeit, Ketonranzigkeit), die durch Wärme, Luftfeuchtigkeit, Metallspuren, Enzyme oder Mikroorganismen hervorgerufen sein können.

Als *Speisefette* kommen auch die Fette des Rindes, des Schweines und des Hammels in Frage, deren Zusammensetzung je nach den Körperteilen, aus denen sie stammen, wechseln.

Rinderfett. Man unterscheidet *Rinderfeintalg, Rinderspeisetalg, Oleomargarine* und *Preßtalg.* Der *Rinderfeintalg* ist das aus geruchlich einwandfreiem Rohtalg bei knapp über dem Schmelzpunkt mit indirekter Heizung hergestellte geklärte und in Holzfässern kristallisierte Erzeugnis von weißgelber Farbe mit einem neutralen nuß- oder butterähnlichen Geruch und Geschmack. Rinderfeintalg ist weicher als Speisetalg und gibt dem Fingerdruck nach, *Rinderspeisetalg* ist das Erzeugnis, welches aus unverdorbenem Rohtalg gewonnen wird. Das hergestellte Schmelzerzeugnis ist von weißer bis mattgelber Farbe, er ist bei üblicher Temperatur spröde, gibt dem Fingerdruck nicht nach und besitzt den typischen Talggeschmack. *Oleomargarine* ist der niedriger schmelzende Teil des Rinderfeintalgs (premier jus), der durch Auspressen aus diesem bei mäßiger Temperatur gewonnen wird. Der Rückstand des Preßvorganges sind die Preßlinge, welche den Stearinbestandteil des Rinderfeintalgs darstellen. Oleo besitzt eine mattgelbe Farbe und ist von neutralem nuß- oder butterähnlichem Geruch und Geschmack. *Preßtalg* ist der Rückstand bei der Gewinnung von Oleo und ist von weißer bis mattgrauer Farbe und harter, spröder Konsistenz.

An Fettsäuren sind im Feintalg hauptsächlich Ölsäure (38 bis 50%), Palmitin- (24 bis 33%) und Stearinsäure (14 bis 29%), geringe Menge Myristinsäure (2 bis 6%), Linolsäure (1 bis 5%) und Spuren der Vaccensäure vorhanden.

Durch mechanische Behandlung weicher und geschmeidig gemachter Talg kommt als *Back-* oder *Ziehfett* in den Handel.

Schweinefett (Schweineschmalz). Man unterscheidet nach Güte, Herkunft und Zubereitungsart zwischen Roh-, Dampfschmalz, Haushalts-, raffiniertem Schweineschmalz usw. Es ist von weißer Farbe, weich, streichbar, körnig, gelegentlich auch salbenartig. Bezüglich der Gewinnung gilt das unter „Rinderfett" Gesagte. Bei den amerikanischen Schweineschmalzen unterscheidet man Neutral-Lard (Neutralschmalz), Leaf-Lard (Liesenschmalz), Choice-Kettle, Prime Steam-Lard (bestes Dampfschmalz), Butchers-Lard (Schlächterschmalz), Offgrade-Lard (aus gesalzenem Speck, minderwertigste Sorte).

Der *chemischen Zusammensetzung* nach besteht das reine Schweinefett aus Fettsäuren Ölsäure (etwa 60%), Palmitinsäure (32%) und Stearinsäure (8%), die sämtlich in Form gemischter Glyceride zugegen sind und enthält Spuren von Wasser und Eiweiß. Daneben sind noch Spuren von Unverseifbarem, und zwar Kohlenwasserstoffe und Closterin vorhanden. Die Beschaffenheit des Schweinefettes wird durch Rasse, Fütterung und Klima beeinflußt; man kann bisweilen nach übermäßiger Fütterung mit Fischmehl einen fischig-tranigen Geschmack feststellen.

Margarine. Sie ist eine der Butter ähnliche Zubereitung, deren Fettgehalt nicht oder nicht ausschließlich der Milch entstammt. Die Erzeugung der Margarine zerfällt in die Abschnitte: *Herstellung der Fettmischung, Vorbehandlung* der Milch,

Herstellung der *Fettemulsion* und deren *Kristallisation*, ferner *Walzen, Kneten* und *Abpacken*. Dazu kommen noch die Maßnahmen zur Erzeugung eines butterähnlichen Geschmacks und Geruchs, zur Hervorbringung des Schäumens und Bräunens, der Färbung und Erhöhung der Haltbarkeit.

Verwendet werden zur Margarineherstellung an *tierischen* Fetten: Premier jus, Oleomargarine, Preßtalg, Schweinefett, Kuhbutter (in Deutschland verboten); an *pflanzlichen* Fetten: Kokos-, Palm- und Babassufett, Palmöl, Baumwollsamen-, Erdnuß-, Sojabohnen-, Raps- und Sonnenblumenöl; an *gehärteten* Fetten: die aus Seetierölen (Walöl und Robbentran) und aus pflanzlichen (Soja-, Baumwollsaat-, Erdnußöl) durch Hydrierung bereiteten Hartfette.

An *Hilfsmitteln* werden zugesetzt: Eigelb, reines Lecithin, Emulsionsöl, Farben, deren gesundheitliche Unbedenklichkeit durch tierexperimentelle Untersuchungen erwiesen sein muß, Kochsalz, Diacetyl, Konservierungsmittel (Na-Benzoat oder Benzoesäure 1 : 1 kg in Deutschland), Kennzeichnungsmittel (0,3 bis 3% Kartoffelstärke).

Die Zusammensetzung der Margarine entspricht, abgesehen von der Beschaffenheit der Fette, derjenigen der Butter, und es sind neben 14 bis 15% Wasser 82 bis 83% Fett, 1% Protein, 0,6% Milchzucker und 1,7% Mineralbestandteile vorhanden.

Palmkernfett. Es ist ein dem Kokosfett sehr ähnliches Fett, das aus den Fruchtkernen der in Westafrika wachsenden Ölpalme gewonnen wird. Die Samen der Früchte geben 43 bis 52% eines nach dem Raffinieren weißen Fettes. Es unterscheidet sich vom Kokosfett durch den niedrigeren Gehalt an Caprylsäure und den höheren Gehalt an Ölsäure.

Kokosfett. Es wird aus den Kokosnüssen (den Steinfrüchten der Kokospalme) in der Weise gewonnen, daß man das Fruchtfleisch in getrocknetem Zustand mit hydraulischen Pressen auspreßt. (Früher hat man nach dem Auskochverfahren gearbeitet, indem die Früchte mit Wasser gekocht und das sich an der Oberfläche ansammelnde Fett abgeschöpft wurde.) Das anfallende Rohfett wird einer chemischen Raffination unterworfen und stellt dann eine rein weiße Masse von angenehmem Geruch und Geschmack dar, die man in Platten gießt. Der Schmelzpunkt mit etwa 23° C ist außerordentlich niedrig. Das Kokosfett enthält Capryl-, Laurin- und Myristinsäure, während Palmitin-, Stearin- und Ölsäure nur in geringer Menge vorhanden sind. Das reine Kokosfett wird sehr leicht ranzig und talgig und muß daher dunkel und kühl und zweckmäßigerweise luftdicht in Pergamentpapier verpackt aufbewahrt werden.

Speiseöle. Es sind dies bei gewöhnlicher Temperatur *flüssige,* in der Kälte meist erstarrende pflanzliche Fette, die gewöhnlich kalt gepreßt werden. Eine Raffination durch chemische oder physikalische Maßnahmen findet bei den unmittelbar zum menschlichen Genuß geeigneten Ölen in den seltensten Fällen statt. Sie werden, abgesehen von dem Fruchtfleisch der Olive, aus den Samen gewonnen, so daß folgende pflanzlichen Öle als Nahrungsmittel dienen: Oliven-, Baumwollsamen-, Mais-, Lein-, Mohn-, Nuß-, Sesam- und Sonnenblumenöl. Dazu kommen noch das vitaminhaltige Sojaöl und das Raps- oder Rüböl. Als feinstes Speiseöl gilt das Olivenöl, das besonders in den Mittelmeerländern eine vorherrschende Rolle spielt, aber auch von anderen europäische Ländern in großen Mengen eingeführt wird.

Gehärtete Öle. Über ihre Herstellung und physiologische Bedeutung wurde bereits auf S. 14 gesprochen.

II. Pflanzliche Lebensmittel.

1. Getreide, Hülsenfrüchte und deren Erzeugnisse.

Von den Getreidefrüchten und ihren Erzeugnissen sollen nur diejenigen beschrieben werden, welche von praktischem Interesse sind und auch in diätetischer Hinsicht eine Bedeutung haben.

Mehl und mehlartige Erzeugnisse. Das durch die Aufbereitung des Getreidesamens entstehende Mehl stellt für die Ernährung einen wichtigen Rohstoff dar, der je nach der Verarbeitung verschiedenartige und verschieden bekömmliche Zubereitungen liefert: Brot, Gebäcke, Teigwaren. schließlich Suppen, Breie usw.

Ausgangsstoffe. Zur Herstellung dienen folgende Getreidearten (Gramineen): Weizen, Roggen, Reis, Mais, Gerste, Hafer, Hirse, ferner stärkemehlhaltige Pflanzen: Manihot, Sago und Buchweizen. Die Körnerfrüchte enthalten im wesentlichen in ihrer Trockensubstanz: Stärke, Proteine, Rohfaser, Fett und Mineralstoffe. Um den stärkereichen Mehlkörper aus diesem Verband zu gewinnen, muß die Körnerfrucht gemahlen werden; dieser Vorgang ist die Müllerei. Das in großen Mühlen gewonnene Mehl erfährt vielfach eine Bleichung mit Hilfe chemischer Mittel (organische Peroxyde, Stickoxyde, Perborate, Persulfate u. a.), eine Maßnahme, die sich aus einer nicht richtigen Lenkung der Verbraucherwünsche herausgebildet hat und den Zweck verfolgt, möglichst weißes, d. h. künstlich aufgehelltes Mehl, in den Verkehr zu bringen. Vom backtechnischen Standpunkt aus sind diese Maßnahmen kaum erforderlich, vom ernährungsphysiologischen sind sie abzulehnen, denn die Bleichung des Mehles zerstört unnötigerweise das in den eingestreuten Fetttröpfchen gelöste Carotin (Provitamin A) und beeinflußt den Vitamin B-Komplex sowie das Vitamin E. Diese Vitaminverarmung des Mehles und damit des Brotes ist abzulehnen.

Bei Roggen- und Weizenmehlen gibt es bestimmte *Typenarten*, die durch den Ausmahlungsgrad charakterisiert sind.

Brot. Seine Herstellung vollzieht sich in drei Abschnitten: *Teigbereitung, Teiglockerung, Backvorgang.* Bei der Teigbereitung wird das Mehl mit einer seiner Beschaffenheit entsprechenden günstigen Wassermenge versetzt, die innerhalb gewisser Grenzen von Mehl zu Mehl schwanken kann. Die Wasseraufnahme des Mehles ist unterschiedlich; so werden aus 100 Tl. Roggenmehl 150 Tl., aus 100 Tl. Weizenmehl durchschnittlich 160 Tl. Teig erhalten. Durch die Hefe bzw. die Sauerteiggabe erfolgt eine künstliche Teiglockerung durch Kohlensäure, welche die Hefeenzyme aus dem gärfähigen Zucker bilden. Durch die im Backofen herrschenden Temperaturen (Weizenbrot etwa 200 bis 230° C, Roggenbrot etwa 230 bis 250° C) verdunstet zunächst das Wasser auf den äußeren oberen und unteren Anteilen, dadurch verkleistern sie, und ein Teil der darin enthaltenen gequollenen Stärke wird in Maltose und Dextrine übergeführt. Durch die Wasserverdunstung erhärtet die äußere Schicht und färbt sich gelb bis braun durch die „Röstprodukte" (Karamel, Melanine). Die äußere Schicht nennt man Rinde (Kruste), die innere Krume.

Läßt man Brot liegen, so wird es „alt", es treten Veränderungen ein, die im wesentlichen kolloidaler Art sind.

Brotsorten. Über den günstigen Einfluß der Kaltlagerung von Broten wurde in, jüngster Zeit an Hand gesicherter experimenteller Unterlagen berichtet (s. Band X, Beitrag „Cerealien"). Neben den bekannten z. Z. hergestellten üblichen *Roggen-* und *Weizenbroten* gibt es eine Reihe von Spezialbroten, die sich zunehmender Beliebtheit erfreuen und auch in der Krankenkost eine Bedeutung haben; es sind dies Brote, die in einem besonders gestalteten Verfahren oder aus besonders hergestellten Rohstoffen bereitet werden. Damit werden Brote mit besserer Verdaulichkeit und Ausnutzbarkeit geschaffen. Zu nennen wären hier *Grau-* und *Schwarzbrote* (Kommisgraubrot, Grahambrot), ferner *Knäckebrot, Simonsbrot, Schlüterbrot,* dann *Pumpernickel,* ein schwarzes Roggenbrot, sowie *Diabetikerbrote.*

Teigwaren. Es sind dies kochfertige Erzeugnisse, die aus Weizengrieß oder Weizenmehl mit oder ohne Verwendung von Ei durch Einteigen ohne Anwendung eines Gärungs- oder Backverfahrens, sowie durch Formen und Trocknen bei gewöhnlicher Temperatur unter mäßiger Wärme hergestellt werden.

Stärkemehle. Zur Gewinnung der reinen Stärke dienen Weizen, Mais und Reis, ferner vor allem Kartoffeln und andere unterirdische Pflanzenorgane (Maranta), Wurzeln (Batate, Maniot) und Palmenstämme (Sago).

Hülsenfrüchte. Zur Ernährung dienen auch Hülsenfrüchte, d. h. die reifen Samen der kultivierten Leguminosen: *Erbse, Bohne, Linse, Puffbohne, Kichererbse, Blatterbse, Sojabohne, Lupine.* Die chemische Zusammensetzung der Hülsenfrüchte ist dadurch von derjenigen der Getreidekörner unterschieden, daß sie einen höheren Eiweißgehalt (zwischen 20 und 28%, Sojabohne 38%) aufweisen. Als weiteres Merkmal kommt noch ein relativ hoher Fettgehalt hinzu, der bei der Sojabohne 16 bis 24%, bei den anderen Leguminosen 1 bis 3% ausmacht. Der Kohlenhydratgehalt ist gegenüber der hohen Eiweißmenge etwas niedrig und schwankt zwischen 48 bis 60%, der Mineralstoffgehalt zwischen 1,8 bis 4,5%.

2. Gemüse und deren Erzeugnisse.

Die Bedeutung des Gemüses als Nahrungsmittel ist bedingt durch den hohen Mineralstoff- und Vitamingehalt, nicht zuletzt durch die relativ große Schwefelmenge. Auch den organischen Säuren und dem Gehalt an Eiweiß und Kohlenhydraten muß eine ernährungsphysiologische Bedeutung zugeschrieben werden; denn reichlicher Gemüsegenuß erhöht die Alkalität des Blutes, reduziert die Säure des Harns und regt die Diurese und die Verdauung an.

Die Gemüse gliedern sich in *Wurzelgemüse* (Mohrrübe, Karotte, Kohlrübe, weiße Rübe, Sellerie, Radieschen, Gartenrettich, Meerrettich, Artischoke, Schwarzwurzel), *Sprossengemüse* (Blumenkohl, Rotkohl, Weißkohl, Wirsingkohl, Grünkohl, Rosenkohl, Spinat, Feldsalat, Kohlrabi, Rhabarber und Spargel), *Zwiebelgemüse, Früchte* und *Samen,* dazu kommen noch *Pilze.*

Ihre chemischen Inhaltsbestandteile sind:

N-haltige Bestandteile. Nachgewiesen wurden Proteine, Aminosäuren, Ammoniak und N-haltige Basen, wobei aber hervorgehoben werden muß, daß der Gehalt an verdaulichem und biologisch hochwertigem Eiweiß mit Ausnahme der Kartoffel sehr gering ist. Ein hochwertiges eiweißhaltiges Nahrungsmittel ist auch die Sojabohne.

Fette. Sie sind nur in sehr geringer Menge enthalten, und man findet sie vergesellschaftet mit geringen Mengen von Phosphatiden (Lecithin, Kephalin, Phosphatidsäuren).

N-freie Bestandteile. Es sind vor allem Stärke und Glukose nachgewiesen worden, die sich neben Saccharose, Fruktose, Cellulose und Pentosanen vorfinden. Je nach Gemüseart und -sorte wechselt der Gehalt an Kohlenhydraten, der bis zu 75% erreichen kann. Auch Glukose- und Glukosephosphorsäureester konnten isoliert werden. Neuerdings wurde auch ein Fruktosan Scorodose in Zwiebeln gefunden.

Organische Säuren. Sie spielen hier nicht die Rolle wie beim Obst, jedoch weisen einige Gemüsearten beträchtliche Mengen an Oxalsäure auf und daneben kommen Citronen-, Apfel- und Milchsäure vor.

Von anderen organischen Inhaltsbestandteilen sind die Farbstoffe (Carotin, Xanthophyll, Chlorophyll, Lycopin) zu erwähnen, ferner ätherische Öle (Knoblauch, Zwiebeln, Rettich, Senf) und schwefelhaltige Bestandteile, die in Kohlarten, Rettich, Knoblauch und anderen auftreten. Der unangenehme Geruch der Kohlarten, der beim Kochen derselben auftritt, rührt von der Abspaltung von Schwefelwasserstoff und Merkaptanen her. Allylsulfid und Vinylsulfid wirken anregend auf die Sekretion der Magen- und Darmdrüsen.

Mineralbestandteile. Die anorganischen Bestandteile enthalten im wesentlichen die Kationen K, Na, Ca, Fe, Cu und Mn und die Anionen P, S und Cl.

Enzymstoffe. Nachgewiesen wurden Amylase, Maltase, Lipase, Katalase, Nuclease, Peroxydase und proteolytische Enzyme, die eine besondere Rolle bei der Lagerung und bei sämtlichen technischen Behandlungsverfahren spielen.

Vitamine. In Abhängigkeit von der Sorte, der Düngung, der Witterung, den Bodenverhältnissen, der Ernte u. a. ist der Vitamin A-, B_1- und C-Gehalt sehr großen Schwankungen unterworfen, letzterer kann sich zwischen 30 bis 212 mg Gesamtvitamin C in 100 g bewegen; an Provitamin A und Vitamin A wurden Mengen von 5000 bis 9600 γ (Karotten) in 100 g, von Vitamin B_1 Mengen von 25 bis 220 γ in 100 g gefunden.

3. Obst.

Die Bedeutung des Obstes und der Beerenfrüchte liegt darin, daß sie reich an Mineral- und Ergänzungsstoffen (Vitaminen) sind und daher von Wichtigkeit im ernährungsphysiologischen und diätetischen Sinne. Ihrer botanischen Beschaffenheit nach teilt man die Frischobstsorten in *Stein-, Kern-* und *Beerenobst* ein. Zum Steinobst gehören: Kirsche, Pflaume, Zwetsche, Reineclaude, Mirabelle, Aprikose, Pfirsich, Schlehe; zum Kernobst: Apfel, Birne, Quitte, Hagebutte; zum Beerenobst: Traube, Stachelbeere, Johannisbeere, Himbeere, Brombeere, Preiselbeere, Heidelbeere, Erdbeere. Die *chemische Zusammensetzung* ist abhängig von Herkunft, Standort, Rasse, Züchtung, Düngung, Alter, Ernte und Lagerung und ist daher sehr mannigfaltig. Es würde den Rahmen dieser Ausführungen übersteigen, wenn jede einzelne Obstart behandelt würde, es soll daher allgemein auf die stofflichen Eigenschaften eingegangen werden.

Zu den *wichtigsten Bestandteilen* gehören *Wasser*, das um 80% liegt, beim Beerenobst aber auf 90% ansteigen kann, ferner *Kohlenhydrate* mit etwa 3 bis 18%, die sich aus Stärke, Zucker, Cellulose und Pektinsubstanzen zusammensetzen. Sie bilden den weitaus überwiegenden Anteil der Trockensubstanz. Ihre Hauptmenge entfällt auf Glukose und Fruktose, die zusammen den Zucker bilden, der in Weintrauben mit 9 bis 18%, in anderem Beerenobst und Steinobst mit 3 bis 4% und im Kernobst mit 7 bis 17% vorkommt. Saccharose tritt bisweilen vollständig zurück, kann gänzlich fehlen, aber auch, wie z. B. bei Äpfeln, auf 1 bis 6%, bei Steinobst auf 1,4 bis 5,1%, bei Pfirsichen auf 5 bis 7,2% ansteigen.

Die bei der Herstellung von Obsterzeugnissen und insbesondere bei der Reifung und Lagerung der Früchte wichtigen *Pektinstoffe* finden sich in wechselnder Menge und sind im Kernobst mit 2 bis 4%, im Beerenobst mit 0,6 bis 0,7%, in Himbeeren aber mit 1,2 bis 1,4% vorhanden. Stärke findet sich nur in unreifen Früchten, verschwindet jedoch allmählich bei völliger Reife und ist nur bei Schalenobst nachweisbar. Von sonstigen Kohlenhydraten sind noch die Cellulose, Hemicellulose und Pentosane erwähnenswert, welche am Aufbau der gelartigen Struktur der Zellwand beteiligt sind. Neben den Kohlenhydraten ist noch der 6-wertige Alkohol, *Sorbit* anzuführen, der ohne Zweifel eine Zwischenstufe bei der Spaltung des Zuckers darstellt und bei den oxydativen Erscheinungen des Zellgeschehens auftritt. Er dient zum Nachweis von Traubenweinfälschungen durch Obstwein.

Als wichtigste Geschmacksträger und auch diätetisch wirkende Substanzen sind die *organischen Säuren* zu erwähnen, vor allem die beiden Hauptvertreter: Citronensäure und Apfelsäure, neben denen auch die Weinsäure eine Rolle spielt. Das Verteilungsverhältnis dieser Säuren ist ein unterschiedliches, so enthalten z. B. Preiselbeeren, Pfirsiche und Himbeeren nur Citronensäure. Der Gesamtsäuregehalt liegt meist unter 2% mit Ausnahme von Citrusfrüchten, wo er 5 bis 7% erreichen kann.

Im Hinblick auf die Reifungsvorgänge beim Lagern der Früchte müssen auch die *Gerbstoffe* Erwähnung finden, die teils im Zellsaft gelöst oder über die Gewebspartien der Frucht verteilt sind. Der herbe Geschmack und das rasche Verderben gewisser Obstarten an der Luft ist auf katalytisch-enzymatische Vorgänge an den Gerbstoffen zurückzuführen. Die Umlagerung der Tannine in Phlobaphene oder aber die Oxydation von Polyoxyphenolverbindungen sind für das Verfärben von Früchten verantwortlich.

Die *Aromastoffe, Geruch- und Geschmacksstoffe* sind Ester oder ätherische Öle und bestehen aus den Methyl-, Aethyl-, Amyl und Isoamylestern der verschiedenen Fruchtsäuren. Auch Linolester der Ameisen-, Essig-, Valerian- und Caprylsäure konnten identifiziert werden. Die ätherischen Öle der Citrusfrüchte sind als Abkömmlinge der Terpene bekannt. Die Kerne der Pfirsiche und der bitteren Mandeln enthalten Blausäure und Benzaldehyd in Form von Bittermandelöl.

Für die Aufbewahrung von Früchten spielen auch die *Wachse* eine Rolle, Sekrete, bestehend aus Fettsäureestern des Glycerins und aus Estern höherer Alkohole mit höheren Fettsäuren, die von der Epidermis als dünner Überzug ausgeschieden werden. Sie verhindern ein Benetzen der Frucht, vor allem eine zu große Wasserverdunstung an der Fruchtoberfläche. Dies spielt bei der Kaltlagerung von Obst, bei der die Früchte abgerieben und eingeölt oder in geölte Einwickler verpackt werden, eine Rolle.

In diesem Zusammenhang ist auch der Acetaldehyd anzuführen, dessen Anwesenheit eine nicht unwichtige chemisch-physiologische Rolle bei den Reife- und Nachreifeerscheinungen in Früchten spielt. Er scheint in enger Beziehung zu den Atmungsvorgängen der Frucht zu stehen. N-haltige Verbindungen, wie Proteine (Albumine), kommen nur in ganz geringer Menge vor und sind bei Beerenfrüchten am stärksten, bei Steinobst in geringsten Mengen vertreten.

Neben den Fruchtsäuren fällt auch den *Mineralstoffen* bei der Beeinflussung der Sekretionsdrüsen eine Rolle zu. Sie werden durch K, Na, Mg, Ca und Fe und die Anionen Cl, S, P und Si vertreten. Ihre Menge liegt meist unter 1% und steigt nur bei Schalenfrüchten auf 1,6 bis 2,6%, bei Hagebutten auf 4,6% an. Hervorhebenswert sind auch die beachtlichen Mengen von Mangan, die insbesondere in Himbeeren gefunden werden (0,32 bis 1,31% der Asche), und Bor (Borsäure), die als Spurenelemente nicht unwesentlich sind.

Von den *Enzymen:* Diastasen, Cellulasen, Lipasen, Proteasen, Pektinasen sind im Hinblick auf die Lagerung die Pektinasen und Diastasen von Bedeutung, und zwar deshalb, weil die pektolytischen Enzyme das Weichwerden der Früchte beeinflussen. Eine weitere wichtige Enzymgruppe bilden die Oxydasen (Peroxydasen, Katalasen, Phenoloxydasen, Polyphenoloxydasen, Ascorbinsäureoxydasen), die sich in dem das Fruchtfleisch umgebenden Gewebe der Schale befinden. Ihnen kommt eine große Bedeutung bei den Reifungs- und Atmungsvorgängen und bei der Farbveränderung zu. Nicht zuletzt beteiligen sie sich auch bei den bekannten Kaltlagerkrankheiten (Tüpfelkrankheit, innerer Zusammenbruch usw.) (vgl. S. 310 in diesem Band und Bd. X, Beitrag „Obst und Gemüse").

Die Obstfrüchte sind neben den Gemüsen die wichtigsten Quellen für Vitamin C und enthalten hiervon sehr große Mengen neben Provitamin A und Spuren von Vitamin B_1. Als besonders Vitamin C-reich gelten Hagebutten (400 bis 3100 mg), Sanddornbeeren (500 bis 900 mg), schwarze Johannisbeeren (100 bis 190 mg) in 100 g, ferner Citrusfrüchte, die durchschnittlich 50 bis 100 mg in 100 g aufweisen. Bei den anderen Früchten, die als „vitaminhaltig" gelten wie rote Johannisbeeren, Erdbeeren, Himbeeren bewegt sich der Vitamin C-Gehalt um 25 bis 73 mg, bei „vitaminarmen" Früchten wie Äpfel, Ananas, Bananen, Kirschen und Pflaumen um 5 bis 30 mg in 100 g.

Von den *Obsterzeugnissen:* Trockenobst, Kompottfrüchten, Marmeladen, Obstsäften interessieren in diesem Zusammenhang besonders die Obst- und Beerensäfte, da sich die Fortschritte der modernen kältetechnischen Forschung auch auf die Herstellung von Fruchtsäften (Süßmosten) ausdehnt. Hier kann man unterscheiden zwischen Verfahren, bei welchen die im Saft enthaltenen Extraktstoffe vom Fruchtwasser getrennt und unter besonderen Bedingungen angereichert werden, und Verfahren, bei denen der gewonnene Fruchtsaft eingefroren wird, Verfahren, die neben dem *Pasteurisier-, Sterilisier-* und *Filtrations*verfahren angewandt werden (vgl. Band X, Beitrag „Getränke").

Süßmost ist ein zum unmittelbaren Genuß bestimmtes, praktisch alkoholfreies Getränk, das durch Pressen von unvergorenem frischem Obst mit und ohne nachfolgende Filtration hergestellt und durch Entkeimungsfiltration oder Pasteurisation haltbar gemacht wird. Die Einlagerung kann auch unter Kohlensäuredruck (*Seitz-Böhi*-Verfahren) erfolgen. Traubensüßmost und Kernobstsüßmost dürfen keinen fremden Zusatz erhalten, während Beeren- und Kirschsüßmost zur Trinkfertigmachung eine Beimischung von Wasser und Zucker erfahren dürfen.

Die Gewinnung des Süßmostes zerfällt in verschiedene Abschnitte: *Waschen, Mahlen* und *Pressen* des Obstes, daran schließt sich die *Saftbehandlung* (Klären, Separieren, Fermentieren, Filtrieren, Kohlebehandlung) an, worauf die Haltbarmachung durch *Pasteurisieren, Sterilisieren, Eindicken* oder *Gefrieren* erfolgt.

Die Zusammensetzung der Süßmoste ist abhängig von Ausgangsmaterialien; der mittlere Gehalt an Extrakt schwankt zwischen 7,9 und 20,7 %, an Invertzucker von 3,4 bis 11,7 % (Traubensüßmost 15,2 bis 20,1 %) an Saccharose von 0,1 bis 4,0 %, an Säure 0,2 bis 3,3 %, an Mineralbestandteilen von 0,2 bis 0,6 %.

III. Der Nährstoffgehalt der Lebensmittel.

Der menschliche Körper braucht die verschiedensten Stoffe zur Aufrechterhaltung seiner Leistungsfähigkeit, *Nährstoffe,* die er aus dem Tier- und Pflanzenreich entnimmt. Die Lebenstüchtigkeit und das beste Gedeihen sind nicht nur durch eine stofflich und energetisch ausreichende Nahrung gesichert, sondern auch, wenn *Wirk-* und *Ergänzungsstoffe* sich in das physiologische Geschehen harmonisch einordnen. Eiweißstoffe, Fette und Kohlenhydrate einschließlich Mineralstoffen und Wasser sind die elementaren Grundstoffe, die benötigt werden. Das tiefere Eindringen aber in deren funktionelle Aufgaben zeigt, daß hier eine Differenzierung dieser Grundstoffe nötig ist, und daß die biologische Wertigkeit der verschiedenen Inhaltsbestandteile eine Rolle spielt. Dies gilt nicht nur für die *Proteine* sondern es scheint das Prinzip einer solchen biologischen Wertigkeit auch für *Fette* und *Kohlenhydrate* zu gelten. Darüber muß die zukünftige Forschung entscheiden. Wir dürfen also die Lebensmittel und ihre Zusammensetzung nicht nur von der rein statischen, sondern müssen sie auch von der

Zusammensetzung und Kaloriengehalt von tierischen und pflanzlichen Lebensmitteln.

Lebensmittel	Eiweiß g/kg	Fett g/kg	Kohlen-hydrate g/kg	Nahr-wert in kcal/kg
a) Tierische Lebensmittel				
Rindfleisch mittelfett ohne Knochen	200	100	—	1750
Schweinefleisch mittelfett ohne Knochen	160	290	—	3350
Kalbfleisch mittelfett mit Knochen	180	70	—	1400
Wildfleisch mit Knochen (15 %)	180	20	—	920
Geflügel mit Knochen (18 %)	150	130	—	1820
Wurst — Feinkost (2 % Abfall)	140	280	10	3220
Kochwurst (2 % Abfall)	110	140	170	2450
Fleisch-Salat	210	30	10	1180
Fisch (im Durch-schnitt 52 % Abfall)	90	10	—	460
Räucherfett (34 % Abfall)	140	90	—	1410
Speck fett	90	730	—	7160
Vollmilch	34	31	48	620
Magermilch	37	1	48	360
Kondensmilch	80	90	110	1620
Käse (4,6 % Abfall)	290	200	30	3170
Speisequark	170	10	40	950
Eier (57 g) (13 % Abfall)	120	110	—	1520
b) Pflanzliche Lebensmittel				
Mehl — Graupen — Teigwaren	90	20	750	3630
Kindernährmittel	170	60	700	4120
Suppenwürfel	140	80	550	3570
Hülsenfrüchte	250	20	520	3350
Vollsojamehl	420	200	240	4570
Roggenbrot	600	10	520	2470
Weizenbrot	90	10	510	2550
Knäckebrot	110	20	780	3840
Zucker	—	—	1000	4100
Marmelade	10	—	650	2740
Honig	—	—	730	3000
Obst — Südfrüchte	6	—	132	570
Fruchtsäfte	3	—	160	660
Gemüse	14	2	41	240
Kartoffeln (22 % Abfall)	15	2	163	750

dynamischen Seite her betrachten (K. Taeufel). Dazu kommt noch die Berückichtigung jener unbekannten *Vermehrungsstoffe* in den Naturprodukten, deren Fehlen oder relativer Mangel eine einseitige Nahrungszusammensetzung bedingen und chronische Mangelkrankheiten zur Folge haben können. „Naturnahe" Lebensmittel ohne entwertende Eingriffe von seiten der Hersteller müssen das Ziel der neuzeitlichen Lebensmitteltechnologie sein.

Bei den Lebensmitteln, soweit sie als natürliche aus dem Tier- und Pflanzenreich stammen, fällt die schwankende Zusammensetzung auf, die durch Fütterung, Stallhaltung, Arbeitsleistung, durch Witterung, Düngung, klimatische Verhältnisse, Ernte und Jahreszeit bedingt sind. So sollen hier nur einige Übersichtstabellen aufgeführt werden, die den Durchschnittswert der wichtigsten Nahrungsmittel enthalten.

Als Grundlage für den Gehalt der Nahrungsmittel an Nährstoffen dienen die chemischen Analysendaten, aus denen die Kalorienwerte unter Berücksichtigung folgender Faktoren errechnet werden:

$$1 \text{ g Eiweiß} = 4{,}1 \text{ kcal}$$
$$1 \text{ g Fett} = 9{,}3 \text{ „}$$
$$1 \text{ g Kohlenhydrat} = 4{,}1 \text{ „}$$
$$1 \text{ g Fruchtsäure} = 3{,}4 \text{ „}$$
$$1 \text{ g Milchsäure} = 4{,}1 \text{ „}$$

Die wichtigsten Nahrungsmittel gruppieren sich in:

1. *Eiweißträger:* Fleisch, Fleischwaren, Fisch, Fischkonserven, Salz-, Räucher-, Trockenfisch, Muscheln, Krustentiere, Milch, eiweißreiche Milcherzeugnisse, Käse, Quark, Eier, Hülsenfrüchte, Nüsse, Getreide, Kartoffeln.

2. *Fettträger:* Butter, Schlächtereifette, Walöl, Raps, Rübsamen, Lein, Soja, Olive, Erdnuß, Mohn, Sonnenblumenkerne, Sesam, Baumwollsamen, Cocos, Palmkern, Margarine, gehärtete Fette.

3. *Kohlenhydratträger:* Zucker, Traubenzucker, Honig, Kunsthonig, Getreidemehle, Brot, Gebäck, Nudeln, Teigwaren, Kartoffeln, Obst, Hülsenfrüchte.

4. *Mineralstoff-* und *Vitaminträger:* Obst, Gemüse, eingefrorene Gemüse, Obst-, Gemüsezubereitungen, Obstsäfte, Obst-, Beerensüßmoste.

IV. Genußmittel.

1. Alkaloidhaltige Genußmittel.

Im Hinblick auf die an anderen Stellen dieses Handbuches zu besprechenden technischen Maßnahmen der Kälteanwendung zur Steigerung der Haltbarkeit von Genußmitteln müssen auch *Kaffee*, *Tee*, sowie *Kakao* behandelt werden; denn die neuzeitliche Lebensmitteltechnik hat Mittel und Wege gefunden, um unter tunlichster Ausschaltung stoffverändernder chemischer Einflüsse Erzeugnisse von hoher Qualität und mit langer Haltbarkeit herzustellen. Ein tieferer Einblick in die chemischen und physikalisch-chemischen Verhältnisse ist hierzu erforderlich.

Unter *Genußmitteln* versteht man solche Stoffe, die Inhaltsbestandteile mit einer spezifischen Wirkung auf das zentrale Nervensystem enthalten.

Kaffee und Kaffee-Ersatzstoffe. Unter rohem oder grünem Kaffee versteht man die von der Fruchtschale vollständig und von der Samenschale nach Möglichkeit befreiten Samen von Pflanzen der Gattung *Coffea* aus der Familie *Rubiacea*. Es gibt wohl an die hundert Arten, gepflanzt werden aber im wesentlichen zwei Arten: *Coffea arabica* und *Coffea liberica*. Das Verhältnis zwischen dem Gewicht der Kaffeekirsche und demjenigen des handelsfertigen Rohkaffees (Rendement) ist bei arabischem Kaffee 5 kg frische Frucht = 1 kg Rohbohnen, für Coffea liberica 10 bis 12,5 kg Frucht = 1 kg Rohbohnen.

Die wichtigsten Erzeugungsländer sind: Südamerika, Mittelamerika, Westindien, Ostindien, Arabien und Afrika. Die Rohbohnen sind je nach Art, Gewinnung und Herkunft von heller, gelblicher, grünlicher, bräunlicher oder bläulicher Farbe. Die Aufbereitung, Entfernung des Fruchtfleisches der sogenannten Kaffeekirsche erfolgt entweder nach dem „nassen" oder „trockenen" Verfahren. Die so erhaltenen Bohnen werden in Schälmaschinen von der Fruchtschale bzw. Pergamenthaut befreit, dann wird in der Poliermaschine die Samenschale entfernt, und die Bohnen gehen auf die Sortiermaschine. Der so erhaltene *Rohkaffee* hat etwa folgende mittlere Zusammensetzung:

Wasser 9 bis 12%, Ätherextrakt 10 bis 14%, Protein 10 bis 15%, Coffein 0,9 bis 2%, Saccharose 6 bis 12%, Dextrin 0,8%, Chlorogensäure 5 bis 7%, Rohfaser 20 bis 30%, Pentosane 4 bis 6%, Asche 3 bis 5%.

Von Säuren wurden Phosphor-, Citronen-, Kiesel-, Oxal- und Äpfelsäure nachgewiesen. Bemerkenswert ist die Anwesenheit von proteolytischen, amylolytischen und katalytischen Fermenten; Oxydasen und Lipasen konnten nur in Spuren nachgewiesen werden.

Zum unmittelbaren Genuß dient ausschließlich *gerösteter Kaffee*. Er wird durch Erhitzen bei Temperaturen von 220 bis 221° C gewonnen, wobei die organischen Substanzen tiefgehende Veränderungen erleiden. Das Rösten erfolgt in drehbaren Trommeln von Cylinder- oder Kugelform mit Außenbeheizung oder durch Durchleiten von Heizgasen, wodurch die im Rohzustand hornartige, zähe, schwer zu zerkleinernde Bohne spröde und mürbe wird, braune Farbe und einen kräftigen Röstgeruch und Geschmack annimmt. Zu der vom Coffein ausgehenden Anregung kommt auch noch diejenige der Röstprodukte. Gerösteter Kaffee hat folgende mittlere Zusammensetzung:

Wasser 2,7%, Aetherextrakt 14,4%, Protein 13,9%, Coffein 1,2%, Saccharose 2,8%, Dextrin 1,3%, Chlorogensäure 4,7%, Rohfaser 23,9%, Pentosane 3,0%, Asche 3,9%.

Beim Rösten geht der Wassergehalt auf 2 bis 3% zurück und die Kohlenhydrate vermindern sich unter teilweiser Zersetzung zu caramelartigen Stoffen, die dem wäßrigen Auszug die braune Farbe geben. Auch die am Geschmack des Kaffees stark beteiligten Gerbstoffe nehmen ab (Chlorogensäure). Das ätherische Kaffeeöl, dem das Aroma zugeschrieben wird und das größtenteils durch Rösten entsteht, enthält Acetaldehyd, Essigsäure sowie Methylalkohol; ferner sind Acetol, Aceton, geringe Mengen von Furfurol, Phenol, Mercaptanen und Diacetyl anwesend. Neben Koffein sind auch Trigonellin und Cholin in geringen Mengen vorhanden.

Coffeinfreier Kaffee. Coffein bedingt neben anderen, durch die Röstung entstehenden Stoffen die anregende Wirkung, die Beeinflussung des Nervensystems, ein Wärmegefühl, die Steigerung der geistigen Fähigkeiten und der Arbeitsleistung, sowie das Gefühl des Wohlbehagens. Andererseits wird die Herztätigkeit erhöht, der Blutandrang nach dem Kopf hin gefördert, wenn Kaffee im Übermaß genossen wird. Es empfiehlt sich daher, daß herzschwache und empfindliche Menschen coffeinfreien oder coffeinarmen Kaffee zu sich nehmen, der aber die Geruchs- und Geschmacksstoffe des Kaffees noch aufweist.

Zur Herstellung gibt es verschiedene Verfahren, in denen der Rohkaffee mit Wasserdampf behandelt, anschließend mit Aether, Benzol, Benzin, Tetrachlorkohlenstoff u. a. erschöpfend ausgezogen und nach Entfernung der Lösungsmittel geröstet wird. Dabei soll der Coffeingehalt 0,08 % (coffeinfrei) bzw. 0,2 % (coffeinarm) nicht überschreiten.

Kaffee-Ersatzstoffe (Kaffeemittel). Die Zahl der Rohstoffe, die für die Herstellung von Ersatz- und Zusatzstoffen nach der Kaffee-Ersatz-Verordnung[1] (§ 1, 4) in Betracht kommen, ist recht groß. Es gehören hierzu: Gerste, Roggen und andere stärkereichen Früchte, Gerstenmalz, Roggenmalz und anders gemälztes Getreide; Zichorie, Zuckerrübe u. a. Wurzelgewächse, Feigen, Johannisbrot u. a. zuckerreiche Früchte, Erdnüsse, Sojabohnen u. a. öl- und fettreiche Samen, Eicheln, Erbsen u. a. gerbstoffreiche Pflanzenteile sowie Zuckerarten.

Grundsätzlich sind zwei Arten von Getreideersatzstoffen zu unterscheiden, diejenigen aus *rohen* und diejenigen aus *gekeimten* Früchten. Ein weiterer grundsätzlicher Gesichtspunkt bei der Bewertung von Getreidekaffee ist die Art des zur Röstung verwendeten Rohstoffs, d. h. ob das Gut als trockener oder als durchfeuchteter Rohstoff verarbeitet wird. Dies gilt sowohl für das gemälzte als auch ungemälzte Getreide. Bei der trockenen Röstung entstehen infolge der erforderlichen relativ hohen Temperaturen (bis zu 220° C) Erzeugnisse, die äußerlich dunkel sind und innerlich noch einen mehligen Kern aufweisen. Bei der ungemälzten Frucht finden wir in den äußeren Schichten stark dextrinierte und caramelisierte Stärketeile, die bitter und scharf schmecken. Bei der trockenen Verarbeitung der *gemälzten* Frucht ergeben sich ähnliche Eigenschaften. Wird aber das gleiche Ausgangsmaterial in *feuchtem* Zustand geröstet, dann erzielt man eine gleichmäßige braune Durchröstung schon bei Temperaturen von 180 bis 200° C. Der Bruch ist glasig, kristallinisch, die Farbe des Aufgusses goldbraun, der Geschmack angenehm bitter. Gerste trocken geröstet gibt 62,5 % Extrakt, Malz 61,22 %, Gerste feucht geröstet 53,5 %, Malz 45,2 %.

Hier soll noch das aus gemälztem Getreide hergestellte bekannteste Erzeugnis, *Malzkaffee*, behandelt werden. Er kommt ausschließlich in Form ganzer Körner mit Kandierung oder Glasierung in den Handel. Es ist ein im feuchten Zustand geröstetes Malz. Als charakteristischen Bestandteil enthält der Malzkaffee das *Maltol* (2 – Methyl – 3 – Oxypyron), einen Stoff, der mit Ferrichlorid eine Farbreaktion gibt. Maltol wirkt als Inhibitor und verzögert die Autoxydation des Fettes und damit das Ranzigwerden. Dies zeigt die Tatsache, daß normaler

---

[1] Verordnung über Kaffee vom 10. 5. 1930 RGBl. I, S. 169. Verordnung über Kaffee-Ersatzstoffe und Kaffeezusatzstoffe vom 10. 5. 1930 RGBl. I, S. 171.

Malzkaffee gegenüber maltolärmeren Produkten aus Gerste oder nur angekeimtem Rohstoff eine erheblich gesteigerte Lagerfestigkeit besitzt. Die mittlere Zusammensetzung ist folgende:

Wasser 8,4%, Fett 2,7%, Protein 11,5%, Kohlenhydrate 53,2%, Rohfaser 7,8%, Mineralstoffe 2,2%, Extrakt 48,0%.

Im Röstöl von Malzkaffee sind vorhanden (in 100 kg): 1130 g Wasser, 27 g Essigsäure, 2 mg Methyläthyl-Acetaldehyd, 400 mg Acetal, 33 mg Diacetyl, 261 mg Methylfurfurol, 100 mg Furfurolalkohol, 40 mg Acetylfuran, 70 mg Pyridin, in Spuren Maltol, Methylmercaptan, Furfurylmercaptan, Rohphenole und 1 g Neutralfette.

Ähnliche Ersatzkaffees werden aus Weizen, Roggen, Hafer und Mais hergestellt.

Kaffee-Ersatzextrakte. Es sind dies mehr oder weniger eingedickte, wäßrige Auszüge, die sinngemäß unter die sonstigen Bestimmungen der Kaffee-Ersatz-VO. fallen. Viele sind unter den verschiedensten Phantasienamen: Coffur, Campcoffee, Cefabukaffee u. a. im Handel erschienen, aber bald auch wieder verschwunden.

Kaffee-Ersatzessenzen sind aus Zuckerarten, zuckerhaltigen Säften, Melasse oder Gemischen dieser Stoffe durch Caramelisieren hergestellte Erzeugnisse.

Kaffee-Ersatzmischungen sind Mischungen von Kaffee-Ersatzstoffen auch mit Kaffeezusatzstoffen und auch mit Bohnenkaffee. Solche Mischungen haben etwa folgende Zusammensetzung: 10,2% Wasser, 9,4% Protein, 2,6% Fett, 2,5% Zucker, 61,3% N-freie Extraktstoffe, 10,8% Rohfaser, 3,2% Mineralstoffe, 47,3% Extrakt.

Zu den *Kaffeezusatzstoffen* zählen Zichorie, Feigen- und Eichelkaffee.

Ein Erzeugnis eigener Art ist der *lösliche Kaffee,* der schlechthin einen wäßrigen Auszug aus gerösteten, zerkleinerten Kaffeebohnen darstellt, der mehr oder weniger eingedickt oder durch Zerstäuben in Pulverform übergeführt wird. Über die Art der Herstellung existiert eine umfangreiche Patentliteratur, die im wesentlichen die Ergebnisse der letztjährigen Forschungen festhält, die sich mit dem Ziel der Verbesserung der Röstverfahren beschäftigen, ferner mit neuen Extraktions- und Einengungsmethoden (Gefrieren), mit der Entfernung der Fette und Wachse, mit der Herstellung coffeinfreier Extrakte, mit der Trocknung und insbesondere mit der Fixierung der Duft- und Aromastoffe und der Geschmacksstoffe. Die Gewinnung eines solchen Getränkes aus Kaffee-Extrakt hat den Vorteil, daß man innerhalb kurzer Zeit ein Getränk durch Auflösen von wenig Kaffee-Extrakt mit heißem Wasser erhalten kann, ein Erzeugnis, dessen Zusammensetzung durch Zugabe von Kaffee-Extrakt verstärkt, durch Wasserzugabe aber verdünnt werden kann. Als bekannteste Erzeugnisse sind zu nennen: Nescafe, Bordencafe, Solcafe.

Auch die Herstellung eines löslichen Extraktpulvers aus Kaffee-Ersatzmitteln ist bekannt, das in üblicher Weise durch Extraktion von Kaffee-Ersatzmitteln erhalten wird, worauf man den Extrakt zur Trockene bringt und dabei verschiedene Verfahren wie Walzen- oder Zerstäubungsverfahren anwendet. Gegen die Oxydation empfindlicher Stoffe geht man so vor, daß man Zusätze von z. B. Ascorbinsäurephosphat, Riboflavinphosphat, Pentosephosphat u. a. wählt.

Tee. Tee gehört zu den köstlichsten Gaben, die das Land der Mitte dem Abendland beschert hat. In handelsüblichem Sinne versteht man unter Tee die in besonderer Weise gerollten und fermentierten Blattknospen und jungen Blätter des Teestrauchs (Thea sinensis), der mit den bei uns bekannten Kamelienarten verwandt ist. Der Teestrauch ist ein immergrünes Gewächs, das in tropischen und subtropischen Gegenden sowohl im Tiefland als auch im Hochland wächst.

Er wird mit wenigen Ausnahmen das ganze Jahr hindurch in Abständen von 14 Tagen gepflückt, eine Arbeit, die in China von Frauen und Mädchen mit einer Tagesleistung von 7 bis 8 kg, in Indien und Java von 15 bis 25 kg geleistet wird. Man bezeichnet die Blattknospe mit dem ersten Blatt des Triebs als *Flowery Pekoe*, das zweite Blatt *Orange Pekoe*, das dritte Blatt *Pekoe*, das vierte und fünfte Blatt ist der *Souchon* I und II.

Gewinnung. Die frischgepflückten Blätter werden nach den verschiedenen Verfahren bearbeitet je nach dem, ob es sich um die Herstellung des grünen, schwarzen, gelben oder roten Tees handelt. Zur Herstellung des *grünen* Tees, der vor allem in China und Japan bereitet wird, werden die Blätter gleich nach dem Pflücken auf Matten über siedendem Wasser oder in eigenem Saft in einer eisernen Pfanne zum Erhitzen gebracht. Dabei wird die grüne Farbe nicht verändert, die von gerbsauren Eisensalzen herrühren soll oder vom Chlorophyll, das durch eine besondere Behandlungsweise im Tee erhalten bleibt. Sobald der charakteristische Teegeruch auftritt, werden die biegsamen Blätter auf Strohmatten oder Tischen in der Sonne ausgebreitet und mit der Hand gerollt. Dann wird in einer Pfanne über freier Flamme bei 70° C geröstet bis die Blätter dunkel olivgrün geworden sind.

Der *schwarze* Tee ist das Haupterzeugnis, dessen Bereitung 12 verschiedene Operationen an den Blättern durchläuft. Man läßt sie über Nacht welken und in offenen Schuppen im Luftzug abkühlen bis sich ein schwacher Teegeruch entwickelt. Nun werden die Blätter in Haufen oder in Körben zusammengeschichtet, mit dichten Matten belegt und der Fermentation überlassen. Nach etwa 2 bis 3 Stunden wird, wie oben beschrieben, geröstet und dann meist mit der Hand (aber auch mit der Maschine) gerollt. Nun röstet man nach kurzem Liegenlassen der Blätter auf Matten ein zweites Mal bis kein Saft mehr austritt. Dann wird über Kohlenfeuer gedörrt, bis die Blätter spröde sind, worauf sie gesichtet, sortiert und verpackt werden. Durch Einwirkung von Enzymen (Oxydasen) wird ein besonders feines Aroma entwickelt, ein Teil der Gerbstoffe zerstört und die grüne Farbe in Schwarz umgewandelt. Moderne Betriebe arbeiten mit neuzeitlich entwickelten Maschinen.

Die Abfälle, Zweigspitzen, Stengelteile werden unter Zuhilfenahme von Reisschleim, Gummi und anderen Bindemitteln zu *Backstein-, Ziegel-, Bruch-, Würfeltee* zusammengepreßt und mit wohlriechenden Blättern und Blüten vermischt, die ihm Duft und Aroma verleihen sollen.

Die *chemische Zusammensetzung* ändert sich mit dem Alter der Teeblätter und der Gewinnungsart und ist daher sehr großen Schwankungen unterworfen. An Bestandteilen wurden gefunden: Wasser 8 bis 8,5%, Protein 25 bis 30%, Coffein 2,5 bis 3%, Fett (Harz und Wachs) 1,2 bis 2,7%, ätherische Öle 0,5 bis 1%, Gerbstoffe 5 bis 10%, Rohfaser 10 bis 12%, Mineralbestandteile 4 bis 6%. Von weiteren Stoffen sind noch erwähnenswert: Theophyllin, Methylxanthin, Adenin, Chlorophyll, Xanthophyll, Carotin, Spuren von Rohrzucker, Fructose, Quercitrin. Den Genußwert bestimmen hauptsächlich die ätherischen Öle, in denen Methylsalicylat, Salicylsäure, Acetoin, Methanol und auch die Gerbstoffverbindungen vorkommen.

An ähnlichen Getränken sind noch diejenigen aus Mate und Cola zu erwähnen.

Kakao und Schokolade. Kakao wird nicht in Form eines wäßrigen Auszugs genossen, sondern in Substanz. Er hat also nicht nur eine anregende Wirkung durch die alkaloidhaltigen Anteile, sondern auch einen hohen Nährwert durch seinen Fett-, Eiweiß- und Kohlenhydratgehalt.

Kakao. Man versteht darunter die Samen vom Kakaobaum (Theobroma cacao), dessen rote und weiße Blätter unmittelbar am Stamm entspringen und 30 bis 50 reife Früchte tragen. Diese besitzen die Form einer Gurke, die in einem Fruchtfleischbett 20 bis 40 mandelförmige Samen enthält. Die ovalen abgeplatteten Samen haben eine helle oder dunklere rotbraune glatte aber längsgestreifte Oberfläche. Nach der geographischen Herkunft gibt es die verschiedensten Sorten und zwar aus: Mittelamerika, Südamerika, Westindien, Westafrika, Ostafrika, Asien, Australien.

Gewinnung. Die frischen Samen werden durch Reiben mit den Händen vom Fruchtfleisch befreit und dann auf Horden in der Sonne oder auf Bananenblättern ausgebreitet und getrocknet. Sie können auch in Zementgruben oder Holzfässern oder Kisten einer Fermentation (*Rotten*) unterworfen werden, wobei unter Mitwirkung von Enzymen, Mikroorganismen und Hefen eine Erwärmung auf 30 bis 45° C eintritt. Dadurch werden die Keimfähigkeit zerstört, der Geschmack und das Aroma verbessert und der Farbstoff nach braun verändert. Dann wäscht man mit Wasser nach und trocknet in der Sonne, über freier Flamme oder in geheizten Räumen; somit erhält man den *Rohkakao*.

Der weiteren Verarbeitung muß eine sorgfältige Reinigung und Verlesung vorausgehen, dann erst folgt das Rösten in Kugel- oder Zylinderröstern, die entweder von außen durch Kohlen- oder Gasfeuerung oder mit Heißluft beheizt werden. Durch die 130 bis 140° C nicht übersteigende Rösttemperatur sollen die Entfernung der spröden Schale und die Zerreibung der Kerne erleichtert, vor allem aber das Aroma und der Geschmack verbessert werden. Dieser Röstung folgt die Behandlung in Brech-, Reinigungsmaschinen zur Entfernung der Kakaoschalen und der Würzelchen. Auf diese Weise erhält man etwa 80% Kakaokerne zur weiteren Verarbeitung, die die Samenschalen, Samenhäute, Keime nur in technisch nicht vermeidbarer Menge (unter 2%) enthalten dürfen.

Die *chemische Zusammensetzung* zeigt, daß die Kakaobohnen einen hohen Fettgehalt aufweisen. Neben Proteinen, Zucker, Stärke, Rohfaser und Mineralstoffen sind noch die Kakaobutter, das Kakaorot und das Theobromin erwähnenswert. Diese Substanzen kommen in folgenden durchschnittlichen Mengen vor: 5 bis 6% Wasser, 14% Protein, 53% Fett, 9 bis 10% Stärke, 5 bis 6% Gerbstoffe, 2 bis 3% organische Säuren, 1,5% Pentosane, 4% Rohfaser, 3% Asche, 0,3 bis 0,5% Phosphatide, 1 bis 2,5% Theobromin, 0,7% Coffein. Praktisch unwesentliche Mengen sind von den Vitaminen A und D vorhanden.

Kakaomasse. Zur Zerkleinerung der Kakaokerne bis zum erforderlichen Feinheitsgrad benutzt man mehrfach hinter- und übereinander geschaltete Walzenstühle, wobei eine zur Herstellung von Schokolade geeignete Masse anfällt, die aber zur Gewinnung von Kakaopulver eine Wasserdampf- oder chemische Behandlung durchlaufen muß (Aufschließung). Durch diese Behandlung mit Alkalicarbonat, Ammoniumchlorid und Ammoniumcarbonat erfolgen eine geringe Denaturierung der Stärke, ein Abbau der Proteine, eine Neutralisation der organischen Säuren und Gerbstoffe, während Fett und Cellulose nicht verändert werden. Mit der Maßnahme wird zugleich die Suspensionsfähigkeit des Pulvers erhöht. An diese Maßnahme kann sich die Gewinnung der *Kakaobutter* (durch Abpressen in hydraulischen Pressen) und des Kakaopulvers anschließen.

Schokolade. Darunter versteht man im wesentlichen eine Zubereitung von Kakao und technisch reinem Verbrauchszucker, die in der Regel eine Würzung durch mannigfaltige Zusätze erfährt: Sahne, Milch, Früchte, Mandeln, Nüsse, Vanille usw.

Zur Herstellung wird die Kakaomasse mit einer Temperatur von 35 bis 40° C den Melangeuren zugeführt, mit der erforderlichen Menge Puderzucker und Gewürz, sowie Kakaobutter, Milchpulver vermischt und in Kollergängen unter Wärmezufuhr durchgearbeitet. Daran schließt sich die Behandlung in Walzwerken zu einer völlig homogenen Masse an, die nach dem Ausreifen zur Verfeinerung des Geschmackes und des Aromas in Längsreibemaschinen (Conchen) bei 70 bis 80° C bearbeitet wird. Hier kommt sie durch die besonders konstruierten Maschinen dauernd mit Luft in Berührung und reift aus. Schließlich wird in Blöcke, Tafeln oder Riegel abgefüllt, in besonderen Temperiereinrichtungen temperiert, abgekühlt und maschinell verpackt. An Sorten gibt es: Schokolade, Schmelz-, Sahne-, Milch-, Magermilch-, Nuß-, Mandel- und Fruchtschokolade; ferner die Überzugsmasse (Couvertüre).

Zusätze von verdorbenen Fetten, Cocosfett, Mineralöl, Ölkuchen, Dextrinen Gelatine und anderen Zuckerarten als Saccharose, ferner von Mehlen sind auch unter Deklaration untersagt. Verordnung über Kakao und Kakaoerzeugnisse vom 15. 7. 1933 RGbl. I, S. 504.

2. Alkoholische Genußmittel.

Nach der klassischen Gärungsgleichung erfolgt die Umsetzung des Zuckers durch das Enzymsystem der Hefe in folgendem Sinn:

$$C_6 H_{12} O_6 \longrightarrow 2 C_2H_5OH + 2 CO_2$$

Nicht nur Saccharose, Glukose, Mannose und Fruktose werden von der Hefe vergoren, sondern bestimmte Hefen vergären auch Pentosen.

Der wichtigste Vorgang ist die Verwandlung der Hexosen in die „am-Form"-, mit einer andersartigen oder anders gelagerten O-Bindung. Dabei findet eine Veresterung des Hexosemoleküls mit Phosphorsäure und eine Wiederzerlegung der Zuckerphosphate statt. Bei dieser Veresterung durch Phosphatasen wird phosphoryliert und dephosphoryliert, wobei das Coenzym der Hefe als Aktivator wirkt. Es entsteht Hexose-di- oder -monophosphat, das im Verlauf der Reaktion zu Hexose und Phosphorsäure aufgespalten wird. Dieser neu gebildete C_6-Zucker liegt in einer labilen Form vor. Beide Vorgänge, die Phosphatbildung und Zerlegung und der Zerfall der C_6-Kette in zwei C_3-Ketten stehen in engem Zusammenhang. In jüngster Zeit hat die Auffindung der Phosphorglycerinsäure unter den Produkten der Einwirkung von Hefesäften auf Kohlenhydrate zu wichtigen Schlüssen geführt. Die Bildung der Brenztraubensäure erfolgt aus der Phosphorglycerinsäure. Hier greift nun die Carboxylase ein und läßt aus der Brenztraubensäure Acetaldehyd und Kohlensäure entstehen. Als Dismutationspartner des Acetaldehyds tritt eine Triosephosphorsäure, die 3-Glycerinaldehyd-Monophosphorsäure auf. Der Reaktionsablauf dauert so lange, als Phosphorglycerinaldehyd vorhanden ist, entstanden aus: 1-Glukose + 2-Phosphat $\longrightarrow$ 2-Glycerinaldehydphosphorsäure. Der Reaktionsablauf kann folgendermaßen formuliert werden:

Glycerinaldehydphosphorsäure $\rightarrow$ Phosphorglycerinsäure $\rightarrow$ Brenztraubensäure $\rightarrow$ Acetaldehyd + CO_2 $\rightarrow$ *Alkohol.*

Der Reaktionsablauf ist an die Gegenwart von Hexosediphosphorsäure gebunden, die katalytisch wirkt.

Die *tierische* Zelle ist den Kulturhefen überlegen, sie kann im anaeroben und aeroben Stoffwechsel Zucker zerlegen und dadurch Energie gewinnen. Dieser Kohlenhydratabbau liefert Milchsäure (Glykolyse). Alkoholische Gärung und Glykolyse sind in vielen Einzelheiten ihres Ablaufs identisch und laufen bis zur Bildung der Brenztraubensäure gleichsinnig. An diesem Punkt scheiden sie sich, indem die Brenztraubensäure nicht durch Carboxylase aufgespalten, sondern zu Milchsäure dehydriert wird, wobei der notwendige H_2 von der Glycerinphosphorsäure stammt, die ihrerseits in Triosephosphorsäure übergeht. Manche Einzelheiten sind noch nicht geklärt, aber in großen Zügen ist der Weg mit dieser Formulierung experimentell sichergestellt.

Wein. Wein ist das durch alkoholische Gärung aus dem Saft der frischen Weintraube hergestellte Getränk, das die bei der Gärung gebildeten Stoffe: Alkohol, Kohlensäure, Ester, Bernsteinsäure, Glycerin u. a. enthält. Wein ist immer das aus der frischen Traube hergestellte Getränk, Wein aus getrockneten Beeren ist Rosinenwein, Wein aus dem Saft von Obst- und Beerenfrüchten, Rharbarberstengeln, Malz oder Honig sind *weinähnliche* Getränke. Unvergorene Traubensäfte sind *Süßmoste.* Für die Bereitung des Weins werden ausschließlich die Trauben des Weinstocks (vitis vinifera) verwendet. Kreuzungen zwischen amerikanischen und europäischen Reben sind Hybriden oder Direktträger, die geringe Weine liefern, doch scheint die neuzeitliche Züchtungsforschung auch hier zu recht bemerkenswerten Ergebnissen zu kommen. In Deutschland und anderen Ländern ist seit einigen Jahren der Hybridenanbau verboten.

Die Lese der Beeren beginnt nach möglichst völliger Reifung und wird meistens von Ende September bis Ende Oktober festgelegt. Bei gewissen Sorten läßt man bei günstiger Jahreszeit die Trauben länger am Stock hängen, bis sie „edelreif" oder „edelfaul" werden und dann die geschätzten Ausbruchweine (Rheingau, Tokay) liefern.

Weinbereitung: Sie umfaßt die *Kelterung,* die *Behandlung* des Mostes, die *Vergärung* und die *Kellerbehandlung* (Abstechen, Schwefeln).

Zum Einmaischen benutzt man heute allgemein die Traubenmühlen, in denen die Beeren durch Walzen aus Holz, Stein oder Metall zerdrückt werden. Moderne Traubenmühlen sind mit einer Vorrichtung versehen, die zum Entrappen, zum Entfernen der Kämme und Traubenstiele bestimmt ist. Dieses Entrappen ist wichtig bei der Rotweinbereitung, da hier der Traubensaft auf der Maische vergären muß, um den Farbstoff aus den Beerenhülsen herauszuziehen. Zur Trennung des Saftes von den festen Bestandteilen, den Trestern (Kämmen, Hülsen, Kernen) benutzt man *Keltern:* Spindel-, Kniehebel-, hydraulische Pressen. Dabei fällt der Saft (Most) an und zwar in einer Menge, die etwa 60 bis 80 Teilen aus 100 Teilen Trauben entspricht. Seine durchschnittliche Zusammensetzung ist: 70 bis 80% Wasser, 12 bis 25% Zucker (Traubenzucker und Fruktose), 0,12 bis 0,15% Pektin, 0,02 bis 0,04% Gerbstoff, 0,9 bis 1,5% Säure (Wein-, Äpfelsäure), 0,12 bis 0,5% Protein und 0,3 bis 0,5% Asche. Daneben sind Chlorophyll, Xanthophyll, Cyanidine (beim Rotwein Oenidin), Fette und Wachse, Enzyme (Oxydasen und Proteasen, Saccharasen, Phosphatasen, Phenoloxydasen, Pektinasen), Bukettstoffe und Spuren von Gummistoffen vorhanden.

Der Most wird entweder einer *Spontangärung* durch anhaftende Mikroorganismen überlassen oder aber man arbeitet durch Zugabe von Reinkulturen (Laureiro-, Steinberg-, Tokayer-Hefen) und beeinflußt die Gärung in bestimmter Richtung. Auch Tankgärverfahren unter Druck sind neuerdings in Angriff genommen worden. Die Gärung dauert als *Hauptgärung* 8 bis 10 Tage, wobei unter den günstigsten Temperaturen (27 bis 30° C) der Zucker in Alkohol und Kohlensäure in einem exothermen Vorgang gespalten wird. Hier werden 24 000 cal je g Mol Zucker (180 g) freigemacht. In diesem Zustand heißt der Most Federweißer, Sauser oder Suser. Ist die Hauptgärung zum Stillstand gekommen, dann setzt die Nachgärung ein, die bei deutschen Weißweinen einige Wochen und bei Ausleseweinen sich über mehrere Monate erstrecken kann.

Die nach der Gärung sich absetzenden festen Bestandteile des jungen Weines nennt man *Hefe*, Trub, Geläger oder Drusen.

Ist die Gärung zum Stillstand gekommen, so klärt sich der Wein und der Trub sammelt sich auf dem Boden des Fasses an, es erfolgt der Abstich des Jungweines auf verspundete, ausgeschwefelte Lagerfässer, in denen er unter zeitweiliger Lüftung reift. Diese Reifung kann z. B. bei Rotweinen (Bordeaux) einige Jahre dauern. In dieser Zeit setzt die Kellerbehandlung des Weines ein, die der Haltbarkeit, der Schönung und evtl. Beseitigung von Weinfehlern gilt. Hierher gehört das Schwefeln, Klären (Filtrieren), das Schönen (Blau- und Rotschönung, Gelatine-, Tanin-, Eiweiß-, Bentonit-Schönung). Schließlich folgt die *Abfüllung* in sorgfältig gereinigte Flaschen.

Bisweilen ist eine *Weinverbesserung* erforderlich, eine Zuckerung, Entsäuerung (mit frisch gefälltem $CaCO_3$) oder ein Verschneiden mehrerer Weine miteinander. Dabei ist ein Verschneiden von Weißwein mit Rotwein ebenso untersagt wie dasjenige von deutschen Weißweinen mit ausländischen.

Zu den *Weinfehlern* zählen: Braunwerden, Schwarzwerden, weißer Bruch, Böckser, Holz- und Faßgeschmack, Flaschentrübung, Essig-, Milchsäurestich, Umschlagen, Mäuseln (Acetamidgeschmack).

Für völlig vergorene deutsche Weine lassen sich folgende Durchschnittswerte festlegen: Alkohol 6 bis 10%, Extrakt 2,0 bis 3,4%, Gesamtsäure 0,6 bis 1,2%, Mineralbestandteile 0,13 bis 0,25%.

Dessertweine. Dies sind süß schmeckende Weine, die zur Erzielung eines durch die Gärung des Saftes frischer Trauben allein nicht erreichbaren Alkohol- und Zuckergehaltes einem besonderen Verfahren (Eindicken des Mostes) unterworfen werden, in der Regel unter Verwendung gewisser Zusätze (Alkohol, Trockenbeeren). Diese Süd- und Süßweine zeichnen sich durch einen eigentümlichen muskatellerähnlichen Geschmack aus. Ihre Herstellung erfolgt durch Vergären von Traubensäften besonders hoher Konzentration oder durch Zusatz von konzentrierten Traubensäften zu normalem Wein (Konzentrat- oder Dessertweine) oder durch Zusatz von Alkohol zu genügend vergorenem Most (gespritete Dessertweine). Die bekanntesten stammen aus *Ungarn* (Tokay, Ruster), *Spanien* (Malaga, Cherry), *Portugal* (Port- und Madeira), *Italien* (Marsalla), *Griechenland* (Patras, Kephalonia).

Schaumwein (Champagner, Sekt). Er wird so hergestellt, daß man völlig vergorenen Jungwein mit Zucker versetzt, in verschlossenen Flaschen einer entsprechenden Gärung überläßt, dann von der Hefe befreit (degorgiert) und dosiert durch Zusatz von Zuckercouleur, Cognac, Dessertwein, Likören, Gewürz- und Bukettstoffen. Neben dieser Flaschengärung hat sich neuerdings auch die Tankgärung und die Imprägnierung des Weines mit Kohlensäure eingeführt, doch müssen diese Erzeugnisse in ihrer Herstellungsart deklariert werden.

Zu den *weinähnlichen Getränken* zählen Obst- und Beerenweine, Honig- und Malz-Weine, zu den *weinhaltigen Getränken* Wermutwein und Kräuterwein.

Bier. Dieses aus Malz mittels Wasser und Hopfen bereitete und durch Hefe in alkoholische Gärung versetzte Getränk enthält neben Alkohol und Kohlensäure gewisse Mengen unvergärbarer und geringe Mengen vergärbarer Stoffe. Man unterscheidet *untergärige* und *obergärige* Biere (vgl. Band X, Beitrag „Getränke", Abschnitt Bier). Die Herstellung umfaßt einmal die *Malzbereitung*, zum anderen den *Brauvorgang* (Herstellung der Würze, Abläutern, Kochen und Hopfen) und die *Gärung* (Haupt- und Nachgärung), sowie das *Abfüllen*.

Malzbereitung. Hier werden stärkereiche, eiweißarme Gerstenkörner nach dem Einweichen (Quellenlassen in Quellstöcken) einem Keimprozeß bei 15 bis 18° C unterworfen, bei dem die Cytasen, Amylasen, Maltasen, Proteasen, Oxydasen und die säurebildenden Enzyme in einem steten Wechsel miteinander die Umwandlung der Inhaltsbestandteile des Gerstenkornes veranlassen. Der weitaus wertvollste Enzymkomplex, die Amylasen (Diastasten) bewirken eine Umwandlung der Starke in Maltose und Dextrine. Man erhält so nach etwa 8- bis 14 tägigem Liegenlassen auf der Tenne das *Grünmalz*, das auf der Darre oder auf Schwelkböden noch zwei Tage liegen muß, dabei nachtrocknet und eine weitere Auflösung mitmacht. Das Grünmalz kommt mit einem Wassergehalt von etwa 45% auf die Darre und wird auf 1,5 bis 3,3% entwässert bei Temperaturen, die sich um 60 bis 80° C bzw. 100 bis 110° C (dunkles Malz) bewegen. Der sinnfälligste Vorgang ist dabei die *Farb- und Aromabildung*.

Brauvorgang. Das gewonnene Malz wird in Schrotmühlen entsprechend zerkleinert, was für die chemische und biochemische Umsetzung der Maische, für die Gewinnung der Würze und für die Höhe der Ausbeute entscheidend ist. Das Malz wird in den Maischepfannen und Kochpfannen (mit Rührwerk) und Dampfheizung mit Wasser gekocht, wobei die in der Gerste vorhandenen oder beim Mälzen entstandenen löslichen Stoffe gelöst und die unlöslichen Stoffe (Stärke, Eiweiß) auf enzymatischem Weg aufgespalten und dadurch löslich gemacht werden. Die entstehende Lösung nennt man *Würze* (Summe der gelösten Bestandteile = *Extrakt*). Die geläuterte klare Würze wird unter Zusatz von Hopfen gekocht; dabei wird einmal eine Eindickung und Sterilisierung erreicht, zum anderen eine Vernichtung der Enzyme, die Ausfällung coagulierbarer Eiweißstoffe und schließlich eine Aromatisierung und Konservierung durch das Hopfen. Die rasch auf 2 bis 7° C abgekühlte Würze, die etwa 6,5 bis 18% Malzextraktstoffe enthält, wird durch Zusatz von Reinhefe (*saccharomyces cerevisiae*) vergoren. Auch hier gibt es eine Hauptgärung, bei der sich die Hefe immer mehr zu Boden setzt und das Bier klarer wird. Die Hauptgärung ist beendet, wenn innerhalb von 24 Stunden die Saccharometeranzeige nur mehr um 0,1 bis 0,2% Extrakt abnimmt. Das erhaltene *Jungbier* wird direkt in die Lagerfässer gepumpt, wo es den Prozeß der *Nachgärung* durchläuft und eine Anreicherung mit Kohlensäure erfährt sowie eine weitere Klärung und Ausreifung. Das genügend lang gelagerte und konsumreife Bier wird aus den Lagerfässern auf Transportfässer oder auf Flaschen (im Gegendruckprinzip) abgefüllt.

Biertypen. Für *dunkle* Biere ist der Hauptvertreter das Münchner Bier, das Nürnberger Bier; Salvator ist ein *Starkbier*. Typisch für *mittelfarbige* Biere ist das *Wiener* Bier, für *helle* Biere *das sattgelbe böhmische Pilsner* und das *Dortmunder* Bier.

Obergärige Biere sind z. B. das *Berliner* Weißbier und die *englischen* Biere. Die Zusammensetzung einiger Biere ist in folgender Übersichtstabelle festgehalten.

Zusammensetzung verschiedener Biere.

Ausgeführte Bestimmung	Einfachbier %	Lagerbier %	Pilsener Bier %	Münchner Bier %	Kulmbacher Bier %
Alkohol	1,00—2,00	3,30—3,50	3,20—3,80	3,50—4,00	4,50—5,00
Extrakt	2,50—4,00	4,50—5,50	4,50—5,50	6,50—7,50	7,00—8,50
Mineralstoffe	0,10—0,15	0,15—0,20	0,15—0,20	0,20—0,25	0,25—0,28
Milchsäure	0,05—0,07	0,06—0,12	0,10—0,15	0,10—0,15	0,15—0,25
Maltose	1,00—1,50	1,00—1,30	0,80—1,00	1,50—2,50	1,80—2,60
Eiweißstoffe	0,15—0,20	0,35—0,50	0,35—0,50	0,40—0,55	0,60—0,75
Stammwürze	5,00—6,50	11,50—13,50	11,00—12,00	13,50—15,00	15,50—17,00
Vergärungsgrad	35—40	54—59	58—62	50—53	55—58

Zu den alkoholischen Genußmitteln gehören auch die *Branntweine*, die durch Destillation vergorener Maischen gewonnen werden: *Weinbrand* (Cognac, Armagnac), *Obstbranntwein, Kornbranntwein, Rum, Arrac*. Schließlich gehören hierher auch *Liköre* und *Punschextrakte* (Gemische von Branntwein mit Zucker und aromatischen Stoffen, Pflanzen- und Fruchtauszügen, ätherischen Ölen, Essenzen und Fruchtäthern).

C. Die Verfahren der Haltbarmachung von Lebensmitteln.

Der Zweck der Haltbarmachung ist, tierische und pflanzliche Naturstoffe gegen die ungünstigen Einflüsse biochemischer und mikrobiologischer Art durch geeignete Maßnahmen zu schützen, wobei für die Erhaltung ihres natürlichen Zustandes weitgehend Vorsorge getroffen werden muß. Solche Veränderungen biochemischer Art äußern sich in physikalischen, chemischen, enzymatischen und kolloidchemischen Veränderungen, deren Ursachen einerseits auf die Enzymtätigkeit zurückzuführen sind, andererseits aber auch auf äußere Einflüsse: Licht, Luft, Luftfeuchtigkeit, Wärme, Metallspuren und andere Katalysatoren. Die biochemischen Einflüsse beruhen darauf, daß im wesentlichen eine hydrolytische Spaltung der Großmoleküle zu kleineren einsetzt, worauf an den Spaltungsprodukten Umsatzreaktionen stattfinden, welche sinnenphysiologisch wahrnehmbare Veränderungen zur Folge haben können. Solche Vorgänge können wertverbessernd und daher erwünscht sein (Reifung des Fleisches, Nachreifen des Obstes, Bildung von Duft- und Geschmackstoffen bei der Fermentierung des Tees, der Kakaobohne, die Aromabildung bei Früchten u. a.). Solche Veränderungen chemischer und biochemischer Art, die durch die Inhaltsbestandteile des Lebensmittels bedingt sind, können aber auch wertvermindernd sein, indem sie das Aussehen, den Geruch und Geschmack oder die Konsistenz nachteilig beeinflussen und können schließlich soweit gehen, daß eine Genußuntauglichkeit infolge Bildung gesundheitsschädlicher, ekelerregender oder gar giftiger Abbaustoffe eintritt und schließlich ein vollständiges Verderben. Es ist daher im Hinblick auf die Schaffung geeigneter Haltbarmachungsverfahren die Kenntnis der in den einzelnen Lebensmitteln auftretenden Veränderungen und ihrer Ursachen von Wichtigkeit.

Neben diesen Veränderungen sind auch diejenigen mikrobiologischer Art von Bedeutung, also solche, die durch Kleinlebewesen ausgelöst werden. In der Praxis ist eine scharfe Grenze zwischen biologischen und biochemischen Veränderungen wohl kaum zu ziehen, da diese Vorgänge von einem gewissen Zeitpunkt ab gleichzeitig ablaufen und schließlich ineinander übergehen können.

Wie auf vielen Gebieten der Technologie herrschten auch auf dem Gebiet der Anwendung und Schaffung von Verfahren der Haltbarmachung lange Zeit nur praktische Erfahrungen vor, die aber in den letzten Jahren durch wissenschaftliche Erkenntnisse und Beobachtungen wesentlich erweitert werden konnten mit dem Ziel, die sich bei der Haltbarmachung abspielenden Vorgänge durch Anwendung geeigneter Maßnahmen technologischer, chemischer und physikalischchemischer Art in eine bestimmte Richtung zu lenken. Die zahlreichen Verfahren der Konservierung teilt man daher zweckmäßigerweise in solche ein, die auf einer *physikalischen* und in solche, die auf einer *chemischen* Grundlage aufgebaut sind. Zu den physikalischen Verfahren gehören: *Kühlverfahren* mit und ohne Schutzgas, *Gefrierverfahren, Pasteurisierung, Sterilisierung, Trocknung, Filtrieren* und einige neuere Verfahren; zu den chemischen Methoden zählen das *Salzen, Räuchern, Pökeln, Einsäuern, Zuckern* und die Anwendung *chemischer Konservierungsmittel*.

Da die Anwendung der Kälte, also die Kühl- und Gefrierverfahren, in Band X dieses Handbuchs eingehend behandelt werden, sollen hier nur die sonstigen physikalischen und chemischen Verfahren kurz besprochen werden, ohne daß aber diese Beschreibung Anspruch auf Vollständigkeit erheben möchte.

I. Physikalische Verfahren.

Trocknen. Die Frischhaltung der Lebensmittel durch Trocknung beruht darauf, daß diesen das Wasser und damit den Mikroorganismen der Nährboden für die Weiterentwicklung entzogen wird. Es werden vorwiegend getrocknet: Fleisch, Fisch, Milch, Eier, Obst und Gemüse, schließlich eiweißhaltige Abfallstoffe aus der Brauerei (Hefe), aus den Fleisch- und Fischindustrien (Eiweiß, Blut, Knochen). Das Trockengut darf gegenüber dem Ausgangsmaterial keine erheblichen Verluste an wertvollen Bestandteilen (Eiweiß, Stärke, Mineralstoffe) aufweisen und möglichst keine größere Einbuße an Vitaminen erleiden. Geschmack und Geruch, Farbe und Aussehen müssen „natürlich" bleiben, und es soll bei nachträglicher Wasseraufnahme durch das Trockengut die ursprüngliche Konsistenz wieder weitgehend erreicht werden. Vom Standpunkt der Haltbarkeit aus muß das Trockengut einen Mindestfeuchtigkeitsgehalt von etwa 10% aufweisen, der sich im Verlauf der Lagerung nicht wesentlich nach oben verschieben darf; vom wirtschaftlichen Standpunkt aus muß auch auf die entsprechende Form geachtet werden, welche im Hinblick auf die Verpackung und Aufbewahrung nicht zu sperrig sein soll. Zur erfolgreichen technischen Durchführung nach den angegebenen Gesichtspunkten sind zahlreiche Apparate und Einrichtungen in den verschiedensten Formen und in den verschiedensten Ausmaßen entwickelt worden, die hier im einzelnen nicht behandelt werden können. Grundsätzlich besteht aber ihr Zweck darin, das Wasser weitgehend aus den Lebensmitteln zu entfernen, was durch Überleiten des Ausgangsstoffs auf dampfbeheizte Walzen (*Walzentrockner*) oder durch Zerstäubung mit und ohne Druckminderung (*Zerstäubungstrockner*), schließlich durch Verwendung von erwärmter Luft erfolgt, welche die Feuchtigkeit aufnimmt und dem zu trocknenden Material die Verdampfungswärme zuführt. Hierfür stehen zur Verfügung: *Trommel-, Jalousie-, Kammer-, Kanal-, Band-, Umlauftrockner.*

Pasteurisieren und Sterilisieren. Hier handelt es sich darum, Mikroorganismen, Bakterien, Schimmelpilze und ihre Keime (Sporen) bei bestimmten, durch Erfahrung und Praxis festgelegten Temperaturen abzutöten und zwar unter weitestgehender Schonung und Erhaltung der äußeren Beschaffenheit, der Farbe, des Aromas, der Duft- und Geschmacksstoffe und der Vitamine. Während die Pasteurisierung bei Temperaturen unter 100° C stattfindet, wird bei der Sterilisierung mit höheren Temperaturen gearbeitet (105 bis 120° C), je nachdem, ob es sich um tierische oder pflanzliche Lebensmittel und um eine fraktionierte oder kontinuierliche Sterilisation handelt. Solche Verfahren werden zur Haltbarmachung von Milch, Obst und Gemüse und schließlich zur Gewinnung von Obst-, Frucht- und Gemüsesäften angewendet. Hierher gehören auch diejenigen Verfahren, bei welchen mit oder ohne gleichzeitige Eindickung (Marmeladen-, Konfitüren-, Dicksaft-, Pektinherstellung) in offenen oder geschlossenen Gefäßen gearbeitet wird.

Filtrieren. Im Gegensatz zur Pasteurisation, bei der die Mikroorganismen durch die angewandten Temperaturen weitgehend abgetötet werden, werden bei der „Kaltfiltration" die Mikroorganismen aus der Flüssigkeit mechanisch entfernt. Dazu bedient man sich besonders feinporiger Filterplatten (Entkeimungs-, E. K.-Schichten), durch die die schädigenden Gärungserreger und Bakterien herausgefiltert werden. Diese Filter bestehen aus gepreßten Filterscheiben aus Asbest und Zellstoff; sie sind in Metallrahmen eingelegt und in einem Apparat mit Metallbügelverschluß zu einem Filteraggregat vereinigt, dessen Leistungskapazität von der Zahl und Größe der Filterplatten bestimmt wird. Die Sterilität dieser Filterplatten wird von der Herstellerfirma (Seitzwerke G.m.b.H. Bad Kreuznach) dauernd überwacht.

Verschiedene neuere Verfahren. Erwähnenswert sind hier alle diejenigen Verfahren, die nur zum Teil in der Praxis Eingang gefunden haben und über deren Brauchbarkeit noch wenig Erfahrungen vorliegen.

Das *Hofiusverfahren* zur Konservierung von Milch beruht darauf, daß Milch in besonderen Gefäßen mit Sauerstoff unter Druck von 8 bis 10 atü bei Temperaturen von 6 bis 10° C gelagert wird. Dabei sollen unter der Einwirkung des Sauerstoffs die „aktiven" Gruppen der in den Bakterien vorhandenen Enzymstoffe abgebunden werden. Eine ähnliche Erscheinung liegt auch bei der Kohlensäuredrucklagerung von Fruchtsäften nach *Böhi-Seitz* vor, bei der die Säfte nach vorangegangener Entschleimung unter Kohlensäuredruck von 8 atü bei 14° C gelagert und dadurch die Mikroorganismen in einen biologisch „latenten" Zustand versetzt werden, so daß keine Gärung eintreten kann.

Über die Behandlung von Milch, Eiern und Fruchtsäften mit ultravioletten und infraroten Strahlen, über die Entkeimung durch Elektrolyse, durch Hochfrequenzwellen, stille elektrische Entladung, Ultraschall liegen nur wenig praktische und bisweilen weit auseinandergehende Erfahrungen vor. Die für die Wasserentkeimung mit Erfolg herangezogene *Katadynisierung* hat sich bei Fruchtsäften nicht bewährt. Hierher gehört auch ein Verfahren zur Entkeimung von Mosten und Fruchtsäften, das auf der Beobachtung beruht, wonach die Giftwirkung von Metallionen auf Mikroorganismen nicht allein dem bactericiden, olygodynamischen Effekt zuzuschreiben ist, sondern auch gewissen elektrischen Strömen. Hierbei soll eine Metallionenabspaltung erfolgen (*Matzka*-Verfahren).

Hierher gehören auch noch die neuzeitlichen Gefrier- und Gefriertrocknungsverfahren für Obstsäfte (*Monti*-, *Krause*-Verfahren u. a.), die an anderer Stelle besprochen werden sollen.

II. Chemische Verfahren.

Salzen. Die Anwendung von Kochsalz ist uralt. Der Konservierungseffekt ist trotz hoher Kochsalzgaben nur sehr beschränkt, da eine vollständige Abtötung der Mikroorganismen nicht möglich ist. Es findet wohl eine Abschwächung, aber keine Vernichtung statt, wobei insbesondere bei Fäulniserregern (Bac. botulinus), Kokken und wilden Hefen die Lebenstätigkeit deutlich gehemmt wird. Die Wirkung des Kochsalzes beruht darauf, daß das Wasser entzogen wird und somit eine Herauslösung wasserlöslicher Extraktbestandteile erfolgt, die einen besonders günstigen Nährboden für Kleinlebewesen darstellen. Eine weitgehende Wirkung tritt bezüglich der geruchlichen und geschmacklichen Veränderungen ein, die vielfach bei Fleisch und Fischfleisch anzutreffen sind.

Pökeln. Neben Kochsalz werden regelmäßig kleine Mengen von Salpeter (Natriumnitrat) verwendet, wodurch eine Steigerung der fäulnishemmenden Wirkung des Kochsalzes erreicht und die Zersetzung von Eiweißstoffen verhindert wird. Beim Einsalzen und Pökeln, also beim Einlegen der Fleischstücke in 15 bis 20%ige Kochsalzlösung oder beim Bestreuen des Fleisches mit Kochsalz bildet sich eine Lake aus dem austretenden Saft. Dabei wird der rote Farbstoff zerstört. Um denselben zu erhalten, setzt man 1 bis 2% Salpeter und etwas Zucker zu; das aus dem Salpeter gebildete Nitrit erzeugt aus dem Fleischfarbstoff Stickoxyd-hämoglobin, das bei höherer Temperatur in das kochbeständige Stickoxydhämo-chromogen übergeht. Angewendet werden Trocken-, Naß- und Schnellpökelver-fahren. An Stelle von Kochsalz-Salpetergemenge wird auch das Nitrit-Pökel-Salz angewandt, das eine geringe Menge von Nitrit enthält und den Salpeter entbehrlich macht.

Räuchern. Das Verfahren beruht darauf, dem Räuchergut das Wasser zu ent-ziehen, so daß das lockere Gewebe für die mit dem Rauch eindringenden anti-septischen Stoffe: Essig-, Ameisensäure, Methylalkohol, Aceton, Formaldehyd, Phenole, Kresole usw. aufnahmefähiger wird. Hier unterscheidet man *Kalt-, Heiß- und Schnellräucherung.*

Einsäuern. Man unterscheidet zwischen freiwilliger Säuerung und einer unter Säurezusatz erfolgenden. Bei der freiwilligen Säuerung wird in Gegenwart von zugesetztem Kochsalz aus dem vorhandenen vergärbaren Zucker Milchsäure ge-bildet, die konservierend wirkt.

Zuckern. Zur Erzielung der Haltbarkeit wird bei wasserreichen, insbesondere flüssigen Lebensmitteln ein Zuckerzusatz verwendet, der die Entwicklung von Kleinlebewesen verhindert und dadurch die Lebensmittel vor bakterieller Zer-setzung bewahrt.

Chemische Konservierungsmittel. Die Entwürfe zur Verordnung über Lebensmittel und Bedarfsgegenstände in Deutschland (vgl. LMG B. II, S. 416, 1941, Verlag C. Heymann, Berlin) sehen eine allgemeine Regelung der scharf umstrittenen Konservierungsmittelfrage vor. Neue Entwürfe sind in Bearbeitung. Aus den aufgestellten allgemeinen Leitsätzen geht hervor, daß in der Lebensmittelindustrie nur dann Konservierungsmittel verwendet werden dürfen, wenn aus gesundheit-lichen, technischen oder wirtschaftlichen Gründen die Notwendigkeit der Zu-lassung für ein bestimmtes Lebensmittel nachgewiesen ist. Lebensmittel, die vom Verbraucher in berechtigter Erwartung als frische Lebensmittel gekauft werden (Milch, Fleisch), sollen einen Konservierungsmittelzusatz nicht erhalten. Ein Konservierungsmittel ist nur dann zulässig, wenn nachgewiesen ist, daß durch den Zusatz dem Lebensmittel nicht der Anschein einer Beschaffenheit verliehen wird, die geeignet ist, den Verbraucher über den wirklichen Zustand zu täuschen. Außerdem muß der Nachweis der gesundheitlichen Unbedenklichkeit gegeben sein. Die gebräuchlichen Zusatzstoffe: Speisesalz, Speisefette, Speiseöle, Zucker-arten, Essigsäure fallen nicht unter die Konservierungsmittelverordnung.

Sonstige Hilfsstoffe. Diese Stoffe unterscheiden sich grundsätzlich von den vor-stehenden dadurch, daß das chemische Hilfsmittel nicht auf eine bakteriologische Wirkung abgestellt ist, sondern auf eine physikalische, nämlich die, das Lebens-mittel vor den zerstörenden Einflüssen von Licht, Luft, Luftfeuchtigkeit und Wärme zu schützen und dadurch die sekundär ablaufenden biochemischen Vor-gänge und die dadurch bedingten stofflichen Veränderungen zu verzögern oder zu verhindern. Dies wird in vielen Fällen durch geeignete Verpackungsstoffe erreicht. Bei den Pergamentpapieren und ihren Ersatzstoffen sind vor allem diejenigen erwähnenswert, welche Zusätze von Harz, Kunstharz, Kautschuk, Latex, Wachsen, Paraffinen, Fettsäuren und deren Abkömmlingen, sulfonierte Öle und andere Weichmacher erhalten. Solche Stoffe werden bisweilen auch in Form von Überzügen aufgebracht, die als wäßrige Emulsionen oder als Seifen aufgetragen werden. Auch finden Gelatine, Casein und andere Eiweißstoffe, welche durch Härtung widerstandsfähig gemacht werden, Verwendung. Durch den Zusatz von chemischen Stoffen, die die chemisch aktiven Lichtstrahlen ab-sorbieren, kann der Einfluß von Licht ausgeschaltet werden. Solche Spezial-papiere, wie z. B. *Ultrament,* werden vielfach mit gutem Erfolg angewandt.

Elastische und luftdichte Überzüge werden zur Verpackung von Obst verwendet, und bei der Eierkonservierung bewährte sich das Eintauchen in Paraffinlösungen mit und ohne Zusatz eines Desinfektionsmittels.

D. Die Überwachung des Verkehrs mit Lebensmitteln.

Als gesetzliche Handhabe zur Überwachung des Verkehrs mit Lebensmitteln dient in Deutschland das Gesetz betreffend den Verkehr mit Lebensmitteln und Bedarfsgegenständen (LMG vom 17. 1. 1936 RGBl. I S. 17), das als Reichsgesetz landesrechtlichen Festsetzungen vorgeht. Von diesem Gesetz werden (§ 1 LMG) die *Lebensmittel* betroffen, also jene Stoffe, die dazu bestimmt sind, in unverändertem oder zubereitetem oder verarbeitetem Zustand vom Menschen gegessen oder getrunken zu werden, soweit sie nicht überwiegend zur Beseitigung, Linderung oder Verhütung von Krankheiten bestimmt sind. Außer den Lebensmitteln werden auch die *Bedarfsgegenstände* (§ 2 LMG) erfaßt, zu denen Eß-, Trink-, Kochgeschirr im engeren Sinne, aber auch im weiteren diejenigen Geräte gehören, die im Gewerbe bei der Gewinnung, Herstellung und Zubereitung mit den Lebensmitteln in Berührung kommen, z. B. Knetmaschinen, Kollergänge, Teigpressen, Eimer, Kisten, Fässer, welche zweckbestimmte Bedarfsgegenstände darstellen. Nicht nur ein Teil, sondern der ganze Gegenstand unterliegt den lebensmittelrechtlichen Anforderungen. Auch Spielwaren, Tapeten, Masken, Kerzen gehören dazu, und die zum Färben von Lebensmitteln verwendeten Farben sind selbst Lebensmittel. Dagegen fallen die übrigen Farben unter die *Bedarfsgegenstände*.

Damit hat der Begriff *Lebensmittel* eine klare Deutung erfahren, so daß an eine Änderung oder Erweiterung des Begriffes nicht gedacht zu werden braucht. Ob für die Bedarfsgegenstände im Hinblick auf die in der Zwischenzeit eingetretenen technologischen Verbesserungen und Erfindungen die Möglichkeit des Einbaues neuartiger Erzeugnisse (z. B. Kaugummi) geschaffen werden müßte, bleibt für die Gesetzgeber noch offen. Sicher ist, daß eine Reihe getroffener Anordnungen verbesserungs- und erweiterungsbedürftig ist und der modernen Technik angepaßt werden muß.

Das Lebensmittelgesetz hält auch hygienische Verbote fest (§ 3 LMG), die der Gesundheitsschädigung gelten, welche durch den Genuß von nicht einwandfreien Lebensmitteln entstehen können. Weiterhin sind Vorschriften (§ 4 LMG) dazu bestimmt, Benachteiligungen und Schädigungen der Bevölkerung im Verkehr mit Lebensmitteln zu verhindern. Solche Verstöße gegen § 3 und § 4 LMG können bei allen an Lebensmitteln und Bedarfsgegenständen vorgenommenen Handlungen von der Gewinnung bis zur Abgabe an den letzten Verbraucher eintreten.

Seit der Einführung der Lebensmittelüberwachung sind die Verstöße gegen die hygienischen Verbote immer mehr zurückgegangen; nach wie vor ist aber der Schutz der Bevölkerung gegen *Täuschung* im Handel und Verkehr von um so größerer Bedeutung geworden, und diese Aufgaben wurden erweitert durch die örtliche Preisüberwachung (Preisaufsicht-Bildungsstellen). Die Lebensmittelüberwachung fordert daher heute eine weit tiefer gehende Beschäftigung mit der Zusammensetzung, den Eigenschaften und der Beschaffenheit der Lebensmittel und weit umfassendere Kenntnisse als zuvor. Allein die durch die Notzeiten der letzten Jahre in den Handel gekommenen unzähligen nachgemachten, verfälschten und irreführend bezeichneten Lebensmittel sprechen dafür. Um nun dem Gesetzgeber eine raschere Handhabe zur Anpassung des LMG an die sich bisweilen überstürzende Entwicklung des Handelsbrauchs und der Technik zu geben, ist die Regierung ermächtigt (§ 5 LMG), nach Fühlungnahme mit den beteiligten Wirtschaftskreisen geeignete Vorschriften über Herstellung, Beschaffenheit und Aufmachung von Lebensmitteln zu erlassen, ohne den umständlichen Weg der Gesetzgebung gehen zu müssen (z. B. Normativbestimmungen). Neben dem LMG sind in Deutschland für die Beurteilung von Lebensmitteln und Bedarfsgegenständen noch verschiedene Gesetze und Verordnungen zu berücksichtigen, von denen einige praktische Bedeutung haben: Gesetz betreffend Verkehr mit blei- und zinkhaltigen Gegenständen vom 25. 6. 1887 (*Blei-, Zinkgesetz*), Gesetz betreffend die Verwendung gesundheitlich schädigender Farben vom 5. 7. 1887 (*Farbengesetz*), Gesetz betreffend den Verkehr mit Butter, Käse, Schmalz und deren Ersatzmitteln vom 15. 6. 1887 (*Margarinegesetz*), ferner *Weingesetz* vom 25. 7. 1930, *Milchgesetz* vom 31. 7. 1930, Gesetz betreffend die Verwendung salpetrig-saurer Salze vom 15. 6. 1934 (*Nitritgesetz*), *Brotgesetz* vom 10. 10. 1938, *Süßstoffgesetz* vom 1. 2. 1939, *Fleischbeschaugesetz* vom 29. 10. 40. Dazu kommen noch das *Branntweinmonopolgesetz* vom 8. 4. 1922 in der Fassung vom 4. 9. 1939, das *Biersteuergesetz* vom 28. 3. 1931 in der Fassung vom 1. 12. 1938, das *Salzsteuergesetz* in der Fassung vom 23. 12. 1938, das *Tabaksteuergesetz* vom 4. 4. 1939.

Die Durchführung der Lebensmittelüberwachung ist mit den Durchführungsbestimmungen zum LMG (RdErl. RMdI. vom 28. 3. 1936, MBl. S. 489) geregelt.

Die *Überwachung* des Lebensmittelverkehrs liegt in den Händen der Lebensmittelpolizei, die durch die Landespolizei bzw. Organe der Gemeinden, Gewerbepolizei oder Preisprüfer (Nordwürttemberg-Baden) ausgeübt wird. Diese Organe können im Rahmen der Lebensmittelüberwachung bestimmte Aufgaben besonders ermächtigten Sachverständigen übertragen. Diese regelmäßige Heranziehung von Sachverständigen zur Kontrolle ist sogar Pflicht. Als Sachverständige können *Chemiker*, *Tierärzte* und *Ärzte* amtieren, deren Aufgabengebiete scharf und eindeutig voneinander getrennt sind.

Die bestellten Beamten und Sachverständigen sind befugt, in Räume, in welchen Lebensmittel gewerbsmäßig gewonnen, hergestellt, zubereitet, abgemessen, verpackt, aufbewahrt, feilgehalten oder verkauft werden, während der Arbeits- und Geschäftszeit einzutreten, Besichtigungen vorzunehmen und zum Zwecke der Untersuchung Proben zu fordern und nach Wahl gegen Empfangsbestätigung zu entnehmen. Diese Proben werden in amtlichen Untersuchungsanstalten nach amtlichen Vorschriften und, wo solche fehlen, nach den neuesten wissenschaftlichen Erfahrungen und Erkenntnissen untersucht. Die Untersuchung bezweckt die Feststellung, ob ein Lebensmittel verfälscht, nachgemacht, verdorben, gesundheitsschädlich oder irreführend bezeichnet ist, oder ob es den Vorschriften eines Gesetzes oder einer Verordnung widerspricht. Ergeben sich hierbei oder bei der Überwachung (auch bei der persönlichen Inaugenscheinnahme des Betriebes) Anstände, so entscheidet unter Berücksichtigung des Sachverständigengutachtens die Polizeibehörde, ob ein beabsichtigter Verstoß oder ein fahrlässiger vorliegt. Geringfügige Verstöße werden durch eine Verwarnung oder gebührenpflichtige Verwarnung erledigt. Die örtlichen Vorschriften regeln, inwieweit dem Verwarnten die durch die Überwachung und Untersuchung entstandenen Kosten aufzuerlegen sind. Bei gröberen Verstößen und vorsätzlichen Zuwiderhandlungen gegen das Gesetz legt die Lebensmittelpolizei der Staatsanwaltschaft Strafanzeige vor.

Der Betriebsleiter behält (sofern er nicht ausdrücklich darauf verzichtet) stets eine *Gegenprobe* zurück, für deren Untersuchung ein besonders zugelassener Sachverständiger herangezogen wird. Soweit es sich um Chemiker handelt, müssen sie geprüfte Lebensmittelchemiker sein.

Als lebensmittelchemische Sachverständige sind vorzugsweise die Leiter der mit amtlichen Aufgaben betrauten öffentlichen chemischen Untersuchungsanstalten oder die dort tätigen Lebensmittelchemiker zu bestellen.

Nach den Vorschriften für die Durchführung der Lebensmittelüberwachung ist der beamtete *Tierarzt* für die Überwachung des Verkehrs mit frischem und zubereitetem Fleisch warmblütiger Tiere, sowie mit Erzeugnissen aus solchen zuständig. Seine Haupttätigkeit ist die Fleichbeschau. Diese Kontrolle ist außerordentlich stark erweitert. Gegenüber dem Lebensmittelchemiker und dem Tierarzt hat der *Amtsarzt* bei der Lebensmittelüberwachung nur ein beschränktes Aufgabengebiet. Er hat die hygienischen Fragen zu bearbeiten und bei den allgemeinen Ortsbesichtigungen seine Aufmerksamkeit auch dem Zustand der Lebensmittelgeschäfte zu widmen. Sein Aufgabengebiet ist in Art. 4 der Durchführungsbestimmungen und in Abschnitt IX der Dienstordnung für Gesundheitsämter näher umrissen. Der Gesetzgeber hat nicht die Absicht, den Amtsarzt auf den Lebensmittelbetrieb, die Analytik und Beurteilung Einfluß nehmen zu lassen. Auf die reibungslose Zusammenarbeit der drei Sachverständigengruppen wird in Art. 5 der Durchführungsbestimmungen besonderer Wert gelegt. Die Sachverständigen haben sich gegenseitig von allen Vorfällen zu verständigen, die den anderen Sachverständigen von Wichtigkeit sein könnten. Sind die verschiedenen Sachverständigen (Chemiker, Tierarzt, Arzt) gleichzeitig an einer Anstalt tätig, so haben sie, jeder für sich, im Rahmen ihrer amtlichen Befugnisse Selbständigkeit sowohl hinsichtlich der Überwachungsmaßnahmen als auch hinsichtlich der Beurteilung. Mit dem notwendigen Takt werden sie eine Überschreitung ihrer Zuständigkeit zu vermeiden wissen (A. Beythien).

Zur Beurteilung eines Lebensmittels unter Berücksichtigung aller lebensmittelrechtlichen Vorschriften gehört auch die *Kennzeichnungsverordnung* (VO. über äußere Kennzeichnung von Lebensmitteln vom 8. 5. 1935, RGBl. I. S. 590 16. 4. 1937, RGBl. I. S. 456; 20. 12. 1937, RGBl. I. S. 1391; 16. 3. 1940, RGBl. I. S. 517). Diese Kennzeichnungsvorschrift besteht für in sogenannte verkehrsfertige Packungen verpackte Erzeugnisse. Damit erstreckt sich heute die Verordnung auf folgende Waren:

1. Dauerwaren von Fleisch oder mit Fleischzusatz in luftdicht verschlossenen Behältnissen sowie Fleischpasten;

2. Dauerwaren von Fischen, einschließlich Marinaden, sowie Fischpasten, Sardellenbutter;

3. Dauerwaren von Krustentieren;

4. Milch- und Sahnedauerwaren (Dauermilch und Dauersahne);

5. Gemüsedauerwaren, einschließlich Trockengemüse;

6. Obstdauerwaren, einschließlich Trockenobst, Obstmus, Obstkraut, Obstkonfitüren, Marmelade, Obstsaft, Obstgelee, Obstsirup, Obstsüßmost, Obstdicksaft sowie Verdünnungen aus Obstsüßmost oder Obstdicksaft, ferner Traubensüßmost, Traubendicksaft sowie Verdünnungen aus Traubensüßmost oder Traubendicksaft;

7. Honig, Kunsthonig, Rübenkraut (Rübensaft), Speisesirup;

8. Diätetische Lebensmittel;

9. Fleischextrakt, Hefeextrakt und Extrakte aus anderen eiweißhaltigen Stoffen, Erzeugnisse in fester und loser Form (Würfel, Tafeln, Körner, Pulver usw.) aus Fleischextrakt, Hefeextrakt oder Extrakten aus anderen eiweißhaltigen Stoffen, eingedickte Fleischbrühe sowie die Ersatzmittel der genannten Erzeugnisse, kochfertige Suppen in trockener Form;

10. Krebsextrakt, Krabbenextrakt;

11. Eipulver (Volleipulver, Eidotterpulver) und ihre Ersatzmittel;

12. Puddingpulver, Backpulver;

13. Gewürze und ihre Ersatzmittel sowie Gewürzauszüge;

14. Schokolade und Schokoladenwaren; außer in Packungen unter 25 g, Schokoladen- und Kakaopulver;

15. Marzipan und Marzipanersatz;

16. Kaffee, Kaffee-Ersatzstoffe und Kaffee-Zusatzstoffe, Tee und seine Ersatzmittel, Mate;

17. Teigwaren;

18. Zwieback, Keks, Biskuits, Waffeln, Lebkuchen;
19. Haferflocken, Hafergrütze, Hafermehl, Hafermark;
20. Speiseöle, Speisefette — auch in Mischungen —, ausgenommen Butter, Margarine und Kunstspeisefette.

Die in den vorstehenden Ausführungen gebrachten Abkürzungen bedeuten: LMG = Lebensmittelgesetz, RGBl. = Reichsgesetzblatt, RGesBl. = Reichsgesundheitsblatt, RMdI. = Reichsminister des Innern, RMBl. oder RMinBl. = Reichsministerialblatt, VO = Verordnung, RdErl. = Runderlaß.

Schrifttum.

Bei dem zahlreich benutzten Schrifttum war es nicht möglich, für jeden übernommenen Gedanken und für jede Angabe die Hinweise zu geben. Es wurden vor allem nachstehende Schriften benutzt:

BEYTHIEN, A.: Einführung in die Lebensmittelchemie. Dresden: Steinkopff 1947. — BOEMER, A., A. JUCKENACK u. J. TILLMANS: Handbuch der Lebensmittelchemie. Berlin: Springer 1933 bis 1937. — BREDERECK, A.: Vitamine und Hormone und ihre technische Darstellung. Leipzig: Hirzel 1938.

DIEMAIR, W.: Die Haltbarmachung der Lebensmittel und ihre Grundlagen. Stuttgart: Enke 1947. — DIEMAIR, W.: Die Verarbeitung der Lebensmittel, in: W. STEPP: Ernährungslehre. Berlin: Springer 1939.

EGGER, F.: Lebensmittelchemisches Taschenbuch. Stuttgart: Wissenschaftliche Verlagsgesellschaft 1950. — Ergebnisse der Enzymforschung. X. Band. Leipzig: Akademische Verlagsgesellschaft 1949.

FLEISCHMANN, G. u. H. WEIGMANN: Lehrbuch der Milchwirtschaft. Berlin: Parey 1932. — FLEURY, P. u. J. COURTOIS: „Les Diastases". Paris: Coll. A. Colin 1948. — Forschungsgemeinschaft für Obst und Gemüse. N. NICOLAISEN u. L. SCUPIN. Berlin: Neumann 1939.

GSTIRNER, F.: Chemisch-physikalische Vitaminbestimmungsmethoden für das chemische, physiologische und klinische Laboratorium. Stuttgart: Enke 1951.

HOLTHOEFER, A. u. A. JUCKENACK: Lebensmittelgesetz. Berlin: Heymann 1934 bis 1948.

KARRER, P.: Lehrbuch der organischen Chemie. Stuttgart: Thieme 1948. — KOLLATH, W.: Der Vollwert der Nahrung. Stuttgart: Wissenschaftliche Verlagsgesellschaft 1950. — KUHN, R.: Naturforschung und Medizin in Deutschland 1939 bis 1946. Bd. 39. Biochemie. Wiesbaden: Dietrichs-Verlagsbuchhandlung 1947.

LARDY, H. A.: Respiratory Enzymes. Burgess Publ. Company Minneapolis, Minn., (sec. print) 1950. — LEHNARTZ, E.: Chemische Physiologie. Berlin-Göttingen-Heidelberg: Springer 1948. — LUERS, H.: Die wissenschaftlichen Grundlagen der Mälzerei und Brauerei. Nürnberg: Carl 1950. — LUNDE, G.: Vitamine in frischen und konservierten Lebensmitteln. Berlin: Springer 1940.

MITCHELL, P. H.: A Textbook of Biochemistry Mc Graw-Hill. New York und London: Book Comp. Inc. 1946.

PAWLOWSKI-DOEMENS: Die brautechnischen Untersuchungsmethoden. München: Oldenbourg 1938.

RONA, PETER: Praktikum der physiologischen Chemie. Erster Teil. Fermentmethoden. Berlin: Springer 1926.

SCHWARZ, G. u. B. HAGEMANN: Die chemischen und bakteriologischen Untersuchungsverfahren für Milch, Milcherzeugnisse und Molkerei-Hilfsstoffe. Radebeul und Berlin: Neumann 1950. — STROHECKER, R.: Methoden der Lebensmittelchemie. Berlin: de Gruyter & Co. 1949. — SUMNER, J. B.: Chemistry and Methods of Enzymes. New York: Academic Press 1947 (sec. Ed.).

VOGT, E.: Weinchemie und Weinbereitung. Mainz: Diemer 1945.

TAUBER, H.: The Chemistry and Technology of Enzymes. New York: Wiley and Sons 1949. — TAEUFEL, K.: Ernährungsforschung und zukünftige Lebensmittelchemie. Berlin: Akademie-Verlag 1950.

ZIEGELMAYER, W.: Handbuch der Nährwert-Kontrolle. Berlin: Nauck & Co. 1946.

Kolloidchemische Grundlagen der Lebensmittelfrischhaltung.

Von Professor Dr. **F. F. Nord** und Dozent Dr. **M. Bier.**

Department of Organic Chemistry and Enzymology, Fordham University, New York.

Mit 12 Abbildungen.

A. Einleitung.

Im Jahre 1861 glaubte Thomas Graham[1], daß es möglich wäre, alle chemischen Substanzen in zwei Gruppen einzuteilen: Kristalloide und Kolloide, entsprechend der Fähigkeit dieser Stoffe, in Lösung durch eine Membran, z. B. Pergamentpapier, zu diffundieren oder nicht. Er beobachtete nämlich, daß alle kristallisierbaren Stoffe in gelöstem Zustand schnell diffundieren, während Leim, Gummi, Eiweiß und andere Stoffe, die man damals nicht in kristallisiertem Zustande kannte, nur langsam oder gar nicht diffundieren. Damit hat Graham den Grundstein zu einer neuen Lehre, der Kolloidchemie, gelegt.

Seither hat sich diese Wissenschaft in ständiger praktischer und theoretischer Entwicklung befunden und ist in verschiedene Gebiete der Chemie, Physik und Biologie eingedrungen. Die Kolloidchemiker haben so die verschiedenartigsten Kolloide, wie z. B. Goldsole, Eiweiß, $BaSO_4$ und Gummi, untersucht und so verschiedene Vorgänge, wie Muskelbewegung, Nebelbildung und enzymatische Reaktionen, studiert.

Eine scharfe Grenze zwischen Kolloiden und Kristalloiden ließ sich jedoch nicht lange aufrechterhalten, und man hat von dieser Einteilung absehen müssen und den Begriff vom kolloiden Zustand eingeführt. Man hat nämlich bald gefunden, daß auch Kristalloide, wenn richtig behandelt, kolloide Lösungen geben können, in denen sie nicht mehr molekular dispergiert sind, sondern wo die Moleküle in größeren Aggregaten, sogenannten Micellen, vereinigt sind. Andererseits kann man auch manche Eiweißkörper, die typische Kolloide sind, in kristalliner Form erhalten; neuere röntgenographische Untersuchungen haben gezeigt, daß die meisten Kolloide zumindest eine mikrokristalline Struktur aufweisen.

Es erhebt sich daher die Frage: Was haben alle diese chemisch und physikalisch so verschiedenen Stoffe wie Gold, Gummi, und solche Vorgänge, wie Muskelbewegung und Nebelbildung, gemeinsam, daß sie alle in den Bereich der Kolloidchemie fallen?

Das charakteristische eines kolloiden Systems ist, daß es kinetische Einheiten enthält, die wir als Partikeln bezeichnen, und die ihren Dimensionen nach in den Bereich einer bestimmten Größenordnung fallen. Ein solches System besteht gewöhnlich aus einer innigen Mischung von zwei oder mehr Stoffen, nämlich dem Lösungsmittel oder Dispersionsmittel und den dispersen Partikeln des eigentlichen Kolloids. Entsprechend einer empirischen Einteilung von Wo. Ostwald[2]

[1] Graham, T.: Proc. Roy. Soc. London **11**, 243 (1862); Liebigs Ann. **121**, 1 (1862).

[2] Ostwald, Wo.: Die Welt der vernachlässigten Dimensionen, 9. bis 10. Aufl., S. 20. Leipzig: Steinkopff 1927.

sind die kolloiddispersen Systeme auf Partikelgrößen zwischen 1 und 100 mμ beschränkt, oberhalb welcher Grenze man das System als grobdispers, unterhalb jedoch als eine niedermolekulare oder wahre Lösung bezeichnet. Diese Einteilung ist jedoch nicht streng zu nehmen, denn auch Aufbau und Form der Partikel sind zu berücksichtigen[1].

Diese anscheinend willkürliche Definition der Kolloide ist durch die merkwürdigen und charakteristischen physikalischen, chemischen und biologischen Eigenschaften bedingt, die dieser Grad der Verteilung dem System erteilt. Während gewisse Eigenschaften, wie Diffusion, BROWN'sche Bewegung und Filtrierbarkeit linear von der Teilchengröße abhängig sind, haben andere, wie Opalescenz, Farbintensität und katalytische Aktivität ein ausgesprochenes Maximum im Bereich der kolloiden Partikelgröße[2].

Die Kolloidpartikeln sind also verhältnismäßig groß im Vergleich zu Atom-Dimensionen, sie sind aber weder durch deren chemische Beschaffenheit noch durch den Aggregatzustand gekennzeichnet. Wir können deshalb sowohl das Dispersionsmittel als auch das Dispersoid je nach Belieben als gasförmig, flüssig oder fest wählen und erhalten so verschiedene kolloide Systeme, deren bekannteste Vertreter sind:

> Nebel (Flüssigkeit im Gas),
> Schaum (Gas in Flüssigkeit),
> Emulsion (Flüssigkeit in Flüssigkeit),
> Sol (fester Stoff in Flüssigkeit).

Es ist üblich, die Kolloide in zwei Klassen einzuteilen, lyophile und lyophobe. Es wird angenommen, daß in der ersten Klasse die Anziehungskräfte zwischen dem Kolloid und dem Dispersionsmittel stark sind, hingegen gering oder nicht vorhanden in der zweiten. Ein lyophiles System ist im allgemeinen viel stabiler, und wenn das Kolloid einmal aus dem Lösungsmittel ausgeschieden ist, kann es wieder leicht reversibel in Lösung gebracht werden. Lyophobe Kolloide werden auch als irreversibel bezeichnet, da ein gewisser Energieeinsatz nötig ist, um sie wieder in Lösung zu bringen. Die meisten natürlich vorkommenden Kolloide sind lyophil, während Metallsole, wie Goldsol, ein Beispiel der lyophoben darstellen.

Die lebende Materie, d. h. hauptsächlich das Protoplasma, ist ein überaus kompliziertes System, das Eiweißkörper, Kohlehydrate, Nucleinsäuren und lipoide Stoffe in kolloider Lösung neben auch zahllosen, nicht kolloiden Substanzen enthält. Die physikalisch-chemischen Eigenschaften des Protoplasmas werden jedoch im größten Ausmaß von denen der Eiweißkörper gesteuert und meistens nur indirekt von den anderen Bestandteilen beeinflußt. Deshalb sind auch die Eiweißkörper und deren Lösungen das meist untersuchte Objekt des biologisch orientierten Kolloidchemikers, obwohl er natürlich auch die anderen Biokolloide nicht außer acht lassen kann, zumal künstliche Kolloide ebenfalls als Eiweißmodelle zum Vergleich herangezogen werden können[3—5].

Bevor wir uns mit der Beschaffenheit der lebenden Materie und der Gewebe befassen können, müssen wir uns erst mit den allgemeinen Eigenschaften von kolloiden Lösungen, wie auch mit deren Untersuchungsmethoden vertraut machen, wobei die Kolloidchemie der Eiweißkörper besonders zu beachten sein wird.

---

[1] STAUDINGER, H.: Organische Kolloidchemie, S. 1. Braunschweig: Vieweg 1941.

[2] OSTWALD, Wo.: Licht und Farbe in Kolloiden, Leipzig: Steinkopff 1924.

[3] STAUDINGER, H.: Die hochmolekularen organischen Verbindungen, S. 333. Berlin: Springer 1932.

[4] LANGE, F. E. M. u. F. F. NORD: Biochem. Z. **278**, 173 (1935). — ENDOH, C., F. E. M. LANGE u. F. F. NORD: Ber. dtsch. chem. Ges. **68**, 2004 (1935).

[5] KATCHALSKI, E.: Adv. in Protein Chemistry **6**, 123 (1951).

I. Chemie der Eiweißkörper.

Der chemischen Zusammensetzung nach lassen sich alle Eiweißkörper in zwei Gruppen einteilen[1,2]:

1. Einfache Eiweißkörper, bei deren Hydrolyse nur Aminosäuren von der allgemeinen Formel R. CH(NH$_2$). COOH. freigelegt werden. Sie sind dadurch charakterisiert, daß sie eine Aminogruppe am ersten benachbarten Kohlenstoff zur Carboxylgruppe haben und demnach α-Aminosäuren sind. Der Rest R kann von verschiedener Konstitution sein und auch andere Amino- oder Carboxylgruppen enthalten. Diese Aminosäuren werden dann als Diamino- oder Dicarboxyl-Aminosäuren bezeichnet. VICKERY[3] nimmt an, daß in den Eiweißkörpern fünfundzwanzig verschiedene Aminosäuren vorhanden sind, während das Vorhandensein von zweiundzwanzig weiteren Aminosäuren als zweifelhaft angesehen werden muß. In allen natürlich vorkommenden Aminosäuren, die ein asymmetrisches α-Kohlenstoffatom besitzen, wurde nur die l-Form vorgefunden[4,5].

2. Zusammengesetzte oder konjugierte Eiweißkörper. Diese Proteine enthalten neben dem eigentlichen Protein auch eine Komponente völlig anderer Natur, nämlich die sogenannte prosthetische Gruppe. Man kennt daher Lipoproteine, Glucoproteine, Nucleoproteine usw., in denen die Eiweißkörper jeweils mit lipoiden Substanzen, Kohlenhydraten und Nucleinsäuren verbunden sind. Viele physiologisch wichtige Eiweißkörper gehören dieser Gruppe an. Nur in den wenigsten Fällen ist die Bindungsart zwischen dem Eiweißkörper und der prosthetischen Gruppe bekannt. Die Festigkeit dieser Bindungen ist sehr verschieden, denn in manchen Fällen gelingt es, die nicht eiweißhaltige Komponente durch eine Dialyse zu entfernen, während sie in anderen Fällen nur durch eine totale Hydrolyse freigelegt werden kann.

· Im Eiweiß sind die verschiedenen Aminosäuren durch Peptidbindungen zwischen der Aminogruppe einer Aminosäure und der Carboxylgruppe der nächsten miteinander verbunden. Aus einer solchen Bindungsweise entsteht eine Kette von Aminosäuren in Peptidbindung:

$$\left(\begin{array}{c} -CO-CH-NH-CO-CH-NH- \\ \qquad | \qquad\qquad\qquad | \\ \qquad R \qquad\qquad\qquad R \end{array} \right)_n.$$

Trotzdem manche Aminosäuren auch in dem Rest R Amino, Carboxyl, Sulfhydryl oder andere reaktionsfähige Gruppen enthalten, sind nur die α-Amino- und Carboxylgruppen an dem Aufbau dieser Hauptvalenz-Kette beteiligt. Durch die Kombinierung der fünfundzwanzig Aminosäuren in verschiedener Reihenfolge ist eine fast unbegrenzte Mannigfaltigkeit der Eiweißkörper möglich. Die Elementaranalyse der meisten Eiweißkörper liefert jedoch erstaunlich konstante Werte: der Stickstoffgehalt schwankt z. B. nur zwischen 15 und 18%[6]. Da auch eine genaue, quantitative Bestimmung von vielen Aminosäuren nur schwer durchführbar ist, und die Eigenschaften der Eiweißkörper in weitem Maße von der Zusammensetzung der Aminosäuren unabhängig sind, kann zurzeit

---

[1] HAUROWITZ, F.: Chemistry and Biology of Proteins. Academie Press, New York 1950. — GREENBERG, D. M.: Amino Acids and Proteins. Springfield, Ill., Thomas, 1951. — WALDSCHMIDT-LEITZ, E.: Chemie der Eiweißkörper. Stuttgart: Enke 1950.

[2] BLOCK, R. J. u. D. BOLLING: The Amino Acid Composition of Proteins and Foods. 2. Aufl. Springfield, Ill., USA: Thomas 1951.

[3] VICKERY, H. B.: Ann. New York Acad. Sciences Bd. 41, 87 (1941).

[4] DUNN, M. S.: Ann. Rev. Biochem. Bd. 10, 91 (1941).

[5] NEUBERGER, A.: Adv. Protein Chemistry Bd. 4, 297 (1948).

[6] HANDOVSKY, H., in OPPENHEIMER, C.: Handbuch der Biochemie des Menschen und der Tiere, 2. Aufl., Bd. 1, 556. Jena: Fischer 1924.

noch keine Einteilung der Eiweißkörper entsprechend ihrer chemischen Konstitution durchgeführt werden. Die Gruppierung ist demgemäß eine empirische, und sie werden nach qualitativen physikalisch-chemischen Eigenschaften, sowie nach Löslichkeit, Stabilität in Salzlösungen verschiedener Konzentration usw., in Albumine, Globuline, Gerüstproteine usw., eingeteilt[1,2].

Man kann die Eiweißkörper der Form nach, in der sie sich in der Natur vorfinden, in drei Gruppen einteilen:

a) Eiweißkörper mit Membran- oder endloser Kettenstruktur, wie z. B. die Protoplasma-Membran, Bakterienflagella, Bindegewebe und vielleicht auch die Muskelfibrillen.

b) Stäbchenförmige oder faserförmige Eiweißkörper von mehr oder weniger bestimmten Dimensionen, wie z. B. Tabakmosaikvirus und Gelatine.

c) Globuläre Eiweißkörper, wie Albumine und Globuline, die eine annähernd kugelige Form besitzen.

II. Eiweißkörper als hochpolymere Verbindungen.

Substanzen, deren Moleküle durch Kondensation oder Polymerisation von vielen einfachen monomeren Einheiten entstanden sind, werden als makromolekulare, hochpolymere Verbindungen bezeichnet. Als Beispiel können die Eiweißkörper gelten, die durch Kondensation vieler Aminosäuren zustandekommen, sowie Cellulose und Stärke, die aus unzähligen Glucose-Einheiten, in langen Ketten gebunden, zusammengesetzt sind. Ein weiteres Beispiel natürlich vorkommender Hochpolymere ist auch der Kautschuk, der vermutlich durch Polymerisation des monomeren Isoprens entstanden ist. Synthetische Hochpolymere haben in den letzten Jahren als künstliche plastische Massen, Gummiersatz, Kunstharze, Plexiglas usw. eine immer größre industrielle Bedeutung erlangt. Von Chemikern werden sie als Polyvinylacetat, Polyacrylsäure, Polystyrol usw. bezeichnet, wodurch ihre Entstehung durch Polymerisation von Vinylacetat, Acrylsäure und Styrol angedeutet wird[3,4].

Von allen diesen Hochpolymeren haben Eiweißkörper bei weitem den kompliziertesten Aufbau, denn sie entstehen durch Kondensation von vielen verschiedenartigen Aminosäuren, während in den anderen Fällen alle Monomere gleich sind oder, wie bei Mischpolymeren, nur eine kleine Anzahl verschiedenartiger Monomere vorkommt.

Entsprechend der stereochemischen Konfiguration der Molekel unterscheiden wir drei Arten von Hochpolymeren:

a) Fadenmoleküle entstehen, wenn jedes Monomer nur an zwei andere Monomere gebunden ist und daher eine unverzweigte Kette gebildet wird. Als Beispiele der natürlich vorkommenden Fadenmoleküle können wir Cellulose[5,6] und viele Eiweißkörper[7] anführen.

[1] American Soc. Biol. Chem., Joint Recommendations on Protein and Amino Acid Nomenclature. J. Biol. Chem. Bd. 4, XLVIII. (1908) Bd. **169**, 237 (1947).

[2] BLOCK, R. J., in SCHMIDT, C. L. A.: The Chemistry of the Amino Acids and Proteins, S. 278. Springfield, Ill., USA: Thomas 1938.

[3] LIESEGANG, R. E.: Kolloidchemische Technologie, 2. Aufl. Leipzig: Steinkopff 1932.

[4] HOUWINK, R.: Chemie und Technologie der Kunststoffe, 2. Aufl. Leipzig: Akademische Verlagsgesellschaft 1942.

[5] OTT, E.: Cellulose and Cellulose Derivatives. S. 54. New York: Interscience Publishers 1943. — RANBY, BENGT G.: Fine Structure and Reactions of native Cellulose. Dissertation, Uppsala, 1952.

[6] STAUDINGER, H.: Die hochmolekularen organischen Verbindungen — Kautschuk und Cellulose, S. 446. Berlin: Springer 1932.

[7] BULL, H. B.: Adv. in Enzymology Bd. **1**, 1 (1941).

b) Die Fadenmoleküle können auch mehr oder weniger verzweigt sein, wie im Falle der Amylopektin-Fraktion der Stärke[1]. Glykogen ist das Beispiel eines Makromoleküls, das stark verzweigt ist und sich daher einer Kugelform nähert[2].

c) Ein zwei- oder dreidimensionales Netzwerk entsteht, wenn die monomeren Einheiten an mehr als zwei andere Monomere gebunden sind, oder wenn Brückenbindungen innerhalb eines Fadenmoleküls entstehen. Solche Körper sind gewöhnlich durch verminderte Löslichkeit gekennzeichnet, wie z. B. die natürlichen und künstlichen Harze.

Alle drei Gruppen sind durch Übergänge verbunden. Auch kann man von der obigen Einteilung noch nicht über die Gestalt, die die Polymer-Partikeln in Wirklichkeit in Lösung annehmen werden, Aussagen machen.

Die Form eines Fadenmoleküls wird nämlich von der Valenzwinkelung und der mehr oder weniger freien Rotation der einzelnen Bindungen in der Kette, wie auch von den Van der Waalsschen und elektrostatischen Anziehungskräften sowohl zwischen Seitenresten untereinander, als auch zwischen den Seitenresten und dem Lösungsmittel abhängen[3, 4]. Albumine und Globuline z. B. haben im nativen Zustand in Lösung eine annähernde Kugelform, sie entfalten sich jedoch, wenn denaturiert, zur Fadenform[5].

Brückenbindungen zwischen zwei Ketten können auf die verschiedenste Art entstehen. Frey-Wyssling[6] erörtert folgende Möglichkeiten in Eiweißkörpern:

a) Homöopolare Kohäsionsbindungen, d. h. gegenseitige Anziehung nicht polarer Kohlenwasserstoffe durch Van der Waalssche Kräfte.

b) Heteropolare Kohäsionsbindung, d. h. gegenseitige Anziehung polarer Gruppen durch elektrostatische Kräfte.

c) Heteropolare Valenzbindungen, d. h. Salzbindungen.

d) Homöopolare Valenzbindungen, in denen besonders die Disulfidbindung —S—S— wichtig erscheint.

Diese verschieden wirksamen Anziehungskräfte, die eine ganze Stufenleiter verschiedener Bindungsenergien darstellen, sind auch für die leicht entstehende Aggregation und Desaggregation der Eiweißkörper verantwortlich (vgl. S. 129).

Für die physikalisch-chemische Erforschung dieser verschiedenen Systeme besteht eine Anzahl ausgewählter Methoden, von denen wir die wichtigsten im einzelnen beschreiben werden. Die meisten dieser Methoden sind auf alle Kolloide allgemein anwendbar, jedoch bevorzugen verschiedene Eigenschaften jedes kolloiden Systems die Benützung der einen oder der anderen Methode. Die leicht löslichen, jedoch stereochemisch kompliziert aufgebauten globulären Eiweißkörper eignen sich besonders für kinetische Methoden, wie osmotischer Druck, Ultrazentrifuge oder Lichtstreuung, während nur Röntgenstrahlen und Elektronenmikroskop die feinen morphologischen Einzelheiten der einfacher gebauten Kollagene und anderer Gerüsteiweiße hervortreten lassen können. Einige der Methoden wurden erst in den allerletzten Jahren entwickelt oder für praktische

---

[1] Meyer, K. H. u. P. Bernfeld: Helv. Chim. Acta Bd. 23, 875 (1940). — Meyer, K. H. u. G. C. Gibbons: Adv. in Enzymology, Bd. 12, 341 (1951).

[2] Staudinger, H.: Organische Kolloidchemie, S. 202. Braunschweig: Vieweg 1941.

[3] Kuhn, W.: Kolloid Z. Bd. 68, 2 (1934). — Kuhn, W. u. H. Kuhn: Helv. Chim. Acta Bd. 26, 1394 (1943).

[4] Edsall, J. T., in E. J. Cohn u. J. T. Edsall: Proteins, Amino Acids and Peptides, S. 506. New York: Reinhold 1943.

[5] Neurath, H., J. P. Greenstein, F. W. Putnam u. J. O. Erickson: Chem. Revs. Bd. 34, 157 (1944).

[6] Frey-Wyssling, A.: Submikroskopische Morphologie des Protoplasmas und seiner Derivate, S. 118. Berlin: Bornträger 1938. Vergl. auch J. Bjorksten: Adv. in Protein Chem., 6, 343 (1951).

Zwecke vervollkommnet, wie das Elektronenmikroskop und die Lichtstreuungsmethode, während z. B. Viscositätsmessungen schon längere Zeit in mehr oder weniger allgemeiner Benützung waren. Verschieden ist auch die Anwendbarkeit der Methoden auf Nicht-Kolloide, denn osmotische Messungen sind viel leichter bei nicht kolloiden Lösungen anwendbar. Die Ultrazentrifuge ist nur für lösliche Kolloide benützbar, während das Elektronenmikroskop für das Studium der Struktur von Zellen und Geweben von größter Wichtigkeit ist.

III. Eiweißkörper als amphotere Elektrolyte.

Die Eiweißkörper nehmen eine einzigartige Stellung unter den Hochpolymeren ein, indem nur sie amphotere Elektrolyte darstellen, d. h. eine Anzahl freier, ionisierbarer, saurer und basischer Gruppen besitzen[1,2].

Mit Hilfe einer Wasserstoffelektrode läßt sich die Wasserstoffionenaktivität in verdünnten Säuren und Alkalilösungen bestimmen und deren negativer Logarithmus, das p_H, berechnen. Von der Differenz dieser H^+-Aktivität mit und ohne Zusatz von Eiweißkörpern läßt sich die Bindungsfähigkeit h der betreffenden Eiweißverbindung für H^+- und OH^-- Ionen, d. h. für Säuren und Basen, berechnen, in der Annahme, daß das Eiweiß keinen Einfluß auf den Aktivitätskoeffizienten von H^+ oder OH^- ausübt. Der Aktivitätskoeffizient f verknüpft nämlich die Konzentration eines Ions (H^+) mit seiner Aktivität $[H^+]$, entsprechend der Gl.: $(H^+) \cdot f = [H^+]$[3]. Der Faktor f ist ein Korrektionsfaktor für die Abweichung des Systems vom Gesetz der idealen Lösungen und ist von allen in der Lösung befindlichen Substanzen abhängig. Bei unendlicher Verdünnung strebt er dem Grenzwert 1 zu.

Diese Methode der elektrometrischen Titration wurde von v. BUGARSZKY und v. LIEBERMANN[4] eingeführt, und es ist üblich geworden, die Ergebnisse graphisch wiederzugeben, indem man die Millimole von H^+, die durch 1 g Eiweiß gebunden sind, gegen das p_H aufträgt[5,6]. Diese H^+- und OH^--Bindungsfähigkeit strebt einem Maximalwert in sehr sauren oder entsprechend alkalischen Lösungen zu. Die Maximalwerte konnten in ziemlich guten Einklang mit der Zahl der im betreffenden Eiweißkörper vorhandenen Diamino- und Dicarboxyl-Aminosäuren gebracht werden. Dadurch wird die Annahme bestätigt, daß nur die Seitenreste der Polypeptidkette und deren Endgruppen freie Amino- oder Carboxylgruppen haben können. Bei Monoaminomonocarboxylsäuren sind diese beiden Gruppen (s. S. 86). in die Polypeptidkette eingebaut.

Bei unlöslichen Eiweißkörpern, wie Wolle und Seide, kann man auch direkt die H^+-Konzentration titrieren und so die Säurebindungsfähigkeit der Faser bestimmen[7]. Es wurde gefunden, daß diese in stöchiometrischem Verhältnis zur Bindefähigkeit der Faser für saure oder basische Farbstoffe steht.

Durch die Ionisierung der dissoziierbaren Gruppen erhalten die Eiweißkörper eine elektrische Ladung, die im stark sauren Medium positiv, im stark basischen hingegen negativ wird. Es muß deshalb für jede Eiweißverbindung ein

---

[1] COHN, E. J. u. J. T. EDSALL: Proteins, Amino Acids and Peptides. New York: Reinhold 1943.

[2] HITCHCOCK, D. I., in C. L. A. SCHMIDT: The Chemistry of the Amino Acids and Proteins. S. 596. Springfield, Ill., USA: Thomas 1938. Schmidt. C. L. A.: ibid. S. 720.

[3] LEWIS, G. N.: Z. phys. Chem. Bd. 38, 205 (1901). — LEWIS, G. N. u. M. RANDALL: Thermodynamics, S. 254. New York: McGraw-Hill 1923.

[4] v. BUGARSZKY, S. u. L. v. LIEBERMANN: Arch. ges. Physiol. Bd. 72, 51 (1898).

[5] LOEB, J.: Proteins and the Theory of Colloidal Behavior, 2. Aufl. New York: McGraw-Hill 1924.

[6] CANNAN, R. K.: Chem. Revs. Bd. 30, 395 (1942).

[7] STEINHARDT, J. u. E. M. ZAISER: J. Biolog. Chem., 183, 789 (1950).

bestimmter Übergangspunkt bestehen, an dem sie weder eine positive noch eine negative Ladung besitzt. Dieser Punkt ist als der isoelektrische Punkt bekannt[1], der einen für die meisten Eiweißkörper charakteristischen p_H-Wert besitzt[2,3] und man weiß, daß in diesem p_H-Gebiet viele Eigenschaften der Eiweißstoffe ein Minimum oder Maximum aufweisen. So sind z. B. die Viscosität und Löslichkeit am geringsten, während die Fällbarkeit mit Salzen und die Kristallisierbarkeit am höchsten sind.

Es wird angenommen, daß isoelektrische Eiweißkörper, übereinstimmend mit Aminosäuren, hauptsächlich in der Zwitterionenform[4,5] existieren, d. h. daß sowohl die basischen als auch die sauren Gruppen ionisiert sind, statt im nicht ionisierten Zustand zu sein. Beispielsweise würde die Aminosäure Glycin die folgenden Formen bei verschiedenen p_H- Werten annehmen:

Bei saurem p_H	Bei basischem p_H	Isoelektrischer Punkt ($p_H = 6.1$)
(Kation)	(Anion)	(Zwitterion)
$NH_3^+-CH_2-COOH$	$NH_2-CH_2-COO^-$	$NH_3^+-CH_2-COO^-$

Als isoionischer Punkt wird das p_H bezeichnet, bei dem dieselbe Anzahl von H^+- wie auch von OH^-- Ionen von einem Eiweißkörper gebunden ist. Der isoionische Punkt stimmt mit dem isoelektrischen überein, wenn das Eiweiß kein anderes Ion bindet[6].

B. Methodik der kolloidchemischen Untersuchungen.

I. Diffusion und Brownsche Bewegung.

Die kinetische Theorie der Gase lehrt uns, daß sich die Gasmoleküle in ständiger Bewegung befinden, die als thermische Bewegung bezeichnet wird. Der Mittelwert der kinetischen Energie der Moleküle ist nur von der Temperatur abhängig, hingegen unabhängig von der Natur oder Masse derselben.

Nach van't Hoff[7] sind im allgemeinen die Gasgesetze auf verdünnte Lösungen anwendbar, da die Dichte der Molekel des gelösten Stoffes in derselben Größenordnung liegt wie die der Gase unter normalen Bedingungen. Diffusion ist daher eine grundlegende Eigenschaft von Substanzen in gelöstem Zustand, da sie, wie auch die Diffusion von Gasen, eine direkte Folge der thermischen Bewegung ist. Die Wichtigkeit von Diffusionsmessungen für die Kolloidchemie rührt noch von den weit zurückliegenden Versuchen von Graham her, die ihn zu der Unterscheidung der Substanzen in Kristalloide und Kolloide veranlaßte. Eine erneute Wichtigkeit ist den Diffusionsmessungen in der Eiweißchemie zugekommen, als man die Diffusionskonstante als ein Charakteristikum der Molekel erkannte[8] und sie zur Molekulargewichtbestimmung der Proteine herangezogen hat[9].

Das grundlegende Gesetz der linearen Diffusion wurde bereits 1855 von Fick erkannt:

[1] Hardy, W. B.: J. Physiol. **24**, 288 (1899); Proc. Roy. Soc. London **66**, 110 (1900); J. Physiol. **33**, 251 (1905 bis 1906).

[2] Waldschmidt-Leitz, E.: Chemie d. Eiweißkörper, S. 37. Stuttgart: Enke 1950.

[3] Pauli, Wo. u. E. Valkó: Kolloidchemie der Eiweißkörper, 2. Aufl., S. 84. Leipzig: Steinkopff 1933.

[4] Adams, E. Q.: J. Am. Chem. Soc. **38**, 1503 (1916).

[5] Bjerrum, N.: Z. physik. Chem. **104**, 147 (1923).

[6] Sörensen, S. P. L., K. Linderström-Lang u. E. Lund: J. Gen. Physiol. **8**, 543 (1927).

[7] Van't Hoff, J. H.: Z. physik. Chem. **1**, 481 (1887); Phil. Mag. (5) **26**, 81 (1888).

[8] Einstein, A.: Ann. Physik [4] **19**, 289 (1906).

[9] Svedberg, Th.: Kolloid Z., Zsigmondy Festschrift, **36**, 53 (1925).

$$dn = - Dq\,\frac{dc}{dx}\,dt \tag{1}$$

Hier wird dn als die Menge der in der Zeitspanne dt durch eine Grenzfläche mit dem Querschnitt q diffundierenden Substanz unter dem Einfluß des Konzentrationsgefälles dc/dx bezeichnet. Das negative Zeichen bedeutet nur, daß die Diffusion in der Richtung x nach der geringeren Konzentration stattfindet. Die Diffusionskonstante D ist eine charakteristische Größe für jede Molekelart und steht in einfacher Beziehung zu der sogenannten Reibungskonstante f[1], welche derjenigen bewegenden Kraft gleichzusetzen ist, die den N-Molekülen in 1 Mol die Geschwindigkeit 1 erteilt:

$$D = \frac{RT}{f} \tag{2}$$

Darin ist R die Gaskonstante und T die absolute Temperatur[2].

Falls die Molekeln kugelförmig und nicht solvatisiert sind, d. h. nicht in Wechselwirkung mit dem Lösungmittel stehen, ist die Reibungskonstante f_0 durch das Stokessche Gesetz (1850) bestimmt:

$$f_0 = 6\,\pi\,\eta\,N\,r \tag{3}$$

worin N die Avogadrosche Zahl, η die Viscosität des Lösungsmittels und r den Halbmesser der Molekeln bezeichnet. Das Molekulargewicht von kugelförmigen Molekeln ist gegeben durch:

$$M = \frac{4}{3}\,\pi\,r^3\,N\varrho \tag{4}$$

wobei ϱ die Dichte der Substanz bezeichnet. Wird r aus Gl. (4) in Gl. (3) eingesetzt, so sieht man, daß für solche Molekeln ein einfaches Verhältnis zwischen der Diffusionskonstanten und dem Molekulargewicht besteht:

$$D_0 = \frac{RT}{6\,\pi\,\eta\,N}\,\sqrt[3]{\frac{4\,\pi\,N\,\varrho}{3\,M}}$$

Auch bei nicht kugelförmigen Partikeln läßt sich in einigen einfachen Fällen die Diffusionskonstante theoretisch berechnen[3—6]. Die Theorie der Diffusionserscheinungen wurde von Williams und Cady[7], sowie Kincaid, Eyring und Stearn[8] eingehend erörtert.

Diffusionsmessungen erlauben uns also, das Molekulargewicht von kugelförmigen Kolloiden, d. h. auch globulären Eiweißkörpern, annähernd zu bestimmen[9, 10]. Gewöhnlich werden aber Diffusionsmessungen mit Messungen der Sedimentationsgeschwindigkeit verbunden, da so die Frage der Form der Eiweißpartikel umgangen werden kann (vgl. S. 101).

Diffusionsmessungen erlauben uns aber auch, Veränderungen in der Größe und Gestalt von Kolloiden zu bestimmen. Beispielsweise wurden dadurch die Veränderungen des Aggregationszustandes von Kolloiden als Folge des

---

[1] Müller-Pouillet: Lehrbuch der Physik, 11. Aufl., **3**, Erste Hälfte, S. 671, Braunschweig: Fr. Vieweg u. Sohn 1926.

[2] Einstein, A.: Ann. Physik [4], **17**, 549 (1905); **19**, 371 (1906).

[3] Herzog, R. O., R. Illig u. H. Kudar: Z. physik. Chem. A **167**, 329 (1933-34).

[4] Perrin, F.: J. Physique Radium (7) **7**, 1 (1936).

[5] Simha, R.: J. Chem. Phys. **13**, 188 (1945).

[6] Herzog, R. O. u. H. Kudar: Z. physik. Chem., A **167**, 343 (1933-34).

[7] Williams, J. W. u. L. C. Cady: Chem. Revs. **14**, 171 (1934).

[8] Kincaid, J. F., H. Eyring u. A. E. Stearn: Chem. Revs. **28**, 301 (1941).

[9] Polson, A.: Kolloid Z. **87**, 149 (1939); **88**, 51 (1939).

[10] Neurath, H.: Chem. Revs. **30**, 357 (1942).

Gefrierens nachgewiesen[1]. Dabei ist der Einfluß der elektrischen Ladung der Partikel auf die Diffusionsgeschwindigkeit zu beachten (vgl. den folgenden Abschnitt), und alle Messungen sollten am isoelektrischen Punkt des betreffenden Eiweißkörpers vorgenommen werden.

Für die experimentelle Bestimmung der Diffusionskonstante der Eiweißkörper stehen zwei allgemeine Methoden zur Verfügung. In beiden Fällen wird die Diffusion der Eiweißpartikeln zwischen Lösung und reinem Lösungsmittel, zweckdienlich einer Puffersalzlösung, beobachtet. Die Grenzfläche der zwei Flüssigkeiten ist in einem Fall eine poröse Membran, im anderen jedoch frei. Die bekannteste Methode der porösen Membran ist die von Northrop und Anson[2]. Ihre Diffusionszelle enthält eine feine Sinterglas-Membran, deren Poren jedoch groß im Vergleich zu den Eiweißpartikeln sein müssen. Die Diffusionsgeschwindigkeit wird durch Anreichern der diffundierenden Substanz in der Lösungsmittelabteilung gemessen, deren Konzentration durch die im einzelnen Fall bestgeeignete ánalytische Methode bestimmt wird. Da die wirksame Oberfläche und Dicke der Membran nicht direkt meßbar sind, muß jede Diffusionszelle mittels einer Substanz von bekannter Diffusionskonstante geeicht werden. Oft wird dazu KCl benutzt, dessen Diffusionskonstante genau bestimmt worden ist[3,4].

Bei der Methode der freien Grenzfläche wird eine möglichst scharfe Grenzlinie zwischen der Lösung und dem Lösungsmittel erstrebt. Die Diffusion des gelösten Eiweißes in das Lösungsmittel wird danach mit optischen Methoden verfolgt, die mit den bei der Ultrazentrifuge und Elektrophorese benutzten identisch sind (vgl. S. 104). Verschiedene Diffusionszellen wurden von Svedberg[5], Tiselius und Gross[6] und anderen vorgeschlagen. Die Schwierigkeit besteht in der Erzeugung einer scharfen Grenzfläche zwischen der Lösung und dem Lösungsmittel, und die beste Versuchsanordnung scheint die von Lamm[7] zu sein. In dieser Einrichtung wird eine cylindrische Zelle benutzt, die durch ein horizontales, bewegliches Diaphragma in zwei Abteile getrennt ist. Das untere Abteil wird mit der Lösung gefüllt, das obere mit dem Lösungsmittel, und durch Entfernung des Diaphragmas wird eine scharfe Grenzfläche geschaffen. Gewisse Vorzüge müssen auch der von Neurath[8] beschriebenen Zelle zugeschrieben werden, die auf demselben Grundsatz wie die in dem folgenden Abschnitt beschriebene Elektrophorese-Zelle von Tiselius beruht. Bei allen Messungen ist auf eine strenge Temperaturkonstanz zu achten.

Die Diffusion der einzelnen Partikeln einer Suspension kann auch direkt unter dem Mikroskop beobachtet werden. Die einzelnen Partikeln befinden sich in einer regellosen Bewegung nach allen Richtungen hin, und diese Erscheinung wird als Brownsche Bewegung bezeichnet (nach dem englischen Botaniker Brown genannt, der sie als erster 1827 beobachtete). Die Bewegung ist das Ergebnis der molekularen Zusammenstöße mit den umgebenden Lösungsmittelmolekeln, die sich in thermischer Bewegung befinden. Die kinetische Energie der einzelnen Partikeln ist die gleiche wie die der umgebenden Molekel und wiederum nur von der Temperatur abhängig. Die Entwicklung der kinetischen Theorie der Brownschen

[1] Nord, F. F. u. Mitarbeiter: Biochem. Z. **281**, 444 (1935); **278**, 173 (1935); Ber. dtsch. chem. Ges. **68**, 2004 (1935).

[2] Northrop, J. H. u. M. L. Anson: J. Gen. Physiol. **12**, 543 (1929).

[3] Cohen, E. u. H. R. Bruins: Z. physik. Chem. **113**, 157 (1924).

[4] McBain, J. W. u. C. R. Dawson: Proc. Roy. Soc. London **148 A**, 32 (1935).

[5] Svedberg, T.: Kolloid Z., Zsigmondy Festschrift, **36**, 53 (1925).

[6] Tiselius, A. u. D. Gross: Kolloid Z. **66**, 11 (1934).

[7] Lamm, O.: Z. physik. Chem. A **138**, 313 (1928); Nova Acta Regiae Soc. Sci. Upsaliensis (4) **10**, No. 6 (1937).

[8] Neurath, H.: Science **93**, 431 (1941).

Bewegung durch SMOLUCHOWSKI[1], EINSTEIN (S. 91) und LANGEVIN[2] ist auch ein Beweis für die kinetische Theorie der Lösungen, indem sie den Abstand, den ein Partikel in einer gewissen Zeitspanne zurücklegt, in Abhängigkeit von dem Durchmesser der Partikeln, der Temperatur und der Viscosität der Flüssigkeit ausdrückt.

Bei submikroskopischen Kolloidpartikeln wird die BROWNsche Bewegung erst in dem SIEDENTOPF-ZSIGMONDYschen Ultramikroskop sichtbar[3]. Dieses Instrument ist ein Mikroskop mit dunklem Feld und starker seitlicher Beleuchtung. Im Fall einer optisch leeren Lösung kommt kein Licht in das Ocular; durch Diffraktion des Lichtes an den einzelnen Kolloidpartikeln werden diese jedoch als kleine Lichtpunkte sichtbar. Verschiedene Verbesserungen dieses Instrumentes wurden von BURTON[4] beschrieben. Historisch wichtig sind besonders die ultramikroskopischen Untersuchungen der Schule ZSIGMONDYS[5] an Goldsolen. Das Auflösevermögen des Ultramikroskops ist bedeutend größer als das des gewöhnlichen Mikroskops, da das Licht auch von kleinsten Partikeln gebeugt wird, wie wir in dem Abschnitt über Lichtstreuung sehen werden. Die Sichtbarkeit der einzelnen Partikel, d. h. die Intensität des Streulichtes, ist von dem Unterschied des Brechungsindex zwischen der gelösten Substanz und dem Lösungsmittel, wie auch von der Beleuchtungsintensität abhängig.

II. Elektrische Potentiale und Elektrophorese.

Wir haben schon erfahren, daß Eiweißkörper durch elektrolytische Dissoziation H^+- und OH^-- Ionen abgeben können, und daß sie infolgedessen eine elektrische Ladung erwerben. Da die Lösung als Ganzes jedoch elektrisch neutral ist, muß das die Eiweißpartikel umgebende Lösungsmittel einen Überschuß an entgegengesetzt geladenen Ionen besitzen. Die Verteilung dieser Gegenionen innerhalb der Flüssigkeit ist nicht gleichmäßig, denn sie werden durch elektrostatische Kräfte von den Partikeln angezogen; dabei behalten sie ihre im übrigen unabhängige thermische Bewegung bei. Es wird daher eine Anreicherung der Gegenionen in der nächsten Umgebung der Teilchen stattfinden.

Um jede Partikel können wir daher zwei Zonen unterscheiden. Die innere Zone ist durch die Grenzfläche der Partikeln gegenüber der Flüssigkeit und eine mehr oder minder dicke Schicht der Flüssigkeit gegeben, die an ihr adsorbiert ist, und sich mit den Partikeln zusammen als eine kinetische Einheit bewegt. Die äußere Zone ist ein diffuser Kugelmantel des Lösungsmittels, der den durch die Partikel angezogenen Ionenschwarm enthält.

Die Eigenschaften dieser elektrischen Doppelschichten wurden zahlreichen Untersuchungen unterworfen, deren theoretische Deutung wir hauptsächlich den Arbeiten von v. HELMHOLTZ[6], SMOLUCHOWSKI[7], GOUY[8], STERN[9] und DEBYE

[1] v. SMOLUCHOWSKI, M.: Anzeiger d. Akad. d. Wissensch., Krakau, Mathem./Naturwiss. Klasse, S. 202 u. 577 (1906).

[2] LANGEVIN, P.: Compt. rend. **146**, 530 (1908).

[3] SIEDENTOPF, H. u. R. ZSIGMONDY: Ann. d. Physik [4] **10**, 1 (1903).

[4] BURTON, E. F.: The Physical Properties of Colloidal Solutions, 3. Aufl., S. 45. New York: Longmans, Green & Co. 1938.

[5] ZSIGMONDY, R. u. P. A. THIESSEN: Das kolloide Gold. Leipzig: Akademische Verlagsgesellschaft 1925.

[6] HELMHOLTZ, H. v.: Ann. Physik (3) **7**, 337 (1879); Mem. London Phys. Soc. **1**, 1 (1888).

[7] SMOLUCHOWSKI, M. v., in GRAETZ, L.: Handbuch der Elektrizität und des Magnetismus Bd. **2**, 366. Leipzig: Barth 1921.

[8] GOUY, G.: J. Physique (4) **9**, 457 (1910); Ann. Physique (9) **7**, 129 (1917).

[9] STERN, O.: Z. Elektrochemie **30**, 508 (1924).

und Hückel[1] verdanken. Die Ladungen beider Schichten sind eigentlich Punktladungen, die von Ionen stammen, jedoch sind wir nur am Gesamteffekt interessiert und können daher annehmen, daß das elektrische Potential in kontinuierlicher Weise durch die zwei Schichten abfällt, wie dies in Abb. 4 schematisch dargestellt ist.

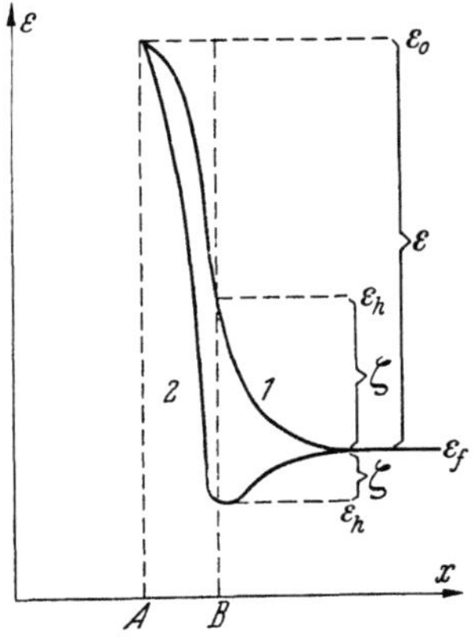

Abb. 4. Schematische Darstellung der elektrischen Doppelschichten. ε Elektrisches Potential, ϰ Abstand von einem beliebigen Punkte innerhalb der festen Phase, A Grenzfläche zwischen der festen und flüssigen Phase, B Reibungsgrenzfläche zwischen den zwei elektrischen Doppelschichten. *(Freundlich, H.: Kapillarchemie, 4. Aufl., Bd. 1, S. 357, Leipzig. Akademische Verlagsgesellschaft, 1930.)*

Wir sehen daraus, daß wir in einem solchen System zwischen zwei Potentialen unterscheiden müssen. Das thermodynamische Potential ε ist nur von der Wertigkeit und Konzentration bzw. Aktivität des betreffenden Ions abhängig. Nach Nernst[2] wird es in galvanischen Ketten gemessen, und seine Rolle in biologischen Systemen werden wir noch bei der Berücksichtigung des Donnanschen Gleichgewichts hervorheben.

Bei vielen anderen Vorgängen ist jedoch die Potentialdifferenz $\zeta = \varepsilon_h - \varepsilon_f$ von Bedeutung, d. h. diejenige Potentialdifferenz, die zwischen der Reibungsfläche der beiden Kugelschichten und der Flüssigkeit in genügender Entfernung von der Partikel vorhanden ist. Je nach der Form der Potentialkurve kann dieses ζ-Potential vom gleichen oder entgegengesetzten Zeichen wie das thermodynamische Potential sein und wird als elektrokinetisches Potential bezeichnet. Wird nämlich eine solche geladene Partikel einem elektrischen Kraftfeld ausgesetzt, so wird sie von der entgegengesetzt geladenen Elektrode mit einer Kraft angezogen werden, die dem ζ-Potential und nicht dem thermodynamischen Potential proportional ist. Diese elektrostatische Anziehungskraft wird eine Wanderung der Partikel zur Elektrode hervorrufen, oder — falls die Partikel blockiert ist, wie z. B. in einer Gallerte oder auch in den Wänden einer Kapillare — es wird die Flüssigkeit in Bewegung gesetzt. Nach Freundlich[3] werden diese Vorgänge als elektrokinetische Erscheinungen bezeichnet, bei denen wir zwei Arten unterscheiden:

1. Eine äußere elektromotorische Kraft verursacht eine Bewegung:

a) fester, flüssiger oder gasförmiger Partikeln der Flüssigkeit gegenüber (Kataphorese = Elektrophorese),

b) der Flüssigkeit einer ruhenden, meistens festen Grenzfläche gegenüber (Elektroosmose).

2. Eine von außen hervorgerufene Bewegung erzeugt eine elektromotorische Kraft:

a) die Flüssigkeit ist der festen Grenzfläche gegenüber bewegt (Strömungspotential),

b) die Partikeln werden der Flüssigkeit gegenüber in Bewegung gesetzt (Sedimentationspotential).

---

[1] Debye, P. u. E. Hückel: Physik. Z. **24**, 185 u. 305 (1923). — Debye, P.: ibid. **25**, 97 (1924).

[2] Nernst, W.: Z. physik. Chem. **4**, 129 (1889); Theoretische Chemie, 11. bis 15. Aufl., S. 849. Stuttgart: Enke 1926.

[3] Freundlich, H.: Kapillarchemie, 4. Aufl., **I**, 335. Leipzig: Akademische Verlagsgesellschaft 1930.

Das ζ-Potential wird auch demgemäß durch elektrokinetische Vorgänge gemessen. Im Gegensatz zu dem thermodynamischen Potential ist es in hohem Maß von allen in der Lösung anwesenden Ionen abhängig. Um den Einfluß der Elektrolytkonzentration auf elektrische Potentiale zu messen, wird die Konzentration durch Lewis' und Randalls[1] Ionenstärke μ ausgedrückt, die als die Hälfte der Summe der Molkenzentration c eines jeden anwesenden Ions, multipliziert mit dem Quadrat seiner Wertigkeit z, definiert ist: $\mu = \frac{1}{2} \Sigma_i c_i z_i^2$.

Der Halbmesser des diffusen Kugelmantels ist unabhängig von dem Partikeldurchmesser und nur von μ abhängig. Beispielsweise für $\mu = 0{,}005$, ist er etwa 43 Å, für $\mu = 0{,}5$ beträgt er 4,3 Å. Hingegen ist das Verhältnis ζ_μ/ζ_o, wobei ζ_μ das Potential bei der gegebenen Ionenstärke μ und ζ_o das Potential bei unendlicher Verdünnung ist, stark von der Partikelgröße abhängig. Beispielsweise bei $\mu = 0{,}02$ beträgt für das Na^+- Ion ($r = 2{,}6$ Å) $\zeta_\mu/\zeta_o = 0{,}90$, hingegen für eine kugelförmige Eiweißpartikel vom Molekulargewicht 35000 ($r = 21{,}7$ Å) $\zeta_\mu/\zeta_o = 0{,}50$)[2]. Über die Theorie der Doppelschicht und die Unsicherheiten der Messungen wurde unlängst von Verwey und Overbeek[3] kritisch berichtet.

Während bei Eiweißpartikeln die Ladung von der Ionisation herrührt, kann bei neutralen Partikeln das Potential durch Adsorption von H^+-, OH^-- oder anderen Ionen an der Partikeloberfläche entstehen. Die Deutung des elektrokinetischen Potentials in nicht elektrolytischen Flüssigkeiten ist schwieriger. Nach Helmholtz (S. 93) entsteht eine elektrische Doppelschicht an jeder Grenzfläche zwischen zwei Phasen, in der die zwei Schichten mit einem Kondensator vergleichbar sind, in dem sich die zwei parallelen Flächen in molekularem Abstand befinden. Beim Abstand d wird das Potential:

$$\zeta = \frac{4 \pi e d}{\delta}$$

wobei e die Ladung je Quadratzentimeter der Partikeloberfläche und δ die dielektrische Konstante bezeichnet. Dies ist die Grundgleichung für die quantitative Behandlung elektrokinetischer Vorgänge.

Von immer zunehmender Wichtigkeit in den letzten Jahren sind elektrophoretische Messungen an Eiweißkörpern, denn diese erlauben auch, zwischen sehr ähnlichen Eiweißarten zu unterscheiden, wenn diese nur eine verschiedene Beweglichkeit besitzen. Die Beweglichkeit (Wanderungsgeschwindigkeit bei Einheit des elektrischen Kraftfeldes) ist zwar nach Smoluchowski (S. 93) und entsprechend experimentellen Befunden[2] von der Form der Partikel in weitem Maß unabhängig, jedoch von dem Verhältnis der Ladung zur Oberfläche der Partikel abhängig. Elektrophorese eignet sich besonders für die Untersuchung physiologischer Flüssigkeiten, d. h. natürlich vorkommender, komplexer Eiweißmischungen, wie Blutplasma, und wird auch mehr und mehr in klinischen und medizinischen Untersuchungen angewendet[2].

Für elektrophoretische Messungen an Eiweißkörpern und anderen Kolloiden werden mehrere Methoden benützt, die auf mikroskopischer oder makroskopischer Beobachtung der sich bewegenden Partikeln beruhen. Allgemein anwendbar und von großem Wert ist aber nur die von Tiselius[4] eingeführte makroskopische Methode. Der wichtigste Teil des Apparates ist eine U-förmige Glaszelle, die an beiden Enden mit großen Elektrodengefäßen verbunden ist. Beide Arme der

[1] Lewis, G. N. u. M. Randall: J. Am. Chem. Soc. 43, 1140 (1921).

[2] Abramson, H. A., L. S. Moyer u. M. H. Gorin: Electrophoresis of Proteins. New York: Reinhold 1942.

[3] Verwey, E. J. W. u. J. Th. G. Overbeek: Theory of the Stability of Lyophobic Colloids. New York: Elsevier 1948.

[4] Tiselius, A.: Trans. Farad. Soc. 33, 524 (1937).

Zelle haben einen rechteckigen Querschnitt mit planparallelen Seiten, und die Zelle selbst ist zweiteilig; der obere Teil, stark gegen den unteren gepreßt, kann über dessen glattgeschliffene Oberfläche ins Gleiten gebracht werden. Der untere Teil wird mit der kolloiden Lösung, der obere mit dem Lösungsmittel gefüllt, das gewöhnliche Puffersalze enthält. Beide Teile werden getrennt gefüllt und dann gegeneinander verschoben, um so die U-Form zustande zu bringen. Zwischen dem Lösungsmittel und der Lösung entsteht dadurch eine scharfe Grenzfläche, deren Bewegung unter dem Einfluß des elektrischen Potentials mit optischen Methoden verfolgt und photographisch aufgenommen wird[1—3].

Wenn alle Partikeln in der Lösung die gleiche Beweglichkeit besitzen, wird während der Elektrophorese nur eine Grenzfläche bemerkbar sein; befinden sich in der Lösung jedoch mehrere Partikelarten verschiedener Beweglichkeit, so wird sich diese Grenze bei fortdauernder Elektrophorese, jeder Partikelart entsprechend allmählich in mehrere Grenzen teilen.

Die Elektrophorese kann auch für die Trennung verschiedener Eiweißfraktionen angewandt werden[4]. Auf diesem Gebiete ist besonders die neuartige Konvektions-Elektrophorese[5] zu erwähnen. Mittels dieser interessanten Methode können sogar sehr naheliegende Eiweißfraktionen getrennt werden. Das Prinzip ist der Clusius'schen Methode der Isotopentrennung etwas ähnlich, indem man den kombinierten Effekt elektrophoretischer Wanderung und Schwerkraft benutzt. Es ist so, zum Beispiel, im hiesigen Laboratorium gelungen, den Trypsin-Hemmkörper des Hühnereiweißes, das Ovomucoid, in verschiedene Fraktionen zu zerlegen[6].

Das elektrokinetische Potential spielt auch eine wichtige Rolle in allen Vorgängen, die mit der Stabilität einer kolloiden Lösung, insbesondere von lyophoben Kolloiden, verbunden sind, wie Adsorption, Flockung und gegenseitiges Ausfällen von Kolloiden (S. 95). Die Aggregation der Partikel, die einer Flockung vorangehen muß, ist nämlich durch die elektrostatische Abstoßung der gleichgeladenen Partikeln erschwert. Eine Zugabe von Salzen verursacht oft eine Koagulierung, da, wie wir schon bemerkt haben, der Halbmesser der elektrischen Doppelschicht mit zunehmender Ionenstärke abnimmt. Auch eine Beimischung von entgegengesetzt geladenen Kolloiden kann ein gegenseitiges Ausfällen hervorrufen, da in diesem Fall die elektrostatischen Kräfte anziehend wirken. Die Stabilität von lyophoben Kolloiden kann hingegen durch Zugabe von lyophilen Kolloiden bedeutend erhöht werden. Die Schutzwirkung der lyophilen Kolloide wurde oft für die Bereitung von Metallsolen und Lösungen anderer schwerlöslicher Stoffe mit Vorteil benutzt[7], und einige dieser Metallsole haben Verwendung als lösliche Katalysatoren[8] gefunden. Die Schutzwirkung verschiedener hydrophiler Kolloide wird nach Zsigmondy[9] in der Goldzahl ausgedrückt, welche erlaubt, hydrophile

[1] Moore, D. H. in: A. Weissberger: Physical Methods of Organ. Chem., 2. Aufl., Bd. I, 2. New York, Interscience Publishers. 1949.

[2] Longsworth, L. G.: Chem. Revs. 30, 323 (1942). — [3] Wiedemann, E.: Chimia 2, 25 (1948).

[4] Svensson, H.: Ar. Kem. Mineral. Geol. 15 B (1941-42) No. 19; 22 A (1946) No. 10; Adv. Protein Chemistry 4, 251 (1948).

[5] Kirkwood, J. G., J. R. Cann u. R. A. Brown: Biochem. Biophys. Acta 5, 301 (1950). — Cann, J. R., J. G. Kirkwood, R. A. Brown u. O. J. Plescia: J. Am. Chem. Soc. 71, 1603 (1949).

[6] Bier, M., J. A. Duke, R. J. Gibbs and F. F. Nord: Arch. Biochem. Biophys., 37, No. 2 (1952).

[7] Freundlich, H.: Kapillarchemie, 4. Aufl., 2, 457. Leipzig: Akademische Verlagsgesellschaft 1932.

[8] Rampino, L. D. u. F. F. Nord: J. Am. Chem. Soc. 63, 2745, 3268 (1941). — Hernandez, L. u. F. F. Nord: J. Coll. Sci. 3, 363 (1948).

[9] Zsigmondy, R.: Z. analyt. Chemie 40, 697 (1901). — Zsigmondy, R. u. P. A. Thiessen: Das kolloide Gold. Leipzig: Akademische Verlagsgesellschaft 1925.

Sole zu unterscheiden oder auch Veränderungen ihrer Eigenschaften zu verfolgen. Als Goldzahl wird die kleinste Menge eines hydrophilen Kolloids, ausgedrückt in Milligramm bezeichnet, die, mit 10 ccm eines roten Goldsoles (etwa 0,05 bis 0,06 g Gold im Liter enthaltend) rasch vermengt, den Umschlag der roten Farbe des Goldsoles in die blaue (als Folge von Aggregation) bei Zugabe von 1 ccm einer 10% NaCl-Lösung gerade noch verhindert. Die Goldzahl hat eine Anwendung in der Diagnose von Syphilis gefunden, da bei dieser Krankheit die Schutzwirkung der cerebrospinalen Flüssigkeit in charakteristischer Weise verändert wird[1].

III. Das DONNANsche Gleichgewicht.

Wenn zwei Lösungen durch eine Membran getrennt sind, durch die sowohl das Lösungsmittel als auch alle gelösten Substanzen frei diffundieren können, so wird nach Erreichung des Gleichgewichts die Konzentration einer jeden Komponente von beiden Seiten der Membran gleich sein. DONNAN[2] hat nun das Gleichgewicht betrachtet, das sich in einer Elektrolytlösung einstellt, wenn eines der Ionen nicht durch die Membran diffundieren kann. Ein solcher Fall liegt vor, wenn dieses Ion groß im Vergleich zu den Poren der Membran ist. Die Membran wird dann als semipermeabel bezeichnet. Ein ähnlicher Fall ist gegeben, wenn eines der Ionen mechanisch gebunden ist, z. B. in einer Gallerte. Beide Fälle sind von außerordentlicher Wichtigkeit in der Biologie, denn jede lebende Zelle ist von einer Membran umgeben, die für Zelleiweißkörper undurchlässig ist. Daher stellt sich zwischen jeder Zelle und dem umgebenden Medium ein DONNANsches Gleichgewicht ein, durch das die Konzentration der frei diffundierenden Ionen reguliert wird[3].

Der Grundsatz des DONNANschen Gleichgewichts wurde auch eingehend von LOEB[4] zur Deutung des Einflusses von Säuren, Basen und Salzen auf das Membran-Potential, das Quellen von Gallerten, den osmotischen Druck und die Viskosität von Eiweißlösungen herangezogen.

DONNAN hat folgenden Fall erwogen: Nehmen wir an, daß sich an einer Seite der Membran die Ionen R^- und Na^+ und an der anderen Seite die Ionen Cl^- und Na^+ in Lösung befinden, und R ein beliebiges, kolloides Ion darstellt, das zu groß ist, um durch die Membran diffundieren zu können. Dann würde man das Anfangsstadium in folgender Weise darstellen:

$$\begin{array}{cc} R^- & Cl^- \\ Na^+ & Na^+ \\ (1) & (2) \end{array}$$

Nach Erreichung des Gleichgewichts haben wir dann:

$$\begin{array}{cc} R^- & Cl^- \\ Na^+ & Na^+ \\ Cl^- & \\ (1) & (2) \end{array}$$

indem eine Anzahl von Ionen von (2) nach (1) diffundiert ist. Wenn das Gleichgewicht erreicht ist, wird die Arbeit, die erforderlich ist, um dn Mole Na^+ von (2) nach (1) reversibel und isotherm zu überführen, gleich sein der Arbeit, die

---

[1] LANGE, G.: Z. Chemotherapie Abt. I, **1**, 44 (1913).

[2] DONNAN, F. G.: Z. Elektrochemie **17**, 572 (1911); Chem. Revs. **1**, 73 (1924). — DONNAN, F. G. u. E. A. GUGGENHEIM: Z. physik. Chem. A **162**, 346 (1932).

[3] BOLAM, T. R.: The Donnan Equilibria. London: Bell 1932.

[4] LOEB, J.: Proteins and the Theory of Colloidal Behavior, 2. Aufl. New York: McGraw-Hill 1924.

bei einem entsprechenden Transport von dn Molen Cl^- gewonnen wird. Man kann also schreiben:

$$dn\,RT\,ln\,\frac{(Na^+)_2}{(Na^+)_1} = -dn\,RT\,ln\,\frac{(Cl^-)_2}{(Cl^-)_1}, \tag{5}$$

wobei dn die Anzahl der überführten Mole und die Ionen in Klammern die betreffende Konzentration in (1) und (2) bedeuten. Eine einfache algebraische Umformung ergibt dann:

$$(Na^+)_2 \cdot (Cl^-)_2 = (Na^+)_1 \cdot (Cl^-)_1 \tag{6}$$

Da aber beide Abteilungen elektrisch neutral sind, d. h. eine gleiche Anzahl von positiven und negativen Ionen haben müssen, so erhält man auch die folgenden Gleichungen:

$$(Na^+)_2 = (Cl^-)_2$$

und

$$(Na^+)_1 = (R^-) + (Cl^-)_1$$

Aus diesen Gleichungen sind folgende Verhältnisse ersichtlich:

$$(Na^+)_1 > (Cl^-)_1$$
$$(Na^+)_1 > (Na^+)_2$$

und

$$(Cl^-)_1 < (Cl^-)_2$$

Die Ionen werden also nicht gleichmäßig in den zwei Abteilungen verteilt sein, sondern es wird eine auswählende Verteilung derselben stattfinden, und — falls das Volumen konstant gehalten ist — wird zwischen den beiden Seiten ein beträchtlicher osmotischer Druck entstehen. Infolge dieser Differenz der Ionenkonzentration entsteht an der Membran auch eine Potentialdifferenz E, die nach Nernst[1] die Größe hat:

$$E = \frac{RT}{F}\,ln\,\frac{(Na^+)_2}{(Na^+)_1} = \frac{RT}{F}\,ln\,\frac{(Cl^-)_1}{(Cl^-)_2}$$

Die obigen Gleichungen sind nur annähernd genau, denn anstatt der Konzentration der Ionen sollte man deren Aktivität einsetzen, wie es Hückel[2] in seiner Ableitung des Donnanschen Gleichgewichts getan hat. Außerdem hat Hitchcock[3] darauf hingewiesen daß die Ionisierung der Eiweißkörper nicht unabhängig vom p_H-Wert ist, wie wir oben angenommen haben, und er hat die Eiweißkörper als amphotere Elektrolyte und schwache Säuren oder Basen behandelt.

IV. Osmotischer Druck.

Kolligative Eigenschaften einer Lösung sind solche, die in erster Linie von der Anzahl der Moleküle des gelösten Stoffes je Volumeneinheit abhängen, im Gegensatz zu den konstitutiven Eigenschaften, die von deren Natur abhängig sind. Kolligative Eigenschaften werden deshalb, in Verbindung mit Avogadros Theorem, wonach ein Mol eines jeden Stoffes die gleiche Anzahl Moleküle enthält, oft für die Bestimmung von Molekulargewichten benützt[4]. Die bekanntesten kolligativen Eigenschaften sind die Erhöhung des Siedepunktes und

---

[1] Nernst, W.: Z. physik. Chem. 4, 129 (1889). — Nernst, W.: Theoretische Chemie, 11. bis 15. Aufl., S. 849. Stuttgart: Enke 1926.

[2] Hückel, E.: Kolloid Z., Zsigmondy Festschrift, 36, 204 (1925).

[3] Hitchcock, D. I.: J. Gen. Physiol. 9, 97 (1926).

[4] Es ist selbstverständlich, daß hier die Moleküle nur als kinetische Einheiten des Dispersoiden definiert sind, und wir derzeit noch nicht beurteilen können, ob sie auch chemisch als einzelne Moleküle oder aber als Molekülaggregate einzusetzen sind (vgl. S. 133).

Erniedrigung des Schmelzpunktes der Lösungen dem Lösungsmittel gegenüber, sowie der osmotische Druck. Die beiden ersten Eigenschaften werden häufig von organischen Chemikern benutzt, sie sind jedoch für Kolloide wegen ihrer hohen Molekulargewichte nicht anwendbar. Diese reichen nämlich von einigen tausend bis in die Millionen und der Effekt wäre zu klein, um gemessen werden zu können. Die Messung des osmotischen Druckes eignet sich dagegen besser für Molekulargewichtsbestimmungen der Kolloide.

Wenn eine Lösung durch eine Membran vom reinen Lösungsmittel getrennt ist, und die Membran so gewählt ist, daß sie wohl für das Lösungsmittel durchlässig ist, jedoch nicht für die gelöste Substanz, dann wird das reine Lösungsmittel die Tendenz haben, durch die Membran in die Lösung zu diffundieren. Bei gleichbleibendem Volumen wird daher innerhalb der Lösung ein hydrostatischer Druck entstehen, der bei einem bestimmten Grenzwert den weiteren Eintritt des Lösungsmittels verhindert. Nach van't Hoff[1] ist das Gesetz der idealen Gase:

$$PV = nRT$$

auch bei verdünnten Lösungen gültig, wobei n die Anzahl der gelösten Mole bezeichnet. So wird eine Lösung, die ein Mol eines Nicht-Elektrolyten in 1 l bei $0°$ C enthält, einen osmotischen Druck von 22,4 Atm. gegenüber dem reinen Lösungsmittel aufweisen.

Lösungen lyophiler Kolloide weichen jedoch stark von den Gesetzen der idealen Lösungen ab. Die Kurve osmotischer Druck gegen Konzentration ist nämlich stark gekrümmt. Bei niedrigen Konzentrationen folgt diese Kurve jedoch der empirischen Gleichung:

$$\frac{P}{RT} = \frac{c}{M} - Bc^2 \tag{7}$$

und demgemäß ist die Kurve P/c gegen c eine Gerade, deren Extrapolierung auf $c = 0$ den Wert für RT/M ergibt.

Für die Deutung dieser Gleichung müssen wir die thermodynamische Formulierung des osmotischen Druckes berücksichtigen:

$$P = -\frac{\Delta \overline{G}_2}{\overline{V}_2}$$

Die Größe $\overline{G}_2$ wird partielle freie Enthalpie genannt; es ist der Differenzialquotient $G_2 = \partial G/\partial n_2$ der freien Enthalpie nach Gibbs:

$$G = I - TS,$$

worin $I = U + PV$ die Enthalpie und U die innere Energie bedeuten.

Sinngemäß ist $\overline{V}_2 = \partial V/\partial n_2$.

Um also die partielle freie Enthalpie der Lösungsreaktion von hochmolekularen Substanzen, d. h. deren osmotischen Druck, zu berechnen, muß man die Enthalpieänderung ΔI und die Entropieänderung ΔS bei der Reaktion errechnen. Um dies zu erleichtern, hat Meyer[2] ein statistisches Modell der Lösungen von linearen Hochpolymeren vorgeschlagen unter der Annahme, daß sich diese in athermischer Lösung, d. h. in einem energetisch indifferenten Lösungsmittel gelöst befinden, wo demgemäß $\Delta I = 0$ ist. Das Modell ist das eines quasi-kristallinen Gitters, in dem alle Gitterstellen entweder durch ein Molekül des Lösungsmittels oder durch einzelne Segmente der sich in der Lösung

[1] van't Hoff, J. H.: Z. physik. Chem. 1, 481 (1887); Phil. Mag. (5) 26, 81 (1888).

[2] Meyer, K. H.: Z. physik. Chem. B 44, 383 (1939); Helv. chim. acta 23, 1063 (1940). — Meyer, K. H.: Die hochpolymeren Verbindungen, S. 543. Leipzig: Akademische Verlagsgesellschaft 1940.

befindenden Fadenmoleküle besetzt sind. In den letzten Jahren haben Flory[1], Huggins[2] und andere[3] dieses Modell mit Erfolg mathematisch ausgewertet, um die Lösungsentropie theoretisch zu berechnen.

Demnach wäre Gleichung (7) folgendermaßen umzuschreiben:

$$P/c = RT/M + \frac{RT}{V_1\, d_2^2}\, (\tfrac{1}{2} - \mu)\, c \tag{8}$$

In dieser Gleichung stehen V_1 für das Molvolumen des Lösungsmittels, d_2 für die Dichte der gelösten Substanz und μ ist eine Funktion des Entropiebeitrages für den Austausch der Fadenelemente des Polymeren für die Moleküle des Lösungsmittels und der angenommenen van Laarschen Mischungswärme[4]. Versuchswerte für eine Anzahl von Systemen leisten dieser Gleichung Folge[5], jedoch haben neuerdings Flory und Mitarbeiter[6] gefolgert, dass der Faktor B in Gleichung (7) nicht ganz unabhängig vom Molekulargewicht des gelösten Polymeren ist. Demgemäss haben sie folgenden Ausdruck für den osmotischen Druck vorgeschlagen:

$$\frac{P}{RT} = \frac{c}{M}\left[1 + \underset{2}{\Gamma}\, c + \frac{5}{8}\, \underset{2}{\Gamma^2}\, c^2 + \ldots \right]$$

worin $\underset{2}{\Gamma}$ eine Funktion des Eigenvolumens des Polymeren ist.

Dieses Modell ist jedoch nicht für Eiweißkörper anwendbar, denn es sind auch die Ionisierung des Eiweißes und dessen elektrische Ladung zu berücksichtigen[7]. Außerdem ist die Membran des Osmometers wohl für das Eiweiß undurchlässig, erlaubt aber die freie Diffusion aller anderen anwesenden Ionen, wie z. B. der Puffersalze. Als Folge des Donnanschen Gleichgewichtes wird die Konzentration dieser Ionen nicht an beiden Seiten der Membran gleich sein, und zu dem osmotischen Druck der Eiweißkörper selbst müssen wir noch den durch die ungleiche Verteilung der diffundierenden Ionen verursachten Druck hinzurechnen.

Experimentelle Ergebnisse osmotischer Druckmessungen bei Eiweißkörpern können durch eine einfache Gleichung:

$$P = \alpha c\, (1 + \beta c) \tag{9}$$

wiedergegeben werden.

Die theoretische Deutung dieser Gleichung wurde von Scatchard[8] gegeben und durch verfeinerte Meßmethoden an Ochsenserum-Albumin auch praktisch geprüft[9]. Für ideale Lösungen wäre demnach der osmotische Druck:

$$P = \frac{RT}{M}\, c\left[1 + \frac{c\, z^2}{4\, m\, M}\right], \tag{10}$$

wobei also $\alpha = RT/M$ und $\beta = z^2/4mM$ ist. Die Durchschnittsvalenz des Eiweißions z wird aus den Titrationskurven der Eiweißlösung berechnet, während m die Ionenkonzentration bezeichnet.

---

[1] Flory, P. J.: J. Chem. Phys. 10, 51 (1942); 12, 425 (1944); 13, 453 (1945).

[2] Huggins, M. L.: J. Phys. Chem. 46, 151 (1942); Ind. Eng. Chem. 35, 216 (1943).

[3] Muenster, A.: Kolloid-Z. 110, 58 (1948).

[4] van der Waals, J. D.: Thermodynamic Proporties, Amsterdam: 1950.

[5] Vgl. jedoch: S. N. Timasheff, M. Bier u. F. F. Nord: J. Phys. Coll. Chem. 53, 1134 (1949).

[6] Flory. P. J. u. W. R. Krigbaum: J. Chem. Phys. 18, 1086 (1950); Ann. Rev. Phys. Chem. 2, 383 (1951). — Fox, T. G. Jr., P. J. Flory u. A. M. Bueche: J. Am. Chem. Soc. 73, 289 (1951).

[7] Adair, G. S.: Proc. Roy. Soc. London 120 A, 573 (1928); 126 A, 16 (1930); J. Am. Chem. Soc. 51, 696 (1929).

[8] Scatchard, G.: J. Am. Chem. Soc. 68, 2315 (1946).

[9] Scatchard, G., A. C. Batchelder u. A. Brown: ibid. 68, 2320 (1946); Scatchard, G., A. C. Batchelder, A. Brown u. M. Zosa: ibid 68, 2610 (1946).

In Abb. 5 stellt die gestrichelte Linie die theoretischen Werte für $z^2/4m$ gegen z aufgetragen dar, wenn $m = 0,15$ ist, während die ausgezogene Linie die von SCATCHARD experimentell gefundenen Werte für $\beta \times M$ für Ochsenserum-Albumin in 0,15 N Kochsalzlösung darstellt.

Die strichpunktierte Linie ist die von NORD und BIER[1] durch die Lichtstreuungsmethode bestimmte Kurve für Eialbumin bei $m = 0,05$. Die Differenz zwischen den theoretischen und den experimentellen Kurven zeigt das Ausmaß der Abweichung dieses Systems vom idealen Zustand und wurde von SCATCHARD theoretisch analysiert. Ein wichtiges Resultat dieser Messungen ist, daß der osmotische Druck nicht unbedingt am isoelektrischen Punkt am niedrigsten ist, wie früher angenommen wurde.

Die ersten wichtigen Untersuchungen des osmotischen Druckes wurden von dem Botaniker PFEFFER[2] 1877 unternommen. Er hat die Rolle dieses Druckes für die Turgeszenz und Plasmolyse lebender Zellen erkannt. Für die Messung benutzt man eine Zelle, die die Lösung durch eine halbdurchlässige Membran von dem

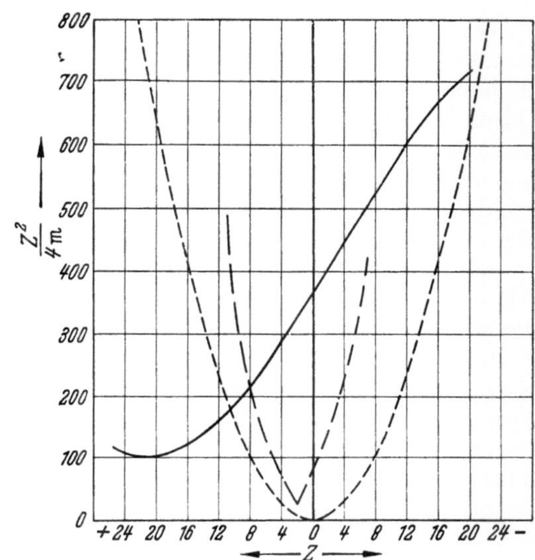

Abb. 5. Abhängigkeit der osmotischen Druckkurve von der Ionisation. z Durchschnittsvalenz des Eiweißions, m Konzentration der Elektrolyte; gestrichelte Linie: theoretische Kurve bei $m = 0,15$ N, ausgezogene Linie: experimentelle Kurve für Serumalbumin bei $m = 0,15$ N (*Scatchard, G., A. C. Batchelder* und *A. Brown:* J. Am. Chem. Soc. Bd. 68 [1946] S. 2326); strichpunktierte Linie: durch Lichtstreuungsmessungen ermittelte Kurve für Eialbumin bei $m = 0,05$ (*Nord, F. F.* und *M. Bier.* s. Fußnote 1, S. 101).

Lösungsmittel getrennt enthält und mit einer Vorrichtung zur Bestimmung des Druckes in beiden Flüssigkeiten versehen ist. Anstatt des Druckes kann man auch die Gewichtszunahme der Zelle durch das hineindiffundierende Lösungsmittel bestimmen[3].

V. Sedimentation und Ultrazentrifuge.

Ein großer Teil der Arbeiten an Eiweißkörpern in den beiden letzten Jahrzehnten befaßte sich mit der Partikelgewichtsbestimmung derselben, und die historisch wichtigste Rolle gebührt hier der von SVEDBERG entwickelten Ultrazentrifuge.

Partikeln, die sich in einer Flüssigkeit dispergiert befinden, sind zwei entgegenwirkenden Kräften ausgesetzt: Das Erdschwerekraftfeld ist bestrebt, die Partikeln zur Sedimentation zu bringen, während die thermische Bewegung (BROWNsche Bewegung) und die Auftriebskraft des Lösungsmittels sie in Lösung zu halten trachten. Es entsteht ein Sedimentationsgleichgewicht, bei dem die Zahl der Partikeln je Volumeneinheit in der Richtung des Kraftfeldes in exponentiellem Verhältnis anwächst. Ein Beispiel dafür ist das Sedimentationsgleichgewicht

---

[1] NORD, F. F. u. BIER, M.: Vorgetragen in der 116. Versammlung d. Amer. Chem. Soc., Atlantic City, N. J., 1949.

[2] PFEFFER, W.: Osmotische Untersuchungen. Leipzig: Engelmann 1877.

[3] JULLANDER, I.: Ark. Kem., Miner. Geol. **21 A**, No. 8 (1946).

der Erdatmosphäre. Perrin[1] hat als erster dieses Gleichgewicht zur Bestimmung des Gewichtes suspendierter Partikel angewandt, indem er das Sedimentationsgleichgewicht von in Wasser suspendierten, mikroskopisch sichtbaren Mastixpartikeln bestimmte.

Bei kleineren Partikeln, wie wir sie in typischen, kolloiden Lösungen vorfinden, ist Perrins Methode jedoch nicht anwendbar, da die Sedimentierungskolonne zu hoch sein müßte, um meßbare Dichtedifferenzen der Partikeln zu erhalten. Durch Zentrifugierung können wir aber ein Gravitationsfeld erzeugen, das dasjenige der Erde vieltausendfach übertrifft. Dumanski[2] hat als erster die Zentrifugierung bei der Bestimmung von Teilchengewichten angewandt. Durch Entwicklung der Ultrazentrifuge hat Svedberg[3] die allgemeine Anwendbarkeit dieser Methode erwiesen.

Die sich in kolloider Lösung befindenden Partikeln werden einem Zentrifugalfeld $\omega^2 r$ ausgesetzt (wo ω die Winkelgeschwindigkeit ist), und die Zentrifugalkraft, die auf eine Anzahl N von Partikeln ausgeübt wird, ist $N\psi\,(\varrho_p-\varrho)\,\omega^2 r$, wo ψ das Volumen der Partikeln und ϱ_p deren Dichte, ϱ hingegen die Dichte der Lösung ist. Setzt man N gleich der Avogradoschen Zahl, so wird die obige Gl. $M\,(1-\overline{V}\varrho)\,\omega^2 r$. Demgegenüber ist die Reibungskraft gleich $f\,dr/dt$, wo in verdünnten Lösungen nach Gl. (2) die molare Reibungskraft $f = RT/D$ ist. Nach Erreichung konstanter Sedimentationsgeschwindigkeit sind beide Kräfte gleichzusetzen:

$$M\,(1-\overline{V}\varrho)\,\omega^2 r = \frac{RT}{D}\cdot\frac{dr}{dt} \tag{11}$$

und weiter ist:

$$M = \frac{RT}{D\,(1-\overline{V}\varrho)}\cdot\frac{dr/dt}{\omega^2 r} = \frac{RTs}{D\,(1-\overline{V}\varrho)} \tag{12}$$

In der Gl. (12) ist $s = \dfrac{dr/dt}{\omega^2 r}$, die Sedimentationsgeschwindigkeit unter Wirkung des Einheitsfeldes, die als Sedimentationskonstante bekannt und nach Svedberg eine charakteristische Konstante für jede Partikelart ist[4].

Im Fall einer monodispersen Lösung, d. h. wenn alle Partikeln von gleicher Größe sind, sollte nur eine scharfe Grenzfläche der mit gleicher Geschwindigkeit sedimentierenden Partikel zu erkennen sein. In Wirklichkeit ist aber keine scharfe Grenzfläche zu beobachten, da die Partikeln infolge der Brownschen Bewegung unabhängig von der Zentrifugierung gleichmäßig nach allen Richtungen diffundieren. An der Grenze zwischen dem reinen Lösungsmittel und der Lösung entsteht ein Konzentrationsgefälle, und die hypothetische Grenzfläche der sedimentierenden Partikeln wird als der Ort innerhalb dieser Zone angesehen, an dem die Konzentration auf die Hälfte gefallen und das Konzentrationsgefälle am größten ist.

Wenn man die Zentrifugierung bei konstanter Geschwindigkeit genügend lange fortsetzt, wird sich als Endergebnis ein Sedimentationsgleichgewicht einstellen, bei dem die spontane Diffusion der Partikel gerade ausreicht, um die Sedimentation auszugleichen. Die Konzentration der Partikeln wird in verschiedenen Entfernungen, r_1, r_2, von der Drehachse gemessen und das Molekulargewicht ergibt sich aus der Gleichung:

$$M = \frac{2\,RT\,ln\,c_2/c_1}{(1-\overline{V}_2\varrho)\,\omega^2\,(r_2{}^2-r_1{}^2)} \tag{13}$$

[1] Perrin, J.: Compt. rend. **146**, 967 (1908); **147**, 475 (1909).

[2] Dumanski, A., E. Zabotinski u. M. Ewsejew: Kolloid Z. **12**, 6 (1913).

[3] Svedberg, T. u. K. O. Pedersen: Die Ultrazentrifuge. Leipzig: Steinkopff 1940.

[4] Gewöhnlich wird sie als S_{20} angegeben, d. h. bezogen auf Dichte und Viskosität von reinem Wasser bei 20° C.

Zwei Methoden der Molekulargewichtsbestimmung stehen also zur Verfügung: die der Bestimmung der Sedimentationsgeschwindigkeit und die der Messung des Sedimentationsgleichgewichts. Aus beiden Methoden ergibt sich das Partikelgewicht unabhängig von irgendeiner Annahme hinsichtlich der Form oder Solvatation der Partikeln. In der Geschwindigkeitsmethode ist höchste Zentrifugalkraft erwünscht, und es wurden Beschleunigungen bis zu 750000 g (g = Beschleunigung der Erdschwere) erzielt[1]. In der Gleichgewichtsmethode hingegen genügen Beschleunigungen von 15000 g um ein optimales Konzentrationsgefälle zu erzielen, und es wird Wert auf die Geschwindigkeits- und Temperaturkonstanz gelegt.

Nach Gl. (12) müssen wir in dieser Methode neben der Sedimentationskonstante auch noch die Diffusionskonstante bestimmen. Da die Gleichgewichtsmethode dieser letzteren nicht bedarf (und auch aus anderen theoretischen Überlegungen), wäre sie vorzuziehen; wenn die Lösung jedoch nicht monodispers ist und Partikeln verschiedener Größe und Form enthält, ist die mathematische Auswertung des gemessenen Konzentrationsgefälles mit großen Schwierigkeiten verbunden. Hingegen gibt uns die Geschwindigkeitsmethode — falls sich die verschiedenen Partikelarten genügend voneinander unterscheiden — für jede Art eine separate Sedimentationsgrenzfläche. Eine genaue Partikelgewichtsanalyse und Bestimmung der prozentualen Zusammensetzung der verschiedenen Partikelarten ist aber erschwert, da man jeder Fraktion eine genaue Diffusionskonstante und ein spezifisches Partialvolumen zuweisen muß.

Ähnlich der Elektrophorese kann auch die Ultrazentrifuge zu präparativen Zwecken angewandt werden, indem man die verschiedenen Fraktionen einzeln sedimentiert[2].

Die molare Reibungskraft f kann entweder aus Bestimmungen der Diffusionskonstante oder aus Messungen mit der Ultrazentrifuge aus Gl. (12) berechnet werden:

$$f = RT/D = \frac{M\,(1-\overline{V}_2\varrho)}{s}$$

Den theoretischen Wert f_0 für kugelförmige, nicht solvatisierte Partikeln kann man mit Hilfe des STOKESschen Gesetzes errechnen:

$$f_0 = 6\,\pi\,\eta\,N\left(\frac{3\,M\cdot\overline{V}}{4\,\pi\,N}\right)^{1/3}$$

Der Bruch f/f_0, auch das Reibungsverhältnis genannt, wäre gleich 1 für Partikeln, die wirklich kugelförmig und nicht solvatisiert sind, während alle Abweichungen von diesen Beschränkungen höhere Werte als 1 für das Reibungsverhältnis ergeben. Bei Eiweißkörpern sind experimentell gefundene Werte stets größer als 1, und da für einfache Rotationsellipsoide das Reibungsverhältnis theoretisch errechnet wurde[3, 4], kann man das Achsenverhältnis der Eiweißpartikeln in der Annahme, daß sich ihre Form einem Ellipsoid nähert, berechnen. Doch sind Eiweißkörper, wie alle anderen lyophilen Kolloide, erheblich solvatisiert, und um die Solvatisierung in Rechnung zu ziehen, muß man dieser einen mehr oder weniger unbestimmten Wert zuschreiben, was die Errechnung des Achsenverhältnisses unsicher gestaltet[5]. Das Achsenverhältnis ist deshalb von Bedeutung, weil es uns eine Vorstellung von der Form der Partikeln gibt. Im Bereich

[1] SVEDBERG, T., G. BOESTAD u. I.-B. ERIKSSON-QUENSEL: Nature 134, 98 (1934).
[2] McBAIN, J. W.: Chem. Revs. 24, 289 (1939).
[3] PERRIN, F.: J. Phys. Rad. (7) 7, 1 (1936). — HERZOG, R. O., R. ILLIG u. H. KUDAR: Z. physik. Chem. A 167, 329 (1933/34).
[4] SIMHA, R.: J. Chem. Phys. 13, 188 (1945).
[5] ADAIR, G. S. u. M. E. ADAIR: Proc. Roy. Soc. London B 120, 422 (1936). — KUNITZ, M., M. L. ANSON u. J. H. NORTHROP: J. Gen. Physiol. 17, 365 (1934).

der Kolloiddimensionen ist die Form in vielen Beziehungen, z. B. in der Gallerten- und Faserbildung, hinsichtlich ihrer mechanischen Widerstandsfähigkeit, der Viskosität usw., ein wichtiger Faktor. Das Elektronenmikroskop sowie eine Anzahl Methoden unter Verwendung der Röntgenstrahlen, der Lichtstreuung, der Strömungsdoppelbrechung usw. — geben uns auch Auskunft über die Form der Partikeln.

Apparatur. Die Lösung wird in einer Quarzzelle zentrifugiert, die eine Kolonne der Flüssigkeit von ungefähr 16 mm enthält. Diese Zelle ist in einen flachen, ovalen Stahlrotor eingebaut. Bei Svedbergs Ultrazentrifuge wurde der Rotor in einer verdünnten Wasserstoffatmosphäre durch Öl unter Druck mit Drehzahlen bis zu 70000 in der Minute angetrieben. Die Drehzahl ist durch die Widerstandsfähigkeit des Rotors begrenzt, der bei zu hoher Zentrifugalkraft explodiert. Für Bestimmungen des Sedimentationsgleichgewichtes werden kleinere Zellen und elektrisch angetriebene Rotoren benutzt. Auch wurden Ultrazentrifugen, die durch Druckluft angetrieben werden, beschrieben (s. Fußnote 3 S. 102).

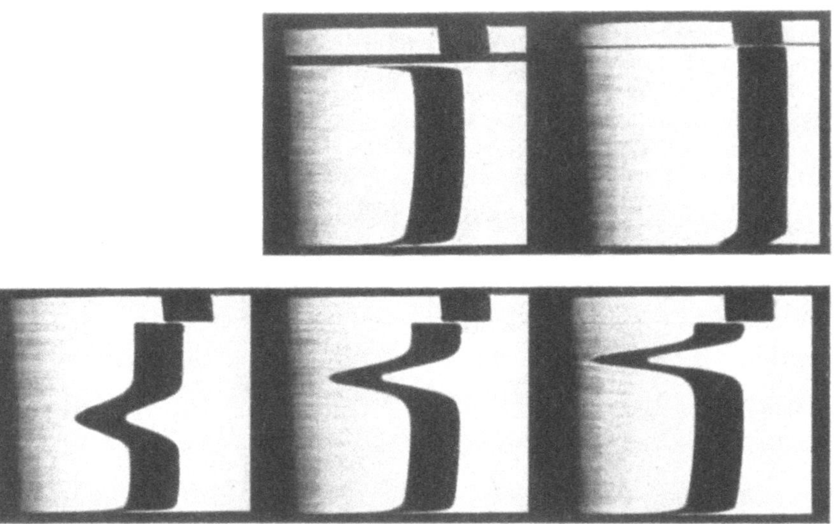

Abb. 6. Sedimentationsdiagramm von Pferdeserumalbumin. U. p. M.: 45000; Zeitdauer der Zentrifugierung: 2ʰ 05′ *(Nord, F. F.* und *M. Bier:* unveröffentlicht).

Die Grenzfläche der sedimentierenden Partikeln wird mittels optischer Methoden verfolgt: während der Rotation wird ein Lichtstrahl durch die Zelle gesendet, und entweder die Differenz der Lichtabsorption oder die des Brechungskoeffizienten zwischen der Lösung und dem Lösungsmittel dazu benutzt, die Grenzfläche zu lokalisieren[3]. Am häufigsten werden heute verschiedene Schlieren-Methoden benutzt, so ist z. B. in Abb. 6 eine Reihe photographischer Aufnahmen von sedimentierendem Serumalbumin wiedergegeben. Das optische Feld ist schwarz-weiß geteilt, und die Trennungslinie ist bei konstantem Brechungskoeffizienten eine Gerade; jedes Brechungsgefälle wird als Krümmung der Trennungslinie angezeigt. Analoge optische Vorrichtungen werden auch bei der Elektrophorese und bei Diffusionsapparaten benutzt[1-3].

[1] Pickels, E. G.: Chem. Revs. **30**, 341 (1942).

[2] Nichols, J. B. u. E. D. Bailey in A. Weissberger: Phys. Meth. in Organ. Chem. 2. Aufl. I 1, S. 621. New York, Interscience. 1949.

[3] Lamm, O.: Z. physik. Chem. A **143**, 177 (1929).

VI. Die Lichtstreuungsmethode der Molekulargewichtsbestimmung und ihre Anwendung auf Eiweißkörper.

In der Beschreibung des Ultramikroskops haben wir bereits gesehen, daß das Licht an Kolloidteilchen nach allen Richtungen hin gebeugt wird, was die Sichtbarkeit der einzelnen Partikeln ermöglicht. Bei starker, seitlicher Beleuchtung kann auch der Gesamteffekt der Lichtstreuung an sämtlichen sich in der Lösung befindenden Kolloidpartikeln makroskopisch beobachtet werden; diese Erscheinung ist allen Kolloidchemikern als der Tyndalleffekt[1] wohl bekannt. Wir verdanken Lord RAYLEIGH[2] die grundlegende Deutung dieser Erscheinung[3]; er hat gezeigt, daß sie nicht nur auf Kolloidsysteme beschränkt, sondern auch reinen Gasen und Flüssigkeiten eigen ist. Bei einfallendem weißen Licht ist das seitlich ausstrahlende Streulicht bläulich, da die Intensität desselben in umgekehrtem Verhältnis zu der vierten Potenz der Wellenlänge des Lichtes steht. Demnach ist auch die blaue Himmelsfarbe dem Tyndalleffekt zuzuschreiben, nämlich der Lichtstreuung an den Gasmolekeln der Erdatmosphäre. RAYLEIGHs Gesetz ist nur für ein System von unabhängigen, dielektrischen Kugelpartikeln giltig, deren Halbmesser klein (rd. 1/20) im Vergleich zur Wellenlänge des Lichtes ist. Die Lichtstreuungsverhältnisse bei Metallpartikeln sind bedeutend komplizierter, ebenso auch bei dielektrischen Partikeln von der gleichen Größenordnung wie die Wellenlänge. Der letzte Fall wurde von MIE[4] untersucht, während CABANNES[5] die Wirkung der Asymmetrie der Partikeln auf die Depolarisierung des Streulichtes gedeutet hat.

Der Tyndalleffekt wurde in qualitativer Weise von vielen Kolloidchemikern in Untersuchungen von Aggregationserscheinungen und damit verknüpften Problemen angewandt[6,7]. Auch alle Trübungsbestimmungen beruhen auf einer grobempirischen Anwendung desselben Effektes, da die Intensität des durchgehenden Lichtstrahles durch die seitliche Streuung geschwächt wird. Die Intensität des austretenden Lichtstrahls I steht in einfachem Verhältnis zur Intensität des einfallenden Lichtstrahls I_0:

$$I = I_0\, e^{-\tau l} \tag{14}$$

wobei l die Dicke der Lösungsschicht in cm bezeichnet. Der Extinktionskoeffizient τ wird auch Turbidität genannt.

Die erste quantitative Anwendung der Lichtstreuungsgesetze zur Bestimmung der Größe und Form von Kolloidpartikeln stammt anscheinend von SMIRNOW und BAZENOW[8], die die Verhältnisse von MIE angewandt haben. LA MER und

---

[1] TYNDALL, J.: Proc. Roy. Soc. London **17**, 223 (1869).

[2] STRUTT, J. W. (Lord Rayleigh): Phil. Mag. (4) **41**, 107, 274 u. 447 (1871).

[3] BHAGAVANTAM, S.: The Scattering of Light and the Raman Effect. Brooklyn: Chemical Publ. Co. 1942.

[4] MIE, G.: Ann. Physik (4) **25**, 377 (1908).

[5] CABANNES, J.: Diffusion moléculaire de la lumiére. Paris: Presses Universitaires de France 1929.

[6] KRISHNAMURTI, K.: Proc. Roy. Soc. London **129 A.**, 490 (1930).

[7] GREENBERG, D. M., in C. L. A. SCHMIDT: The Chemistry of the Amino Acids and Proteins, S. 566. Springfield, Ill., USA: Thomas 1938.

[8] SMIRNOV, L. V. u. N. M. BAZENOV: Kolloidnyi J. (USSR) **1**, 89 (1935).

Mitarbeiter[1] haben die Miesche Lichtstreuung weiter auf Schwefelsole und auch Aerosole mit Erfolg angewandt. Rayleigh's Lichtstreuung wurde hingegen quantitativ zuerst von Putzeys und Brosteaux[2] zur Bestimmung des Molekulargewichtes von Eiweißkörpern benutzt.

In den letzten Jahren wurden Messungen der Streulichtintensität in weitem Ausmaß zur Molekulargewichtsbestimmung von Kolloidpartikeln durch Anwendung der einfachen Debyeschen Gleichung[3]:

$$\frac{Hc}{\tau} = \frac{1}{M} + 2 \cdot Bc \tag{15}$$

benutzt, die die Trübung mit dem Molekulargewicht und der Konzentration in Verbindung bringt. Die Größe H ist eine Funktion der Wellenlänge λ und des Brechungsindex der Lösung n und des Lösungsmittels n_0:

$$H = \frac{32\,\pi^3\,n^2\,(n-n_0)^2}{3\,N\,\lambda^4\,c^2} \tag{16}$$

B ist identisch mit dem Koeffizienten B der osmotischen Druck-Gl. (7). Nach Einstein[4] hängt nämlich die Lichtstreuung einer Lösung vom osmotischen Druck ab, indem Gl. (15) aus Gleichung:

$$\frac{Hc}{\tau} = \frac{\partial}{\partial c}\left(\frac{P}{RT}\right) \tag{17}$$

abgeleitet wird.

Die theoretische Bedeutung des Koeffizienten B wurde schon in Verbindung mit dem osmotischen Druck erörtert. Für Eiweißkörper erhalten wir nach geeigneter Anpassung der Scatchardschen Gl. (10)[5]:

$$B = \frac{z^2}{4\,m\,M^2} \tag{18}$$

Die Abhängigkeit von B vom Molekulargewicht ist jedoch nur scheinbar, da die Wertigkeit des Eiweißions aus der Gleichung:

$$z = \frac{h\,M}{c} \tag{19}$$

errechnet wird, und das Molekulargewicht in den beiden Gleichungen identisch ist und sich daher aufhebt. In Gl. (19) bedeutet h die gebundene Säure oder Base einer Eiweißlösung (vgl. S. 89).

Die Intensität des Streulichtes wäre demnach vom p_H, nämlich der Valenz des Eiweißes, abhängig, die man als z ausdrückt, und sollte beim isoelektrischen Punkt am größten sein. Es wurde gefunden, daß dies bei Eialbumin annähernd zutrifft[6], nicht aber bei Serumalbumin[7], und die Abweichung der experimentell gefundenen von den theoretischen Werten ist, wie auch bei osmotischen Druck-Messungen, der Wechselwirkung zwischen den Eiweißpartikeln und dem Lösungsmittel zuzuschreiben. Vergl. Abb. 5, S. 101.

---

[1] La Mer, V. K. u. M. D. Barnes: J. Colloid. Sci. **1**, 71 (1946). — La Mer, V. K.: J. Phys. Colloid Chem. **52**, 65 (1948).

[2] Putzeys, P. u. J. Brosteaux: Trans. Faraday Soc. **31**, 1314 (1935).

[3] Debye, P.: J. Phys. Colloid. Chem. **51**, 18 (1947).

[4] Einstein, A.: Ann. Physik (4) **33**, 1275 (1910).

[5] Scatchard, G.: J. Am. Chem. Soc. **68**, 2315 (1946). — Scatchard, G., A. C. Batchelder u. A. Brown: ibid **68**, 2320 (1946).

[6] Nord, F. F. u. M. Bier: s. S. 101.

[7] Lontie, R., P. R. Morrison, H. Edelhoch u. J. T. Edsall: J. Am. Chem. Soc., **72**, 4641 (1950).

Gl. (15) ist nur bei Rayleighs Lichtstreuung gültig, d. h. wenn die Partikeln im Vergleich zur Wellenlänge klein sind. In diesem Fall, bei einfallendem, nicht polarisiertem Licht, ist die Winkelverteilung des Streulichtes proportional zu $(1 + \cos^2 a)$, wobei a den Winkel zwischen dem einfallendem Lichtstrahl und dem Beobachter darstellt. Das Streulicht ist also symmetrisch nach vorn und rückwärts verteilt, und normalerweise wird die Intensität nur bei 90° gemessen. Wenn die Partikeln aber von derselben Größenordnung sind wie die Wellenlänge, ist die Streulichtverteilung nicht mehr symmetrisch, denn durch Interferenz wird die Intensität nach rückwärts kleiner als nach vorn. Das Verhältnis der Intensität des Streulichtes, gemessen an zwei symmetrischen Winkeln, z. B. 45° und 135°, wird als Asymmetrie der Lichtstreuung bezeichnet. Das Verhältnis Halbmesser der Partikeln durch Wellenlänge kann für eine Anzahl Partikelmodelle, wie z. B. kugelförmige, stäbchenförmige und regellos orientierte Fadenmoleküle, aus der Asymmetrie der Lichtstreuung berechnet werden[1-3].

Lichtstreuungsmessungen eignen sich auch besonders zur Untersuchung der Aggregation von Kolloiden und wurden auch in diesem Sinn von Oster[4] und von Bier und Nord[5] angewandt.

Für die experimentelle Bestimmung von Molekulargewichten müssen wir die Intensität des Streulichtes τ und den spezifischen Brechungskoeffizienten $(n-n_0)/c$

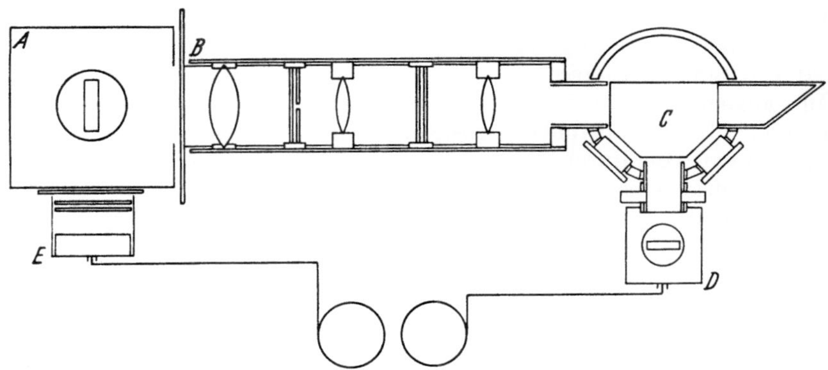

Abb. 7. Tyndallometer: A Lichtquelle (Quecksilberbogenlampe), B Optisches System und monochromatische Lichtfilter, C Glaszelle fur die Losung, D Photoelektrische Zelle und Rohrenverstärker, E Photoelektrische Kontrollzelle.

bei verschiedenen Konzentrationen messen. Die Extrapolation der Gl. (15) zu unendlicher Verdünnung ergibt den Wert für $1/M$, also das Reziproke des Molekulargewichtes. Abb. 7 und 8 zeigen das zu diesem Zweck von den Verfassern[6] gebaute Tyndallometer und ein Differentialrefraktometer. Im Tyndallometer wird die Intensität des Streulichtes mittels einer Photozelle und einer Verstärker-

---

[1] Zimm, B. H., R. S. Stein u. P. Doty: Polymer Bull. 1, 90 (1945). — Zimm, B. H.: J. Phys. Coll. Chem. 52, 260 (1948).

[2] Mark, H., in R. E. Burk u. O. Grummitt: Chemical Architecture, S. 121. New York: Interscience 1948.

[3] Oster, G.: Chem. Revs. 43, 319 (1948).

[4] Oster, G.: J. Colloid Sci. 2, 291 (1947).

[5] Bier, M. u. F. F. Nord: Proc. Natl. Acad. Sci. USA 35, 17, 364 (1949). — Nord, F. F., M. Bier u. S. N. Timasheff: J. Am. Chem. Soc. 73, 289 (1951).

[6] Bier, M. u. F. F. Nord: Rev. of Sci. Instruments 20, 752 (1949).

anlage bei Winkeln von 45°, 90° und 135° gemessen. Das Differentialrefraktometer erlaubt, kleine Differenzen im Brechungskoeffizienten zwischen dem Lösungsmittel und der Lösung bis in die sechste Dezimale zu bestimmen, da die

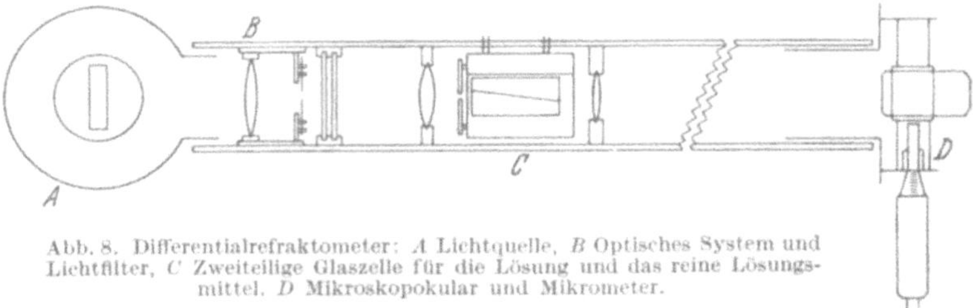

Abb. 8. Differentialrefraktometer: *A* Lichtquelle, *B* Optisches System und Lichtfilter, *C* Zweiteilige Glaszelle für die Lösung und das reine Lösungsmittel. *D* Mikroskopokular und Mikrometer.

Abweichung eines Lichtstrahls, der durch eine Zelle gesendet wird, die beide Flüssigkeiten enthält, mittels eines Mikroskop-Okulars und einer Mikrometerschraube wahrgenommen werden kann.

VII. Viscosität der Kolloidlösungen.

Die innere Reibung eines Mediums, d. h. dessen Strömungswiderstand, wird als Viscosität bezeichnet[1]. Die Viscosität wird in Poise[2] gemessen, und zwar ist im CGS-System 1 Poise = 1 g/cm sec. So ist z. B. die Viscosität von reinem Wasser bei 20° C = 1,005 Centipoise.

Im allgemeinen werden drei Apparatetypen für Viscositätsbestimmungen verwendet. In dem Kapillarviscosimeter wird ein bestimmtes Volumen einer Flüssigkeit entweder durch den hydrostatischen Druck der überstehenden Flüssigkeit oder durch einen regulierbaren, konstanten Druck durch eine Kapillare gepreßt. Aus der Durchflußzeit t und dem Halbmesser der Kapillare r wird die Viscosität η mit Hilfe der Hagen-Poiseuilleschen Formel:

$$\eta = \frac{\pi P r^4}{8 V l} t \tag{20}$$

berechnet, wo P den Druck, V das Volumen der Flüssigkeit und l die Länge der Kapillare bedeuten.

Im Torsionsviscosimeter wird eine dünne Schicht der Flüssigkeit einem Stromgefälle zwischen zwei Zylindern ausgesetzt, von denen der eine unbeweglich ist und der andere rotiert. Aus der Torsion, die erforderlich ist, um eine gewisse Winkelgeschwindigkeit einzuhalten, kann die Viscosität ermittelt werden. Für sehr viscose Flüssigkeiten eignet sich besonders die Kugelfallmethode, bei der man die Viscosität aus der Fallzeit mittels des Stokesschen Gesetzes berechnen kann. Die Apparate werden mit Flüssigkeiten von bekannter Viscosität geeicht[3].

In Newtonschen Flüssigkeiten ist die Viscosität vom Strömungsgefälle unabhängig und sie leisten der Gl. (20) Folge. In gewissen kolloiden Lösungen

---

[1] Bingham, E. C.: Fluidity and Plasticity. New York: McGraw-Hill 1922. — Merrington, A. C.: Viscometry. London, Longmans, Green. 1949.

[2] Nach Poiseuille, der die ersten Viscositätsgesetze aufgestellt, hat. Die Viscosität einer Flüssigkeit beträgt 1 Poise, wenn die Kraft von 1 Dyn nötig ist, um eine Schicht von 1 cm² Fläche mit der Geschwindigkeit 1 cm/sec im Abstande von 1 cm von einer ruhenden Schicht gleicher Größe zu verschieben. Im technischen Maßsystem ist die Einheit 1 kg sec/m² = 98,1 Poise, wobei hier kg das Kilogramm-Gewicht bedeutet, während im CGS-System mit der Gramm-Masse gerechnet wird.

[3] Swindells, J. F.: J. Colloid. Sci. **2**, 177 (1947).

nimmt die Viscosität jedoch mit steigendem Stromgefälle ab[1]. Dies ist der Fall bei stark asymmetrischen Kolloidpartikeln, die sich im Falle genügend starken Stromgefälles in der Richtung des kleinsten Widerstandes orientieren. Für solche Flüssigkeiten ist besonders das Torsionsviscosimeter geeignet, da man die Viscosität unter verschiedenen Strömungsgefällen messen und die Werte für das Strömungsgefälle Null extrapolieren kann.

Bei Viscositätsmessungen werden eine Anzahl weiterer Definitionen[2] benutzt, und zwar ist (a) die relative Viscosität $\eta_r = \eta/\eta_0$ das Verhältnis der Viscosität der Lösung η zu der des Lösungsmittels η_0 bei gleicher Temperatur. (b) Die spezifische Viscosität wird als $\eta_{sp} = \eta_r - 1 = (\eta - \eta_0)/\eta_0$ definiert und ist demnach ein Ausdruck des direkten Beitrages des gelösten Stoffes zur relativen Viscosität.

Die spezifische Viscosität nicht kolloider Lösungen, wie auch diejenige lyophober Kolloide, steigt annähernd linear mit der Konzentration der gelösten Substanz an. Bei lyophilen Kolloiden hingegen steigt die Viscosität in viel stärkerem Maß an, wie aus Abb. 9 ersichtlich ist. Um die Ergebnisse theoretisch auswerten zu können, muß man daher mit verdünnten Lösungen arbeiten, bei denen die Viscosität der Lösung von der gleichen Größenordnung wie die des Lösungsmittels ist. Das Kapillarviscosimeter ist dafür das geeignetste Meßinsturment. Bei unendlicher Verdünnung strebt die spezifische Viscosität natürlich dem Nullwert zu, nicht aber der Quotient η_{sp}/c, der als Ordinate, gegen die Konzentration c als Abszisse aufgetragen, durch größere Konzentrationsbereiche eine Gerade liefert. Demnach ergibt die Gleichung:

$$\frac{\eta_{sp}}{c} = [\eta] + k'\,[\eta]^2 c \qquad (21)$$

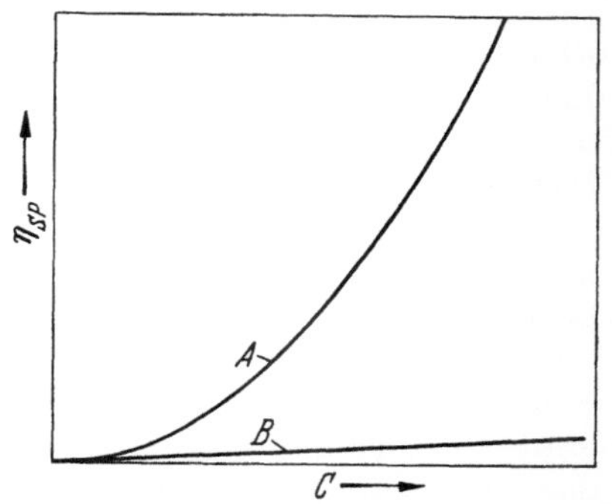

Abb. 9. Abhangigkeit der Viscositat von der Konzentration bei lyophilen (A) und lyophoben (B) Kolloidlosungen.

einen einfachen Ausdruck für das Verhältnis der Viscosität zur Konzentration. Das Symbol $[\eta]$ für lim (η_{sp}/c) $c \to o$ wurde von KRAEMER[3] eingeführt und als Eigenzähigkeit bezeichnet, während STAUDINGER[4] das Symbol $Z\eta$ bevorzugt und es Viscositätszahl nennt. Nach EWART[5] ist für eine Anzahl künstlicher Hochpolymere in guten Lösungsmitteln der Wert $k' = 0{,}38$. Die Viscositätszahl ist natürlich von der Einheit, in der die Konzentration ausgedrückt wird, abhängig. Dadurch ist eine Verwirrung entstanden[2]. Es wird jedoch immer üblicher, die Konzentration in g/100 cm³ auszudrücken. Der Einfluß des Lösungsmittels und der Temperatur auf die Viscosität wurde erneut von MARK und Mitarbeitern untersucht[6].

Ausgehend von theoretischen Überlegungen schlug EINSTEIN[7] die folgende Gleichung für die Viscosität von kolloiden Lösungen vor:

$$\eta = (1 + 2{,}5\ \Phi).$$

[1] PHILIPPOFF, W.: Viscosität der Kolloide. Leipzig: Steinkopff 1942.

[2] CRAGG, L. H.: J. Colloid. Sci. 1, 261 (1946).

[3] KRAEMER, E. O. u.W. D. LANSING: J. Physical Chem. 39, 156 (1935). — KRAEMER, E. O.: Ind. Eng. Chem. 30, 1200 (1938).

[4] STAUDINGER, H.: Die hochmolekularen organischen Verbindungen. Berlin: Springer 1932.

[5] EWART, R. H.: Adv. in Colloid Sci. 2, 197 (1946).

[6] ALFREY, T., A. BARTOVICS u. H. MARK: J. Am. Chem. Soc. 64, 1557 (1942).

[7] EINSTEIN, A.: Ann. Physik (4) 19, 289 (1906); 34, 591 (1911).

Eine zeitgemäßere Form ist:

$$[\eta] = 2{,}5 \, \overline{V} \tag{22}$$

wobei Φ den Volumanteil und $\overline{V}$ das partielle spezifische Volumen des gelösten Stoffes bedeuten. Die Viscosität wäre demnach von der Größe der Partikeln, d. h. dem Aggregationszustand des Kolloides, unabhängig und nur eine Funktion des Volumanteils. Gl. (22) ist nur für feste, kugelförmige Partikeln, die sich in einem kontinuierlichen Medium bewegen, gültig, während Simha[1] die Viscosität für verschiedene andere einfache hydrodynamische Modelle errechnet hat.

Die Unabhängigkeit der Viscositätszahl von der Partikelgröße wurde bei einigen Kolloiden beobachtet, so z. B. bei Mastixsuspensionen[2] und Glykogen[3]. Beide Substanzen nehmen in Lösung Kugelform an. Um jedoch Einsteins Gleichung auf Glykogen anwenden zu können, müssen wir diesem ein fünfmal größeres Volumen als in trockener Form zuschreiben. Im allgemeinen besitzen Lösungen solcher Sphärokolloide eine relativ niedrige Viscosität, und auch bei hoher Konzentration ist ihr allgemeines Verhalten ähnlich dem der Lösungen von Nicht-Kolloiden.

Für die meisten kolloiden Lösungen ist Einsteins Gleichung jedoch nicht anwendbar, denn die Viscosität ist vom Verteilungsgrad der Partikel abhängig. Zur Lehre von der Viscosität der Lösungen von synthetischen, linearen Hochpolymeren haben die Untersuchungen von Staudinger[4] viel beigetragen. Er schlug folgende Formel vor:

$$[\eta] = KM \tag{23}$$

worin M das Molekulargewicht des Polymeren und K eine besondere Konstante für jede homologe Reihe bedeutet. Es wurde angenommen, daß diese Polymeren molekular dispergiert sind, und der Beitrag eines jeden Gliedes in der Kette eines Fadenmoleküls zusätzlich ist. Um die Konstante K einer homologen Reihe zu ermitteln, suchte man sie an niedermolekularen Polymeren zu bestimmen, bei denen das Molekulargewicht durch klassische Methoden der Chemie festgestellt wurde. Der so erhaltene K-Wert kann dann für die Molekulargewichtsbestimmung in den höheren Stufen der homologen Reihe benutzt werden. In einigen Fällen waren diese Werte jedoch niedriger als die mittels der Ultrazentrifuge oder durch Messungen des osmotischen Druckes erhaltenen[5, 6]. Kuhn[7] und Flory[8] haben daher Staudingers Regel folgendermaßen abgeändert:

$$[\eta] = K \, M^{a}. \tag{24}$$

Die Werte des Exponenten a für verschiedene Polymere fallen zwischen 0,5 und 1,0.

Viscositätsmessungen eignen sich demnach für Molekulargewichtsbestimmungen, wenn die Konstanten K und a durch unabhängige Methoden bestimmt worden sind. Ihrer Einfachheit wegen ist sie auch die am meisten benutzte Methode zur Molekulargewichtsbestimmung von synthetischen Hochpolymeren. Kleinste Unregelmäßigkeiten in der Polymerkette, d. h. Verzweigung oder andere Abweichungen von der Fadenform, beeinträchtigen jedoch das Ergebnis. Dies ist eine

[1] Simha, R.: J. Phys. Chem. **44**, 25 (1940); J. Chem. Phys. **13**, 188 (1945).

[2] Bancelin, M.: Z. Chem. Ind. Koll. **9**, 154 (1911).

[3] Staudinger, H.: Organische Kolloidchemie, 2. Aufl., S. 70. Braunschweig: Vieweg 1941.

[4] Staudinger, H. u. W. Heuer: Ber. dtsch. chem. Ges. **63**, 222 (1930). — Staudinger, H., u. R. Nodzu: ibid. **63**, 721 (1930).

[5] Fordyce, R. u. H. Hibbert: J. Am. Chem. Soc. **61**, 1912 (1939).

[6] Baker, W. O., C. S. Fuller u. J. H. Heiss, jr.: ibid **63**, 2142 (1941).

[7] Kuhn, K.: Angew. Chem. **49**, 858 (1936).

[8] Flory, P. J.: J. Am. Chem. Soc. **65**, 372 (1943).

wesentliche Beschränkung der Anwendbarkeit der Methode; sie ermöglicht, diese Unregelmäßigkeiten zu studieren. Das Versagen von Vicsositätsmessungen bei Aggregationserscheinungen wurde von DOTY und Mitarbeitern[1] hervorgehoben.

Der Unterschied zwischen den EINSTEINschen und STAUDINGERschen Viscositätsgleichungen liegt darin, daß EINSTEIN für seine Partikeln ein für das Lösungsmittel völlig undurchlässiges Kugelmodell annimmt, während STAUDINGER ein durchlässiges Modell voraussetzt, bei dem sich das Lösungsmittel mit jedem Kettenglied des linearen Polymers in direkter Reibung berührt. Als ein hydrodynamisches Modell dieser letzten Partikelart hat KUHN[2] eine frei fließende Kette vorgeschlagen, während DEBYE[3] in weiterer Entwicklung dieses Modells ein lineares Polymer als aus einer großen Anzahl von festen Kugeln, den Kettengliedern, bestehend ansieht, die miteinander durch frei rotierende Bindungen verknüpft sind. Ein Geschwindigkeitsgefälle innerhalb der Lösung wird daher diese Art „Perlenkette" um deren Schwerezentrum mit einer Winkelgeschwindigkeit entsprechend dem Geschwindigkeitsgefälle innerhalb der Lösung in Rotation bringen. EINSTEINS Rechnungsweise kann auf jede einzelne der Kugeln angewandt werden, indem man von dem Widerstand der Bindungen absieht. DEBYE hat dann als Endergebnis die STAUDINGERsche empirische Gl. (23) $[\eta] = KM$ erhalten.

Die beiden Modelle von EINSTEIN und STAUDINGER sind Extremfälle, während für die Mehrzahl der Kolloide eine Zwischenform die richtige sein dürfte, indem die Partikeln nur teilweise vom Lösungsmittel durchspült werden. Die Viscositätsverhältnisse sind in diesem Fall durch die Gl. (24) wiedergegeben, und der Exponent a wird im EINSTEINschen Modell den Wert $a = 0$ und im STAUDINGERschen Modell den Wert $a = 1$ annehmen.

VIII. Viscosität von Eiweißkörpern und Eiweißmodellen.

Im vorstehenden Abschnitt haben wir die Viscositätsverhältnisse homöopolarer Systeme erörtert, d. h. von Kolloiden, die keine oder nur eine kleine elektrische Ladung in nicht polaren Lösungsmitteln besitzen. Die Viscosität solcher Systeme steht in einem einfachen Verhältnis zur Konzentration und Form der Kolloidpartikel. Anders verhält es sich mit heteropolaren Kolloiden, d. h. solchen, die durch Ionisierung eine elektrische Ladung erhalten können. Diese Kolloide sind entweder polybasische Säuren oder Basen, oder auch amphotere Elektrolyte, wie dies bei den Eiweißverbindungen der Fall ist. Falls überhaupt, so sind diese Polyelektrolyte nur in solchen polaren Lösungsmitteln löslich, die, wie Wasser, auch ionisierbar sind.

Das Verhalten der Viscosität solcher Systeme ist bedeutend komplizierter als jenes der homöopolaren Kolloide, da die Viscosität auch von der elektrischen Ladung, d. h. Ionisierung, abhängig ist und von dem p_H der Lösung, dem elektrokinetischen Potential, dem DONNANschen Gleichgewicht und der Ionenstärke beeinflußt wird. Die Form der Partikeln spielt hier auch eine wichtigere Rolle als bei nicht polaren Kolloiden, denn natives Eialbumin, das in Lösung annähernd Kugelform annimmt, zeigt eine fast normale Viscositätsabhängigkeit von der Konzentration, während die Viscosität der Gelatine, einem Fasereiweiß, viel schneller mit der Konzentration anwächst und vom Stromgefälle abhängig ist[4]. Gelatinelösungen gehen auch leicht in Gallerten über, und

[1] DOTY, P., H. WAGNER u. S. SINGER: J. Phys. Coll. Chem. **51**, 32 (1947).
[2] KUHN, W. u. H. KUHN: Helv. Chim. Acta **26**, 1394 (1943).
[3] DEBYE, P.: J. Chem. Phys. **14**, 636 (1946).
[4] KUNITZ, M., M. L. ANSON u. J. H. NORTHROP: J. Gen. Physiol. **17**, 365 (1934). — KUNITZ, M.: J. Gen. Physiol. **10**, 811 (1927).

mit dieser Eigenschaft sind die „Alterungsphänomene" der Lösungen verbunden, d. h. die Viscosität ändert sich mit dem Alter der Lösung[1]. Die Viscosität der Fasereiweißlösungen sinkt mit steigender Temperatur schnell ab, und nach Bogue[2] und Kruyt[3] sollen sich alle Eiweißlösungen oberhalb einer gewissen Temperatur hinsichtlich ihres Viscositätsverhaltens normalen Flüssigkeiten nähern.

Den abnormen Viskositätsverhältnissen solcher Lösungen wurden verschiedene Ursachen zugeschrieben. Loeb[4] versuchte, sie durch das Donnansche Gleichgewicht, Kunitz[5] durch den osmotischen Druck innerhalb jeder Partikel und McBain[6] durch verschiedene Aggregationszustände zu erklären. Nach Staudinger[7] ist dagegen die Faserform dieser Kolloide und deren Ladung für die abnorme Viscosität verantwortlich. Er konnte nämlich zeigen, daß Polyacrylsäure, eine vielbasische Säure und daher ein Eiweißmodell, eine 600mal größere Viscositätszahl besitzt als ein nicht ionisierbares Kolloid gleicher Konstitution. Die Viscosität ist am größten am Neutralisationspunkt der Polyacrylsäure. Demnach ist die Viscosität stark von elektrostatischen Wechselwirkungen beeinflußt, und Kern[8] unterscheidet zwischen dem makromolekularen und ionalen Anteil der Viscosität. Bei Zusatz von Elektrolyten wird durch deren Schutzeffekt die Reichweite der elektrostatischen Kräfte vermindert, und die Viscosität nähert sich derjenigen der homöopolaren Kolloide. In geeigneten Fällen könnte man vielleicht Viscositätsmessungen für die Molekulargewichtsbestimmung anwenden[9].

In jüngster Zeit untersuchte Fuoss[10] die Viscositätsverhältnisse bei sehr verdünnten Lösungen von stark basischen Hochpolymeren. In Leitfähigkeitswasser wiesen diese Lösungen bei genügender Verdünnung einen plötzlichen, steilen Anstieg der Viscosität auf. Um dies zu erklären, müssen wir die Form von Fadenhochpolymeren in einer Flüssigkeit betrachten. Ein Fadenpolymer wird nämlich nicht eine langgestreckte Form annehmen, sondern durch Valenzwinkelung und die mehr oder minder freie Rotation der einzelnen Kettenglieder um die Bindungen einen Knäuel bilden. Kuhn[11] bezeichnet die Durchschnittsentfernung zwischen Anfang und Ende des Fadenpolymeren mit R und gibt sie als:

$$R^2 = N\,a^2\,\frac{1+p}{1-p}$$

an, wobei N die Zahl der Kettenglieder, a die Entfernung zwischen zwei aufeinanderfolgenden Atomen der Kette und p den Cosinus des angenommenen Winkels der freien Rotation bezeichnen. Falls die Rotation durch elektrostatische oder sterische Behinderung nur auf einen Sektor beschränkt ist, wird folgende Gleichung anzuwenden sein:

$$R^2 = N\,a^2\,\frac{1+p}{1-p}\cdot\frac{1+\cos\psi}{1-\cos\psi}$$

[1] Sheppard, S. E., u. R. C. Houck: J. Phys. Chem. 34, 273 (1930).

[2] Bogue, R. H.: J. Am. Chem. Soc. 44, 1343 (1922).

[3] Kruyt, H. R.: Kolloid Z., Zsigmondy Festschrift, 36, 218 (1925).

[4] Loeb, J.: Proteins and the Theory of Colloidal Behavior, 2. Aufl. New York: McGraw-Hill 1924.

[5] Kunitz, M.: J. Gen. Physiol. 9, 715 (1926). — Northrop, J. H. u. M. Kunitz: J. Phys. Chem. 35, 162 (1931).

[6] McBain, J. W. C. E. Harvey, L. E. Smith: J. Phys. Chem. 30, 312 (1926). — McBain, J. W., u. M. E. Laing McBain: J. Am. Chem. Soc. 59, 342 (1937).

[7] Staudinger, H.: Die hochmolekularen organischen Verbindungen, S. 333. Berlin: Springer 1932.

[8] Kern, W.: Z. physik. Chem. (A) 181, 283 (1937/38).

[9] Polson, A.: Nature 137, 740 (1936).

[10] Fuoss, R. M. u. U. P. Strauss: J. Polymer Sci. 3, 246 (1948) — Fuoss, R. M. u. D. Edelson: ibid. 6, 523 (1951). — Vergl. A. Katchalski, ibid. 7, 393 (1951).

[11] Kuhn, W.: Kolloid Z. 68, 2 (1934).

worin ψ den Durchschnittswert des Sektors bedeutet. Abb. 10 illustriert das Rotationsverhältnis bei unbehinderter Rotation.

Als Resultat solcher Zufallsanordnungen der Polymerkette wird das Polymer eine Knäuelform annehmen. In dem von Fuoss untersuchten Fall wird bei genügender Verdünnung und bei Elektrolytabwesenheit die elektrostatische Abstoßung zwischen den gleichgeladenen Ionen ein und derselben Polymerkette genügend stark werden, um die plötzliche Streckung der Kette zu bewirken, was natürlicherweise von einer bedeutenden Viskositätserhöhung begleitet wird. Bei Eiweißkörpern ist das Verhältnis verschieden, denn am isoelektrischen Punkt besitzen sie Ladungen mit beiden Zeichen, d. h. sowohl positive als auch negative, die sich gegenseitig elektrostatisch anziehen. Je geringer der Abschirmeffekt der sich in der Lösung befindenden Elektrolyte, d. h. je kleiner deren Konzentration ist, um so stärker wird die Anziehungskraft, und die Eiweißpartikel werden demnach eine mehr kompakte Form annehmen. Daraus erklärt sich auch, warum viele Eiweißkörper (die Globuline) nur in verdünnten Salzlösungen löslich sind, nicht aber

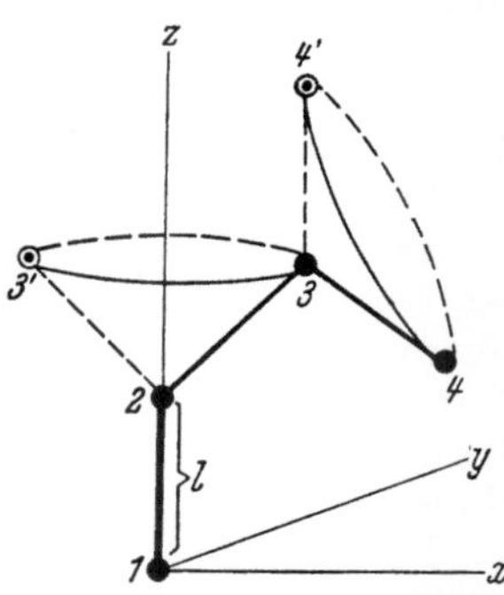

Abb. 10. Valenzwickelung und Drehungsmöglichkeit bei Fadenmolekülen. (*Kuhn, W.:* in: Zur Entwicklung der Chemie der Hochpolymeren, S. 181, Berlin: Verlag Chemie, 1937).

in reinem Wasser, denn die kompakten Partikeln weisen eine kleinere Affinität zu dem Lösungsmittel auf.

IX. Gallerten.

Viele Kolloide haben die merkwürdige Eigenschaft, während des Überganges vom festen in den gelösten Zustand beim Lösungsprozeß oder beim entgegengesetzten Prozeß, dem Einengen der Lösung, Gallerten zu bilden. Diese Eigenschaft ist besonders bei lyophilen Kolloiden ausgeprägt, so z. B. bei Eiweißverbindungen, Kautschuk, Stärke und Seifen. Gallerten bestehen immer aus einer festen und einer flüssigen Komponente, und obwohl die Menge der letzteren oft weit überwiegend ist, sind Gallerten feste Körper, haben also eine bestimmte Form und widerstehen der Deformation. Gallerten können temperatur-reversibel oder -irreversibel sein; beispielsweise kann Gelatine durch Erwärmen und Abkühlen beliebig oft von der Gallerte in den flüssigen Zustand gebracht werden, während durch Hitze koaguliertes Ei weder durch Kühlen noch Erwärmen in den flüssigen Zustand gebracht werden kann.

Der Übergang einer Flüssigkeit in eine Gallerte kann nicht mit der Kristallisation verglichen werden, denn er besteht in einer allmählichen Viskositätserhöhung ohne scharfe Grenze zwischen den beiden Zuständen. Bei reversiblen Gallerten besteht auch eine gewisse Hysteresis zwischen der Erstarrungs- und Gerinnungstemperatur der Lösung.

Den neueren Auffassungen nach beruht dieser eigenartige Quellungszustand der Kolloide in Gallerten auf einer besonders starken Solvatation der Kolloide, d. h. auf starken Anziehungskräften zwischen Lösungsmittel und gelöstem Körper. Durch das Studium des Einflusses der Kettenlänge bei Fadenmolekülen auf die Gallertenbildung wurde die Rolle der Teilchengröße geklärt. Der Wirkungskreis eines langen Fadenmolekels ist nämlich viel größer als sein Eigenvolumen und nimmt mit dem Quadrat der Kettenlänge zu. In einer Lösung sind alle Partikeln in ihrer thermischen Bewegung relativ unabhängig, und bei Fadenmolekülen müssen sie weit voneinander entfernt sein, um sich nicht gegenseitig zu beeinflussen. Falls aber nicht genügend Lösungsmittel vorhanden ist, wird die Beweglichkeit der einzelnen Partikel vermindert, und die Fadenmoleküle können ein Netzwerk bilden, in dem sie eine beträchtliche Menge des Lösungsmittels immobilisieren. Bei ausreichender Zugabe von Lösungsmittel geht die Gallerte in eine hochviskose Lösung über, die nur bei sehr großer Verdünnung normal viskos wird. Gallerten sind also kolloidale Systeme, in denen die einzelnen Partikeln ihre kinetische Unabhängigkeit teilweise eingebüßt, ihre Individualität aber beibehalten haben.

Schon eine kleine Anzahl von Brückenbindungen zwischen den einzelnen Ketten genügt, um das Kolloid unlöslich zu machen[1]. Ein solches Kolloid ist trotzdem befähigt, große Mengen Lösungsmittel anzuziehen und dadurch aufzuquellen, behält jedoch immer seine Urform und geht nicht in eine Lösung über. Staudinger bezeichnet solche Kolloide als beschränkt quellbare, während die löslichen Kolloide unbeschränkt quellbare sind. Flory[2] hat dieses Problem vom thermodynamischen Standpunkt aus behandelt.

Die Quellung der heteropolaren Kolloide ist viel stärker als die der homöopolaren, denn durch Ionenschwarmbildung können weitere Mengen des Lösungsmittels immobilisiert werden. Procter und Wilson[3] und insbesondere Loeb[4] haben die Wichtigkeit des Donnanschen Gleichgewichtes bei den Quellungserscheinungen von Gelatine in verdünnten Lösungen von Säuren, Basen und neutralen Salzen betont. Die zahlreichen Untersuchungen an Gallerten wurden neuerdings von Frey-Wyssling[5] und Ferry[6] kritisch erörtert.

Einige Gallerten gehen bei genügend starker mechanischer Bewegung in den flüssigen Zustand über; wenn aber das System zur Ruhe kommt, steigt die Viskosität der Lösung allmählich wieder an, bis sie in den Gallertzustand zurückkehrt. Diese Erscheinung wird als Thixotropie bezeichnet[7].

C. Struktur der Eiweißkörper.

In den vorstehenden Abschnitten haben wir uns mit einigen Untersuchungsmethoden der kolloiden Eigenschaften der Eiweißkörper vertraut gemacht und wir werden nun versuchen, ein möglichst einheitliches Bild der daraus erhaltenen Ergebnisse zu geben.

Das Bestreben der Kolloide, Aggregate zu bilden, wurde in den ersten Jahrzehnten der Kolloidchemie als deren grundlegende Eigenschaft angesehen, und daher gehörten auch Fällung und Gerinnung der Kolloide, die ja durch weitgehende Aggregation zustande kommen, zu den Hauptobjekten späterer Untersuchungen und Erörterungen. Es war nun unwahrscheinlich, daß diese Aggregate, für die der von Nägeli[8] geprägte Name Micelle angenommen wurde, sich auch stöchiometrisch mit Säuren, Basen oder anderen Reagenzien binden oder dem Gesetz der konstanten Proportionen der klassischen Chemie Folge leisten würden, denn es wurde angenommen, daß nur die Oberfläche der Aggregate reaktionsfähig

---

[1] Staudinger, H. u. W. Heuer: Ber. dtsch. chem. Ges. 67, 1164 (1934).

[2] Flory, P. J. u. J. Rehner, Jr.: J. Chem. Phys. 11, 512 u. 521 (1943). — Flory, P. J.: J. Am. Chem. Soc. 69, 30 (1947).

[3] Procter, H. R. u. J. A. Wilson: J. Chem. Soc. London 109, 307 (1916).

[4] Loeb, J.: Proteins and the Theory of Colloidal Behavior, 2. Aufl. New York: McGraw-Hill 1924.

[5] Frey-Wyssling, A.: Submikroskopische Morphologie des Protoplasmas und seiner Derivate, S. 74. Berlin: Borntraeger 1938.

[6] Ferry, J. D.: Adv. in Protein Chemistry 4, 1 (1948).

[7] Freundlich, H.: Thixotropy. Paris: Hermann 1935.

[8] Nägeli, C.: Micellartheorie. Leipzig: Akademische Verlagsgesellschaft 1928.

ist. Die Eiweißkörper wurden daher als amorphe Kontinua angesehen, deren Eigenschaften in erster Linie vom Grad der Zerteilung und den Substanzen, die an den so entstandenen Oberflächen adsorbiert sind, bestimmt werden. Die stöchiometrischen Gesetze der Chemie wurden daher durch empirische Gleichungen ersetzt, beispielsweise durch FREUNDLICHS Adsorptions-Formel[1], die die Wirkung der aktiven Oberflächen berücksichtigen sollte. LANGMUIR[2] konnte aber zeigen, daß diese Formel nicht für Adsorption von Gasen an glatten Oberflächen, wie z. B. Glimmer, Glas oder Platin, gültig ist, sondern daß auch diese Vorgänge durch Haupt- und Nebenvalenzkräfte gesteuert werden und demnach stöchimetrischen Gesetzen Folge leisten. Daß auch Eiweißkörper stöchiometrisch mit Säuren und Basen in Verbindung treten, wurde zuerst durch die Arbeiten von SÖRENSEN[3] und LOEB[4] bewiesen, die durch die Entwicklung moderner Methoden der Wasserstoffionen-Bestimmung[5-7] ermöglicht wurden. Diese Arbeiten stellen die ersten physikalisch-chemischen Beiträge zur Erkennung der Struktur der Eiweißkörper dar.

Zwei weiteren Untersuchungsmethoden müssen wir den größten Einfluß auf unsere heutigen Kenntnisse der Eiweißkörper zuschreiben. Röntgenographische Untersuchungen haben nämlich ermöglicht, die Struktur der fibrillenartigen Eiweißkörper in ihren Grundlagen festzustellen, weshalb wesentliche Änderungen in den zurzeit vorherrschenden Grundsätzen kaum zu erwarten sind. Anders steht es mit den kugelförmigen Eiweißkörpern, bei denen sich die Ultrazentrifuge zweifellos einen großen Vorsprung gesichert hat, um jedoch beim abschließenden Studium des Problems des Baues dieser Körper zu versagen.

I. Struktur der Faser-Eiweißkörper.

Ein großer Teil der tierischen Eiweißkörper besteht aus Binde-, Stütz- und Deckgewebe. Dem äußeren Anschein nach sind diese Gewebe meistens faserartig, und die Makrostruktur spiegelt sich auch in ihrem molekularen Aufbau wieder. Dem molekularen Bau nach sind sie alle lineare Hochpolymere, in denen eine große Anzahl von Aminosäuren durch Peptidbindungen Ketten unbestimmter Länge bilden. Gewöhnlich enthalten sie nur eine beschränkte Anzahl verschiedener Aminosäurearten und gehören zu den chemisch einfacheren Eiweißkörpern.

Trotzdem die Zusammensetzung der Aminosäuren bei jeder Art verschieden sein mag, besitzen die Eiweißkörper eine Anzahl gemeinsamer Eigenschaften, wie Unlöslichkeit und Widerstandsfähigkeit gegen chemische Reagenzien und eiweißspaltende Enzyme. Die Art des molekularen Aufbaus ist bei allen Eiweißkörpern dieser Gruppe ähnlich, was auch ihre gleichen Eigenschaften bedingt. Es war die röntgenographische Untersuchungsmethode, die am meisten dazu beigetragen hat, ihren Aufbau zu erkennen.

---

[1] FREUNDLICH, H.: Kapillarchemie, 4. Aufl., 1, 244. Leipzig: Akademische Verlagsgesellschaft 1930.

[2] LANGMUIR, I.: Phys. Rev. (2) 6, 79 (1915); J. Am. Chem. Soc. 40, 1361 (1918).

[3] SÖRENSEN, S. P. L. u. Mitarbeiter: Compt. rend. trav. Lab. Carlsberg 12, 68 (1917); 16, No. 5 (1926).

[4] LOEB, J.: Proteins and the Theory of Colloidal Behavior, 2. Aufl. New York: McGraw-Hill 1924.

[5] SÖRENSEN, S. P. L.: Compt. rend. trav. Lab. Carlsberg 8, 1 u. 396 (1909/10).

[6] CLARK, W. M.: The determination of Hydrogen Ions. Baltimore: Williams & Wilkins 1928.

[7] MICHAELIS, L.: Die Wasserstoffionenkonzentration, 2. Aufl. Berlin: Springer 1922.

Diese Methode wurde zuerst bei anorganischen Kristallen angewandt, indem v. Laue[1] das aus scharf definierten symmetrischen Interferenzpunkten bestehende Diagramm entdeckte, das beim Durchstrahlen eines Einkristalls mittels Röntgenstrahlen durch Reflektion an gleich entfernten Netzebenen des Kristallgitters entsteht. Entsprechend dem Reflektionsgesetz von Bragg[2] erhält man einen intensiven Interferenzstrahl nur dann, wenn zwischen der Wellenlänge des einfallenden Röntgenlichtes λ und dem Abstand der für die Reflexion herangezogenen Netzebenen d die Beziehung:

$$n\,\lambda = 2\,d \sin \psi$$

erfüllt ist, wobei ψ den Winkel des einfallenden Strahles mit der reflektierenden Ebene und n eine ganze Zahl, z. B. 1, 2 usw. bezeichnet. Kennt man die Wellenlänge, so ist es möglich, aus dem Diagramm der Anordnung der Interferenzpunkte den Abstand der Hauptnetzebenen und deren gegenseitige Winkel zu bestimmen. Dies gibt uns ein genaues Bild sowohl der Dimensionen und der Form der Elementarkristallzelle des betreffenden Kristalles als auch der räumlichen Verteilung der Atome oder Atomgruppen, die die Gitterstellen einnehmen. Es war zum Beispiel möglich, den Abstand zwischen verschiedenen Atomen, wie C—C, C—N, C—O usw., in organischen Verbindungen mit der erstaunlichen Genauigkeit von 1/100 Å zu bestimmen[3, 4].

Um aber Interferenzdiagramme zu erhalten, sind gut ausgebildete Einkristalle nicht erforderlich, und Debye und Scherrer[5] haben Diagramme von feinem, regellos orientiertem Kristallpulver erhalten. Scherrer[6] hat diese Methode auf typische Kolloide angewandt, um festzustellen, ob in ihnen ein mikrokristalliner Bau vorhanden ist. Es waren jedoch Herzog und Jancke[7], denen die ersten Röntgeninterferenzdiagramme bei Durchstrahlung von Zellulosefasern, nämlich Baumwolle, Ramie und Holzzellulose geglückt sind, und die somit den teilweise kristallinen Aufbau dieser typischen Hochpolymere erwiesen haben. Die kristallinen Zonen entstehen durch parallele Anordnung der Hauptvalenzketten von Glucoseresten innerhalb der einzelnen Zellulosefasern[8].

Ähnliche typische Faserdiagramme[9] sind auch für die meisten anderen linearen Hochpolymeren, z. B. Gerüsteiweiß und gestreckten Kautschuk[10], bezeichnend.

Es wurde auch die sehr beachtliche Feststellung gemacht, daß alle Fasereiweißkörper trotz verschiedener Zusammensetzung ihrer Aminosäuren sehr ähnliche Diagramme geben, die anscheinend in nur zwei Klassen unterzubringen sind, nämlich die des Keratins und des Kollagens[11].

Ein typisches Diagramm der Keratingruppe wird vom ungestreckten Haar der Säugetiere gegeben, und dieser Gruppe gehören auch die Fasereiweißkörper der Epidermis der Säugetiere, Amphibien und einiger Fische, wie auch Horn und

---

[1] Friedrich, W., P. Knipping u. M. v. Laue: Sitzungsberichte der Kgl. Bayer. Akad. d. Wiss., Math.-Physik. Klasse. S. 303 (1912).

[2] Bragg, W. L.: Nature 90, 410 (1912/13).

[3] Stuart, H. A.: Molekülstruktur, S. 44. Berlin: Springer 1934.

[4] Pauling, L.: The Nature of the Chemical Bond, 2. Aufl., S. 160. Ithaca, N. Y.: Cornell University Press 1944.

[5] Debye, P. u. P. Scherrer: Physik. Z. 18, 291 (1917).

[6] Scherrer, P.: Göttinger Nachrichten, Math.-Physik. Klasse S. 98 (1918).

[7] Herzog, R. O. u. W. Jancke: Zeitschr. Physik 3, 196 (1920). — Herzog, R. O., W. Jancke u. M. Polányi: ibid. 3, 343 (1920).

[8] Meyer, K. H. u. H. Mark: Ber. Dtsch. Chem. 61, 593 (1928). — Nickerson, R. F.: Adv. in: Carbohydrate Chemistry 5, 103 (1950).

[9] Polányi, M.: Z. Physik 7, 149 (1921).

[10] Katz, J. R.: Naturwiss. 13, 410 (1925). — Hauser, E. A., u. H. Mark: Kolloidchem. Beih. 22, 63 (1926).

[11] Astbury, W. T.: Adv. in Enzymology 3, 63 (1943). — Astbury, W. T.: Compt. rend. trav. Lab. Carlsberg, Sörensen Festschrift, Sér. chim. 22, 45 (1938).

Nägel an. Das normal erhaltene Diagramm wurde von ASTBURY[1] als das der α-Form bezeichnet. Die Fasern sind elastisch und lassen sich strecken. Nach der Ausdehnung erhält man ein anderes Diagramm, das als der β-Form angehörend betrachtet wird. Dasselbe β-Diagramm geben auch ohne Streckung Seidenfibroin, Blutfibrin, Vogelfedern, Schildkrötenplatten und Schuppen von Reptilien.

Die Eiweißkörper der Bindegewebe, wie der Sehnen, Flechse, Knorpel, Fischschuppen, Flossen und der Gelatine geben hingegen das Diagramm der Kollagene.

a) Seidenfibroin.

Das Röntgendiagramm der natürlichen Seide wurde zuerst von HERZOG und JANCKE[2] aufgenommen und von MEYER und MARK[3] gedeutet. Demnach wäre Seidenfibroin hauptsächlich aus langgestreckten Polypeptidketten aufgebaut:

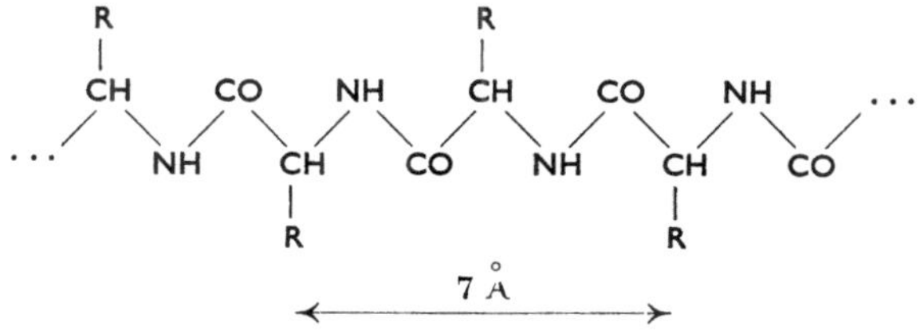

$$
\begin{array}{ccccccc}
 & R & & & R & & \\
 & | & & & | & & \\
 & CH & CO & NH & CH & CO & NH \quad \cdots \\
\cdots \; NH & & CH & CO & NH & CH & CO \\
 & & | & & & | & \\
 & & R & & & R & \\
\end{array}
$$

$$\longleftarrow \; 7\,\overset{\circ}{A} \; \longrightarrow$$

Die Identitätsperiode entlang der Achse ist 7 Å, die als die Spannweite von zwei Aminosäureresten zu deuten ist. Die Entfernung der Hauptvalenzketten von einander ist in einer Richtung 4,6 Å (Rückgratabstand) und in der anderen 5,2 Å (Seitenrestabstand).

Die Aminosäuren-Zusammensetzung des Seidenfibroins ist eine der einfachsten unter den Eiweißkörpern. Die Hauptvertreter sind Glycin, Alanin und Serin, die annähernd im molekularen Verhältnis $^1/_2 : ^1/_4 : ^1/_8$ stehen. Wir könnten uns demnach eine Polypeptidkette mit periodischer Anordnung der Aminosäurenreste vorstellen, in der jeder zweite ein Glycylrest und jeder vierte ein Alanylrest wäre usw. Ein solcher periodischer Aufbau müßte ein Röntgendiagramm mit Perioden von mehr als 7 Å liefern. Dies ist jedoch nicht der Fall, und wir müssen zurzeit von dieser Annahme absehen[4].

b) Keratin.

Haar und Wolle sind durch eine außerordentliche Elastizität gekennzeichnet und lassen sich bis zu ihrer dreifachen Länge strecken[5]. Die Streckung ist leichter in Wasser oder anderen Flüssigkeiten mit hoher dielektrischer Konstante auszuführen. Diese Tatsache deutet darauf hin, daß es elektrostatische Kräfte sind, welche die Faser in zusammengezogener Form halten.

Die Identitätsperiode entlang der Achse beträgt 5,14 Å mit einem Seitenrestabstand von 9,8 Å, während keine Rückgratperiode zu finden ist. Um diese Form, die vielen Eiweißkörpern mit recht verschiedener Aminosäuren-Zusammensetzung gemeinsam ist, zu deuten, hat ASTBURY[6] ein gefaltetes Polypeptidkettenmodell vorgeschlagen, in dem nur die polare Natur der einzelnen Seitenreste

---

[1] ASTBURY, W. T.: Fundamentals of Fibre Structure. Oxford University Press 1933.
[2] HERZOG, R. O., u. W. JANCKE: Ber. dtsch. chem. Ges. **53**, 2162 (1920).
[3] MEYER, K. H., u. H. MARK: ibid. **61**, 1932 (1928).
[4] ASTBURY, W. T.: Adv. in Enzymology 3, 73 (1943).
[5] ASTBURY, W. T., u. A. STREET: Phil. Trans. Roy. Soc. London A **230**, 75 (1931/32.)
— ASTBURY, W. T.: J. Chem. Soc. London S. 337 (1942).
[6] ASTBURY, W. T., u. F. O. BELL: Nature **147**, 696 (1941).

wichtig sein soll. Diese sollen entlang der Polypeptidkette abwechselnd polaren und nicht polaren Charakter besitzen, und demnach sollten alle Eiweißkörper dieser Gruppe aus einer annähernd gleichen Anzahl Aminosäuren beider Typen aufgebaut sein. Die Seitenreste wenden sich von der Rückgratebene der Polypeptidkette abwechselnd nach oben oder unten, so daß sich alle polaren Reste auf der einen, alle nicht polaren auf der anderen Seite befinden. Durch die gegenseitige Anziehung gleichartiger Reste werden je drei einander folgende Reste Triaden bilden, die die Hauptvalenzkette in gefalteter Form halten. Abb. 11.

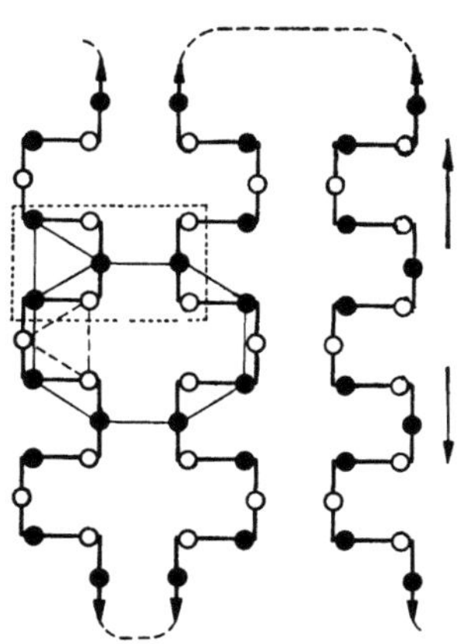

Abb. 11. Modell der Keratinfaser in α-Faltung: Die Seitenreste der Hauptvalenzkette (die durch volle Linie angedeutet ist) sind abwechselnd oberhalb (●) und unterhalb (○) der Diagrammebene angeordnet. (*Astbury, W. T.* und *F. O. Bell:* Nature, 147, 698 (1941).

Ebenso können sich benachbarte Triaden parallel stehender Ketten anziehen und der dadurch geformten Fibrille Festigkeit verleihen. Durch mechanische Streckung der Faser werden die Seitenreste innerhalb der Triaden auseinander gezogen, und schon bei 60% Streckung entspricht das Röntgendiagramm dem gestreckten Modell des Seidenfibroins mit einer Identitätsperiode entlang der Faser von 3,32 Å, die sich der entsprechenden Periode für einen Aminosäurerest des Seidenfibroins (7:2 = 3,5 Å) nähert. Der Seitenrestabstand bleibt 9,8Å, während ein Rückgratabstand von 4,65 Å gemessen werden kann.

Der Unterschied im Röntgendiagramm des α- und β-Keratins beweist, daß die Elastizität der Faser durch ihren Molekularaufbau bedingt ist, was die Verallgemeinerung erlaubt, daß die Ursache der Elastizität auch in vielen anderen Fällen eher in der chemischen Struktur als im mechanischen Aufbau der Materie zu suchen ist[1].

c) Die Kollagengruppe.

Die Fasern dieser Eiweißgruppe sind nicht streckbar, obwohl das Röntgendiagramm auf eine zusammengezogene Polypeptidkette hinweist, deren Länge etwa 80% der bei völliger Streckung erwarteten ist. Wenn wir als Beispiel das Diagramm der Rattenschwanzsehne nehmen, so beträgt die Hauptperiode entlang der Achse 2,86 Å, die als der Durchschnittsabstand der Aminosäurenreste zu betrachten ist[2].

Nach der chemischen Analyse, die gerade in dieser Gruppe besonders mangelhaft ist, beträgt die Zahl der Glycylreste ungefähr ein Drittel und die der Prolin- und Oxyprolinreste ein weiteres Drittel aller Aminosäuren. Astbury hat daher folgendes Modell für die Kollagen-Polypeptidkette vorgeschlagen:

$$\cdots - CO \quad N - CH \quad CO - NH \quad CH_2 \quad NH \quad CO \quad CH - CO \quad N - CH \quad CO - \cdots$$
$$R$$
$$\longleftarrow 3 \times 2.86\ \overset{\circ}{A} \longrightarrow$$

---

[1] Meyer, K. H.: Biochem. Z. **214**, 253 (1929).
[2] Astbury, W. T. u. W. R. Atkin: Nature **132**, 348 (1933). — Astbury, W. T. u. F. O. Bell: Nature **145**, 421 (1940).

Da jedoch keine Periode von $3 \times 2{,}86 = 8{,}58$ Å beobachtet werden konnte, ist eine regelmäßige Anordnung der Aminosäuren kaum zu erwarten.

Auf Grund langjähriger Untersuchungen über Valenzwinkel und Abstände in Aminosäuren und einfachen Polypeptiden[1], haben unlängst PAULING und COREY[2] eine Anzahl von Modellen für die α- und β-Keratin- und Myosin-Gruppe, Kollagen und auch die globulären Eiweißkörper vorgeschlagen. Am wichtigsten ist das Modell für die α-Keratin-Myosin-Gruppe. Entsprechend dem Modell von HUGGINS[3] haben auch diese Forscher eine Spiral-Struktur vorgeschlagen. Sie sehen aber von einer ganzen Zahl der Aminosäurereste pro Spiralwindung ab, und nehmen die Zahl von 3,7 Resten als am wahrscheinlichsten an[4]. Dieses sogenannte 3,7-Helix-Modell wurde auf Grund der folgenden Annahmen vorgeschlagen: 1) alle Aminosäurereste sind im Aufbau der Polypeptidkette gleichwertig; 2) alle möglichen Wasserstoffbrücken werden nur innerhalb der Kette zustande kommen und 3) durch die Resonanz der Doppelbindung zwischen Kohlenstoff und Sauerstoff, und Stickstoff und Sauerstoff, werden alle Atome in der Peptidbindung in einer Ebene liegen:

$$
\begin{array}{c}
\text{H}\diagdown \qquad \qquad \diagup \text{C} \\
\text{N} \cdots \text{C} \\
\text{C}\diagup \qquad \qquad \diagdown \text{O}
\end{array}.
$$

Die charakteristischen Perioden entlang der Helix-Achse sind 5,5 Å zwischen 2 Spiralwindungen bezw. 1,5 Å zwischen zwei einanderfolgenden Aminosäureresten. Auf Grund der experimentellen Messung eines Abstandes von 1,5 Å, hat sich PERUTZ[5] zugunsten des Modells von PAULING entschieden. Von besonderer Wichtigkeit ist, dass scheinbar die gleiche Struktur für die α-Keratin- und Myosin-Gruppe, als auch für ein synthetisches Polypeptid, nämlich γ-Poly-benzyl-l-glutamat und das globuläre Hämoglobin anzunehmen ist.

Alle obigen Modelle sind unserer Ansicht nach nicht zu genau zu nehmen, sondern müssen als Versuche, ähnliche Eigenschaften verschiedener Eiweißkörper durch ein gemeinsames, grundlegendes Schema des stereochemischen Aufbaus zu deuten, betrachtet werden. In ihren Einzelheiten können jedoch verschiedene Eiweißkörper von diesen Modellen abweichen, um sich den Forderungen der chemischen Zusammensetzung oder verschiedenen synthetischen Bedingungen anzupassen.

II. Elektronenmikroskopische Untersuchungen.

Die Erforschung der Fasergewebe hat durch die Vervollkommnung des Elektronenmikroskopes[6−8] neue Möglichkeiten erfahren. Während die Struktur der einzelnen Polypeptidketten röntgenographisch untersucht werden kann, gibt uns das Elektronenmikroskop Auskunft über die Beschaffenheit der aus vielen Polypeptidketten bestehenden Faser.

Das Prinzip des Elektronenmikroskops ist dem des gewöhnlichen Lichtmikroskops ähnlich, wobei man den Lichtstrahl durch einen Elektronenstrahl und die Glaslinsen durch magnetische Linsen ersetzt hat. Obwohl Elektronen

[1] COREY. R. B.: Adv. in Protein Chem. **4**, 385 (1948).

[2] PAULING, L. u. R. B. COREY: Proc. Natl. Acad. Sci. USA **37**, 235, 729 (1951).

[3] HUGGINS, M. L.: Chem. Revs. **32**, 195 (1943).

[4] PAULING, L., R. B. COREY u. H. R. BRANSON: Proc. Natl. Acad. Sci., **37**, 205 (1951).

[5] PERUTZ, M. F.: Nature **167**, 1053 (1951). — Vgl. auch COCHRAN, W. u. F.H.C. CRICK, ibid. **169**, 234 (1952).

[6] v. ARDENNE, M.: Elektronen-Übermikroskopie. Berlin: Springer 1940.

[7] ZWORYKIN, V. K., G. A. MORTON, E. G. RAMBERG, J. HILLIER u. A. W. VANCE: Electron Optics and the Electron Microscope. New York: Wiley 1945.

[8] v. BORRIES, B.: Die Übermikroskopie. Aulendorf. 1949.

winzige Körper bestimmter Maße darstellen, besitzen ihre Strahlen Wellencharakter, der dem des Lichtes oder der Röntgenstrahlen ähnlich ist. Die Wellenlänge des Elektronenstrahles ist jedoch von der Potentialdifferenz abhängig, und bei den hohen Spannungen, die im Elektronenmikroskop erforderlich sind, ist sie von der Größenordnung 10^{-10} cm oder $0{,}01$ Å[1]. (Sichtbares Licht hat Wellenlängen von 4000 bis 7000 Å.) Das Auflösevermögen eines Mikroskops steht im umgekehrten Verhältnis zur Wellenlänge des benutzten Lichtes, jedoch ist die theoretisch mögliche Erhöhung des Auflösevermögens durch Verminderung der Wellenlänge aus vielen Gründen nicht erreichbar. Das bisher erreichte Durchschnitts-Auflösungsvermögen des Elektronenmikroskops beträgt 40 Å[2], was einen großen Fortschritt im Vergleich zu den 4000 Å des Lichtmikroskops bedeutet. Die Sichtbarkeit der Objekte ist auch von der Elektronenabsorption abhängig, und um diese bei sehr dünnen Präparaten zu erhöhen, benutzt man die Schattentechnik, indem man Metalldämpfe, z. B. Gold, Chrom u. a., in sehr feiner Schicht auf dem Objekt niederschlägt[3,4]. Wegen der relativ großen Tiefenschärfe erhält man durch das Elektronenmikroskop einen sehr guten Eindruck von der Höhe der Objekte, d. h. man erhält ein dreidimensionales Bild, das durch die Schattentechnik noch verstärkt werden kann, wenn die Metalldämpfe unter einem kleinen Winkel niedergeschlagen werden.

Alle möglichen Gewebe wurden mit dem Elektronenmikroskop photographisch aufgenommen, und im Bereich der Fasergewebe haben besonders Schmitt und Mitarbeiter[5] Kollagenfasern verschiedensten Ursprunges untersucht. In allen Fällen haben sie die gleiche charakteristische Struktur gefunden: In der ganzen Länge der submikroskopischen Fibrillen findet man abwechselnd lichte und dunkle Streifen. Der Abstand zwischen zwei aufeinanderfolgenden Streifen derselben Dichte ist in jeder einzelnen Fibrille sehr gleichmäßig, wechselt aber von der einen zur anderen mit einem Durchschnittswert von 644 Å.

Die Fibrillen lassen sich leicht der Länge nach spalten, bis ihre Breite unter die Sichtbarkeitsgrenze des Elektronenmikroskops fällt. Die Fibrillen werden also aus einer Anzahl paralleler Protofibrillen gebildet, deren Länge unbestimmt ist, deren Breite jedoch unter 50 Å beträgt, und die sich demgemäß der Dimension der Polypeptidkette nähern. Die Natur der lichten und dunklen Streifen hat zurzeit noch keine befriedigende Deutung erfahren, und ebenso wenig wissen wir über den Mechanismus, durch den die einzelnen Protofibrillen derart in den Fibrillen lokalisiert sind, daß die abwechselnden Streifen in allen Protofibrillen in Übereinstimmung gebracht wurden.

Eine ähnliche Periodizität wurde auch im Bau anderer Fasern gefunden, wie z. B. im Muskel und Fibrin[6].

Das Elektronenmikroskop eignet sich besonders zum Studium der submikroskopischen Struktur des Protoplasmas[7] und der Morphologie der einzelnen Zellen und Gewebe[8,9]. Zu diesem Zweck wurden oft Bakterien und Protozoen verwendet[10,11],

[1] Borries, B. v., u. E. Ruska: Naturwiss. 27, 281 (1939).
[2] Report of the Electron Microsc. Soc.: J. Appl. Phys. 17, 989 (1946).
[3] Müller, O. H.: Kolloid-Z. 99, 6 (1942).
[4] Williams, R. C. u. R. W. G. Wyckoff: J. Appl. Phys. 15, 712 (1944); Science 101, 594 (1945); Proc. Soc. Exptl. Biol. Med. 58, 265 (1945).
[5] Schmitt, F. O., C. E. Hall u. M. A. Jakus: J. cellular comp. physiol. 20, 11 (1942).
[6] Schmitt, F. O.: Adv. in Protein Chem. 1, 25 (1944). — Vergl. auch: A. Szent Györgyi, s. S. 125.
[7] Marton, L.: Ann. Rev. Biochem. 12, 587 (1943).
[8] Sjoestrand, F.: Nature 151, 725 (1943).
[9] Claude, A. u. E. F. Fullam: J. Exp. Med. 81, 51 (1945).
[10] Luria, S. E., M. Delbrück u. T. F. Anderson: J. Bacteriol. 46, 57 (1943).
[11] Mudd, S., K. Polevitzky u. T. F. Anderson: J. Bacteriol. 46, 15 (1943).

da es nicht leicht ist, aus einem Gewebe genügend feine Präparate zu bereiten. Die aus präparativen Gründen mit der röntgenographischen Methode schwer erfaßbaren intrazellularen Faserbildungen, wie die Nervenachsen, Flagellen, Cilien usw., wurden auch bereits mit Hilfe des Elektronenmikroskops untersucht[1, 2].

III. Kugelförmige Eiweißkörper.

Eine große Anzahl physiologisch wichtiger Eiweißkörper gehört zum kugelartigen Typ, so z. B. die Serumeiweißkörper, die Atmungseiweißkörper, die der Pflanzensamen, wie auch Enzyme, Hormone und Viren, die alle durch Löslichkeit in Wasser oder Salzlösungen gekennzeichnet sind.

Durch die systematische Anwendung der Ultrazentrifuge für die Partikelgewichtsbestimmung dieser Eiweißkörper ist SVEDBERG[3, 4] zu dem unerwarteten Ergebnis gelangt, daß sie entweder monodispers sind, d. h. daß alle Partikeln in der Lösung innerhalb der Fehlergrenze der Versuchsmethode gleiches Gewicht und gleiche Form haben, oder aber aus einer nur geringen Anzahl von wohldefinierten Partikelarten bestehen. Dies war insofern erstaunlich, als man zunächst keinen Grund hatte, eine Monodispersität der Eiweißkörper zu erwarten. Auch wurden später bei allen anderen natürlichen und künstlichen Hochpolymeren, wie Zellulose, Stärke usw., nur polydisperse Systeme gefunden. SVEDBERG nahm daher an, daß diese Einförmigkeit der Eiweißpartikel in Lösung auf ihrer molekularen Dispergierung beruht, d. h. daß jedes Teilchen auch im chemischen Sinn als ein Molekül und nicht als eine durch Aggregation einer Anzahl unabhängiger Molekeln entstandene Micelle angesehen werden muß. Die so definierten Molekulargewichte liegen innerhalb weiter Grenzen, von 17 000 für Lactalbumin und Myoglobin, 44 000 für Eialbumin, 70 000 für Serumalbumin, bis zu 7 600 000 für BUSHY-STUNT-Virus und 42 500 000 für Tabakmosaikvirus.

SVEDBERG glaubte weiterhin, daß der Bau der Eiweißkörper einem allgemeinen Plan unterliegt, der zur Folge hat, daß alle Molekulargewichte in nur wenige Klassen einzuteilen sind. Demnach wären die Molekulargewichte der höheren Klassen einfache Multiple von denen der niederen Klassen; wählt man als Masseneinheit das Molekulargewicht 17 600 der einfachsten Eiweißkörper, so würden die Multiple 2, 4, 8, 16, 32 ...mal 17 600 betragen.

Wenn die heute bekannten Molekulargewichte kritisch geprüft werden, versagt SVEDBERGs Klasseneinteilung schon bei den ersten Multiplen, $2 \times 17\,600$ $= 35\,200$, in welche Klasse die meisten Eiweißkörper gehören, denn die gefundenen Werte fallen zwischen 30 000 für Krotoxin und 44 000 für Eialbumin — mit einer Differenz, die die Fehlergrenze der Untersuchungsmethode weit übertrifft (nach SVEDBERG 5 bis 10%). Das Molekulargewicht von 13 000, das bei zwei sorgfältig gereinigten Enzymen, Ribonuclease[5] und Cytochrom C[6], gefunden wurde, stellt sogar die Masseneinheit von 17 600 in Zweifel. Die Verteilung der Molekulargewichte[7] scheint von der rein statistischen Zufallsanordnung nicht wesentlich abzuweichen. Bei Molekulargewichten von über 3 bis 400 000 erlaubt die Fehlergrenze der Meßmethode jedenfalls kein Urteil über die genannte Hypothese, da sie weit über das Einheitsgewicht von 17 600 hinausgeht.

[1] MUDD, S., F. HEINMETS u. T. F. ANDERSON: J. Bacteriol. **46**, 205 (1943).
[2] WILE, U. J. u. E. B. KEARNEY: J. Am. Med. Ass. **122**, 167 (1943).
[3] SVEDBERG, T.: Chem. Revs. **20**, 81 (1937).
[4] SVEDBERG, T. u. K. O. PEDERSEN: Die Ultrazentrifuge. Leipzig: Steinkopff 1940.
[5] ROTHEN, A.: J. Gen. Physiol. **24**, 203 (1940/41).
[6] THEORELL, H. u. Å. ÅKESSON: J. Am. Chem. Soc. **63**, 1804 (1941).
[7] NORRIS, A. D.: Nature 157, 408 (1946).

Eine Grundlage des Aufbaus der Eiweißkörper zu suchen, ist jedoch sehr verlockend. Gestützt auf Eiweißanalysen, haben BERGMANN und NIEMANN[1] die Hypothese aufgestellt, daß die Zahl der einzelnen Aminosäuren in einem Eiweißmolekül gleich $2^m \times 3^n$ beträgt, wobei m und n beliebige ganze Zahlen bedeuten. SVEDBERGS Masseneinheit von 17 600 wäre demnach die Folge der hypothetischen Einheit von $144 = 2^4 \times 3^2$ Aminosäureresten, und alle Eiweißkörper sollten diese oder ein ganzes Multiples dieser Zahl von Aminosäureresten enthalten. Obzwar sich einige Eiweißanalysen diesen Zahlen nähern, ist die quantitative Bestimmung der einzelnen Aminosäuren, wie auch deren Gesamtzahl, d. h. ihr Molekulargewicht, in nur wenigen Fällen mit genügender Genauigkeit bekannt[2]. Die Zahlen $2^m \times 3^n$ ermöglichen außerdem eine große Anzahl denkbarer Zusammensetzungen, denn zwischen 1 und 10 sind nur die Zahlen 1, 5, 7 und 10 ausgeschlossen, und bei größeren Zahlen nimmt die Genauigkeit der Analysen ab.

Als logische Erweiterung der Hypothese von BERGMANN und NIEMANN wäre zu erwarten, daß die Aminosäurenreste entlang der Polypeptidkette periodisch verteilt sind. Eine gewisse Periodizität in den Faser-Eiweißkörpern wurde schon mittels der Röntgendiagramme gefunden, jedoch war es immer nur der Durchschnittswert der Abstände. Eine Periodizität der einzelnen Aminosäurearten konnte sogar im einfachsten Fall des Seidenfibroins nicht beobachtet werden, während bei den kugelförmigen Eiweißkörpern gar kein Beweis für die Periodizität gefunden wurde. In gewissen Fällen kann auch ein Konflikt in der Reihenfolge entstehen, so z. B. für jede 21. Stelle in der Gelatinekette, an der die Frequenz von Glycin 3 und von Prolin 7 sein sollte[3]. Es ist auch bewiesen, daß einige Eiweißkörper, z. B. Hämoglobin und Insulin, aus mehreren Polypeptidketten bestehen. Die Bestimmung der Reihenfolge der Aminosäurereste in diesen Ketten spricht endgültig gegen diese Hypothese (vgl. S. 137).

Wir haben bereits gesehen, daß das Reibungsverhältnis f/f. ein Maßstab für die Asymmetrie der Eiweißpartikel ist und einen konstanten Wert bei gleichen Bedingungen für jede Eiweißart annimmt. Daraus folgt, daß die Teilchen eine charakteristische dreidimensionale Form haben. Diese Form wird nicht bei Kettenmolekülen nur durch die Valenzwinkelung, die mehr oder minder freie Rotation der einzelnen Kettenglieder und die Wechselwirkung zwischen dem Lösungsmittel und dem gelösten Stoff bedingt, sondern es wird angenommen, daß die Polypeptidkette durch Haupt- und Nebenvalenzkräfte in einer spezifischen Form gehalten wird (vgl. S. 88). Als Beweis dafür werden auch die Denaturierungserscheinungen bei nativen Eiweißkörpern herangezogen. Als Denaturierung bezeichnet man die Veränderung, die bei kugelförmigen Eiweißkörpern unter dem Einfluß verschiedener Einwirkungen, wie Hitze, Röntgen-, ultravioletter Strahlen, und vieler chemischer Agenzien eintritt[4]. Die spezifischen Vorgänge, die während der Denaturierung im Eiweiß stattfinden, sind uns fast völlig unbekannt, und wir wissen auch nicht, ob die durch verschiedene Einwirkungen entstandenen, denaturierten Eiweißkörper identisch sind. Denaturierung ist meistens irreversibel und wird gekennzeichnet durch:

    a) verminderte Löslichkeit,
    b) erhöhte Angreifbarkeit durch eiweißspaltende Enzyme,
    c) Verlust vieler spezifischer, biologischer Eigenschaften,
    d) Bloßstellung gewisser reaktiver Gruppen der Aminosäurereste (SH- und S-S-Gruppen), die im nativen Eiweiß nicht oder kaum reagieren,

[1] BERGMANN, M. u. C. NIEMANN: J. Biol. Chem. **115**, 77 (1936); **118**, 301 (1937).
[2] NEUBERGER, A.: Proc. Roy. Soc. London B **127**, 25 (1939).
[3] BERGMANN, M. u. W. H. STEIN: J. Biol. Chem. **128**, 217 (1939).
[4] NEURATH, H., J. P. GREENSTEIN, F. W. PUTNAM u. J. O. ERICKSON: Chem. Revs. **34**, 157 (1944).

e) Verlust des Kristallisationsvermögens,

f) erhöhte Viskosität der Lösungen und einen erhöhten Reibungskoeffizienten f/f_0.

Alle diese Erscheinungen deuten darauf hin, daß Denaturierung als Verlust der hochspezifischen Konfiguration des natürlichen Eiweißes angesehen werden muß; die in den Partikeln vorhandenen Polypeptidketten entfalten sich zum Teil und nehmen eine mehr zufällige Ordnung an. Diese Anschauung steht auch im Einklang mit den Resultaten der kinetischen Untersuchungen der Denaturierung und dem dabei beobachteten außerordentlich großen Entropiezuwachs[1]. MIRSKY und PAULING[2] versuchten die Denaturierungsreaktion als Bruch einer großen Anzahl von Wasserstoffbrücken zu erklären, während EYRING und STEARN auch einen Bruch von Salz- und Disulfidbindungen angenommen haben. Dagegen sind STEINHARDT[3] und andere[4] der Ansicht, daß eine Ionisierung des Eiweißes der Denaturierung vorangehen muß, und daß diese Ionisierung teilweise für die erstaunlich hohe Aktivierungsenergie und Entropie der Denaturierungsreaktion verantwortlich ist. Dementsprechend wäre keine große Änderung in der Konfiguration der Eiweißpartikel zu erwarten.

Eine Theorie der Polypeptidkettenstruktur der natürlichen Eiweißkörper, die eine gewisse Beachtung fand, ist die sogenannte „Cyclol"-Struktur von WRINCH[5], nach der die Peptidbindung in zwei tautomeren Formen existieren könnte, indem die klassische Form in eine „vierseitige" Form übergehen kann:

$$\mathord{>}\mathrm{NH} + \mathrm{O} = \mathrm{C}\mathord{<} \quad \rightleftharpoons \quad \mathord{>}\mathrm{NH} - (\mathrm{HO})\,\mathrm{C}\mathord{<}$$

Auf Grund entsprechender Faltung der Polypeptidkette nahm sie an, daß eine Reihe hexagonaler Ringe, Cyclole genannt, entstehen können. Mit Hilfe einer größeren Zahl solcher Hexagone kann eine Reihe höchst organisierter und symmetrischer Gebilde aufgebaut werden, unter denen die einfacheren nur zweidimensional sind; bei geeigneter Zahl können aber auch dreidimensionale Raumstrukturen entstehen. Um symmetrische Figuren zu erhalten, sind die bevorzugten Zahlen der Aminosäuren durch die Serie $72n^2$ gegeben, wobei n eine ganze Zahl ist. WRINCH versuchte, so die Struktur von Pepsin[6] und Insulin[7] zu deuten, indem die Zahl der Aminosäurenreste als $72 \times 2^2 = 288$ angenommen wurde. Die Theorie hatte einen Fürsprecher in LANGMUIR[8], wurde aber auf Grund röntgenographischer [9-12], thermodynamischer[13] und rein geometrisch stereochemischer[14] Betrachtungen vielfach abgelehnt. Den stereochemischen Einwänden scheinen die von HUGGINS[14, 15] vorgeschlagenen Modelle Rechnung zu tragen.

[1] EYRING, H. u. A. E. STEARN: Chem. Revs. **24**, 253 (1939).

[2] MIRSKY, A. E. u. L. PAULING: Proc. Nat'l. Acad. Sci. USA **22**, 439 (1936).

[3] STEINHARDT, J.: Kgl. Danske Videnskab. Selskab, Math.-Fys. Medd. **14**, 11 (1937).

[4] LEVY, M. u. A. E. BENAGLIA: J. Biol. Chem. **186**, 829 (1950). — GIBBS, R. J., M. BIER u. F. F. NORD: Arch. Biochem. Biophys.: **35**, 216 (1952). — GIBBS, R. J.: ibid., **35**, 229 (1952).

[5] WRINCH, D. M.: Cold Spring Harbor Symp. Quant. Biol. **6**, 122 (1938); Nature **137**. 411 (1936); **138**, 651 (1936); Proc. Roy. Soc. London A **160**, 59 (1937); A **161**, 505 (1937),

[6] WRINCH, D. M.: Phil. Mag. (7) **24**, 940 (1937).

[7] LANGMUIR, I. u. D. M. WRINCH: Proc. Phys. Soc. **51**, 613 (1939).

[8] LANGMUIR, I.: Proc. Phys. Soc. **51**, 592 (1939). — [9] Diskussion: ibid. **51**, 618 (1939).

[10] CROWFOOT, D.: Proc. Roy. Soc. London A **164**, 580 (1938).

[11] BERNAL, J. D.: Nature **143**, 74 (1939).

[12] RILEY, D. P. u. I. FANKUCHEN: Nature **143**, 648 (1939).

[13] PAULING, L. u. C. NIEMANN: J. Am. Chem. Soc. **61**, 1860 (1939).

[14] HUGGINS, M. L.: J. Am. Chem. Soc. **61**, 755 (1939).

[15] HUGGINS, M. L.: J. Chem. Phys. **8**, 598 (1940).

Eine gerade entgegengesetzte Hypothese vom Aufbau der kugelförmigen Eiweißkörper wurde von Talmud und Mitarbeitern[1] aufgestellt, indem sie von einer spezifischen Faltung der Polypeptidkette abgesehen und die Kugelform und Monodispersität der Eiweißpartikel der Wechselwirkung zwischen den Seitenresten und dem Lösungsmittel, sowie der Wahrscheinlichkeitsverteilungskurve der Teilchengewichte zugeschrieben haben. Die Seitenreste der Polypeptidkette, die aus Kohlenwasserstoffresten bestehen, sind stark hydrophob, während die übrigen Seitenreste polare, also hydrophile Gruppen enthalten. Die Bildung der runden Teilchen wird durch Zusammenziehung aller hydrophoben Reste bewirkt, die den Kern der Teilchen bilden, während die hydrophilen Seitenreste die Hülle bilden. Die Verteilung der Seitenreste zwischen Kern und Hülle soll eine statistische sein, und das dynamische Gleichgewicht soll von der thermischen Bewegung abhängig sein. Die Monodispersität der Teilchen wäre nur annähernd gegeben und einem scharfen Maximum in der Wahrscheinlichkeitsverteilungskurve der Partikelgewichte zuzuschreiben, das durch ein optimales Verhältnis zwischen Volumen und Oberfläche der Partikel bedingt ist.

Die Hypothese hat Ähnlichkeit mit der modernen Auffassung der Seifenmizelle [2-4], doch erscheint es uns fraglich, ob Talmud in seinen theoretischen Überlegungen die beschränkte Rotation und Bewegungsfreiheit der einzelnen Peptidkettenglieder genügend in Betracht gezogen hat.

Auch die röntgenographische Untersuchungsmethode wurde natürlich zum Studium der kugelförmigen Eiweißkörper herangezogen [5-7], doch hat sie sich leider bei diesen Eiweißkörpern weniger fruchtbar erwiesen als bei den Faser-Eiweißkörpern und nicht viel zur Erkenntnis der Struktur beigetragen. Bei einigen kristallisierbaren Eiweißkörpern wurden die Dimensionen der kristallographischen Elementarzelle bestimmt. So wurde z. B. bei Zink-Insulin-Kristallen von Crowfoot deren Gewicht als 37600 angegeben[8], und wir werden später sehen, wie dieser Wert mit dem aus Ultrazentrifugierung und Aminosäurenanalyse erhaltenen Molekulargewicht übereinstimmt. Das Röntgendiagramm des Zink-Insulins ist sehr punktreich, weshalb eine Regelmäßigkeit der Struktur bis in atomare Dimensionen anzunehmen ist. Die kleinste Periodizität ist von der Größenordnung 2,4 Å. Die Projektion der Kristallelementarzelle ergibt ein hexagonales Netzwerk mit dreifacher Symmetrie.

All diese älteren Arbeiten und Theorien sind jedoch angesichts der Befunde von Pauling und Corey, sowie Perutz (vgl. S. 119) in den Hintergrund getreten. Es scheint demnach, daß auch das globuläre Hämoglobin dieselben charakteristischen Perioden aufweist, wie die Eiweißkörper der a-Keratin- und Myosin-Gruppe. Dies würde bedeuten, daß dieselbe Helix-Struktur auch zumindest im größeren Teil der Moleküle solcher globulärer Eiweißkörper vorhanden ist, und daß die kugelartige Form nur von der Anlagerung mehrerer Spiralen abhängig ist. Sollte dies zutreffen, dann ist vielleicht die althergebrachte Einteilung der Eiweißkörper in lineare und globuläre nicht ganz zutreffend, indem die innere Stuktur der Moleküle gleich, und nur die äußere Geometrie verschieden wäre.

[1] Talmud, D. L. u. Mitarbeiter: Compt. rend. Ac. Sci. U.S.S.R. **43**, 310, 349 (1944), **55**, 609, 717 (1947).

[2] Stauff, J.: Kolloid - Z. **89**, 224 (1939). — [3] McBain, J. W.: Nature **145**, 702 (1940).

[4] Debye, P.: J. Colloid Sci. **3**, 407 (1948).

[5] Astbury, W. T.: Adv. in Enzymology **3**, 96 (1943).

[6] Fankuchen, I.: Adv. in Protein Chem. **2**, 387 (1945).

[7] Crowfoot, D.: Ann. Rev. Biochem. **17**, 115 (1948).

[8] Crowfoot, D.: Proc. Roy. Soc. London A **164**, 580 (1938); Chem. Revs. **28**, 215 (1941).

VI. Die Muskeleiweißkörper Myosin und Actin.

Eine ganz besondere Stelle in der Chemie der Eiweißkörper nehmen die Muskeleiweißkörper Myosin und Actin ein, und zwar aus mehreren Gründen. Sie sind ein Hauptbestandteil der Muskel und haben infolgedessen eine große wirtschaftliche Bedeutung. Vom biologischen Standpunkt aus besitzen sie die einmalige Fähigkeit, chemische Energie in mechanische umzuwandeln. Sie sind beide kugelförmig, haben jedoch auch vom kolloidchemischen Standpunkt außerordentliche Eigenschaften, indem sie leicht von der Kugel- in die Faserform reversibel übergeführt werden können.

Muskelfibrillen und Myosin geben ein typisches α-Keratin-Röntgendiagramm[1-3], das durch Streckung in die β-Form übergeht; es wurde daher angenommen, daß Myosin auch zu den Faser-Eiweißkörpern gehört. Szent György und seine Schule[4] haben jedoch einen großen Erfolg beim chemischen Studium der Muskeleiweißkörper erzielt, indem sie zeigen konnten, daß sich das früher als einheitlich angesehene Muskeleiweiß aus zwei Bestandteilen zusammensetzt, nämlich aus Myosin und Actin. (Frühere Autoren haben die Mischung beider als Myosin bezeichnet.)

Demnach ist das reine Myosin ein typisches, kugelförmiges Eiweiß, hydrophil, wasserlöslich und leicht kristallisierbar. Es ist jedoch außerordentlich unbeständig und kann bereits bei kleinen Änderungen der p_H- oder Salzkonzentration weitgehend aggregieren. Die Löslichkeit dieses Eiweißes ist auch durch Salze außerordentlich beeinflußbar. Es ist löslich in reinem Wasser, kann jedoch schon bei sehr niedrigen Konzentrationen von KCl (0,025 molar) niedergeschlagen werden und geht bei höheren Salzkonzentrationen wieder in Lösung über. Bei Konzentrationen von 0,1 bis 0,2 Mol KCl ist das Eiweiß aggregiert, und die Lösung zeigt eine starke Strömungsdoppelbrechung, die ein Beweis der asymmetrischen Form der Aggregate ist, während bei einer Konzentration von 0,4 Mol KCl die Aggregate dissoziieren und die Doppelbrechung verschwindet, was auf eine Kugelform der Partikel hinweist. Wird die Konzentration der Salze weiter erhöht, so wird das Eiweiß bei Halbsättigung mit $(NH_4)_2SO_4$ wieder niedergeschlagen. Dies ist eine Eigenschaft der Globuline. Da Myosin jedoch in reinem Wasser löslich ist, kann es nicht in die Globuline eingereiht werden, die nur in verdünnten Salzlösungen löslich sind.

Myosin ist auch außerordentlich temperaturempfindlich und wird schon bei 37° C rasch denaturiert. Bei Zugabe von Adenosintriphosphat (ATP) entsteht jedoch ein Komplex, der viel beständiger ist. Eine ähnliche Schutzwirkung haben auch einige Eiweißkörper, und daraus mag sich die Stabilität des Myosins im lebenden Muskel erklären.

Nach der Extraktion des Myosins aus dem Muskelbrei kann man aus dem Rückstand noch ein zweites Muskeleiweiß, das Actin, isolieren[4, 5]. Die merkwürdigste Eigenschaft dieses Eiweißes ist, daß es leicht und reversibel von der Faser- in die Kugelform zu überführen ist, die Szent-György als F- und G-Actin bezeichnet hat. Actin ist ebenfalls leicht zu denaturieren, es ist jedoch etwas weniger empfindlich als Myosin. F- und G-Actin haben sehr verschiedene Eigenschaften, die den faser- und kugelförmigen Eiweißkörpern gemein sind.

[1] Boehm, G. u. H. H. Weber: Kolloid-Z. **61**, 269 (1932).

[2] Astbury, W. T. u. S. Dickinson: Nature **135**, 95 u. 765 (1935).

[3] Astbury, W. T.: J. Chem. Soc. London 337 (1942).

[4] Szent-György, A.: Acta Physiol. Scand. **9**, Suppl. 25 (1945). — Szent-György, A.: Chemistry of Muscular Contraction. 2. Aufl. New York: Academic Press 1951.

[5] Straub, F. B.: Studies Inst. Med. Chem. Univ. Szeged **2**, 3 (1942); **3**, 23 (1943).

Die Umwandlung der G- in die F-Form ist von einer großen Erhöhung der Viscosität begleitet und wird schon durch Zugabe kleiner Salzmengen herbeigeführt. Die G-Form wird zurückerhalten, wenn die Salze z. B. durch Dialyse wieder entfernt werden.

Wenn verdünnte Lösungen von F-Actin und Myosin miteinander vermischt werden, entsteht ein neues Eiweiß, das F-Actomyosin. Die Viscosität und Strömungsdoppelbrechung der Lösung steigen um ein vielfaches, was auf eine stark asymmetrische Form der Teilchen hinweist. Eine etwas konzentriertere Lösung wandelt sich in eine Gallerte um. Das Actomyosin entsteht beim Mischen beider Bestandteile in beliebigem Verhältnis, ist also kein chemisch definiertes Produkt.

Aus Actomyosin-Lösungen können Fibrillen gezogen werden, und diese weisen bei Zugabe von ATP die für Muskelfasern charakteristische Kontraktion auf. Dies ist eine eigenartige Eigenschaft des Actomyosins, die mit der Muskelkontraktion in vitro übereinstimmt.

G-Actin, gemischt mit Myosin, ergibt ebenfalls ein neues Eiweiß, das G-Actomyosin; das entstandene Produkt unterscheidet sich jedoch wesentlich von dem F-Actomyosin. Die Viscosität der Lösungen ist nur von der gleichen Größenordnung wie die des Myosins, und konzentrierte Lösungen bilden keine Gallerten. ATP hat keine Wirkung auf aus diesem Eiweiß gezogene Fasern.

F-Actomyosin und Muskelfibrillen haben also die gemeinsame Eigenschaft, sich in Gegenwart einer chemischen Substanz, dem ATP, zusammenzuziehen. Dabei wird das ATP teilweise abgebaut und geht durch Hydrolyse in Adenosindiphosphat (ADP) und anorganisches Phophat über. In der lebenden Zelle werden diese Substanzen jedoch im Laufe des enzymatischen Abbaus von Kohlenhydraten wieder vereinigt, und dadurch entsteht neues ATP. Die in dieser Synthese gebildete Phosphatbindung wird von LIPMANN[1] als „energiereich" angesehen, denn ein großer Teil der thermochemischen Energie des enzymatisch abgebauten Zuckers ist in ihr aufgestapelt. Durch enzymatische Hydrolyse kann diese Bindung gespalten werden, wobei eine bedeutende Menge Energie freigelegt wird. Es ist für den Mechanismus der Muskelkontraktion bezeichnend, daß Myosin, ein Hauptbestandteil des Muskels, eben dasjenige Enzym ist, das die Hydrolyse von ATP herbeiführen kann[2]. Ein Teil der dadurch freigelegten Energie wird vom Muskel zur Kontraktion verwendet. Dies ist ein einzigartiges System, in dem die die Energie umsetzende Maschine, nämlich der Muskel, selbst in den Energie zuführenden Prozeß eingreift. Während jedoch die zahlreichen enzymatischen Reaktionen, die vom Zucker zum ATP führen, bis in ihre Einzelheiten durchforscht worden sind[3], ist über den letzten Schritt, die Einwirkung des Myosins auf das ATP und die sich daraus ergebende Kontraktion des Muskels, nur wenig bekannt.

D. Die Aggregation und Desaggregation der Eiweißkörper.

Im Abschnitt C haben wir uns bemüht, ein statisches Bild der Eiweißkörper zu geben, und die Berechtigung der Annahme, daß die Eiweißkörper unter gewissen Umständen eine wohldefinierte Größe und Form besitzen, festgestellt.

---

[1] LIPMANN, F.: Adv. in Enzymology 1, 99 (1941); 6, 231 (1946). — Vergl. auch HILL, T. L., u. M. F. MORALES: J. Am. Chem. Soc. 73, 1656 (1951).

[2] ENGELHARDT, A. v.: Adv. in Enzymology 6, 147 (1946).

[3] PARNAS, J. K., in NORD, F. F. u. R. WEIDENHAGEN: Handb. d. Enzymologie S. 902. Leipzig: Akademische Verlagsgesellschaft 1940. — NORD, F. F. und S. WEISS in Sumner-Myrbäck: The Enzymes, 2. Bd., S. 684, New York, Academic Press, 1951.

Es ist aber für die Eiweißkörper charakteristisch, daß sie leicht eine Aggregation bzw. Desaggregation ihrer Teilchen erfahren und — um SVEDBERG selbst zu zitieren: „Mass and shape are defined by the environment (viz., p_H, concentration of protein, concentration of salts and other solutes present) and respond stepwise by reversible dissociation-association reactions to changes brought about in the environment"[1]. Zu den von SVEDBERG angeführten Faktoren, die den Aggregationszustand der Eiweißkörper bestimmen, möchten wir noch als wichtig die Methode der Eiweißisolierung selbst und die der thermischen Vorgeschichte der Lösung rechnen.

Die Literatur der Aggregation-Desaggregation bei Eiweißkörpern ist überaus groß, und die Untersuchungen in diesem Gebiet können zweckdienlich in drei Phasen eingeteilt werden:

 I. Löslichkeitsstudien und die Arbeiten von SÖRENSEN.
 II. Ergebnisse der Ultrazentrifuge.
 III. Kryolyse.

I. SÖRENSENS Auffassung der Eiweißkörper als umkehrbar dissoziierbare Komponentensysteme.

Schon die frühen Arbeiten von HARDY[2] haben gelehrt, daß einige Eigenschaften der isolierten Serumeiweißkörper nicht mit denen des unbehandelten Blutserums übereinstimmen, und die Eigenschaften der Fraktionen von der Zubereitungsmethode abhängig sind. Dieser Gedanke wurde später von SÖRENSEN[3] wieder aufgenommen, und seine Arbeiten gehören zu den klassischen Leistungen in der Eiweißchemie. Durch langwierige Fraktionierung ist es SÖRENSEN gelungen, aus schon oftmals umkristallisiertem Serumalbumin doch noch verschiedene kristallisierte Serumalbumine zu erhalten, die verschiedene physikalische Eigenschaften, insbesondere Löslichkeit und ungleiche Aminosäurenzusammensetzung, aufwiesen. Wenn sie aber im richtigen Verhältnis gemischt wurden, erhielt man das Ausgangs-Serumalbumin zurück. Nach SÖRENSENs Ansicht verhält sich das Serumalbumin wie ein umkehrbar dissoziierbares Komponentensystem, dessen einzelne Bestandteile durch Nebenvalenzen zusammengehalten werden, während die Atome und Atomgruppen innerhalb jeder Komponente durch Hauptvalenzen verbunden sind. Ähnliche Ergebnisse wurden bei Gliadin[4], Casein[5] und anderen Eiweißkörpern erhalten und auch auf rein chemischem Wege bestätigt, indem man Serumfraktionen von sehr verschiedenem Gehalt an basischen Aminosäuren erhalten hat[6]. Es wurde erwähnt, daß die Bindung der einzelnen Komponenten außer durch Nebenvalenzen auch durch Kittsubstanzen, z.B. Lipide oder Kohlehydrate, zustande kommen könnte[7].

SÖRENSENs Arbeiten über die Löslichkeit der Eiweißkörper sind auch von einem anderen Standpunkt aus wichtig. Unveränderliche Löslichkeit, d. h. gleichbleibende Konzentration des gelösten Körpers unbeschadet der Menge des Bodenkörpers, ist einer der empfindlichsten Prüfsteine der Einheitlichkeit und Reinheit einer chemischen Substanz vom Standpunkt des GIBBSschen Phasengesetzes aus betrachtet[8, 9] und SÖRENSEN hat als erster das Phasengesetz auf

[1] SVEDBERG, T.: Chem. Revs. **20**, 84 (1937).
[2] HARDY, W. B.: J. Physiol. **33**, 251 (1905/06).
[3] SÖRENSEN, S. P. L.: Compt. rend. trav. Lab. Carlsberg **18**, No. 5 (1930).
[4] HAUGARD, G. u. A. H. JOHNSON: ibid. **18**, No. 2 (1930).
[5] LINDERSTRÖM-LANG, K.: ibid. **17**, No. 9 (1929).
[6] BLOCK, R. J.: Yale J. Biol. Med. **7**, 235 (1934/35); J. Biol. Chem. **103**, 261 (1933).
[7] PEDERSEN, K. O.: Proc. Roy. Soc. London **170A**, 59 (1939).
[8] KUNITZ, M. u. J. H. NORTHROP: Compt. rend. trav. Lab. Carlsberg **22**, 288 (1938).
[9] BUTLER, J. A. V.: J. Gen. Physiol. **24**, 189 (1940/41).

Eiweißlösungen angewandt[1]. Als er keine konstante Löslichkeit erhalten konnte, suchte er es mittels der eben angeführten Theorie des Komponentensystems zu erklären. Später ist es jedoch Kunitz und Northrop[2] gelungen, höchst gereinigte Präparate konstanter Löslichkeit von Chymotrypsinogen zu bereiten, und seitdem wurden auch andere Proteine, insbesondere Enzyme und Hormone, von konstanter oder annähernd konstanter Löslichkeit erhalten[2-4]. Damit wurde bewiesen, daß das Phasengesetz auch auf Eiweißkörper anwendbar ist und nicht alle Eiweißkörper der Dissoziationstheorie Sörensens folgen.

Die Arbeiten von Sörensen und Linderström-Lang über die Fraktionierung der Eiweißkörper haben aber viel zur Erkenntnis der Kompliziertheit der Eiweißkörper beigetragen, die nur zu oft und leichtfertig als chemisch einheitlich betrachtet wurden. Die Fraktionierungsarbeiten wurden jedoch von vielen Autoren fortgesetzt und haben in den letzten Jahren zu beachtlichen Erfolgen amerikanischer Forscher bei der Fraktionierung des menschlichen Blutplasmas geführt[5, 6]. Diese Fraktionierung ist auch von erheblicher praktischer Bedeutung, denn sie ermöglicht eine viel rationellere Verwendung des Blutplasmas für medizinische Zwecke, namentlich für Bluttransfusionen. Trotzdem sind auch diese Fraktionen noch nicht als chemisch einheitliche Substanzen anzusehen, und es hat sich ergeben, daß keine einzige physikalisch-chemische Methode die Charakterisierung einer Eiweißfraktion als homogen gewährleistet (vgl. S. 97).

II. Ergebnisse der Ultrazentrifuge.

Diese Untersuchungsmethode hat mehr über die Dissoziation-Assoziation gelehrt, da sie quantitative Auskunft über die Größe der einzelnen Dissoziationsbzw. Assoziations-Produkte und deren beiläufiges Mengenverhältnis geben kann[7]. Der p_H-Wert scheint demnach einer der wichtigsten Faktoren für die Stabilität des Aggregationszustandes zu sein. Beispielsweise besteht beim isoelektrischen Punkt das Helix-Hämocyanin, das Atmungseiweiß der Schnecke Helix Pomatia, aus nur einer homogenen Komponente, deren Molekulargewicht 6740000 beträgt. Durch Erniedrigung oder auch Erhöhung des p_H-Wertes bei Überschreitung der Stabilitätsgrenze ändert sich der Aggregationszustand bedeutend, selbst bei nur sehr kleinen Änderungen des p_H-Wertes. Die ursprünglichen Hämocyanin-Teilchen dissozieren in halbe, achtel und sechzehntel des ersten Molekulargewichtes. Jede dieser neuen Teilchenarten ist wiederum homogen, ohne daß die Empfindlichkeit der Ultrazentrifuge genügend groß wäre, um ein Urteil über die Gleichheit der entstandenen Fraktionen zu ermöglichen. Innerhalb sehr enger p_H-Grenzen können drei Molekülarten gleichzeitig vorhanden sein, und eine kleine Verschiebung des p_H-Wertes kann große Unterschiede in der relativen Menge der drei Komponenten herbeiführen. Falls die p_H-Stabilitätsgrenze nicht weit überschritten wird, bleibt die Dissoziation umkehrbar, und man erhält die ursprünglichen Teilchen nach

[1] Sörensen, S. P. L. u. M. Höyrup: Comptes rendus Trav. Lab. Carlsberg **12**, 213 (1917).

[2] Herriott, R. M.: Chem. Revs. **30**, 413 (1942).

[3] Edsall, J. T., in Cohn, E. J., u. J. T. Edsall: Proteins, Amino Acids and Peptides, S. 576. New York: Reinhold 1943.

[4] Northrop, J. H., M. Kunitz u. R. M. Herriott: Crystalline Enzymes, 2. Aufl. New York: Columbia University Press 1948.

[5] Edsall, J. T.: Adv. in Protein Chemistry **3**, 383 (1947).

[6] Cohn, E. J., in The Committee on Medical Research: Advances in Military Medicine, S. 364. Boston: Little, Brown & Co. 1948. — Vergl. auch Cohn, E. J. u. Mitarbb.: J. Am. Chem. Soe. **72**, 465 (1950).

[7] Svedberg, T. u. K. O. Cedersen: Die Ultrazentrifuge. Leipzig: Steinkopff 1940. — Pedersen, K. O.: Cold Spring Harbor Symp.: **14**, 140 (1950).

Wiedereinstellen des p_H-Wertes auf den isoelektrischen Punkt zurück. Wird die Lösung hingegen zu mehr extremen, sauren oder alkalischen p_H-Werten gebracht, so bleibt die Dissoziation irreversibel[1].

Nach SVEDBERG hat jedes Protein ein eigenes p_H-Stabilitätsgebiet, außerhalb dessen die Teilchen eine Dissoziation oder auch Assoziation erfahren. Neben dem p_H spielt auch eine Anzahl anderer Faktoren eine wichtige Rolle. So hat z. B. LUNDGREN[2] einen großen Einfluß der Salzkonzentration auf die Stabilität des Thyroglobulins beobachtet. Ein interessantes Beispiel der Rolle der Salzkonzentration wurde auch von PHILPOT und PHILPOT[3] gegeben, die beobachtet haben, daß Casein aus mit Oxalsäure gefällter Milch (um Calcium-Ionen zu entfernen) eine Sedimentationskonstante von 6×10^{-13} aufweist, die schon bei Zugabe von sehr geringen Mengen von Calcium (0,01 molar) allmählich und fortgesetzt bis zu 10×10^{-13} und höher steigt. Bei jeder Konzentration des Calciums bleibt das Casein jedoch anscheinend völlig homogen. Höchstwahrscheinlich befindet sich das Casein dabei im Gleichgewicht zwischen zwei oder mehreren Aggregationszuständen, die zusammen sedimentieren.

Die Stabilität der Eiweißkörper ist auch vom Vorhandensein anderer Eiweißkörper abhängig, was auf eine Wechselwirkung derselben hinweist. So ist das Sedimentationsdiagramm von verdünntem und unverdünntem normalen Pferdeserum verschieden, woraus McFARLANE[4] auf eine Dissoziation des Serumglobulins in Gegenwart von Albumin schließen zu können glaubt. Die gleiche Erscheinung wurde auch an künstlichen Gemischen von Serumalbumin und Serumglobulin, wie auch von Serumalbumin und anderen Eiweißkörpern[5] beobachtet.

Aggregations- und Desaggregations-Vorgänge kommen besonders häufig bei Viren[6] vor; die diesbezügliche Literatur ist jedoch zu umfangreich, um hier berücksichtigt werden zu können.

III. Beitrag der Kryolyse zum Problem der Aggregation und Desaggregation der Eiweißkörper.

Schon im Jahre 1907 wurde von FULD und WOHLGEMUTH[7] beobachtet, daß Casein durch Ausfrieren von Frauenmilch eine Änderung seines Lösungszustandes erfährt. Frauenmilch ist bekanntlich weder durch Labferment noch durch Säuren gerinnbar, während sich einmal gefrorene und wieder aufgetaute Frauenmilch gegenüber Labferment und Säuren ähnlich wie Kuhmilch verhält. Da sich die chemische Umgebung durch Gefrieren und Auftauen nicht verändert hat, muß man annehmen, daß sich der Aggregationszustand des Caseins geändert und dieses eine leichter gerinnbare Form angenommen hat.

Diese interessante Beobachtung blieb jedoch während der nächsten zwei Jahrzehnte isoliert — trotz der unleugbaren Wichtigkeit des Studiums der Frostwirkung auf kolloide Lösungen für das Verständnis von Vorgängen, die mit

---

[1] ERIKSSON-QUENSEL, I.-B. u. T. SVEDBERG: Biol. Bull. **71**, 498 (1936). — BROHULT, S. J. Phys. Coll. Chem. **51**, 206 (1947).

[2] LUNDGREN, H. P.: Nature **138**, 122 (1936).

[3] PHILPOT, F. J. u. J. St. L. PHILPOT: Proc. Roy. Soc. London B **127**. 21 (1939).

[4] McFARLANE, A. S.: Biochem. J. **29**, 407 (1935).

[5] PEDERSEN, K. O.: Nature **138**, 363 (1936). — PEDERSEN, K. O.: Compt. rend. trav. Lab. Carlsberg, sér. chim., **22**, 427 (1938).

[6] HOLZAPFEL, L.: Adv. in Enzymology **1**, 43 (1941). — SCHRAMM, G.: Z. Naturforsch. 2b, 112 (1947).

[7] FULD, E. u. J. WOHLGEMUTH: Biochem. Z. **5**, 118 (1907).

Kältekonservierung von Nahrungsmitteln, Winterfrosthärte gewisser Pflanzen, Kältetod von Organismen und anderen allgemeinen Problemen verbunden sind. Das gleiche trifft auch auf andere Beobachtungen zahlreicher Autoren[1] zu, die sich mit der Frostwirkung befaßten, ohne daß sie eine grundsätzliche Deutung der das Gefrieren begleitenden Vorgänge gefunden hätten.

Neben der Wichtigkeit des Studiums der Frosteinwirkung auf kolloide Lösungen vom biologischen Standpunkt aus, ist auch die Erforschung der mit dem Gefrieren verbundenen Änderung des Aggregationszustandes hervorzuheben, die uns erlaubt, wichtige Schlüsse über die Natur der Kolloidteilchen und den Mechanismus der Aggregation-Desaggregation zu ziehen. Diese Möglichkeit wurde erst von Nord und seiner Schule[2] erkannt, und die mit dem Gefrieren verbundenen kolloidchemischen Veränderungen wurden in einer Reihe von Arbeiten über die Kryolyse eingehend festgelegt. „Unter der Kryolyse soll die systematische Anwendung verschiedener Frosttemperaturen und Gefriergeschwindigkeiten, erforderlicherweise auch wiederholt, auf verschiedene Substrate verstanden werden. Hierdurch wird die Grundlage zur Bestimmung von Veränderungen geschaffen, die auf rein physikalischem Weg reversibel oder irreversibel verlaufen"[3].

Die in verschiedenen Konzentrationen angewandten Lösungen der lyophilen Kolloide wurden im allgemeinen der Frostwirkung bei —10° bis —18°, —79° und —180° C ausgesetzt. Diese Temperaturen wurden durch Eis-Kochsalz-Mischung, festes Kohlendioxyd bzw. flüssige Luft konstant gehalten. Die Gefrierdauer betrug von 2 bis zu 48 Stunden und darüber; es wurden Versuche mit schnellem, langsamem und wiederholtem Gefrieren der Lösungen angestellt, während das Auftauen allgemein bei Zimmertemperatur erfolgte.

Der Kryolyse von Eiweißkörpern wurde aus selbstverständlichen Gründen größte Aufmerksamkeit gewidmet, doch sind auch andere lyophile Kolloide untersucht worden, ein Umstand, der einen zweckmäßigen Vergleich und eine Verallgemeinerung der Ergebnisse erlaubte. In einer ersten Reihe der Ergebnisse dienten Eialbumin-, Gelatine-, Gummi arabicum-, Saponin- und Natriumoleat-Lösungen als Substrate[4]. Bestimmend für diese Auswahl war, daß Eialbumin als ein kristallisiertes und homogenes Eiweiß zu betrachten war[5], während Gelatine

---

[1] Lottermoser, A.: Z. physik. Chem. **60**, 462 (1907); Ber. dtsch. chem. Ges. **41**, 3976 (1908). — Bobertag, O., K. Feist u. H. W. Fischer: ibid. **41**, 3675 (1908). — Gutbier, A. u. F. Flury: ibid. **41**, 4259 (1908). — Molisch, H.: Untersuchungen über das Erfrieren der Pflanzen. Jena: Fischer 1897. — Bachmetjew, P.: Experimentelle entomologische Studien, Bd. 1. Leipzig: Engelmann 1901. — Fischer, H. W., in Cohn's Beitr. z. Biologie d. Pflanzen **10**, 133 (1911). — Ljubavin, N.: J. d. russ. phys.-chem. Ges. **21**, 397 (1889). — Goeppert, H. R.: Über die Wärmeentwicklung in den Pflanzen, deren Gefrieren und die Schutzmittel gegen dasselbe. Breslau: 1880. — Vogel, A.: Gilbert's Ann. Phys. **64**, 137 (1820). — Detmer, W.: Bot. Ztg. **44**, 513 (1886). — Ambronn, H.: Ber. Kgl. Sächs. Ges. Wiss. Leipzig, Math.-Physik. Kl., **43**, 28 (1891). — Pozerski, M.: Compt. rend. Soc. Biol. **52**, 714 (1900). — Luyet, B. J. u. P. M. Gehenio: Life and Death at low Temperatures. Normandy, Mo.: Biodynamica 1940.

[2] Nord, F. F. u. O. M. von Ranke-Abonyi: Science **75**, 54 (1932). — Nord, F. F.: J. Indian Chem. Soc., P. C. Ray Commemoration volume, S. 251. Calcutta (1933). — Nord, F. F.: Erg. d. Enzymforschung **2**, 23 (1933). — Nord, F. F.: Chemiker Ztg. **58**, 327 (1934). — Nord, F. F.: Protoplasma **21**, 116 (1934). — Nord, F. F.: Naturwiss. **24**, 481 (1936). — Holzapfel, L.: Kolloid-Z. **85**, 272 (1938).

[3] Nord, F. F. u. G. Weiss: Biochem. Z. **263**, 355 (1933).

[4] Ranke-Abonyi, O. M. v. u. F. F. Nord: Kolloid-Z. **58**, 198 (1932). — Nord, F. F., O. M. v. Ranke-Abonyi u. G. Weiss: Ber. dtsch. chem. Ges. **65**, 1148 (1932). — Weiss, G. u. F. F. Nord: Z. Physik. Chem. A **166**, 1 (1933).

[5] Nichols, J. B.: J. Am. Chem. Soc. **52**, 5176 (1930).

ein physikalisch heterogenes Abbauprodukt der Kollagene darstellt. Sowohl Gummi arabicum als auch Saponine gehören zu den Glucosiden, das erstere ist jedoch hochpolymerisiert, während die an den Zucker gebundenen Reste in den Saponinen der physiologisch sehr wichtigen Gruppe der Sterine angehören. Dagegen ist Natriumoleat ein kolloider Elektrolyt. Trotz dieser chemischen Heterogenität haben sich die Substrate in bezug auf die Kryolyse kolloidchemisch ähnlich verhalten. Die Frostwirkung wurde durch Bestimmung der durch sie verursachten Veränderung der Oberflächenspannung mittels des Tensiometers von Du Nouy[1], der Viscosität mittels verschiedener Viscosimeter, der Leitfähigkeit nach Kohlrausch und der elektrophoretischen Wanderungsgeschwindigkeit nach Bendien und Janssen[2] verfolgt.

Es fehlt hier an Platz, um die Ergebnisse im einzelnen zu erörtern, doch soll ein Beispiel gegeben werden. In Abb. 12 sind die Oberflächenspannungskurven von gefroren gewesenen und ungefrorenen Eialbumin-Lösungen gezeigt. Die eingehende Auswertung der Ergebnisse ermöglichte den Autoren folgende Schlußfolgerungen: Kolloide Lösungen erleiden unter dem Einfluß des Frostes eine physikalische Veränderung, die meistens irreversibel ist, jedoch auch reversibel sein kann. Diese Veränderung besteht entweder aus einer Desaggregation oder einer Aggregation der kolloiden Teilchen. Das Verhältnis der Desaggregation-Aggregation verschiebt sich in verdünnten Lösungen zugunsten der Desaggregation und in konzentrierten Lösungen zugunsten der

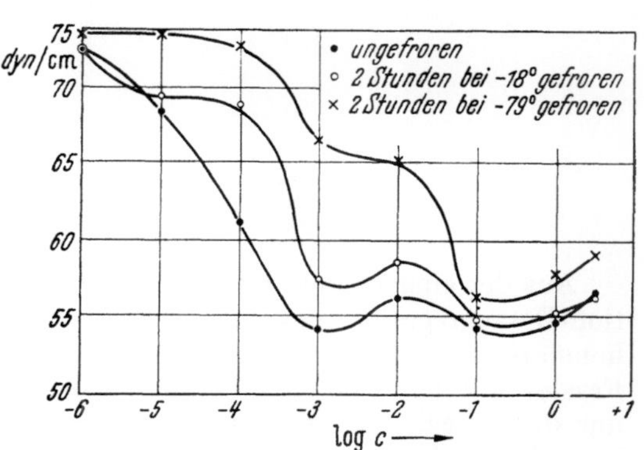

Abb. 12. Oberflachenspannung von Eialbuminlosungen. *Weiss, G.* und *F. F. Nord ·* Z. physik Chem. A, **166**, 9 (1933).

Aggregation. (Vgl. auch Bull: Bemerkungen zur Kryolyse lyophiler Kolloide[3].) Als Folge der Desaggregation der kolloiden Teilchen erhöht sich ihre Gesamtoberfläche, was sich auch in einem meßbaren Einfluß auf die Adsorptionsfähigkeit der Kolloide äußert. Dies ist auch aus Bestimmungen der Gasbeladung kolloider Lösungen ersichtlich, die infolge der Frostwirkung und unter geeigneten Konzentrationsbedingungen eine merkliche Erhöhung erfährt[4, 5]. Die Kryolyse wurde noch bei einer Anzahl anderer Kolloide durchgeführt, so z. B. bei wäßrigen Lösungen von Metacholesterin[5], einem physiologisch wichtigen Bestandteil des Blutfettes[6] und chemisch dem Cholesterin nahe verwandt[7]. In weiteren Untersuchungen wurde die Diffusionszelle von Northrop und Anson (vgl. S. 92) zur Bestimmung der Teilchengrößenveränderung unter dem Einfluß des Frostes bei

---

[1] Du Nouy, Lecomte P.: Surface equilibria of biological and organic colloide. New York: Chemical Catalog Co. 1926.

[2] Bendien, S. G. T. u. L. W. Janssen: Rec. Trav. Chim. P.-B. **46**, 739 (1927); **47**, 1042 (1928).

[3] Bull, H. B.: Z. physik. Chem. A **161**, 192 (1932).

[4] Weiss, G. u. F. F. Nord: Z. physik. Chem. A **166**, 1 (1933). — Holzapfel, L. u. F. F. Nord: Biodynamica **3**, No. 57 (1940).

[5] Nord, F. F. u. G. Weiss: Biochem. Z. **263**, 353 (1933).

[6] Lifschütz, I.: Arch. d. Pharm. **265**, 450 (1927); **270**, 253 (1932).

[7] Nord, F. F.: Biochem. Z. **99**, 261 (1919).

Lösungen von Myosin[1], Casein[2], Polyvinylalkohol[3] und Polyacrylsäure[4,5] benutzt; die letztere kann nach Staudinger[6] als ein Modell des Eiweißes angesehen werden.

Die Aggregation-Desaggregation ist nicht allein auf lyophile Kolloide beschränkt, wie aus spektrophotometrischen Kurven von ungefrorenen und gefroren
gewesenen Silbersolen[7] ersichtlich ist (Abb. 13).

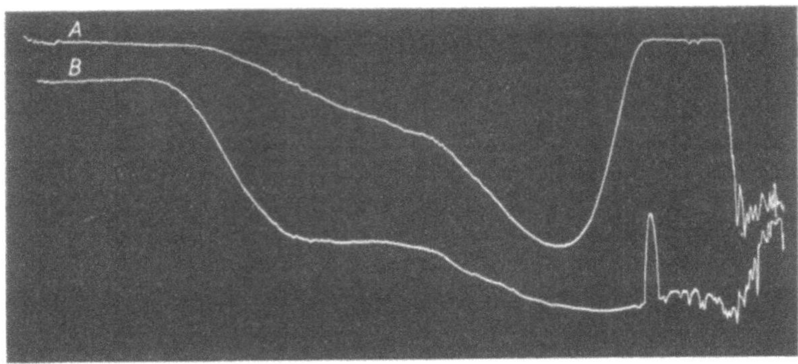

Abb. 13. Photometerkurven von Absorptionsspektren von ungefrorenem (*A*) und gefroren
gewesenem und wieder aufgetautem Silbersol (*B*).
Leichter, H. und *F. F. Nord:* Biochem. Z., **295,** 234 (1938).

Aus der eingehenden Untersuchung der Natur der Kräfte, die die Aggregation-Desaggregation bewirken, haben die Autoren den Schluß gezogen, daß
homöopolare Kolloide in nicht polaren Lösungsmitteln unter Einwirkung des
Frostes nur aggregieren und homöopolare Kolloide in polaren Lösungsmitteln
nur desaggregieren. Diese Desaggregation ist reversibel. Heteropolare Kolloide
in polaren Lösungsmitteln erfahren sowohl eine Desaggregation als auch
eine Aggregation. Der Aggregationseffekt wäre demnach durch die
Van der Waalsschen Kräfte bedingt, während der Desaggregationseffekt auf
elektrostatische und Dipol-Kräfte der Ionen zurückzuführen ist[8].

Dem Problem der Erforschung der Wirkung tiefer Temperaturen auf Kolloide
wurde auch von verschiedenen anderen Seiten Aufmerksamkeit geschenkt, wobei
die betreffenden Autoren immer wieder direkt oder indirekt die Richtigkeit der
Regel der Aggregation-Desaggregation bestätigt haben. So wurde beispielsweise
der Einfluß des Gefrierens auf den Aggregationszustand des Eialbumins von
Neduzhij[9] mit der Lichtstreuungsmethode untersucht, während Walker[10]
Kautschukdispersionen und Hazel[11] Wasserglaslösungen der Frostwirkung ausgesetzt haben. Die Methoden der Kryolyse wurden auch von Kiermeier[12] an

[1] Lange, F. E. M. u. F. F. Nord: Biochem. Z. 281, 173 (1935).
[2] Leichter, H., G. Umbach u. F. F. Nord: Biochem. Z. 291, 191 (1937).
[3] Leichter, H. u. F. F. Nord: Biochem. Z. 295, 226 (1938).
[4] Lange, F. E. M. u. F. F. Nord: Biochem. Z. 278, 173 (1935).
[5] Endoh, C., F. E. M. Lange u. F. F. Nord: Ber. dtsch. chem. Ges. 68, 2004 (1935).
— Vgl. Edelson, D. u. R. M. Fuoss: J. Am. Chem. Soc. 72, 1838 (1950).
[6] Staudinger, H.: Die hochmolekularen organischen Verbindungen, S. 333. Berlin:
Springer 1932.
[7] Leichter, H. u. F. F. Nord: Biochem. Z. 295, 226 (1938).
[8] Holzapfel, L. u. F. F. Nord: Ber. dtsch. chem. Ges. 71, 1217 (1938).
[9] Neduzhij, A. A.: J. Appl. Chem. (USSR) 19, 535 (1946).
[10] Walker, H. W.: J. Phys. Coll. Chem. 51, 451 (1947).
[11] Hazel, F.: ibid. 51, 415 (1947).
[12] Kiermeier, F.: Biochem. Z. 318, 275 (1947).

gewissen Enzymen und von Smorodincev[1] an Muskelgeweben angewandt und es wurde von ihnen eine Bestätigung der obigen Ergebnisse erzielt (vgl. S. 158). Durch die Erforschung des Einflusses von Frost auf Kolloide wurde auch die Grundlage für ein besseres Verständnis der mit der Kältekonservierung von Nahrungsmitteln verbundenen Vorgänge[2] und der aggregierenden Wirkung des Winterfrostes auf den Erdboden[3,4] geschaffen.

Die Ergebnisse der Kryolyse in bezug auf das Aggregationsproblem der Kolloide wurden kürzlich durch Untersuchungen des Temperatureinflusses auf den Aggregationszustand oberhalb des Gefrierpunktes erweitert. Zur Bestimmung des Aggregationszustandes wurde das oben (S. 107) beschriebene Tyndallometer benutzt, und das Temperaturbereich von 20° bis 40° C erforscht. Nur zwei Systeme wurden untersucht, nämlich wäßerige Lösungen von Polyvinylalkohol[5], einem synthetischen Hochpolymeren, und von Eialbumin[6]. Jeder Temperatur entspricht ein wohldefiniertes Aggregations-Desaggregations-Gleichgewicht des Polyvinylalkohols, das sich bei zunehmender Temperatur in Richtung der Aggregation verschiebt und das auf thermodynamischer Grundlage gedeutet wurde. Bei Eialbumin wurden hingegen in dem untersuchten Konzentrationsbereich nur Aggregationserscheinungen beobachtet. Die Geschwindigkeit der Aggregation ist von einer Anzahl Faktoren abhängig, und zwar von Temperatur, p_H-Wert, Eiweißkonzentration und Salzkonzentration. Aus den Ergebnissen geht hervor, daß die mit der Ultrazentrifuge ermittelte angebliche p_H-Beständigkeitszone des Eialbumins[7] in Wirklichkeit viel enger ist, und die Eiweißkörper daher noch wesentlich unbeständiger[7a] sind als aus Svedbergs Untersuchungen zu entnehmen ist.

IV. Eiweißpartikeln: Mizellen oder Makromoleküle.

Eine der wichtigsten Fragen der Kolloidchemie der Eiweißkörper ist die nach der Natur der Eiweißpartikeln. Die Forscher, die sich der Ultrazentrifuge bedienten, weisen auf die gefundenen Partikelgewichte als *Molekulargewichte* hin, und die Literatur der letzten zwei Jahrzehnte ist voll von *Molekulargewichtsbestimmungen* an Eiweißkörpern, Cellulose und anderen natürlichen oder künstlichen Hochpolymeren. Um Staudinger, der selbst ein Vorkämpfer der Theorie der makromolekularen Beschaffenheit der nicht eiweißartigen Hochpolymere ist, zu zitieren: „Manche Unklarheit auf dem Gebiet der makromolekularen Naturstoffe, besonders dem der Proteine, entsteht dadurch, daß von den Bearbeitern dieses Gebietes nicht genügend scharf zwischen dem *chemischen Molekulargewicht* und dem *physikalischen Molekulargewicht*, dem Teilchengewicht, unterschieden wird[8]." Die physikalische Definition des Molekulargewichtes beruht auf Avogadros Gesetz und stellt das Gewicht der kinetisch unabhängigen Partikel im Gaszustand oder in Lösung, bezogen auf Wasserstoff = 2, dar. Wie wir schon bemerkt haben, erhält man bei Anwendung aller Methoden, die auf den kolligativen Eigenschaften der Lösungen beruhen, nur das physikalische

---

[1] Smorodincev, J. A.: J. Appl. Chem. (USSR) **16**, 375 (1943).
[2] Lange, F.: Die Umschau **43**, 1 (1935). — Vgl. H. Leichter: Koll.-Z. **117**, 111 (1950).
[3] Jung, E.: Dissertation. Breslau 1931.
[4] Antoniani, Cl.: Naturwiss. **26**, 479 (1938).
[5] Nord, F. F., M. Bier u. S. N. Timasheff: Proc. Natl. Acad. Sci. USA. **35**, 364 (1949). — J. Am. Chem. Soc. **73**, 289 (1951).
[6] Bier, M. u. F. F. Nord: Proc. Natl. Acad. Sci. USA **35**, 17 (1949). — Vgl. Riley, D. P. u. D. Herbert: Biochem. Biophys. Acta **4**, 374 (1950).
[7] Sjoegren, B. u. T. Svedberg: J. Am. Chem. Soc. **52**, 5187 (1930).
[7a] Gibbs, R. J., M. Bier u. F. F. Nord: Arch. Biochem. Biophys. **35**, 216 (1952)
[8] Staudinger, H.: Makromolekulare Chemie und Biologie, S. 18. Basel: Wepf 1947.

Molekulargewicht, da sie nur von der Zahl der kinetischen Partikeln in der Volumeneinheit abhängig sind. Alle diese Methoden können uns aber nichts über die chemische Natur der Teilchen lehren, d. h. sie zeigen nicht, ob die Partikeln auch chemisch monomolekular oder polymolekular sind bzw. Aggregate darstellen. Ähnlich steht es mit den Sedimentationsgleichgewichten, d. h. mit den Ergebnissen, die mittels der Ultrazentrifuge erhalten worden sind. Aber nach KRUYT gilt: „However, we must keep in mind, that this is an arbitrary identification, what we really do is only count kinetically active particles" — und weiter — „Only when we know in an independent way the real molecular weight are we able to draw a conclusion from these two independent values, but without the latter, kinetic measurements give only *micellar* numbers und *micellar* weights[1]".

Die chemische Definition des Moleküls ist aber bei weitem nicht so eindeutig. Zwei Wege können eingeschlagen werden: Entweder kann das Molekül von dem Atom aus im Sinne der LEWIS-KOSSELschen Valenztheorien[2] als eine Gruppe von Atomen betrachtet werden, die durch Hauptvalenzen verbunden sind, oder von der reinen Substanz aus gesehen, als das kleinste Teilchen der Substanz, das noch die gleiche chemische Zusammensetzung und die gleichen Eigenschaften besitzt[3].

Beide Definitionen lassen zu wünschen übrig, denn nach der ersteren wäre z. B. ein Kochsalz-Kristall, in dem alle Gitterkräfte ionischer Natur, also Hauptvalenzkräfte sind, ein einziges Molekül, wie groß auch der Kristall immer sein mag[4]. Bei Aggregaten hingegen können die Kräfte, die die Aggregation bewirken, verschiedensten Ursprunges sein (vgl. S. 88), wobei der Anziehung zwischen heteropolaren Gruppen unter Bildung von Wasserstoffbrücken sicher eine wichtige Rolle zukommt. Die teils valenzartige Natur dieser Bindung wurde jedoch von PAULING hervorgehoben, der die Einteilung der zwischen Atomen und Atomgruppen wirksamen Kräfte in chemische Bindungen und physikalische Anziehungskräfte dem Gutdünken und der Übereinkunft der einzelnen Forscher überläßt[5].

Die zweite Definition des Moleküls ist jedoch gerade im Bereich der Kolloide nicht ohne weiteres anwendbar, da — wie wir bereits gesehen haben — viele Eigenschaften der Kolloide, wie Löslichkeit, Farbe[6], optische Drehung[7] oder katalytische Aktivität[8] vom Verteilungsgrad abhängig sind. Auch sind viele biologische Eigenschaften der Eiweißkörper katalytischer Natur (z. B. die der Enzyme) und vom Aggregationszustand abhängig (vgl. S. 159).

Durch diese unbefriedigenden Definitionen ist den einzelnen Forschern natürlich große Freiheit in der Bezeichnung der Partikeln als Molekül oder Aggregat gegeben; jedoch ist die hochpolymere Natur solcher Kolloide, wie Eiweiß, Cellulose oder plastische Kunstmassen, dadurch nicht in Frage gestellt. Problematisch ist aber, ob jedes in Lösung befindliche, kinetisch unabhängige Teilchen nur aus einer Hauptvalenzkette der monomeren Einheiten oder aus mehreren besteht, und — wenn letzteres der Fall sein sollte — welcher Natur die Kräfte sind, die die Hauptvalenzketten zusammenhalten.

---

[1] KRUYT, H. R.: Act. IX. Congr. Intern. quim. pura y applicada **2**, 65. Madrid 1934.
[2] LANGMUIR, J.: J. Am. Chem. Soc. **39**, 1848 (1917).
[3] KLUG, H. P.: American Scientist **36**, 394 (1948).
[4] LANGMUIR, J.: J. Am. Chem. Soc. **38**, 2221 (1916).
[5] PAULING, L.: The Nature of the Chemical Bond, S. 3, 2. Aufl. Ithaca, N. Y.: Cornell University Press 1944.
[6] OSTWALD, Wo.: Licht und Farbe in Kolloiden, S. 475. Leipzig: Steinkopff 1924.
[7] OSTWALD, Wo.: ibid. S. 289.
[8] RAMPINO, L. D. u. F. F. NORD: J. Am. Chem. Soc. **63**, 2745 (1941). — RAMPINO, L. D., K. E. KAVANAGH u. F. F. NORD: Proc. Natl. Acad. Sci. US **29**, 246 (1943). — DANWORTH, W. P. u. F. F. NORD: J. Am. Chem. Soc. **72**, 4197 (1950).

Für Cellulose, Stärke und andere Polysaccharide, wie auch für eine Anzahl künstlicher Hochpolymeren, wurde anscheinend der Beweis der Identität der Hauptvalenzketten und der kinetisch aktiven Partikel in Lösung durch chemische Umwandlung erbracht[1]. Diese Ergebnisse wurden aber oft leichtsinnig auf alle Hochpolymeren übertragen, wobei übersehen wurde, daß, bei ihnen ebenso wie bei den niedermolekularen Substanzen, oft Assoziationen vorkommen können. Dabei wurden viele Versuchsergebnisse, die wir im vorstehenden Abschnitt berücksichtigt haben, und die zu entgegengesetzten Schlüssen führen, oft außer acht gelassen. Besondere Aufmerksamkeit soll hierbei den Veränderungen des Aggregationszustandes als Folge des Gefrierens gewidmet werden, da die chemischen Bedingungen nach dem Auftauen kaum einen Wechsel erfährt.

Die Frage des Aggregationszustandes wurde besonders bei homöopolaren natürlichen und künstlichen Hochpolymeren als zugunsten der makromolekularen Beschaffenheit der Partikel entschieden angesehen. Ein unwiderlegbarer Beweis des Gegenteils wurde jedoch neuerdings von DOTY und Mitarbeitern[2] im Fall von Polyvinylchlorid erbracht. Der entscheidende Faktor des Aggregationszustandes ist in diesem Fall die Temperatur, ein unserer Meinung nach zu oft vernachlässigter Faktor.

Das Problem ist jedoch viel komplizierter bei den Eiweißkörpern, denn eine jede Polypeptidkette enthält eine Anzahl verschiedenartiger Seitenreste, deren Wechselwirkungsmöglichkeiten außerordentlich vielseitig sind.

Bei den Faser-Eiweißverbindungen, wie z. B. Keratin, ist weder aus den röntgenographischen noch aus den elektronenmikroskopischen Aufnahmen irgend etwas über deren Molekulargewicht zu entnehmen. Die Polypeptidketten scheinen von undefinierter, aber bedeutender Länge zu sein. Im Fall der globulären Eiweißkörper sind besonders die Vertreter der Schule SVEDBERGs starke Anhänger der Auffassung, daß die Eiweißpartikeln als chemische Moleküle zu betrachten sind, wobei sie sich auf deren Monodispersität und Beständigkeit, sowie auf andere Eigenschaften stützen. Um wiederum STAUDINGER zu zitieren:

„Die Monodispersität von vielen Proteinen darf nicht dazu verleiten, dieselben für einheitlich zu halten, da, wie die oben angeführten Beispiele zeigen, viele niedermolekulare Naturstoffe monodisperse Gemische von Isomeren oder annähernd monodispersen Gruppenstoffen sind, also Gemische von Stoffen fast gleichen Molekulargewichts mit geringen Bauunterschieden. Eine Reihe von diesen monodispersen Proteinen sind kristallisiert erhalten worden, wie das Insulin, das Globulin, Hämoglobin, Albumin, weiter auch Enzyme, wie das Pepsin, Trypsin, schließlich das Tabakmosaikvirus. Auch aus dieser Kristallisationsfähigkeit kann man nicht den Schluß ziehen, daß diese Proteine als einheitlich wie die meisten kristallisierten niedermolekularen Stoffe anzusehen sind; denn, wie die Beispiele des Carotins und der Mutterkornalkaloide zeigen, werden niedermolekulare Naturstoffe kristallisiert erhalten, auch wenn sie aus einem Gemisch von Isomeren bestehen oder wenn sie sogar Gruppenstoffe sind. Deshalb ist es möglich, daß viele kristallisierte Proteine und Enzyme ebenfalls Gruppenstoffe sind, also aus einem komplizierten Gemisch von ähnlich gebauten Makromolekülen bestehen[3]."

Bei Eiweißverbindungen, die schon bei einer kleinen Änderung des p_H-Wertes oder anderer Faktoren weitgehende umkehrbare Desaggregation erfahren, wäre auch zu erwarten, daß das Gewicht der kleinsten dieser Teilchen als Molekulargewicht angesehen werden könnte. Das Gegenteil ist jedoch oft der Fall. Das stärkste Argument der Anhänger der Molekularauffassung scheint der Wille zu sein, folgerichtig alle mit Hilfe normaler Verfahren erhaltenen Teilchen als Moleküle anzusehen. Während dieses Vorgehen den Vorteil der Anwendung der

---

[1] STAUDINGER, H.: Makromolekulare Chemie und Biologie, S. 18. Basel: Wepf 1947. — Vgl. dagegen MEYER, K. H. u. Mitarb.: J. Phys. Coll. Chem. **53**, 319 (1949).

[2] DOTY, P., H. WAGNER u. S. SINGER: J. Phys. Colloid Chem. **51**, 32 (1947).

[3] STAUDINGER, H.: S. 49.

Nomenklatur besitzt, führt es jedoch zu solchen Paradoxen, daß sogar Teilchen, die unwiderlegbar nur Artefakte der Darstellung sind, als Moleküle bezeichnet werden. Um Svedberg selbst zu zitieren:

„When trying to isolate the lactalbumin from cows' milk, we observed that no product homogeneous with regard to molecular weight could be prepared — the figures ranging from 12000 to 25000 — and that the molecular weight increased during the process of purification. A closer study of this phenomenon showed that the condensation is due especially to the action of the ammonium sulphate used for the ‚purification'. The bulk of the native material in cows' milk from which the lactalbumin is formed has a low molecular weight, probably not exceeding 1000.“

Und weiter: „An extensive ultracentrifugal investigation of the white of hen's egg was undertaken by Mr. B. Sjögren. He found that the sedimentation constant of the egg-white diluted with 1 per cent sodium chloride is always lower than the sedimentation constant of the purified ovalbumin, which is $3,5 \times 10^{-13}$. Sometimes a sedimentation constant as low as $1,5 \times 10^{-13}$ was observed, and sometimes values approaching that of purified ovalbumin were found ... A solution of egg-white of low sedimentation constant gave the normal ovalbumin value after treating it with ammonium sulphate[1].“

Es ist kaum zu erwarten, daß physikalische Methoden allein eine zufriedenstellende Antwort auf die Frage der Beschaffenheit der Eiweißpartikeln geben werden, da es sich ja vorzüglich um eine chemische Frage handelt. Nach Kruyt ist, wie oben erwähnt, neben der physikalischen noch eine unabhängige, chemische Methode zur Bestimmung des Molekulargewichtes erforderlich, um aus dem Vergleich einen Schluß ziehen zu können. Eine gewisse Beschränkung in der Anwendbarkeit der rein physikalischen Methoden ist auch aus dem Studium der γ-Globuline zu erkennen. Es muß eine sehr große Anzahl verschiedener γ-Globuline geben, da sie für viele spezifische, biochemische Serumreaktionen verantwortlich sind[2]. Die Globulin-Fraktion des menschlichen Blutplasmas ist elektrophoretisch in acht Komponente geteilt worden[3], obzwar in der Ultrazentrifuge nur zwei beobachtet worden sind[4].

Chemische Methoden sind also erforderlich, um das chemische Molekulargewicht der Polypeptidketten zu bestimmen. Eine vielversprechende Methode wurde neuerdings eingeführt, indem Sanger[5] fand, daß das 2,4-Dinitrofluorobenzol schon bei Zimmertemperatur mit der freien Endgruppe der Polypeptidkette (letzter Aminosäurerest) reagiert. Die so entstandene Bindung ist beständig und wird auch bei völliger Hydrolyse des Eiweißkörpers nicht gespalten; die durch Hydrolyse entstandene Dinitrophenyl-Aminosäure ist gefärbt und läßt sich daher chromatographisch leicht isolieren. Die Identität der reagierenden Aminosäuren kann infolgedessen bequem bestimmt werden. Diese Methode, wie auch gewisse andere[6], erlauben uns, frei von irgend einer Annahme, die exakte Zahl der freien Endgruppen in einem Eiweißkörper zu bestimmen, sowie auch die Zahl der Hauptvalenzketten, die die Eiweißteilchen aufbauen.

Bis jetzt wurde diese Methode nur bei Insulin eingehend angewandt. Die Insulinpartikeln sollen demnach aus drei oder vier Einzelteilchen vom ungefähren Partikelgewicht 12000[6a] zusammengesetzt sein (vgl. die dreifache Symmetrie des Röntgendiagramms S. 124). Jedes dieser Einzelteilchen enthält wiederum vier Hauptvalenzketten, zwei davon mit einem Molekulargewicht von etwa 2900 und zwei mit dem Molekulargewicht von 4100. Es war sogar möglich die Reihenfolge

---

[1] Svedberg, T.: Nature **128**, 999 (1931).

[2] Enders, J. F.: J. Clin. Investig. **23**, 510 (1944). — Kabat, E. A.: J. Immunology **47**, 513 (1943).

[3] Cann, J. R., R. A. Brown u. J. G. Kirkwood: J. Biol. Chem. **181**, 161 (1949).

[4] Oncley, J. L., G. Scatchard u. A. Brown: J. Phys. Coll. Chem. **51**, 184 (1947).

[5] Sanger, F.: Biochem. J. **39**, 507 (1945); **40**, 261 (1946).

[6] Fox, S. W.: Adv. Protein Chem. **2**, 155 (1945).

[6a] Gutfreund, H.: Biochem. J. **50**, 564 (1952)

der Aminosäurereste in diesen Ketten zu bestimmen[1]. Die Hauptvalenzketten jedes Einzelteilchens werden durch S-S-Brücken zusammengehalten, während die Einzelteilchen im Insulin durch Nebenvalenzen aneinander haften. Die Partikeln sollen demnach 12 oder 16 Hauptvalenzketten enthalten, es ist aber auch möglich, daß diese Zahl wechselt, denn die Teilchengewichtsbestimmungen verschiedener Autoren am Insulin nicht übereinstimmen, wie aus folgender Tabelle ersichtlich ist.

Tabelle 1. *Molekulargewicht des Insulins.*

Ultrazentrifugen-Messungen:	Dem Röntgendiagramm nach:
35100 (SJOEGREN und SVEDBERG)[2]	37600 (CROWFOOT)[6]
40900 (POLSON)[3]	Der chemischen Analyse nach:
46600 (GUTFREUND)[4]	44600 (BRAND)[7]
46000 (MILLER und ANDERSSON)[5]	40000 (SCOTT)[8]
	48000 (GUTFREUND)[9]

Dies ist um so wahrscheinlicher, als das Insulin besonders unbeständig ist und weitgehende Aggregation und Desaggregation als Folge von p_H-Veränderungen der Lösung erleidet[10-12] sowie auch in die Faserform übergehen kann[13].

Wir kommen daher zu der Schlußfolgerung, daß, je mehr wir unsere Kenntnisse über die Eiweißkörper vertiefen, das Bild um so komplexer und komplizierter wird. Es ist wohl möglich, daß viele Begriffe der klassischen Chemie nicht ohne weiteres auf die Eiweißverbindungen übertragen werden können, z. B. die Vorstellung vom Molekül. v. SZENT-GYÖRGYI[14] hat beispielsweise eine Kontinuumstheorie der Eiweißkörper vorgeschlagen, nach der sogar das gesamte Eiweiß einer lebenden Zelle als ein *Molekül* betrachtet werden kann. Manche Autoren wollen, während sie der Auffassung der Eiweißpartikel als chemischem Molekül große Vorbehalte entgegenstellen, dieselben jedoch als ein *biologisches Molekül* ansehen[15], denn die diesbezüglichen Eigenschaften sind im höchsten Maß vom Aggregationszustand abhängig. Die biologische Aktivität und Synthese der Proteinpartikeln wäre demnach von einer *geordneten Aggregation* abhängig[16].

E. Kolloidchemie der Zellen und Gewebe.

Die lebende Materie unterscheidet sich sowohl in quantitativer als auch in qualitativer Hinsicht von leblosen Systemen. Der quantitative Unterschied liegt in der Komplexität der chemischen Zusammensetzung, die viel größer ist als die irgendwelcher lebloser Systeme. Außer Wasser enthält die lebende Materie eine große Anzahl chemischer Substanzen, unter denen sich Eiweißverbindungen,

---

[1] SANGER, F.: Biochem. J. **39**, 507 (1945); **49**, 463, 481 (1951).
[2] SJOEGREN, B. u. T. SVEDBERG: J. Am. Chem. Soc. **53**, 2657 (1931).
[3] POLSON, A.: Kolloid Z. **87**, 149 (1939).
[4] GUTFREUND, H.: Biochem. J. **40**, 432 (1946). — GUTFREUND, H.: ibid. **42**, 156 (1948).
[5] MILLER, G. L. u. K. J. I. ANDERSSON: J. Biol. Chem. **144**, 459, 465 u. 475 (1942).
[6] CROWFOOT, D.: Proc. Roy. Soc. London: A **164**, 580 (1938).
[7] BRAND, E.: Ann. N. Y. Acad. Sci. **47**, 187 (1946—47).
[8] SCOTT, D. A.: Endocrinology **25**, 437 (1939).
[9] GUTFREUND, H.: Biochem. J. **42**, 544 (1948).
[10] GUTFREUND, H.: Biochem. J. **50**, 564 (1952).
[11] DU VIGNEAUD, V., E. M. K. GEILING u. C. A. EDDY: J. Pharmacol. Exp. Therapy **33**, 497 (1928).
[12] LANGMUIR, J. u. D. F. WAUGH: J. Am. Chem. Soc. **62**, 2771 (1940).
[13] WAUGH, D. F.: J. Am. Chem. Soc. **66**, 663 (1944); **68**, 247 (1946). — Federation Proceedings **5**, 111 (1946).
[14] v. SZENT-GYORGYI, A.: Chemistry of Muscular Contraction. 2. Aufl. New York: Academic Press 1951.
[15] WRINCH, D.: Wallerstein Laboratories Communic. **11**, 184 (1948).
[16] GLASER, O.: American Scientist **33**, 175 (1945).

hochpolymerisierte Zucker und Zuckerderivate, Nucleinsäuren und Lipide im kolloiden Zustand sowie andere Substanzen in echter Lösung oder aber auch in festem Zustand befinden. Der qualitative Unterschied ist in der Organisation der lebenden Materie zu suchen, denn während die Eigenschaften eines jeden leblosen Systems, so komplex es auch sein mag, nur von dessen chemischer Beschaffenheit und den physikalischen Bedingungen bestimmt werden, sind die Eigenschaften eines lebenden Systems noch von einem anderen Faktor abhängig, nämlich von der höchst spezifischen Organisation der verschiedenen chemischen Bestandteile, die eben das Lebende vom Toten unterscheidet.

Mengenmäßig ist Wasser der Hauptbestandteil der meisten Gewebe und charakterisiert das *Milieu interne* der Lebewesen. Die Eigenschaften der lebenden Materie sind jedoch zum großen Teil von deren kolloiden Bestandteilen abhängig, und je nach dem Gewebe werden Eiweißkörper oder Cellulose bzw. Nucleinsäuren usw. die entscheidende Rolle spielen. Natürlich werden die Eigenschaften auch von den nicht kolloidalen Bestandteilen, z. B. organischen Säuren, Salzen, Gerbstoffen usw. beeinflußt, was besonders durch den Einfluß dieser Substanzen auf die Eigenschaften der Kolloide, insbesondere der Eiweißkörper, in Erscheinung tritt. Auch sind diese Stoffe wesentlich für die kolligativen Eigenschaften des Zellsaftes verantwortlich. Vom kolloidchemischen Standpunkt noch wichtiger sind die Phosphatide, wie Lecithin und Sterine, Substanzen von gleichzeitig lipoidem, d. h. hydrophobem und polarem, d. h. hydrophilem Charakter, da sie zur Regulierung der Hydratation und der Stabilität der rein lipoiden Substanzen in kolloider Verteilung viel beitragen[1-3].

Kolloidchemisch können wir in einem Gewebe verschiedene Systeme unterscheiden:

a) mikroskopisch sichtbare Gebilde aus unlöslichen oder nur ungelösten hochpolymeren Substanzen,

b) optisch leere Systeme von im wäßrigen Medium dispergierten hochpolymeren Substanzen. Entsprechend ihrer Konsistenz können diese Lösungen viele Übergangsstufen einnehmen,

c) Ölemulsionen und Strukturen von vorherrschend lipoidem Charakter,

d) wäßrige Lösungen von Elektrolyten, niedermolekularen Zuckern, Stoffwechsel-Abbauprodukten und wasserlöslichen Farbstoffen von überwiegend nicht kolloidem Charakter.

Diese Einteilung ist natürlich nur eine willkürliche und auch keine absolute, denn eine scharfe Grenze läßt sich zwischen den vier Gruppen nicht ziehen, da sie durch Übergangsformen verbunden sind. Beispielsweise mögen wohl die submikroskopischen Fibrillen, die im Protoplasma enthalten sind, derselben Natur sein wie die der Gerüstgewebe, z. B. Kollagen. Der Unterschied würde dann nur im Dispersitätsgrad liegen, und die traditionelle Einteilung der dispersen Systeme, die auf dem lichtmikroskopischen Auflösungsvermögen beruht, wäre hiermit auch auf die Kolloidik der Gewebe zu übertragen.

I. Mikroskopisch sichtbare Strukturen.

Diese Gruppe enthält die Skelettsubstanzen des pflanzlichen und tierischen Organismus einschließlich der Zellwände, außerdem Vorratssubstanzen wie Stärkekörner und Aleuronkerne.

---

[1] MACHEBOEUF, M.: État des lipides dans la matière vivante. Paris: Hermann 1937. — FREUNDLICH, H.: Kapillarchemie, 4. Aufl., **2**, 493 u. 515. Leipzig: Akademische Verlagsgesellschaft 1932.

[2] REMESOW, I.: Act. IX. Congr. Intern. Quim. Pura y aplicada **5**, 325. Madrid: 1934.

[3] SCHMIDT, W. J.: Naturwiss. **26**, 481, 509 (1938).

Struktur und Eigenschaften der tierischen Gerüsteiweißkörper Keratin und Kollagen haben wir schon eingehend besprochen, und da die beschriebenen Ergebnisse im wesentlichen an unbehandelten Geweben erhalten worden sind, weisen wir diesbezüglich auf den betreffenden Abschnitt hin (vgl. S. 117). Dasselbe trifft auch für Stärkekörner und Aleuronkerne zu; die letzteren bestehen aus fast reinen Eiweißverbindungen[1,2].

Die Gerüstsubstanz der pflanzlichen Gewebe ist die Cellulose, die der Hauptbestandteil der Zellwand ist. Durch mikroskopische Untersuchungen in gewöhnlichem und polarisiertem Licht hat bereits v. NÄGELI[3] sowohl die teilweise kristalline Natur als auch den lamellaren Aufbau der Zellwand erkannt. Diese Polarisationsstudien sind besonders von AMBRONN[4,5] fortgesetzt worden. Die erhaltenen Befunde stehen im Einklang mit der schon erwähnten neueren, röntgenographischen Deutung der Cellulosestruktur.

Die Feinstruktur der Zellwände ist am besten in den elektronenmikroskopischen Aufnahmen[6,7] zu erkennen. Demnach liegt die Cellulose in außerordentlich feinen Fasern vor, deren Ausmaße weit unter dem lichtmikroskopischen Auflösevermögen liegen. Sie sind jedoch nicht molekulardispers.

Die Zellwand enthält aber auch eine Anzahl anderer hochpolymerer Substanzen. In verholzten Geweben beträgt der Gehalt an Lignin bis zu 30% des Trockengewichtes der Zellwand. Das Lignin soll ein Kondensationsprodukt von aromatischen Phenolresten darstellen[8], doch ergibt sich aus den elektronenmikroskopischen Aufnahmen, daß es nur eine amorphe Kittsubstanz ist, in der die Cellulosefasern eingebettet sind. Die bekannte Schwierigkeit, natürliches Lignin aus Holz zu extrahieren[9], wäre demnach nur der feinen Verteilung des Lignins zwischen den Cellulosefasern und nicht einer chemischen Bindung zuzuschreiben. Es ist charakteristisch für Lignin, daß es nur in engster Vermischung mit Cellulose auftritt, und der möglichen enzymatischen Umwandlung der Cellulose über das Abbauprodukt Acetaldehyd in Lignin muß daher entsprechende Aufmerksamkeit geschenkt werden[10].

Bei Früchten und anderen Geweben werden die einzelnen Zellen durch die Mittellamelle zusammengehalten. Die Mittellamelle besteht aus mehr oder minder gequollenen Pectinstoffen, die Kondensationsprodukte teilweise methylierter Galakturonsäure darstellen. Galakturonsäure ist ein Zuckerderivat mit Carboxylgruppen, und der Aufbau der Pectinkette ist dem der Cellulose ähnlich. Pectin ist außerordentlich hydrophil und ruft die Entstehung von Gallerten in Fruchtsäften hervor. Außerdem ist Pectin bei weitem nicht so reaktionsträge wie Cellulose oder Lignin und wird durch enzymatischen Angriff hydrolytisch gespalten, was das Mürbewerden der reifen Früchte zur Folge hat.[11]

---

[1] FREY-WYSSLING, A.: Submikroskopische Morphologie des Protoplasmas und seiner Derivate, S. 212. Berlin: Borntraeger 1938.

[2] FREY-WYSSLING, A.: Die Stoffausscheidungen der höheren Pflanzen. Berlin: Springer 1935.

[3] v. NÄGELI, C.: Sitzungsber. Kgl. Bayer. Akad. Wiss. München 1, 282 (1864).

[4] AMBRONN, H.: Kolloid-Z., Zsigmondy Festschrift, 36, 119 (1925).

[5] AMBRONN, H. u. A. FREY: Das Polarisationsmikroskop. Leipzig: Akademische Verlagsgesellschaft 1926.

[6] BARNES, R. B. u. C. J. BURTON: Am. Dyestuff Rept. 31, 254 (1942).

[7] MÜHLETHALER, K.: Biochim. Biophys. Acta, 3, 15 (1949).

[8] BRAUNS, F. E.: The Chemistry of Lignin. New York: Academic Press 1952.

[9] BRAUNS, F. E.: Paper Trade J. 111, 177 (1940).

[10] NORD, F. F. u. J. C. VITUCCI: Adv. in Enzymology 8, 253 (1948). — NORD. F. F. u. W. J. SCHUBERT: Holzforschung, 5, 1 (1951).

[11] LINEWEAVER, H. u. E. F. JANSEN: Adv. in Enzymology 11, 267 (1951).

Kürzlich wurden von Bonner und Heyn[1] auch Eiweißkörper als gewöhnliche Bestandteile der Zellwände gefunden. Über ihre Rolle und Bedeutung in der Zellwand ist jedoch nicht viel bekannt.

Trotz der Bestrebungen der Botaniker ist nicht viel über die Bildung der Cellulose und der Zellwand bekannt[2]. Es sollte daher den Befunden von Farr und Mitarbeitern[3] Aufmerksamkeit geschenkt werden; sie haben die Bildung von ovalen Cellulosepartikeln in den Chloroplasten von Halicystis und in den farblosen Plastiden der jungen Baumwollfasern beobachtet. Diese Celluloseteilchen sollten sich dann zu Fasern vereinigen und an den Zellwänden anlagern. Die Bildung der Cellulose wäre also der der Stärke ähnlich, während wir hinsichtlich des Anlagerungsmechanismus der verschiedenen Bestandteile an der Zellwand auch weiterhin im unklaren bleiben.

Die Botaniker haben zwar seit Beginn der histologischen und cytologischen Untersuchungen die Existenz und Wichtigkeit der Zellwände erkannt, es scheint jedoch ein gewisses Bestreben der Forscher zu bestehen, diese bei tierischen Geweben zu vernachlässigen. Nach Chambers[4] ist aber auch jede tierische Zelle von einem Fremdkörper, nämlich der Zellwand, umgeben. Diese Zellwand darf nicht mit der Protoplasmamembran verwechselt werden, die die äußere Schicht des Protoplasmas ist. Die tierische Zellwand ist vermutlich proteinartig und am besten bei Eiern der Echinodermen, z. B. des Seeigels, zu beobachten[5]. In den Geweben soll sie die verschiedenen Zellen zusammenhalten.

II. Das kolloidale System.

Dieser Gruppe gehören das Protoplasma, d. h. das Cytoplasma und der Zellkern an. Im allgemeinen ist man geneigt, nur das Protoplasma als den wirklich lebendigen Teil eines Gewebes zu betrachten, während die Gerüstsubstanzen und die wäßrigen oder Öl-Einschlüsse als leblos angesehen werden. Die Eigenschaften, die wir insgesamt als für das Leben charakteristisch ansehen, nämlich Vermehrung, Stoffwechsel, Reizbarkeit usw., sind jedoch nicht *Vorrechte* irgendwelcher Substanzen, sondern nur einer höchst spezifischen Organisation derselben. Da man z. B. keine lebende Zelle unter vollständiger Abwesenheit von Salzen erhalten kann, müssen wir auch diese, sofern sie zur normalen Tätigkeit der lebenden Materie beitragen, als *lebendig* betrachten[6].

Weitgehende Erörterungen wurden und werden noch immer über die Beschaffenheit des Protoplasmas geführt, d. h. ob es flüssig oder fest ist. Obwohl es auf den ersen Blick leicht erscheint, diese Frage zu beantworten, wird sie nun schon seit mehr als 100 Jahren, d. h. seit Purkinje, Mohl und Nägeli, die als erste das Protoplasma von den übrigen Zellbestandteilen unterschieden haben, bis in die Gegenwart immer wieder neu aufgeworfen. Um Seifriz zu zitieren:

„Much of the misunderstanding in regard to protoplasm arises from a failure to realize that protoplasma possesses both liquid and solid properties. Its liquid character is real but superficial. Its solid qualities are basic. That protoplasm is liquid is evident from the fact

[1] Bonner, J. u. A. N. J. Heyn: Protoplasma 24, 466 (1935).

[2] Bailey, I. W., in The Cell and Protoplasm, Publication of the A.A.A.S. No. 14, 31. Washington, D.C.: The Science Press 1940. — Hock, C. W., in W. Seifriz: A Symp. on the Structure of Protoplasm, S. 11. Ames, Iowa: The Iowa State College Press 1942.

[3] Farr, W. K. u. S. H. Eckerson: Contrib. Boyce Thompson Inst. 6, 189 (1934). — Farr, W. K.: Am. J. Bot. 26, Suppl. S. 1 (1939); Contrib. Boyce Thompson Inst. 12, 181 (1941/42).

[4] Chambers, R.: Cold Spring Harbor Symp. Quant. Biol. 8, 144 (1940). — Chambers, R., in J. Alexander: Colloid Chemistry 5, 864. New York: Reinhold 1944.

[5] Kopac, M. J.: ibid. 5, 875. — Kopac, M. J.: Cold Spring Harbor Symp. Quant. Biol. 8, 154 (1940).

[6] Chambers, R.: Biol. Symposia 10, 91 (1943).

that it flows, but it is in no way comparable to a solution of salt in water. Viewing proto-plasma as a liquid devoid of solid properties was an excusable fault of the classical cytologists, but the modern physiologist is aware .... of the true physical nature of living matter and the need of structural continuity[1]."

Die ersten Forscher haben nämlich das pflanzliche Protoplasma als eine schleimig-flüssige Substanz oder als eine körnig-schleimige Flüssigkeit bezeichnet. Die flüssige Beschaffenheit des Protoplasmas wurde weiter von GÖPPERT und CONH[2] durch die Beobachtung der ununterbrochenen Plasmaströmung unzweifel-haft bewiesen. Auch für das tierische Protoplasma wurde später eine flüssige Be-schaffenheit angenommen. Die Kugelform, die das Protoplasma bei der Plas-molyse annimmt, wie auch die ebenso kugelige Form der Vacuolen, sollen weitere Beweise der flüssigen Natur des Protoplasmas sein. Daher waren auch viele Cytologen der Ansicht, daß das Protoplasma flüssig ist, und die diesbezüglichen Argumente wurden von LEPESCHKIN[3] einer eingehenden Betrachtung unterzogen.

Die peripheren Schichten von Plasmodien, Amöben, Infusorien, Blutkörpern und einigen Arten der Gewebszellen, sowie Ganglienzellen, scheinen aber eine größere Festigkeit zu besitzen als die Hauptmasse des Protoplasmas. Ebenso sind gewisse innere Teile des Protoplasmas, wie z. B. die Pseudopodien oder die Aster bei der Zellteilung[4] zur Gallerte erstarrt. In gewissen Fällen der Anabiose, d. h. bei Zellen, die sich in nicht aktivem Zustand befinden, wie z. B. Samen, kann sogar der ganze Zellinhalt erstarrt sein. Trotzdem betrachtet LEPESCHKIN[5] das Protoplasma seinem Wesen nach als flüssig, während die gallertartigen Ge-bilde nur Ausnahmen sein sollen.

Es gibt aber eine ganze Anzahl anderer schwerwiegender Argumente, die dafür sprechen, daß das Protoplasma keine gewöhnliche Flüssigkeit ist, sondern eine submikroskopische Struktur besitzen muß, d. h. seinem Wesen nach als eine feste Substanz angesehen werden sollte. Diese submikroskopische Struktur wird von FREY-WYSSLING[6] sogar als submikroskopische Morphologie bezeichnet, und er schlägt vor, die Lehre von derselben als einen neuen Zweig der allgemeinen Morphologie einzuführen.

Wir stehen zwei Arten von Argumenten gegenüber: Die einen sind mehr spekulativer Natur, während die anderen auf experimentellen Ergebnissen be-ruhen. Das Protoplasma enthält eine große Anzahl reaktiver Substanzen und biochemisch wirksamer Agenzien, wie z. B. Enzyme, die es in einem Zustand von außerordentlich regem und ständigem Wechsel halten. Dieser Wechsel ist jedoch nicht ziellos, denn durch die Koordination von vielen, recht verschiedenen chemischen Reaktionen werden höchst spezifische Lebensfunktionen zustande gebracht. Ein Beweis für die Notwendigkeit dieser Koordinierung ist die Tat-sache, daß dieselben chemischen Reaktionen nach dem Tode des Organismus als Ganzem nur zu einer regellosen Autolyse führen. Wir können uns hierin der Aussage von FREY-WYSSLING anschließen:

„Es kann nicht genug auf die Tatsache hingewiesen werden, daß im Zytoplasma unter allen Umständen die gegenseitige Lage seiner verschiedenen Bestandteile irgendwie ver-ankert sein muß. Die Molekularstruktur der bis heute isolierten Plasma-Bausteine, neben

---

[1] SEIFRIZ, W.: Vorwort zu GUILLIERMOND, A.: The Cytoplasm of the Plant Cell. Waltham, Mass.: Chronica Botanica Co. 1941.

[2] GÖPPERT, H. R. u. F. COHN: Bot. Ztg. **7**, 665 (1849).

[3] LEPESCHKIN, W. W.: Kolloidchemie des Protoplasma, 2. Aufl. Leipzig: Steinkopff 1938.

[4] CHAMBERS, R.: J. Exp. Zool. **23**, 483 (1917); J. Gen. Physiol. **2**, 49 (1920); **4**, 33 u. 41 (1922).

[5] LEPESCHKIN, W. W.: loc. cit. S. 14.

[6] FREY-WYSSLING, A.: Submicroscopic Morphology of Protoplasm and its Derivatives, Vorwort. New York: Elsevier 1948.

denen mengenmäßig kaum eine noch unbekannte Körperklasse eine große Rolle spielen kann, genügt in keiner Weise, um richtunggebend in die Lebensprozesse einzugreifen. .... Um solche zu steuern, müssen die chemischen Bausteine planmäßig zu sehr komplizierten Verbänden zusammengeschlossen sein. Denn es gilt auch hier wie bei der asymmetrischen Synthese der Satz: Spezifisch Geformtes kann nur durch Vermittlung von entsprechend Geformtem entstehen[1]."

Räumliche Trennung und topochemisch bestimmte Reaktionen sind aber in einer Flüssigkeit nicht vorstellbar. Diese können nur durch einen strukturellen Unterbau verwirklicht werden, und ein sichtbarer Beweis dieser Struktur ist in den wunderbar regelmäßigen Formen der bei der Zellteilung auftretenden mitotischen Figuren zu erkennen, die sich spontan nicht in einem strukturlosen Medium bilden könnten. Bei geringen mechanischen Verletzungen der Zelle verschwinden diese Figuren jedoch, um sich nachher wieder neu zu bilden[2]. Das Protoplasma ist nämlich ein einzigartiges kolloidales System, dessen Eigenschaften durch einen genügend energischen mechanischen Eingriff völlig zerstört werden. Es kann daher nur innerhalb der lebenden Zelle studiert werden. Dies ist infolge der Kleinheit der Zellen sehr schwierig und es darf auch nicht aus dem Auge gelassen werden, wenn man Ergebnisse, die in vitro am Zellsaft oder mittels synthetischer Systeme erhalten wurden, auf den lebenden Organismus übertragen will[3]. Die mechanische Empfindlichkeit des Protoplasmas ist auch eine der Ursachen der Frostschäden der Gewebe, die infolge der Bildung von Eiskristallen entstehen.

Die experimentellen Befunde, die auf eine Struktur des Protoplasmas hinweisen, beruhen auf physikalisch-chemischen Untersuchungen, die mit großer erfinderischer Begabung meistens direkt am lebenden Protoplasma durchgeführt wurden. Besonders aufschlußreich waren die Untersuchungen der Viscosität des Protoplasmas und die dazu herangezogenen Eigenschaften wie Elastizität und Thixotropie[4-6], ebenso optische Messungen der Doppelbrechung[7] und Studien mittels der Ultrazentrifuge[8,9]. Die Fließeigenschaften des Protoplasmas sind anormal[10] und folgen nicht den Gesetzen idealer Flüssigkeiten von Newton, Poiseuille oder Stokes[11]. Bezeichnend ist auch, daß das Protoplasma nicht homogen, sondern innerhalb kleiner Zonen abwechselnd recht verschiedener Konsistenz ist. Dies ist ersichtlich aus den Sedimentationsbeobachtungen von Harvey und Marsland[12] an suspendierten Körperchen innerhalb des Protoplasmas und aus Beobachtungen der Brownschen Bewegung von Pekarek[13]. Alle diese Ergebnisse, sowie auch direkte mikrurgische Untersuchungen von Scarth[14] sprechen für eine submikroskopische Struktur des scheinbar flüssigen Protoplasmas.

Weitere Beweise für eine Struktur des Protoplasmas ergeben sich auch aus der eckigen oder konkaven Form des Zellinhaltes bei schneller Plasmolyse oder den dabei beobachteten Hechtschen Fäden, die das plasmolysierte Protoplasma

---

[1] Frey-Wyssling, A.: Submikroskopische Morphologie des Protoplasmas und seiner Derivate, S. 139. Berlin: Bornträger 1938.

[2] Kopac, M. J.: Ann. N. Y. Acad. Sci. 51, 1541 (1951).

[3] Nord, F. F. u. R. P. Mull: Adv. in Enzymology 5, 165 (1945).

[4] Seifriz, W.: Protoplasma, S. 209, 229. New York: McGraw-Hill 1936.

[5] Freundlich, H., in W. Seifriz: A Symp. on the Structure of Protoplasm, S. 85. Ames, Iowa: The Iowa State College Press 1942.

[6] Seifriz, W.: ibid. S. 245.

[7] Schmidt, W. J.: Die Doppelbrechung von Karyoplasma, Zytoplasma und Metaplasma. Berlin: Bornträger 1937.

[8] Beams, H. W.: Biol. Symp. 10, 71 (1943). — [9] Harvey, E. N.: J. Appl. Phys. 9, 68 (1938).

[10] Seifriz, W.: Adv. in Enzymology 7, 35 (1947).

[11] Pfeiffer, H. H.: Cytologia, Tokyo, Fujii Jubilaei (1937) S. 701; Physics 7, 302 (1936).

[12] Harvey, E. N. u. D. A. Marsland: J. Cell. Comp. Physiol. 2, 75 (1932/33).

[13] Pekarek, J.: Protoplasma 17, 1 (1932). — [14] Scarth, G. W.: Protoplasma 2, 189 (1927).

mit der Zellwand verbinden[1,2]. Die von SEIFRIZ[3] beobachtete Spinnfähigkeit des Cytoplasmas ist auch nicht mit einer flüssigen Beschaffenheit desselben in Einklang zu bringen. Beim tierischen Muskelgewebe, das zu mechanischer Arbeit geeignet und kontraktionsfähig ist, ist diese Struktur selbstverständlich.

Eine Anzahl älterer Autoren haben verschiedene Theorien der Protoplasmastruktur, wie die der Fibrillen-, Granulen-, Alveolaren- oder Schaum-, Emulsions- und Netzwerk-Struktur vorgeschlagen[4]. Diese waren jedoch meistens auf Argumente spekulativer Natur aufgebaut oder beruhten auf mikroskopischen Beobachtungen, die zu oft an toten, durch Fixierung und Färbung teilweise entstellten Zellen gemacht wurden. Die neueren großen Fortschritte in der Kolloidchemie derjenigen Eiweißkörper, die den Hauptbestandteil des Protoplasmas darstellen, ermöglichen uns ein besseres Verständnis der Struktur des Protoplasmas durch Vergleich ihrer chemischen Zusammensetzung[5-8].

Wir wissen, daß die Eiweißkörper in zwei Gruppen, nämlich die der faserartigen und globulären, einzuteilen sind. Beide Arten sind zu zahlreichen Wechselwirkungen, Aggregationsreaktionen und Brückenbindungen fähig. Diese Reaktionen sind nicht nur zwischen Eiweißverbindungen möglich, sondern können auch zwischen Eiweißkörpern und Nucleinsäuren, Kohlenhydraten und Lipiden stattfinden. Nach MEYER[9] bilden eine Anzahl von Polypeptidketten, durch *Gitterkräfte* aneinander gebunden, Micellen, aus denen einzelne Teile der Hauptketten herausragen und sich mit anderen Micellen verbinden (nach GERNGROSS[10] Fransenmizellen genannt). Wenn der größte Teil der Micellen miteinander verbunden ist, geht die Lösung in eine Gallerte über, doch das Ausmaß der Gelatinisierung des Milieus hängt besonders vom p_H-Wert und der Elektrolytkonzentration ab. Schon eine kleine Änderung in diesen Faktoren kann eine hochviscose Lösung in eine Gallerte umwandeln. Im Protoplasma sind auch andere Faktoren wirksam, wie Stoffwechsel, Synthese, Abbau organischer Säuren und Acetylcholin, Bindung mit Phosphatiden usw. Einzelne freie lineare Hauptvalenzketten sind jedoch wegen der vielartigen Wechselwirkungen, denen sie ausgesetzt sind, nicht wahrscheinlich[11].

Auf Grund älterer Netzwerkhypothesen vom Aufbau des Protoplasmas entwickelte FREY-WYSSLING[12] eine andere Theorie, der zufolge einzelne Polypeptidketten das strukturbildende Element des Protoplasmas sein sollen. Diese sollen ein dreidimensionales Netzwerk bilden, das das ganze Protoplasma durchdringt, und die einzelnen Ketten sollen an Knotenpunkten, die FREY-WYSSLING als Haftpunkte bezeichnet, durch verschiedenartige Kräfte aneinander gebunden sein. Die Beständigkeit der Haftpunkte ist von äußeren Faktoren abhängig, und

[1] CHODAT, R.: Principes de Botanique, S. 14. Genève: Georg 1907.
[2] HECHT, K.: Beitr. Biol. d. Pflanzen 11, 137 (1912).
[3] SEIFRIZ, W. u. J. PLOWE: J. of Rheology 2, 263 (1931).
[4] SEIFRIZ, W.: Protoplasma, S. 236. New York: McGraw-Hill 1936.
[5] MOYER, L. S. in W. SEIFRIZ: A Symp. on the Structure of Protoplasm, S. 23. Ames, Iowa: The Iowa State College Press 1942.
[6] SPONSLER, O. L. u. J. D. BATH: ibid. S. 41. — [7] SCARTH, G. U.: ibid. S. 99.
[8] SPONSLER, O. L., in The Cell and Protoplasma, Publication of A.A.A.S. No. 14, 166. Washington, D.C.: The Science Press 1940.
[9] MEYER, K. H.: Natural and Synthetic High Polyems, S. 499. New York: Interscience Publishers 1950.
[10] GERNGROSS, O., K. HERRMANN u. W. ABITZ: Biochem.-Z. 228, 409 (1930). — GERNGROSS, O., K. HERRMANN u. R. LINDEMANN: Kolloid-Z. 60, 276 (1932).
[11] MEYER, K. H., in W. SEIFRIZ: A Symp. on the Structure of Protoplasma, S. 267. Ames, Iowa: The Iowa State College Press 1942.
[12] FREY-WYSSLING, A.: Submikroskopische Morphologie des Protoplasmas und seiner Derivate. Berlin: Bornträger 1938.

Temperatur, Salz- und Wasserstoffionen-Konzentration, sowie Redoxpotential, würden die Stabilität der homöopolaren und heteropolaren Brückenbindungen stark beeinträchtigen. Der grundlegende Unterschied den toten Gallerten gegenüber soll in dem ununterbrochenen Umbau der Haftpunkte nach einem bestimmten, jedoch völlig unbekannten Plan zu suchen sein. Dieser Umbau erklärt auch die Beweglichkeit des Protoplasmas, dessen wesentliches Charakteristikum eben ein ständiger Wechsel ist. Auch ein mechanischer Eingriff kann das Gleichgewicht der Haftpunkte schon erheblich beeinträchtigen und eine plötzliche bedeutende Erhöhung der Fluidität des Protoplasmas verursachen[1,2], ein Phänomen, das mit den thixotropen Eigenschaften des Protoplasmas zusammenhängt[3,4]. Bei brutalen, mechanischen Eingriffen haben wir bereits gesehen, daß das ganze Protoplasma eine irreversible Beschädigung erleidet, die den Tod desselben herbeiführt. Dies ist um so verständlicher, als man annehmen kann, daß das Polypeptidketten-Gerüst zur weiteren topographischen Verankerung der verschiedenen Bestandteile des Protoplasmas dient. Der Unterschied zwischen den Theorien von Frey-Wyssling und Meyer liegt hauptsächlich in den ,,Kontaktpunkten'', die Frey-Wyssling als zwischen einzelnen Polypeptidketten befindlich, Meyer dagegen als mizellenartig annimmt.

Bei all diesen Hypothesen wurden nur die fibrillären Eiweißkörper als Strukturelemente des submikroskopischen Aufbaus des Protoplasmas in Betracht gezogen. Wrinch[5] ist hingegen der Meinung, daß auch globuläre Eiweißkörper zur Organisation des Protoplasmas beitragen können.

III. Protoplasmamembran und Permeabilität.

Eines der wichtigsten Probleme der Zellphysiologie ist das der Permeabilität; um den Stoffwechsel aufrechtzuerhalten, müssen lebende Zellen Nahrungsstoffe aufnehmen und die Produkte der Zellaktivität entfernen. Schon aus den Arbeiten Pfeffers[6] über den osmotischen Druck innerhalb pflanzlicher Zellen war ersichtlich, daß das Zellplasma nicht für alle Substanzen gleich durchlässig ist. Während Wasser leicht in die Zelle hinein- und aus der Zelle herausdiffundiert, ist die Permeabilität von Salzen, Zuckern, fettlöslichen Substanzen usw. von Fall zu Fall sehr verschieden. Um diese auswählende Permeabilität zu erklären, nahm Pfeffer an, daß das Protoplasma von einer semipermeablen Membran, der Plasmamembran, umgeben ist. Diese sollte nach seiner Auffassung eine außerordentlich feine Haut an der Plasmaoberfläche darstellen, die ihre Permeabilität reguliert. Die Realität dieser Membran wurde oft bezweifelt, und die auswählende Permeabilität wäre daher dem ganzen Protoplasma und seiner begrenzten Mischbarkeit mit Wasser zuzuschreiben[7]. Viele meßbare Eigenschaften der Plasmaoberfläche sind jedoch so verschieden von denen des Gesamtplasmas, daß kein Zweifel am Vorhandensein eines Films an der Oberfläche der Zelle bestehen kann, was auch mikrurgisch bestätigt wurde[8].

Es ist auch wohl bekannt, daß gewisse Substanzen sich infolge der Oberflächenspannung an den Grenzflächen von Flüssigkeiten ansammeln, eine

---

[1] Marsland, D. A., in W. Seifriz: A Symp. on the Structure of Protoplasm, S. 127. Ames, Iowa: The Iowa State College Press 1942. — [2] Kamiya, N.: ibid. S. 199.
[3] Freundlich, H.: ibid. S. 85. — [4] Seifriz, W.: ibid. S. 245.
[5] Wrinch, D.: Cold Spring Harbor Symp. Quant. Biol. 9, 218 (1941).
[6] Pfeffer, W.: Osmotische Untersuchungen. Leipzig: Engelmann 1877.
[7] Lepeschkin, W. W.: Kolloidchemie des Protoplasmas, 2. Aufl., S. 132. Leipzig: Steinkopff 1938.
[8] Chambers, R.: Biol. Bull. 55, 369 (1928).

Erscheinung, die in GIBBS' Adsorptionsgesetz[1] mathematischen Ausdruck findet. Oberflächenaktive Substanzen sind besonders die, deren Moleküle teilweise hydrophilen, polaren Charakter besitzen, bei denen der Rest aber hydrophob ist. Als Beispiel dafür können aliphatische Alkohole, Amine und Säuren, wie auch deren Salze, die Seifen, gelten, wenn ihre Moleküle eine ausreichend lange Alkylkette haben. Nach LANGMUIR[2] sammeln sich solche Substanzen in einem orientierten molekularen Film, d. h. in einem Film von nur molekularer Dicke, an Wassergrenzflächen an. Auch Eiweißkörper[3] bilden Oberflächenfilme und beim Spreiten unter der Wirkung der Oberflächenkräfte sollen die globulären Eiweißkörper sogar ihre spezifische Form einbüßen[4].

LANGMUIR[5] ist der Ansicht, daß sich die Eigenschaften der Plasmamembran denen eines monomolekularen Films annähern. Aus Spannungsmessungen an Plasmaoberflächen wäre dagegen zu entnehmen, daß die Membran aus abwechselnden Schichten von Eiweißkörpern und Lipiden besteht und polymolekular ist[6]. Zu ähnlichen Ergebnissen gelangt man auch durch optische Messungen[7], wie auch durch Messungen des elektrischen Widerstandes und der Kapazität[8] der Oberflächen lebender Zellen.

Die Protoplasmamembran ist mit der normalen Lebensfunktion der Zelle eng verbunden. Die Bedeutung der Permeabilität für enzymatische Vorgänge und als begrenzender Faktor der Geschwindigkeit des Stoffwechsels innerhalb der Zelle ist besonders aus den Arbeiten von NORD und Mitarbeitern[9, 10] zu entnehmen, die zum besseren Verständnis eine mathematische Formulierung vorgeschlagen haben. Jeder physikalische oder chemische Angriff, der entweder die Plasmamembran oder das Innere des Plasmas beeinträchtigt, bringt gleichfalls Nachteile für beide mit sich. Charakteristisch in dieser Hinsicht ist die Wirkung der Narkotica[11, 12] auf die Zelle, die die Lebensfähigkeit derselben stark beeinflussen und die Permeabilität erhöhen[13]. Tote Zellen sind völlig durchlässig, und ein gut funktionierender Permeabilitätsmechanismus, durch die Plasmolysefähigkeit der Zelle gekennzeichnet, ist das Merkmal einer gesunden Zelle. Falls die Plasmamembran mechanisch beschädigt wird, und die Folgen nicht zu nachhaltend sind, bildet sich an der Wundstelle bald ein neuer Oberflächenfilm. Bei diesem Vorgang ist der Salzgehalt der umgebenden Flüssigkeit, insbesondere die Calciumionen-Konzentration, von Bedeutung[14].

[1] ADAM, N. K.: The Physics and Chemistry of Surfaces, 3. Aufl. Oxford: University Press 1941.

[2] LANGMUIR, I.: J. Am. Chem. Soc. **39**, 1848 (1917).

[3] DEVAUX, H.: Compt. rend. Acad. Sci. Paris **200**, 1560 (1935); **201**, 109 (1935).

[4] BULL, H. B.: Adv. Protein Chem. 3, 95 (1947). — GORTER, E.: Ann. Rev. Biochem. **10**, 619 (1941). — NEURATH, H., u. H. B. BULL: Chem. Revs. **23**, 391 (1938).

[5] LANGMUIR, I.: J. Franklin Inst. **218**, 143 (1934); Science **84**, 379 (1936); **85**, 76 (1937).

[6] HARVEY, E. N.: J. Appl. Phys. **9**, 68 (1938). — HARVEY, E. N. u. J. F. DANIELLI: Biol. Revs. **13**, 319 (1938).

[7] SCHMIDT, F. O., R. S. BEAR u. E. PONDER: J. Cell. Comp. Physiol. **9**, 89 (1936/37); **11**, 309 (1938). — SCHMIDT, W. J.: Erg. Physiol. Exper. Pharmakol. **44**, 27 (1941).

[8] HÖBER, R.: Physical Chemistry of Cells and Tissues, S. 225 Philadelphia: Blakiston 1945. — COLE, K. S.: Cold Spring Harbor Symp. Quant. Biol. **8**, 110 (1940).

[9] NORD, F. F. u. J. WEICHHERZ: Z. Elektrochem. **35**, 612 (1929); Protoplasma **11**, 440 (1930).

[10] WEICHHERZ, J.: Biochem. Z. **238**, 325 (1931); Z. Physik. Chem. **145 A**, 330 (1929).

[11] OVERTON, E.: Studien über die Narkose. Jena: Fischer 1901.

[12] MEYER, H.: Arch. Experim. Path. Pharmakol. **42**, 109 (1899).

[13] NORD, F. F.: Trans. Faraday Soc. **26**, 760 (1930). — NORD, F. F.: Erg. Enzymforschung **1**, 77 (1932). — NORD, F. F. u. K. W. FRANKE: Protoplasma **4**, 547 (1928); J. Biol. Chem. **79**, 27 (1928).

[14] HEILBRUNN, L. V.: The Colloid Chemistry of Protoplasm, S. 222. Berlin: Bornträger 1928.

Es wurden verschiedene Hypothesen der kolloiden Beschaffenheit der Plasmamembran aufgestellt, von denen die Lipoidtheorie von Overton[1], die Ultrafiltertheorie von Ruhland[2], die Mosaiktheorie von Nathanson[3] und die kombinierte Lipoidfiltertheorie von Collander[4] von historischer Bedeutung sind. Alle beruhen auf der Notwendigkeit, physiologische Tatsachen der relativen Permeabilitätsgeschwindigkeit von Wasser, Elektrolyten und wasser- oder lipoidlöslichen Nicht-Elektrolyten durch morphologische Begriffe zu deuten.

Meyer[5] ist dagegen von kolloidchemischen Überlegungen ausgegangen und betrachtet die Membran als ein aus Polypeptidketten bestehendes Gerüst. Viele der Seitenreste der Polypeptidketten enthalten ionisierbare Gruppen, und das Kolloidgerüst wird infolgedessen als ein riesengroßes Kation oder Anion betrachtet. Eine mathematische Grundlage dieser Hypothese wird durch Anwendung des Donnanschen Gleichgewichtes zwischen dem Gerüst und der umgebenden Lösung gegeben. Nur das Donnansche Gleichgewicht soll demnach für die auswählende Permeabilität von Elektrolyten verantwortlich sein. Phosphatide und Lipoide werden in der Gerüststruktur auch gebunden und ermöglichen somit die Permeabilität von lipoidlöslichen Substanzen. Die Richtigkeit der mathematischen Formulierung hat Meyer an zahlreichen Modellversuchen bewiesen, die an künstlichen und natürlichen Membranen durch potentiometrische Bestimmung der Ionenkonzentration ausgeführt wurden. Diese Messungen können jedoch beim Protoplasma wegen allzu vieler unbekannter Faktoren nicht als beweisend angesehen werden, und das Problem der Permeabilitätsregulierung ist daher nach wie vor als noch nicht gelöst zu betrachten[6-8].

IV. Lipoide Strukturen im Protoplasma.

In vielen pflanzlichen wie auch tierischen Zellen sind kleine Öltropfen schon mikroskopisch sichtbar. Sie können von verschiedener Größe sein und werden als Reservestoffe betrachtet. Bei Fettentartung oder auch in vielen Samen können die einzelnen Öltropfen in eine, den größten Teil der Zelle einnehmende Ölvacuole zusammenfließen. Neben verschiedenen gesättigten und ungesättigten Fetten und Ölen enthalten sie auch andere lipoidlösliche Substanzen, wie Carotin und Sterine. Biologisch und kolloidchemisch wichtiger sind jedoch Gebilde, die sowohl Lipoide als auch Eiweißkörper enthalten. Ein Beispiel dafür sind die Mikrosomen. Ebenso wie die Reservelipoide sind sie meistens kugelförmig und durch einen hohen Brechungskoeffizienten gekennzeichnet, was auf ihre lipoidartige Konstitution schließen läßt und ihre Sichtbarkeit erhöht. Ihre Wichtigkeit in biologischen Vorgängen ist aus den Beobachtungen Claudes[9] ersichtlich, die sich mit ihrem Gehalt an Nucleinsäuren befassen.

[1] Overton, E.: Vierteljahrsschr. Naturf. Ges. Zürich 44, 88 (1899).

[2] Ruhland, W.: Jahrb. Wiss. Bot. 51, 376 (1912).

[3] Nathanson, A.: ibid. 39, 607 (1904).

[4] Collander, R. u. H. Baerlund: Acta Bot. Fenn. 11, 1 (1933). — Collander, R.: Physik. Ökonom. Ges. Königsberg 69, 251 (1937).

[5] Meyer, K. H. u. J.-F. Sievers: Helv. Chim. Acta 19, 649, 665 u. 987 (1936). — Meyer, K. H., H. Hauptmann u. J.-F. Sievers: ibid. 19, 948 (1936).

[6] Brooks, S. C.: Adv. in Enzymology 7, 1 (1947).

[7] Davson, H. u. J. F. Danielli: The Permeability of Natural Membranes. Cambridge: University Press 1943.

[8] Brooks, S. C. u. M. Moldenhauer Brooks: The Permeability of Living Cells. Berlin: Bornträger 1941.

[9] Claude, A.: Biol. Symposia 10, 111 (1943). — Adv. in Protein Chem. 5, 423 (1949).

Mitochondrien oder Chondriosomen sind andere, mikroskopisch sichtbare Bestandteile des Zytoplasmas und werden mit dem Gruppennamen Chondriom bezeichnet. Ihrer Gestalt und Größe nach sind sie den Bakterien ähnlich, und die Entwicklung der Form mit dem Alter der Zelle wurde von verschiedenen Autoren untersucht[1]. Es wird ihnen eine große physiologische Bedeutung als Ort enzymatischer Reaktionen und Sammelstelle von Enzymen zugeschrieben[2-7].

Durch fraktioniertes Zentrifugieren ist es gelungen, Mitochondrien aus Leberzellen zu isolieren und zu analysieren. Ihr Lipoidgehalt soll nach HOERR[8] 43,6% betragen, während FAURÉ-FRÉMIÉT[6] nur 28,8% fand. Jedenfalls stellen sie Lipoprotein-Komplexe dar und enthalten keine Nucleinsäuren oder nur im gleichen Ausmaß wie das an Nucleinsäuren arme Zytoplasma[9, 10].

Chlorophyll, das Pigment der grünen Pflanzen, ist in den Chloroplasten lokalisiert, die nur im pflanzlichen Protoplasma zu finden sind. Seit SACHS (1852) wissen wir, daß sie an der Bildung der Stärkekörner aktiven Anteil nehmen. Die Synthese von Kohlenhydraten aus Kohlendioxyd und Wasser unter Einwirkung von Sonnenlicht und Chlorophyll wird Photosynthese genannt und ist bei weitem die wichtigste aller chemischen Reaktionen, denn sie stellt den ersten Schritt in der weiteren Synthese aller anderen organischen Substanzen der lebenden Welt dar[11].

Bei den höheren Pflanzen sind die Chloroplasten gewöhnlich kugel- oder linsenförmig und haben einen Durchmesser von 6 bis 10 μ. Bei niederen Pflanzen, insbesondere bei gewissen Algen, können sie auch komplizierte Strukturen bilden. In meristematischen Zellen sind sie jedoch klein und von den Chondriosomen nicht zu unterscheiden. Ihre mikroskopische Struktur ist nach SCHIMPER[12] und MEYER[13] nicht homogen, sondern sie bestehen aus zahlreichen gefärbten Körnern, den Grana, die im farblosen Stroma eingebettet sein sollen. Diese Theorien wurden nicht allgemein angenommen, doch scheinen neuere Arbeiten auf dem Gebiet diese Ansicht zu bestätigen[14].

Entsprechend den chemischen Analysen von MENKE[15] enthalten isolierte Spinatchloroplasten 56,4% Eiweiß, 31,9% Lipide und 7,7% Chlorophyll neben anderen carotinartigen Pigmenten. Es wird angenommen, daß die Eiweißkörper hauptsächlich im farblosen Stroma konzentriert sind, doch enthält dies auch lipoide Substanzen[16, 17]. STOLL und WIEDEMANN[18] ist es gelungen, aus den Grana

---

[1] GUILLIERMOND, A.: The Cytoplasm of the Plant Cell, S. 56. Waltham, Mass.: Chronica Botanica Co. 1941.

[2] CLAUDE, A.: J. Exp. Med. **84**, 51, 61 (1946).

[3] LAZAROW, A.: Biol. Symposia **10**, 9 (1943).

[4] HOLTER, H. u. W. L. DOYLE: Compt. Rend. Trav. Lab. Carlsberg, Sér. Chim., Sörensen Festschrift, **22**, 219 (1938).

[5] WARBURG, O.: Arch. Ges. Physiol. **154**, 599 (1913).

[6] FAURÉ-FRÉMIÉT, E.: Année biol. (3) **22**, 57 (1946).

[7] BRACHET, J.: Embryologie chimique, 2. Aufl., S. 252. Paris: Masson 1945.

[8] HOERR, N. L.: Biol. Symposia **10**, 185 (1943).

[9] CLAUDE, A.: J. Exp. Med. **80**, 19 (1944).

[10] LAVIN, G. I. u. A. W. POLLISTER: Biol. Bull. **83**, 299 (1942).

[11] RABINOWITCH, E. I.: Photosynthesis Bd. I. u. II./1. New York: Interscience 1945. u. 1951.

[12] SCHIMPER, A. F. W.: Jahrb. Wiss. Bot. **16**, 1 (1885).

[13] MEYER, A.: Das Chlorophyllkorn. Leipzig: Felix 1883.

[14] GUILLIERMOND, A.: The Cytoplasm of the Plant Cell, S. 40. Waltham, Mass.: Chronica Botanica Co. 1941.

[15] MENKE, W.: Z. physiol. Chem. **257**, 43 (1939); **263** 100 u. 104 (1940). — MENKE, W. u. E. JACOB: ibid. **272**, 227 (1942).

[16] WEBER, F.: Protoplasma **19**, 455 (1933). — [17] MENKE, W.: ibid. **21**, 279 (1934).

[18] STOLL, A., E. WIEDEMANN u. A. RUEGGER: Verh. Schweiz. Naturf. Ges. 121. Jahresversammlg., S. 125 (1941).

einen Chlorophyll enthaltenden Lipoprotein-Komplex zu isolieren, den sie als Chloroplastin bezeichnen. Aus 30 verschiedenen Pflanzenarten isoliertes Chloroplastin ergibt in der Ultrazentrifuge ein Teilchengewicht von ungefähr 5 Millionen, wobei der Gehalt an Eiweiß nur 69 %, an Lipiden 21 % und an Pigmenten 8 % beträgt.

Vom kolloidchemischen Gesichtspunkt aus gehören Mikrosomen, Plastiden und das Chondriom zu den kompliziertesten Systemen, die wir bisher betrachtet haben, da sie aus hydrophilen und hydrophoben Elementen zusammengesetzt sind. Über ihre Eigenschaften wissen wir jedenfalls noch wenig, da sie nicht leicht zu isolieren sind. Ihre submikroskopische Struktur, falls sie eine besitzen, kann nur durch ihre hochpolymeren Bestandteile, die Eiweißkörper bzw. die Nucleinsäuren, bestimmt werden. Ihre kolloidchemischen Eigenschaften werden hingegen durch den lipoiden Anteil stark beeinflußt. Wir haben schon erfahren, daß sich oberflächenaktive Substanzen an Wassergrenzflächen ansammeln, und dies trifft auch bei Öl-Wasser-Grenzflächen zu. Es wird dadurch an solchen Grenzflächen ein Mehrkomponenten-System geschaffen, das als Sitz für die mannigfaltigen physiologischen Reaktionen besonders geeignet erscheint. Diese Reaktionen sind meistens enzymatischer, d. h. katalytischer Natur, und die Bedeutung der Oberflächen in der heterogenen Katalyse ist wohlbekannt. WARBURG[1] hat auch diesen Begriff der Oberflächenaktivität auf lebende Zellen übertragen, während DEVAUX[2] ihn auf alle heterogenen Strukturen im Protoplasma angewandt hat.

In dieser Hinsicht sind auch die Messungen von COWDRY und DU NOUY[3] von Interesse, da sie gezeigt haben, daß in dem Chondriom das Verhältnis Oberfläche: Volumen einem Maximalwert zustrebt. Der Befund, daß die Mikrosomen ebenfalls Nucleinsäuren enthalten, und die Annahme, daß sie sich an der Proteinsynthese beteiligen, verleiht auch der Hypothese von ROBERTSON[4] erneutes Interesse. ROBERTSON hat schon 1926 diesen Körperchen eine Rolle bei der Proteinsynthese zugeschrieben. Auf Grund der neuen Isolationstechnik dieser Körperklasse und der Anwendung moderner Untersuchungsmethoden können wir jedenfalls noch interessante Ergebnisse erwarten.

V. Vacuolen.

Das letzte System im Protoplasma, das wir noch zu betrachten haben, ist das der Vacuolen. Vacuolen sind nur in pflanzlichen Zellen und in gewissen niederen, tierischen Organismen wie den Infusorien zu finden; während jüngere Zellen oft mehrere kleine Vacuolen enthalten, nehmen sie bei den meisten alten pflanzlichen Zellen den größten Teil des Zellinhaltes ein und sind nur von einem dünnen Protoplasmaschlauch umgeben.

Die Vacuolen scheinen ein Entmischungsprodukt des Protoplasmas zu sein[5,6], da es nicht in jedem Verhältnis mit Wasser mischbar ist. Sie sind ein Reservoir der wasserlöslichen Substanzen der Zelle und enthalten anorganische und

---

[1] WARBURG, O.: Z. physiol. Chem. **66**, 305 (1910).

[2] DEVAUX, H.: Compt. rend. Acad. Sci. **190**, 1241 (1930). — DANIELLI, J. F. u. J. T. DAVIS: Adv. in Enzymology **11**, 35, (1951).

[3] COWDRY, E. V.: Amer. Naturalist **60**, 157 (1926). — DU NOUY, LECOMTE P., u. E. V. COWDRY: Anat. Rec. **34**, 313 (1926/27).

[4] ROBERTSON, T. B.: Austral. J. Exp. Biol. and Med. Sci. **3**, 97 (1926).

[5] GUILLIERMOND, A.: The Cytoplasm of the Plant Cell, S. 125. Waltham, Mass.: Chronica Botanica Co., 1941.

[6] FREY-WYSSLING, A.: Submikroskopische Morphologie des Protoplasmas und seiner Derivate, S. 21. Berlin: Bornträger 1938.

organische Salze, Säuren, Zucker, Gerbstoffe, wasserlösliche Pigmente, wie Anthozyane, und andere Stoffwechselprodukte. Außerdem enthalten sie auch gewisse Kolloide, wie wenigstens aus Viscositätsmessungen[1-3] zu schließen ist.

Die innere Grenzfläche des Protoplasmas gegenüber den Vacuolen wird als Tonoplast bezeichnet, während die Plasmamembran das Protoplasma nach außen umschließt. Nach den Befunden von HOEFLER[4] wäre der Tonoplast und nicht die Plasmamembran für die Plasmolyse der Zelle verantwortlich. Dies wäre sehr wichtig, denn es würde erklären, warum viele wesentliche Zellnahrungsstoffe, wie Saccharose, von denen zu erwarten wäre, daß sie befähigt sein sollten, leicht in die Zelle einzudringen, es im Sinne gewisser Beobachtungen bei der Plasmolyse kaum können.

VI. Zusammensetzung und Funktion des Protoplasmas.

Nach BERNARD[5] gehören Organisation, Stoffwechsel, Vermehrung und Entwicklung zu den Eigenschaften, die die lebende Materie am besten kennzeichnen. Diese komplexen Funktionen können nur durch die Koordinierung aller Bestandteile der lebenden Materie erfüllt werden, und es ist überflüssig, die relative Wichtigkeit der einzelnen Komponenten zu erörtern. Die Errungenschaften der letzten Jahre haben jedoch so viel zu unseren Kenntnissen der chemischen Beschaffenheit, physiologischen Wirkungsweise und submikroskopischen Organisation des Protoplasmas beigetragen, daß wir nunmehr imstande sind, weitere Schlüsse zu ziehen und insbesondere gewisse chemische Bestandteile mit den spezifischen Funktionen der lebenden Materie in Zusammenhang zu bringen[6].

In den vorstehenden Abschnitten haben wir die zentrale Rolle, die den Eiweißkörpern in der Organisation des Protoplasmas zukommt, erkannt und gesehen, daß sie bedingt ist durch dessen einzig dastehende Mannigfaltigkeit in Zusammensetzung und Reaktionsfähigkeit, sowie dessen hochpolymere Natur, die als einzige die Existenz des scheinbaren Paradoxons einer Architektur in einem flüssigen Medium ermöglicht.

Am meisten untersucht und am besten bekannt sind jedoch die Vorgänge, die mit dem Stoffwechsel verbunden sind. Auf- und Abbau aller chemischen Bestandteile einer Zelle erfolgen durch eine Reihe chemischer Reaktionen, von denen jede einzelne gewöhnlich nur eine kleine Veränderung in der Konstitution und dem Energiegehalt der Substrate verursacht. Diese Veränderungen sind meistens umkehrbar, und nur durch die Verkettung einer großen Zahl verschiedener Reaktionen werden sie zweckdienlich. Während die Kinetik der einzelnen Reaktionen in vielen Fällen in vitro untersucht wurde, hat erst die Anwendung radioaktiver Elemente und anderer Isotopen, wie z. B. des schweren Wasserstoffs (Deuterium)[7], die erfolgreiche Verfolgung des Stoffwechsels in Lebewesen ermöglicht. Das Ausmaß und die Geschwindigkeit, mit denen sich die meisten chemischen Bestandteile immer wieder ineinander umändern und erneuern, konnte zuvor auch gar nicht vermutet werden[8,9]. Alle Bestandteile befinden

---

[1] WEBER, F.: Ber. dtsch. bot. Ges. **39**, 188 (1921).

[2] PEKAREK, J.: Protoplasma **20**, 251 (1934). — [3] FREY, A.: Rev. gén. Bot. **38**, 273 (1926).

[4] HÖFLER, K.: Z. wiss. Mikrosk., Küster Festschr. **51**, 70 (1934).

[5] BERNARD, Cl.: Leçons sur les phénomènes de la vie. Paris: Baillière 1878.

[6] MONNÉ, L.: Adv. in Enzymology **8**, 1 (1948).

[7] KAMEN, M. D.: Radioactive tracers in biology. New York: Academic Press 1947. — Isotopes in Biochemistry. Philadelphia: Blakiston 1951.

[8] SCHÖNHEIMER, R.: The dynamic state of body constituents. Cambridge, Mass.: Harvard University Press 1942.

[9] HEVESY, G.: Adv. in Enzymology, **7**, 111 (1947).

sich in einem dynamischen Gleichgewichtszustand, und das Ausmaß der Organisation, die nötig ist, das normale Funktionieren des Protoplasmas aufrechtzuerhalten, wird durch diese Resultate nur noch mehr hervorgehoben.

Für das Zustandebringen dieser Reaktionen bedarf der Organismus der katalytischen Wirkung der Enzyme. Alle Enzyme sind Eiweißkörper, manche enthalten jedoch auch eine prostethische Gruppe nicht eiweißartiger Natur, die man als Coenzym oder aktive Gruppe bezeichnet[1]. Ihre physikalisch-chemischen Eigenschaften unterscheiden sich in keinem wesentlichen Punkt von denen der andern Eiweißkörper. Alle isolierten Enzyme wurden als globuläre Eiweißkörper erkannt, und viele wurden auch schon in kristallisiertem Zustand erhalten[2].

Die katalytische Aktivität der Enzyme ist immer mehr oder minder spezifisch, d. h. ihre Wirkung ist nur auf gewisse Substrate und chemische Reaktionen eingestellt. So unterscheiden wir Esterasen, Phosphatasen, Proteasen usw., je nach dem Substrat, das durch Ester, Phosphatide, Proteine usw. gegeben ist[3]. Von besonderer Wichtigkeit sind die Enzyme der Desmolyse, die das Zuckermolekül in einer Reihe von Oxydoreduktionen, d. h. in einer Reaktionskette, die dem Organismus Energie und Wärme liefert zu Wasser und Kohlensäure abbauen. Oxidative Enzyme spielen außerdem eine wichtige, wenn auch nachteilige Rolle bei der Gefrierungskonservierung von Nahrungsmitteln, wie wir noch Gelegenheit haben werden, dies zu erörtern (vgl. S. 157).

Die regellose Aktivität der Enzyme kann nur zu einer Autolyse des Protoplasmas führen. In einer normal funktionierenden Zelle müssen die Enzyme in gewisser Weise organisiert sein. Bereits im Jahre 1913 hat Warburg[4] die diesbezügliche Wichtigkeit der kleinen Körner, der Mikrosomen und Mitochondrien, in den Zellen erkannt, indem er gefunden hat, daß ein großer Teil des totalen Sauerstoffverbrauchs der Leberzellen an diese Strukturelemente des Protoplasmas gebunden ist. Diese Befunde wurden wiederholt bestätigt und erweitert, und es wird diesen Körperchen eine wichtige physiologische Rolle zugeschrieben (vgl. S. 146).

Die Vermehrung und Entwicklung der lebenden Materie ist eng mit den Nucleoproteinen verbunden. Diese Körperklasse ist auch vom kolloidchemischen Standpunkt interessant, denn die Nucleoproteine sind zusammengesetzte Eiweißkörper, von denen auch die prostethische Gruppe, nämlich die Nucleinsäuren lineare Hochpolymere sind, deren Kettenglieder als Nucleotide bezeichnet werden. Die Nucleotide sind jedoch noch weiter spaltbar, und bei der Hydrolyse liefert jedes Nucleotid ein Molekül Phosphorsäure, ein Zuckermolekül aus der Pentosen-Reihe und eine heterocyclische Base aus der Pyrimidin- oder Purin-Gruppe[5,6]. Die hochpolymere Natur der Nucleinsäuren wurde erst relativ spät erkannt, da es schwierig ist, sie im unabgebauten Zustande zu isolieren[7-9]. Ihre

[1] Theorell, H., in F. F. Nord u. R. Weidenhagen: Handbuch der Enzymologie, S. 846. Leipzig: Akademische Verlagsgesellschaft 1940.

[2] Northrop, J. H., M. Kunitz u. R. M. Herriott: Crystalline enzymes, 2. Aufl., New York: Columbia Univ. Press 1948.

[3] Nord, F. F. u. R. Weidenhagen: Handbuch der Enzymologie. Leipzig: Akademische Verlagsgesellschaft 1940. — Sumner, J. B. u. K. Myrbäck: The Enzymes. New York: Academic Press 1950—1952.

[4] Warburg, O.: Arch. ges. Physiol. **154**, 599 (1913).

[5] Jones, W.: Nucleic Acids, 2. Aufl. London: Longmans, Green 1920. — Schlenk, F.: Adv. in Enzymology **9**, 455 (1949).

[6] Davidson, J. N.: The Biochemistry of the Nucleic Acids, London: Mathnew and Co., 1950.

[7] Hammarsten, E.: Biochem.-Z. **144**, 383 (1924).

[8] Chargaff, E. u. S. Zamenhof: J. Biol. Chem. **173**, 327 (1948).

[9] Grégoire, J.: Les Acides Ribonucléiques. Paris: Hermann 1945.

hochpolymere Natur ist aus der Strömungsdoppelbrechung von Nucleinsäurelösungen[1,2] und dem Röntgendiagramm der künstlich gezogenen Fasern[3] ersichtlich, Der Polymerisationsgrad, d. h. die Zahl der Nucleotide in einer Nucleinsäurekette. ist jedenfalls sehr hoch[4]. Kolloidchemisch sind Nucleinsäuren noch viel unbeständiger als Eiweißkörper, und sie erfahren mit Leichtigkeit Aggregations-Desaggregations-Reaktionen[4,5]. Mit Eiweißkörpern bilden sie Komplexe, die wir als Nucleoproteine bezeichnen, und in dieser Form sind sie in der Zelle vorhanden.

Diesen Nucleoproteinen wird eine bedeutende biologische Rolle zugeschrieben, indem sie mit allen Vorgängen der Vermehrung eng verbunden sind. So soll es CASPERSSON[6] gelungen sein, durch Anwendung mikrospektroskopischer Methoden auf zytologische Probleme, eine Anreicherung der Nucleinsäuren im Zellkern während der ersten Phasen der Zellteilung zu beweisen. Nach CASPERSSON sollen Nucleoproteine bei jeder biologischen Synthese von Eiweißkörpern mitwirken. Jedenfalls sind Nucleoproteine ein Bestandteil aller selbstreproduzierenden Organiten innerhalb der Zelle, so z. B. der Gene und Chromosomen[7]. Die Rolle dieser Strukturen in Vererbungsvorgängen und in der Evolution innerhalb einer Art ist wohlbekannt. Bezeichnend ist, daß kürzlich das Vorhandensein von Nucleinsäuren auch in Mikrosomen bewiesen wurde, die auch selbstreproduzierende Organiten der Zelle sind[8]. Weiter sind auch Viren Nucleinsäure-Eiweiß-Komplexe die die merkwürdige Eigenschaft haben, infektiöse Krankheiten in Tieren und Pflanzen hervorzurufen, und sich dabei in der Gastzelle vermehren[9]. Die Nucleinsäuren sind also von Wichtigkeit sowohl bei der Vermehrung der kleinsten figurativen Einheiten des Lebens, d. h. der Viren, Mikrosomen usw., die eigentlich an der Grenze des Lebenden und nicht Lebenden stehen, als auch bei der Erhaltung und Entwicklung der Organismen als Ganzes, durch die Chromosomen und die Synthese von Eiweißkörpern.

F. Kolloidchemische Betrachtungen zum Gefrierprozeß in Nahrungsmitteln.

Alle Nahrungsmittel sind biologischer Herkunft, d. h. entweder tierische und pflanzliche Organismen und Gewebe, oder deren Produkte und Derivate, wie z. B. Milch und Öl. Diese zwei Gruppen unterscheiden sich in einem wichtigen Punkt: während die Derivate nie lebendig sind, können pflanzliche und tierische Gewebe, auch nach dem Tod des Organismus als ein Ganzes noch lebendig sein, d. h. ihre Zellen können unter geeigneten Bedingungen ihre natürliche Lebensaktivität, insbesondere ihren Stoffwechsel, weiter aufrechterhalten. Vom biologischen Standpunkte aus kann das Leben der Zellen als eine unentbehrliche Voraussetzung für die Erhaltung eines unbeschädigten Gewebes betrachtet werden, da das Protoplasma desselben mit dem Tod der Zellen eine irreversible Veränderung erleidet. Vom praktischen Standpunkt des Ernährungsproblems sind wir jedoch

[1] SIGNER, R., T. CASPERSSON u. E. HAMMARSTEN: Nature 141, 122 (1938).
[2] GREENSTEIN, J. P. u. JENRETTE, W. V.: Cold Spring Harbor Symp. Quant. Biol. 9, 236 (1941).
[3] ASTBURY, W. T. u. F. O. BELL: Nature 141, 747 (1938).
[4] GREENSTEIN, J. P.: Adv. Prot. Chem. 1, 209 (1944).
[5] GULLAND, J. M. u. D. O. JORDAN: Symp. Soc. Exptl. Biol. 1, 56 (1947).
[6] CASPERSSON, T.: Naturwissenschaften 29, 33 (1941).
[7] FAURÉ-FRÉMIET, E.: Année Biol. (3) 22, 57 (1946).
[8] LEHMANN, F. E.: Rev. suisse Zool. 54, 246 (1947).
[9] STANLEY, W. M. in GREEN, D. E.: Currents in Biochemical Research, S. 13, Interscience 1946. — LAUFFER, M. A., W. C. PRICE u. A. W. PETRE, Adv. in Enzymology 9, 171 (1949)

nur an der Schädigung der Nahrungsmittel durch zwei Faktoren, nämlich durch mikrobiologische Infektion und enzymatischen Abbau, intressiert, unabhängig von dem lebenden oder toten Zustand des Gewebes. Dieser Zustand ist nur indirekt von Bedeutung, da bei sonst gleichen Faktoren die Widerstandsfähigkeit des Gewebes durch den Tod stark vermindert wird, indem der Ausbreitung von Mikroorganismen und der Autolyse durch vorhandene Enzyme keine Schranken mehr gesetzt werden. Beispielsweise werden lebende Zellen durch eiweißspaltende Enzyme nicht angegriffen, tote Zellen werden hingegen verdaut. Diese Widerstandsfähigkeit Enzymen und Mikroorganismen gegenüber ist jedoch in einzelnen Geweben recht verschieden. Beispielsweise ist das Enzymsystem der meisten Samen als Folge der Austrocknung in einem latenten Zustand, und aus demselben Grund bieten auch Samen einen armen Nährboden für Mikroorganismen. Mit zunehmendem Wassergehalt der Gewebe wird deren Angreifbarkeit erhöht. Die Schädigung der Nahrungsmittel ist im allgemeinen durch die Entwicklung von unangenehmen Geruchs- und Geschmacksstoffen oder giftigen Abbauprodukten und Toxinen gekennzeichnet. Weiter kann auch der kolloide Zustand eine Veränderung erfahren, wie z. B. bei der Coagulierung des Caseins, die mit dem Sauerwerden der Milch verbunden ist. Von einer guten Konservierungsmethode wird jedoch nicht nur gefordert, daß diese schädlichen Veränderungen verhütet werden, sondern daß auch wünschenswerte Eigenschaften der frischen Nahrungsmittel, wie Aroma, Geschmack, Nährwert, Vitamingehalt usw. nach Möglichkeit erhalten bleiben.

Eine Anzahl von Konservierungsmethoden, wie z. B. das Trocknen oder die Dosenkonservierung, sind, sofern es sich um die Verhütung von schädigenden Veränderungen der Nährstoffe handelt, zufriedenstellend. Die Kältekonservierung ist jedoch bei weitem die beste Methode, um die Eigenschaften der frischen Nahrungsmittel unverändert zu erhalten. Wir unterscheiden hier zwei Methoden:

1. Die Nahrungsstoffe werden in der Kälte, jedoch oberhalb des Gefrierpunktes, aufbewahrt. Dabei ist es selbstverständlich, daß die Wachstumsgeschwindigkeit aller Mikroorganismen und die Geschwindigkeit aller Enzymreaktionen bedeutend vermindert, jedoch nicht aufgehoben werden. Auch sind keine Veränderungen in den Nahrungsmitteln als Folge der Kühlung zu erwarten, obwohl gewisse Organismen oder Gewebe dabei einem langsamen Kältetod ausgesetzt sind. Wir werden uns daher im weiteren nicht mit dieser Methode befassen.

2. Die zweite Methode ist die Gefriermethode, bei der das Gewebe durch Tiefkühlung wenigstens teilweise einfriert. In diesem Fall wird das kolloide System des Gewebes durch Umwandlung des physikalischen Aggregatzustandes vom flüssigen in den festen einer bedeutenden Veränderung ausgesetzt, die vielseitige Folgen haben kann. Im Nachstehenden werden wir uns mit einer Anzahl dieser Folgen beschäftigen.

I. Allgemeine physikalische Grundlagen des Gefrierens.

Das Gefrieren, d. h. Kristallisieren einer Flüssigkeit ist die Umwandlung aus dem flüssigen in den festen Aggregatzustand; diese Umwandlung ist ein komplexer Vorgang, deren Einzelheiten noch nicht völlig geklärt sind. TAMMANN[1] unterschied zwei Faktoren beim Kristallisieren von reinen unterkühlten Flüssigkeiten: a) spontane Bildungsgeschwindigkeit von Kristallisationskernen und b) Wachstumsgeschwindigkeit schon vorhandener Kristalle oder Kristallisationskerne. Wenn die flüssige und feste Phase im Gleichgewicht stehen, d. h. beide Phasen

---

[1] TAMMANN, G.: Aggregatzustände, 2. Aufl. Leipzig: L. Voß 1923.

schon vorhanden sind, wird die Umwandlung der einen in die andere Phase von der Wärmezufuhr oder Ableitung abhängig sein. Bei genügender Wärmeabführung wird die Erstarrungsgeschwindigkeit nur vom zweiten Faktor, der Kristallwachstumsgeschwindigkeit, abhängig sein. Falls aber zunächst nur die flüssige Phase vorhanden ist, wird die Bildung der festen Phase nicht unmittelbar beim Schmelzpunkt beginnen, sondern es bedarf einer gewissen Unterkühlung, bis sich die ersten Kristallisationskerne spontan bilden und sich die Kristallisation aus diesen Zentren ausbreiten kann. Für eine spontane Kristallisation müssen also beide Geschwindigkeiten, die der Kernbildung und die des Kristallwachstums, einen meßbaren Wert haben.

Die Temperaturabhängigkeit beider Funktionen ist recht verschieden, wie aus Abb. 14 und 15 ersichtlich ist.

Demnach ist die Kernbildungsgeschwindigkeit unmittelbar unter der Schmelztemperatur, wie auch bei großer Unterkühlung, verschwindend klein, und verläuft zwischen den beiden Zonen durch ein mehr oder minder scharfes Maximum, Abb. 14. Die lineare Wachstumsgeschwindigkeit der Kristalle (K. G.) wird dicht unterhalb des Schmelzpunktes (E.P.) hauptsächlich von der Geschwindigkeit der

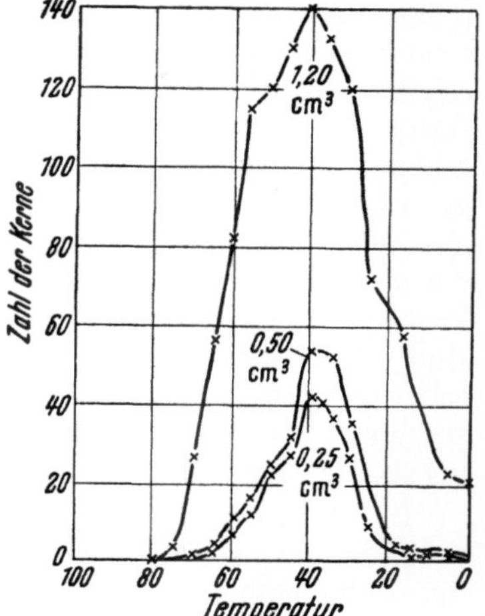

Abb. 14: Keimbildungsgeschwindigkeit als Funktion der Unterkuhlungstemperatur bei Piperin (Schmelzpunkt = 129° C). (*Tammann, G.*: Aggregatzustande, 2. Aufl. S. 224, Leipzig: Voss, 1923.)

Ableitung der freiwerdenden Schmelzwärme abhängen, Abb. 15. Bei tieferen Temperaturen steigt sie bald zu einem konstanten maximalen Wert, der bezeichnend für die wahre Kristallisationsgeschwindigkeit ist. Bei noch viel tieferen Temperaturen hemmt jedoch die zunehmende Zähigkeit der Flüssigkeit das Kristallwachstum, und die Geschwindigkeit fällt zum Wert Null ab. Die Flüssigkeit ist allmählich in einen amorphen festen Glaszustand übergegangen, und ist nach Aussehen und Widerstand anderen festen Körpern ähnlich, deren innere Ordnung sie jedoch nicht besitzt. Diese Umwandlung wird zum Unterschied von der Kristallisation als Verglasung (Vitrification) bezeichnet[1] und ist durch keinen definierten Schmelzpunkt, sondern durch ein mehr oder minder breites Übergangsgebiet gekennzeichnet.

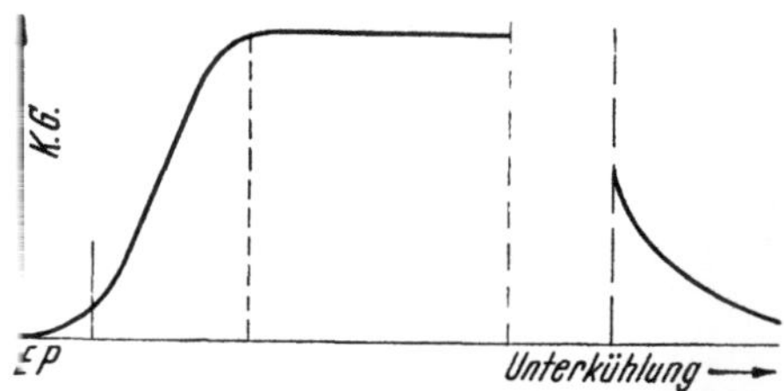

Abb. 15. Kristallwachstumsgeschwindigkeit (K. G) in Abhangigkeit von der Unterkuhlungstemperatur. (*Tammann, G.*: Aggregatzustande, 2. Aufl., S. 248, Leipzig. Voss, 1923.)

Erst kürzlich wurden die spontanen Kristallisationseigenschaften von Wasser im Zusammenhang mit Versuchen, bei geeigneten Witterungsverhältnissen künstlichen Schnee oder Regenfall zu erzeugen, untersucht. Demnach wäre es trotz aller Mittel unmöglich, Wasser bei 0° C zum Gefrieren zu bringen, wenn man es nicht mit einem Eisstückchen impfen würde[2]. Die spontane Kristallisation

[1] KAUZMANN, W.: Chem. Rev. **43**, 219 (1948)
[2] SMITH-JOHANNSEN, R.: Science **108**, 652 (1948).

von Wasser findet erst bei ungefähr —20° C statt, während Wasser in feinen Tröpfchen verteilt, z. B. in Nebelform, nach Schäfer[1] erst bei noch tieferen Temperaturen kristallisiert. Diese Temperaturen entsprechen dem Beginn der spontanen Keimbildung, und deren Mechanismus wäre in jenen Fällen, nämlich der Bildung von *Kristallisationskernen* und *Sublimationskernen* (beim Nebel), nicht derselbe[1]. Nach dem gleichen Autor könnte das Wasser in zwei verschiedenen Weisen gefrieren: entweder durch schnelles Gefrieren von zahlreichen Gefrierkeimen aus, viele kleine Kristalle bildend, oder durch langsames Gefrieren nur von einem oder wenigen Kernen aus, entsprechend größere Kristalle bildend. Die Bildung von grob- oder feinkörnigem kristallinen Gefüge ist im allgemeinen von dem Verhältnis Kernbildungsgeschwindigkeit:Kristallwachstumsgeschwindigkeit abhängig. Je größer dieses Verhältnis ist, um so kleiner werden die einzelnen Kristalle. Dieses Verhältnis ist demnach von besonderer Wichtigkeit in der Gefrierkonservierung, bei der möglichst kleine Kristalle erwünscht sind. Dies wird, allgemein betrachtet, durch schnelles Gefrieren zu erreichen sein, es muß jedoch beachtet werden, daß die Kristallgröße nicht linear mit sinkender Temperatur abfällt, sondern ein Minimum bei der Temperatur der maximalen Keimbildung aufweist. (Vgl. Abb. 15.)

Die Temperatur der spontanen Kristallisation von Wasser wird durch Verunreinigungen oder gelöste Stoffe bedeutend erhöht, und ist dabei von der Natur der Beimengungen, wie auch von deren Form oder kristallinen Zustand abhängig[1, 2]. Bei kolloiden Lösungen haben Freundlich und Oppenheimer[3] einen merklichen Einfluß der Gestalt der Kolloidpartikeln beobachtet: längliche Partikeln erhöhen, kugelige hingegen vermindern die Gefriergeschwindigkeit der Lösung gegenüber der des reinen Wassers. Für biologische Substrate sind die diesbezüglichen Befunde von Weber und Puellen[4] von Bedeutung, die eine ähnliche, wesentliche Begünstigung der Keimbildung durch stäbchenförmige Eiweißkörper beobachtet haben. Globuläre Eiweißkörper vermindern hingegen die Gefriergeschwindigkeit, was auch für Emulsionen oder nicht kolloide Lösungen zutrifft.

Das Gefrieren von Lösungen kann auch vom Standpunkt der kolligativen Eigenschaften derselben betrachtet werden. Wir haben schon erfahren, daß Lösungen einen osmotischen Druck aufweisen, der proportional der Molkonzentration des gelösten Körpers ist. Nach dem Raoultschen Gesetz wird auch der Gefrierpunkt der Lösung als Folge des verminderten Dampfdruckes der Lösung entsprechend erniedrigt. Die Erniedrigung ΔT ist proportional der molekularen Konzentration c der gelösten Substanz:

$$\Delta T = Ec$$

Der Proportionalitätsfaktor E, der als molekulare Gefrierpunktserniedrigung bezeichnet wird, ist unabhängig von der Art der gelösten Substanz und hat für jedes Lösungsmittel einen konstanten Wert (bei Wasser: E = 1,85°C). Daraus folgt, daß bei gleicher Gewichtskonzentration der gelösten Substanz die Gefrierpunktserniedrigung im umgekehrten Verhältnis zu deren Molekulargewicht steht. Dasselbe trifft natürlich auch für den osmotischen Druck und Turgor von Geweben zu, und es muß beachtet werden, daß relativ kleine Mengen von Substanzen in wahrer Lösung, z. B. von Elektrolyten, eine viel größere Wirkung auf diese Eigenschaften haben, als größere Mengen von Kolloiden.

[1] Schäfer, V. J.: Science **104**, 457 (1946).
[2] Vonnegut, B.: J. Appl. Phys. **18**, 593 (1947).
[3] Freundlich, H., u. F. Oppenheimer: Ber. dtsch. chem. Ges. **58**, 143 (1925).
[4] Weber, H. H. u. C. Puellen: Biochem. - Z. **266**, 153 (1933).

Das erste Eis, das sich in einer verdünnten Lösung bei der Abkühlung abscheidet, besteht aus reinem Lösungsmittel. Bei fortgesetzter Abkühlung wird immer mehr *Lösungsmittel* ausgefroren, und die restliche Flüssigkeit wird dementsprechend konzentrierter, wobei ihr Gefrierpunkt immer niedriger wird. Schließlich wird der Sättigungspunkt der Lösung erreicht, und bei weiterer Kühlung werden sich auf dem Eis auch die Kristalle der gelösten Substanz abscheiden. Dieser Punkt wird als der *eutek*tische Punkt bezeichnet und ist charakteristisch für jede einzelne Lösung, denn bei weiterem Einfrieren wird weder die Temperatur noch die Zusammensetzung des Eutektikums verändert, bis die ganze Flüssigkeit erstarrt ist.

Ein besonderer Fall entsteht, wenn die ausgeschiedenen Kristalle der gelösten Substanz ein Hydrat, d. h. eine Verbindung zwischen dem Lösungsmittel und der gelösten Substanz bilden. Hier ist ein zweiter eutektischer Punkt für die Lösung der reinen Substanz in dem reinen Hydrat zu finden. Dieser Fall ist jedoch für unsere Betrachtungen nicht von Interesse, ebensowenig wie der Fall, daß das Lösungsmittel und die gelöste Substanz Mischkristalle bilden. Dies geschieht nur, wenn beide isomorphe oder chemisch sehr verwandte Substanzen sind. In solchen Fällen scheidet sich nie das reine Lösungsmittel aus, sondern es bilden sich von Anfang an Mischkristalle aus den beiden Bestandteilen.

Bei Mehrkomponentensystemen ist die Mannigfaltigkeit der mit der Phasenumwandlung verknüpften Erscheinungen noch erheblich größer. Wenn wir uns jedoch auf den einfachsten Fall beschränken, nämlich den, daß sich nur reine Komponenten aus der Schmelze ohne Bildung von Verbindungen oder Mischkristallen abscheiden, dann sind die Vorgänge den oben beschriebenen ähnlich. Bei Kühlung wird sich zuerst das Lösungsmittel abscheiden, bis die Konzentration des Eutektikums von einer der gelösten Substanzen erreicht wird. Danach werden sich auch Kristalle dieser Substanz ausscheiden. Bei weiterem Ausfrieren wird die Konzentration des Eutektikums der zweiten gelösten Substanz erreicht, in welchem Fall dann auch diese beginnen wird, auszukristallisieren, bis zuletzt alle Komponenten gemeinsam bei einer Temperatur ausfrieren, welche als eutektischer Punkt der ganzen Lösung betrachtet wird [1].

II. Einfluß des Gefrierens auf die chemischen Bestandteile der Nahrungsmittel.

Wir haben soeben gesehen, daß während des Gefrierens eine Trennung des Lösungsmittels und des gelösten Stoffes erfolgt, indem sich beide in fester Form abscheiden. In dieser Beziehung ist das Gefrieren ähnlich dem Eintrocknen einer Lösung, da in beiden Fällen durch Entzug des Lösungsmittels die gelöste Substanz durch Übersättigung aus der Lösung herauskristallisiert. Das Ausfrieren von Wasser kann daher auch mit Vorteil zum Einengen von Fruchtsäften, Kaffee-Extrakt [2] und anderen Flüssigkeiten benutzt werden. Dabei ist zu erwarten, daß alle Substanzen, die sich in einer echten Lösung befinden und im trockenen Zustande chemisch stabil sind, keine Veränderungen infolge des Gefrierens erleiden. Nach dem Auftauen der Schmelze werden sie meistens wieder glatt in Lösung gehen. Dies wurde auch als selbstverständlich beim Gefrieren von Nahrungsmitteln für Salze, Zucker, organische Säuren und andere nicht kolloide Bestandteile angenommen. Während der verlängerten Lagerung der eingefrorenen Nahrungsmittel ist jedoch eine Veränderung im Mengenverhältnis dieser Substanzen infolge von enzymatischen Abbauvorgängen oder

---

[1] TAMMANN, G.: Lehrbuch der heterogenen Gleichgewichte. Braunschweig: Vieweg 1924.
[2] GANE, R.: Food. Mfr. **21**, 519 (1946).

Synthesen wie auch von langsamer Wasserverdunstung nicht ausgeschlossen. Diese Veränderungen können das Aroma und den Geschmack der Stoffe bedeutend beeinflussen[1-4]. Ein brauchbares Literaturverzeichnis über die Gefrierkonservierung der Nahrungsmittel wurde von Weil und Sterne zusammengestellt[5].

Besondere Aufmerksamkeit ist dem Verhalten der Vitamine geschenkt worden, und zwar wegen ihrer Wichtigkeit in der Ernährung wie auch wegen ihrer bekannten chemischen Unbeständigkeit. Das Gefrieren als solches bleibt auf die Vitamine A, B_1, B_2 und C, ohne irgend eine Folge[6-11], und Stamberg und Bolin[12] empfehlen sogar die Benützung gefroren aufbewahrter Vitamin-Standard-Lösungen für analytische Zwecke, um Infektionen durch Mikroorganismen zu verhüten. Der Vitamingehalt von Gefrierkonserven wird aber bei der Lagerung vor dem Gefrieren wie auch nach dem Auftauen und beim Vorbrühen (Blanchieren), infolge von Verlusten durch Wasserlöslichkeit und insbesondere durch enzymatische Oxydation beeinträchtigt[11, 13, 14]. Diese Faktoren sind besonders für Vitamin C von Bedeutung, das auch das meist untersuchte von allen Vitaminen ist[11,15]. Ein Vorbrühen von 2 Minuten ist für die meisten Gemüse ausreichend, um die oxydativen Enzyme zu inaktivieren[16-20] und so die Oxydation von Vitamin C zu verhüten. Ein gewisser Verlust während des Prozesses ist jedoch infolge der großen Wasserlöslichkeit dieses Vitamins nicht zu vermeiden, ein Nachteil, der beim Blanchieren durch hochfrequente Ströme ausbleibt[21,22].

Über die zunehmende Bedeutung verschiedener Formen strahlender Energie in der Lebensmittelindustrie wurde von Proctor[23] ausführlich berichtet. Neben hochfrequenten Strömen scheinen die Kathodenstrahlen für die Zukunft von größter Bedeutung zu sein. Diese Strahlen können mit verschiedenen Geräten in wirksamer Intensität erzeugt werden. Die Anwendungsmöglichkeit beruht auf ihrer Eigenschaft, Kleinlebewesen und auch Enzyme[24] selektiv zu inaktivieren, ohne anscheinend die kolloidchemischen oder auch geschmacklichen Eigenschaften der Lebensmittel weitgehend zu ändern[25].

[1] Golovkin, E. N.: Myasnaya Ind. (USSR) **10**, 29 (1939); Chimie et Industrie, **42**, 654 (1939).

[2] Noble, I. u. F. M. Hardy: J. Home Ec. **33**, 597 (1941).

[3] Crocker, E. C.: Flavor, S. 73. New York: McGraw-Hill 1945.

[4] Joslyn, M. A. u. G. L. Marsh: California Agric. Exp. Stat. Bull. No. 551, 1933. — Adv. in Enzymology **9**, 613 (1949).

[5] Weil, B. H. u. F. Sterne: Literature Search on the Preservation of Food by Freezing. State Eng. Exp. Stat. Atlanta, Ga. 1946 und Suppl. 1948.

[6] Barnes, B., D. K. Tressler u. F. Fenton: Food. Res. **8**, 13, 420 (1943).

[7] Conn, L. W. u. A. H. Johnson: Indust. & Eng. Chem. **25**, 218 (1933).

[8] Farrell, K. T., u. C. R. Fellers: Food Res. **7**, 71 (1942).

[9] Gleim, E. G., D. K. Tressler u. F. Fenton: Food Res. **9**, 471 (1944).

[10] Moyer, J. C. u. D. K. Tressler: Food. Res. **8**, 58 (1943).

[11] Rose, M. S.: J. Am. Med. Assoc. **114**, 1356 (1940); Quick Frozen Foods, **2**, No. 10, 10 (1940).

[12] Stamberg, O. E. u. D. W. Bolin: Ind. & Eng. Chem., Anal. Ed. **17**, 673 (1945).

[13] Joslyn, M. A. u. G. L. Marsh: Science, **78**, 174 (1933).

[14] Joslyn, M. A., C. L. Bedford u. G. L. Marsh: Ind. Eng. Chem. **30**, 1068 (1938).

[15] Booher, L. E., E. R. Hartzler u. E. M. Hewston: A Compilation of the vitamin values of foods in relation to processing and other variants, United States Dept. of Agriculture, Zirkular No. 638, 1942.

[16] Adam, W. B., G. Horner u. J. Stanworth: J. Soc. Chem. Ind. Trans. **61**, 96 (1942).

[17] Arighi, A. L., M. A. Joslyn u. G. L. Marsh: Ind. Eng. Chem. **28**, 595 (1936).

[18] Bedford, C. L. u. M. A. Joslyn: Ind. Eng. Chem. **31**, 751 (1939).

[19] Brown, H. D.: Quick Frozen Foods **6**, 50 (1944).

[20] Farrell, K. T. u. C. R. Fellers: Food. Res. **7**, 171 (1942).

[21] Moyer, J. C. u. E. Stotz: Science **102**, 68 (1945).

[22] Schade, A. L.: Food. Indust. **17**, 1034 (1945).

[23] Proctor, B. E. u. S. A Goldblith: Adv. Food Research **3**, 119 (1952).

[24] Bier, M. u. F. F. Nord: Arch. Biochem. Biophys. **35**, 204 (1952).

[25] Brasch, A. u. W. Huber: Science **108**, 536 (1948). — Huber, W.: Naturwiss. **38**, 21 (1951).

Auch Chemikalien, wie Thioharnstoff, SO_2, $K_2S_2O_5$, H_2SO_3, Na_2SO_3[1, 2] und andere Mittel werden für die Inaktivierung von Enzymen verwendet. Bei Flüssigkeiten, wie Milch oder Apfelsinensaft, erscheint der Vorteil der Austreibung von Sauerstoff im Vakuum oder durch ein reaktionsträges Gas[3] fragwürdig[4]. Bei Obst wird der schädliche Einfluß oxydativer Enzyme durch Behandlung mit Vitamin C bekämpft, das als Antioxydans wirkt[5,6]. Der Vitamingehalt der Gefrierkonserven kann jedenfalls mit dem durch andere Konservierungsmethoden erhaltener Produkte vorteilhaft verglichen werden [7−9].

Enzyme sind auch für die Entstehung von unangenehmem Geruch und Beigeschmack bei Fetten und Ölen[10−12], wie auch für die Bräunung von Obst und Gemüse durch Oxydation phenolartiger Substanzen verantwortlich[13]. Verfärbung grüner Pflanzenteile kann auch durch enzymatischen Abbau von Chlorophyll zustande kommen[14]. Bei Fleisch können aber Enzyme von günstigem Einfluß sein, indem das Fleisch durch Autolyse zarter wird[15]. In allen Fällen ist jedoch ein rascher Verbrauch der einmal aufgetauten Nahrungsmittel zu empfehlen, da alle Veränderungen bei Raumtemperatur viel rascher als bei der Gefrierlagerung vor sich gehen[16].

Nicht kolloidale Bestandteile der Nahrungsmittel erleiden also durch Gefrieren keine irreversible Veränderung. Anders steht es jedoch mit den kolloidalen Bestandteilen, da ihre Lösungen im allgemeinen im Vergleich zu echten Lösungen unbeständig sind.

III. Einfluß des Gefrierens auf die Eiweißkörper und anderen Kolloide.

Eine unzweideutige Folge des Gefrierens ist, daß Eiweißkörper eine Veränderung der räumlichen Verteilung der Teilchen, und zwar im Sinne einer Aggregation oder Desaggregation erleiden können, wobei die Richtung der Veränderung von bestimmten Umständen abhängt. Diese allgemeine Regel wurde von Nord und Mitarbeitern in zahlreichen Untersuchungen auf der Grundlage eingehender Arbeiten über die Frostwirkung auf physikalisch-chemische Eigenschaften von verschiedenen Eiweißkörpern und anderen lyophilen wie auch lyophoben Kolloiden festgelegt. Diese Veränderungen im Aggregationszustand dürfen keineswegs mit einer Denaturierung verwechselt werden, wie es anscheinend bei einigen

[1] Joslyn, M. A.: Ice & Refrig. **90**, 388 (1936).
[2] Denny, F. E.: Contr. Boyce Thompson Inst. **12**, 309 (1941/42).
[3] Grayson, H. V.: Milk Dealer, **24**, No. 7, 30 (1935).
[4] Nelson, E. M. u. H. H. Mottern: Ind. Eng. Chem. **25**, 216 (1933).
[5] Tressler, D. K. u. C. Dubois: Food Industries, **16**, 701 (1944).
[6] Joslyn, M. A., G. L. Marsh u. A. F. Morgan: J. Biol. Chem. **105**, 17 (1934).
[7] Rose, M. S.: J. Am. Med. Assoc. **114**, 1356 (1940); Quick Frozen Foods, **2**, No. 10, 10 (1940).
[8] Hohl, L. A. u. M. Smith: Fruit Products J. **24**, 54 (1944).
[9] Booher, L. E., E. R. Hartzler u. E. M. Hewston: A Compilation of the vitamin values of foods in relation to processing and other variants, United States Dept. of Agriculture, Zirkular No. 638, 1942.
[10] Golovkin, E. N.: Myasnaya Ind. (USSR) **10**, 29 (1939); Chimie et Industrie, **42**, 654 (1939).
[11] Noble, I., u F. M. Hardy: J. Home Ec. **33**, 597 (1941).
[12] Ellis, N. R. u. P. E. Howe: Ice & Refrig. **100**, 459 (1941).
[13] Joslyn, M. A.: Ind. Eng. Chem. **33**, 308 (1941).
[14] Mackinney, G. u. C. A. Weast: Ind. Eng. Chem. **32**, 392 (1940).
[15] Tressler, D. K.: Food Ind. **5**, 410, 432 (1933).
[16] Brown, E. B.: J. Home Ec. **25**, 887 (1933).

Autoren geschehen ist[1], denn die Veränderungen sind nicht nur auf Eiweißkörper beschränkt.

Die Anwendung des Gefrierens als Grundlage von physikalisch-chemischen Untersuchungen an kolloiden Systemen wurde von Nord Kryolyse genannt. Die Ergebnisse dieser Methode wie auch deren Bedeutung für das Aggregationsproblem der Eiweißkörper wurde im Abschnitt D III bereits besprochen. Diese Ergebnisse wurden an reinen Eiweißlösungen erzielt, und es ist logisch, daß noch tiefer greifende Veränderungen im Sinne einer Aggregation oder Desaggregation in einem viel komplexeren System wie das Protoplasma zu erwarten sind. Solche Veränderungen in der kolloidchemischen Beschaffenheit des Protoplasmas sind natürlich für die Eigenschaften und die Qualität der eingefrorenen Nahrungsmittel von Bedeutung und mögen sogar als ein beschränkender Faktor der Anwendbarkeit der Kältekonservierung bei Nahrungsmitteln, wie z. B. Tomaten, betrachtet werden. Die Bedeutung kolloidchemischer Untersuchungen für die Kältetechnik kann daher nicht genügend betont werden, jedoch scheint bedauerlicherweise die Zahl solcher Untersuchungen bei Nahrungsmitteln nur gering zu sein. Es gibt aber eine Anzahl Forscher, die unsere Anschauungen hinsichtlich der Veränderungen im Aggregationszustand völlig bestätigt haben. Insbesondere hat Smorodincev[2,3], die Methoden der Kryolyse zur Untersuchung von physikalisch-chemischen Eigenschaften von Fleisch unter verschiedenen Frostbedingungen angewandt und die beobachteten Veränderungen der Quellbarkeit und Löslichkeit von Myosin und Myogen im Sinne der Änderung des Aggregationszustandes gedeutet. Bystrov[4] hat die elektrische Leitfähigkeit, Viscosität, Dichte und Oberflächenspannung von Fleischextrakten und die Quellbarkeit von Muskeln untersucht und ebenfalls Veränderungen beobachtet, die nach dem Autor nicht einer tiefgreifenden Zerstörung, sondern nur einer Frostbeeinflussung der kolloidalen Eigenschaften der Fleischeiweißverbindungen zuzuschreiben sind, während Vickery[5] frostverursachte Aggregation von Eiweißkörpern in verschiedenen Fleischarten durch Anwendung des Ultramikroskops beobachtet hat. Wichtige Beobachtungen über die Folgen des Gefrierens und Auftauens auf die Aggregation von Actin und Myosin sowie die Rolle des ATP wurden von v. Szent-Györgyi[6] gemacht.

Da zwischen Einfrieren und Austrocknen gewisse Analogien festgestellt wurden, ist es auch von Interesse zu erwähnen, daß Brosteaux und Eriksson-Quensel[7] über Aggregation-Desaggregation der Eiweißkörper als Folge des Eintrocknens berichten. Der Einfluß des Gefrierens auf Eiweißlösungen ist demnach in seinen Grundsätzen wohl erkannt. Den Autoren sind jedoch keine Untersuchungen über den Einfluß des Gefrierens auf Cellulose, pectinartige Stoffe und Nucleinsäuren bekannt, obwohl für die beiden letzten Substanzen eine ähnliche Wirkung des Frostes zu erwarten ist. Stärke hingegen erleidet auch eine Desaggregation, denn einmal gefroren gewesene Stärkelösungen filtrieren leichter als vor dem Einfrieren[8]. Näheres ist jedoch hierüber nicht bekannt geworden.

---

[1] Neurath, H., J. P. Greenstein, F. W. Putnam u. J. O. Erickson: Chem. Revs. **34**, 164 (1944).

[2] Smorodincev, I. A. u. S. P. Bystrov: Kholodilnaya Prom. (USSR) **16**, 20, 36 (1938).

[3] Smorodincev, I. A.: ibid. **17**, 11 (1939).

[4] Bystrov, S. P.: Kholodilnaya Prom. (USSR) **17**, 41, (1939); Chimie & Industrie **42**, 807 (1939).

[5] Vickery, J. R.: Austr. J. Exptl. Biol. Med. Sci. **3**, 81 (1926).

[6] v. Szent-Györgyi A : Enzymologia **14**, 252 (1950/1).

[7] Brosteaux, I. u. I.-B. Eriksson-Quensel: Arch. Phys. Biol. **12**, No. 4 (1935).

[8] Ljubavin, N.: J. d. russ. phys.-chem. Ges. **21**, 397 (1889).

IV. Einfluß des Gefrierens auf physiologisch aktive Eiweißkörper.

Die physikalisch-chemischen Eigenschaften dieser Gruppe von Eiweißkörpern unterscheiden sich nicht von denen der anderen Eiweißverbindungen. Als Folge des Gefrierens können sie daher ebenfalls eine Aggregation oder Desaggregation erleiden. Die Folgen der Veränderung im Aggregationszustand sind jedoch viel tiefgreifender, da sie auch ihre physiologische Wirksamkeit beeinflussen.

Wir verfügen besonders über eine große Anzahl von Beobachtungen über den Einfluß des Gefrierens auf Enzyme. Es wurde wiederholt gefunden, daß diese ihre spezifische katalytische Aktivität auch in gefrorenem Zustand ausüben können[1-10], und die meist nachteiligen Folgen dieser Wirksamkeit bei der Gefrierkonservierung wurden bereits erwähnt. Das Gefrieren übt jedoch einen nachhaltenden Einfluß auf die Wirksamkeit einer Enzymlösung auch nach dem Auftauen derselben aus, den man durch Vergleich einer gefrorenen und wieder aufgetauten mit einer ungefrorenen Lösung des Enzyms unter sonst gleichbleibenden Umständen feststellen kann. Eine Anzahl Forscher haben sich dabei begnügt, die beibehaltene Aktivität von aufgetauten Fermenten festzustellen, z. B. bei einer Lipase (während 89 Monaten bei —9,4 bis —12° C aufbewahrt), bei Pepsin, Trypsin, Lab (bei —191° C eingefroren), Thrombin (während 13 Monaten bei etwa —180° C aufbewahrt), bei Peroxydase und Katalase. Es waren dies jedoch meist nur qualitative Ergebnisse, und es wurden keine begründeten Annahmen hinsichtlich der beim Gefrieren stattfindenden Vorgänge geäußert.

Die ersten quantitativen Untersuchungen stammen von Nord[11-14], dem es nicht nur gelungen ist, eine Zymaselösung aus Hefemazerationssaft zu erhalten, die bis zu 2 Monaten bei einer Temperatur von —5 bis —15° C ihre Wirksamkeit beibehalten hat, sondern der auch die Beobachtung machte, daß die Reaktionsfähigkeit der Zymase, gemessen an der aus Glykose durch Gärung erzeugten Kohlensäure, nach dem Auftauen eine bedeutende Erhöhung erfahren hat. Diese Erhöhung der Aktivität ist jedoch nur vorübergehend und die Aktivität der Zymaselösung fällt bald auf das übliche Maß zurück. Die Änderung der Wirksamkeit konnte auch durch parallelgehende Veränderungen der Oberflächenspannung und Viscosität der Lösungen nachgewiesen werden. Durch weitere eingehende Untersuchungen, unter Anwendung der Kryolyse auf verschiedene Kolloide, (vgl. S. 129 u. 158) ist es Nord und Mitarbeitern gelungen, diesen auf den ersten Blick erstaunlichen Ergebnissen eine einfache kolloidchemische Deutung zu geben[15, 16]. Ähnliche Resultate wurden auch an anderen

---

[1] Balls, A. K. u. I. W. Tucker: Ind. Eng. Chem. **30**, 415 (1938).

[2] Joslyn, M. A. u. M. Sherrill: Ind. Eng. Chem. **25**, 416 (1933).

[3] Kertész, Z. I.: J. Am. Chem. Soc. **64**, 2577 (1942).

[4] de Robertis, E. u. W. W. Nowinski: Rev. Soc. Argentina Biol. **18**, 333 (1942).

[5] Smorodincev, I. A.: J. Appl. Chem. (USSR) **16**, 368, 375 (1943).

[6] Mergentime, M. u. E. H. Wiegand: Fruit Prod. J. **26**, 72 (1946).

[7] Saatchan, A.: Biokhimiya **11**, 89 (1947).

[8] Pennington, M. E. u. J. S. Hepburn: J. Am. Chem. Soc. **34**, 210 (1912).

[9] Thunberg, T.: Skand. Arch. Physiol. **40**, 71 (1920).

[10] Hepburn, J. S.: Biochem. Bull. **4**, 136 (1915).

[11] Nord, F. F.: Nature **120**, 82 (1927).

[12] Nord, F. F. u. K. W. Franke: J. Biol. Chem. **79**, 27 (1928).

[13] Nord, F. F. u. J. Weichherz: Z. Physiol. Chem. **183**, 191 (1929).

[14] Nord, F. F. u. K. W. Franke: Protoplasma, **4**, 547 (1928).

[15] Nord, F. F.: Erg. der Enzymforschung, **1**, 77 (1932).

[16] Nord, F. F.: Naturwiss **24**, 481 (1936).

Enzymen erhalten. So hat z. B. Gard[1] eine vorübergehende Erhöhung der Wirksamkeit von Peroxydase und Tyrosinase in bei —12° C eingefrorenen verschiedenen Pflanzengeweben und Fåhraeus[2] einen Anstieg der Aktivität von holzzerstörenden Schimmelpilzpräparaten beobachtet, ohne daß diese Veränderungen jedoch kolloidchemisch oder anders gedeutet worden wären. Diese Beobachtungen stehen jedoch in vollem Einklang mit den Aussagen von Nord; sie wurden auch von Lehmann und Mårtenson[3] bestätigt, die eine Reaktivierung der Katalase durch Einfrieren, in einem komplexen Bernsteinsäuredehydrase-System beobachtet haben. Kiermeier[4] hat ebenfalls eine eingehende Untersuchung über den Einfluß des Gefrierens auf Katalase und Lipase vorgenommen. Nach seinen Ergebnissen behalten diese Enzyme auch in gefrorenen Substraten ihre Wirksamkeit bei, die manchmal sogar höher ist als in flüssigem, unterkühltem Zustand bei gleicher Temperatur. Aufgetaute Enzyme weisen meist eine höhere Wirksamkeit auf als vor dem Gefrieren, die Frosteffekte wurden jedoch durch besondere Gefrierbedingungen, wie z. B. Gefriergeschwindigkeit, stark beeinflußt. Das Gefrieren kann natürlich je nach den Umständen sowohl eine Desaggregation als auch eine Aggregation der Kolloidteilchen bewirken. Der zweite Fall würde zu einer verminderten Aktivität führen, was auch bei wiederholtem Gefrieren beobachtet wurde.

Viren gehören bekanntlich zu den unstabilsten aller Eiweißkörper, und ihre Aggregations- oder Desaggregations-Reaktionen sind besonders schwer zu kontrollieren. Während verschiedene Autoren eine Verminderung der Virulenz der Viren durch Einfrieren gefunden haben, haben Remezov und Mitarbeiter[5] die Kryolyse als Methode zur Bereitung höchst aktiver Viruslösungen mit Erfolg benützt und deren allgemeine Anwendung empfohlen. Eine unerwartete Temperaturabhängigkeit des Aggregationszustandes, gemessen an der Virulenz, wurde von Pyl[6] beim Maul- und Klauenseuche-Virus beobachtet, und zwar bei Temperaturen oberhalb des Gefrierpunktes.

Die Erforschung der Veränderungen, die das Zellgewebe und die in der Zelle vorhandenen kolloiden Substanzen unter der Wirkung des Gefrierens erfahren, bietet eine wichtige Grundlage für die Entwicklung bestehender und gegebenenfalls auch neuer Kältekonservierungsverfahren und für die Ausbreitung der Kältekonservierung auf Nahrungsmittel, die zuvor nur in geringem Maße durch Anwendung tiefer Temperaturen konserviert wurden. Die Biologie, die physikalische Chemie und ganz besonders die Kolloidchemie werden zur Aufklärung der Gefriervorgänge herangezogen[7]. Ein intressantes Beispiel der Zusammenwirkung von Biologie, Kolloidchemie und Kältekonservierung, ist in den Untersuchungen über den Einfluß der Gasatmosphäre bei Gefriervorgängen zu finden. Hier ist die wissenschaftliche Forschung der technischen Anwendung oft zeitlich vorangegangen.

Die Wichtigkeit der Kontrolle der Gasatmosphäre in Gefrier- und Lagerräumen wurde oft hervorgehoben und die Beimischung verschiedener Gase, insbesondere bei der Eierkonservierung empfohlen[8—11]. Der Einfluß von Gasen auf

[1] Gard, M.: C. r. Acad. Sci. 194, 1184 (1932).
[2] Fåhraeus, G.: Symb. Bot. Upsal. 9, 103 (1947).
[3] Lehmann, J. u. E. Mårtenson: Skand. Arch. Physiol. 75, 61 (1936).
[4] Kiermeier, F.: Biochem. Z. 318, 275 (1947).
[5] Remezov, I., Vadova, A., G. Iropetian u. L. Ratner: Bull. Biol. Med. Exptl. USSR 3, 606 (1937).
[6] Pyl, G.: Z. f. Hygiene, 114, 501 (1933).
[7] Nord, F. F.: Naturwiss. 24, 481 (1936). — [8] Moran, T.: Food Res. 3, 149 (1938).
[9] Swenson, T. L. u. L. H. James: Ice and Refrig. 88, 405 (1935).
[10] Nickerson, J. F.: Oil Paint Drug Reptr. 135, No. 25, 5 (1939).
[11] Kaess, G.: Angew. Chem. 52, 17 (1939); Chemiker Ztg. 62, 365 (1938).

lebende Zellen und auf Gärungsvorgänge bei Hefe und höheren Pflanzen wurde jedoch schon viele Jahre vorher mit besonderer Rücksicht auf die Anwendung mild-narkotischer Gase wie Aethylen, Acetylen und Stickoxydul untersucht[1-5]. Diese Untersuchungen der Gasbeladung wurden an zellfreien Enzymsystemen und zahlreichen Modellkolloiden, mit oder ohne Anwendung der Kryolyse, weiter geführt[6-10]. Die Wirkung dieser Gase ist eine zweifache: bei lebenden Zellen bewirken sie eine Erhöhung der Permeabilität (vgl. E III), gleichzeitig werden aber die Gase durch die Kolloide absorbiert, gleichgültig ob innerhalb der Zelle oder *in vitro*. Die absorbierten Gase bleiben aber nicht ohne Wirkung, denn einerseits schützen sie die Kolloide, besonders auch die Enzyme, vor dem Einfluß beeinträchtigender Agentien und Vorgänge, und andererseits üben sie eine hemmende Wirkung aus. Beide Wirkungen sind von Bedeutung für die Nahrungsmittelkonservierung. Die unter dem Einfluß von Acetylen erhöhte Permeabilität der Zellen gibt eine rationelle Deutung der bekannten künstlichen Reifung von Früchten durch diese Gase[11-13], andererseits werden wir noch Gelegenheit haben, zu beobachten, daß eine Erhöhung der Permeabilität die Frostbeschädigung lebender Pflanzen aufhebt oder vermindert. Die Schutzwirkung der absorbierten Gase ist unter geeigneten Umständen auch beim Gefrieren von Kolloiden von Vorteil[7-9], und es soll daran erinnert werden, daß eines der obenerwähnten Gase, nämlich Stickoxydul, inzwischen in Deutschland eine gewisse Verwendung in der Kältekonservierung gefunden hat[14,15].

V. Gefrieren von Zellen und Geweben.

Die Literatur über die zytologischen und histologischen Veränderungen, die verschiedene pflanzliche und tierische Gewebe infolge des Gefrierens erleiden, ist zu umfangreich um hier im einzelnen behandelt zu werden[16,17]. Wir können jedoch den Versuch unternehmen, die Veränderungen allgemein vom kolloidchemischen Standpunkt zu betrachten. Wir haben schon gesehen, daß das Protoplasma eine Doppelnatur besitzt, indem es gleichzeitig die Eigenschaften einer Flüssigkeit und einer organisierten Gallerte aufweist. Wir müssen also unsere vorangegangenen Betrachtungen über den Einfluß des Gefrierens auf die chemischen Bestandteile des Protoplasmas durch Betrachtungen über Gallerten ergänzen.

[1] NORD, F. F.: Nature **120**, 82 (1927).
[2] NORD, F. F. u. K. W. FRANKE: J. Biol. Chem. **79**, 27 (1928).
[3] NORD, F. F. u. J. WEICHHERZ: Z. physiol. Chem. **183**, 191 (1929).
[4] NORD, F. F. u. K. W. FRANKE: Protoplasma, 4, 547 (1928).
[5] NORD, F. F.: Erg. der Enzymforschung, 1, 77 (1932).
[6] NORD, F. F. u. J. WEICHHERZ: Z. physiol. Chem. **183**, 218 (1929).
[7] WEICHHERZ, J., C. BODEA u. F. F. NORD: Z. f. physik. Chemie A**150**, 1 (1930).
[8] WEISS, G. u. F. F. NORD: Z. f. physik. Chemie A**166**, 1 (1933).
[9] NORD, F. F. u. G. WEISS: Biochem. Z. **263**, 353 (1933).
[10] HOLZAPFEL, L. u. F. F. NORD: Biodynamica, 3, No. 57 (1940).
[11] HARVEY, E. M.: Bot. Gaz. **60**, 193 (1915).
[12] CHACE, E. M. u. F. E. DENNY: Ind. Eng. Chem. **16**, 339 (1924).
[13] DENNY, F. E.: J. Agric. Research, **27**, 757 (1924).
[14] MacKINNEY, G.: Food. Ind. **18**, 667 (1946).
[15] BATE-SMITH, E. C. u. Mit.: Food preservation with special reference to the applications of refrigeration, BIOS final Rept. 275, London 1945.
[16] LUYET, B. J. u. P. M. GEHENIO: Life and death at low temperatures, Normandy, Missouri: Biodynamica 1940.
[17] WEIL, B. H. u. F. STERNE: Literature Search on the preservation of food by freezing, Special Report No. 23, State Engineering Exp. Station, Atlanta. Ga.: 1946 und Suppl. 1948.

Das Gefrieren von Gallerten scheint im allgemeinen dem von Lösungen ähnlich zu verlaufen, obwohl das Wasser im Netzwerk der Kolloide festgehalten wird und nur eine beschränkte Freiheit besitzt. Eine spontane Kristallisation des Wassers ist wiederum von der Bildung von Kristallisationskeimen abhängig[1], die Geschwindigkeit des Kristallwachstums ist jedoch bedeutend kleiner[2]. Nach Moran[3] ist die Eisbildung in einer Gelatinegallerte auf etwa 65,5% des gesamten Wassergehaltes beschränkt, das übrige *gebundene* Wasser ist dermaßen fest an die Gelatine gebunden, daß es sogar bei der Temperatur der flüssigen Luft nicht kristallisieren kann[4].

Das Gefrieren hat eine teilweise Trennung der Kolloide vom Lösungsmittel zur Folge[3,5]. Nach dem Auftauen kommt eine Wiederaufnahme des Wassers nur langsam oder auch gar nicht mehr zustande, und die Gallerte wird nicht mehr homogen, sondern nimmt eine mikroskopisch sichtbare Schwamm- bzw. Faserstruktur an[6,7] oder gibt in verdünnten Lösungen schwimmende Gallertklumpen ab[8]. Auch die Bildung von abwechselnden Eis- und Gallert-Schichten wurde während des Gefrierens beobachtet[3,5,8]. Ein wiederholtes Gefrieren hat eine noch schädlichere Wirkung[9]. Pectingallerten verflüssigen sich nach dem Auftauen[7].

Das Ausmaß der Strukturveränderung und die Anordnung und Größe der Kristalle in einer Gallerte sind von der Konzentration und dem p_H-Wert der Gallerte, wie auch von der Abkühlungsgeschwindigkeit abhängig[3,5].

Neben dieser Veränderung der mikroskopischen Struktur der Gallerten infolge der mechanischen Wirkung der Eiskristalle und der Entmischung der Bestandteile müssen wir aber noch die Möglichkeit einer Veränderung des Aggregationszustandes der einzelnen kolloidalen Teilchen in Betracht ziehen, wie sie bei Lösungen auftritt. Dies trägt weiterhin zur Mannigfaltigkeit der Frostwirkung in Gallerten bei[10].

Die zahlreichen Forscher, die die Frostwirkung auf Zellen und Gewebe untersucht haben, konzentrierten ihre Aufmerksamkeit insbesondere auf zwei Probleme: Der Einfluß der Gefrier- und Auftaugeschwindigkeit auf das Ausmaß der Frostschädigung ist von besonderer Wichtigkeit für die Gefrierkonservierungstechnik, während die Frage nach der Ursache des Frosttodes von gewissen Organismen und die Fähigkeit anderer Organismen, das Gefrieren zu überleben, von großem Interesse für die Biologen und Forstwissenschaftler ist.

Es ist bedauerlich, daß in den meisten Untersuchungen die Gefriergeschwindigkeit keinen exakten Ausdruck gefunden hat, sondern nur qualitativ gewertet wurde. Vergleiche zwischen verschiedenen Versuchsobjekten und die Beurteilung von Schnellgefrierverfahren sind dadurch erschwert. Zufriedenstellende mathematische Definitionen der Gefriergeschwindigkeit wurden jedoch von Plank[11]

---

[1] Luyet, B. J. u. P. M. Gehenio: Biodynamica, **2**, No. 48 (1938/39).
[2] Callow, E. H.: Proc. Roy. Soc. London **108** A, 307 (1925).
[3] Moran, T.: Proc. Roy. Soc. London **112** A, 30 (1926).
[4] Jones, I. D. u. R. A. Gortner: J. Phys. Chem. **36**, 387 (1932).
[5] Hardy, W. B.: Proc. Roy. Soc. London **112** A, 47 (1926).
[6] Molisch, H.: Untersuchungen über das Erfrieren der Pflanzen. Jena: Fischer 1897.
[7] Ullrich, H.: Kolloid-Z. **96**, 348 (1941).
[8] Bobertag, O. K. Feist u. H. W. Fischer: Ber. dtsch. chem. Ges. **41**, 3675 (1908).
[9] Kinoshita, K.: Bull. Chem. Soc. Japan **5**, 261 (1930).
[10] Nord, F. F.: Protoplasma, **21**, 116 (1934).
[11] Plank, R.: Beih. z. Zeitschr. f. d. ges. Kälteindustrie, Reihe 3, Heft **10** (1941).

eingeführt, die dem physikalischen Begriff der Geschwindigkeit, ausgedrückt in Zentimeter je Stunde, entsprechen. Die lineare Gefriergeschwindigkeit wäre demnach durch

$$w = \frac{d\,\delta}{d\,z}$$

gegeben, wobei $d\,\delta$ die Dicke der in der Zeit dz gebildeten Eisschicht bezeichnet. Da die meisten Objekte jedoch keine einfache Form besitzen, wird in der räumlichen Gefriergeschwindigkeit ω das Volumelement dV, das in der Zeitspanne dz gefroren wird, auf die gekühlte Oberfläche f bezogen:

$$\omega = \frac{dV}{f\,dz}$$

Bei praktischen Problemen ist es jedoch häufig wichtiger, nur die mittlere Gefriergeschwindigkeit zu bestimmen. Diese Werte wurden ebenfalls von Plank definiert.

Schnellgefrieren ist aus mehreren Gründen gegenüber einem langsamen Gefrieren von Vorteil. Der wirtschaftliche Vorteil einer schnelleren Verarbeitung der Nahrungsmittel ist dabei nicht außer acht zu lassen. Wichtiger ist jedoch, daß, durch Erhöhung der Gefriergeschwindigkeit die Veränderungen, die durch die Bildung von Eiskristallen entstehen, kleiner werden[1]. Bei Erhöhung der Gefriergeschwindigkeit wird nämlich das resultierende Kristallgefüge feinkörniger, da eine größere Zahl von kleineren Kristallen gebildet wird. Dies ist auf die bereits erörterte Beziehung zwischen der Kristallwachstumsgeschwindigkeit und der spontanen Kristallisationskernbildung bei zunehmender Abkühlung zurückzuführen (vgl. F I). Durch schnelles Abkühlen werden jedoch auch die enzymatischen Veränderungen auf ein Minimum verringert, was z. B. beim Süßwerden der Kartoffeln, das bei genügend schnellem Einfrieren verhütet wird, von Wichtigkeit ist.

Es ist daher selbstverständlich, daß bei allen modernen Gefrierkonservierungsverfahren großer Wert auf schnellste Wärmeabfuhr gelegt wird. Das erste Schnellgefrierverfahren war das Ottesensche Tauchverfahren, bei dem die Nahrungsmittel direkt in eine abgekühlte Flüssigkeit eingetaucht wurden, was die größte Gefriergeschwindigkeit gewährleistet. Aus anderen Gründen ist jedoch in einigen Fällen das Luftgefrierverfahren von Vorteil, bei dem auf gute Luftzirkulation Wert gelegt wird, oder das in den Vereinigten Staaten verbreitete Birdseye-Kontaktverfahren und Zarotschengeffs Z-Prozeß, der die Abkühlung durch tiefgekühlten Nebel bewirkt.

Ein Extremfall des Schnellgefrierens ist die von Luyet[2] und Goetz[3] untersuchte Vitrifikation (Verglasung) der Gewebe, die bei einer so raschen Abkühlung eintritt, daß dabei die Temperaturzone der spontanen Kristallkeimbildung ohne Kristallisation überschritten wird. Alle flüssigen Bestandteile des Gewebes erstarren dabei ohne Bildung von Eiskristallen und ohne irgendwelche Trennung des Wassers von den gelösten Substanzen zu einer klaren, glasartigen, harten Masse. Wenn das Auftauen genügend schnell vorgenommen wird — da eine Kristallisation auch während des Auftauens eintreten kann —, erhält man das Gewebe in dem gleichen Zustand wie vor der Verglasung. Irreversible Veränderungen sind dabei nicht eingetreten, und selbst lebende Gewebe und Zellen bleiben unbeschädigt. Damit wurde der Beweis erbracht, daß die Frostbeschädigung

[1] Plank, R.: Z. allgem. Physiol. **17**, 221 (1918).
[2] Luyet, B. J. u. G. Thoennes: Science **88**, 284 (1938); Biodynamica **1**, No. 29 (1937/38).
[3] Goetz, A. u. S. S. Goetz: Naturwiss. **26**, 427 (1938).

nicht der Temperatur, sondern der Eiskristallbildung, d. h. der Trennung des Wassers von den gelösten Substanzen zuzuschreiben ist. Bedauerlicherweise ist dieses Verfahren nicht praktisch auf die Gefrierkonservierung anwendbar, da nur sehr kleine Gewebeteile oder Flüssigkeitstropfen beim Eintauchen in flüssige Luft die Kristallisationszone genügend schnell überschreiten.

Das Gefrieren von Geweben kann auf zwei grundsätzlich verschiedenen Wegen stattfinden, was zuerst von Plank für tierische Gewebe[1,2] festgestellt wurde. Es wurde nämlich beobachtet, daß beim langsamen Gefrieren die Eiskristalle des ausfrierenden Wassers sich in den Interzellularräumen bilden, während bei hoher Gefriergeschwindigkeit das Wasser innerhalb der Zellen selbst, bzw. innerhalb der Muskelfaser friert. Diesen Befunden schreiben wir eine große Bedeutung, sowohl vom technologischen Standpunkt der Gefrierkonservierung als auch vom rein biologischen Standpunkt zu. Ähnliche Beobachtungen wurden auch an pflanzlichen Geweben von Molisch[3] und Iljin[4] gemacht, und Bier[5] hat diese Verhältnisse eingehend bei den Epidermis-Zellen von *Tradescantia discolor* untersucht.

Um die beiden Arten des Gefrierens zu verstehen, müssen wir einen wichtigen Unterschied zwischen den Eigenschaften der Zellwände und der Protoplasmamembran hervorheben. Die Protoplasmamembran stellt eine wirksame Barriere gegen das Fortpflanzen der Eiskristalle dar, es muß daher jede Zelle einzeln einfrieren, d. h. die Kristallisation des Zellsaftes kann nicht durch Eiskristalle hervorgerufen werden, die sich außerhalb der Zelle befinden. Eine spontane Kristallisationskernbildung muß daher in jeder Zelle stattfinden, und wenn beim schnellen Kühlen das Einfrieren des Gewebes unter dem Mikroskop beobachtet wird, so kann man erkennen, wie jede Zelle einzeln, oft mit bedeutendem Zeitabstand, einfriert. Bei Temperaturen zwischen —4 und —15° C dauert es etwa 30 bis 90 Minuten, bis alle Zellen in einem Epidermisschnitt von *Tradescantia* einfrieren, obwohl die dünnen Schnitte in dem umgebenden Bad gut gekühlt sind. Die Gefriergeschwindigkeit innerhalb einer jeden Zelle ist sehr groß, doch ist keine Fortpflanzung der Kristallisation von Zelle -zu Zelle zu beobachten.

Das Gefrieren eines toten Gewebes, z. B. eines Gewebes, das schon einmal gefroren war, verläuft hingegen ganz anders, denn das Gewebe friert in einer kontinuierlichen Weise ein, was darauf hinweist, daß hier die Zellwände das Fortpflanzen der Eiskristalle nicht verhindern. Dies ist auch beim langsamen Gefrieren eines unbeschädigten Gewebes von Bedeutung. Wegen des geringen Bestrebens zu spontaner Kristallisation von Wasser und kolloiden Lösungen bei geringer Unterkühlung und dem kleinen Volumen der einzelnen Zellen ist ein Gefrieren der einzelnen Zellen unwahrscheinlich. Hingegen ist der Saft, der sich in den interzellularen Räumen befindet, viel eher der Kristallisation ausgesetzt, da er a) nicht so reich an Eiweißkörpern ist und b) einen kontinuierlichen Film um alle Zellen im Gewebe bildet, dessen Kristallisation deshalb auch vom außenstehenden Eis verursacht werden kann. Nach dem Gefrieren dieses interzellularen Saftes werden also alle Zellen von einer dünnen Eisschicht umgeben sein. Unterhalb des Gefrierpunktes ist der Dampfdruck einer unterkühlten

[1] Plank, R., E. Ehrenbaum u. K. Reuter: Die Konservierung von Fischen durch das Gefrierverfahren, Abhandl. 3, Volksernährung Heft 5, Verl. d. Zentral-Einkaufsges. Berlin, 1916.
[2] Plank, R.: Z. allgem. Physiol. 17, 221 (1918) und Z. ges. Kälteindustrie 32, 109 (1925).
[3] Molisch, H.: Untersuchungen über das Erfrieren der Pflanzen. Jena: Fischer 1897.
[4] Iljin, W. S.: Protoplasma 20, 105 (1934).
[5] Bier, M.: Unveröffentlichte Versuche aus dem Institut de Botanique Générale, Université de Genève.

Flüssigkeit größer als der Dampfdruck des Eises bei gleicher Temperatur. Vom energetischen Standpunkt aus ist daher das Eis die stabilere Form. (Beim Gefrierpunkt selbst ist der Dampfdruck der Flüssigkeit und ihrer Kristalle gleich, da sich beide Formen im Gleichgewicht befinden.) Das in jeder Zelle befindliche Wasser wird deshalb durch die Protoplasmamembran diffundieren, und sich an die die Zelle umgebende Eisschicht anlagern.

Durch das Entziehen von Wasser aus dem Zellinnern wird der Zellsaft immer konzentrierter und sein Gefrierpunkt infolgedessen niedriger, bis er der umgebenden Temperatur entspricht. Dann wird sich die Zelle mit dem umgebenden Eis im Gleichgewicht befinden, und kein weiteres Ausfrieren des Wassers mehr stattfinden. Die Menge des in den interzellulären Räumen eingefrorenen Wassers wird also nur von der Temperatur abhängig sein[1-4], der eigentliche Zellinhalt wird jedoch nicht einfrieren, da er sich durch den fortschreitenden Wasserentzug immer am jeweiligen Gefrierpunkt befindet, und dabei das Bestreben zu spontaner Kristallisation gleich Null zu setzen ist. Der Prozeß ist sehr ähnlich einer Plasmolyse, bei welcher die ausgeschiedene Wassermenge nur von der Konzentration des umgebenden Bades, d. h. wieder nur von dem Dampfdruck der umgebenden Flüssigkeit abhängig ist. Deshalb wurde der Vorgang von ILJIN[5] als Pseudoplasmolyse bezeichnet. Dies erklärt auch die wiederholten Beobachtungen, daß viele Gewebe eine Bildung kleiner Mengen von Eis ohne Schaden ertragen können[6]. Eine Folge dieser Art des Gefrierens ist jedoch, daß der Zellinhalt auch beim eutektischen Punkt nicht einfriert, denn der Wasserentzug kann sich durch denselben Mechanismus noch weiter fortsetzen. Das Endergebnis wird eine *Austrocknung* und nicht ein Einfrieren des Zellinhaltes sein. Dieser Vorgang wurde von GALOS[7] an künstlichen Zell-Modellen untersucht.

Die beiden Arten, in denen ein Gewebe bei langsamem oder schnellem Abkühlen einfrieren kann, bringen recht verschiedene Beschädigungen mit sich. Bei *schnellem* Gefrieren wird die Zelle selbst einfrieren und dabei eine irreversible Beschädigung infolge der submikroskopischen Aggregation-Desaggregation der kolloiden Bestandteile im Sinne von NORDS Theorie und infolge der mikroskopisch sichtbaren Zerstörung der gallertartigen Strukturen erleiden. Bei *langsamem* Gefrieren friert die Zelle jedoch nicht ein und bleibt unbeschädigt. Beim Auftauen wird sich aber die stark geschrumpfte Zelle auf einmal in einem Bad von reinem Wasser befinden. Eine rasche Deplasmolyse wird stattfinden, wobei die Elastizität des Protoplasmas nicht genügend groß ist, um mit dem schnellen Einsaugen von Wasser Schritt zu halten. Die Zelle wird daher infolge des großen inneren osmotischen Druckes platzen. Wenn eine zu rasche Deplasmolyse verhütet wird, z. B. indem das Gewebe in einer mit der geschrumpften Zelle isotonischen Wasserlösung aufgetaut wird, dann kann das Gewebe im lebenden Zustand erhalten werden, was ILJIN mit Rotkohlepidermiszellen, und BIER mit *Tradescantia*-Zellen, die tropischer Herkunft sind, gelungen ist.

Die Ursache des Frosttodes der Gewebe in diesen Beispielen ist recht verschieden, denn in einem Fall tritt er beim Einfrieren, durch die irreversible Veränderung des Aggregationszustandes ein, im andern Fall hingegen erfolgt er erst beim Auftauen, durch die rasche Deplasmolyse. Das Versäumnis der meisten

[1] MORAN, T.: Proc. Roy. Soc. London **112** A, 30 (1926).
[2] HARDY, W. B.: Proc. Roy. Soc. London **112** A, 47 (1926).
[3] HEISS, R.: Biochem. Z. **267**, 438 (1933).
[4] MORAN, T.: Proc. Roy. Soc. London **118** B, 548 (1935).
[5] ILJIN, W. S.: Protoplasma **20**, 105 (1934).
[6] WOODROOF, J. G.: Ice and Cold Storage, **42**, 139 (1939).
[7] GALOS, G.: Biodynamica **3**, 209 (1940/41).

Forscher, zwischen diesen beiden Gefrierarten zu unterscheiden und die Vorgänge während des Einfrierens und Auftauens mit dem Mikroskop direkt zu beobachten, ist die Ursache so vieler widersprechender Theorien und Ergebnisse über das Gefrieren von Geweben und die Ursachen des Gefriertodes[1].

Es ist dabei von Interesse, zu bemerken, daß das langsame Gefrieren vom biologischen Standpunkt aus vorzuziehen ist, da keine irreversiblen Veränderungen eintreten. Es ist auch anzunehmen, daß in der Natur jeder Frost dem langsamen Gefrieren entspricht, da dort kaum so rasche Temperaturwechsel vorkommen, wie sie im Laboratorium beim Schnellgefrieren erzeugt werden können. Es ist auch bezeichnend, daß bei Pflanzen, die im Lauf des Winters eine Frostabhärtung erfahren, diese mit Veränderungen in den Eigenschaften des Protoplasmas verbunden ist. Der Protoplasmaschlauch, der die Vacuolen der Pflanzenzellen umgibt, wird dicker, und die Permeabilität der Plasmamembran erhöht sich[2], wobei beide Faktoren das Eintreten der Deplasmolyse erleichtern müssen. Die Frostabhärtung der Pflanzen ist jedoch eine Lehre für sich, in deren Erörterung wir hier nicht eintreten können.

Vom Standpunkt der praktischen Gefrierkonservierung ist jedoch leicht zu erkennen, daß die Ergebnisse von Plank die Vorteile eines schnellen Gefrierverfahrens klar hervorheben. Die Scheidung von Wasser und kolloidem Zellinhalt ist beim langsamen Gefrieren viel weitgehender als beim schnellen Gefrieren, da das gefrorene Wasser sich bereits außerhalb der Zelle befindet. Beim Auftauen wird daher der Saftabfluß kaum zu verhindern sein.

---

[1] Luyet, B. J. u. P. M. Gehenio: Life and death at low temperatures, Normandy, Missouri: Biodynamica 1940.
[2] Scarth, G. W., J. Levitt, D. Siminovitch: Cold Spring Harbor Symp. Quant. Biol. **8**, 102 (1940).

Mikrobiologische Grundlagen der Lebensmittelfrischhaltung.

Von Dozent Dr. phil. **Hans Kühlwein,** Regierungsbotaniker.

Botanisches Institut der Technischen Hochschule Karlsruhe.

Mit 32 Abbildungen.[1]

A. Einleitung.

Die Biologie ist die Lehre von den Lebewesen. Entsprechend der Einteilung der Organismenwelt in Pflanzen und Tiere unterscheiden wir die Teilgebiete Botanik und Zoologie. Wie schon der Name besagt, umfaßt die Mikrobiologie als Teil der Gesamtbiologie die mikroskopisch kleinen Lebewesen pflanzlicher und tierischer Herkunft. Vorläufig wollen wir darunter die Bakterien, Pilze und Blaugrünen Algen (Cyanophyceen) als Pflanzen und die Protozoen als einzellige Tiere verstehen.

Da sich die Mikrobiologie mit einer Vielzahl verschiedenartiger Organismen beschäftigt, ist es nicht verwunderlich, daß ihre Probleme von verschiedenen Disziplinen bearbeitet werden.

Unter Anwendung gleicher oder ähnlicher Methoden ergeben sich daher für Biologen, Biochemiker, Mediziner, Landwirte und Techniker verschiedene Ansatzpunkte ihrer Untersuchungen.

Von all den Versuchen, eine klare und umfassende begriffliche Abgrenzung der Mikrobiologie von den anderen biologischen Teildisziplinen herauszuarbeiten, dürfte die kürzlich von RIPPEL[2] angegebene Definition als die gelungenste bezeichnet werden:

„Die Mikroorganismen sind die notwendigen Vermittler der Nahrung — mittelbar oder unmittelbar — für Pflanze und Tier. Die Aufgabe der Mikrobiologie ist demnach die Erfassung des gesamten biologischen Lebensraumes, in dem sie diese Tätigkeit entfalten, einschließlich der mannigfachen Anwendungsgebiete, also der Beziehungen zwischen Mensch und Mikroorganismen."

Diese vornehmlich auf der Betonung der Lebenstätigkeiten fußende Definition der Mikrobiologie gibt uns die Möglichkeit, den weniger Eingeweihten an das Gebiet unmittelbar heranzuführen. Die Tatsachen, daß zuckerhaltige Obstsäfte gären und dabei Alkohol entsteht, daß im Sommer Milch leicht sauer oder Wein bei Luftzutritt essigstichig wird, ist schon lange bekannt, und Vorgänge dieser Art sind Gegenstand bewußter menschlicher Nutzung. Als solche sind sie bereits aus dem Altertum bekannt. Man verstand sich auf die Herstellung von Bier

---

[1] Für die Überlassung einer Reihe von Abbildungen bin ich Herrn Prof. Dr. Dr. LEMBKE zu besonderem Dank verpflichtet

[2] RIPPEL-BALDES, A.: Grundriß der Mikrobiologie; 2. Aufl. Berlin/Göttingen/Heidelberg: Springer 1952.

und Wein, die Bereitung von Käse und auf das Brotbacken. Sogar das, was wir heute als Fermentation etwa bei Tabak und Tee bezeichnen, wurde damals schon geübt. Über solche der menschlichen Erfahrung meist leichter zugänglichen Prozesse hinaus hatten die Römer Kenntnis von der Gründüngung, d. h., es blieb ihnen nicht verborgen, daß durch den Anbau von Leguminosen eine Bodenverbesserung erreicht werden kann. Es bestanden auch zweifellos schon gewisse Vorstellungen von der Übertragbarkeit von Krankheiten durch unsichtbare Lebewesen. Andererseits müssen wir feststellen, daß das seit alters her bekannte Mutterkorn über Jahrhunderte hinweg schwere Epidemien verursachte, obwohl seine Verwendung zu medizinischen Zwecken offenbar schon lange bekannt war[1].

So ist der Mensch mit vielen Vorgängen mikrobieller Natur in Berührung gekommen. Er hat sich ihrer zu seinem Nutzen bedient, und ebenso häufig ist er ihnen ohnmächtig gegenüber gestanden, wenn sie sein Leben gefährdeten.

So wenig aus jener Zeit von Schimmelpilzen bekannt ist, obwohl sie uns täglich im Kampf um den Erhalt unserer Nahrungsmittel entgegentreten, um so mehr haben die Großpilze schon früh die Aufmerksamkeit der Menschen erregt, die sie damals wie heute in eßbare und giftige unterschieden. Unter der Bezeichnung *Mykes* für Pilz zählt schon Theophrast verschiedene Arten auf. Schwämme (Mykes) und Trüffel (Hydnon) sind nach ihm Pflanzen, die „weder Wurzel noch Stamm, noch Ast, noch Sprosse, noch Blatt, Blüte, Frucht, Rinde, Mark, Fasern oder Adern" haben. In der folgenden Zeit sind auf dem Gebiet der Pilze keine wesentlichen Entdeckungen zu verzeichnen, so daß Linné noch 1767 sagen konnte, sie seien ein *Mehl oder Samen*, das sich in lauem Wasser zu kleinen Würmchen entwickelt „die ein unendlich feines Gespinst weben, an welchem sie unbeweglich haften, bis sie wieder zu Schwämmen anschwellen."[2]

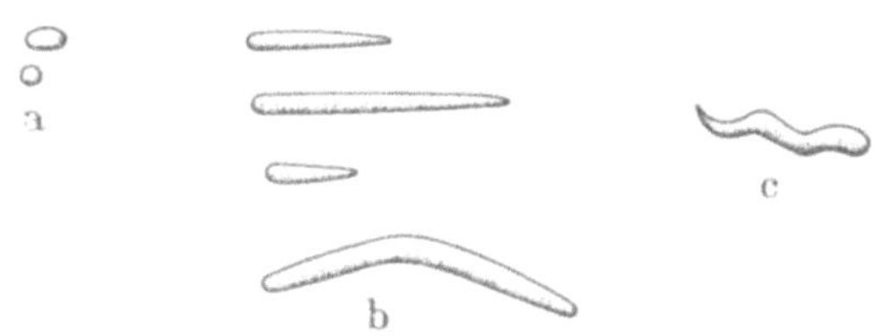

Abb. 16. Die drei Grundformen der Bakterien. Nach *Leeuwenhoek*. (*a* Kokken, *b* Stäbchen, *c* Spirillen). Aus *Löffler*, Vorlesungen über die geschichtliche Entwicklung der Lehre von den Bakterien. Leipzig: Vogel 1887.

Von entscheidender Bedeutung für die Entwicklung biologischer Erkenntnisse war die Erfindung des Mikroskops zu Anfang des 17. Jahrhunderts. Dadurch gelang es, in den geheimnisvollen Mikrokosmos ein zudringen. Mit selbst angefertigten Instrumenten konnte Antonie van Leeuwenhoek erstmals Bakterien erkennen, wobei er bereits die drei Grundformen Kokken, Stäbchen und Spirillen unterschied (Abb. 16). Auch Beschreibungen und Zeichnungen von Hefen liegen von ihm vor. So beginnt die beschreibende Mikrobiologie, die mit der Verbesserung der mikroskopischen Technik immer mehr an Bedeutung gewinnt. Sie ist mit den Namen O. F. Müller (1768), Ehrenberg (1838) und Coker (1857) untrennbar verbunden.

Die Auffindung der Mikroorganismen führte bald auch zu der brennenden Frage nach ihrem Ursprung. Hierbei traten scharfe Gegensätze zutage, die auch der experimentellen, der physiologischen Mikrobiologie zum Durchbruch verhalfen. Versuche des schottischen Abtes Newham (1745) schienen die herrschende Lehre der Urzeugung (generatio spontanea) zu stützen. Sie erbrachten den

[1] Weber, U.: Lehrbuch der Pharmakognosie. Jena: G. Fischer 1949.
[2] Mobius, M : Geschichte der Botanik. Jena: G. Fischer 1937.

Nachweis von Mikroorganismen in Aufgüssen, die in verkorkten Gefäßen in heißer Asche so hohen Temperaturen ausgesetzt waren, daß alles Leben vernichtet sein mußte. Als sich später nach Öffnen der Gefäße dennoch lebende *Infusorien* fanden, konnte NEWHAM dies nur durch die Annahme einer Urzeugung erklären. Demgegenüber vermochte der Italiener SPALLANZANI nachzuweisen, daß in Fleischaufgüssen, die 3 bis 4 Stunden auf 100° erhitzt wurden, erst dann belebte Wesen entstehen, wenn man Luft zutreten läßt. Dieser entscheidende Befund wirkte auf die Anhänger der generatio spontanea dennoch nicht überzeugend, und es blieb PASTEUR[1] (1862) vorbehalten, die Sachverhalte eindeutig zu klären. So wurde er zum Begründer der *modernen* Mikrobiologie. Mit einer Intuition sondersgleichen erschloß er das Wirken der Mikroorganismen, deren Wesen in der Mittlerrolle des Stoffumsatzes in der Natur liegt. Seine im Jahre 1896 in den „Etudes sur la bière" aufgestellte Theorie der Gärung, wonach die lebenden Hefezellen abgesperrt von der Luft als Gärungserreger arbeiten, bildet die Grundlage für die weitere Erforschung dieses so wichtigen mikrobiellen Stoffwechselvorganges. PASTEUR konnte ferner zeigen, daß die verschiedenen Gärungen (Alkohol-, Essigsäure-, Zuckersäuregärung) durch spezifische Gärungserreger verursacht werden. Zur Bekämpfung bakterieller Erkrankungen von Bier und Wein führte er ein Verfahren ein, das als *Pasteurisieren* zur Konservierung gewisser Lebensmittel noch heute angewandt wird. Ein Zeitgenosse und Landsmann PASTEURS, TULASNE, konnte die Entwicklung vieler niederer, besonders parasitischer Pilze aufzeigen und eröffnete damit eine Epoche mykologischer Forschung[2], die durch DE BARY und BREFELD einem Höhepunkt zustrebte. Während diesen — vor allem BREFELD — die Reinkultur der Pilze gelang, bedienten sich andere dieser Methodik zum Studium der Hefen und Bakterien mit großem Erfolg. Durch ROBERT KOCH erfuhr die Bakteriologie einen gewaltigen Aufschwung. Wenn auch solche Großtaten wie die Entdeckung des Tuberkuloseerregers jedem Gebildeten bekannt sind, so dürfen wir doch darauf hinweisen, daß KOCH auch zeitlebens der Vervollkommnung mikrobiologischer Methodik (Kulturtechnik, Färbeverfahren) besondere Aufmerksamkeit widmete, ohne welche die moderne Bakteriologie undenkbar wäre.

Zwei wichtigen Umständen verdankt die Mikrobiologie ihre rasche Weiterentwicklung:

1. Die Auffindung der zellfreien Gärung durch BUCHNER[2] im Jahre 1897 ermöglichte erste Einsichten in die Wirkung der Biokatalysatoren, die wir Enzyme nennen, und deren Erforschung bis heute kaum vorstellbare Zusammenhänge in der lebenden Zelle aufzeigte, so daß EMIL FISCHER mit Recht sagen konnte, Enzyme wirkten wie der Schlüssel zu einem Schloß.

2. Die schon von PASTEUR in seiner Bedeutung erkannte, von KOCH, DE BARY, BREFELD und HANSEN weiter entwickelte Reinkulturtechnik führte fortschreitend zur Aufklärung des physiologischen Verhaltens der Mikroorganismen. Mit der Entdeckung der Vitamine und Wuchsstoffe eröffneten sich ungeahnte Möglichkeiten, das Wachstum und ganz allgemein die Physiologie der Mikroorganismen zu studieren. Die Auffindung zahlreicher Antibiotika zur chemotherapeutischen Bekämpfung vieler Infektionskrankheiten gehört zu den Großtaten der modernen mikrobiologischen Forschung.

---

[1] PASTEUR, L.: Mémoires sur les corpuscules organisés qui existent en suspension dans l'atmosphère. Ann. de Chem. et de Phys. 3. Sér. LXIV. 1862.
[2] JOST, L.: Z. f. Bot. 24, 1—74 (1930/31). — [3] Ber. dtsch. chem. Ges. 30 (1897).

B. Verbreitung der Mikroorganismen in der Natur.

Die tägliche Erfahrung im Umgang mit Lebensmitteln lehrt, daß ihrem Verderb durch Mikroorganismen eine entscheidende Bedeutung zukommt. Solche Verluste sind im Kleinen noch erträglich, dagegen erschreckend groß, wenn wir hören, daß die Werte an unseren Lebensmitteln, die bisher alljährlich durch Verderb dem Volksvermögen verlorengehen, schätzungsweise 1,5 Milliarden DM. betragen[1]. Der weitaus größte Teil dieser Summe geht zu Lasten mikrobieller Schädigungen.

Dieser Sachverhalt ist leicht zu erklären. Ein Demonstrationsversuch, der oft im Rahmen der Einführungsvorlesung in die Mikrobiologie gebracht wird, zeigt das Vorhandensein von Mikroorganismen in der Luft. Dazu wird eine Petrischale mit sterilem Nährboden (Agar oder Gelatine) kurze Zeit (etwa 10 Minuten) geöffnet. Aus den Keimen (Bakterien und Pilzsporen), die aus der Luft auf den Nährboden gelangen, entwickeln sich Kolonien, d. h. Anhäufungen von Bakterien oder kleine Pilzrasen, die leicht ausgezählt werden können und so indirekt ihr Vorhandensein in der Luft verraten. Die mit diesem Verfahren ermittelten Keimgehalte der Luft sind oft erstaunlich hoch. Nach Rippel-Baldes[2] fallen in Wohnräumen in einer Minute etwa 1 bis 10 Keime auf den Nährboden einer Petrischale, in Stalluft kann diese Zahl auf mehrere Hundert ansteigen. Die Veränderlichkeit der Mikroorganismenzahl in der Luft veranschaulicht ein Untersuchungsbefund aus einem Schulzimmer[3]. Die in 1 m^3 Luft gefundene Zahl der Keime betrug vor dem Unterricht 2000, sie stieg während des Unterrichts auf 16500 und lag danach bei 95000. Aus dem wenigen hier angeführten Zahlenmaterial geht zur Genüge hervor, daß wir ständig von einem mehr oder minder großen Schwarm von Mikroben umgeben sind, und wir können verstehen, wie durch den leisesten Luftzug diese überall hingelangen können.

Daß die Luft nicht primärer Lebensraum der Mikroorganismen sein kann, braucht kaum erwähnt zu werden. Hauptträger mikrobiellen Lebens ist vielmehr der Boden. In ihm wird die organische Substanz pflanzlicher und tierischer Herkunft auf vielfältige Weise *mineralisiert*. Das Phänomen der umfassenden Stoffwechselleistungen der Mikroorganismen tritt deutlich vor Augen, wenn wir die Statistik sprechen lassen. Waksmann fand in 1 g Erde verschiedener Bodentiefe folgende Werte:

Zahl der Mikroorganismen in verschiedener Bodentiefe[4]

Boden	0,5 cm Tiefe	10 cm Tiefe	20 cm Tiefe	30 cm Tiefe	50 cm Tiefe	75 cm Tiefe
Garten ..	7 202 000	7 737 000	3 998 000	1 312 000	624 000	381 000
Wiese ...	10 133 000	5 758 000	2 850 000	1 007 000	370 000	236 000

Nach Rippel[5] ergibt das Kochsche Plattenverfahren etwa 100 Millionen Bakterien je 1 Gramm guten Bodens. Nach neueren zuverlässigen Untersuchungen wird diese Zahl für die gleiche Menge Boden mit 1 bis 5 Milliarden angegeben. Dabei sind die sicher auch ins Gewicht fallenden Zahlen der Pilze, Algen und Protozoen nicht miteinbezogen. Es nimmt nicht wunder, daß aus einem solch gewaltigen Vorrat dauernd Millionen und Abermillionen Keime in die Luft gelangen und in Bereiche des Menschen eindringen, wo sie nicht erwünscht sind.

---

[1] Diemair, W.: Die Haltbarmachung der Lebensmittel. Stuttgart: Enke 1941.

[2] Rippel-Baldes, A.: Grundriß der Mikrobiologie, 2. Aufl; Berlin/Göttingen/Heidelberg: Springer 1952.

[3] Rokitzka, A.: Allgemeine Mikrobiologie. München: Hanser-Verlag 1949.

[4] Rippel, A.: Niedere Pflanzen, im Hdb. d. Bodenkunde, **8**, 257 (1932).

[5] s. Anm. [2].

In den Nachkriegsjahren wird in den Städten Trinkwasser chloriert, um die Infektionsgefahr durch pathogene Mikroben zu beseitigen. Diese Maßnahme ist ein Hinweis auf einen weiteren wichtigen Lebensbezirk der Mikroorganismen. Wasser kann sowohl deren primärer als auch sekundärer Standort sein. Soweit es sich z. B. um gewisse pathogene Formen wie Typhus-, Paratyphus- oder Ruhrbazillen handelt, deretwegen eine ständige bakteriologische Überwachung des Trinkwassers durchgeführt wird, müssen wir sie zu den sekundären Organismen zählen, die zusammen mit dem Colibacterium immer Anzeiger einer fäkalen Verunreinigung sind. Darüber hinaus gibt es aber viele Formen, für die das Wasser ständiger Aufenthaltsort ist und die z. T. dort eine ganz charakteristische Stoffwechseltätigkeit entfalten. Vielfach sind sie beweglich (Vibrionen und Spirillen) oder gehören der Anaerobenflora an, finden sich also in den sauerstoffarmen Zonen der Gewässer. Daneben treten auch typische Wasserpilze auf, die wir nicht selten auf Fischleichen als schleimige Überzüge beobachten können. Entscheidend abhängig ist das Mikrobenleben im Wasser stets von einem gewissen Gehalt an Nährstoffen, die, abgesehen von speziellen Fällen, immer organischer Herkunft sind. Zahl der Keime und Nährstoffgehalt stehen in unmittelbarer Beziehung zueinander. Während Quell- und Grundwasser ausgesprochen keimarm sind, steigt die Zahl in Abwässern in die Millionen in 1 cm³. Unterschiede in der Keimzahl ergeben sich ferner in der regionalen Verbreitung von den oberen Schichten des Wassers zur Schlammzone hin, wie aus folgender Tabelle 1 hervorgeht.

Gerade im Hinblick auf die Lebensmittelfrischhaltung interessiert vergleichsweise noch dieMilch als bevorzugter Standort von Mikroorganismen. Nach HENNEBERG[1] kann Rohmilch mit einem Keimgehalt von 500000/g als gut, mit 20 Millionen/g als sehr schlecht bezeichnet

Tabelle 1. *Verteilung der Mikroorganismen im Lunzer Untersee* (nach RIPPEL-BALDES, Grundriß der Mikrobiologie).

Zahlen je 1 cm³ in der Seemitte		
Wasser	0 m Tiefe	50 Mikroorganismen
,, ...	1 m ,,	0* ,,
,, ...	15 m ,,	90 ,,
,, ...	33 m ,,	80 ,,
Schlamm	1,6 cm ,,	45500 ,,
,, ...	6,4 cm ,,	400000 ,,

* Die Zahl ist wahrscheinlich zu niedrig (Zufallsergebnis).

werden. Da hier die Möglichkeiten der Verunreinigung besonders vielfältiger Natur sind, schwanken die Keimgehalte entsprechend stark.

C. Morphologie und Systematik der Mikroorganismen.

I. Größenverhältnisse.

Gibt man eine Messerspitze voll Backhefe in ein Glas Wasser und schüttelt ein wenig, so entsteht eine schwach trübe Aufschwemmung, der nicht anzusehen ist, daß sie unzählige kleine Hefezellen enthält. Dieser Sachverhalt wird leicht klar, wenn man einen Tropfen einer solchen Hefesuspension im mikroskopischen Bild beobachtet (Abb. 17). Dabei wird man einsehen, daß es auch durchaus berechtigt ist, von Mikroorganismen zu sprechen. Bestimmt man nämlich die Größe einer einzelnen Hefezelle, so erhält man einen Wert von etwa 7 μ im Durchmesser (1 mm = 1000 μ). Verglichen mit anderen Pflanzenzellen wird von diesem Wert nach oben hin weit stärker abgewichen als nach unten. Der Durchmesser von Pilzhyphen ist ungefähr 4 μ, in Ausnahmefällen sogar 50 μ und

---

[1] HENNEBERG, W.: Bakteriologie für die Molkereischule. Hildesheim: Molkereiztg. 1932.

erreicht damit den einer Parenchymzelle der höheren Pflanzen. Doch bringen es letztere in ihren faserartigen Zellen bei allerdings geringerem Durchmesser auf Längen von 200 mm (Flachs). Dagegen grenzen die Bakterien mit den kleinsten Formen schon an den submikroskopischen Bereich. Normalerweise liegen die Längenwerte etwa zwischen 2 und 6 μ bei Stäbchen, während bei Kokken, Bakterien von runder Gestalt, Durchmesser von etwa 0,5 bis 0,2 μ vorkommen (Tabelle 2).

Tabelle 2. *Größenverhältnisse von Mikroorganismen.*

	Länge und Breite (Durchmesser) in μ
Micrococcus urea	1 bis 1,5
Sarcina maxima	4
Hefezelle	5
Zellkern (Pflanzenzelle) ...	10
Fadenalge (Einzelzelle) ...	50 × 10
Pollenkorn (mittlere Größe)	50 × 30

Da wir bei einer Abmessung von 0,3 μ an der Grenze des Auflösungsvermögens des Lichtmikroskops angelangt sind, können Bakterien unterhalb dieser Größe mikroskopisch nicht mehr festgestellt werden. Soweit ein Nachweis von Bakterien im ultravisiblen Bereich gelungen ist, stützt sich dieser auf Filtrationsbefunde. Sogenannte Bakterienfilter mit einer Porenweite von 1 μ lassen im Lichtmikroskop erkennbare Bakterien nicht durch. Die filtrierbaren Formen von Mikroorganismen werden als die *Ultravisiblen* oder *Filtrablen* zusammengefaßt. Zu ihnen gehören die Virusarten und Bakteriophagen mit folgenden Größenverhältnissen:

Psittacose-Virus 0,3 μ
Tollwut-Virus 0,15 μ
Tabakmosaik-Virus 0,015 μ
Vergleichsweise Bact. coli 0,5 μ

Von einer Zellstruktur kann bei Viren und Bakteriophagen nicht mehr die Rede sein. Auf Grund von Vorstellungen über die Größe der Makromoleküle und deren vielfältiger Rolle im Stoffwechselgeschehen dürfte doch eine Minimalgröße der organisierten Zelle anzunehmen sein.

Gehen wir also aus von den *organisierten* Mikroorganismen und

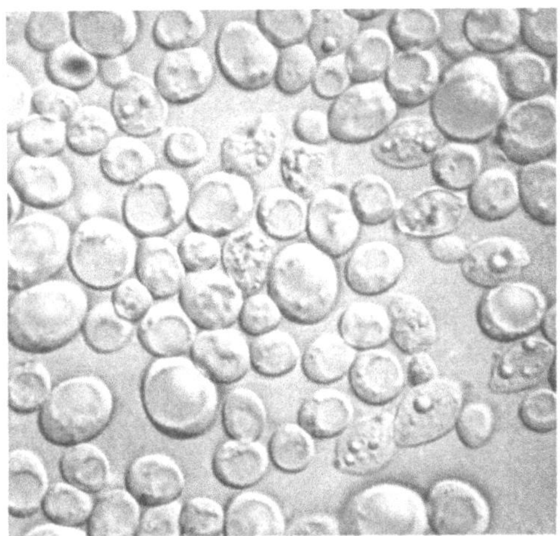

Abb. 17. Suspension von Saccharomyces cerevisiae. Vergr. 900 mal (Phot. *H. Lembke*).

unterstellen wir sie dem eingangs definierten Begriff der *Stoffwechselmittler* in der Natur, so verbleiben die Bakterien und die Pilze als die beiden wichtigsten Gruppen. Nachweis und Kenntnis ihrer Lebensäußerungen sind unerläßliche Voraussetzung für das Verständnis ihrer Rolle beim Lebensmittelverderb, den zu verhindern wir uns laufend bemühen.

II. Die Bakterien (Schizomyceten).

Zellformen, Morphologie und Cytologie.

Die Bakterien sind einzellige Pflanzen. Ihre Gestalt ist sehr einfach und läßt drei Grundformen erkennen: kugelförmige Bakterien oder Kokken, stäbchenförmige Bakterien oder Bazillen und gekrümmte Bakterien oder Spirillen.

Die Bezeichnung Schizomycetes = Spaltpilze, die für Bakterien zuweilen benützt wird und insofern irreführend ist, als diese Lebewesen nichts mit Pilzen zu tun haben, beruht auf der Art der Fortpflanzung, die eine typische Querteilung ist. Bei den Kokken ergibt sich aus dieser Querteilung eine Art der Anordnung der Tochterzellen, die z. T. systematisch verwertbar ist. Bei den *Mikrokokken* trennen sich nach der Spaltung die Tochterzellen, wodurch unregelmäßige Anhäufungen von Einzelindividuen entstehen, oder das Produkt der Teilung bleibt zusammen, und es ergibt sich das *Diplokokken*stadium, eine weit verbreitete Erscheinungsform der Kokken. Geht von hier aus die Teilung in derselben Richtung des Raumes weiter, ohne daß eine Abtrennung erfolgt, so bilden sich Ketten. wir bezeichnen sie als *Streptokokken*. Teilungen nach zwei und drei zueinander senkrecht stehenden Ebenen führen weiter zu *Tetrakokken* und *Sarcinen*, letztere als paketförmige Zellverbände besonders charakteristisch. Auch die stäbchenförmigen Bakterien, die sich nur in einer Ebene teilen, können im Falle des Zusammenbleibens lange Ketten bilden. Gekrümmte Formen werden nach Art und Zahl der Windungen in *Vibrionen* und *Spirillen* unterteilt. Die übrigen im System der Bakterien stehenden Gruppen der Actinomyceten oder Strahlenpilze, der Chlamydobakterien, die schleimumhüllte Zellfäden bilden, und der Myxobakterien, der Schleimbakterien, lassen sich auf die Grundformen zurückführen.

III. Bau der Einzelzelle.

Die Bakterienzelle ist von einer Wand umgeben, die so dünn ist, daß sie normalerweise im Mikroskop nicht zu erkennen ist. Von wenigen Ausnahmen abgesehen, besteht sie aus Hemicellulosen und pectinartigen Stoffen. Meist wird die Zellwand noch von einer Schleimhülle umgeben, deren Dicke stark von den jeweiligen Ernährungsverhältnissen abhängt. Ihr Nachweis gelingt durch Einbringen der Bakterien in verdünnte Tusche, wobei die Schleimschicht als heller Hof um die Zelle sichtbar wird (Abb. 18). Zusammenballungen von Bakterien mit starken Schleimhöfen ergeben sogenannte Zooglöen. Das Aussehen einer Kolonie wird von diesen Schleimabscheidungen bestimmt und bei den Myxobakterien ist der Schleim maßgebend an der Formbildung der Fruchtkörper beteiligt.

Lebender Bestandteil der Bakterienzelle ist das Protoplasma, das hauptsächlich aus Eiweißstoffen aufgebaut ist. Im Zusammenwirken mit anderen Stoffgruppen, unter denen die Lipoide besonders wichtig sind, funktioniert

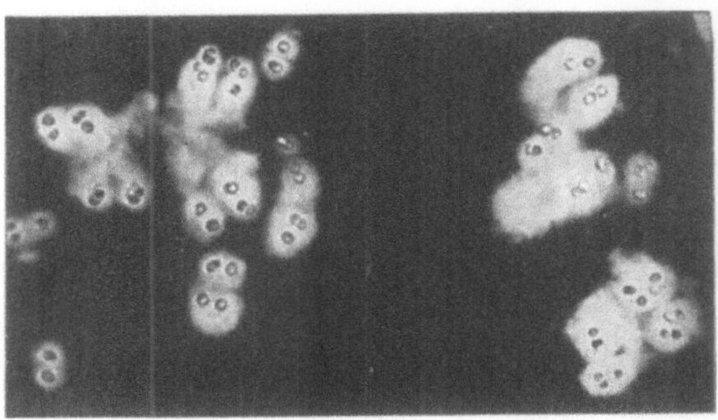

Abb. 18. Azotobacter chroococcum. Hellfeldaufnahme, in Tusche liegend, die Schleimschicht zeigend. Vergr. 450 mal. (Phot. *R. Meyer*) nach *A. Rippel-Baldes*.

dieses lebende System. Und seine Lebensäußerungen sind so mannigfaltiger Art, daß wir die Bakterien schwerlich als die *einfachsten* Lebewesen bezeichnen können.

Dieses *einfach* kann sich auch nicht mehr auf die bisherige Anschauung stützen, den Bakterien fehle ein Zellkern. Wenn wir darunter einen solchen mit Chromosomen und Nucleolus verstehen, mag dies zwar zutreffen. Auf Grund biochemischer Einsichten sind spezifische, den kernhaltigen Lebewesen homologe Substanzen auch bei den Bakterien vorhanden.

Als eine mikroskopisch sichtbare Lebensäußerung des Protoplasten gilt die Fortbewegung durch Geißeln. Sie sind Fortsätze des Protoplasten und im lebenden Zustand nur in Dunkelfeldbeleuchtung zu erkennen, können aber nach Fixierung und Färbung gut sichtbar gemacht werden (Abb. 19). Bewegungen brauchen jedoch nicht immer durch Geißeln zustande zu kommen, wie wir am Beispiel der Myxobakterien sehen, wo eine solche durch Schleimabsonderung erfolgt.

Häufig kommen im Protoplasma Einschlüsse vor, die der unmittelbaren mikroskopischen Beobachtung z. T. zugänglich sind. Als Reservekohlenhydrat tritt Glykogen auf, das sich mit Jod rotbraun färbt und dann mikroskopisch nachweisbar ist, auch kann Fett in recht erheblicher Menge vorkommen. Weiter ist das Volutin, ein nucleinsäurehaltiges Eiweiß, zu erwähnen, das nach bestimmten Färbungen besonders schön hervortritt und wohl auch zu Zellkerndeutungen Anlaß gab. Die bei Schwefelbakterien weit verbreiteten Einschlüsse von elementarem Schwefel als Reservestoff sind mikroskopisch besonders gut zu erkennen.

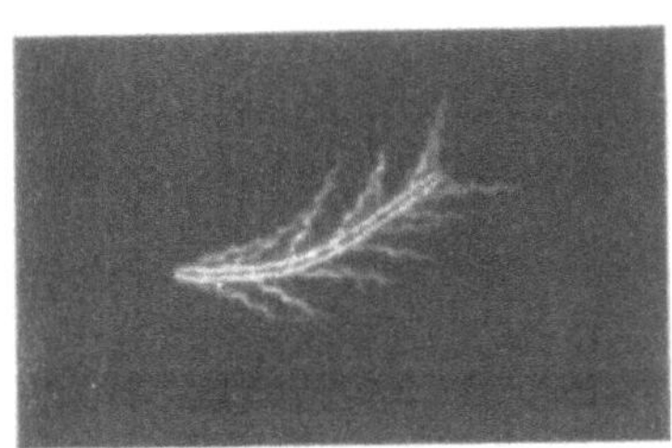

Abb. 19. Bacterium vulgare. Zellverband mit Geißeln in regelmäßigen Abständen. Geißeln gespreizt, nicht in Funktion. Dunkelfeldaufnahme. Vergr. 1500 mal. (Nach *F. Neumann* aus *A. Rippel-Baldes*).

IV. Bakteriensporen.

Eine sehr auffallende Erscheinung sind die bei bestimmten Bakterien im Zellinnern sich bildenden Sporen. Sie gehen aus einer Verdichtung des ursprünglich homogenen Plasmas hervor, wobei gleichzeitig auch die Sporenmembran mit ausdifferenziert wird. Die Sporen sind sehr wasserarm und reich an Reservestoffen. Sie treten in der Entwicklung der Bakterien meist dann auf, wenn ungünstige Lebensbedingungen einsetzen. Wegen ihres starken Lichtbrechungsvermögens sind sie mikroskopisch leicht zu beobachten (Abb. 20). Charakteristisch ist die Lagerung der Spore in der Zelle. Ihr kommt bis zu einem gewissen Grade klassifikatorische Bedeutung zu. Erfolgt die Sporenbildung in der Mitte der Zelle, so entsteht die Spindelform (Abb. 21). Sie ist als Clostridiumtyp in der Literatur bekannt. Verlagert sich die Spore in das Zellende, dann ergibt sich die Trommelschlägerform oder der Plectridiumtyp (Abb. 22). Die Tatsache, daß ein Teil der Bakterien zur Sporenbildung befähigt ist, ein anderer nicht, wird ebenfalls als

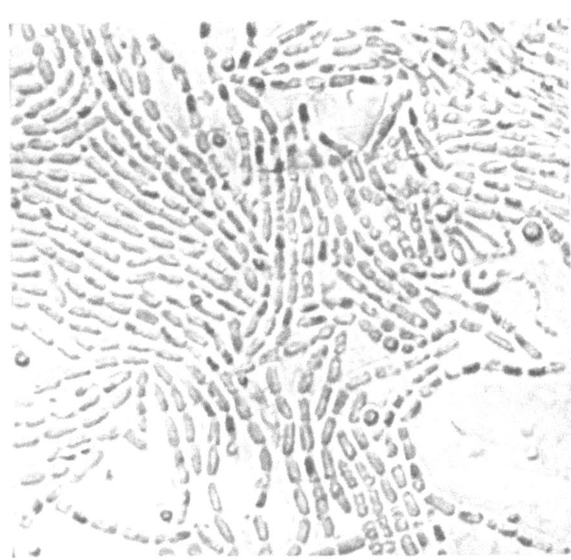

Abb. 20. Bacillus subtilis, Sporenbildung. Vergr. 1350 mal. Photo *H. Lembke*.

systematisches Merkmal verwertet. Sofern beispielsweise stäbchenförmige Bakterien Sporen bilden, werden sie mit dem Sammelbegriff Bacillus, im Falle des Fehlens mit Bacterium bezeichnet.

Die Sporen sind die besten Verbreitungsformen der Bakterien. Gegen Kälte und Hitze gleich widerstandsfähig, kommt ihnen gerade im Rahmen der Lebensmittel-

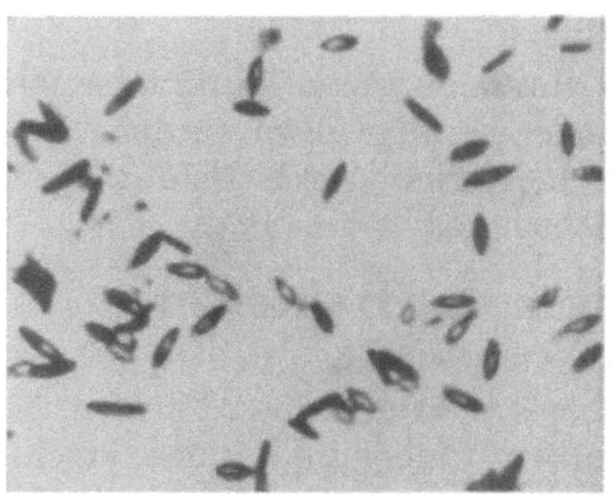

Abb. 21. Bacillus saccharobutyricus (Spindelform). Vergr. 960 mal (nach *A. Jørgensen*).

konservierung eine entscheidende Bedeutung zu, und der Nachweis von *Sporenbildnern* bedeutet immer, daß die Sterilisation mit besonderer Sorgfalt zu betreiben ist.

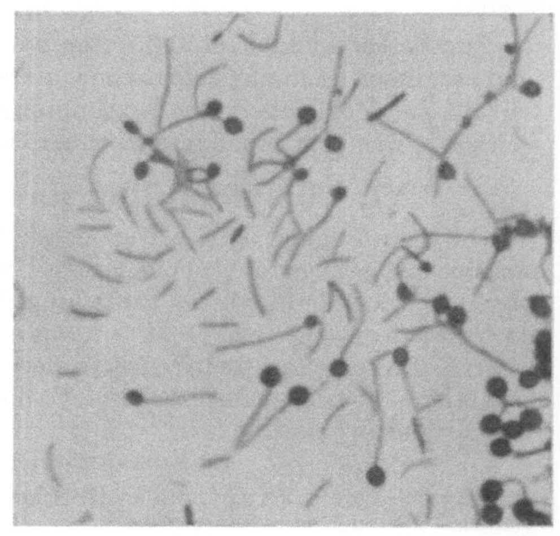

Abb. 22. Sporenbildung nach dem Plectridiumtyp. Vergr. 1170 mal (Photo *H. Lembke*).

V. Bakterienkolonien.

Die meisten Bakterien bilden auf dem Nährsubstrat Kolonien (Abb. 23a u. 23b). Damit treten sie aus dem mikroskopischen Bereich heraus und werden auch dem unbewaffneten Auge sichtbar. Für die Identifizierung der Bakterien kann das Aussehen solcher Kolonien von großer Bedeutung sein. Zur makroskopischen Charakterisierung der Kolonien werden folgende Merkmale verwendet[1]:

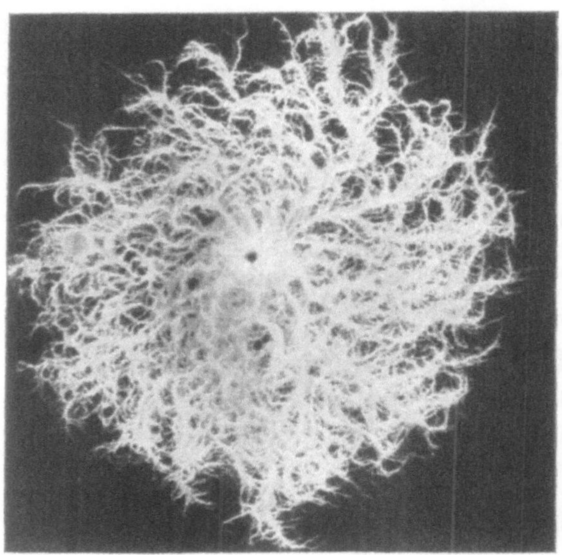

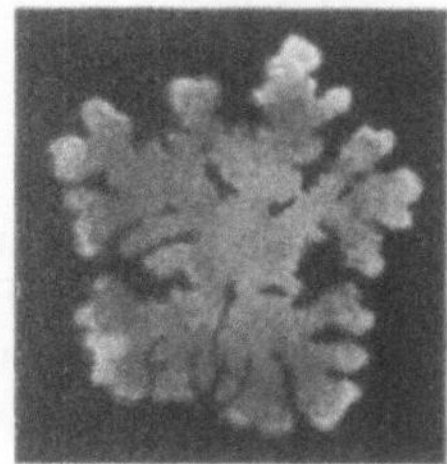

Abb. 23a. Bacillus mycoides Kolonieform. Vergr. ≈ 1:2 (Photo *H. Lembke*).

Abb. 23b. Bacillus subtilis. Kolonie auf Bouillonagar (nach *A. Jørgensen*).

[1] MEYER, R.: Mikrobiologisches Praktikum. Wolfenbüttel und Hannover: Wolfenbütteler Verlagsanstalt 1948.

1. Form der Kolonie:	glatt, rauh, rund, oval, fädig, gelappt.
2. Konsistenz der Kolonie:	weich, schleimig, fadenziehend, hart, spröde.
3. Farbe der Kolonie und andere optische Beschaffenheit:	undurchsichtig, durchscheinend, durchsichtig, opaleszierend, Farbstoffabscheidung ins Nährsubstrat.
4. Oberflächenbeschaffenheit:	glänzend, matt, rauh, kreidig.
5. Geruch der Kolonie.	
6. Verhalten auf Gelatinenährböden:	Verflüssiger, Nichtverflüssiger, Art der Verflüssigungsfigur in Stichkulturen.

Zur Bestimmung eines Bakteriums werden diese Merkmale kaum ausreichen, und es müssen dann physiologische Untersuchungen herangezogen werden. Ferner sei auf die Möglichkeit der Bestimmung von Bakterien durch Schlüssel[1] hingewiesen, was aber besondere methodische Erfahrungen voraussetzt.

VI. Übersicht über das System der Bakterien.

Die Schwierigkeit, eine befriedigende Bakteriensystematik aufzustellen, ergibt sich aus den geringen morphologischen Unterschieden der einzelnen Formen. Auch physiologische Merkmale als Einteilungsprinzip heranziehen zu können, erscheint noch keineswegs gesichert. Hier kann nur auf die großen Gruppen hingewiesen werden, Einzelheiten finden sich in der einschlägigen Literatur. Zudem werden an anderer Stelle Formen behandelt, die speziell für den Lebensmittelverderb von Bedeutung sind.

1. Eubacteria (Echte Bakterien).

Einfache Formen (Kugel, Stäbchen, Schraube) ohne echte Verzweigung. Mit oder ohne Geißeln. Mit oder ohne Sporen. Zu ihnen gehören die wichtigsten Formen, die den Lebensmittelverderb verursachen.

2. Actinomycetes (Strahlenpilze).

Stets unbewegliche Formen mit feinem, verzweigtem, querwandlosem Myzel. Zerfall in Stäbchen oder kokkenförmige Bruchstücke.
Wichtige Formen von Bodenbakterien. Erdgeruch!

3. Chlamydobacteria.

Einzelzellen zu Fäden verbunden, die von Scheiden umgeben sind. Faden unverzweigt oder mit falschen Verzweigungen. Unbeweglich oder beweglich.
Z. T. verbreitete Formen der Abwasserbakterien.

4. Beggiatoae.

Fest verbundene Zellfäden mit Kriechbewegungen. Schwefelbakterien, deren Zugehörigkeit zu den Cyanophyceen wahrscheinlich ist.
In Wasser mit reichlich organischen Bestandteilen.

5. Myxobacteria (Schleimbakterien).

Einzelzellen, stäbchenförmig. Mit Kriechbewegungen; schwarmbildend. Sporen aus der Verkürzung von Stäbchenzellen entstehend. Einfache, kugelige bis verzweigte, meist intensiv gefärbte Fruchtkörper bildend.
Im Boden und auf Mist von Pflanzenfressern.

VII. Die Pilze (Fungi).

a) Zellformen, Morphologie.

In der Einführung zu diesem Kapitel wurde auf die Größenverhältnisse der Bakterien- und Pilzzellen hingewiesen. Die Pilzzellen unterliegen erheblichen größenmäßigen Schwankungen. Von hier aus können wir am ehesten eine Abgrenzung der beiden Mikroorganismengruppen vornehmen. Der Unterschied wäre zu groß, wollte man nur die laienhafte Vorstellung von den Pilzen gelten lassen, die durchaus im „Makroskopischen" liegt, und die dabei die Pilze des Waldes im Auge hat. Schon die Hefepilze liefern den Beweis, daß sie gleichermaßen auch

---

[1] Bergey, D. H.: Manual of Determinative Bacteriology. Baltimore: The Williams and Wilkens Comp. 1939.

dem mikroskopischen Bereich angehören. Vergleichen wir etwa eine Hefekolonie (Abb. 24), einen Schimmelpilz (Abb. 25) und einen Hutpilz (Abb. 26) miteinander, dann eröffnet sich uns zugleich ein Blick in die Formenmannigfaltigkeit des

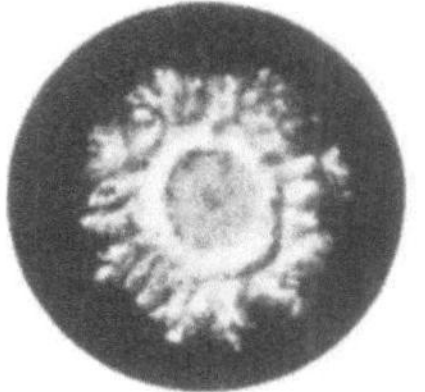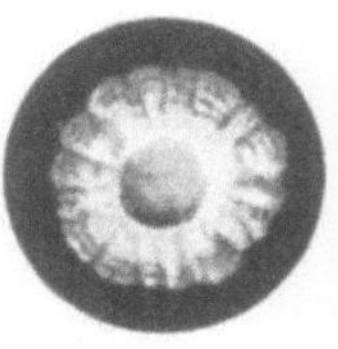

Abb. 24. Kolonien von Saccharomyces cerevisiae (nach *F. Oehlkers* aus *H. Schnegg*).

Pilzreiches. Bei den Hefepilzen, die im allgemeinen sogenannte Sproßzellen bilden, d. h. einzelne Zellen, die sich durch Sprossung vermehren (Abb. 27), finden wir unter Umständen auch abweichende Wachstumsformen, indem Sproßzellen fädig auswachsen. Solche *Fadenzellen* sind die typischen Bauelemente der meisten Pilze. Die Faden-zelle bezeichnen wir als *Hyphe*, die Ge-samtheit der Hy-phen als *Myzel*. Die von einem Schim-melpilz gebildete Haut besteht aus einem solchen My-zel, einer dichten Verflechtung von Hyphen, die ein-zeln im Mikro-skop betrachtet, eine deutliche Quer-wandbildung erken-nen lassen. Dies ist typisch für die höheren Pilze. Die sog. niederen Pilze

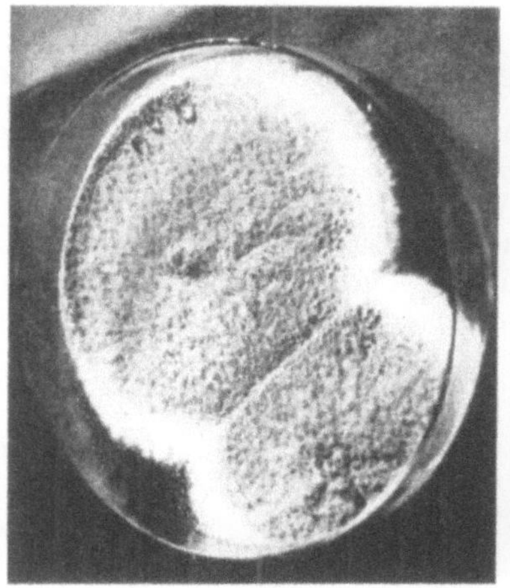
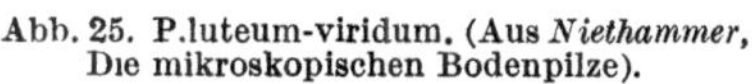

Abb. 25. P.luteum-viridum. (Aus *Niethammer*, Die mikroskopischen Bodenpilze).

Abb. 26. Amanita muscaria (Fliegenpilz). (Aus Zeitschr. für Pilzkunde, 1949).

haben meist querwandlose Hyphen. Während bei Bakterien die Fortpflanzung eine einfache Zweiteilung ist, zeigt sie bei den Pilzen verwirrende Mannig-faltigkeit. Die Fortpflanzungszellen der Pilze heißen Sporen. Soweit sie in Behäl-tern entstehen, spricht man von Endosporen, werden sie unmittelbar am Myzel gebildet — von Exosporen oder Konidien. Sie können ungeschlechtlicher oder geschlechtlicher Natur sein. Gerade diejenigen Formen, die beim Lebensmittel-verderb eine große Rolle spielen, die Schimmelpilze, zeichnen sich durch üppige *Konidienfruktifikation* aus. Dabei werden die Konidien an verzweigten oder keu-ligen Hyphenzellen abgeschnürt. Wie später noch berichtet wird, handelt es sich bei den Konidien der Schimmelpilze um besonders widerstandsfähige Zellen, die, in riesiger Menge gebildet, eine ständige große Gefahr im Kampf um die Erhaltung der Lebensmittel darstellen.

Häufig ist bei den Pilzen die Fortpflanzung mit der Ausbildung bestimmter Or-gane verknüpft, die wir Fruchtkörper nennen. Ihre höchste Differenzierung erfolgt bei den Hutpilzen, den bekannten Bewohnern unserer Wälder (s. Abb. 26).

b) Cytologie.

Der innere Bau der Pilzzelle unterscheidet sich von dem der Bakterienzelle durch den Besitz eines echten Zellkernes, d. h. eines Kerns mit Chromosomen und Nucleolus; dabei kann die Zahl der Kerne zwischen einem und mehreren schwanken. Das Zellplasma ist hell, durchscheinend und geht in späteren Stadien zu Vacuolenbildung über. Reservestoffe wie Fett, Glykogen und Volutin sind meist vorhanden, ersteres wird oft in erheblicher Menge gespeichert. Zahlreiche Enzyme ermöglichen eine erstaunliche chemische Aktivität, von der a. a. O. noch die Rede sein wird. Die vielfach beobachteten Pilzfarbstoffe finden sich sowohl im Plasma als auch in der Zellwand. Diese besteht in der Hauptsache aus Hemicellulosen, Pektin und Chitin, selten kommt Cellulose vor.

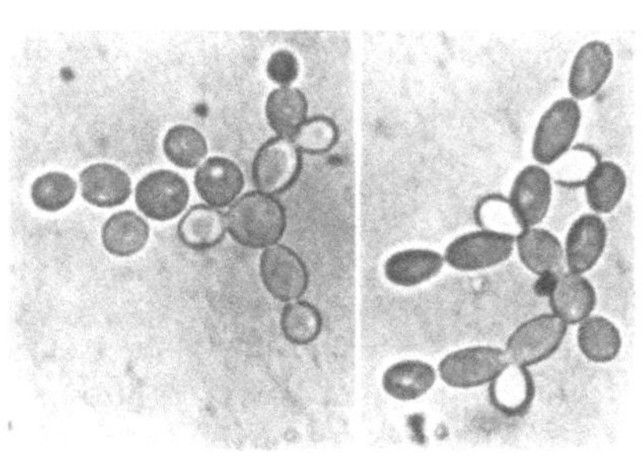

Abb. 27.   Sprossende Hefe.   575 mal (nach *A. Jørgensen*).

VIII. Übersicht über das System der Pilze.

Die echten Pilze werden nach Fehlen oder Vorhandensein von Querwänden in den Hyphen in Algenpilze (Phycomyceten) und höhere Pilze (Asco- und Basidiomyceten) eingeteilt. Während sich die systematische Einteilung der Phycomyceten vornehmlich nach dem Bau der vegetativen Organe, der Begeißelung der Zoosporen und der sexuellen Fortpflanzung richtet, kommt für die Einteilung der Asco- und Basidiomyceten mehr der Bau der Fruchtkörper in Betracht.

1. Phycomyceten (Algenpilze).

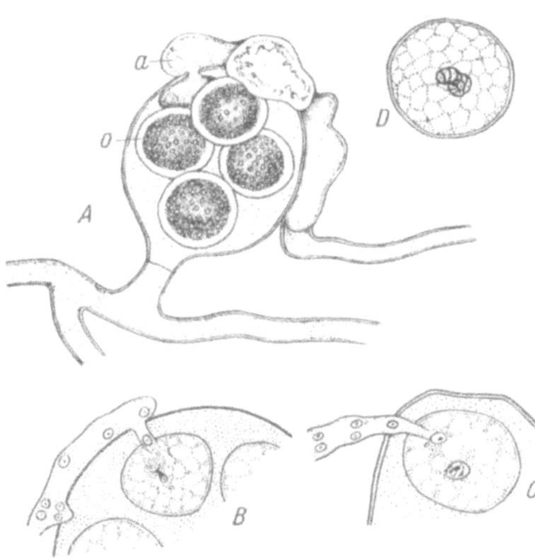

Der Vegetationskörper ist stets von einer Zellwand umgeben und bei den höheren Formen als Myzel ausgebildet. Die Hyphen sind in der Regel querwandlos. Abgesehen von den einfachen Vertretern der Chytridiales und Blastocladiales, parasitisch oder saprophytisch lebenden Pilzen des Bodens und Wassers, treten uns in den *Oomyceten* Formen mit ausgeprägter Sexualität entgegen. Typisch ist die Eizelle, die nach Befruchtung zur Oospore wird (Abb. 28). Ungeschlechtliche Fortpflanzung erfolgt durch Zoosporen (bei wasserlebenden Formen) oder Konidien (landbewohnende Formen). Hierher gehören einige wichtige Wasserpilze: Monoblepharis, Saprolegnia; z. T. parasitierend auf Algen und Fischen, z. T. saprophytisch. Landbewohner

Abb. 28. Saprolegniaceae. *A* Faden mit Geschlechtsorganen. *a* Antheridium, das Befruchtungsschläuche in das Oogonium hineingetrieben hat, *o* befruchtete Eizellen. *B* Befruchtungsschlauch mit männlichem Kern. *C* Männlicher Kern in ein Ei eingeführt. *D* Zygote mit verschmelzenden Kernen. Vergr. 540 mal (nach *Klebs* und *Moreau* aus *E. Strasburger*).

und z. T. gefährliche Krankheitserreger an Kulturpflanzen: Phytophthora infestans (Krautfäule der Kartoffel), Plasmopara viticola (Falscher Mehltau der Reben).

Die zweite größere Gruppe der Phycomyceten ist die der *Zygomyceten.* Die geschlechtliche Fortpflanzung erfolgt durch Abgrenzung zweier Hyphenenden und Bildung einer Zygote (Abb. 29 a). Die ungeschlechtliche Vermehrung erfolgt durch Sporangien, in denen zahlreiche Sporen enthalten sind (Abb. 29 b). Wichtige Familie der Mucoraceen, Köpfchenschimmel, mit Mucor, Rhizopus, Thamnidium. Pilze des Lebensmittelverderbs. Koprophile Formen und Bewohner des Bodens.

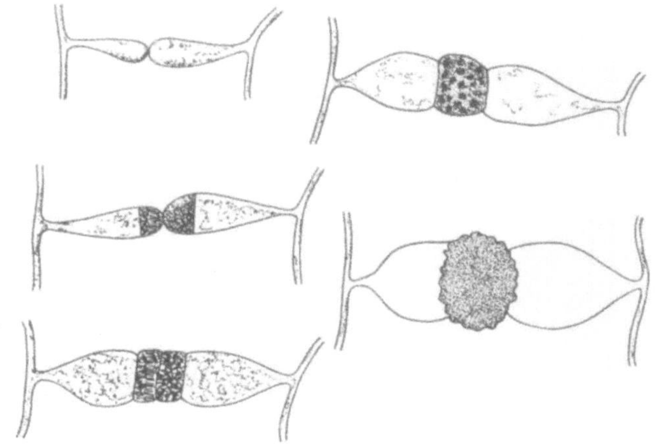

Abb. 29 a. Rhizopus nigricems Zygotenentwicklung aus *Holman.*

2. Ascomyceten.

Die Ascomyceten oder Schlauchpilze zeichnen sich durch den Besitz eines Ascus aus, der die Sporen enthält (Abb. 30). Im einfachsten Fall entsteht ein solcher Sporenbehälter aus der Verschmelzung zweier Zellen (Hefepilze), bei höheren Ascomyceten geht der Ascusbildung die Ausbildung von Sexualorganen (Antheridien und Ascogonen) voraus, und die einzelnen Ascusschläuche werden in sich mehr und mehr differenzierenden Fruchtkörpern gelagert. Das Myzel ist stets septiert (Pilzfäden mit Querwänden).

Fruchtkörper fehlen noch bei den *Protoascales,* die auch im vegetativen

Abb. 29 b. Ungeschlechtliche Vermehrung bei Rhizopus nigricans (nach *H. Schnegg*).

Verhalten von den sog. Euascomyceten (höhere Ascomyceten) abweichen. Charakteristisches Merkmal der wichtigsten und größten Familie, der Saccharomyceten oder Hefepilze, ist das Sproßmyzel (s. Abb. 27). Die Sproßzellen entstehen dabei durch Auswüchse der Mutterzelle. Auch Zellteilung durch Spaltung (Schizosaccharomyceten) kommt vor. Unter Umständen kann die Sprossung hinter die Myzelbildung zurücktreten (Myzelhefen). Andererseits können auch Nichtsaccharomyceten Sproßmyzel bilden (Mucorineen, Ustilagineen, Fungi imperfecti). Die Saccharomyceten sind als Gärungsorganismen technisch von größter Bedeutung, nicht selten machen sie sich aber auch als unerwünschte Eindringlinge in Lebensmitteln bemerkbar. Bezüglich der Systematik der in vielen Arten und Rassen vorkommenden Hefen wird auf die Literatur verwiesen[1].

Die dem Laien als *Schimmelpilze"* bekannten Formen gehören den Euascomyceten an. Sie werden als *Aspergillaceen* den Plectascales zugeordnet. Die Ascusschläuche sind in geschlossenen Fruchtkörpern enthalten (Abb. 31). Die ungeschlechtliche Fortpflanzung findet durch einzellige Konidien statt, die in großer Menge auf verzweigten oder unverzweigten Konidienträgern entstehen. An den Spitzen der Konidienträger bilden sich Sterigmen (kurze Ausstülpungen), von denen sich die Konidien abschnüren. Die starke Konidienfruktifikation gibt dem Pilzrasen meist eine charakteristische Farbe, wobei Grün vorherrscht.

Aspergillus (Köpfchenschimmel): Konidienträger gewöhnlich unverzweigt und kolben- oder köpfchenförmig angeschwollen. An der Anschwellung sitzen zahlreiche flaschenförmige, unverzweigte oder verzweigte Sterigmen, aus welchen die Konidien in langen Ketten entstehen (Abb. 32).

Penicillium. Konidienträger aus septierten Hyphen bestehend, Spitzen meist nicht angeschwollen und verzweigt. Sterigmen büschelförmig angeordnet. Konidien werden in Ketten abgeschnürt (Abb. 33).

Im Boden weit verbreitete Pilze, Konidien häufig Luftinfektionen verursachend. Wichtige Formen des Lebensmittelverderbs.

3. Fungi imperfecti.

Das System der Pilze beruht auf deren Entwicklung und ihrer geschlechtlichen Fruktifikation. Diesen Hauptfruchtformen stehen die Nebenfruchtformen, die Konidienfruktifikation, gegenüber. Eine Reihe von Pilzen ist nur in der Nebenfruchtform bekannt. Dabei kann

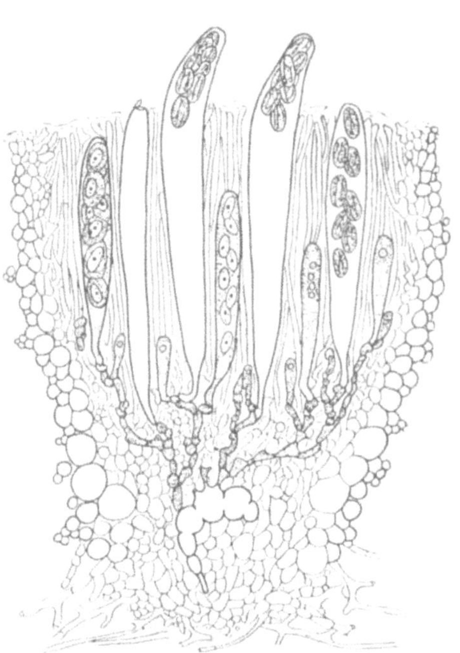

Abb. 30. Schnitt durch einen reifen Fruchtkorper eines Ascomyceten (Nach *Corner*, aus *E. Gaumann*).

Abb. 31. **Aspergillus glaucus.** Fruchtkorper (Nach *H. Schnegg*).

---

[1] STELLING-DEKKER, N. M.: Die sporogenen Hefen, Verh. d. Kon. Akad. van Wetensch. te Amsterdam 1931. — LODDER, J.: Die anascosporogenen Hefen, ebenda 1934.

es zu einer Loslösung von der Hauptfruchtform gekommen sein, oder die Hauptfruchtform wird überhaupt nicht mehr gebildet. Meist handelt es sich um Nebenfruchtformen höherer Ascomyceten (Hyphomyceten).

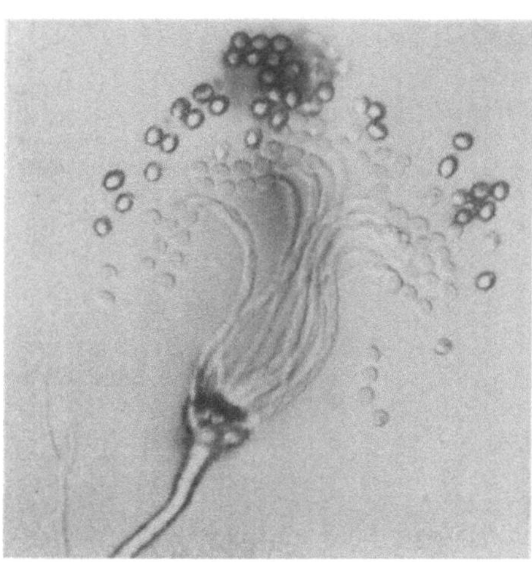

Abb. 32. Aspergillus spec. Konidienbildung. Vergr. 540 mal (Photo *H. Lembke*).

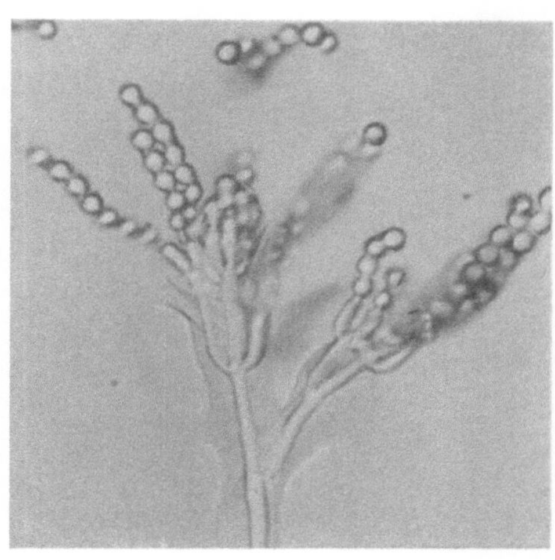

Abb. 33. Konidienträger mit Konidien von Penicillium. 810 mal (Photo *H. Lembke*).

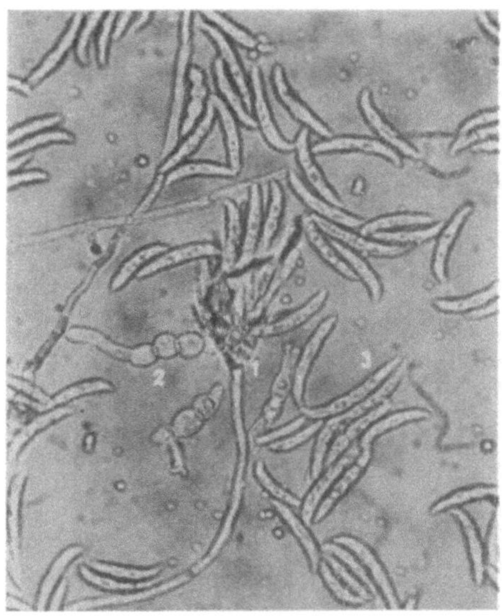

Abb. 34. Fusarium sambucinum. *1.* Konidienträger mit Bündel von Konidien. *2.* Keimende Konidien. *3.* Sichelförmige Konidien. Vergr. 342 mal. (Nach *A. Jørgensen*).

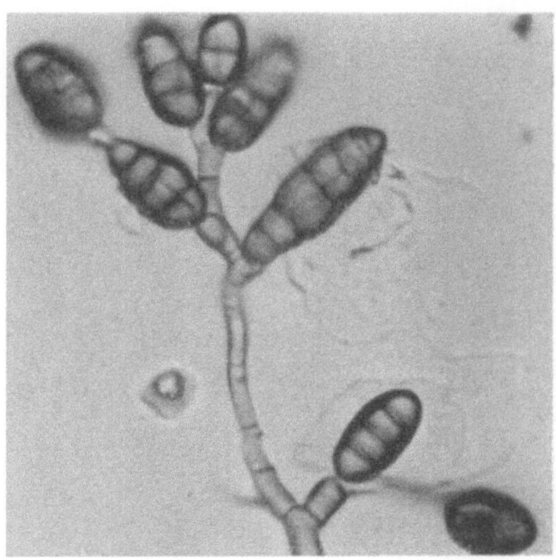

Abb. 35. Macrosporium spec. Konidienbildung ähnlich Alternaria. Vergr. 720 mal (Photo *H. Lembke*).

Die Fungi imperfecti sind weit verbreitet und kommen im Erdboden und auf allen möglichen organischen Substraten vor, wo sie bemerkenswerte Stoffumsetzungen bewirken. Einerseits hängt damit ihre technische Verwendung, andererseits ihr Wirken als Lebensmittelschädlinge zusammen.

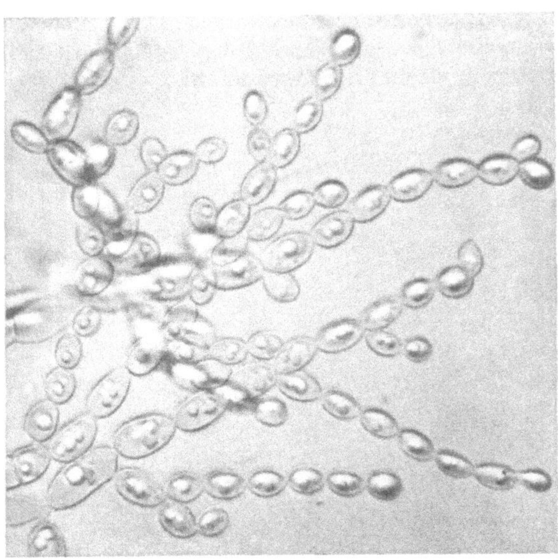

Abb. 36. Cladosporium herbicola. Vergr. 810 mal (Photo *H. Lembke*).

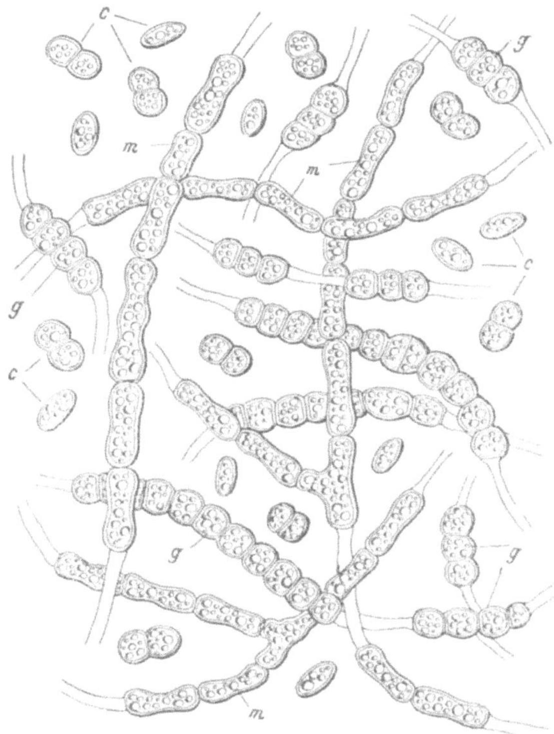

Abb. 37. Dematium. Verschiedene Dauerzellformen des Pilzes.
c Dauerkonidien, *g* Dauersporen oder Gemmen, *m* Dauermyzel
(nach *H. Schnegg*).

Fusarium. Mit typischer Konidienfruktifikation. Trichterförmige, anfangs einzellige, später mehrzellige Konidien. Myzel und Konidien meist lebhaft gefärbt (Rot vorherrschend) (Abb. 34).

Alternaria mit kurzen, septierten und meist unverzweigten Konidienträgern, an deren Spitzen Ketten dunkler, sehr charakteristischer mehrzelliger Konidien stehen, die durch Quer- und Längswände geteilt sind (Abb. 35).

Cladosporium. Myzel zuerst hell, dann sich olivgrün, braun oder schwarz färbend. Septierte, ebenso gefärbte Konidienträger; diese bilden an der Spitze verzweigte Ketten bräunlicher Konidien, die eiförmig, einzellig oder zylindrisch sind und dann durch bis zu 4 Querwände aufgeteilt werden können. Als Schwärze- oder Rußtaupilze außerordentlich häufig. Eine Form von Cladosporium (cellare) als Kellerschimmel bekannt (Abb. 36).

Dematium (pullulans). Das anfangs weiße Myzel nimmt sehr bald durch Umwandlung in die dunkelgefärbte Dauerform braune bis olivgrüne Farbe an. Charakteristisch ist ferner starke Schleimbildung. Konidien an den Hyphen als kleine Ausstülpungen; einzellig, oval bis ellipsoidisch. Dauermyzel mit kurzen, dickwandigen, dunkelgefärbten, kugeligen Zellen in Ketten (Abb. 37).

Oospora (Oidium) lactis. Der sog. Milchschimmel. Mit weißem Myzel. Durch Hyphenzerfall entstehen in Ketten die zylindrischen Oidien (Abb. 38).

Eine Anzahl von Pilzen, die große Ähnlichkeit mit Hefen haben, aber keine Ascosporen bilden, werden als sog. Pseudosaccharomyceten ebenfalls zu den Fungi imperfecti gestellt. Es sind dies die Formen Mycoderma, Pseudosaccharomyces, Rhodotorula und Torula.

4. Basidiomyceten.

Die typischen Großpilze gehören fast ausnahmslos den Basidiomyceten an. Sie haben ein dem Ascus homologes Organ, die Basidie. An ihr werden die Sporen exogen abgeschnürt (Abb. 39). Nebenfruchtformen kommen selten vor (Ausnahmen: Rost- und Brandpilze). Für Belange der Lebensmittelfrischhaltung spielen die Basidiomyceten nur insofern eine Rolle, als ihre Fruchtkörper häufig

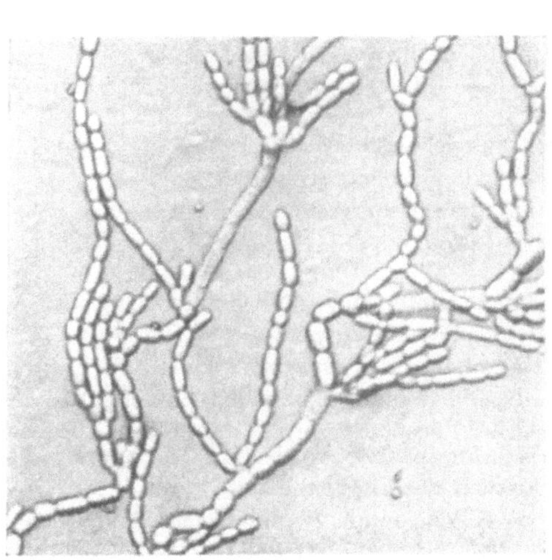

Abb. 38.   Oidium lactis.   Milchschimmel, Oidienbildung Vergr. 675 mal (Photo *H. Lembke*).

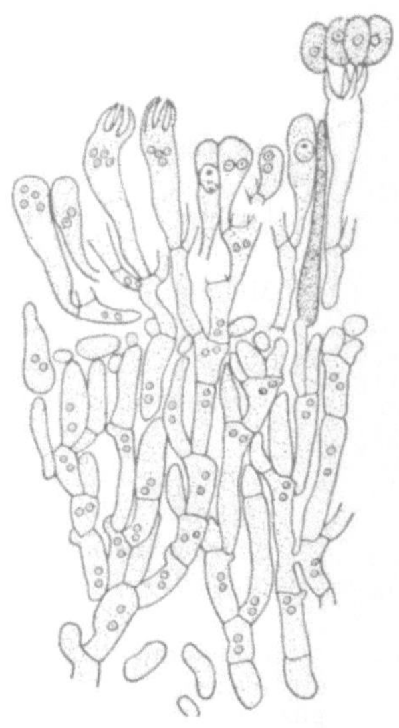

Abb. 39.   Schnitt durch basidientragendes   Hyphengeflecht   eines Basidiomyceten. Nach *Harper*, aus *E. Gaumann*).

als Pilzkonserven Verwendung finden und unter Umständen zu Eiweißvergiftungen Anlaß geben. Vergiftungen treten ferner auf durch Verwechslung giftiger mit eßbaren Arten (Champignon, Weißer Knollenblätterpilz).

D. Der Stoffwechsel der Mikroorganismen.

Ein nur verhältnismäßig kleiner Teil der Mikroorganismen ist imstande, seinen Nährstoffbedarf aus einfachen anorganischen Verbindungen zu decken. Die Mehrzahl ist auf organische Substanzen wie Kohlenhydrate, Fette und Eiweißstoffe angewiesen. Solche können aber meist nicht unmittelbar der Zelle einverleibt werden, weil ihre Moleküle zu groß sind, um die „Pforte der Zelle", die äußerste Plasmaschicht, zu durchdringen. Auch im Falle der direkten Aufnahme organischer Stoffe in die Zelle bedarf es im Innern meist erst einer Umwandlung in eine verwertbare Form.

I. Enzyme.

Aufnahme und Verwertung der organischen Nahrung hängt von der Gegenwart spezifischer Katalysatoren, der Enzyme oder Fermente ab, die von der Zelle selbst gebildet werden. Soweit sie in der Zelle wirken, handelt es sich um Endoenzyme, werden sie aus der lebenden Zelle ausgeschieden, um Ektoenzyme.

Das besondere Charakteristikum eines Enzyms ist seine ausgeprägte Spezifität, indem jedes Enzym meist nur eine, selten einige wenige Reaktionen katalysiert.

Ihrer Wirkung nach lassen sich die Enzyme in 2 Gruppen einteilen:

1. Hydrolasen (hydrolytische Fermente);
2. Desmolasen (oxydierende Fermente).

Die *hydrolytischen Fermente* können in mehrere Gruppen eingeteilt werden, von denen die Carbohydrasen, die Proteasen und die Esterasen die wichtigsten sind. Ihre Wirkung besteht in einer Wasseranlagerung an die organische Substanz, wodurch das Molekül in einfachere Verbindungen zerfällt. Die hydrolytischen Fermente sind bei Mikroorganismen weit verbreitet und spielen in deren Stoffwechsel eine entscheidende Rolle.

Polysaccharidspaltende Enzyme (Polyasen).

Amylase (Diastase): Stärke $\longrightarrow$ Maltose (Mucorineen, Aspergillaceen, zahlreiche Bakterien).

Cellulase: Cellulose $\longrightarrow$ Cellobiose (zahlreiche Bakterien, Pilze).

Disaccharidspaltende Fermente (Oligasen).

Maltase: Maltose $\longrightarrow$ Glucose (einige Saccharomyceten, Aspergillaceen).

Saccharase: Saccharose $\longrightarrow$ Glucose + Fructose (Saccharomyceten, Aspergillaceen und Bakterien).

Lactase: Lactose $\longrightarrow$ Glucose + Galaktose (besonders Milchsäurebakterien).

Esterasen (esterspaltende Fermente):
Hydrolyse von Fettsäureestern zu Säure und Alkohol.

Lipasen: Fett $\longrightarrow$ Fettsäure + Glycerin (Schimmelpilze und Bakterien).

Phosphatasen: Abspaltung anorganischer Phosphorsäure aus organischen Phosphorsäureestern, z. B. Kohlenhydratphosphorsäuren, Phosphatide, Nucleotide (Saccharomyceten).

Proteasen: Enzyme des Eiweißabbaus.

Proteinasen: Proteine $\longrightarrow$ Peptone + Polypeptide (verbreitet bei zahlreichen Mikroorganismen). (Gelatineverflüssigung als diagnostisches Merkmal, (Bakterien und Schimmelpilze, vereinzelt auch höhere Pilze).

Peptidasen: Peptone $\longrightarrow$ Polypeptide $\longrightarrow$ Aminosäuren (verbreitet bei zahlreichen Mikroorganismen).

Amidasen (z. B. Urease, Asparaginase): Spalten C—N Bindung. (Bakterien und Schimmelpilze und vereinzelt höhere Pilze.)

Die *Desmolasen* bewirken tiefgehende Abbaureaktionen in Verbindung mit Oxydation oder Reduktion der Substrate. Sie dienen der Freisetzung der Hauptmenge der in den Körperbausteinen vorhandenen Energie. (Wichtigste Gärungsfermente.)

Dehydrasen (wasserstoffübertragende Fermente).
Oxydasen (sauerstoffübertragende Fermente). Braunfärbung von Früchten und Pflanzenteilen nach Verletzung.
Carboxylasen (bewirken CO_2-Abspaltung).
Katalase (bewirkt Spaltung von $H_2O_2 \longrightarrow H_2O + \frac{1}{2} O_2$).
Peroxydase (bewirkt Oxydation mit dem vom H_2O_2 abgespaltenen Sauerstoff).

II. Nährstoffaufnahme.

Für das Verständnis mikrobieller Vorgänge beim Verderb von Lebensmitteln ist die Kenntnis der Ernährungsansprüche von Bakterien und Pilzen grundsätzlich wichtig.

Von der lebenden Zelle werden Nährstoffe aufgenommen und in organische Verbindungen übergeführt, die zum Aufbau der Zellbestandteile nötig sind. Die Stoffaufnahme findet sichtbaren Ausdruck in Wachstum und Vermehrung. Hand in Hand mit den Vorgängen der Stoffaufnahme geht der Abbau, d. h. die im Aufbaustoffwechsel gebildeten Nährstoffe werden unter Freisetzung von Energie wieder abgebaut.

Sehen wir von den Elementen Kohlenstoff, Wasserstoff und Stickstoff ab, die bei der Verbrennung der pflanzlichen Substanz in Form von Verbindungen entweichen, so gibt uns zunächst die Asche Aufschluß über eine Reihe von Mineralstoffen, die in der Pflanze enthalten sind. Da kein wesentlicher Unterschied in der Aschenzusammensetzung zwischen Mikroorganismen und höheren Pflanzen besteht, sind in Tabelle 2 nur einige Analysen für Mikroorganismen angegeben:

Tabelle 2. *Zusammensetzung der Asche einiger Mikroorganismen*[1].

Nr.	Asche	K_2O	Na_2O	CaO	MgO	P_2O_5	Cl	SO_3	SiO_2	Fe_2O_3
1	13,5	11,5	29,0	4,1	7,8	37,9	4,9	n. best.	0,5	n. best.
2	9,6	8,2	11,5	8,6	9,8	47,0	1,3	10,8	n. best.	n. best.
3	5,9	18,0	2,9	10,7	8,0	47,5	n. best.	n. best.	0,6	10,7
4	8,9	26,9	n. best.	n. best.	n. best.	55,4	n. best.	n. best.	n. best.	n. best.
5	8,8	21,1	2,3	7,6	6,3	54,3	n. best.	0,3	0,9	0,7
6	(6,0)	57,8	0,9	6,0	2,4	26,1	3,6	8,4	n. best.	1,0

1. Bact. prodigiosum auf 1,5 % Agar mit 1 % Fleischextrakt, 1 % Pepton, 0,5 % Kochsalz.
2. Mycobacterium tuberculosis.
3. Essigsäurebacterium.
4. Azotobacter chroococcum.
5. Bierhefe.
6. Boletus edulis (Steinpilz); hier Aschengehalt annähernd!

Der größte Anteil an der Aschensubstanz kommt dem *Phosphor* zu. Seine Bedeutung beruht auf der Beteiligung am Aufbau von Eiweißkörpern wie Nucleoproteiden, Proteiden, Phosphorproteiden und Phosphatiden. In Form von Phosphorsäure spielt er ferner eine wichtige Rolle im Kohlenhydratstoffwechsel. Dem Phosphor anteilmäßig am nächsten kommt das *Kalium*. Obwohl es gleich dem Phosphor als unentbehrlich bekannt ist, besteht über seine stoffwechselphysiologische Funktion noch Unklarheit. Abgesehen von seiner Wirkung auf die Plasmaquellung, dürfte es auch noch in den Kohlenhydratstoffwechsel eingreifen.

Verhältnismäßig hoch kann auch der Prozentsatz an *Natrium* sein. Als eigentlicher Nährstoff spielt es keine Rolle, doch zeigen gewisse Bakterien eine Vorliebe für Natrium und können verhältnismäßig hohe Konzentrationen ertragen.

Ein weiterer lebensnotwendiger Bestandteil ist das *Magnesium*. Zwar tritt es als Baustein des Chlorophylls bei den Mikroorganismen zurück, ist aber als Bestandteil einiger Enzyme von um so größerer Bedeutung. Es steht ferner in einem Ionenantagonismus mit Calcium bezüglich der Permeabilitätswirkung auf die Plasmakolloide.

Auch der *Schwefel* ist für die Mikroorganismen unentbehrlich. Neben seiner Beteiligung an der Zusammensetzung gewisser Eiweißstoffe ist er in dem für Bakterien und Pilze gleichermaßen wichtigen Wuchsstoff Aneurin (Vitamin B_1) enthalten.

Eisen und *Mangan* sind als Bestandteile lebenswichtiger Fermente an der biologischen Oxydation beteiligt.

Eine gewisse Bedeutung im Stoffwechsel kommt ferner den Metallen *Zink* und *Kupfer* zu, und es ist erstaunlich, in welch geringen Mengen beispielsweise Zink noch deutliche Wachstumseffekte auslöst. Zink und einige andere zweiwertige Metalle sind wahrscheinlich als Co-Enzyme am Kohlenhydratabbau beteiligt.

[1] Nach RIPPEL-BALDES, Grundriß der Mikrobiologie; 2. Aufl. Berlin/Göttingen/Heidelberg: Springer 1950.

Der Anspruch der Mikroorganismen an *Kohlenstoff* hat zu ihrer Aufteilung in zwei Gruppen geführt:

die C - autotrophen Mikroorganismen und

die C - heterotrophen Mikroorganismen.

Soweit es sich um autotrophe Formen handelt, können sie den Kohlenstoff in anorganischer Bindung verwerten. Energiespender ist dabei das Sonnenlicht, das von grünen und roten Farbstoffen absorbiert wird. Der Vorgang, der so aus energiearmen anorganischen Verbindungen zu energiereichen organischen Molekülen führt, heißt Photosynthese:

$$6\ CO_2 + 6\ H_2O + 674\ \text{kcal} \longrightarrow C_6 H_{12} O_6 + 6\ O_2$$

Nur ein verhältnismäßig kleiner Teil der Mikroorganismen, gewisse Bakterien, gehören zu diesen photosynthetisch arbeitenden Formen. Eine sehr viel größere Zahl von Bakterien, denen photochemisch wirksame Farbstoffe fehlen, lebt dennoch C-autotroph. Die Verwertung von CO_2 oder Carbonat erfolgt unter Zuhilfenahme von Energie, die durch die Oxydation anorganischer oder organischer Verbindungen gewonnen wird. Diesen Vorgang bezeichnen wir als Chemosynthese.

Chemosynthetisch arbeitende Bakterien sind die Nitrifikationsbakterien, die Ammoniak zu Nitrit und Nitrit zu Nitrat oxydieren und die dabei freiwerdende Energie chemosynthetisch verwerten; ferner gehören die farblosen Schwefelbakterien, die Eisenbakterien und die Methanbakterien in diese Gruppe.

Zur großen Gruppe der *Heterotrophen* gehören jene Mikroorganismen, die fertige organische Verbindungen brauchen, weil sie zur Synthese organischer Stoffe aus CO_2 und H_2O nicht befähigt sind.

Um die Ansprüche von Bakterien und Pilzen an Kohlenstoff zu ermitteln, kann man sie auf Substraten kultivieren, die verschiedene C-Verbindungen neben den anderen notwendigen Nährstoffen enthalten. Aus der *Menge* der Trockensubstanz, die innerhalb eines gewissen Zeitraumes gebildet wird, errechnet sich der *oekonomische Koeffizient*, bezogen auf 100 g verarbeitete Kohlenstoffquelle. (Oekonomischer Koeffizient = die je 100 g verarbeiteter Kohlenstoffquelle gebildete Trockenmasse an Mikroorganismensubstanz. Entsprechend gibt es einen Eiweiß- bzw. Fettkoeffizienten, d. h. die je 100 g verarbeiteter Kohlenstoffquelle gebildete Menge an Eiweiß oder Fett.) Der oekonomische Koeffizient ist somit Ausdruck des Nährwerts einer bestimmten Kohlenstoffverbindung.

Im allgemeinen erweisen sich Zucker als gute Kohlenstoffquellen für viele Mikroorganismen. Darüber hinaus vermögen sie auch aus organischen Säuren wie Ameisensäure, Citronensäure oder Oxalsäure ihren Kohlenstoffbedarf zu decken. Gleichsam *Allesfresser* bezüglich der dargebotenen Kohlenstoffverbindungen sind Schimmelpilze. Neben Kohlenhydraten können Alkohole, organische Säuren, Fette und Eiweißstoffe benutzt werden. Dabei ist zu beachten, daß Eiweißstoffe gleichzeitig Kohlenstoff- und Stickstoffquelle sind. Spezialisten bevorzugen ganz bestimmte C-Quellen. So gedeihen Essigsäurebakterien besonders gut in Alkohol und Essigsäure.

Die Einteilung in autotrophe und heterotrophe Mikroorganismen findet eine analoge Anwendung auf den *Stickstoff*, da die Ansprüche der einzelnen Formen ihm gegenüber auch recht unterschiedlich sind. Soweit anorganische Stickstoffverbindungen assimiliert werden, rechnet man sie zu den N-Autotrophen. Andere benötigen als Stickstoffnahrung Eiweißstoffe, Aminosäuren oder Amide. Die scharfe Trennung zwischen Autotrophie und Heterotrophie, wie sie für die Kohlenstoffernährung zutage tritt, liegt freilich für den Stickstoff nicht vor. So vermögen z. B. Bakterien und Pilze, die anorganische Stickstoffverbindungen verwerten, auch organisch gebundenen Stickstoff zu nutzen. Azotobacter, ein Bodenbakterium, das den Luftstickstoff als N-Quelle verwertet, wächst auch auf einem Peptonnährboden.

Im allgemeinen läßt sich bezüglich der Stickstoffernährung folgende Einteilung treffen:

Stickstoffbinder verwerten den elementaren Stickstoff der Luft. Obwohl diese Tatsache schon seit Jahrzehnten bekannt ist, herrscht über den Verlauf der dabei beteiligten chemischen Umsetzungen noch weitgehende Unklarheit. Zum Teil handelt es sich um frei lebende Formen von Bakterien wie Azotobacter, Bacillus amylobacter und Azotomonas insolita. Von den symbiontischen N-Bindern seien erwähnt die Knöllchenbakterien (Bacterium radicicola) in den Wurzeln der Leguminosen (Gründüngung!), einige Actinomyceten (Strahlenpilze) und möglicherweise gewisse Cyanophyceen (Blaugrüne Algen).

Nitratorganismen gedeihen besonders gut bei Anwesenheit von Nitraten. Viele Schimmelpilze, Hefen und Bakterien (Pseudomonas fluorescens) gehören hierher. Eine Reihe von Pilzen kann auch mit Nitriten auskommen.

Ammoniakorganismen bevorzugen Ammonsalze. Nitrate werden von ihnen nur schlecht oder gar nicht verwertet. Vertreter dieser Gruppe finden sich bei den Mucorineen, Hefen, Bac. subtilis, Bact. coli.

Amidorganismen verwerten den NH_2-Stickstoff der Aminosäuren und deren Amide (Essigsäurebakterien, Bacterium prodigiosum und viele andere Bakterien).

Peptonorganismen benötigen Pepton (Milchsäurebakterien, Bact. vulgare, Leuchtbakterien).

Eiweißorganismen stellen die höchsten Ansprüche an die N-Quelle. Zum großen Teil handelt es sich um ausgesprochen pathogene Formen, die auf das lebende Wirtseiweiß angewiesen sind.

Zum Teil liegen die Verhältnisse bei der Stickstoffverwertung noch komplizierter, worauf hier nicht eingegangen werden kann. Es muß auf die einschlägige Literatur hingewiesen werden[1].

III. Wirkstoffe.

In zunehmendem Maße sind in letzter Zeit Zusammenhänge zwischen der Entwicklung der Mikroorganismen und Wirkstoffen aufgeklärt worden. In vielen Fällen ist das normale Wachstum von der Anwesenheit dieser in kleinsten Mengen wirksamen Stoffe abhängig. Sie können anorganischer und organischer Natur sein.

In Anlehnung an SCHOPFER[2] ergibt sich folgende Einteilung der Wirkstoffe:

1. Pseudowachstumsfaktoren mineralischer Natur: B, Zn, Fe, Mn, Mo, Cu.

2. Wachstumsfaktoren mit Vitamincharakter greifen in den Stoffwechsel ein, indem sie die Assimilierbarkeit der Nährstoffe bewirken und das Plasmawachstum fordern.

3. Wuchsstoffe hormonartiger Natur, Phytohormone, beeinflussen auf spezifische Weise die Formbildung.

Die *Pseudowachstumsfaktoren*, die als sog. Spurenelemente bekannt sind, können in der Aschensubstanz der Mikroorganismen nachgewiesen werden. Ihre ernährungsphysiologische Rolle besteht darin, daß sie Bestandteile oder Gruppen von Enzymen sind (eisenhaltige Enzyme: Katalase, Peroxydase, Cytochrome, Cytochromoxydase; kupferhaltige Enzyme: Tyrosinase, Laccase, Ascorbinsäureoxydase; zinkhaltiges Enzym: Carboanhydrase).

---

[1] RIPPEL-BALDES, A.: Grundriß der Mikrobiologie; 2. Aufl. Berlin/Göttingen/Heidelberg: Springer 1952.

[2] SCHOPFER, W. H.: Erg. d. Biol. **16**, 1 (1939).

Die *Wachstumsfaktoren mit vitaminischer Wirkung* entsprechen der Biosgruppe, sowie der Gruppe B von Nielsen und Hartelius[1]. Sie sind wasserlöslich.

Die *Wachstumsfaktoren mit hormonaler Wirkung* umfassen die Gruppe der *Auxine*, sowie die Gruppe A vorstehender Autoren. Man versteht darunter ätherlösliche oder avenawirksame Stoffe.

Recht gut bekannt ist von der B-Gruppe das in seiner chemischen Konstitution von Williams und Windaus aufgeklärte und von Schopfer experimentell eingehend geprüfte *Vitamin B₁* (Aneurin, Thiamin). Es besteht aus 2 Komponenten, die Derivate des Pyrimidins und des Thiazols sind.

Das Verhalten diesem Vitamin oder seinen Komponenten gegenüber ist bei zahlreichen Mikroorganismen so ausgeprägt, daß danach mehrere Gruppen aufgestellt werden konnten:

1. Aneurinautotrophe Formen (Aneurin wird synthetisiert): z. B. Absidia glauca und andere Phycomyceten, Aspergillus oryzae, Ustilago tritici, wilde Hefen (Torula).

2. Pyrimidinautotrophe Formen (nur die Pyrimidinkomponente wird synthetisiert): Mucor Ramannianus.

3. Thiazolautotrophe Formen (Thiazol wird synthetisiert): Rhodotorula rubra, Torula rosea.

4. Pyrimidin- und thiazolheterotrophe Formen (Synthese des Aneurins möglich, wenn beide Komponenten zur Verfügung stehen): Phycomyces Blakesleeanus, Staphylococcus aureus.

5. Aneurinheterotrophe Formen (das ganze Aneurinmolekül muß zur Verfügung stehen. Synthesefähigkeit ist völlig verlorengegangen): Phytophthora cinnamomi, Saccharomyces cerevisiae, zahlreiche Hymenomyceten.

Darüber hinaus gibt es innerhalb der Aspergillus-Penicillium-Gruppe Formen, die durch Aneurin gehemmt werden oder gar keine Reaktion zeigen, da sie B₁-autotroph sind.

Es sei noch erwähnt, daß das Aneurin in außerordentlich geringen Mengen wirksam ist und daß die unterste Grenze bei dem Testorganismus Phycomyces Blakesleeanus bei etwa 1 γ ($^1/_{1000}$ Milligramm) liegt. Da die wachstumfördernde Wirkung von Vitamin B₁ in einem bestimmten Bereich seiner Konzentration proportional ist, kann man mittels des Phycomyces-Testes nach Schopfer Vitamin B₁ quantitativ bestimmen. Der Pyrophosphorsäureester des Aneurins ist die Co-Carboxylase und als solche Wirkgruppe des beim Abbau der Kohlenhydrate beteiligten Enzyms Carboxylase. (Decarboxylierung der Brenztraubensäure zu Acetaldehyd.)

Vitamin B₂, Riboflavin, Lactoflavin, (als Phosphorsäureester Wirkgruppe des „alten" gelben Oxydationsferments).

Da es schon durch molekularen Sauerstoff leicht reversibel in Dihydrolactoflavin übergeht, wirkt es als *Redoxsystem*. Dieses Vitamin ist zur normalen Entwicklung von Milch- (Lactobacillus helveticus-bulgaricus-Gruppe) und Propionsäurebakterien erforderlich.

Vitamin B₆, Pyridoxin, Adermin: Seine Bedeutung wurde zuerst an der wachstumfördernden Wirkung auf Milchsäurebakterien und Hefen erkannt.[2] Das als Pyridoxal in der Natur vorkommende Derivat des Pyridoxins spielt insofern im Mikrobenstoffwechsel generell eine Rolle, als es in einen Phosphorsäureester übergeführt wird, der als Co-Ferment einer Decarboxylase von Aminosäuren wirkt (z. B. Glutaminsäure).

> *Wuchsstoffe der Biosgruppe.* .
> *Bios I   = Mesoinosit.*
> *Bios II = Biotin.*
> *Bios III = Pantothensäure.*

Darüber hinaus sind noch eine Reihe weiterer Bios-Faktoren aufgefunden worden.

---

[1] Nielsen, N. u. V Hartelius: Biochem. Z. **301**, 125 (1939).
[2] Möller, E. F.: Z. physiol. Chem. **254**, 285 (1938). Eakin R. E. a. Williams R. J.: J. Am. Chem. Soc. **61**, 1932 (1939).

Mesoinosit wirkt auf das Hefewachstum stark stimulierend und vermag die Biotinwirkung noch zu steigern.

Biotin: Wichtigster Bestandteil des Bioskomplexes ist das von KÖGL aus Eigelb isolierte *Biotin*. Für die Mikroorganismen ist es ein unentbehrlicher Wachstumsfaktor und wird wohl von den meisten selbst synthetisiert. Clostridium butyricum, Clostridium sporogenes (Anaerobier) sowie einige höhere Pilze sind offenbar biotinheterotroph.

Pantothensäure als weiterer wichtiger Mikroorganismenwuchsstoff besteht aus den beiden Komponenten β-Alanin und Dimethyl-dioxy-buttersäure. Nachdem schon WILLIAMS 1936 β-Alanin als Hefewuchsstoff erkannt hatte, konnten inzwischen ähnliche Verhältnisse wie bei Aneurin aufgefunden werden, indem von Pantothensäureautotrophie bis zu -heterotrophie alle Übergänge möglich sind. Hefe kann beispielsweise Dimethyl-dioxy-buttersäure synthetisieren und vermag mit zugeführtem β-Alanin Pantothensäure zu bilden.

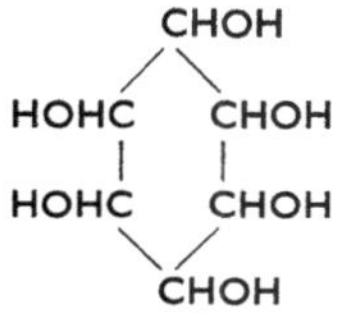

Bios I oder Mesoinosit

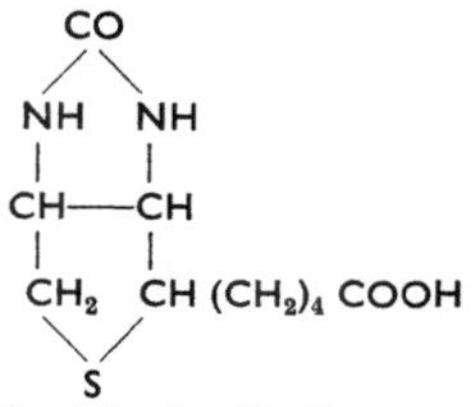

Bios II oder Biotin

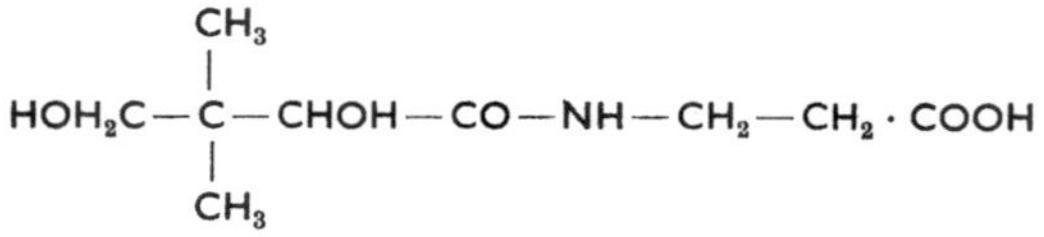

Bios III oder Pantothensäure

Nach Untersuchungen von HARTELIUS ist die Pantothensäure ein Atmungsstimulator, der bei optimaler Zugabe die Atmung auf das Zwanzigfache steigern kann. Darüber hinaus dürften noch andere Wirkungen vorliegen[1].

Eine Wuchsstoffwirkung kommt ferner der *p-Aminobenzoesäure* zu.

p-Aminobenzoesäure

Ihre Bedeutung konnte vor allem im Verlauf der Entwicklung der Antiwuchsstofforschung klargestellt werden.

Zur B-Gruppe wird auch noch das *Nicotinsäureamid* gerechnet. Als Teil eines Ferments, der Co-Zymase, hat es eine wichtige Funktion.

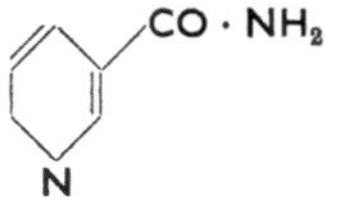

Nicotinsäureamid

Die das Streckungswachstum der höheren Pflanzen entscheidend beeinflussenden A-Wuchsstoffe (Auxine) scheinen bei den Mikroorganismen keine Wirkung zu haben.

---

[1] NIELSEN, N.: Wuchsstoffe und Antiwuchsstoffe der Mikroorganismen. Jena: Fischer 1945.

E. Der abbauende Stoffwechsel (Betriebsstoffwechsel).

Das Charakteristikum des *aufbauenden Stoffwechsels* ist die Bildung organischer Substanzen aus einfachen, teilweise anorganischen Bausteinen. Dabei wird Energie verbraucht. Das Wesen des *abbauenden Stoffwechsels* besteht in dem Zerfall organischer Substanzen in einfachere unter Freiwerden von Energie.

Die Abbauprozesse finden durch die Einwirkung von Enzymen statt. Einer dieser Prozesse wird als Atmung bezeichnet. Er besteht in einer vollständigen Verbrennung der organischen Substanz unter Bildung von Kohlendioxyd und Wasser. Der atmosphärische Sauerstoff übernimmt hier den Wasserstoff organischer Verbindungen unter Bildung von Wasser. Dieser Stoffwechselvorgang ist bei den grünen Pflanzen allgemein verwirklicht.

Bei sehr vielen Mikroorganismen findet an Stelle der aeroben Atmung — in biologischem Sinne — eine Gärung statt. Gärungen sind Stoffwechselprozesse, bei denen die Verbrennung unvollständig ist. Charakteristisch ist ferner, daß große Substanzmengen durch verhältnismäßig wenige Organismen umgesetzt werden. Die Energie, die bei den Gärungen frei wird, ist gering, so daß der Stoffumsatz entsprechend groß sein muß um ausreichend Energie zu gewinnen. Anaerob gezüchtete Hefe verwendet beispielsweise nur etwa 1% des Zuckers zum Zellaufbau, während alles übrige dem Betriebsstoffwechsel anheimfällt. Die Quantität des Umsatzes bei der Gärung wird verständlich, wenn man bedenkt, daß bei der vollständigen Veratmung des Zuckers zu CO_2 und H_2O 674 kcal. je Mol. Zucker gegen 28 kcal. bei der alkoholischen Gärung frei werden.

Daß Atmung und Gärung keine grundsätzlich verschiedenen Vorgänge sind, erweist sich an Stoffwechselprozessen gewisser Pilze, bei denen organische Säuren als Produkte einer unvollständigen Verbrennung auftreten. Nach den gebildeten Stoffwechselprodukten sprechen wir z. B. von Citronensäuregärung, Oxalsäuregärung usw. Solche Gärungen werden auch als oxydative Gärungen bezeichnet, weil hier der atmosphärische Sauerstoff beteiligt ist. Er übernimmt den vom Atmungssubstrat stammenden Wasserstoff, ist also H-Akzeptor.

Andere Gärungen, bei denen an Stelle von Sauerstoff organische Substanzen als H-Akzeptoren dienen, bezeichnet man als Spaltungsgärungen. Sie kommen bei Pilzen und Bakterien vor.

I. Spaltungsgärungen.

1. Die alkoholische Gärung.

Wichtigste Vertreter dieser Gärung sind die Hefen, gewisse Aspergillaceen, Fusariumarten, Mucorineen und einige Bakterien. Die Produkte dieser Gärung sind Alkohol und Kohlendioxyd. Im einzelnen verläuft der Vorgang recht kompliziert über eine Reihe von Zwischenstufen.

Als BUCHNER der Nachweis gelang, daß die alkoholische Gärung auch mit Hefepreßsaft, also ohne die lebenden Hefezellen selbst möglich ist, war die enzymatische Natur derselben sichergestellt. Das Enzym nannte er Zymase. Inzwischen ist längst bekannt, daß nicht ein Enzym vorliegt, sondern ein Gemisch vieler Enzyme, die alle in spezifischer Weise in den stufenweisen Abbau eingreifen.

Im einzelnen verläuft die alkoholische Gärung etwa nach folgendem Schema (s. S. 191):

1. Veresterung der Hexose mit 2 Molekülen Phosphorsäure zu Hexosediphosphorsäure durch Phosphorylasen (Hexokinase). Dabei werden 2 Moleküle H_2O frei.
2. Spaltung der Hexosediphosphorsäure in 2 Molekel Triosephosphorsäure durch das Ferment Zymohexase (= Aldolase).

3. Nach Art einer CANNIZZAROschen Reaktion tritt nun eine Oxydoreduktion ein, indem der im Verlauf der Gärung als Zwischenprodukt auftretende Acetaldehyd zu Alkohol reduziert und die Triosephosphorsäure zu Phosphorglycerinsäure oxydiert wird. Wirksames Enzym ist Triosephosphorsäuredehydrase.

4. Nach vorheriger Umlagerung der Phosphorsäuregruppe in der Phosphoglycerinsäure entsteht dann unter Einwirkung des Enzyms Enolase die Phosphobrenztraubensäure. Aus dieser wird durch Phosphatase die Phosphorsäure abgespalten, wobei sich Brenztraubensäure bildet. Die frei werdende Phosphorsäure kann dann von neuem in die Phosphorylierung der Hexose eingreifen.

5. Über die Decarboxylierung der Brenztraubensäure entsteht unter Abspaltung von CO_2 Acetaldehyd, der der Oxydoreduktion (3) anheimfällt.

Schema der alkoholischen Gärung.
Umrandet Endpunkte der Garung. Über dem Pfeil das jeweilig wirksame Enzym.

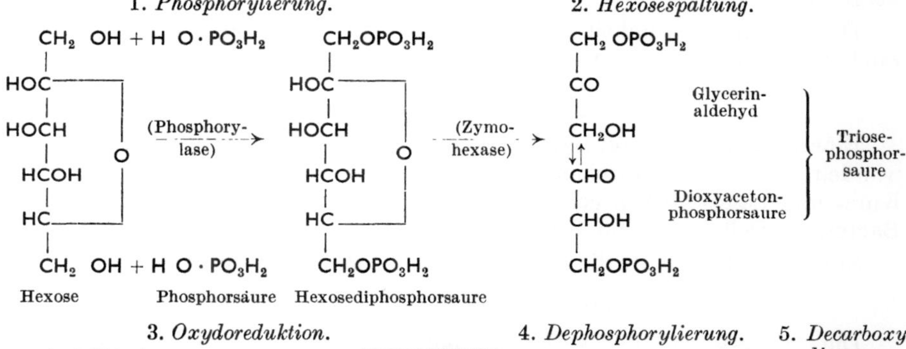

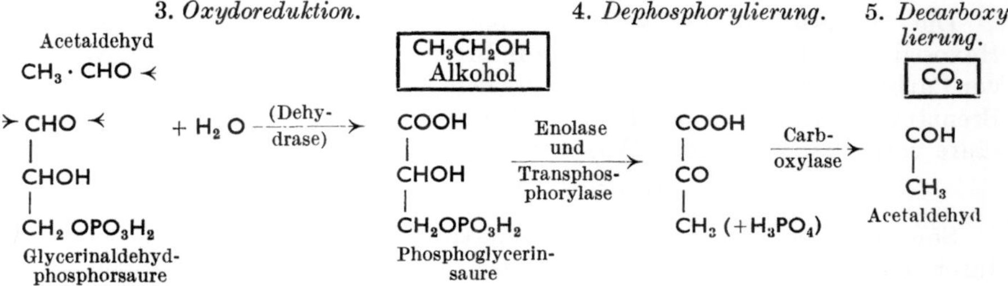

Bei der Angärung bildet sich zunächst immer eine kleine Menge Glycerin, indem 2 Molekel Glycerinaldehydphosphorsäure miteinander dismutieren unter Bildung von: Glycerinphosphorsäure (➤ Glycerin + Phosphorsäure) und Phosphoglycerinsäure. Sobald aber Acetaldehyd auftritt, dient dieses als Wasserstoffakzeptor und führt zur Bildung von Alkohol und Phosphoglycerinsäure.

Schema der Angärung unter Bildung von Glycerin statt Alkohol.

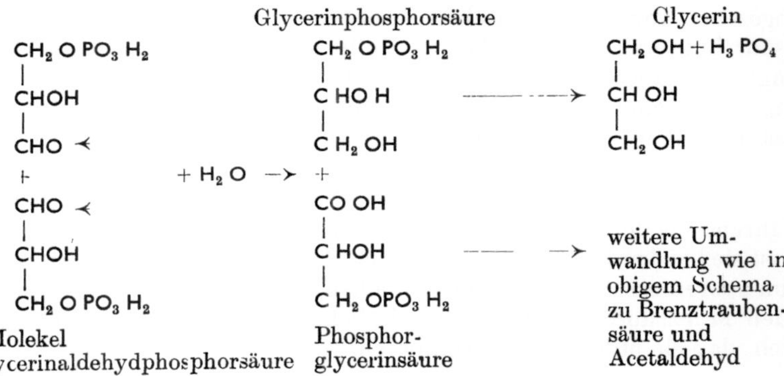

Der Verlauf der Gärung kann auch so gelenkt werden, daß sich eine quantitative Glycerinausbeute erzielen läßt. Wenn nämlich der Gärflüssigkeit $CaSO_3$ zugegeben und dadurch Acetaldehyd abgefangen wird, dann erhalten wir ein Molekül Glycerin und ein sulfitgebundenes Molekül Acetaldehyd.

Als Nebenprodukte treten bei der alkoholischen Gärung sog. Fuselöle auf. Ihre Bildung geht auf die Spaltung von Aminosäuren zurück, die aus dem Abbau von Proteinen stammen. Sie können durch Ammoniakernährung der Hefe stark unterdrückt werden.

Die Hefen vergären von den Hexosen (d-Formen) Glucose, Fructose, Mannose und Galaktose. Soweit Disaccharide (Maltose, Saccharose, Lactose) vergoren werden, erfolgt dabei vorher meist ein Abbau zu Hexosen. Stärke wird nicht vergoren.

Die selektive Fähigkeit der Hefen bezüglich der Vergärung verschiedener Zuckerarten wird in der Systematik ausgewertet.

2. Die Milchsäuregärung.

Eine große Anzahl von Bakterien ist in der Lage, Zucker in Milchsäure umzuwandeln. Die Milchsäurebakterien sind keine einheitliche Gruppe; Kokken, Kurz- und Langstäbchen gehören ihr an. Wichtige Formen sind unter anderen Bacterium Delbrückii und Streptococcus lactis. Sporen werden kaum gebildet.

Summarisch verläuft die Gärung nach folgender Gleichung:

$$C_6H_{12}O_6 \longrightarrow 2\ CH_3 \cdot CHOH \cdot COOH + 28\ kcal.$$

Die Milchsäuregärung verläuft ähnlich wie die alkoholische Gärung über Hexosediphosphorsäure und weiter zur Brenztraubensäure. Da wegen des Fehlens von Carboxylase aus Brenztraubensäure kein Acetaldelyd gebildet wird, übernimmt Brenztraubensäure den bei der Dehydrierung von Glycerinaldehyd zu Glycerinsäure verfügbar werdenden Wasserstoff und geht dabei in Milchsäure über:

$$CH_3 \cdot CO \cdot COOH + 2\ H \longrightarrow CH_3 \cdot CHOH \cdot COOH$$

Soweit dieser Vorgang homofermentativ erfolgt, entsteht nur Milchsäure, die durch Bact. Delbrückii bis zu 95 % des verbrauchten Zuckers angehäuft wird. Zu diesem Gärungstyp gehören ferner noch Thermobacterium bulgaricum und Streptococcus lactis.

Bei den heterofermentativen Formen (Betabacterium, Betacoccus) treten neben Milchsäure auch noch andere Säuren wie Essigsäure, Bernsteinsäure und Propionsäure, außerdem Glycerin und Mannit auf.

Innerhalb der Milchsäurebakterien finden sich verschiedene Typen der Zuckervergärung.

Abgesehen von der technischen Verwertung zur Milchsäuregärung spielen die Milchsäurebakterien eine vielfältige Rolle bei der Käsebereitung und der Herstellung milchsäurehaltiger Getränke. Darüber hinaus werden sie zur Konservierung von Gemüsen (Einsäuerung) und Grünfutter (Silage) verwendet. Die Milchsäurebildung verhindert dabei die Entwicklung von Fäulnisbakterien.

3. Die Propionsäuregärung.

Während bei der Milchsäuregärung Propionsäure in geringen Mengen auftreten kann, ist sie bei den Propionsäurebakterien Hauptprodukt der Gärung. Es handelt sich um sporenlose, unbewegliche Stäbchen der Gattung Propionibacterium. Sie sind den Milchsäurebakterien sehr ähnlich, unterscheiden sich aber von ihnen dadurch, daß sie Milch nicht koagulieren.

Die Propionsäuregärung besteht in einer Umwandlung von Zucker über Milchsäure zu Propionsäure. Daneben kann die Gärung auch über Brenztraubensäure verlaufen wobei Essigsäure entsteht.

$$2\,CH_3 \cdot CHOH \cdot COOH\ (+2\,H_2) \succ 2\,CH_3 \cdot CH_2 \cdot COOH + 2\,H_2O$$
$$\text{Milchsäure} \qquad\qquad\qquad \text{Propionsäure}$$

4. Die Buttersäuregärung.

Die unter streng anaeroben Verhältnissen stattfindende Buttersäuregärung wird von zahlreichen Bakterien mit der Sammelbezeichnung Bacillus amylobacter durchgeführt.

Gärfähige Kohlenstoffquellen sind Zucker (Mono- und Disaccharide), ferner Cellulose, Stärke, Pektin und milchsaure Salze. Eine Reihe von Nebenprodukten wie Essigsäure, Ameisensäure, Äthylalkohol und n-Butylalkohol treten dabei auf.

Die Bildung der Buttersäure kann über eine Aldolkondensation erfolgen:

$$CH_3 \cdot CHO + CH_3 \cdot CHO \succ CH_3 \cdot CHOH \cdot CH_2 \cdot CHO \succ CH_3 \cdot CH_2 \cdot CH_2 \cdot COOH$$
$$\text{Acetaldehyd} \qquad\qquad \text{Aldol} \qquad\qquad \text{Buttersäure}$$

Neben der praktischen Bedeutung zur Gewinnung von Buttersäure spielen die betreffenden Formen als Lebensmittelverderber eine Rolle. Schon geringe Mengen von Buttersäure bedingen Geruchs- und Geschmacksänderungen, Anhäufung derselben führt zu Unbrauchbarkeit (Ranzigkeit der Butter, Buttersäurebildung in siliertem Material).

5. Vergärung von Cellulose.

Als Gerüstsubstanz der höheren Pflanzen ist die Cellulose von besonderer Wichtigkeit. Sie fällt alljährlich in Form abgestorbenen pflanzlichen Materials in großer Menge an und unterliegt dem mikrobiellen Zersetzungsprozeß. Mit der Mineralisierung dieser organischen Substanz vollzieht sich ein Stoffkreislauf von fundamentaler Bedeutung. Zahlreiche Mikroorganismen sind daran beteiligt. Neben den Bakterien einschließlich Actinomyceten gehören in größerem Umfang auch Pilze dazu. Wichtige Standorte dieser Formen sind der Boden, der Schlamm von Gewässern, Mist und der Darmkanal vieler Tiere.

Die Cellulosegärung erfolgt teils anaerob, teils aerob. Letzterem Typ gehören neben Bakterien vornehmlich auch Pilze an.

Die anaerobe Cellulosegärung (Bacillus cellulosae dissolvens) führt zu einer Reihe charakteristischer Endprodukte wie Essigsäure, Buttersäure, Wasserstoff und Methan. Meist handelt es sich dabei nicht um reine Cellulosegärungen, und die Bildung von Wasserstoff und Methan scheint von Begleitorganismen bewirkt zu werden.

Am aeroben Abbau der Cellulose sind hauptsächlich Formen der Myxobakterien (Cytophagen) und Actinomyceten beteiligt.

Bei den Pilzen tritt der Celluloseabbau quantitativ stärker hervor.

6. Pektingärung.

Pektinstoffe kommen in den höheren Pflanzen in verschiedener Form vor, als Protopektin in den Zellwänden, als unlösliche Calciumpektate in der Mittellamelle und als in Zellflüssigkeit gelöstes Pektin oder dessen lösliche Salze. Chemisch ist das Pektin eine teilweise mit Methylalkohol veresterte Polygalakturonsäure.

Der Abbau dieser Substanz führt zum Auseinanderfallen der einzelnen Zellen (Mehligwerden des Apfels). Produkte der Pektingärung sind Butter- und Essigsäure, Wasserstoff und CO_2. Zu den Pektingärern gehören anaerobe (Bacillus pectinovorum, Bacillus felsinus) und fakultativ aerobe (Bacillus asterosporus) Bakterien, ferner eine Reihe von Pilzen.

II. Oxydative Gärungen.

Die oxydativen Gärungen zeichnen sich durch unvollständigen Abbau zahlreicher Kohlenstoffverbindungen aus. Die Fermentation führt nicht nur zur Bildung von CO_2 und H_2O, sondern auch zur Anhäufung von Zwischenprodukten. Die letzteren können unter gewissen Umständen vollständig abgebaut werden, wobei dieselben Organismen beteiligt sind, die dieoxydative Gärung durchführen. Die als saure Gärungen bezeichneten Vorgänge sind solche oxydativer Natur. Einige sind in folgendem zusammengestellt.

1. Essigsäuregärung.

Die Gärung besteht in einer Oxydation von Äthylalkohol oder Zucker zu Essigsäure. Formen die die Essigsäuregärung bewirken, sind die Essigsäurebakterien; meist Kurzstäbchen, die teils Ketten bilden, teils dicke Häute auf der Nährflüssigkeit erzeugen (Bacterium xylinum).

Die Bildung von Essigsäure durch Oxydation von Alkohol erfolgt nach der Gleichung:

$$CH_3 \cdot CH_2 \cdot OH + O_2 \longrightarrow CH_3 \cdot COOH + H_2O + 116 \text{ kcal.}$$

Aus Acetaldehyd kann nun durch Dismutation ein Molekül Essigsäure und ein Molekül Äthylalkohol entstehen:

$$R \cdot C\!\!\begin{array}{c} O \\ H \end{array} + \begin{array}{c} H \\ O \\ H \end{array} \longrightarrow R \cdot CH\!\!\begin{array}{c} OH \\ OH \end{array} + R \cdot C\!\!\begin{array}{c} O \\ H \end{array} \longrightarrow R \cdot COOH + R \cdot CH_2 \cdot OH$$

Aldehyd H_2O Aldehydhydrat   Säure   Alkohol

Außerdem kann der Acetaldehyd direkt weiter zu Essigsäure oxydiert werden.

Eine Reihe von Methoden der Essiggewinnung wurden entwickelt:

Nach dem Orleans-Verfahren (Bact. orleanense) wird Wein in liegenden Fässern vergoren. Dabei kommt es zur Bildung einer Kahmhaut. Anhäufung bis zu 12% Essigsäure.

Ein neueres Verfahren ist das der Schnellessigfabrikation. Dabei rieselt Alkohol über Buchenholzspäne, die mit Bakterien angereichert sind. Die große Oberfläche und gute Belüftung sorgen für rasche Oxydation.

Die Essigsäurebakterien führen auch noch andere Prozesse unvollkommener Oxydation durch. So werden z. B. neben Äthylalkohol Propylalkohol, Butylalkohol, Mannit und Glucose oxydiert.

Unter den Pilzen sind es insbesondere Mucorineen (Rhizopus) und Aspergillaceen, die Essigsäure zu bilden vermögen.

2. Die Citronensäuregärung.

Beobachtungen über die Bildung von Citronensäure in Zuckerlösungen liegen schon von Wehmer aus dem Jahre 1895 vor. Erreger der Citronensäuregärung sind vor allem die Aspergillaceen, wobei sich besonders Aspergillus niger als günstigster Citronensäurebildner erwies. Der in saurer Lösung sich abspielende Proze ß verläuft wie folgt:

$$3\,C_6H_{12}O_6 + 9\,O_2 \longrightarrow 2\,C_6H_8O_7 + 6\,CO_2 + 10\,H_2O \longrightarrow \begin{array}{c} CH_2COOH \\ | \\ C\!\!\begin{array}{c} OH \\ COOH \end{array} \\ | \\ CH_2COOH \end{array}$$

Über die Wege der Bildung von Citronensäure und über die dabei auftretenden Zwischenstufen bestehen eine Reihe von Vorstellungen[1-3].

[1] Bernhauer, K.: Gärungschem. Prakt. Berlin: Springer 1939.

[2] Foster, J. W.: Chemical Activities of Fungi. New York: Academic Press Inc., Publishers 1949.

[3] In diesem Band der Beitrag von K. Paech.

3. Die Oxalsäuregärung.

Die Fähigkeit, Oxalsäure zu bilden, besitzen vornehmlich Aspergillaceen und Mucorineen, daneben noch zahlreiche andere Pilze, außerdem viele Bakterien. Die Gärung erfolgt besonders in neutraler bis alkalischer Lösung. Als Gärungsmaterial kommen außer Zuckerarten auch organische Säuren wie Essigsäure, Citronensäure und Bernsteinsäure in Frage.

Aus Essigsäure kann Oxalsäure über Glykolsäure und Glyoxylsäure entstehen

$$\begin{matrix} CH_3 \\ | \\ COOH \end{matrix} \rightarrow \begin{matrix} CH_2 \cdot OH \\ | \\ COOH \end{matrix} \rightarrow \begin{matrix} CHO \\ | \\ COOH \end{matrix} \rightarrow \begin{matrix} COOH \\ | \\ COOH \end{matrix}$$

Eine andere Vorstellung über die Bildung von Oxalsäure, die ebenfalls von der Essigsäure ausgeht, führt über eine Reihe von C_4-Dicarbonsäuren bis zu Oxalessigsäure, die unter Hydrolyse in Oxalsäure und Essigsäure zerfällt.

4. Die Fumarsäuregärung.

Die Fähigkeit, Kohlenhydrate zu Fumarsäure zu vergären, kommt hauptsächlich den Mucorineen zu, unter ihnen vor allem den Rhizopus-Arten. Fumaratmengen bis zu 70% der theoretischen Ausbeute werden erreicht. Vereinzelt findet sich Fumarsäuregärung auch bei Penicillium- und Aspergillus-Arten, wobei die Ausbeute aber sehr viel geringer ist. Wichtig ist, daß die Gärung nur bei Neutralisation mit $CaCO_3$ in größerem Ausmaß Fumarsäure ergibt.

Der Bildung der Fumarsäure geht zunächst eine Alkoholgärung voraus. Die weiteren Stufen verlaufen wahrscheinlich über Essigsäure zu C_4-Säuren.

$$\text{Glucose} \rightarrow 2\,\text{Triosen} \rightarrow 2\,\text{Brenztraubensäure} \rightarrow 2\,\text{Äthyl-}$$

$$\text{alkohol} \rightarrow 2\,\text{Essigsäure} \rightarrow \begin{matrix} CH_2 \cdot COOH \\ | \\ CH_2 \cdot COOH \\ \text{Bernsteinsäure} \end{matrix} \rightarrow \begin{matrix} CH \cdot COOH \\ || \\ CH \cdot COOH \\ \text{Fumarsäure} \end{matrix}$$

III. Der Abbau der Fette.

Die Fette sind Ester des Glycerins mit verschiedenen Fettsäuren. Zum oxydativen Abbau derselben sind viele Mikroorganismen befähigt. Vom Standpunkt der Lebensmittelfrischhaltung kommt dem Abbau deshalb besondere Bedeutung zu.

Die Fettzersetzung beginnt mit dessen Spaltung in Glycerin und Fettsäuren unter Wirkung des Enzyms Lipase. Das gebildete Glycerin dient den Mikroorganismen als gute C-Quelle, und die zunächst verbleibenden freien Fettsäuren bewirken das sogenannte Ranzigwerden. Der Abbau der Fettsäuren dürfte zunächst über Dehydrierungen zu ungesättigten Säuren führen und weiter über Keto- und Oxysäuren zu Ketonen. Letztere bewirken die sog. Parfümranzigkeit.

Der Fettverderb erfolgt nach Täufel[1] in 2 Schritten:

1. Hydrolyse (Sauerwerden, Seifigwerden),
2. Oxydationsvorgänge, Bildung von Methylketonen.

$$R-CH_2-CH_2-COOH \xrightarrow{-2H} R-CH=CH-COOH \xrightarrow{+HOH}$$
$$\text{gesättigte Fettsäure} \qquad\qquad \text{ungesättigte Fettsäure}$$

$$R-CHOH-CH_2-COOH \xrightarrow{-2H} R-CO-CH_2-COOH \xrightarrow{-CO_2} \text{Keton}$$
$$\beta\text{-Oxyfettsäure} \qquad\qquad \beta\text{-Ketofettsäure}$$

Wichtige Formen der Fettzersetzung sind unter den Bakterien Pseudomonas fluorescens, Bacillus putrificus, Bacterium pyocyaneum, Bacterium prodigiosum, unter den Pilzen Oidium lactis, der Milchschimmel, und eine Reihe von Aspergillus und Penicillium-Arten.

---

[1] Täufel, K.: Z. f. Unters. d. Lebensm. **72** (1936).

IV. Der Eiweißabbau.

Die allgemein bekannten Vorgänge der Fäulnis und Verwesung sind Zersetzungen, die im Rahmen des Eiweißabbaues erfolgen. Es ist selbstverständlich, daß sie beim Lebensmittelverderb eine zentrale Rolle spielen, um so mehr, als alle Mikroorganismen befähigt sind, Eiweiße oder deren Konstituenten abzubauen. Der stufenweise Zerfall der Eiweißstoffe erfolgt nach folgendem Schema[1]:

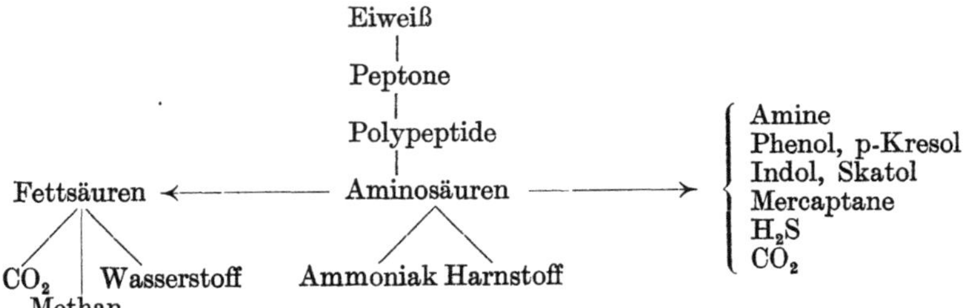

Die erste Phase dieses Abbauprozesses führt über eine Reihe von Zwischenstufen zu den Aminosäuren. Zu dieser Proteolyse sind nicht alle Mikroorganismen fähig. Sofern ihnen die entsprechenden Fermente fehlen, können sie sich in den Eiweißabbau erst dann einschalten, wenn der Abbau schon bis zur Aminosäurestufe erfolgt ist. Als Kriterium für das Vorhandensein proteolytischer Enzyme kann die Gelatineverflüssigung gewertet werden.

Die charakteristischen, oft übelriechenden Produkte der Eiweißgärung entstehen durch Abbau der Aminosäuren. Dieser erfolgt über Decarboxylierungen und Desaminierungen.

Die Decarboxylierung führt zur Bildung von Aminen. Dabei wird CO_2 aus der endständigen Carboxylgruppe der α-Aminosäuren abgespalten. Als Zwischenprodukte treten Iminosäuren auf.

$$R-CH-COOH \xrightarrow{-2H} R-C-COOH \xrightarrow{-CO_2} R-CH=NH \xrightarrow{+2H} R-CH_2-NH_2$$

α-Aminosäure — Iminosäure — Imin — Amin

Auf diese Weise entstehen die sog. Fäulnisbasen Cadaverin und Putrescin.

Lysin ⟶ Cadaverin

Arginin ⟶ Ornithin ⟶ Putrescin

$$\begin{array}{ccc}
CH_2 \cdot NH \cdot C=NH & CH_2 \cdot NH_2 + C=O & CH_2 \cdot NH_2 \\
| & | & | \\
CH_2 & CH_2 & CH_2 \\
| \xrightarrow{+H_2O} & | \longrightarrow & | \\
CH_2 & CH_2 & CH_2 \\
| & | & | \\
CH \cdot NH_2 & CH \cdot NH_2 & CH_2 \cdot NH_2 \\
| & | & \\
COOH & COOH & +CO_2 \\
\text{Arginin} & \text{Ornithin} \quad \text{Harnstoff} & \text{Putrescin}
\end{array}$$

[1] Rippel-Baldes, A.: Grundriß der Mikrobiologie; 2. Aufl. Berlin/Göttingen/Heidelberg: Springer 1952.

Durch den Abbau von Lipoiden (Lecithin) bildet sich das den charakteristischen Geruch von Heringslake verursachende Trimethylamin. Zwischenprodukte wie Cholin, Muscarin und Neurin kommt dabei wegen ihrer Giftigkeit besondere Bedeutung zu.

$$CH_2OH \cdot CH_2 \cdot N(CH_3)_3 . OH \longrightarrow CH_2 = CH \cdot N(CH_3)_3OH$$
$$\text{Cholin} \qquad\qquad\qquad \text{Neurin}$$

$$\text{Cholin} \longrightarrow \text{Trimethylamin} + \text{Äthylenglykol}$$

Die Desaminierung führt zur Bildung von Ammoniak. Unter Hydrolyse gehen z. B. Asparagin und Glutamin in die entsprechenden Säuren über:

$$\text{Asparagin} \longrightarrow \text{Asparaginsäure}$$
$$\text{Glutamin} \longrightarrow \text{Glutaminsäure}$$

Aus Arginin kann sich ferner Harnstoff bilden, der dann weiter in Ammoniak und CO_2 aufgespalten wird (Ureasewirkung).

Im Gefolge von oxydativen Desaminierungen kommt es schließlich zur Alkoholbildung (Fuselöle der alkoholischen Gärung). Als Zwischenprodukte treten a-Ketosäuren und Aldehyde auf.

$$\text{Leucin} \longrightarrow a\text{-Ketobuttersäure} \longrightarrow \text{Isovalerianaldehyd} \longrightarrow \text{Isoamylalkohol}$$

Reduktive Desaminierungen führen zu Fettsäuren, z. B.

$$\text{Glutaminsäure} \longrightarrow \text{Glutarsäure} \longrightarrow \text{Buttersäure,}$$

wobei über Brenztraubensäure bei oxydoreduktiven Desaminierungen Essigsäure entstehen kann.

Charakteristische Fäulnisstoffe liefert der Abbau aromatischer Aminosäuren wie Tyrosin, Phenylalanin und Tryptophan.

Letzteres wird über Zwischenstufen zu den typischen Fäulnisprodukten Indol und Skatol abgebaut, wobei auch β-Indolylessigsäure (bekannt als Wuchsstoff der höheren Pflanzen unter dem Namen Heteroauxin) auftreten kann.

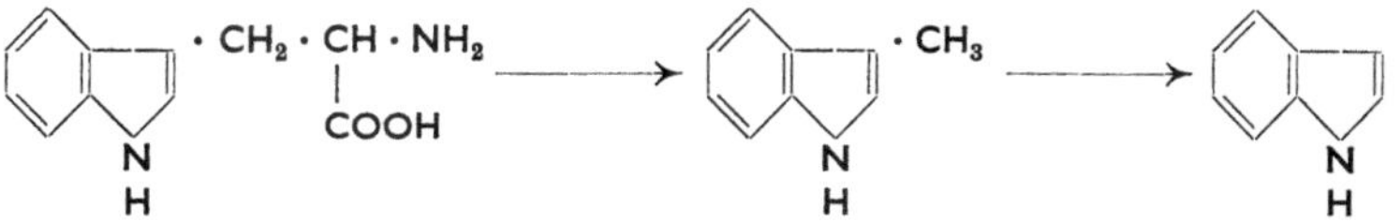

Tryptophan — Skatol — Indol

Dem Indolnachweis kommt in der Bakteriologie diagnostische Bedeutung zu. Nicht alle Formen sind in der Lage, den Abbau bis zu Indol durchzuführen (Indolpositive und -negative).

Im Verlaufe der Eiweißfäulnis entstehen auch *Schwefelwasserstoff und Mercaptan*. Der Nachweis solcher Stoffe ist ebenfalls diagnostisch wichtig und erfolgt mit Bleiacetatpapier. Sie sind außerdem am charakteristischen Geruch leicht feststellbar.

Durch stufenweise Reduktion entsteht Äthylmercaptan wie folgt:

$$S\!-\!CH_2 \cdot CHNH_2 \cdot COOH$$
$$|$$
$$S\!-\!CH_2 \cdot CHNH_2 \cdot COOH \qquad \text{Cystin} \xrightarrow{+H_2}$$

$$2\, HS \cdot CH_2 \cdot CHNH_2 \cdot COOH \quad \text{Cystein} \xrightarrow{+2\,H_2}$$

$$2\, HS \cdot CH_2 \cdot CH_3 + NH_3 + 2\,CO_2$$
$$\text{Äthylmercaptan}$$

Besonders wichtige Eiweißverbindungen als Bestandteil der Zellkernsubstanz sind die phosphorhaltigen Nucleoproteide. Ihr Abbau führt unter Abspaltung des Eiweißes zu Nucleinsäuren, die weiter über Zwischenprodukte in Kohlenhydrate, Purin- und Pyrimidinbasen zerfallen, wobei Phosphorsäure frei wird.

Der Eiweißzerfall, z. T. noch recht unvollständig bekannt, erweist die Mannigfaltigkeit des biologischen Abbaus. Ein Heer von Mikroorganismen ist daran beteiligt. Die einen vermögen Eiweiß direkt anzugreifen, die daraus entstehenden Spaltprodukte werden von anderen weiter abgebaut. Neben zahlreichen typischen Bakterien sind viele Pilze an diesen Vorgängen beteiligt[1].

F. Der Einfluß von Außenfaktoren auf das Leben der Mikroorganismen.

Die Lebenstätigkeit der Mikroorganismen hängt entscheidend von äußeren Einflüssen ab. Ihre Kenntnis ist unerläßlich, wenn wir den Kampf um den Erhalt der Lebensmittel erfolgreich führen wollen. Damit kommen wir zu einem Kapitel unserer Betrachtung, das uns in den mikrobiologischen Aufgabenbereich der Lebensmitteltechnologie einführt.

Kohlenhydrate, Fette und Eiweißstoffe sind hervorragende Nährstoffe für die Mikroorganismen. Die Anwesenheit dieser Stoffe vorausgesetzt, bedarf es aber noch einer Reihe von Faktoren, um sie dem mikrobiellen Stoffwechsel zugänglich zu machen.

I. Einfluß der Feuchtigkeit.

Entscheidend für das Ingangsetzen des Zellstoffwechsels ist *Wasser*. Denken wir nur etwa an Zucker, der in gelöster Form vorliegen muß, damit er in der Zelle physiologisch wirken kann. Stärke ist unlöslich. Zu ihrer Verwertung im Kohlenhydratstoffwechsel bedarf es ihres fermentativen Abbaus.

Die Zellen der Mikroorganismen stellen, wie alle Pflanzenzellen, ein osmotisches System dar. Die im Cytoplasma und im Zellsaft gelösten Stoffe üben einen hydrostatischen Druck (osmotischer Druck) auf Plasmaschlauch und Zellwand aus. Das Plasma wird dadurch an die Zellwand gepreßt. Dieser Zustand ändert sich sobald Wassermangel eintritt. Das Cytoplasma setzt sich allmählich von der Zellwand ab, die Zellsaftvacuole verkleinert sich, und es kann auf diese Weise zu einer irreparablen Schädigung des Plasmas kommen (Plasmolyse). Die Plasmamembran ist dann nicht mehr halbdurchlässig (semipermeabel); Stoffe, die von ihr im normalen Zustand am Austritt verhindert würden, können diese nun passieren[2].

Der Wassergehalt der Bakterien und Pilze ist nicht immer gleich. So beträgt er bei einer vegetativen Bakterienzelle 85%, bei Sporen nur etwa 10%. Bei den Pilzen liegen die Verhältnisse ähnlich. Daraus geht schon hervor, daß ein und derselbe Organismus in verschiedenen Entwicklungszuständen verschieden auf Wassermangel reagieren muß.

Bakterien- und Pilzsporen sind besonders widerstandsfähig gegen Austrocknen und können die Keimfähigkeit in trockenem Zustand oft sehr lange behalten.

Der Übergang vom Zustand der Ruhe in den voller Aktionsbereitschaft vollzieht sich wiederum bei Zufuhr von Wasser. Erst wenn ein bestimmter Wasserzustand (Hydratur nach Walter[3]) erreicht ist, tritt Keimung ein. Auskeimen von Schimmelpilzsporen und Entwicklung der Pilzrasen zeigen also eine bestimmte Raumfeuchtigkeit an, die auch als relative Feuchtigkeit bezeichnet wird. Man versteht darunter die wirklich vorhandene Dampfmenge in Prozenten der maximal möglichen.

---

[1] Janke, A.: Der mikrobielle Abbau der Aminosäuren Arch. f. Mikrobiol. **15**, 3 (1951).
[2] Siehe in diesem Band den Beitrag von K. Paech.
[3] Walter, H.: Grundlagen des Pflanzenlebens. Stuttgart: Ulmer 1947.

Die relative Luftfeuchtigkeit spielt für die Haltbarkeit von Lebensmitteln eine große Rolle. Findet doch deren Verderb durch Bakterien und Pilze innerhalb bestimmter Feuchtigkeitsbereiche statt.

Bei Schimmelpilzen als häufig auftretenden Lebensmittelschädlingen kann z. B. die Abhängigkeit ihrer Entwicklung von der jeweiligen relativen Luftfeuchtigkeit bestimmt werden. Die hierfür erforderliche Versuchsanstellung erfolgt so, daß wir trockenes Brot in eine Glasschale stellen, diese in ein größeres abschließbares Gefäß setzen, das, ohne mit dem Brot in Berührung zu kommen, Wasser bzw. Kochsalzlösungen verschiedener Konzentrationen enthält (Abb. 40). In dem abgeschlossenen Luftraum befindet sich dann eine bestimmte Menge Wasserdampf, die um so geringer ist, je konzentrierter die verwendeten Salzlösungen sind. Dadurch ist es möglich, relative Feuchtigkeiten jeder gewünschten Größe herzustellen. Liegen diese höher als 85%, so findet eine sichtbare Schimmelbildung auf dem Brot statt. Unter 85% sind die Schimmelmycelien höchstens mikroskopisch nachweisbar. Durch Herabdrücken der relativen Feuchtigkeit unter 85% läßt sich das Verschimmeln von Lebensmitteln in einem Lagerraum schon beträchtlich einschränken.

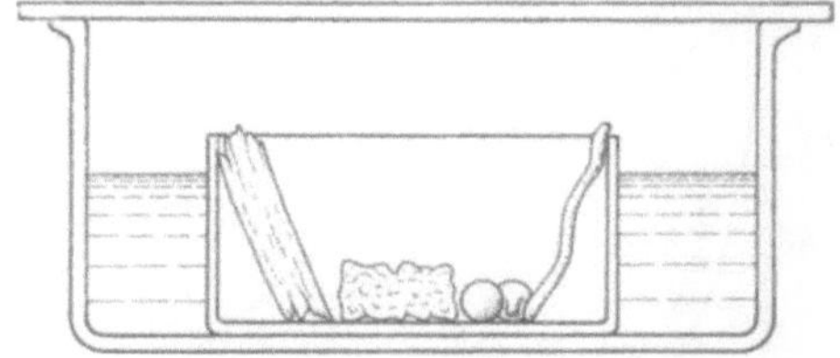

Abb. 40. Versuchsanordnung zum Nachweis der Abhangigkeit des Schimmelns von der Hydratur: Im inneren Gefaß schimmelnde Stoffe, außen Kochsalz- oder Schwefelsäurelosungen zur Erzeugung einer bestimmten relativen Dampfspannung. (Nach *H. Walter*).

Innerhalb der Mikroorganismen sind die Ansprüche an die Hydratur verschieden. Man unterscheidet:

1. Xerophile Arten mit relativ geringen Ansprüchen an die Feuchtigkeit (Penicillium und Aspergillus).

2. Mesophile Arten mit mittleren Ansprüchen Mucor, Rhizopus, Hefen).

3. Hygrophile Arten mit sehr hohen Ansprüchen (Oidium lactis, Bakterien).

Abb. 41 zeigt die Abhängigkeit der Keimzeit von der Hydratur für verschiedene Schimmelpilze und den Haferflugbrand und Abb. 42 die Abhängigkeit

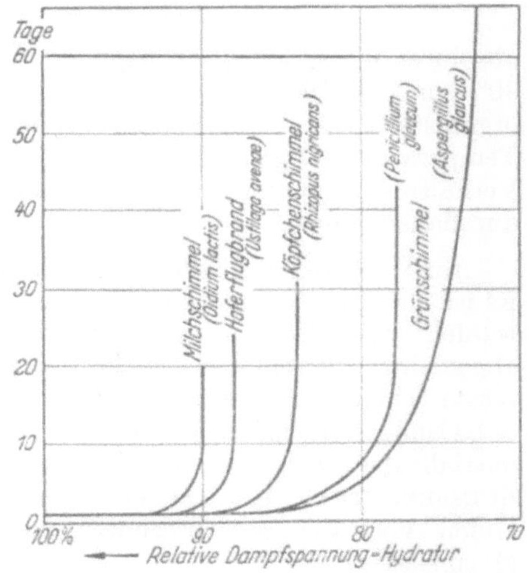

Abb. 41. Abhangigkeit der Keimzeit (Ordinate) von der Hydratur (Abszisse) fur verschiedene Schimmelpilze und den Haferflugbrand. (Nach *Heintzeler*, aus *H Walter*).

der Wachstumsintensität von der Hydratur bei Bakterien und Schimmelpilzen schematisch).

Kürzlich hat STILLE[1] über Grenzwerte der relativen Feuchtigkeit und des Wassergehaltes getrockneter Lebensmittel für den mikrobiellen Befall berichtet[2]. Er teilt ein Verfahren mit, die relative Feuchtigkeit in getrockneten Lebensmitteln festzustellen. Diese beruht darauf, daß ein wasserarmes Substrat in einem feuchten Raum aus der Umgebung so viel Wasser aufnimmt, bis seine

---

[1] STILLE, B.: Z. Lebensmittel-Untersuch. u. -Forsch. **88**, 1, 9—11 (1947).
[2] Vgl.: E. BURCIK: Arch. f. Mikrobiol. **15**, 203 (1951).

Wasserdampfspannung schließlich im Gleichgewicht mit der relativen Luftfeuchtigkeit seiner Umgebung steht. Im umgekehrten Fall, also bei größerer Wasserdampfspannung des Substrats, gibt dieses Wasser ab und wird dadurch leichter. An Hand von Aspergillus glaucus, einer xerophilen Leitform pilzlicher Lebensmittelverderber, konnte erwiesen werden, daß zur Entfaltung eines Mycels und zur Sporenkeimung bei optimalen Temperaturverhältnissen eine relative Feuchtigkeit von 73% erforderlich ist. Erst bei Überschreiten von 75% läßt sich eine geringfügige Ausbreitung des Pilzes makroskopisch erkennen. Auf diese Weise ist in mikrobiologischer Hinsicht eine sichere Aussage über die Haltbarkeit verschiedener wasserarmer Lebensmittel möglich. Eine bestimmte Probemenge der zu untersuchenden Substanz wird in eine feuchte Kammer gebracht, in der eine relative Luftfeuchtigkeit von 75% herrscht. Wenn die Probe darin an Gewicht zunimmt oder gewichtskonstant bleibt, ist ihre Haltbarkeit auf alle Fälle gesichert, verliert sie an Gewicht, so ist ihr

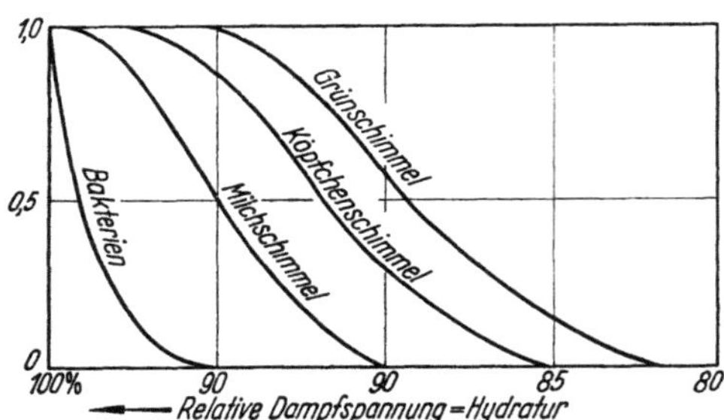

Abb. 42. Abhängigkeit der Wachstumsintensität von der Hydratur bei Bakterien und Schimmelpilzen (schematisch). Ordinate: relativer Zuwachs. (Nach *H. Walter*).

absoluter Wassergehalt zu hoch, so daß bei der gegebenen Lagertemperatur von 30° C mikrobielle Zersetzungen zu erwarten sind. Da die Ansprüche der Mikroorganismen an die Wasserdampfspannung ihrer Umgebung mit fallender Temperatur steigen, ist bei tieferer Lagertemperatur — was praktischen Verhältnissen entspricht — eine relative Luftfeuchtigkeit von über 75% noch durchaus tragbar.

Auf Wasserentzug beruht auch die Wirkung des Einsalzens von Lebensmitteln. Es ist dabei zu beachten, daß je nach Art der Lebensmittel der Salzzusatz so zu wählen ist, daß die Entwicklung von Mikroorganismen ausgeschaltet wird. Im allgemeinen dürften Kochsalzlösungen von 10% ausreichen. Nur bei Schimmelpilzen scheinen Ausnahmen vorzukommen, indem diese auf sehr konzentrierten Salzlösungen noch zu wachsen vermögen, was offenbar mit besonderen Permeabilitätsverhältnissen ihrer Zellmembranen zusammenhängen muß (RIPPEL[1], SUESSENGUTH)[2]. Ähnliche Verhältnisse liegen bei osmophilen (saccharophilen) Hefen vor, die auf konzentrierten Zuckerlösungen sich entwickeln (z. B. Marmelade)[3].

II. Der Einfluß der Temperatur.

Die Tatsache, daß man sich zur Haltbarmachung von Lebensmitteln häufig hoher Temperaturen bedient, erweist schon zur Genüge deren Bedeutung im Leben der Mikroorganismen. Alle Lebewesen sind in ihren normalen Lebensfunktionen an bestimmte Temperaturbereiche gebunden. Man hat dafür die sogenannten Kardinalpunkte aufgestellt: Minimum, Maximum und Optimum. Die Minimumtemperatur gibt die unterste Grenze der Lebenstätigkeit an, das Optimum ist die Temperatur günstigster Entwicklung und die Maximaltemperatur

---

[1] RIPPEL-BALDES, A.: Grundriß der Mikrobiologie. 2. Aufl., Berlin/Göttingen/Heidelberg: Springer 1952.
[2] SUESSENGUTH, K.: Neue Ziele der Botanik. München: Lehmann 1938.
[3] KRUMBHOLZ, G.: Arch. f. Mikrobiol. **2**, 411, 1931.

die oberste Grenze des Lebens. Die Abhängigkeit des Wachstums von der Temperatur ist aber keineswegs immer streng durch diese Kardinalpunkte gekennzeichnet. Je nach Kulturbedingungen können diese Werte ziemlichen Schwankungen unterworfen sein. Und das gilt in ganz besonderem Maße für die Mikroorganismen. Dazu kommt noch, daß die Widerstandsfähigkeit der Mikroorganismenzellen mit dem Austrocknen Temperaturänderungen gegenüber außerordentlich zunimmt. In den Sporen der Bakterien und Pilze haben wir solch resistente Zustände vor uns, von denen wir aber zunächst absehen wollen. Nach der Lage der Kardinalpunkte können wir die Mikroorganismen in folgende Gruppen einteilen:

Gerade im Hinblick auf Verfahren der Lebensmittelkonservierung verdienen die beiden extremen Gruppen der Psychrophilen und Thermophilen besondere

Gruppe	Minimum	Optimum	Maximum
Psychrophile ..	—7 bis +5° C	15 bis 20° C	25 bis 30° C
Mesophile	10 bis 15° C	30 bis 35° C	35 bis 45° C
Thermophile ..	45° C	50 bis 65° C	75 bis 80° C

Beachtung. Psychrophile sind Formen, bei denen die Lebenstätigkeit auch unter dem Nullpunkt noch nicht erlischt, Thermophile dagegen ertragen Temperaturen, die normalerweise das Zelleiweiß zum Koagulieren bringen müßten.

Keimfreimachung durch hohe Temperaturen.

Wie eingangs schon erwähnt, wird die Methode der mikrobiellen Keimtötung seit langem geübt. Im allgemeinen genügen Temperaturen von 70 bis 80° C, um die meisten Mikroorganismen kurzfristig zum Absterben zu bringen. Darauf beruht auch das Pasteurisierungsverfahren. Dabei werden die vegetativen Zustände erfaßt. Besonders resistent gegen hohe Temperaturen sind die Sporen der Bakterien und Schimmelpilze. Siedetemperaturen des Wassers werden längere Zeit ertragen, so daß in solchen Fällen ein Kochen der Lebensmittel nicht genügt. In folgender Tabelle werden einige Daten über die Abtötungszeit einiger Bakteriensporen in Wasser oder Dampf von 100° C gegeben:

Fraenkelscher Gasbacillus	8 bis	90 min.
Bac. putrificus	60 „	120 „
Bac. amylobacter	2 „	10 „
Bac. tetani	60 „	180 „
Bac. botulinus	120 „	180 „

Wenn es sich darum handelt, solche hitzeresistenten Formen aus dem Sterilisiergut zu entfernen, kann man entweder den Weg der sog. *fraktionierten Sterilisation* wählen *oder* muß *Temperaturen oberhalb* 100° C bei entsprechend erhöhtem Druck anwenden (*Autoklavieren*).

Das erste Verfahren beruht auf der Möglichkeit, auch Sporenbildner im vegetativen Zustand bei Siedetemperatur abzutöten. Nach einer ersten Sterilisation bleibt eine Anzahl Sporen am Leben. Diese kommen in der Zeit zwischen der ersten und einer zweiten Sterilisation (nach 24 Stunden) zum Auskeimen und werden dann ebenfalls im vegetativen Stadium vernichtet. In derselben Weise kann auch eine dritte und vierte Sterilisation angeschlossen werden.

Verträgt das zu sterilisierende Material Temperaturen oberhalb von 100° C, so wird man zweckmäßigerweise das zweite Verfahren benutzen. Im Dampfdrucksterilisator werden auch Bakteriensporen in kurzer Zeit abgetötet, um so schneller, je höher Temperatur und Druck liegen und je gesättigter der Wasserdampf ist. Sehr hitzeresistente Sporen können bei einer Temperatur von 120° C entsprechend einem Druck von 2 atü schon innerhalb von 5 Minuten abgetötet werden. Wesentlich ist bei dem Vorgang des Autoklavierens, daß der Dampf gesättigt ist, weshalb alle Luft aus dem Autoklaven entfernt werden muß. Eine Kontrolle darüber, daß aus dem Dampfraum alle Luft entfernt ist, ergibt sich aus der Beobachtung der entsprechenden Temperaturen und Drucken für gesättigten Wasserdampf.

Das Autoklavieren spielt in der Konservenindustrie eine große Rolle[1]. Hauptsächlich werden nach diesem Verfahren Fleischdauerwaren hergestellt.

Temperatur	Druck
100° C	1,0 Atm.
105° C	1,19 ,,
110° C	1,41 ,,
115° C	1,67 ,,
120° C	1,96 ,,
125° C	2,29 ,,
130° C	2,66 ,,

Der Effekt der Hitze auf die Mikrobenzelle ist eindeutig. Die völlige Koagulation des Zellinhaltes führt zur Abtötung. Dabei ergibt sich für die Tötungstemperatur ein ziemlich weites Intervall. Es beginnt schon unmittelbar über der Maximaltemperatur des Wachstums, und der Vorgang des Abtötens bei einer bestimmten Temperatur erweist sich dann als eine Funktion der Zeit.

Die Wirkung von tiefen Temperaturen auf Mikroorganismen.

Im Gegensatz zum Hitzetod ist der Kältetod der Mikroorganismen sehr viel problematischer. „Was in einer Bakterienzelle passiert, wenn sie gefroren ist, ist eine Frage, die noch nicht beantwortet wurde."[2] Im Hinblick darauf, daß aber gerade in der Lebensmitteltechnik der Anwendung von Kälte eine so große Bedeutung zukommt, soll die Wirkung derselben auf Mikroorganismen ausführlicher behandelt werden.

Das Gefrieren ist kein Konservierungsverfahren, das Mikroorganismen abtötet, also keine Sterilisierung, sondern tiefe Temperaturen bewirken lediglich eine Einschränkung der Tätigkeit und Ausbreitung der Mikroorganismen. Dabei wirkt die tiefe Temperatur sowohl an sich, als auch durch den Entzug des für das Gedeihen der Mikroorganismen nötigen Wassers beim Gefrieren. Das Auftauen von Lebensmitteln erzeugt andererseits einen Zustand, der den Mikroorganismen noch günstigere Lebensverhältnisse schafft: Der Verlust einer gewissen Resistenz der Zellen des Gefriergutes den Mikroben gegenüber erleichtert deren Angriff auf dieselben.

Die Tatsache, daß Bakteriensuspensionen, die der Temperatur der flüssigen Luft ausgesetzt wurden, noch lebensfähig sind, spricht zunächst dafür, daß das Gefrieren die Mikroorganismen nicht tötet. Erst quantitative Feststellungen der nach dem Gefrieren noch lebenden Zellen erbrachten eine bemerkenswerte Abtötungsrate.

Damit erhebt sich die grundsätzliche Frage nach der Natur des Kältetodes. Die Protoplasmaforschung hat immer wieder versucht, darauf eine Antwort zu finden.

Neuerdings wurde zum Problem des Kältetodes von Mikroorganismen von Stille[3] ein wesentlicher Beitrag geliefert. Nach ihm kann der Kältetod einzelner Zellen zu den verschiedensten Zeitpunkten erfolgen:

1. beim Einfrieren,
2. während des Verweilens im gefrorenen Zustand,
3. beim Auftauen.

Die gesamte Absterbequote setzt sich aus diesen drei Komponenten zusammen. Nichtsporenbildende Bakterien und Saccharomyces cerevisiae wurden zunächst

---

[1] Diemair, W.: Die Haltbarmachung von Lebensmitteln. Stuttgart: Enke 1941.

auf ihre Kälteempfindlichkeit geprüft. Bis —24° C kurzfristig eingefroren ergab sich eine Abnahme der Keimzahl, die in folgender Tabelle 3 wiedergegeben ist:

Tabelle 3. *Abnahme der Keimzahl* (nach STILLE).
Es bedeuten: A = Keimzahl je 1 ccm Aufschwemmung *vor* dem Gefrieren.
B = Keimzahl je 1 ccm Aufschwemmung *nach* dem Gefrieren und Auftauen.

| Saccharomyces cerevisiae | | | |
A	B	% Abnahme	
3760	2395	36,3	10^3 Keime je 1 ccm
12430	8762	29,8	Aufschwemmung
277	194	30,0	
6435	4789	25,6	
683	527	22,9	
712	440	38,2	
1378	962	28,7	
3260	2443	22,5	
899	632	29,7	
571	377	34,0	
659	494	24,6	
2175	1705	21,6	
717	482	32,8	Mittlere Abnahme der Keimzahl:
1827	1244	31,9	29,2 %

| Pseudomonas fluorescens | | | Pseudomonas pyocyanea | | |
| 10^3 Keime je 1 ccm Aufschwemmung | | | | | |
A	B	% Abnahme	A	B	% Abnahme
1280	964	24,7	5690	114	98,0
3740	2820	26,4	13600	1032	92,4
853	587	31,2	894	35	96,1
2170	1570	27,8	7970	813	89,8
527	410	22,3	4310	121	97,2
818	574	29,8	2510	306	87,8
1110	717	35,4	32600	2050	93,7
12800	9140	28,6	18300	714	96,1
2460	1570	36,1	9540	1360	85,6
6850	5500	19,7	1840	15	99,2
Mittlere Abnahme: 28,2 %			Mittlere Abnahme: 93,6 %		

| Bacterium prodigiosum | | | Bacterium rubidaeum | | |
| 10^3 Keime je 1 ccm Aufschwemmung | | | | | |
A	B	% Abnahme	A	B	% Abnahme
3840	830	78,4	34500	6210	82,0
8270	1110	86,3	6450	1593	75,3
16400	2900	81,3	539	61	88,6
6140	1850	69,8	7850	1020	87,0
27500	5300	77,3	3218	705	78,1
886	137	84,5	924	144	84,4
2380	350	85,3	1287	221	82,8
7260	1270	82,5	4610	904	80,4
615	117	81,0	2100	569	72,9
2130	341	72,3	868	109	87,4
Mittlere Abnahme: 79,9 %			Mittlere Abnahme: 81,9 %		

Sämtliche untersuchten Mikroorganismen zeigen eine Verminderung der Keimzahl, wobei beachtliche Resistenzunterschiede auftreten.

Weitere Versuche über den Einfluß tieferer Gefriertemperatur und größerer Gefriergeschwindigkeit ergaben eine Übereinstimmung der Absterbequoten mit den Werten, die beim Einfrieren bei —24° C erhalten wurden. Eine Senkung der Temperatur bis auf —193° C erwies sich als bedeutungslos und führte zu keiner weiteren Schädigung. Demnach muß also bei $-24°$ C der kritische Temperaturbereich bereits durchlaufen und die Absterbequote von der Geschwindigkeit abhängig sein, mit der dieser Temperaturbereich durchschritten wird. Ergebnisse von Haines[1] mit Pseudomonas pyocyanea liefern dafür eine weitere Stütze.

Die Feststellung, daß bei gefrorenem Pflanzenmaterial durch schnelles Auftauen der Tod eintrat, bei langsamen Auftauen dagegen nicht, veranlaßte schon Julius Sachs[2] zu der Annahme, daß die Abtötung oder lokale Zerstörung der Pflanzensubstanz durch das Auftauen erfolgt.

Tabelle 4. *Abnahme der Keimzahl* (nach Stille).
Saccharomyces cerevisiae, 10^3 Keime je 1 ccm Aufschwemmung, A = vor, B = nach Gefrieren und Auftauen in Pufferlösungen.

Reihe	pH	A	B	% Abnahme	Mittelwert %
1	4,5	1290	292	77,3	
2		482	54	88,8	
3		2740	1070	62,7	
4		3940	725	81,6	77,6
1	5,9	1040	529	48,1	
2		502	225	55,0	
3		2950	1340	44,6	
4		4860	2420	50,2	49,5
1	7,0	1420	1050	26,2	
2		468	291	37,9	
3		2340	1680	28,4	
4		4170	2630	37,0	32,4
1	9,2	1560	1210	22,5	
2		603	442	26,7	
3		2420	1910	20,9	
4		4650	3520	24,3	23,6

Er erklärte dies mit einer dadurch verursachten gesteigerten Permeabilität der Zellwände.

Seitdem ist die Frage nach dem Kältetod immer wieder behandelt worden. Haines[1] ist der Ansicht, daß der Tod von Bakterien im gefrorenen Zustand durch teilweise Veränderung der Zellproteine hervorgerufen wird, indem es zu Denaturierung und Austrocknung kommt. Zweifellos spielt dabei der Vorgang des Auftauens eine wesentliche Rolle. Nach Iljin[3] wird das in den Plasmakolloiden gebundene H_2O beim Frieren auskristallisiert. Bei raschem Auftauen ist der Übergang zur normalen Hydratur der Plasmakolloide nicht möglich, es kommt zu einer Zerstörung der Feinstruktur des Plasmas. An Mikroorganismen konnte Stille[4] kürzlich den Einfluß der Auftaugeschwindigkeit auf die Absterbequote ermitteln. Durch Verminderung der Geschwindigkeit wurde die Absterbequote merklich herabgesetzt. Weiter konnte er zeigen, daß auch äußeren Bedingungen ein Einfluß auf die Kälteempfindlichkeit zukommt. Saccharomyces cerevisiae erwies sich als bedeutend kälteresistenter bei einem pH von 7,0 bzw. 9,2 als bei pH = 4,5, wie aus Tabelle 4 ersichtlich ist (vgl. auch den folgenden Abschnitt und den Beitrag von K. Paech in diesem Band).

Auch für Pseudomonas fluorescens wurden ähnliche Werte gefunden. Untersuchungen von Mc Farlane[5] an einem kälteresistenten Saccharomyces-Stamm und Escherichia coli werden durch die Befunde Stilles bestätigt. Beide zeigten, daß durch Konzentrationserhöhung der Gefrierlösungen die Absterbequote herabgesetzt wird, was auf die Dynamik des Wasserentzuges bzw. die Art

---

[1] Haines: Ann. Rept. Food Invest. Bd. for 1932, p. 48; Repts for 1935 and 1936.
[2] Sachs, J.: Zit. n. Stille.
[3] Iljin, W. S.: Protoplasma **29**, 105 (1935).
[4] Stille, B.: s. Fußnote auf S. 202.
[5] Mc Farlane: Food Research **5**, 43—57; **6** 481—492; (1941), **7**, 509, (1942).

der Wiederaufnahme des Wassers zurückgeführt wird. Langfristige Kälteeinwirkung auf Saccharomyces bei Temperaturen von —4° C, —15° C und —24° C führten bei —4° C nach 97 Tagen zur völligen Sterilität. Bei Lagertemperaturen von —24° C erfolgte die Abnahme der Keimzahl wesentlich langsamer (Tab. 5). „Im kritischen Temperaturbereich um — 4° C muß die Zelle besonders starke Schädigungen erfahren, die bei noch tieferen Gefriertemperaturen (—24° C und darunter) wesentlich geringer sind und die ihr bei Temperaturen oberhalb des Gefrierpunktes erspart bleiben" (STILLE).

Tabelle 5. *Absterbeverlauf* (nach STILLE).

Saccharomyces cerevisiae				
Keimzahl je ccm vor dem Gefrieren: 157 · 10⁵			Log Keimzahl: 7,20	
Nach dem Gefrieren bei —24° C und Auftauen: 106 · 10⁵			7,03	
Abnahme beim Einfrieren: 32,5 %				
Lagerdauer in Tagen	Keimzahl bei —4° C	Log	Keimzahl bei —24° C	Log
0	106 · 10⁵	7,03	106 · 10⁵	7,03
4	284 · 10⁴	6,45	798 · 10⁴	6,90
16	663 · 10³	5,82	304 · 10⁴	6,48
24	118 · 10³	5,07	191 · 10⁴	6,28
29	104 · 10³	5,02	114 · 10⁴	6,06
36	962 · 10	3,98	856 · 10³	5,93
50	333 · 10	3,52	747 · 10³	5,87
75	17	1,23	133 · 10³	5,12
97	—	—	665 · 10²	4,82

III. Einfluß der Wasserstoffionenkonzentration.

Im Zusammenhang mit der Wirkung tiefer Temperaturen auf die Kälteresistenz der Mikrobenzelle wurde eine gewisse Abhängigkeit von der Wasserstoffionenkonzentration festgestellt. Diese ist im allgemeinen immer gegeben und die Lebenstätigkeit der Mikroorganismen steht in unmittelbarer Beziehung zur Reaktion der Nährsubstrate. Bakterien bevorzugen eine mehr alkalische bis neutrale Reaktion, Pilze wachsen am besten auf saurem Substrat. Die Abhängigkeit der Mikroorganismen von der Reaktion der Umgebung spiegelt sich auch in ihrer zahlenmäßigen Verteilung wieder.

Bodenreaktion u. Mikroorganismengehalt (nach RIPPEL, Grundriß der Mikrobiologie).

Boden	Humusgehalt	p_H-Wert	Bakterien	Davon Sporen in %	Pilze	Anteil der Pilze in %
Moorboden	—	2,42	14 000	100	34 000	70,8
„	—	4,73	740 000	16	210 000	22,1
Waldboden aus Ungarn	0,73	5,20	44 800 000	nicht	280 000	0,62
Desgleichen	1,13	6,80	5 400 000	be-	150 000	2,70
Waldboden aus Skandinavien .	1,36	4,76	23 900 000	stimmt	180 000	0,75
Desgleichen	0,92	4,74	4 900 000		354 000	6,7

Es ist eine Erfahrung des Alltags, daß Fruchtkonserven meistens von Schimmelpilzen befallen werden, Gemüsekonserven (Erbsen, Bohnen) dagegen häufig Bakterieninfektionen aufweisen.

Innerhalb des sauren bzw. alkalischen Bereichs zeigen die einzelnen Formen wiederum gewisse Optima der Entwicklung, die von Minima und Maxima oft eng begrenzt werden.

Das Ausgangs-p_H des Substrats verschiebt sich im Verlauf des Wachstums von Mikroorganismen vielfach nach der einen oder anderen Seite hin. Für Milch ist in folgendem Schema der Wechsel in der Reaktion im Verlaufe der Abbauvorgänge schematisch dargestellt.

Rohe Milch (nach Schwartz)[1].
$p_H = 6,5$ bis $6,8$

↓

Kurzer einleitender Angriff auf die Eiweißkörper (Peptonisierung) durch Bac. subtilis, mesentericus usw.

↓

Abbau der Kohlenhydrate durch Milchsäurebakterien.

↓

Erstes Säuremaximum
(Stadium der Sauermilch)
$p_H = 4,8$ bis $3,9$

↓

Säureabbau durch Oidium, Rhizopus, Mucor.

↓

Erneute Säurebildung durch Milchsäure-, Buttersäure- und Propionsäurebakterien.

↓

Zweites Säuremaximum
Abbau der Säure durch Aspergillaceen, Dematium, Bakterien. Fettzersetzung. Anstieg der Reaktion auf $p_H > 7$

↓

Eiweißzersetzung
durch Bakterien u. Pilze.

Die Veränderung der Substrate durch Säure- bzw. Alkalibildung wird auch diagnostisch in den sog. Indikatornährböden ausgenutzt (s. Anhang). Bezüglich der Stickstoffernährung ist noch darauf hinzuweisen, daß Nitrate physiologisch alkalische, Ammonsalze physiologisch saure Salze sind. Die Aufnahme des stickstoffhaltigen Anteils der betreffenden Salze bewirkt eine Freigabe von Kationen bzw. Anionen. Bei Ammonnitrat hängt es davon ab, welcher Anteil zuerst aufgenommen wird. Um die ursprüngliche Reaktion eines Substrates aufrechtzuerhalten, verwendet man Puffersubstanzen. Es sind dies Reaktionsregulatoren, die einen definierten p_H-Wert aufweisen und diesen auch bei Hinzufügen begrenzter Mengen H- oder OH-Ionen beibehalten.

IV. Einfluß des Sauerstoffs.

Schon bei Besprechung der Gärungsvorgänge wurde auf den Einfluß des Sauerstoffs hingewiesen. Obligate Aerobier sind in ihrem Gedeihen auf die Anwesenheit von Sauerstoff angewiesen (Essigsäurebakterien).

Die obligat anaeroben Formen benötigen Substrate ohne freien Sauerstoff. Ihre Empfindlichkeit gegen Sauerstoff ist möglicherweise darauf zurückzuführen, daß infolge Fehlens von Katalase Wasserstoffsuperoxyd entsteht, das als Stoffwechselgift wirkt.

Zwischen den beiden extremen Gruppen gibt es zahlreiche Übergänge, die unter dem Begriff fakultativ Aerobe bzw. Anaerobe zusammengefaßt werden. Bekannte fakultativ Anaerobe sind z. B. die Hefen. Je nach der Menge des verfügbaren Sauerstoffs stellt sich ihr Stoffwechsel auf Atmung oder alkoholische Gärung um.

---

[1] Schwartz, W.: Grundriß der Allgemeinen Mikrobiologie. Berlin: W. de Gruyter 1949.

Schimmelpilze, die Alkohol bei Luftzutritt zu bilden vermögen, können die Alkoholmenge unter anaeroben Verhältnissen wesentlich steigern. Mucorarten verändern dabei auch ihren Habitus, indem sie Sproßzellen bilden und zu „Mucorhefen" werden.

V. Einfluß des Lichtes.

Im Gegensatz zu jenen Mikroorganismen, für die das Licht als Energiequelle bei der Photosynthese eine entscheidende Rolle spielt, ist dessen hemmender Einfluß auf viele Bakterien bekannt. Sonnenlicht vermag schon nach kurzfristiger Einwirkung vegetative Stadien von Bakterien zu vernichten. Von den verschiedenen Teilen des Sonnenspektrums sind es vor allem die ultravioletten, violetten und blauen Strahlen, denen die schädlichste Wirkung zukommt. Die maximale Wirksamkeit des UV-Spektrums liegt bei ca. 2280 und 2650 Å (1 Å = 10^{-8} cm). Untersuchungen über die mutationsauslösende Wirkung der UV-Strahlen an Bakterien machen es wahrscheinlich, daß diese mit der Absorption der Energie durch die Nucleinsäuren zusammenhängt. Die maximale Mutationsrate wurde bei 2650 Å gefunden, was auch dem Absorptionsmaximum von Nucleinsäuren entspricht.

Die baktericide Wirkung des ultravioletten Lichtes findet praktische Anwendung bei der Sterilisation der Milch, des Wassers und anderer Flüssigkeiten sowie von Fleisch. Im Zusammenwirken mit anderen Faktoren (Anwendung von Schutzgasen oder chemischer Hilfsstoffe) kann die Wirkung des UV noch wesentlich verstärkt werden.

Man hat auch den Einfluß der Ultrakurzwellen auf Mikrobenzellen studiert[1]. Inwieweit sie für die Praxis der Lebensmittelkonservierung in Frage kommen, läßt sich noch nicht übersehen. Auch Ultraschall[2] ist schon für Sterilisationszwecke herangezogen worden. Die Wirkung des Ultraschalls auf Mikroorganismen kann mechanischer (Zertrümmerung der Zellen), thermischer, oder oxydierender Natur sein. Über Sterilisation durch ionisierende Strahlung[3] (Elektronen) siehe in diesem Band den Beitrag: Ernährungsphysiologische Grundlagen der Frischhaltung von Lebensmitteln, von J. WOLF.

VI. Wirkung von Giften.

Eine scharfe Grenzziehung zwischen Nährstoff- und Giftwirkung ist vielfach schwierig. Lebensnotwendige Nährsalze können z. B. in starken Konzentrationen rein osmotisch schon schädigend wirken. Sauerstoff vermag Anaerobier in ihrer Entwicklung zu hemmen und sogar abzutöten.

Der Begriff Giftstoff ist noch in anderer Hinsicht sehr relativ. Nach dem Arndtschen Gesetz wirkt ein *Giftstoff* in geringen Konzentrationen fördernd, bei höheren narkotisch bzw. hemmend und bei starker Konzentrationssteigerung tödlich. Kupfer wird in der Sulfatform von gewissen Schimmelpilzen noch in gesättigter Lösung ertragen, während die 3%ige Lösung des Salzes in Verbindung mit einer äquivalenten Menge $Ca(OH)_2$ als *Bordeauxbrühe* auf andere Arten eine stark fungizide Wirkung entfaltet. Andererseits hängt die Aktivität einer Reihe von Enzymen von der Gegenwart von Cu und anderen zweiwertigen Metallen ab, und es scheint, daß Zink, Eisen, Mangan und Kupfer von allen Pilzen benötigt werden.

---

[1] HANSEN, S. u. W. SCHWARTZ: Arch. f. Mikrobiol. **13**, 3 (1943).
[2] GAINES, N. u. L. CHAMBERS: Phys. Rev. **2**, 39 (1932).
[3] PROCTOR, B. E. u. GOLDBLITH, S. A.: Food Technology **5**, 9 (1951).

Auf gewisse antagonistische Wirkungen in obigem Zusammenhang hat RIPPEL[1] hingewiesen und sie an dem System Magnesiumsulfat Sublimat bei Aspergillus niger aufgezeigt. Eine besondere Bedeutung kommt dem antagonistischen Effekt auch bei der Sulfonamidwirkung zu.

Die Vergiftung von Mikroorganismen findet ihre praktische Anwendung in den Desinfektionsverfahren. Die Wirkung eines Desinfektionsmittels kann beruhen auf:

einer chemischen Reaktion,
einer Adsorption,
einer Lösung in der Zelle.

Einzelheiten sind dem einschlägigen Schrifttum zu entnehmen[2]. In der Lebensmitteltechnik werden solche Giftstoffe verwendet, um die Haltbarkeit von Lebensmitteln zu erhöhen. Unter Konservierungsmitteln versteht man dort chemische Stoffe, die bei der Gewinnung, Herstellung, Zubereitung und Aufbewahrung von Lebensmitteln dazu dienen, Kleinstlebewesen in ihrer Entwicklung zu hemmen oder abzutöten, hierdurch das Verderben der Lebensmittel zu verzögern oder zu verhindern und die Lebensmittel länger genußtauglich zu machen. DIEMAIR unterscheidet anorganische (z. B. Borsäure, schweflige Säure, H_2O_2) und organische Konservierungsmittel (z. B. organische Säuren), wobei letztgenannten die weitaus größte Bedeutung zukommt. Anwendungsmöglichkeit und Anwendungsbereich eines Konservierungsmittels sind jeweils recht verschieden. Genaue Daten finden sich in einer Zusammenstellung von DIEMAIR[3] (Tab. 6):

Tabelle 4. *Die Haltbarmachung von Lebensmitteln* (nach DIEMAIR).

	Höchstzulässige Gewichtsmenge des Konservierungsmittels in 100 g des Lebensmittels		Höchstzulässige Gewichtsmenge des Konservierungsmittels in 100 g des Lebensmittels
1. *Zubereitung von Fischen und Krustentieren:*		Lachsersatz	
Kaltmarinaden		Ester	25 mg
p-Oxybenzoesäureäthyl- und -propylester auch in Form der Natriumverbin dungen und in Mischungen untereinander (Ester)[4]	50 mg	oder Mischung aus Benzoesäure und p-Chlorbenzoesäure auch in Form ihrer Natriumsalze	50 mg
und Hexamethylentetramin	25 mg	Appetitsild, Anchovis, Gabelbissen	
oder Mischung aus Ester und Hexamethylentetramin . .	75 mg	Borsäure	500 mg
Bratmarinaden		oder Benzoesäure	500 mg
Ester	50 mg	Krebsschwänze und -scheren	
Kochmarinaden (Geleeware)		Hexamethylentetramin . .	50 mg
Ester	50 mg	oder Benzoesäure	500 mg
und Wasserstoffsuperoxyd (30 gewichtsprozentige Lösung)	200 mg	**2. *Fischrogen:*** Deutscher Fischrogenkaviar	
Lachs		Hexamethylentetramin . .	100 mg
Ester	25 mg	Kaviar	
oder Mischung aus Benzoesäure und p-Chlorbenzoesäure auch in Form ihrer		Hexamethylentetramin . .	100 mg
		oder Benzoesäure	500 mg
Natriumsalze	50 mg	**3. *Krabben, Krabbenkonserven:*** Borsäure	900 mg

---

[1] RIPPEL-BALDES, A.: Grundriß der Mikrobiologie. 2. Aufl., Berlin/Göttingen/Heidelberg: Springer 1952.

[2] JANKE, A.: Arbeitsmethoden der Mikrobiologie. I. Bd., Dresden-Leipzig: Steinkopff Verlag 1946.

[3] DIEMAIR, W.: Die Haltbarmachung von Lebensmitteln. Stuttgart: Enke 1941.

[4] Unter der Bezeichnung „Ester" sind hier und im folgenden die Paraoxybenzoesäureäthyl- und -propylester auch in Form der Natriumverbindungen und in Mischungen untereinander zu verstehen.

Tabelle 6. *Die Haltbarmachung von Lebensmitteln* (nach DIEMAIR), Fortsetzung.

	Hochstzulassige Gewichtsmenge des Konservierungsmittels in 100 g des Lebensmittels		Hochstzulassige Gewichtsmenge des Konservierungsmittels in 100 g des Lebensmittels
4. *Eierkonserven:*		Obstkonfitüren, Marmeladen, Pflaumenmus	
Flüssiges Eigelb		Benzoesäure, Benzoesaures Natrium, Ameisensäure, Ester, in wäßerigen oder weingeistigen Lösungen zum Benetzen von Pergamentpapier, das zum Bedecken der Oberfläche des fertigen Erzeugnisses in dem Lieferungsgefäß dient	
Benzoesäure	1000 mg		
oder Benzoesaures Natrium	1000 mg		
oder Ester	800 mg		
Flüssiges Eigelb zur ausschließlichen Verwendung in Feinbäckereien und Eierteigwarenbetrieben, ausgenommen zur Herstellung diätetischer Lebensmittel		Obstsaft zum unmittelbaren Genuß, ausgenommen Traubensaft	
Borsäure	1500 mg	Schweflige Säure (SO_2) . .	12,5 mg
		oder Kaliumpyrosulfit . . .	45 mg
5. *Margarine:*		Trockenobst	
Benzoesäure	200 mg	Schweflige Säure (SO_2) . .	200 mg
oder Benzoesaures Natrium	240 mg	**9. *Flüssiges Obstpektin, Obstgeliersäfte:***	
oder Ester	80 mg	Benzoesaures Natrium . . .	180 mg
6. *Gemusedauerwaren:*		oder Ameisensäure (25%ige Lösung)	1000 mg
Aufguß für Gurken und Rote Rüben		oder Schweflige Säure (SO_2)	125 mg
Benzoesäure	200 mg	oder Kaliumpyrosulfit . . .	435 mg
oder Benzoesaures Natrium	240 mg	oder Ester	90 mg
oder Ester	80 mg	**10. *Limonaden (Obstlimonaden, Fruchtlimonaden), Obstbrauselimonaden (Fruchtbrauselimonaden):***	
Meerrettich-Dauerware			
Schweflige Säure (SO_2) . .	75 mg	Benzoesaures Natrium . .	50 mg
oder Natriumbisulfit	125 mg	oder Ester	50 mg
7. *Graupen und Gerstengrütze:*		**11. *Zucker- und Schokoladewaren:***	
Schweflige Säure (SO_2) . .	45 mg	Marzipan, Marzipanersatz; Cremefüllungen, Fruchtfüllungen; fetthaltige Füllungen auch für Waffeln und waffelartige Backwaren; fettfreie Glasuren, flüssige Fondantmassen, Makronenmasse	
8. *Obsterzeugnisse:*			
Obstsäfte (Fruchtmuttersäfte) zur Weiterverarbeitung ausgenommen Kirschsäfte aller Art, Orangensaft, Citronensaft			
Benzoesaures Natrium . .	180 mg	Benzoesäure	150 mg
oder Ameisensäure (25%ige Lösung)	1000 mg	oder Ester	120 mg
oder Schweflige Säure (SO_2)	125 mg	**12. *Speiseeiskonserven:***	
oder Kaliumpyrosulfit . . .	435 mg	Benzoesäure	100 mg
oder Ester	90 mg	oder Ester	15 mg
Kirschsäfte aller Art, Orangensaft, Citronensaft		**13. *Speisegelatine:***	
Benzoesaures Natrium . . .	180 mg	Schweflige Saure (SO_2) . .	125 mg
oder Ameisensäure (25%ige Lösung)	1600 mg	**14. *Speisesenf:***	
Schweflige Säure (SO_2) . .	125 mg	Benzoesäure	150 mg
oder Kaliumpyrosulfit . . .	435 mg	**15. *Flussige und halbflussige Kaffee-Extrakte und Kaffee-Ersatz-Extrakte:***	
oder Ester	90 mg		
Obstpulpe und Obstmark		Ester	100 mg
Benzoesäure	150 mg	**16. *Malzextrakt*** mit einem Wassergehalt zwischen 20 und 25 Hundertteilen und in Pakkungen von 5 kg und darüber	
oder Benzoesaures Natrium	180 mg		
oder Ameisensäure (25%ige Lösung)	1000 mg		
oder Schweflige Säure (SO_2)	125 mg		
oder Kaliumpyrosulfit . . .	435 mg		
oder Ester	90 mg	Ester	50 mg

G. Übersicht über Gruppen von Mikroorganismen, die am Verderb von Lebensmitteln maßgeblich beteiligt sind.

I. Bakterien.

1. Die aeroben Sporenbildner.

Ihre Sporen sind nicht besonders hitzeresistent und können im allgemeinen bei normaler Konservierung abgetötet werden.

1. Subtilis-Gruppe.

Kleine einheitliche, schwach bewegliche Formen. Oft charakteristische Anordnung der Zellen in Ketten. Sporen zentrisch oder exzentrisch gelagert. Hautbildung auf Flüssigkeiten. Gelatineverflüssigung.

Bacillus subtilis Cohn
,,   ,,   -viscosus Chester.

Vertreter der Subtilisgruppe treten in Milch häufig auf und vermögen sie durch Labwirkung zu koagulieren. Auch Schleimbildung in Milch kann durch sie hervorgerufen werden. Fettzersetzer.

2. Mesentericus-Gruppe.

Kleine einheitliche, lebhaft bewegliche Formen. Hautbildung und starke Schleimabsonderung.

Bac. mesentericus vulgatus = Bac. vulgatus Fr.
,,   ,,   var. flavus
,, panis fermentati Henneberg.

Bac. mes. vulg. kommt zuweilen in Zuckerfabriken vor, bildet schleimige Massen, sog. Zoogloeen und verunreinigt dadurch Zuckerlösungen und Apparate. Bac. panis fermentati ist in Mehl häufig zu finden. Die hitzeresistenten Sporen überdauern auch den Backprozeß. Mit Bac. panis fermentati infiziertes Mehl wird schleimig und nimmt einen unangenehmen Geruch an.

3. Mycoides-Gruppe.

Große Formen mit eckigen Enden, in Ketten wachsend. Kolonien fadenförmige Ausläufer bildend, wodurch wurzelartiges Flechtwerk entsteht (Name Wurzelbakterium; s. Abb. 8b), Abbau von Eiweißstoffen bis zu Ammoniak, Abbau von Stärke. Fast stets in Milch vorkommend. Beim Pasteurisieren der Milch werden die Sporen nicht abgetötet.

4. Cereus-Gruppe.

Große bewegliche Formen mit runden Enden. Kolonien nicht verzweigt.

Bacillus cereus Frankland.

Sporenbildner der pasteurisierten Milch. Über Nachweis der Pasteurisierungswirkung s. Demeter[1].

5. Megatherium-Gruppe.

Sehr große, langsam bewegliche Formen mit großer, zentral gelagerter Spore
Bac. megatherium de Bary.

Sie bevorzugen nicht säure- und nicht zuckerhaltige Flüssigkeiten. Zuweilen treten sie in Bierwürze auf, da die Sporen Kochen überdauern.

---

[1] Demeter, K. J.: Abderhalden, Hdb. biol. Arb.meth. XII, I, II, H. 5. 1934.

2. Die Kokken oder Kugelbakterien.

a) Gattung Streptococcus: Teilung nach einer Raumrichtung.
b) Gattung Micrococcus: Teilung nach zwei Raumrichtungen.
c) Gattung Sarcina: Teilung nach drei Raumrichtungen.

zu a) **Aus der Gattung Streptococcus seien erwähnt:** Streptococcus lactis, häufige Form der bei gewöhnlicher Temperatur sauer gewordenen Milch. Optimum der Entwicklung 20 bis 30° C. In Doppelkokken oder kurzen Ketten wachsend. Viele Rassen, von denen aromatische zur Rahmsäuerung dienen. Schwach säuernde Rassen führen aber auch zu Schleimbildung und zu unerwünschter Aromabildung.

Streptococcus cremoris bildet lange Ketten, Einzelzellen meist rund und größer. Im Gegensatz zu Streptococcus lactis vermag diese Form Maltose kaum zu vergären. Hauptbestandteil der Bakterienflora in Säureweckern. Infolge seiner Fähigkeit, Casein stark abzubauen, spielt er auch als Käsereifer eine Rolle.

Streptococcus thermophilus, in langen Ketten wachsend, bei 45 bis 50° C noch gute Entwicklung. Widerstandsfähig gegen Dauerpasteurisierung.

Streptococcus liquefaciens bringt Milch frühzeitig zum Gerinnen. Bei starker Peptonisierung verursacht er Bitterwerden von Milch und Käse.

Streptococcus mastidis, eine pathogene Form, die die Milch gelb und ekelerregend macht (Gelber Galt). Nachweis von Leukocyten ist dabei wichtig.

zu b) **Gattung Micrococcus** (Schlüssel von HUCKER)[1]. Weit verbreitete Formen, die gelbe, braune, orange oder rote Farbstoffe bilden.

Tetracoccus casei
    ,,   liquefaciens
    ,,   mycodermatus

Tetracoccus casei und Tetr. mycodermatus haben für den Molkereibetrieb insofern Bedeutung, als sie sich auf der Oberfläche von Käse entwickeln und das aus dem Fett abgespaltene Glycerin vergären. Micrococcus casei amari Fr. bewirkt bitteren Geschmack von Käse, Milch und Butter. Tetracoccus liquefaciens kommt in gezuckerter Kondensmilch vor, verträgt ziemlich hohe Zuckerkonzentrationen und ist recht thermostabil.

Gattung Betacoccus = Leuconostoc (= Weiß-Alge).

Betacoccus arabinosaceus
    ,,   bovis
    ,,   mesenteroides

In Rübenzuckerfabriken und Zuckerraffinerien auftretend. Bilden in zuckerhaltigen Medien Schleim. Die von Betac. mesenteroides gebildeten Schleimmassen werden Zoogloeen genannt Sie stellen die störendste Infektion in Zuckerfabriken dar und rufen auch Bombagen in Ananaskonserven hervor.

3. Thermophile Bakterien.

Thermophile Bakterien spielen in Milch und Molkereiprodukten eine Rolle, wo sie teils nützliche, teils schädliche Wirkungen entfalten.

Wichtige Formen in Käserei und Molkerei:

Thermobacterium helveticum Orla-Jensen zur Herstellung des Emmentaler Käse.

Thermobacterium Yoghurt und Thermobact. bulgaricum für die Bereitung von Sauermilch (Yoghurt).

---

[1] HUCKER, N. Y.: Agr. Exp. Sta. Bulletins 1924, 135, 136, 141, 142, 143, 144.

Eine Anzahl thermophiler Formen sind am Verderb von Dosenkonserven beteiligt.

Tanner gibt folgende Übersicht[1]:

a. Thermophile Formen, welche wenig Säure bilden. Säurebildung ohne Gasentwicklung.

α) In nicht sauren Nahrungsmitteln: Bacillus stearothermophilus beim Gemüseverderb.

β) In sauren Nahrungsmitteln: Bacillus thermoacidurans, insbesondere in Tomaten und Tomatenprodukten.

b. Thermophile Anaerobier: Clostridium thermosaccharolyticum, nur unter anaeroben Bedingungen gedeihend, sehr hitzeresistente Sporen bildend. Gas- und Säureproduktion. Bombagen verursachend.

c. Thermophile Bakterien, welche Sulfid-Verderb verursachen. Clostridium nigrificans bildet große Mengen H_2S, wobei Doseninhalt sich schwarz färbt.

4. Die Coli-aerogenes-Gruppe.

Bakterien dieser Gruppe sind Stäbchen, teils beweglich, teils unbeweglich, die Kohlenhydrate unter Gas- und Säurebildung vergären.

An Gasen werden Kohlendioxyd und Wasserstoff, an Säuren hauptsächlich Milch-, Essig- und Bernsteinsäure gebildet.

Die hierher gehörigen Formen vermögen nicht Eiweißstoffe zu peptonisieren, sind aber imstande, Eiweißabbauprodukte zu verwerten. In der Natur weit verbreitet sind viele Arten. Typische Exkrement- und Darmbakterien. Gefürchtete Schädlinge der Molkereibetriebe. Sie gelangen vom Mist oder von Pflanzenteilen während des Melkens in die Milch, wo sie unangenehme Geschmacksfehler hervorrufen können. (Pasteurisierte Milch darf keine Bakterien der Coli-aerogenes-Gruppe mehr enthalten, da die Bakterien bei 67° C in 20 Minuten abgetötet werden.) Größere Schäden verursachen sie in Käsefabriken. Die starke Gasbildung führt zu sog. Käseblähung. Die Fähigkeit, Eiweißabbauprodukte weiter zu zersetzen, äußert sich in der Bildung sehr übelriechender Stoffe, wie z. B. Indol (Fäcesgeruch). Der Nachweis von Indol hat diagnostischen Wert.

Dem typischen Darmbakterium, Bact. coli = Escherichia coli, kommt in der Bakteriologie besondere Aufmerksamkeit zu. Der Nachweis in Milch und Wasser gilt als Indikator für fäkale Verunreinigung. Obwohl Colibakterien an sich nicht gesundheitsschädlich sind, wenn sie in Milch oder Wasser aufgenommen werden, so deutet der Nachweis darin doch darauf hin, daß mit der Anwesenheit krankheitserregender Darmbakterien wie Bact. typhi, Bact. paratyphi oder Bact. dysenteriae zu rechnen ist.

Über den Nachweis von Bact. coli (Colititer usw.) s. Mikrobiologische Arbeitsmethodik im Kapitel H.

5. Gruppe der Alkalibildner.

Bakterien, die 1. außer alkalisch reagierenden Spaltprodukten des Eiweißabbaus auch Säuren und Gas aus Kohlenhydraten zu bilden vermögen, und 2. solche, die keine Kohlenhydrate vergären, also nur alkalische Umsetzungsprodukte bilden.

1. Sporenlose Alkalibildner mit der Fähigkeit zur Kohlenhydratvergärung.

Bact. vulgare — Proteus vulgaris.

Stäbchen, dessen Form ziemlich variiert, mit starker Beweglichkeit. Typischer Vertreter aerober Fäulniserreger, der auf zuckerfreiem Substrat Indol und H_2S bildet. Als Produzent stark wirksamer Eigentoxine beim Menschen ähnliche

---

[1] Tanner, F. W.: The Microbiology of Foods. Champaign, Illinois: Garrard Press 1944.

Krankheitserscheinungen hervorrufend, wie die Eiweißspaltprodukte der Fäulnis im Fleisch selbst. Sog. unspezifische Lebensmittelvergiftungen (von Fleisch, Fisch, Krusten- und Muscheltieren) werden unter anderem von Bact. proteus verursacht.

Bact. prodigiosum.

Kurzstäbchen. Farbstoffbildner. Verfügt über proteolytische Enzyme und tritt insbesondere als Fettschädling auf (Ranzigkeit).

Bact. fluorescens.

Kleines, dünnes, rasch bewegliches Stäbchen mit dem Farbstoff Bakteriofluorescin. Häufig in Wasser vorkommend und von da auch in Molkereibetriebe Eingang findend. Verursacht in Milch einen bitteren, fauligen Geschmack. Fett wird stark zersetzt, die Butter wird ranzig und nimmt Seifengeschmack an. Das Bakterium vermag auch noch nahe $0°$ C zu wachsen.

2. Alkalibildende sporenlose Bakterien ohne Fähigkeit zur Kohlenhydratvergärung. Bacterium alcaligenes.

Bewegliches aerobes Stäbchen, vermag aus Albuminen Ammoniak abzuspalten. Frühzeitiges Alkalischwerden der Milch und unangenehme Geschmacksveränderungen in derselben können auf Bact. alcaligenes zurückgeführt werden. Gedeiht auch noch bei Temperaturen unter $10°$ C.   •

Andere Arten dieser Gruppe verursachen Schleimigwerden der Milch und einen seifigen Geschmack der Butter.

6. Die anaeroben Sporenbildner.

Ganz besondere Bedeutung beim Lebensmittelverderb kommt den anaeroben Sporenbildnern zu. Sie sind nicht nur *Lebensmittelverderber*, sondern auch vielfach *Lebensmittelvergifter*.

Es handelt sich um Formen, die z. T. extrem hitzeresistent sind. Damit hängt es auch zusammen, daß sie häufig erhebliche Schäden in Dosenkonserven anrichten.

Weit verbreitete anaerobe Sporenbildner sind die Buttersäurebakterien Bacillus (Clostridium) saccharobutyricus und Bacillus (Clostr.) butylicus, ferner Clostridium (Bacillus) botulinum. Sie bilden neben Buttersäure CO_2 und Wasserstoff. Typische anaerobe Kohlenhydratvergärer, die insbesondere in eingedosten Früchten zu Bombagen führen können, verursachen auch gefährliche Infektionen von Preßhefe; in Käse Blähung hervorrufend. Clostridium botulinum mit starker Eigentoxinbildung (Wurstvergifter).

Zu den anaeroben Kohlenhydratvergärern kommen noch die anaeroben Eiweißzersetzer. Typischer Vertreter dieser Fäulnisbakterien ist Bacillus putrificus; vermag noch bei Temperaturen wenig über $0°$ C zu wachsen. Konserven, die mit ihm infiziert sind, zeigen starke Bombagen.

CAMERON und ESTY[1] teilen die am Verderb eingedoster Lebensmittel beteiligten Formen in 4 Klassen:

I: auf schwach saurem Substrat, $p_H = 5$ und höher.

Fleisch und Fischprodukte, Milch und gewisse Gemüsekonserven. Die mesophilen anaeroben Buttersäurebakterien sind die wichtigsten Vertreter dieser Gruppe.

II: auf mittel saurem Substrat, $p_H = 5$ bis $4,5$.

---

[1] CAMERON und ESTY: J. Assoc. Off. Agr. Chem. Aug. 1940.

Fleisch- und Gemüsemischungen, Nährmittel (Spaghetti), Suppen und Saucen. Einige, der in Gruppe I erwähnten Bakterien können sich noch entwickeln, doch verlaufen die Vorgänge ohne Gasbildung.

III: auf saurem Substrat, p_H = 4,5 bis 3,7.

Tomaten, Äpfel, Feigen, Ananas. Verderber sind neben sporenlosen Säurebildnern anaerobe Sporenbildner der Gattung Clostridium Pasteurianum.

IV: auf stark saurem Substrat, p_H = 3,7 und darunter.

Kraut, Pökelware, Beerenobst, Citrusfruchtsäfte, Rhabarber. Sie werden im allgemeinen nicht von Sporenbildnern befallen.

Nicht minder groß ist der Verderb nicht eingedoster Lebensmittel. Auch hier stehen die Erreger der Eiweißfäulnis im Vordergrund. Zweckmäßige Aufbewahrung, insbesondere Kühllagerung, ist unumgänglich notwendig.

Schönberg[1] weist neuerdings darauf hin, daß außer den echten Fleischvergiftern (Paratyphus, Enteritis, Bac. botulinus) den sogenannten unspezifischen bakteriellen Lebensmittelvergiftungen, vor allem Fäulnisintoxikationen, größere Aufmerksamkeit zu schenken sei.

Während die Toxine der Fleischvergifter mit Sicherheit durch Hitzedenaturierung ihre Giftwirkung verlieren, können die Produkte des Fäulnisabbaus, insbesondere gewisse Amine, durch Hitze nicht sicher unwirksam gemacht werden. Das ist von großer praktischer Bedeutung für die Herstellung von Fleisch- und Fischkonserven und von Fischräucherwaren. Neben typischen anaeroben Fäulniserregern wie Bac. putrificus, Bac. phlegmones emphysematosae, Bac. saccharobutyricus mobilis soll auch den Eigentoxinen bestimmter Proteus- und Colistämme Beachtung geschenkt werden.

II. Schimmelpilze und Hefen.

Eine große Bedeutung in der Lebensmitteltechnik kommt den Schimmelpilzen und Hefen zu. Sie bewirken erwünschte Veränderungen, aber auch unerwünschte, die zum Verderb von Lebensmitteln führen.

Formen, die unmittelbar mit der Mikrobiologie der Nahrungsmittel in Beziehung stehen, sollen hier aufgeführt werden.

Die Mucorineen = Köpfchenschimmel.

Rhizopus nigricans (= Mucor stolonifer).

Weit verbreitete Form in vielen Böden. Beteiligt am Verderb von Früchten. Aufbewahrung derselben bei Temperaturen unmittelbar unter dem Gefrierpunkt (unter —1° C) schützt vor Verderb durch diesen Pilz. Brauereischädling, häufig auf Malz vorkommend, s. Abb. 29 b.

Mucor Rouxii hat technische Bedeutung erlangt und dient zur Hydrolyse von Stärke. Dasselbe gilt z. T. auch für Mucor javanicus, der neben der Stärkehydrolyse auch noch bis zu 6% Alkohol zu bilden vermag.

Thamnidium chaetocladioides.

Macht mageres Fleisch braun und klebrig, geringe CO_2-Konzentrationen vermögen den Pilz wesentlich zu hemmen, ebenso tiefe Temperaturen.

Thamnidium elegans gedeiht häufig auch auf feuchtem Brot.

---

[1] Schönberg, F.: Tierärztl. Umsch. 4, 149 (1949).

Die Ascomyceten.

Aspergillus — Penicillium — Citromyces.

a) Aspergillus (Gießkannenschimmel), weit verbreitete Gattung.

Aspergillus glaucus-Gruppe.

Bekannte und häufige Formen des Nahrungsmittelverderbs. Optimale Entwicklung bei 25° C. Befallen werden hauptsächlich kohlenhydrathaltige Substrate. Proteolyse sehr gering. Ertragen hohe osmotische Konzentrationen ebenso wie niedrige relat. Feuchtigkeit. Technische Bedeutung besitzt Asp. oryzae. Optimale Temperatur 35 bis 40° C. Reich an diastatischen und proteolytischen Enzymen.

Aspergillus niger.

Myzel weiß ——→ gelb ——→ braun. Im Zustand starker Konidienbildung braun bis schwarz. Charakteristische starke Säurebildung im oxydativen Stoffwechsel (Citronen- und Gluconsäure). Alkoholbildung unter anaeroben Bedingungen. Weitgehend am Verderb pflanzlicher Produkte beteiligt.

β) Penicillium (Pinselschimmel) in zahlreichen Arten verbreitet und wie Aspergillus von verschiedener Farbe.

Penicillium glaucum Link.

Von blaugrüner Farbe, kommt auf verschiedenen Nahrungsmitteln vor und gedeiht auch noch bei verhältnismäßig niederer Temperatur. Häufige Form der Gärungsindustrie; auf Malz, als Krankheitserreger in Wein durch Bildung unangenehmer Geruchs- und Geschmacksstoffe.

Penicillium commune Thom.

Keller- oder Stinkschimmel, auf Nahrungsmitteln sehr verbreitet; wegen des starken Geruchs und Geschmacks sowie durch sein starkes Fettspaltungsvermögen (Ketonranzigkeit) in der Butterei besonders unangenehm. Dringt in Hartkäse nach Verletzung der Rinde und führt zu völliger Verschimmelung.

Penicillium biforme.

Auf Käse und Früchten weit verbreitet mit unangenehmer Geruchsbildung.

Penicillium camemberti.

Blauer Camembertschimmel, zur Herstellung von Camembertkäse. Ohne Geruch! Ähnlich Pen. Roquefortii.

Penicillium brevicaule.

Käsekrebs, mit niederem, krustigem Wachstum und starker Ammoniakbildung. Dadurch und durch Angriff über Rindenverletzung starke Wertminderung von Käse. Hat außerdem die Fähigkeit, aus arsenhaltigen Substraten Diäthylarsin (Knoblauchgeruch) zu bilden. Arsenfreies Einwickelpapier für Molkereiprodukte!

γ) Citromyces Wehmer mit Penicillum weitgehend übereinstimmend.

Besonders bemerkenswerte Gruppe von Schimmelpilzen bezüglich ihrer Säurebildung. Technisch ausgenützt zur Citronensäuregewinnung.

III. Fungi imperfecti.

Gruppe von Pilzen, bei denen nur ungeschlechtliche Fortpflanzung bekannt ist oder das konidienbildende Stadium so völlig überwiegt, daß der Name des imperfekten Stadiums beibehalten wurde.

Nur diejenigen Formen, welche lebensmitteltechnisch von Bedeutung sind, werden hier aufgeführt.

Candida vulgaris (Monilia candida).

Besitzt gleichermaßen Hefen- und Schimmelpilzcharakter, was auch für die folgenden Monilien gilt. Der Pilz befällt Früchte und kommt in Lagerräumen vor. Bewirkt alkoholische Gärung.

Monilia vini.

Besonders kräftiger Gärungserreger, der auch in Weinen noch den Restzucker vergären kann.

Monilia nigra.

Der Pilz bildet Dauerzellen, die dunkelgefärbt sind. Neben Vermögen der Alkoholbildung Schädigungen an Lebensmitteln. Teigwaren zeigen sog. Blaufäule, Burri und Staub[1] fanden schwarze Flecken auf Käserinden; ferner Schädigungen in rohem Rohrzucker. Wegen des starken Fettspaltungsvermögens auch als Butterschädling auftretend.

Oospora lactis (Oidium lactis).

Der weiße Milchschimmel ist eine der häufigsten Schimmelarten der Milch. Typisch für ihn ist, daß die weißen Hyphen leicht in verschieden große, zylindrische Stücke, die Oidien, zerfallen (s. Abb. 23). Durch deren Auskeimen entstehen wieder neue Myzelien. In vielen Rassen vorkommend. Er kann in Molkereibetrieben große Schäden verursachen. Üppigste Entwicklung in saurer Milch. Durch seine Fähigkeit, Fettsubstanzen abzubauen, kann er am Verderb von Butter und Margarine wesentlich beteiligt sein. Tritt auch in Hefefabriken auf und wächst dort z. B. auf Preßhefe sehr üppig, was zu Wertminderungen derselben führt. Der Pilz verfügt ferner über proteolytische Enzyme. Nach Heintzeler[2] ausgesprochen hygrophil. Maximum der Keimung bei 10°C und 92,6% relativer Luftfeuchtigkeit. Optimale Wachstumstemperatur bei 28° C, Maximum bei 37,5° C (nach Hansen), Wachstumshemmung schon bei 10° C. Die Oidien können Erhitzen auf 57° C in Sahne 30 Minuten lang ertragen Temperatur von 62,8° C tötet die Zellen.

Botrytis cinerea (Sclerotinia fuckeliana de Bary).

Botrytis cinerea, der Grauschimmel, ist die Konidienfruktifikation des Ascomyceten Sclerotinia fuckeliana. Der Pilz kommt häufig auf Früchten vor und befällt besonders Weintrauben. Indem er die Edelfäule erzeugt, erweist er seinen Nutzen, als Sauerfäuleerreger tritt er als Schädling auf. Stevens und Hawkins[3] berichten auch über Schäden an Stachelbeeren, wobei die Botrytisinfektion durch Feuchtigkeit und tiefe Temperatur begünstigt wird. Auch Auftreten auf gefrorenem Fleisch wurde festgestellt. Die Konidien des Pilzes sollen durch 0,4% Phenol abgetötet werden.

Fusarium.

Artenreiche Pilzgruppe, die an den meist sichelförmigen mehrzelligen Konidien leicht zu erkennen ist, s. Abb. 34. Fusarium sarcochroum kann Käse schädigen, indem es ihn mit einer schmierigen, braunen Schicht überzieht. Spielt auch beim Ranzigwerden der Butter eine Rolle.

Cladosporium herbarum.

Der in mehreren Arten vorkommende Pilz bildet Mycelien, die anfangs hellgrün sind und braun bis schwarz werden, wobei sie dann leicht an der dunkelgefärbten Unterseite auf Gelatinenährböden zu erkennen sind (*Schwärzepilz*).

[1] Burri u. Staub: Landw. Jb. Schweiz. 23 (1909).
[2] Heintzeler, J.: Arch. f. Mikrobiol. 10, 92 (1939).
[3] Stevens a. Hawkins: Ice and Refrig. 59, 375 (1925).

Cladosporium herbarum erträgt Salzkonzentrationen von 2 bis 3 mol/l und zeichnet sich durch starkes Fettspaltungsvermögen aus, weshalb er in der Butterei sehr schädlich ist.

Dematium pullulans.

Die Konidienform des Ascomyceten Sphaerulina intermixta ist als Dematium pullulans bekannt. Dauerzellen des Pilzes (Gemmen) nehmen schon nach wenigen Tagen dunkle, schwarzwerdende Tönung an. Er ist in der Lage, Zucker zu vergären, verursacht Schleimigwerden des Weins und besitzt reichlich proteolytische Enzyme. Als Schädling auf Früchten, Malz, ferner am Verderb von Eiern beteiligt. s. Abb. 37.

Hefepilze und hefeähnliche Pilze.

Als Hefen pflegt man einzellige Pilze zu bezeichnen, die sich durch Sprossung vermehren. Soweit sie Ascosporen bilden, werden sie als Saccharomyceten zu den Ascomyceten gestellt, geht ihnen diese Fähigkeit ab, rechnet man sie als hefeähnliche Pilze zu den Fungi imperfecti.

Viele der verschiedenen Hefearten finden sich in Nahrungsmitteln und Getränken und verursachen häufig Schädigungen derselben. Milchzuckerhefen kommen z. B. in der Milch vor, vergären den Milchzucker und spalten Fett (Ranzigkeitspilze). Auch in der Harzkäserei treten sie als Schädlinge auf, indem sie durch Alkoholbildung den Nährboden für Essigsäurebakterien bereiten. Torulaarten kommen in gezuckerter Kondensmilch vor und können Bombagen verursachen. Auf Sauergurken, Sauerkraut, in Bier, Wein und Essig finden sich oft Kahmhefen, wo sie durch Aufzehren der Säure die Fäulnis beschleunigen. Auch das Ranzig- und Seifigwerden der Butter kann durch Kahmhefen bewirkt werden.

H. Einfache mikrobiologische Untersuchungs-Methoden.[1,2]

Zur Beobachtung und Bestimmung von Mikroorganismen ist das Mikroskop vielfach unumgänglich notwendig. Seine Handhabung wird als bekannt vorausgesetzt. Hier soll nur insoweit darauf Bezug genommen werden, als zur Erklärung einiger Untersuchungsverfahren notwendig erscheint.

I. Das Messen von Mikroorganismen.

In manchen Fällen ist die Bestimmung der Größenverhältnisse von Bakterien oder Pilzzellen erforderlich. Man benützt dazu ein sog. *Okular-Mikrometer*, das aus einem Glasplättchen samt Skala mit $^1/_{10}$ mm (= 100 μ) Einteilung besteht. Abb. 43.

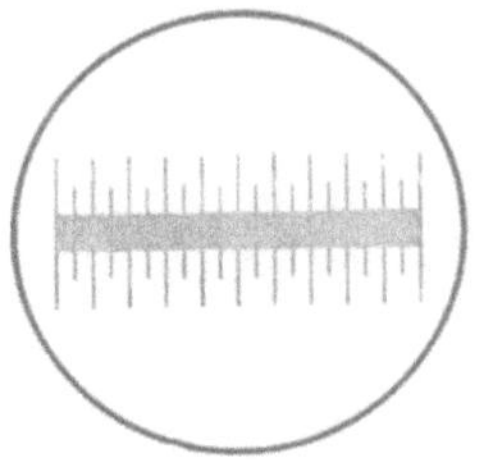
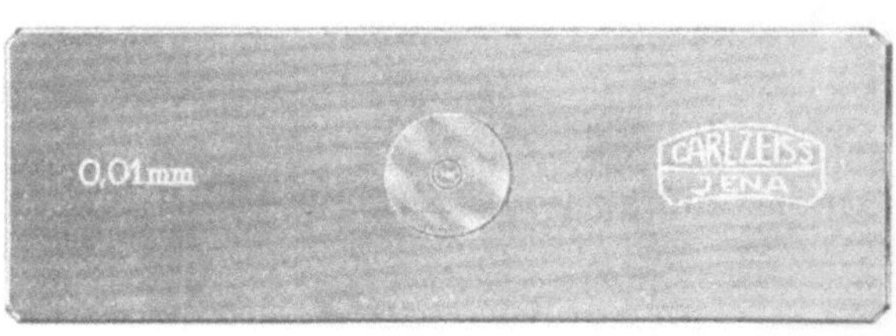

a *b*

Abb. 43. Objektmikrometer. *a* Teilung, Vergr. 24fach, *b* Gesamtansicht (Aus *A. Janke*).

[1] JANKE, A.: Arbeitsmeth. d. Mikrobiol. I. Bd. Dresden u. Leipzig: Steinkopff 1946.
[2] MEYER, H.: Mikrobiol. Prakt. Wolfenbüttel u. Hannover: Wolfenbütteler Verlagsanstalt 1948.

Es wird auf die Gesichtsfeldblende des Okulars aufgelegt. Mit Hilfe dieses Okularmikrometers werden die Teilstriche festgestellt, die vom Objekt bedeckt werden. Zur Bestimmung des absoluten Wertes des Teilstrichintervalls muß man aber das Okularmikrometer eichen. Dazu bedient man sich des Objektmikrometers. Es besteht aus einem Deckglas mit einer Skala mit $^1/_{100}$ mm Teilung (1 Teilstrich = 10 μ), das einem Objektträger fest aufgekittet ist. Das Objektmikrometer wird auf den Mikroskoptisch gelegt und das im Okular befindliche Okularmikrometer wird dann so eingestellt, daß die Nullpunkte beider Skalen zur Deckung kommen. (Abb. 40). Aus dem Vergleich der Skalen ergibt sich der Mikrometerwert: wenn a Teilstriche des Objektmikrometers b Teilstriche des Okularmikrometers decken, ist der Mikrometerwert $\dfrac{a \cdot 10}{b}$ (bei $^1/_{100}$ mm Teilung des

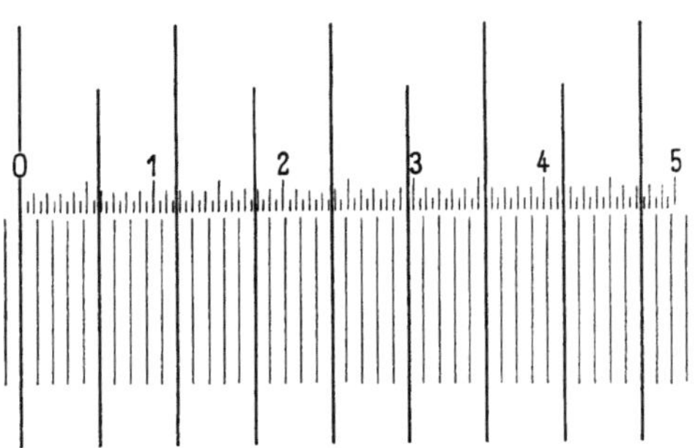

Abb. 44. Eichen des Okularmikrometers (Vergr. $\approx$ 153 fach). Die Skala des Okularmikrometers weist die Ziffern auf. (Aus *A. Janke*).

Objektmikrometers und $^1/_{10}$ mm Teilung des Ocularmikrometers). Wenn z. B. b = 13 Teilstrichen oben a = 11 Teilstriche unten entsprechen, dann ist der Mikrometerwert 8,46 μ.

II. Das mikroskopische Präparat.

Einfache mikroskopische Präparate werden auf Objektträgern untersucht. Man bringt einen Tropfen Wasser darauf und gibt das betreffende Objekt mit einer Präpariernadel in den Tropfen und bedeckt mit einem Deckglas.

Vom Objekt darf nur eine geringe Menge in den Wassertropfen gelangen, um Einzelheiten deutlich erkennen zu lassen. — Das Objekt darf nicht schwimmen (Absaugen überschüssigen Wassers mit Filtrierpapier). — Im Präparat befindliche Luftblasen kann man durch schwaches Erwärmen entfernen.

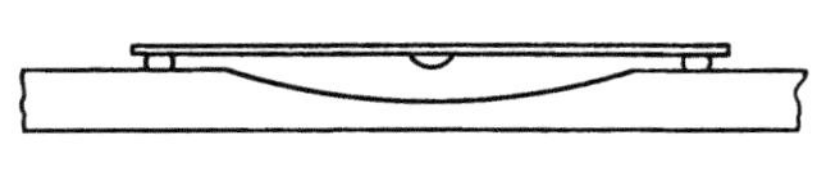

Abb. 45. „Hangender Tropfen" (Vergr. 2-fach) aus *A. Janke*.

Zur Beobachtung lebender Mikroben benützt man Hohlschliffobjektträger. Der Hohlraum wird mit einem Deckglas, welches in einem Tropfen das zu untersuchende Objekt enthält, abgedeckt (hängender Tropfen, feuchte Kammer). Abb. 45.

III. Gefärbte Präparate.

Färbung der Mikroorganismen ist häufig notwendig, um sie leichter zu erkennen und um Inhaltsstoffe nachzuweisen.

Zellinhaltsstoffe. *Glykogen:* Nachweis mit Lugolscher Lösung. Glykogen färbt sich dabei rotbraun. Die Färbung verschwindet bei Erwärmung auf 70° C und erscheint wieder beim Erkalten.

Iogen (Kohlenhydrat). (Granulose): Blaufärbung mit Jodlösung.

Volutin (Phosphorhaltiges Reserveeiweiß): Bakterien- oder Hefeaufschwemmung zentrifugieren, Bodensatz mit Formalin versetzen und 2 Stunden unter zeitweisem Umschütteln stehen lassen. Nach nochmaligem Zentrifugieren Einbringen einer kleinen Menge des Bodensatzes in 1%ige Methylenblaulösung auf dem Objektträger. Etwa 15 Minuten später zugesetzte 1%ige H_2SO_4 färbt die Volutinkörperchen blau, der Rest des Zellinhaltes bleibt farblos.

Fett: Fettstoffe färben sich mit Sudan III rot (0,01 g Sudan III in 100 ccm einer Mischung gleicher Teile Glycerin und Alkohol).

Nachweis toter Zellen: Tote Hefezellen z. B. färben sich mit Methylenblaulösung durch Absorption des Farbstoffes stark an, während lebende Zellen ungefärbt bleiben.

Färbung von Trockenpräparaten. Zur Herstellung gefärbter, trockener Präparate werden fettfreie Objektträger benutzt. Ein Tropfen der Mikrobensuspension wird daraufgebracht und ausgestrichen. Dann wird er über der Flamme durch langsames Erwärmen eingetrocknet. Das so fixierte Präparat kann nun gefärbt werden. Eine Farblösung wird dabei dem fixierten Objekt auf dem Objektträger zugesetzt; man läßt sie etwa 2 bis 5 Minuten einwirken. Nach gründlichem Abspülen mit Wasser und sorgfältigem Abtrocknen kann das Objekt als Deckglaspräparat mikroskopiert werden.

Die Gramsche Färbung:

Die von GRAM geschaffene Färbemethodik hat in der Bakteriologie große Bedeutung erlangt. Sie beruht auf dem Verhalten der Bakterien und größeren Pilzzellen gegenüber Farbstoffen der Pararosanilinreihe (Gentianaviolett, Kristallviolett) unter Zugabe von Beizen und Nachbehandlung mit Lugolscher Lösung und Alkohol. Wird dabei der Farbstoff festgehalten, so spricht man von grampositiven, tritt Entfärbung ein, von gramnegativen Formen. Die Gramsche Färbung dient zum Bestimmen der Bakterien; grampositiv sind: Strepto-, Staphylo-, Mikrokokken, Sarcinen, Propionsäure-, Strepto- und Thermobakterien, Bacillen, Myko- und Corynebakterien, Aktinomyceten und Sproßpilze (Hefen!). Gramnegativ sind: Gono- und Meningokokken, die meisten Kurzstäbchen, die Proteusgruppe und die Vibrionen.

Gang der Färbung[1]:

1. Ausstrich lufttrocknen lassen, durch dreimaliges kurzes Durch-die-Flamme-Ziehen fixieren.
2. 2 Minuten färben mit Karbolgenlianaviolett.
3. 1 Minute behandeln mit Lugolscher Lösung.
4. Abspülen unter der Wasserleitung.
5. Differenzieren mit 96 %igem Alkohol, etwa 10 bis 20 Sekunden.
6. Abspülen unter der Wasserleitung.
7. Mikroskopische Kontrolle.
8. Gegenfärbung mit stark verdünntem Karbol-Fuchsin.

Sporenfärbung. Die Sporen der Bakterien und Hefen verhalten sich im Vergleich zu den vegetativen Zellen deutlich anders, insofern als sie in abgetötetem Zustand Farbstoffe schwerer aufnehmen, bei Entfärbung diese aber viel intensiver festhalten.

Möllersche Sporenfärbung[2]:

1. Ausstrich lufttrocknen lassen, Flammenfixage.
2. Behandlung mit 5 %iger Chromsäure kalt, oder 5 %igem Phenol heiß, 2 Minuten.
3. Abspülen mit Wasser.
4. Färben mit Karbol-Fuchsin, eine Minute heiß.
5. Abspülen mit Wasser.
6. Einige Sekunden differenzieren in 5 %iger Schwefelsäure.
7. Kräftig unter der Wasserleitung abspülen.
8. Mikroskopische Kontrolle.
9. Gegenfärbung mit wäßrigem Methylenblau, 5 Minuten.

IV. Zählen von Mikroorganismenzellen.

Die Feststellung der in einem Medium (Milch, Hefeaufschwemmung) vorhandenen Menge von Zellen erfolgt durch Zählen.

Die direkte Keimzählung mit der Thomaschen Zählkammer:

Man entnimmt einer Suspension der Mikroben mit einer Pipette 3 ccm. Zur Trennung vielfach aneinander haftender Zellen fügt man noch 1 ccm verd. H_2SO_4 (1:10) hinzu und schüttelt gut durch. Von dieser Suspension wird ein Tropfen (mit Pipette) auf die Zählplatte der Thomaschen Zählkammer gegeben und mit einem Deckglas bedeckt. Die überschüssige Flüssigkeit wird dabei in die auf dem Objektträger der Kammer befindlichen Rillen gedrängt. Ein Eindringen von Flüssigkeit zwischen Deckglas und Objektträger außerhalb der Rille muß unbedingt vermieden werden. Es erfolgt dann das Auszählen der Zellen

---

[1], [2] Einzelheiten der Verfahren siehe Fußnote 1 auf Seite 217.

in den Quadranten der Zählplatte. Die Durchschnittszahl der gefundenen Zellen a ergibt die Zellenzahl je 0,1 mm³ Flüssigkeit, dementsprechend je ccm die 10000-fache Menge. Unter Berücksichtigung der zugegebenen Schwefelsäure ergibt sich die Zahl der Zellen je ccm unverdünnter Flüssigkeit zu $\dfrac{a \cdot 10000 \cdot 4}{3}$.

Die indirekte Keimzählung nach dem Kochschen Plattenverfahren:

Hier wird der Keimgehalt aus der Zahl der auf einem Nährboden wachsenden Zellkolonien ermittelt. Dabei wird nur die Zahl der lebenden Zellen erfaßt und auch nur die, welche auf dem betreffenden Nährboden sich entwickeln. Der festgestellte Keimgehalt bleibt deshalb hinter dem tatsächlichen zurück.

Zur Bestimmung wird aus der betreffenden Probe 1 ccm abpipettiert und in einem Schüttelfläschchen mit 9 ccm sterilem Wasser vermischt. Nach öfterem

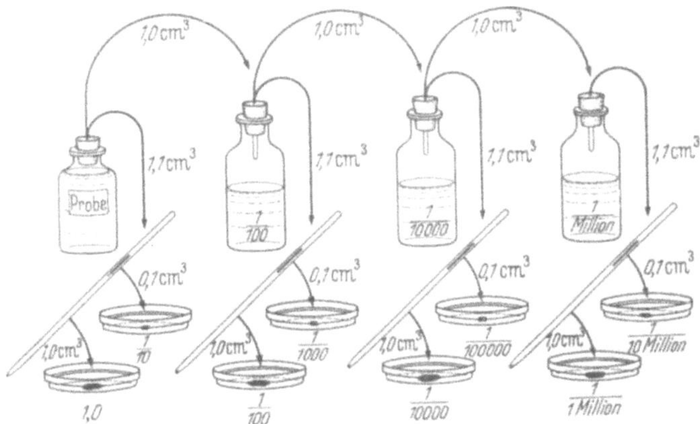

Abb. 46. Schema für die Milchverdünnung bei der *Kochschen* Plattenmethode.
(Nach *K. J. Demeter*).

Schütteln wird daraus wieder 1 ccm Flüssigkeit entnommen und zu 9 ccm sterilem Wasser gegeben. Diese Verdünnungsreihe kann man noch fortsetzen, wenn der Keimgehalt vermutlich ein hoher ist. Von den jeweiligen Verdünnungsstufen überführt man je 1 ccm in eine sterile Petrischale und gießt den flüssigen Nährboden (Gelatine bei 35° C, Agar bei 60° C) dazu, mischt gut durch und läßt erstarren. Nach Erstarren des Nährbodens gibt man die Petrischalen in einen Thermostaten (nur die mit Agarnährboden). Sobald sich die Kolonien gebildet haben, wird ausgezählt. Jede gebildete Kolonie entspricht

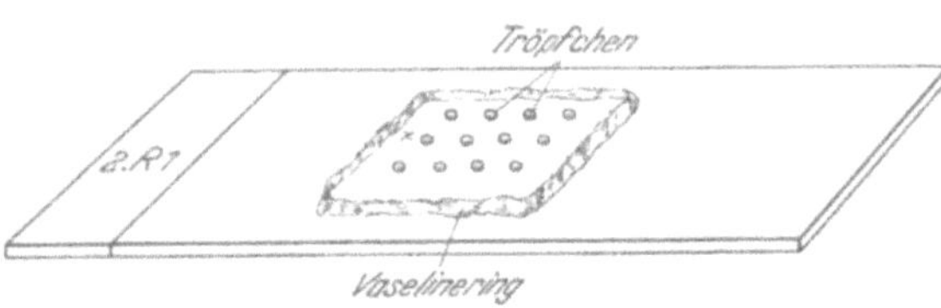

Abb. 47. *Lindnersches* Tröpfchenverfahren. 2. R 1 = 2. Reihe 1 Tröpfchen mit einer Zelle.

dabei einer Zelle, von der aus die Kolonie sich entwickelt hat[1] (Abb. 46). Zu beachten ist, dass es in einzelnen Fällen nur schwer gelingt, die Zellen voneinander zu trennen.

---

[1] Demeter, K. J.: Abderhalden E.: Hb. biol. Arbeitsmeth. XII, Teil II, H. 5, 682, Berlin/Wien: Urban u. Schwarzenberg 1934.

Das Kochsche Plattenverfahren ist gleichzeitig auch eine Methode zur Herstellung einer *Reinkultur*, wenn jede Kolonie aus einer einzigen Zelle hervorgegangen ist.

Eine andere Reinkulturmethode ist die nach LINDNER[1]. Schimmelpilzsporen, Hefen oder Bakterien werden in einer Würzelösung aufgeschwemmt. Wenn durch wiederholte Verdünnungen eine möglichst geringe Zahl von Zellen in einem Tropfen vorliegt, werden mit einer sterilen Zeichenfeder kleine Pünktchen auf ein steriles Deckglas geschrieben, das in eine feuchte Kammer gelegt wird. Tröpfchen mit nur einer Zelle werden markiert (Abb. 47). Mit einem Stückchen sterilem Filtrierpapier, das ein solches Tröpfchen aufsaugt, wird eine sterile Würzelösung beimpft, in der sich dann aus der einzigen Zelle eine Kolonie entwickelt, die zu weiterem Abimpfen verwendet werden kann.

J. Nährböden.

Die Züchtung von Mikroorganismen erfolgt auf Nährböden. Für sie gilt als notwendige Voraussetzung, daß sie die Stoffe enthalten, welche für die normale Entwicklung der zu bildenden Organismen erforderlich sind.

Die am häufigsten in der Mikrobiologie verwendeten festen Nährböden sind Nährgelatine und Nähragar.

Nährgelatine durch Zusatz von 10 bis 15% Gelatine zu Fleischbouillon (Fleischbouillongelatine). Die Gelatine bildet eine Gallerte, die bei etwa 25° C schmilzt und bei 20° C erstarrt (Konzentrationserhöhung verschiebt die Werte nach oben). Starkes Erhitzen der Gelatinenährböden führt zu Hydrolyse, wobei das Erstarrungsvermögen verlorengeht. Autoklavieren ist ebenfalls zu vermeiden. Auch p_H-Werte unter 5 beeinträchtigen das Erstarrungsvermögen. Die charakteristische Verflüssigung von Gelatine durch zahlreiche Mikroorganismen ist von großer diagnostischer Bedeutung.

Nähragar durch Zusatz von 1,5 bis 2,5% Agar zu Nährlösungen z. B. Würze (Würzeagar). Agar wird abweichend von Gelatine erst bei 90—100° C flüssig, sein Erstarrungspunkt liegt bei etwa 40 bis 45° C.

Da Handelsagar Stoffe enthält, die das Mikrobenwachstum beeinflussen, ist gründliches Wässern (3 Tage in fließendem Wasser) erforderlich.

I. Reaktion der Nährböden[2].

Besondere Beachtung muß der Reaktion der Nährböden geschenkt werden. Die Bakterien lieben im allgemeinen neutrale oder schwach alkalische Substrate, Sproß- und Schimmelpilze bevorzugen saure Nährböden.

Bestimmung des p_H der Nährböden kann kolorimetrisch oder elektrometrisch erfolgen.

II. Filtration und Klärung der Nährböden.

Vielfach ist es nötig mit klaren Nährböden zu arbeiten. Im einfachsten Fall erreicht man das durch Filtrieren. Soweit kolloidale Trübungen durch Filtration nicht beseitigt werden können, ist Klärung mit Eiweiß erforderlich.

III. Die Sterilisation der Nährböden.

Die Sterilität der Nährböden ist Voraussetzung für eine einwandfreie Untersuchung von Mikroorganismen.

---

[1],[2] JANKE, A.: vgl. Fußnoten S. 217.

1. Sterilisation durch Filtration (Mikrobenfiltration) mit Hilfe von bakterienundurchlässigen Filtern (Berkefeldfilter). Das zu entkeimende Substrat erfährt dadurch eine möglichst schonende Behandlung.

2. Sterilisation durch Dampf.

Anwendung von strömendem Dampf (Dampftopf) und gespanntem Dampf (Autoklav).

Im strömenden Dampf wird bei Atmosphärendruck eine Temperatur von 100°, bei 2 Atmosphären eine solche von 120° erreicht. Temperaturen über 120° C sind aber im allgemeinen zur Entkeimung der Nährböden nicht geeignet, weil diese dann verändert werden (Agarnährböden verlieren Gelierfähigkeit).

Chemische Sterilisationsmethoden kommen für Nährböden kaum in Frage, weil sie meist eine bleibende Veränderung derselben bewirken.

Entsprechend den verschiedenen Ansprüchen, welche Bakterien und Pilze an Nährsubstrate stellen, kommen zu den oben erwähnten Grundnährböden noch zahlreiche Spezialnährböden, auf die nicht näher eingegangen werden kann. Ein Teil derselben ist in Tablettenform (Standardnährböden) im Handel erhältlich. Hier sei nur noch auf die zahlenmäßige Bestimmung von Colibakterien hingewiesen (Colititer).

Neuerdings hat sich zum Nachweis von Bact. coli die Membranfiltermethode gut bewährt. Dabei können beliebig große Wassermengen in einer Filterapparatur durch ein bakteriendichtes Membranfilter (durch Auskochen vorher zu sterilisieren) filtriert werden. Das Filter wird dann auf einen Spezialnährboden (Fuchsin-Milchzuckeragar nach Endo[1]) aufgelegt. Während der anschließenden Bebrütung bei 37° C diffundieren die Nährstoffe in das Filter und es bilden sich auf dem Filter die typischen Coli-Bakterienkulturen mit Fuchsinglanz aus. Nach eintägiger Bebrütung erfolgt die Auszählung der Kolonien.

---

[1] Habs, H.: Bakteriologisches Taschenbuch, 35. Aufl., Leipzig: Barth 1951.

Biologische Grundlagen der Frischhaltung pflanzlicher Lebensmittel.

Von Prof. Dr. phil. **Karl Paech**.

Botanisches Institut der Universität Tübingen.

Mit 13 Abbildungen.

A. Einleitung.

Frisches Obst und Gemüse nehmen unter unseren Lebensmitteln insofern eine ganz besondere Stellung ein, als sie *lebende* Pflanzenteile (Früchte, Blätter, Stengel usw.) darstellen, die auch nach dem Ablösen von der Mutterpflanze, also nach der Ernte, ihre Lebenstätigkeit so lange fortsetzen, bis sie infolge der natürlichen Alterung sterben, aus Mangel an Reservestoffen verhungern oder durch Eingriffe von außen abgetötet werden. Schon bei der üblichen Aufbewahrung im frischen Zustand verbrauchen sie einen Teil der aufgespeicherten Inhaltstoffe, aber mit ihrem Tode ändert sich ihr Verhalten grundlegend: es setzt sofort ein mehr oder weniger rascher, unter gewöhnlichen Bedingungen unaufhaltsamer Verderb ein. Auch alle übrigen Nahrungsmittel stammen zwar von lebenden Wesen ab, aber sie treten — von unbedeutenden Ausnahmen, wie z. B. lebenden Krebsen, abgesehen — nur als abgetötete Organismen, z. B. Fleisch und Fisch, oder als unbelebte Produkte, z. B. Milch, Butter, Mehl und Öl, in das Gebiet der Lebensmitteltechnik ein. Frisches Obst und Gemüse unterliegen nicht nur den Gesetzen, die für die organische Substanz gelten, sondern auch denen, die die lebenden Organismen beherrschen und die dem Transport, der Lagerung und der Frischhaltung der pflanzlichen Lebensmittel ganz besondere, und zwar recht schwierige Aufgaben stellen.

Die für die Lebensmitteltechnik wesentlichen Unterschiede zwischen Lebewesen und abgetöteten Organismen bzw. unbelebter Materie liegen in folgenden Eigentümlichkeiten:

1. Die lebende Substanz (das Plasma) weist jenseits der optischen Auflösbarkeit eine spezifische Feinstruktur auf, die nur unter Zuführung von Energie im lebensfähigen Zustand erhalten bleibt (Struktur- oder Erhaltungsenergie) und die mit dem Tode irreversibel verlorengeht.

2. In jeder lebenden Einheit läuft beständig ein Stoff- und Energieumsatz ab, dessen allgemeinster Vorgang die Atmung ist. Sie bedarf bei Pflanzen ebenso wie bei Tieren und Menschen der Zufuhr von Sauerstoff (frischer Luft) und scheidet als Endprodukt fortwährend Kohlendioxyd aus. Auch in den sog. ruhenden Pflanzenorganen, z. B. bei entlaubten Bäumen im Winter, bei Knollen, Zwiebeln usw., läuft der Stoffwechsel, wenn auch auf ein Minimum herabgesetzt, weiter. Nur in ausgetrockneten Samen und Sporen kann er praktisch auf Null absinken.

3. Der Stoffwechsel der Organismen ist so geartet, daß er gegen die Kräfte, die zum Ausgleich von Potentialgefällen führen, ein System von Ungleichgewichten aufrechterhält, freilich unter dauernder Zuführung von Energie und damit in Übereinstimmung mit dem 2. Hauptsatz der Thermodynamik.

4. Alle in diesen Ungleichgewichten ablaufenden Prozesse sind harmonisch miteinander verknüpft und aufeinander abgestimmt, so daß sie den Aufbau, die Erhaltung und die Fortpflanzung des Individuums sicherstellen. Eine plötzliche tiefgreifende oder dauernde geringe Störung dieser Harmonie führt zu Krankheit oder Tod. Das gesunde Zusammenspiel aller Lebensvorgänge ist nur unter bestimmten Umweltbedingungen möglich, die für die einzelnen Arten der Organismen verschieden gelagert sind. Jede Pflanze ist z. B. nur innerhalb eines bestimmten Temperaturbereichs lebensfähig. Jenseits einer unteren und oberen Temperaturgrenze zerfällt das System der Lebensprozesse in ein chaotisches Durcheinander.

Andere für die Lebensmittelfrischhaltung jedoch zurücktretende Eigentümlichkeiten lebender Organismen sind die Fähigkeit der Ernährung aus organfremden Stoffen (die Assimilation), das Wachstum, die Fortpflanzung und die Ergänzung lebenswichtiger Teile (Restitution).

B. Der Aufbau der Pflanzen.
I. Die Zelle.

Der Körper der höheren Pflanzen, die uns Obst und Gemüse liefern, gliedert sich in 3 voneinander wesentlich verschiedene Organe: die Wurzel, den Stengel und das Blatt. Alle anderen Pflanzenteile, z. B. Blüten, Früchte, Knollen usw., sind nur Abwandlungen (Metamorphosen) dieser Grundorgane. Jedes pflanzliche Organ, z. B. ein Apfel oder ein Spinatblatt, ist seinerseits aus einer großen Zahl mikroskopisch kleiner Bausteine, den *Zellen*, zusammengesetzt. Diese kleinsten lebenden Einheiten, die mit ihrer Wand und dem zentralen Hohlraum winzigen Kämmerchen gleichen, sind einer erstaunlichen Arbeitsteilung entsprechend in sehr verschiedenen Formen ausgebildet. Alle Lebenserscheinungen gehen letztlich von der Einzelzelle aus. Die lebende Zelle ist der Organismus, auf den alle Funktionen der ganzen Pflanze bezogen werden müssen und von dem das Verhalten der ganzen Pflanze bestimmt wird. Die restlose Aufklärung der Eigenschaften und Fähigkeiten der Zelle würde den Hauptteil aller pflanzlichen Lebensäußerungen durchsichtig machen. Heute ist die lebende Zelle jedoch noch die rätselhafteste Einheit, mit der sich die Naturwissenschaft zu beschäftigen hat. Ein Atom, das unvergleichlich viel kleiner ist als eine Zelle, ist uns in seiner Struktur wesentlich besser bekannt als der Feinbau einer lebenden Zelle und als die strukturellen Bedingungen ihres wunderbar harmonischen Geschehens.

Ihrer speziellen Aufgabe sind die pflanzlichen Zellen nicht nur durch ihren inneren Aufbau, sondern auch durch ihre Größe und Form angepaßt. Die häufigste Gestalt der Zellen, die wir in Blättern, der Rinde, dem Mark und in den meisten übrigen „Grundgeweben" finden, hat nach allen drei Dimensionen des Raumes die gleiche Ausdehnung von etwa 0,015 bis 0,065 mm. Die Zellen vieler Speicherorgane (Früchte, Knollen, Zwiebeln) sind aber im allgemeinen wesentlich größer (0,1 bis 1 mm im Durchmesser) und oftmals sogar mit bloßem Auge zu unterscheiden, so z. B. bei einer mürben Birne, im saftigen Teil der Citrus-Früchte oder einer *mehligen* Kartoffel. Die meist ansehnliche Länge der mechanischen Elemente, der Bast- und Holzfasern, ist gleichfalls eine Anpassung an ihre

Funktion; sie erreichen in ihrer Längsausdehnung gewöhnlich 1 bis 2 mm. Beim Lein- und Hanfbast messen sie 10 bis 20 mm, und bei einigen Nesselarten, die ebenfalls technisch verwertet werden, sind sie bis 200 mm lang.

Die pflanzlichen Zellen, die oft kugelig, ei- und zylinderförmig oder ganz unregelmäßig gestaltet sind, schließen sich mit Ausnahme der Hautschichten und der Festigungselemente, z. B. im Bast und im Holz, nicht lückenlos aneinander an, sondern sie lassen, ähnlich wie eine Kiste voll Kugeln, ein System feinverzweigter, lufterfüllter Hohlräume frei, die sog. Zellzwischenräume oder *Intercellularen* (s. Abb. 48). Diese machen in locker gebauten Organen, z. B. in Äpfeln oder in den meisten Blättern, bis zu 25 %, in dichter gebauten, z. B. in Kartoffeln oder Möhren, nur 2 bis 5 % des Volumens aus. Diese lufterfüllten Hohlräume sind für die Lebenstätigkeit der pflanzlichen Zellen von unersetzlicher Bedeutung. Sie dienen der Versorgung mit Atmungsluft und zur Entfernung der Atmungskohlensäure, da die Pflanze nicht wie das Tier über einen Blutkreislauf verfügt, der die Zu- und Abfuhr der Atmungsgase von den einzelnen Zellen, die alle atmen, besorgt.

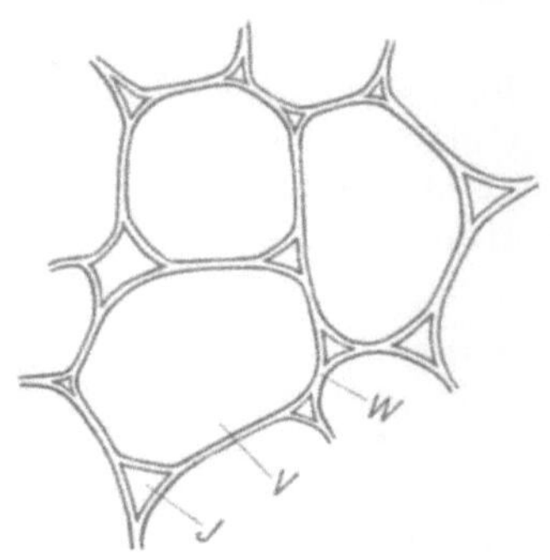

Abb. 48. Typisches Grundgewebe, das den Hauptteil fleischiger Fruchte aufbaut: *W* Zellwand; *V* Zellsaftraum (Vacuole); *I* Intercellularen. Der Inhalt der Zellen (Protoplast, Zellkern usw.) ist nicht mit eingezeichnet.

Neue Zellen entstehen in Pflanzen durch Teilung von undifferenzierten Zellen an wenigen begrenzten Stellen des pflanzlichen Körpers, den sog. Meristemen, in erster Linie in den äußersten Wurzel- und Sproßspitzen. Das eigentliche Wachstum, d. h. die Zunahme an Größe, besteht in der Hauptsache in einer Streckung der in den *Vegetationspunkten* erzeugten neuen Zellen und in ihrer Ausdifferenzierung zu spezialisierten Formen. Die Zellstreckung findet im allgemeinen in einer kurzen Zone hinter der Wurzelspitze, innerhalb der jüngsten Sproßteile und an der Basis der jungen Blätter statt.

Jede einzelne pflanzliche Zelle besteht 1. aus einer Cellulosewand, die wie eine steife Schachtel die ganze Zelle umschließt, 2. aus dem Protoplast, einem dünnen Plasmaschlauch, der an dieser Wand von innen her lückenlos anliegt und der zusammen mit dem Zellkern und den Plastiden, die er enthält, der eigentlich lebende Teil der Zelle ist, und schließlich 3. aus dem Zellsaftraum, der Vacuole, die als großer Raum das

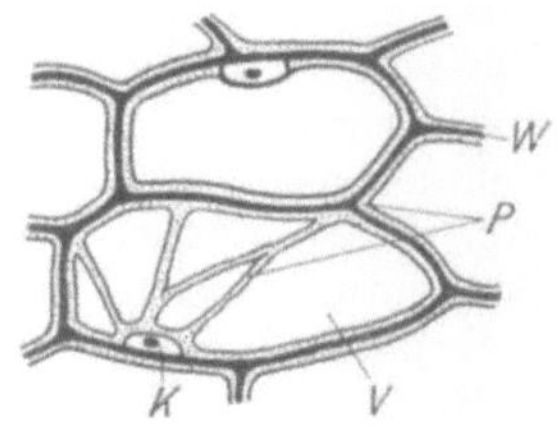

Abb. 49 Flachenschnitt durch lebende Zellen aus der Oberhaut der Zwiebelschuppe. *W* Zellwand; *P* Protoplast mit Plasmastrangen durch die Vacuole; *K* Zellkern mit Kernkorperchen; *V* Zellsaftraum (Vacuole).

Innere der Zellen erfüllt (Abb 49). Nur die allerjüngsten Zellen an Wurzel- und Sproßspitzen, in Samen, Knospen und im Cambiumring zwischen Rinde und Holz der Bäume entbehren dieser zentralen Vacuole. Zwischen dem Bau der pflanzlichen und tierischen Zellen bestehen einige tiefgreifende Unterschiede, die auch im Verhalten der Lebensmittel besonders bei der Gefrierkonservierung hervortreten. Der tierischen Zelle fehlt vor allem die Cellulosewand und die große Vacuole. Die pflanzlichen Zellen sind dagegen gewöhnlich viel plasmaärmer als die tierischen.

Die Zellwand, im einfachsten Falle eine reine Cellulosemembran, wird im Laufe der Zellentwicklung von dem Protoplasten nach außen abgeschieden. Einmal abgeschieden ist sie für den Stoffwechsel eine außerordentlich stabile

Substanz. Sie kann im allgemeinen weder durch die höheren Pflanzen noch im menschlichen Verdauungstraktus abgebaut werden und stellt somit in den Lebensmitteln einen Ballaststoff dar, der allerdings für die normale Funktion unseres Verdauungsapparates durchaus notwendig ist. Gewisse Bakterien im Magen der Wiederkäuer vermögen die Cellulose, die chemisch aus lauter Traubenzuckermolekülen aufgebaut ist, aufzuschließen und sie ihrem Wirte dadurch zugänglich zu machen. Die abgestorbenen Pflanzenteile im Boden werden ebenfalls durch Bakterien und andere Mikroorganismen zersetzt, so daß der Kohlenstoff auch der Cellulose wieder als Kohlendioxyd in die Atmosphäre zurückkehrt. Bei der „Holzverzuckerung" wird die Cellulose der Zellwände in Zucker verwandelt, der eigentliche Holzstoff, das Lignin, bleibt dabei unangegriffen.

In reifenden Früchten tritt der Cellulosegehalt allmählich zurück, weil sich andere Zellinhaltsstoffe anreichern. Der prozentuale Anteil von Cellulose am Frischgewicht ist ein Maß für die Widerstandsfähigkeit der Früchte beim Transport usw. wie folgende Zahlen illustrieren. Im Stadium der Handelsreife beträgt der Cellulosegehalt in Prozent vom Frischgewicht durchschnittlich bei Äpfeln 2%, bei Birnen 2%, bei Aprikosen 1,7%, bei Pfirsichen 1,15%, bei Reineclauden 0,7% und bei der japanischen Mispel (Eriobotrya japonica), einer sehr zarten Frucht, die nicht weit verschickt werden kann, nur 0,46%.

Die Cellulosewand kann durch Einlagerung verschiedener Substanzen für einen bestimmten Zweck verändert werden. Durch Inkrustierung mit Lignin verholzt sie und wird als Festigungselement tauglich. Verholzte Zellen sind, da sie den Genußwert herabsetzen, bei Obst und Gemüse nicht erwünscht. Beim Anbau unter ungünstigen Wachstumsbedingungen, vor allem bei zu großer Trockenheit, wird auch in den sonst holzfreien Zellwänden Lignin abgelagert, z. B. beim Kohlrabi und Spargel. Eine besondere Art von verholzten Zellen, die Steinzellen, kommen in Gruppen in manchen Früchten vor, z. B. in Birnen und Quitten. Auch die Steinkerne um die Samen des Steinobstes usw. bestehen aus stark verholzten Zellen. Durch Einlagerung des wachsartigen Suberins in die Cellulosewand wird sie verkorkt und undurchlässig für Wasser. Die Pflanze macht von dieser Möglichkeit Gebrauch, wenn bei geringem Gasaustausch eine hohe Abdichtung gegen Wasserverlust erzielt werden soll, z. B. beim Überzug der mehrjährigen Stengel. Aber auch manche Früchte, wie die Äpfel, und Knollen, z. B. die Kartoffeln sowie ausdauernde Wurzeln, werden mit einer Korkhaut überzogen (vgl. S. 235).

Der Verkittung der Zellen untereinander dient die Mittellamelle, die zur Hauptsache aus Pektinstoffen besteht. Die Grundbausteine der Pektine sind Galakturonsäure-Moleküle, die nicht, wie man lange Zeit annahm, in Form von Viererringen, sondern ähnlich wie die Glucose in der Cellulose in langen Ketten angeordnet sind[1]. Die Carboxylgruppen sind bis zu 75% mit Methylalkohol verestert und teilweise als Calciumsalz neutralisiert. Diese Struktur der Polygalakturonsäure-Ketten, deren Molekulargewicht bis zu 200000 gehen kann, macht die physiologische Funktion als Membranstoffe und *Kittsubstanz* eher verständlich als die früher angenommene Ringform. Auf Grund dieser neuen chemischen Erkenntnisse müßte nun auch der höchst interessante und für die Reifevorgänge in manchen Früchten so charakteristische Pektinstoffwechsel (vgl. S. 288) endgültig aufgeklärt werden können. Die Pektine stehen ja, da die Zelle Enzyme zu ihrer Auflösung bilden kann, den mobilisierbaren Reservekohlenhydraten näher als den übrigen Membransubstanzen (Cellulose, Lignin),

---

[1] Henglein, A.: Forschgen. u. Fortschritte **26**, 184 (1950); Makromolekulare Chemie **4**, 78 (1949). — Hottenroth, B.: Die Pektine und ihre Verwendung. München: R. Oldenburg 1951.

und tatsächlich scheint bei reifenden Früchten ein gewisser Zusammenhang zwischen der Hydrolyse der Stärke und der Umwandlung des *unlöslichen* in das wasserlösliche Pektin zu bestehen[1]. Beide Vorgänge werden besonders stark durch Äthylen beschleunigt und durch die sog. Gaslagerung (Aufbewahrung in einer mit CO_2 angereicherten und an Sauerstoff verarmten Atmosphäre) verlangsamt.

Die Pektine sind für das Gelieren von Obstsäften in Zusammenwirken mit Zucker und organischen Säuren verantwortlich. Die technisch wichtige Eigenschaft der Gelierfähigkeit der Pektine, für die man lange Zeit kaum ein zuverlässiges Maß hat finden können, hängt mit keinem chemischen Bestandteil des Pektinmoleküls (an dem neben Galakturonsäure und Methylalkohol noch Pentosen beteiligt sind) zusammen, sondern sie ist direkt proportional der Viskosität der Pektinlösungen. Das deutet darauf hin, daß die Molekülgröße bzw. der Polymerisationsgrad das Entscheidende ist. Jede Vorbehandlung, welche die Polygalakturonsäurekette zerstückelt, vermindert auch die Gelierkraft[2].

Beim Reifen mancher Früchte, z. B. beim Weich- und Mürbwerden von Äpfeln, Birnen und Pfirsichen, werden die Mittellamellen aufgelöst, so daß die Zellen nur noch lose zusammenhängen (*Mehligwerden*); in anderen Früchten, z. B. in Stachel- und Johannisbeeren, quellen die Mittellamellen stark auf.

Der aktive Teil der Zelle, also wirklich lebend, ist nur *der Protoplast* mit dem von ihm umschlossenen Zellkern und den meist vorhandenen Plastiden; dies sind verschiedenartig geformte plasmatische Körper, die entweder farblos sind (Leukoplasten) oder Farbstoffe tragen, z. B. die Blattgrünträger (Chloroplasten) in allen grünen Blättern und Stengeln, oder die gelbroten Farbstoffträger (Chromoplasten) in der Karotte, Tomate, im Paprika usw. Solche gelbrote Farbstoffe, Carotinoide, kommen neben den grünen auch in den Chloroplasten vor. Sie sind fettlöslich und werden deshalb vom Wasser beim Kochen nicht ausgelaugt. Sie werden aber beim Zubereiten von Gemüse mit Fett oder Öl von diesen aufgenommen. Die intensiv gelbe Farbe des Fettes bei geschmorten Karotten oder Tomaten rührt von ihnen her. Ihre genaue Funktion für den pflanzlichen Organismus ist noch nicht bekannt. Carotinoide kommen auch im Tierreich vor. Die Farbe des Eidotters und die echte gelbe Farbe der Butter beruhen darauf und rühren von dem carotinhaltigen Futter der Tiere her. Ein Anteil dieser Pigmente, das β-Carotin, ist das Provitamin A, aus dem der menschliche Körper durch Aufspaltung das aktive Vitamin A bilden kann. Darauf beruht die hohe ernährungsphysiologische Bedeutung der Karotten und aller grünen Gemüse (vgl. S. 19 und S. 431).

Die Farbänderungen beim Reifen der Früchte und beim Vergilben des Laubes im Herbst gehen in erster Linie darauf zurück, daß das Chlorophyll in den Chloroplasten abgebaut wird, wobei die gelben Farbstoffe der Chloroplasten hervortreten, z. B. bei Äpfeln, Bananen; oder daß nach Schwund der grünen Farbstoffe die Plastiden gelbe und rote Pigmente bilden, z. B. bei Tomaten, oder daß sich neben dem Abbau des Chlorophylls andere Farbstoffe im Zellsaftraum (s. u.) neu bilden. Die normale Ausfärbung bei Früchten ist oft an bestimmte Außenbedingungen gebunden; der Gehalt an Sauerstoff in der Atmosphäre und vor allem die Temperatur sind maßgebend. Die Bildung des Lycopins, des Tomatenfarbstoffes, weist eine sehr eigentümliche Temperaturabhängigkeit auf. Das Optimum der Färbung liegt bei 20 bis 22°. Oberhalb von 30° bleibt die Lycopinsynthese ganz aus, die Früchte färben sich durch einen Vacuolenfarbstoff fahlgelb.

[1] PAECH, K.: Forschungsdienst **8**, 233 (1939).
[2] BENNISON, E. W. u. F. W. NORRIS: Biochemic. J. **33**, 1442 (1939).

Wenn man die bei hohen Temperaturen gelb gebliebenen Früchte in Zimmertemperatur bringt, setzt sofort die Lycopinbildung ein. Das Temperaturminimum liegt bei $+10°$. Darunter findet ebenfalls keine Rötung der Tomaten statt[1]. Ganz ähnliche Verhältnisse sind bei Vogelbeeren beobachtet worden[2]. Das Ergrünen von Kartoffeln am Licht beruht auf einer Umbildung von farblosen Leukoplasten in grüne Chloroplasten.

Die beiden wichtigsten Plasmakomponenten neben Wasser sind Eiweiße und Lipoide bzw. Phosphatide, das sind phosphorhaltige, fettartige Substanzen. Über das genauere Verhältnis der beiden *Phasen* Eiweiß und Lipoide zueinander weiß man erst sehr wenig. Fest steht jedoch, daß die Lipoide neben den Eiweißen unerläßlich für die *Struktur* des Plasmas sind, die für die Funktion der Zelle entscheidender ist als ihre chemische Zusammensetzung. Über den inneren Aufbau des lebenden Plasmas können wir uns auf direktem Wege kein Bild verschaffen. Das modernste Verfahren zur Untersuchung submikroskopischer Strukturen, die Elektronenmikroskopie, versagt bei der Aufklärung der Architektur des lebenden Gefüges aus verschiedenen Gründen: Wegen der geringen Durchdringungsfähigkeit der Elektronen muß die Untersuchung bei Ausschluß der Gasmoleküle, also im Hochvakuum, vorgenommen werden, was eine völlige Austrocknung der Objekte bedingt. Das lebenstätige Plasma verlangt aber einen reichlichen Wassergehalt. Die Elektronen werden von den Bestandteilen des Plasmas stark absorbiert und schädigen es damit irreversibel. Und schließlich geben die Elektronen wegen ihrer geringen Durchdringungsfähigkeit und des Fehlens jeder Beugung ihres Ganges nur Schattenbilder der vorgelegten Objekte. Diese Eigentümlichkeiten der Elektronen gestatten also keinen Einblick in die Feinstruktur des Plasmas, und man ist einzig und allein auf indirekte Methoden, auf Indizienbeweise, auf Rückschlüsse aus ganz anderen Beobachtungen angewiesen, wenn man sich ein Bild vom lebenstätigen Zustand des Plasmas machen will. Die Struktur des Plasmas muß man weit unterhalb des mikroskopisch Auflösbaren als viel verwickelter und labiler annehmen als diejenige der kompliziertesten Körper, die sonst bekannt sind.

Da Eiweiße die Hauptbausteine des Plasmas sind, hat man zunächst die Struktur von kolloidalen Eiweißlösungen als Grundgerüst der Plasmaarchitektur angenommen, und man hat damit sicher schon wichtige Eigenschaften erfaßt und das Verständnis für viele Lebensfunktionen gewonnen. Alle allgemeinen Eigentümlichkeiten hydrophiler kolloidaler Systeme können hier natürlich nicht auseinandergesetzt werden, aber es sollen einige Phänomene dargestellt werden, die eine unmittelbare Beziehung zum Verhalten des lebenden Plasmas haben. Die Zerteilung eines festen Stoffes bis in die Dimensionen der dispersen Phase eines Kolloides bedingt eine ganz enorme Oberflächenvergrößerung, wie aus der folgenden Tab. 1 hervorgeht.

Tabelle 1. *Aufteilung eines Würfels von 1 ccm Volumen in Würfel verschiedener Kantenlänge.*

Kantenlänge	Anzahl der Würfel	Oberfläche
1 cm	1	0,000 6 m²
1 mm	10^3	0,006 ,,
1 μ	10^{12}	6 ,,
0,01 μ	10^{18}	600 ,,

Die Oberfläche, mit der 1 ccm, d. i. ungefähr 1 g eines festen Zellbestandteiles in kolloidaler Verteilung mit dem Dispersionsmittel, also mit dem im Plasma vorhandenen Wasser, in Berührung steht, ist so groß wie die Bodenfläche von zwei großen Sälen. Für viele Erscheinungen der lebenden Zelle sind diese fast unvorstellbar großen inneren Oberflächen das einzige Geheimnis

[1] v. Euler, H., P. Karrer u. Mitarb.: Helv. chim. acta 14, 154 (1931).
[2] Wolf, J.: Planta (Berl.) 28, 716 (1938).

des Stoffwechsels und anderer biologischer Phänomene. Diese Grenzflächen zwischen den beiden Phasen eines kolloiden Systems sind der Sitz bestimmter Kräfte, die zu einer Oberflächenspannung führen. Bestimmte Substanzen, die diese Oberflächenspannung vermindern und dadurch die ganze Struktur des kolloiden Systems verändern können, werden nach rein physikalischen Gesetzmäßigkeiten in diese Phasengrenzen gedrängt (GIBBS-THOMPSONsches Theorem). Solche oberflächenaktive Stoffe von biologischer Bedeutung sind die Eiweiße selbst, die Saponine, die in zahllosen Pflanzen vorkommen, Fettsäuren und viele andere, nicht zuletzt auch die genannten Phosphatide.

Eine weitere, sicher für das Lebensgeschehen sehr wichtige Eigenschaft kolloider Lösungen ist ihre Fähigkeit, aus dem Sol- in den Gelzustand überzugehen und umgekehrt. Ein Sol ist charakterisiert durch freie Beweglichkeit der dispersen Teilchen, also durch Fließen der Lösung und durch Fehlen einer Elastizität. Das Gel hingegen zeichnet sich durch eine fixierte Struktur und durch eine gewisse Elastizität aus. Die am Plasma beobachteten Erscheinungen sprechen teils für einen Sol-, teils für einen Gelzustand.

Diese wenigen Andeutungen mögen vor Augen führen, daß man sich einen solchen kleinsten Baustein der lebenden Organismen, eine Zelle, nicht wie ein einzelnes Reagenzglas vorstellen darf, sondern eher wie ein ganzes, großartig eingerichtetes Laboratorium oder wie eine wohlausgestattete Küche mit vielerlei Aufbewahrungsfächern voller Vorräte, mit zahllosen Gefäßen zur Mischung und Verarbeitung dieser Substanzen; alle Einrichtungsgegenstände in peinlichster Ordnung; dazu ein geregelter Zustrom von Rohmaterial und ein Abtransport von Fertigware und Abfallmaterial und mit noch mancherlei Vorrichtungen, die auf kleinstem Raume eine Mannigfaltigkeit von chemischen Umsetzungen ermöglichen. Das ist eine Zelle, solange sie lebt! Der harmonische Ablauf des Stoffwechsels, der zum Aufbau und zur Erhaltung der Organismen notwendig ist, hängt von der unversehrten Struktur des Plasmas ab; aber dieser Feinbau, dessen Labilität eine wesentliche Voraussetzung für die Lebensfunktionen ist, erweist sich als sehr empfindlich gegenüber äußeren Einflüssen und als leicht wandelbar mit dem jeweiligen Zustand der inneren Entwicklung, vor allem mit dem Altern der pflanzlichen Organe. Kälte, Hitze, Gifte, ebenso wie Alter und Ruhezeiten prägen sich deutlich im Feinbau des Plasmas aus, wenn wir heute auch erst über sehr wenige Mittel und Möglichkeiten verfügen, um diese Struktur messend festzulegen.

Der Tod durch Altern oder Hunger und die tödliche Verletzung der Zelle von außen wirkt in ihr wie eine Explosion in einem Hause: aus einer sauberen, wohlgeordneten Einrichtung wird ein Chaos! Was vorher getrennt war, vermischt sich und gibt Veranlassung zu allerlei chemischen Umsetzungen, die in der lebenden Zelle nie stattfinden. Alles fließt ungeregelt durcheinander, zersetzt sich und zerstört anderes, ohne einem Zweck zu dienen. Die Selbstauflösung der Zellen, die Autolyse, beginnt.

Als eines der ersten Anzeichen einer ernsthaften Zellschädigung tritt bei grünen Blättern und Stengeln eine Verfärbung nach olivgrün oder braun ein, die von dem Eindringen des meist sauren Zellsaftes in die Chloroplasten herrührt. Der grüne Farbstoff, das Chlorophyll, wird durch Herausspalten seines Metallbausteines, des Magnesiums, in bräunlich gefärbte Abbauprodukte (Phäophytine) verwandelt. Neutrale oder schwach alkalische Lösungen, die man z. B. nach Zugabe von Soda oder doppeltkohlensaurem Natrium zum Kochwasser des Gemüses erhält, belassen das Magnesium im Chlorophyllmolekül und stabilisieren damit auch die grüne Farbe. Die in der Konservenindustrie übliche *Kupferung* zur Erhaltung der grünen Farbe trotz sauren Zellsaftes und Erhitzen führt zur Bildung eines Komplexsalzes unter Einbeziehung des Kupfers. Dieses Kupferchlorophyll ist recht beständig und etwas mehr *giftig grün* gefärbt als das natürliche. Jedoch ist das Kupfern wegen gewisser Begleiterscheinungen (s. S. 259) von Nachteil für den Nährwert des Gemüses. Es wird deshalb heute allgemein abgelehnt. Das Vorbrühen in der Gefrierindustrie kann so schonend durchgeführt werden, daß keine Chlorophyllzersetzung eintritt. Die frischgrüne Farbe des gefrorenen Gemüses rührt vom natürlichen Blattgrün her.

Der Zellsaftraum, die Vacuole, dient als Vorratsspeicher und als Ablagerplatz, auch als Abfallplatz für die chemisch tätige Zelle. Da selbst die höher entwickelte Pflanze nicht über ein Exkretionssystem verfügt, finden sich viele Stoffe, die für immer aus dem Stoffwechsel ausgeschieden sind, in der Vacuole. Sie ist durch eine besondere Oberflächenschicht, eine innere Haut, den Tonoplasten, gegen das eigentliche Plasma abgegrenzt. Diese Haut hat ihre besonderen Durchlässigkeitseigenschaften, die für den Stoffaustausch zwischen Plasma und Zellsaft verantwortlich sind. Der Zellsaftraum ist also in gewisser Beziehung Außenwelt für die lebenstätige Zelle. Bemerkenswert ist die erhöhte Widerstandsfähigkeit der Vacuolenhaut gegen Einwirkungen, die den Protoplasten schädigen. Nach dem Gefrieren von Zwiebelschuppenhaut in flüssiger Luft sind Zellkern und Plasma koaguliert, während der Tonoplast noch die für den lebenden Zustand charakteristische Halbdurchlässigkeit (s. S. 241) zeigt[1]. Wenn nach lang anhaltendem Sauerstoffmangel das Plasma schon granuliert erscheint, also abgestorben ist, verhält sich die Vacuolenhaut noch wie in lebenden Zellen[2]. Besondere Bedeutung hat die höhere Resistenz des Tonoplasten für die Pflanzen, die in der Vacuole große Mengen stärker dissoziierter Säuren, z. B. Oxalsäure, anhäufen. Das Plasma solcher Zellen weist eine Acidität im normalen Bereich der pflanzlichen Zellen von p_H 5 bis 6 auf, im Zellsaft steigt aber der Säuregrad auf p_H 2,0 bis 2,5, z. B. in Rhabarberblättern und gewissen unreifen Früchten. Es bestehen also unmittelbar benachbarte Medien ganz verschiedener Acidität, die nur durch den Tonoplasten getrennt sind, der das Plasma auf irgendeine im einzelnen noch unbekannte Art vor dem eigenen Zellsaft schützt. Solche Zellen gehen tatsächlich zugrunde, wenn ihnen der eigene Zellsaft von außen, etwa durch Infiltration, nahe gebracht wird, weil die äußere Plasmahaut nicht diese Resistenz gegen hohe Acidität und andere heftige Einwirkungen aufweist.

Die Bestandteile des Vacuolensaftes sind außerordentlich mannigfaltig und auch für eine bestimmte Pflanzenart nicht gleichbleibend, sondern sie ändern sich im Laufe der Entwicklung und des Alterns der Organe und Zellen sehr stark. Regelmäßig finden sich in Lösung Zucker, organische Säuren und Salze. In Früchten spielt der Gehalt an Säuren (Citronen-, Äpfel-, Wein- und Oxalsäure) und deren Salzen eine besondere Rolle, da diese Säuren mit fortschreitender Reifung wieder in den Stoffumsatz einbezogen werden (s. S. 284). Lösliche Eiweiß- und einfachere Stickstoffverbindungen finden sich auch regelmäßig in der Vacuole. In der roten Rübe, im Rotkohl, in vielen Blütenblättern und anderen Organen ist der Zellsaft durch wasserlösliche Farbstoffe gefärbt. Solche Vacuolenfarbstoffe (im Gegensatz zu den bereits genannten Plastidenpigmenten) können gelb, rot oder blau sein. Die auch bei Früchten häufigen purpurroten und blauen Farbstoffe gehören zu den Anthocyanen[3], die die Eigentümlichkeit haben, in

---

[1] Bohus-Jensen, A.: Protoplasma (Berlin) **36**, 195 (1941).

[2] Katic, D.: Beitrag zur Kenntnis der roten Farbstoffe bei Pflanzen. Dissertation Halle a. S., 1905.

[3] Blank, F.: Botanical Reviews **13**, 241 (1947). — Paech, K.: Biochemie und Physiologie sekundärer Pflanzenstoffe. Berlin/Göttingen/Heidelberg: Springer 1950.

sauren Lösungen rot und in alkalischen blau bis gelb auszusehen. Chemisch sind die in verschiedenen Abarten vorkommenden Anthocyane, die mit den gelben Flavonen aufs engste verwandt sind, folgendermaßen gebaut.

Cyanidin aus Kornblumen, Rosen, Äpfeln, Kirschen, Preiselbeeren.

Quercetin aus der Küchenzwiebel, ein weitverbreiteter Flavonfarbstoff.

Die Anthocyane sind Glykoside, d. h. die oben genannte Verbindung, das Cyanidin oder ein Derivat, ist noch mit einem einfachen oder zusammengesetzten Zucker chemisch verknüpft. In ihrem chemischen Aufbau sind die gelben und roten Blüten- und Fruchtfarbstoffe mit einer Gruppe natürlicher Gerbstoffe, den Katechinen, nahe verwandt, wofür auch das gleichzeitige Vorkommen von Gerbstoffen und Farbstoffen z. B. in jungen Früchten spricht.

Die natürlichen Farbtönungen und damit auch die Farbentwicklung z. B. beim Reifen von Früchten sind nicht von einem einzigen Faktor bestimmt. Eine chemisch einheitliche Anthocyanverbindung kann in ihrem Farbton außerordentlich weit variiert werden: das Cyanidin ist der farbgebende Anteil sowohl in der blauen Kornblume als auch in der roten Rose. Um so verwunderlicher ist es, daß es keine blauen Rosen oder blaubäckigen Äpfel gibt, während bei anderen Blüten und Früchten, z. B. Pflaumen, rote und blaue Farbtöne neben- und nacheinander bestehen. Für die Ausfärbung anthocyanhaltiger Gewebe sind im allgemeinen folgende Faktoren von Bedeutung.

1. Das spezielle Anthocyan bzw. die Mischung verschiedener Anthocyane.
2. Die Konzentration der Anthocyane.
3. Die Acidität des Zellsaftes.
4. Die anorganischen Ionen des Zellsaftes.
5. Zusatzpigmente.
6. Kolloidale Bestandteile des Zellsaftes, die als Stabilisatoren der Anthocyane wirken.

Über den verschiedenen chemischen Bau der einzelnen Anthocyane, die sich nur durch Seitengruppen des oben aufgezeichneten Grundskelettes unterscheiden, soll hier nichts weiter ausgeführt werden. Die Konzentration kann von Bruchteilen eines Prozentes der Trockensubstanz bis zu 20% und mehr variieren. In manchen Blütenblättern ist das Anthocyan sogar auskristallisiert. Der Acidität des Zellsaftes wird im allgemeinen eine zu hohe Bedeutung für die Farbausbildung beigemessen, weil man in vitro den Umschlag von rot nach blau leicht durch Abstumpfen der Säure hervorrufen kann. Ein p_H oberhalb des Neutralpunktes (7,0) wird in Zellsaften kaum gefunden, und es ist durchaus nicht so, daß nach dem Alkalischen zu stets blaue und nach dem Sauren nur rote Farbtöne auftauchen müssen. Im Zellsaft der *blauen* Kornblume herrscht eine Acidität von ungefähr p_H 5. Ausschlaggebend für die Farbnüancen sind noch andere Faktoren. Der Einfluß von Metallionen auf die Farbe der Anthocyane ist sicher vorhanden. Bei manchen Blüten scheint Aluminium von Wichtigkeit für die Ausbildung oder Stabilisierung der blauen Farbe zu sein.

Anknüpfend an die Beobachtung, daß das Hinzufügen von Tannin zu einer sauren Lösung des Weintraubenfarbstoffes dessen Farbintensität vertieft und den roten Ton mehr nach bläulich verschiebt, wurde immer wieder festgestellt, daß die gleichzeitige Anwesenheit von Verbindungen, die selbst nicht oder wenig gefärbt sind, den Farbton der Anthocyane wesentlich variieren kann. Die wichtigsten dieser *Co-Pigmente* in der Natur sind Tannine und Flavonglykoside, aber auch Alkaloide vermögen gelegentlich solche schattierende Wirkung auszuüben. Die physikalische Grundlage solcher Farbmodulation sind wahrscheinlich Komplexbildungen zwischen Anthocyanen und Co-Pigmenten. Daneben spielt für die Herausbildung und Stabilisierung gerade blauer Töne auch die Adsorption an kolloide Bestandteile des Zellsaftes eine wesentliche Rolle.

Schließlich muß noch erwähnt werden, daß die gleichzeitige Anwesenheit von Plastidenfarbstoffen (Chlorophyll und Carotinoiden) neben den im Zellsaft gelösten eine weite Variation und Veränderung der Farbgebung bedingen kann. Auch reine Oberflächenphänomene, die sich aus der anatomischen Beschaffenheit der Haut der Pflanzenorgane ergeben, rufen viele Farbeffekte hervor oder verstärken sie.

Über die einzelnen Phasen der Entstehung von Anthocyanen in den Pflanzen sind wir erst unzureichend unterrichtet.

Sehr häufig findet man in den Zellen der verschiedensten Pflanzenteile Calciumoxalat als große Einzelkristalle, als Kristalldrusen, Kristallsand oder Nadeln, sog. Raphiden, eingelagert (s. Abb. 50). Die meisten Pflanzen bilden im Stoffwechsel geringe Mengen Oxalsäure. Calcium wird passiv in die Pflanzen eingeschwemmt, und da es im Überschuß nachteilige Wirkungen auf den kolloiden Zustand des Plasmas (Entquellung) ausüben würde, können die Pflanzen sich nur am Leben erhalten, soweit sie das Calcium neutralisieren, was durch Ausfällen mit Oxalsäure geschieht. Die Produktion von Oxalsäure schreitet in vielen Pflanzen proportional mit der Menge des aufgenommenen Calciums voran. In anderen Pflanzen, z. B. Tomaten, Rhabarber, wird Oxalsäure auch unabhängig von der Zufuhr anorganischer Kationen gebildet.

In den Vacuolen der Reserveorgane, in Samen, Knollen, Rüben usw., werden vornehmlich Reservestoffe für den Aufbau des Pflanzenkörpers nach der Ruheperiode angesammelt. Am häufigsten finden sich darin Stärkekörner, die eine für jede Pflanzenart charakteristische Form haben. Die in kaltem Wasser unlöslichen Stärkekörner können in heißem Wasser zum Verkleistern gebracht werden. Sie färben sich mit Jodlösung tiefblau. Die Verkleisterungstemperatur ist meist für eine Stärke bestimmter Herkunft eine charakteristische Größe. Die Stärke ist chemisch nicht einheitlich. Sie besteht aus Amylose, die sich aus langen unverzweigten Ketten von Traubenzuckermolekülen aufbaut, und aus Amylopektin, das verzweigte Ketten enthält. Bemerkenswert ist der Phosphorgehalt der Stärke. Über den Umsatz der Stärke s. S. 256.

In fleischigen Reservestoffbehältern werden im Zellsaft gelöste Eiweiße gespeichert, z. B. in der Kartoffelknolle. In trockenen Reserveorganen, z. B. in den Samen der Hülsenfrüchtler Erbse, Linse, Bohne usw., bilden sich aus Eiweiß feste Körner, die Aleuron- oder Proteinkörner. In den Getreidekörnern sind die eiweißreichen Aleuronzellen auf eine einzige, peripher gelegene Zellschicht zusammengedrängt.

Fette bzw. fette Öle stellen für die Pflanze ausgezeichnete Reservestoffe und für uns wertvolle Nährstoffe dar, da sie große Energiemengen mit hohem Kohlenstoffgehalt je Gewichtseinheit vereinen (s. Tab. 2).

Fett im Fruchtfleisch ist sehr viel seltener als in den Samen. Praktische Bedeutung haben in erster Linie die Olive und die Ölpalme erlangt, die beide neben fettreichen Samen reichlich Öl auch in der Fruchthülle enthalten. Der Ölgehalt nimmt während der Fruchtreife anfangs rasch, später nur noch langsam zu (s. Tab. 3).

An den Reservefetten läßt sich recht eindeutig nachweisen, wie sehr nicht nur die quantitative Zusammensetzung sondern auch die Qua-

Tabelle 2. *Durchschnittlicher Fettgehalt verschiedener praktisch bedeutsamer Samen (in % der lufttrockenen Samen).*

Baumwollsamen	14—25 %	Mohn	43 %
Soja	16—19 %	Erdnuß	38—47 %
Lein	35 %	Kakao......	40—50 %
Raps	33—43 %	Walnuß	50 %
Ricinus	35—55 %	Ölpalme	30—70 %

Tabelle 3. *Rohfettgehalt im Fruchtfleisch der Olive während der Reifung (% vom Trockengewicht) und Wassergehalt in % vom Frischgewicht.*

		Wassergehalt				Wassergehalt
Ende Juni	1,4 %	22 %	Ende September	62,3 %	56 %
Ende Juli	5,5 %	60,7 %	Ende Oktober ..	67,2 %	51,7 %
Ende August ...	29,2 %	66 %	Ende November	68,6 %	50,2 %

lität der gespeicherten Stoffe in Pflanzenorganen durch Umweltbedingungen beeinflußt werden. In höheren geographischen Breiten enthalten die Fette der gleichen Pflanzenart stets mehr ungesättigte Fettsäuren und sind deshalb flüssiger als in äquatornahen Gegenden, was vor allem IWANOW für Lein-, Hanf- und Sonnenblumenöl nachgewiesen hat (s. Tab. 4).

Eine höhere Jodzahl gibt mehr ungesättigte Fettsäuren an (vgl. S. 14 und S. 410).

Im Hinblick auf die modernen Gesichtspunkte bei der Züchtung und Auswahl neuer Obst- und Gemüsesorten muß noch kurz auf die *Erbanlagen* der Organismen eingegangen werden. Das Erb-

Tabelle 4. *Jodzahl des Leinöls in Abhängigkeit von der geographischen Breite.*

Ort	geogr. Breite	Jodzahl
Archangelsk	64° 30′	195 bis 204
Leningrad	59° 44′	185 bis 190
Moskau	55° 50′	178 bis 182
Voronesch.........	51° 40′	170
Kuban.............	45° 46′	164
Taschkent.........	41° 26′	154 bis 158

gut, das die morphologische Entwicklung und das physiologische Verhalten jedes Lebewesens bestimmt, ist in einer für jede Pflanzenart charakteristischen Anzahl von Chromosomen festgelegt, deren Substanz für gewöhnlich nur verteilt in den Zellkernen nachweisbar ist, die aber bei jeder Zellteilung als geformte Körper hervortreten. Normalerweise wird bei der Ausbildung von Geschlechtsprodukten (Eizellen und Pollenkörnern) die Chromosomenzahl halbiert, so daß sich nach der Befruchtung, d. h. der Vereinigung der Geschlechtsprodukte, wiederum die typische Zahl von Chromosomen in den Zellen der neuen Pflanze vorfindet. In gewissen Fällen unter natürlichen Bedingungen, häufiger durch künstliche Beeinflussung hervorgerufen, kommen aber Pflanzen vor, die ein Vielfaches der normalen Chromosomenzahl in den Zellkernen enthalten (Polyploidie). Solche polyploide Exemplare entfalten gegenüber den normalen (diploiden) Formen häufig einen besonders üppigen Wuchs oder andere vorteilhafte Eigenschaften, und viele unserer Kulturpflanzen sind polyploid. Die Bäume triploider Äpfelsorten (die dreimal den halben Chromosomensatz in jeder Zelle enthalten) sollen eine erhöhte Kälteresistenz und ihre Früchte höheren Vitamin-C-Gehalt und eine bessere Lagerfähigkeit aufweisen[1]. In ungarischen Paprikafrüchten hingegen wurde kein Zusammenhang zwischen Polyploidie und

---

[1] NILSSON-EHLE: Hereditas (Lund) **24**, 195 (1938).

Ascorbinsäuregehalt gefunden. Tetraploide Reben tragen größere Trauben und Beeren; ihr Saft hat ein erhöhtes Mostgewicht und einen höheren Säuregrad als die diploide Ausgangsrasse[1].

II. Die Gewebe und Organe.

Die fortschreitende Entwicklung des Pflanzenreiches von den *niederen* blütenlosen Formen, deren Körper aus einem kaum gegliederten *Thallus* besteht, zu den *höheren* blütentragenden Pflanzen setzt vor allem eine weitgehende Differenzierung und Arbeitsteilung der Zellen voraus. Die Zellen gleicher Funktion sind im allgemeinen zu größeren Verbänden, den *Geweben*, zusammen gefaßt. Seltener sind in solche einheitliche Gewebsverbände Einzelzellen anderen Baues und anderer Funktion eingesprengt, z. B. die Spaltöffnungen in die Hautgewebe (s. Abb. 50) oder Steinzellen in das Grundgewebe von Früchten.

Entsprechend den Hauptfunktionen finden wir in den höheren Pflanzen folgende Gewebsarten.

1. Das *Bildungsgewebe*, embryonales Gewebe oder Meristem, dessen Aufgabe in der Vermehrung der Zellen, also in der Neubildung von Zellen durch Zellteilung besteht. Jede Zelle entsteht durch Teilung einer Mutterzelle. Solche Teilungsgewebe liegen als Vegetationspunkte an der Sproß- und Wurzelspitze und als Cambiumring zwischen Rinde und Holzteil der Bäume. Das Bildungsgewebe ist sehr empfindlich gegen Außeneinwirkungen und wird deshalb durch Knospenschuppen u. ä. geschützt. In den als Obst und Gemüse genutzten Pflanzenteilen finden keine wesentlichen Zellteilungen mehr statt, so daß sich ein weiteres Eingehen auf die Meristeme erübrigt.

2. *Grundgewebe.* Dies ist ein Sammelbegriff für alle möglichen Zellgruppen, die keine besondere Differenzierung zeigen. Die Zellen haben ungefähr gleiche Ausdehnung nach allen Richtungen des Raumes und weisen keine verdickten oder veränderten Zellwände auf. Ihre Funktion besteht meist in der Speicherung von Wasser oder Reservestoffen. Oft dienen sie auch der bloßen Raumfüllung wie das lockere Markgewebe in manchen Stengeln.

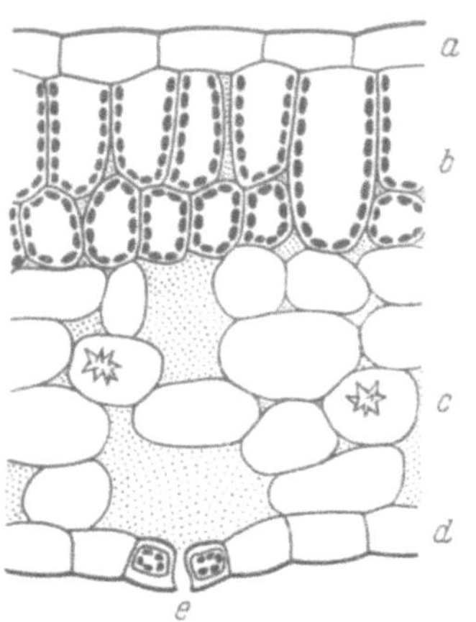

Abb. 50. Querschnitt durch ein Spinatblatt: *a* obere Haut (obere Epidermis) *b* *Palisaden*-Gewebe mit Chloroplasten; *c* Schwammgewebe (enthält bei Spinat auch Chloroplasten, die der Übersichtlichkeit wegen weggelassen worden sind. In 2 Zellen Kristalle von Calciumoxalat); *d* untere Haut (untere Epidermis); *e* die beiden Schließzellen einer Spaltöffnung. Sie enthalten im Gegensatz zu den übrigen Epidermiszellen auch Chloroplasten. Von allen Zellen sind nur die Zellwände gezeichnet. Die punktierten Flächen deuten die lufterfüllten Intercellularen an.

3. *Das Hautgewebe.* Alle Blätter und jungen Organe überzieht eine einschichtige Epidermis als Haut, in die Spaltöffnungen oder Lenticellen zur Aufrechterhaltung des Gasaustausches (s. S. 251) eingesprengt sind. In manchen Organen liegt zur mechanischen Verstärkung oder als Wasserspeicher unter der Epidermis noch eine ein- oder mehrschichtige Zellage als sog. Hypodermis. Da die Haut nicht nur dem mechanischen Schutze dient, sondern auch gegen zu starke Wasserabgabe schützen muß, wird sie nach außen noch durch ein besonderes, nicht durch die Grenzen der Zellen unterbrochenes, gegen Wasserdurchtritt imprägniertes, mehr oder weniger dickes Häutchen, die Cuticula, überzogen.

Ältere und ausdauernde Organe, z. B. mehrjährige Äste und Stengel, aber

---

[1] Scherz, W.: Züchter **12**, 212 (1940).

auch Kartoffeln und Äpfel, sind mit einer mehrschichtigen Korkhaut umhüllt. Die lebenswichtige Verbindung zwischen Innen- und Außenatmosphäre wird dabei durch Poren in dieser Korkhaut, die Lenticellen, hergestellt, die mit einer Masse locker gehäufter ebenfalls verkorkter Zellen angefüllt sind.

Der technisch verwertbare *Kork*, dessen für die Isolierung und Abdichtung vorzügliche Eigenschaften in mancher Hinsicht bis jetzt noch nicht von künstlichen Isoliermaterialien erreicht oder übertroffen worden sind, entsteht beim Dickenwachstum von Stämmen als Ersatz für die dabei zu eng gewordene und gesprengte Epidermis. Die Korkzellen, die nach Einlagerung des Suberins, einer wachsartigen Verbindung aus Glycerinestern der Suberinsäure, absterben, schließen sich lückenlos einander an. Sie bilden somit einen aus kleinsten Kämmerchen bestehenden wasserdampf- und luftdichten Mantel um den Stamm, der nur von den Lenticellen durchbrochen wird. Die fortlaufende Neubildung von ringförmig oder muschelschalenartig angelegten Korkschichten bringt die Borke der Stämme hervor. Der technische verwertbare Kork ist die Borke der Korkeiche (Quercus suber), die im Mittelmeergebiet kultiviert wird. Die in den ersten 10 bis 20 Jahren am Baumstamm entstehende Borke ist fast wertlos, weil sie ungleichmäßig ausgebildet, holzig und wenig elastisch ist. Nach dem Abschälen dieser Borke bis fast aufs Holz wird durch Wundreiz die Bildung eines neuen Korkgewebes, das weich und gleichmäßig ist, angeregt und das in Abständen von 10 bis 15 Jahren als eine mehrere Zentimeter dicke Schicht abgeschält werden kann, bis der Baum ein Alter von 150 bis 200 Jahren erreicht hat.

4. Das *mechanische Gewebe*. Die Festigkeit und Formerhaltung der pflanzlichen Organe wird auf zwei grundsätzlich verschiedene Arten erreicht: entweder durch Ausbildung eines besonderen Stützgewebes, das meist aus verholzten Zellen besteht, oder auf Grund der Straffung der Zellwände durch hydrostatischen Innendruck (s. S. 244). Da Holzgewebe bei der Auswahl der Lebensmittel ausgeschaltet wird, erübrigt sich hier ein Eingehen auf seinen Bau. Aus Festigungsgewebe kleiner, rundlicher, sehr dickwandiger Zellen, den sog. Steinzellen, sind die Schalen der Wal- und Haselnuß und die *Kerne* des Steinobstes (Kirsche, Zwetsche, Pfirsich usw.), die den inneren Teil der Fruchthülle darstellen, aufgebaut. Gruppen solcher Steinzellen sind oft auch ohne ersichtlichen Zweck in das Fruchtfleisch von Birnen und Quitten eingestreut.

5. *Leitgewebe* tritt uns am deutlichsten in Form der Blattadern oder Blattrippen vor Augen. Langgestreckte Zellen, die entweder lebend bleiben (die Siebröhren) oder von denen nur die Zellwände, oft verdickt und stets verholzt, übriggeblieben sind (die sog. *Gefäße*), sind mit anderen begleitenden Zellen zu Bündeln, den Leitbündeln, zusammengefaßt, die in ununterbrochener Verbindung von den Wurzelspitzen bis in die äußersten Enden und Spitzen der Blätter, Blüten und Früchte reichen. In den Gefäßen, dem sog. Holzteil, werden das Wasser und die darin gelösten Mineralsalze von unten nach oben, und in den Siebteilen werden die in den Blättern synthetisierten organischen Substanzen abwärts geleitet. Die Leitbündel sind auf dem Querschnitt der zweikeimblättrigen Pflanzen meist in einem Ring angeordnet. Bei den Zuckerrüben und ähnlichen voluminösen Speicherorganen werden sie mit zunehmender Verdickung in immer neuen Ringen angelegt. In den Stengeln der Einkeimblättrigen, z. B. beim Spargel, sind sie über den gesamten Stengelquerschnitt verteilt. Sie sind es, die den Spargel fasrig werden lassen, wenn das weiche Grundgewebe zerdrückt wird.

6. Besondere Formen des Grundgewebes, z. B. das Assimilationsgewebe in den grünen Blättern und das Speichergewebe in den Reserveorganen, sollen sogleich bei der Besprechung der verschiedenen Pflanzenorgane noch erwähnt werden. In bestimmten Fällen kommen noch Drüsengewebe zur Ausscheidung wäßriger

Lösungen, z. B. Nektar in den Blüten, oder von ätherischen Ölen, und andere sehr weitgehend spezialisierte Gewebe vor, die für die Lebensmittelaufbewahrung aber nicht von Bedeutung sind.

Alle höheren Pflanzen verfügen nur über drei ihrem Bau und ihrer Herkunft nach prinzipiell verschiedene Organe, nämlich über *Wurzel, Stengel* und *Blatt.* Stengel und Blätter, die in vielen Fällen eine Einheit darstellen, z. B. in den Knospen, in Zwiebeln usw., bilden den Sproß.

Die Blätter sind neben den Wurzeln die wichtigsten Ernährungsorgane der grünen Pflanzen, denn diese nehmen einen wesentlichen Teil ihrer Nährstoffe als gasförmiges Kohlendioxyd aus der Atmosphäre auf und wandeln es mit Hilfe der Sonnenenergie in organische Substanz um (Photosynthese s. S. 249). Die typischen Blätter sind entsprechend dieser Aufgabe zweckmäßig ausgestaltet: sie sind großflächige, dünne, ausgebreitete Organe. Wenn sie abweichend davon gebaut werden, geschieht das im Kompromiß mit anderen lebenswichtigen Notwendigkeiten meist unter Einwirkung des oft begrenzenden Wasserhaushaltes, z. B. die Reduktion der Blätter in Trockengebieten. Die Blätter sind auch sonst mannigfaltigen Umwandlungen unterworfen. Von Blattdornen über Blattranken, Knospenschuppen und Reservestoffbehältern bei den Zwiebeln bis zu den vielgestaltigen Blütenorganen haben wir es mit metamorphosierten Blättern zu tun.

Das typische Laubblatt weist einen geschichteten Aufbau mit verschiedener Ober- und Unterseite auf (s. Abb. 50). Die Blattadern oder Blattrippen durchziehen die Blattfläche nicht nur zur Zu- und Ableitung von gelösten Stoffen, sondern dienen gleichzeitig auch als Skelett der Stabilität und Ausbreitung des Blattes. Das ganze Blatt ist von der normalerweise einschichtigen Epidermis überzogen, in die im allgemeinen nur auf der Unterseite die Spaltöffnungen für die lebensnotwendige Verbindung der Innenatmosphäre mit der Außenluft eingelassen sind. Zwei meist nierenförmige Zellen umschließen einen Spalt, dessen Weite durch eine einfache Gestaltänderung der *Schließzellen* variiert werden kann. Gase und Wasserdampf diffundieren in der Hauptsache durch diese feinen Poren, da die übrige Oberfläche des Blattes durch Epidermis und Cuticula weitgehend gegen Gas- und Dampfaustausch abgedichtet ist. Mit dieser Einrichtung vermag die Pflanze bei ungünstiger Wasserversorgung die Verdunstung fast vollständig zu drosseln. Da die Spaltöffnungen aber gleichzeitig auch die wesentlichen Ein- und Austrittspforten für Sauerstoff und Kohlendioxyd sind, die für die Atmung und Photosynthese gebraucht werden, stellt der Öffnungszustand der Spalten immer einen Kompromiß zwischen beiden Notwendigkeiten dar, um auf der einen Seite nicht zu viel Wasser verdunsten zu lassen und auf der anderen Seite einen genügenden Gasaustausch zu erlauben. Im allgemeinen dominiert der Wasserfaktor. Die Bewegung der Schließzellen wird in erster Linie von der relativen Luftfeuchtigkeit der Umgebung in zweiter Linie von der Lichtintensität gesteuert. Gute Belichtung und feuchte Luft oder reichliche Bewässerung bewirken über eine Straffung der Schließzellen Öffnung der Spalten. Zur Mittagszeit bei großer Trockenheit überwiegt oft der Einfluß der niedrigen Luftfeuchtigkeit, die Spaltenschluß veranlaßt, so daß damit auch die Zufuhr von Kohlensäure für die Photosynthese unterbunden wird.

Vom Bau der Epidermis hängt es in erster Linie ab, wie lange bei mangelnder Wasserversorgung die Blätter ihre unversehrte Form und Funktion aufrecht erhalten können. Von den kaum geschützten Blättern der Wasser- und Schattenpflanzen und vieler unserer Kulturpflanzen, vor allem der Blattgemüsearten Salat, Spinat, über die durch Wachsausscheidungen, z. B. bei den meisten Kohlarten, schon weniger empfindlichen Blatt-Typen bis zu dem ausgesprochenen Hartlaub, z. B. den Nadeln unserer Nadelbäume, finden sich eine Anzahl verschiedener Bautypen von Laubblättern, die durch die Wasserverhältnisse des Standortes bedingt werden. Harter Salat nach zu trockener Anzucht und leicht faulender Kohl bei zu feuchter Kultur und gleichzeitiger Überdüngung mit Stickstoff sind die Folgen der kurz skizzierten Gesetzmäßigkeiten zwischen Blattbau und Feuchtigkeitsbedingungen beim Wachstum.

In den Flächen zwischen den Blattrippen erstreckt sich unter der oberen Haut eine meist einschichtige Zell-Lage von charakteristisch gebauten sog. Palisadenzellen, die das Assimilationsgewebe bilden (Abb. 50). Bei ausgesprochenen Sonnenpflanzen können auch mehrere Palisadenzellen übereinander angeordnet sein. Die Palisadenzellen zeichnen sich in ihrer inneren Ausstattung durch den Reichtum an Chloroplasten, Blattgrünträgern, aus. Der pfahl- oder zapfenförmige Bau der Zellen bei relativ geringem Interzellularvolumen dient der Oberflächenvergrößerung, so daß eine möglichst hohe Zahl von Chloroplasten, die im randständigen Plasmaschlauch liegen müssen, Platz finden. Die für die Licht und Kohlendioxydabsorption entscheidende Oberfläche der linsenförmigen Chloroplasten kann durch diese höchst wirkungsvolle Anordnung ein Vielfaches der Blattoberfläche betragen. Auch die etagenweise Anordnung der Blätter an der Pflanze, durch welche die wirksame Blattfläche ein Vielfaches der von der Pflanze bedeckten Bodenfläche ausmachen kann, begünstigt die Lichtausnutzung für die Assimilation.

Der Reichtum von ernährungsphysiologisch wichtigen Stoffen, die wir uns in den Blattgemüsen nutzbar machen, liegt vor allem in den Palisadenschichten des Blattes und steht direkt oder indirekt mit deren Hauptfunktion, nämlich der Photosynthese, in Beziehung. Neben Chlorophyll, dem man wegen seiner chemischen Ähnlichkeit mit dem Blutfarbstoff Wert für unsere Ernährung beimißt, enthalten die Chloroplasten Phosphatide wie Lecithin, Carotin als Provitamin A, Vitamin C, Vitamin K, Eisen und andere Mineralstoffe. Außerdem sind sie eiweißreich. Grünes Gemüse ist deshalb abgesehen vom reinen Energiegehalt ein sehr vollwertiges Nahrungsmittel, dessen Gehalt an Nährstoffen allerdings, wie wir später sehen werden, recht tiefgreifenden Umwandlungen unterzogen wird, weil die Laubblätter zu den aktiven pflanzlichen Organen gehören.

Zwischen Palisadenschicht und unterer Haut erstreckt sich im typischen Blatt eine Schicht lockeren, wasserreichen Schwammgewebes mit weiten Intercellularen, dessen Zellen nur spärlich Chloroplasten führen. Sie dienen vor allem als Wasserspeicher für die heißesten Tageszeiten im Sommer, wenn die Verdunstung nicht rasch genug durch den Wassernachschub ausgeglichen werden kann. Der lockere Bau begünstigt die rasche Diffusion des durch die Spaltöffnungen eintretenden Kohlendioxydes zu den assimilierenden Palisadenzellen. Gleichzeitig dient das Schwammparenchym als Ablagerplatz für alle möglichen sekundären Pflanzenstoffe. Fast regelmäßig findet man in ihm Calciumoxalatkristalle, die von den Zellen als Exkrete ausgeschieden sind.

Neben diesen Hauptgeweben des Blattes finden sich als Einzelzellen oder Zellgruppen eingestreut die sog. Idioblasten; das sind Zellen, die durch Form oder Inhalt sich von dem umgebenden Gewebe unterscheiden. Die besonderen Inhaltstoffe sind: ätherische Öle, Schleim, Gerbstoffe, Kristalle meist von Calciumoxalat, Farbstoffe u. a. Wegen solcher Zellen und ihren Inhaltstoffen finden die Blätter vieler Pflanzen Verwendung als Drogen und Heilpflanzen. Die Öldrüsen sind häufig auch auf der Oberfläche der Blätter ausgebildet.

Die *Wurzel* ist ein zylindrisches, äußerlich nicht gegliedertes Organ, dessen Hauptfunktionen in der Verankerung der Pflanze und in der Aufnahme von Wasser und Nährsalzen aus dem Boden bestehen. An den Wurzeln entspringen niemals Blätter oder Seitentriebe, sondern nur Seitenwurzeln. Im Innern kann man stets einen Zentralzylinder, der das Wurzelleitbündel aufnimmt, und eine Wurzelrinde unterscheiden, wie besonders deutlich auf dem Querschnitt oder Längsschnitt einer Karotte (Möhre, gelben Rübe) ersichtlich ist, wo sich die Rinde durch eine kräftiger gelbe Farbe von dem blasseren Zentralzylinder abhebt, aus dem die Seitenwurzeln entspringen, die sich durch die Rinde durchschieben.

Die Wurzeln vieler Pflanzen werden zur Speicherung von Reservestoffen herangezogen, aus denen sich nach Überwinterung eine neue Pflanze entwickelt. Im allgemeinen handelt es sich dabei um zweijährige Pflanzen, die im ersten Jahr nur vegetativ wachsen und erst im zweiten Jahr zur Blüte, also zur Fortpflanzung, schreiten. Zuckerrüben, Möhren, Rettiche und die süße Kartoffel (Batate) sind Wurzelknollen. Beim Sellerie entspricht der größte Teil der Knolle einer verdickten Wurzel. Keine Wurzeln sind jedoch die Kartoffeln, die roten Rüben und Radieschen (s. u.).

Der *Stengel* ist durch die Ansatzstellen der Blätter, die Knoten, stets deutlich gegliedert. Die zwischen den Knoten liegenden Stengelteile, die Internodien, können lang gestreckt sein wie bei den landläufig als Stengel angesehenen Pflanzenteilen, oder sie können gestaucht bleiben, wodurch die Blätter zu Rosetten zusammenrücken, wie das auch der Fall bei den Zwiebeln ist, wo der Stengel auf den Zwiebelteller reduziert ist. Die Hauptaufgabe des Stengels ist es, die Blätter in günstige Lage zum Licht zu bringen, damit diese ihre Hauptfunktion, die Aufnahme und photosynthetische Umwandlung des Kohlendioxydes, vollbringen können.

Der innere Aufbau des Stengels ist bei den beiden großen Gruppen der Blütenpflanzen, den Ein- und Zweikeimblättrigen, etwas verschieden. Bei jenen sind über den ganzen Querschnitt Leitbündel verstreut, während bei den Zweikeimblättrigen die Leitbündel in einen Ring zusammengefaßt werden, der sich um das Mark legt und selbst von der Rinde umgeben ist. Nebensprosse entstehen stets nur in den „Achseln" der Blätter, d. h. unmittelbar über der Ansatzstelle eines Blattes an dem Hauptsproß. Einen besonders dicken fleischigen Sproß haben wir im Spargel vor uns. Kohlrabi, Radieschen und rote Rüben sind oberirdische verdickte Sprosse, also Sproßknollen. Kartoffeln sind ebenfalls Sproßverdickungen, die durch Anschwellen mehrerer Internodien unterirdischer Ausläufer des Stengels entstehen. Ihre Sproßnatur verraten sie durch die Erneuerungsknospen, die sog. Augen der Kartoffeln. Diese Art der Knollenbildung steht im Dienste einer ungeschlechtlichen, vegetativen Vermehrung der Pflanzen. Kartoffeln sind natürlich noch weniger Früchte; trotzdem mag man sie getrost weiterhin zu den „Hackfrüchten" rechnen. Eine echte einheimische Hackfrucht, d. h. eine unter der Erdoberfläche sich entwickelnde Frucht, gibt es überhaupt nicht. Die Erdnuß ist eine. Diese unseren Erbsen und Bohnen nahe verwandte Frucht geht aus einer oberirdischen Blüte hervor, die sich nach der Befruchtung in die Erde versenkt und dort reift.

Eine besonders wichtige Umformung des Sprosses besteht in der Ausbildung der Blüten, die nichts anderes als eine Anzahl Blätter sind, die für ihren besonderen Zweck, nämlich die geschlechtliche Fortpflanzung, umgestaltet werden. Zu jeder regelmäßig gebauten Blüte gehören außer den grünen Kelch- und den meist auffallend gefärbten Blütenblättern die wichtigsten Blütenteile, die Staub- und Fruchtblätter. Die Fruchtblätter (bei manchen Pflanzen ist es nur eines) bilden zunächst eine geschlossene Hülle um die Samenanlagen, den sog. Fruchtknoten. Aus der Samenanlage, die die Eizelle enthält, entwickelt sich der *Same* nach Befruchtung durch den Pollen- oder Blütenstaub (seltener ohne solche, z. B. beim einheimischen Löwenzahn). Ein Same ist eine neue Pflanze im embryonalen Zustand. Er enthält deshalb stets ein winziges Würzelchen und einen kleinen

Sproß, die besonders deutlich bei gekochten Bohnen, Erbsen und anderen Hülsenfrüchten in Form eines kleinen Würmchens in Erscheinung treten. Jedem Samen wird von der Mutterpflanze ein Reservestoffvorrat für die erste Zeit der Entwicklung der jungen Pflanze, für die Keimung, mitgegeben. Diese Nährstoffe werden entweder in den ersten Blättern, den Keimblättern, die dann dick anschwellen wie bei Eicheln und bei den Samen der Hülsenfrüchtler, aufgespeichert oder in besonderen Nährstoffgeweben wie bei den Getreidekörnern. Da die junge Pflanze zum Aufbau ihrer Zellen unbedingt Plasma bilden muß, sind in allen Samen neben energiereichen auch stickstoffhaltige Reservestoffe, also Eiweiß, enthalten. Die Samen liefern daher ganz besonders vollwertige Nahrungsmittel, z. B. Getreidekörner, Nüsse, Hülsenfrüchte.

Gleichzeitig mit der Samenentwicklung wächst der umhüllende Fruchtknoten zur *Frucht* heran. Der oder die Samen sind also stets von der Fruchthülle umschlossen, die entweder am Ende der Reife sich öffnet (Streufrüchte) und die Samen entläßt, z. B. Mohn und die Hülsenfrüchte, oder die in geschlossenem Zustand abfällt und verbreitet wird (Schließfrüchte), z. B. Steinobst, Kernobst. Bei Kulturpflanzen bildet sich oft die Frucht aus, ohne daß gleichzeitig eine Samenentwicklung stattfindet, es entstehen dann *taube* Früchte, z. B. bei der Banane, bei kernlosen Trauben und Orangen. Je nach der Beschaffenheit der Fruchthülle, die sich meistens von außen nach innen in drei wohlgeschiedene Schichten unterscheiden läßt, klassifiziert man die Früchte in Nüsse (die ganze Fruchthülle hart oder ledrig), Steinfrüchte (nur der äußere Teil der Fruchtwand ist fleischig, der innere verholzt) und Beeren (die ganze Fruchtwand ist fleischig). Die Streufrüchte teilt man nach dem Verhalten der Fruchtwand, die hier stets austrocknet, in Hülsen, Kapseln und Schoten ein. Nicht selten beteiligen sich auch Teile der Blütenachse an der Ausbildung der Frucht, z. B. beim Apfel, wo der äußere Teil der Frucht die fleischig gewordene Achse darstellt, bei der Erdbeere, wo die saftige Achse die zahlreichen kleinen Nüßchen als eigentliche Früchte trägt, oder bei der Hagebutte, wo sich die becherförmig vertiefte Blütenachse um zahlreiche Nüßchen legt. Noch weiter zusammengesetzt sind solche „Früchte", die einem ganzen Fruchtstand entsprechen wie die Ananas und die Feige. Der Bau der Frucht steht in engster Beziehung zur Verbreitung der Samen, deshalb ist die Fruchthülle einmal als Schutz für die zarten jungen Pflänzchen, die Samen, ausgebildet und zum anderen so eingerichtet, daß sie der Verbreitung durch Tiere oder den Wind dienlich ist. Die Früchte, die von Tieren verzehrt werden, sind ganz oder teilweise fleischig und speichern Zucker, Stärke, seltener Fett und organische Säuren. Aus ihnen haben wir durch Auslese und Kultur unsere Obstarten entwickelt. Beim Kern- und Steinobst, bei der Banane, Gurke und Tomate verzehren wir also im wesentlichen die fleischige Fruchtwand. Bei Nüssen, Erbsen, Sojabohnen usw. wird die Fruchtwand verworfen und der Same verwendet. Für die Pflanze erfüllen die im Fruchtfleisch und die im Samen gespeicherten Nährstoffe ganz verschiedene Zwecke: jene dienen der Anlockung und Speisung der verbreitenden Tiere, diese jedoch zum Aufbau einer jungen Pflanze nach überstandener Ruhezeit. Die Früchte sind deshalb vergänglicher, kurzlebiger, während die Samen auf das Überdauern von ungünstigen Zeiten eingerichtet sind.

Die Auslösung der Fruchtbildung geht in erster Linie von einem hohen Wuchsstoffgehalt des sich entwickelnden Embryos aus. Künstliche Zufuhr von Wuchsstoffen zu unbefruchteten Blüten bringt deshalb häufig die Fruchtentwicklung in Gang. Die Bildung samenfreier Früchte, z. B. von Bananen, kernlosen Apfelsinen, scheint sich dadurch zu erklären, daß die betreffenden Fruchtknoten einen erheblich höheren Wuchsstoffgehalt besitzen als diejenigen, die erst nach

Bestäubung Früchte bilden. Die Erkenntnis, daß durch Wuchsstoffe die Fruchtbildung bewirkt wird, ist schon verschiedentlich praktisch ausgenützt worden. Durch Auftragen von Wuchsstoff auf die Fruchtknoten oder auch nur durch Besprühen der Blüten mit Wuchsstofflösungen lassen sich verschiedene Pflanzen, z. B. Tomaten, dazu anregen, samenlose Früchte zu entwickeln, die reifen. Durch Zerstörung der Embryonen, z. B. in Kirschen und Pfirsichen, wird die Weiterentwicklung der Früchte unterbunden, die Früchte schrumpfen und fallen ab. Welche Rolle der Wuchsstoffgehalt für die Ausreifung der gepflückten Früchte und die Haltbarkeit der ausgereiften spielt, ist noch nicht untersucht worden.

C. Die Funktionen der lebenden Zellen und Organe.

I. Allgemeines.

Der Organismus muß seine Leistungen nicht in so einfacher unmittelbarer Abhängigkeit von den Einwirkungen der Umwelt ausführen, wie wir es aus dem anorganischen Geschehen gewöhnt sind. Die als Aktivität bezeichnete Eigentümlichkeit der lebenden Wesen geht sogar so weit, daß die Reaktionsfähigkeit eines belebten Systems nicht in eindeutiger Weise an die anorganische Außenwelt angeschlossen ist, sondern die Organismen reagieren je nach ihrem inneren Zustand durchaus verschieden auf den gleichen äußeren Faktor, oder aber zwei verschiedene Einflüsse können gleiche Wirkungen in ihnen hervorrufen. Der lebende Körper verfügt also über Potenzen, die durch die äußeren Bedingungen (Temperatur, Wassergehalt, Licht usw.) nur ausgelöst werden, und er kann im Rahmen seines Wesens solche Potenzen aufrecht erhalten oder wieder aufbauen. Diese auf den ersten Blick oft eigenwillig erscheinende Aktivität steht allerdings nicht im Gegensatz zum kausalen Geschehen, sondern stellt nur eine recht komplizierte Sonderform der physikalisch-chemischen Zwangsläufigkeiten dar, die wir erst in wenigen Bezirken aufhellen konnten und die deshalb oft noch zu unerlaubten mystischen Deutungen mißbraucht werden.

Der 1. und 2. Hauptsatz der Thermodynamik gelten mit der gleichen Ausschließlichkeit wie im Anorganischen auch für die belebte Welt, wofür Beweise beizubringen an dieser Stelle allerdings zu weit führen würde. Am ehesten wird noch immer die Gültigkeit des 2. Hauptsatzes angezweifelt, da in den lebenden Wesen eine fortgesetzte Aufrichtung von Ungleichgewichten, also von arbeitsfähigen Energiepotentialen, zu beobachten ist. Dabei wird allerdings das übersehen, was sich bei einer vollständigen Kenntnis des Systems natürlich offenbart, nämlich daß diese lebendige Leistung nur unter Ausgleich anderer arbeitsfähiger Potentiale entsteht; und zwar so, daß das Verhältnis von gewonnener zu zerstreuter arbeitsfähiger Energie stets kleiner als 1 bleibt. Ebenso wie der fortwährende Aufbau von arbeitsfähiger Energie in einem Gebirgssee nur die Folge einer Reihe von natürlich verlaufenden Vorgängen unter Einbeziehung der Sonnenenergie ist, bei denen niemand die Gültigkeit des 2. Hauptsatzes bezweifeln würde, besteht alles, was wir bisher von der Entwicklung und Erhaltung der Organismen aufgeklärt haben und sicher wissen, aus einer Kette notwendiger, gesetzmäßig verlaufender Reaktionen. Ob wir einst für die restlose Lösung des „Rätsels" vom Leben Vorgänge annehmen müssen werden, die anderen oder keinen Gesetzmäßigkeiten gehorchen, können wir heute noch nicht entscheiden. Aussagen darüber sind Vermutungen und Glauben, den wir unseren Forschungen nicht zugrunde legen können. Die eindeutige Anwendbarkeit physikalischer Prinzipien gilt in erster Linie auch für den fundamentalen Prozeß aller grünen Pflanzen, die Assimilation von Kohlendioxyd zu Kohlenhydraten, bei der mehr arbeitsfähige

Energie des Sonnenlichtes verbraucht wird als die chemische Energie ausmacht, die in den gebildeten Kohlenhydraten gewonnen wird. Das gleiche gilt für die Wachstumsvorgänge, denn der Verbrennungswert eines Pflanzenkörpers, z. B. von Pilzmycel, ist geringer als derjenige der für den Aufbau dieses Körpers verbrauchten Nährstoffe.

Das Geheimnis der physiologischen Leistung besteht darin, daß der Organismus den Ausgleich der Potentialgefälle, in die er sich einschaltet, in einen bestimmten Weg leitet. Dabei sind freiwillige und erzwungene Prozesse häufig miteinander so gekoppelt, daß die Beschleunigung oder Verzögerung eines bestimmten Vorganges nicht nur einen direkten Erfolg zeitigt, z. B. die Abkühlung eine Herabsetzung des Stoffverbrauches, sondern daß indirekt andere Prozesse in den Vordergrund treten, die die Lebenserscheinungen auch qualitativ ganz anders erscheinen lassen, also z. B. zu krankhaften Veränderungen führen. Solche Phänomene spielen eine Rolle bei der Entstehung der sog. Kaltlagerkrankheiten von Obst und Gemüse (s. S. 301).

Im Lebensablauf einer Pflanze herrscht nicht immer die gleiche physiologische Aktivität, sondern Zeiten höchster Aktionsbereitschaft, z. B. beim Wachstum, stehen neben solchen einer mehr oder minder tiefen Ruhe, in der die Reaktionen auf äußere Einflüsse träger oder kaum merkbar sind. Bei höheren Pflanzen, die (außer einigen wenigen Pilzen) als Lebensmittel allein in Betracht kommen, bestehen solche Ruheperioden in den frühesten Entwicklungsstadien als Samen oder Knospen und beim Überwintern von ausdauernden Pflanzen. In solchen Ruheperioden ist die Widerstandsfähigkeit gegen schädigende äußere Einwirkungen besonders hoch (s. Kältetod S. 293).

Meist läßt sich eine direkte Beziehung zwischen Wassergehalt der Zellen, ihrer Lebenstätigkeit und einer abnehmenden Resistenz aufzeigen. Ausschlaggebend ist dabei allerdings nicht so sehr der absolute Wassergehalt, sondern das Verhältnis von *freiem* zu *gebundenem* Wasser. In ruhendem Plasma ist der Anteil des freien Wassers vermindert. Das gebundene Wasser, das u. a. durch Quellung der Zellkolloide festgelegt ist, hat einen sehr stark erniedrigten Gefrierpunkt. Zellen mit viel gebundenem Wasser gefrieren nicht so leicht wie diejenigen mit überwiegend freiem Wasser. In einem Plasma, dessen Gehalt an freiem Wasser vermindert ist, sind biochemische Reaktionen erschwert, und so wird die Parallelität zwischen Ruhe und Resistenz auch von dieser Seite her verständlich oder selbstverständlich. Eine völlige Freilegung alles Wassers aus den Kolloiden bringt die normalen Plasmafunktionen ebenso zum Stillstand wie eine zu weit getriebene Hydratation und eine übersteigerte Adsorptionswirkung gegenüber Salzen und Enzymen, denn das Plasma ist nach den jetzt geläufigen Vorstellungen nur im Gebiete mäßiger Hydratation aktiv lebenstätig. So wird die Aktivität der Enzyme häufig über den Plasmazustand gesteuert. Nach Nord[1] vergrößern Eiweißkolloide durch Gefrieren ihre innere Oberfläche, also wohl ihre Dispersität, gleichlaufend damit erhöht gefrorene Zymaselösung nach dem Auftauen ihre Aktivität.

Aus dem weiten Gebiet der Pflanzenphysiologie sollen hier nur die Grundzüge des *Stoffwechsels* dargestellt werden, da die Physiologie des Wachstums, der Entwicklung, der Fortpflanzung und der Bewegungen für die Lebensmittelfrischhaltung kaum von Bedeutung ist.

II. Permeabilität.

Eine Eigenart des *lebenden* Plasmaschlauches besteht darin, daß er für Wasser sehr leicht, für die darin gelösten Stoffe (Salze, Zucker, organische Säure, Farbstoffe

---

[1] Ergebn. d. Enzymforschg. **2**, 23 (1933).

usw.) aber nur sehr schwer oder gar nicht durchlässig ist (semipermeabel). Eine vollkommene Undurchlässigkeit für alle gelösten Verbindungen trifft man bei pflanzlichen Zellen nicht an, denn der Austausch gelöster Stoffe zwischen den Zellen, z. B. von Mineralsalzen und Zuckern, ist lebensnotwendig. Diese Verbindungen werden deshalb auch am ehesten, z. B. beim Wässern von Gemüse, aus den pflanzlichen Organen ausgewaschen. Von der praktischen Undurchlässigkeit des Plasmas für die meisten vor allem großmolekularen Zellinhaltsstoffe überzeugt man sich am leichtesten, wenn man beobachtet, daß aus einer roten Rübe oder einem Rotkohlblatt, solange die Zellen lebend sind, der rote Farbstoff aus der Vacuole auch bei längerem Einlegen in Wasser nicht austritt. Erst nach dem Abtöten, z. B. nach dem Abkochen, wenn das Plasma denaturiert ist, tritt der im Zellsaft gelöste Saft durch die nun poröse Plasmahülle und durch die stets für alle gelösten Substanzen durchlässige Cellulosemembran aus. Diese für den lebenden Zustand des Plasmas charakteristische Halbdurchlässigkeit (durchlässig für Wasser, aber nicht durchlässig für gelöste Stoffe) ist die Voraussetzung dafür, daß die Pflanzenzellen bei Regen nicht ausgewaschen werden, daß Wasserpflanzen überhaupt existieren können und daß die Pflanzenzellen ihren prallen (turgeszenten) Zustand, dem viele Pflanzenorgane ihre ganze Festigkeit verdanken, aufrecht erhalten können. Dafür erschwert die Semipermeabilität allerdings die Stoffaufnahme aus der Umgebung und den Übertritt gelöster Stoffe aus einer Zelle in die andere.

Die Durchtrittsgeschwindigkeit ist für Wasser ebenso wie für Äthylalkohol und wenige andere Stoffe besonders hoch. Dem Eindringen der anderen Stoffe in die Zelle stellen sich zwei Barrieren in den Weg: die äußere der Zellwand anliegende Plasmagrenzschicht und die Wand der Vacuole, der sog. Tonoplast. Die erste regelt und begrenzt den Übergang von Stoffen aus dem Plasma der einen in das der benachbarten Zelle, während der Tonoplast für den Austausch zwischen Plasma und Zellsaft verantwortlich ist. Beide Häute sind wahrscheinlich nur eine oder wenige Molekülschichten dick. Die Regulation des Stoffeintrittes und Übertrittes hängt natürlich vom Feinbau dieser Plasmagrenzschichten ab. Da aber über sie sehr wenig bekannt ist, hat man sich bisher darauf beschränkt, nach den Eigenschaften der Stoffe zu fragen, von denen ihre Durchtrittsfähigkeit, ihre Permeabilität, abhängt. Es hat sich herausgestellt, daß die Fettlöslichkeit und die Adsorbierbarkeit den Eintritt beschleunigen und daß im übrigen die Permeabilität direkt proportional ist der Molekülgröße bzw. dem Molekularvolumen der eindringenden Stoffe. Die Plasmahäute verhalten sich den molekular gelösten Stoffen gegenüber also wie feinporige Siebe (Ultrafilter). Unverständlicherweise erweisen sich die lebenden Protoplasten im Experiment meist gerade für die Stoffe, deren Wanderung im Stoffwechsel mit Sicherheit zu erwarten ist, z. B. Zucker und Aminosäuren, als besonders schwer durchlässig.

Ebenso wie auf den Plasmazustand im allgemeinen haben eine ganze Reihe von Außen- und Innenfaktoren tiefgreifenden Einfluß auf die Permeabilität im besonderen. Temperaturänderungen, gewisse Salze, Mangel an Sauerstoff, narkotische, vor allem auch flüchtige Substanzen, darunter z. B. auch Kohlendioxyd, und das zunehmende Alter der Zellen verändern die Durchlässigkeit des Protoplasten nicht nur quantitativ, sondern verschieben auch das Verhältnis der durchtretenden Substanzen zueinander. Die meisten schädigenden Einwirkungen erhöhen die Permeabilität irreversibel. Auch toxische Stoffwechselprodukte, die sich im Laufe normaler oder anomaler Altersveränderungen anhäufen, können eine irreversible Steigerung der Durchlässigkeit und infolge davon den Tod der Zellen verursachen. Bei einigen physiologischen Krankheiten der Äpfel wird wahrscheinlich, daß sie in erster Linie die Folge einer Ansammlung von Acetaldehyd und anderen giftigen Stoffwechselprodukten sind. Die erhöhte Durchlässigkeit erstreckt sich nicht nur auf gelöste Substanzen, sondern auch auf Gase und spielt somit eine wichtige Rolle bei der Bräunung des geschädigten Fruchtgewebes.

Reversible Änderungen der Permeabilität gehen wohl laufend in der lebenstätigen Zelle vor sich und werden außer von den genannten Faktoren auch von der Acidität des Zellsaftes und des Plasmas hervorgerufen. Die Atmung und der entgegengesetzte Vorgang, die Photosynthese, sind durch Produktion oder Verbrauch von Kohlendioxyd mit als Ursachen für solche Aciditätsschwankungen, die sich oft in regelmäßigen Rhythmen vollziehen, verantwortlich. Es ist sehr wahrscheinlich, daß sich die in der Gaslagerung gebotene hohe CO_2-Konzentration in erster Linie direkt oder indirekt über eine Verschiebung der Permeabilität auswirkt. Über das Auftreten und die Folgen einer stark herabgesetzten oder blockierten Permeabilität ist weniger bekannt. Im allgemeinen scheint eine solche Veränderung keine schädigenden Auswirkungen zu haben. In vielen Fällen wird die Permeabilität nicht wegen der Aufnahmefähigkeit für bestimmte Substanzen gemessen, sondern sie dient als Maß für die Änderung des Plasmazustandes allgemein. Von der Durchlässigkeit des Plasmas für Elektrolyte macht die Bestimmung der elektrischen Leitfähigkeit lebender Gewebe Gebrauch[1]. Wenn auch der zwischen zwei eingestochenen Elektroden bestimmter Fläche und bestimmten Abstandes gemessene elektrische Widerstand von verschiedenen Eigenschaften des Gewebes abhängt, u. a. von der Art und Ausdehnung der lufterfüllten Intercellularen, so ist der entscheidende Faktor für die Höhe des Ohmschen Widerstandes doch die Durchlässigkeit des lebenden Plasmas für Ionen. Und diese Durchlässigkeit nimmt beim Abtöten sprunghaft zu. Der Vorzug der Methode besteht aber darin, daß sich auch geringe Änderungen des Plasmazustandes mit Hilfe der Leitfähigkeit zahlenmäßig in kurzen Zeitabständen erfassen lassen. Die Messungen müssen mit schwachen Wechselströmen in bestimmten Frequenzbereichen durchgeführt werden, da Gleichstrom durch eine starke Polarisation auf Grund der plasmatischen Grenzschichten den normalen Zustand wesentlich verändert. Durch die Leitfähigkeitsmethode lassen sich Temperatureffekte sowie die Einwirkung von Narkoticis und dadurch die Labilität oder Stabilität des Plasmagefüges leicht quantitativ aufnehmen.

Beim Altern pflanzlicher Organe, z. B. beim Reifen von Früchten, verändert sich der Effekt, den die Behandlung der Objekte mit schwachen Chloroformdosen in der Leitfähigkeit hervorruft, in charakteristischer Weise. In jungen Organen folgt der Chloroformgabe ein rascher starker Anstieg des elektrischen Widerstandes, je älter die Pflanzenteile sind, um so schwächer reagieren sie auf diesen Eingriff, und zwar handelt es sich dabei stets um das physiologische Alter, d. h. um das Fortschreiten von jugendlichen zu entwicklungsmäßig älteren Stadien, während das rein chronologische Altern, das z. B. Spargelstangen während der Lagerung durchlaufen, ohne sich dabei weiter zu entwickeln, keinen bemerkenswerten Einfluß auf die Chloroformreaktion zu haben scheint[1].

Für die Untersuchung der Kaltlagerfähigkeit und Kälteresistenz pflanzlicher Organe können Narkotica häufig als *Belastungsmittel* des Plasmas eingesetzt werden, denn es hat sich oft erwiesen, daß Zellen und Organe, die gegen eine Art extremer Bedingungen widerstandsfähig sind, auch andere ungewöhnliche Belastungen, wie z. B. tiefe Temperatur zu überstehen vermögen.

---

[1] PAECH, K.: Planta (Berlin) **31**, 265, 295 (1941).

III. Die Bedeutung des Wassers für die Erhaltung der Gestalt pflanzlicher Organe. (Die osmotischen Verhältnisse.)

Das Wasser erfüllt im Leben der Pflanzen verschiedenartige Funktionen. Es ist Baustoff bei der Überführung von Kohlendioxyd in Kohlenhydrate; der Transport der anorganischen und organischen Nährstoffe findet stets in wäßriger Lösung statt; der funktionstüchtige Zustand des Plasmas ist an einen relativ hohen Wassergehalt gebunden, und schließlich spielt das Wasser eine wichtige Rolle bei der Erhaltung der Gestalt der meisten Pflanzenteile. Die einzelnen Zellen, beim Fehlen eines Skelettes, z. B. in den meisten Blättern und krautigen Stengeln, aber auch ganze Organe erhalten ihre pralle Gestalt durch einen hydrostatischen Innendruck. Die Voraussetzung für die Entstehung dieses Druckes, des Turgors, bildet eine wesentliche Eigenschaft der Plasmahäute, nämlich die Semipermeabilität. Die Plasmahäute, wie auch gewisse künstliche Membranen (z. B. die Ferrocyankupfermembran, die als Niederschlag an der Grenzfläche zwischen einer Kupfersulfat- und einer Kaliumferrocyanidlösung entsteht) haben die Eigentümlichkeit, für Wasser außerordentlich leicht, für die in Wasser gelösten Substanzen aber sehr viel schwerer, für manche überhaupt nicht durchlässig zu sein. Den Austausch von Substanzen durch Membranen nennt man Osmose. Die lebende Plasmahaut läßt also in erster Linie nur einen osmotischen Austausch von Wasser zu, während die gelösten Substanzen von ihr zurückgehalten werden. Der Protoplast kann und darf niemals streng semipermeabel sein, weil der Austausch gelöster anorganischer und organischer Verbindungen zu den lebensnotwendigen Funktionen des Stofftransportes gehört. Die Durchtrittsgeschwindigkeit für Wasser ist aber so überlegen, daß wir für die Betrachtungen der osmotischen Verhältnisse den gleichzeitig stattfindenden Austausch gelöster Substanzen vernachlässigen können, obwohl er in speziellen Fällen eine bedeutsame Rolle auch bei der Richtung des Wassertransportes spielen kann.

Der Zellsaft, der Inhalt der Vacuole, stellt stets eine mehr oder weniger konzentrierte Lösung aller möglichen Substanzen dar. Wenn diese Lösung getrennt durch die semipermeablen Plasmahäute mit reinem Wasser in Berührung kommt, indem man z. B. ein Blatt ins Wasser legt, so kann nur eine Diffusion des Wassers in die Zelle aber nicht der gelösten Substanzen aus der Zelle heraus stattfinden. Die gelösten Moleküle prallen vermöge ihrer Molekularbewegung auf die Plasmamembran auf und erzeugen damit einen Druck ähnlich dem der Gasmoleküle in einer abgeschlossenen Gasatmosphäre. Dieser osmotische Druck ist bestrebt, das Volumen der Zelle auszudehnen, so daß weiterhin Wasser eintreten kann. Jeder echten Lösung kommt dementsprechend eine osmotische Potenz oder ein osmotischer Wert, oft unexakt auch osmotischer Druck genannt, zu. Von osmotischem Druck sollte man nur sprechen, wenn die Lösung, von einer semipermeablen Haut umhüllt, tatsächlich auf diese einen Druck ausübt. Als osmotischer Wert wird der hydrostatische Druck in Atmosphären angegeben, den eine Lösung, die durch eine ideal semipermeable Wand mit ihrem Lösungsmittel in Verbindung steht, auf diese Wand maximal auszuüben vermag, oder mit anderen Worten gegen den sie das Lösungsmittel aufzunehmen vermag. Bei undissoziierten Verbindungen ist der osmotische Wert proportional der molaren Konzentration, und er steht somit in direkter Beziehung zur Gefrierpunktserniedrigung und Siedepunktserhöhung der betreffenden Lösung. Er ist dem Gasdruck für gasförmige Stoffe völlig analog und gehorcht in bezug auf Temperaturabhängigkeit usw. den Gasgesetzen. Da der osmotische Druck durch Aufprall der gelösten Teilchen auf die Wand zustande kommt, ist er für dissoziierte Verbindungen größer als ihrer molaren Konzentration entspricht.

Der Faktor, um den der Wert gegenüber einer äquimolaren undissoziierten Verbindung erhöht werden muß, wird als van't Hoffscher Koeffizient bezeichnet und beträgt z. B. für Kaliumnitrat 1,7. Der osmotische Wert für viele undissoziierte Verbindungen wird noch dadurch verschoben, daß Hydratation der Teilchen stattfindet, wodurch ein Teil des Wassers als Lösungswasser verloren geht und der Wert höher erscheint als der Konzentration an gelöster Substanz entspräche; das ist z. B. der Fall bei Rohrzucker, von dem eine 1 molare Lösung nicht den erwarteten idealen osmotischen Wert von 22,4 Atm, sondern einen von 34,6 Atm ausübt, wie aus der Tab. 5 hervorgeht, in der für Rohrzucker der Zusammenhang zwischen molarer Konzentration, osmotischem Wert, relativer Luftfeuchtigkeit über der Lösung und Gefrierpunktserniedrigung zusammengestellt ist.

Tabelle 5. *Konzentration, osmotischer Wert, relative Luftfeuchtigkeit und Gefrierpunktserniedrigung von Rohrzuckerlösungen.*

Konzentr. g/Liter	Molarität	osmotischer Wert (20° C)	relative Luftfeuchtigkeit	Gefrierpunkt
34,2	0,1	2,6 Atm	99,8 %	—0,218° C
171	0,5	14,3 „	98,9 %	—1,20° C
342	1,0	34,6 „	97,4 %	—2,88° C
684	2,0	116,6 „	91,6 %	—9,71° C
890	2,6	220 „	85 %	—

Den osmotischen Wert von pflanzlichem Gewebe bestimmt man als Gefrierpunktserniedrigung des Saftes, den man nach Erhitzen des Organs im geschlossenen Gefäß unter Vermeidung von Wasserverlust und Auspressen mit einer kräftigen Handpresse gewinnt. Im großen Ganzen ist der osmotische Wert eine charakteristische Größe für jede Pflanzenart bzw. jedes Organ einer bestimmten Pflanze, aber er kann durch Umweltbedingungen und innere Faktoren doch wesentlich verändert werden. Als Beispiele seien die durchschnittlichen Gefrierpunkte einer Reihe von Preßsäften aus Obst und Gemüse in Tab. 6 zusammengestellt.

Tabelle 6. *Gefrierpunkte der Preßsafte und Wassergehalt der gebräuchlichsten Obst- und Gemüsearten.*

Obst	Gefrierpunkt ° C	Wassergehalt %	Gemüse	Gefrierpunkt ° C	Wassergehalt %
Äpfel	—1,4 bis —2,8	84,6	Blumenkohl	—1,1	92
Apfelsinen	—2,8	86,9	Bohnen, grüne..	—0,6	89
Birnen	—1,9 „ —2,3	84,4	Erbsen[1]	—1,1	74,6
Erdbeeren......	—0,8 „ —1,7	90,4	Karotten.......	—1,5	88
Heidelbeeren ...	—1,4 „ —2,9	86,3	Kartoffel	—1,7	78
Himbeeren	—0,8 „ —1,8	85,8	Kohlrabi.......	—1,1	91,1
Johannisbeeren .	—0,9 „ —1,7	85	Mais, unreif[1] ...	—1,2 bis —2,2	75,4
Kirschen.......	—2,1 „ —2,8	80,9	Salat	—0,6	94,4
Pfirsiche	—1,1 „ —1,4	89,4	Spargel	—1,1	94
Pflaumen	—1,9 „ —2,3	78,4	Spinat.........	—0,8 bis —1,1	93
Weintrauben ...	—2,3	84	Tomaten.......	—0,9	94,3
Citronen	—2,15	89,3	Zwiebeln.......	—1,2 bis —2,4	87

Wie aus der Tab. 5 hervorgeht, besteht eine gesetzmäßige gegenläufige Beziehung zwischen osmotischem Wert und relativer Luftfeuchtigkeit, mit der eine Lösung im Gleichgewicht steht. Entsprechend dem Wasserdampfgehalt der umgebenden Atmosphäre wird also Wasser von einer Zelle bestimmten osmotischen

---

[1] Der verhältnismäßig hohe Gefrierpunkt bei niedrigem Wassergehalt erklärt sich daraus daß bei Erbsen und Mais die Zellinhaltsstoffe (Stärke, Eiweiß) zum größten Teil nicht in gelöster Form vorliegen.

Wertes aufgenommen oder abgegeben. In reinem Wasser oder in wasserdampf-gesättigter Luft werden welke Pflanzenteile wieder straff, in trockner Luft wird ihnen Wasser entzogen, sie welken. Diese tiefgreifende Veränderung der äußeren Gestalt und Erscheinungsform mit Verschiebungen im Wassergehalt sind durch den Bau der pflanzlichen Zellen bed ngt. Dem Bestreben des Protoplasten bei Wasseraufnahme sich auszudehnen, stellt sich die feste Hülle der Cellulosewand entgegen. Sie bildet für den mit geringem innerem Zusammenhalt ausgestatteten Plasmaschlauch ein Widerlager. Mit zunehmender Wasserfüllung der Zelle wird die Cellulosemembran immer stärker gespannt, bis sie einen Gegendruck ausübt, der gleich groß ist wie der osmotische Druck des Vacuolensaftes. Dann kommt die Wasseraufnahme zum Stillstand. Sobald der osmotische Wert des Zellinhaltes etwa durch Bildung von Säuren oder durch Spaltung von Stärke in Zucker erhöht wird, oder sobald durch Wasserabgabe an die Umgebung die pralle Spannung der Wand nachläßt, entsteht in der Zelle eine sog. *Saugkraft*, besser Saugung oder Sog genannt, denn es handelt sich um einen Druck, der deshalb auch in Atm angegeben werden kann. Die Bezeichnung Saugkraft ist physikalisch zwar nicht korrekt, aber in der Physiologie fest eingebürgert und deshalb wohl kaum bedenk-lich. Die Beziehungen zwischen den drei *osmotischen Zustandsgrößen* osmotischem Wert der Zelle, Wanddruck (Turgor) und Saugkraft lassen sich in folgendem Diagramm übersichtlich wiedergeben (Abb. 51).

Ein völlig entspanntes Gewebe, ein welkes Blatt, dessen Wandspannung Null beträgt, verfügt über eine Saugkraft, die gleich dem vollen osmotischen Wert ist (Abb. 51, Punkt A). Mit zunehmender Wasseraufnahme entsteht eine immer stärker werdende Spannung der Cellulosewand. Die Saugfähigkeit wird damit immer geringer, sie ist in jedem Zustand gleich der Differenz zwischen osmotischem Wert und Turgor. Sobald der Turgor die Höhe

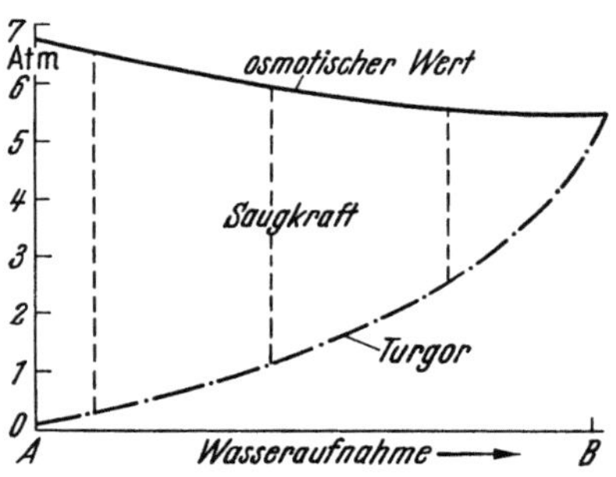

Abb. 51. Die osmotischen Zustandsgrößen einer Pflanzenzelle: *A* der Ausgangszustand der völlig entspannten Zelle; *B* der Zustand völliger Wassersättigung, die Saugkraft ist Null, die Wandspannung (der Turgor) halt dem osmotischen Wert die Waage.

des osmotischen Wertes erreicht hat, ist die *Saugkraft* Null geworden (Abb. 51, Punkt B). Die Zelle kann auch aus reinem Wasser kein Wasser mehr aufnehmen, sie ist voll wassergesättigt, voll turgeszent. Das im Diagramm ausgedrückte Absinken des osmotischen Wertes einer bestimmten Zelle, bei der eine Zu- oder Abnahme gelöster Substanz während der betrachteten Wasserbewegungen aus-geschlossen sein soll, rührt von der Verdünnung des Zellsaftes durch das auf-genommene Wasser her. Die drei fraglichen Größen stehen also stets in folgender Beziehung:

$$S = W - T$$
$$\text{Saugkraft} = \text{osmotischer Wert} - \text{Turgor}$$

Es soll nur kurz darauf hingewiesen werden, daß diese Gleichung die Beziehungen nur angenähert wiedergibt, denn nicht der gesamte osmotische Wert des Zell-inhaltes wirkt als positiver Faktor für die Saugkraft, sondern entsprechend der Durchlässigkeit der Plasmahaut für die gelösten Stoffe ist die wahre Saugkraft stets kleiner als dem osmotischen Wert im physikalisch-chemischen Sinne ent-spräche. In den meisten Fällen kann diese Abweichung aber praktisch vernach-lässigt werden. Auch der negative Faktor der Saugkraft, die Wandspannung der Cellulosewand der betrachteten Zelle, ist nur korrekt, wenn die Zelle sich nicht im Gewebeverband befindet. Innerhalb des Gewebes üben die angrenzenden

Zellen Zug- oder Druckkräfte auf sie aus, die entweder saugkrafterhöhend oder vermindernd wirken, je nachdem ob sie die Spannung der turgeszenten Wand erniedrigen oder erhöhen.

Die Straffheit und Gestalterhaltung der krautigen Pflanzenteile beruht also auf einem gleichen Prinzip wie die Fahrrad- oder Autoluftbereifung. Hier wie dort entsteht aus einer weichen schlaffen Hülle ohne irgendein Skelett einfach durch den pneumatischen bzw. hydrostatischen Innendruck ein wohlgeformtes, ziemlich widerstandsfähiges Gebilde. Der Cellulosewand der Zelle entspricht die Decke bei der Bereifung und dem Schlauch der Protoplast der Zellen.

Für die Wasserbewegung zwischen Pflanze und Umgebung und zwischen den einzelnen Zellen eines Gewebes ist also nicht der osmotische Wert selbst, sondern nur die Saugkraft, also der um den gerade herrschenden Wanddruck verminderte osmotische Wert, maßgebend. Trotz einer sehr hohen Konzentration des Zellsaftes kann die Saugkraft Null sein, also die Wasseraufnahme aus reinem Wasser unterbleiben, wenn der Wanddruck schon so hoch ist, daß er dem osmotischen Druck die Waage hält. Auch die Möglichkeit aus der Umwelt Wasser aufzunehmen richtet sich stets nach dem Verhältnis der Saugkräfte.

Der für den lebenstüchtigen Zustand des Plasmas wichtige Quellungsgrad der Kolloide, die osmotische Wirksamkeit des Zellinhaltes, die durch den Boden der Wasseraufnahme der Pflanze entgegengesetzte Bodensaugkraft, das für die Wasserbewegung in der Atmosphäre entscheidende Sättigungsdefizit der Dampfspannung und der über Lösungen verschiedener Konzentration herrschende Wasserdampfdruck lassen sich durch das Maß der relativen Luftfeuchtigkeit auf einen gemeinsamen Nenner bringen. Für die Wasserbewegung zwischen Pflanze und Umgebung und innerhalb der Pflanze ist also nicht die Wassermenge, sondern der Wasserzustand, der Freiheitsgrad des Wassers maßgebend. Die Pflanze bildet also gegenüber anorganischen Systemen in dieser Beziehung keine Ausnahme. Sie kann nur die Voraussetzungen für eine Bewegung in bestimmte Richtung schaffen, etwa durch Anreicherung osmotisch wirksamer Substanz in ihren Zellen. In Analogie zu dem Begriff der Temperatur hat man deshalb für den Freiheitsgrad des Wassers bei physiologischen Betrachtungen den Begriff *Hydratur* eingeführt, der mit dem Maß der Dampfspannung bzw. der relativen Luftfeuchtigkeit gemessen wird. Die zahlreichen Kämmerchen mit semipermeablen Hüllen, über die die Pflanze in ihren Zellen verfügt, stellen für sie eine enorme Energiereserve dar. Ein Kilogramm Salz stellt zunächst keine Energie dar, aber aufgelöst in Wasser und in eine semipermeable Hülle eingeschlossen, die mit reinem Wasser in Verbindung gebracht wird, ist diese Salzmenge fähig, hohe Drucke auszuüben. In der ähnlichen Lage befindet sich die lebende Pflanze mit den mehr oder weniger hohen Konzentrationen ihres Zellinhaltes. Die durch die halbdurchlässigen Hautschichten bedingte ungleichmäßige Verteilung von gelösten Stoffen ist der Anlaß zur Entstehung von potentieller Energie, die die Pflanze z. B. auch zum Wasserheben aus dem Boden benutzt.

Die Fähigkeit zur Entfaltung einer entsprechenden Saugkraft, um Wasser der Umgebung zu entreißen, ist entscheidend für das Vorkommen der Pflanzen an bestimmten Standorten u. a. auch für das Wachstum von Mikroorganismen, unter denen es besonders xerophile, d. h. trockenheitsliebende Arten gibt, die noch bei einer relativen Luftfeuchtigkeit unterhalb von 85% gedeihen können (z. B. Penicillium- und Aspergillus-Arten). Andere, wie die meisten Hefen und Mucor-Arten, vermögen erst oberhalb von 85 bis 90% relativer Luftfeuchtigkeit Wasser aus der Umgebung aufzunehmen, und schließlich gibt es eine große Zahl von Mikroorganismen, die erst oberhalb von 92 bis 98% Luftfeuchtigkeit gedeihen können. Zu diesen ausgesprochen hygrophilen Arten gehören die meisten

Bakterien, der Milchschimmel und die Brandpilze des Getreides. Besonders interessant sind die osmophilen Mikroorganismen, die nur auf einem Substrat von hohem osmotischen Wert gedeihen, z. B. der auf Fruchtgelee nicht seltene Eremascus. Diese Organismen müssen über einen osmotischen Wert ihres Zellinhaltes verfügen, der höher ist als der des Substrates. Man trifft bei ihnen deshalb leicht osmotische Werte des Zellsaftes von 200 und mehr Atmosphären. Die Wandspannung ist dabei durchaus gering, denn sie entspricht im Gleichgewichtszustand mit der Umgebung nach der oben mitgeteilten Gleichung nur der Differenz zwischen osmotischem Wert des Zellsaftes und osmotischem Wert der Umgebung. Werden solche Zellen aber in reines Wasser gelegt, so macht sich der gesamte hohe osmotische Wert des Zellinhaltes geltend. Die Zelle ist in der Lage, bis zu einem Gegendruck von 200 und mehr Atm Wasser aufzunehmen. Diesem Druck sind die Zellwände aber nicht gewachsen, die Zellen platzen also.

Bei starker Wasserverdunstung geht die pralle Füllung der Zellen verloren, der Innendruck schwindet und die Pflanzenteile welken. Erneute Wasserzufuhr durch Besprengen oder Einlegen in Wasser ermöglicht es den Zellen, den gespannten Zustand der Cellulosemembranen wieder herzustellen, sofern die Zellen inzwischen nicht geschädigt worden sind. Diese reversiblen Veränderungen sind möglich, solange die Semipermeabilität der Plasmahäute erhalten geblieben ist, und diese selbst ist eines der üblichen Kennzeichen für den lebenstüchtigen Zustand der Zellen. Solange man osmotisch den Protoplasten noch zum Zusammenziehen bringen kann (Plasmolyse der Zellen), sind die Zellen noch lebendig. Das abweichende Verhalten der Vacuolenhaut in manchen Fällen wurde oben schon erwähnt (s. S. 230). Durch schädigende Einwirkungen, sei es durch Erhitzen, starke Abkühlung, Gifte oder mechanische Mittel, geht die für das lebende Plasma charakteristische Eigenschaft der Semipermeabilität irreversibel verloren. Das Plasma ist dann auch für die gelösten Substanzen völlig durchlässig. Wie ein brüchiger Autoschlauch nicht mehr prall aufgepumpt bleibt, so schwindet auch bei der abgestorbenen Zelle der Innendruck. Der Zellsaft tritt durch die nunmehr siebartige Plasmahaut und durch die von vornherein für Lösungen durchlässige Cellulosemembran in die Intercellularen aus, das Gewebe wird glasig durchscheinend, es fällt zusammen, und je mehr Saft, der alle gelösten Bestandteile enthält, ausfließt, um so mehr sinkt die Gestalt des Organes in sich zusammen. Eine gute Formerhaltung der abgetöteten Pflanzenteile, die z. B. nach der Gefrierkonservierung vorliegen, hängt dann in erster Linie davon ab, wie steif die Gerüste der Cellulosemembranen sind und ob die Beschaffenheit des Zellinhaltes, z. B. die wasserhaltenden Kolloide wie Eiweiße und Pektine, einen bedeutenden Saftverlust verhindern. Da für die Physiologie solche postmortalen Zustände bisher weniger wichtig erschienen, liegen noch keine Untersuchungen darüber vor, durch welche Mittel und Maßnahmen bei der Anzucht der Pflanzen die Zusammensetzung so beeinflußt werden kann, daß der Saftverlust trotz aufgehobener Semipermeabilität zurückgedrängt wird.

IV. Der Stoffwechsel organischer Verbindungen.

Eine lebende Zelle mit all ihren Inhaltsbestandteilen stellt nichts Stabiles und Ruhendes dar, sondern sie ist im wahrsten Sinne des Wortes mit Leben erfüllt. Selbst wenn sie vollständig ausgewachsen ist, findet in ihr ein andauernder Auf-, Um- und Abbau von vielerlei Substanzen statt. Vor allem unterliegen auch die von uns begehrten Nährstoffe Eiweiß, Fett, Stärke, Zucker, Vitamine und dazu die Aroma- und Duftstoffe einem beständigen Um- oder Abbau; besonders dann, wenn die als Obst und Gemüse verwendeten Teile von der Mutterpflanze abgetrennt worden sind, setzt der Abbau ein. Ein wesentlicher Aufbau, d. h. eine Zunahme der Nährstoffe und damit des Nährwertes, findet nach der Ernte nicht mehr statt. Wohl aber können sich während der Lagerung solche Stoffe, die den Geschmacks- und Genußwert bestimmen, wie Zucker aus Stärke, Aromastoffe beim Reifen u. ä. ausbilden.

1. Die Photosynthese (Kohlendioxydassimilation).

Der für die Erhaltung alles Lebens auf der Erde entscheidende Vorgang ist die in grünen Pflanzen bei Belichtung ablaufende Umsetzung von Kohlendioxyd in Kohlenhydrate. Die für diesen stark endothermen Prozeß erforderliche Energie liefert das Sonnenlicht. Die Photosynthese der Kohlenhydrate erfüllt zwei wichtige Funktionen. Einerseits bindet sie die Lichtenergie als chemische Energie und macht sie dadurch erst den übrigen Organismen zur Aufrechterhaltung ihres Lebens verfügbar. Gleichzeitig führt sie die anorganische Kohlensäure, die für alle tierischen Organismen und viele Mikroorganismen wertlos ist, in organische Verbindungen über. Sie schafft also fortlaufend die Bausteine, aus denen sich die Organismen aufbauen und die durch die Lebenstätigkeit laufend zerstört werden.

Summarisch wird der Vorgang der Photosynthese durch folgende Gleichung (Assimilationsgleichung) wiedergegeben.

$$6\ CO_2 + 6\ H_2O + 674\ kcal = C_6H_{12}O_6 + 6\ O_2$$
$$\text{Traubenzucker}$$

Neben dem Verbrauch des durch die Atmung der Tiere und Pflanzen und durch Verbrennung entstandenen Kohlendioxyds geht also eine Freisetzung des für die Atmung der Organismen nötigen Sauerstoffs einher. Die grünen Organismen sind autotroph, denn sie können sich ausschließlich von anorganischen Nährstoffen erhalten. Der geringe Kohlendioxydgehalt der Atmosphäre ist also einem fortwährenden Kreislauf unterworfen. Von den grünen Pflanzen (und einigen für den Haushalt der Natur unwesentlichen Bakterien, die mit Hilfe der bei anorganischen Oxydationen freiwerdenden Energie CO_2 binden können) wird Kohlendioxyd in das energiereiche Kohlenhydrat umgewandelt, das seinerseits von allen Organismen als Energie- und Baustoffquelle verwendet und dabei wieder zu Kohlendioxyd abgebaut wird. Auch die Verbrennung von Holz, Kohle und Erdöl setzt nur die von grünen Pflanzen gespeicherte Sonnenenergie frei und führt Kohlendioxyd wieder in den Kreislauf ein.

Trotz langer und intensiver Bemühungen wissen wir über den Ablauf der Photosynthese in den wesentlichen Punkten erst wenig, noch weniger ist es möglich, diesen fundamentalen Vorgang losgelöst von der lebenden Zelle auszuführen. Da die Photosynthese während der Frischhaltung von Obst und Gemüse keine Rolle spielt, erübrigt es sich hier auf diesen biologisch ungemein wichtigen Prozeß genauer einzugehen[1].

Das erste nachweisbare Assimilationsprodukt in den grünen Blättern ist meistens Stärke; bestimmte Pflanzenarten, z. B. Zwiebelblätter, bauen nicht Stärke, sondern Rohrzucker auf. Die Stärke tritt in relativ großen Körnern auf, die zur weiteren Verwendung und zum Transport in der Pflanze in Zucker umgewandelt werden. Außer zur Deckung des Baustoffbedarfes und der Energieversorgung benutzt die Pflanze meist einen wesentlichen Teil der Assimilate zur Speicherung für die Versorgung der jungen Pflanzen und zum Aufbau neuer Organe nach Überdauern ungünstiger Perioden, z. B. zum Laubaustrieb im Frühjahr. Auf solche Speicher haben wir es bei der Gewinnung unserer Lebensmittel meist abgesehen.

---

[1] Der neueste Stand der Forschung auf diesem wie allen übrigen Gebieten der Pflanzenphysiologie wird alljährlich in den „Fortschr. d. Botanik" dargestellt. Zuletzt erschien Bd. **13**, 1951.

Nur Pflanzen besitzen die Fähigkeit, neben Kohlenhydraten auch noch gewisse lebenswichtige Aminosäuren zu bilden, die für den Aufbau der Eiweiße im tierischen Körper erforderlich sind. Das Tier und der Mensch müssen diese Aminosäuren mit der Nahrung aufnehmen, ebenso wie eine ganze Reihe von Vitaminen, die nur die Pflanzen, und von ihnen oft nur die grünen synthetisieren können.

2. Die Atmung der Pflanzen.

Allgemeines. Die Photosynthese organischer Substanzen ist an die mit Chlorophyll ausgestatteten grünen Zellen bei Belichtung gebunden. In allen Pflanzenzellen, grünen wie nichtgrünen, ober- und unterirdischen geht zu jeder Zeit ein Prozeß vonstatten, der im Endeffekt der Assimilation genau entgegengesetzt ist, nämlich die *Atmung*. Alle lebenstätigen Pflanzenzellen atmen also genau so wie die tierischen lebenden Zellen. Die Atmung ist der energiespendende Vorgang für alle Zellen, und die Zellen bedürfen nicht nur für endotherme Synthesen, wie z. B. den Eiweißaufbau, Energie, sondern auch die verschiedenartigen architektonischen Vorgänge des Wachstums brauchen Energiezufuhr, und auch die ausgewachsene Zelle kann die oben angedeutete Feinstruktur des Plasmas nur durch dauernde Energiezufuhr aufrecht erhalten. Die Plasmastruktur ist nichts Statisches, es gehört zu ihrer Erhaltung eine dauernde Energiezufuhr. Die höheren Pflanzen sind dabei auf die Gewinnung der Energie durch oxydative Vorgänge angewiesen, während viele niedere Organismen auch ohne Sauerstoff ihren Energiebedarf durch Gärungen decken können. Wenn man höheren Pflanzen längere Zeit (bei gewöhnlicher Temperatur meist schon während weniger Stunden) den Sauerstoff entzieht, sterben sie ab. Sie sind zwar in der Lage, kürzere Zeit ohne Sauerstoff, anaerob, zu vegetieren, aber Wachstumsvorgänge werden dabei sofort eingestellt und auch in anderer Hinsicht zeigen sich sehr bald anomale Erscheinungen. Am längsten können voluminöse Speicherorgane, z. B. Knollen und Rüben, auch Samen ohne Sauerstoff am Leben bleiben (s. S. 280). Die Atmung dauert während des Lebens der Pflanze ununterbrochen an und ist demnach mit einem bedeutenden Verbrauch von organischem Betriebsmaterial verbunden. Die Atmung kann man als ein charakteristisches Kennzeichen des Lebendigen betrachten, und häufig benutzt man die Atmungsintensität sogar als Maß für die Lebensintensität. Am deutlichsten tritt das beim Übergang von Samen aus dem latenten, ruhenden Zustand in den aktiven hervor, der schon durch geringe Wasseraufnahme eingeleitet wird (Tab. 7).

Tabelle 7. *Atmungsintensität und Wassergehalt bei keimender Gerste.*

Wassergehalt % vom Gesamtgewicht	Atmungsintensität mg CO_2/kg h
10 bis 12	0,3 bis 0,4
14 bis 15	1,3 bis 1,5
33	2000

Es gibt allerdings auch Fälle, wo die Atmungsintensität und andere Stoffumwandlungen stark ansteigen, ohne daß damit eine merkliche Intensivierung anderer Lebensprozesse verbunden wäre, z. B. beim *climacteric rise* während der Fruchtreifung (s. S. 276).

Ebenso wie beim Tier kann man auch bei den pflanzlichen Organen die Atmung in die beiden Komponenten: Gasaustausch und chemische Vorgänge in der Zelle gliedern. Der Gasaustausch vollzieht sich bei den Pflanzen nicht durch aktives Ein- und Ausatmen, sondern als Diffusion durch die Spaltöffnungen bzw. Lenticellen und die Intercellularen. Wichtig ist, daß die Wege des Gasaustausches notgedrungen auch dem Wasserdampf die Pforten öffnen, so daß die Pflanze bei der Aufnahme des für die Atmung notwendigen Sauerstoffes gleichzeitig auch je nach dem Wasserdampfgehalt der Umgebung verschiedene hohe Menge von Wasserdampf abgeben muß. Die Regulation der Spaltöffnungsweite stellt deshalb im allgemeinen einen Kompromiß zwischen gerade ausreichender Versorgung mit Sauerstoff und gedrosselter Wasserdampfabgabe dar.

Der Gasaustausch. Summarisch kann man die chemischen Prozesse der Atmung als eine langsame Verbrennung von Kohlenhydraten, also in erster Linie Zucker, und anderen organischen Substanzen ansehen. Man formuliert deshalb die Atmungsgleichung mit Traubenzucker als Atmungsmaterial folgendermaßen als Umkehrung der Assimilationsgleichung.

$$C_6H_{12}O_6 + 6\,O_2 = 6\,CO_2 + 6\,H_2O + 674\ \text{kcal}$$
Traubenzucker

Aus dieser Atmungsgleichung geht hervor, daß bei Veratmung von Kohlenhydraten das Verhältnis von erzeugtem Kohlendioxyd zu verbrauchtem Sauerstoff, der sog. *Atmungsquotient* (RQ), gleich 1 sein muß. Nur in seltenen Fällen findet man jedoch experimentell eine solche Ausgeglichenheit von CO_2-Abgabe und O_2-Aufnahme. Der RQ in verschiedenen Pflanzenorganen und selbst im gleichen Objekt zu verschiedenen Zeiten kann in sehr weiten Grenzen oberhalb und unterhalb der Einheit variieren. Die Ursachen für solche abweichende Quotienten können verschiedenartig sein. Wenn keine völlige Oxydation des Zuckers stattfindet, sondern sauerstoffreichere Zwischenprodukte, z. B. organische Säuren, liegen bleiben, so liegt der RQ unterhalb von 1. Wenn umgekehrt eine teilweise Gärung, d. h. CO_2-Bildung ohne Sauerstoffverbrauch, abläuft, wie es in den Meristemen (s. S. 234) und in alternden Früchten vorkommt, so wird mehr CO_2 abgegeben als O_2 verbraucht, der Quotient erhebt sich mehr oder weniger über die Einheit. Wird anderes Material als Zucker veratmet, so liegt auch bei vollständiger Verbrennung zu CO_2 und Wasser der RQ z. B. bei Fetten unterhalb der Einheit (zwischen 0,3 und 0,6), bei Eiweißen etwa bei 0,7 und beim Abbau von organischen Säuren ungefähr bei 1,3 bis 1,6. Wird andererseits bei der Reifung fettreicher Samen und Früchte der aus der Pflanze zugeführte Zucker in Fett umgewandelt, so wird, da Fette sauerstoffärmer als Kohlenhydrate sind, mehr CO_2 ausgeschieden als Sauerstoff aufgenommen. Während der Reifung steigt der RQ z. B. bei reifenden Mohnsamen auf 1,5 und darüber. Man pflegt meist die Intensität der Atmung nur durch Bestimmung des abgegebenen CO_2 *oder* des aufgenommenen Sauerstoffs zu messen. Das ist völlig unzulänglich. Selbst der Vergleich beider Respirationsgase erlaubt nur angenäherte Schlüsse über den wirklichen Verlauf der Atmung. Etwas Bestimmtes kann man erst nach chemischer Analyse der während der Atmung verbrauchten Substanzen bzw. der gleichzeitig anfallenden Nebenprodukte aussagen.

Man hat sich bisher im allgemeinen mit der Einwirkung von Außenfaktoren und Entwicklungszuständen der Pflanzenorgane auf die Intensität der Atmung beschäftigt, über die wir deshalb auch schon leidlich gut informiert sind. Die Sauerstoffkonzentration in der Umgebung beeinflußt wohl die *Intensität*, kaum aber den Charakter der Atmung; meist genügen noch 1 bis 2% O_2 zur Aufrechterhaltung einer normalen Atmung. Stärkeren Einfluß hat außer der Temperatur (s. u.) die Menge des zur Verfügung stehenden Atmungsmaterials, so daß dieses oft der begrenzende und bestimmende Faktor ist (s. u.). Eine teilweise Stauung des Kohlendioxyds und eine Beschränkung der Sauerstoffzufuhr verzögert bei manchen Obstarten die Reifung, ohne zu anomalen Prozessen Anlaß zu geben[1]. Die sog. Gaslagerung, die besonders in den angelsächsischen Ländern in praktischem Maßstabe durchgeführt wurde, hat von dieser Wirkung Gebrauch gemacht. Im übrigen führt aber eine mangelhafte Durchlüftung großer Stapel von

---

[1] Nähere Angaben über die physiologische Wirkung höherer CO_2-Konzentrationen bei E. V. MILLER u. O. J. DOWD, Journ. of agr. Res. **53**, 1, (1936).

Obst und Gemüse auf die Dauer zu Schädigungen der Zellen und bei längerer
Dauer zum Absterben. Da die Atmung wie alle Lebensvorgänge durch Temperatursenkung zwar bedeutend verlangsamt aber nie ganz aufgehalten wird, muß
auch kaltgelagertes Obst und Gemüse stets zureichend durchlüftet werden
(Luftzirkulation und Lufterneuerung). Mit dem Abtöten der Zellen hört die
Atmung auf. Gefrorenes Obst und Gemüse braucht deshalb keine Durchlüftung.

Die Innenatmosphäre fleischiger Pflanzenteile zeigt immer eine von der umgebenden Atmosphäre abweichende Zusammensetzung, wobei stets mehr Kohlendioxyd und weniger Sauerstoff vorhanden ist. Es besteht außerdem ein Gradient
zunehmender CO_2- und abnehmender O_2-Konzentration von der Oberfläche der
Früchte nach innen. Äpfel, die bei 12° in normaler Luft lagerten, enthielten in
ihren Intercellularen 1,2 bis 1,8% CO_2 und 18,3 bis 19,3% O_2 und bei einer Außenatmosphäre von 10% CO_2 und 8,9% O_2 im Inneren ungefähr 10,5% CO_2 und
7,8% O_2[1].

Die Intensität der Atmung wurde bisher häufig unzulässigerweise durch die
Menge des abgegebenen Kohlendioxyds gemessen. Diese Menge wird zumeist
auf das Frischgewicht bezogen, was für die Bedürfnisse der Lebensmittelfrischhaltung noch eher zulässig ist als für rein physiologische Betrachtungen, denn
die eigentlich atmende Substanz ist das Plasma, und insofern ist weder das
Frischgewicht, das durch den Inhalt der Vacuole stark mitbestimmt wird, noch
das Trockengewicht, bei dem die toten Zellwände, Reservestoffe und Exkrete
einen bedeutenden Anteil stellen, als Bezugsgröße zuverlässig. Aus diesen Überlegungen wird klar, wie sehr quantitative Angaben über physiologische Vorgänge
erst durch die richtige Wahl der Bezugsgröße etwas über das tatsächliche Ausmaß
des Umsatzes aussagen und zu Vergleichen herangezogen werden dürfen. Für
die Frischhaltung von Obst und Gemüse ist die von der Einheit des Frischgewichtes abgegebene Menge Kohlendioxyd in doppelter Hinsicht von Bedeutung,
weshalb die Angaben im folgenden sich in der Hauptsache auf diese Größe
stützen sollen. Einmal gibt sie einen Anhaltspunkt für den Umfang des Gasaustausches und damit für die Notwendigkeit der Lufterneuerung in den Lagerräumen, und zum anderen bietet sie ein Maß für den Verlust an organischen
Verbindungen, also an Nährstoffen, die bei der Aufbewahrung verloren gehen.
Bei den meisten Früchten erfährt die Intensität der CO_2-Abgabe für den Reifeverlauf charakteristische Wandlungen, so daß auch hier einfach durch die Verfolgung der leicht meßbaren CO_2-Aushauchung Aussagen über das Fortschreiten
der Reifung gemacht werden können (s. S. 275). In Tab. 8 sind einige Beispiele
als Anhaltspunkte für die Größenordnung der CO_2-Abgabe pflanzlicher Organe
gegeben.

Tabelle 8. *Durchschnittliche Kohlendioxydabgabe verschiedener
pflanzlicher Organe bei 20° C.*

	mg CO_2/kg Frischgew. h		mg CO_2/kg Frischgew. h
Erbsenkeimlinge	200 bis 400	Birnen	25
Spinatblätter ...	180	Weintrauben ...	10 bis 20
Spargel	14 bis 42	Kartoffeln......	8 bis 14

Zur Beurteilung der Nährstoffverluste durch die fortlaufende Atmung sollen
die in Tab. 9 zusammengestellten Zahlen über den Zuckerverbrauch für die
Atmung einige Hinweise geben.

Auf die Intensität der Atmung pflanzlicher Organe haben die verschiedensten
Außenfaktoren oft einen starken Einfluß. Für die Lebensmittelfrischhaltung ist

---

[1] Smith, W. H.: Ann. of Bot. N. S. **11**, 363 (1947).

die Temperaturwirkung, die Atmungserhöhung durch Temperaturschwankungen und durch Verletzungen wichtig. Auf die Zusammenhänge zwischen Temperatur und Atmungsintensität soll später bei der Besprechung der Reifevorgänge bei Früchten eingegangen werden.

Tabelle 9. *Zuckerverbrauch für die Atmung verschiedener Obst- und Gemüsearten.*

Erdbeeren, Himbeeren . .	18° 2 g/kg Frischgewicht. 24 h
Pfirsiche	18° 1 g/kg „ „
Weintrauben	20° 0,8 bis 1,6 g/kg Frischgewicht. 24 h
Birnen	18° 0,5 bis 0,7 g/kg „ „
Spargel	20° 2 bis 2,5 g/kg „ „

Die Wärmeproduktion. Von großer Bedeutung für die Maßnahmen bei der Kaltlagerung von Obst und Gemüse, das lebend bleibt, also oberhalb des Gefrierpunktes aufbewahrt wird, ist die Menge der durch die Atmung freiwerdenden Wärme. Die durch die Verbrennung von Atmungsmaterial erzeugte Energie wird in ausgewachsenen Zellen letztlich als fühlbare oder latente Wärme (z. B. durch Verdunstung von Wasser) an die Umgebung abgegeben. Für den Fall einer vollkommenen Oxydation des Zuckers im Verlaufe der Atmung läßt sich aus der gebildeten CO_2-Menge die entwickelte Wärmemenge berechnen, die mit der im Versuch gemessenen wenigstens für längere Zeiträume übereinstimmt. Für kürzere Zeitintervalle können u. U. Abweichungen wegen nicht vollständiger Oxydation o. ä. auftreten[1]. In Tab. 10 sind Angaben über die bei der Kaltlagerung verschiedener Obst- und Gemüsearten freiwerdende Wärmemengen zusammengestellt.

Die durch die Atmung erzeugten Wärmemengen sind so groß, daß sie bei der üblichen Lagerung in Körben mit einer Schütthöhe von 14 bis 25 cm bei stiller Kühlung nicht rasch genug abgeführt werden können. Das Lagergut kühlt sich nie auf die Temperatur der umgebenden Atmosphäre ab,

Tabelle 10. *Freiwerdende Wärmemenge bei der Kaltlagerung von verschiedenen Obst- und Gemüsearten (für 1000 kg in 24 h).*

	bei 0° C	bei 4,4° C
Äpfel	183 bis 245 kcal	309 bis 489 kcal
Birnen	184 bis 245 „	
Erdbeeren. . .	760 bis 1060 „	1430 bis 1840 „
Kirschen. . . .	367 bis 490 „	
Pfirsiche	236 bis 381 „	401 bis 562 „
Karotten. . . .	227 „	392 „
Kartoffeln . .	122 bis 245 „	307 bis 489 „
Salat	175 „	206 „

sondern es bleibt eine ziemlich konstante Temperaturdifferenz zwischen Kühlgut und Raumtemperatur bestehen[2]. Diese bleibende Temperaturdifferenz bei einer Raumtemperatur von $+1,5°$ C und Stapelung in Körben betrug z. B. für Stachelbeeren 1,8°, für Heidelbeeren 1,1°, für Pfirsiche 0,9°, für Birnen und Äpfel 0,3 bis 0,6°. Bei modernen Kühlanlagen, bei denen durch Luftbewegung für rasche Wärmeabfuhr gesorgt wird, dürften sich die bleibenden Temperaturdifferenzen in wesentlich niedrigeren Grenzen bewegen.

Die Berechnung der Wärmeproduktion lagernder Früchte ist nur bedingt zuverlässig, wenn sie sich allein auf die Kohlendioxydabgabe stützt. Nur für den Fall, daß der Atmungsquotient gleich der Einheit ist, entspricht einem Mol Kohlendioxyd der Betrag von 112 kcal. Für den Fall, daß das Kohlendioxyd aus der alkoholischen Gärung stammt, die auch in höheren Pflanzen möglich ist (s. u.), entsprechen einem Mol CO_2 nur 14 kcal.

---

[1] RODEWALD: Jahrb. f. wiss. Bot. **18**, 263 (1887); Bd. **20**, 261 (1889).
[2] PLANK, R. u. V. GERLACH: Über die Konservierung von frischem Beeren-, Kern- und Steinobst in Kühlräumen. München und Berlin 1917.

Der Chemismus der Atmung. Obwohl bei ausgewachsenen Pflanzenorganen meist der Atmungsquotient gleich oder kleiner als 1 ist, sind auch bei saftigen Früchten, jedenfalls bei höheren Temperaturen, Werte über 1 gemessen worden, z. B. bei Zwetschen bei 28° C 2,5, für Weintrauben bei 28° C 1,6. So hohe Werte dürften in Früchten dadurch zustande kommen, daß aufgespeicherte organische Säuren veratmet werden, für Äpfelsäure würde $CO_2:O_2$ gleich 1,33 sein. In ganz jungen teilungsfähigen Geweben scheint der RQ regelmäßig sehr hohe Werte anzunehmen. Die genaue Verfolgung des Verhältnisses von aufgenommenem Sauerstoff zu erzeugtem Kohlendioxyd verspricht jedenfalls tieferen Einblick in wesentliche Stoffumwandlungen als die Bestimmung nur einer der beiden Komponenten. Nach vorläufigen Versuchen wird vermutet, daß sich schon frühzeitig am RQ von Äpfeln ihre Eignung für die Kaltlagerung erkennen läßt (s. S. 305).

Ein Atmungsquotient unter 1, der sehr häufig beobachtet wird, rührt entweder daher, daß anderes Atmungsmaterial als Kohlenhydrate angegriffen wird, oder aber daß ein Teil des aufgenommenen Sauerstoffes in anderen Produkten als den normalen Endprodukten der Atmung (CO_2 und H_2O) festgelegt wird. Als solche kommen in erster Linie die üblichen *Pflanzensäuren* in Frage, die sauerstoffreicher als die Kohlenhydrate sind, aus denen sie hervorgehen. Am genauesten sind diese Verhältnisse bei der nächtlichen Säureanhäufung in fleischigen Blättern (Crassulaceen und anderen succulenten Pflanzen) studiert worden[1]. Während der *Ansäuerung* nachts unterbleibt im Extremfall jede CO_2-Abgabe, so daß der RQ = 0 wird. Bei der Absäuerung tagsüber wird dagegen erwartungsgemäß mehr Kohlendioxyd abgegeben als Sauerstoff aufgenommen, der RQ kann Werte von 1,35 bis 1,70 erreichen. Bei einer totalen Verbrennung von Äpfel- oder Citronensäure würde das Verhältnis $CO_2 : O_2$ 1,33 betragen.

Bei Ausschluß des Sauerstoffzutrittes fahren fast alle Gewebe höherer Pflanzen fort, Kohlendioxyd abzugeben. Diese anaerobe Atmung beruht darauf, daß die auch bei der normalen Atmung zunächst entstehenden Spaltstücke des Zuckers nicht oxydativ weiterverarbeitet, sondern durch geringfügige Umwandlung in der Hauptsache zu Äthylalkohol werden. Diese sog. *intramolekulare Atmung* besteht prinzipiell in einem gleichen Stoffumsatz wie die alkoholische Gärung der Hefe nach folgender Gleichung:

$$C_6H_{12}O_6 = 2\,C_2H_5OH + 2\,CO_2 + 28\,kcal$$
Traubenzucker   Alkohol

Das molare Verhältnis der beiden Gärungsendprodukte entspricht jedoch in vielen Pflanzenorganen nicht der nach der Gleichung zu fordernden Einheit[2]. Es müssen also auch noch andere bisher zumeist unbekannte Stoffwechselprodukte außer Alkohol beim anaeroben Umsatz angesammelt werden. Wahrscheinlich sind diese ungewöhnlichen Substanzen zu ihrem Teil mit verantwortlich für das rasche Absterben der meisten Pflanzenorgane in Anaerobiose. Der Mangel an Energie dürfte aber eine ebenso bedeutende Rolle spielen und auch Veränderungen der Plasmastruktur stellen sich bald nach Sauerstoffentzug ein.

Die Tatsache und Kenntnis des anaeroben Lebens von Pflanzenorganen hat nicht so sehr Bedeutung deshalb, weil etwa im natürlichen Dasein der Pflanzen solche anaerobe Phasen überstanden werden müßten. Die allgemein verbreitete Fähigkeit zur intramolekularen Atmung, die also nicht als Anpassung an zufälligen Sauerstoffentzug aufgefaßt werden kann, findet ihre Erklärung darin, daß die einleitenden Phasen des normalen Atmungsumsatzes der Kohlenhydrate anaerob verlaufen. Die alkoholische Gärung und die intramolekulare Atmung

---

[1] Wolf, J.: Planta (Berlin) **37**, 510 (1949) und früher.
[2] Kostytschew, S.: Pflanzenatmung. Berlin: Springer 1924. — Paech, K.: Planta (Berlin) **24**, 529 (1935).

fördern die Produkte zu Tage, bei denen die anaerobe Spaltung der Zucker stehen bleibt, und an denen die oxydative Umwandlung ansetzen muß. Es bleibt dabei noch offen, ob tatsächlich der Alkohol selbst ein Zwischenprodukt des Zuckerabbaues ist oder ob gewisse Zwischenprodukte bei Fehlen des Sauerstoffes eben in Alkohol verwandelt werden, während sie oxydativ zu CO_2 und H_2O umgesetzt werden. Die Aufklärung des Chemismus des biologischen Zuckerabbaues gibt dieser zuerst von KOSTYTSCHEW klar formulierten Hypothese des genetischen Zusammenhangs zwischen Gärungs- und Atmungsstoffwechsel weitestgehend recht. Die wichtigsten Etappen des Zuckerabbaues stellen sich nach unseren heutigen Kenntnissen wie folgt dar.

Nicht Traubenzucker, der als allgemeines Atmungsmaterial ins Auge gefaßt werden soll, wird umgewandelt, sondern er muß erst mit zwei Molekülen Phosphorsäure an seinen beiden Enden zu Hexosediphosphorsäure verestert werden. Durch ein Enzym, die Aldolase, wird die C_6-Kette nun in zwei Fragmente mit je 3 C-Atomen zerbrochen, die je ein Molekül Phosphorsäure tragen. Weitere Umwandlungen führen schließlich zur Brenztraubensäure, die einen zentralen Platz im intermediären Stoffwechsel aller Zellen einnimmt.

Auffallend an dieser Kettenreaktion ist das Mitschleppen von Phosphorsäure, dessen Sinn man jetzt im Dienste der Energiefreisetzung aus dem Zuckermolekül verstehen lernt. In den Phosphorsäurebindungen, die beim Abspalten der Phosphorsäure eine beträchtliche Energie freigeben, konzentriert sich gewissermaßen die Energie der Nährstoffe, und durch Übertragung der Phosphorsäuregruppe vermag die Zelle diese Bindungsenergie der Gruppe zu endothermen Reaktionen, z. B. zur Synthese von Polysacchariden und Eiweißen, einzusetzen[1]. Die in die Stärke- bzw. Rohrzuckerspaltung gesteckte anorganische Phosphorsäure steht auf einem niederen Energiepotential. Durch die Umwandlungen der Phosphorsäureträger, vor allem durch die Dehydrierung des Glycerinaldehyds zur Glycerinsäure und deren Dehydratisierung zur Brenztraubensäure wird die Bindungsenergie der Phosphorsäure gehoben, so daß bei ihrer Abspaltung aus der Phosphorbrenztraubensäure eine beträchtliche Menge Energie freigesetzt wird.

Die Erzeugung energiereicher Phosphorsäure-Gruppen (gewöhnlich mit ~ Ph bezeichnet) ist natürlich an den Abbau der Nährstoffe gebunden, aus denen die Energie entnommen wird. Wenn wir technisch die in den ursprünglich organischen Substanzen Holz, Kohle, Erdöl zur Verfügung stehenden chemische Energie verwerten wollen, dann verwandeln wir sie in Wärme und betreiben damit Wärmekraftmaschinen oder stecken sie in endotherme Umsetzungen durch Erhitzen der Reaktionsgefäße in der chemischen Technik. Diese Wege sind der Zelle naturgemäß verschlossen. Sie bedient sich deshalb eines ganz anderen Prinzips, eben der Konzentrierung der Energie in bestimmte Gruppenbindungen, die leicht gelöst und von denen einfache Gruppen unter dem gleichen Energiepotential auf andere Verbindungen übertragen werden können, womit dann ein Teil der Energie aus dem Betriebsstoff, z. B. dem Zucker, auf die neue Substanz, die z. B. ein Baustein für das Plasmagerüst sein kann, übernommen ist. Durch Umgestaltung der phosphorhaltigen Bruchstücke des Zuckers wird die energiearme Form des anorganischen Phosphates über das Esterphosphat schließlich zu dem hohen Potential der ~ Ph.-Bindung gehoben. Die unten zu besprechende Übertragung des Wasserstoffes im Zuge der Atmung entspricht ganz dem gleichen Prinzip der Energiefreisetzung, in dem der den Nährstoffen entnommene Wasserstoff durch stufenweise Senkung seines Potentials bis zur Vereinigung mit dem Sauerstoff seine gesamte latente chemische Energie abgegeben hat.

---

[1] LIPMANN, F.: Advances in Enzymol. **1**, 99 (1941).—LYNEN, F.: Naturwiss. **30**, 398 (1942).

Hier kommt noch eine andere sehr wichtige neuere Einsicht in den intermediären Stoffwechsel zu Hilfe. Bisher nahm man an, daß die Stärke, ein aus lauter Traubenzuckermolekülen aufgebautes Polysaccharid, allein durch das Enzym Amylase hydrolytisch, d. h. durch Einfügen von jeweils einem Molekül Wasser in die Verbindungsstellen der Zuckermoleküle, zu Maltose aufgespalten würde, wenn die Pflanze die Stärke mobilisieren will. Jetzt hat man erkannt, daß in niederen und höheren Pflanzen Enzyme vorhanden sind, die Stärke und in ähnlicher Weise auch Rohrzucker durch Anlagerung eines Moleküls Phosphorsäure an die Verknüpfungsstellen der Traubenzuckermoleküle nicht hydrolytisch sondern phosphorolytisch aufsprengen, wobei als Bruchstück Glucose-1-Phosphorsäure entsteht, also ein Körper, der sogleich in den Zuckerabbau eingeführt werden kann[1]. Das Entscheidende an der genannten enzymatischen Reaktion ist ihre Reversibilität. Mit diesem Enzym, das aus Blättern, Früchten, Knollen, am günstigsten aus Kartoffeln gewonnen werden kann, ist es das erste Mal gelungen, in vitro aus Glucose-Phosphorsäure, also einem Zuckerderivat, Stärke herzustellen, denn das Enzym katalysiert auch den synthetischen Vorgang. Die von diesem Enzym aufgebaute Stärke gleicht der natürlichen erst wenig. Wenn man aber ein zweites Enzym, das ebenfalls in höheren Pflanzen weit, vielleicht sogar universell verbreitet ist, zusetzt, so entsteht Stärke in Körnchen, die mit der natürlichen identisch ist. Sie enthält die beiden Komponenten, die in jeder natürlichen Stärke vorkommen, nämlich Amylose und Amylopectin, das sich von jener dadurch unterscheidet, daß es aus verzweigten Ketten von Glucosemolekülen aufgebaut ist. Für die Bedeutung als Reservestoffe, die leicht mobilisiert werden können, ist es recht charakteristisch, daß auch der Rohrzucker durch eine solche Phosphorylase in Glucose-1-Phosphat zerlegt, bzw. aus ihr und Fructose aufgebaut werden kann. Die Phosphorylasen scheinen also eine bisher gar nicht geahnte zentrale Rolle im Kohlenhydratumsatz der pflanzlichen wie tierischen Zellen zu spielen. Die Umsetzung von Glucose-Phosphat zu Di- und Polysacchariden geht fast ohne Energiezufuhr vor sich. Für den Vorgang der phosphorolytischen Spaltung von Stärke und Rohrzucker ist die Hereinnahme von anorganischem Phosphat in den Umsatz von besonderer Bedeutung. Durch Übertragung der glykosidischen Bindung auf das Phosphat wird dieses auf das Energiepotential des Esterphosphates gehoben (s. o.). Alle die Vorstellungen, Untersuchungen und Hypothesen, die bisher gestützt auf die amylatische Stärkespaltung und die Beteiligung der Glucose an den auf- und abbauenden Umsetzungen entwickelt worden sind und die sich niemals recht bestätigt haben, müssen nun unter Einbeziehung dieser neuen Erkenntnisse revidiert werden. Die häufigen Beobachtungen, daß die Atmungsintensität eher eine Beziehung zu der Menge Rohrzucker oder Stärke als zur Traubenzuckermenge aufweist, wird jetzt verständlich, denn jene beiden Kohlenhydrate können durch anorganisches Phosphat, Glucose aber nur durch energiereiche Phosphorsäurebindungen in den Atmungsumsatz einbezogen werden.

Die Beziehungen der Phosphorolyse, des Glucose-1-Phosphates als aktiver Komponente der Kohlenhydrate und anderer durch die modernen Erkenntnisse der chemischen Physiologie herausgestellter Faktoren zu den speziellen Fragen der Kaltlagerung von Obst und Gemüse sind noch kaum verfolgt worden[2]. Es besteht die große Wahrscheinlichkeit, daß durch ein Studium des Stoffwechsels nach solchen neuen Gesichtspunkten viele Fragen leichter einer Lösung zugeführt werden können als bei den bisherigen Angriffspunkten. Entscheidend wird dabei immer sein, was aus den hier kurz skizzierten Vorgängen hervorgeht, daß man

[1] HANES, C. S.: Proc. Roy. Soc. London B **129**, 174 (1940).
[2] ARREGUIN, B. u. J. BONNER: Plant Physiol. **24**, 720 (1949).

die Dynamik des Stoff*umsatzes* im Auge behält und sich nicht mit der Bestimmung einiger leicht faßbarer Zellbestandteile begnügt, die meist ausgeschiedene, stabilisierte, nicht am Stoffwechsel beteiligte Produkte darstellen.

Brenztraubensäure wird durch das weitverbreitete Enzym Carboxylase in Acetaldehyd und Kohlendioxyd zerlegt.. Acetaldehyd tritt als Acceptor für den bei der Oxydation des Glycerinaldehyds zur Glycerinsäure durch ein besonderes Enzym entnommenen Wasserstoff auf und wird damit zum Äthylalkohol reduziert. Aus einem halben Molekül des Traubenzuckers entstehen demnach je ein Molekül Alkohol und CO_2, die üblichen Produkte der alkoholischen Gärung und intramolekularen Atmung.

Die einleitenden Schritte des Zuckerabbaues sind offenbar in allen pflanzlichen Organismen gleich, und sie weichen auch im Tier nicht wesentlich von dem aufgezeigten Wege ab. Die weitere oxydative Zerkleinerung des C_3-Bruchstückes der Brenztraubensäure ist noch nicht völlig geklärt. Etwas Licht in dieses Dunkel haben Untersuchungen eines Stoffwechsels gebracht, der ganz vom Atmungsabbau abzuführen scheint und zu den für die Reifevorgänge vieler Früchte so wichtigen Pflanzensäuren leitet. Gleichlaufend wie im tierischen Organismus scheint in den meisten höheren Pflanzen eine lange Kette gekoppelter Vorgänge die als Citronensäurecyclus oder Tricarbonsäurekreislauf[1] zusammengefaßt

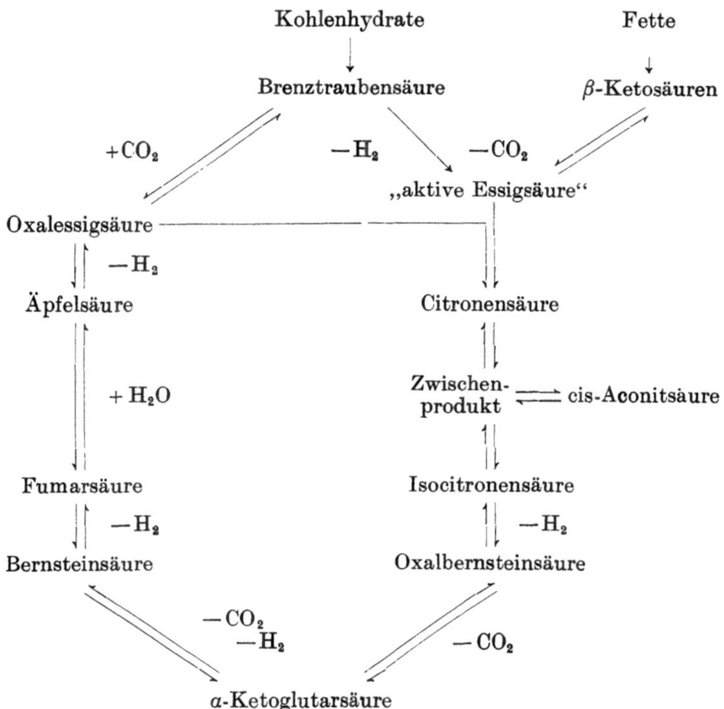

werden, abzulaufen. Das Wesentliche an diesem Cyclus von Säureumwandlungen sind nicht die auftretenden Säuren, sondern ist die Tatsache, daß diese intermediären Substanzen durch H_2-Entnahme (Dehydrierung) und CO_2-Abspaltung (Decarboxylierung) ineinander übergehen. Die Zwischensubstanzen mögen sich

---

[1] KREBS, H. A.: Advances in Enzymol. **3**, 191 (1943).

mehr oder weniger zufällig eingestellt haben; wichtig ist, daß der ganze Energie-sprung vom C_3-Spaltstück der Zucker bis zu CO_2 und H_2O unterteilt wird, weil die Zelle mit ihren milden Reaktionsbedingungen den ganzen Betrag nicht ver-arbeiten könnte. Der bekannte Biochemiker Szent-Györgyi hat es einmal bildlich so formuliert: „Die Zelle braucht kleines Geld, um ihre Ausgaben zu decken." Die Oxalessigsäure, die in dem folgenden Schema eine besondere Rolle spielt, geht durch eine enzymatische Anlagerung von CO_2 an Brenztraubensäure hervor. Die durch anaerobe Spaltung der Glucose entstandene Brenztrauben-säure wird in einem oxydativen Vorgang zu einem bisher noch nicht gefaßten C_2-Körper decarboxyliert (*aktivierter* C_2-*Körper*), der seinerseits das Roh-material ist, mit dem dieser Kreislauf bei seiner Funktion als Wasserstoffüber-träger und damit als oxydativer Energielieferant der Zelle gespeist wird. Die Oxalessigsäure stellt das Vehikel dar, von dem jeweils ein Molekül des C_2-Derivates aufgenommen und durch fortlaufende Dehydrierungen und Decarboxylierungen nach und nach wieder abgetragen wird, bis am Ende die freie Oxalessigsäure ihren Kreislauf aufs neue beginnen kann. An 2 Stellen wird CO_2 abgestoßen, womit unter Einschluß des aus der Brenztraubensäure entnommenen CO_2 ein halbes Molekül Traubenzucker der völligen Oxydation anheimgefallen ist. Der durch besondere Enzyme, die Dehydrasen, an den verschiedenen Stellen ent-nommene Wasserstoff wird entweder zu anderen hydrierenden Reaktionen in der Zelle verwendet, oder er wird über einige Zwischenstufen schließlich auf Sauerstoff unter Bildung von Wasser und Gewinnung der bei dieser Vereinigung freiwerdenden Energie übertragen (s. u.).

Verschiedene bekannte *Pflanzensäuren* (Bernsteinsäure, Äpfelsäure, Ci-tronensäure) tauchen als Glieder dieser Kette von gekoppelten Reaktionen auf. Die Isocitronensäure, die zunächst etwas fremdartig anmutet, ist schon vor langer Zeit in größeren Mengen in Brombeeren gefunden worden, und jetzt, da man auf ihre Bedeutung im Zwischenstoffwechsel aufmerksam geworden ist, entdeckt man sie in weiterer Verbreitung unter dem manchmal recht beträcht-lichen Bestand an bisher unbekannten Säuren, die einem tieferen Verständnis der Säureumwandlungen auch beim Reifen der Früchte immer noch ein unüber-brückbares Hindernis in den Weg stellten. Die ganze Mannigfaltigkeit in quali-tativer und quantitativer Hinsicht, in der die genannten Säuren bei der Analyse der Pflanzen vorgefunden werden, darf man heute am einfachsten und treffendsten so deuten, daß sie in einem Kreislauf oder Stufengang, verlaufe er nun nach dem aufgezeichneten Schema oder in anderer Reihenfolge, miteinander verknüpft sind. Die Geschwindigkeiten der Teilprozesse sind nicht immer so aufeinander ab-gestimmt, daß jedes Zwischenprodukt im folgenden Schritt völlig aufgearbeitet wird. Je nach den Geschwindigkeits- und übrigen Reaktionsbedingungen für die Teilprozesse fallen also verschieden hohe Mengen von Zwischenprodukten an, eben die bei der Analyse des Pflanzenkörpers erfaßten organischen Säuren. In extremen Fällen überwiegt eine bestimmte Säure, z. B. die Citronensäure in Citrusfrüchten oder Isocitronensäure in Brombeeren. In den meisten Pflanzen hat sich den Gesetzen der Wahrscheinlichkeit entsprechend eine mehr ausgeglichene Ansammlung der verschiedenen Säuren als Artmerkmal fixiert. Die Art und Menge der verschiedenen Säuren variiert auch im Laufe der Entwicklung des gleichen Pflanzenorgans. (Fruchtreifung und Säureum-satz s. S. 284).

Es fällt auf, daß eine ganze Reihe bekannter Pflanzensäuren in diesem Kreis-lauf nicht auftauchen, z. B. Weinsäure, Oxalsäure, Ascorbinsäure oder die als Baustein der Pektine bekannten Uronsäuren, z. B. die Galakturonsäure. Wenn wir auch vermuten dürfen, daß diese Säuren ebenfalls aus Kohlenhydraten hervorgehen, so haben wir doch erst sehr unsichere Vorstellungen darüber, auf welchen Wegen das geschehen könnte.

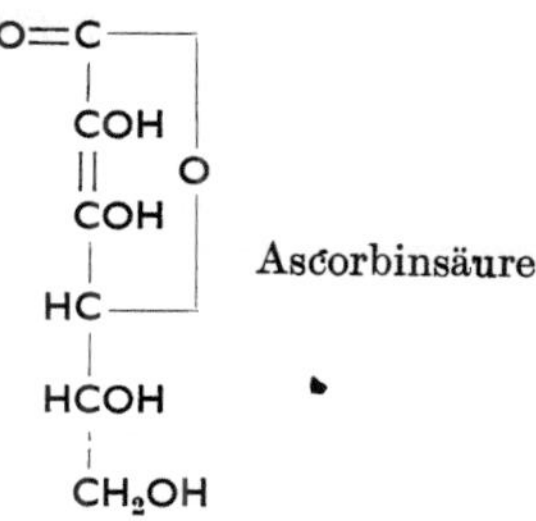

Die *Ascorbinsäure*, ihrem Bau nach eine nahe Verwandte der Hexosen, der einfachen Zucker, hat durch ihre Bedeutung als Vitamin C die Aufmerksamkeit besonders auf sich gezogen. Die Rolle, die sie in den Pflanzen spielt, ist noch unbekannt, soviel Hypothesen und Vorstellungen darüber auch entwickelt sein mögen. Es ist sehr wahrscheinlich, daß sie eine wichtige Funktion im Zellgeschehen, und zwar bei der Übertragung des Wasserstoffs von den Dehydrasen auf den Sauerstoff erfüllt; keineswegs läßt sich aber daraus ihre Verteilung innerhalb der einzelnen Pflanzen verständlich machen. Ihre teilweise enorme Anhäufung in gewissen Früchten und das fast völlige Fehlen in anderen läßt sie wie die Zucker oder andere Reserve- und Ausscheidungsprodukte erscheinen. Sie wird in Früchten auch bei längerer Lagerung oft nicht angegriffen, in Blättern und anderen aktiven Organen unterliegt sie jedoch meist einem raschen Abbau[1]. Der Umsatz besteht in einer Oxydation der hochreduzierten Ascorbinsäure durch eine Ascorbinsäureoxydase. Bei der Verarbeitung von Pflanzenteilen, die reich an Ascorbinsäure sind, ist zu berücksichtigen, daß auch Schwermetallsalze, z. B. Eisen- und ganz besonders Cu-Salze, die Oxydation beschleunigen. Die Verwendung von Kupfer zum Grünen von Gemüse führt regelmäßig zu weitgehender Oxydation der Ascorbinsäure. Einen gewissen meist allerdings unbedeutenden Anteil der reversibel oxydierten Ascorbinsäure findet man in vielen frischen Pflanzengeweben. Citrusfrüchte, Petersilie, Tomaten, Hagebutten u. a. enthalten relativ große Mengen einer Substanz, die die Ascorbinsäure beim Trocknen der Pflanze vor der Oxydation schützt. Zwiebeln und Äpfel enthalten davon nur sehr wenig, und Kartoffeln, Blumenkohl, Möhren u. a. haben ein solches Antioxydans überhaupt nicht[2]. Die Verluste an Ascorbinsäure, d. h. an Vitamin C, die beim Aufbewahren frischer Ware durch den Stoffwechsel auftreten, sind sehr beträchtlich. So verliert 1 kg grüne Bohnen oder Spinat bei 20° in 24 Std. 50 bis 60 mg Ascorbinsäure; das ist mehr als die volle Tagesration eines erwachsenen Menschen!

Die Verteilung der Ascorbinsäure innerhalb eines Organes kann recht ungleichmäßig sein, z. B. in den Schalen und im Fleisch der Äpfel. Daß dabei die gewählte Bezugsgröße das Bild sehr stark bestimmen kann, geht aus Tab. 11 hervor, in welcher der Ascorbinsäuregehalt sowohl auf das Frischgewicht als auch auf den Eiweißgehalt der Zellen bezogen ist[3].

Wir hatten oben noch nicht weiter verfolgt, wie der den verschiedenen Säuren entnommene Wasserstoff schließlich auf den Sauerstoff übertragen wird. Wenn die einleitenden Schritte der Zuckerspaltung für alle Organismen sich als sehr ähnlich, vielleicht sogar als identisch erweisen, so herrscht in den letzten Phasen,

---

[1] PAECH, K.: Forschungsdienst **7**, 391 (1939). — SEYBOLD, A. u. MEHNER, H.: Sitzungsber. der Heidelberger Akad. der Wiss. Math.-natw. Kl. 1948, 10. Abhdlg.

[2] SOMOGYI: Helv. Physiol. Pharmacol. Acta **3**, 15 (1945).

[3] PAECH, K.: Zeitschr. Unters. d. Lebensm. **76**, 234 (1938).

in denen der Sauerstoff dem Wasserstoff entgegengebracht wird, nicht diese Einheitlichkeit. Die Pflanzen sind nur z. T. mit dem für den höheren tierischen Organismus charakteristischen *Cytochromsystem* ausgestattet, durch das mit Hilfe einer eisenhaltigen, häminartigen Verbindung der Sauerstoff soweit aufgelockert

Tabelle 11. *Ascorbinsäuregehalt in Äpfeln der Sorte Wiltshire.*

	in 100 g Frischgew. mg Eiweiß-N	reduzierte Ascorbinsäure	
		in 100 g Frischgew. mg	je 100 mg Eiweiß-N mg
rote Schalen	87,0	50,6	58,2
Fleisch unter den roten Schalen....	17,7	7,3	41,2
gelbe Schalen	88,8	28,9	32,6
Fleisch unter den gelben Schalen...	17,0	4,4	26,9

wird, daß er sich mit dem Wasserstoff vereinigen kann. In anderen pflanzlichen Geweben vollziehen daneben die *Polyphenoloxydasen* die Aufnahme des Sauerstoffes in das Atmungssystem, z. B. in Kartoffeln, Spinatblättern und den meisten Organen, die sich nach Verletzung stark bräunen. Das Dunkeln wird durch die Aktivität eines Enzyms verursacht, das den Luftsauerstoff auf die sog. Chromogene überträgt, ungefärbte Verbindungen der Zelle, die mehrere Hydroxylgruppen an einem Benzolring tragen (Polyphenole). In der lebenden Zelle sind diese Zwischenkörper stets im reduzierten Zustand und daher farblos vorhanden, weil durch die Dehydrasen laufend aus den Nährstoffen über den Säurekreislauf Wasserstoff auf diese Chromogene übertragen wird. Erst wenn durch eine starke Beschädigung oder durch Zerstörung die Zelle in ihrem harmonischen Stoffwechselgeschehen gestört wird, unterbleibt die Wasserstoffübertragung, und der Luftsauerstoff führt die Chromogene in die gefärbten chinoiden Verbindungen über. Daß diese Oxydation durch Enzyme, eben die Polyphenoloxydasen, beschleunigt wird, geht daraus hervor, daß nach dem Abkochen, durch das die Enzyme zerstört werden, das Braunwerden der Kartoffeln ausbleibt. Man kann das Bräunen natürlich auch durch Ausschluß des Sauerstoffes unterbinden.

Vielleicht spielt die Ascorbinsäure, die auch die Fähigkeit hat, vom reduzierten in den oxydierten Zustand und umgekehrt überzugehen, eine Art von Puffer für unausgeglichene Oxydation der Chromogene, sie stellt also eine Reduktionsreserve dar, durch die bei unausgeglichenem Nachschub von Wasserstoff der durch die Oxydasen übertragene Sauerstoff abgefangen wird. Bei Äpfeln tritt das Braunwerden nicht ein, bevor nicht alle Ascorbinsäure verbraucht ist, weil die reduzierte Ascorbinsäure die oxydierten Polyphenole wieder regeneriert. Erst wenn alle vorhandene Ascorbinsäure oxydiert ist, häufen sich oxydierte Phenole an und verursachen die Färbung. In geriebenen Äpfeln ist das meist schon in 30 sec geschehen[1]. Die Ascorbinsäureoxydase und die Polyphenoloxydasen sind gegen hohe Acidität sehr empfindlich, so daß man ihre Tätigkeit durch Ansäuern, z. B. mit Citronensäure oder Ascorbinsäure, lahmlegen kann und damit auch die oft lästige Bräunung verhindert. In USA ist eine Pfirsichsorte gezüchtet worden, die zwar die Enzyme noch besitzt, aber nicht deren Substrat, die Polyphenole, so daß in den Früchten nach Druck oder anderer Verletzung die Bräunung wegen Fehlens der zu oxydierenden Substanzen ausbleibt.

---

[1] Ponting, J. D. u. M. A. Joslyn: Arch. of Biochem. **19**, 47 (1948).

Zwei Enzyme müssen in diesem Zusammenhang noch erwähnt werden, die auch bei der Übertragung des Sauerstoffes eine Rolle spielen und die für Maßnahmen bei der Gefrierkonservierung von Bedeutung sind. 1. Die *Peroxydasen* üben eine ähnliche Funktion aus wie die Polyphenolasen; sie vermögen aber nur den Sauerstoff aus organischen Peroxyden oder aus Wasserstoffperoxyd nicht den atmosphärischen zu übertragen. Sie wirken deshalb nur bräunend, wenn solche Peroxyde anwesend sind. Deren Bildung wird aber mit der Zerstörung der Zelle unterbrochen, so daß Peroxydase-Gewebe, z. B. Meerrettich, an der Luft nicht dunkel werden. 2. Die *Katalase*, ein sehr weit verbreitetes Enzym, zerlegt Wasserstoffperoxyd in Wasser und Sauerstoff. Wasserstoffperoxyd entsteht in den Zellen bei der Vereinigung von Wasserstoff der Dehydrasen mit dem molekularen Sauerstoff. Wasserstoffperoxyd ist für die lebende Zelle ein starkes Gift, so daß die Zellen nur leben können, wenn sie über ein Enzymsystem verfügen, das sie sofort von dem anfallenden H_2O_2 befreit.

3. Die Bedeutung der Enzyme für den Stoffwechsel.

Die leichte Verderblichkeit der meisten Lebensmittel rührt nicht so sehr von der Unbeständigkeit der Nährstoffe selbst her, sondern ist vielmehr durch deren untrennbare Verknüpfung mit lebenden Zellen oder den Bestandteilen von Zellen bedingt. Die für unsere Ernährung wichtigen Substanzen unterliegen in den pflanzlichen Organen dauernden Umwandlungen. Teils sind diese sogar erwünscht, wie die zur Reifung von Früchten führenden Prozesse. Im weitaus größten Umfang handelt es sich aber um wertmindernde Vorgänge, die wir auszuschließen bestrebt sind. Die Stoffwechselprozesse halten an, solange die Zellen leben. Wenn das Abtöten nicht durch hohes Erhitzen geschieht, sondern etwa durch Gefrieren, dann überdauern die für den Stoffwechsel der Zellen geschaffenen Enzyme den Zelltod und bleiben wirksam.

Die in den Zellen stattfindenden Stoffumsetzungen betreffen chemische Verbindungen, die sich unter den Bedingungen, bei denen Lebewesen existieren können, nur äußerst langsam verändern würden. Der lebende Organismus ist jedoch zur Erfüllung seiner Funktionen oft auf raschen, auf alle Fälle aber auf geregelten und gerichteten Stoffumsatz angewiesen. Die in der technischen Chemie zur Durchführung rascher Reaktionen üblichen Bedingungen wie hohe Temperaturen und Drucke, starke Reagenzien u. ä. vertragen sich nicht mit der oben geschilderten labilen Struktur des Plasmas. Der lebenden Zelle stehen deshalb gewisse Hilfsmittel und Werkzeuge zur Verfügung, mit denen sie unter ihren milden Reaktionsbedingungen lebhafte Umsätze einleiten und in Gang halten kann, das sind die Enzyme. Von den Enzymen oder Fermenten (beide Bezeichnungen sind synonym) sollen hier vor allem die Eigentümlichkeiten kurz besprochen werden, die für ihre Funktion in der *lebenden* Zelle von Wichtigkeit sind.

Enzyme sind Biokatalysatoren, d. h. Substanzen, die schon in winzigen Mengen chemische Prozesse einleiten, in Gang halten und beschleunigen, ohne daß sie dabei verbraucht oder stofflich verändert werden. Wie jemand einen Nagel, den er mit der bloßen Hand nicht einschlagen könnte, mit der gleichen Kraft unter Zuhilfenahme eines Hammers leicht einschlägt, und wie er mit dem gleichen Hammer den Vorgang unzählige Male wiederholen kann, so verhelfen die Enzyme der Zelle dazu, unter den milden Bedingungen Stoffe rasch umzusetzen, deren rein chemische Verwandlung erst bei viel höheren Temperaturen oder bei stärkeren Säuregraden usw. gelänge. Die Enzyme sind also Schrittmacher für chemische Umwandlungen, die zwar an sich möglich sind, aber unter den betreffenden Bedingungen unendlich langsam ablaufen würden. Zucker wird in der Zelle noch bei 0° und darunter zu CO_2 abgebaut, während wir ihn in wäßriger Lösung lange Zeit auf 100° erhitzen können, ohne daß er chemisch wesentlich verändert, viel weniger noch zu CO_2 oxydiert würde. Durch ihre hohe Spezifität wählen die Enzyme aus den vielen an den meisten organischen Substanzen möglichen Umsetzungen immer nur eine bestimmte aus. Sie dienen auf diese Weise gleichzeitig der Ausrichtung der Stoffumsetzungen.

Die Enzyme werden von den Zellen gebildet, ihre Tätigkeit ist jedoch nicht an die *lebende* Zelle gebunden, sie können deren Tod überdauern (Autolyse). Sehr viele der bisher genauer bekannten Enzyme (Ausnahmen: die Glykosidasen, die Häminproteine) lassen sich in zwei fundamental verschiedene Komponenten zerlegen, in einen Eiweißanteil als Träger oder Apoenzym und in einen niedermolekularen Teil, das Coenzym (= die prosthetische Gruppe). Soweit die Coenzyme genauer chemisch bekannt sind, stehen sie meist in enger Beziehung zu einem Vitamin bzw. Wuchsstoff. Zur vollen Aktivität sind außer diesen beiden Komponenten bei vielen Enzymen noch bestimmte Metallionen, z. B. Mangan, Magnesium, Calcium oder Kupfer erforderlich, die jedoch in den natürlichen Extrakten gewöhnlich in hinreichend hoher Konzentration vorhanden sind. Das Apoenzym, der Eiweißteil, bedingt die hohe Empfindlichkeit aller Enzyme gegen Agenzien, die Eiweiß denaturieren, vor allem also gegen Hitze. Immer wenn man bei einem biochemischen Vorgang nachweisen kann, daß er nach einem meist ganz kurzfristigen Erhitzen auf 80° bis 100° ausbleibt, muß auf die Beteiligung eines Enzyms geschlossen werden. Die Enzyme sind mehr oder weniger streng auf einen bestimmten Stoff, den sie umsetzen können, auf das Substrat, abgestimmt. Diese Substratspezifität ist fast stets an den Eiweißteil geknüpft. Oxydasen, Dehydrasen u. a. sind Überträgerenzyme, die gewisse Radikale oder Gruppen von einer Verbindung, dem Donator, auf eine andere, den Acceptor, übertragen. Bei ihnen kann auch eine ausgeprägte Acceptorspezifität vorkommen.

Die Enzymtätigkeit ist von einer ganzen Reihe von Außenfaktoren abhängig.

1. Anwesenheit von Wasser. Weitaus die meisten Enzymreaktionen verlaufen in wäßrigem Medium und meist in sehr verdünnten Lösungen. Ausnahmen: die Chlorophyllase, die den Austausch des Phytols gegen Äthylalkohol auch in alkoholischer Lösung bewirkt, und die Lipasen, die noch im gefrorenen Medium tätig sind.

2. Enzymkonzentration. In gewissen Grenzen ist der Umsatz proportional der Enzymkonzentration.

3. Substratkonzentration. Wenn bei einer bestimmten Enzymmenge die Substratkonzentration von sehr geringen Werten angefangen gesteigert wird, so ist die maximale Wirksamkeit bald erreicht. Man muß annehmen, daß dann alle Reaktionsoberflächen des Enzymmoleküls stets besetzt sind, so daß durch erhöhte Substratkonzentration keine Beschleunigung des Umsatzes mehr erzielt werden kann. Die den ersten Schritt der Enzymtätigkeit bildende Adsorptionsbindung von Substrat an das Enzymmolekül wird durch die sog. MICHAELIS-Konstante ausgedrückt.

4. Temperaturbedingungen. Die Wirksamkeit der Enzyme weist ein ausgesprochenes für die einzelnen Enzyme allerdings bei recht verschiedenen Temperaturen gelegenes Temperaturoptimum auf, für Lipasen bei etwa 40° C, für Amylase bei etwa 70°.

5. Acidität. Jedes Enzym zeigt ein mehr oder weniger ausgesprochenes p_H-Optimum seiner Wirksamkeit, das seine Erklärung in einer von der H·-Konzentration abhängigen Größe der elektrischen Ladung der Enzymoberfläche findet, die ihrerseits für die Adsorptionsbindung maßgebend ist. Das p_H-Optimum ist manchmal von der Art des Puffers abhängig, ebenso wie der isoelektrische Punkt von Eiweißen nicht nur vom p_H-Wert, sondern auch von der Qualität des anwesenden Puffers abhängt.

6. Das Redoxpotential. Auch hierfür ist häufig ein ausgesprochenes Optimum nachweisbar, vor allem wenn durch Oxydation bestimmte Gruppen des Enzyms verändert werden, z. B. die SH-Gruppen der proteolytischen Enzyme oder die für viele Enzymwirkungen nötigen Metallionen.

7. Gegenwart von Hemmstoffen. Man kann unspezifische Enzymhemmstoffe von spezifischen trennen. Jene wirken hemmend auf eine ganze Reihe von verschiedenen Enzymen, z. B. Quecksilbersalze wegen ihrer Wirkung auf die Eiweiße, oder HCN und H_2S, die mit den Schwermetallanteilen der Enzyme unlösliche Verbindungen bilden. Die spezifischen Hemmstoffe, deren Funktion noch wenig aufgeklärt ist, wirken z. T. so, daß sie wegen großer chemischer Ähnlichkeit mit dem Substrat des Enzyms zwar eine Adsorptionsbindung eingehen können, ohne dann umgesetzt zu werden (konkurrierende Hemmung), z. B. Malonsäure, die mit Bernstein- bzw. Fumarsäure konkurriert. Über die Funktion von Hemmstoffen im normalen Geschehen der Zelle kann im allgemeinen noch nichts gesagt werden. Sie bieten aber sehr wichtige Kunstgriffe, um die Art und Wirkungsweise der Enzyme aufzuklären.

Die *Nomenklatur* der Enzyme ist heute so geregelt, daß der Name des Enzyms durch

Anhängung des Suffixes -ase an das umgesetzte Substrat gebildet wird. Außer den alten Bezeichnungen, z. B. Invertin = Saccharase oder Diastase = Amylase, kommen auch noch andere Abweichungen vor, z. B. Dehydrase, Desaminase, bei denen die Funktion bezeichnet wird.

Charakteristisch für Enzyme ist die Erscheinung, daß ihre Wirksamkeit durch kontinuierliche Zunahme von verschiedenen Faktoren ihres Reaktionsmilieus nicht monoton ansteigend oder abnehmend verändert wird, sondern daß der Umsatz nach Erreichen eines Optimums wieder nachläßt, wenn der betreffende

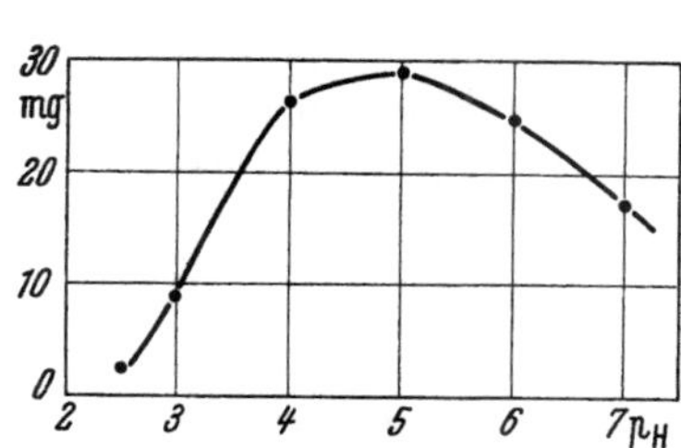

Abb. 52. Das p_H-Optimum der Saccharase-Wirkung. Ordinate: hydrolysierte Menge Rohrzucker.

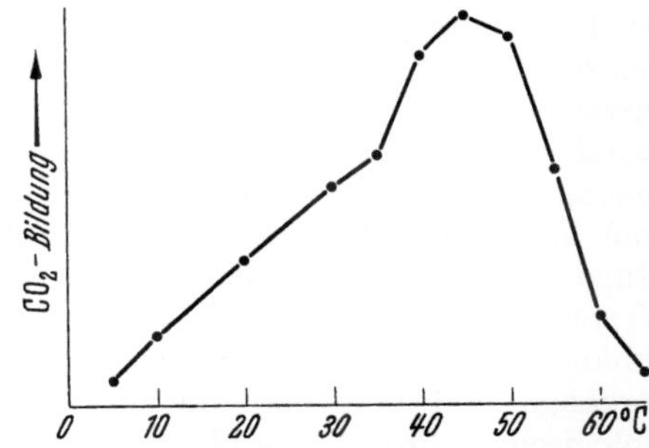

Abb. 53. Temperatur-Optimum der Carboxylase bei p_H 5,5.

Faktor weiter gesteigert wird. Eine solche typische Optimumkurve durchläuft die Tätigkeit der meisten Enzyme bei Steigerung der Temperatur und der Wasserstoffionenkonzentration (s. Abb. 52 u. Abb. 53). Das Zustandekommen solcher Optimumkurven, die eine allgemeine Erscheinung der Lebensprozesse sind, stellt man sich so vor, daß sie die Resultante zweier gegenläufiger monotoner Prozesse sind. Einerseits wird durch einen Faktor, etwa durch die Temperatur, die Molekülbewegung zunehmend gefördert, so daß dadurch der Umsatz mit steigender Temperatur immer mehr zunehmen würde. Andererseits wird aber durch höhere Temperaturen der Eiweißträger der Enzyme immer rascher ausgeflockt, wodurch das Enzym denaturiert, also inaktiv wird. Der tatsächliche Umsatz entspricht bei jeder Temperatur der Differenz aus diesen beiden gegenläufigen Einwirkungen (s. Abb. 54). Bei diesen *Optimum - Kurven* unterscheidet man als *Kardinalpunkte* ein Minimum und ein Maximum unterhalb bzw. oberhalb dessen der Vorgang ganz ausbleibt, und ein dazwischenliegendes Optimum, das diejenige Größe des studierten Faktors angibt, bei der der Vorgang sein größtes Ausmaß erreicht.

Die für die Temperaturabhängigkeit chemischer Umsetzungen gültige VAN'T HOFFsche Regel besagt in etwas vereinfachter Form für Temperaturintervalle, die nicht zu weit sind,

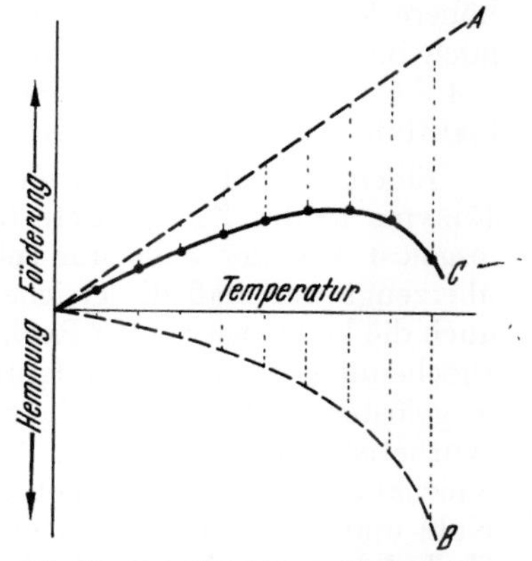

Abb. 54. Die Entstehung einer Optimum-Kurve der Enzymaktivität durch Addition eines monoton fordernden und eines monoton hemmenden Vorganges. Kurve A stellt einen mit zunehmender Temperatur immer starker fordernden Prozeß der Enzymtatigkeit dar, z. B. die zunehmende Molekularbewegung. Kurve B gibt einen mit steigender Temperatur immer stärker hemmenden Vorgang, z. B. die Eiweißdenaturierung, wieder. Durch Subtraktion der Ordinatenwerte der Kurve B von den entsprechenden Werten der Kurve A entsteht C, die die tatsachliche Abhängigkeit der Enzymtatigkeit von der Temperatur darstellt (vgl. Abb. 53).

daß die Geschwindigkeit der Prozesse auf das Zwei- bis Dreifache steigt, wenn die Temperatur um 10° erhöht wird, oder in anderen Worten: der

Geschwindigkeitsquotient Q_{10} ist 2 bis 3. Der Geschwindigkeitsquotient würde dementsprechend zu definieren sein: $Q_{10} = \dfrac{y_{t+10}}{y_t}$, wenn y die Reaktionsgeschwindigkeit bedeutet. Die Erfahrungen mit biologischen Vorgängen im allgemeinen und mit den enzymatischen Umsetzungen im besondern besagen, daß auch dabei Q_{10} häufig zwischen 2 und 3 liegt, wenn es sich um Temperaturen nicht zu nahe am Optimum und nicht zu weit von ihm entfernt handelt. Unverkennbar findet man jedoch in vielen Fällen, daß Q_{10} für den gleichen Prozeß mit der Temperatur variiert[1]. Meist nimmt Q_{10} mit fallender Temperatur zu. Der Geschwindigkeitsquotient für die Aktivität einer Malzamylase betrug z. B. zwischen 0° und 10° C: 3,2; zwischen 10° und 20°: 2,2; zwischen 20° und 30°: 2,0 und zwischen 30° und 40°: 1,5. Erklärungen für diese Inkonstanz sind auf verschiedene Weise versucht worden. Im allgemeinen ist man heute der Auffassung, daß die van't Hoffsche Regel für biologische Vorgänge gar nicht anwendbar ist und daß deshalb auch von einer Konstanz des Wertes für Q_{10} nicht die Rede sein darf[1]. Entscheidend an der von der Temperatur abhängigen Variabilität von Q_{10} ist sicher die Strukturgebundenheit der Zellvorgänge und besonders die Eiweißkomponente der Enzyme beteiligt. Die biologischen Prozesse sind stets nicht nur thermodynamisch, sondern auch physikalisch-chemisch zu betrachten. Die Faktoren, die dabei eine Rolle spielen, sind sicher nicht einheitlich. Viscosität und Diffusion werden häufig wenigstens schätzungsweise in Rechnung gestellt.

Durch Gefriertemperaturen werden die meisten Enzyme in ihrer Aktivität nicht beeinträchtigt, sie können im Gegenteil nach dem Auftauen eine noch höhere Wirksamkeit entfalten[2]. Die Rohrzuckerspaltung durch Saccharase geht noch bei —12 bis —16° C vor sich. Bei noch tieferen Temperaturen, z. B. bei —40° C, ist jedoch keine Saccharaseaktivität mehr nachweisbar[3]. Die Hitzeinaktivierung der Enzyme ist manchmal wenigstens teilweise reversibel[4].

Einen besonders unklaren Punkt in der Vorstellung von der Tätigkeit der Enzyme in der Zelle bildete immer die Tatsache, daß enzymatische *Synthesen* losgelöst von der Zelle nur selten verwirklicht werden konnten, während man überzeugt war, daß die gleichen Enzyme in der Zelle sowohl die spaltenden als auch die kondensierenden Reaktionen beschleunigen müßten. Vor allem russische Biochemiker entwickelten dann die Vorstellung, daß die hydrolytischen Enzyme in gelöster Form abbauend, in fest an Zellbestandteile adsorbierter Form aber synthetisierend tätig seien[5]. Das Verhältnis von synthetischer zu hydrolytischer Saccharasewirksamkeit stellt ein Merkmal für Sorten dar, z. B. bei Zwiebeln, Kohl und andere Gemüsearten. Ein großes Verhältnis von Synthesefähigkeit zu Hydrolyse verspricht zugleich gute Lagerfestigkeit der betreffenden Sorte und hohe Resistenz gegen Mikroorganismen[6]. Auch für die Beurteilung der Früh- und Spätreife bestimmter Sorten von Gemüse und Obst stellt das Verhältnis Synthese : Hydrolyse ein charakteristisches Merkmal dar, und zwar so, daß in der Regel das Vorherrschen der synthetischen Leistung bei den spätreifen Sorten zu finden ist. In Organen mit verlangsamter Tätigkeit, z. B. in Knollen, Zwiebeln und älteren Früchten, ist dieses Verhältnis meist beständiger als in aktiven

---

[1] Bělehrádek, J.: Temperature and Living Matter. Berlin: Gebr. Borntraeger 1935. — Plank, R.: Pflügers Archiv **239**, 74 (1937).
[2] Nord, F. F.: Erg. Enzymforschg. **2**, 23 (1933).
[3] Joslyn, M. A.: Ind. Eng. Chem. **25**, 416 (1933).
[4] Herrlinger, F. u. F. Kiermeier: Biochem. Z. **317**, 1 (1944).
[5] Kurssanow, A.: Advances in Enzymol. **1**, 329 (1941).
[6] Rubin, B.: Biochimija (USSR) **1**, 467 (1936).

Organen, bei denen häufige und ziemlich starke Verschiebungen des enzymatischen Verhältnisses durch Umweltfaktoren und durch endogene Ursachen bewirkt werden. Versuche über den Einfluß der Temperatur auf die spaltende Saccharasewirkung haben gezeigt, daß die Abhängigkeit der enzymatischen Prozesse in der lebenden Zelle in ganz anderer Weise zum Ausdruck kommt als in Versuchen mit Enzympräparaten. Die Geschwindigkeitsquotienten (Q_{10}) für die Temperaturen zwischen $+35°$ und $-10°$ C im lebenden Objekt sind andere als in Enzymlösungen. Zwischen $+10°$ und $-5°$ steigt die Enzymaktivität sowohl in bezug auf Synthese als auch auf Hydrolyse vorübergehend wieder an (s. Abb. 55).

Dieses Kältemaximum erwies sich als ein sehr konstantes Phänomen, das bei den verschiedensten Pflanzen auftritt. Die höhere Aktivität der Amylase in hydrolysierender Richtung wurde ebenfalls mit fallender Temperatur beobachtet[1]. Obwohl der Temperaturkoeffizient der Amylasewirkung mit höherer Temperatur kleiner wird, zeigen lebende Blätter bei $+5°$ ebenso starke Stärkehydrolyse wie bei $22°$, weil die Blätter eine viel größere Menge hydrolytisch wirksamer Amylase enthalten.

Alle diese Vorstellungen, die auf eine reversible Tätigkeit von Hydrolasen bauen, müssen jedoch aus thermodynamischen Gründen einer Revision unterzogen werden. Obwohl z. B. die Reaktion Rohrzucker + Wasser ⇌ Glucose + Fructose reversibel ist,

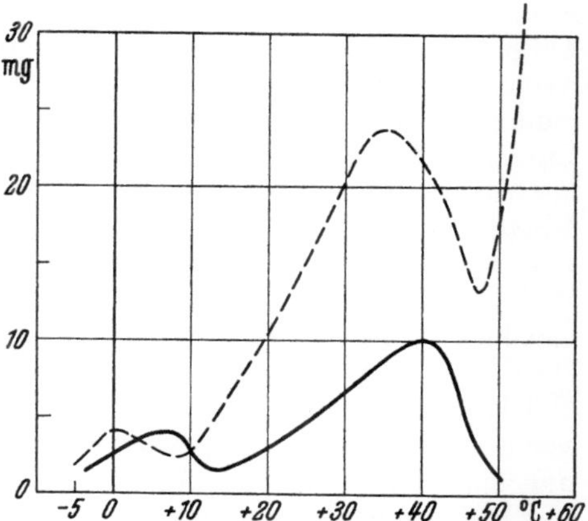

Abb. 55. Einfluß der Temperatur auf die Wirkung der Saccharase in den Blättern des Alpenveilchens. Ordinate: umgesetzte Menge Rohrzucker; ——— Synthese; – – – – Hydrolyse. (Aus *Kurssanow*, 1941.)

liegt das Gleichgewicht so weit nach rechts verschoben, daß nur bei Anwesenheit von stark wasserentziehenden Mitteln, die in der lebenden Zelle niemals wirksam sein können, merkliche Mengen von Rohrzucker aus den beiden einfachen Komponenten entstehen könnten. Das gleiche gilt für alle ähnlichen Kondensationen, z. B. für die Stärkesynthese aus Glucose bzw. Maltose und die Eiweißsynthese aus Aminosäuren. Enzyme können solche Reaktionen nur in Richtung der Hydrolyse leicht auslösen, aber es ist aus thermodynamischen Gründen für ein Enzym unmöglich, in einem wäßrigen Milieu den entgegengesetzten Weg zu beschleunigen. Die allgemeine Regel, daß das abbauende Enzym mit dem aufbauenden identisch sein muß, gilt nicht für den makromolekularen Stoffwechsel. Die Amylase vermag nur Stärke zu spalten, dem Aufbau dient die auf Glucose-Ester angewiesene Phosphorylase (s. S. 256). Die Verknüpfung von Grundmolekeln zum hochmolekularen Stoff muß durch eine Reaktion geschehen, deren freie Energie einen stark negativen Wert hat; als Ausgangsstoffe müssen energiereiche Verbindungen vorhanden sein, deren Energieinhalt bei der Kondensation wenigstens teilweise freigesetzt wird. Das sind in der Natur offenbar in weitem Ausmaß die Phosphorsäureverbindungen[2]. Die den russischen Vorstellungen zugrunde liegenden Versuchsergebnisse mögen richtig sein. Sie müssen jedoch nach unseren heutigen Einsichten anders gedeutet und bewertet werden.

Eines anderen bemerkenswerten Effektes bei der Stärkespaltung in der

---

[1] SPOEHR, H. u. H. MILNER: Proc. Am. Philos. Soc. **81**, 37 (1939).
[2] SCHULZ, G. V.: Naturwiss. **37**, 196, 223, (1950).

lebenden Zelle muß hier noch gedacht werden. Eine Anreicherung der Atmosphäre mit CO_2 wirkt in Blättern stark hemmend auf die Stärkehydrolyse, und zwar bis ungefähr 10% CO_2 direkt proportional der Konzentration, bei höheren Konzentrationen überlagert sich der rasch schädigende Effekt des CO_2. Solche hemmenden Einwirkungen auf Enzyme zählen sicher mit zu den Ursachen für die Reifeverzögerung bei Lagerung unter erhöhtem CO_2-Gehalt der Atmosphäre (Gaslagerung).

4. Der Stickstoffumsatz der Pflanzen.

Die Eiweißstoffe der Pflanzen spielen in doppelter Hinsicht eine hervorragende Rolle. Einerseits stellen sie in den pflanzlichen Zellen wie in allen Organismen die Hauptbausteine des Plasmas dar; sie sind somit die eigentlichen Träger des Lebens. Zum anderen wird im Zuge des pflanzlichen Eiweißstoffwechsels immer wieder die Voraussetzung für alles tierische Leben geschaffen, indem der im Boden vorhandene mineralische Stickstoff oder der gasförmige der Luft in organische Bindung übergeführt und damit für den animalischen Organismus überhaupt erst verwendbar gemacht wird. Nach dem Abtrennen von der Mutterpflanze findet ein wesentlicher Eiweißaufbau jedoch nicht mehr statt, weil dazu die Zufuhr von Stickstoffsalzen nötig wäre.

Für die Lebensmittelfrischhaltung haben zwei Teilgebiete des Stickstoffhaushaltes besonderes Interesse: einerseits wird immer wieder berichtet, daß Obst und Gemüse mit zu reichlicher N-Düngung herangewachsen eine geringe Kaltlagerfähigkeit besitzen und auch für die Gefrierkonservierung nicht geeignet seien, obwohl exakte Untersuchungen über die Bedeutung der Stickstoffdüngung nur spärlich vorliegen. Andererseits sind die Umsetzungen im Bereich der N-Verbindungen zu berücksichtigen, die sich bei längerer Aufbewahrung von Obst und Gemüse einstellen, denn auch das plasmatische Eiweiß wird unter gewissen Bedingungen abgebaut. Spezielle Fragen, wie die Verhältnisse im Eiweißhaushalt reifender Früchte sollen getrennt besprochen werden (s. S. 283).

Eiweiße sind hochmolekulare Stoffe, die durch Verknüpfung von α-Aminosäuren aufgebaut sind. In den natürlichen Eiweißen kommt eine begrenzte Anzahl, ungefähr 25, verschiedener Aminosäuren vor. Für die primäre Synthese der Aminosäuren sind die Pflanzen verantwortlich. Der Stickstoff wird als Ammoniumsalz oder Salpeter (Nitrat) aus dem Boden aufgenommen. Die Nitrate werden zunächst reduziert, was vornehmlich in den grünen Blättern und bevorzugt bei Belichtung stattfindet. Der reduzierte Stickstoff (als Ammoniak) wird auf geeignete Kohlenstoffgerüste unter Bildung von Aminosäuren übertragen. Das Kohlenstoffskelett für die sog. Grundaminosäuren, d. i. Asparagin- und Glutaminsäure sowie Alanin, wird unmittelbar aus dem Citronensäurekreislauf (s. S. 257) entnommen. Drei der dort beteiligten Säuren, nämlich Brenztraubensäure, Oxalessigsäure und Ketoglutarsäure können unmittelbar durch Einbau von Ammoniak und unter gleichzeitiger Reduktion in die genannten Aminosäuren übergeführt werden.

$$
\begin{array}{l}
\text{COOH} \\
| \\
\text{CH}_2 \\
| \\
\text{CH}_2 \\
| \\
\text{CO} \\
| \\
\text{COOH}
\end{array}
\;+\,NH_3 + H_2 \longrightarrow
\begin{array}{l}
\text{COOH} \\
| \\
\text{CH}_2 \\
| \\
\text{CH}_2 \\
| \\
\text{HC}-\text{NH}_2 \\
| \\
\text{COOH}
\end{array}
\;+\,H_2O
$$

α-Ketoglutarsäure   Glutaminsäure

Der zu dieser *hydrierenden Aminierung* der Ketosäuren benötigte Wasserstoff wird durch die Glutaminsäure-Dehydrase, das Enzym, das diese Umsetzung katalysiert, geliefert und aus dem Abbau von Nährstoffen entnommen (s. o.).

Von diesen Grundaminosäuren kann die Aminogruppe durch besondere Enzyme, die Transaminasen oder Aminopherasen, auf andere Kohlenstoffgerüste übertragen werden. Diese Umaminierung ist eine besonders ausgeprägte Form der oben genannten Gruppenübertragung. Beim Abbau von Eiweiß landet die Aminogruppe schließlich wieder auf den beiden Grundaminosäuren Asparagin- und Glutaminsäure. Sie bilden also die Eingangs- und Ausgangspforte für den Stickstoff beim Eiweißumsatz. Sehr häufig werden in Pflanzenteilen mit regem Stickstoffumsatz die Amide dieser beiden Aminosäuren, nämlich Asparagin und Glutamin, gefunden.

Für den Eiweißaufbau sind als unerläßliche Voraussetzungen nötig: 1. eine ausreichende Zufuhr von Stickstoffsalzen und 2. ein so intensiver Zuckerabbau, daß neben den für die Energiegewinnung im Zuge der Atmung nötigen Bruchstücken auch noch genügend Kohlenstoffgerüste für die Aminosäuren abgezweigt werden können. Wenn nicht genügend Kohlenhydrate umgesetzt werden, bleiben die Stickstoffsalze als Amide liegen, die je Kohlenstoffmolekül die doppelte Zahl von Stickstoff binden können wie die Aminosäuren. Zu reichliche Stickstoffdüngung, wie sie z. B. auf Rieselfeldern vorkommt, führt deshalb nicht immer zu reichlicherer Eiweißbildung, sondern meist nur zur Anhäufung von löslichen Stickstoffverbindungen. Der Nachteil von Überdüngung mit Stickstoff macht sich aber auch dadurch geltend, daß das für den normalen Plasmabau erforderliche Verhältnis von Eiweiß zu Lipoiden gestört wird, denn zum Aufbau der Lipoide wäre eine gleichzeitige reichliche Phosphorsäurezufuhr nötig. Bei Angebot der übrigen mineralischen Salze (Phosphor, Kalium, Eisen usw.) hat eine gute Stickstoffdüngung den Vorteil, daß die Kohlenhydratreserven zur Eiweißbildung ausgenützt werden. Es werden neue Zellen gebildet, der Proteingehalt steigt und mit ihm die Menge an grünen Farbstoffen sowie an Carotin. Das Gemüse wird wertvoller. In normal ernährten Blättern bei genügender Kohlenstoffassimilation liegen ungefähr 90% des gesamten Stickstoffgehaltes als Eiweiß vor. Jede Senkung dieses Verhältnisses in Blättern deutet an, daß das Blatt ungesunden Verhältnissen ausgesetzt war oder in den letzten Altersstadien steht. Eingeschränkte Versorgung mit Kohlenhydraten führt nicht nur zum Abbau von Eiweiß, sondern als Folge davon auch zum Schwund von Chlorophyll, also zum Vergilben.

Vegetative Speicherorgane, Knollen und Zwiebeln, enthalten meist einen relativ hohen Teil ihres Stickstoffvorrates nicht in Eiweiß, sondern in niedermolekularen Verbindungen. Angeschnittene Kartoffeln bauen rasch aus den in ihnen enthaltenen löslichen N-Verbindungen Eiweiß auf. Diese Eiweißsynthese wird nicht durch reinen Sauerstoff gefördert, in Stickstoffatmosphäre aber völlig sistiert. Eine normale Atmung hat sich immer wieder als unerläßliche Voraussetzung für die pflanzliche Eiweißsynthese erwiesen.

Nicht alles in den pflanzlichen Zellen vorgefundene Eiweiß ist am Aufbau des Plasmas beteiligt. Besonders in allen Samen, z. B. in Erbse, Bohne, Soja usw., aber auch in jedem Blatt ist ein mehr oder weniger hoher Vorrat an Reserveeiweiß abgelagert, das mobilisiert werden kann, ohne daß das Plasmagerüst der Zelle angegriffen wird. Auch der Kleber der Getreidekörner ist Reserveeiweiß, das dem Keimling zur Deckung seines Stickstoffbedarfes bis zur selbständigen Nährsalzaufnahme aus dem Boden dient.

Bei abgetrennten Pflanzenorganen sinkt der Eiweißspiegel ab, wenn durch die Atmung die Kohlenhydrate so weit verbraucht sind, daß die zur Aminosäurebildung erforderlichen Kohlenstoffgerüste nicht mehr geliefert werden können. Dann werden auch Eiweiße mit veratmet. Ammoniak häuft sich in Form der Amide an und bei noch weiterem Absinken des Kohlenhydratvorrates reicht dieser nicht einmal mehr für die Kohlenstoffskelette der Amide aus. Ammoniak bleibt als solcher bzw. als Ammoniumsalz liegen und wirkt dann bald toxisch auf die Zellen. Umgekehrt kann bei reichlichem Kohlenhydratvorrat in lagernden Früchten durch Steigerung des Zuckerumsatzes aus den vorhandenen löslichen Stickstoffverbindungen noch Eiweiß aufgebaut werden (s. S. 283). In alternden Zellen sinkt der Eiweißgehalt meist auch trotz genügender Kohlenhydratmengen ab.

Der pflanzliche Stoffwechsel zeichnet sich vor dem tierischen dadurch aus, daß er Fähigkeiten zur Synthese zahlreicher origineller chemischer Verbindungen entfaltet. Viele von ihnen sind wesentliche Komponenten des Genußwertes von Obst und Gemüse. Die Träger von Duft, Aroma und Farbe gehören dazu. Ihre chemische Konstitution ist zumeist recht gut bekannt. Die Mannigfaltigkeit ist so groß, daß die bloße Aufzählung der hierhergehörigen Substanzen einen großen Umfang annehmen würde. Obwohl sie in größere chemisch ziemlich einheitliche Gruppen zusammengefaßt werden können, z. B. die ätherischen Öle bzw. Terpene, Benzolabkömmlinge, Anthocyane, Wachse u. ä., und obwohl bestimmte Verbindungen in weiter Verbreitung vorkommen, so herrscht doch eine so große Variabilität im einzelnen, daß fast jede Pflanzenart ihre besondere Zusammensetzung gerade in bezug auf diese *sekundären* Stoffe aufweist[1]. Trotz der aus praktischen Gründen schon sehr weit fortgeschrittenen Kenntnis ihrer chemischen Zusammensetzung wissen wir über die einzelnen Schritte ihrer Entstehung in den Pflanzen und über einen möglichen Umsatz in den meisten Fällen so gut wie nichts. Viele von ihnen entstehen während des Wachstums oder unmittelbar im Anschluß daran. In anderen Fällen — und die sind für die Lebensmittel die wichtigeren — sind es die Reifevorgänge in den späten Stadien der Fruchtentwicklung, in denen eine Produktion solcher typischer Pflanzenstoffe oft nur in geringsten Mengen stattfindet. Was die Farbbildung während des Reifens anlangt, so gleichen die Vorgänge in vieler Hinsicht denen bei der herbstlichen Laubfärbung und Vergilbung. Das geht so weit, daß das Laub roter Trauben sich ebenso tief färbt wie diese, während das Laub der gelben Trauben nur vergilbt oder sich schwach rot anfärbt. Die Ähnlichkeit ist keine äußerliche, denn die Fruchthüllen sind ja metamorphosierte Blätter, die Fruchtblätter.

D. Ausgewählte Kapitel aus der speziellen Pflanzenphysiologie.

I. Der Stoffwechsel reifender Früchte.

Schon vor der praktischen Anwendung der Kaltlagerung von Obst und Gemüse war es bekannt, daß die Abkühlung von Pflanzen und Pflanzenteilen nicht einfach zu einer Verzögerung des normalen Stoffwechsels führt, sondern daß dabei ungewöhnliche, disharmonische Verschiebungen auftreten können[2]. Die Erfahrung bei der Kaltlagerung lehrte bald sehr nachdrücklich, daß besonders Obstarten, weniger häufig Gemüse, oberhalb des Gefrierpunktes recht tiefgehende Abweichungen von ihrem normalen Verhalten aufweisen, deren Folgen die Früchte meist bis zur völligen Ungenießbarkeit entwerten. Es erwuchs deshalb die Notwendigkeit, der Physiologie von gekühlten Früchten und anderen Pflanzenteilen mehr Aufmerksamkeit zuzuwenden. Von der Praxis aus gesehen besteht

[1] Paech, K.: Biochemie und Physiologie der sekundären Pflanzenstoffe. Berlin, Göttingen, Heidelberg: Springer 1950.
[2] Vgl. K. Paech: Forschungsdienst **8**, 233 (1939). — Molisch, H.: Untersuchung über das Erfrieren der Pflanzen. Jena: G. Fischer 1897.

die Aufgabe kurz gesagt darin, die inneren Zusammenhänge solcher Abweichungen im Stoffwechsel aufzudecken, um rechtzeitig Aussagen über deren Auftreten machen oder besser noch vorbeugende Maßnahmen vielleicht schon bei der Anzucht und Ernte vorschlagen zu können.

Die Erwartung, rein erfahrungsmäßig einmal die Kaltlagerung von Obst und Gemüse so zu beherrschen, daß Erkältungskrankheiten und Kaltlagerschäden sicher umgangen werden, schrumpfte um so mehr zusammen, je mehr sich herausstellte, daß nicht nur die Erbanlage, also die Sorte, sondern auch Bodenbeschaffenheit und Düngung des Obstgartens oder Feldes, Alter und Wuchs des Baumes oder der Pflanzung, die Witterung beim Heranwachsen der Früchte und eine Reihe andere Einflüsse auf die Haltbarkeit im Kaltlager entscheidend einwirken. Die unüberschaubaren Kombinationsmöglichkeiten aller aufgezählten Faktoren in qualitativer und quantitativer Hinsicht ergeben in jedem Jahr und von jeder örtlichen Herkunft ein Lagergut, über dessen physiologisches Verhalten bei tiefen Temperaturen rein aus Erfahrung kaum etwas Sicheres gesagt werden kann. Da die genannten Einflüsse nicht unmittelbar auf die lagernde Frucht wirken, müssen sie sich in irgendeiner chemisch oder physikalisch-chemisch faßbaren Beschaffenheit der Zellen und Gewebe manifestieren, die ihrerseits dann zu dem entsprechenden Verhalten bei der Kühlung führt. Vielleicht prägen sich die verschiedenen Faktoren sogar nur in einigen wenigen plasmatischen Eigenschaften der ausgewachsenen Frucht aus, von denen der gesunde oder krankhafte Stoffwechsel abhängt. Als Ausgangspunkt für das Eindringen in solche Zusammenhänge müssen natürlich die Zustände und Vorgänge bei der normalen Reifung bzw. Entwicklung dienen. Über sie ist jedoch noch nicht viel bekannt. Allein schon die objektive Feststellung, ob eine Frucht tatsächlich vollreif geworden ist, bereitet große Schwierigkeiten, denn offensichtlich genügt es für diesen Zweck nicht, mit größter Genauigkeit etwa Druckfestigkeit, Farbe, Säure- und Zuckergehalt, p_H-Wert und einige ähnliche Größen zu bestimmen. Als einziger entscheidender Test hat sich bisher dafür immer wieder nur die sinnliche Geschmacksprüfung und Beurteilung erwiesen, und diese sind mit allen subjektiven Mängeln behaftet. Es ist außerdem sehr wahrscheinlich, daß es für jede Obstart eine bestimmte optimale Temperatur gibt, bei der sich gerade der für den menschlichen Genuß willkürlich gewünschte Zustand des betreffenden pflanzlichen Produktes erzielen läßt, und dieser muß gar nicht mit einem bestimmten oder scharf abgesetzten natürlichen Wachstums- oder Entwicklungsstadium zusammenfallen. Die Eßreife der verschiedenen Fruchtarten liegt z. B. an recht verschiedenen Stadien des so charakteristischen Atmungsverlaufes während der Fruchtreifung (s. S. 276).

Im Gegensatz zum Gemüse, z. B. Spargel, Blumenkohl, Spinat, das nach der Ernte während der Aufbewahrung in seinem physiologischen Zustand der Jugend verharrt, schreitet die Reifung der Früchte fort. Sie ist als ein Beispiel des Alterns pflanzlicher Organe ein natürlicher Entwicklungsvorgang. Das Verhalten der jungen, unausgewachsenen Pflanzenteile bei der Aufbewahrung wird von ganz anderen Gesetzen regiert als das Reifen von Früchten. Die grundsätzliche Frage, die allen Betrachtungen über die Reifevorgänge vorangestellt werden muß, ist von KIDD, ONSLOW und WEST[1] folgendermaßen formuliert worden: „Hängt die Lebensdauer einer Frucht nur von der Menge der während des Wachstums aufgespeicherten Reservestoffe ab, so daß der Tod in erster Linie ein Hungertod ist, oder gibt es ein bestimmtes inneres *Altern* des lebenden Plasmas, und wenn dies der Fall ist, nach welchen Gesetzen geschieht es?" Trotz dieser klaren Formulierung der beiden Möglichkeiten ist die zweite doch bisher noch kaum in

---

[1] Report of the Food Investigation Board for the Year 1929, 44.

den Kreis der Untersuchungen einbezogen worden. Die meisten Früchte sind bis in den Zustand völliger Reife, in dem sie sich auflösen, noch mit hinreichend Zucker versehen, so daß ein Hungertod sehr unwahrscheinlich ist. Spezielle Studien des physikalisch-chemischen Plasmazustandes im Laufe der Reifung und Alterung von Pflanzenorganen lagen bis vor kurzem überhaupt noch nicht vor; sie versprechen aber einen tieferen Einblick in das Wesen dieses Entwicklungsstadiums als die Analyse der Zellbestandteile.

Abschließend soll noch darauf hingewiesen werden, daß zur richtigen Beurteilung und zur Aufklärung der Reifeprozesse mehr als bisher auch anatomische Merkmale berücksichtigt werden müssen. Unterlagen dafür sind allerdings erst sehr spärlich vorhanden. Aus Eiweißbestimmungen und den Werten für das Durchschnittsvolumen und die durchschnittliche Zahl von Zellen je Apfel wurden Werte für die Ausdehnung der Grenzfläche Plasma/Vakuole und für die Dicke des Plasmabelages der Apfelzellen berechnet[1] (s. Tab. 12).

Die einzelnen Sorten unterscheiden sich in diesen Merkmalen wesentlich, so daß auch solche anatomische Größen als Kenngrößen für das physiologische Verhalten ausgewertet werden können. Die Grenzflächen Vakuole/Plasma machen im Zustand der Vollreife bei Bramley's Seedling $2{,}8 \times 10^{-4}$ mm^2 je g Frischgewicht, bei Worcester Pearmain $3{,}8 \times 10^{-4}$ mm^2 aus. Die Dicke des Plasmabelags beträgt 0,27 bzw. 0,18 μ für die beiden genannten Sorten. Worcester-Äpfel sind bei der Reife im September etwas kleiner als Bramley's, aber jene enthalten ungefähr doppelt soviel Zellen,

Tabelle 12. *Grenzflächen zwischen Vakuole und Plasma und Dicke des Plasmabelages in Bramley's Seedling Äpfel der Ernte 1936.*

Erntedatum	Grenzflächen Vakuole/Plasma je g Frischgew. mm$^2 \times 10^{-4}$	Dicke des Plasmabelages μ
11. 6.	9,1	0,60
17. 6.	7,6	0,78
23. 6.	6,0	0,40
6. 7.	4,6	0,35
16. 7.	4,2	0,38
6. 8.	3,4	0,29
23. 8.	3,3	0,27
31. 8.	3,2	0,24
8. 9.	3,2	0,24
21. 9.	3,0	0,26
5. 10.	2,8	0,27
13. 10.	2,8	0,27
27. 10.	2,9	0,33

die annähernd halb so groß sind wie in Bramley's[2]. Dies bedingt die in den angegebenen Zahlen ausgedrückte größere Plasmaoberfläche und die geringere Dicke des Plasmas in den Worcester-Äpfeln. Diese Eigenschaften können direkt einen Einfluß nicht nur auf die Geschwindigkeit des Säureabbaues, sondern auch auf die CO$_2$-Bildung haben[1].

Weitere Zusammenhänge zwischen anatomischer Struktur und Reifeprozessen sind bei Bananen aufgedeckt worden[3]. Fleischstücke, die aus unreifen Bananen entnommen worden waren, reiften ohne Schale nicht normal weiter. Das pH fällt zwar wie in reifenden Früchten, aber die Stärke bleibt erhalten. Wird eine sterile Glasröhre in das Fruchtfleisch gesteckt und darin belassen, so reift nur der unterste Teil des so abgetrennten Zylinders nach, der übrige im Glasrohr befindliche bleibt hart, unreif und zuckerarm. Hier mögen die Verhältnisse der Sauerstoffversorgung beeinträchtigt worden sein, aber solche Beobachtungen zeigen auch, daß Korrelationen und gegenseitige Beeinflussungen der Teile einer Frucht für den normalen Reifeverlauf ausschlaggebend sein können.

[1] KIDD, F. u. a.: J. Hortic. Sci. **26**, 169 (1951).
[2] SMITH, W. H.: Ann. of Bot. N. S. **14**, 23 (1950).
[3] WÜLFERT, K.: Biochem. Z. **302**, 232 (1939).

1. Allgemeine Altersveränderungen.

Die voluminösen Organe der meisten Obstfrüchte zusammen mit dem dünnen Plasmabelag ihrer Zellen ließen für die Untersuchung des Plasmazustandes reifender Früchte eine Methode als zweckmäßig erscheinen, die von OSTERHOUT[1] in die Pflanzenphysiologie eingebürgert worden ist, nämlich die Messung des elektrischen Widerstandes der Gewebe. Im einfachsten Falle wird der Ohmsche Widerstand zwischen zwei in die Früchte eingestochenen Elektroden bekannter Fläche und bekannten Abstandes bestimmt. Bei Bartlett-Birnen steigt dieser Widerstand während des Reif- und Weichwerdens am Baum kontinuierlich an. Die erwünschte Genußreife ist mit einem verhältnismäßig hohen Widerstand bzw. mit einer niedrigen elektrischen Leitfähigkeit verbunden. Es ließ sich dabei aber kein besonderer Punkt kennzeichnen, an dem die günstigste *Pflück-reife* erreicht war[2]. Nach der Ernte steigt gewöhnlich der Widerstand in der Frucht so lange an, bis das Fleisch überreif ist und Zeichen des physiologischen Zusammenbruchs zeigt. Dann fällt der Widerstand rasch ab. Auch in den verschiedenen Zonen einer größeren Frucht (Rinde und Mark, Sonnen- und Schattenseite) ergeben sich Unterschiede in der relativen Leitfähigkeit. Alle diese Meßwerte streuten aber ungewöhnlich weit, und es ließ sich nichts Sicheres über plasmatische Veränderungen während des Reifens daraus ableiten. Man darf auch die an verschiedenen Früchten und in verschiedenen Entwicklungsstadien bestimmten elektrischen Widerstände gar nicht direkt miteinander vergleichen, weil die so gemessenen Werte die Resultanten aus einer ganzen Reihe veränderlicher Komponenten darstellen. Die Permeabilität für Elektrolyte, als deren Maß die Leitfähigkeit gemeinhin angesehen wird, bildet dabei nur einen Faktor. Die Art und Menge der vorhandenen Elektrolyte, ihre Verteilung zwischen Zellsaft und Plasma und vor allem die Ausdehnung der Intercellularen bestimmen den Widerstand maßgeblich. Gerade die Form und Größe der lufterfüllten Intercellularen entscheidet ja bei stets gleicher Elektrodenfläche über den wirklich leitenden Querschnitt. Im Hinblick auf diese Verhältnisse war es wenig aussichtsreich, nach einfacher Messung der elektrischen Leitfähigkeit Schlüsse auf Zustand und Veränderung lebender Zellen zu ziehen. Hingegen hat sich die Leitfähigkeitsmessung als sehr geeignet erwiesen, die Reaktion der Zellen auf gewisse Einwirkungen von außen bequem, genau und in kurzen Zeitabständen aufzuzeichnen. Als solche zusätzliche *Belastungen* zur Ermittlung des Plasmazustandes kamen in erster Linie Temperaturänderungen, insbesondere Abkühlung und Narkotika in Betracht[3].

Die Wirkung gesenkter Temperatur auf die Leitfähigkeit von Früchten verschiedener Sorte, Herkunft und bei fortschreitender Reifung ist noch nicht genauer erforscht. Die prozentuale Zunahme des Widerstandes je Grad Temperatursenkung ist in Pflanzenteilen meistens geringer als diejenige für physikalische Lösungen (ungefähr 2% je Grad), was auf eine Steigerung der Ionendurchlässigkeit bei niederen Temperaturen hindeutet.

Wenn pflanzliche Gewebe mit Chloroformdosen behandelt werden, die noch nicht tödlich wirken, so zeigen sie im allgemeinen einen mehr oder weniger starken Anstieg des elektrischen Widerstandes bis zu einer konstanten neuen Höhe. Mit fortschreitender Reifung wird der auf Chloroformzugabe erfolgende prozentuale Anstieg des Widerstandes immer weniger ausgeprägt. In grünen Tomaten erreicht der Widerstand bei 40 bis 70% über dem Ausgangswert sein Maximum, in gelben

---

[1] OSTERHOUT, W. J. V.: Injury, Recovery, and Death in Relation to Conductivity and Permeability. Philadelphia and London 1922. — Journ. gen. Physiol. **20**, 13 (1937).
[2] ALLEN, F. W.: Hilgardia **6**, 381 (1932). — [3] PAECH, K.: Planta (Berlin) **31**, 295 (1940).

bei durchschnittlich 21% und in roten steigt er höchstens um 6%, oft aber überhaupt nicht mehr an (Abb. 56). Ähnlich verhalten sich Äpfel in verschiedenen Reifegraden. Auch andere Pflanzenteile, z. B. Spargelsprosse und Rhabarberblattstiele, ordnen sich diesem Verhalten verschieden alter Organe ein. Bei einem Überblick über alle untersuchten Pflanzenteile kann nach der prozentualen Erhöhung des Widerstandes eine Skala aufgestellt werden, auf welcher physiologisch gleichwertige Stadien in bezug auf das Alter der Organe ungeachtet der Gesamtlebensdauer durch die gleichen Zahlen gekennzeichnet erscheinen. An der Spitze dieser Reihe stehen die jungen Teile von Spargelsprossen, deren Widerstand um umgefähr 150% über den Ausgangswert steigen kann. Am Ende der Skala stehen reife Äpfel, rote Tomaten und die Stiele vergilbender Rhabarberblätter, bei denen der Widerstand überhaupt nicht mehr ansteigt, sondern bei niederen Chloroformdosen unverändert bleibt und bei höheren sofort den für abgetötete Gewebe charakteristischen steilen Abfall des Widerstandes zeigt. Aus diesen Beobachtungen geht hervor, daß das Plasma junger Zellen nicht so starr und steif gegenüber äußeren Einwirkungen ist wie dasjenige älterer Zellen.

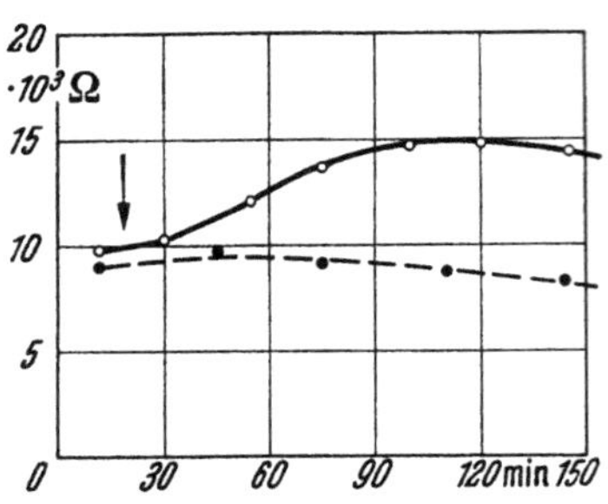

Abb. 56. Verhalten des elektrischen Widerstandes bei Einwirkung von Chloroform auf Tomaten verschiedenen Reifegrades o—o grüne Frucht; ●——● rote Frucht; bei ↓ Zugabe von 0,3 ccm Chloroform je Liter Luft; t = 17°.

Der mit der Leitfähigkeitsmessung aufgenommene Narkoseeffekt ermöglicht es, das *physiologische Alter* der Organe zu kennzeichnen. Demgegenüber wäre vom chronologischen Alter dann zu sprechen, wenn ein Organ, ohne sich weiterzuentwickeln, längere Zeit auf einem bestimmten Entwicklungsstadium zu verharren vermag. Bei gelagerten Spargelstangen, deren Entwicklung nach dem Abschneiden praktisch stillsteht, denn sie „schießen" nicht, ist deshalb im Gegensatz zu den auf dem Lager weiterreifenden Früchten kein wesentliches Nachlassen der Narkosereaktion zu beobachten. Während einer Lagerung bis zu 33 Tagen bei +1° C konnte keine eindeutige Verschiebung des Ansprechens auf Chloroform festgestellt werden. Die Sprosse sterben schließlich in noch jugendlichem Zustand eines Hunger- oder vielleicht eines Vergiftungstodes, denn der Zucker wird veratmet, der Geschmackswert sinkt ab, es entwickeln sich auch bittere oder andere in frischem Spargel nicht bekannte Stoffe, aber die Zellen altern nicht in einem physiologischen Sinne. Diese Unterschiede im Lebenszustand sind sicher für das Verhalten bei der Aufbewahrung überhaupt und besonders im Kaltlager von entscheidender Bedeutung und erlauben wohl weiterreichende Aussagen als die Bestimmung von Zuckern oder anderen Zellinhaltsstoffen.

Eines der auffälligsten Phänomene bei der Fruchtreifung ist die Farbänderung entweder nur der epidermalen Schichten oder des ganzen Fruchtfleisches. Bemerkenswert ist dabei, daß die schon seit langem geäußerte Auffassung, wonach die reifenden Früchte sich in demselben physiologischen Zustand wie die vergilbenden Herbstblätter befinden, durch moderne Untersuchungen der entstehenden *Carotinoid-Pigmente* sich als zutreffend erweist[1]. Das drückt sich besonders darin aus, daß in den reifenden Früchten stets Carotinoide mit Fettsäuren verestert auftreten, während in den grünen Laubblättern zunächst die Carotinoid-Alkohole, z. B. das Xanthophyll, frei vorkommen und erst mit einsetzender Vergilbung zu sog. Farbwachsen verestert werden. Entgegen früheren

---

[1] SEYBOLD, A.: Botanisches Arch. **44**, 551 (1943).

Vermutungen findet während der Blattvergilbung keine wesentliche Zunahme an Xanthophyll statt. Der Abbau, d. h. die Verwandlung in ungefärbte, im einzelnen noch unbekannte Verbindungen verläuft für Carotin und Xanthophyll in bestimmten Blatt-Typen ungefähr gleich rasch, in anderen hingegen wird Carotin eher angegriffen. Bei der Reifung fleischiger Früchte durchlaufen die Carotinoidpigmente z. T. ähnliche Verwandlungen wie in den vergilbenden Blättern, z. T. finden aber auch ganz andersartige Vorgänge statt, vor allem die intensive Neubildung bestimmter Carotinoidfarbstoffe aus noch unbekanntem Rohmaterial, z. B. bei Tomaten, Hagebutten, Paprika usw. Im einfachsten Falle, z. B. bei Bananen, entsteht die gelbe Farbe dadurch, daß nach Zerstörung des Chlorophylls der unreifen Früchte die in den Chloroplasten schon vorher vorhandenen gelben Pigmente zur Geltung kommen. In anderen Früchten verschwinden ähnlich wie in den alten Blättern zunächst mit dem Chlorophyll auch die ursprünglichen gelben Pigmente, und erst nach einer fast farblosen Phase setzt die Bildung der orange oder rot gefärbten Verbindungen aus einer farblosen Vorstufe ein. Über die eigenartige Temperaturabhängigkeit der Lycopinbildung bei Tomaten wurde oben schon berichtet (s. S. 227). Hohe Temperatur unterbindet nicht nur die Bildung von Lycopin, dem Hauptpigment der Tomaten, sondern auch andere Carotinoide, die als Nebenpigmente auftreten, werden dann nur in unwesentlichen Mengen entwickelt[1] (vgl. Tab. 13).

Tabelle 13. *Einfluß der Temperatur auf die Ausbildung der Pigmente in lagernden Tomaten. Pigmentgehalt in mg je 100 g Trockengewicht (nach* WENT, LE ROSEN *und* ZECHMEISTER*).*

Lagertemperatur	Xanthophyll	Lycoxanthin	Lycopin	γ-Carotin	β-Carotin
26,5° C	5,1	92	270	3,4	9,6
33° C	0,0	0,0	17,1	0,6	6,2
erst 33° C, dann 26,5° C	1,2	2,2	55,0	1,0	5,0

Zur normalen Ausfärbung mit Carotinoiden ist eine ungehinderte Atmung erforderlich; Anaerobiose hindert die Pigmentierung. Künstliche Beschleunigung der Reifung durch Äthylen bewirkt nicht nur den Chlorophyllabbau, sondern auch die normale Zunahme der Carotinoidfarbstoffe.

Durch verschiedene Beobachtungen ist zwar ziemlich sicher gemacht, daß die pflanzliche Zelle mit den ihr zur Verfügung stehenden Mitteln Carotinoide angreifen und abbauen kann, aber der genaue Verlauf dieses Umsatzes ist noch in keinem Falle geklärt. Aus den Samen von Hülsenfrüchtlern, aus Kartoffeln und anderen Objekten sind *Lipoxydasen* bekannt, die aus ungesättigten Fettsäuren durch Sauerstoffanlagerung Peroxyde bilden. Diese sehr aktiven Verbindungen sollen dann die Carotinoide oxydieren, was sich äußerlich in deren Ausbleichung kundtut[2]. Voraussetzung einer Carotinoidoxydation ist jedoch eine stärkere Beschädigung, wenn nicht überhaupt der Tod der Zellen. In gewelkten bzw. halbtrockenen Blättern wird Carotin rasch zerstört, was bei der Herstellung von Trockengemüse praktische Bedeutung hat. Zur Carotinzerstörung unter diesen Bedingungen tragen besonders im Sonnenlicht rein chemische bzw. photochemische neben den enzymatischen Prozessen bei.

Da der Tomatenfarbstoff, das Lycopin, ein sehr naher Verwandter des β-Carotins ist, das als Provitamin A für die menschliche Ernährung große Bedeutung hat, ist man in Amerika daran gegangen, Tomaten mit hohem Carotingehalt zu

---

[1] WENT, F. W., A. L. LE ROSEN u. L. ZECHMEISTER: Plant Physiology **17**, 91 (1942).
[2] SUMNER, J. B. u. A. L. DOUNCE: Enzymologia **7**, 130 (1939); T. E. WEIER: Americ. J. of Botany **31**, 342 (1944); L. BERNSTEIN u. J. F. THOMPSON: Bot. Gaz. **109**, 204 (1947).

züchten[1]. In Sorten mit viel β-Carotin war die Gesamtmenge der Carotinoide trotzdem nicht erhöht. Es fand also nur eine Verschiebung auf Kosten des Lycopins statt. Die Abnahme des Lycopins zugunsten des Carotins macht sich äußerlich dadurch kenntlich, daß die betreffenden Früchte tieforange statt tiefrot gefärbt sind. Diese carotinreichen Tomaten haben nichts mit den selten angebauten gelben Tomatensorten zu tun, denen die Carotinoidpigmente ganz fehlen und die durch einen wasserlöslichen Flavonfarbstoff ihre Färbung erhalten.

An der Ausfärbung reifender Früchte nehmen nicht nur die an Plastiden gebundenen Carotinoide teil, sondern in manchen Früchten fast ausschließlich die Vakuolenfarbstoffe, *Anthocyane* und *Flavone*. Über den genaueren Weg ihrer Genese weiß man in den Früchten ebensowenig Bescheid wie in Blüten- und Laubblättern, wo z. T. chemisch die gleichen Verbindungen gebildet werden. Man kennt einige Bedingungen, die zur Anthocyanbildung führen oder sie jedenfalls begünstigen. Von der förderlichen Wirkung des Lichtes auf die Rotfärbung ist jeder überzeugt, der die roten Backen bei Äpfeln und Pfirsichen auf der der Sonne zugewandten Seite der Früchte entstehen sieht. Für die Pigmentbildung im ganzen ist der Lichteffekt einerseits nicht unerläßlich und andererseits nicht ausreichend. Es gibt eine Reihe von Apfelsorten, die ähnlich wie die im Herbst gelb abfallenden und sich nicht rötenden Blätter niemals Anthocyan ausbilden, obwohl sie reichlich die ungefärbten Vorstufen für diese Farbstoffe, die sog. Leukoanthocyane, enthalten. Solche gelben Apfelsorten weisen trotzdem stoffliche Unterschiede zwischen Sonnen- und Schattenseiten auf, z. B. ist der Ascorbinsäuregehalt auf der Lichtseite stets deutlich höher. Daß die Lichtwirkung aber nicht unerläßlich für die Anthocyansynthese ist, wird u. a. durch die Anwesenheit von solchen Farbstoffen in vielen Wurzelspitzen und durch die Anhäufung in der roten Rübe und in den Blättern des Rotkohls bezeugt.

Obwohl in vielen Fällen eine Lichtförderung ohne Zweifel besteht, ist der innere Zusammenhang dabei doch noch völlig ungeklärt. Das liegt in erster Linie natürlich darin begründet, daß wir über die chemische Entstehung der Anthocyane (s. S. 231) so gut wie gar nichts wissen. Daß hohe Zuckerkonzentrationen die Anthocyanbildung begünstigt, wurde oft an Blättern beobachtet. Ein strenger Zusammenhang zwischen Farbstoffbildung und der analysierbaren Menge von Zuckern in der Zelle ist jedoch nicht zu erwarten, weil nicht das Zuckermolekül als solches in den Aufbau einbezogen wird, sondern weil es sich um Spaltprodukte handeln wird, deren Natur uns bisher allerdings noch ganz unbekannt ist. Eine deutliche Beziehung zwischen verstärktem Kohlenhydratumsatz und Anthocyansynthese besteht in reifenden Äpfeln, für die ein steiler Anstieg der CO_2-Abgabe während der Zeit der Ausfärbung charakteristisch ist (s. S. 276). Auch bei anderen Organen liegen Hinweise auf solche Zusammenhänge vor. Bei Tulpen atmen die Individuen, die frühzeitig Anthocyan bilden, intensiver als diejenigen, die lange grün bleiben. Bei gescheckten Blättern geben die rot gefärbten Teile mehr CO_2 ab als die grünen, und bei verschiedenen Familien zeichnen sich die anthocyangefärbten Rassen der gleichen Pflanzenart durch eine höhere Atmungsintensität vor den weißen Rassen aus[2]. Im Herbst enthalten die meisten der sich stark färbenden Blätter mehr Zucker als die gleichen Blätter im Hochsommer. Bei Buchweizenkeimlingen sind außer dem dort unerläßlichen photochemischen Prozeß wenigstens noch zwei oxydative, enzymatische Vorgänge an dem Aufbau von Anthocyan beteiligt[3]. Gelegentlich treten in der Nähe von Verletzungen

---

[1] Kohler, G. W. u. Mitarb.: Bot. Gaz. **109**, 219 (1947).
[2] Zanoni, G.: Archivo Bot. **15**, 234 (1939).
[3] Karstens, W. K. H.: Rec. Trav. bot. néerl. **36**, 85 (1939).

der Fruchthaut, z. B. durch Insektenfraß, intensiv rot gefärbte Zonen auf. Ob
es sich dabei überhaupt um Anthocyane handelt und wie ihre Entstehung zu
deuten ist, muß noch dahingestellt bleiben.

Der Einfluß der Temperatur auf die Anthocyanbildung ist nicht ganz eindeutig.
Im allgemeinen fallen Beispiele dafür auf, daß tiefe Temperaturen die Färbung
fördern. Kulturpflanzen, die in kälteren Jahreszeiten wachsen, z. B. Salat, sind
rot angelaufen, während sie im Sommer rein grün bleiben. Manche Blüten, die
normalerweise rot oder blau gefärbt sind, erblühen bei höherer Temperatur weiß,
z. B. wird frühgetriebener Flieder bei $+30°$ C weiß und nicht lila. Diese Regel
kennt aber zahlreiche Ausnahmen. Es dürfte wohl ein bei den verschiedenen
Arten verschieden hoch liegendes Temperatur-Optimum der Anthocyanbildung
bestehen, bei Rotkohlkeimlingen liegt es zwischen 20° und 30°. Bei gekühlten
Früchten findet die für die normale Reifung charakteristische Ausfärbung, sowohl
die Umwandlung der Carotinoide als auch die meist allerdings schon bei der
Ernte fast völlig abgeschlossene Anthocyanbildung, nicht bei den tiefen Temperaturen, sondern erst bei höheren Nachlagerungstemperaturen statt. Für
Birnen ist dabei bekannt, daß die Reifungstemperaturen im Durchschnitt um so
höher liegen müssen, je länger die Früchte kaltgelagert worden waren[1]. Williams'
Christ-Birnen reifen ohne vorhergehende Kaltlagerung schon bei 12° C normal
aus. Gegen Ende der Lagerzeit bedurfte es aber einer Nachlagertemperatur von
18° bis 20° zur normalen Reifung. Die mangelhafte Nachreife kann sich darin
äußern, daß die sonst synchron ablaufenden Vorgänge zeitlich getrennt werden,
so daß man Früchte mit völlig gelber Schale und hartem, rübigem Fleisch oder
auch Früchte mit grünlich gebliebener Schale und weichem saftigem Fleisch erhält.
Obwohl Licht auch bei Pflaumen die Ausfärbung beschleunigt, können diese
doch ihre typische Farbe auch bei Ausschluß des Sonnenlichtes entwickeln.
Wenn sie bei der Ernte nur eine geringe rote oder blaue Tönung aufweisen,
färben sie sich bei der Lagerung normal aus. Die Intensität und Geschwindigkeit
der Färbung hängt dabei stark von der Lagertemperatur ab. Äpfel, Birnen,
Pfirsiche und Aprikosen brauchen im allgemeinen Sonnenlicht zu ihrer Rotfärbung. Diese rote Überfarbe tritt jedoch manchmal erst hervor, wenn die
Grundfarbe nach der Lagerung sich entwickelt hat. Diese Wandlung von grün
nach gelb dauert bei Steinfrüchten meist nur wenige Tage, während sie bei späten
Birnensorten und bei Äpfeln sich über einige Wochen erstrecken kann[2].

2. Die Atmung und der Kohlenhydratumsatz bei der Reifung.

Eine Reihe von Früchten, z. B. Äpfel, Birnen, Bananen, speichern in ihren
frühen Entwicklungsstadien Stärke, die bei fortschreitender Reifung zusammen
mit der Aktivierung anderer hydrolytischer Prozesse (z. B. im Pektinumsatz,
s. S. 288), in Zucker aufgespalten wird. Die inneren Gründe für das Überhand-
nehmen der hydrolytischen Prozesse gegenüber den kondensierenden, die beim
Wachstum der Früchte vorherrschen, sind noch nicht aufgeklärt. Als Produkte
des Stärkeabbaues resultieren neben Rohrzucker stets auch Monosaccharide in
verschiedenen Quantitäten. Der Rohrzucker selbst stellt nur wieder eine Durch-
gangsstufe dar, er wird bald auch aufgespalten, während Glucose und Fructose
dabei noch zunehmen und erst mit weiter fortgeschrittener Reifung allmählich
veratmet werden.

Obwohl Früchte schon bei der Entdeckung der Atmung in den Pflanzen durch
Ingenhousz (1779) als Versuchsobjekte dienten und obwohl ihr Gasstoffwechsel

---

[1] Kidd F. u. C. West: Rep. Food Invest. Board 113 (1936). — G. Krumbholz: Gartenbauwirtschaft Aug. u. Sept. 1938.
[2] Allen, F. W.: Hilgardia **6**, 381 (1932).

auch nachher oft und eingehend studiert wurde[1], ist eines der bedeutsamsten
Phänomene im Verlauf der Atmung reifender Früchte erst relativ spät entdeckt
worden. Die Atmungsintensität auf die Einheit des Frischgewichtes bezogen,
bleibt nämlich weder konstant noch sinkt sie gleichförmig bis zum Eintritt des
Todes ab, sondern sie durchläuft zunächst ein Minimum, steigt dann rasch und
stark an und erreicht manchmal in doppelter Höhe des tiefsten Standes ein
Maximum, um dann endgültig bis zum Alterstod der Frucht abzufallen (Abb. 57).

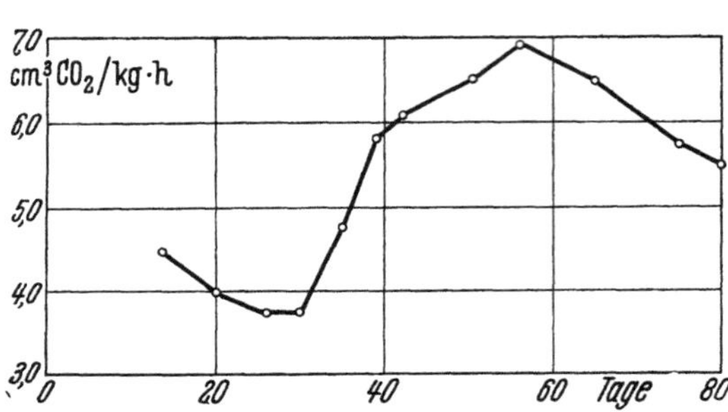

Abb. 57. Typische Atmungskurve reifender Äpfel („climacteric rise“). Abszisse: Lagerzeit der unreif gepfluckten Äpfel
bei 12° C.

Dieser von den englischen Forschern als *climacteric rise* bezeichnete letzte Anstieg der Atmung, oder genauer gesagt der
CO_2-Ausscheidung, kennzeichnet
offenbar den Anfang des *Alterns*
im engeren Sinne (*senescence*)
einer Frucht.

Über eine solche typische Atmungskurve wurde das erste Mal
von KIDD und WEST 1921[2] für
Äpfel berichtet, aber aus den Tabellen 3 und 4 bei GERBER[1] läßt
sich auch schon die Tatsache eines
Atmungsmaximums entnehmen,
was dem Autor aber entgangen ist. Inzwischen ist ein ganz ähnlicher Verlauf der
Atmungsintensität bei Tomaten, Birnen, Bananen und Vogelbeeren sichergestellt.
Erdbeeren scheinen sich gleich zu verhalten. Diese allgemeine Verbreitung des charakteristischen Atmungsanstieges ist um so überraschender, als die aufgezählten
Früchte botanisch gar nicht gleichzustellen sind und sich ja auch in ihrem Aufbau
wesentlich voneinander unterscheiden. Daß die Gestalt der Atmungskurve und
ihre Bindung an andere Reifeerscheinungen bei einer größeren Zahl von Früchten
derselben Sorte trotz gleicher Temperatur sehr stark variieren kann, haben KIDD
und WEST an einer Reihe von Apfelsorten gezeigt[3]. Die Abweichungen können
sich sowohl auf das Einsetzen und die Dauer des Atmungsanstieges als auch auf
die absolute und relative Höhe des Maximums sowie die Steilheit des letzten
Abfalles erstrecken.

Das Einsetzen des Atmungsanstieges in der Frucht ist nicht notwendigerweise
mit dem Pflücken oder Abfallen von der Mutterpflanze verknüpft. Bei Äpfeln
scheint das Maximum der CO_2-Abgabe stets mit der Entwicklung des Aromas
und des Wachses auf der Schale zusammenzugehen; es liegt somit kurz vor der
Eßreife, die sich mit kaum merkbaren Qualitätsunterschieden bei Äpfeln ja über
einen längeren Zeitraum erstreckt als bei Birnen, wo sie unter Umständen bei
normaler Temperatur nur wenige Tage anhält. Bei Birnen fällt der Gipfel der
Atmungskurve zeitlich ziemlich genau mit der Eßreife zusammen. In Tomaten
erreicht die Atmung bereits im Zustand der kräftigen Gelb- bis Orangefärbung
ihren Höhepunkt, während sie in Erdbeeren noch bis zur vollroten Ausfärbung
ansteigt und erst mit beginnender Gewebsauflösung absinkt. In Bananen findet
der Atmungsanstieg während des grünen Zustandes statt. Was gewöhnlich als
Reifeveränderungen bei Bananen bemerkt wird, also das Gelbwerden der Schale
und das Weich- und Süßwerden des Fleisches, sind Erscheinungen, die nach dem
Maximum der Atmung einsetzen. Ein einfacher für alle Früchte gültiger Zu-

---

[1] GERBER, C.: Ann. d. Sci. Nat. 8. Sér. T. 4, 1 (1896).
[2] KIDD, F. u. C. WEST: Report Food Invest. Board 1921.
[3] KIDD F. u. C. WEST: Rep. Food Invest. Board 1927, 22.

sammenhang mit sinnlich wahrnehmbaren Prozessen scheint also nicht zu bestehen. Es hat sich auch keinerlei Beziehung dieses eigenartigen Atmungsverlaufes mit irgendeinem leicht analysierbaren inneren Faktor, etwa in Form einer Konzentrationsänderung der üblichen Zellbestandteile Zucker, Säuren, Pektin u. ä., auffinden lassen. Man muß deshalb wie bei anderen zunächst unerklärlichen physiologischen Phänomenen vermuten, daß für den Atmungsanstieg eine Änderung des Plasmazustandes verantwortlich ist, ohne allerdings positive Anhaltspunkte dafür nennen zu können (s. S. 279). Über die lange bekannte Wirkung geringer Äthylenkonzentrationen auf die Auslösung des Atmungsanstieges soll weiter unten berichtet werden.

Daß dieses Bild vom *Atmungs*verlauf durchaus einseitig ist, weil es sich nur auf die CO_2-Abgabe stützt, zeigt sich, wenn man den vollständigen Gaswechsel der Früchte ins Auge faßt, wie das von WOLF zunächst für reifende Vogelbeeren geschehen ist[1] (vgl. Abb. 58). Ein Minimum mit folgendem *climacteric rise* erscheint nur in der CO_2-Abgabe bei Bezug auf das Frischgewicht. Das Maximum wird mit der völligen Rotfärbung erreicht. Die Sauerstoffaufnahme zeigt keine solche Umkehr in der Intensität, sie fällt schon von einem grünen, noch unausgewachsenem Zustand an fortlaufend ab. Der Atmungsquotient, also das Verhältnis von abgegebenem CO_2 zu aufgenommenem Sauerstoff, sinkt bis zum Beginn der Ausfärbung auf 0,85 ab, woraus auf eine rege Säurebildung in dieser Periode geschlossen werden kann. Mit dem plötzlichen Ansteigen der CO_2-Produktion erhebt sich der Atmungsquotient rasch zu Werten über 1, was auf eine Veratmung von organischen Säuren hinweisen könnte, wenn es nicht ursächlich mit der Farbbildung zusammengebracht

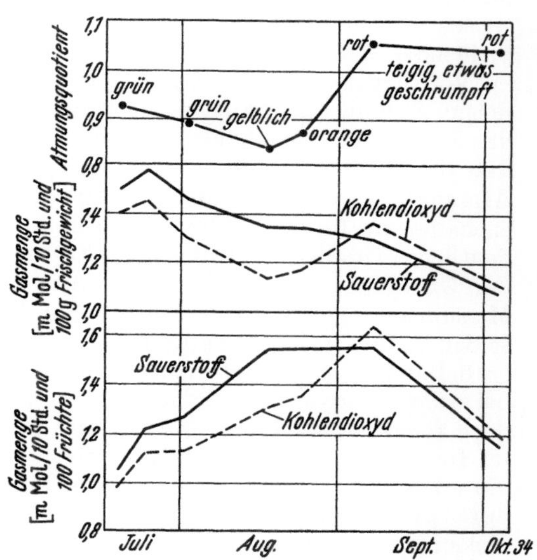

Abb. 58. Atmung von Sorbus hybrida-Früchten, die am Baume reifen (22° C; *Wolf* 1938). (Erläuterungen im Text.)

werden muß; denn der Umbau von Kohlenhydraten zu den Carotinoid-Pigmenten ist ein sauerstoffsparender Vorgang, der einen Überschuß von CO_2 über den aufgenommenen Sauerstoff erklären könnte. Auch in der letzten Phase mit absinkender CO_2-Ausscheidung bleibt der RQ noch über der Einheit, wahrscheinlich weil immer noch Säuren der Endoxydation anheimfallen; vielleicht stammt ein Teil des überschüssigen CO_2 aus Gärungsvorgängen, die Früchte sind inzwischen teigig geworden und stark geschrumpft. Ein ganz anderes Bild ergibt sich für die Intensität des Gasstoffwechsels bei Bezug auf die einzelne Frucht bzw. auf 100 Früchte. Solange die Früchte noch grün sind, nimmt Sauerstoffaufnahme und CO_2-Abgabe zu. Der Sauerstoffverbrauch verharrt dann eine Weile auf seiner Höhe, bis nach völliger Ausfärbung der Gaswechsel rasch und stark absinkt. Diese Verhältnisse gelten für Früchte, die am Baum reifen. Grün gepflückte, auf dem Lager nachreifende Vogelbeeren unterscheiden sich im wesentlichen dadurch, daß der Atmungsquotient bei allen geprüften Temperaturen

---

[1] WOLF, J.: Planta (Berlin) **28**, 716 (1938).

von Werten unter 1 über die Einheit ansteigt und dann aber meist sehr rasch wieder auf Werte weit unter 1 absinkt.

Auch bei Birnen steigt der Atmungsquotient, der ja einen tieferen Blick in die Stoffumsetzungen während der Reife gestattet als die Kenntnis der bloßen CO_2-Produktion, von ungefähr 0,7 in unreifen Früchten mit der Intensivierung der Atmung auf Werte über 1 an, die er im eßreifen Zustand der Früchte erreicht, wenn sie das Maximum der Atmungskurve durchlaufen. Bei Tomaten ist das Verhältnis von Sauerstoffaufnahme zu CO_2-Abgabe ebenfalls nicht konstant. Zunächst fällt der RQ, bis die Früchte ausgewachsen sind, dann steigt er wieder und erreicht mit der Rotfärbung ein Maximum, das bei 1,15 bis 1,30 liegt, schließlich sinkt er auf die Einheit ab[1]. Ein ganz ähnliches Bild erhält man, wenn grüne ausgewachsene oder hellgelb gefärbte Tomaten bei 18,5° gelagert werden. Lagert man Tomaten bei $+10°$, so nimmt nur bei denen, die vor dem Pflücken schon das Atmungsmaximum überschritten haben, die Atmung den normalen abfallenden Verlauf; grün eingelagerte erreichen nie ein Maximum, sie weisen trotz der stattfindenden Farbänderung eine Atmung von ungefähr gleichbleibender Intensität auf.

Vor dem Versuch einer plausiblen theoretischen Erklärung dieser eigentümlichen Atmungskurven ist es noch wichtig, die Gaszusammensetzung innerhalb der Früchte zu kennen, denn vor allem bei voluminösen Früchten ist zu erwarten, daß der Zutritt von Sauerstoff und die Entfernung von CO_2 nicht mit dem Atmungsumsatz Schritt halten. Äpfel, die bei 12° C in normaler Luft lagern, enthalten im Innern 1,2 bis 1,8% CO_2 und 18,3 bis 19,3% Sauerstoff, wobei ein deutlicher Gradient zunehmender CO_2- und abnehmender O_2-Konzentration von der Oberfläche der Früchte nach dem Innern hin besteht[2]. Weitere genaue Messungen liegen für die Früchte des Melonenbaumes (Carica papaya), eines in den Tropen kultivierten Baumes vor[3]. Die Früchte werden bis zu 2 kg schwer, enthalten im Innern meist einen größeren lufterfüllten Hohlraum und färben sich bei voller Reife durch und durch organgegelb. Schon in ganz grünen Früchten, die noch kein Zeichen eines *climacteric rise* zu erkennen geben, steigt der CO_2-Gehalt im Innern beträchtlich an. Mit fortschreitender Entwicklung der Früchte wird die anatomische und morphologische Beschaffenheit einem ungehinderten Gasdurchtritt immer abträglicher. Bei Tomaten, die keine Stomata besitzen, verdicken sich die Epidermiswände während der Reife. Bei Äpfeln und Bananen funktionieren die Stomata nur kurze Zeit. Wachsausscheidung, die den Gasaustausch hemmt, ist während der Fruchtreifung sehr verbreitet. Bei den Papaya-Früchten ist experimentell nachgewiesen worden, daß die Fruchthülle im reifen Zustand weniger durchlässig für Gase ist als im unreifen. Der Reifevorgang der Papaya-Früchte wird von einer kontinuierlichen Zunahme des CO_2-Gehaltes und einer entsprechenden Abnahme des Sauerstoffgehaltes im Innern begleitet. Die Summe der beiden Gase macht ungefähr 21% aus. Im Zustand der Vollreife enthält die Innenatmosphäre der Früchte ungefähr gleich viel CO_2 wie Sauerstoff. Später im überreifen Zustand kann der Sauerstoffgehalt bis auf Null sinken, so daß völlig anaerobe Verhältnisse herrschen. Wichtig ist, daß der CO_2-Gehalt schon vor dem Einsetzen des Atmungsanstieges (gemessen an dem nach außen abgegebenen Kohlendioxyd) kräftig zunimmt und daß er danach stetig ansteigt, ohne einen ähnlichen Gipfel wie die *äußere Atmung* aufzuweisen. Ein volles Verständnis für den Verlauf der Atmung reifender Früchte ist also nur möglich, wenn man die gesamte CO_2-Produktion berücksichtigt, d. h. neben dem nach

[1] Paech, K.: Landwirtsch. Jahrbücher **85**, H. 5 (1938).
[2] Smith, W. H.: Ann. of Bot. N. S. **11**, 363 (1947).
[3] Wardlaw, C. W. u. E. R. Leonard: Ann. of Bot. **50**, 621 (1936).

außen abgegebenen auch das in den Intercellularen und im Gewebe zurück-
gehaltene mit einbezieht. Daß durchaus auch bei einheimischen Früchten mit
einer Erschwerung des Gaszutrittes im fortgeschrittenen Reifestadium zu rechnen
ist, geht daraus hervor, daß der Alkoholgehalt von Tomaten mit der Reife zunimmt und zwar bei größeren Früchten stärker als bei kleineren vom gleichen
Reifegrad. Orangegefärbte Früchte, die sich im Maximum der Atmungsintensität
befinden, frisch gepflückt, enthalten bei 3,5 cm Durchmesser 0,0081% Alkohol,
während solche mit einem Durchmesser von ungefähr 10 cm 0,012% enthalten[1].

An Tomaten wurde festgestellt, daß die Wasserstoffionenkonzentration der
Zellen solange zunimmt, wie die Früchte noch wachsen, um danach allmählich
wieder abzunehmen. Der Punkt höchster Acidität fällt ungefähr zusammen mit
dem Minimum der Atmungsintensität vor dem *climacteric rise*. Da z. B. in
Pilzen die Atmungsintensität direkt von der Acidität abhängt, schien die einfachste Erklärung für den Atmungsanstieg reifender Tomaten die Abnahme der
Wasserstoffionenkonzentration unmittelbar zu sein. Die Gründe, die zunächst
für eine Ansammlung und dann für einen Schwund der organischen Säuren vorliegen müssen, blieben dabei noch ungeklärt. Weitere Gründe dafür, daß die
Acidität der Vacuole der Hauptfaktor für das Einsetzen des Atmungsanstieges
ist, sind von Kidd ins Feld geführt worden[2]. Fructose wird als das unmittelbare
Atmungsmaterial angesehen. Vor dem Atmungsanstieg scheinen weder Fructose
noch Rohrzucker aus der Vacuole leicht in das Plasma, den Ort der Atmung, ein-
dringen zu können. Mit dem Erreichen einer kritischen Acidität ändert sich die
Permeabilität für Fructose, wodurch eine erhöhte Atmung ermöglicht wird. Die
Acidität in der Vacuole hängt natürlich von den organischen Säuren ab. Ob die
Äpfel am Baum bleiben, oder ob sie geerntet werden, hat keinen Einfluß darauf,
daß die Acidität ungefähr im gleichen Maße fällt und zwar vom Stadium der
Zellstreckung ab. Das erklärt, warum das *climacteric rise* ungefähr im gleichen
Stadium der Frucht einsetzt, ob sie am Baum hängt oder davon getrennt ist;
die Acidität ist ungefähr zur gleichen Zeit auf die kritische Höhe gefallen, in der
der Atmungsanstieg einsetzen kann. Unerklärt bleibt dabei der Abfall der
Atmung in den letzten Phasen der Reife der Früchte. Man denkt daran, daß in
ganz alten Zellen die Oxydationsfähigkeit der Atmungsenzyme nachläßt, so daß
eine partielle Gärung einsetzt und Zwischenprodukte des Zuckerabbaues liegen
bleiben. Die Anhäufung von Alkohol und Acetaldehyd würde dafür sprechen,
jedoch können diese auch als die Folge mangelnden Sauerstoffzutrittes aufgefaßt
werden. Wegen der außerordentlichen Bedeutung von Sauerstoff für die normale
Atmung ist vermutet worden, daß der erschwerte Zutritt von Sauerstoff, der
durch die genannten Veränderungen der anatomischen Strukturen verursacht
ist, von sich aus das Absinken des Atmungsumsatzes in den letzten Phasen der
Fruchtreifung bewirkt.

Von anderen tiefer reichenden Überlegungen ausgehend, haben Blackman und
Parija eine Erklärung der eigenartigen Atmungskurven versucht[3]. Sie nehmen
als eines der wichtigsten Phänomene der Altersperiode ein Nachlassen der
Strukturbeständigkeit des Plasmas an (vgl. S. 277). Mit diesem Ausdruck soll
die plasmatische Regulation des Zellstoffwechsels betont werden, denn es erscheint ohne weiteres klar, daß ein Stoffwechselprozeß nicht allein durch die
vorhandene Menge von Rohmaterial bestimmt wird. Häufig kann sich ein solcher
plasmatischer Faktor einfach als Hindernis gegen das Zusammentreten der
Reaktionskomponenten geltend machen. Eine gewisse *Auflockerung* der
Struktur und damit eine Begünstigung von Hydrolysen würde dazu führen, daß

---

[1] Gustafson, F. G.: Plant Physiol. **9**, 359 (1934). — [2] Kidd, F.: Nature **135**, 340 (1935).
[3] Blackman, F. F., u. P. Parija: Proc. Roy. Soc. London B **103**, 412 (1928).

hochmolekulare Kohlenhydrate in den Umsatz einbezogen werden und eine gesteigerte Atmung bewirken oder jedenfalls ermöglichen können. Auf der anderen Seite nimmt aber auf alle Fälle der Gesamtvorrat an Atemmaterial mit fortschreitender Reifung laufend ab; das bringt die Zellen, je länger um so mehr, in einen Zustand des Hungerns, währenddessen die Atmung notgedrungen absinken muß. Die Atmungskurve müßte man sich demnach als Resultierende aus zwei unabhängigen gegenläufigen Prozessen zusammengesetzt denken: die mit dem Altern zunehmende Hydrolyse-Begünstigung führt zu einer Steigerung, der fortschreitende Zustand des Hungerns zu einer Verminderung der Atmung. Die wirklich gemessene Atmungsintensität muß also zunächst ansteigen und später abfallen (vgl. dazu S. 263). Gegen diese an sich einfache und durchaus mögliche Erklärung der Maximum-Kurve der Atmung reifender Früchte sind verschiedentlich Bedenken geäußert worden, deren eingehende Erörterung hier allerdings nicht am Platze ist. Am stärksten spricht zunächst dagegen, daß zu der Zeit, da die Atmung bei den meisten Fruchtarten nachzulassen beginnt, noch kaum eine bedeutende Verminderung des Zuckergehaltes eingetreten ist und deshalb von einem Zustand des Hungerns wohl nicht gesprochen werden kann. Bei Bananen steht die Atmungsintensität zunächst in einer sehr einfachen Beziehung zum Rohrzuckergehalt. Nach Erreichen des Atmungsmaximums klafft diese Verknüpfung jedoch auseinander. Der Rohrzuckergehalt nimmt noch weiter zu, die Atmung fällt jedoch ab[1]. Auch hier kann das endgültige Absinken der Intensität der CO_2-Abgabe nicht einem Mangel an Atmungsmaterial zugeschrieben werden.

Die Sauerstoffversorgung der Gewebe scheint ebenfalls in das Atmungsgeschehen der reifenden Früchte tief einzugreifen. Das Einsetzen des Atmungsanstieges fällt zusammen mit der höchsten Sauerstoffkonzentration der Innenatmosphäre während der Fruchtentwicklung, sie wird sogar für die Auslösung dieses Anstieges verantwortlich gemacht, ebenso wie die Verhinderung einer genügenden Sauerstoffversorgung mit fortschreitender Reife verantwortlich für die übrigen Alterserscheinungen sein soll[2]. Eine Reihe von Belegen ließen sich für diese Auffassung anführen. Wenn Äpfel im präklimakterischen Stadium reinem Sauerstoff ausgesetzt werden, beginnt der Anstieg der Atmungsintensität rascher[3]. Niedere Sauerstoffkonzentrationen verzögern andererseits den Einsatz des *climacteric rise* sowohl bei Äpfeln als auch bei Birnen. In ausgewachsenen Äpfeln reichen 3% Sauerstoff in der umgebenden Atmosphäre aus, um anaerobe Atmung zu verhindern. Wenn die Äpfel alterten, waren höhere Konzentrationen nötig, was auf einen erschwerten Zutritt hinweist[4].

Eine bewiesene Erklärung für den charakteristischen Verlauf der Atmung in reifenden Früchten gibt es also noch nicht. Es mag sein, daß alle vermuteten Faktoren zusammen spielen. Für ein tieferes Eindringen in die Ursachen und Zusammenhänge der eigentümlichen Atmungswandlung während der Fruchtreife wird es unerläßlich sein, beide Komponenten des Gasaustausches, nämlich CO_2-Abgabe und Sauerstoff-Aufnahme, gleichzeitig zu erfassen und die Zusammenhänge des Gaswechsels mit den übrigen Stoffwechselvorgängen (Säureumsatz, Eiweißumsatz) während der gleichen Periode zu sehen.

Der Stoffwechsel unter völlig anaeroben Verhältnissen braucht hier nicht näher erörtert zu werden, weil solche Bedingungen bei der Aufbewahrung im Kaltlager kaum vorkommen[5]. Bananen reifen in Anaerobiose nicht weiter.

---

[1] Gane, R.: New Phytologist **35**, 383, (1936).
[2] Wardlaw, C. W. u. E. R. Leonard: Ann. of Bot. **50**, 621 (1936).
[3] Kidd F. u. C. West: Rep. Food Invest. Board 1933, 54.
[4] Thomas, M. u. J. C. Fidler: Biochem. J. **27**, 1629 (1932).
[5] Über Anaerobiose vgl. Paech, K.: Planta (Berlin) **24**, 529 (1935).

Stärke-, Zucker- und Tanningehalt sowie die Festigkeit des Fruchtfleisches bleiben die gleichen wie in unreifen Früchten[1].

Recht bemerkenswerte Zusammenhänge bestehen zwischen dem Atmungsverlauf und dem Eiweißumsatz[2]. In dem Augenblick, in dem die Atmung von Äpfeln, die bei 12° C lagern, anzusteigen beginnt, setzt auch eine Bildung von Eiweißsubstanzen ein, die mit dem Erreichen des Atmungsmaximums zum Stillstand kommt. Der Aufbau geht natürlich auf Kosten der in den Früchten enthaltenen löslichen Stickstoffverbindungen (Amide, Aminosäuren, NH_4-Salze). Solche direkte Beziehungen zwischen Atmung und Proteinbildung haben offenbar tiefere Ursachen. Sie bestehen unter variierten Bedingungen. Wenn immer der charakteristische Atmungsanstieg des Klimakteriums einsetzt, ob am Baum, während der Lagerung oder künstlich durch Äthylen hervorgerufen, so ist er stets von einer Zunahme des Eiweißgehaltes der Früchte begleitet. Wenn der Atmungsanstieg verzögert oder die Höhe des Anstieges abgeflacht wird, z. B. durch 10% CO_2 in der umgebenden Atmosphäre, so resultiert eine entsprechende Verzögerung der Eiweißbildung oder eine geringere Zunahme[3]. Da das Verhältnis der Atmungsintensität zum Proteingehalt in Äpfeln am Baum in der Periode vom Ende der Zellteilung bis zum Einsetzen des Reifungsanstieges ungefähr konstant bleibt[4], hat man dieses Verhältnis als R/P-Wert (Respiration/Protein) in die physiologische Betrachtung der Fruchtreifung eingeführt. Aus besonderen Gründen legt man der Beurteilung einer Fruchtsorte die Atmungsintensität (= CO_2-Abgabe) 40 Std. nach dem Pflücken zugrunde[5]. Der R/P-Wert kann als physiologische Konstante für die ausgewachsenen Früchte einer jeden Apfelsorte angesehen werden, eine Konstante, die innerhalb gewisser Grenzen unabhängig von den klimatischen Bedingungen und Bodenverhältnissen ist, unter denen die Bäume während des Wachstums der Früchte stehen[6]. Die spät reifenden Bramley's Seedling und Newton Wonder haben einen relativ niedrigen R/P-Wert von 3,4 bis 3,6, die mittelfrühen Sorten Grenadier und Lord Derby lagen mit R/P von 4,8 bzw. 4,1 unter den frühreifen Early Victoria mit R/P 5,1. Im übrigen scheinen die erstklassigen Apfelsorten einen höheren Quotienten CO_2-Abgabe/Eiweißgehalt aufzuweisen als die Wirtschaftssorten.

Temperaturabhängigkeit der Atmung. Erwartungsgemäß wird die Atmungsintensität von Früchten in einem bestimmten Reifezustand gemessen an der abgegebenen CO_2-Menge je Einheit des Frischgewichtes um so niedriger gefunden, je tiefer die Temperatur liegt, wobei als unterste Grenze der Gefrierpunkt des Zellsaftes angesehen werden muß. Der Geschwindigkeits-Quotient Q_{10} liegt nach Berechnungen von KIDD und WEST[7] bei *Äpfeln* ungefähr zwischen 2,1 und 2,4. Im übrigen läßt sich aber die CO_2-Abgabe in einem bestimmten Reifezustand durchaus nicht durch eine so einfache Formel darstellen, wie sie z. B. GORE angibt[8]. Wird auf die von KIDD und WEST[9] gemessenen Werte für *Birnen* kurz nach der Ernte (tiefster Punkt der Atmungskurve) die GOREsche Formel $\log y_t = \log y_0 + a \cdot t$ angewendet, wobei y_t und y_0 die Atmungsintensität (CO_2-

[1] WÜLFERT, K.: Biochem. Zeitschr. **302**, 232 (1939).
[2] HULME, A. C.: Rep. Food Invest. Board 1936, 126.
[3] HULME, A. C.: Abstr. 1st Intern. Congr. of Biochem., Cambridge, 1949, 493.
[4] HULME, A. C.: Rep. Food Invest. Board (London) 1939, 55.
[5] GRIFFITHS, D. G. u. a.: J. Hort. Sci. **25**, 277 (1950).
[6] HULME, A. C.: J. Hort. Sci. **26**, 118 (1951).
[7] KIDD, F. u. C. WEST: Rep. Food Invest. Board 1935, 85.
[8] GORE, H. C.: US Dep. of Agric. Bur. of Chem., Bull 142, 1911.
[9] KIDD, F. u. C. WEST: Rep. Food Invest. Board 1936, 113.

Abgabe) bei t° bzw. bei 0°C und t die Temperatur in Grad Celsius bedeuten, so errechnen sich für die „Konstante" a folgende Werte:

$$a = 0,0365 \text{ bei } 21° \qquad a = 0,0669 \text{ bei } 4,5°$$
$$a = 0,0388 \text{ bei } 15,5° \qquad a = 0,0510 \text{ bei } 2,8°$$
$$a = 0,0417 \text{ bei } 10° \qquad a = 0,0416 \text{ bei } 1,1°$$

Daß die Abweichungen nicht einfach Streuungen um einen Mittelwert darstellen (Gore gibt als universelle Konstante a = 0,0376 $\pm$ 0,00044 an), ist aus der offensichtlichen Regel in den Veränderungen zu entnehmen. Vielleicht ist es nicht bloßer Zufall, daß der Wert für a in dem Temperaturbereich, in dem eine Lagerung von Birnen sehr bald die Möglichkeit einer späteren normalen Ausreife auslöscht (4,5° C), so rasch zu hohen Werten ansteigt[1], während bei Lagertemperaturen, die für Birnen noch nach Monaten normale Reife garantieren (z. B. +1° C), der Wert a wieder *normale* Größe erreicht. Der höchste Wert der „Konstante" a würde also zu der ungünstigsten Lagertemperatur gehören. Welche Ursachen den variablen Werten der „Konstante" zugrunde liegen, ist noch ungeklärt.

Auch die Höhe des Atmungsmaximums bei vergleichbaren Früchten wird sehr stark von der Temperatur bestimmt. Zahlenangaben für diese Abhängigkeit liegen für Äpfel, Bananen und Birnen vor. Bemerkenswert ist ferner, daß nicht nur die absolute Höhe des Maximums, sondern auch dessen relative Lage zum Minimum der Atmungsintensität durch die Temperatur beeinträchtigt wird. Für die Birnensorte Williams' Christ, für die in dieser Hinsicht die ausführlichsten Daten vorliegen, gelten folgende Werte (Tab. 14 nach Kidd und West[3]).

Tabelle 14. *Temperaturabhängigkeit der Atmungsintensität, der Dauer des Anstieges und der Verhältnisse von maximaler zu minimaler Atmung bei Williams' Christ-Birnen.*

Temperatur ° C	Atmungsintensität ccm CO_2/10 kg h Min.	Max.	Verhältnis Max.:Min.	Dauer des Atmungsanstieges Tage(n)	Relative Höhe der Atmungsintensitäten im Maximum (bei 1,1° = 1)	Verhältnis der Werte 1/n (bei 1,1° = 1)
1	2	3	4	5	6	7
21	105	362	3,45	8	6,8	13,9
15,5	72	250	3,46	9	4,7	12,3
10	47	150	3,2	15	2,8	7,45
4,5	36	80	2,2	28	1,5	4,0
2,8	25	66	2,64	58	1,25	1,9
1,1	20	53	2,65	112	1,00	1,00
—0,25	18	ca. 48	2,6	ca. 150	0,9	0,75

Aus den Zahlen der vierten Spalte geht also hervor, daß bei 15° bis 20° die Atmungsintensität im Maximum ungefähr 3,5 mal so hoch liegen wie im Minimum, während das Verhältnis bei 0° bis 2,5° nur ungefähr 2,5 beträgt. Die Vorgänge, die zur Zeit des Atmungsmaximums die CO_2-Abgabe bestimmen, unterliegen also einer anderen Temperaturabhängigkeit als diejenigen, die zur Zeit des Atmungsminimums dafür verantwortlich sind. Bei Bananen bestehen ähnliche Verhältnisse[2]. Wenn man aus den dort angegebenen Kurven die Verhältniszahlen von minimaler zu maximaler Atmung berechnet, so ergibt sich bei +31° eine fünffache und bei 12,5° C nur eine dreieinhalbfache Steigerung. Aus den in Tab. 11 für Birnen angegebenen Daten läßt sich entnehmen, daß die in der Zeit bis zur Erreichung des Gipfels der Atmungskurve abgegebene CO_2-Menge

[1] Krumbholz, G.: Gartenbauwirtschaft 1938.
[2] Gane, R.: Rep. Food Invest. Board 1933, 131.
[3] Kidd, F. u. C. West: Rep. Food Invest. Board 1936, 113.

bei höheren Temperaturen geringer ist als bei niederen. Die Dauer des Atmungsanstieges ist erwartungsgemäß bei tiefen Temperaturen verlängert, aber das Verhältnis der Atmungsintensitäten bei verschiedenen Temperaturen entspricht nicht dem umgekehrten Verhältnis der Zeiten des klimakterischen Anstieges, wie es bei einem identischen, nur verzögerten Stoffwechsel zu erwarten gewesen wäre (vgl. Spalte 6 und 7 der Tab. 14). Diese Tatsachen sprechen dafür, daß die Temperatur nicht alle Reaktionen in der Frucht in gleichem Maße beeinflußt (s. u.). Der physikalische und chemische Zustand der Früchte wird also nicht übereinstimmen, wenn sie sich zwar nach der Atmungskurve beurteilt in der gleichen Entwicklungsphase befinden, aber eine verschiedene Vorgeschichte in bezug auf die Lagertemperatur haben. Sinnlich wahrnehmbar äußert sich das darin, daß Birnen bei höheren Temperaturen zur Zeit ihres Atmungsmaximums weich, ganz gelb und vollsaftig sind; bei tiefen Temperaturen gelagert sind sie im gleichen Atmungsstadium hingegen noch ziemlich hart und gelbgrün, haben weniger Saft und Aroma und beginnen außerdem schon im Innern braun zu werden.

Wie bereits erwähnt, ist die Zeit zwischen Atmungsminimum und Atmungsmaximum bei tiefen Temperaturen sehr verlängert. Das gilt für alle bisher untersuchten Früchte. Die Zeit bis zum Beginn des Anstieges wird hingegen sowohl bei Birnen als auch bei Äpfeln nur sehr wenig von der Temperatur beeinflußt; die Früchte setzen bei allen Temperaturen praktisch zur gleichen Zeit mit dem Atmungsanstieg ein.

Lagert man Birnen zunächst bei $+1°$ C und bringt sie darauf nach $12°$, so ist die Atmungsintensität bei $12°$ höher, als wenn die Birnen unmittelbar nach der Ernte bei dieser Temperatur gelagert worden wären. Wie weit diese Nachwirkung tiefer Temperaturen auf die Erhöhung der Zuckerkonzentration zurückzuführen ist, bleibt noch zu klären (s. u. für Kartoffeln).

Weitere Faktoren, die die Atmungsintensität reifender Früchte beeinflussen. Über eine starke Nachwirkung des Bodens auf die Atmungsintensität der geernteten und lagernden Früchte der gleichen Sorte berichten KIDD und WEST[1]. Äpfel von moorigem Boden *(fen)* atmen intensiver als solche von Sandboden *(gravel)* und diese wiederum liegen in ihrer Atmung, gemessen an der CO_2-Abgabe, höher als die auf Schlick *(silt)* gewachsenen.

Äpfel gleicher Sorte und Herkunft können bis zu 50% in ihrem Gesamtstickstoff-Gehalt variieren[2]. Diese Unterschiede scheinen von ähnlichen Abweichungen der Atmungsintensität begleitet zu sein. Es wird dabei — sicher zu unrecht — angenommen, daß der Gesamtstickstoff als Maß für das Plasma gelten darf. So ist es nicht verwunderlich, daß in vielen Fällen ein strenger Zusammenkang zwischen N-Gehalt und Atmung nicht besteht[3]. Äpfel von geringelten Bäumen vereinen ebenfalls einen niederen N-Gehalt mit hoher Atmungsintensität. Ein Teil der Widersprüche in den Beziehungen zwischen Atmung und Stickstoffgehalt mag sich daraus erklären, daß eben nicht der Gesamtstickstoff als Maß für die Plasmamenge genommen werden darf, sondern daß höchstens ein Bezug auf den Eiweißgehalt zweckmäßig ist, und der Eiweißanteil, der durchschnittlich zwei Drittel vom Gesamtstickstoff ausmacht, kann je nach der Stickstoffdüngung wahrscheinlich in weiten Grenzen variieren. Beim Bezug auf den Eiweißgehalt ergibt sich deshalb meist auch ein konstantes Verhältnis zwischen CO_2-Abgabe und Eiweiß-N, wie die Tab. 15 für Bananen zeigt[4], die an der Mutterpflanze reifen.

[1] KIDD, F. u. C. WEST: Rep. Food Invest. Board 1925/26, 37.
[2] KIDD, F., C. WEST u. H. K. ARCHBOLD: Rep. Food Invest. Board 1924, 35.
[3] KIDD, F., M. W. ONSLOW u. C. WEST: Rep. Food Invest. Board 1929, 44.
[4] KIDD, F. u. Mitarb.: Ann. of Botany N. S. 4, 1 (1940).

Tabelle 15. *Verhältnis von CO_2-Abgabe zu Eiweißgehalt bei Bananen.*

	ccm CO_2/10 kg h bei 10° C	Eiweiß-N in % vom Frischgew.	$\dfrac{CO_2 \times 10}{\text{Eiweiß-N}}$
1. Ernte	83	0,065	128
2. „	51	0,045	113
3. „	41	0,033	123

Obwohl während der Lagerung unreifer Bananen der Eiweißgehalt ansteigt, steht der Reifungsanstieg *(climacteric rise)* der CO_2-Abgabe jedoch außerhalb jedes Verhältnisses zur Eiweißzunahme.

Recht interessante Wirkungen auf die Atmung der Früchte wurden nach Injektionen verschiedener Lösungen in fruchttragende Bäume beobachtet[1]. Die Äpfel der mit Harnstofflösung infiltrierten Bäume atmen außergewöhnlich stark (gemessen an der CO_2-Abgabe). Infiltration von Natriumphosphat ändert gegenüber den nicht behandelten Kontrollbäumen kaum etwas an der Atmungsintensität, aber die mit einem Gemisch von Harnstoff und Phosphat injizierten Bäume trugen Früchte, die bei der Lagerung eine ganz besonders niedrige Atmung zeigten. Außerdem war die Zeit bis zur Erreichung des Atmungsmaximums stark verlängert. Vorausgesetzt, daß diese einmaligen Beobachtungen eine Bestätigung erfahren, dürfte ihnen eine praktische Bedeutung zukommen, denn es wurde häufig festgestellt, daß die durchschnittliche Lebensdauer von Äpfeln um so länger war, je niedriger die Atmung lag. Auch ein verzögerter Atmungsanstieg stellt eine Prognose für ein langes Leben der Frucht dar.

Durch Gaslagerung, d. h. Aufbewahrung in Atmosphären, die weniger Sauerstoff und mehr CO_2 enthalten als die normale Luft, kann die Phase *vor* dem Atmungsanstieg bei Birnen länger ausgedehnt werden als in Luft, während ja eine bloße Temperatursenkung auf dieses Stadium der reifenden Früchte sehr wenig Einfluß hat. Bei Äpfeln und Birnen wird in solchen Atmosphären (z. B. 5 bis 10% CO_2 und 2,5 bis 10% O_2, der Rest jeweils Stickstoff) außerdem der Anstieg bis zum Atmungsmaximum gedämpft und verzögert.

Schließlich sei noch erwähnt, daß ein indirektes Verhältnis zwischen Zellgröße und Atmungsintensität besteht[2]. Allerdings soll diese Beziehung nur für die in England einheimischen Apfelsorten gelten. Einige ausländische, obwohl in England angepflanzte Sorten verhielten sich abweichend.

3. Der Säureumsatz während der Fruchtreifung.

Obwohl die Anhäufung und das Verschwinden von Säuren in Früchten eine allgemein bekannte und weit verbreitete Erscheinung ist, wissen wir über die Einzelheiten des Chemismus erst sehr wenig. Es ist z. B. noch unbekannt, ob die im jugendlichen Zustand der Früchte im allgemeinen in größeren Mengen angesammelten organischen Säuren aus der Mutterpflanze zugeleitet werden oder aber aus zugeleiteten Zuckern erst in den Früchten entstehen. Nicht immer sinkt mit fortschreitender Reifung die Acidität ab. In der Ananas steigt mit zunehmendem Zuckergehalt auch die Säuremenge an. Auch in Tomaten soll in späteren Reifestadien der Säuregehalt zunehmen. Mirabellen durchlaufen ein Minimum der Acidität, das sehr kurze Zeit während der Eßreife anhält, im überreifen Zustand sind sie wieder saurer. Genauere Angaben liegen für die am Baum reifenden japanischen Mispeln (Eriobotrya japonica), eine subtropische Frucht, vor[3] (vgl. Tab. 16).

---

[1] A. C. Hulme: Rep. Food Invest. Board 1936, 126.
[2] W. H. Smith: Rep. Food Invest. Board 1936, 137.
[3] Kurssanow, A. L.: Planta (Berlin) 15, 752 (1932).

Der Gesamtsäuregehalt nimmt also in jungen Früchten zunächst stark zu, um dann unmittelbar vor der Reife wieder zu fallen (s. S. 258). Im Einklang damit steht die Wandlung der aktuellen Acidität, des p_H. Bemerkenswert ist noch, daß anfangs mehr Säuren frei vorliegen, während später, vielleicht z. T. mit

Tabelle 16. *Säuregehalt im Fruchtfleisch von Eriobotrya japonica während der Entwicklung und Reife am Baum (Säurewerte in mg je g Frischgew.).*

| | Zeit der Probenahme | | | | | | |
	2. Mai	6. Mai	23. Mai	27. Mai	29. Mai	1. Juni	3. Juni
Frischgew. des Fruchtfl. in g	1,7	4,26	6,66	10,2	14,0	14,6	19,2
Gesamtsäuregehalt	2,38	2,25	11,43	14,30	15,42	13,54	13,08
Weinsäure	1,50	0,10	0	0	0	0	0
Bernsteinsäure .	0	0	0	0	0	0	0
Citronensäure...	0,44	1,02	6,93	8,99	8,08	4,03	1,96
Äpfelsäure	0,40	1,09	4,50	5,31	7,34	9,51	11,12
Freie Säure (als Äpfelsäure berechnet)	2,34	2,25	11,32	14,10	15,18	12,68	11,46
p_H	—	4,05	3,36	3,20	3,12	3,35	3,50

Hilfe des durch Eiweißzerfall entstehenden Ammoniaks ein Teil von ihnen als Salze gebunden ist. Wahrscheinlich nimmt aber auch der Mineralsalzgehalt der größeren Früchte in den Endstadien der Entwicklung am Baum zu. Im einzelnen ist zunächst eine beträchtliche Menge Weinsäure vorhanden, die aber bald ganz verschwindet. An ihre Stelle treten Äpfel- und Citronensäure, von denen diese nach Überschreiten eines Maximums wieder etwas zurückgeht, während jene bis zur vollen Reife zunimmt. Ganz andere Verhältnisse der beiden genannten häufigsten Fruchtsäuren zueinander sind in reifenden Apfelsinen gefunden worden[1] (Tab. 17).

Obwohl man eine Pufferung der Zellsäfte annehmen muß, ist das p_H in den Orangensäften nur unwesentlich höher als das einer Lösung mit gleicher Konzentration an reiner Citronensäure. Es ist hier

Tabelle 17. *Die Säuren im Saft unreifer und reifer Orangen (mg Säure in 1 ccm Saft).*

	grün, unreif	reif
freie Citronensäure	25,5	9,3
freie Äpfelsäure (+ übrige Säuren)	1,6	1,4
gebundene Säuren	2,8	2,9
p_H	2,88	3,78

offensichtlich, daß Citronensäure in großer Menge während der Reife verbraucht wird, entweder indem sie zu CO_2 und H_2O abgebaut oder zu Zucker resynthetisiert wird. Nach Beobachtungen an Äpfeln der Sorten Bramley's Seedling und Worcester Pearmain, die an verschiedenen Punkten ihrer Entwicklung geerntet und danach bei Temperaturen zwischen $+1°$ und $+22,5°$ C gelagert wurden, kam man zu folgendem Bild von den Umsetzungen der titrierbaren Säuren, die zum größten Teil als Äpfelsäure gerechnet werden kann. Nach einer anfänglichen Periode der bereits ausgewachsenen Äpfel, während der die Menge titrierbarer Säure nicht abnimmt, sondern eher etwas ansteigt, setzt ein stetiger nach einer logarithmischen Kurve verlaufender Schwund des Säuregehaltes ein, der nicht vom Reifungsanstieg der Atmung beeinflußt wird[2]. Danach scheint die Geschwindigkeit des Vorganges, durch den (Äpfel-)Säure abgebaut wird, in erster Linie durch die Konzentration der Säure im Zellsaft bestimmt. Die Geschwindigkeitskonstante, die sich

[1] Sinclair, W. B. u. Mitarb.: Plant Physiology **20**, 3 (1945).
[2] Kidd, F. u. a.: J. Hort. Sci. **26**, 169 (1951).

in der logarithmischen Funktion ausdrückt, ist bei Worcester Pearmains ungefähr doppelt so hoch wie bei Bramley's Seedlings. Diese Geschwindigkeitskonstante des Säureabbaues scheint eine physiologische Kenngröße für jede Apfelsorte zu sein. Der Wert der Konstanten kann in Beziehung zur Dicke des Plasmabelages der Zellen und zur Ausdehnung der Grenzfläche zwischen Vacuole und Protoplasma gesetzt werden (s. S. 270). Sobald das p_H im Preßsaft von Äpfeln den tiefsten Punkt bei ungefähr 2,8 durchschritten hat und für den Rest der Reife der Äpfel ansteigt, ist die Acidität (das p_H) ein besserer Indicator für das physiologische Alter der Früchte als der Zuckergehalt oder die Atmungsintensität. Obwohl in den jüngsten Stadien der Apfelfrucht andere Säuren als Äpfelsäure vorherrschen, steigt die Äpfelsäure später bis auf ungefähr 80% des Gesamtsäuregehaltes in Äpfeln an[1].

Der Schwund der Säuren läßt sich bei Früchten jedoch nicht so leicht deuten wie etwa bei Schimmelpilzen, die bei Überfluß an Kohlenhydraten organische Säuren produzieren, die sie als Halbfabrikate speichern, um sie nach Verbrauch der Zucker zu Ende zu oxydieren. In den Früchten verschwinden im allgemeinen Säuren gerade dann, wenn der Zuckergehalt ansteigt. Die Wechselwirkungen zwischen dem Stoffwechsel der Fruchthülle und dem der Samen dürfte bei den voluminösen Früchten unserer Kulturarten keine Belastung des Säureumsatzes mit sich bringen. Samenlose Obstsorten enthalten allerdings stets weniger organische Säuren als samenhaltige (z. B. kernlose Weintrauben). Das unbekannte Ausmaß von Zu- und Ableitung von Substanzen in den Früchten, die an der Pflanze reifen, hat wohl manchmal das Bild vom Säureumsatz getrübt. Beim Studium der Nachreife abgetrennter Früchte hat der Säureumsatz bisher hinter dem Gasaustausch und den Kohlenhydratumsätzen zurückstehen müssen. Sehr aufschlußreich sind die klassischen Untersuchungen von Gerber[2], wenn sie auch den praktischen Bedürfnissen z. B. hinsichtlich der Temperatur nicht gerecht werden.

Der Säureumsatz verschiedenartiger Früchte (Äpfel mit Äpfelsäure, Weintrauben mit Weinsäure und Citronen mit Citronensäure als der vorherrschenden organischen Säure) weist eine enge Korrelation mit dem Gaswechsel auf. Solange noch bemerkenswerte Mengen Säuren in den Früchten vorhanden sind, wird bei höheren Temperaturen nicht nur die Intensität der Atmung erhöht, wofür in erster Linie die verfügbaren Kohlenhydrate verantwortlich sind, sondern der RQ erhebt sich der Säurekonzentration entsprechend wesentlich über die Einheit. Während dieser Zeit wird wahrscheinlich ein Teil der verschwindenden Säuren in Zucker umgewandelt, denn die Zuckerzunahme übertrifft den gleichzeitigen Rückgang der Stärkereserven. Ein Bild vom Zusammenhang zwischen Gaswechsel, Säureschwund und Kohlenhydratveränderungen vermittelt Tab. 18. Da die Säurewerte nur durch Titration ermittelt worden sind, besteht die Möglichkeit, daß in späteren Stadien daneben noch gebundene Säure auch vorhanden gewesen ist (s. Tab. 17).

Der hohe Säuregehalt der frisch geernteten Früchte ist die Ursache für den hohen Atmungsquotienten bei 33° C. Nach Verbrauch der Hauptmenge der Säuren sinkt die Atmungsintensität gemessen am O_2-Konsum gar nicht wesentlich ab, aber der RQ geht auf den Wert einer *normalen* Atmung zurück. Bei 18° C bleibt er in ähnlichen Äpfeln nahezu bei 1 oder knapp darunter, und die Säuremenge hält sich wesentlich höher.

---

[1] Krotkov, G. u. a.: Canadian J. of Bot. **29**, 79 (1951).
[2] Gerber, C.: Ann. Sci. Nat. Bot., Sér. 8, T. *4*, 1 (1896).

Bei unreifen Weintrauben und Mandarinen gleicht das säurereiche Fruchtfleisch (Endokarp ohne Schalen und Samen) in den hier betrachteten Stoffumsetzungen ganz den Äpfeln: der RQ, der Gasumsatz und die Säuremenge fallen bei höheren Temperaturen mit fortschreitender Reife rasch ab. Licht hat

Tabelle 18. *Gaswechsel und Zusammensetzung von Äpfeln während der Nachreife bei 33°*
(Werte für 1 kg Frischgewicht).

Datum	RQ	ccm CO_2	ccm O_2	Äpfelsäure g	Stärke g	Zucker g
9. X.	1,60	39,36	24,60	9,28	35	90,60
21. X.	0,98	15,66	15,93	1,89	25	115,7
23. X.	0,89	15,73	17,67	1,65	1	125,4

bei den ausgewachsenen Früchten keinen Einfluß auf den Säureschwund; sofern scheinbar ein solcher beobachtet wurde, ist er auf gleichzeitige Erwärmung zurückzuführen.

Der Säuregehalt in Äpfeln nimmt absolut bis kurz vor der Baumreife der Früchte zu, bezogen auf das Frischgewicht erreicht er schon sehr früh ein Maximum, um dann mit der Anreicherung anderer Zellinhaltsbestandteile wieder zurückzutreten[1] (Tab. 19).

Tabelle 19. *Säuregehalt von 2 Apfelsorten während des Wachstums der Früchte.*

Bramley's Seedling			Worcester Pearmain		
Tage nach der Bestäubung	org. Säure (als Äpfelsäure in %Frischgew.)	Säuregehalt in einerFrucht mg	Tage nach der Bestäubung	Säure in % Frischgew.	Säuregehalt in einerFrucht mg
4	0,716	1,7	4	0,803	0,8
38	2,00	498	38	1,291	144
155	1,00	1459	92	0,60	435
170	0,97	1350			

Bei Bramley's Seedling-Äpfeln wurde gefunden, daß bei 12° C der Schwund an Zucker und titrierbaren Säuren um 17 bis 30% größer war als die abgegebene CO_2-Menge[2]. Da der Verlust an Trockensubstanz im ganzen ebenfalls größer ist als der Rückgang von Zuckern und Säure zusammen, kann es sich nicht darum handeln, daß die im Überschuß verbrauchten Zucker und Säuren in irgendein anderes nichtflüchtiges Produkt, etwa in das auf den Äpfeln ausgeschiedene Wachs, verwandelt worden sind. Das während der Reife ausgeschiedene Äthylen und Ester, die das Aroma der reifen Früchte ausmachen, fallen kaum ins Gewicht. Welche anderen flüchtigen Verbindungen als Stoffwechselprodukte in Betracht kämen, ist zunächst rätselhaft, wenn man nicht an Alkohol und Acetaldehyd denken will. (Über die Zuverlässigkeit der letztgenannten Resultate ist anzumerken, daß sie an halbierten Äpfeln gewonnen wurden, für die aber GERBER [s. o.] gezeigt hat, daß sie sich bei mittleren Temperaturen ganz anders in bezug auf RQ und Säureverbrauch verhalten als intakte Äpfel.)

Höchst interessante Versuche führte GERBER mit Aspergillus niger durch. Der Schimmelpilz setzt die drei obengenannten für verschiedene Früchte charakteristischen Säuren leicht um, und zwar mit ähnlichen Atmungsquotienten wie die reifenden Früchte. Werden *Wein-* und *Citronensäure* zusammen mit Zucker geboten, so konsumiert der Pilz bei hohen Temperaturen (37°) bevorzugt die Säuren, bei niederen Temperaturen (12°) jedoch nur Zucker, bei mittleren Temperaturen verschwinden Säuren und Zucker ungefähr zu gleichen Teilen.

---

[1] ARCHBOLD, H. K.: Ann. of Botany **46**, 407 (1932).

[2] ARCHBOLD, H. K. u. A. M. BARTER: Ann. of Bot. **48**, 958 (1934).

Äpfelsäure wird hingegen schon bei 20° viel rascher verwertet als Rohrzucker. Aus einem Gemisch wird also zunächst die Säure verbraucht, der Zucker bleibt zunächst liegen und wird erst nach starkem Rückgang der Äpfelsäure in den Stoffwechsel einbezogen. Wenn auch Aspergillus-Mycel und reifende Früchte Stoffwechselsysteme sind, die nur mit Vorbehalt verglichen werden dürfen, so besteht doch eine frappante Übereinstimmung in bezug auf die Temperaturgebundenheit des Säureumsatzes. Äpfelsäure wird auch bei Gegenwart von Zucker schon bei mäßigen Temperaturen abgebaut; äpfelsäurereiche Früchte reifen dementsprechend auch in relativ kühlem Klima. In weinsäure- und citronensäurehaltigen Früchten wird bei mittleren Temperaturen die Säure höchstens gleichzeitig mit dem Zucker angegriffen, nur bei verhältnismäßig hohen Temperaturen werden Wein- und Citronensäure unter Schonung der Zuckervorräte abgebaut. Solche Früchte reifen erfahrungsgemäß nur in warmen Klimaten. Der Wein würde wahrscheinlich an den Grenzen seines Verbreitungsgebietes die abschreckende Säure verlieren, wenn er statt Weinsäure Äpfelsäure enthielte!

Andere alte Erfahrungen finden hier ihren Platz im Stoffumsatz. Äpfel, die gut haltbar sind, bauen ihre Säure langsam ab. Tiefe Lagertemperatur verzögert in erster Linie den Säurerückgang[1]. In bezug auf die Temperaturabhängigkeit des Säureabbaues bestehen gewisse Ähnlichkeiten zwischen den reifenden fleischigen Früchten und den Succulenten[2], obwohl ein Grund für diese Übereinstimmung noch nicht angegeben werden kann.

4. Der Pektinumsatz und das Weichwerden von Früchten.

Die Pektinstoffe stellen physiologisch insofern eine besonders wichtige Gruppe von Verbindungen in Früchten dar, als sie zunächst als Zellwandstoff abgelagert werden, um dann im Gegensatz zur Cellulose in den späteren Reifestadien der meisten Obstfrüchte wieder aufgelöst zu werden. Der Pektinumsatz hat also gewisse Ähnlichkeit mit dem System Stärke-Zucker. Die Vorstellungen über den Aufbau der nativen Pektinmoleküle haben sich in jüngster Zeit wesentlich gewandelt. Glaubte man früher, daß das Pektin der Mittellamellen kleinmolekülig aus einem Ring von 4 Galakturonsäuren zusammengesetzt sei[3], so hat man sich mit fortschreitender Aufklärung der makromolekularen Naturstoffe davon überzeugt, daß auch die Pektine, solange sie noch den Zusammenhalt der Zellen garantieren, lange Ketten aus Galakturonsäureresten darstellen[4]. Nun läßt sich ihre Funktion als Zellkitt und als gelierender Anteil bei der Obstverarbeitung besser verstehen.

Pektine sind also vorwiegend gestreckte polymere Moleküle, ähnlich wie die Cellulose (Linearkolloide). Man rechnet mit einer Kettenlänge bis zu 1800 Galakturonsäuren. Das Molekulargewicht von Apfel- und Citrus-Pektinen liegt zwischen 100000 und 200000. Pektin bzw. Protopektin der Zuckerrübe hat kleinere Moleküle mit einem Molekulargewicht von 20000 bis 25000. Charakteristisch für Pektine ist ihr Gehalt an Methoxylgruppen. Bei schonendster Aufarbeitung (günstigster Reifezustand, Ausschaltung von Enzymtätigkeit, niedrige Extraktionstemperatur, geeignetes p_H zwischen 5 und 5,5) gelingt es, ein Pektin aus Äpfeln zu gewinnen, dessen Methoxylgehalt einer sehr hoch veresterten Polygalakturonsäure entspricht. Im nativen Pektin bleiben nur wenige Carboxylgruppen frei.

---

[1] Haynes, D.: Ann. of Botany **39**, 77 (1925).

[2] Wolf, J.: Planta (Berlin) **37**, 510 (1949). — K. Paech: Biochemie und Physiologie der sekundären Pflanzenstoffe. Berlin-Göttingen-Heidelberg: Springer, 1950.

[3] Ehrlich, F. u. A. Kosmahli: Biochem. Z. **212**, 162 (1929).

[4] Schneider, G.: Angew. Chemie **51**, 186 (1938). — A. Henglein: Forschgen. u. Fortschr. **26**, 184 (1950). — Makromolek. Chemie **4**, 78 (1949). — H. H. Schlubach u. Mitarb.: Makromolek. Chemie **4**, 5 (1949).

Der beständige Gehalt an Phosphor in der Asche von Pektinpräparaten rührt nur zum Teil von anorganischen und organischen Verunreinigungen (z. B. Phosphatiden) her. Ein Teil der Phosphorsäure ist esterartig in den Pektin-Kettenmolekülen gebunden. Der Phosphorsäuregehalt hilft vielleicht einmal, die Bahnen aufzudecken, auf denen die Zellen ihre Mittellamellen synthetisieren. Heute wissen wir über die Biogenese der Pektine noch gar nichts. In Analogie zu der Erkenntnis, daß die Polysaccharide Stärke und Glykogen aus Glucose-1-Phosphat kondensiert werden, dürfen wir fast annehmen, daß die Bausteine der Zellen für die Pektine phosphorylierte Galaktosen oder Galakturonsäuren sind und daß der Phosphorsäuregehalt der Mittellamellen noch davon zeugt. Auf der anderen Seite ist der Einbau von Phosphorsäuren in die Moleküle des Pektins von wesentlicher Bedeutung für dessen Eignung als Wandbaustoff. Ein Phosphorsäuremolekül kann mit zwei verschiedenen Galakturonsäuren verestert sein, und durch solche Esterbrücken zwischen zwei Ketten von Pektinmolekülen muß man sich im wasserunlöslichen sogenannten Protopektin, dem nativen Pektin der Mittellamellen, die Moleküle zu größeren Verbänden vernetzt vorstellen. Weitere Möglichkeiten zum Aufbau eines Gerüstwerkes aus Pektinmolekülen bieten die allerdings wenigen nicht mit Methylalkohol veresterten Carboxylgruppen der Galakturonsäuren, die durch mehrwertige Metallionen (Ca$\cdot\cdot$, Mg$\cdot\cdot$, Fe$\cdot\cdot\cdot$) abgesättigt werden, wobei jedes Metallatom zwei bzw. drei Ketten angehören kann. Auch durch solche Metallbrücken werden die Polygalakturonsäureketten durch Hauptvalenzbindungen zu einem Netzwerk verknüpft, das die Eignung der Pektine als Wandkitt besser verstehen läßt als die alte Vorstellung der Tetragalakturonsäure. Neben den Galakturonsäureketten finden sich in der Mittellamelle noch andere Anteile, wie Arabinose und ihre Polymeren, Polygalaktane u. ä., die z. T. wohl nicht durch Hauptvalenzen, sondern durch van der Waalsche Kräfte (Nebenvalenzbindungen) gehalten werden. Als solche Mischpolymerisate oder Mischassoziate stehen die Pektine dem Lignin viel näher als der Cellulose, die ein recht einheitliches Polymeres der Glucose darstellt. Die salz- und esterartigen Brücken im Pektin lassen Molekülverbände entstehen, die vielleicht so ausgedehnt sind, daß die Gerüstsubstanz der Mittellamelle einer ganzen Zelle oder von ganzen Geweben ein einziges Übermolekül darstellt, das den festen Zusammenhalt der Zellverbände verständlich machen würde.

Die verschiedenen Stufen des Pektinaufbaues und zugleich die heute übliche Nomenklatur bringt folgende Übersicht.

Pektinsäure: Makromoleküle aus einer Kette von Galakturonsäureresten.
Pektate: Salze der Pektinsäuren.
Pektin: teilweise oder voll methoxylierte Polygalakturonsäure.
Pektinat: Salze von Pektinen.
Pektinstoffe: physikalische Gemische von Pektinen mit Begleitstoffen (z. B. Pentosanen, Hexosanen).
Protopektin: wasserunlösliches, natives Pektin der Pflanzen (Vernetzung von Pektinketten durch mehrwertige Metallionen über die nicht veresterten COOH-Gruppen und durch Esterbrücken über Phosphorsäuremoleküle).
Pektin-Mischassoziate: Pektinmoleküle, an welche durch van der Waalsche Kräfte einfache Zucker oder Polyosen angelagert sind.

Unabhängig von der Kenntnis des Molekülbaues hat sich für die Bestimmung der Pektine aus Pflanzenmaterial die sog. Calcium-Pektat-Methode eingebürgert, die allerdings über die technische Verwendbarkeit der Pektinlösungen nichts aussagt und dafür durch eine Messung der Viscosität der Lösungen ersetzt werden sollte. Mit Hilfe der Calcium-Pektat-Methode lassen sich 3 Fraktionen aus den Pflanzen gewinnen: wasserlösliches Pektin, solches das nach Hydrolyse mit schwacher Salzsäure herausgelöst wird, und schließlich das mit verdünnter

Natronlauge lösliche, von denen die letzte Fraktion die unbedeutendste zu sein scheint[1].

Der Umsatz in den Früchten wird durch pektinspaltende Fermente bewirkt. Obwohl die Verhältnisse dieser Enzyme erst wenig geklärt sind, hat man doch mit drei verschiedenen Gruppen zu rechnen: 1. die Protopektinase, die das native Protopektin in lösliches Pektin überführt, 2. die Pektinase, die aus den Methyl-estern der Galakturonsäuren Methylalkohol abspaltet, wodurch die Säuregruppen frei für die Salzbildung mit Calcium werden, und 3. die Pektase, die die glykosidischen Bindungen innerhalb der Galakturonsäureketten löst und somit am Ende Galakturonsäure freimacht, die u. U. in den Kohlenhydratabbau einbezogen werden kann[2].

Die wichtigsten Veränderungen im Laufe der Reifung von Kernobst finden in der wasser- und säurelöslichen Fraktion statt. Bei Äpfeln vollzieht sich nach dem Pflücken eine Umwandlung des säurelöslichen in wasserlösliches Pektin. Der Gesamtpektin-Gehalt bleibt dabei zunächst konstant. Erst im Zustand der Überreife, wenn die Früchte *mehlig* werden, sinkt der Gehalt an wasserlöslichem Pektin wieder ab, gleichzeitig vermindert sich der Gesamtpektingehalt[3]. Der Abbau geht also bis zu Bruchstücken, die nicht mehr als unlösliches Calciumsalz zu erfassen sind, wahrscheinlich also bis zu Monogalakturonsäure. Bei Birnen nehmen die einzelnen Pektinfraktionen während der Reife einen ähnlichen Verlauf wie bei Äpfeln, bei Tomaten hingegen reichert sich wasserlösliches Pektin als Zwischenstufe nicht merklich an, mit der Aufspaltung des säurelöslichen Pektins nimmt sofort das Gesamtpektin rasch ab[4].

Diese Umwandlungen sind stark temperaturabhängig, und zwar wird der Pektinumsatz in Birnen ungewöhnlich stark durch Senkung der Temperatur unter eine bestimmte Grenze verzögert. Bei 4° bis 12° C ist die Bildung von wasserlöslichem Pektin in Birnen stärker als in Äpfeln. Bei +1° C wird sie in Birnen vollkommen abgestoppt, während sie in Äpfeln noch merklich weiter läuft[5]. Vielleicht hängt damit eng zusammen, daß zwischen 0° und +4° die Haltbarkeit von Birnen viel stärker durch Temperatursenkung um 1° C verlängert wird, als das bei Äpfeln in diesem Temperaturintervall der Fall ist.

Welche Faktoren die Tätigkeit der pektolytischen Enzyme auslösen, ist noch unbekannt. Man kann natürlich eine gemeinsame Bedingung vermuten, die sowohl für die Hydrolyse der Stärke zu Zuckern als auch für die hydrolytische Spaltung der Pektine verantwortlich ist. Es bestehen Anhaltspunkte dafür, daß die Enzyme, die zur Bildung des wasserlöslichen Pektins führen, erst in Tätigkeit treten können, wenn die Acidität des Zellsaftes geringer geworden ist[6]. Bei der Pektinspaltung durch die Enzyme der höheren Pflanzen selbst ebenso wie durch Enzyme von Bakterien und Pilzen, z. B. bei der *Flachsröste*, liegt der im pflanzlichen Stoffwechsel nicht häufige Fall einer extracellulären Enzymtätigkeit vor. Daß der Pektinabbau rasch mit zur Gewebsauflösung und zum Tod der Früchte führt, ist verständlich, da nach Einschmelzen der Mittellamellen die Zellen isoliert werden.

Obwohl verschiedene Faktoren am *Weichwerden* reifender Früchte beteiligt sind, macht man in erster Linie dafür Veränderungen der Pektinbestandteile als *Kittsubstanz* der Zellen verantwortlich. Als maßgebend für die Druckfestigkeit

[1] Emmett, A. M.: Ann. of Botany 43, 269 (1929).
[2] Kertesz, Z. I.: Ergeb. Enzymforschg. 5, 233 (1936).
[3] Carré, M. H. u. A. S. Horne: Ann. of Botany 41, 193 (1927).
[4] Paech, K.: Landw. Jahrb. 85, H. 5 (1938).
[5] Emmett, A. M : Rep Food Invest. Board 1925/26, 48.
[6] Carré, M. H.: Ann. of Botany 39, 811 (1925).

des Fruchtfleisches (bestimmt durch das Gewicht, das zum Einpressen eines Stempels in das Fruchtfleisch erforderlich ist) muß der Gehalt an säurelöslichem Pektin angesehen werden[1]. Auch feinere Veränderungen des Weichwerdens lassen sich daran ablesen. Die durchschnittliche Druckfestigkeit von Birnen sowohl bei 4,5° als auch bei 10° und 21° nimmt gar nicht kontinuierlich ab, sondern zeigt nach kürzerer Lagerung nochmals eine vorübergehende Verfestigung an[2]. Ganz analog findet man bei Birnen (allerdings einer anderen Sorte), daß das säurelösliche Pektin vorübergehend nicht absinkt, sondern wieder zunimmt, um erst später endgültig abzufallen[3]. Wenn man angesichts dieser direkten Zusammenhänge zwischen der Menge an säurelöslichem Pektin und der Druckfestigkeit rückwärts aus Härtebestimmungen an Birnen auf den Pektinumsatz schließen darf, so findet man einen bemerkenswerten Einfluß der *Gaslagerung* auf den Abbau des säurelöslichen zu wasserlöslichem Pektin: dieser wird praktisch vollkommen aufgehalten, solange die Früchte sich in der künstlichen Atmosphäre befinden.

Eine Erweiterung der Bestimmung der Festigkeitseigenschaften von Fruchtgewebe, die sich anfänglich nur auf das Gewicht, das zum Einpressen eines Stempels erforderlich ist (Penetrometer), stützte, wurde durch die Messung der Scherfestigkeit erzielt[4]. Die Druckfestigkeit, die als die Kraft bestimmt wird, die nötig ist, einen kleinen Zylinder des Gewebes zusammenzupressen, sinkt im lebenden Gewebe während der Reifung ungefähr im gleichen Maße ab wie die Scherfestigkeit, so daß das Verhältnis zueinander bei Birnen und Äpfeln vom unreifen bis zum eßreifen Zustand ungefähr konstant bleibt und sich im Bereich von 0,45 bis 0,60 (Scherfestigkeit: Druckfestigkeit) bewegt. Besonders aufschlußreich ist aber das Verhältnis der Scherfestigkeit lebender (s_l) und abgetöteter (s_t) Gewebe zueinander. Im unreifen Obst ist s_t:s_l ungefähr 1. Noch vor bemerkenswerten Änderungen der Grundfarbe bei Birnen sinken die Werte sowohl für s_t als auch für s_l ab, und zwar die ersten stärker als die zuletzt genannten, so daß auch der Wert für das Verhältnis rasch abnimmt. Im Zustand der Eßreife erreicht der Quotient Werte zwischen 0,2 und 0,1. Bei Äpfeln fällt der Wert des Verhältnisses auch bei der Eßreife nie soweit ab wie bei Birnen.

5. Die Abgabe flüchtiger Substanzen außer CO₂ und die Äthylenwirkung.

Zunächst machte die Praxis die Erfahrung, daß von lagernden Früchten, Äpfeln und Birnen bestimmter Sorten, offenbar flüchtige toxische Stoffe abgegeben werden, denn gewisse physiologische Schäden der Schale von Äpfeln und Birnen (*scald*) konnten durch gute Durchlüftung der Obststapel verhindert werden. Weiterhin wurde man darauf aufmerksam, daß frühreifende Äpfelsorten, die dicht mit spätreifenden zusammengelagert wurden, diese zu beschleunigter Reife anregten. Kartoffelknollen, die sich mit reifenden Äpfeln im gleichen Behälter befinden, treiben nur zögernd aus und entwickeln beim Austreiben anomal gestaltete Triebe. Auch an Keimlingen bringt *Äpfelluft*, d. h. Luft, die über reifende Äpfel gestrichen ist, krankhafte Veränderungen hervor. Mit Hilfe dieser sehr empfindlichen biologischen Nachweismethode gelang es zu zeigen, daß die Ausscheidung dieses toxischen Stoffes nicht gleichmäßig während der ganzen Reifezeit stattfindet, sondern daß eine besonders intensive Produktion gerade zur Zeit des Anstieges der Atmung zu beobachten ist. Die Luft, die über reifende Äpfel gestrichen ist, regt andere unreife Äpfel, die sich noch vor dem

[1] PAECH, K.: Forschungsdienst **8**, 233 (1939).
[2] KIDD, F. u. C. WEST: Rep. Food Invest. Board 1936, 113.
[3] EMMETT, A. M.: Ann. of Botany **43**, 269 (1929).
[4] KRUMBHOLZ. G. u. N. WOLODKEWITSCH: Landw. Jahrb. **88**. H. 6 (1939).

climacteric rise befinden, zum sofortigen Einsetzen der gesteigerten Atmung an, die dann den normalen Verlauf wie bei allen reifenden Äpfeln nimmt. Auch unreife Bananen stimuliert die *Apfelluft* zum sofortigen Beginn des Atmungsanstieges. Andererseits bringt Luft, die über *reife* Bananen, Birnen, Pfirsiche oder Tomaten gestrichen ist, bei unreifen Äpfeln denselben Effekt des Atmungsanstieges hervor[1]. Die Ausscheidungen von reifen Trauben, ausgefärbten Orangen und Blättern nach der herbstlichen Verfärbung wirken jedoch nicht auf die Apfelatmung ein. Da man vorher schon Äthylen zur Beschleunigung der Nachreife z. B. von Bananen und Citronen in der Praxis anwandte und auch die Wirkung von Äthylen auf die Atmung kannte, suchte man in den Aushauchungen reifender Früchte nach diesem Gas und fand es auch nach Absorption in Bromwasser[2]. Der quantitative Verlauf der Äthylenabscheidung wurde bei Bananen verfolgt. Ein Apfel gibt während seines ganzen Lebens schätzungsweise ungefähr 1 ccm reines Äthylen ab, das ist etwas mehr als 1 mg [3].

Obwohl die Äthylenausscheidung während des Atmungsanstieges am intensivsten ist, hauchen doch auch schon ziemlich unreife Früchte Äthylen aus, so daß dieses Gas als Autostimulans bei jeder individuellen Frucht wirkt. Wenn eine große Anzahl von Früchten im gleichen Raum oder Behälter lagern, so werden alle in dem Augenblick mit dem klimakterischen Atmungsanstieg einsetzen, in dem eine von ihnen mit der Ausscheidung von Äthylen beginnt. Während diese eine *natürliche* Stimulation erleidet, werden die übrigen *künstlich* zur Reife angeregt. Diese Synchronisierung einer ganzen Population von Früchten, die voneinander getrennt mit ganz verschiedener Geschwindigkeit ihre Altersphasen durchlaufen würden, findet tatsächlich statt[4]. Diese Einwirkung auf andere Früchte wird durch tiefe Lagertemperaturen nicht verhindert.

Außer dem Atmungsanstieg werden auch andere normale Reifevorgänge (Chlorophyllabbau, Stärkehydrolyse, Zuckeransammlung) durch Äthylen eingeleitet, so daß sich die *künstlich* gereiften Früchte in ihrer Qualität von natürlich gereiften nicht unterschieden. Auf die Atmung von Äpfeln in Gaslagerung (8% CO_2, 13% O_2, 79% N_2) hat Äthylen in Konzentrationen von 0,05 bis 0,002% nur einen sehr geringen Einfluß[5]. Die Reifegeschwindigkeit ausgewachsener Tomaten wird durch Äthylen (in Konzentrationen 1:400 und 1:650 der Atmosphäre beigemischt) höchstens unbedeutend wenn überhaupt erhöht, so daß für die Nachreifung von unreif geernteten Tomaten die Anwendung von Äthylen sich nicht lohnt[6].

Über die genauen Angriffspunkte des Äthylens in der Zelle sind wir nur unvollständig unterrichtet. Äthylen erhöht die Permeabilität und erhöht direkt oder indirekt enzymatisch-hydrolytische Prozesse[7]. Bei Apfelsinen und anderen Früchten wird durch Begasung mit Äthylen ebenso wie beim normalen Reifen das Verhältnis von synthetisierender Wirkung des Zuckerumsatzes zu hydrolytischer verschoben[8].

Eine genauere Analyse hat die Äthylenwirkung auf die Atmung von

---

[1] Kidd, F. u. C. West: Rep. Food Invest. Board 1933, 51.

[2] Gane, R.: Journ. Pomol. a. Hort. Sci. London **13**, 351 (1935). — Niederl, J. B. u. Mitarb.: Americ. Journ. of Botany **25**, 357 (1938).

[3] Denny, F. E. u. L. P. Miller: Contrib. Boyce Thomps. Inst. **7**, 97 (1935).

[4] Kidd, F. u. C. West: Rep. Food Invest. Board 1933, 51.

[5] Griffiths, D. G. u. N. Potter: J. Hort. Sci. **26**, 1 (1950).

[6] Fidler, J. C. u. J. R. H. Nash-Wortham: J. Hort. Sci. **25**, 181 (1949) u. **26**, 43 (1950).

[7] Nord, F. F.: Erg. Enzymforschg. **1**, 76 (1932).

[8] Kurssanov. A.: Biochimiia **3**. 201 (1938).

Kartoffeln erfahren[1]. Bei stärkehaltigen Kartoffeln führt Äthylenbegasung einen sehr raschen Anstieg der CO_2-Ausscheidung herbei, dem dann ein langsames Abfallen folgt. Bei süßen, also zuckerreichen Kartoffeln bleibt dieser Effekt aus. Bei Kartoffeln, welche nach längerer Lagerung bei $+1°$ Zucker angereichert haben, ist auch nach dem Aufwärmen auf $15°$ keine Äthylenwirkung zu erzielen, aber im selben Maße, wie der Zucker verschwindet, nimmt die Atmungsanregung durch Äthylen zu. Danach scheint die Hauptwirkung des Äthylens in der Zelle die Intensivierung der Stärkespaltung zu sein, wenn auch eine unmittelbare Atmungsanregung zusätzlich erfolgen kann.

Über die Herkunft des Äthylens im Stoffwechsel ist noch nichts Sicheres bekannt. Die bisher geäußerten Vermutungen sehen Alanin, Acetaldehyd, Maleinsäure oder Fumarsäure als die Muttersubstanz des Äthylens an.

Eine ausführliche Literaturübersicht über die Rolle von Äthylen bei der Lagerung von Früchten findet sich bei PORRITT[2].

II. Die Kälteresistenz und der Kältetod von Pflanzen[3].

Die Lebenstätigkeit pflanzlicher Organismen ist auf ein Temperaturintervall beschränkt, das im ganzen gesehen als ziemlich weit erscheinen könnte, nämlich von etwa $+60°$ bis $-40°$ C. Die Grenzen jedoch, innerhalb deren eine bestimmte Pflanzenart ihre normale Lebenstätigkeit aufrecht erhalten kann, sind wesentlich enger gezogen; sie sind in der Hauptsache durch die Erbanlage fixiert, können aber in einem engen Spielraum durch Anpassung etwas verschoben werden. Bei starken Abweichungen von diesen für die einzelnen Pflanzen *normalen* Temperaturen nach oben oder unten geht die betreffende Pflanze zugrunde, selbst wenn dabei die Grenzen, in denen pflanzliches Leben überhaupt möglich ist, noch nicht überschritten werden. Es gibt also nicht *eine* bestimmte Kältegrenze für die Pflanzen, sondern eine mehr oder weniger hohe Resistenz gegen tiefe Temperaturen. Die eigentliche Frostresistenz ist ein Merkmal der einzelnen Zelle und beruht auf deren morphologischen und physiologischen Eigenschaften und Strukturen. Die Eigentümlichkeiten frostharter Pflanzen und die Auswirkungen von Maßnahmen, die die Frostresistenz erhöhen sollen, sind lange Zeit nur an chemischen oder kolloidalen Eigenschaften von Preßsäften und Pflanzenextrakten untersucht worden. Wie bei vielen anderen Gelegenheiten gewähren aber die dabei erhaltenen Ergebnisse keine zuverlässigen Einsichten in die wirklichen Grundlagen der Frostresistenz, an der der *lebende* Zustand der Zellen entscheidend beteiligt ist, dessen wesentlichen Merkmale verloren gehen, wenn die Zellen zur Gewinnung von Extrakten aufgearbeitet werden. Es ist zu viel Aufmerksamkeit auf die in der Vacuole vorhandenen Substanzen gelenkt worden, während doch das Protoplasma, der lebende Anteil der Zelle, aufs engste mit der Kälteresistenz verknüpft und sogar für sie verantwortlich ist.

Einige Pflanzen sind immer gegen tiefe Temperaturen empfindlich, ausgenommen als Samen. Die oberirdischen Teile von Gurke, Kürbis und Kartoffeln erfrieren bereits, wenn während einer Nacht die Temperatur nur wenig unter den Nullpunkt fällt. Die meisten Pflanzen wenigstens in unseren Klimazonen besitzen zwar eine potentielle Frostresistenz, sind aber tatsächlich nicht kältefest, solange sie sich im aktiven Wachstum befinden. Die Zweige unserer Bäume, die im Winter Temperaturen bis $-30°$ C ohne Schädigung überstehen, würden und werden im

[1] HERKLOTS, G. A. G.: The effect of ethylen on the respiration of plant organisms. Phil. D. Thesis, Cambridge 1928. — HUELIN, F. E.: Rep. Food Invest. Board 1931, 90 u. 1932, 51.
[2] PORRITT S. W.: Sci. Agricult. **31**, 99 (1951). Vgl. auch HALL, W. C.: Bot. Gaz. **113**, 55 (1951).
[3] SCARTH, G. W.: New Phytologist **43**, 1 (1944).

Sommer, in ihrer aktiven Lebensperiode, bei nur wenigen Graden unter Null abgetötet. Die Kälteresistenz muß neben der ererbten Anlage in jedem Falle durch Abhärtung erst erworben werden. Dieser Erwerb der Resistenz geschieht normalerweise durch allmähliche Abkühlung der Pflanzen in der Natur, er kann aber auch einer teilweisen Austrocknung oder anderen Bedingungen folgen, die einfach das aktive Leben einschränken.

Um eine zweckmäßige Terminologie einzuführen, sollte man jede Abtötung durch niedere Temperaturen als *Erfrieren* bezeichnen, wobei das Erfrieren ohne und mit Eisbildung vor sich gehen kann, während das *Gefrieren*, also die Eisbildung in Pflanzenteilen zwar häufig zum Tode führt, aber nicht unbedingt tödlich sein muß. Pflanzen, die Eisbildung ertragen, sind damit allerdings nicht gleichzeitig unempfindlich auch gegen beliebig tiefe Temperaturen. Es ist ja allgemein bekannt, daß Obstbäume, die die Kältegrade normaler Winter unbeschädigt überstehen, in besonders strengen Wintern doch erfrieren.

Die Frage nach den physiologischen Ursachen der Kälteresistenz sind aufs engste mit den Vorstellungen über den Mechanismus des *Kältetodes* verknüpft. Die verschiedenen Ansichten darüber können in der Hauptsache in 3 Kategorien zusammengefaßt werden. 1. Der Wasserentzug durch Gefrieren konzentriert die im Zellsaft gelösten Salze und Säuren so stark, daß die hohen Konzentrationen die Plasmaeiweiße ausflocken und denaturieren. 2. Der Entzug von Wasser unter einen kritischen Betrag und der durch die Eiskristalle auf das Plasma ausgeübte Druck kann letal sein. 3. Der Wasserentzug und die Eisbildung verursachen eine Störung des normalen Plasmagefüges, die nach dem Auftauen nicht reversibel ist.

In vielen Fällen trifft ohne Zweifel folgende Auffassung das Richtige. „Der Kältetod erfolgt in der Regel durch einen zu starken Wasserentzug beim Gefrieren, wobei nicht nur das frei verfügbare Wasser der Vacuole, sondern auch desjenige, welches mehr oder weniger fest an die Plasmakolloide gebunden ist, großenteils in den kristallisierten Zustand übergeht. Die Plasmakolloide werden also dadurch entwässert. Ist nicht schon hierbei die letale Grenze erreicht worden, so folgt noch der kritische Augenblick des Wiederanfeuchtens beim Auftauen. Geht nämlich dieses sehr rasch vor sich und war das Plasma vorher sehr stark entwässert, so wird eine Überschwemmung des Plasmas mit Wasser die Folge sein und die ursprüngliche Verteilung des Wassers im Plasma sich nicht wieder herstellen können, oder anders gesagt, der micellare Feinbau des Plasmas wird zerstört. Es treten Entmischung und Koagulation ein"[1].

Der genaue Augenblick des Kältetodes läßt sich nicht immer ganz exakt feststellen. Es wurde und wird noch heftig darüber diskutiert. Oft zeigen Verfärbungen des Gewebes und Aromaveränderungen, die auftreten, solange die Pflanzenteile noch gefroren sind, den Tod an. Dies trifft ohne Zweifel zu, wenn die kritische Temperatur wesentlich unterschritten ist. Andererseits gelang es oft durch geschickte Abwandlung der Auftaubedingungen das Abtöten gefrorener Pflanzenorgane zu verhindern. Sehr langsames Auftauen, möglichst in kaltem Wasser wurde empfohlen, und in besonderen Fällen konnte dies tatsächlich das gefrorene Gewebe retten.

Immer wenn Pflanzenteile, die Gefrieren überlebten, untersucht wurden, stellte es sich heraus, daß die Eiskristalle stets zwischen den Zellen, also in den Intercellularen, gebildet worden waren und nie in den Zellen selbst. *Intra*cellulares Gefrieren, d. h. Eisbildung in den Vacuolen der Zellen, ist fast immer tödlich. Gelegentlich ist die Erholung von frostharten Zellen von Kohl beobachtet worden, obwohl Eis in den Zellen vorhanden war. Dann handelte es sich

---

[1] Kessler, W. u. W. Ruhland: Planta (Berlin) **28**, 159 (1938).

aber nur um verschwindend geringe intracellulare Eisbildung. Auch Zellen, die außerordentlich tiefe Temperaturen ertragen können, solange kein Eis gebildet wird, werden tödlich geschädigt, wenn zufällig Eis *in* den Zellen auskristallisiert. Solche Eiskristalle erscheinen meist zunächst im Plasma selbst, sie spießen auf alle Fälle ins Plasma und verursachen dadurch wahrscheinlich Störungen der für den Lebenszustand entscheidenden Feinstruktur des Plasmas.

*Extra*cellulare Eisbildung ist die einzige Art des Gefrierens, die ein Überleben nach Einwirkung tiefer Temperaturen ermöglicht. Wenn die Eiskristalle in den Intercellularen wachsen, wird Wasser aus den Zellen herausgezogen, die allmählich ohne Plasmolyse zusammenfallen. Der Grad der *Austrocknung* und des Schrumpfens der Zellen hängt natürlich von der Temperatur ab, die schließlich erreicht wird.

Unterkühlung, d. h. Senkung der Temperatur unter den Gefrierpunkt einer Lösung oder der pflanzlichen Gewebe ohne Eisbildung, ist in der Natur nichts Ungewöhnliches. Sie ist bis zu 10° und 20° C unter den Gefrierpunkt des Zellsaftes beobachtet worden. Unterkühlung allein verursachte niemals ernsthafte Schäden in den Geweben. Das unterstreicht auch wieder die Bedeutung des Wasserentzuges und der Eisbildung für die Schäden, die durch tiefe Temperaturen entstehen.

Ganz besondere Verhältnisse stellen sich ein, wenn es durch rapiden Wärmeentzug gelingt, das Wasser ohne Kristallisation zum Erstarren also zum Verglasen zu bringen. Dabei besteht dann keine kritische unterste Temperatur, die Zellen überstehen eine Abkühlung bis auf die Temperatur der flüssigen Luft. Die für die Verglasung des Wassers erforderliche rapide Wärmeabführung aus den Zellen ist nur bei einzelligen Organen, z. B. Mikroorganismen, Sporen und Pollenkörnern möglich. Ohne Eisbildung bleiben sie alle, die sonst bei wenigen Grad unter dem Nullpunkt erfrieren würden, auch in flüssiger Luft ungeschädigt, wenn sie so rasch aufgetaut werden, daß auch dabei keine Kristallisation stattfindet[1]. Eine praktische Anwendung dieses Phänomens kann sich für die Lagerung von Pollenkörnern ergeben, die zu Kreuzungsversuchen in der Pflanzenzüchtung gebraucht werden, wenn die beiden zu kreuzenden Arten nicht zur gleichen Zeit blühen. Die Pollenkörner, die normalerweise eine sehr kurze Lebensdauer haben, können in flüssiger Luft ohne Einbuße an Lebensfähigkeit so gut wie beliebig lange aufgehoben werden.

Noch einige andere Besonderheiten des Kältetodes von Pflanzen verdienen hier erwähnt zu werden. Für jeden Typ und Zustand von Zellen gibt es eine *kritische Gefriertemperatur*, die in jedem Falle tödlich ist. Diese kritische Temperatur kann durch Abhärtung gesenkt werden, aber auch damit kann eine gewisse unterste Grenze nicht unterschritten werden. Diese kritische Temperatur eines bestimmten Gewebes ist korreliert mit dessen Fähigkeit, Austrocknung durch andere Mittel als Kälte zu ertragen, d. h. je niedrigere relative Feuchtigkeit und je höheren osmotischen Druck eine gewisse Zellgruppe ohne Schädigung ertragen kann, um so tiefere Temperaturen kann sie überstehen.

Weiterhin ist ein *Zeitfaktor* beim Kältetod beteiligt. Bei und unterhalb der kritischen Temperatur tritt der Kältetod sehr rasch ein, aber es wurde immer wieder beobachtet, daß auch oberhalb dieses kritischen Punktes langsam sich Schäden entwickeln. Von Minuten bis zu einigen Stunden hat diese *ungefährliche* Temperatur im allgemeinen keine Nachwirkungen, aber wenn sie tagelang herrscht, erzeugt sie in zunehmendem Maße Schaden in den pflanzlichen Geweben.

Wenn die Pflanzenzellen oberhalb des kritischen Punktes gefroren und deshalb potentiell ungeschädigt sind, kommt es noch auf den Auftauprozeß an, ob

---

[1] LUYET, B. J.: Biodynamica **1**, 30 (1937), **2**, 48 (1939).

sie das Gefrieren tatsächlich überleben. Das Eis darf nicht rascher geschmolzen werden, als die Kolloide des Plasmas das entstehende Wasser aufnehmen. Bei zu schnellem Auftauen würde das Plasma von Wasser überschwemmt werden, es quillt dann auf, Vacuolen bilden sich im Plasma, und der Zelltod tritt durch Störung des Feinbaues des Protoplasten ein. Ähnliches hat sich gezeigt, wenn ausgetrocknetes Plasma wieder angefeuchtet wird: eine lebensfähige Struktur stellt sich nur dann wieder ein, wenn das Wasser langsam zutritt[1].

Die Erfahrung bestätigt immer wieder, daß der Zuckergehalt und der osmotische Wert der Zellen parallel zur Kälteresistenz laufen. Allerdings kennt diese Regel viele Ausnahmen und vor allem ist der umgekehrte Schluß, daß nämlich Pflanzen mit hohem osmotischen Wert frostresistent sein müßten, keineswegs zutreffend. Interessanterweise hat man aber auf solche Überlegungen aufbauend ein sehr wichtiges Hilfsmittel für die moderne Gefrierkonservierung entwickelt. Zuckerlösungen, die man vor dem Gefrieren den Früchten zusetzt, bewahrt sie vor den schlimmsten Gefrierschäden, ohne allerdings den Zelltod aufhalten zu können[2].

Die entscheidenden Faktoren für die Kälteresistenz der Pflanzen sind jedoch plasmatische. Die anderen (osmotische, erhöhtes P_H) können die protoplasmatischen Grundlagen der Resistenz verstärken, aber sie allein sind unwirksam und können keine Frosthärte verleihen. Es liegen keinerlei Anhaltspunkte dafür vor, daß die Koagulation der Plasmakolloide durch Erhöhung der Zuckerkonzentration oder des P_H merklich verhindert werden könnte, und experimentell erzeugte Änderungen dieser Zellbestandteile konnten niemals Frosthärte hervorbringen. Leider sind unsere Möglichkeiten, den plasmatischen Zustand pflanzlicher Zellen mit treffenden Merkmalen zu beschreiben, noch sehr beschränkt, und wir müssen unsere Vorstellungen meist auf indirekte Beobachtungen und Analogien stützen. Eine auffallende Eigentümlichkeit frostharter Zellen, die an geeigneten Objekten mit einem Blick ins Mikroskop festgestellt werden kann, ist der dickere Plasmabelag verglichen mit nichtresistenten Zellen der gleichen Pflanzenart[3]. Eine übliche Methode, Einblick in den Plasmazustand zu bekommen, ist die Plasmolyse der Zellen, d. h. die Anwendung stärkerer osmotisch wirksamer Lösungen, um den Protoplasten zum Zusammenziehen zu bringen. Plasmolyse bedeutet Wasserentzug auch aus dem Plasma, sie entspricht also einer partiellen Austrocknung. Da die frostharten Zellen meist einen höheren osmotischen Wert aufweisen, schrumpfen sie in der gleichen Konzentration des Plasmolytikums weniger stark als die nichtresistenten Zellen. In diesem Falle erweist sich die Plasmakonsistenz oder Viscosität als größer im Vergleich mit den nichtresistenten Zellen, d. h. das Plasma der nichtresistenten Zellen wird bei einem bestimmten Grad der Entwässerung steifer, und bei einem gewissen Grad der Austrocknung wird diese *Verhärtung* irreversibel. Neben dem direkten Gefriertest ist die Anwendung abgestufter Konzentrationen von plasmolysierenden Lösungen die einwandfreieste Methode, die Kälteresistenz von Pflanzenzellen zu prüfen. Je höhere Konzentrationen des Plasmolytikums vertragen werden, um so frostresistenter sind die betreffenden Zellen. Das Plasma resistenter Zellen ist also gegen hohe Austrocknung widerstandsfähig. Im voll wassergesättigten Zustand ergeben sich meist gar keine nachweisbaren Unterschiede im Plasmazustand resistenter und nichtresistenter Zellen. Erst wenn das Plasma durch Wasserentzug beansprucht wird, und dieser Wasserentzug kann durch tatsächliches Austrocknen, durch

---

[1] Iljin, W. S.: Protoplasma (Berlin) **20**, 105 (1933).
[2] Diehl, H.: Ind. Eng. Chem. **24**, 661 (1932).
[3] Kessler, W. u. W. Ruhland: Planta (Berlin) **28**, 159 (1938). — Levitt J. u. D. Siminovitch: Canad. J. of Res. Sec. C, **18**, 550 (1940).

osmotische Entwässerung oder durch Ausgefrieren von Wasser hervorgerufen werden, erweist sich das frostharte Plasma als beständiger in seiner Struktur. Leider gibt es noch keine zuverlässige Methode, das sog. gebundene Wasser im Plasma zu bestimmen. Alle bisherigen Beobachtungen bezogen sich auf gebundenes Wasser des Preßsaftes und haben sich als nicht entscheidend für die Beurteilung und Aufklärung der Frosthärte erwiesen[1].

Eine Erhöhung der Permeabilität der Protoplasten für Wasser und für andere polare Verbindungen begleitet stets die Frosthärte von Pflanzen. Ohne Zweifel gewährt ein rascher Austritt von Wasser aus den Zellen einen gewissen Schutz gegen intracelluläre Eisbildung, die stets tödlich sein würde. Wenn die Plasmapermeabilität für Wasser niedrig ist, ist die Wahrscheinlichkeit, daß Eis in den Zellen kristallisiert natürlich größer. Je rascher das Wasser die Zellen während der extracellulären Eisbildung verläßt, um so rascher wird der Zellsaft konzentriert, der Gefrierpunkt sinkt und die Gefahr intracellularer Eisbildung wird gebannt.

Es ist nicht ganz korrekt, in diesem Zusammenhang von *dem* Plasma zu sprechen. Aus verschiedenen Mikromanipulationen, die man am Plasma vornehmen kann, muß man entnehmen, daß das Plasma der pflanzlichen Zellen in mehrere Lagen getrennt ist. Ein Oberflächenfilm, das Ectoplasma, das Endoplasma und der Tonoplast bzw. die Vacuolenhaut sind einige roh abgegrenzte Komponenten des Plasmabelages. Die genannten Wirkungen der Dehydratisierung (Austrocknung), nämlich erhöhte Konsistenz und schließlich Koagulation des Protoplasmas, erscheinen zuerst und sind am offensichtlichsten im Ectoplasma, und in dieser Schicht sind wahrscheinlich die Unterschiede zwischen kälteresistenten und nichtresistenten Zellen am größten.

Diese plasmatischen Eigentümlichkeiten der frostresistenten Pflanzen sind zunächst erblich bedingt und somit ein konstitutionelles Merkmal einer bestimmten Pflanzenart oder Rasse. Sie können aber durch Abhärtung, d. h. durch allmähliches Gewöhnen an tiefe Temperaturen, und durch langsame Senkung der Temperatur im Laufe von Wochen und Monaten noch wesentlich gesteigert werden. Wichtig ist diese Möglichkeit vor allem für die Züchtung frostresistenter Getreiderassen. In *gehärteten* Weizenpflanzen fand z. B. bei —25° C noch keine Eisbildung statt, während bei ungehärteten schon bei —10° der Tod nach Kristallbildung eintrat. Kaliumsalze, die die Wasserbindungsfähigkeit des Plasmas steigerten, erhöhen auch die Kälteresistenz. Eine besondere Bedeutung für die Erhaltung der intakten Plasmastruktur bei der Dehydratisierung scheint dem Lipoidgehalt der Zellen zuzukommen. Die Lipoide, z. B. Lecithin, wirken offenbar wie Schutzkolloide, die ein frühzeitiges Ausflocken der Eiweiße verzögern können; dementsprechend sind Pflanzen mit niedrigem Phosphatidgehalt am wenigsten frostresistent. Offenbar wirkt aber die durch günstige Kalium- und Phosphatidversorgung bedingte spezifische Plasmastruktur nicht nur vermöge ihres Widerstandes gegen den Wasserentzug bei der Eisbildung günstig auf die Erhaltung der Zellen bei tiefen Temperaturen, denn auch die normalen Funktionen der Zellen oberhalb des Gefrierpunktes werden durch sie gefördert. Kalium- und Phosphordüngung verhindern in vielen Fällen physiologische Erkrankungen bei Kaltlagertemperaturen[2] (s. u.). Selten und dann in ungeklärten Fällen ist über eine gegensätzliche Wirkung berichtet worden[3].

Sehr wichtig für das Verständnis der Kälteresistenz pflanzlicher Organe und die daran zu knüpfenden Folgerungen für die Lebensmittelfrischhaltung sind

---

[1] Vgl. J. LEVITT: Ann. Rev. Plant Physiol. **2**, 245 (1951). — DEXTER, S. T.: Plant Physiology **9**, 601. 831 (1934).

[2] WILHELM, A. F.: Phytopath. Zeitschr. **8**, 11, 225, 335 (1935).

[3] OUNSWORTH, L. F.: ref. Zeitschr. f. Pflanzenernährung **38**, 268 (1947).

noch die Zusammenhänge zwischen Plasmazustand und Aktivität der Zellen. In der Regel sind Zellen um so weniger anfällig für jedwede Art von Schädigungen, je tiefer sie sich in Ruhe befinden. Ein gutes und leicht anwendbares Kriterium für die Lebensaktivität der Zellen ist, wie oben ausgeführt wurde, die Atmungsintensität. In den Zuständen der Ruhe, des latenten Lebens, fehlt die CO_2-Ausscheidung manchmal völlig. Häufig sind die Ruhestadien durch einen extrem niedrigen Wassergehalt gekennzeichnet. Trockne Samen und Sporen sind Beispiele dafür. Solche Organe können lange Zeiten ungewöhnlich hohe oder tiefe Temperatur ertragen, ohne an ihrer weiteren Lebensfähigkeit Schaden zu nehmen. Diese Verbindung von Ruhezustand und erhöhter Kälteresistenz bedeutet jedoch keine ursächliche Verknüpfung. Alle Korrelationen zwischen einem bestimmten Entwicklungszustand und der Frosthärte scheinen nur auf gemeinsamen physiologischen Merkmalen der Zellen zu beruhen. Die Richtung der zellphysiologischen Veränderungen zu Beginn der Ruheperioden ist analog der bei der Abhärtung der Zellen und deshalb ergibt sich eine gewisse Übereinstimmung im Erfolg. Obgleich aktives Wachstum wenigstens bei den höheren Pflanzen nie mit hoher Kälteresistenz gepaart ist, verträgt sich eine gewisse Kälteresistenz doch auch mit Wachstumsvorgängen, während andererseits echte Ruheperioden oft durchaus nicht von hoher Frostresistenz begleitet sind, wie z. B. in den Kartoffelknollen, Rüben, Sellerieknollen.

Sehr aufschlußreich ist eine Betrachtung der reifenden Früchte unter diesen Gesichtspunkten. Sie enthalten zumeist hohe Zuckerkonzentrationen, d. h. einen ziemlich hohen osmotischen Wert. Das p_H steigt mit fortschreitender Reife meist an und außerdem könnte bei den ziemlich niedrigen Temperaturen im Herbst eine gewisse Abhärtung erwartet werden. Aber trotz dieser scheinbar günstigen Voraussetzungen für eine Frostresistenz erwerben reifende Früchte niemals eine beachtliche Frosthärte. Gegen den Hintergrund der plasmatischen Faktoren betrachtet ist dieses Verhalten jedoch nicht überraschend. Der plasmatische Zustand alternder Pflanzenorgane, zu denen ja reifende Früchte gehören[1], ist dem in frostresistenten Zellen völlig entgegengesetzt. Alle entscheidenden Faktoren, die die Kältewiderstandsfähigkeit erhöhen, fehlen in den alten Zellen. Die während des Reifens und Alterns eintretenden plasmatischen Veränderungen sind denjenigen bei der Abhärtung gegen Kälte gerade entgegengesetzt. Das Plasma alter Zellen ist durch eine hohe Labilität gegen viele Einwirkungen von außen gekennzeichnet.

Für die Frostresistenz ist also nicht nur ein Plasmazustand verantwortlich, der sich selektiv in bestimmten Pflanzen entwickelt hat, welche Frostperioden überdauern müssen, sondern die tatsächliche Resistenz muß erst durch Abhärtung gewonnen werden. Wichtig ist die Beobachtung, daß der für resistente Zellen charakteristische Plasmazustand auch bei trockenresistenten Pflanzen ähnlich vorkommt, so daß eine Abhärtung gegen Trockenheit gleichzeitig auch eine Härtung gegen tiefe Temperaturen mit sich bringt. Die Abhärtung muß sich nach unseren Kenntnissen jedoch auf ganze Pflanzen erstrecken und nicht nur auf abgetrennte Organe wie Obst und Gemüse. Ein Beispiel solcher Abhärtung in der Lebensmittelfrischhaltung stellt der Rosenkohl dar, der den Winter im Freien überdauert. Bei ihm bringt die Aufbewahrung im Kühllager allerdings noch Vorteile für die Erhaltung seines Nährwertes mit sich[2]. Wie außerordentlich schwierig es ist, eine an sich gegebene Frosthärte auf tiefere Temperaturen auszudehnen, zeigen die ungewöhnlichen Bemühungen, die zur Auffindung und Züchtung frostresistenter Getreidearten aufgewendet werden müssen.

---

[1] Paech, K.: Planta (Berlin) **31**, 295 (1940).
[2] Scupin, L.: Vorratspfl. und Lebensmittelforschung **5**, 20 (1942).

Vollkommen sinnlos wäre bei unserer Einsicht in die allgemeinen Funktionen der Pflanzen und die Erkenntnisse über die Grundlagen der Frosthärte, die Züchtung frostresistenter Spargelstangen, junger Erbsen und Bohnen oder auch frostresistenter Früchte zu erstreben. Die genannten und viele andere Gemüsearten, z. B. Spinat, Blumenkohl, Kohlrabi, sind lebhaft wachsende Pflanzenteile, bei denen in der Natur nie hohe Kälteresistenz angetroffen wird. Warum die meisten Obstarten ihrer natürlichen Konstitution wegen nicht frosthart sind, wurde oben bereits erwähnt.

Bei den für die Gefrierkonservierung angewendeten Temperaturen müssen wir also eine prinzipielle Änderung des physiologischen Zustandes der Pflanzenorgane und alle sich daraus ergebenden Folgen in Kauf nehmen: Gefrieren bedeutet bei allen in Betracht kommenden Obst- und Gemüsearten gleichzeitig erfrieren, also abtöten. Dieser Tatsache muß man sich gerade wegen des lebensfrisch anmutenden Aussehens der gefrorenen Ware immer bewußt bleiben.

III. Die Veränderungen beim Gefrieren von Obst und Gemüse.

Bei fortschreitender Temperatursenkung ändert sich sinnlich wahrnehmbar an einem pflanzlichen Organ solange nichts, bis der Gefrierpunkt des Zellsaftes erreicht ist, der für die gebräuchlichen Arten bei —0,5° bis —2,8° C liegt (vgl. Tab. 6, S. 245). Die Gefrierpunkte können nicht aus der chemischen Zusammensetzung der Zellen errechnet werden, sondern müssen empirisch bestimmt werden. Sie liegen für eine bestimmte Obst- oder Gemüseart durchaus nicht fest, sondern ändern sich mit der Sorte und den Wachstumsbedingungen. Beim Gefrieren lebender pflanzlicher Gewebe ergibt sich insofern eine Besonderheit, als der Gefrierpunkt des lebenden Gewebes gewöhnlich tiefer gefunden wird als derjenige des toten Gewebes oder des Preßsaftes[1], für Kartoffelknollen sind Werte von —0,98° bzw. —0,55°, für rote Rüben —2,15° bzw. —1,25° angegeben worden. Eine befriedigende Erklärung für dieses Verhalten läßt sich bis jetzt noch nicht geben[2].

In seltenen Fällen hat man Unterkühlungserscheinungen auch bei der Frischhaltung von Obst und Gemüse im Kaltlager beobachtet, jedoch nicht bei der Gefrierkonservierung, wo die Temperatur soweit gesenkt wird, daß die Wahrscheinlichkeit von Unterkühlungen überhaupt sehr gering wird. Aber bei der Kaltlagerung von Zwiebeln, die dicht am oder sogar unter dem Gefrierpunkt des Zellsaftes stattfindet (—2,5° C), gefriert manchmal ein Teil des Wassers erst während der Lagerzeit aus[3].

Je tiefer die Temperatur sinkt, um so mehr Wasser friert aus. Die gefrorenen Früchte und anderen Pflanzenorgane sind bei —5° C noch plastisch, während sie bei —20° bis —25° C wegen der viel reichlicheren Eisbildung steinhart werden. Der letzte Rest des eingedickten Zellsaftes gefriert bei den in der Praxis angewendeten Temperaturen nie. Er würde erst bei einer sehr viel tieferen Temperatur, dem eutektischen Punkt der betreffenden Lösung bzw. des Pflanzensaftes, erstarren. Über die Mengen des bei verschiedenen Temperaturen aus pflanzlichen Lebensmitteln ausgefrorenen Wassers liegen erst seit jüngster Zeit einige experimentelle Untersuchungen vor[4]. Für Gemüse- und Obstsäfte läßt sich bei Kenntnis

---

[1] MÜLLER-THURGAU, H.: Landw. Jahrb. **15**, 453 (1886). — MAXIMOV, N. A.: Jahrb. wiss. Bot. **53**, 327 (1914). — LUYET, B. J. u. P. M. GEHENIO: Biodynamica **1**, (30) (193 7); **2**, (48) (1939) — WALTER, H. und O. WEISSMANN: Jahrb. wiss. Bot. **82**, 273 (1935).

[2] CRAFTS, A. S., H. B. CURRIER u. C. R. STOCKING: Water in the Physiology of Plants. Waltham USA. 1949.

[3] PERLICK, A.: Zeitschr. f. d. ges. Kälteindustr. **44**, 234 (1937).

[4] RIEDEL, L.: Kältetechnik **2**, 195 (1949).

des Brechungsvermögens der Säfte im Bereich bis zu —30° C der jeweils ausgefrorene Wasseranteil berechnen. Für die in einigen Obstsaftarten ausgefrorenen Wassermengen gibt die folgende Tab. 20 Anhaltspunkte. Bei tieferen Temperaturen nähern sich die Werte für die verschiedenen Obst- und Gemüsearten einander immer mehr an. Bei Zugabe von Zucker- oder Salzlösung vor dem Gefrieren ändern sich die Verhältnisse zwar graduell etwas, aber nicht prinzipiell.

Tabelle 20. *Wasseranteile, die bei den betreffenden Temperaturen ausgefroren sind, in Prozent des Gesamtwassergehaltes des Obstsaftes (nach* RIEDEL*).*

	—10° C	—20° C	—30° C
Erdbeeren.....	90	95	97
Äpfel, Pfirsiche ..	83	92	95
Süßkirschen.....	70	86	92

Das Absterben der Zellen, das den Anlaß zu den meisten *chemischen* Veränderungen der Ware während des Einfrierens, Lagerns und Auftauens bildet, scheint alsbald nach der Eisbildung einzusetzen, obwohl darüber für Obst und Gemüse noch keine besonderen Untersuchungen vorliegen (s. o.). Wenn das Einfrieren sich in Ausnahmefällen über Tage erstreckt, wie z. B. bei der Herstellung von Gefrierpülpen in großen Fässern, so besteht die Möglichkeit zu mannigfachen chemischen Umsetzungen. Nach Abschluß des Sauerstoffes setzt in den Zellen intramolekulare Atmung mit Bildung von Alkohol ein. Bei sehr unvorsichtiger Handhabung, d. h. bei sehr langsamem Einfrieren, kann sich auf diese Weise wohl ein vergorener Geschmack entwickeln.

Durch den praktischen Erfolg verführt ist man geneigt anzunehmen, daß bei den kurzen Gefrierzeiten von 2 bis 3 Stunden, die für die meisten in Kleinpackungen verpackten Obst- und Gemüsearten benötigt werden, überhaupt keine Veränderungen chemischer Art auftreten können, und man hält eine noch weitergehende Steigerung der Gefriergeschwindigkeit aus chemischen Rücksichten für unnötig. Bei vorgebrühter (blanchierter) Ware, in der die Enzyme inaktiviert worden sind, liegen die Verhältnisse tatsächlich so günstig. Hingegen ist bei frischem Obst und Gemüse damit zu rechnen, daß unmittelbar an die letale Schädigung der Zellen anschließend trotz der niederen Temperaturen bemerkenswerte chemische Umsetzungen stattfinden. In erster Linie sind oxydative Vorgänge daran beteiligt.

Durch bloßes Einfrieren, das im günstigsten Falle 15 bis 20 Min. dauerte, sank z. B. die Menge der reduzierenden Substanzen (Vitamin C) in frischen Bohnen um 20 bis 40% und in Spinat um 15 bis 20% ab[1]. Der für diese Oxydationen erforderliche Sauerstoff wird der in den Intercellularen eingeschlossenen Luft entnommen. Vertreibung dieses Sauerstoffes, sei es durch bloßes Evakuieren oder durch anschließendes Infiltrieren eines inerten Gases, z. B. Stickstoff, sei es durch Übergießen mit Zuckerlösung und Ziehenlassen, währenddessen der Intercellularensauerstoff veratmet wird, verhindern solche oxydativen Veränderungen beim Abtöten der Zellen völlig. Außer dem Verlust von Vitamin C, das bei Anwesenheit aktiver Ascorbinsäureoxydase besonders sauerstoffempfindlich ist, scheint vor allem ein bei Erdbeeren und anderen aromatischen Früchten häufig auftretender charakteristischer Gefriergeschmack auf solchen während des Gefrierens ablaufenden Umsetzungen zu beruhen, wenn auch das Auftauen die Veränderungen noch verstärkt. Es ist im allgemeinen recht schwierig, zwischen den durch das bloße Gefrieren und den durch die Gefrierlagerung und das Auftauen verursachten chemischen Veränderungen zu unterscheiden. In der Regel ist es so, daß die während des Einfrierens und Lagerns begonnenen Prozesse beim Auftauen beschleunigt ablaufen. Die chemischen Umwandlungen, die in

---

[1] PAECH, K.: Forschungsdienst **7**, 391 (1939).

gefrorener Ware stattfinden, sind keine physiologischen Vorgänge, lebende Zellen sind daran nicht mehr beteiligt. Es handelt sich um postmortale Veränderungen, die den Gesetzen der Biochemie folgen, d. h. um chemische Umsetzungen an Substanzen organischer Herkunft, für die aber nicht mehr die Gesetzmäßigkeiten der Einheit der lebenden Zelle Gültigkeit haben. Ihre Beherrschung kann deshalb auch mit ganz anderen Mitteln als bei lebendem, frischem Obst und Gemüse angestrebt werden. Natürlich wirkt sich die biologische Herkunft auch bei dem späteren Verhalten noch aus, und hier sind die Ansatzpunkte gegeben, um durch zielbewußte Züchtung von Obst- und Gemüsearten ein für die Gefrierkonservierung besonders geeignetes Rohmaterial zu erzielen.

Eine recht empfindliche Schwierigkeit, die solche systematischen Züchtungsabsichten[1] im Wege steht, ist die Tatsache, daß wir nicht die von einem guten Gefriergut geforderten Zell- und Gewebeeigenschaften in leicht meßbaren Größen angeben können, nach denen aus den großen Mengen der zur Auslese anfallenden Rassen die geeigneten ausgewählt werden können. Man muß sich bisher auf Tests verlassen, die so gut wie möglich die Anforderungen, die das Gefrieren stellt, nachahmen. Um grob und in erster Annäherung abschätzen zu können, ob eine noch nicht erprobte Sorte oder Provenienz von Obst sich für die Gefrierkonservierung eignet oder nicht, kann man eine Probe davon einfrieren und unmittelbar anschließend wieder auftauen und verkosten (abgekürzte Gefrierprobe). Wenn diese Probe unbefriedigend ausfällt, ist die neue Rasse auf alle Fälle ungeeignet. Entspricht das aufgetaute Produkt den Anforderungen, die an erstklassige Ware gestellt werden müssen, so ist bei einer hinreichend tiefen Lagertemperatur, z. B. —20° C, mit einem befriedigenden Produkt meist auch bei längerer Lagerung zu rechnen, obwohl man erst nach entsprechend langer Lagerung sicher sein kann, daß sich nicht doch noch unliebsame Lagerveränderungen einstellen, weil es noch kein Mittel gibt, die möglichen Lagerveränderungen von vornherein abzuschätzen.

In einem speziellen Falle hat in Nordamerika die Suche nach geeigneten Sorten für die Gefrierkonservierung zu einem chemisch eindeutig definierbaren Ergebnis geführt. Die Pfirsichsorte Sunbeam verfügt in ihren Früchten zwar über die oxydierenden Enzyme, die nach Verletzung der Zellen unter Mithilfe des Sauerstoffes bestimmte Zellbestandteile unter Bildung von dunkelgefärbten Verbindungen umwandeln würden, aber diese Zellbestandteile (Polyphenole), die in den normalen Pfirsichsorten vorhanden sind, fehlen dieser neuen Sorte, so daß Druckstellen sich nicht verfärben, eine Eigentümlichkeit, die die Verarbeitung von Pfirsichen zu erstklassigen Gefrierprodukten wesentlich erleichtert, weil sonst eine solche Verfärbung nur durch Einlegen der geschälten Pfirsiche in Säurelösungen (Citronen-, Essig- oder Ascorbinsäure) verhindert werden kann.

IV. Grundlagen der Entstehung und Verhütung von Kaltlagerkrankheiten.

1. Die verschiedenen Kaltlagerkrankheiten.

Die Kaltlagerung von Obst und Gemüse hat in der Praxis begonnen, ehe wissenschaftliche Untersuchungen über deren physiologische Voraussetzungen ausgeführt worden waren. Man sah im Anfang den Gefrierpunkt der Pflanzenteile (s. S. 299) als die unterste Temperaturgrenze an, bei der eine bestimmte Art gelagert werden konnte, und gleichzeitig als die einzige Beschränkung. Wenn durch die Temperatursenkung der normale Lebensablauf etwa wie ein chemischer

---

[1] Vgl. R. v. SENGBUSCH: Der Züchter **15**, H. 4/6 (1943).

Prozeß nur verzögert worden wäre, hätte die Kaltlagerung von Obst und Gemüse nie ein physiologisches Problem geboten. Die Erfahrung lehrte aber sehr nachdrücklich und meist verbunden mit bedeutenden wirtschaftlichen Verlusten, daß viele Obst- und Gemüsearten auch oberhalb ihres Gefrierpunktes ganz merkwürdige Beschädigungen erleiden, die unter der Annahme bloßer Verzögerung des normalen Stoffwechsels nicht zu erwarten gewesen wären. Solche funktionelle Störungen oder physiologische Krankheiten — im Unterschied zu Infektionskrankheiten — sind also nicht die Folge des Gefrierens der Gewebe. Sie entstehen vielmehr, wenn die dafür anfälligen Objekte kürzere oder längere Zeit unter einer von ihren normalen Verhältnissen zu weit entfernten tiefen, aber noch oberhalb des Gefrierpunktes gelegenen Temperatur gehalten werden. Es sind also ausgesprochene Erkältungskrankheiten. Meist werden sie erst offenbar, wenn wenigstens gewisse Gewebe einer Frucht abgestorben sind.

Für die Pflanzenphysiologie waren solche Erkältungen, die besonders bei Früchten aber auch bei Kohl, Sellerie, Bohnen, Spargel usw. vorkommen, keine völlige Überraschung, denn Molisch[1] hatte im Zusammenhang mit seinen Untersuchungen über das Erfrieren der Pflanzen eine ganze Reihe von Pflanzen namhaft gemacht, die meist in wärmeren Klimaten heimisch sind und die nach längerem Aufenthalt bei Temperaturen oberhalb des Gefrierpunktes letal geschädigt werden. Der Verlauf dieser Erkältungen stimmt auch insofern mit den bei Früchten im Kaltlager beobachteten überein, als sie oft erst nach einer längeren Latenzzeit von einigen Tagen bis mehreren Wochen in Erscheinung treten. Über die inneren Ursachen dieser Schäden äußerte Molisch jedoch nur Vermutungen, so daß die Grundlagenforschung für die Kaltlagerung ganz von vorn beginnen mußte.

Zu den einfachsten und harmlosen dieser physiologischen Kälteschäden ist das bekannte Süßwerden der Kartoffeln bei Aufbewahrung unterhalb von $+4°$ bis $+5°$ zu rechnen. Die inneren Ursachen sind ziemlich klar. Durch Abkühlung wird die hydrolytische Tätigkeit der Amylase gesteigert, was typisch für Pflanzen ist, die nicht frostresistent sind. Obwohl die Atmung der tieferen Temperatur entsprechend verzögert sein müßte und auch verzögert ist, erfährt sie doch dadurch eine Förderung, daß erst durch die intensivere Stärkespaltung soviel Atmungsmaterial vorhanden ist, daß die Atmungskapazität voll ausgenutzt wird, was bei der unzureichenden Stärkespaltung bei höheren Temperaturen nicht der Fall ist. Es kommt deshalb dazu, daß einerseits die Hemmung der Atmung unmittelbar durch die Temperatursenkung und andererseits die Förderung durch den reichlichen Zuckeranfall sich zu einer Optimumkurve (s. S. 263) überlagern. Die Atmungsintensität der Kartoffelknolle ist bei $+2,5°$ C höher als sowohl bei $\pm 0°$ und $+4,5°$[2]. Beim Erwärmen auf normale Umgebungstemperaturen ist diese Krankheit heilbar, der Zucker wird z. T. für die Atmung verbraucht, die jetzt ihre volle Kapazität ausnutzt und deshalb viel höher liegt, als vor der Abkühlung, solange noch ein erhöhter Zuckergehalt vorhanden ist. Das hier angesammelte Stoffwechselzwischenprodukt, der Zucker, ist für die Zelle harmlos, deshalb stellen sich keine letalen Schäden ein. Der Verhinderung dieser Krankheit würde alles dienen, was die Amylasetätigkeit bei tiefen Temperaturen verzögerte und dafür sorgte, daß das Verhältnis von Stärkehydrolyse zu Atmungsintensität immer zugunsten der letzten verschoben wird.

Eine andere Gruppe sehr merkwürdiger Erscheinungen, die zwar noch nicht als eigentliche Krankheiten gerechnet werden, ist das Ausbleiben des normalen Reifeverlaufes bei tiefen Lagertemperaturen. Am deutlichsten sichtbar bei Tomaten, die sich unterhalb von $+10°$ C nicht mehr rot ausfärben, sondern gelb

---

[1] Mohlisch, H.: Das Erfrieren der Pflanzen. Jena· Fischer 1897.
[2] Wright, R. C.: Journ. Agricult. Res. 45, 543 (1932).

bleiben, Birnen und Pfirsiche bleiben hart, rübig und ohne Aroma. Alles dies sind Zeichen dafür, daß durch die Temperatursenkung nicht alle Stoffwechsel-prozesse gleichmäßig verzögert werden, sondern daß dadurch eine Verschiebung in den vorher harmonisch miteinander gekoppelten Vorgängen stattfindet und daß dadurch Disharmonien des Stoffwechsels entstehen.

Zur allgemeinen Charakterisierung der Kaltlagerkrankheiten kann folgendes dienen: Sie werden nur unterhalb einer von Art zu Art, ja sogar schon von Sorte zu Sorte verschiedenen Grenztemperatur ausgelöst, sie entwickeln sich allerdings bis zur sichtbaren Schädigung oftmals erst nach Übertragung in höhere Tem-peraturen. Dem sinnlich wahrnehmbaren Ausbruch, der sich in einem Absterben oder wenigstens Degenerieren verschiedener oft sehr eng umschriebener Gewebe-teile äußert, geht eine wochen- bis monatelange Latenzzeit voraus, während der äußerlich nichts Ungewöhnliches an den Organen zu bemerken ist. Bei genauerer Untersuchung des Stoffwechsels oder des physiko-chemischen Zustandes des Plasmas lassen sich auch schon während dieser Zeit Abweichungen feststellen. Bei kurzdauerndem Aufenthalt in der Kälte bleiben keinerlei Schäden nach. Erst nach einer bei den verschiedenen Arten wieder unterschiedlich langen Ein-wirkungszeit fixiert sich der Krankheitsimpuls, ohne daß dabei gleich eine merk-bare Schädigung aufzutreten braucht. Und erst wiederum nach längerem Ablauf des anomalen Stoffwechsels, nach der Latenzzeit, brechen schließlich die Zellen zusammen. Diese Entwicklung bis zum sichtbaren Ausbruch wird häufig durch Überführen in höhere Temperaturen nach dem Auslagern aus dem Kühlraum beschleunigt. Die gebräuchliche Terminologie lehnt sich also nicht streng an die bei menschlichen Krankheiten übliche an, indem bei den Kaltlagerkrankheiten vom Ausbruch erst dann gesprochen wird, wenn es sich schon um unheilbare Schäden handelt. An eine Heilung ist dann, wenn Gewebsteile schon abgestorben sind, nicht mehr zu denken. Die Eingriffe bei der Überwachung dieser Krankheiten müssen also notwendig prophylaktischer Art sein, sie erstreben eine Verhütung solcher physiologischer bzw. funktioneller Krankheiten. Mit Ausnahme der tropischen Früchte, z. B. von Bananen, finden sich bei jeder Obst- und Gemüseart jeweils auch weitgehend oder völlig resistente Sorten gegen physiologische Schäden durch tiefe Lagertemperaturen. Durch Züchtung ließen sich also auch hier vorteilhafte Sorten entwickeln. Im übrigen wirken sich alle möglichen Faktoren der Vorgeschichte der Pflanzen, z. B. Reifegrad, Klima während des Wachstums, Bodenbeschaffenheit u. a. m., verstärkend oder abschwächend auf die Disposition für solche Kaltlagerkrankheiten aus.

Die Benennung der physiologischen Krankheiten stützt sich fast ausschließ-lich auf die äußerliche oder innere Erscheinungsform und nimmt nur selten oder nie Rücksicht auf die tatsächliche Ursache, die ja auch erst in einigen Fällen wirklich aufgeklärt ist. Da die Symptome der Krankheiten in verschiedenen Fällen große Ähnlichkeit bei verschiedenen Ursachen haben, kommen häufig Verwechslungen und Vermengungen vor. Bezeichnungen wie *Braunwerden* oder *Bräunung, Fleckigkeit der Schalen* u. ä. treffen auf die verschiedensten Schäden zu[1].

Da die inneren Ursachen für diese nichtparasitären Krankheiten recht ver-schiedenartig sein können, sollen zunächst einige besser aufgeklärte behandelt und anschließend einige Betrachtungen über die grundsätzlichen Möglichkeiten der Entstehung solcher Schäden vorgebracht werden.

---

[1] PLAGGE, H. H., T. J. MANEY u. B. S. PICKETT: Functional diseases of the apple in storage. Agricultural Exper. Station, Iowa State College of Agriculture. Ames. Bulletin 329, 1935. — OSTERWALDER, A. u. H. KESSLER: Das Auftreten der Fäulnis und nichtparasitären Krankheiten bei der Kühllagerung des Obstes. Wädenswil: Stutz 1934.

Die Rindenbräune (scald) bei Äpfeln, Birnen und Apfelsinen bzw. anderen Citrusfrüchten, macht sich dadurch bemerkbar, daß die Schale fleckenweise braun wird. Im frühesten Stadium sind die unter der Schale liegenden Teile des Fruchtfleisches noch nicht ergriffen. Später sterben auch sie ab. Manchmal ist nach dem Auslagern aus dem Kühlraum noch nichts von der Krankheit zu bemerken, aber schon nach 12 bis 24 Std. Lagerung bei höherer Temperatur zeigen sich die ersten Flecken, die rasch um sich greifen. Von einheimischen Apfelsorten sind dafür besonders anfällig: Boskoop, Osnabrücker Reinette, Transparent von Croncels, weniger Bohnapfel. Für die Auslösung der Krankheit sind flüchtige, fettlösliche Substanzen verantwortlich, die während der Reife zusammen mit der Entwicklung des Aromas von den Früchten gebildet werden. Sichtbar wird die Krankheit aber erst Wochen, ja Monate nach der Induktion durch die genannten, im einzelnen noch nicht bekannten Substanzen. Es entsteht also keine eigentliche Vergiftung, sondern eher eine Umstimmung des Stoffwechsels, dessen tödliche Folgen sich erst bemerkbar machen, wenn die anomalen Vorgänge eine Zeitlang gelaufen sind. Die Maßnahmen zur Verhütung der Rindenbräune müssen unbedingt in den ersten Wochen der Lagerung ergriffen werden, ehe der Impuls sich fixiert hat, wenn auch der letale Ausgang erst viel später offenbar wird. Die Krankheit wird verhindert, indem man die gefährlichen Stoffe rechtzeitig entfernt. Das geschieht in der Praxis dadurch, daß man die anfälligen Sorten (Äpfel und Orangen) in ein ölgetränktes Papier einwickelt, das die flüchtigen Stoffe begieriger absorbiert als die Fruchtschale. Man könnte die toxischen Substanzen auch dadurch austreiben, daß man die Früchte jede 2. oder 4. Woche einmal für 24 Std. dem Kaltlager entnimmt und auf 15° bis 25° aufwärmt.

Die Herzbräune (Brownheart) der Äpfel ist ebenfalls nur indirekt eine Kaltlagerkrankheit. Sie äußert sich durch das Braunwerden also Absterben der innersten unmittelbar an das Kernhaus anschließenden, oft scharf abgegrenzten Gewebspartien zwischen den Hauptleitbündeln. Die äußere Ursache für die Herzbräune ist eine durch mangelhafte Entlüftung oder zu dichte Stapelung hervorgerufene Ansammlung von Kohlensäure im Lagerraum und damit im Inneren des Apfels. Daß dadurch zuerst begrenzte innere Teile der Frucht befallen werden, rührt teils davon her, daß sich in der Frucht eine ansteigende CO_2-Konzentration von der Schale nach dem Innern einstellt, teils daher, daß die betroffenen Partien gegenüber jeder physiologischen Belastung labiler sind, als die übrigen Partien der Frucht. Wären alle Gewebsteile gleichmäßig resistent, so müßte eine mehr diffuse Verteilung der abgestorbenen Zellen erwartet werden. Unter diesem Gesichtspunkt sind einige eigene, nicht veröffentlichte Versuche von Interesse, bei denen äquatoriale Scheiben aus Äpfeln steigenden Chloroformdosen ausgesetzt wurden. Bei gewissen für Herzbräune anfälligen Sorten, z. B. Goldparmäne, sterben schon bei relativ niedrigen Konzentrationen des Narkotikums die in der Nähe des Kernhauses gelegenen Zonen ab, während die übrigen Partien noch ungeschädigt blieben. Bei anderen Sorten, die als resistent gegen die Herzbräune bekannt sind, sterben die Scheiben erst bei höheren Konzentrationen ungefähr gleichmäßig über die ganze Fläche ab. Mit einem solchen Test könnte man vielleicht von vornherein entscheiden, ob eine bestimmte Sorte anfällig gegen höhere CO_2-Konzentrationen ist, was vor allem bei einer Entscheidung für die Eignung zur Gaslagerung wichtig sein muß. Die erhöhte Kohlensäurekonzentration, die zum Auftreten der Herzbräune führt, wirkt offenbar als direktes Zellgift. Das Absterben wird bei dieser Krankheit so rasch hervorgerufen, daß man nicht annehmen kann, daß ein disharmonischer Zellstoffwechsel erst eine Zeitlang laufen muß, ehe die Zelle zusammenbricht. Niedrige Temperaturen erhöhen die Anfälligkeit für Herzbräune. Völliger Mangel an

Sauerstoff (Anaerobiose) ruft nicht die Erscheinung der Herzbräune hervor, obwohl er natürlich bei längerer Dauer auch zum Absterben der Früchte führt. Herzbräune wird durch kräftige Durchlüftung der Lagerräume weitgehend verhindert.

Bestimmte regional begrenzte Schäden an Birnen (Core breakdown) scheinen auch auf einen zu hohen CO_2-Gehalt im Innern zurückzugehen[1].

Die weitaus gefährlichste und verbreitetste Kaltlagerkrankheit bei Äpfeln und anderen Früchten, im Prinzip ähnlicher Art aber auch bei Kohl, ist die Fleischbräune (Internal breakdown, Soggy breakdown). Äußerlich ist auch im fortgeschrittenem Stadium den Früchten oft nichts anzusehen. Das Bräunen erstreckt sich auch hierbei wieder auf deutlich begrenzte Regionen. Zunächst werden dabei aber nicht das Herz, die Partien um das Kernhaus, befallen, sondern die Rindenpartien, wobei eine meist nur wenige Millimeter dicke Schicht unter der Schale am längsten verschont bleibt. Die Krankheit tritt bei den empfindlichsten Äpfelsorten, zu denen von den einheimischen die Goldparmäne und die Goldreinette von Blenheim gehören, schon unterhalb von $+4°$ oder $+5°$ C auf, und zwar um so stärker je tiefer die Temperatur liegt. Häufig geht auch hier eine recht lange Inkubationszeit voraus, während der schon ein krankhafter Stoffwechsel abläuft. Äpfel, die der Fruchtfleischbräune anheimfallen, haben manchmal einen ausgesprochen alkoholischen Geschmack, der schon bemerkbar sein soll, ehe sich irgendwelche anderen sinnlich wahrnehmbaren Symptome zeigen. Eine kurzdauernde Abkühlung der anfälligen Früchte auf die gefährliche Temperatur hat keine Nachwirkung. Der Krankheitsimpuls fixiert sich auch hier erst nach geraumer Zeit. Nach dem Sichtbarwerden der Krankheit und mit ihrem Fortschreiten sammelt sich zunehmend Äthylalkohol und Acetaldehyd an. Es bestehen aber keine Anhaltspunkte dafür, daß diese Substanzen dem Ausbruch der Krankheit vorausgehend anfallen. Dem Einsetzen dieser Gärungsvorgänge in Äpfeln, die in Luft lagern, geht eine plasmatische Desorganisation voraus, die auf verschiedenem Wege zustande gebracht worden sein kann[2]. Als ein frühes Zeichen der Plasmadesorganisation scheint eine erhöhte Permeabilität aufzutreten.

Die Anfälligkeit einer Sorte ist immer dann am höchsten, wenn sich die Früchte in·der Phase des steilen Atmungsanstieges befinden. Vorher und nachher sind die Früchte resistenter. Die Fleischbräune ist also nicht nur eine Funktion der Lagertemperatur, sondern auch abhängig vom Reifegrad beim Einbringen in das Kühlhaus. Mit dem Einsetzen der Fleischbräune steigt die CO_2-Abgabe bedeutend an, wahrscheinlich infolge der oben erwähnten Gärungsvorgänge. Sowohl für die kausale Aufklärung dieser wichtigen Krankheit als auch für die Möglichkeit einer Beurteilung des Lagergutes für die Praxis hat das Studium des gesamten Gaswechsels (Sauerstoffaufnahme und CO_2-Abgabe) die ersten aufschlußreichen Einblicke vermittelt. Beim Vergleich einer für Fleischbräune anfälligen mit einer resistenten Sorte (Osnabrücker Reinette und Goldreinette von Berlepsch), die bei der Einlagerung in $+0,5°$ ungefähr die gleiche Atmungsintensität aufweisen, sinkt bei der resistenten Sorte die Intensität beständig ab, während sie bei der anfälligen zunächst wenig sinkt, um nach längerer Lagerung wieder recht kräftig anzusteigen[3]. Bedeutungsvoller erscheint der Atmungsquotient (RQ), der bei der resistenten Sorte sich knapp unter 1 hält oder gerade 1 wird. Bei der anfälligen Osnabrücker Reinette steigt er schon nach kurzer Lagerung auf Werte zwischen 1,05 und 1,11 Wesentlich ist, daß sich diese Abweichungen im Gasstoffwechsel

---

[1] HARLEY, C. P.: Journ. Agric. Res. **39**, 483 (1929).
[2] THOMAS, M.: Ann. of appl. Biology **18**, 60 (1931).
[3] PAECH, K.: Landw. Jahrb. **88**, H. 6 (1939).

schon deutlich bemerkbar machen, ehe sichtbare Schädigungen durch Fleischbräune aufgetreten sind. Das läßt in dieser Erscheinung nicht nur eine Ursache für das Absterben der Zellen vermuten, sondern macht sie auch für eine Prognose über die geeignete Lagertemperatur jeder Sorte und Provenienz wertvoll. Welche Umstellungen im Stoffwechsel sich hinter diesem veränderten Gasaustausch verbergen, läßt sich zunächst natürlich nicht sagen. Im Stickstoff- und Eiweißumsatz machen sich auch schon vor Ausbruch der Krankheit bestimmte Umsetzungen bemerkbar, die aber nicht eindeutig auf einen notwendig zum Absterben führenden Vorgang hinweisen[1]. Darüber hinaus sind eine große Zahl von Einzeldaten über die verschiedensten Zellinhaltsbestandteile gesammelt worden, die aber über die Entstehung der Krankheit kaum etwas aussagen. Die Anfälligkeit für Fleischbräune, der eine Reihe unserer wertvollsten Handelssorten von Äpfel ausgesetzt sind, z. B. Ontario, Boskoop, Cox Orangenreinette, Gravensteiner, wird oftmals ganz entscheidend auch von den Wachstumsbedingungen der Früchte bestimmt, was ein zuverlässiges Mittel für ihre Prognose um so dringlicher notwendig macht.

Zum Abschluß sei noch eine typische Kaltlagerkrankheit angeführt, die einmal in Südafrika besorgniserregenden Umfang angenommen hat, die *Wolligkeit* der Pfirsiche. Ohne daß von außen eine Veränderung zu bemerken wäre, geht das Fleisch teilweise in einen wolligen, fasrigen Zustand über und enthält keinen Tropfen Saft mehr. Dabei läßt sich kein Gewichtsverlust etwa durch Austrocknen feststellen, sondern das Wasser des Zellsaftes wird offenbar in eine stark gebundene Form übergeführt. Eine zu rasche Abkühlung auf die Lagertemperatur $+1°$ C konnte nicht die unmittelbare Ursache für diese eigenartige Krankheit sein, aber eine Wartezeit zwischen dem Pflücken und dem Einlagern übt einen entscheidenden Einfluß auf diese Wolligkeit aus. Wird innerhalb der ersten 24 Stunden nach dem Ernten abgekühlt, so fallen bis zu zwei Drittel der Früchte der Krankheit anheim. Nach einer Wartezeit von 3 Tagen bei ungefähr $20°$ C ist die Gefahr, daß Wolligkeit auftritt, vollständig gebannt. Die inneren Vorgänge, die zu dieser Krankheit führen, sind noch nicht aufgeklärt. Man verhütet sie, indem man die Pfirsiche vor der Kaltlagerung einige Tage stehen läßt.

Diese vorteilhafte Wirkung einer Vorlagerung vor der Kühlung steht in Beziehung zu der rein empirisch geübten Maßnahme des *Abschwitzens* von Birnen und Äpfeln vor der Kaltlagerung. Allerdings ist die Praxis geteilter Meinung über den Nutzen dieser Maßnahme. Die einen verurteilen sie und schreiben das Ausbrechen der Fleischbräune auf ihr Konto. Die anderen schwören auf sie als auf das sicherste Mittel zur Verhinderung dieser Krankheit. Das Abschwitzen bedeutet nicht ein besonderes Transpirationsphänomen, sondern der Ausdruck bezieht sich wohl auf die Entwicklung des Wachsüberzuges auf Äpfeln und Birnen, der ja erst mit fortgeschrittener Reife auftritt. Beide konträren Auffassungen können ihre Berechtigung haben, wenn man den inneren Zustand der Früchte berücksichtigt. Äpfel sind zur Zeit des klimakterischen Atmungsanstieges am stärksten für Fleischbräune anfällig. Die Wachsausscheidung fällt ungefähr mit dem Atmungsanstieg zusammen. Wenn die Äpfel also zu einem Zeitpunkt vor Einsetzen des *climacteric rise* geerntet werden, bedeutet eine Wartezeit, also das Abschwitzen, den Eintritt in die gefährdete Phase, denn die Erreichung des Atmungsmaximums kann in der Praxis nicht abgeschätzt und abgewartet werden, weil dazu bei herbstlichen Temperaturen immerhin 2 bis 4 Wochen verstreichen würden. Wird das Obst hingegen geerntet, wenn der Anstieg der Atmung schon eingesetzt hat, so reichen 8 bis 14 Tage Abschwitzen aus, um die Früchte über die Periode der stärksten Anfälligkeit hinwegzuführen

---

[1] Hulme, A. C.: Rep. Food Invest. Board 1934, 135.

und die Fleischbräune damit zu verhüten. Über den Zusammenhang der Wolligkeit der Pfirsiche mit der CO_2-Ausscheidung scheinen noch keine Untersuchungen angestellt worden zu sein.

Es soll hier noch auf einige neuere Untersuchungen über das Erfrieren von Pflanzen bei Temperaturen über 0° hingewiesen werden, aus denen sich in verschiedener Hinsicht (zonenweises Absterben der Blätter, längere Latenzzeit) auffällige Parallelen zu dem Verhalten der für Kaltlagerkrankheiten anfälligen Obstsorten ergeben[1]. Solche meist in warmen Gewächshäusern kultivierte Pflanzen ließen sich durch längere Kultur bei kühleren Temperaturen (z. B. $+12°$ C) gegen Temperaturen von $+1°$ bis $+3°$ merklich abhärten. Ein durch die Abkühlung eingeleiteter Eiweißabbau kann nicht die Ursache für das Absterben der Zellen sein. Ähnlich wie bei den zu kalt gelagerten Kartoffeln stellt sich bald ein höherer osmotischer Wert ein, der aber nicht nur durch Zunahme der Zuckerkonzentration, sondern auch durch andere gelöste Stoffe bedingt ist. Tieferen Einblick in mögliche Strukturwandlungen des Plasmas bei Temperaturen oberhalb des Gefrierpunktes gestatten die Beobachtungen über Doppelbrechung, die in Plasmafäden von Zwiebelschuppen bei einer Abkühlung unterhalb von $+2°$ bis $+3°$ in dem sonst anisotropen Plasma auftreten[2]. Diese Doppelbrechungserscheinungen variieren je nach dem Zustand, in welchem sich die Zwiebeln befinden. Außerdem verhalten sich die einzelnen Sorten verschieden, und zwar scheinen sich Unterschiede zwischen mehr und weniger frostresistenten Sorten zu ergeben.

Mit einer indirekten Methode wurden in Früchten selbst Strukturänderungen des Plasmas wahrscheinlich gemacht. Der elektrolytische Widertand nimmt bei Temperatursenkung auch in jedem nichtbelebten System zu. Im lebenden Organismus setzt unterhalb von $+3°$ C, also gerade in dem Gebiet der zunehmenden Kaltlagerschäden, eine auffallend starke Erhöhung des elektrischen Widerstandes ein[3]. (Abb. 59). Wenn daraus auch die Zustandsänderung des Plasmas noch nicht genauer präzisiert werden kann, so ist es doch ein weiteres Zeichen dafür, daß sich in diesem Temperaturbereich bedeutsame Veränderungen der Plasmastruktur abspielen.

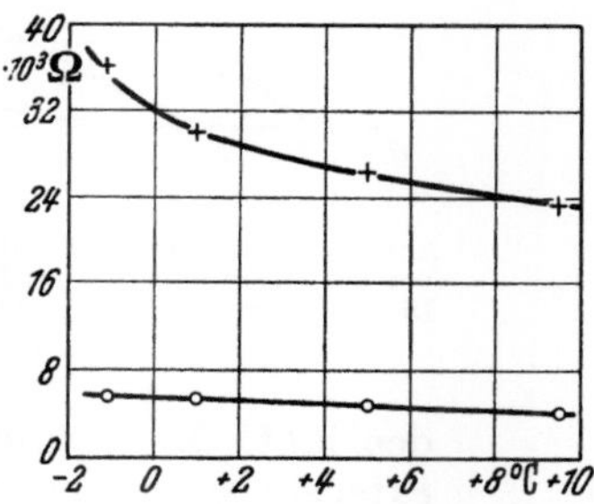

Abb. 59. Erhöhung des elektrolytischen Widerstandes in Äpfeln der Sorte Goldparmane bei Temperatursenkung. Obere Kurve lebendes Gewebe, untere Kurve: totes Gewebe

2. Theoretische Erörterungen über die Entstehung von Kaltlagerschäden.

Es ist nicht verwunderlich, daß bei der Mannigfaltigkeit der Erscheinungsformen, in denen Kaltlagerkrankheiten auftreten können, und bei dem Dunkel, das noch über den physiologischen Ursachen dieser Vorgänge liegt, die Versuche zur einheitlichen und verallgemeinernden Betrachtung selten sind. Neben den in zahlreichen Arbeiten von KIDD und WEST eingestreuten allgemeinen Erörterungen liegen nur zwei ausgebaute Theorien der Kaltlagerkrankheiten von Früchten vor[4]. Sie stützen sich beide auf die sehr eigenartige Temperaturabhängigkeit verschiedener Schädigungen, die erstmals im Kapstadter

---

[1] SPRANGER, E.: Gartenbauwissenschaft **16**, 90 (1941). — SEIBLE, D.: Beitr. Biol. Pfl. **26**, 289 (1939).

[2] ULLRICH, H.: Planta (Berlin) **26**, 311 (1936); Forschungsdienst Sonderheft **16**, 280 (1941).

[3] PAECH, K.: Zeitschr. f. d. ges. Kälteindustrie **44**, 1 (1937).

[4] VAN DER PLANK, J. E. u. REES DAVIES: J. Pomol. a. Hortic. Sci. **15**, 226 (1937). — PLANK, R.: Planta (Berlin) **32**, 364 (1942); **33**, 728 (1943).

Kältelaboratorium genauer festgestellt worden ist. Sowohl das Braunwerden groß-
früchtiger Pflaumen als auch die Wolligkeit von Pfirsichen und Schalenschäden
bei Orangen treten nach relativ kurzer Lagerzeit, z. B. nach 20 bis 30 Tagen,
bei einer mittleren Kühltemperatur stärker auf als bei höheren und tieferen
Temperaturen (Abb. 60). Bei längerer Lagerung greift die Krankheit jedoch so
um sich, daß das Maximum der geschädigten Früchte immer weiter nach der
tieferen Temperatur rückt, bis schließlich das Ausmaß der Schäden durch die
gewohnte S-Kurve mit
dem höchsten Wert bei
der tiefsten Temperatur
auf gezeichnet werden
kann. Mit anderen Wor-
ten: die an sich geringe
Zahl von Früchten, die
bei höheren Tempera-
turen überhaupt ge-
schädigt werden, ent-
wickeln diese Schäden
rascher bis zum Ab-
sterben der Früchte, und
bei längerer Lagerung
tritt bei diesen Tempe-
raturen keine Zunahme
der Schäden mehr hinzu,
während die weitaus grö-
ßere Zahl der bei tiefen
Temperaturen schließ-
lich geschädigten Früch-
te verzögert diese Schä-
digungen offenbar wer-

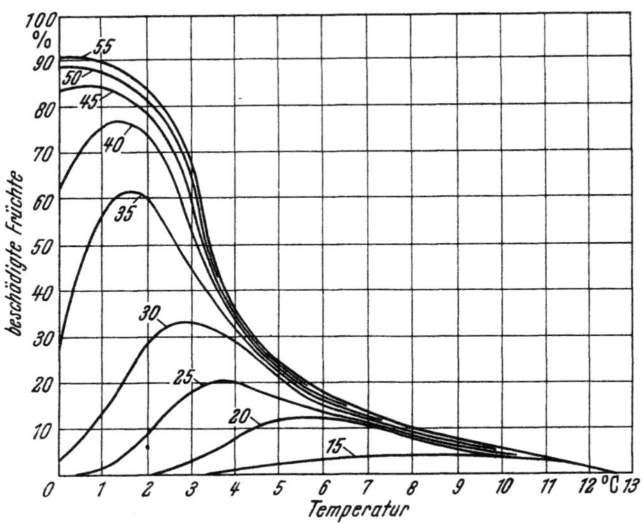

Abb. 60. Auftreten der Schalenfleckigkeit bei Grapefruits in Abhängigkeit
von der Lagertemperatur und Lagerzeit (*van der Plank* und *Rees Davies*).
Die einzelnen Kurven gelten für die eingetragene Anzahl von Tagen
nach Einlagerung.

den läßt. Merkwürdig ist, daß bei den in Amerika, England und Deutschland
extensiv studierten Äpfeln und Birnen keine Hinweise auf eine ähnliche Entwicklung der Kaltlagerkrankheiten gefunden worden sind.

DAVIES und VAN DER PLANK machen zwei wesentlich verschiedene Faktoren
für das Verhalten der obengenannten Früchte verantwortlich. Die primäre
Ursache für die Entstehung der Kaltlagerkrankheiten ist eine durch Temperatur-
senkung bewirkte Verschiebung des Stoffwechselgleichgewichtes. Einer solchen
Disharmonie fallen bei relativ hohen Temperaturen nur wenige Früchte anheim.
Mit fallender Temperatur nimmt die Zahl der anfälligen Früchte gemäß der
Streuung, die bei einer großen Zahl lebender Organismen stets auftritt und die der
Gauß'schen Kurve entspricht, rasch zu, bis bei den tiefsten Lagertemperaturen
nur noch wenige ungeschädigte übrigbleiben. Je tiefer die Temperatur, um so
mehr Früchte fallen am Ende der Krankheit zum Opfer. Dieser *Gleichgewichts-
Faktor*, der also angibt, daß bei fallender Temperatur in immer mehr Früchten
das Stoffwechselgleichgewicht gestört und damit eine zum Absterben führende
Disharmonie geschaffen wird, bedingt das Ausmaß der Schäden nach langer
Lagerzeit, das in der S-Kurve sich ausdrückt. Daß diese Kurve sich nicht schon
in den ersten Tagen der Lagerung entwickelt, liegt daran, daß der gestörte Stoffwechsel erst eine Zeitlang laufen muß, ehe die letale Schädigung zutage tritt.
Diese anomalen Stoffwechselvorgänge laufen aber bei höheren Temperaturen
rascher ab als bei niederen, deshalb werden die Schäden bei höheren Temperaturen
rascher offenbar als bei niederen, so daß nach kurzen Lagerzeiten bei den höheren

Lagertemperaturen mehr Früchte geschädigt erscheinen als bei den niederen, die den Ablauf der schädigenden Stoffwechselvorgänge verzögern. Dieser *kinetische* Faktor ist also für die eigentümliche aber vorübergehende Entwicklung der Kurven mit dem Maximum der Schädigung bei mittleren Lagertemperaturen verantwortlich. Diese Theorie der Kälteschäden gründet sich somit auf zwei biologisch sehr naheliegende Einwirkungen der Temperatursenkung. Auf der einen Seite bewirkt die Temperaturverschiebung nach oben oder nach unten von der normalen Temperatur eine Störung des ausgeglichenen Stoffwechsels, und dies um so stärker je weiter sich die Temperatur von der normalen entfernt. Im Auftreten der Doppelbrechung und der Erhöhung des elektrolytischen Widerstandes haben wir Hinweise auf strukturelle Änderungen des Plasmas kennen gelernt, die solchen Störungen des Stoffwechselgleichgewichts vorausgehen können und unmittelbar durch die Temperatur rein physikalisch verursacht sein können. Auf der anderen Seite verzögert die tiefe Temperatur die pathologischen Stoffwechselvorgänge, so daß eine um so längere Zeit verstreichen muß je tiefer die Temperatur liegt, ehe die Folgen der anomalen Vorgänge zum sichtbaren Absterben bei allen Früchten führen. Nur die empfindlichsten werden rasch geschädigt. Das Fortschreiten der Schädigung ist durch die Streuungsbreite der physiologischen Prozesse und der Empfindlichkeit für den gestörten Stoffwechsel bedingt. Die Kombination der beiden in entgegengesetztem Sinne durch eine Temperatursenkung beeinflußten Faktoren führt zur Ausbildung eines Maximums der Schädigung bei mittleren Temperaturen und kurzer Lagerzeit und zu einer Verschiebung des Maximums der Schäden nach tieferen Temperaturen bei fortdauernder Lagerung. Neben der primären Anfälligkeit, die den Zustand der Früchte beim Einlagern charakterisiert, ist noch mit einer sekundären Anfälligkeit zu rechnen, welche die während der Lagerung fortschreitenden Reife- und Altersvorgänge einbezieht.

In diese Vorstellung können auch die Ergebnisse anderer Kaltlagerversuche einfach und zwanglos eingefügt werden. KIDD und WEST[1] bemerken zwar, daß es für jede theoretische Klärung der Kaltlagerkrankheiten schwierig sein dürfte, eine so lange latente Periode nach dem Einlagern bis zum Ausbruch der Krankheiten einzubeziehen; aber gerade dafür gibt der kinetische Faktor, also die Verzögerung der schädigenden Stoffwechselvorgänge durch tiefe Temperaturen eine sehr plausible Ursache an. Der rasche Ausbruch der Krankheiten bei Auslagerung in höhere Temperaturen geht ebenfalls auf Kosten dieses kinetischen Faktors, wobei offenbar nach einer längeren Einwirkung der tiefen Temperaturen die Stoffwechseldisharmonie sich fixiert hat und nicht reversibel ist trotz Rückführung der Früchte in höhere Temperaturen. Auch dafür gibt es Analoga, z. B. die Fixierung der Keimstimmung durch Kälte bei der sog. Jarowisierung, die auch nur bei kurzer Einwirkung reversibel ist. Im übrigen fügen sich auch speziellere Fälle, wie z. B. die erhöhte Anfälligkeit für Fleischbräune während des Anstiegs der Atmungsintensität, in die theoretische Vorstellung über das Entstehen der Kaltlagerkrankheiten ein. Für die experimentelle Pflanzenphysiologie bleibt allerdings die Aufgabe, nachzuweisen, daß bzw. in welcher Form eine Verschiebung des Stoffwechselgleichgewichtes beim Abkühlen stattfindet und herauszufinden, welcher Art die anomalen Prozesse ·sind, die schließlich zum Absterben der Zellen führen.

Die andere Theorie (R. PLANK) stützt sich auf eine plausible Annahme über die Art des gestörten Stoffwechsels und legt das biochemische Modell von zwei Prozessen zugrunde, von denen der eine ein Zellgift bilden soll, das durch den anderen veratmet wird. Die Geschwindigkeit beider Vorgänge brauchte nun

---

[1] KIDD, F. u. C. WEST: Report Food Invest. Board 1933, 51.

nur verschieden stark temperaturabhängig zu sein, um bei verschiedenen Temperaturen eine verschieden hohe Menge des angenommenen Zellgiftes sich ansammeln zu lassen. Oberhalb einer kritischen Temperatur würde das Zellgift rascher veratmet als gebildet werden, so daß seine Ansammlung unterbleibt. Diese kritische Temperatur mit ihrer Schwankungsbreite entspricht dem Gleichgewichtsfaktor von van der Plank und Rees Davies. Sie bezeichnet für jede Frucht die Temperatur, unterhalb der die normale Ausgeglichenheit des Stoffwechsels, das Stoffwechselgleichgewicht, gestört ist. Der oben eingeführte kinetische Faktor wird in dieser Theorie durch zwei Einzelreaktionen mit verschiedenen Temperaturkoeffizienten (Q_{10}) genauer gefaßt und einer rechnerischen Behandlung durch Annahmen zugängig gemacht, die durch die Erfahrungen mit biologischen Vorgängen durchaus bestätigt werden. Bei Kenntnis der beiden Temperaturkoeffizienten, der kritischen Temperatur, deren Schwankungsbreite in einem Stapel von Früchten und einem Grenzwert des in den Früchten angesammelten Stoffes, bei dem die Erkrankung sich manifestiert, würde sich das Verhalten jeder Frucht gegenüber von Kaltlagerkrankheiten berechnen lassen. Auch hierbei bleibt für die experimentelle Forschung zunächst nachzuweisen, ob sich überhaupt ein Giftstoff ansammelt und ob die Vorgänge, die zu seiner Bildung und seinem Verbrauch führen können, den angenommenen Gesetzmäßigkeiten unterliegen. Daß Stoffwechselprozesse während des Atmungsanstieges in Birnen einer verschieden starken Hemmung bei Temperatursenkung unterliegen müssen, geht aus den in Tab. 14 (s. S. 282) zusammengestellten Daten hervor.

Bei solchen verallgemeinernden Betrachtungen wird besonders deutlich, wie wenig wir über das stoffwechselphysiologische Geschehen in reifenden und lagernden Früchten wissen und wie sehr es not tut, daß sich die experimentelle Forschung auch anderen Partnern des Stoffwechsels als dem Kohlendioxyd, Sauerstoff und den Zuckern zuwendet. Die theoretischen Vorstellungen über die Entstehung von Kaltlagerkrankheiten, die sich bis jetzt nur auf Annahmen und Analogien stützen können, stellen für die experimentelle Arbeit, die allein etwas über den wahren Sachverhalt ermitteln kann, wenigstens brauchbare Arbeitshypothesen dar.

Biologische Grundlagen der Frischhaltung tierischer Lebensmittel.

Von Prof. Dr. **Gerolf Steiner.**
Zoologisches Institut der Universität Heidelberg

Mit 58 Abbildungen.

Einleitung.

Lebensmittel tierischer Herkunft werden in den seltensten Fällen lebend gelagert, aber bei den in totem Zustand gelagerten gibt es Erscheinungen und Vorgänge, die nur richtig verstanden werden, wenn man sie als Teilfunktionen des erloschenen Lebens betrachtet. Deshalb ist hier eine kurze tierphysiologische Abhandlung am Platze.

Daß auch die systematischen und — ganz allgemein — die morphologischen Gegebenheiten in einer, auf den ersten Blick breiten, Weise gebracht werden, geschieht deswegen, weil der Nicht-Biologe von der ungeheuren Vielfalt der Erscheinungen an und in tierischen Organismen meist nur eine sehr unvollkommene Vorstellung haben kann und deshalb u. U. zu voreiligen Verallgemeinerungen geneigt ist, die aber gerade bei Gegenständen der Biologie besonders leicht irreführen.

Die Darstellung ist trotzdem so knapp gehalten, daß gewisse Vereinfachungen und Schematisierungen nicht umgangen werden konnten. Sie beschränkt sich außerdem durchaus auf die allgemeinen Grundlagen, mit dem Zweck, von hier aus die in der Praxis angewandten oder anzuwendenden verfahrenstechnischen Spezialfälle dem Verständnis näher zu bringen. Diese Spezialfälle jedoch sind nicht mehr Gegenstand unserer Betrachtung; für sie sind in diesem Handbuch besondere Beiträge vorgesehen (s. Bd. X). Die Literaturangaben beschränken sich auf solche Arbeiten und zusammenfassende Darstellungen, welche für den, der tiefer in die angeschnittenen Fragen eindringen will, unmittelbaren Nutzen bieten.

A. Der Aufbau des Tierkörpers.
I. Die Zelle.[1]

Der Körper der Tiere ist aus Zellen aufgebaut, d. h. aus lebenden Einheiten, die meist deutlich durch eine Membran gegeneinander und von der Außenwelt abgegrenzt sind. Jede dauernd lebensfähige, tierische Zelle hat einen Kern, der in dem die übrige Zelle erfüllenden Protoplasma liegt.

Das *Protoplasma* ist ein kompliziertes Gemisch aus anorganischen und organischen Stoffen, die in Wasser dispergiert sind bzw. sich so verhalten, als ob ein großer Teil von ihnen ionendispers oder kolloiddispers in Wasser dispergiert

---

[1] GEITLER, L.: Grundriß der Cytologie. Berlin: Bornträger 1934.

wäre. Unter den organischen Stoffen spielen Eiweiße und Lipoide die Hauptrolle. Die Konsistenz des Protoplasmas ist die eines mehr oder minder leimartig flüssigen oder gallertartig erstarrten Kolloids, dessen komplizierte *Feinstruktur* für den Ablauf der Lebensvorgänge von größter Bedeutung ist (vgl. S. 343ff). *Der Zellkern*, der durch eine Kernmembran vom Protoplasma abgegrenzt ist, enthält als für ihn bezeichnende Bestandteile die Nucleoproteide. Er kann durch bestimmte in der mikroskopischen Technik angewandte Farbstoffe stark und vom Protoplasma deutlich verschieden angefärbt werden.

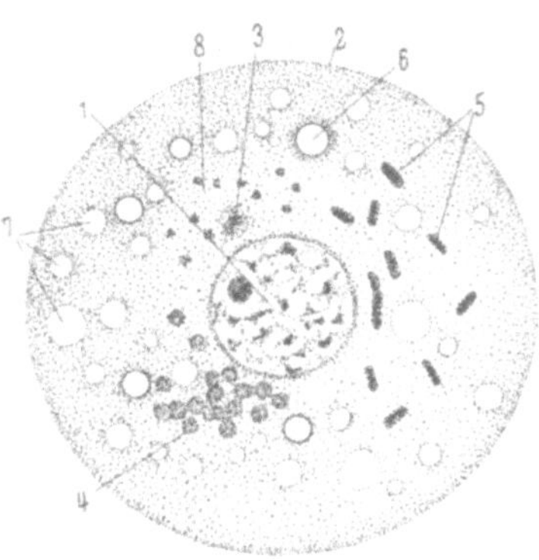

Abb. 61. Schema einer tierischen Zelle: *1* Kern; *2* Zellmembran; *3* Cytocentrum; *4* Lipochondrien; *5* Mitochondrien; *6* Fetttröpfchen; *7* Vacuolen; *8* Granulen. Der Raum zwischen den genannten Differenzierungen ist vom Grundcytoplasma ausgefüllt. (Verändert nach *Kühn*[1].)

Außer dem Kern kommen an mikroskopisch sichtbaren Einzelheiten noch folgende vor: Das *Zentralkörperchen* (Abb. 61), das auch als *Cytocentrum* oder *Centriol* bezeichnet wird, es spielt bei der Zellteilung eine wichtige Rolle; die *Lipochondrien*, die zum *Golgi'schen Binnenapparat* zusammentreten können und enge Beziehung zur Sekretbildung (Drüsenabscheidung) haben; die *Mitochondrien*, die eine noch nicht ganz geklärte Bedeutung für den Stoffwechsel haben. Im *Grundplasma* (Cytoplasma), d. h. demjenigen Protoplasma-Anteil, in dem mit den klassischen mikroskopischen Methoden keine weiteren Einzelheiten mehr zu erkennen sind, und das man daher auch als den hyalinen (d. h. glasartig durchscheinenden) Teil des Protoplasmas bezeichnet, findet man neben den eben genannten Zellorganen (= Organellen) noch verschiedene Einschlüsse, die nicht wie die eben genannten nur aus ihresgleichen hervorgehen (also Kern aus Kern, Mitochondrium aus Mitochondrium usw.), sondern die aus dem Protoplasma herausdifferenziert werden und u. U. je nach dem physiologischen Zustand der Zelle kommen und vergehen. Hierzu gehören zunächst die in manchen Zelltypen vorkommenden Strukturen, die in mikroskopischen Präparaten als *Fibrillen* in Erscheinung treten. Weiterhin sind es kleine und kleinste Körnchen, die einen Durchmesser zwischen 0,5 und 2μ haben mögen, und die man als *Granula* (Singular: Granulum) bezeichnet. Sie können im einzelnen aus ganz verschiedenen Stoffen (Salzkrystallen, Eiweißkrystallen, winzigen Lipoid- oder Wassertröpfchen) bestehen. Sind solche Tröpfchen nicht nur als winzige Pünktchen im Mikroskop sichtbar, sondern deutlich als kugelige Gebilde zu erkennen, dann nennt man sie je nach ihrem Inhalt verschieden: *Vacuolen* (Singular: Vacuole) sind Tröpfchen, welche gegenüber dem sie umgebenden Protoplasma geringere Lichtbrechung zeigen. Sie enthalten Wasser oder sehr verdünnte, wäßrige Eiweißlösungen mit Salzen und können im einzelnen sehr verschiedene Natur und Funktion haben. Die *Lipoidtröpfchen* zeichnen sich demgegenüber durch eine Lichtbrechung aus, die größer als die des sie umgebenden Protoplasmas ist. Da die Unterscheidung dieser beiden Plasmaeinschlüsse praktisch wichtig ist (histologischer Nachweis von Fett-Tropfen im Leben oder in Frischpräparaten, wäßrige Entmischungsvacuolen als Kunstprodukte bei manchen histologischen Fixationen), sei hier kurz auf das sich in beiden Fällen bietende mikroskopische Bild hingewiesen: Stellt man zunächst auf die kreisförmige Begrenzungslinie des Tropfens scharf ein, dann hebt dieser sich, wenn er ungefärbt ist, kaum von seiner Umgebung ab, ist er gefärbt, dann erscheint er als flache Scheibe. Hebt man nun

---

[1] KÜHN, A.: Grundriß der allgemeinen Zoologie, 9. Aufl. Wiesbaden: Thieme 1946.

den Mikroskoptubus um wenige μ hoch, dann leuchtet das Innere der stark lichtbrechenden Lipoidtröpfchen brennglasartig auf, während die wäßrigen Vacuolen dunkler als ihre Umgebung werden (Abb. 62).

Die Vacuolen pflegen in tierischen Zellen, wenn sie überhaupt vorhanden sind, in Mehrzahl aufzutreten. Einzelne Riesenvacuolen, welche das Protoplasma *an die Wand drücken*, wie das bei Pflanzenzellen die Regel ist, gehören im Tierreich zu den ganz seltenen Ausnahmen.

Die *Zelloberfläche* der tierischen Zelle kann *nackt* sein, d. h. keine feste, sondern eine mikroskopisch nicht sichtbare, jederzeit veränderliche *Membran* haben (z. B. bei den weißen Blutkörperchen und den Amöben); oder aber es ist eine formbeständige, mehr oder minder feste Membran vorhanden. *Zellwände* aus abgeschiedenen Substanzen, nach Art pflanzlicher Zellwände, gibt es im tierischen Organismus nicht.

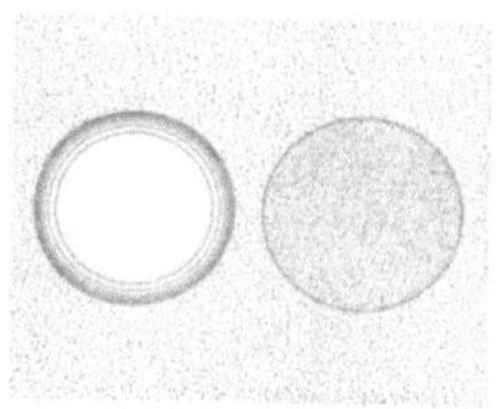

Abb. 62 Öltröpfchen (links) und Vacuole (rechts) im Protoplasma, bei etwas zu hoher Einstellung des Objektivs betrachtet.

Nicht selten finden sich auf der Zelloberfläche fädige protoplasmatische Fortsätze, die sich aktiv bewegen können. Sie heißen *Geißeln* (= Flagellen), wenn sie einzeln oder zu wenigen vereint auf der Zelle vorkommen und peitschenartig im Außenmedium herumfuchteln. Man nennt sie *Wimpern* (= Cilien), wenn sie verhältnismäßig kurz und dabei in großer Zahl vorhanden sind und sich nur in einer Ebene bewegen. Die Cilien einer Zelle oder eines Zellverbandes schlagen gewöhnlich in der Weise koordiniert, daß sie den Anblick eines im Winde wehenden Kornfeldes bieten (Abb. 63). Bei kleinen Tieren

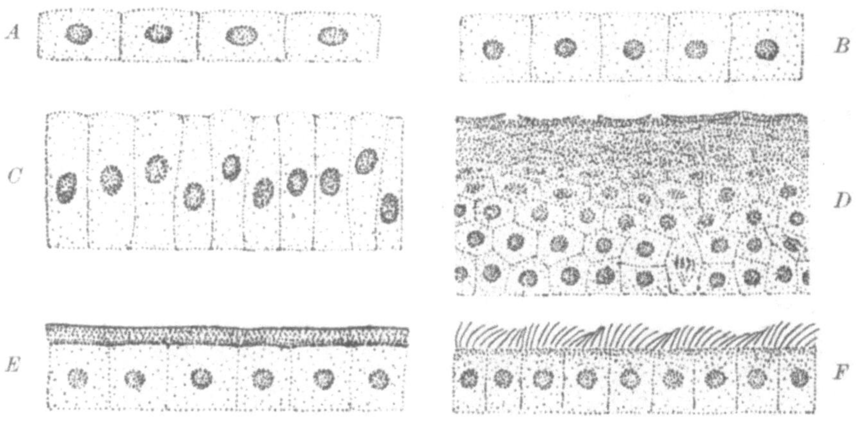

Abb. 63. Epithelformen, schematische Querschnitte. *A* Platten-, *B* Pflaster-, *C* Cylinderepithel; *D* vielschichtiges Schutzepithel, dessen oberflachliche Zellen verhornen und schließlich abgestoßen werden; *E* Pflasterepithel mit Cuticula; *F* Wimperepithel (Flimmerepithel). (Orig.)

dienen solche Geißeln oder Wimpern zur Fortbewegung und zum Herbeistrudeln der Nahrung. Bei größeren (z. B. Muscheln) haben sie nur die letztgenannte Funktion; oder sie dienen zum Entfernen eingedrungener Fremdkörper (z. B. Wimperepithel der Luftröhre und der Bronchien bei Wirbeltieren).

Die Unterschiede der tierischen Zellen gegenüber den pflanzlichen bestehen also am augenfälligsten darin, daß eine aus Cellulose oder Chitin gebildete Zellwand fehlt, und daß keine dauernde, das Protoplasma an Volumen übertreffende Riesenvacuole ausgebildet wird. Weiterhin finden sich bei keinem Tier zelleigene Chloroplasten, d. h. der photosyntetischen Kohlensäure-Assimilation dienende Zellorganelle.

II. Die Gewebe.[1]

Man unterscheidet bei den Tieren im wesentlichen folgende Gewebetypen: Epithelgewebe, Bindegewebe, Muskelgewebe, Nervengewebe und das Gewebe der Geschlechtsdrüsen.

Epithelgewebe besteht aus dicht aneinanderschließenden Zellen und hat die Aufgabe, Oberfläche und Innenräume von Tieren zu bekleiden. Je nach der Art seiner Zellen unterscheidet man zunächst einmal *Schutzepithelien* und *Drüsenepithelien*. Nach der Form der Epithelzellen kann man auch *Platten-, Pflaster-* und *Cylinder-Epithelien* unterscheiden (Abb. 63). Ausgesprochene Schutzepithelien sind z. B. diejenigen, welche die Oberfläche von Gliedertieren (z. B. Krebsen) bilden und eine schützende Cuticula ausscheiden, deren Hauptbestandteil *Chitin* ist. Dieser für die Außenskelette der Gliedertiere so bezeichnende Stoff ist ein Polymerisat von Chitosanen bzw. Chitosamin und steht chemisch den Polysacchariden nahe. Es kommt nicht rein, sondern gemischt mit Eiweißen vor. Oft ist es mit Kalksalzen imprägniert (Krebspanzer). Auf dem Gehalt an wachsartigen Stoffen, der für die meisten Gliederfüßerpanzer charakteristisch ist, beruht das leichte Eindringvermögen der lipoidlöslichen Insektengifte (DDT, Gammexan).

Die Wirbeltiere haben als äußeres Schutzepithel die verhornende *Epidermis*, ein Beispiel für ein vielschichtiges Epithel, bei welchem sich die nach dem Körperinnern zu gelegenen Zellen vermehren (sprossende Schicht = Stratum germinativum) und nach außen zunehmend verhornende Zellen abgeben (Hornschicht = Stratum corneum), die mechanischen und chemischen Schutz bieten. *Keratin*, der wesentliche Bestandteil des Horns, ist ein Gerüsteiweiß, das sich in seiner eigentlichen Form nur bei Wirbeltieren findet. Es ist besonders reich an der schwefelhaltigen Aminosäure Cystin und resistent gegen die eiweißspaltenden Fermente der Wirbeltiere, daher im nativen Zustand für die Ernährung wertlos. Gegen Säuren ist es gut, gegen Alkalien mäßig beständig und kann durch Kochen mit letztgenannten aufgeschlossen werden.

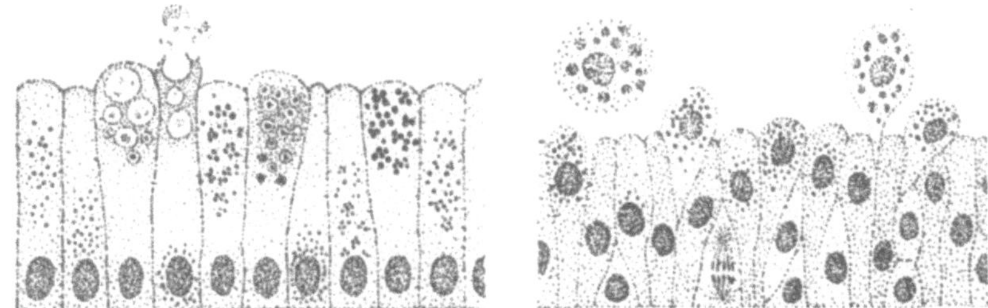

Abb. 64. *A* Drüsenepithel mit merokrinen Drüsenzellen, d. h. solchen, welche ihre Sekrete abgeben, ohne dabei vernichtet zu werden; *B* Drüsenepithel mit holokrinen Drüsenzellen, welche mit Sekret beladen aus dem Zellverband auswandern und sich auflösen. (Nach *Kühn*, verändert.)

Flimmerepithelien (Cilienepithelien) (Abb. 63 *F*) kommen bei den wirtschaftlich bedeutungsvollen Tieren hauptsächlich an den Atmungsorganen vor (Kiemen der Muscheln, Abb. 81 b).

Drüsenepithelien sind gelegentlich epithelartig ausgebreitet wie die Schutzepithelien (Abb. 64). Es ist jedoch häufiger, daß die Drüsenzellen zwischen andere Epithelzellen eingestreut sind, oder daß geschlossene Drüsenepithelverbände als sack-, trauben- oder schlauchförmige Gebilde unter die umgebende Oberfläche

---

[1] Stöhr, Ph.: Lehrbuch der Histologie, 24. Aufl. von W. v. Möllendorf. Jena: Fischer 1940.

eingesenkt sind (Abb. 65). Die einzelnen Drüsenzellen sind dann bei den exokrinen, d. h. nach außen abscheidenden Drüsen (z. B. Speichel-, Milch-, Schweißdrüsen) um die mit der Außenwelt in Verbindung stehenden Drüsenlumina herum angeordnet; bei den endokrinen, d. h. ins Blut abscheidenden Drüsen (Hormondrüsen) nehmen die Drüsenzellen das zu verarbeitende Material aus dem

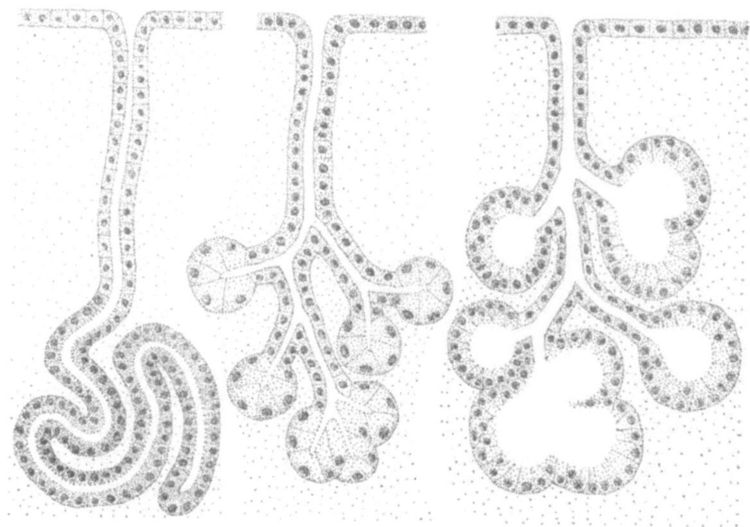

Abb. 65. Drüsenformen: *A* tubulare; *B* acinose; *C* alveoläre Drüse. (Orig.)

Blut auf und geben ihr Sekret wieder ins Blut ab, ohne daß besondere Drüsenlumina ausgebildet wären.

Die Milch[1], die bei den Säugetieren von den Milchdrüsen der Weibchen ausgeschieden wird, entsteht teils durch Zerfall der sekretbeladenen Drüsenzellen (Abb. 64*B*), vorwiegend aber durch Absonderungen aus Zellen, die dabei nicht zugrunde gehen (Abb. 64*A*). Die Zusammensetzung der Milch ist nicht nur bei den verschiedenen Tierarten und -rassen verschieden, sondern sie schwankt auch bei ein und demselben Tier während der Lactationsperiode (Abb. 66); die im folgenden in Prozenten angegebenen Werte für Kuhmilch sind demnach lediglich als Durchschnittswerte zu betrachten:

Wasser	87
Gesamtstickstoff	3,35
Caseinstickstoff	2 bis 2,5
Albumin und Globulinstickstoff	0,5
Reststickstoff	0,3
Fett	2,8 bis 4,0
Milchzucker	4 bis 5
Asche	0,75

Die Schwankungen in der Zusammensetzung der Milch beziehen sich vor allem auf den Gehalt an Fett und Eiweiß, welche maximale Schwankungen von 52 bzw. 21% zeigen. Demgegenüber bleiben die molekular- und ionendispersen Stoffe (im wesentlichen die Salze und der Milchzucker) mit 2,8% maximaler Schwankung ziemlich konstant. Die anorganischen Ionen schließlich schwanken mit 1,3% maximaler Abweichung vom Mittelwert kaum. Auffällig ist der hohe Kalium- und Phosphatgehalt der Asche der Milch.

---

[1] KLIMMER-SCHÖNBERG: Milchkunde. Berlin: Schoetz 1947.

In der Milch sind die Eiweiße als Kolloide von meist unter 50 Å[1] Teilchen-
durchmesser verteilt. Das an niederen Fettsäuren reiche Milchfett liegt als durch
Eiweißadsorbate stabilisierte Emulsion von einer Tröpfchengröße von 1,5 bis 10 μ
im Durchmesser vor. Bei der Milchsäuregärung des Milchzuckers fällt das Casein
in seinem isoelektrischen Punkt aus. Bei der Fällung durch das Labferment
wird das Casein ohne wesentliche pH-Verschiebung in der Milch durch chemischen
Umbau zum Gerinnen gebracht.

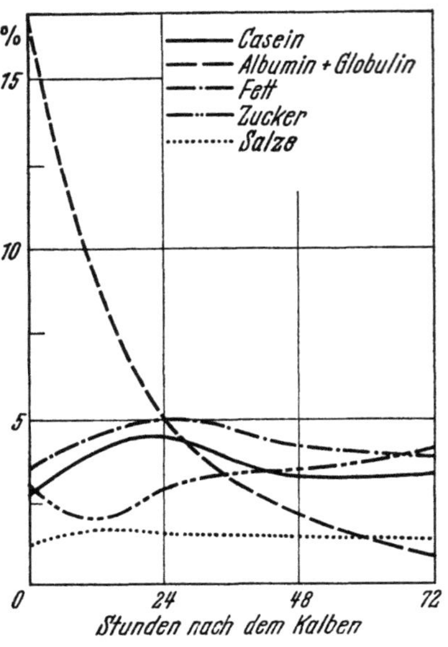

Abb. 66. Änderung der Kuhmilchzusammen-
setzung nach dem Kalben.

Neben den aus der Nahrung des Tieres
stammenden Vitaminen enthält die Milch
noch körpereigene Fermente (wohl aus den
zerfallenen Drüsenzellen), welche sich bei der
Lagerung der aus der Milch bereiteten Butter
bemerkbar machen können (z. B. Peroxydasen). Es ist zudem bemerkenswert, daß es
praktisch nicht möglich ist, Milch bakterien-
frei zu gewinnen, da schon die Ausführungs-
gänge der Milchdrüsen Milchsäure- und andere
Bakterien beherbergen.

Endothelgewebe hat formal große Ähnlichkeit mit Epithelgewebe. Es ist für Wirbeltiere charakteristisch und kleidet bei ihnen
die inneren Hohlräume des gesamten Blut-
gefäßsystems aus (Blutgefäße, Herz, Lymph-
gefäße). Im Gegensatz zum Epithelgewebe,
welches nie Übergänge zu bindegewebeartigem
Zellverband zeigt, ist das Endothelgewebe
dem reticulären Bindegewebe nicht nur
nächstverwandt, sondern zeigt auch Übergangsformen zu diesem.

Bindegewebe hat in seinen verschiedenen
Formen das Gemeinsame, daß die Bindege-
webszellen nicht dicht aneinanderschließen wie die Epithelzellen, sondern
Zwischenräume zwischen sich lassen, in die meist *Bindegewebssubstanz* ausgeschieden wird. Die meisten Bindegewebszellen haben zipfelartige Ausläufer,
mit denen sie in unmittelbarer Verbindung untereinander stehen können. Im
einzelnen unterscheidet man folgende Bindegewebsarten:

Mesenchym ist eines der ursprünglichsten Binde- oder Füllgewebe (Griechisch:
$\mu\varepsilon\sigma\text{-}\varepsilon\nu\text{-}\chi\tilde{\upsilon}\varepsilon\iota\nu$ = dazwischenfüllen). Bei Wirbellosen spielt es in manchen Tier-
stämmen eine große Rolle für die Verfestigung des Körpers und sieht dann dem
reticulären Bindegewebe sehr ähnlich, d. h. die einzelnen Zellen sind so untereinander verbunden, daß sie ein Schwammgerüst bilden, zwischen dessen Maschen
die Körpersäfte zirkulieren und Wanderzellen sich bewegen können. Echte
Bindegewebssubstanz fehlt ihm oft. Bei den Wirbeltieren wird es embryonal
angelegt; aus ihm gehen die definitiven Bindegewebe und die ersten Blutzellen
hervor (Abb. 67).

Reticuläres Bindegewebe ähnelt, wie gesagt, dem eben besprochenen Mesenchym
und enthält nur sehr feine Bindegewebsfasern (Reticulinfasern), die chemisch im
wesentlichen Kollagen sind. Wie beim Mesenchym bilden die reticulären Bindegewebszellen ein Schwammgerüst, in dessen Lücken andere Gewebselemente
(z. B. Fettzellen, Lymphocyten) liegen bzw. sich bewegen können. Das reticuläre

---

[1] Ångström-Einheit (1 Å) = 10^{-8} cm; 1 mμ = 10^{-7} cm; 1 μ = 10^{-4} cm.

Bindegewebe tritt bei Wirbeltieren auf und bildet keine größeren, zusammenhängenden Massen, durchzieht oder umspinnt aber andere Gewebe und ist ein Bestandteil der feineren Bauelemente fast aller Wirbeltierorgane.

Gallertiges Bindegwebe kommt vorwiegend bei niederen Wirbellosen (z. B. Quallen) vor, aber auch bei niederen Wirbeltieren. Bei den meisten Wirbeltieren findet man es nur in Embryonen oder Larven. Seine Bindegewebssubstanz besteht aus sehr wasserhaltigen Proteiden (vgl. S. 348), in die kollagene Fasern eingelagert sein können.

Das *kollagene Bindegewebe* ist neben dem Knochen bei den Wirbeltieren das massenmäßig stärkst vertretene Bindegewebe. Es ist besonders stark beim Aufbau der Lederhaut und des Unterhautbindegewebes beteiligt, aber auch in und zwischen den Muskeln und in den Sehnen befindet sich vorwiegend kollagenes Bindegewebe. Ebenso beteiligt es sich an den Hüllen der Eingeweide und an deren Aufhängebändern. Es kann, je nach seinen Aufgaben, in starken Strängen oder dicken Lagen oder auch in zarten Membranen und dünnen Fäden vorkommen. Die es charakterisierende Bindegewebssubstanz

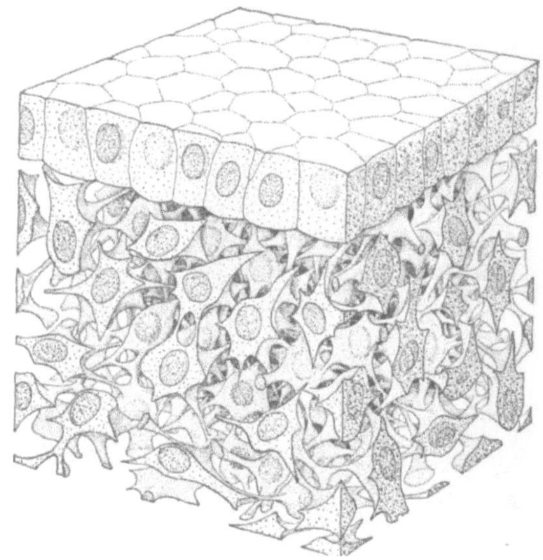

Abb. 67. Mesenchymales Bindegewebe. Man beachte den für Bindegewebe typischen, lückenreichen Zellverband im Gegensatz zu dem dichten Zellverband des darubergelagerten Epithelgewebes. (Orig.)

ist das *Kollagen*, ein faseriges Gerüsteiweiß. (Genauer gesagt: *Die* Kollagene, da bei den verschiedenen Tieren die Zusammensetzung und die Eigenschaften der kollagenen Substanz [Hitzebeständigkeit, mechanische Festigkeit] nicht identisch sind). Die Anordnung der einzelnen Kollagenfasern ist in den verschiedenen Organen und auch in den verschiedenen Tiergruppen verschieden. In Strängen (z. B. den Sehnen) liegen sie annähernd parallel in der Zugrichtung; in der Cutis (Lederhaut) der Säugetiere liegen sie regellos kreuz und quer in der Fläche; in der Cutis der Fische hingegen regelmäßig in der Fläche gekreuzt (Abb. 68). Kollagen enthält kein Tryptophan und nur spurenweise Tyrosin und ist daher, auch wenn es durch Kochen aufgeschlossen ist, für die menschliche Ernährung nicht vollwertig.

Das *elastische Bindegewebe*, das bei den Säugetieren vorwiegend in gewissen Bändern (z. B. Nackenband beim Rind) vorkommt und sich auch zerstreut zwischen dem kollagenen Bindegewebe findet, ist durch die elastischen Fasern ausgezeichnet, deren Baustein das Gerüsteiweiß *Elastin* ist, das — wie der Name sagt — durch seine Elastizität auffällt. Im Gegensatz zum Kollagen, das beim Kochen zu Leim bzw. Gelatine hydrolysiert wird (kolla-gen = leim-gebend), erleidet das hauptsächlich aus Monoaminosäuren aufgebaute Elastin beim Kochen weit geringere Veränderungen. Da es bei der üblichen Speisenzubereitung nicht aufgeschlossen wird, hat es für die menschliche Ernährung keine Bedeutung.

Knorpel kommt nur bei Wirbeltieren vor, ein knorpelähnliches Gewebe noch bei Kopffüßern (Tintenfischen, Kraken). Im Gegensatz zu allen anderen Bindegewebszellen sind die Knorpelzellen rund und ohne Fortsätze (Abb. 69). Sie liegen

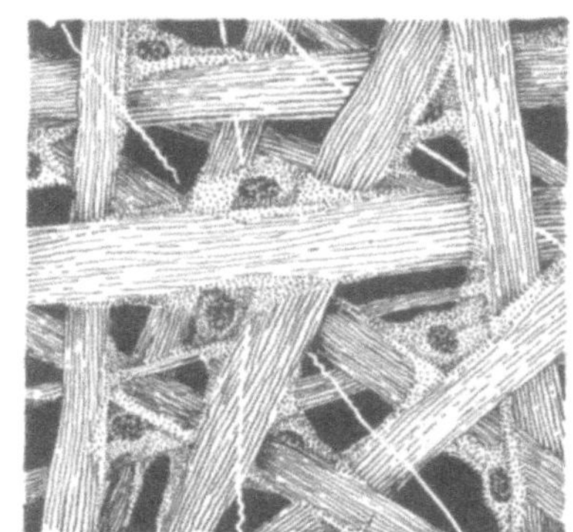
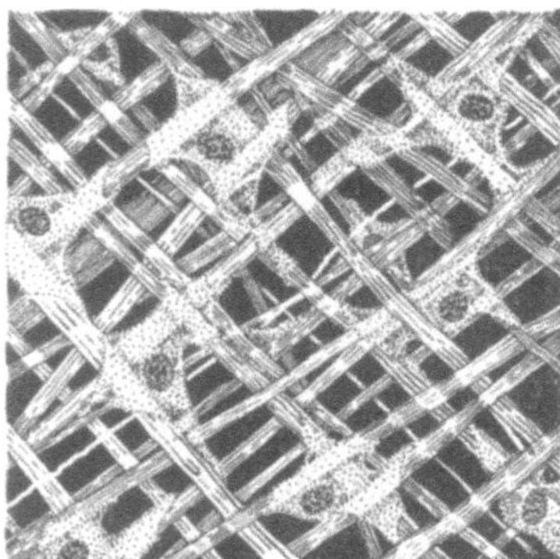

Abb. 68. Kollagenes Bindegewebe: *A* aus dem lockeren Bindegewebe zwischen Muskeln; *B* aus der Lederhaut eines Fisches. Die dünnen, vereinzelten Fasern sind elastische Fasern. (Orig.)

in einer derben Bindegewebssubstanz, welche meist volummäßig ein Vielfaches der Knorpelzellen ausmacht. Die Bindegewebssubstanz besteht aus einer druckfesten Grundsubstanz, einem Glykoproteid (vgl. S. 348), das als charakteristischen Bestandteil die Chondroitinschwefelsäure enthält:

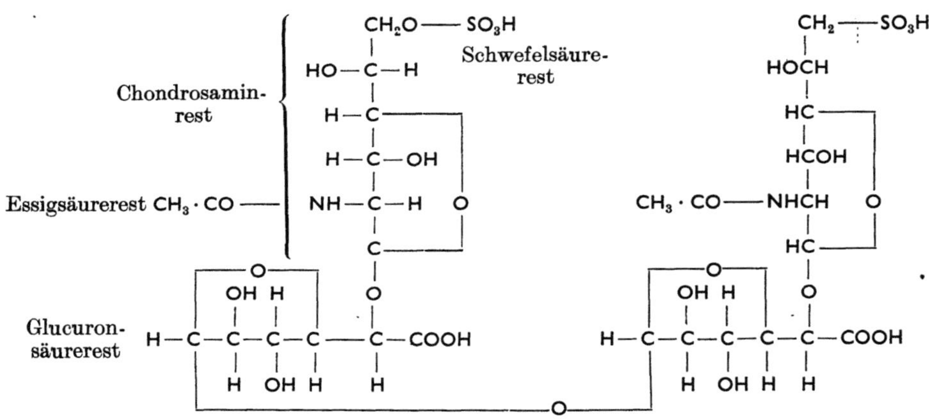

In dieser Grundsubstanz liegt ein feines Netz von kollagenen Fasern. Nach seiner mikroskopischen Struktur unterscheidet man:

1. *hyalinen Knorpel*, in dem die genannten Fasern zurücktreten und im Hellfeld bei unpolarisiertem Licht unsichtbar bleiben, so daß die Zwischenzellsubstanz zwar milchig getrübt, aber optisch homogen aussieht. (Vorwiegend embryonal, z. T. auch in Gelenken erwachsener Tiere.) (Abb. 69.)

2. *Faserknorpel*, der mehr und stärkere Fibrillen enthält und sich meist an zugbeanspruchten aber steifen Organen oder Organteilen befindet (z. B. Ohrknorpel). (Abb. 70.) Weiterhin kann man noch innerhalb dieser beiden Knorpeltypen unverkalkten und *Kalkknorpel* unterscheiden. Verkalkter Knorpel, bei dem

in die Knorpelgrundsubstanz Kalksalze eingelagert sind, kommt weitverbreitet bei Haien vor; dann aber pflegen auch bei höheren Wirbeltieren viele Knorpel im Alter zunehmend zu verkalken, bei Säugetieren z. B. die Kehlkopf- und Rippen-

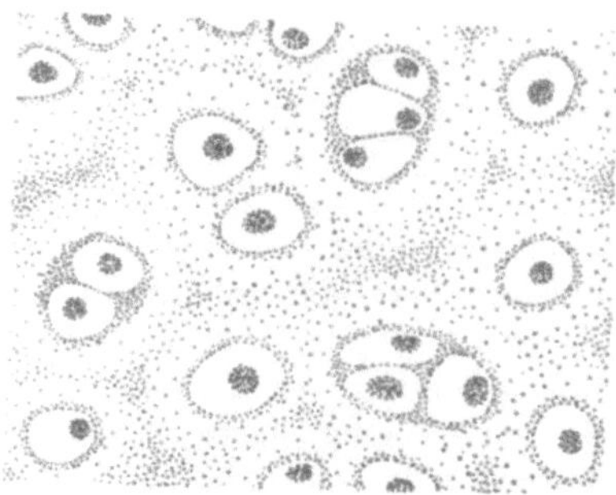

Abb. 69. Hyaliner Knorpel.

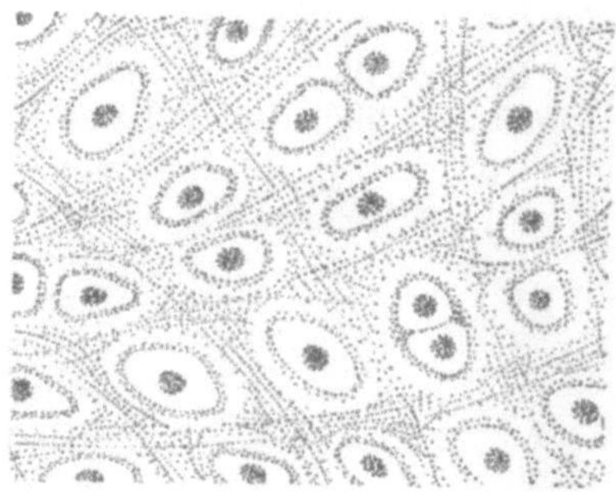

Abb. 70. Faserknorpel. (Orig.)

knorpel. *Verkalkter Knorpel und Knochen sind zwei grundsätzlich verschiedene Gewebeformen, zwischen denen es keine Übergänge gibt.* Wo wachsende Skeletteile knorpelig angelegt werden und später verknöchern, wird der Knorpel an den verknöchernden Stellen aufgelöst und durch Knochengewebe ersetzt.

Knochen ist im Gegensatz zum Knorpel aus Zellen mit langen dünnen Fortsätzen aufgebaut, die miteinander in Verbindung stehen (Abb. 71). Die Bindegewebssubstanz oder Knochenzwischensubstanz enthält reichlich phosphorsauren Kalk, daneben auch andere verfestigende Salze (bei Säugetieren 80% tertiäres Calciumphosphat, 6,5% Calciumcarbonat und 1,5% tertiäres Magnesiumphosphat). Bei Vögeln ist der Gehalt an Asche etwa ebenso hoch. Bei Kaltblütern ist der Anteil an organischer Substanz aber meist beträchtlich höher. Bei allen Wirbeltieren nimmt der Aschegehalt der Knochen im Laufe des Lebens zu. Knochen alter Tiere sind daher spröder als die junger.

Die Struktur der Knochen kann entweder dicht sein; d. h. außer den ernährenden Blutgefäßen und den sie begleitenden Nerven befindet sich kein fremdes Gewebe zwischen dem Knochengewebe (z. B. Röhrenknochenmitten, vgl. Abb. 72). Oder der Knochen ist *spongiös*, d. h. das eigentliche Knochengewebe bildet ein Bälkchensystem, das zuweilen trajektoriell angeordnet ist, zwischen dem anderes Gewebe (reticuläres und Fett-Gewebe) liegt, z. B. an den Röhrenknochenenden, in den Rippen, in den Wirbeln (Abb. 73).

Fettgewebe entsteht bei den Wirbeltieren aus reticulärem Gewebe dadurch, daß die Zellen Fett in relativ großen Tropfen speichern, so daß

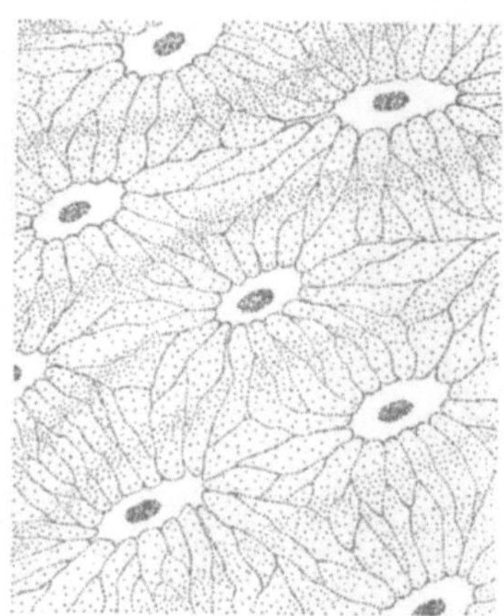

Abb. 71. Knochengewebe. Die Streifung der Knochensubstanz entspricht den Zuwachsstreifen. (Orig.)

das Protoplasma mit dem abgeplatteten Kern als dünnes Häutchen diesen Fetteinschluß umgibt, der einen Durchmesser von über 100 μ erreichen kann (Abb. 74). Ihrer Entstehung entprechend, sind die Fettzellen dann von einer dünnen Reticulinfaserschicht umzogen, auch hat das Fettgewebe mit dem reticulären Gewebe das gemeinsam, daß es fast überall im Wirbeltierkörper auftritt; es können z. B. zwischen den Mukelzellen verstreut Fettzellen liegen, die dann die „Saftigkeit" des Fleisches erhöhen. Andererseits kommt es auch an manchen Stellen — z. B. im Unterhautbindegewebe — zu massigen Anhäufungen von Fettzellen.

Bei den Wirbellosen haben die Fettzellen eine andere histologische Verwandtschaft und bilden meist keine Bindegewebsfasern. Überhaupt ist bei Wirbellosen im Körper verteiltes, massiges Fettgewebe selten. Wo bei ihnen Fett gespeichert wird, geschieht das meist in Zellen, die daneben noch andere Funktionen ausüben, z. B. in Darmepithelzellen oder auch in Muskelzellen. Vereinzelt zwischen anderem Gewebe liegende Fettzellen werden auch gefunden. In manchen Tierklassen findet man besonders lokalisierte *Fettkörper*, so z. B. bei den Insekten in der Leibeshöhle. Die sie zusammensetzenden Fettzellen sind dicht aneinanderschließende parenchymähnliche Zellen besonderer Herkunft.

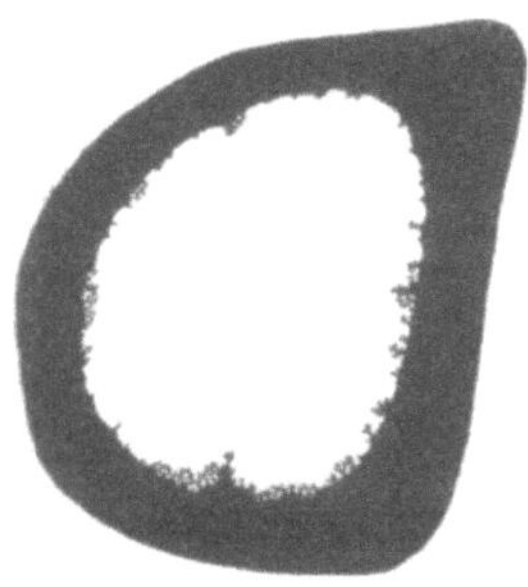

Abb. 72 Querschnitt durch einen Rohrenknochen: Außen die dichte Knochensubstanz;   innen   die Markhöhle. (Orig.)

Blut kann man als Bindegewebe mit flüssiger Bindegewebssubstanz auffassen. Bei den Wirbellosen mit offenem Blutkreislauf, z.B. den Krebsen (vgl.S.326), sind Blut und Körperflüssigkeit identisch und werden dort als „*Hämolymphe*" bezeichnet. Nur bei Ringelwürmern und Wirbeltieren gibt es ein von der übrigen Körperflüssigkeit unterschiedenes Blut, das in einem geschlossenen Blutkreislauf fließt. Rotes Blut ist durch *Hämoglobin* (vgl. S. 366) gefärbt, das bei den Nicht-

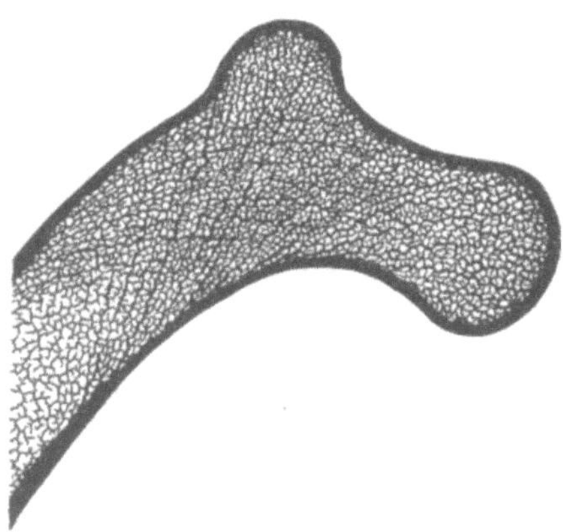

Abb. 73. Längsschnitt durch das Ende einer Rippe: Im Innern ein Gewirr von Knochenbälkchen, zwischen de nen reticuläres und Fettgewebe liegt. (Orig.)

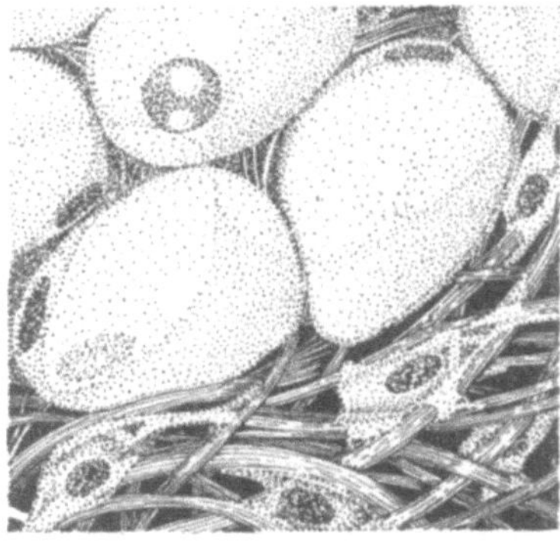

Abb. 74. Fettzellen neben kollagenem Bindegewebe. Im Kern der obersten Fettzelle sind 2 Fetttropfen zu sehen. Das Plasma der Zellen umschließt als dünner Überzeug jeweils einen großen Fetttropfen. (Orig.)

wirbeltieren in der Blutflüssigkeit gelöst, bei den Wirbeltieren in die roten Blutkörperchen eingeschlossen ist. Bei den Wirbeltieren unterscheidet man folgende Blutbestandteile:

Blutplasma. (Wir beschränken uns im folgenden auf die Darstellung der Verhältnisse, wie sie bei Säugetieren gefunden werden.) Es nimmt etwa 60% des Gesamtblutvolumens ein und ist eine eiweißhaltige Salzlösung mit einer Gefrierpunktserniedrigung $\Delta = 0{,}56°$ C. An Salzen überwiegt NaCl mit ca. 9 g/l; KCl (0,2 g/l), $CaCl_2$ (0,2 g/l und $NaHCO_3$ [0,1 g/l]) sind daneben die wichtigsten mineralischen Bestandteile des Plasmas; sie sind ionendispers in ihm gelöst. Bei Fischen und Amphibien ist die Salzkonzentration des Blutes geringer: der NaCl-Gehalt beträgt nur ca. 6 g/l ($\Delta = 0{,}48°$ C). Das Plasma enthält etwa 7% Eiweiße; davon sind 4,4% Albumine, 2,3% Globuline und 0,3% Fibrinogen. Das *Fibrinogen* wird beim Austreten des Blutes aus den Blutgefäßen durch ein Ferment, das aus zerfallenden Thrombocyten (= Blutplättchen) und anderen zerfallenden Zellen frei wird, in das Fasereiweiß *Fibrin* umgewandelt, das im Leben des Tieres die Aufgabe des primären Wundverschlusses hat. Beim ruhigen Stehenlassen von dem Körper entnommenem Blut hüllt das Fibrin die Blutkörperchen ein und bildet mit diesen zusammen den *Blutkuchen*, der dann durch Synhärese (vgl. Beitrag NORD) das nun fibrinfreie Blutserum auspreßt. *Blutserum ist also Blutplasma ohne Fibrin.* Rührt oder schlägt man während der Fibrinbildung das Blut heftig, dann bleibt das Fibrin am Rührgerät und das *defibrinierte Blut,* d. h. Serum + Blutkörperchen, wird gewonnen. Kälte verzögert die Blutgerinnung beträchtlich. Durch Auffangen frischen Blutes in paraffinierten Gefäßen, in denen die Thrombocyten nicht so schnell zerfallen, kann man Blut ebenfalls ungeronnen erhalten, wenigstens für wenige Stunden. Durch fermenthemmende Stoffe (Novorudin, Hirudin) kann Blut auf Tage hinaus in ungeronnenem Zustand beständig bleiben. Da zur Blutgerinnung das Calcium-Ion nötig ist, kann man die Blutgerinnung auch durch Calcium-fällende Chemikalien verhindern. So erhält man z. B. durch Zugabe von Natriumoxalat das ungeronnene *Oxalatblut.*

Blutkörperchen. Etwa 40 Volumprozente des Blutes bestehen aus Blutzellen (= Blutkörperchen). Hiervon sind mengenmäßig die meisten die *roten Blutkörperchen* (Erythrocyten, 10^9/ccm). Sie sind bei Säugetieren je nach der Tierart 5 bis 15 μ im Durchmesser, scheibenförmig und im ausgebildeten Zustand kernlos. Bei den übrigen Wirbeltieren sind sie auch im fertig ausgebildeten Zustand wie die übrigen Körperzellen kernhaltig.

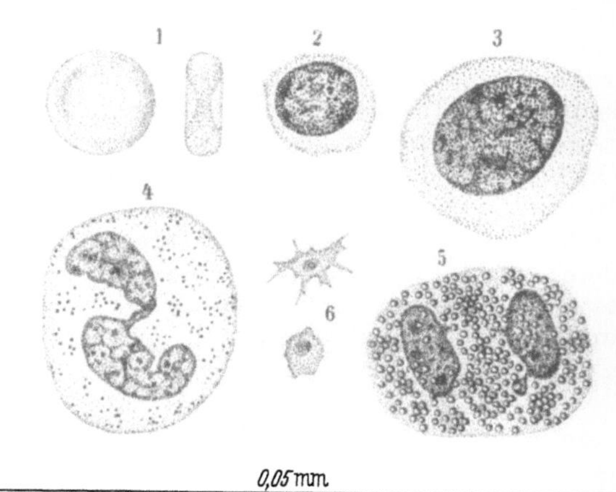

Abb. 75. Die Zellen des Säugetierblutes: *1* Erythrocyt von der Fläche und von der Schmalseite, *2* kleiner Lymphocyt; *3* großer Lymphocyt, *4* neutrophiler Granulocyt; *5* eosinophiler Granulocyt; *6* Thrombocyten. (Orig)

Bei Vögeln beträgt ihr Durchmesser 15 bis 20 μ, bei Kaltblütern oft noch mehr. Die roten Blutkörperchen enthalten das *Hämoglobin,* das dem Sauerstofftransport dient. Sauerstoffgesättigtes Blut ist hellrot, sauerstoffarmes dunkler rot (vgl. S. 367). Von den verschiedenen *weißen Blutkörperchen* (Leukocyten) gibt es zusammen 1000 mal weniger als von roten. Neben den eigentlichen Leukocyten gehören zu ihnen noch die Lymphocyten und die Thrombocyten (Abb. 75). Die letztgenannten liefern, wie schon gesagt, das zur Blutgerinnung nötige Thrombin bzw. eine Vorstufe zu diesem.

Bei Warmblütern beträgt die Blutmenge etwa $^1/_{10}$ bis $^1/_{20}$ des Körpergewichtes; $^1/_{10}$ bezieht sich auf Tiere ohne viel Fett; bei starkem Fettansatz sinkt natürlich die relative Blutmenge. Von Tierart zu Tierart bestehen jedoch ziemliche Unterschiede. Solche mit sehr lebhaftem Stoffwechsel und hohen dauernden

Muskelleistungen haben relativ mehr Blut als ausgesprochen träge Tiere. Bei niederen Wirbeltieren ist die Blutmenge relativ viel geringer als bei den Warmblütern. Das hängt mit der im allgemeinen niedrigen Stoffwechselintensität der Kaltblüter zusammen.

Lymphe. Bei den Wirbeltieren wird das eigentliche Blut nur in die unmittelbare Nähe der Körperzellen gebracht. Die letzte Strecke zwischen den *Haargefäßen* (Capillaren) und den Körperzellen, in denen Stoffwechselvorgänge ablaufen, müssen die Nährstoffe, Atmungsgase und Stoffwechselprodukte jedoch durch Diffusion oder langsame Strömung in den Lymphräumen zurücklegen. Die *Gewebslymphe* entsteht dadurch, daß aus den Blutcapillaren Flüssigkeit austritt, die in ihrer chemischen Zusammensetzung weitgehend einem Ultrafiltrat[1] des Blutplasmas gleichkommt, jedoch außer den kristalloid gelösten Stoffen auch noch Eiweiß enthält. Die Lymphe ähnelt daher chemisch dem Blutplasma sehr, ist aber etwas eiweißärmer als dieses. Hier interessiert uns vor allem, daß der Gefrierpunkt der Lymphe stets etwas höher liegt als der des Gewebes selbst. (Eine Ausnahme hiervon machen das Blut und die Lymphe der Haie und Rochen, die mit dem Meerwasser nahezu isotonisch sind. Die Differenz des osmotischen Wertes zwischen der für Kaltblüter charakteristischen Salzkonzentration von ca. 0,7% und der Salzkonzentration des Meerwassers wird bei den Haien und Rochen in erster Linie durch Harnstoff ausgeglichen.) Ebenso ist es praktisch wichtig, daß die Lymphe sozusagen kontinuierlich den ganzen Körper durchsetzt, und daß die Gewebe in ihr „schwimmen". Im lebenden Tier geht ein Lymphstrom, der mit dem Aussickern aus den Capillaren beginnt, durch die Gewebe, von wo er sich in den Lymphgefäßen sammelt und durch sie (bei den Säugetieren über die Lymphdrüsen oder Lymphknoten) dem Venensystem zugeführt wird. Treibende Kraft hierfür ist in erster Linie die Differenz zwischen arteriellem und venösem Blutdruck. In manchen Organsystemen (Brust- und Bauchhöhle, Rückenmarkskanal und Hirnblasen, Herzbeutel, lymphatisches Gewebe des Rachens) finden sich normalerweise größere Ansammlungen von Lymphe. Bei Lymphstauung (Abbinden von Gliedern, Nachlassen der arteriovenösen Druckdifferenz infolge ungenügender Herztätigkeit, Nierenerkrankungen) findet man auch größere Mengen von Lymphe im subcutanen Bindegewebe und zwischen den Muskeln. Die Lymphe hat die gleiche Gerinnungsfähigkeit wie das Blut.

Muskelzellen sind im Leben durch die Fähigkeit, sich aktiv zu verkürzen, ausgezeichnet. Wirkende Bestandteile sind dabei die Eiweiße *Actin* und *Myosin* (s. S. 357), die in der lebenden Muskelzelle in regelmäßiger Weise so angeordnet sind, daß ihre Elementarteilchen zu Molekülketten zusammentreten können. Bei der mikroskopischen Präparation entstehen durch die Denaturierung dieser Eiweiße und die hiermit zusammenhängende Schrumpfung als *Kunstprodukte* die *Muskelfibrillen* (= Myofibrillen). Nach dem mikroskopischen Aussehen unterscheidet man glatte und quergestreifte Muskelzellen bzw. -Fasern. Die *glatten Muskelzellen* findet man bei Wirbeltieren in der Muskulatur der vegetativen Organe (Eingeweide, Blutgefäßwände). Bei den Wirbellosen ist auch die Bewegungsmuskulatur in der Regel glatt (Ausnahme sind die Arthropoden, s. S. 327). *Quergestreifte Muskeln* setzen die gesamte Bewegungsmuskulatur der Wirbeltiere zusammen. Auch der Herzmuskel der Wirbeltiere ist quergestreift, ebenso die gesamte Muskulatur der Arthropoden. In der Bewegungsmuskulatur der Wirbeltiere verschmelzen die Muskelzellen in sehr frühen Entwicklungsstadien zu größeren

---

[1] Ultrafiltrate sind Filtrate durch Membranen, deren Poren von einer Größenordnung sind, die es gestattet, Moleküle verschiedenen Volumens *abzusieben.* Der zur Abtrennung des Ultrafiltrates nötige Filtrationsdruck muß größer sein als der von den abzufilternden Teilchen ausgeübte osmotische Druck.

Einheiten (Syncytien; Singular: Syncytium), welche mehrere Zentimeter lang sein können und, entsprechend ihrer Abkunft, vielkernig sind. Diese Muskel*fasern* (englisch: muscle *fibres* — nicht zu verwechseln mit Muskel*fibrillen!*) sind dicht erfüllt mit der kontraktilen Substanz, so daß sie im mikroanatomischen Präparat förmlich mit Fibrillen vollgestopft erscheinen. Ihr Grundprotoplasma ist als dünnes Häutchen an ihre Oberfläche gedrängt, wo auch die abgeflachten Kerne liegen. Das *Fleisch* der Wirbeltiere besteht hauptsächlich aus diesen Muskelfasern. Über ihren Feinbau s. S. 356.

Nervenzellen (Ganglienzellen) sind gekennzeichnet durch lange, sehr dünne Ausläufer (*Nervenfasern*), die der Erregungsleitung dienen. Im Innern enthalten die Nervenzellen komplizierte Eiweiß- und Lipoid-Strukturen die nach Abtötung und Präparation der Zellen als Fibrillennetz erscheinen., das sich in die Fasern fortsetzt. Nervenzellen-Anhäufungen heißen *Ganglien*. Rückenmark und Hirn sind hochdifferenzierte Komplexe von Ganglien und den dazugehörenden Nerven-faser-Leitungsbahnen. Im Hirn eines Rindes finden sich größenordnungsweise 10^9 Nervenzellen mit einer Gesamtfaserstrecke von 10^4 km. Aus dem Hirn und dem Rückenmark treten Nervenfasern (Neuriten), zu *Nerven* gebündelt, aus. Im Nervensystem der Wirbeltiere findet sich als charakteristisches Stützgewebe die *Neuroglia*. Nervengewebe ist besonders reich an Phospholipoiden (Kephalinen) und anderen Lipoiden (z. B. Cerebrosiden).

Geschlechtszellen. Bei allen vielzelligen Tieren unterscheidet man Eier und Spermien und deren Vorstufen. Die *Eier* zeichnen sich gegenüber den anderen Zellen durch ihre bedeutende Größe aus, die daher rührt, daß für die Entwicklung des jungen Organismus Reservestoffe (*Dottersubstanz*) in der Zelle angehäuft ist. Während eine Körperzelle ungefähr 10^{-5} mg wiegt, erreicht der *Dotter* (d. h. die eigentliche Eizelle) des Hühnereies das 10^9-fache Gewicht. In den Fällen, in denen solch riesige Mengen von Dottersubstanzen angehäuft sind, ist das eigentliche *Bildungsplasma* — d. h. dasjenige Protoplasma, in dem der Eikern liegt, und das nach der Befruchtung die wesentlichen Teile des Keims aus sich hervorgehen läßt — meist als *Keimfleck*, als ein scheibenförmiger, meist durch seine Farbe vom übrigen Zellinhalt unterschiedener Plasmabereich unmittelbar unter der Eimembran zu finden. So ist das auch beim Hühnerei. Außer der Zellmembran (beim Hühnerei *Dottermembran*) erhalten bei vielen Tieren die Eier noch zusätzliche Hüllen, die teils von Eierstockzellen, teils von den weib-lichen Geschlechtswegen gebildet werden. Es handelt sich dabei entweder um Schutzhüllen (derbe Schalen bei Insekten, Schnecken, Vögeln u. a., Schutz-gallerten bei Fischen, Schnecken und Fröschen) oder um Nahrungshüllen (Weißei des Hühnereis, vgl. S. 334). Im Gegensatz zu den Eiern sind die *Spermien* aus-gesprochen kleine Zellen. Sie sind meist außerordentlich plasmaarm und mit einer relativ langen Geißel (*Spermienschwanz*) ausgestattet und sehr beweglich.

Die Eiproduktion ist bei solchen Tieren, die keinerlei Brutpflege treiben, oft riesig: Ein Karpfen laicht auf einmal über eine Million Eier ab, ein so kleines Tier wie eine Schmeißfliege auf einmal über 350 Eier. Bei Tieren mit äußerer Befruchtung ist die Spermienzahl noch um ein Vielfaches größer. So enthalten beim Hering die zur Laichzeit mächtig vergrößerten Hoden (*Milch*) über 10^{11} Spermien. Da die Spermien protoplasmaarm sind, ist der Anteil an Kernsubstanz bei ihnen groß; Fischmilch ist deshalb eine ergiebige Quelle für Nucleoproteide.

Die Organe. Die Gewebe werden in den Organen zu höheren funktionellen Einheiten zusammengefaßt. Selten besteht ein Organ nur aus einer Gewebsart. Als Organhüllen dienen meist Epithelien oder Bindegewebsmembranen. Bei Wirbeltieren hat das Bindegewebe an dem Aufbau fast aller Organe massenmäßig erheblichen Anteil, auch wenn die für die charakteristische Organfunktion wesentlichen Bestandteile aus anderen Gewebearten (z. B. Drüsen- oder Muskelgewebe) bestehen.

Man kann in großen Zügen folgende Einteilung der Organe treffen: Schutzorgane (Haut, u. U. mit Schalen und Panzern, Haaren und Federn); Stützorgane (Skelette, wie z. B. die Schädelkapsel der Wirbeltiere, in der das Hirn, vor äußeren Einwirkungen geschützt, *schwimmt*); Bewegungsorgane (schon höhere Organeinheiten aus Skelettelementen und Muskulatur bestehend); Ernährungsorgane, Kreislauforgane, Ausscheidungs- (Nieren-)Organe; Sinnesorgane und Organe der Koordination (Nervensysteme und innersekretorische Systeme, d. h. die Gesamtheit der Hormondrüsen); Fortpflanzungsorgane.

Da es nicht der Sinn dieser Ausführungen ist, eine allgemeine, vergleichende Anatomie zu geben, werden die einzelnen Organe und Organsysteme, soweit sie für die hier interessierenden Fragen von Belang sind, bei den praktisch wichtigen Tiergruppen besprochen.

III. Systematischer Überblick über die wichtigsten Organisationstypen. [1-7]

Im Jahre 1930 waren etwa 1 014 000 Tierarten zoologisch beschrieben[8] (Abb. 76). Man vermutet, daß insgesamt etwa vier Millionen Tierarten auf der Erde leben.

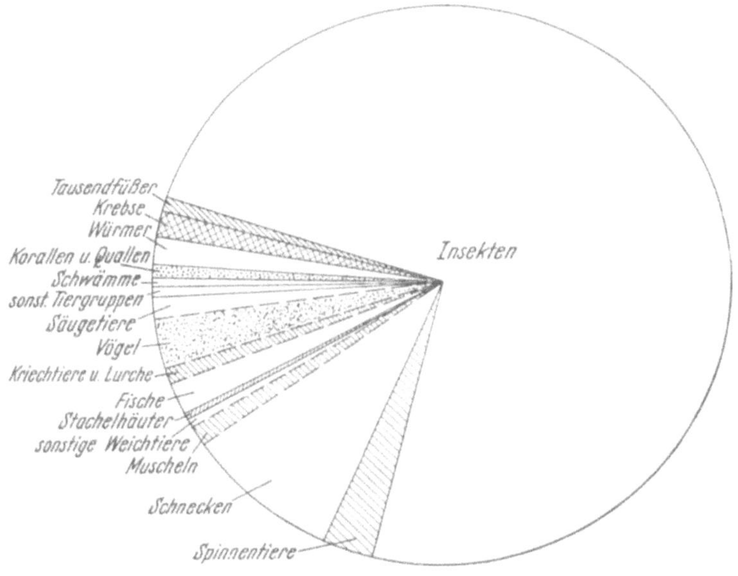

Abb. 76. Die Verteilung der Tierarten auf die Hauptgruppen des Tierreiches. (Nach Angaben von *Hesse* aus *Arndt*[8].)

[1] KÜKENTHAL, W.: (herausgeg. von) Handb. d. Zoologie. Berlin: Walter de Gruyter, 1923 ff. [2] BOLK, L., E. GÖPPERT, E. KALLIUS u. W. LUBOSCH: Handb. d. vergl. Anatomie der Wirbeltiere. Berlin: Urban u. Schwarzenberg, 1933. — [3] IHLE, I. E. W., P. N. van KAMPEN, H. F. NIERSTRASS u. J. VERSLUYS: Vgl. Anatomie der Wirbeltiere. Berlin: Springer, 1927. — [4] SCHIMKEWITSCH, W.: Lehrb. d. vergl. Anatomie d. Wirbeltiere. Stuttgart: Schweitzerbart, 1910. — [5] BRONN's Klassen und Ordnungen des Tierreiches. Leipzig: C. F. Winter'scher Verlag, 1880 ff. — [6] GRIMPE-WAGLER: Die Tierwelt der Nord- und Ostsee. Leipzig: Akad. Verlagsges. Becker u. Erler, 1925 ff. [7] ELLENBERGER, W. u. H. BAUM: Handbuch der vergl. Anat. d. Haustiere, 17. Aufl. Berlin: Springer, 1932. [8] ARNDT, W.: Über die Anzahl bisher in Deutschland (Altreich) nachgewiesenen rezenten Tierarten. Zool. Anz. **128**, 113 (1939).

Aus dieser Formenfülle greift der zivilisierte Mensch nur verhältnismäßig ganz wenige Arten zu seiner Ernährung heraus; und diese Arten gehören auch wieder nur zu ein paar wenigen Gruppen aus den vielen Klassen, Ordnungen und Familien, die man unterscheidet. So enthält z. B. die artenreichste Gruppe unter den Tieren, die Insekten (mit etwa 75% aller bekannten Arten), überhaupt kein Tier, das vom zivilisierten Menschen normalerweise gegessen wird; nur eine Art, die Honigbiene *Apis melifica* (und in den Tropen noch einige ähnlich lebende Bienenarten) hat als mittelbar Nahrung spendendes Tier eine größere Bedeutung.

Vorwiegend sind es Wirbeltiere, die als menschliche Nahrung genutzt werden; daneben noch die gänzlich anders organisierten Krebse, die Muscheln, einige Schnecken und Tintenfische.

Abgesehen von den als Nahrung dienenden oder sonstwie Nahrung spendenden Tieren hat aber noch eine größere Anzahl von Tieren deswegen eine Bedeutung für die Lebensmittelfrischhaltung, weil sie gelagerte Lebensmittel fressen oder sonstwie verderben oder weil sie Parasiten des Menschen sind und mit der Nahrung aufgenommen werden. Deshalb werden in diesem zusammengedrängten Überblick über das zoologische System nicht nur die Nahrungstiere, sondern auch die Schädlinge und Schmarotzer mit ihren wichtigsten Formmerkmalen kurz behandelt. Auf die innere Organisation wird aber nur bei den Krebsen und den Wirbeltieren näher eingegangen.

Übersicht über das zoologische System (gekürzt).

(Beispiele für die verschiedenen Gruppen in Klammern)

Protozoa = Einzeller (Erreger der Amöbenruhr, der Schlafkrankheit, der Malaria).
Metazoa = Vielzeller.
  Spongia = Schwämme (Badeschwamm).
  Coelenterata = Darmhöhlentiere (Quallen, Korallen).
  Bilateralia = Zweiseitig symmetrische Tiere.
    Parenchymia = Plattwürmer (Leberegel, Bandwürmer).
    Nematoda = Faden- oder Rundwürmer (Trichine, Spulwurm).
    Coelomata = Tiere mit Leibeshöhle.
      Articulata = Gliedertiere.
        Annelida = Ringelwürmer (Regenwurm, Blutegel).
        Arthropoda = Gliederfüßer.
          Branchiata = Krebse (Hummer, Flußkrebs).
          Arachnomorpha = Spinnentiere (Skorpione, Spinnen, Milben).
          Tracheata = Tausendfüßer und Insekten (Blattläuse, Biene).
      Mollusca = Weichtiere.
        Gastropoda = Schnecken (Weinbergschnecke, Strandschnecke).
        Lamellibranchiata = Muscheln (Auster, Miesmuschel).
        Cephalopoda = Tintenfische (Krake, Sepia, Kalmar).
      Echinodermata = Stachelhäuter (Seesterne, Seeigel, Trepang).
      Chordata = Rückgrattiere.
        Acrania = Schädellose (Lanzettfisch).
        Tunicata = Manteltiere (Seescheiden, Salpen).
        Vertebrata = Wirbeltiere.
          Agnatha = Kieferlose (Lamprete, Neunauge).
          Gnathostomata = Kiefermäuler.
            Pisces = Fische.
            Amphibia = Lurche (Frösche, Salamander).
            Reptilia = Kriechtiere (Schildkröten, Eidechsen, Krokodile, Schlangen).
            Aves = Vögel.
            Mammalia = Säugetiere (Einteilung s. S. 335).

1. Wirbellose.

Leberegel kommen in Europa im Rind (großer Leberegel *Fasciola hepatica*) und im Schaf (*Dicrocoelium lanceolatum*) vor. Man findet oft aber auch Mischinfektionen mit beiden Arten in Rind und Schaf. Die ausgewachsenen Egel sitzen in den Gallengängen der Leber. Bei stärkerem Befall ist die Leber genußuntauglich. Eine Infektionsgefahr besteht für den Menschen beim Genuß infizierter Lebern nicht, da die Leberegeleier sich nur im Wasser entwickeln und die dort schlüpfenden Larven in einer Schnecke heranwachsen müssen. Erst eine weitere Generation, die aus der Schnecke auswandert, ist wieder für Warmblüter infektiös. Gelegentlich kommen Infektionen durch Genuß von Brunnenkresse vor, welche aus Gewässern stammt, in denen die als Zwischenwirt dienenden Wasserschnecken leben. Infektionen mit einer anderen Leberegelart sind in Ostasien häufig.

Bandwürmer. Für Europa praktisch bedeutsam sind vor allem zwei Bandwürmer, der Rinderbandwurm *Taenia saginata* und der Schweinebandwurm *Taenia solium*. Die geschlechtsreifen Tiere leben im Dünndarm des Menschen, werden mehrere Meter lang und erzeugen in ihren mit dem Kot oder auch spontan abwandernden Gliedern (Proglottiden) jeweils Hunderte von Eiern. Die Eier werden aus den verfaulenden Gliedern frei und werden von dem Zwischenwirt (Rind bzw. Schwein) auf der Weide aufgenommen. Die im Darm schlüpfenden Bandwurmlarven wandern durch die Darmwand ins Blut und gelangen auf diesem Weg in das Perimysium (vgl. Abb. 89) der Muskulatur, wo sie sich festsetzen. Das Bindegewebe des Wirtes bildet derbe Cysten um sie, innerhalb deren sie zu Finnen heranwachsen. Wird finniges Fleisch, das nicht über $+60°$ C erhitzt worden war, vom Menschen genossen, dann infiziert dieser sich: Die Finne schlüpft aus der Cyste, setzt sich im Darm fest und läßt nun Bandwurmglieder an ihrem Hinterende hervorsprossen. Ganz entsprechend kann man sich durch Genuß von Hecht oder Zander in manchen Gegenden mit dem über 10 m lang werdenden Grubenkopfbandwurm *Dibothryocephalus latus* infizieren.

Trichine. Bandwürmer sind gesundheitsschädlich, Trichinen lebensgefährlich. Ihr Lebenscyclus ist, wie folgt: Die mit trichinösem Fleisch aufgenommene Muskeltrichine wächst im Darm zum geschlechtsreifen Tier aus. Die Weibchen gebären lebende Junge, die gleich durch die Darmwand ins Blut wandern und so in die Muskulatur gelangen. Dort bohren sie sich in Muskelfasern ein und bleiben dann, spiralig aufgerollt und eingekapselt als Muskeltrichinen, bis sie u. U. mit dem Fleisch gegessen werden. Da nicht alle Trichinen den Weg in die Muskulatur finden, sondern z. T. auch ins Hirn gelangen, und da die Zeit ihres Einwanderns ins Gewebe von hohem Fieber begleitet ist, ist die Trichinose eine oft tödlich ausgehende Krankheit. Trichinen kommen fast regelmäßig in Ratten und in Raubwild vor. Die Schweine erwerben sie durch Fressen von Ratten. Der Mensch infiziert sich meist durch Genuß von (kalt) geräuchertem Schweinefleisch. Auch die Trichinen sterben durch Erhitzen über 55 bis $60°$ C, andererseits durch Gefrieren. Bei ihrer undurchlässigen Cuticula und ihrer Kleinheit bieten die Trichinen der Unterkühlung Möglichkeiten, weshalb die Gefriertemperatur genügend tief sein muß (am besten unter $-15°$ C) und die Zeit des Gefrorenseins des trichinösen Fleisches genügend lang (> 4 Tage).

Krebse. Von den Krebsen werden nur die hochorganisierten Regelkrebse (= Malacostraca) gegessen. Unter ihnen sind es auch nur wieder zwei Gruppen, die wirtschaftlich wichtige Vertreter aufweisen: Die Heuschreckenkrebse (= Stomatopoda), zu denen der im Mittelmeer und im Atlantik gefischte Heuschreckenkrebs (*Squilla mantis*) gehört und die Zehnfüßer (Decapoda). Unter den Decapoden unterscheidet man wieder die schwimmenden und die schwerfällig am Boden lebenden Arten. Zu den *schwimmenden* zählen wir die Garneelen (*Granat* und *Krabben* des Handels), zu den *bodenlebenden* Arten die Langschwänzigen (Macrura) und die Kurzschwänzigen (Brachyura). Zu den langschwänzigen Krebsen gehören z. B. Hummer, Flußkrebs, Languste und

Bärenkrebs; zu den kurzschwänzigen alle eigentlichen Krabben und Taschen-krebse, u. a. auch die Wollhandkrabbe und die Krabbe, die das *japanische Hummerfleisch* liefert.

Da die Anatomie der wirtschaftlich z. T. recht bedeutsamen Krebse von der-jenigen der Wirbeltiere grundsätzlich verschieden ist, sei sie hier in großen Zügen ge-schildert: Die Krebse haben als Gliederfüßer ein *Außenskelett*, das von der lebenden Außenhaut abgeschieden wird und periodisch abge-worfen und erneuert wird (Häutung. Frisch gehäutete Krebse bezeichnet man wegen ihrer weichen Ober-fläche oft als *Butterkrebse*). Das Skelett, das den Körper stützt, seinen quergestreiften Muskeln die nötigen An-satzflächen bietet und somit als mechanisches Element der Körperbewegung dient, wirkt gleichzeitig als Schutzpanzer gegen äußere Einflüsse. Es besteht aus kalkimprägniertem Chitin (vgl. S. 314). Sowohl am Rumpf wie an den Gliedmaßen ist das Skelett in starre Segmente unterteilt, die platten- oder röhren-förmig sind und durch zartere Gelenkhäute mitein-ander verbunden sind. Die Gelenke befinden sich außerhalb dieser Gelenkhäute und sind fast ausnahms-los Scharniergelenke (Abb. 77). Am Körperstamm unterscheidet man bei den Zehnfüßern Kopfbrust (Cephalothorax) und Hinterleib oder *Schwanz* (Abdomen). Bei den langschwänzigen Arten enthält der Hinterleib eine kräftige Muskulatur, die Haupt-masse des Krebsfleisches. Die Krebse atmen durch Kiemen, die am Grunde der Beine oder am Körper-stamm, nahe den Ansatzstellen der Beine sitzen. Bei den Heuschreckenkrebsen tragen die Hinterleibs-beine die Kiemen, bei den Zehnfüßern die Beine der Kopfbrust. Bei den Letztgenannten befindet sich an der Kopfbrust auf jeder Seite eine vom Panzer versteifte Hautfalte, welche den Beingrund und die zarten Kiemenfiedern überdeckt und schützt und Kiemenhöhlen bildet (Abb. 78). Durch zu Ventilatoren umgebildete Gliedmaßen, die in den Kiemenhöhlen schwingen, wird ein Atemwasserstrom von hinten nach vorn durch die Kiemenhöhlen getrieben. Viele Krebse vertragen den Aufenthalt an der Luft, solange noch Feuchtigkeit in ihren Kiemenhöhlen ist. Für den Transport von Hummern, Langusten und Fluß-

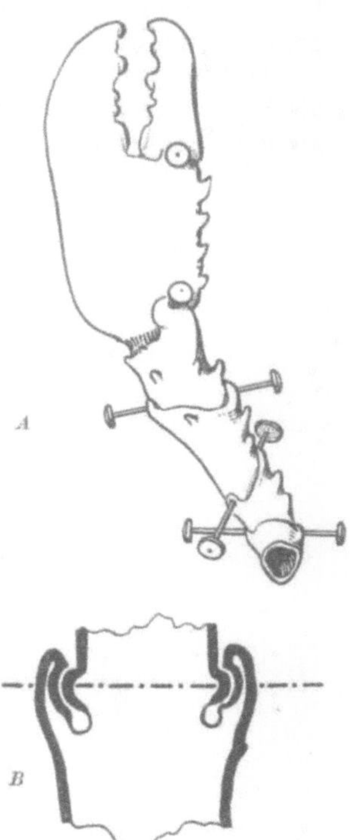

Abb. 77. *A* Scherenbein eines Hummers, die durchgesteckten Stabe zeigen die Richtungen der Gelenkachsen an; *B* Schema-tischer Langsschnitt durch Bein-gelenk. Das korpernahe Glied tragt zwei Gelenkpfannen, in denen sich die Gelenkkopfe des korperferneren Beingliedes drehen. (Orig.)

krebsen ist das günstig. Will man vorher trocken versandte Krebse anschließend in Wasser hältern, dann muß man sie zunächst mit dem Rücken nach unten in das Wasser legen, damit die Luftblasen aus den Kiemenhöhlen entweichen und den Atemwasserstrom nicht hemmen. Viele Krebse haben an den Fußenden *Scheren*, die dadurch gebildet werden, daß das letzte Beinglied gegen einen Dorn am vorletzten Beinglied bewegt werden kann. Die riesigen Scheren des Hummers und mancher Krabben enthalten eine kräftige Muskulatur, die neben der des *Schwanzes* gegessen wird (Abb. 79).

Die innere Organisation der Krebse unterscheidet sich von der uns gewohnten der Wirbeltiere vornehmlich dadurch, daß das *Bindegewebe* bei Krebsen fast völlig fehlt. Das Blutgefäßsystem ist offen, d. h. das Herz pumpt das aus den Kiemen kommende

Blut in Spalträume der geräumigen Leibeshöhle, von wo es auf geregelten Umwegen an den verschiedenen Organen vorbei schließlich wieder in die Kiemen strömt. Beim Hummer und beim Flußkrebs beginnt der Verdauungsweg mit einem stark chitinisierten Magen, an den sich dann der geradegestreckte Darm anschließt. Gleich hinter dem Magen münden in den Darm die büschelförmig verzweigten, massigen Mitteldarmdrüsen (*Leber*). Die Geschlechtsdrüsen liegen im hinteren Teil der Kopfbrust und münden am Beingrund der letzten Kopfbrustbeine aus. Bei vielen Krebsen tragen die Weibchen die Eier und die frischgeschlüpften Jungen mit sich herum. (Schonzeit der Flußkrebse.)

Milben. Von den Spinnentieren interessieren uns hier nur die Milben, weil sie als Vorratsschädlinge sehr unbeliebt sein können. Die Mehlmilben (*Tyroglyphus farinae*), Käsemilben (*Tyrolichus casei*), die Dörrobstmilbe (*Carpoglyphus lactis*)

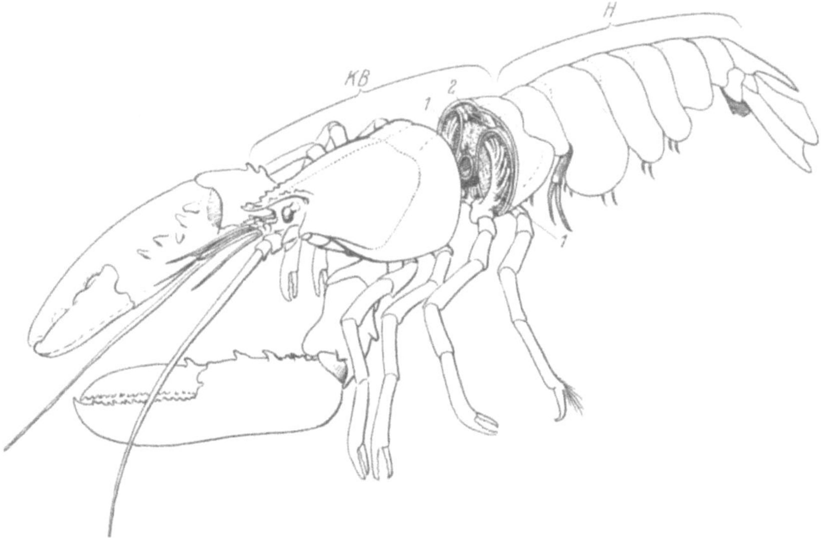

Abb. 78. Hummer, Übersichtsbild: *KB* Kopfbrust; *H* Hinterleib; vor dem vorletzten Beinpaar ist die Kopfbrust quergeschnitten, um die Kiemenhohlen mit den an den Beinbasen sitzenden Kiemen (*1*) zu zeigen. *2* Leibeshohle mit Darm- und Herzquerschnitt. (Orig.)

u. a. sind alle zwar an eine gewisse Luftfeuchte gebunden, die sie jedoch in Vorräten ihrer Vorzugsnahrung fast stets vorfinden. Gegen Kälte sind sie sehr widerstandsfähig (vgl. S. 389). Wie bei allen Spinnentieren im engeren Sinne, ist der Körperstamm der Milben in Kopfbrust und Hinterleib unterschieden. Diese beiden Körperabschnitte sind (im Gegensatz zu den Webespinnen) aber in voller Breite miteinander verwachsen. Keine Fühler, zwei Paare von Mundgliedmaßen und vier Paar (im Larven- oder Nymphenstadium drei Paar) Beine sind weiterhin für sie charakteristisch (Abb. 80).

Insekten. Trotz der großen wirtschaftlichen Bedeutung, die viele Insekten als Vorratsschädlinge haben, kann hier nicht näher auf diese Gruppe eingegangen werden. Hauptorganisationsmerkmal ist: Körperstamm gegliedert in Kopf, Brust (Thorax) und Hinterleib (Abdomen). Am Kopf ein Paar Fühler und drei Paar Mundgliedmaßen. Am stets dreigliedrigen Thorax drei Beinpaare und u. U. am zweiten und dritten Thoraxsegment je ein Paar Flügel. Abdomen maximal elfgliedrig, ohne Beine. Dies gilt für die geschlechtsreifen Tiere. Die Larven können als *Raupen* vielbeinig, sie können auch sechsbeinig sein wie die Erwachsenen, oder sie können als *Maden* fußlos sein (z. B. bei den Fliegen und den Bienen).

Viele Insekten — vor allem viele Vorratsschädlinge — vertragen sehr geringe Luftfeuchtegrade auf lange Zeit, ebenso auch bedeutenden Frost (vgl. S. 389).

Schnecken. Lediglich die Vorderkiemerschnecken (Meeresschnecken wie die Napfschnecke *Patella sp.* oder die Strandschnecke *Littorina sp.*) und die Lungenschnecken (die Weinbergschnecke *Helix pomatia*) werden auf europäischen Märkten gehandelt. Die Strandschnecken haben einen am Hinterende des Fußes angewachsenen Deckel, mit dem sie ihre Schale verschließen können. Das ist für den Trockenversand wesentlich; denn die Tiere halten so tage- und bei Kaltlagerung sogar wochenlang ihre lebensnotwendige Feuchtigkeit. Der

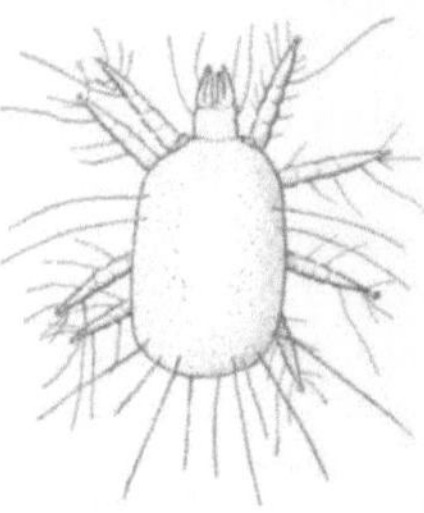

Abb. 80.   Kasemilbe (*Tyroglyphus siro*). Länge ca. 600 μ. (Orig.)

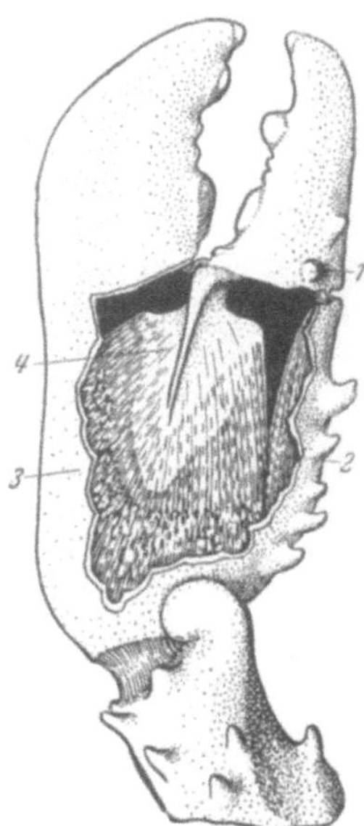

Abb. 79. Hummerschere, aufgebrochen: *1* Gelenkkopf des beweglichen Zangengliedes (die zugehörige Gelenkpfanne ist weggebrochen): *2* Öffner-Muskel; *3* Schließer-Muskel, der an der großen Chitinsehne (*4*) des beweglichen Zangengliedes ansitzt. (Orig.)

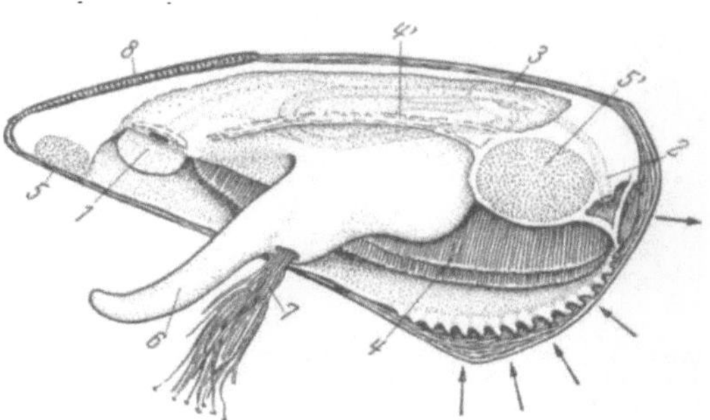

Abb. 81a. Miesmuschel, linke Schale und Mantel entfernt: *1* Mund; *2* After; *3* Herz (durch die Körperwand durchschimmernd gezeichnet); *4* Kiemen der rechten Seite; *4'* Ansatzstelle der abgeschnittenen Kiemen der linken Seite; *5* u. *5'* Schließmuskeln; *6* Fuß; *7* aus der Byssusdrüse hervorgetretene Byssusfäden, mit denen sich das Tier an Pfahlen u. dgl. anheftet. Die Pfeile geben die Strömung des Atem- und Nahrungswassers an. (Orig.)

Deckel der Weinbergschnecke ist lediglich erhärteter Schleim, der kurz vor der Winterruhe ausgeschieden und mit Kalk imprägniert wird. Die Weinbergschnecken kommen vorwiegend, im Spätherbst gesammelt, als *gedeckelte* Schnecken in den Handel.

Wie andere Weichtiere auch, haben die Schnecken, abgesehen von ihrer festen Schale, keine feste Form und auch kein Skelett. Ihre Form wird durch den Flüssigkeitsdruck (Turgor) der Gewebe- und Leibeshöhlenflüssigkeit mit Hilfe des stark entwickelten Hautmuskelschlauches aufrecht erhalten. Mechanisch, chemisch oder durch Hitze gereizte Tiere kontrahieren sich stark und pressen dann von der genannten Flüssigkeit aus, so daß sie dann — wie auch gekochte Schnecken — klein und unansehnlich werden. Gegessen wird von den Schnecken in erster Linie der muskulöse Fuß und der ansitzende, das Gehäuse haltende Spindelmuskel, u. U. auch die braungrüne, etwas bitterlich schmeckende *Leber* (d. h. die Mitteldarmdrüse).

Muscheln sind Weichtiere mit zweiklappiger (rechts und links) Schale. Süßwassermuscheln werden kaum als menschliche Nahrung verwertet, wohl aber die Muscheln des Meeres, und zwar ißt man die Auster (*Ostrea edúlis* und *Ostrea* *virginica*) roh, Miesmuschel (*Mytilus edúlis*), Herzmuschel (*Cardium edúle*) u. a. gekocht. Lebende, aus dem Wasser genommene Muscheln verschließen ihre Schale durch Muskelzug sehr fest, so daß Trockenversand und Lagerung (Austern bei $+4°$ C über 2 Monate)[1] möglich ist. Läßt der Muskelzug nach, dann öffnet sich die Schale durch die elastische Gegenwirkung des die beiden Schalenklappen vereinenden Schalenbandes. Geschlossene Schalen zeigen daher an, daß die Muscheln noch leben.

Für die Muscheln gilt das gleiche wie für die Schnecken: Auf starke Reize pressen sie einen großen Teil ihrer Körperflüssigkeit aus. Praktisch wichtig ist noch, daß die Muscheln dadurch, daß sie eine sehr zarte Körperoberfläche und außerdem sehr große Kiemen haben (die Kiemen dienen auch zum Herbeistrudeln der Nahrung vermittels Cilienschlags) (Abb. 81 a u. b), nach dem Tode sehr schnell eine Beute der Bakterien werden, dann also sehr schnell verderben. Mit der Art der Nahrungsaufnahme hängt auch zusammen, daß Muscheln, die in der Nähe von Kanalisationsausflüssen oder in Hafenbecken gefischt werden, pathogene Bakterien enthalten können.

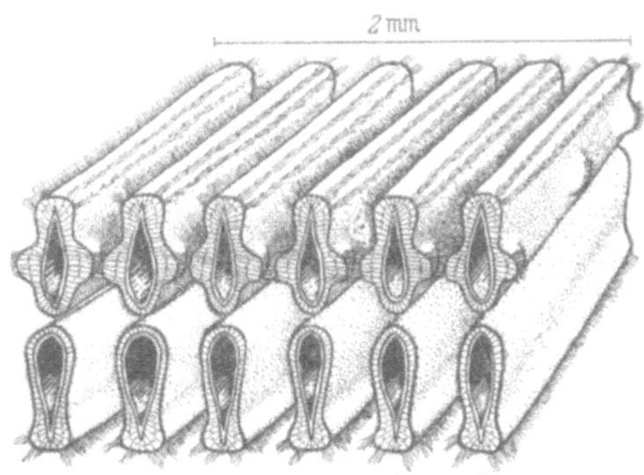

Abb. 81b. Stückchen aus einer Miesmuschelkieme: Man sieht, daß diese aus parallelen Faden aufgebaut ist. Die Faden tragen ein Flimmerepithel, mit dem das Atemwasser herbeigestrudelt wird. Im Atemwasser befindliche Nahrungsteilchen werden in den Kiemen festgehalten und durch Cilienbewegung zum Mund gefuhrt. (Orig.)

Tintenfische. Die Kopffüßer oder Tintenfische sind vorwiegend in wärmeren Meeren zuhause. Es gibt bodenlebende Arten wie z. B. die Kraken (z. B. *Octopus vulgaris*, *Eledone moschata*) und der gemeine Tintenfisch (*Sepia officinalis*); daneben leben aber auch Hochseeformen wie die Kalmare (*Loligo-* und *Oncotheutis-* Arten), die bei der Schleppnetzfischerei gelegentlich in großen Scharen gefangen werden.

Die Tintenfische sind alle gewandte, muskelkräftige Räuber von hochdifferenzierter Organisation. Die eßbare Muskulatur ist teils glatt, teils quergestreift und ähnelt, gekocht, in der Konsistenz dem Kalbsherz. Die im lebendfrischen Zustand prächtig aussehenden Tiere werden sehr schnell unansehnlich. Hiermit hängt es jedenfalls zusammen, daß sie auf dem binnenländischen Markt kaum zu sehen sind.

Seeigel sind von annähernd kugeliger Gestalt und haben ein unmittelbar unter der Körperaußenhaut gelegenes, starres, kapselartiges Skelett aus porösen Kalkplatten. Entsprechend ihrer fünfstrahligen Symmetrie haben sie auch fünf Eierstöcke, die im Sommer, zur Zeit der Fortpflanzung, die geräumige Leibeshöhle fast völlig ausfüllen. Die Eierstöcke, die ähnlich wie sanft gesalzener Fischrogen schmecken, werden an der Küste gegessen. Versuche, Seeigel in größerem Maßstabe ins Binnenland zu verschicken, sind bis jetzt noch nicht unternommen worden. *Seegurken* (Trepang) werden in China gegessen.

2. Wirbeltiere.

Was die Wirbeltiere auszeichnet, ist zunächst das aus phosphorsaurem Kalk aufgebaute Innenskelett. Die einzelnen Grundelemente dieses Skeletts sind: Die Rückensaite oder Chorda, um welche die Wirbelsäure angelegt wird; der

---

[1] Baker, M., E. M. Boyd, E. L. Clark u. A. K. Ronan: Variations in the water fat, glycogen and jodine of the flesh of oysters (*Ostrea virginica*) during hibernation and storage at 4° C. J. of Physiol. **101**, 36 (1942).

Hirnschädel; der den Anfangsdarm umschließende Kiefer- und Kiemenschädel; und schließlich Schulter- und Beckengürtel, an denen die Skelett-Elemente der Gliedmaßen eingelenkt sind. Diese Gliedmaßen sind bei den Fischen als Flossen, bei den übrigen Wirbeltieren als Beine mit Füßen ausgebildet. (Bei wasserlebenden vierfüßigen Wirbeltieren können die Beine sekundär wieder zu Flossen umgewandelt sein, wie z. B. bei Seeschildkröten, Seehunden und Walen.) Die innere Organisation ist ausgezeichnet durch ein geschlossenes Blutgefäßsystem, durch Atemorgane, die mit dem Vorderdarm in Verbindung stehen, durch eine mit einem Bauchfell ausgekleidete Leibeshöhle und durch eine im ganzen starke Entwicklung des Bindegewebes, welches zusammen mit dem Skelett und der ebenfalls meist mächtig entwickelten Muskulatur aus quergestreiften Muskelfasern den Wirbeltieren ihre Massigkeit verleiht. Für die Wirbeltiere gibt es mehrere, für sich gesehen, durchaus sinnvolle Einteilungen: 1. Flossentragende Fische — vierbeinige Wirbeltiere; 2. das ganze Leben oder doch in der Jugend kiementragende, feuchthäutige Fische und Lurche (Anamnioten) — nie durch Kiemen atmende Kriechtiere, Vögel und Säugetiere (Amnioten); 3. wechselwarme (*kaltblütige*) Fische, Lurche und Kriechtiere — warmblütige, thermokonstante Vögel und Säugetiere. Diesem letztgenannten Einteilungsprinzip entspricht auch die in früheren Jahrhunderten übliche Einteilung in *Fisch* und *Fleisch*, welche ja für die Definition der Fastenspeisen auch heute noch ihre Gültigkeit hat, und der auch höchst reelle physiologische Unterschiede der Muskulatur zugrunde liegen. Im folgenden wird als Beispiel für die Kaltblüter der Organisationstyp der Fische, als Beispiele für die Warmblüter diejenigen der Vögel und Säugetiere kurz besprochen.

Fische. Der Fischkörper besteht aus Kopf, Rumpf und Schwanz, die alle drei äußerlich nicht scharf gegeneinander abgesetzt sind. An Körperanhängen sind unpaare Rücken-, After- und Schwanzflossen vorhanden. Den Beinen der höheren Wirbeltiere entsprechen die paarigen Brust- und Bauchflossen. Der Körper ist mit Schuppen bedeckt, die bei den Haien mit schmelzbedeckten Zähnchen aus der Haut hervorkommen, bei den Knochenfischen als dünne Knochenplättchen unter der Oberhaut gelegen sind. Das Skelett ist bei den Haien knorpelig (u. U. stark verkalkter Knorpel), bei den Knochenfischen besteht es aus stark kollagenhaltigem Knochen. Bei den Haien besteht der Schädel aus einer knorpeligen Hirnkapsel, an der die Kieferbogenknorpel (Ober- und Unterkieferknorpel) gelenkig ansitzen. Bei den Knochenfischen ist der Schädel aus oft über 50, z. T. gegeneinander beweglichen Knochen aufgebaut. Hinter dem eigentlichen Kieferskelett kommt der Stützapparat für die Kiemen, der auch noch zahnartige Bildungen (Schlundknochen des Karpfens und des Kabeljaus) tragen kann. Während die knorpelige Haiwirbelsäule kaum Anhänge trägt, haben die Knochenfische lange, dünne Rippen und außerdem noch Bindegewebsverknöcherungen zwischen den Muskelsegmenten. Diese Verknöcherungen sind meist sehr dünn und oftmals verzweigt und werden als *Gräten* bezeichnet (Abb. 82a)[1].

Jedem Wirbel entspricht sowohl am Rumpf wie am Schwanz ein Muskelsegment (Abb. 82b). Die Muskelsegmente, innerhalb deren die Muskelfasern parallel zur Körperachse laufen, sind durch Bindegewebsplatten (Septen), in denen sich die schon erwähnten Gräten befinden können, gegeneinander abgegrenzt. Diese Bindegewebssepten sind meist nicht eben, sondern mehr von der Form von Näpfen oder Spitztüten (Abb. 83), wie man sich an gekochten Fischen leicht überzeugen kann. *Vier Längsstämme von Muskelsegmenten* liegen um die Wirbelsäule herum. Das Bindegewebe der Fische ist gegen chemische Einflüsse und gegen Kochhitze sehr wenig widerstandsfähig, so daß die Muskelsegmente beim

---

[1] BÜTSCHLI, O.: Vorlesungen über vergleichende Anatomie I. Leipzig: Engelmann, 1910.

Kochen schnell auseinanderfallen. Die einzelnen Muskelfasern sind nicht ganz so dicht mit Fibrillen erfüllt wie diejenigen der Vögel und Säugetiere, auch fehlt bei ihnen das Myoglobin gänzlich (weißes Fischfleisch) oder ist nicht in hoher Konzentration anzutreffen. Bei den primitiven Knochenfischen (z. B. herings- und lachsartigen) wird in der Muskulatur oft *Fett* in großen Mengen abgelagert, beim Hering bis zu 20 % des Frischgewichtes des Tieres.

Die meisten Fische sind Räuber, die sich entweder auch wieder von Fischen ernähren oder kleine Krebse und andere im freien Wasser schwebende niedere Organismen (Plankton) fressen; nur wenige sind ausgesprochene Pflanzenfresser (z. B. die Seebrassen). Der im allgemeinen relativ kurze Darm hat bei Haien eine Spiralfalte, bei den Knochenfischen u. U. zahlreiche Blinddärme. Eine Le-

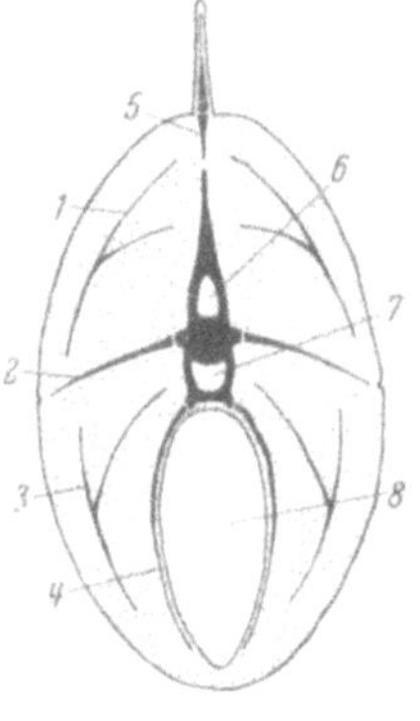

Abb. 82a. Knochenfisch, quer: *1* obere; *2* mittlere; *3* untere Fleischgräten; *4* Rippen; *5* Flossenhalter; *6* Rückenmarkskanal, Blutkanal der Wirbelsäule; *8* Leibeshöhle. (Nach *Bütschli*.)

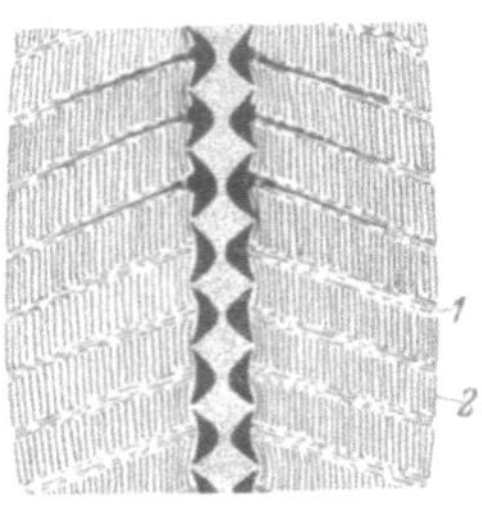

Abb. 82 b. Knochenfisch, waagrechter Langsschnitt: In der Mitte der Wirbelsäule, rechts und links, die Bindegewebssepten (*1*) und die Muskelsegmente (*2*). In den obersten drei Bindegewebssepten ist die Lage der Rippen (oder Gräten) angegeben. (Orig.)

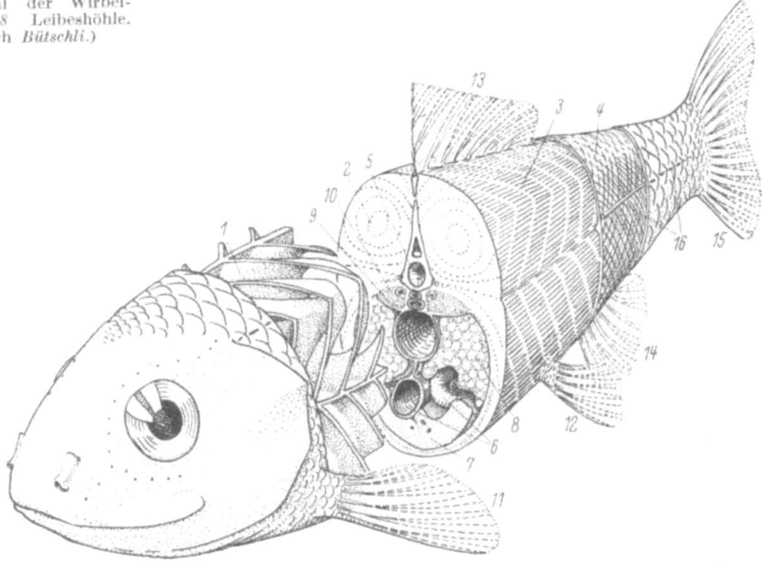

Abb. 83. Schema eines Fisches: *1* Bindegewebssepten (dazwischenliegende Muskulatur entfernt); *2* Muskeln und Bindegewebssepten, quergeschnitten; *3* Muskelsegmente nach Abnahme der Haut; *4* Lederhaut, schematisch den Faserverlauf der collagenen Fibrillen zeigend; *5* Wirbelsaule, quer; *6* Darm; *7* Leber; *8* Eierstock (Rogen); *9* Schwimmblase; *10* Niere; *11* Brustflosse; *12* Bauchflosse; *13* Ruckenflosse; *14* Afterflosse; *15* Schwanzflosse; *16* Seitenlinie mit Seitenliniennerv. (Die Rippen und Gräten sind der Übersichtlichkeit wegen nicht eingezeichnet. Vgl. Abb. 82a!) (Orig.)

ber ist stets vorhanden. Bei den Haien und vielen höher entwickelten Knochenfischen (z. B. den dorschartigen) dient sie als Fettspeicher (Lebertran!). Solche Fische haben dann meist in der Muskulatur wenig Fett (Magerfische).

Die Eier sind bei den Haien bis hühnereigroß und von einer gezipfelten Hornkapsel umgeben; bei den Knochenfischen beträgt der Eidurchmesser meist 0,5 bis 3 mm. Die Geschlechtsdrüsen (Eierstock = Rogen, Hoden = Milch) ragen von der Rückseite der Leibeshöhle in diese hinein und können sie während der Laichperiode prall ausfüllen. Bei den wirtschaftlich wichtigsten Seefischen (Hering, Kabeljau, Plattfische) können die Geschlechter nach ihrem äußeren Aussehen praktisch nicht voneinander unterschieden werden.

Lurche. Von den Lurchen haben nur die Frösche einige Bedeutung als Nahrungsmittel. Die *Froschschenkel* sind die samt dem hinteren Abschnitt des Beckens vom Rumpf abgetrennten Hinterbeine. Die Eigentümlichkeit der Froschmuskulatur, aus dem Körper genommen noch sehr lange zu überleben, ermöglicht es, Froschschenkel, bei 0° C frei aufgehängt, bei hoher Luftfeuchte mehrere Tage aufzubewahren. Einmal abgestorben, verderben sie jedoch wegen der geringen Widerstandsfähigkeit des Bindegewebes und der Muskulatur sehr schnell durch bakterielle Zersetzung. (Prüfen des Überlebens durch Feststellen der Reizbarkeit mit der elektr. Taschenlampenbatterie.)

Kriechtiere. Die hierzu gehörigen Schildkröten werden zur Herstellung von Suppen verwendet. Bis zur Verwendung bewahrt man sie lebend auf. Als wechselwarme Tiere vertragen es Schildkröten der gemäßigten Zone, bis nahe dem Gefrierpunkt abgekühlt zu werden. Für totes Reptilienfleisch gilt Ähnliches wie für das Froschfleisch: Große Anfälligkeit gegen Fäulnis. Bei Schildkröten setzt wegen der allseitigen Panzerung zudem meist schnell anaerobe Zersetzung ein.

Vögel. Der Körperstamm der Vögel ist deutlich in vier Abschnitte unterteilt: Kopf, sehr beweglicher Hals, starrer Rumpf und kurzer, beweglicher Schwanz. Die Vordergliedmaßen sind zu Flügeln umgewandelt; die Hintergliedmaßen stehen so, daß die Füße etwa unterhalb der Rumpfmitte den Boden berühren. Der Körper ist mit Ausnahme des Schnabels und der Füße mit Federn bedeckt. Der Schnabel hat eine Hornscheide, die Füße tragen Hornplatten bzw. -schuppen. Bei manchen Vögeln (Eulen, Adlern, manchen Huhn- und Taubenrassen) sind auch die Füße befiedert. Wieder andere Vögel haben kahle Körperstellen (Hals der Geier und Truthühner) oder tragen fleischige Anhängsel am Kopf (Haushuhn, Truthuhn, Moschusente, Kondor). Das Skelett ist aus dünnen, sehr festen Knochen aufgebaut, die stark verkalkt sind. Der Oberarmknochen enthält einen mit den Lungen zusammenhängenden Luftsack. Am Kamm des Brustbeines sitzt die mächtige Flugmuskulatur an. Die Federn werden von der Epidermis unter Mitwirkung einer Cutispapille gebildet und sind feinverzweigte Gebilde aus verhornten Zellen. Sie sind tief in die Haut eingesenkt und können durch be sondere Muskeln (Federmuskeln) bewegt werden. (Die Spannung dieser Muskeln beeinflußt den Widerstand, den die Federn beim *Rupfen* bieten.) Man unterscheidet Kontur- und Flugfedern. Die Basis der Konturfedern ist meist lockerer in der Bindung der einzelnen Hornstrählchen und dient hauptsächlich als Wärmedämmung. Die Federn werden vom Vogel mit dem Sekret der Bürzeldrüse eingefettet; bei Hühnervögeln geschieht dies jedoch nur sehr unvollkommen. Der *Verdauungsweg* beginnt nach dem Rachen mit der Speiseröhre, die sich am Übergang von Hals zu Rumpf zum Kropf erweitern kann. Im Rumpf zieht sie am *großen Herzen* und den kleinen, dorsal von diesem *zwischen den Rippen eingeschobenen Lungen* vorbei nach hinten und geht dann in den Drüsenmagen über, auf den der mit kräftiger Muskulatur ausgestattete *Muskelmagen* folgt. Dieser ist innen mit einem derben Drüsensekret gegen Verletzungen geschützt, die bei seiner Kauarbeit entstehen könnten. Der Magen arbeitet hierbei als eine Art von Kugelmühle unter Zuhilfenahme zahlreicher, geschluckter Steinchen. Unmittelbar hinter dem Kaumagen münden in den Darm der Gallengang und die Gänge der Bauchspeicheldrüse ein. Der Gallengang ist mit einer großen Gallenblase ausgestattet, welche der mehrlappigen *Leber* dicht ansitzt. An der Grenze zwischen dem verhältnismäßig kurzen Dünndarm und dem Enddarm befinden sich meist zwei lange Blinddärme (bei Hühnern zurückgebildet). In den Endabschnitt des Enddarmes (Kloake) münden auch die Harnleiter und die

Geschlechtswege. Die Hoden sind meist asymmetrisch entwickelt, von den Eierstöcken meist nur der linke voll entwickelt. Die großen *Eizellen* gelangen aus den Eierstöcken in die Leibeshöhle und von da in die Eileiter, wo sie befruchtet und auch von dem Weißei, den beiden Schalenhäuten und der Kalkschale umgeben werden.

Die Muskulatur der Vögel konzentriert sich auf die der Extremitäten: Die Brustmuskeln für die Flügel und die Beinmuskeln für die Füße, die selbst fast ganz muskellos sind. Gegenüber diesen Muskelpartien treten die übrigen Rumpf- und die Halsmuskeln massenmäßig ganz zurück (Abb. 84).

Das Hühnerei. Man unterscheidet beim Hühnerei und bei anderen Vogeleiern 1. Dotter, 2. Weißei, 3. inneres und äußeres Schalen- oder Eiweißhäutchen und 4. Schale (Abb. 85).

Dotter. Dieser ist — wie schon gesagt — die eigentliche Eizelle. Er besteht aus Protoplasma, das außerordentlich reich an Reservestoffen ist. Das eigentliche Bildungsplasma liegt als kleiner, dotterstoffarmer Bezirk unter der Dotteroberfläche und wird beim unbefruchteten Ei als *Keimfleck* bezeichnet. Befruchtete Eier haben, schon bevor sie die Henne verlassen, einen ganz jungen Embryo, der als *Keimscheibe* auf dem Dotter erkannt wird. Wie Abb. 25 zeigt, ist die Dottersubstanz geschichtet und auch unterschiedlich gefärbt. Die Intensität der Farbe

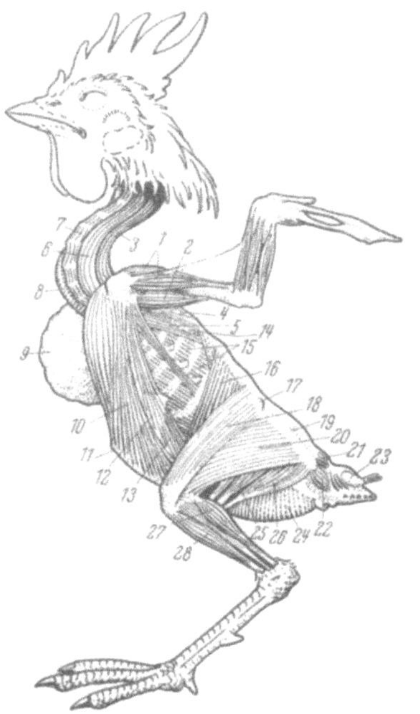

Abb. 84. Haushuhn, oberflächliche Muskulatur: *1* M. biceps brachii; *2* M. triceps brachii (extensor brachii); *3* M. longissimus colli; *4* M. dorso-humeralis; *5* M. longissimus dorsi; *6* M. lateralis colli; *7* M. flexor longissimus colli; *8* Luftrohre; *9* Kropf (die nach oben abgehende Speiserohre, durch Luftrohre und Halsmuskulatur verdeckt, auf der rechten Halsseite); *10* M. pectoralis; *11* Brustbeinkamm; *12* Teil der Brustbeinplatte, durchschimmernd durch *13* M. obliquus externus; *14* Schulterblattende; *15* Mm. intercostales; *16* M. levator costarum; *17* Huftgelenk; *18* M. sartorius; *19* Darmbein; *20* M. iliocostalis; *21* M. levator coccygis; *22* M. iliocaudalis; *23* Bürzeldruse; *24* M. transversus abdominis; *25* M. biceps femoris; *26* M. flexor ischii; *27* M. gastrocnemius; *28* M. tibialis. (Orig.)

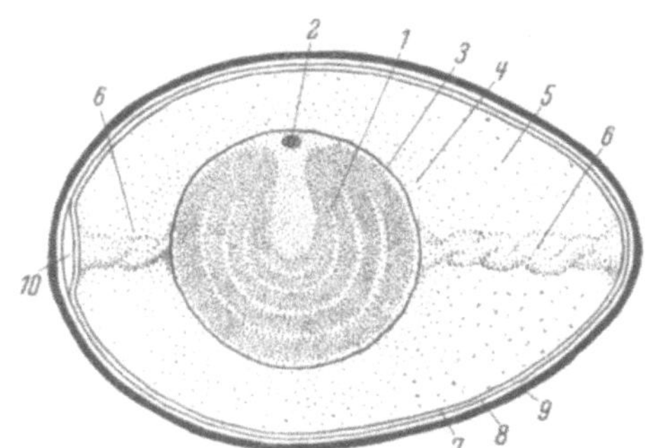

Abb. 85. Hühnerei: *1* Dotter (mit helleren und dunkleren Lagen); *2* Eikern (*Keimbläschen*); *3* Dottermembran; *4* dickes und *5* dünnes Weißei; *6* Chalazen; *7* innere und *8* äußere Schalenhaut; *9* Kalkschale; *10* Luftkammer.

hängt weitgehend von der vom Vogel aufgenommenen Nahrung ab, die z. B. bei freiem Auslauf und viel Grünfutter reich an Carotinoiden (Lutein, Taraxanthin) sein kann, welche die rötlichgelbe Dotterfarbe bewirken. Der Dotter ist von einer *Dottermembran* (der eigentlichen Zellmembran) umschlossen. Auf sie folgt das innerste, sehr zähflüssige *Weißei*; um dieses herum kommt eine nach außen dünnerflüssig werdende Eiweißschicht, die von der *Eiweißmembran* (innere Schalenhaut) umgeben ist. Innerhalb des Eiweißes sind die *Hagelschnüre* (Chalazen) zu unterscheiden, d. h. aus ziemlich festem Eiweiß gebildete Stränge, welche an zwei einander gegenüberliegenden, *äquatorialen*

Stellen des Dotters ansitzen und bewirken, daß der Dotter innerhalb des Weißeies frei beweglich bleibt, so daß der spezifisch leichte Keimfleckpol sich auch nach Drehen und Wenden des Eies nach oben begeben kann. (Von oben kommende Brutwärme!) Außerhalb der Eiweißmembran kommt die *Schalenhaut* (äußere Schalenhaut), welche der *Kalkschale* innen anliegt. Zwischen innerer und äußerer Schalenhaut befindet sich am stumpfen Eipol die *Luftkammer*. Sie ist am frischen Ei nur angedeutet, nimmt mit der Zeit aber infolge des Verdunstens des Eiinhaltes an Volumen zu. Die Kalkschale ist ebenfalls eine eiweißhaltige Abscheidung des Eileiters, die stark mit kohlensaurem Kalk imprägniert ist. Man kann an ihr feine Poren erkennen, die den Gasaustausch zwischen dem Ei-Inneren und der Außenwelt ermöglichen. Außen ist die Kalkschale von einer sehr dünnen *Eiweißlamelle* überzogen.

Hühnereier bleiben, unbebrütet, bis zu 15 Tagen zu 100% keimfähig (Lagertemperatur $+8°$ C)[1]. Von diesem Zeitpunkt an nimmt die Keimfähigkeit ab und ergibt nach 25 Tagen keine normalen Embryonen mehr. Bei der Bebrütung treten schon nach 48 Stunden die embryonalen Blutgefäße stark in Erscheinung (*Hahnentritt*). Das Ei ist dann noch genießbar. Länger bebrütete Eier, bei denen der Embryo schon gut zu sehen ist, sind genußuntauglich wegen der inzwischen eingetretenen Dotterveränderungen. Unbefruchtete Eier eignen sich zur Lagerung am besten. (Haltung der Hennen ohne Hahn.)

Für die Frischhaltung ist es wichtig, daß das Weißei bactericide Eigenschaften hat, und daß die Eiweißlamelle auf der Kalkschale, wenn sie unverletzt ist, das Einwandern von Mikroorganismen wirkungsvoll hemmt. Feuchte Verschmutzung der Schale sowie deren mechanische Reinigung zerstört diese Eiweißlamelle.

Säugetiere, unter denen sich die wirtschaftlich wichtigsten Haustiere befinden, sind auch abgesehen von diesen eine für die menschliche Ernährung so wichtige Tierklasse, daß auf sie etwas näher eingegangen werden muß. Systematisch werden sie wie folgt eingeteilt (auch hier sind wieder die Beispiele für die betreffenden Gruppen in Klammern gesetzt):

Monotremata = Eierlegende Säugetiere (australische Ameisenigel).
Ditremata = Lebendgebärende Säugetiere.
  Didelphia = Beuteltiere (Känguruh, Opossum, Koala).
  Monodelphia = Placentalia = höhere Säugetiere.
    Insectivora = Insektenfresser (Maulwurf, Igel, Spitzmaus).
    Chiroptera = Fledermäuse und fliegende Hunde.
    Rodentia = Nagetiere (Hase, Kaninchen, Meerschwein, Maus).
    Tubulidentia = Erdferkel.
    Pholidota = Schuppentiere.
    Xenarthra = Faultiere, Ameisenbären, Gürteltiere.
    Carnivora = Raubtiere (Ichneumon, Marder, Bären, Hunde, Katzen, Robben).
    Cetacea = Wale (Blauwal, Pottwal, Delphin, Braunfisch).
    Ungulata = Huftiere.
    Hyracoidea = Klippschliefer.
    Proboscidea = Elefanten.
    Sirenia = Seekühe.
    Perissodactylia = Unpaarhufer (Tapire, Nashörner, Pferd, Esel, Zebra).
    Artiodactylia = Paarhufer.
      Nichtwiederkäuende (Nilpferd, Schwein).
      Wiederkäuende (Kamele, Lamas, Hirsche, Rehe, Schafe Ziegen, Rinder, Giraffen).
    Primates = Halbaffen und Affen.

Ganz im Gegensatz zu den Vögeln sind die Säugetiere anatomisch sehr mannigfaltig. Außer der Milcherzeugung der Weibchen, die der Gruppe den Namen gegeben hat, ist für sie das Haarkleid charakteristisch, weiterhin die in Brust- und Bauchhöhle durch ein Zwerchfell unterteilte Leibeshöhle.

---

[1] Moran, T.: The cold storage and gas storage of eggs. Dept. Sci. & Ind. Res., Food Investigation Board 8. London 1939.

Es ist bemerkenswert, daß auch innerhalb der Säugetiere die für die menschliche Ernährung wichtigen Arten auf wenige Ordnungen beschränkt sind, und zwar auf die Nagetiere (Hasen, Kaninchen), die Wale und die

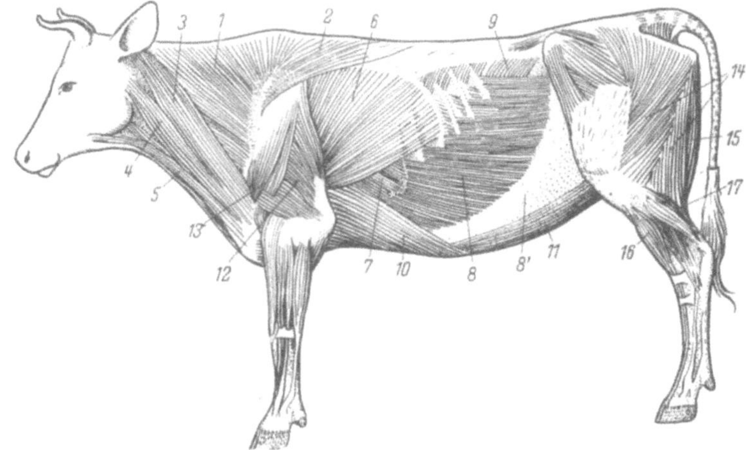

Abb. 86. Rind, oberflächliche Muskulatur: *1* M. trapezius cervicalis; *2* M. trapezius thoracalis; *3* M. cleidooc-cipitalis; *4* M. cleidomastoideus; *5* M. sternomastoideus; *6* M. latissimus dorsi; *7* M. serratus ventralis; *8* M. obliquus externus; *8'* dessen Sehnenplatte; *9* M. obliquus internus; *10* M. pectoralis profundes; *11* M. rectus abdominis; *12* M. triceps brachii; *13* M. deltoideus; *14* M. biceps femoris; *15* M. semitendinosus; *16* M. pero-naeus; *17* M. gastrocnemius. (Nach *Ellenberger-Baum*[1] u. a.)

Huftiere. Unter den Letztgenannten sind es auch wieder fast ausschließlich die Paarhufer, die weltweite ernährungswirtschaftliche Bedeutung haben.

Das *Skelett* der Säugetiere ist durch massige Knochen charakterisiert. Am Körperstamm sind Kopf, Hals, Brust, Lende, Beckenregion und Schwanz deutlich

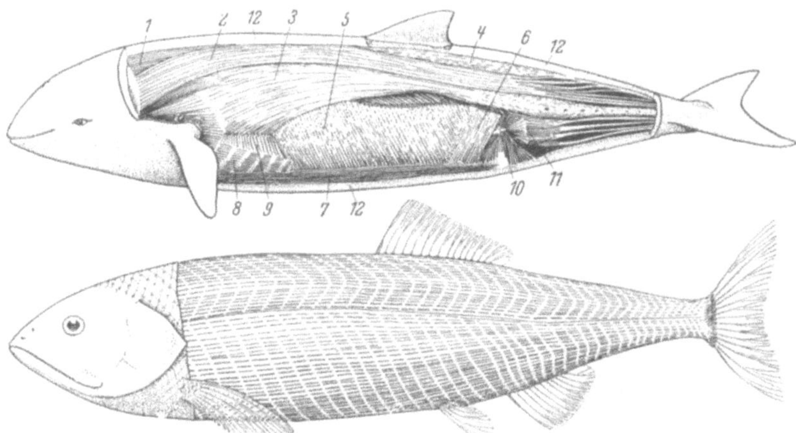

Abb. 87 u. 88. Vergleich der Muskulatur eines Wales (Abb. 27) und eines Knochenfisches (Abb. 28): Abb. 27. Muskulatur eines Zahnwales, etwas schematisiert: *1* M. semispinalis capitis; *2* M. iliocostalis capitis; *3* M. intertrans-versalis thoracalis; *4* M. longissimus dorsi; *5* M. obliquus externus; *6* M. obliquus internus; *7* M. rectus abdominis; *8* M. sternocostalis; *9* M. serratus magnus (abgeschnitten); *10* Becken; *11* M. ischiocaudalis; *12* Speckschicht. (In Anlehnung an *A. Br. Howell*[2].) Abb. 28. Knochenfisch: Gleichformig segmentierte Rumpf- und Schwanz-muskulatur des primaren Schlangelschwimmers.

[1] ELLENBERGER, W. u. H. BAUM: Handbuch der vergleichenden Anatomie der Haus-tiere. Berlin: Hirschwald, 1908.

[2] HOWELL, A. BR.: Aquatic mammals. Springfield u. Baltimore 1930.

abgegrenzt. Nur bei den extrem ans Wasserleben angepaßten Walen und den Seekühen ist die Halsregion stark gestaucht und die Grenze zwischen Rumpf- und Schwanzregion äußerlich sekundär verwischt. In großen Zügen kann man folgende *Muskelbereiche* unterscheiden (vgl. Abb. 86): Die *Muskeln des Körperstammes*, und zwar die über der Wirbelsäule verlaufenden Wirbelsäulenstrecker, die eigentlichen Lendenmuskeln, die unterhalb der Wirbelsäule, aber dorsal von der Leibeshöhle verlaufen und bei der Ventralkrümmung der Wirbelsäule mitwirken; die Muskeln des Brustkorbes und der Bauchwand; weiterhin die verschiedenen Halsmuskeln und die den Schwanz bewegenden Muskeln. Es ist bemerkenswert, daß diese verschiedenen Muskelgruppen auch bei den äußerlich fischförmigen Walen zu finden sind (Abb. 87), deren Muskulatur somit völlig anders ist, als die der Fische (Abb. 88). Zu den Muskeln des Körperstammes treten diejenigen der *Vorder- und Hintergliedmaßen*, von denen vor allem diejenigen mächtig entwickelt sind, welche zwischen Becken und Oberschenkelknochen ausgespannt sind; weiter dann die, welche den *Laufknochen*, d. h. den Mittelfußknochen, bewegen und am Unterschenkel

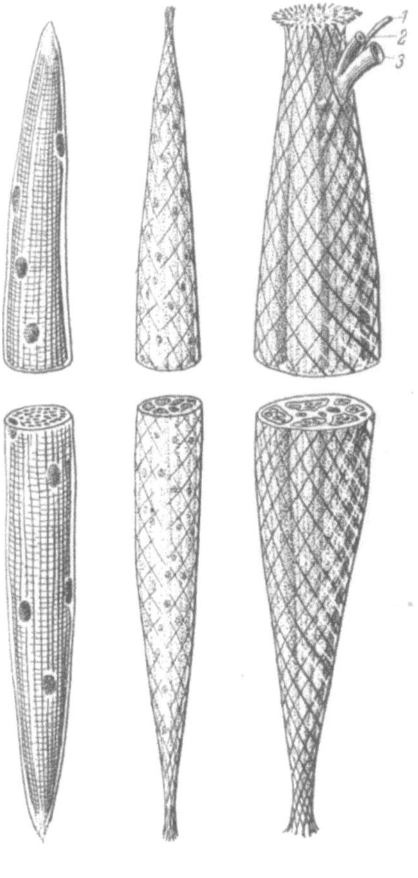

Abb. 89. *A* einzelne quergestreifte Muskelfaser (vielkernige Muskelzelle); *B* Primarbundel; *C* Secundarbundel (= Fleischfaser). In *B* und *C* ist die Anordnung der Bindegewebsfibrillen schematisch angedeutet. Die Mittelstucke der Muskelelemente sind jeweils herausgeschnitten. *1* Nerv, *2* Arterie; *3* Vene. (Orig.)

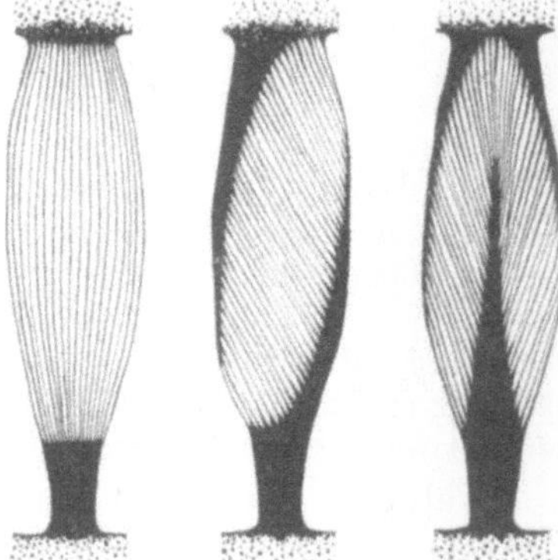

Abb. 90. Anordnung der Muskelfasern (hell) zwischen den bewegenden Skelett-Elementen (gepunktet). Sehnen bzw Fascien schwarz *A* fur starke Langenanderung bei verhaltnismaßig geringer Kraftentfaltung; *B* u *C* fur geringe Langenanderung bei starker Kraftentfaltung.

ansitzen. Die Muskulatur der Vorderbeine ist bei den laufenden Arten geringer entwickelt als die der Hinterbeine.

Der verwickelte *Aufbau der Säugetiermuskulatur* soll etwas ausführlicher besprochen werden: Die *einzelnen quergestreiften Muskelzellen* (Abb. 89 A; vgl. auch S. 322 u. 356) werden vom *Sarcolemm* umhüllt, eine kleine Anzahl von Muskelfasern durch das *Perimysium internum* zu einem *Primärbundel* zusammengefaßt. Sarcolemm und Perimysium internum sind Bildungen des reticularen Gewebes.

Im Sarcolemm finden sich Reticulinfasern, im Perimysium internum ausgesprochen kollagene sowie elastische Fasern. Im Perimysium internum laufen die Fasern kreuzweise schraubig um das Primärbündel herum (Abb. 89 B). Eine Anzahl von Primärbündeln ist durch lockere Bindegewebsfasern zusammengehalten. An ihren Enden gehen die Primärbündel in Sehnen über, die aus kollagenem Gewebe bestehen. Eine größere Zahl von Primärbündeln wird zu den mit bloßem Auge zu unterscheidenden *Fleischfasern* zusammengefaßt. Das diese umspinnende *Perimysium externum* zeigt die gleiche schraubige Anordnung seiner gekreuzten Kollagenfibrillen wie das Perimysium internum (Abb. 29 C). Die Fleischfasern vereinigen sich ihrerseits wieder zum eigentlichen Muskel, welcher von der vorwiegend aus kollagenen Fasern bestehenden *Muskelfascie* zusammengehalten wird. Die Vereinigung des Muskels mit den bindegewebigen Sehnen und den Knochen geschieht also vom bindegewebigen Anteil des Muskels aus. Die Anordnung der Fleischfasern ist je nach den mechanischen Erfordernissen und je nach der systematischen Stellung der Tiere verschieden. Es gibt Muskeln für geringe, mit großer Kraft auszuführende Bewegungen (Abb. 90 B, C) und solche, die große Längenänderungen mit verhältnismäßig geringer Kraftentfaltung durchmachen (Abb. 90 A). Die den Muskel versorgenden Blutgefäße folgen, ebenso wie seine Nerven, dem Bindegewebe.

B. Die physiologischen Gegebenheiten.

I. Ausgewählte Abschnitte aus der allgemeinen Physiologie.

1. Geruch und Geschmack[1,2].

Fast alle Lebensmittel haben einen ausgesprochenen Geruch und Geschmack; wir beurteilen die Güte einer Speise vor allem mit unserem Geruchs- und Geschmackssinn; der Wohlgeschmack spielt, wie man schon seit langem weiß, für die gesamte Verdauung eine wichtige Rolle; die feinsten Verdorbenheitsgrade pflegen sich zunächst geruchlich bemerkbar zu machen. Diese, für die Bewertung von Lebensmitteln bedeutsamen Tatsachen lassen es berechtigt erscheinen, über das Wesen von Geruch und Geschmack in diesem Handbuchbeitrag ein Kapitel einzufügen, obwohl — wie der Leser bald sehen wird — das zu entwerfende Bild unseres Wissens hier noch sehr lückenhaft ist.

Während die beiden Sinne *Gesicht* und *Gehör* als die höheren Sinne bezeichnet werden, weil sie einmal diejenigen sind, nach denen sich der Mensch hauptsächlich orientiert, und weil sie andererseits auf Reize ansprechen, welche der Qualität (Wellenlänge) und der Quantität (Lichtstrom, Wellenamplitude) sowie nach den Ausbreitungsgesetzen wohldefiniert sind, rechnet man die beiden chemischen Sinne *Geruch* und *Geschmack* zu den niederen Sinnen. Beim Menschen sind diese beiden Sinne an anatomisch scharf voneinander getrennten Bereichen lokalisiert: Der Geruchssinn hat seine Rezeptoren im Geruchsepithel der Nasenmuscheln. Die hier endigenden Riechnerven haben ihre zugehörigen Zentren im Vorderhirn. Der Geschmackssinn ist auf der Zunge und der ihr benachbarten Mundhöhlenschleimhaut lokalisiert. Die Geschmacksnerven gehören zwei vom Nachhirn ausgehenden Nervenpaaren an. Während durch die Geschmacks-Sinnesknospen nur vier Qualitäten (salzig, süß, sauer, bitter) wahrgenommen werden, ist die Zahl der durch die Riechschleimhaut vermittelten

---

[1] Zwaardemaker, H.: Handb. d. biol. Arbeitsmethoden Bd. **5**, 455.
[2] v. Skramlik, E.: Handb. d. Physiol. d. niederen Sinne I. Leipzig: Georg Thieme, 1926.

Geruchsqualitäten bis jetzt noch unübersehbar. Weder beim Geruch noch beim Geschmack wissen wir bis jetzt, welche Korrelationen zwischen den von den Geruchs- und Geschmacksstoffen einerseits und den empfundenen Geruchs- und Geschmacksqualitäten andererseits bestehen. (Einzige Ausnahme ist die Geschmacksqualität *sauer*, die dann auftritt, wenn in der geschmeckten Lösung H-Ionen vorhanden sind.) Anders also als bei den *höheren* Sinnen, wo zwischen Wellenlänge und Tonhöhe oder Farbe bestimmte Beziehungen bestehen, stehen wir bei den chemischen Sinnen vorerst noch scheinbar vor einem Chaos von chemischen Stoffen und Empfindungsqualitäten.

Versucht man, das Gesamtgebiet der Physiologie der chemischen Sinnesorgane zu ordnen, so kann man etwa folgende Einteilung treffen: 1. Analyse der Funktion der betreffenden Sinnesorgane; 2. Einteilung der chemischen Stoffe nach den durch sie verursachten Geschmacks- bzw. Geruchsempfindungen; 3. Einteilung der betreffenden Stoffe nach ihrer chemischen Eigenart (z. B. Polarität, Elektronenkonfiguration) oder ihren physikalisch-chemischen Eigenschaften (z. B. Löslichkeit, Oberflächenaktivität); 4. Betrachtung des Gesamtkomplexes von Sinneseindrücken, welcher bei der Sinnenprüfung das ausmacht, was man den *Geschmack* einer Speise nennt.

Dieser *Geschmack* ist nämlich ein meist aus drei bis fünf verschiedenen Sinnesmodalitäten (d. h. durch verschiedenartige Sinnesorgane festgestellte Sinnesqualitäten) zusammengesetzter, psychisch verschmolzener Komplex. Wenn wir z. B. eine Apfelsine essen, dann geht in die bewußtwerdende, als *Geschmack* empfundene Gesamtqualität folgendes ein: 1. der (echte) Geschmack *süß*, 2. der (echte) Geschmack *sauer*, 3. der (echte) Geschmack *bitter*, 4. der Geruch, den man als *fruchtig, apfelsinenartig*, und 5. der Geruch, den man als *harzig pomeranzenschalenartig* umschreiben könnte. Hierzu kommen noch 6. leichte Schmerzempfindungen durch die Säure; schließlich spielt dann 7. noch der aus Tast- und Wärmesinn verschmolzene Eindruck der Saftigkeit und Zartheit mit. Bei dieser versuchten Analyse des Gesamt*geschmacks* fällt sofort auf, daß zwar die eigentlichen Geschmacksqualitäten süß, sauer, bitter, die ihr entsprechendes Sinnesorgan in der Zunge haben, wohl mit Namen zu nennen sind. Die Geruchsqualitäten müssen aber umschrieben werden. Der Versuch, die Geruchsqualitäten zu klassifizieren, hat bis jetzt noch nicht zu befriedigenden Ergebnissen geführt, obwohl gerade auf diesem Gebiete der Geruchserforschung aus praktischen Erwägungen heraus (z. B. der Parfümindustrie) schon eine Reihe von Arbeiten vorliegen. So ist versucht worden, die große Zahl von subjektiv feststellbaren Geruchsqualitäten auf wenige *Grundgerüche* zurückzuführen, durch deren Mischung man alle anderen etwa so mischen könne, wie man durch Mischen dreier Grundfarben praktisch alle übrigen Farben mischen kann[1]. Neuere Nachuntersuchungen dieser Geruchsstandartisierungsversuche haben aber ergeben, daß die scheinbaren *Geruchsgleichungen* zwischen den standartisierten Mischgerüchen und den verglichenen Naturgerüchen (bzw. von chemisch einheitlichen Stoffen stammenden) schon deswegen nicht reproduzierbar sind, weil die *Standardgerüche* (aus denen die standartisierten Mischgerüche hergestellt werden) selbst schon von normalrüchigen Versuchspersonen nicht einwandfrei identifiziert werden können[2]. Man kommt daher bis heute über eine grobe Einteilung der Gerüche (und der entsprechenden Geruchsstoffe) nicht hinaus, wenngleich auch nicht von der Hand zu weisen ist, daß es bei weiterem Fortschreiten

---

[1] CROCKER u. HENDERSON: Analysis and classification of odors. Am. perfumer and essential oil rev. **22**, 325 (1927).

[2] Ross, S. u. A. E. HARRIMAN: A preliminary study of the Crocker-Henderson odor-classification system. Am. J. Psychol. **62**, 399 (1949).

der Forschung gelingen kann, Geruchsgleichungen in der eben angedeuteten Weise aufzustellen. (Eine ausführliche Darstellung der Frage der Klassifizierung der Geschmacks- und Geruchsempfindungen und der sich etwa ergebenden Möglichkeiten bei Plank[1].)

Es wäre nicht nur von theoretischem Wert, wenn man wüßte, welche chemischen oder physikalisch-chemischen Eigenschaften eine Substanz haben muß, um eine bestimmte Geruchs- oder Geschmacksempfindung hervorzurufen. Zwar kennt man unter den Riechstoffen einige Gruppen, welche unter sich ähnliche Elektronenkonfigurationen zeigen und in gesetzmäßiger Weise ähnlich riechen; z. B. riechen Substanzen, die aus einem Benzolkern und eingekoppelten Gruppen mit starkem E-Effekt (NO_2; CHO; N_3; Tetrazolrest) nach Bittermandelöl. Aber dann gibt es wieder Stoffe, die — soweit wir bis jetzt beurteilen können — chemisch und physikalisch-chemisch kaum Gemeinsamkeiten haben und trotzdem ganz ähnlich auf unsere Sinnesorgane zu wirken scheinen (z. B. Dulcin, ein phenyliertes Harnstoffderivat; Saccharin, Benzoësäuresulfimid; Rohrzucker, ein Disaccharid; Bleiacetat schmecken süß). Die Primärvorgänge am menschlichen Riechorgan sind zudem schwer quantitativ zu erfassen, weil der eigentlichen Perzeption zunächst eine Lösung des Riechstoffes in dem die Sinnestiftchen umhüllenden Schleim vorangeht. Weiterhin sind jedenfalls Adsorptionserscheinungen an der Grenzfläche zwischen Schleim und Rezeptor beteiligt. Neuere Untersuchungen lassen zudem vermuten, daß die Lipoidlöslichkeit der Duftstoffmoleküle bei deren Perzeption mitspielt[2]. Wieviel von dem in die Nase gelangten Duftstoff schließlich an die für die Perzeption entscheidenden Stellen der Geruchsrezeptoren kommt, läßt sich daher noch nicht entscheiden. Die z. T. stark voneinander abweichenden Angaben über die unteren, gerade noch perzipierten Riechstoffkonzentrationen werden hierdurch verständlich.

Eine auffallende Eigenart des Geruchs- und des Geschmackssinnes ist die leichte *Ermüdbarkeit*, die jedenfalls mit dem soeben Gesagten eng zusammenhängt, nämlich der Adsorption und Lösung der Reizstoffe am und im Rezeptor. Es scheint so zu sein, daß die Anreicherung an Reizstoff als Reiz wirkt, seine dauernde Gegenwart (besonders beim Geruchssinn) jedoch kaum mehr, so daß dann nur noch hohe Konzentrationen, welche ein genügend steiles Stoffgefälle auch bei Dauerwirkung (und gleichzeitigem Wegtransport des Eingedrungenen durch die Körperlymphe) sichern, noch als Reiz wirken. Diese Tatsache der leichten Ermüdbarkeit, welche zudem für die verschiedenen Stoffe (wohl wegen deren verschieden schnellen Eindringens bzw. ihrer verschiedenen Oberflächenaktivität) unterschiedlich ist, hat große Bedeutung für jegliche aus theoretischen oder praktischen Gründen angestellten Serienversuche bei Geschmacks- bzw. Geruchsprüfungen.

Dabei sind gerade für die Beurteilung des *Geschmacks* von Lebensmitteln solche Prüfungen noch weiterhin die zuverlässigste Methode. Aus dem Gesagten ist zu folgern, daß man sich der Komplexnatur dieses *Geschmacks* hierbei stets bewußt bleiben muß und versuchen sollte, seine Komponenten näher zu kennzeichnen. Also etwa so, daß man zunächst den Gesamteindruck zu beschreiben versucht; dann die eigentlichen Geschmacksqualitäten herauszuspüren sucht (u. U. durch Zuhalten oder Verstopfen der Nase); weiterhin wird man die reinen Geruchsqualitäten für sich zu erfassen suchen, indem man (u. U. nach Vertauben

---

[1] Plank, R.: Der gegenwärtige Stand der Klassifikation und objektiven Bewertung von Geschmacks- und Geruchsempfindungen. Beihefte z. d. Z. d. Vereins deutscher Chemiker, Nr. **52**, 1945. Berlin: Verl. „Chemie".
[2] Ehrensvärd, G.: Über die Primärvorgänge bei Chemorezeptorenbeeinflussung. Acta physiologica Scandinavica **3**; Suppl. 9 (1942).

der Zunge und Mundhöhle) das zu Prüfende *beschnüffelt* oder es durch den *Choanengeruch* prüft. Unter *Choanengeruch* versteht man die Geruchsempfindung, welche man beim Kauen bzw. Anwärmen der Speisen oder Getränke im Mund dadurch erhält, daß Luft aus dem Mund durch den Rachen von hinten in die Nase gelangt. Dieser *Choanengeruch* kann vom *Schnüffelgeruch* aus mehreren Gründen etwas verschieden sein: 1. wird das Nahrungsmittel im Mund erwärmt, 2. wird es u. U. mechanisch aufgeschlossen, 3. wird es durch den leicht alkalischen Speichel auch chemisch beeinflußt. Abgesehen von den reinen Geruchs- und Geschmacksempfindungen muß man dann noch auf die übrigen Sinnesmodalitäten achten: Das Brennen des Pfeffers; die Schärfe der Citrone, die brennende Süße hochkonzentrierten Zuckers oder Syrups beruhen auf Erregung von Schmerznerven. Pfefferminzöl wirkt spezifisch auf die Temperaturnerven: Es *kühlt.* Weiterhin kann der *Geschmack* einer Frucht eine *trockene* oder eine *saftige* Komponente haben. Aber auch Fleisch kann *trocken* oder *saftig* schmecken. Beide Male sind verschiedene Sinnesmodalitäten bei der Gesamtempfindung beteiligt: In der saftigen Frucht werden beim Zerbeißen an den Bruch- und Scherflächen die Zellen zerrissen; Saft fließt aus. Er tritt schnell in Wärmeaustausch mit der Mundhöhle, wodurch das Gefühl des Nassen, Saftigen entsteht. (Das Gefühl *naß* ist ein Komplexgefühl, bei dem ein verhältnismäßig schwacher Tastreiz zusammen mit einem verhältnismäßig starken Temperaturreiz vorhanden sein muß.) Bei einem *mehligen, trockenschmeckenden* Apfel hingegen lösen sich beim Zerbeißen die einzelnen Zellen des Fruchtfleisches unzerstört voneinander, weil das sie verkittende Pektin abgebaut ist; es tritt also aus ihnen kein Saft aus; die Luft der Interzellularen wirkt zudem wärmedämmend. Der Wärmeaustausch mit der Mundhöhle bleibt verhältnismäßig klein; das Gefühl des Nassen bleibt aus. In diesen Fällen beruht also die Unterscheidung zwischen *saftig* und *trocken* wesentlich auf Wärmesinneseindrücken, wozu noch die in beiden Fällen mehr oder minder große Menge freiwerdender Geschmacks- und Aromastoffe hinzutreten kann. Anders liegen die Dinge beim *trockenen* oder *saftigen* Fleisch, wo es in erster Linie Tastempfindungen sind, welche den Ausschlag bei der Beurteilung geben: *trocken* und *rauh, feucht* und *glatt* sind empfindungsmäßig Korrelate, die wieder mit dem relativen Anteil des Tastsinnes bei der Komplexqualität *naß* (aus Tast- + Temperaturempfindung) zusammenhängen. Grobfaseriges Fleisch, dessen einzelne Fasern derb sind und die tastende Zunge kratzen, wird daher als *trockener* empfunden, während feinfaserigeres Fleisch, in dem mäßig aber gleichmäßig Fettgewebe eingesprengt ist, das als *Schmiermittel* wirkt, für die Zunge glatter ist und als saftiger empfunden wird. Bei der *Strohigkeit* (wooliness) der Pfirsiche liegt etwas Ähnliches vor.

Durch solche Selbstkontrolle bei der Sinnenprüfung wird man diese viel weiter differenzieren können, als wenn man lediglich versucht, den Gesamteindruck in das Urteil eingehen zu lassen. Wie man die Einzelurteile oder das Gesamturteil formuliert, um z. B. einem Prüfungskollegium (wie das üblich und zweckmäßig ist) eine möglichst reproduzierbare Punktbewertung zu ermöglichen, liegt außerhalb unserer physiologischen Betrachtung. In jedem Falle ist es anzustreben, Vergleichsqualitäten des zu prüfenden Lebensmittels zur Verfügung zu haben, möglichst solche gleichbleibender Beschaffenheit, nach welchen die Prüfenden ihre Sinne immer wieder *eichen* können; denn auch Leute mit gutem Geruchsgedächtnis verfügen bekanntlich nicht über einen *absoluten* Geruchssinn. Schließlich muß nochmals auf die leichte Ermüdbarkeit der chemischen Sinne hingewiesen werden, ohne deren Berücksichtigung man zu großen Selbsttäuschungen kommt.

Wenn hier in großen Zügen über Geruch und Geschmack berichtet wird, muß kurz noch auf eine andere Seite des Gesamt-Themas eingegangen werden, nämlich auf die Eigenschaften der Lebensmittel, welche für ihren schließlichen *Geschmack* bedeutsam sind. Es würde dabei zu weit führen, auf die verschiedenen Aromastoffe einzugehen, welche im Tier- und Pflanzenreich auftreten. Nur soviel sei erwähnt, daß nur in den allerwenigsten Fällen einheitliche Duftstoffe das Aroma eines Lebensmittels ergeben, und daß auch bei dem (echten) Geschmack meist mehr als ein Geschmacksstoff beteiligt ist. Fast stets handelt es sich um Geruchs- und Geschmacksstoffgemische, die unsere Chemorezeptoren reizen; und das subjektive Korrelat sind Mischgerüche, aus denen wir in vielen Fällen die einzelnen Komponenten gar nicht *herausriechen* können. Kompliziert wird die Gesamterscheinung noch dadurch, daß — wie wir sahen — psychische Verschmelzungen eintreten, welche z. T. überhaupt nicht analysierbar sind, also psychische Primärqualitäten ergeben — vergleichbar der psychischen Primärqualität eines Akkordes aus Tönen oder derjenigen des stereoskopischen Sehens bei gesetzmäßig ungleichen Bildern auf den Netzhäuten unserer beiden Augen.

Hier seien nur einige Besonderheiten erwähnt, welche sich auf die Gerüche von Lebensmitteln beziehen, und die vielleicht am besten unter dem Sammelnamen *Fremdgerüche* zusammengefaßt werden können. Für die Lagerung von Lebensmitteln spielen diese Fremdgerüche ja eine große Rolle. Auch auf sonstige Geruchsabnormitäten sei kurz eingegangen.

Neben den üblicherweise einem Tier oder einer Pflanze eigentümlichen Geruch, können aus inneren oder äußeren Gründen zuweilen noch Gerüche bei ihnen auftreten, welche die Qualität dieser Organismen als Nahrungsmittel beeinflussen — meist beeinträchtigen. Am bekanntesten sind von den bei Tieren auftretenden Geruchsveränderungen diejenigen, welche mit der Nahrung zusammenhängen: Fischmehlfütterung kann bei Schweinen einen deutlichen Fischgeruch des Speckes verursachen, bei Hühnern kennt man Geruchsveränderungen der Eier durch Fischmehl- und Maikäferverfütterung. Bei Fischen kennt man Geruchsveränderungen, welche in manchen Meeren jahreszeitlich auftreten und ihre Ursache in der Massenvermehrung bestimmter Futtertiere haben. Bekannt ist fernerhin, daß Fische, welche *an sich*, d. h. wegen ihrer Größe und Häufigkeit sowie leichten Fangmöglichkeit sehr wohl als menschliche Nahrung in Frage kämen, deswegen hierfür ausscheiden, weil sie stark nach Phosphorwasserstoff riechende Schwämme fressen[1] und hierdurch denselben Geruch annehmen. Wieder andere Fische nähren sich vorwiegend von Schnecken, welche ihrerseits übelriechende Schwämme fressen. Auch die Verabreichung von Pharmaka an Haustiere kann den Geschmack von deren Fleisch, Milch und Eiern verändern. Etwas ganz Entsprechendes gilt für die Aufnahme von insektentötenden Mitteln durch Pflanzen. So verändern z. B. stark riechende chlorierte Kohlenwasserstoffe, welche als Verunreinigungen in Gammexanpräparaten auftreten, bei Kartoffeln stark deren Geschmack. Eine andere Art der Geschmacksveränderungen hängt mit der Geschlechtstätigkeit der Tiere zusammen: Bei Fischen kennt man die u. U. stark veränderte Lebensweise während der Laichzeit, während welcher in vielen Fällen die Tiere wochenlang fasten, abmagern und sich auch im *Geschmack* verändern, zumal die Geschlechtsprodukte (Rogen und Milch) auch noch einen ausgesprochenen *Geschmack* entwickeln. Wieder andere Tiere haben einen ausgesprochenen Geschlechtsgeruch; bekannt ist z. B. der Geruch des Ziegenbocks. Er hat hier seinen Ursprung in besonderen Hautdrüsen. Bei

---

[1] Buddenlöhner, Erdmann u. Lundbeck: Denkschrift über die Beurteilung und Hebung der Qualität der Seefische. Hauptvereinigung der dtsch. Fischwirtschaft 1939.

manchen Wildarten gilt Entsprechendes. Beim Schwein hingegen ist der *Eber-geruch* nicht in der Haut lokalisiert, sondern diffus in allen Organen des Körpers verbreitet.

Es ist natürlich wichtig, im Einzelfalle solche Geruchsabweichungen, welche sich bei Kühlhaus-Lagergut finden können, von denjenigen Fremdgerüchen zu unterscheiden, welche während der Lagerung übertragen wurden.

Solche Übertragung erklärt sich aus einer Eigentümlichkeit fast aller ausgesprochenen Geruchsstoffe: Sie sind meist ausgesprochen lipoidlöslich. Daher reichern sie sich in stark fetthaltigen Substanzen (Speck, fettem Fleisch und Fischen, tierischen und pflanzlichen Fetten und Ölen) besonders stark an. Weil gerade die stärkstriechenden Geruchsstoffe zudem einen verhältnismäßig hohen Siedepunkt haben (meist über 200 bis 300°), so sind sie auch durch Hitze aus dem Lösungsmittel schwer zu entfernen. Aus reinen Fetten sind sie allenfalls durch Wasserdampf auszutreiben. Da die Zellgrenzflächen von Pflanzen und Tieren ganz allgemein Lipoide enthalten (vgl. S. 252 u. Abb. 92), werden Fremdgerüche aber nicht nur an ausgesprochen fetten Nahrungsmitteln festgehalten. Die Kühlhauspraxis kennt schon seit langem die für Geruchsübertragung so empfindlichen Eier (Dotter stark lipoidhaltig). Andererseits weiß man, daß Früchte mit merklichem Gehalt an schwerer flüchtigen ätherischen Ölen (z. B. Apfelsinen) als Geruchsspender ebenso nachhaltig wirken können wie Gemüse mit Senfölgehalt (z. B. Zwiebeln). Schließlich spielen synthetische Kohlenwasserstoffabkömmlinge, welche in Lacken, Farben oder Kunststoffen vorkommen, als Geruchsspender eine oft unerwünschte Rolle. Da der Dampfdruck aller dieser Stoffe temperaturabhängig ist, wird bei der tiefen Kühlhaustemperatur jeder Fremdgeruch besonders leicht vom Lagergut aufgenommen, ohne daß er in der Atmosphäre der Kühlräume in merklicher Konzentration zu spüren wäre, zumal bei Temperaturen unter 0° C die Geruchsnerven durch Kälte mehr oder minder vertauben. Erst beim Anwärmen des Lagergutes tritt dann der Fremdgeruch unliebsam in Erscheinung.

2. Physiologische Betrachtung der Zellstrukturen.[1-7]

Bei der Betrachtung der Zell- und Gewebephysiologie müssen wir wieder ausgehen von den anatomischen Gegebenheiten, also von der Zell- und Gewebe-Anatomie. Die Vorgänge in den Zellen sind so eng an deren Feinstruktur geknüpft, daß sich Gestalt und Funktion gerade in diesem Bereich schwerer voneinander getrennt behandeln lassen als irgendwo anders. Allerdings muß gleich darauf hingewiesen werden, daß unsere Kenntnisse von diesen Verknüpfungen vorerst noch recht grob und lückenhaft sind; und außerdem darf man sich das, was als *Struktur* bezeichnet wird, nicht als etwas gar so Starres vorstellen. Die Vorgänge in der Zelle laufen ja in kolloidalen Substanzen ab, deren Eigentümlichkeit es ist, durch geringe Stoff- und Ladungsverschiebungen verändert zu werden. Die den Chemikern in früheren Zeiten unverständliche Tatsache, daß in ein und

[1] HEILBRUNN, L. V.: The colloid chemistry of protoplasm. Protoplasma-Monographie **1**, Berlin: Bornträger 1928.

[2] KIESEL, A.: Chemie des Protoplasmas. Protoplasma-Monographie **4**. Berlin: Bornträger 1930.

[3] LEPESCHKIN, W. W.: Fortschritte der Kolloidchemie des Protoplasmas in den letzten zehn Jahren, Sammelreferate. I Protoplasma **24** (1935); II u. III ibid. **25** (1936).

[4] SCHMIDT, W. J.: Die Doppelbrechung von Karyoplasma, Zellplasma und Metaplasma. Protoplasma-Monographie **11**. Berlin: Bornträger 1937.

[5] RIES, E.: Grundriß der Histophysiologie. Leipzig: Akad. Verlagsges. 1938.

[6] BROOKS, S. C. u. MOLDENHAUER, M. BROOKS: The permeability of living cells. Protoplasma-Monographie **19**. Berlin: Bornträger 1941.

[7] HÖBER, R.: Physik und Chemie der Zelle. Bern: Stämpfli u. Co. 1947.

derselben Zelle die verschiedenartigsten chemischen Reaktionen gleichzeitig ablaufen können, sind nur so zu erklären, daß die vielen und labilen Grenzflächen der verschiedenen Zellkolloide mit den dort lokalisierten Enzymen und den zwischen ihnen hin und her wandernden und z. T. ebenfalls adsorbierten reaktionsfähigen Stoffen räumliche Sonderungen auf kleinstem Raum ermöglichen. Diese sehr empfindliche Struktur der Zelle macht ihre Lebensfähigkeit aus; ihre Zerstörung ist gleichbedeutend mit dem Tod. Was wir bis jetzt hiervon kennen, sind eigentlich nur die derberen und gegen die Eingriffe des Beobachters widerstandsfähigeren Strukturen. Immerhin lassen sich auch schon im Mikroskop mit den *klassischen* Methoden der mikroskopischen Technik einige charakteristische Strukturen in den Zellen feststellen, die man ihrer Vergänglichkeit und ihren funktionellen Korrelationen nach, wie folgt, einteilt:

1. *Euplasmatische* Zellstrukturen sind solche, die je nach dem Zustand der Zelle auftreten und wieder verschwinden können, aus dem Protoplasma herausdifferenziert und wieder in dasselbe zurückgenommen werden und dauernd Bestandteile des Protoplasmas bleiben (z. B. manche Granulationen und Vacuolen, sowie doppelbrechende Fasern, wie sie bei der Zellteilung auftreten).

2. *Mesoplasmatisch* sind Differenzierungen des Cytoplasmas, die, nachdem sie einmal ausdifferenziert worden sind, für längere Zeit oder für das ganze Leben der Zelle bestehen bleiben und gewöhnlich nicht wieder rückgängig gemacht werden. (Zu ihnen gehören die Muskelfibrillen.)

3. *Metaplasmatisch* nennt man solche Differenzierungen des Zellplasmas, die völlig irreversibel sind und somit dauernd erhalten bleiben. Über ihren Stoffwechsel, der gering ist, weiß man wenig. (Hierzu gehören gewisse Fibrillen [Tonofibrillen], die auf Zugspannung spezialisiert sind. Vielleicht gehören auch die in den Nervenzellen liegenden Strukturen hierher, die im fixierten Präparat als *Neurofibrillen* zu sehen sind.)

4. *Alloplasmatische* Stoffe und Strukturen, die vom Zellplasma gebildet werden, dann aber nicht mehr eigentlich zu ihm gehören, sind Ausscheidungen aus diesem und haben keinen echten Stoffwechsel. (Zu ihnen gehören die Drüsensubstanzen, die Cuticular- und die Bindegewebssubstanzen.)

Abgesehen von den unter 4. genannten Differenzierungen, die eben als abgesonderte Dinge angesehen werden müssen, welche dem *eigentlichen* Protoplasma entfremdet sind, lassen sich die Protoplasmadifferenzierungen nicht für sich allein betrachten. Sie gehören zum Gesamtbestand der Zelle, in der sie auftreten; und man kann nicht entscheiden, ob sie nun *tote* oder *lebende* Gebilde seien. Das Leben ist innerhalb der lebenden Zelle nicht zu lokalisieren; es besteht im Zusammenspiel *aller* ihrer strukturierten Bestandteile.

Dabei sind die soeben genannten Strukturen nur die gröberen Anteile der Gesamt-Zellstruktur. Mit dem gewöhnlichen *Hellfeldmikroskop* kommt man eben nur in die Größenordnung der Lichtwellenlänge, also 4000 bis 8000 Å (0,4 bis 0,8 μ), weil kleinere Teilchen durch das an ihnen abgebeugte Licht umflossen werden; sie werden im Hellfeld *überstrahlt*. Um in kleinere Dimensionen vorzudringen, bedient man sich daher verschiedener optischer Hilfsmittel, welche diese Grenze zu überschreiten gestatten:

1. Bei der *Dunkelfeldmikroskopie* läßt man das Licht schräg von unten (oder u. U. auch von oben) auf die Objektebene fallen, so daß — wenn hier alles optisch homogen ist — überhaupt kein Licht in den Strahlengang des Mikroskops kommt; man sieht dann ein dunkles Gesichtsfeld. Objekte aber, welche in ihrer optischen Dichte genügend stark von ihrer Umgebung abweichen, beugen an ihren Grenzflächen das Licht ab, so daß ein Teil hiervon dann auch ins Mikroskop und damit ins Auge des Beobachters oder auf die photographische Platte kommt. Kleine

Objekte, die wegen der Lichtbeugung im Hellfeld unsichtbar bleiben, werden durch eben diese Lichtbeugung somit sichtbar; sie erscheinen hell-leuchtend auf dunklem Grunde. Eine genaue Abbildung findet allerdings nicht statt, aber das Vorhandensein oder Nicht-Vorhandensein von jenseits der 4000-Å-Grenze liegenden Inhomogeneitäten (kleinsten Granulen, großen Micellen) kann festgestellt werden bis hinunter zu ca. 50 Å. Zwischen 5000 und 500 Å erkennt man so noch einzelne Partikel, zwischen 500 und 50 Å kann man noch den Gesamteffekt von vielen Partikeln erkennen (sog. Amikronenleuchten). Außerdem kann man natürlich bei an und für sich für die Hellfeldmikroskopie genügend großen Objekten, die aber wegen ihrer Durchsichtigkeit im Hellfeld schwer zu erkennen sind, im Dunkelfeld u. U. viele Konturen und sonstige Einzelheiten besser erkennen.

2. *Beobachtung im polarisierten Licht:* Nicht nur Kristalle können doppelbrechend sein; auch Kolloide sind es oft. Während bei den Kristallen für die Anisotropie der in den verschiedenen Ebenen des Raumes verschiedene Gitterabstand der das Kristallgitter bildenden Ionen, Atome oder Moleküle verantwortlich ist (Eigendoppelbrechung), ist es bei den Kolloiden die Form gerichtet angeordneter Kolloidteilchen, welche die Doppelbrechung bewirkt: kugelige Teilchen z. B. bewirken keine Doppelbrechung; stäbchenförmige, parallelgeordnete oder flächig geschichtete Teilchen ergeben Doppelbrechung (Formdoppelbrechung), die man polarisationsoptisch analysieren kann. Damit Formdoppelbrechung zustande kommt, ist es nötig, daß die Kolloidteilchen gegenüber dem Dispersionsmittel genügend große Lichtbrechungsunterschiede aufweisen. Man kann z. B. die Formdoppelbrechung eines Kolloids dadurch zum Verschwinden bringen, daß man das Dispersionsmittel, in seiner optischen Dichte den Kolloidteilchen angleicht. Die etwa vorhandene Eigendoppelbrechung der Kolloidteilchen bleibt hiervon dann unberührt. Die polarisationsoptische Analyse hat für die Aufklärung der submikroskopischen Zellstrukturen schon sehr viel geleistet.

3. *Phasenkontratsverfahren.* Bei der Beobachtung im *gewöhnlichen* Hellfeld erkennt man die Objekte entweder dadurch, daß sie gefärbt sind, also selektiv absorbieren, oder daß sie mehr oder minder optisch dicht sind und entsprechend ihrer Dichte die Lichtstrahlen brechen, wodurch dann nur ein Teil hiervon in den Strahlengang des Mikroskops kommt. Bei der Besprechung der Plasma-Einschlüsse auf S. 312 wurde auf diese Erscheinung hingewiesen und betont, daß Dichteunterschiede sich als Dunkelheit bemerkbar machen können. Das Phasenkontrastverfahren verfeinert diese Beobachtungsmöglichkeit durch besonderen Strahlengang im Mikroskopkondensor, so daß nun auch noch sehr feine Gangunterschiede als deutliche Dunkelheitsunterschiede auffallen. Hierdurch ist es möglich, ohne färberische oder sonstige Eingriffe viele Feinstrukturen in der Zelle auch im Leben zu sehen, die früher der Beobachtung entgingen. Die Auswertung der Methode hat erst begonnen. Kolloidale Veränderungen beim Absterben der Zellen und während der Autolyse werden sich mit ihrer Hilfe nach den bisherigen Erfolgen sicher gut verfolgen lassen.

4. So großartig die *Elektronenmikroskopie* als Erfindung ist, so kann man sie bei biologischem Material doch nur beschränkt anwenden, weil die Beobachtung es erfordert, daß das Objekt in ein Hochvakuum kommt, also völlig ausgetrocknet sein muß und somit unter ganz lebensfernen Bedingungen steht. Für die Lösung von Teilproblemen (z. B. genauere Bestimmung der Micellengröße und -Anordnung von Kolloiden sowie Feinststrukturen von Zellbestandteilen) hat die Methode jedoch schon Ausgezeichnetes geleistet.

5. Ein weiteres Mittel, in die Einzelheiten der Zelle einzudringen, ist die *Vitalfärbung.* Man kann mit einer Reihe von Farbstoffen das Plasma oder den

Zellkern auch im Leben anfärben. Wichtig ist, daß die Anfärbung aus sehr stark verdünnten Lösungen (ca. 1/10000) geschieht und eine starke Speicherung des Farbstoffes an den anzufärbenden Zellstrukturen zur Voraussetzung hat. Die Einzelheiten der Vitalfärbung und ihrer theoretischen Voraussetzungen seien hier nicht besprochen. Wesentlich ist, daß man a) die Ladung der Plasmakolloide, b) die Orte größerer oder geringerer Oxydations- bzw. Reduktionsbereitschaft in der Zelle, c) bestimmte chemisch definierte Zellsubstanzen durch Vitalfärbung untersuchen kann. Außerdem zeigen bei dieser Methode lebende und tote Zellen so charakteristisch verschiedene Anfärbungsbilder, daß man die Vitalfärbung in vielen Fällen zur genaueren Beobachtung von Absterbevorgängen benutzen kann. Da *Vitalfärbung* nicht heißt, daß *nur* im Leben angefärbt werden kann, sondern daß *sogar* lebende Zellen angefärbt werden können, sind manche als. Vitalfarbstoffe bekannten, in der Zelle spezifisch anreicherbaren Farbverbindungen auch für die Untersuchung toten Gewebes geeignet.

Es ist für das lebende Protoplasma bezeichnend, daß es als Ganzes die Eigenschaften eines komplexen Kolloids hat, das dauernd auf der Kippe zwischen Gel- und Sol-Zustand ist. Lokale Anhäufungen irgendwelcher, den kolloidalen Zustand beeinflussender Stoffe (Salzüberschuß, aber auch Salzverlust, Ladungsverschiebungen durch Säurebildung oder -bindung, Oxydationen, Reduktionen) bringen lokale Verflüssigungen oder Verfestigungen hervor, verursachen u. U. Emulsionsumkehr, Dispersionsvergröberungen oder grobe Ausflockungen, lassen Vacuolen auftreten oder verschwinden oder Trübungen sichtbar werden oder verblassen. Eben dieses dauernde Auf-der-Kippe-Sein des Kolloidzustandes bringt es mit sich, daß die Grenzflächen am oder im Protoplasma so großen Einfluß auf seine Stoffanordnung ausüben. Die durch Oberflächenkräfte bedingte Ausrichtung grenzflächenaktiver Stoffe (z. B. von Lipoiden) bleibt nicht ohne Einfluß auf die Ladungsverteilung in der großen Masse des solchen Grenzflächen benachbarten Protoplasmas. Mit all diesen Erscheinungen hängt die Verteilung chemisch besonders wirksamer Stoffe, z. B. der Enzyme, zusammen. Die ganze innere Zellstruktur, von der oben die Rede war, ist eng mit diesem Ladungsmosaik verbunden, ja, beide sind unmittelbarer Ausdruck der Funktionselemente des Lebens. Nur dadurch, daß dauernd Energie aufgewandt wird, bleibt dieser äußerst anfällige Beharrungszustand *Leben* erhalten. Hiermit hängt auch eng zusammen, daß die in der mikroskopischen Technik oft unvermeidbare Abtötung der Objekte stets mehr oder minder starke Strukturvergrößerungen ergibt, deren Beurteilung oft schwierig ist. (Vgl. S. 322 das über Muskelfibrillen Gesagte!)

Die Hauptbausteine, welche dieses System zusammensetzen, sind die *Eiweiße* und die *Lipoide*. Auf ihre Chemie kann hier nur in großen Zügen eingegangen werden[1,2].

Eiweiße. Wichtig für das Verständnis des Protoplasma-Aufbaues ist vor allem, daß die Eiweiße aus Aminosäuren aufgebaut sind, welche saure Carboxylgruppen ($-COOH$) und basische Aminogruppen ($-NH_2$) oder Iminogruppen ($=NH$) aufweisen. Das Verhältnis der freien Säure- und Aminogruppen und ihre räumliche Anordnung im Eiweißmolekül bestimmen schließlich, ob ein Eiweiß mehr saueren oder mehr basischen Charakter hat[3]. Eine Doppelnatur hat es auf jeden Fall (amphoterer Körper), d. h. stärkeren Säuren gegenüber verhalten sich die Eiweiße als Basen, stärkeren Basen gegenüber als Säuren. So kann man z. B. in salzsaurer Lösung ein *Gelatine-Chlorid*, in durch Natronlauge alkalischer Lösung

---

[1] Lehnartz, E.: Chemische Physiologie, 9. Aufl. Berlin: Springer 1949.

[2] Vgl. auch den Beitrag von Diemair in diesem Band.

[3] Weber, H. H.: Eiweißkörper als Riesenionen. Schriften d. Königsberger geb. Gesellsch. Naturwissenschaftl. Kl. **18**, 4 (1942).

ein *Natrium-Gelatinat* erhalten. Die aktiven sauren und alkalischen Gruppen des Eiweißes sind auch dafür verantwortlich, daß es imstande ist, Wasser (Hydrathülle) um sich zu scharen und so zu quellen. Für jedes Eiweiß gibt es einen engen p_H-Bereich, in welchem seine sauren und basischen Gruppen sich in ihrer Dissoziation die Waage halten. Das p_H, bei welchem dies am vollständigsten der Fall ist, nennt man den *iso-elektrischen Punkt* (IEP) der Eiweiße. Im elektrischen Feld wandert das nun praktisch ladungslose Molekül nicht, während es im mehr sauren als Kation, im mehr alkalischen als Anion wandert. Außerdem ist die Fähigkeit der Wasserbindung im IEP am geringsten. Daher flocken im IEP auch die meisten Eiweiße aus. Da die verschiedenen Eiweiße aus einer ganzen Anzahl von Aminosäuren — hauptsächlich sind es 15, die in wechselndem Verhältnis und verschiedenem Mosaik in dem riesigen Molekül eingebaut sein können — zusammengesetzt sind, ist die resultierende Gesamtladung je nach der Zahl und dem elektrophoretischen Verhalten der einzelnen Aminosäuren verschieden. Zunächst kann der IEP verschieden liegen, woraus sich die Existenz von mehr *basischen* und mehr *sauren* Eiweißen erklärt. Weiterhin spielt die absolute Molekülgröße eine Rolle; und dann ist es noch wesentlich, daß sich am Gesamtaufbau des Moleküls auch Nicht-Aminosäuren beteiligen können. Die Gesamtzahl möglicher Eiweißarten ist von astronomischer Größe. In großen Zügen unterscheidet man folgende Eiweißkörper:

1. *Einfache Eiweißkörper* (eigentliche Proteine). Protamine, Histone, Gliadine, Glutelline, Globuline, Albumine, Gerüsteiweiße.

2. *Zusammengesetzte Eiweißkörper* (Proteide). Nucleoproteide, Phosphoproteide, Glykoproteide, Chromoproteide.

Zu 1. *Protamine* haben ein für Eiweißkörper relativ niederes Molekulargewicht von 2000 bis 3000 und werden durch Hitze nicht koaguliert. Sie sind bezüglich ihrer Aminosäurezusammenstellung verhältnismäßig abwechslungsarm, finden sich mit Nucleinsäuren verknüpft vor allem im Fischsperma.

Histone sind schon höhermolekular, haben hohen IEP und sind in reinem Wasser löslich. Sie werden von allen eiweißspaltenden Fermenten verdaut. Sie kommen ebenfalls im Fischsperma vor, und auch in den roten Blutkörperchen.

Gliadine kommen in Pflanzensamen vor und seien hier übergangen, ebenso die *Glutelline*.

Globuline sind durch ihre Unlöslichkeit in reinem Wasser gekennzeichnet. In schwachen (ca. 0,1 m) Salzlösungen sind sie hingegen löslich. Sie haben leicht sauren Charakter, sind gegen alle denaturierenden Einflüsse sehr empfindlich und flocken durch p_H-Änderungen und Hitze leicht aus. Sie sind im Protoplasma weit verbreitet. Den Globulinen nahestehend ist das Myogen und das Myosin.

Albumine sind wasserlöslich, reagieren annähernd neutral und enthalten meist ziemlich viel Schwefel aber kein Glykokoll. Serumalbumin und Milchalbumin sind wichtige Vertreter.

Gerüsteiweiße (vgl. S. 314; 317) sind untereinander recht verschieden. Gemeinsam ist ihnen ihre Unlöslichkeit in Wasser, schwachen Säuren und schwachen Alkalien. Verdaut werden sie im nativen Zustand nur von den Fermenten von Nahrungsspezialisten (z. B. das Keratin von den Larven der Kleidermotte). Die Gerüsteiweiße sind meist durch ziemlich monotone Aminosäurezusammensetzung ausgezeichnet.

Zu 2. *Nucleoproteide* kommen vorwiegend in den Zellkernen vor und enthalten als Nicht-Aminosäure-Bestandteil die Nucleinsäuren.

Phosphoproteide enthalten als prosthetische Gruppe Orthophosphorsäure. In Wasser unlöslich, werden sie durch Basen in Lösung gebracht und durch Säuren wieder ausgefällt. Wichtige Vertreter sind Caseïn und Ovovitellin.

Glykoproteide sind gekennzeichnet durch den Gehalt an Glucosamin oder Chondrosamin. (Glucosamin steht den Zuckern nahe und ist auch der Grundbaustein des Chitins; Chondrosamin ist ähnlich aufgebaut wie Glucosamin.) Die prosthetische Gruppe des Chondroitins (des Hauptbestandteiles der Knorpelzwischensubstanz) ist die chondrosaminhaltige Chondroitinschwefelsäure (vgl. S. 318). Im Tierkörper kommen die Glykoproteide hauptsächlich in den intercellularen Gallerten und in schleimigen Ausscheidungen (Mucoiden) vor.

Chromoproteide sind Farbeiweiße und enthalten als prosthetische Gruppe einen Farbstoff. Neben wichtigen Atmungsfermenten gehört hierher das uns besonders interessierende Hämoglobin und das mit diesem fast identische Myoglobin (vgl. S. 367).

Die Lipoide seien hier als zweite, maßgeblich am Protoplasmaaufbau beteiligte Stoffgruppe genannt. Im lebenden Protoplasma kommen sie meist in enger Bindung an Eiweiße vor, sofern sie nicht nur als Reservestoffe dienen. Unter *Lipoiden* faßt man im übrigen eine Gruppe recht verschiedenartiger Substanzen zusammen, die sich mehr durch ihr physikalisch-chemisches Verhalten als durch ihre chemische Konstitution ähneln. Lipoide im weitesten Sinne sind Stoffe, die vor allem durch ihre Löslichkeit in organischen Lösungsmitteln (Benzol, Äther, Chloroform) ausgezeichnet sind. Unter diesen Stoffen unterscheidet man nun wieder die Neutralfette (eigentlichen Fette und Öle) und die Lipoide (d. h. fettähnlichen Substanzen) im engeren Sinne. So kommt man für die Lipoide im weiteren Sinne zu folgender Einteilung: 1. Fette (Neutralfette), 2. Wachse, 3. Phosphatide, 4. Cerebroside, 5. Sterine, 6. Carotinoide. Da mit Ausnahme der Wachse die Lipoide im tierischen Gewebe weit verbreitet und auch für die Behandlung toten tierischen Gewebes in der Nahrungsmittelfrischhaltung von Wichtigkeit sind, sei auf ihre charakteristischen Eigenschaften hier kurz eingegangen:

Neutralfette entstehen aus Fettsäuren und dem dreiwertigen Alkohol Glycerin unter Wasseraustritt, entsprechend nachfolgendem Beispiel:

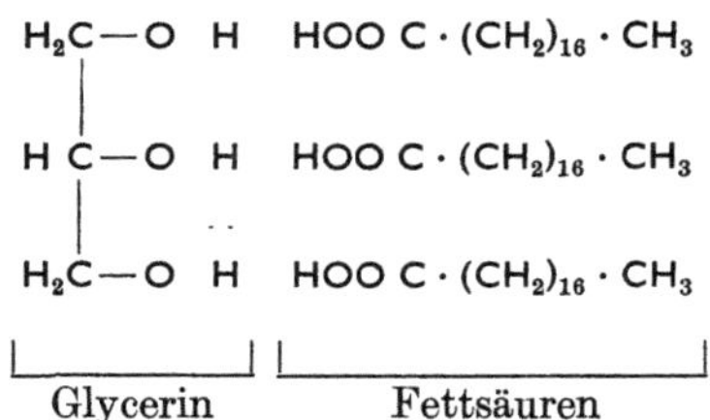

Glycerin   Fettsäuren

Der Charakter solcher Triglyceride wird bestimmt durch die Kettenlänge und die Gesättigtheit der beteiligten Fettsäuren; niedrige Kettenlänge (z. B. Buttersäure) und Doppelbindungen im Molekül (ungesättigte Fettsäure, z. B. Ölsäure) ergeben niedrigeren Schmelzpunkt des Neutralfettes als höhere Kettenlänge und völlige Sättigung (ohne Doppelbindungen in der Kohlenstoffkette wie z. B. bei der Palmitin- oder Stearinsäure).

Neutralfette kommen bei Tieren hauptsächlich in den *Depotfetten* vor, also in denjenigen Fetten, die als Reservestoffe oder zur Wärmedämmung im Bindegewebe angehäuft werden (Fettgewebe vgl. S. 319). Solche Depotfette sind in den selteneren Fällen einheitlich. Meist können aus ihnen verschiedene Fette getrennt werden, z. B. aus dem Rinderfett das aus niedrigschmelzenden Fetten bestehende *Oleomargarin* und das hauptsächlich aus Glycerintristearat bestehende hochschmelzende Fett. Dann gibt es auch gemischte Glyceride, in denen mit einem Glycerinrest verschiedene Fettsäuren verestert sind nach dem Schema:

$$H_2C — \text{Fettsäurerest 1}$$
$$HC — \text{Fettsäurerest 2}$$
$$H_2C — \text{Fettsäurerest 3}$$

Hierdurch ergibt sich eine sehr große Mannigfaltigkeit der Fette. Bemerkenswert ist, daß im Tierkörper die Fette sich temperaturabhängig verschieden bilden: Im Durchschnitt findet man höher schmelzende Fette dort, wo höhere Körpertemperaturen herrschen. Das gilt einmal für verschiedene Tiere, z. B. bei wechselwarmen Tieren für solche, die in der Kälte bzw. in warmer Umgebung leben (vgl. Abb. 91). Es gilt aber auch für Warmblüter und deren verschiedene Körperregionen: Beim Unterhautfettgewebe des Rindes findet man einen Fettschmelzpunkt von 43,5° C, bei dessen Nierenfett einen solchen von 50° C; das Fett der stark auskühlenden Füße ist ölartig (*Klauenöl*); beim Schwein, dessen nackte Körperoberfläche stark auskühlt, sind die entsprechenden Werte 42 bis 48° C für das Unterhautfettgewebe; beim Hammel mit seinem dichten Vließ 49 bis 51° C; beim Pferd im Unterhautfettgewebe etwas über 30° C, im *Kammfett* 60° C. Während Hammelfett, wie eben erwähnt, hochschmelzend ist, wird das Fett des annähernd nackten Fettsteißes der asiatischen Fettsteißschafe als *butterähnlich* beschrieben[1]. Das sich während seines Winterschlafes ziemlich stark abkühlende

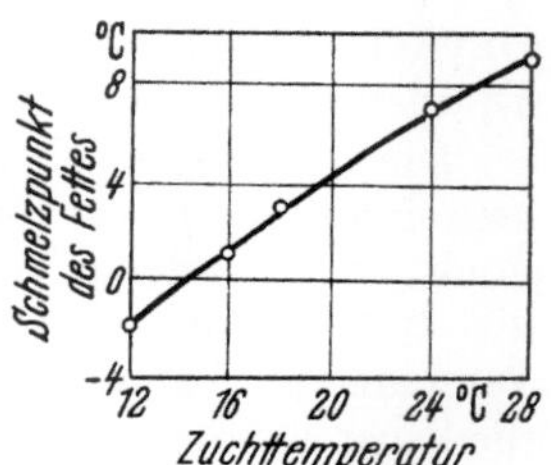

Abb. 91. Abhangigkeit des Schmelzpunktes des Korperfettes einer Blattlaus von der Temperatur, in welcher sie gehalten wurde. (Aus *Bělehrádek*.)

Murmeltier hat öliges Fett. Nimmt man statt der Schmelzpunkte die Jodzahlen (hohe Jodzahl zeigt starke Ungesättigtheit bzw. Reichtum an Doppelbindungen in der Kohlenstoffkette an), dann findet man bei der Hausgans für das Unterhautfettgewebe 81, für das intermuskuläre Fett 78 und für das Bauchhöhlenfett 73[2]. Fischfette sind gegenüber den Warmblüterfetten niedrigschmelzend (Fischöl), ebenso das aus dem Walspeck gewonnene Walöl und das zwischen der Walmuskulatur befindliche Fett[3], bei dem außer der Bildungstemperatur — wie gleich ausgeführt wird — noch andere Faktoren für Schmelzpunkt und Jodzahl verantwortlich sind. Das gleiche gilt auch für wildes Wassergeflügel (z. B. Wildgans).

Es ist nämlich so, daß Depotfette oft ziemlich unverändert aus der Nahrung übernommen werden, so daß Fette oder Öle, die in dieser vorkommen, sich dann in der Konsistenz und der Jodzahl der tierischen Fette bemerkbar machen. So vermutet man, daß die Fischöle größtenteils identisch sind mit den Ölen jener einzelligen Algen, welche die Urnahrung der Hochseetiere bilden: Die Algen werden von kleinsten Schwebekrebschen (Planktonkrebschen) aufgenommen, diese von kleinen und mittleren Fischen gefressen, von denen sich schließlich die großen Räuber (Kabeljau, Makrelen, Thun, Delphine u. a.) nähren; auch die Blauwale und ihre Verwandten nähren sich im wesentlichen von kleinen Krebschen, die ihrerseits wieder die mikroskopisch kleinen Schwebealgen aus dem Meerwasser

---

[1] v. OSTERTAG, R.: Säugetierfette. In „Rohstoffe des Tierreiches" I; 1. Hälfte Berlin: Bornträger 1929 ff.

[2] FREUND, L.: Vogelfette und Fette der Wildsäuger, ebendort.

[3] MOHR, E.: Fischfette, ebendort.

abfiltern, aus denen also die Fette der Seetiere letztlich stammen. Auch von Haustieren kennt man solche Abhängigkeit des Depotfettes von den Futterfetten; ja, hier konnte man die Zusammenhänge sogar experimentell erweisen. Für Haushühner[1] ergaben sich folgende Werte (*normale* Jodzahl 81 bis 88):

Futterfett	Jodzahl des Futterfettes	Jodzahl des Hühnerfettes vor Versuchsfütterung	Jodzahl des Hühnerfettes nach Versuchsfütterung
Hammeltalg	45	85 bis 88	59 bis 66
Palmkernfett	15	81 bis 83	51 bis 55
Hanfsaatöl	164	81 bis 83	139 bis 145

Ganz entsprechend verhält sich die Erfahrung mit Schweinen, die mit Mais gemästet werden. Das in diesem enthaltene Maiskeimöl ergibt *weichen* Speck sowie dessen große Anfälligkeit gegen Ranzigwerden. Die Anfälligkeit gegen die Oxydationsranzigkeit ist aber nichts anderes als ein Ausdruck für die Zahl der Doppelbindungen in den Fettsäuren.

Die hier beschriebenen Korrelationen darf man natürlich nicht in ihrer Allgemeingültigkeit verabsolutieren; denn neben den genannten Faktoren kommen noch artgebundene Besonderheiten vor, die es z. B. bewirken, daß zwei etwa gleichgroße und gleichtemperierte Tiere bei annähernd gleichem Futter doch verschieden festes Fett liefern können; so liefert z. B. das Pferd wesentlich niedriger schmelzendes Fett als das Rind. Auch hier muß man also wieder vor zu weit gehenden Verallgemeinerungen warnen. Außerdem weiß man, daß nicht nur die Art der Nahrung, sondern auch die Geschwindigkeit der Depotfettanhäufung (Mästung) die Fettzusammensetzung beeinflußt: Schnellere Mast gibt höher gesättigte Fette als langsame[2].

Phosphatide sind am Aufbau des Protoplasmas und seiner Membranen (d. h. der äußeren Zellmembran und der Vacuolengrenzflächen) stark beteiligt, wegen der geringen Dicke solcher Strukturen ist die Gesamtmasse der Phosphatide jedoch immer klein. Als Beispiel für den Aufbau eines Phosphatids diene das Lecithin, das aus Glycerin, Phosphorsäure, Cholin und zwei Fettsäuren zusammengesetzt ist.

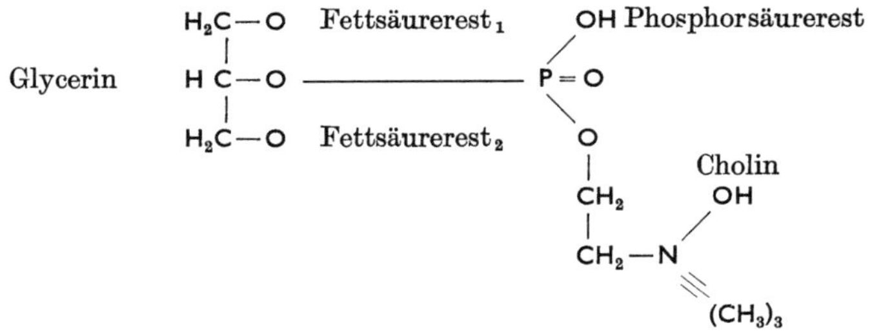

$$
\begin{array}{lll}
 & H_2C-O \quad \text{Fettsäurerest}_1 & OH\ \text{Phosphorsäurerest} \\
\text{Glycerin} & H\ C-O \text{———} P=O \\
 & H_2C-O \quad \text{Fettsäurerest}_2 & O \\
 & & CH_2 \qquad\qquad \text{Cholin} \\
 & & CH_2-N \quad OH \\
 & & \qquad\quad (CH_3)_3
\end{array}
$$

Während die Ölsäurekette dem Wasser fremd ist, bewirkt der Phosphorsäureanteil Wasserlöslichkeit und so kommt die Vorliebe der Phosphatide für Grenzflächen zwischen wäßrigen Lösungen. Da sie auf Ionen leicht ansprechen, sind sie offenbar für die lebende Plasmastruktur wichtige Bestandteile. Sie scheinen auch enge

---

[1] Lowe, B.: Factors affecting the palatibility of poultry with emphasis on histological post-mortem changes. Advances in Food Res. 1, 203 (1948).

[2] Callow, E. H.: Quality in the pig's carcass. Food Investigation Board, Cambridge (England). Rept. for the year 1935, S. 43.

Verbindungen mit Eiweißen einzugehen, sind im lebenden Protoplasma meist durch solche *maskiert* und treten erst beim Absterben durch Zerfall der Eiweiß-Phosphatidkomplexe wieder in Erscheinung. Eidotter und Hirnsubstanz sind reich an diesen lebenswichtigen Stoffen.

Die *Cerebroside* haben in bezug auf Wasserlöslichkeit einen ganz entsprechenden polaren Aufbau wie die Phosphatide und scheinen in den Zellen (vor allem det Hirns) eine ähnliche Rolle zu spielen wie die Phosphatide. Ihr Aufbau iss — schematisch —: Fettsäurerest — Sphingosinrest — Galaktoserest. Phosphorsäure fehlt hier also.

Ganz anders ist der Aufbau der *Sterine*. Sie sind hochmolekulare, sekundäre, einwertige Alkohole. Als Beispiel sei hier das Cholesterin angeführt:

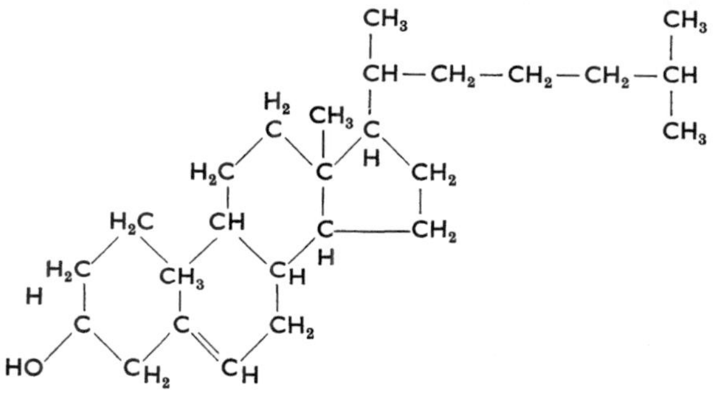

$$
\begin{array}{c}
CH_3 \qquad\qquad\qquad\qquad\qquad CH_3 \\
| \qquad\qquad\qquad\qquad\qquad\qquad | \\
CH - CH_2 - CH_2 - CH_2 - CH \\
| \qquad\qquad\qquad\qquad\qquad\qquad | \\
\cdots \qquad\qquad\qquad\qquad\qquad CH_3
\end{array}
$$

(Strukturformel des Cholesterins: Steran-Ringgerüst mit HO-Gruppe, Methylgruppen CH_3 und Seitenkette $CH-CH_2-CH_2-CH_2-CH(CH_3)_2$.)

Das Cholesterin ist hydrophob, d. h. nicht wasserlöslich und findet sich daher in Grenzflächen, besonders in den Zellmembranen angereichert. Auf den Zusammenhang zwischen den Sterinen und den Geschlechtshormonen wird hier nicht eingegangen.

Feinstrukturen und Fermente. Von den im histologischen Teil (S. 310 bis 324) beschriebenen Zellstrukturen sind für die Betrachtung der Lebensmittelfrischhaltung in erster Linie die *Zellmembranen* und die *Muskelfibrillen* wichtig, von den zelleigenen Stoffen die Fermente. *Die Fermente* (= *Enzyme*)[1, 2] sind an den Zellstrukturen entweder fest verankert oder sie sind gleichmäßig im Grundplasma verteilt[3, 4]. Auf die Konstitution und die spezielle Wirkungsweise der Enzyme soll hier nicht eingegangen werden[5]. Nur soviel sei gesagt, daß sie ihrer Konstitution nach entweder Eiweiße (Proteine) oder Verbindungen von Eiweißen und speziellen aktiven Gruppen (z. B. Häminkomponente des Atmungsfermentes) sind, also als Proteide angesehen werden können. Weiterhin sei auf die engen Zusammenhänge zwischen den Enzymen und den Vitaminen hingewiesen, die darin bestehen, daß eben die aktiven Gruppen der Fermente, von denen soeben die Rede war, in vielen Fällen nicht vom tierischen bzw. menschlichen Körper hergestellt, sondern mit der Nahrung — eben als *Vitamine* — aus anderen, meist pflanzlichen Organismen übernommen werden.

Die Wirksamkeit der Fermente hängt nicht nur von ihnen selbst und von dem *Substrat*, d. h. dem Stoff ab, auf den sie als Reaktions-Schlüssel angepaßt sind, sondern auch von den allgemeinen Milieubedingungen, unter denen eben die

---

[1] BERSIN, TH.: Kurzes Lehrbuch der Enzymologie. Leipzig 1939.

[2] NORD, F. F. u. R. WEIDENHAGEN: Handbuch der Enzymologie. Leipzig: Akad. Verlagsges. 1940.

[3] HOLTER, H. u. K. LINDERSTRØM-LANG: Enzymverteilung im Protoplasma. Sitzungsber. Akad. Wiss. Wien, math.-naturw. Kl. IIb **145**, 898 (1936).

[4] HOLTER, H. u. W. L. DOYLE: Über die Lokalisation der Amylase in Amöben. C. rend. trav. labor. Carlsberg, sér. chim. **22**, 219 (1938).

[5] Vgl. auch den Beitrag von DIEMAIR in diesem Band, S. 26.

durch das Ferment ermöglichte Reaktion abläuft. Hier ist vor allem die Wasserstoffionenkonzentration zu nennen. Die Aktivität eines Fermentes wird weitgehend durch sie gesteuert. Da in der lebenden Zelle die dem p_H entsprechenden Ladungsverhältnisse lokal sehr verschieden sein können (es gibt im Abstand von wenigen μ oder Bruchteilen von 1 μ Zellkomponenten mit ganz verschiedenem p_H, bzw. entsprechender Ladungsverschiedenheit), wirken auch diffus verteilte Enzyme dort lokal verschieden intensiv. Daß besonders die Phasengrenzflächen innerhalb der Zelle und an der Zelloberfläche für die Fermentaktivität bedeutsam sind, ist in einigen Fällen schon experimentell erwiesen worden[1].

Die Empfindlichkeit der Fermente gegen Schädigungen verschiedener Art hängt einmal mit der besonderen Natur etwa vorhandener aktiver prosthetischer Gruppen (Nicht-Eiweiß-Anteil des Ferments = Co-Ferment) zusammen und dann vor allem mit der Eiweißkomponente (= Apo-Ferment), die wie alle Eiweiße durch Hitze (über $+56°$) denaturiert wird und dann ein unwirksames Ferment zurückläßt. Besonders die Atmungsfermente sind in dieser Hinsicht sehr labil, und hiermit hängt es zusammen, daß die sich bei postmortalen Veränderungen (vgl. S. 362; 365) ergebenden Denaturierungen von Eiweißen die Zellatmung stillegt.

Die *Zellmembranen* (Dicke ca. 40 bis 200 A) sind im Leben Membranen von selektiver Permeabilität. *Selektive* Permeabilität bedeutet dabei, daß verschiedene Stoffe verschieden leicht durch sie hindurch wandern können. Einfache selektive Permeabilität finden wir ja schon bei Collodium- oder Cellophanmembranen, welche Wasser durchtreten lassen, Salze schon schwerer und höhermolekulare Stoffe (z. T. Traubenzucker oder erst recht Polypeptide und Eiweiße) praktisch gar nicht. Die lebenden Zellmembranen sind aber komplizierter gebaut als die eben genannten künstlichen; ihre Selektivität ist dementsprechend größer. Man unterscheidet im wesentlichen drei Mechanismen der Selektivität:

1. Die *Porengröße* der Membran. Die Eiweißmicellen sind zu einem Netz verfilzt (Nachweis der flächigen Anordnung der gestreckten Micellen durch negative Doppelbrechung), dessen Maschenweite die Dicke der gerade noch durchgelassenen Moleküle und Ionen bestimmt.

2. Die *Membranladung*. Als Riesenionen sind die Membraneiweiße elektrisch nicht neutral, sondern — wenn sie nicht gerade im IEP sind — entweder positiv oder negativ geladen. Nähern sich geladene Teilchen (Ionen) dem Membransieb, dann werden sie, falls gleichgeladen, von diesem abgestoßen, können also nicht durch es hindurchtreten. Entgegengesetzt geladene Teilchen werden hingegen von der Membran angezogen, können sich in ihren Maschen bewegen und schließlich, durch Wärmebewegung getrieben, auf der anderen Seite wieder von ihr loskommen. Die Ladung von lebenden Membranen wird bestimmt durch die schon erwähnten Eigenschaften der Eiweiße, entweder freie Säure- oder basische Gruppen mit überschüssiger negativer oder positiver Ladung zu haben; außerdem spielt noch die Adsorption geladener Teilchen (z. B. K^+) eine ziemliche Rolle. Im allgemeinen sind Zellmembranen kationenpermeabel (Erythrocyten umgekehrt anionenpermeabel).

3. Der *Lipoidanteil der Membran*. Nicht alle, aber die meisten Zellmembranen enthalten als Bestandteile, wie wir sahen, Lipoide (vor allem Phosphatide), deren Anordnung jedenfalls — anders als die der Eiweißmicellen — so ist, daß das Lipoidmolekül senkrecht auf der Membranebene steht (vgl. Schema Abb. 92). Im Lipoidanteil der Membran spielt die Dicke der permeierenden Stoffe weniger eine Rolle als ihre Lipoidlöslichkeit. Die gute Permeationsfähigkeit

---

[1] Kurssanow, A. u. N. Kjukowa: Zur Frage nach der Eindringgeschwindigkeit von infiltriertem Zucker zu den Orten ihrer fermentativen Umsetzung in den Zellen. Biochimija **2**, 674 (1937).

mancher Stoffe durch lebende Membranen rührt wohl daher, daß sie sowohl durch die Eiweißmaschen schlüpfen wie durch die Lipoidfilme sickern können (z. B. Kohlensäure, undissoziierte organische Säuren und Alkohol).

Im Leben kann die Permeationsfähigkeit der Zellmembran sehr leicht durch die verschiedensten Agentien verändert werden. Säuren, Salze, Basen können die Porengröße durch Veränderung der Membranquellung verändern. Manche Ionen verschieben die Ladung der Membranen und damit deren Durchlässigkeit für Ionen. Narkotica und Analeptica können sich im Lipoidanteil der Membranen anreichern und seine Lösungseigenschaften für Lipoidlösliches ändern. Das heißt, daß die für das Durchwandern der Membranen in Frage kommenden Stoffe ihrerseits schon die Membranen beeinflussen. Auf Einzelheiten gehen wir hier deswegen nicht ein, weil der Feinbau der Membranen mit dem Tode zusammenbricht und dann nurmehr ein verhältnismäßig grobes Gitter mit geringer Selektivität zurückbleibt. Die Rolle des Membranverhaltens für die postmortalen Veränderungen ist nicht völlig geklärt. Immerhin scheinen die Membranen z. B. für die Eisanordnung beim Gefrieren der Gewebe bedeutsam zu sein (vgl. S. 385). Inwieweit es möglich ist, durch in physiologischen Grenzen bleibende Membranbeeinflussung das „Tropfen" gefroren gewesenen Muskels zu verhindern oder zu vermindern, weiß man noch nicht.

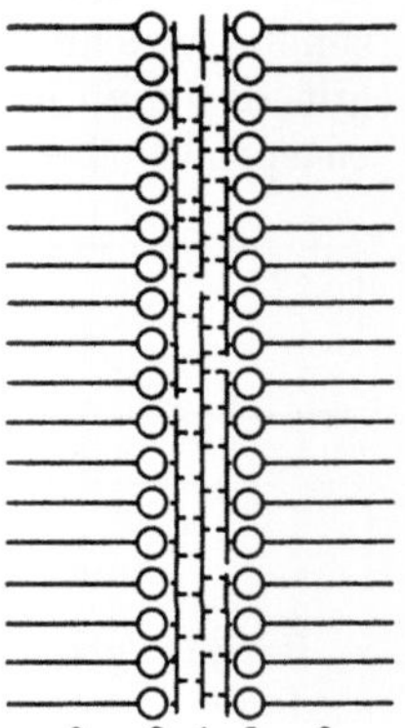

Abb. 92. Schematischer Querschnitt einer aus Eiweiß und Lipoiden gebildeten Membran. Die Eiweißmicellen (1) bilden ein flächiges Gitter, an dem auf beiden Seiten, durch positive Ladungen gehalten, Sauregruppen (2) der Lipoide gebunden werden. Die hydrophoben „Schwanze" (3) der langen Paraffinketten der Lipoide stehen senkrecht auf der Membranebene. (In Anlehnung an *Frey-Wyssling*.)[1]

3. Die Vorgänge im Muskel.[2—5]

Entsprechend den mannigfaltigen Aufgaben, welche die verschiedenen Muskeln bei den Tieren haben, ist ihre Gestalt und ihr Feinbau recht unterschiedlich. Wie schon im Überblick über die Baupläne der Tiere gezeigt wurde (s. S. 327; 329; 331; 337), können Muskeln entweder auf hebelartige Bauelemente des Skeletts wirken (z. B. Wirbeltier- oder Krebsbein) oder Hohlorgane umschließen (z. B. Herz, Darm, Blutgefäße, Blase) oder sie können, unmittelbar unter der Außenhaut gelegen, skelettlose Tiere als Hautmuskelschlauch umgeben. In diesem Fall wird die Muskelkraft durch die im Tier eingeschlossene Körperflüssigkeit hydraulisch fortgepflanzt, so daß dort, wo der Hautmuskelschlauch lokal relativ erschlafft, der betreffende Körperteil geschwellt oder vorgetrieben wird (Schneckenfühler, Regenwurmleib). In allen vorkommenden Fällen wirken die Muskeln jedoch primär dadurch, daß sie sich aktiv und reversibel verkürzen und so Zugspannung erzeugen können.

Im einzelnen ist die Charakteristik dieser Zugspannung bei unterschiedlich beanspruchten Muskeln recht verschieden: Es gibt Muskeln, die sich schnell verkürzen und schnell wieder erschlaffen (Abb. 93); andere wieder sprechen auf einen adäquaten Reiz mit einer zwar geringeren aber längerdauernden Verkürzung an (Abb. 94). Im Extrem kann man solche Muskeln unterscheiden, die

[1] FREY-WYSSLING, A.: Submikroskopische Morphologie des Protoplasmas und seiner Derivate. Protoplasma-Monographie. Berlin: Bornträger 1938.

[2] LOHMANN, K.: Der Stoffwechsel des Muskels. Handbuch der Biochemie 2. Aufl. Erg. Bd. 3 (1935).

[3] HÖBER, R.: Lehrbuch der Physiologie des Menschen. 7. Aufl. Berlin: Springer 1934.

[4] JORDAN, H. J.: Allgemeine vergleichende Physiologie der Tiere. Berlin: de Gruyter 1929.

[5] SZENT-GYÖRGYI, A.: Chemistry of muscular contraction. 2. Aufl. Academ. Press, Inc. New York, N.Y. 1951.

für kurzdauernde schnelle Bewegung geschaffen sind (z. B. die Muskeln, welche die Flügelschläge der Vögel und Insekten bewirken), und dann wieder solche, welche für längere Zeit Organe in bestimmter Lage halten sollen (z. B. Muskeln der Blutgefäßewandungen, die den Blutdruck regeln; Schließmuskeln der Muscheln, welche die Schale für Stunden und Tage zuhalten). Für die Wirbeltiere gilt, daß die quergestreifte Muskulatur vorwiegend dem erstgenannten Muskeltyp entspricht (Bewegungsmuskulatur), die glatte Muskulatur der Eingeweide und Blutgefäße dem letztgenannten Typ. Das *Wirbeltierfleisch* besteht also aus quergestreifter Muskulatur. Immerhin gibt es innerhalb der quergestreiften Muskeln solche, die hauptsächlich Bewegungsmuskeln sind —

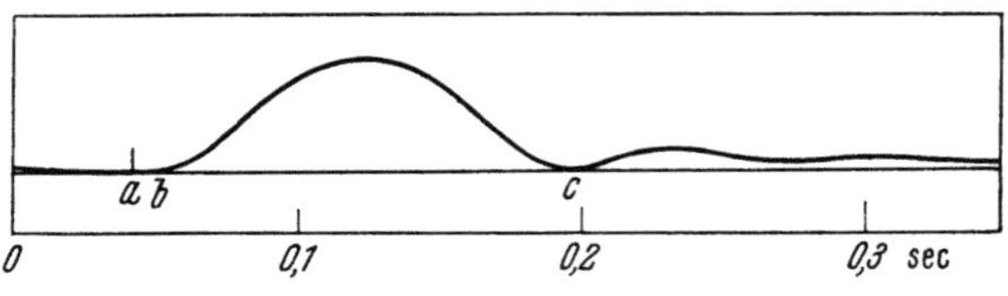

Abb. 93. Tetanische Zuckung. (Aus *Höber*.)

z. B. die großen Brustmuskeln der Vögel, welche die Flügel nach unten schlagen, und solche, welche in erster Linie die Aufgabe haben, Stellungen möglichst ohne großen Energieaufwand beizubehalten — wie z. B. die Oberarmmuskeln vieler Vögel, die als Segler (Möwen, Bussard) „*faul in der Luft liegen*". Beide Muskeltypen haben charakteristische Unterschiede im Feinbau, auf die weiter unten noch näher eingegangen werden soll.

Der Verkürzungsmechanismus der Muskelzellen liegt in den schon erwähnten Muskel-*Fibrillen*, die im Sarcoplasma eingebettet liegen. Die Masse und die Anordnung der kontraktilen Substanz in der Zelle kann sehr verschieden sein. Bei dem uns hier in erster Linie beschäftigenden quergestreiften Muskel der Wirbeltiere sind die Zellen förmlich vollgestopft mit *Fibrillen*. Sie nehmen beim Säugermuskel etwa 50 bis 60 % des Volumens der Muskelfaser ein. Soweit wir unterrichtet sind, ist einer der Hauptunterschiede der tetanischen (d. h. für kurze, schnelle Bewegung geschaffenen) und der tonischen (d. h. Spannung haltenden) Muskeln der, daß die kontraktile Substanz beim tetanischen Muskel in einem interfibrillären Sarcoplasma von geringer Viscosität liegt, welches der Formänderung der *Fibrillen* wenig Widerstand entgegensetzt; im Gegensatz hierzu liegen die *Fibrillen* im tonischen Muskel in einem Sarcoplasma, das die Fähigkeit hat, zeitweilig zu gelieren oder zum mindesten zähflüssig zu werden, so daß der einmal durch die Fibrillentätigkeit kontrahierte Muskel sich gar nicht oder nur langsam wieder dehnt, solange dieser Gel- oder hochviscöse Zustand andauert. Die beiden Muskeltypen unterscheiden sich einmal durch verschiedene Anordnung der in ihnen enthaltenen Lipoide und dann durch eine verschiedene Koagulation ihrer Eiweiße, so daß dann im mikroskopischen Querschnitt (des fixierten Muskels) beim tetanischen Muskel *Fibrillenstruktur*, beim tonischen *Felderstruktur* zu sehen ist[1] (Abb. 95). Man muß diese Unterschiede deswegen kennen, weil ein Muskel u. U. sowohl tonische wie tetanische Anteile enthalten kann, die nahe beieinander liegen können und bei

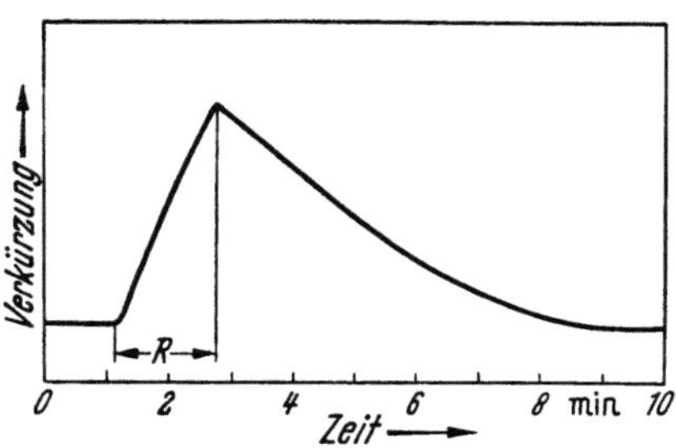

Abb. 94. Tonische Verkürzung. (In Anlehnung an *Jordan*.)

---

[1] Krüger, P., F. Duspiva u. F. Fürbinger: Tetanus und Tonus der Skelettmuskeln des Frosches, eine histologische, reizphysiologische und chemische Untersuchung. Pflügers Arch. **231** (1931).

Nichtbeachtung ihrer verschiedenen Struktur bei zwei verschiedenen Präparaten,
auch aus ein und demselben Muskel, Lagerveränderungen oder dergleichen vortäuschen können.

Über das Wesen der *Querstreifung* war man sich noch bis vor kurzem durchaus
im Unklaren. Ihre Korrelation mit der mechanischen Reaktionsgeschwindigkeit
des Muskels ist auffällig und wohl nicht zufällig. Quergestreifte Muskeln sind
in den verschiedensten Tiergruppen zu finden, vor allem — wie schon gesagt —
bei den Arthropoden und den Vertebraten. Im Gegensatz zu früheren Vermutungen betrifft die Querstreifung nicht die *Fibrillen*, sondern die in-
terfibrilläre Substanz. Die *Fibrillen* sind, wie man weiß, in der Ruhe
(d. h. im unkontrahierten Zustand) positiv doppelbrechend in bezug auf ihre

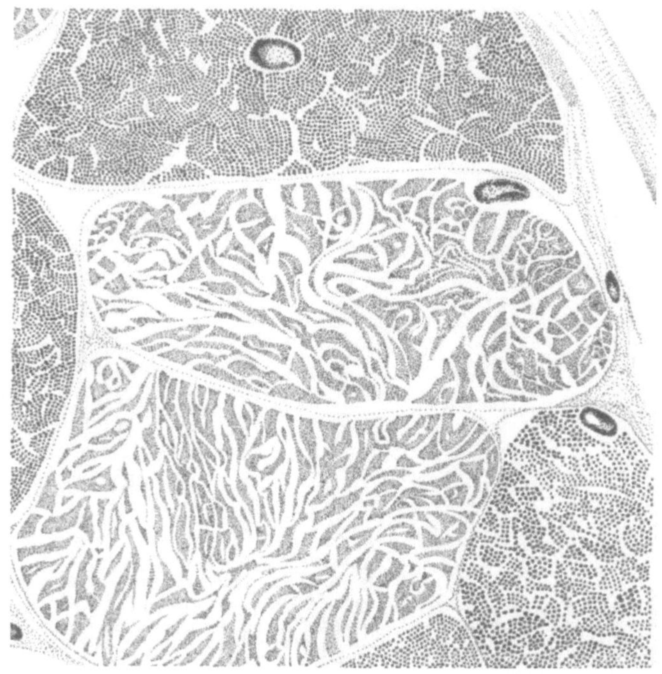

Abb. 95. Querschnitt durch Froschmuskel. Man unterscheidet Fasern mit Fibrillenstruktur und solche mit
Felderstruktur. Die Zwischenraume zwischen den Fibrillen bzw. den Feldern sind durch die Schrumpfung bei
der histologischen Fixation bedingt, machen aber den verschiedenen Charakter der Faserarten besonders deutlich
(Nach einer von *P. Kruger*, Heidelberg, zur Verfugung gestellten Aufnahme) Vergr. ca. 600 ×

Achse. Im quergestreiften Muskel dagegen wechseln optisch isotrope (nicht
doppelbrechende I-*Scheiben*) und positiv anisotrope (doppelbrechende) *Scheiben* (Q-*Scheiben*) ab (Abb. 96). Dies ist nun so zu erklären, daß auch im
ruhenden Muskel die anisotropen *Fibrillen* ganz durchlaufen, daß ihre
Doppelbrechung aber in den sog. isotropen Scheiben durch die negative Doppelbrechung der zwischen den *Fibrillen* befindlichen Substanz kompensiert
wird. Die isotropen Scheiben wären also eigentlich nicht isotrop, sondern + —
doppelbrechend (Abb. 97). Gestützt wird diese Annahme dadurch, daß man
durch selektive Extraktion der + doppelbrechenden Fibrilleneiweiße nun eine
Verschiebung der Doppelbrechung in die I-Scheiben bekommt. Diese sind
nun — doppelbrechend, während die Q-Scheiben (echt) isotrop sind. Das
Querstreifenmuster rührt also tatsächlich von der interfibrillären Substanz her,

deren periodisch wechselnder Aufbau jedenfalls für den schnellen Stoffaustausch von und zu den kontraktilen *Fibrillen* besonders günstig ist. Bei der Kontraktion verschwindet bekanntlich die Doppelbrechung. Nach der eben genannten Auffassung ist dann anzunehmen, daß die I-Scheiben nun auch in der circumfibrillären Substanz eine Änderung der Substanzanordnung durchmacht, d. h. nun *echt* isotrop werden muß.

Auch über das Wesen der *Faserverkürzung* sowie über die Zusammenhänge

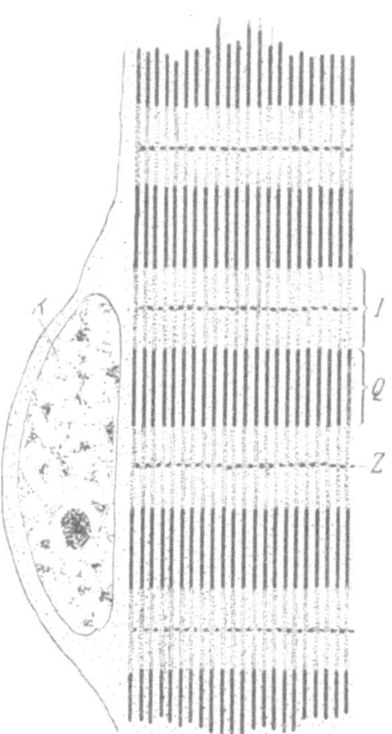

Abb. 96. Kleiner Ausschnitt (längs) aus einer (fixierten) quergestreiften Muskelfaser. Der Kern dient als Großenmaßstab. Die kontraktile Substanz ist durch die chemische Fixierung als „Fibrillen" geronnen. *I* isotroper Abschnitt; *Q* doppelbrechender Abschnitt; *Z* „Krause'sche Grundmembran". Hohe einer Mukeleinheit (zwischen zwei Z-Membranen) ca 2μ. (Orig.)

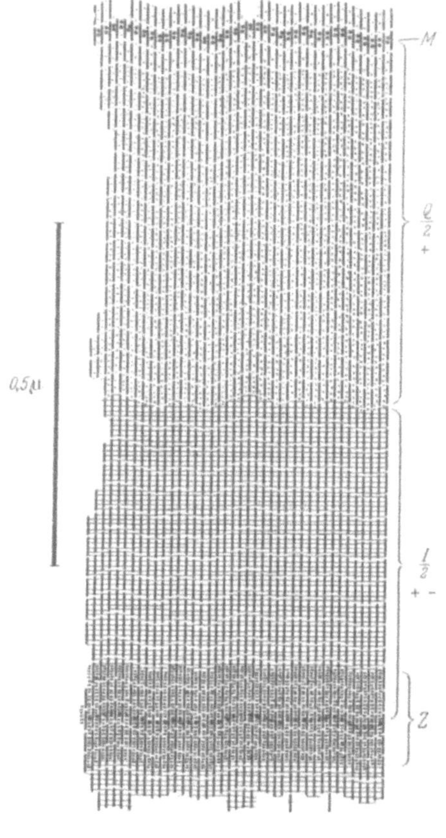

Abb. 97. Schema der Struktur der quergestreiften Muskelfaser. Die kontraktilen Grundeinheiten (durch dicke senkrechte Striche dargestellt) sind 300 Å lang und haben einen seitlichen Micellarabstand von 100 Å (positiv doppelbrechend). Die zwischen ihnen liegende Substanz ist im I-Abschnitt flächig angeordnet (waagrechte, dunne Striche) (negativ doppelbrechend). Im Q-Abschnitt besteht sie aus kugeligen oder zum mindesten nicht einheitlich ausgerichteten Einheiten (isotrop). Es ist nur eine halbe Muskeleinheit dargestellt. M Mittelmembran des Q-Abschnittel; Q + doppelbrechender Abschnitt; I + − isotroper Abschnitt: Z „Krause'sche Grundmebran". (Orig.)

zwischen ihr und den energieliefernden chemischen Vorgängen herrschte bis vor kurzem noch Unklarheit. Auch jetzt läßt sich noch nicht alles ganz klar durchschauen, doch läßt sich wenigstens in großen Zügen das Geschehen überblicken. Daß zwischen der Kontraktion der Muskeln und dem Abbau des im Muskel vorhandenen Glykogens ein enger Zusammenhang bestehen müsse, weiß man schon lange: Während man im ausgeruhten Muskel Glykogen findet, ist dies im ermüdeten Muskel zu Milchsäure abgebaut. Während der Erholung wird diese Milchsäure teilweise oxydativ weiterabgebaut, und mit der bei der Oxydation freiwerdenden Energie die andere Hälfte der Milchsäure wieder zu Glykogen aufgebaut. Wie nun aber diese, im einzelnen recht komplizierte Glykolyse mit der Kontraktion selber zusammenhängt, konnte erst in den letzten Jahren einigermaßen geklärt werden. Im folgenden wird versucht, die wesentlichsten Punkte der als gesichert geltenden Ergebnisse darzustellen. Wir beschränken uns dabei auf diejenigen Erscheinungen, die für das Verständnis der postmortalen Muskelveränderungen wissenswert sind.

Der kontraktile Mechanismus der Fasern wird durch den Eiweißkomplex *Actomyosin* gebildet, der etwa 20% des Fasernvolumens einnimmt. Daneben befindet sich zwischen dem Actomyosingerüst noch 10% *Myogen* und noch eine Reihe anderer Eiweiße, die mengenmäßig zurücktreten, für die Funktion des kontraktilen Mechanismus aber unerläßlich sind. Etwa 70% des Actomyosinvolumens sind Wasser. Das Actomyosin verhält sich in mancher Hinsicht wie ein Globulin. Daß es sich beim Actomyosin nicht um ein einheitliches Eiweiß, sondern um einen Eiweißkomplex handelt, zeigt die getrennte Extraktion seiner Komponenten *Moysin* und *Actin* deren Eigenschaften hier kurz beschrieben seien.

Myosin ist ein hydrophiles Kolloid, das in dest. Wasser löslich ist, und dessen IEP bei $p_H = 5,2$ liegt. Gleich einem Globulin ist es mit halbgesättigtem Ammoniumsulfat aussalzbar. Es denaturiert — auch bei 0° C — leicht; Säuren, wasserentziehende Lösungsmittel (Alkohol, Aceton) sowie Trocknen bewirken beschleunigte Denaturierung. In wäßriger Lösung weist es in geringer Konzentration infolge leichter Aggregation der einzelnen, etwas länglichen Myosinmicellen eine deutliche Strömungsdoppelbrechung auf. Die Viscosität ist über einen weiten Konzentrationsbereich normal (Abb. 98), was besagt, daß Myosin kein ausgesprochenes Faserkolloid ist. Durch Neutralsalze wird es schon in geringen Konzentrationen gefällt, z. B. schon durch 0,025 m KCl. Wie bei anderen Kolloiden kommt dies dadurch zustande, daß Ionen (K⁺) adsorbiert werden, welche die negativ geladenen Eiweißteilchen entladen. Durch höhere KCl-Konzentra-

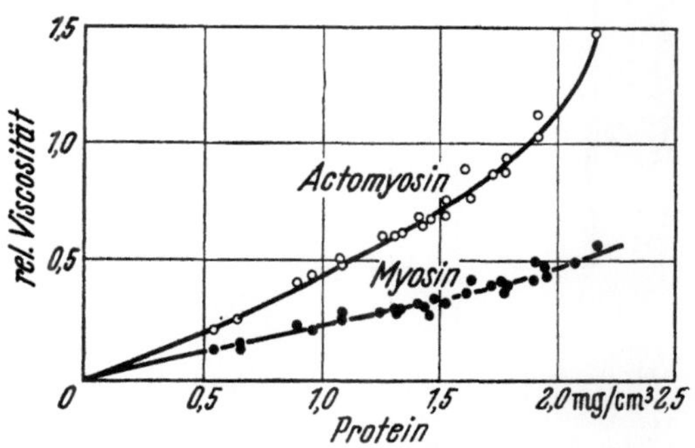

Abb. 98. Viscosität von aus Muskel extrahiertem Actomyosin. Obere Kurve: Reines Actomyosin; untere Kurve: Actomyosin in Gegenwart von Adenosintriphosphorsäure. Diese Mischung verhalt sich genau wie reines Myosin. (Aus *Szent-Gyorgyi.*)

tionen wird das Myosin wieder in Lösung gebracht, nun als positiv geladenes Kalium-Myosinat. In diesem Zustand kann Myosin die im Muskel vorhandene Adenosintriphosphorsäure binden (Abb. 99). Dies alles gilt für p_H-Bereiche über dem IEP des Myosins, wie sie im Muskel ja auch verwirklicht sind. Da im lebenden Muskel Kaliumionen reichlich vorhanden sind, ist dort auch die Bindungsmöglichkeit für Adenosintriphosphorsäure gegeben.

Actin ist ebenfalls wasserlöslich, wird durch KCl und andere Alkalisalze aber nicht gefällt. Sein IEP liegt bei $p_H = 4,7$. Es kommt in zwei Formen vor: 1. in kugeligen Micellen (normale Viscosität, keine Strömungsdoppelbrechung) und 2. in fadenförmigen Micellen, die durch kettenartiges Assoziieren der kugelförmigen Actinmicellen entstehen. Diese Polymerisation ist an das Vorhandensein von Mg^{++} gebunden und verläuft — bei Abwesenheit anderer, die Reaktion fördernder Stoffe — autokatalytisch. Myosin fördert die Polymerisation stark in 0,1 m KCl, hemmt sie aber völlig in 0,6 m KCl, während KCl ohne Myosin in den beiden genannten Konzentrationen die Polymerisation fördert. Diese Abhängigkeit der Assoziationsbereitschaft des Actins von der Gegenwart des Myosins und von der Konzentration von Alkali- und Magnesiumionen ist für die Rolle, die das Actin im Muskel spielt, jedenfalls von großer Bedeutung.

Actomyosin. Mischt man 2 Teile Actin mit 5 Teilen Myosin (in diesem Verhältnis sind die beiden Proteine auch im Muskel vorhanden), dann erhält man Actomyosin, welches durch stark anomale Viscosität und hohe Strömungsdoppelbrechung als ausgesprochenes Faserkolloid gekennzeichnet ist und schon in einer Konzentration von 5% ein steifes Gel bildet. Ähnlich wie Myosin ist es stark hydrophil (starke Quellung des Gels in dest. Wasser) und wird schon von 0,001 m KCl entquellt. Bei $p_H =$ 7,0 ist diese Entquellung maximal bei einer Konzentration von 0,05 m KCl. Bei stärkerer KCl-Konzentration ist sie wieder schwächer und wird gegen 2,0 m KCl Null. Dieser breite Entquellungsbereich wird durch Adenosintriphosphorsäure stark zusammengeschoben: Während die Entquellung bei 0,05 m KCl auch hier wieder maximal — aber noch viel stärker als mit KCl allein — ist, bewirkt nun schon 0,16 m KCl gar keine Entquellung mehr! Bemerkenswert hierzu ist, daß 0,16 m KCl die durchschnittliche Alkalikonzentration im lebenden Muskel ist (Abb. 100).

Diese, auf einen engen Alkali-Konzentrationsbereich begrenzte, starke Entquellung durch Adenosintriphosphorsäure ist es nun, durch die die Muskelfaser im Organismus Arbeit leistet. Während ihrer Verkürzung wird dabei von außen keine Energie zugeführt; es wird nur das energiereichere, gequollene Kolloid in das energieärmere, entquollene verwandelt. Die Zugabe der Adenosintriphosphorsäure hätte also nur die Aufgabe, welche der Auslösung einer Sperrvorrichtung an einer gespannten Feder zukommt. Dies ist natürlich nur ein grober Vergleich, der aber — folgerichtig weitergeführt — es verständlich macht, daß in der Fibrille auch ein Mechanismus enthalten sein muß, der gewissermaßen die Feder wieder spannt. Die zur Erschlaffung der Faser nötige Energie wird bei der Spaltung der Adenosintriphosphorsäure gewonnen, d. h. bei der Abspaltung von Phosphorsäure aus dieser Verbindung.

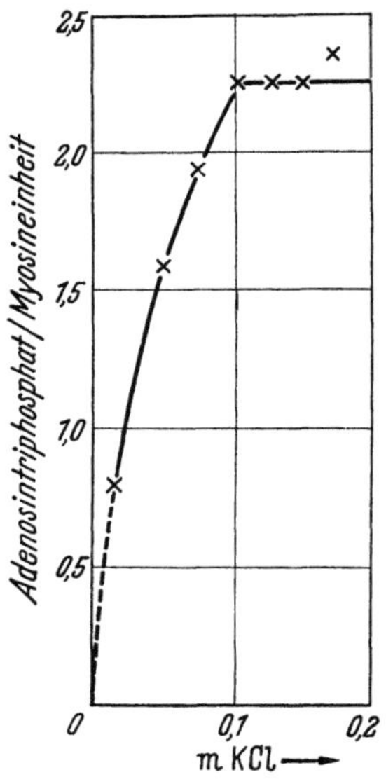

Abb. 99. Adsorption von Adenosintriphosphorsäure in Gegenwart von 0,0005 m CaCl₂ und bei verschiedenen KCl-Konzentrationen (Abszisse). Ordinate: Mole von Adenosintriphosphorsäure, die je Einheitsgewicht Myosin in Gegenwart von 0,02% Adenosintriphosphorsäure adsorbiert werden. (Aus *Szent-Gyorgyi.*)

Ganz so einfach wie in dem hier mitgeteilten Entquellungsversuch im Reagenzglase liegen die Dinge in der Faser allerdings nicht: In der Faser handelt es sich ja nicht um extrahiertes und dann grob zusammengeschüttetes Actin und Myosin, zu dem eine bestimmte, kleine Menge Adenosintriphosphorsäure zugegossen wird; sondern in der Faser — so nimmt man an — liegen in deren erschlafftem Zustande Faden-Actin und Myosin + Adenosintriphosphorsäure zu parallelorientierten Systemen nebeneinander. Die K⁺-Konzentration liegt dabei wohl ganz wenig über der für die Kontraktion nötigen Grenzkonzentration. Wie wir bei der Betrachtung der Zellstrukturen (vgl. S. 352) gesehen haben, können durch Ladungsänderungen der Zellmembranen und ähnliche Phänomene an Grenzflächen weiter sich fortpflanzende Ladungs- und Ionenverschiebungen innerhalb der Zelle verursacht werden. Geringe Ionenverschiebungen dieser Art, welche die örtliche Kaliumkonzentration erniedrigen, können die Adenosintriphosphorsäuremoleküle aktivieren, so daß hier aktive Gruppen frei werden, die das Zusammentreten von Actin und Myosin und die augenblickliche Entquellung des Komplexes bewirken. Die Entquellung äußert sich in der Faser fast ausschließlich als axiale Verkürzung. Wie im einzelnen die Verkürzung sterisch zu deuten ist (ob etwa als schraubige Einrollung oder als Faltung der langgestreckten Polypeptid-Hauptketten), wissen wir nicht. Wir wissen nur, daß im verkürzten Zustand der Muskel nicht mehr fadenförmige, sondern kugelförmige Actin-Einheiten enthält, die mit fadenförmigem Myosin fest verkoppelt sind.

Der energieliefernde Mechanismus hierfür setzt sich aus einer Reihe von Stoffen zusammen, von denen hier der Traubenzucker, die schon erwähnte Adenosintriphosphorsäure und das Kreatin näher betrachtet seien:

Traubenzucker ist bekanntlich eine Hexose, also ein Zucker mit 6 C-Atomen, und zwar eine Aldose, d. h. ein Zucker mit einer Aldehydgruppe (bei nichtcyclischer Formulierung).

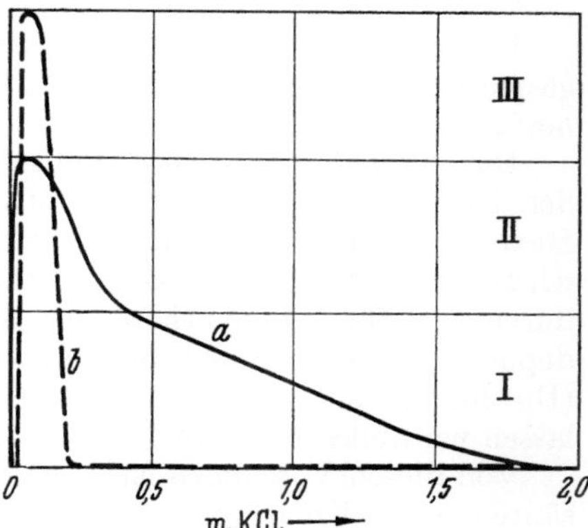

Abb. 100. Halbquantitative Kurve, die das Verhalten von Actomyosin in Gegenwart (gestrichelte Linie) und in Abwesenheit (ausgezogene Linie) von Adenosintriphosphorsäure (0,1%) bei verschiedenen KCl-Konzentrationen zeigt. *I* Bereich, in dem sich lediglich die Viscosität der Lösung ändert; *II* Bereich mehr oder minder starker Fällung; *III* Bereich sehr starker Fällung und starker Schrumpfung des Gefällten. (Aus *Szent-Györgyi*.)

Kreatin

$$\text{Kreatin} \quad HN = C \begin{cases} NH_2 \\ N - CH_3 \\ | \\ CH_2COOH \end{cases}$$

tritt unter Energiezufuhr leicht mit Phosphorsäure zu *Kreatinphosphorsäure* (= *Phosphokreatin*) zusammen. Der Vorgang ist leicht reversibel.

Adenosintriphosphorsäure

$$
\begin{array}{c}
N = C - NH_2 \qquad\qquad O \\
| \quad\quad | \\
C \quad C - N \\
\| \quad | \quad\backslash CH \qquad OH \quad OH \qquad\qquad OH \qquad OH \qquad OH \\
N - C - N \quad\quad C - C - C - C - CH_2 - O - P - O - P - O - P = O \\
H \quad H \quad H \quad H \qquad\quad \| \qquad \| \qquad \backslash \\
O \qquad O \qquad OH
\end{array}
$$

ist aufgebaut aus Muskeladenylsäure (einem Mononucleotid) und zwei Molekülen Phosphorsäure (bzw. einem Molekül Orthophosphorsäure und einem Molekül Pyrophosphorsäure). Diese beiden Phosphorsäuremoleküle sind abspaltbar und können auch wieder mit der Adenylsäure vereinigt werden.

Es ist nun wesentlich, daß die Spaltung der Adenosintriphosphorsäure und ebenso die der Kreatinphosphorsäure exotherme Prozesse sind. Weiterhin ist wesentlich, daß die Übertragung der Phosphorsäure von der Adenosintriphosphorsäure auf die Glucose für deren weiteren Abbau unerläßlich ist. So ergeben sich — in großen Zügen — bei der Muskeltätigkeit mehrere Reaktionsketten, die durch den Austausch von Phosphorsäure wieder untereinander in Wechselbeziehung stehen:

I. LOHMANNsche Reaktion.
   a) Adenosintriphosphorsäure = Adenylsäure + 2 Phosphorsäure.
   b) Adenylsäure + 2 Kreatinphosphorsäure = Adenosintriphosphorsäure + 2 Kreatin.
II. PARNASsche Reaktion.
   a) Adenylsäure + 2 Phosphobrenztraubensäure = Adenosintriphosphorsäure + 2 Brenztraubensäure.
   b) Adenosintriphosphorsäure + 2 Kreatin = 2 Kreatinphosphorsäure + Adenylsäure.

I a und II b zeigen das Schicksal der von der Adenosintriphosphorsäure abgespaltenen Phosphorsäure; I b und II a die Resynthesemöglichkeiten der Adenosintriphosphorsäure.

Die bei I a freiwerdende Phosphorsäure setzt nun durch Phosphorylierung der Hexose den Kohlenhydratabbau in Gang (2 Phosphorsäure + Hexose = Hexosediphosphorsäure, die ihrerseits in 2 Phosphobrenztraubensäure gespalten wird). Von dieser Phosphobrenztraubensäure wird die Phosphorsäure wieder durch II a für die Synthese der Adenosintriphosphorsäure zurückgeholt. Die dephosphorylierte Brenztraubensäure wird über eine Zwischenstufe zu Milchsäure. (Die hier nicht unmittelbar interessierenden Zwischenstufen des Zuckerabbaus lassen wir außer Betracht.)

Von diesen Vorgängen ist, wie gesagt, die Spaltung der Adenosintriphosphorsäure und der Kreatinphosphorsäure exotherm. Für die Resynthese der Adenosintriphosphorsäure (I b) wird das Energiegefälle des stärker exothermen Kreatinphosphorsäure-Zerfalls verwendet. Für die Resynthese der Kreatinphosphorsäure muß Energie aus der Spaltung der Hexose oder der Oxydation der Milchsäure übernommen werden. Die Verflechtung der verschiedenen Prozesse zeigt, daß für die Resynthese der Adenosintriphosphorsäure neben den (energetisch ausgiebigeren) Oxydationsvorgängen auch der anaerobe Spaltungsstoffwechsel der Milchsäurebildung für eine gewisse Zeit ausreichen kann; für dauernd tut er es aber nicht. Das ist im Hinblick auf die Ausbildung der Totenstarre bedeutsam.

Die Wechselwirkung zwischen dem Chemismus und dem kolloidalen Zustand der kontraktilen Substanz erschöpft sich aber nicht in den eben besprochenen Vorgängen. Daß die Adenosintriphosphorsäure, sowie sie durch irgendwelche uns noch nicht im einzelnen bekannte Ionenverschiebungen aktiviert wird, das Zusammentreten von Actin und Myosin und die Kontraktion des gebildeten Actomyosins bewirkt, sahen wir schon. Für die „Wiederaufladung" der nunmehr energieärmeren Faser sorgt diese nun aber selbst, indem das Actomyosin in kontrahiertem Zustand als Enzym die Spaltung der Adenosintriphosphorsäure bewirkt und hierdurch die Energie gewinnt, um in die energiereichere, stärker hydratisierte Form zurückzukehren. Es entsteht dabei wieder Actin kugeliger Modifikation, das dann polymerisiert, so daß schließlich wieder der oben beschriebene Ausgangszustand des erschlafften Muskels erreicht wird, bei dem die inzwischen durch die eben gekennzeichneten Prozesse resynthetisierte Adenosintriphosphorsäure zu neuer Wirkung in nicht aktiver Form wieder am Myosin verankert bereitliegt. Ihre Gegenwart ist ja, wie wir oben sahen, nötig, damit der Muskel nicht dauernd entquollen bleibt.

Die Totenstarre (Rigor mortis)[1] entsteht einige Zeit nach dem „Tod"(vgl. S. 368) des betreffenden Tieres. Unmittelbar nach dem tödlichen Eingriff sind die Muskeln ja immer noch lebend, d. h. sie antworten z. B. auf Anschneiden, Stich und Schlag sowie vor allem auf elektrische Reize (z. B. Berühren mit den Polen einer Taschenlampenbatterie oder mit den Zinken einer „Volta'schen Gabel") mit Zuckungen. Diese, für den Lebendzustand der Muskeln charakteristische Erregbarkeit erlischt mit der Ausbildung der Totenstarre; die Dauer bis zu ihrem

---

[1] Smith, E. C. B.: Physiology and chemistry of rigor mortis. Advances in Food Res. I (1948). Acad. Press, Inc. New York, N.Y.

Eintritt und ihrer vollen Ausbildung ist von Fall zu Fall verschieden. Bei manchen Tieren ist sie u. U. kaum angedeutet oder wird überhaupt vermißt (viele Krebse). Daß sie auch bei Wirbeltieren, wo sie im allgemeinen sehr ausgeprägt gefunden wird, unter bestimmten Bedingungen fehlen kann, wird weiter unten ausgeführt. Im typischen Fall sieht die Verkürzungskurve eines totenstarren Muskels so aus, wie in Abb. 101 dargestellt: Man sieht nach einer gewissen Zeit, während welcher der noch lebende Muskel erschlafft ist, eine langsam sich ausbildende Kontraktur, welche nach Stunden wieder abklingt, um einer irreversiblen Erschlaffung Platz zu machen. In manchen Fällen findet man, daß vor dem Beginn der Totenstarre der Muskel sich sogar noch etwas dehnt (Abb. 101, 102). Dies tritt dann ein, wenn der zum Versuch eingespannte Muskel ermüdet aus dem Tier genommen wurde und sich erst während des Versuches völlig *erholt*, bevor er schließlich abstirbt; oder der Muskel steht anfangs noch unter einem Tonus, der durch die noch nicht ganz erloschene Aktivität der in ihm verlaufenden Nerven verursacht wird. Dies ist vor allem bei Fischen der Fall. Vor dem Maximum der Totenstarre sind Teile des Muskels noch erregbar,

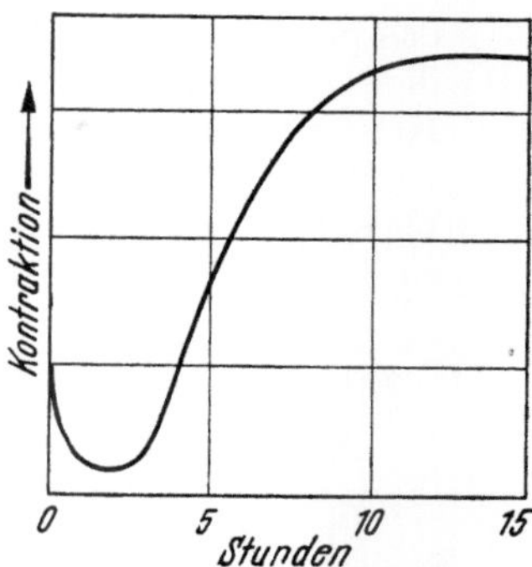

Abb. 101. Totenstarre-Entwicklung beim Musculus gastrocnemius eines jungen Hahnes (+ 18° C). Nach anfänglicher Dehnung Einsetzen der Totenstarre nach 2 h. Nach 13 h ganzer Muskel in Starre. (Orig.)

d. h. einzelne Fasern leben noch. Untersucht man das Fortschreiten der Rigor-Ausbildung bei einem dicken Muskel, dann findet man, daß zuerst die inneren Teile steif werden, während die oberflächlicher gelegenen noch lange ihre Erregbarkeit beibehalten können. Bei Warmblütern hat das zwei Gründe: Erstens kühlt sich der Muskel oberflächlich schneller ab, so daß die zum Tode führenden Stoffwechselvorgänge hier langsamer ablaufen als im wärmeren Kern des Muskels; zweitens diffundiert in den oberflächlichen Schichten Sauerstoff ein, welcher den aus dem ersten Grunde verlangsamten oxydativen Stoffwechsel um so länger unterhält, je kühler die Oberfläche ist (weil nämlich die Diffusionsgeschwindigkeit mit fallender Temperatur nicht so stark abnimmt wie die oxydativen Prozesse). Sehr dünne Muskeln, bei denen die Sauerstoffversorgung durch Diffusion bis in die innersten Zellen ausreicht, werden überhaupt nicht totenstarr. Das läßt darauf schließen, daß die Totenstarre eine Erstickungserscheinung ist.

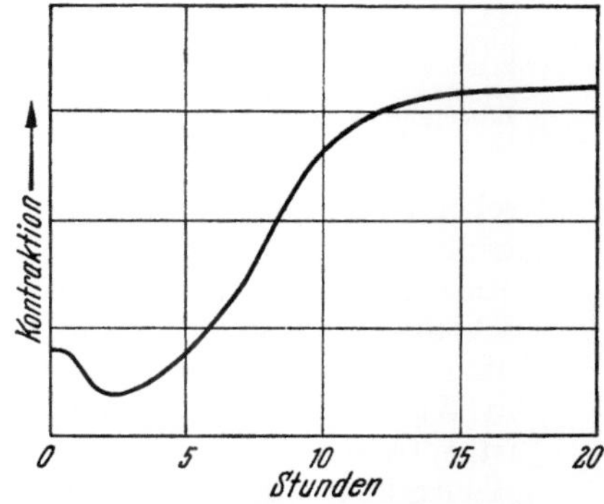

Abb. 102. Totenstarre-Entwicklung bei der Körperstamm-Muskulatur eines jungen (65 mm) *Sargus annulatus* (Ringelbrasse) (+ 0,3° C). Etwa 40 min nach dem Kopfen und Rückenmarkausbohren bleibt in der Muskulatur noch eine gewisse Spannung erhalten; dann Erschlaffung. Nach 2 h Einsetzen der Totenstarre, die nach 16 h vollkommen ist. (Orig.)

Bezeichnend für die normale Totenstarre ist, daß Milchsäure angehäuft wird; das kommt dadurch zustande, daß das die Kohlenhydrate spaltende Fermentsystem lange intakt bleibt, wenn die empfindlicheren Enzyme der Atmung schon längst nicht mehr wirksam sind. So bleibt die Milchsäure, das Endprodukt des anaeroben Stoffwechsels im Muskel, liegen (ca. 1% Milchsäure; das ergibt eine p_H-Erniedrigung von dem Wert 7,4 des lebendes Muskel auf ca. 5,6). Man hat früher die Milchsäure für die Steifheit der Fibrillensubstanz im Muskel verantwortlich gemacht in der Annahme, es handle sich dabei einfach um eine Säurequellung. Allerdings war man auch da schon stutzig geworden, weil auch dann, wenn die Kohlenhydrate des Muskels durch langdauernde Muskelreizung (Adrenalinkrampf, Unterernährung, starke Agonie) praktisch erschöpft waren, eine — wenn auch schwächere und meist flüchtige — Totenstarre eintritt, ohne daß das p_H des Muskels stark abgesunken wäre. Nach der heutigen Anschauung wird die Totenstarre durch den gleichen Mechanismus hervorgebracht, der auch die Kontraktion des lebenden Muskels bewirkt.

Wenn im erstickenden Muskel geringe Ionenverschiebungen die Adenosintriphosphorsäure aktivieren und somit die Kontraktion hervorrufen, dann geht zunächst alles weiter wie bei der „normalen" Kontraktion, d. h. das Actomyosin kontrahiert sich, und die Adenosintriphosphorsäure wird gespalten. Die sich anschließenden Vorgänge, die zur Rückbildung des erschlafften Myosins führen, geraten aber wegen des Zusammenbrechens des oxydativen Enzymsystems ins Stocken; denn — wie wir sahen — ist zur Resynthese der Kreatinphosphorsäure ziemlich viel Energie nötig, die letztlich vom oxydativen Stoffwechsel geliefert werden muß. So erstarrt der Muskel, weil er nun etwa unter den Bedingungen steht, welche in Kurve *a* in Abb. 100 dargestellt sind, d. h. weil die Adenosintriphosphorsäure fehlt. Die Einzelphänomene, die bei den verschiedenen Formen der Totenstarre gefunden werden, lassen sich in dieses Bild gut einordnen: So wird verständlich, weshalb ein während des Todeskampfes glykogenarmer Muskel schneller totenstarr wird: Er hat gegenüber einem ausgeruhten Muskel sowieso

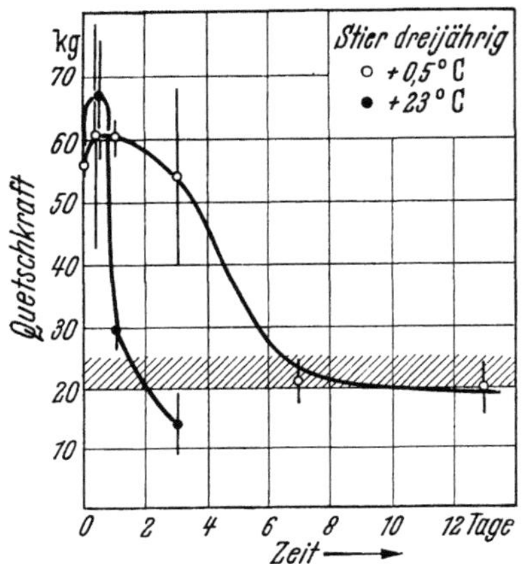

Abb. 103. Mittlere Streuung (senkrechte Striche) der Einzelwerte bei der Messung der mechanischen Festigkeit des hitzekoagulierten Rindermuskels vor, während und nach der Totenstarre. (Nach *Steiner*.)[1]

schon ein gewisses Defizit an Sauerstoff und demnach an Energie für die Adenosintriphosphorsäure-Resynthese. Weiterhin ist es ja bekannt, daß auch der lebende Muskel bei Überbeanspruchung vorübergehend die Fähigkeit zu völliger Erschlaffung aus dem gleichen Grunde verlieren kann. Schließlich sei noch darauf hingewiesen, daß die scheinbare Allmählichkeit der Ausbildung der Totenstarre in Wirklichkeit ein Summationsphänomen ist; denn die einzelne Muskelfibrille ist entweder ganz erschlafft oder ganz kontrahiert. Die langsame Zunahme der Kontraktur rührt daher, daß die Zahl der toten und damit kontrahierten Fasern zunimmt. Hiermit hängt auch zusammen, daß dann, wenn wir z. B. die mechanischen Eigenschaften des absterbenden Gesamtmuskels messen, die Werte der Einzelmessungen während der Ausbildung der Totenstarre regelmäßig stark streuen (Abb. 103). Daß ein kohlenhydrat-verarmter Muskel keine deutliche Totenstarre zeigt, ist aus dem Gesagten ebenfalls verständlich, weil der für die Dauerkontraktur nötige Adenosintriphosphorsäure-Zerfall bei Abwesenheit von Hexose nicht in der normalen Weise abläuft.

Die Lösung der Totenstarre hat mit der Erschlaffung des lebenden Muskels nichts mehr gemein. Im erschlaffenden, toten Muskel wird das Actomyosinsystem abgebaut. Actin wird löslich. Die Faserstruktur des Eiweißes der Myofibrillen zerfällt; daher auch die Abnahme der mechanischen Festigkeit des

[1] Steiner, G.: Die postmortalen Veränderungen des Rindermuskels, gemessen an seinem mechanischen Verhalten. Arch. f. Hygiene **121**; 193 (1939).

Muskels auch im hitzekoagulierten Zustand (Abb. 103). Chemisch tut sich der teilweise Abbau der beteiligten Aminosäuren durch Auftreten freien Ammoniaks kund.

Der hitzedenaturierte Muskel. Im lebenden Muskel ist, wie wir sahen, das Actomyosin entweder als locker gepaartes Actin $+$ Myosin vorhanden oder als kontrahiertes Actomyosin. Das in den Fibrillen oder zwischen deren Elementareinheiten befindliche Kolloidwasser wird entweder von diesem Actomyosin oder von den anderen, in oder an den Fibrillen gelegenen Eiweißen gebunden. Im totenstarren Muskel ist das noch ebenso. Nach der Totenstarre hört diese feste Bindung des Wassers an die Zelleiweiße mehr und mehr auf. Es tritt die auch bei anderen toten Kolloiden bekannte Alterung (Synhärese) ein, bei der die Kolloide ihre Hydrathülle verkleinern und freies Wasser abgeben. Beim Anschneiden „tropft" der Muskel oder fühlt sich zum mindesten naß an.

Kochen wir einen Muskel — sei er nun lebend oder tot —, so pressen seine denaturierenden Kolloide sofort erhebliche Wassermengen durch Synhärese ab (fast 40% des Frischgewichtes). Die Muskelzellen nehmen bei der Erhitzung über 60° C überhaupt eine völlig andere Konsistenz an. Ihre Dehnbarkeit nimmt ab, ihre Elastizität zu. Der in rohem Zustand halbflüssige Zellinhalt wird gummiartig fest. Interessant ist dabei, daß trotz der gewaltigen Veränderung durch die Hitzekoagulation doch gewisse Unterschiede zwischen dem lebenden und dem totenstarren Muskel erhalten bleiben, bzw. die Veränderung durch die Totenstarre sich auch in einer Veränderung des koagulierten Muskels wiederspiegelt, indem dieser die eben erwähnte gummiartige Festigkeit in besonders starkem Maße zeigt (Abb. 104). Man muß sich die Veränderung durch das Erhitzen jedenfalls so vorstellen, daß durch chemische Veränderungen an den Seitenketten die Polypeptidhauptketten ihre relative Unabhängigkeit einbüßen und zu einem festen Netzwerk verbunden werden — so, wie man das ja auch bei der Vulkanisierung des Kautschuks annimmt. Bei den Eiweißen könnte man in erster Linie daran denken, daß SH-Gruppen sich zu -S-S-Brücken verbinden.

Die Myofibrillen bzw. die Muskelfasern der verschiedenen Tierarten und innerhalb der einzelnen Tierarten die Muskelfasern der Geschlechter und Altersklassen unterscheiden sich — zum mindesten in hitzedenaturiertem Zustand — deutlich voneinander. Selbst innerhalb des gleichen Tieres sind die verschiedenen Muskeln in bezug auf ihre Muskelfaserfestigkeit nicht gleich (Abb. 105). Daß es tatsächlich die Muskelfasern und nicht etwa das sie bündelnde Bindegewebe ist, welches diese Unterschiede macht, ist gesichert. Hydrolyse des Bindegewebes gibt ganz andere Festigkeitsbilder als Abbau der Muskelfasern (Abb. 106).

Rückblick. Wenn auch gerade in den letzten Jahren die Analyse der Vorgänge im Muskel große Fortschritte gemacht hat, so darf man doch nicht vergessen, daß alle diese Ergebnisse nur an wenigen Tierarten (Kaninchen, Frosch, Rind)

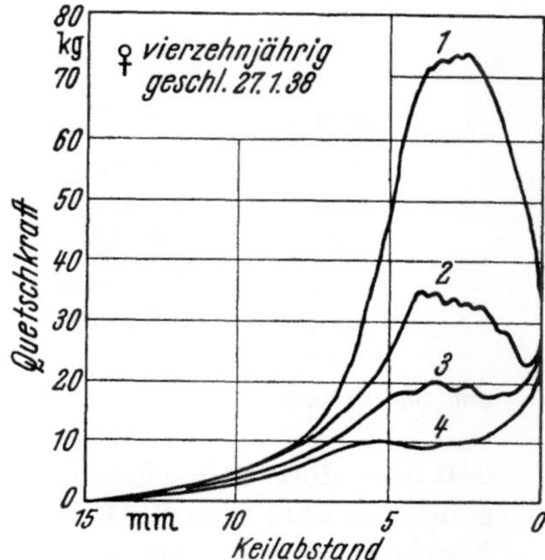

Abb. 104. Quetschkraftdiagramme (quer zur Faser von Rindermuskel), etwas schematisiert. *1* 48 h bei 0° C gelagert (Totenstarremaximum); *2* 48 h, *3* 11 Tage und *4* 19 Tage bei +5° C gelagert. Ganz ähnliche Diagramme wie *1* erhält man mit der gleichen Apparatur beim Quetschen von Radiergummi (elastischer Körper mit deutlicher Zerreißgrenze) .— Der zweite Anstieg bei *3* und *4* rührt vom Bindegewebe her. (Nach *Steiner*.)[1]

---

[1] STEINER, G.: Die postmortalen Veränderungen des Rindermuskels, gemessen an seinem mechanischen Verhalten. Arch f. Hygiene **121**; 193 (1939).

gewonnen worden sind und daher nicht beliebig verallgemeinert werden dürfen. Weiter sind sich gerade die mit diesen Fragen speziell befaßten Wissenschaftler durchaus darüber klar, daß die analysierten Reaktionen und Reaktionsverknüpfungen zwar den im intakten Organismus *möglichen* Vorgängen entsprechen,

		Quetschkraft [kg] im Maximum beim Quetschen quer zur Faser						
		10	20	30	40	50	60	70
Huhn, 3 jährig	Pectoralis maior				▮	▮	▮	▮
gek. 60 min	Pectoralis minor	▮						
schlachtfrisch	Schlegel			▮				
Huhn, 3 jährig	Pectoralis maior	▮						
4 Tage bei 0 °C	Pectoralis minor	▮						
gek. 60 min	Schlegel		▮					

Abb. 105. Quetschkraftmaxima (entsprechend Abb. 104) von verschiedenen Hühnermuskeln. (Nach *Steiner*.)[1]

daß aber dort wahrscheinlich *noch andere*, bisher noch nicht durchschaute Vorgänge mit ähnlichen Wirkungen ablaufen. Das mindert nicht den Wert des bisher Erarbeiteten, läßt aber erwarten, daß gerade auf diesem Gebiete die kommenden Jahre noch wesentliche Korrekturen und Ergänzungen bringen werden.

4. Atmung und respiratorische Farbstoffe.

Die meisten Tiere sind auf einen Atmungsstoffwechsel angewiesen, d. h. sie brauchen zur Aufrechterhaltung ihres Stoffwechsels atmosphärischen Sauerstoff. Nur wenige Eingeweidewürmer und Schlammbewohner gewinnen ihre Energie aus einem reinen Spaltungsstoffwechsel (Gärung). Wie bei den Pflanzen verläuft auch bei den Tieren die Oxydation der organischen Verbindungen im Atmungsstoffwechsel nicht nach Art einer Flamme. Der Sauerstoff bemächtigt sich nicht einfach der mehr oder minder regellos zerbrechenden Moleküle, sondern die zur Energiegewinnung zu oxydierenden Verbindungen werden durch eine festgelegte Kette fermentativ gelenkter Umsetzungen abgebaut und es werden ihnen die

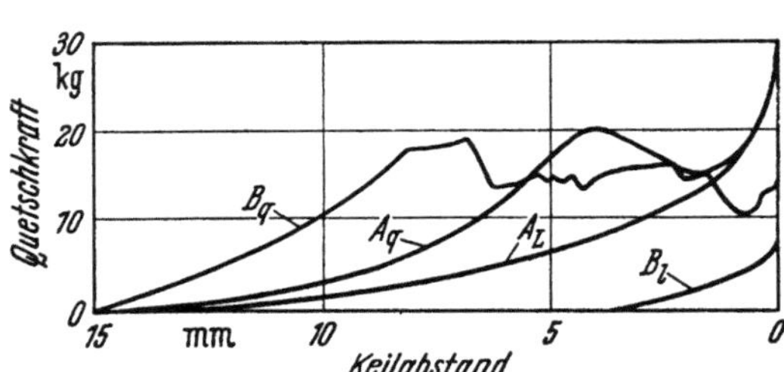

Abb. 106. Quetschkraftdiagramme von Rindfleisch (entsprechend Abb. 104): *A* von *gut abgehängtem*, *B* von *weichgekochtem* Rindfleisch. *q* quer zur Faser, *l* längs der Faser gequetscht. „Längs der Faser" zeigt hauptsächlich die Bindegewebsfestigkeit; „quer zur Faser" zeigt die Festigkeit von Bindegewebe und Muskelfasern. (Nach *Steiner*.)[2]

Energiedifferenzen, die bei diesem Abbau freiwerden, durch hierzu besonders vorgesehene chemische Verbindungen abgenommen, die entweder unmittelbar Arbeit leisten (vgl. Actomyosin!) oder als Energiespeicher dienen (z. B. Fette oder Glykogen).

Während man nun viele enzymatische Vorgänge bequem im Reagenzglas beobachten kann, weil sich die hierzu gehörigen Fermente extrahieren und weitgehend reinigen lassen, ist das bei den eigentlichen Atmungsfermenten recht

---

[1] STEINER. G.: Mechanische Messungen an Fleisch und Fleischwaren zur Bestimmung der „Zähigkeit". Z. f. Fleisch- und Milchhygiene **50** 61 u. 74 (1939/40)
[2] STEINER, G.: Die postmortalen Veränderungen des Rindermuskels, gemessen an seinem mechanischen Verhalten. Arch. f. Hygiene **121**; 193 (1939).

schwer; denn ihre Eiweißkomponente sind empfindlich und denaturieren leicht. Die normale Atmung verläuft daher nur im lebenden Gewebe.

Entsprechend den unterschiedlichen Lebensbedingungen, denen die verschiedenen Tiere und innerhalb der Tiere auch die verschiedenen Gewebe ausgesetzt sind, atmen diese nicht nur verschieden intensiv, sondern sie können den gebotenen Sauerstoff auch in unterschiedlichem Maße verwerten. Nur bei ungehindertem Gasaustausch zwischen der Luft und dem Gewebe ist ja der Sauerstoffpartialdruck hier mit dem der Luft im Gleichgewicht. Im Innern eines Tieres, in das der Sauerstoff durch Diffusion hineingelangen muß, und wo dauernd Sauerstoff verbraucht wird, ist er selbstverständlich kleiner. Aber schon das Außenmedium vieler Wassertiere hat oft einen geringeren Sauerstoffpartialdruck als derjenige, welcher mit dem der atmosphärischen Luft im Gleichgewicht steht, z. B. in stillen Binnengewässern mit reichem Tier- und Bakterienleben. Fische etwa, die dort leben, müssen auch noch bei solchem verringerten Sauerstoffpartialaußendruck und demgemäß noch geringerer Sauerstoffspannung in ihrem Blut und ihren Geweben den Sauerstoff in ihren Zellen zur Oxydation ausnutzen können. Bei einem in Sauerstoffüberschuß lebenden Tier, auf der anderen Seite, würde das gleiche System, das einem Teichfisch gerade die richtige Ausnutzung des spärlichen Sauerstoffes ermöglicht, Unheil anrichten, indem es zuviel der oxydierbaren Substanzen oxydierte. Eine Forelle also, die im schäumenden Gebirgsbach lebt, oder ein Tier der Meeresbrandung oder der Hochsee muß demgemäß ein Atmungssystem haben, das nicht so stark dazu neigt, den vorhandenen Sauerstoff zur Oxydation zu aktivieren. Die mehr oder minder große Neigung eines chemischen Systems zur Oxydation oder Reduktion seiner Reaktionspartner hängt von seinem Oxydo-Reduktionspotential ab. Man kann dieses elektrochemisch messen und gibt es sehr häufig in einer, entsprechend der p_H-Bezeichnung gewählten Größe, dem r_H an. Bezüglich der theoretischen Begründung dieser Größe, ihrer Messung und ihres mannigfachen Einsatzes bei der Betrachtung der Oxydo-Reduktions-Erscheinungen sei auf MICHAELIS[1] verwiesen.

Was wir landläufigerweise als *Atmung* bezeichnen, ist dem soeben Besprochenen gegenüber nicht die eigentliche Gewebe- und Zellatmung, sondern die mechanische Ventilation räumlich abgegrenzter Atemorgane, d. h. der Austauschflächen für die Atemgase O_2 und CO_2. Da auch die so aufgefaßte „Atmung" für die Lebensmittelfrischhaltung nicht ganz bedeutungslos ist (z. B. bei der Hälterung lebender Fische und Krebse), soll auf sie eingegangen werden: Im Gegensatz zu den Pflanzen zeichnen sich die Tiere ja dadurch aus, daß ihre Haupt-Austauschflächen (Darm, Kiemen, Lungen, Nieren) größtenteils ins Innere des Organismus verlagert sind, eine Besonderheit, die wohl mit der Ortsbeweglichkeit der meisten Tiere eng zusammenhängt. Die Differenziertheit dieser Austauschflächen pflegt bei intensiverem Stoffwechsel und bei größeren absoluten Maßen der Tiere besonders ausgesprochen zu sein. Wie sehr die absolute Größe mitspielen muß, ersieht man daraus, daß es vielzellige Tiere von 100 μ bis zu 30 m Länge gibt, und von einem Körpervolumen zwischen 10^{-13} und 10^2 m^3. Das Verhältnis: Äußere Oberfläche/Körpervolumen kann demnach alle Werte im Bereich von fünf Zehnerpotenzen annehmen. Hiermit hängt eng zusammen, daß sehr kleine Tiere auf besondere Atmungsorgane überhaupt verzichten, und daß andererseits die großen Säugetiere und Vögel besonders komplizierte haben.

Bei Tieren nun, die bei gegebener Körpertemperatur ein gewisses Stoffwechsel- und damit Atmungsminimum ohne Schaden nicht unterschreiten können, wirkt Verkleinerung der Austauschfläche der Atemorgane oder Stillegen von deren

---

[1] MICHAELIS, L.: Oxydo-Reduktions-Potentiale, 2. Aufl. Berlin: Springer 1933.

Ventilationsmechanismen katastrophal. Fische z. B. sterben deswegen an Land, weil die feinen Kiemenblättchen an der Luft durch die Oberflächenspannung des Wassers zusammenkleben, und die nutzbare Kiemenoberfläche so auf $1/20$ bis $1/50$ ihrer im Wasser wirksamen Größe verkleinert wird und zudem durch Eintrocknen der verbleibenden respiratorischen Oberfläche diese geschädigt wird und großenteils für den Gasaustausch ausfällt. Nur bei ganz niederen, noch gerade vor dem Gefrieren bewahrenden Temperaturen kann die Verlangsamung des Stoffwechsels in manchen Fällen die Erschwerung des Gasaustausches kompensieren, was auch wieder eine Bedeutung für den Lebendversand von Wassertieren haben kann.

Anoxybiose, d. h. dauerndes Leben ohne Verbrauch von freiem Sauerstoff, ist, wie schon gesagt, bei Tieren verhältnismäßig selten und auf wenige, niedere Organisationstypen beschränkt. In solchen Fällen, wo andere Tiere als diese scheinbar ohne Sauerstoff auskommen, handelt es sich entweder um Tiere mit der Fähigkeit, auch noch sehr geringe Sauerstoffmengen ihres Außenmediums zu verwerten bzw. diesen noch in äußerst geringen Konzentrationen der Oxydation nutzbar zu machen; oder die betreffenden Tiere haben Sauerstoff in leicht für die Atmung aktivierbarer Form — z. B. in Blutfarbstoffen — gespeichert. Außerdem kommt es bei manchen niederen Tieren bei Absinken des O_2-Partialdruckes zu Atmungsverlangsamung gemäß dem Massenwirkungsgesetz.

Blutfarbstoffe. Von den Austauschflächen (Kiemen, Lungen) zum Ort der Zellatmung wird der Sauerstoff die größte Strecke durch das Blut (bzw. die Hämolymphe) (vgl. S. 320ff) verfrachtet. Den umgekehrten Weg nimmt der größte Teil der bei der Atmung entstehenden Kohlensäure. Diese beiden Stoffwechselgase verhalten sich dabei indessen grundsätzlich verschieden: Während der Sauerstoff sich in dem Blutplasma (bzw. der Lymphe oder Hämolymphe) bei Abwesenheit von Blutfarbstoffen einfach als Gas löst, hat die Kohlensäure mehrere Erscheinungsformen: 1. Kohlensäureanhydrid CO_2; 2. undissoziierte Kohlensäure H_2CO_3; 3. zwei Dissoziationsstufen der Kohlensäure HCO_3' und CO_3.'' In wäßrigen Flüssigkeiten können alle drei Erscheinungsformen vorkommen, Carbonat- und Bicarbonat-Ionen besonders in Gegenwart von entsprechenden Kationen (vor allem Alkalien und Erdalkalien); in Lipoiden löst sich CO_2 gut. Die lösbare Gesamtmenge von Kohlensäure übertrifft daher in physiologischen Flüssigkeiten die lösbare Gesamtmenge von Sauerstoff um ein Vielfaches. Um den Sauerstofftransport zu erleichtern, findet sich in den verschiedensten Tiergruppen eine ganze Reihe von Blutfarbstoffen, die chemisch als Chromoproteide gekennzeichnet sind, und deren prosthetische Farbstoffkomponente ein koordinativ gebundenes Metallatom enthält. Als solches kann Kupfer und Vanadium vorhanden sein; eisenhaltige Blutfarbstoffe sind indessen diejenigen mit der größten biologischen Bedeutung. Sie bilden die *Hämoglobine,* welche bei manchen Wirbellosen (Würmern, Krebsen, Schnecken) und vor allem bei den Wirbeltieren solch lebenswichtige Rolle spielen.

Das Hämoglobin der Wirbeltiere ist für die Lebensmittelfrischhaltung deswegen beachtenswert, weil die Farbe der Muskulatur, vor allem der des Warmblüterfleisches, maßgeblich durch die Konzentration und den Zustand des in der Muskulatur enthaltenen Hämoglobins bestimmt wird. Die *frische Fleischfarbe* ist ja ein allgemein stark beachtetes Qualitätsmerkmal, das man demgemäß bei der Lagerung nach Kräften zu erhalten trachtet. Diese Fleischfarbe wird indessen nicht so sehr durch das in den Blutkörperchen eingeschlossene Hämoglobin bedingt, sondern durch das diesem in jeder Hinsicht sehr nahe stehende *Myoglobin* (= Muskelhämoglobin). Es kommt nicht in allen Muskel gleichkonzentriert vor. Wo es vorkommt, ist es in der Muskelfaser eingeschlossen; in der von wechselwarmen Tieren ist es nur schwach vertreten. Bei den meisten Fischen fehlt es ganz (weißes Fischfleisch). Aber auch bei Warmblütern trifft man ausgesprochen blasse und ausgesprochen rote Muskeln. Eine strenge Gesetzmäßigkeit der Zusammenhänge zwischen der Funktion eines Muskels und seinem Myoglobingehalt läßt sich nicht aufstellen. So ist es z. B. nicht einfach so, daß z. B. *tonische* Fasern der quergestreiften Muskulatur in jedem Fall röter wären als *tetanische*. Es gibt Tiere, die überhaupt nur rote und keine blassen Muskelfasern aufweisen. Daß irgendwelche funktionelle Zusammenhänge — die wir allerdings noch nicht kennen — bestehen, ist immerhin anzunehmen.

Chemisch besteht das Hämoglobin aus der prosthetischen Farbstoffkomponente *Häm* und dem mit ihr gekoppelten Protein *Globin*. Das Häm seinerseits

besteht, wie aus vorstehender Formel ersichtlich ist, aus vier Pyrrolringen, welche durch CH-Brücken verbunden sind, und in deren Mitte ein Atom *zwei*wertigen Eisens eingebaut ist. In dieser Hinsicht hat das Häm große Ähnlichkeit mit manchen eisenhaltigen Atmungsfermenten; außerdem ist auch das Blattgrün der Pflanzen (Chlorophyll) durch eine entsprechende Pyrrolringanordnung gekennzeichnet. (Der Wert des Chlorophyllgenusses für die Blutfarbstoffbildung kommt jedoch nicht vom *Eisengehalt* des Chlorophylls; dieses enthält an der Stelle, wo das Häm $Fe^{..}$ gebunden hat, $Mg^{..}$! Vielmehr sind es die Pyrrolringe, welche vom tierischen Organismus zum Aufbau des Häm aus der Pflanze übernommen werden können.) Das $Fe^{..}$ des Hämoglobins hat die Fähigkeit, *mole*kularen Sauerstoff (O_2) koordinativ zu binden. Bindung und Abspaltung des O_2 werden im Körper indirekt durch das Auftreten und Verschwinden von Kohlensäure und die hiermit verbundenen p_H-Verschiebungen geregelt. Das (hellrote) O_2-Hämoglobin wird im Gegensatz zum dunkelroten O_2-freien Hämoglobin als *Oxyhämoglobin* bezeichnet. Die Oxydationsstufe des Eisenkernes des Häm wird durch diese O_2-Bindung nicht beeinflußt.

Schneidet man aus einem geschlachteten und ausgekühlten Rinderviertel ein Stück Muskel heraus, dann pflegt es an den frischen Schnittflächen zunächst die Hämoglobinfarbe (dunkelrot) zu zeigen. Im Kalten aufbewahrt, erhält es aber bald die hellkirschrote, leuchtende Oxyhämoglobinfarbe, weil nun der im Überschuß vorhandene eindiffundierende Sauerstoff — da das kalte Fleisch ihn ja nicht mehr aufbraucht — Oxyhämoglobin entstehen läßt. Dessen Farbe bleibt dann auch längere Zeit bestehen, macht aber — je nach der Lagertemperatur und dem individuellen Zustand des Muskelstückes — nach Stunden oder Tagen einer schmutzig-grauen Farbe Platz, die daher kommt, daß mit der Autolyse des Muskels nun das Oxyhämoglobin unter Oxydation des Eisenkernes von $Fe^{..}$ zu $Fe^{...}$ in Methämoglobin umgewandelt wird, das die Eigenschaft der leicht reversiblen O_2-Anlagerung verloren hat. Zwar ist die so verfärbte Schicht nur millimeterdick, sie beeinträchtigt aber den Verkaufswert des Fleisches.

Neben diesen, sich — sozusagen — von allein ergebenden Hämoglobinverbindungen bzw. -umwandlungen sind noch zwei weitere zu besprechen: Das *Kohlenoxydhämoglobin* (CO-Hämoglobin) entsteht unerwünschterweise bei CO-Vergiftungen. Chemisch entspricht es durchaus dem O_2-Hämoglobin, dissoziiert aber unter den im Körper herrschenden Bedingungen sehr viel weniger als das Oxyhämoglobin und blockiert so den Blutfarbstoff für den Sauerstofftransport. Daher das schnelle Ersticken CO—Vergifteter. Das CO-Hämoglobin ist leuchtend rot gefärbt, so daß man schon vorgeschlagen hat, Fleisch zur *Hebung* der Farbe mit CO zu begasen. Da das CO, wenn auch langsam, so doch merklich abdissoziiert, ist die so erzeugte Farbe jedoch nicht haltbar, die Begasung zudem ohne sorgfältigste Vorsichtsmaßnahmen immer gefährlich.

Eine weitere Verbindung des Hämoglobins, die große praktische Bedeutung hat, ist das *Nitroso-Hämoglobin*, das beim Pökeln entsteht. Hierbei wird der Pökellake neben dem NaCl entweder einfach Salpeter zugesetzt, der zu einem geringen Prozentsatz durch Bakterien zu salpetrigem Salz reduziert wird, oder es wird von vornherein — wie das jetzt allgemein üblich ist — eine geringe Menge salpetrigen Salzes $(NaNO_2)$ zugefügt. Die Farbe des Nitrosohämoglobins ist ebenfalls ein leuchtendes, helles Rot. Im Gegensatz zu den anderen besprochenen Hämoglobinverbindungen ist bei Nitrosohämoglobin die Farbe kochfest.

II. Histophysiologie des Todes.

1. Absterben und „Totsein".

Während man beim Menschen und den warmblütigen Tieren übereinkunftsgemäß und mit gutem Grund den Herzstillstand als Zeitpunkt des Todes bezeichnet, verwischen sich die sicheren Anzeichen des Totseins sofort, wenn wir ganze wechselwarme Tiere oder auch Teile von solchen oder von Warmblütern betrachten. Wir sind dann veranlaßt, zwischen *Leben* und *Totsein* eine zeitlich u. U. recht erhebliche Spanne des *Sterbens* oder *Absterbens* einzuräumen. Um klar zu machen, was hiermit gemeint ist, sei ein naheliegendes Beispiel gewählt: Ein Rind wird geschlachtet. Hierbei wird ihm zur Betäubung zunächst ein Bolzen ins Hirn geschossen. An sich würde dieser Eingriff schon zum Töten genügen, denn nach der Zerstörung wichtiger Hirnteile durch den Bolzenschuß und die nachfolgenden Blutungen wäre der Organismus nicht mehr dauernd lebensfähig. Um die niederen Hirnteile und das Rückenmark auch noch abzuschalten und so die automatischen und reflektorischen Zuckungen und somit die Stärke der Agonie (d. h. des Todeskampfes) zu vermindern, wird anschließend an den Bolzenschuß meist noch mit einem biegsamen Stabe von der Schußwunde aus ins Rückenmark gebohrt. Nun schlägt noch das vom Zentralnervensystem ja ziemlich unabhängige Herz, und die immer noch vorhandenen Zuckungen und das Muskelflimmern zeigen, daß noch Rückenmarksteile erhalten und die Muskeln lebendig sind. Auch die gesamten Eingeweide bewegen sich noch in der für sie typischen rhythmischen Weise. Der Schlächter schneidet nun die Halsschlagadern (u. U. auch noch den großen Aortenbogen) an, so daß das Tier ausblutet, wobei das noch pulsierende Herz es förmlich leerpumpt. Hierdurch werden die Gewebe von der Stoffzufuhr abgeschnitten. Zunächst stellt sich daraufhin Sauerstoffmangel ein, so daß die Gewebe schneller ersticken als verhungern oder durch liegenbleibende Stoffwechselzwischenprodukte vergiftet werden. In der Tat bemerkt man, vor allem in den tiefen Gewebeschichten, bald die Anzeichen der Erstickung (vgl. Totenstarre S. 361). Setzt man den Stoffwechsel durch schnelles Abkühlen sofort nach dem Ausbluten des Rindes herab, indem man es z. B. sofort zerlegt und die einzelnen Stücke in Teilen von nicht größerer Dicke als 6 bis 8 cm bei 0 bis —0,5° C aufhängt, dann kann man sie u. U. noch tagelang am Leben erhalten. Auch ohne solche Maßnahme bleiben viele Epithelien zunächst noch für Stunden oder Tage am Leben, bis sie verhungern oder vom darunter liegenden, abgestorbenen Gewebe vergiftet werden (bei der menschlichen Leiche z. B. die Rachen- und Luftröhrenschleimhäute); denn Sauerstoff steht ihnen ja durch Diffusion von der Oberfläche genügend zur Verfügung. Man sieht hieraus, daß die Reihenfolge und die Geschwindigkeit des Absterbens der Einzelteile eines Tierkörpers von einer ganzen Reihe von Faktoren abhängt: Von der Stoffwechselintensität, der Möglichkeit der Sauerstoffversorgung, dazu der Empfindlichkeit gegen Sauerstoffmangel. Bekannt ist ja, daß Nervenzellgewebe (Hirn und Rückenmark) schon nach kurzfristiger (2 bis 15 Min.) Unterbrechung der Sauerstoffzufuhr irreversible, d. h. tödliche Schädigungen erfährt.

Daß der Herzstillstand, wie schon gesagt, für die höheren Wirbeltiere und den Menschen als Zeichen eingetretenen Todes angesehen wird, erklärt sich aus dem Gesagten: Mit dem Stillstand der Blutzirkulation sind die Gewebe zum Ersticken verurteilt, selbst wenn die Lungenventilation durch künstliche Mittel aufrecht erhalten würde. Bei wechselwarmen Organismen dauert indessen das Überleben einzelner Gewebe und Organe nach dem tödlichen Eingriff wegen des im allgemeinen geringeren Sauerstoffbedürfnisses und der schon S. 366 erwähnten Fähigkeit, auf Sauerstoffmangel mit Stillegen des oxydativen Stoffwechsels zu reagieren, regelmäßig länger; verständlicherweise besonders dann, wenn der Organismus kalt ist.

Wie schnell die Gewebe sterben, hängt aber auch davon ab, in welchem Zustand sich das Tier im Augenblick der *Tötung* befand. Es ist eine alte Erfahrungstatsache, daß ausgeruhtes Vieh und solches, das gehetzt und ermüdet zum Schlachten kommt, verschieden schnell totenstarr werden (vgl. S. 362). Hasen, die auf der Pirsch geschossen werden, werden langsamer totenstarr als solche, die auf der Treibjagd erlegt wurden. Bei Fischen gilt ganz Entsprechendes. Nur ist es von ihnen deswegen weniger bekannt, weil sie bei Massenfängen meist sowieso nach starker Agonie und Zappeln bis zum Ersticken sterben. Aber auch der Angelfisch wird meist nicht gleich nach dem Fang getötet, sondern zappelt sich erstickend zu Tode, was für seine spätere Haltbarkeit ungünstig ist, wie wir noch sehen werden. Bei ohne lange Agonie getöteten Fischen tritt bei 0° C die Totenstarre u. U. jedoch erst nach Tagen ein.

Der Zustand eines Tieres in der Zeit unmittelbar vor seinem Tode hat aber noch andere als die oben genannten Einflüsse auf das Schicksal der toten Gewebe: Man weiß, daß starke Erregung sowie starke Ermüdung die Abdichtung der Epithelien und die Tätigkeit der Leucocyten beeinflußt, so daß z. B. aus dem Darm Bakterien in die Blutbahnen gelangen können. Es handelt sich dabei meist um Fäulnisbakterien aus dem Darm, welche im allgemeinen nach kurzer Zeit vom Körper unschädlich gemacht werden, sobald die Ermüdung oder Erregung abgeklungen ist. Werden abgehetzte Tiere jedoch getötet, so befinden sich die Bakterien in den Adern und in den reticulären Bluträumen des Knochenmarks und der spongiösen Knochen und können dort Fäulnis verursachen, zumal solche Tiere auch unvollkommen auszubluten pflegen. Demgegenüber ist das Blut gesunder, ausgeruhter Tiere praktisch steril.

2. Autolyse.

Wenn die Zellen nach Ablauf der eben skizzierten Absterbevorgänge schließlich *tot* sind, zeigen sie nicht mehr die der lebenden Substanz eigene Feinstruktur. Die empfindlicheren Eiweiße und damit auch die Eiweißkomponenten der Atmungsfermente denaturieren. Die feine Ausgeglichenheit der intracellulären Grenzflächenpotentiale ist dahin. Hiermit hängt zusammen, daß die im Leben großenteils innig mit Eiweißen verbundenen Lipoide nun sichtbar werden und u. U. zu Tröpfchen meßbarer Größe zusammentreten. Vitalfarben (z. B. Neutralrot) werden nicht mehr granulär gespeichert, wie im Leben, sondern färben das Plasma diffus an, auch ein Zeichen daß das Ladungsmuster in den Zellen einem Chaos gewichen ist. Die stabileren Enzyme, welche durch diese Veränderungen nicht zerstört worden sind, gelangen nun an diejenigen Stoffe, auf welche sie wirken können, so daß sie die zelleigenen Substanzen abzubauen beginnen. *Diese Selbstauflösung durch zelleigene oder gewebseigene Fermente wird als „Autolyse" bezeichnet.*

Es ist nicht leicht, experimentell die autolytischen Vorgänge sauber zu verfolgen, weil es einerseits in den meisten Fällen schwer gelingt, das zu beobachtende Material einwandfrei steril zu erhalten. Viele Vorgänge, die früher als *autolytisch* beschrieben worden sind, haben sich als durch unmittelbare oder mittelbare Folge der Mikroorganismentätigkeit erwiesen. Auch dann, wenn die Mikroorganismen ganz ausgeschaltet zu sein scheinen (z. B. bei Anwendung von Aceton oder von Bacterieiden bzw. bakteriostatischen Mitteln), können bei dem beobachteten Geschehen neben den zelleigenen Fermenten u. U. noch die Fermente der abgetöteten Mikroorganismen mitwirken. Diese Bedenken gelten weniger für die Autolyse-Untersuchungen bei Warmblütern, da — wie gesagt — hier wirklich steriles Gewebe verhältnismäßig leicht zu erhalten ist; wohl aber gelten sie für die Untersuchungen an Fischen, die schwer einwandfrei steril zur Autolyse angesetzt werden können. Die andere Schwierigkeit ist die, daß bei der Autolyse tierischer Zellen gerade die ersten Schritte besonders interessieren (z. B. das *Mürbewerden* des Warmblüterfleisches, das *Matschigwerden* des Fischfleisches, die Veränderungen der *Wasserhaltigkeit* des zur Wurstfabrikation verwendeten Fleisches). Diese ersten Schritte brauchen chemisch aber kaum in Erscheinung zu treten, weil die Zahl der an dem riesigen Eiweißmolekül geänderten Bindungen relativ klein sein und trotzdem in bezug auf Festigkeit und Hydratationsfähigkeit des betreffenden Eiweißes sehr wirksam sein können. Wenn erst einmal Ammoniak in quantitativ bestimmbaren Mengen auftritt, ist der autolytische Abbau schon recht erheblich fortgeschritten.

Nach den als gesichert zu betrachtenden Angaben wird beim Muskel das Gerüsteiweiß (Kollagen und Elastin) kaum, die Muskelfibrillen werden aber gleich nach der Ausbildung der Totenstarre merklich autolytisch verändert[1]. Dies zeigt sich vor allem im mechanischen Verhalten (*Abhängen* des Fleisches).

Die Geschwindigkeit und das Ausmaß der Autolyse werden wieder von mehreren Faktoren bestimmt: 1. Angreifbarkeit des Substrates (d. h. des Stoffes, der dem Eingriff des betreffenden Fermentes zugänglich ist), 2. Menge des Ferments, 3. Milieu, in der die Umsetzung stattfindet, also z. B. p_H, sonstige Ionenkonzentrationen, Vorhandensein weiterer Fermente, durch welche das Substrat bereitgestellt oder die Reaktionsprodukte weiterzerlegt werden, Wasseraktivität (d. h. Vorhandensein und relative Menge reaktionsfähigen und die Reaktion durch Stofftransport fördernden Wassers), u. a. m. Auf die sich hieraus ergebenden Möglichkeiten wird hier nicht weiter eingegangen; es sei aber auf eine praktisch

---

[1] STEINER, G.: Mechanische Messungen an Fleisch und Fleischwaren zur Bestimmung der „Zähigkeit". Z. für Fleisch- u. Milchhygiene **50**, 61 u. 74 (1939/40).

wichtige Folgerung hingewiesen: Junges, wachsendes Gewebe enthält meist mehr Fermente für den Baustoffwechsel (d. h. z. B. zum Eiweißaufbau) als altes, nicht mehr wachsendes. Da die eiweißaufbauenden Fermente die gleichen sind wie die eiweißabbauenden, so wird bei jungem Gewebe eine schnellere Autolyse erwartet werden können als bei altem. Auch sonst wird von fermentativ sehr aktivem Gewebe eine besonders starke Autolyse zu erwarten sein; daß Leber besonders intensiv autolysiert, mag darum nicht wundernehmen. Weiterhin ist zu bedenken, daß das Substrat, das bei der Autolyse verändert werden kann, in jungem, wachsendem Gewebe noch annähernd in der gleichen Form vorliegen wird, in der es synthetisiert wurde; in altem, nicht mehr wachsendem Gewebe hingegen ist es, wie man annehmen muß, teilweise schon (kolloidal) gealtert, wodurch es für den fermentativen Angriff jedenfalls nicht mehr so leicht zugänglich ist. In der Tat kann man aus Festigkeitsmessungen am Rindermuskel schließen, daß die Lösung der Totenstarre bei jungen Tieren schneller erfolgt als bei alten. Auch bei Fischen findet man Entsprechendes. Daß verschiedene Muskeln ein und desselben Tieres ebenfalls verschieden starke Autolysewerte ergeben, wurde S. 363 schon erwähnt (Abb. 105).

3. Einfallswege der Fäulnis.

Die durch Mikroorganismen verursachten, postmortalen Veränderungen tierischer Gewebe sind zwar nicht mehr Gegenstand unserer Betrachtung (vgl. Beitrag 3 dieses Bandes); es ist aber sinnvoll, in ihren Rahmen die anatomischen und histologischen Vorbedingungen für das Einwandern und die Entfaltung der Kleinlebewesen im Organismus einzubeziehen. Wir tun dies am besten an Hand einiger weniger, charakteristischer Beispiele.

Krebse. Die Krebse (vgl. S. 326) sind zwar mit einem festen Chitinpanzer umgeben; seine Widerstandsfähigkeit gegen das Eindringen von Bakterien und Pilzen ist jedoch nicht so groß, wie man das bei oberflächlicher Betrachtung annehmen möchte. Nicht nur, daß gewisse Bakterien und niedere Pilze schon *im Leben* der Krebse auch durch die dicksten Panzerstellen unter Geschwürbildung durchdringen können — die dünnen Gelenkhäute werden noch leichter zu Eingangspforten. Das gilt allerdings mehr für krankheiterregende, auf Krebse spezialisierte Mikroorganismen. Die für die Lebensmittelfrischhaltung wichtigeren Fäulnisbakterien gelangen aber auch ohne große Mühe in das Krebsinnere, weil bei frischgefangenen Krebsen fast regelmäßig durch die derbe Behandlung während des Fangs oder durch Kämpfe, welche die wehrhafteren Tiere in den Krebsreusen untereinander ausfechten, Beine fehlen oder sonstwie Wunden an den zarteren Körperstellen vorhanden sind. Solange die Krebse leben, hat dies wenig zu sagen, weil die Abwehrkräfte des Organismus der eingedrungenen Bakterien meist Herr werden. Sowie aber die Tiere sehr geschwächt oder gar schon tot sind, dringen die Mikroorganismen durch die genannten, nur durch schwaches Gerinnsel verschlossenen Wundstellen ein. Da im Krebsinnern kaum Bindegewebe vorhanden ist, steht der Ausbreitung der eingedrungenen Fäulniserreger mechanisch nichts im Wege. Die Leibeshöhlenflüssigkeit und die zarten Organe sind ein guter Bakteriennährboden. Lediglich die Sauerstoffversorgung wird durch die dichte Panzerung sehr erschwert. So kommt es in Krebsen leicht zu einer ausgiebigen anaeroben Zersetzung, die lebensmittelhygienisch sehr ernst zu beurteilen ist. Gestorbene Krebse sind daher schon nach wenigen Stunden als genußuntauglich zu betrachten.

Fische. Wie schon ausgeführt wurde (S. 331), ist das Bindegewebe der Fische aus einem thermisch wie fermentativ leicht angreifbaren Kollagen aufgebaut. Wie die Bindegewebssepten im Fischkörper angeordnet sind, ersieht man aus Abb. 83. Sie bilden ein Fächerwerk, das sowohl die Muskelsegmente wie die Wirbelsäule umgibt. In ihm sind zwischen den Bindegewebsfasern feine lymphatische Räume. Bedeckt ist der Körper der Knochenfische (und sie stellen die Überzahl der Speisefische) mit einer zarten Schleimhaut, unter der die in der Lederhaut steckenden Knochentäfelchen der Schuppen liegen. Die Lederhaut hängt nun wieder mit dem Bindegewebsfächerwerk unmittelbar zusammen. Der wichtigste Wanderweg der Fäulnisbakterien ist dieses Bindegewebsfächerwerk. Und zwar sind es die erwähnten, feinen Lymphraumspalten, welche in die Tiefe führen; dann aber können sich auch viele Bakterien durch Zersetzung des anfälligen Bindegewebes selbst den Zugang in die Fischmuskulatur freilegen.

Entgegen früheren Vermutungen spielt demgegenüber das Eindringen von Bakterien durch die zarten Kiemen und die sich an sie anschließenden Blutbahnen bei Überschwemmung der Fische mit Fäulniserregern nicht stark mit.

Schließlich sind noch die Baucheingeweide zu erwähnen. Man weiß, daß der größte Teil der die Fische verderbenden Bakterienarten im Fischdarm gefunden wird. Bei unverletztem Darm wird indessen ein Fisch kaum *von innen heraus* faul; denn die Darmwand ist verhältnismäßig derb und widerstandsfähig. In praxi ist es jedoch meist so, daß der durch den Stapeldruck aus dem After gepreßte Kot und mit ihm seine Bakterien außen auf die Fische gelangen, von wo dann die oben skizzierte Infektion erfolgt. Bei derbem Quetschen der Fische, bei dem die ganzen Eingeweide aus dem Fisch herausgedrückt und zerrissen werden, trifft das natürlich in noch höherem Maße zu. Und das gleiche gilt auch für das Schlachten, bei welchem die aus dem Darminhalt stammende Bakterienaufschwemmung beim ungenügenden Abspülen gleichmäßig auf der Fischoberfläche verteilt wird[1].

Bei den niederen Lagertemperaturen der zwischen Eis gepackten Fische genügt für den Sauerstofftransport ins Innere zur Versorgung aerober Bakterien die Diffusion von der Oberfläche her, zumal ernstlich O_2-diffusionshemmende Abgrenzungen im toten Fischkörper fehlen.

Geflügel. Unausgenommenes, auch sonst möglichst unverletztes Geflügel hat wenig Pforten, durch welche Bakterien eindringen können. Am kritischsten ist die meist blutige Abstichstelle, die entweder im Rachen oder am Hals liegt. Die Körperoberfläche ist bedeckt von einer dünnen aber doch relativ derben und dabei trockenen Haut. Die Eingeweide sind ebenfalls von derbem Bindegewebe umhüllt, so daß Darmbakterien auch nach ziemlich langer Frist noch nicht durchdringen. Empfindlicher ist — wie übrigens auch bei allen anderen Wirbeltieren — die Leber, weil ihre Umhüllung wesentlich zarter ist, und weil dieses Organ merklich autolysiert und anschließend von aus dem Darm eingedrungenen Bakterien weiter verändert werden kann.

Völlig anders liegen die Verhältnisse sofort, wenn es sich um ausgenommenes Geflügel handelt, weil hier vor allem die zahlreichen blutigen Stellen und Gewebsanrisse (in der Leibeshöhle die zerrissenen Mesenterien) einen günstigen Nährboden bieten, und weil lockeres Bindegewebe in der dem Hals zugekehrten Grenze der Leibeshöhle den Weg zwischen die Muskulatur freigibt. Weil für die aeroben Bakterien wegen der derben Muskelfascien und der zahlreichen feinen Fettlagen, welche die Sauerstoffdiffusion behindern, keine guten Bedingungen herrschen, spielen die intramuskulären Infektionen allerdings nur bei im Warmen aufbewahrtem Geflügel eine — dann allerdings bedenkliche — Rolle.

Schlachtvieh. Die als Schlachtvieh dienenden Großsäuger haben zwischen und um ihre Muskulatur ein recht derbes Bindegewebe. Da bei den üblichen, niederen

---

[1] Lücke, Fr. u. E. Frerks: Keimverteilung in der Muskulatur des Kabeljau. Vorratspflege u. Lebensmittelforschung **3**, 130 (1940).

Lagertemperaturen praktisch nur aerobe Mikroorganismen zu beachten sind, so kommen nur die freien Oberflächen eigentlich für den Befall durch Bakterien, Schimmelpilze und Hefen in Frage. Für deren Wuchern in die Tiefe liegen die Verhältnisse ausgesprochen ungünstig. Nur dort, wo schon von Natur aus Flüssigkeit vorhanden ist, durch die Sauerstoff leichter in die Tiefe dringt als durch die zahlreichen, oft durch feine Fettlagen gegeneinander abgegrenzten Gewebeschichten, dringen auch sauerstoffbedürftige Fäulniserreger tiefer ein (so z. B. Wirbelkanal, angesägte Knochen mit lockerer Spongiosa, erweiterte intercelluläre Räume bei aufgetautem Gefrierfleisch). Unter Umständen sind auch dort, wo durch Bakterientätigkeit leicht verflüssigbares Eiweiß in die Tiefe führende Hohlräume erfüllt, günstige Eintrittstellen (z. B. Blutpfröpfe in Stichkanälen oder größeren Adern). Aus diesem Grunde sind Lagerstücke mit möglichst wenigen, gewebe-eröffnenden Schnittflächen, bei welchen die Muskelfascie möglichst unverletzt bleibt, anzustreben. Sorgfältiges Ausblutenlassen vermindert die Blutpfropfenbildung in den Venen. Fettgewebe unter den oberflächlichen Bindegewebslagen begünstigt deren pergamentartiges Eintrocknen während des Abkühlens, was nicht nur den Gesamt-Verdunstungsverlust (Gewichtsverlust) vermindert, sondern auch die Ansiedlung der Mikroorganismen erschwert. Schließlich sei noch auf die S. 369 erwähnte diffuse Infektion auf dem Blutwege hingewiesen, die man durch schonende Behandlung des Schlachtviehs vor der Tötung zu vermeiden sucht.

Das, was bei der Besprechung der Totenstarre schon erwähnt wurde, nämlich die p_H-Verschiebungen im Muskel, sei hier in diesem Zusammenhang noch einmal besonders betont: Bei der Milchsäurebildung während der Totenstarre wird das p_H von etwa 7,0 auf 5,6 bis 5,4 gesenkt, also auf p_H-Werte, bei denen Fäulnisbakterien nicht gedeihen. Der genannte p_H-Wert wird bei Glykogenüberschuß auch dann noch eine Zeitlang gehalten, wenn durch beginnende Autolyse oder durch säurewiderstandsfähigere Mikroorganismen Alkali produziert wird (d. h. im wesentlichen Ammoniak oder Ammoniumverbindungen). Es wird dann nach Maßgabe des noch vorhandenen Glykogens und des chemischen Gleichgewichtes zwischen Glykogen und Milchsäure noch Milchsäure nachgeliefert. Hieraus ergibt sich, daß Muskeln mit Glykogenvorräten länger der eigentlichen Fäulnis widerstehen können als glykogenarme Muskeln. Das hängt aber wieder nicht nur mit dem Ernährungszustand der betreffenden Tiere zusammen, sondern mit der Art der Behandlung unmittelbar vor und während des Todes (Erschöpfung, Agonie). Theoretisch — und auch weitgehend praktisch — hat man also dann die geringste Anfälligkeit gegen Fäulnis zu erwarten, wenn wohlgenährte, ausgeruhte Tiere schnell und ohne langen Todeskampf getötet, nach dem Töten schnell auf 0° C abgekühlt und bei dieser Temperatur gelagert werden, so daß die Zeit bis zum Absterben und weiterhin die Zeit bis zum Maximum der Totenstarre mit ihrem tiefen p_H-Wert möglichst lange hinausgezögert werden.

III. Temperaturphysiologie.[1]

1. Allgemeine Temperaturphysiologie.

α) Temperaturbereiche des Lebens. Der gesamte *biotische Temperaturbereich*, d.h. derjenige Temperaturbereich, in welchem Lebendiges bestehen kann, erstreckt sich zwischen dem absoluten Nullpunkt (—273° C) und einigen Graden über +100° C, also etwa über 380° C. Die obere Temperaturgrenze wird verschieden angegeben, weil sie eine stark zeitabhängige Größe ist; Temperaturen über

---

[1] BĚLEHRÁDEK, J.: Temperature and living matter. Protoplasma-Monographie **8**. Berlin: Bornträger 1935.

$+56°$ C werden nämlich von allem Organismen nur eine begrenzte Zeitlang aus-gehalten, und zwar um so kürzer, je höher die Temperatur ist. Innerhalb des biotischen Temperaturbereiches ist der Bereich der eigentlich *biokinetischen*[1] *Temperaturen* dadurch ausgezeichnet, daß in ihm *aktives* Leben möglich ist, d. h. lebhafter Stoffwechsel, Wachstum und Vermehrung. Für die Tiere liegen die biokinetischen Temperaturen zwischen $—3°$ C und $+45°$ C. Meist ist der biokinetische Temperaturbereich für eine bestimmte Tierart erheblich schmaler, als diese äußersten Werte angeben. Je nach seiner Breite unterscheidet man *eurytherme* Arten, d. h. solche, die über einen breiten Temperaturbereich hin aktiv sind (z. B. Karpfen zwischen $+5°$ C und $+35°$ C), und *stenotherme* Arten, bei denen dieser Bereich schmal ist. Unter diesen Arten gibt es wieder kalt-stenotherme (z. B. Forelle $0°$ C bis $+15°$ C) und warmstenotherme. (Beispiel: Kampffisch $+20°$ bis $+35°$ C, außerdem die meisten Warmblüter, deren Tem-peratur normalerweise höchstens innerhalb $2°$ C schwankt, und bei denen eine Temperatursteigerung von nur $5°$ C über der *Normaltemperatur* schon tödlich, eine Temperatursenkung von mehr als $10°$ C ebenfalls lebensgefährlich ist.)

Der biokinetische Bereich ist seinerseits wieder gegliedert in einen zentralen, die *Behaglichkeitszone*, innerhalb deren auch das *Temperaturoptimum* liegt. Die Behaglichkeitszone wird vom Tier aktiv angestrebt. Nach unten schließt sich eine Temperaturspanne verminderter Aktivität an, die beim Aktivitäts-minimum endet, d. h. einer Temperatur, unterhalb welcher der Organismus ent-weder in einen Zustand latenten (d. h. stillgelegten) Lebens übergeht oder stirbt. (Das Aktivitätsminimum wird zuweilen auch — nicht sehr glücklich — als *biologischer Nullpunkt* bezeichnet.) Das eigentliche vitale Minimum der Tem-peratur fällt also entweder mit dem Aktivitätsminimum zusammen oder liegt noch um einiges — in manchen Fällen auch noch sehr viel — tiefer als dieses. Die genannten Minima sind, wie das biotische Maximum, keine ganz fest liegenden Temperaturen, sondern sind ebenfalls von der Zeit abhängig, während welcher die betreffende Temperatur einwirkt. Oberhalb der Behaglichkeitszone schließt sich der *überoptimale* Temperaturbereich an. Das Temperaturoptimum liegt nämlich fast immer ganz nahe dem oberen Ende der Behaglichkeitszone. Der überoptimale Bereich ist meist schmal und wird nach wenigen Graden durch das *biokinetische Maximum* begrenzt, für welches ganz Entsprechendes gilt wie für das Minimum, d. h. es ist zeitabhängig, und jenseits von ihm stirbt der Organismus entweder oder er geht in *Wärmestarre* über bzw. in eine sonstige Form des latenten Lebens.

Da die einzelnen Bereiche der biotischen Temperaturen bei den verschiedenen Tierarten, ja sogar bei den verschiedenen Geschlechtern und Altersstadien ein und derselben Tierart verschieden liegen und verschieden breit sein können, ergibt sich eine sehr große Mannigfaltigkeit des Ansprechens und des Angepaßt-seins der verschiedenen Organismen hinsichtlich der Temperatur. In bescheidenen Grenzen kann diese Angepaßtheit durch Umgewöhnung geändert werden, so etwa, daß nach längerem Aufenthalt eines Fisches in kälterem Wasser nun die für ihn gültige Behaglichkeitszone nach den tieferen Temperaturen hin ver-schoben wird, oder daß seine Atmungsintensität nun bei niederen Temperaturen höher wird als vor der Kälteadaptation[2]. Im allgemeinen sind diese adaptiven

---

[1] Die Bezeichnung *biokinetische Temperaturen* wird in der Literatur häufig für den Gesamtbereich der biotischen Temperaturen gebraucht. In diesem Beitrag machen wir sinn-gemäß die Unterscheidung *biokinetische* Temperaturen für den Temperaturbereich *aktiven* Lebens, während der Begriff *biotische* Temperaturen sich mit dem des Temperaturbereiches, in dem Lebendiges *überhaupt bestehen bleiben kann*, deckt.

[2] Precht, H.: Die Temperaturabhängigkeit von Lebensprozessen. Z. Naturforschung 4b, 26 (1949).

Verschiebungen nur in engen Grenzen möglich, d. h. die erzielbaren Verschiebungen betragen etwa 5° C. Das hängt damit zusammen, daß die Fermentsysteme im Organismus in einer für ihn charakteristischen Weise gegenseitig ausgeglichen sind, und daß sie in der Zelle und im Zusammenspiel der Zellen, Gewebe und Organe bei bestimmten Temperaturen — und nur bei diesen — optimal zusammenarbeiten. Je höher differenziert die Leistungen eines Organismus sind, desto enger pflegt er an diese optimalen Temperaturen gebunden zu sein; und es ist wohl kein Zufall, daß die höchstorganisierten Lebewesen, die Vögel und die Säugetiere ihre Körpertemperatur auf $\pm 1°$ C genau konstant halten, und daß auch unter den höchstorganisierten Nichtwirbeltieren solche aktive Wärmeregulation auf $\pm 1°$ C vorkommt (im sommerlichen Bienenstock).

β) Temperaturquotienten. Mißt man den Sauerstoffverbrauch eines Tieres bei $+ 10°$C und dann bei $+20°$ C, dann kann man finden, daß bei 20° C etwa doppelt soviel O_2 in der Zeiteinheit verbraucht wurde wie bei 10° C. Diesen von VAN'T HOFF eingeführten Quotienten $K_{t+10°}/K_{t°}$ nennt man Q_{10}. Er genügt in einer großen Zahl der biologisch in Betracht kommenden Fälle zur hinlänglichen Charakterisierung des Temperaturganges beobachteter Vorgänge. Im soeben genannten Beispiel wäre er 2,0. Die meisten Lebensvorgänge haben im *mittleren Bereich* (d. h. etwa zwischen $+15°$ C und $+25°$ C) einen Wert von Q_{10}

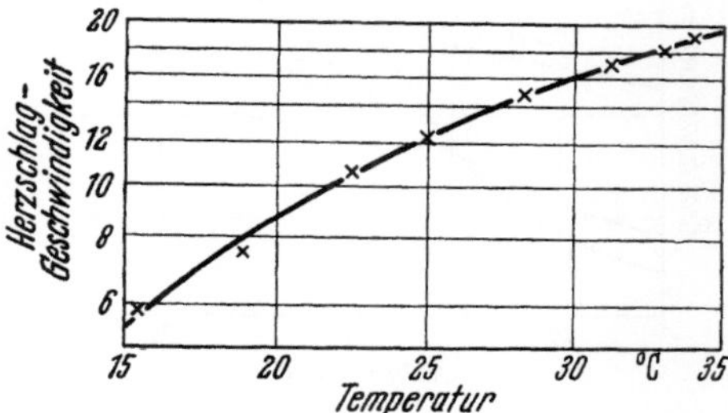

Abb. 107. Temperaturabhängigkeit des Herzschlages einer Schnecke (Limnaea stagnalis). (Orig.)

zwischen 1,5 und 3,0. Q_{10} ist jedoch nicht über den ganzen biokinetischen Temperaturbereich konstant, sondern nimmt im allgemeinen mit steigender Temperatur ab (Abb. 107). Bei tiefen biokinetischen Temperaturen, d. h. um 0° C, pflegt er sehr groß zu sein, d. h. die Verlangsamung der Lebensvorgänge durch Temperatursenkung ist hier besonders stark.

Der Wunsch, dem Temperaturquotienten von Lebensvorgängen einen physikalisch-chemischen Sinn zu geben, hat dazu geführt, daß man versucht hat, die Arrhenius'sche Formel in die Betrachtung der Temperaturphysiologie einzuführen. Sie lautet in ihrer für die graphische Auswertung von Versuchsergebnissen günstigen, logarithmischen Form:

$$W = \frac{2}{4,34} \cdot \frac{\log K_2 - \log K_1}{\dfrac{1}{T_2} - \dfrac{1}{T_1}}$$

Hierin ist W die charakteristische Aktivierungswärme, 2 die aufgerundete Gaskonstante in cal/Mol. Grad, K_2 und K_1 die beiden bei den absoluten Temperaturen T_2 und T_1 gemessenen Geschwindigkeiten des untersuchten Vorganges. 4,34 ist das Verhältnis der Basis der natürlichen Logarithmen zu derjenigen der dekadischen (10/e). Wie Q_{10} ist W jedoch nur für einen ziemlich schmalen Temperaturbereich annähernd konstant. Da nun die Temperaturquotienten von Lebensvorgängen in den verschiedenen, biokinetischen Temperaturen (also in einem doch recht kleinen Temperaturbereich) weit stärker temperaturabhängig sind, als man das von einheitlichen physikochemischen Systemen gewohnt ist, hat man für diese starke Inkonstanz nach Erklärungen gesucht. Eine hiervon, welche in der biologischen Literatur weite Verbreitung gefunden hat, ist die folgende: Die Arrhenius'sche Gleichung hat volle Gültigkeit für ein bestimmtes, einheitliches Fermentsystem, bzw. für den durch dieses gesteuerten Vorgang. Im Organismus sind aber stets mehrere solche Vorgänge hintereinander geschaltet (z. B. Kohlenhydratspaltung und oxydativer Abbau der Spaltprodukte). Jeweils der langsamste dieser Teilprozesse aus einer solchen Reaktionskette würde demnach die Geschwindigkeit des Gesamtvorganges bestimmen. Haben die verschiedenen Teilprozesse verschieden große O_{10} (bzw. W), dann wird in den verschiedenen Temperaturbereichen bald der eine und bald der andere der Teilprozesse zu langsamsten (begrenzenden), wie das in Abb. 108 schematisch dargestellt ist. Die betreffenden Temperaturquotienten werden also die tatsächlich in Erscheinung tretenden sein. Bei bestimmten Temperaturen *kritischen Temperaturen*) ($^\times$ in der Abb. 108) aber werden Knicke auftreten[1,2]. Es ist dies Auftreten von Knicken in Temperaturkurven sehr umstritten, da sie sich experimentell schwer nachweisen lassen. Außerdem ist im Organismus die *Hintereinanderschaltung* von Teilprozessen in den seltensten Fällen so, daß sie fermentativ tatsächlich in sich abgeschlossene, unabhängige Geschehen wären. Soweit man komplexe Fermentsysteme (z. B. im Muskelstoffwechsel) bis jetzt kennt, hat man gefunden, daß sie komplizierte Regelmechanismen enthalten, welche es von vornherein unwahrscheinlich machen, daß z. B. bei stetiger Steigerung der Temperatur plötzliche

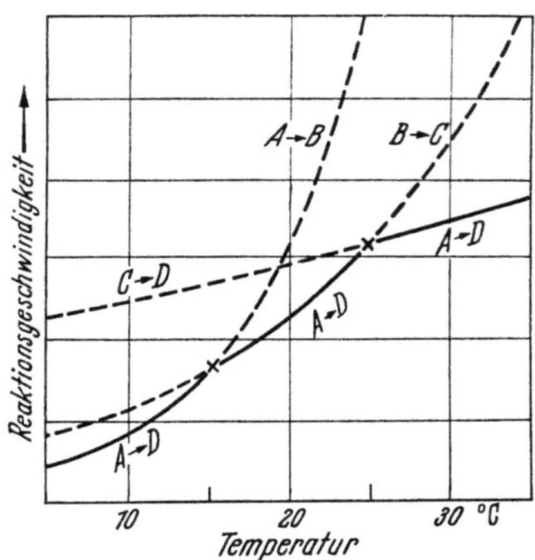

Abb. 108. Schema der Temperaturabhängigkeit eines biologischen Vorganges A→D, welcher aus drei Teilvorgangen (A→B; B→C; C→D) besteht, deren jeder einen anderen, als konstant angenommenen Temperaturquotienten hat. Bei × wären *kritische Temperaturen* bzw. Unstetigkeiten in der Temperaturkurve des Vorganges A→D.

Knicke infolge einer unvermittelten Ablösung *begrenzender Prozesse* auftreten.

Eine andere Vorstellung faßt das Absinken von Q_{10} mit steigender Temperatur und die jenseits des Optimums schnell abnehmende Lebenstätigkeit so auf, daß die Geschwindigkeiten der Einzelvorgänge wohl exponentiell von der Temperatur abhängig wären, mehrere Vorgänge aber einander entgegen wirken könnten. So könnte man annehmen, daß durch einen Vorgang B mit höherem Temperaturkoeffizienten ein Vorgang A dadurch beeinträchtigt wird, daß B das für A nötige Ferment schädigt[3]. Mit steigender Temperatur würde sich dann der Vorgang B immer mehr bemerkbar machen, wie das in Abb. 109 dargestellt ist (A—B). In der Tat hat die Geschwindigkeit mancher unter bestimmten experimentellen Bedingungen untersuchter Vorgänge große formale Ähnlichkeit in ihrer Temperaturabhängigkeit mit einer solchen Superpositionskurve. Da aber im überoptimalen Bereich noch ein Zeitfaktor mit einzubeziehen ist, der erweist, daß echte Gleichgewichte zwischen den einzelnen Prozessen hier nicht mehr bestehen, wird der Ansatz wieder so kompliziert, daß er wenig Vorteile bietet — zumal noch ein weiterer Faktor zu berücksichtigen ist, von dem hier nur andeutungsweise die Rede war, nämlich der für die Temperaturadaptation einzusetzende.

[1] CROZIER, W. J.: Note on the distribution of critical temperatures for biological processes. J. gen. Physiol. 9, 525 (1926).

[2] NAVEZ, A.: À propos de coefficients de température en biologie. Protoplasma 12, 86 1931.

[3] JANISCH, E.: Das Exponentialgesetz als Grundlage einer vergleichenden Biologie. Abhandlungen zur Theorie der organischen Entwicklung 2, 1 (1927).

Durch neuere Arbeiten wissen wir, daß die Temperaturadaptation zwar nur in verhältnismäßig geringem Maße die Geschwindigkeit der bei biokinetischen Temperaturen ablaufenden Vorgänge im Organismus beeinflußt. Aber dieser Einfluß ist immerhin so stark, daß sie sämtliche, zur Aufstellung von mathematisch formulierbaren Gesetzmäßigkeiten herangezogenen Temperaturkurven zur Unkenntlichkeit deformieren kann. *Knicke* und Superpositionslinien von Exponentialkurven lassen sich bei Abändern der experimentellen Bedingungen — oft schon der Ablesemethoden — erzeugen, verschieben und in anders zu formulierende umwandeln. Thermodynamische Formulierungen — wie die ARRHENIUSsche Gleichung — behalten ihren Sinn unter diesen Umständen nur dann, wenn es sich um Prozesse handelt, deren tatsächlicher Verlauf bekannt ist. Das ist aber auch bei gut durchforschten Vorgängen wie der Gärung und dem Muskelstoffwechsel zugegebenermaßen nicht der Fall, wenn man von verhältnismäßig einfachen Gleichgewichtsbetrachtungen absieht (Abb. 110). Komplexere Erscheinungen unterliegen zusätzlichen Einflüssen (vgl. S. 378), welche bis jetzt noch eine Übersicht über sämtliche zu berücksichtigenden Faktoren nicht erlauben.

Der Wert einer empirischen Formulierung, die zunächst auf anfechtbare

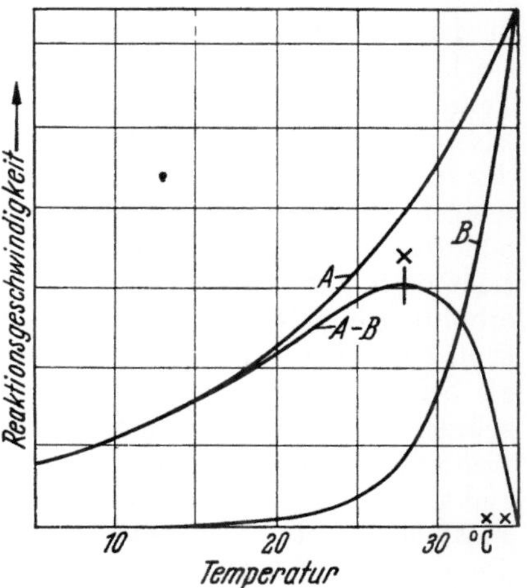

Abb. 109. Schema der Temperaturabhängigkeit eines biologischen Vorganges A, welcher in seiner Intensität durch einen Vorgang B beeinträchtigt wird. (A könnte ein fermentativ gesteuerter Vorgang sein, B könnte ein das betreffende Ferment zerstörender Vorgang sein.) Es ergab sich dann die Superpositionskurve $A - B$, welche bei × ein *Temperaturoptimum* und bei × × ein *Temperaturmaximum* für den Gesamtvorgang $A - B$ hatte.

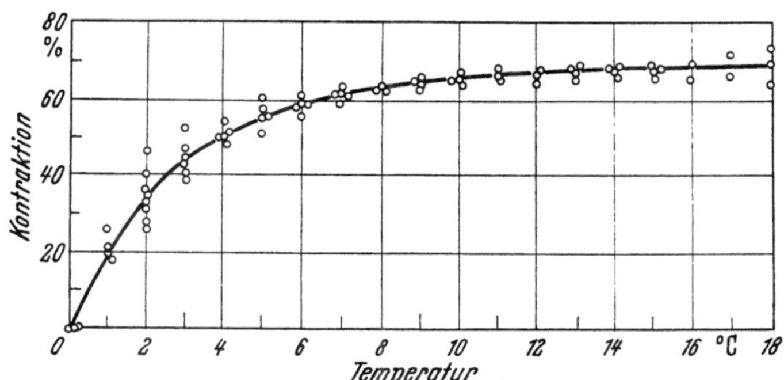

Abb. 110. Kontraktion von aufgetauten Muskelstreifen bei verschiedenen Temperaturen in Gegenwart von KCl und Adenosintriphosphorsäure. (Aus *Szent Gyorgyi*.)

theoretische Begründungen verzichtet, wird hierdurch aber nicht gemindert. Wegen seiner Einfachheit und theoretischen Unbelastetheit hat sich deshalb das VAN'T HOFFsche Q_{10} bis heute in der Gunst der Autoren gehalten, zumal Temperaturintervalle von etwa 10° C für die Auswertung von Experimenten bei der meist beträchtlichen Streuung der Meßwerte günstiger sind als kleinere. Andererseits wäre ein Q_1, der sich also auf eine Temperaturdifferenz von 1° C bezöge, eigentlich dem Q_{10} vorzuziehen, weil bei Temperaturintervallen, die kleiner als 10° C sind, die Bezeichnung Q_{10} unschön ist. Die Umrechnung von Q_{10} in Q_1 ist zudem einfach: $ln\ Q_{10} = ln\ Q_1/10$; und schließlich ist man am wenigsten auf die Angabe starrer Intervalle angewiesen, wenn man auf den Differentialquotienten, also $\dfrac{Kt + dt}{Kt}$ übergeht (vgl. hierzu Plank[1]).

γ) Qualitative Einflüsse. Sieht man einmal von den im vorigen Abschnitt besprochenen quantitativen Temperatureinflüssen ab, dann fällt zunächst auf, daß in den Zellen der Gesamtzustand des Protoplasmas sich mit der Temperatur stark ändert. Vom biokinetischen Minimum (biologischen Nullpunkt) zum Temperaturoptimum nimmt die in erster Linie durch die Eiweiße bedingte Plasmaviscosität fast ausnahmslos ab. Man kann das an der Geschwindigkeit der spontanen Plasmaströmungen ablesen; man kann es auch durch Zentrifugieren messen, wobei dann die Verlagerung mikroskopisch sichtbarer Zelleinschlüsse oder die mehr oder minder starke Schichtung verschieden dichter Plasmabestandteile als relatives Maß der Viscosität dient. Dabei ist die durch die Temperaturerhöhung erzielbare Viscositätserniedrigung eine Funktion der Viscosität selbst, d. h. bei hoher Viscosität ist bekanntlich die relative Viscositätsabnahme größer als bei kleinerer. Oberhalb des Optimums steigt dann die Viscosität meist sehr schnell wieder an, in den meisten Fällen irreversibel als Zeichen einer nun eintretenden Denaturierung; in einigen Fällen (bei auf Resistenz gegen Hitze spezialisierten primitiven Tieren) gibt es dort auch eine reversible Gelierung des Plasmas. Stets irreversibel sind jedoch die durch meist schnell verlaufende Denaturierung (d. h. chemische Veränderung) bedingten Viscositätserhöhungen oberhalb 55 bis 57° C. Diese schon weiter oben genannte Grenze gilt für praktisch alle wassergequollenen Eiweiße und eiweißhaltigen Verbindungen, z. B. Fermente. Nur dort, wo kleinste Tiere ohne Schaden eintrocknen, können sie für Stunden oder Minuten ohne bleibende Schädigung die genannte Grenztemperatur überschreiten, weil im entquollenen Eiweiß die Bedingungen für die Hitzedenaturierung anscheinend ungünstiger sind, und diese dementsprechend langsamer verläuft. Im Gegensatz zu den Pflanzen, deren Samen, Sporen und Conidien ja solche Trockenstadien darstellen, kommt bei den Tieren eine solche Austrocknung nur bei extrem angepaßten Wirbellosen (Nematoden, Rotatorien, Tardigraden) und Einzellern vor; die Grenze von $+ 56°$ C gilt daher praktisch für alle Organismen, von denen in diesem Beitrag die Rede ist.

Die genannten Viscositätsänderungen des Plasmas lassen sich auch elektrisch messen, da ja die Ionenwanderung im Protoplasma durch dessen Viscosität beeinflußt wird.

Nächst der Protoplasmaviscosität ist es die Konsistenz mancher Plasma-Einschlüsse, die durch die Temperatur geändert wird. So z. B. die der Lipoide, welche ja nicht nur im Innern der Zelle zu finden sind, sondern vor allem auch in deren Membran. Allerdings lassen sich diese Veränderungen in vivo nur in den seltensten Fällen nachweisen, da normalerweise die Lipoide, einschließlich der Neutralfette, bei den biokinetischen Temperaturen der Zellarten, in denen sie sich befinden, flüssig zu sein pflegen. Falls sie nicht an Grenzflächen filmartig gespreitet sind, finden sie sich im Zellinnern in Tröpfchenform. Bei der Dimension der meisten dieser Tröpfchen (größenordnungsweise 0,5 bis 5 μ) läßt es sich nicht nachweisen, ob und in welchem Maße sich die Viscositätsänderung der Tröpfchensubstanz durch Temperatureinfluß geändert hat. Nur dann, wenn sich bei genügender Abkühlung (meist sphäritische) Kristalle bilden, läßt sich das an der auftretenden Doppelbrechung nachweisen. Aber auch da muß man vorsichtig sein, weil in eben diesen kleinen Dimensionen schon im flüssigen Zustand die Moleküle sich sphäritisch orientieren können.

---

[1] Plank, R.: Die Temperaturabhängigkeit vitaler Prozesse. Pflügers Arch. **239**, 74 (1937).

Über die Temperaturabhängigkeit der Kerneigenschaften wissen wir noch zu wenig, um allgemein verbindliche Angaben machen zu können, die im Hinblick auf die uns hier beschäftigenden Fragen interessierten. Auch, was die meso- und metaplasmatischen Bildungen angeht, ist noch wenig bekannt. Am besten sind wir noch über die Muskelfibrillen unterrichtet, deren mechanisches Verhalten Rückschlüsse auf ihren kolloidalen Zustand zuläßt. Die träge Beantwortung gesetzter Nervenreize bei tiefen Temperaturen und die stumpfere Form der Zuckungskurven lassen darauf schließen, daß auch hier die Viscosität der Fasern durch die Kälte erhöht wird. Interessant ist anderseits, daß durch Frost (—78° C) abgetötete Kaninchenmuskelstreifen sich beim Auftauen bei verschiedenen Temperaturen (bei Anwesenheit von KCl und Adenosintriphosphorsäure) verschieden stark kontrahieren (Abb. 110); d. h. es stellt sich bei jeder Temperatur ein für sie charakteristisches Gleichgewicht ein zwischen der Zahl der kontrahierten und der erschlafften einzelnen Myosin- (bzw. Actomyosin-)Einheiten. In diesem, ausnehmend übersichtlichen Fall läßt sich die Reaktionswärme berechnen.

Für die lebende Zellmembran gilt Ähnliches wie für das Protoplasma: Ihre Permeabilität nimmt von der unteren Grenze des biokinetischen Bereiches bis zum Temperaturoptimum zu, bei höheren Temperaturen wieder ab; sie verliert aber beim Zelltod ihre Selektivität größtenteils. Auch das läßt sich elektrisch messen. (Impedanzmessungen, welche Membranpolarisierung und echten elektrolytischen Widerstand getrennt zu erfassen gestatten.)

Es ist klar, daß sich Viscositäts- und Permeabilitätsänderungen in den Zellen auf die Geschwindigkeit der in ihnen ablaufenden chemischen Vorgänge auswirken müssen. Nicht allein die für einen chemischen Prozeß charakteristische Aktivierungsenergie bestimmt in der Zelle demnach dessen Geschwindigkeit, sondern auch der Transport der Reaktionspartner zum Reaktionsort und ebenso der Wegtransport der Reaktionsprodukte. Dies nur noch als Hinweis zur Beurteilung des im Abschnitt III 1 β über die Temperaturquotienten Gesagten.

2. Physiologie der tiefen Temperaturen.

α) **Kälte ohne Eisbildung.** Mit sinkender Temperatur nimmt, wie wir sahen, die Stoffwechselintensität im Gewebe ab, wobei wir es im einzelnen dahingestellt sein lassen wollen, ob es die für die Umsetzungen nötige Aktivierungsenergie oder die Wanderungsgeschwindigkeit der Stoffe ist, welche die Reaktionsgeschwindigkeiten letztlich bestimmen. Bei den meisten Tieren ist es nun so, daß sie innerhalb ihrer *Behaglichkeitszone* (vgl. S. 374) alle die für sie charakteristischen Lebensäußerungen zeigen. Wachstum und Geschlechtsfunktionen pflegen an diese Temperaturspanne gebunden zu sein. Allerdings ist das *Optimum*, von dem schon die Rede war, keineswegs ein so einfach zu definierender Punkt innerhalb der Temperaturskala, wie das oben — der Einfachheit halber — dargestellt wurde. Vielmehr existieren für die verschiedenen Funktionen (die ihrerseits schon sehr komplexer Natur sind) meist verschiedene Optima. So können die für das Wachstum günstigen Temperaturen verschieden sein von den für die Geschlechtsfunktionen optimalen; und die höchste Intensität des oxydativen Stoffwechsels — die also auch ihr *Optimum* hätte — kann für den Organismus durchaus nachteilig sein. Viele wechselwarme Tiere sind im *Optimum* ihrer Wachstumsintensität dermaßen anfällig gegen von außen kommende Störungen (Infektionskrankheiten) oder auch gegen Stoffwechselkrankheiten, daß für die Erhaltung der Art tiefere Temperaturen, bei denen die Entwicklung und das Wachstum nicht ihre intensivste Entfaltung erreichen, weit günstiger sind. So findet sich schon innerhalb der *Bekaglichkeitszone* für einen Organismus eine Vielfalt der gegenseitigen Aequilibrierungen seiner komplexen und seiner

Primitiv-Funktionen. Unterhalb der Behaglichkeitszone fällt dieses in ihr noch erträglich gespannte Gleichgewicht auseinander. Der Erfolg ist, daß eine mit sinkender Temperatur zunehmende Zahl von Körperfunktionen nicht mehr möglich ist. Zunächst pflegen die Geschlechtsfunktionen zu erlöschen. Dann schwindet die Freßlust; schließlich der Bewegungsdrang, und bei noch tieferen Temperaturen verfällt das Tier in *Kältestarre*. Einheimische Fische halten dann einen *Winterschlaf*, am Gewässergrund im lockeren Schlamm eingewühlt. Insekten überdauern den Winter, ähnlich erstarrt, im Waldstreu usw. Bei Tieren wärmerer Zone, wo normalerweise die Temperaturen nicht unterhalb die Behaglichkeitszone fallen, sind solche kälte-lethargischen Zustände nicht vorgesehen. Abkühlen bedeutet bei ihnen baldigen Tod durch Disproportionierung des Stoffwechsels, d. h. durch Erfrieren.

Erfrieren ist also Kälteschaden ohne Eisbildung, infolge Disproportionierung des Stoffwechsels. In vielen Fällen läßt sich dabei die primäre Schädigung nur schwer feststellen, weil die Sekundärschäden schließlich zur Katastrophe führen; primär kann also z. B. bei einem wärmeliebenden Fisch das nervöse Atemzentrum gelähmt werden; sekundär stirbt er an Ersticken, weil die Atembewegungen ausfallen. Oder primär wird die Widerstandsfähigkeit gegen Infektion geschwächt; was in Erscheinung tritt, ist die infektiöse *Erkältung*. (In der botanischen Literatur ist der Begriff des Erfrierens etwas anders gefaßt. Vgl. auch den Beitrag von PAECH in diesem Band.) Dabei ist zu beachten, daß nicht nur die einzelnen Tierarten unterschiedlich kälteempfindlich sind, sondern daß die einzelnen Organe ein und desselben Organismus sich hierin verschieden verhalten: Während beim Menschen die Haut und die normalerweise exponierten Teile der Oberfläche (Ohren, Fingerspitzen) ohne Schaden für nicht allzulange Zeit auf 0° C abgekühlt werden können, ist die Abkühlung des Hirnes unter + 23° C tödlich, und jede länger dauernde Abkühlung der inneren Organe unter + 30° C ruft schwere Schädigungen hervor. Verlängerte stärkere Abkühlung ist aber auch für die genannten Organe der Oberfläche nachteilig (*Erfrieren* der Ohren, Frostbeulen an Händen und Füßen u. a. m.).

Für die Kaltlagerung haben solche Erscheinungen zunächst scheinbar geringe Bedeutung, da Tiere ja meist nicht lebend gelagert werden. Immerhin kann man doch auf folgende unmittelbare und mittelbare Nutzanwendung hinweisen: Von lebend gelagerten Tieren seien Krebse genannt, also vor allem Hummer, Langusten, Bärenkrebs, Flußkrebs und manche Krabbenarten. Manche unter ihnen lohnen bei hohem Marktwert je Gewichtseinheit längere Lagerung und weiten Versand. Krebse nun, die kälteren Meeren oder Binnengewässern entstammen (Nordseehummer, Flußkrebs) vertragen Temperaturen um 0° C gut, andere wieder (z. B. Langusten) kommen aus wärmeren Meeren und sind demgemäß empfindlicher. Weiterhin ist es ja nicht gleichgültig, ob ein Organismus langsam oder schnell heruntergekühlt wird (Adaptation, vgl. S. 374). Zu schnelles Abkühlen im Sommer kann bei solchen lebenden Tieren Schäden hervorrufen, die die Lagerfähigkeit beeinflussen. Allgemeine Regeln lassen sich da nicht geben. Man muß aber von Fall zu Fall beachten, daß diese Anlässe zu Fehlschlägen bestehen und u. U. vermieden werden können, indem man die Herkunft des Lagergutes, seine artmäßigen Besonderheiten und die Jahreszeit mitberücksichtigt.

Da die meisten Lebensmittel tierischer Herkunft nicht lebend kaltgelagert werden, so betrifft die Kältewirkung einmal die Absterbe- und Autolysevorgänge und dann die Tätigkeit der Mikroorganismen, die sich auf dem toten Lagergut vermehren. Will man möglichst lange kaltlagern, dann ist es in jedem Falle nützlich, daß die Tiere, die man ganz oder zerlegt lagern will, schnell und ohne starke Agonie sterben und sofort möglichst schnell heruntergekühlt werden. Man verlängert so schon die Absterbezeit, während deren die Mikroorganismen noch nicht aktiv werden können. Auch die Zeit, während welcher die durch die Totenstarre angehäufte Milchsäure noch nicht autolytisch abgebaut ist, wird durch das schnelle Herunterkühlen verlängert. Auch sie fällt für das Bakterienwachstum praktisch aus, da die meisten Bakterien bei p_H-Werten unter 7,0 nicht gedeihen.

Andererseits ist die Verlangsamung der Autolyse durch Kälte beim *Abhängen* (engl. ripening, tendering) des Fleisches unerwünscht, falls dieses bald verwendet werden soll. Um möglichst schnell zartes, abgehängtes Fleisch zu erhalten, bewahrt man es deshalb bei höheren Temperaturen ($+ 15°$ C bis $+ 20°$ C) auf und unterdrückt das Wachstum von Fäulniserregern und Schimmel durch zusätzliche Maßnahmen (z. B. die in den USA übliche UV-Bestrahlung).

Da die Intensität der Fermentwirkung auf ein Leben bei bestimmten Temperaturen abgestimmt ist, finden wir, daß Warmblüterfermente in ihren Organen bei Temperaturen um $0°$ C träge arbeiten und inaktiver sind als diejenigen von Fischen, die normalerweise nahe dieser Temperatur leben (z. B. Kabeljau und andere, nördlichen Meeren entstammende Fische). Tropische Fische hingegen, die bei $+ 15°$ bis $+ 25°$ C ihre Normaltemperatur haben, müssen mit Fermentsystemen ausgerüstet sein, die bei $0°$ C ziemlich langsam arbeiten. Für die Kaltlagerung dieser Fische müßte sich das günstig auswirken. Diesbezügliche vergleichende Untersuchungen stehen noch aus.

β) Gefrieren. *Gefrieren im lebenden Gewebe.* Gefrieren, d. h. Eiskristallbildung *in* den Körperzellen, wirkt bei allen Tieren tödlich. Wie schon erwähnt, gibt es niedere Tiere (mooslebende Rädertierchen, Bärtierchen, Fadenwürmer), die im ausgetrockneten Zustand außergewöhnlich hohe und tiefe Temperaturen aushalten. Angeblich vertragen sie beliebige Kälte zwischen $0°$ C und $0°$ K. Aber auch bei ihnen kennt man keinen Fall, daß sie Eisbildung *in* ihren Körperzellen überleben. Von Insekten weiß man, daß sie im Freien, strengen Frosttemperaturen ausgesetzt, überwintern (vgl. S. 389). Auch hier aber ist es so, daß Vorkehrungen gegen Auftreten von Eis im Körper getroffen sind. Daß Wirbeltiere — z. B. Fische oder Frösche — ohne Schaden gefrieren könnten, ist eine hartnäckig weiter verbreitete, irrige Behauptung. Sie gründet sich wohl darauf, daß es in der Tat möglich ist, solche Tiere für kürzere Zeit einzugefrieren. Das heißt aber, daß solche Fische z. B. es für kurze Zeit vertragen, in Eis von etwa $—0,7°$ C eingeschlossen zu werden, ohne (wegen der Gefrierpunktserniedrigung ihrer Körpersäfte) selbst zu gefrieren. Die Schwierigkeit für das Überleben ist dann nicht so sehr die Frostwirkung als solche, sondern die Gefahr des Erstickens im umgebenden Eis. Daß man Fische in flüssiger Luft steif gefrieren könne, ohne daß sie stürben, ist ebenso irrtümlich. Zwar kann man sie tatsächlich *steifgefrieren* und findet nach schnellem Auftauen, daß sie für kurze Zeit wieder taumelnd herumschwimmen, ehe sie sterben. Aber dies ist nur dann möglich, wenn die Tiere tatsächlich nur ganz oberflächlich gefroren — und dann natürlich steif — waren. Was an den Tieren gefroren war, ist nachher tot und vergiftet den übrigen Organismus, so daß er bald stirbt.

Etwas grundsätzlich anderes ist die Wirkung plötzlicher Abkühlung auf die Temperatur flüssiger Luft oder auf noch tiefere Temperaturen bis nahe dem absoluten Nullpunkt, also eine Unterkühlung in ein Temperaturgebiet hinein, in welchem das unterkühlte Wasser so zähflüssig ist, daß es wie ein Glas ohne Kristallisation erstarrt. Man nennt diese Unterkühlung daher auch

Zellverglasung, [1-4]. Wegen der notwendigerweise sehr schnellen Abkühlung ist sie nur bei sehr kleinen Objekten (Größenordnung 0,1 bis 1 mm Dicke) durchführbar und stellt eine tatsächliche Stillegung aller Lebensvorgänge — u. U. auf Wochen und Monate — dar. Das Auftauen muß ebenso schnell erfolgen wie das Erstarren, da auch nun der Temperaturbereich möglicher Kristallisation schnell durchmessen sein muß, wenn die Zellen ungeschädigt weiter leben sollen. Praktisch macht man das so, daß man die z. B. durch Eintauchen in flüssige Luft *verglasten* Gewebestückchen oder Kleinlebewesen dadurch auftaut, daß man sie in Wasser oder physiologische Salzlösung wirft. *Auftauen* ist hierbei natürlich ein unkorrekter Ausdruck, da es sich lediglich um das Aufheben der Unterkühlung handelt. Auf solche Weise hat man die Resistenz gegen tiefe Temperaturen schon bei einer ganzen Reihe von pflanzlichen und tierischen Objekten (Moosblätter, Rotatorien, Gewebekulturen von Hühnerherzfibroblasten, Epithelkulturen vom Huhn, Kulturen von menschlichen Fibrocyten, Sarcom- und Carcinomgewebe) festgestellt, indem man sie bei — 196 bis — 253° C verglast hat und sie nachher wieder aufleben ließ. Obwohl den Versuchen wohl kaum praktische Bedeutung zukommen wird, so beweisen sie doch, daß die extreme Kälte als solche nicht zu schädigen braucht. Was tötet, ist die Eisbildung. Wo tiefe Temperaturen ohne Eisbildung töten, tritt das gleiche auf wie bei schädlichen tiefen Temperaturen über 0° C, d. h. Disproportionierung des Stoffwechsels. Daß sich eine solche aber gerade bei den extrem tiefen Temperaturen der flüssigen Luft nicht auswirken kann, kommt eben daher, daß die Stoffwechselharmonie dann sehr wohl gestört sein kann, aber wegen der Erstarrung des ganzen Zellsystems und der starken Verlangsamung aller chemischen Reaktionen nicht in Erscheinung tritt. Wir haben dann das Extrem dessen vor uns, was auch bei schädlichen Temperaturen über 0° C schon in manchen Fällen sehr deutlich gefunden werden konnte, d. h. daß die Schäden zwar mit fallender Temperatur zunehmen, daß sie aber auch mit fallender Temperatur in ihrer Manifestation immer mehr verzögert werden.

Wie man sich die eigentliche Gefrierschädigung vorzustellen hat, wird vielleicht am deutlichsten durch Betrachtung von Experimenten, die man am lebenden Froschmuskel angestellt hat: Der Froschmuskel bleibt nach Entnahme aus dem Körper bekanntlich lange am Leben; der Lebendzustand läßt sich leicht durch die elektrische Erregbarkeit prüfen. Läßt man nun einen in feuchter Luft aufgehängten, lebenden Froschmuskel langsam unter 0° C abkühlen, und sorgt man dafür, daß er nicht unterkühlt, dann bildet sich bei etwa — 0,6° C ein Eismantel um den Muskel, der bei langsamen weiteren Abkühlen an Dicke zunimmt. Für jede Temperatur ergibt sich dann ein Gleichgewichtszustand, in dem ein bestimmter Prozentsatz des ursprünglich im Muskel enthaltenen Wassers ausgefroren ist. Der Muskel bleibt dabei zunächst ungeschädigt und erregbar bis zu einer Grenze, bei der 40% seines Wassers aus ihm ausgetreten und in dem Eismantel ausgefroren sind. Er stirbt aber sofort ab, wenn mehr als 78% ausgefroren sind[5]. Dazwischen ist ein Bereich zunehmender Schädigung. Führt

[1] Luyet, B. u. E. L. Hodapp: Revival of frog's spermatozoa vitrified in liquid air. Proc. of the soc. f. exp. biol. a. med. **39**, 433 (1938).

[2] Luyet, B. J. u. G. Thoennes: The survival of plant cells immersed in liquid air. Scientia **88**, 238 (1938).

[3] Luyet B. J. u. G. Thoennes: Démonstration des propriétés isotropiques de masses cellulaires vitrifiées à la température de l'air liquide. C. rend. des scéances de l'acad. d. sciences **206**, 2002 (1938).

[4] Klinke, J.: Die Kälteresistenz tierischer Gewebe. Z. ges. Kälteindustrie **48**, 137 (1941).

[5] Moran, T.: Critical temperature of freezing. — Living muscle. Proc. Roy. Soc. London B **105**, 177 (1930).

man nun einen anderen Versuch durch, in welchem ein lebender Froschmuskel
in trockener Luft langsam getrocknet wird, dann stirbt der Muskel wieder, wenn
er die gleiche Menge Wassers — diesmal durch Verdunstung — verloren hat.
Es ist also grundsätzlich gleich, ob das Wasser durch Ausfrieren oder durch Verdunsten entzogen wird: Bei einem bestimmten Dehydratationsgrad seiner Kolloide stirbt er.

Von unbelebten Eiweiß-Kolloiden wissen wir nun, daß ein für jedes Kolloid
bezeichnender Entwässerungsgrad das kolloidale Gefüge verändert, indem nun
die Kolloidteilchen, die vorher durch ihr Quellungswasser voneinander getrennt
waren, einander so stark genähert werden, daß Bindungskräfte verschiedener Art
wirksam werden, welche die einzelnen Micellen miteinander „*verkleben*"; freie
Oberflächenvalenzen, die vorher das Wasser *banden*, treten in Wechselbeziehungen zueinander, wodurch es sogar zu hauptvalenzbedingten chemischen
Veränderungen am Kolloidteilchen kommen kann. Es ist dann *denaturiert*,
seine Oberfläche hat ein anderes Ladungsmosaik. Kommt später wieder mehr
Wasser mit ihm in Beziehung, dann wird das nicht mehr in der gleichen Weise
gebunden wie vordem. Aber auch die ganzen anderen, für die Lebendstruktur
des Protoplasmas besonders wichtigen Adsorptionsverhältnisse werden so durch
den vorübergehenden, starken Wasserverlust irreversibel verändert, so daß solch
ein denaturiertes Kolloid für die Aufrechterhaltung der vitalen Vorgänge ausfällt.

Noch schneller und gründlicher als in dem geschilderten Froschmuskelversuch
wird das Gefüge der Zellen zerstört, wenn Eis in ihnen selber auftritt und dort
auch die gröberen, mikroskopisch sichtbaren Strukturen verändert. Praktisch
spielt dieser Fall allerdings für den lebenden
Organismus keine entscheidende Rolle, weil
in den Zellen Eis nur dann gebildet wird,
wenn schnell und bei tiefen (— 15 bis — 25° C)
Temperaturen gefroren wird, oder wenn bei
solchen Temperaturen nach vorheriger Unterkühlung plötzlich Eis im Körper auftritt.
Das hat folgenden Grund:

Wie wir sahen (vgl. S. 322), „*schwimmen*"
bei fast allen vielzelligen Tieren die Zellen
und Gewebe der Organe in einer Flüssigkeit,
die den Körper kontinuierlich erfüllt. Bei
den Wirbellosen ist es die Hämolymphe, bei
den Wirbeltieren die Lymphe, die dieses
Continuum darstellt. Nun sahen wir schon,
daß die Lymphe nicht ganz so eiweißreich
ist wie das Blut. Die Blutflüssigkeit ihrerseits
ist wieder nicht ganz so eiweißreich wie die

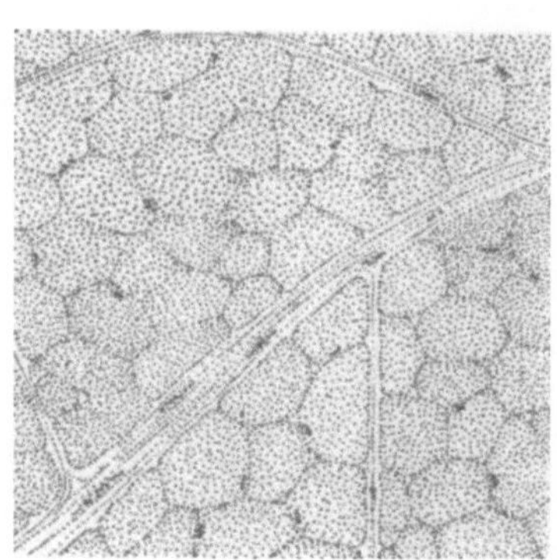

Abb. 111. Saugetiermuskel, quer, ungefroren.
(Unfixiert, daher keine Schrumpfungslucken
zwischen den Muskelfasern). (Orig.)

meisten Gewebezellen, so daß — auch bei gleichem Elektrolytgehalt — die
Gewebezellen stets einen, wenn auch sehr geringfügig höheren osmotischen
Druck bzw. eine größere Gefrierpunktserniedrigung haben. (Nur bei den
Haien liegen die Verhältnisse anders [s. S. 322]: hier hat das Blut den
hohen osmotischen Wert des Seewassers infolge seines Harnstoffgehaltes,
die Gewebezellen haben jedoch die auch für die anderen Fische gültigen osmotischen Werte, die einer NaCl-Konzentration von ca. 0,65% entsprechen.) Wird
ein Tier oder Organ nun so langsam gefroren, daß die Eisbildung nicht größer
ist als die durch die Diffusionsgeschwindigkeit bestimmte Nachlieferung von
Wasser aus den Zellen, dann wird sich das Eis zunächst einmal dort bilden, wo
die geringste Gefrierpunktserniedrigung ist, also in den Gewebelücken (im

intercellularen Raum). Mit sinkender Temperatur wird es wachsen auf Kosten des aus den Zellen herbeidiffundierenden Wassers. Die Gefrierpunktserniedrigung der Restflüssigkeit in den Gewebslücken und in den Zellen wird dadurch größer. Da im Gewebe zusätzlich Eiweiß ist, wird stets ein gegenüber dem intercellularen Raum etwas tieferer Gefrierpunkt sein, so daß es nicht zur Eisbildung in den Zellen kommen kann (Abb. 112). Erst im Eutecticum wird auch der Zellinhalt gefrieren.

Gefrieren und Gefrierveränderungen im toten tierischen Gewebe[1,2]. Schon früh wurde darauf aufmerksam gemacht, daß der *Saftverlust* beim gefrorenen Fleisch, d. h. Muskel, um so größer ist, je langsamer man gefriert, und je schneller man auftaut. Nach dem oben Gesagten ist das verständlich: Beim langsamen Gefrieren entsteht das Eis in den intercellularen Räumen. Da diese ein Continuum sind, läuft nach dem schnellen Auftauen das aus dem intercellularen Eis gebildete Wasser wie aus einem Drainagenetz aus. Weil die intercellularen Räume durch das wachsende Eis noch erweitert worden sind, ist diese *Drainage* besonders wirksam; daher der große Saftverlust. Bei langsamem Auftauen haben die Muskelzellen Zeit, wenigstens einen Teil des Wassers durch Wiederaufquellen zu resorbieren, ehe es abgetropft ist. Bei Gewebe, das wenig Anschnitte aufweist, gelingt diese Resorption des ausgefrorenen Wassers bei langsamem Auftauen ziemlich weitgehend.

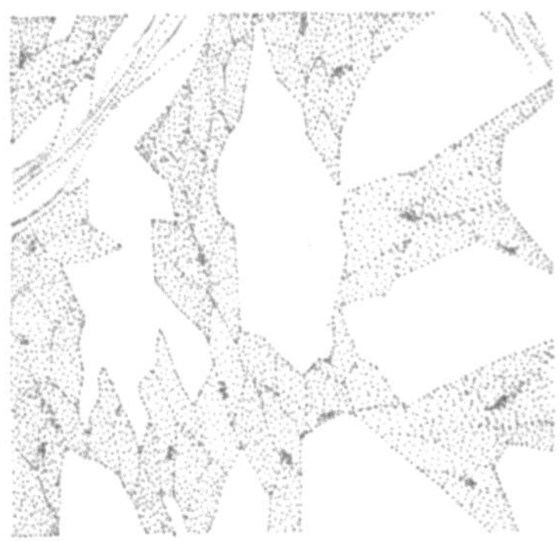

Abb. 112. Säugetiermuskel, quer langsam gefroren. Muskelfasern entquollen und deformiert. Große Eiskristalle (weiß) unregelmäßig in den erweiterten Gewebslücken. (Orig.)

Abb. 113. Säugetiermuskel, quer, schnellgefroren (Sole). Stuck aus tieferen Schichten. Rechts oberflächennäher. Eis teils in Gewebelücken, teils in den Muskelfasern. (Orig.)

Gefriert man jedoch so schnell, daß die Diffusion dem intercellular gebildeten Eis nicht genügend Wasser nachliefert, dann kann hier nicht so viel Eis gebildet werden, wie es dem temperaturabhängigen Gleichgewichtszustand entspräche. Dadurch gleichen sich die Konzentrationen innerhalb und außerhalb der Zellen aus und daher entfällt der Grund für eine bevorzugte Eisbildung in den Intercellularen. Der Erfolg ist *ein* Kristall je Muskelzelle (Abb. 113). Ist durch starken Wärmeentzug die Abkühlung im Gewebe aber so rasch, daß auch innerhalb der Zellen die Diffusionswege zu einem einzelnen Kristallkeim bzw. dem daraus schießenden Kristall zu groß werden bzw. die Diffusion im Verhältnis zur möglichen Kristallwachstumsgeschwindigkeit zu langsam wird, dann sinkt die Temperatur so stark ab, daß es zur Bildung mehrere Kristallkeime und somit Kristalle kommt (Abb. 114). Da die Orientierung des Eises zwischen und in den Zellen weitgehend den Gewebs- und Zellstrukturen folgt, werden Zellmembranen bzw.

---

[1] Plank, R.: Zur Theorie der Gefrierveränderungen in tierischen Geweben. Z. ges. Kälteindustrie **32**, 141 (1925).

[2] Moran, T.: The frozen state in the mammalian muscle. Proc. Roy. Soc. B **107**, 182 (1930).

das Sarcolemm in den seltensten Fällen mechanisch durchbrochen[2]. Schnell gefrorenes Gewebe, dessen Wasser somit nur wenig in den Gewebelücken und hauptsächlich in den Zellen gefriert, verliert daher beim Auftauen nicht so leicht Wasser wie das langsam gefrorene. Ganz ohne Saftverlust geht es allerdings kaum je ab, da die Zellkolloide durch das Gefrieren stets etwas von ihrer Quellfähigkeit einbüßen, somit auch einen Teil des Tauwassers nicht mehr binden können. Aufgetautes, schnellgefrorenes Fleisch zeigt daher auch oft *in* den Fasern dort Lücken, wo die Eissäulchen gelegen waren.

Neuere Untersuchungen[3] haben nicht nur die Wirkungen des Gefrierens histologisch festgestellt, sondern das Gefrieren selbst mikroskopisch verfolgt. Hierbei ist man zu folgenden wesentlichen Erkenntnissen gekommen: Kühlt man ein flaches Gewebestück auf dem Objektträger so ab, daß die Front der Eisbildung längs der Muskelfasern langsam vorrückt, dann gefriert zunächst die Flüssigkeit in den Intercellularräumen, wie das ja schon angenommen worden war; sodann können sich — wenn das Gefrieren nicht zu langsam erfolgt — auch Eiskristalle in den Zellen selbst bilden. Die Orientierung des Eises ist in beiden Fällen längs der Muskelfasern. Läßt man aber die Front der Eisbildung quer zur Muskelfaserlängsachse vorrücken, dann ist zwar die Reihenfolge der Eisbildung die gleiche; das Eis der Intercellularräume rückt aber in kontinuierlicher Front vor und ist demgemäß quer zur Muskelfaser orientiert. *Hinter der Eisfront*

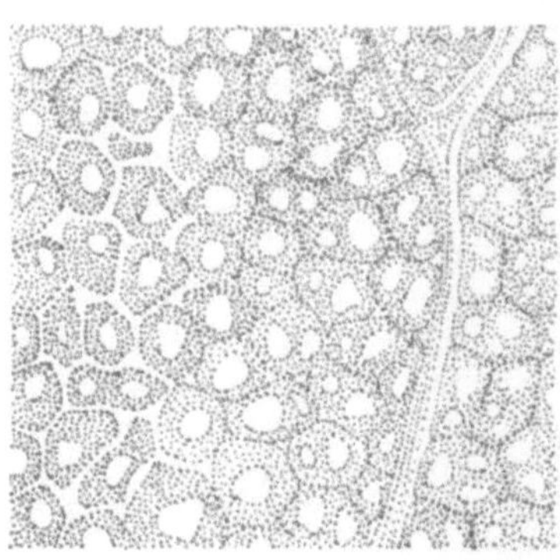

Abb. 114. Saugetiermuskel, quer, schnell gefroren (Sole). Stuck nahe der Oberflache. Rechts oberflächennaher. Hier Eis fast nur in den Zellen (mehrere Eissaulchen). Links schließt an Abb. 53 rechts an. (Orig.)[1]

bleiben die Muskelfasern zunächst ungefroren, und erst nach einiger Zeit schießen in ihnen die Eiskristalle aus, und zwar parallel zur Muskelfaserlängsachse orientiert. Die Membranen der Muskelfasern werden in keinem Fall durch das Eis zerstört.

Dies sind also die histologischen Veränderungen im Muskelgewebe, die beim Gefrieren auftreten. In anderen Geweben liegen die Dinge grundsätzlich gleich, lediglich ist dort meist die Faserstruktur und somit die dieser angeglichene Eisorientierung weniger ausgesprochen. Man hat aus diesen Tatsachen geschlossen, daß das schnelle Gefrieren dem langsamen Gefrieren deswegen überlegen sei,

---

[1] Die Abb. 112, 113 u. 114 wurden nach eigenen Beobachtungen sowie nach Zeichnungen bzw. Mikrofotografien kombiniert, die in folgenden Arbeiten zu finden sind: PLANK, EHRENBAUM und REUTER. Die Konservierung von Fischen durch das Gefrierverfahren. Abhandlungen zur Volksernährung, H. 5 (1916); PLANK und KALLERT: Über die Behandlung und Verarbeitung von gefrorenem Rindfleisch. Abhandlungen zur Volksernährung, H. 6 (1916); DROOGLEEVER FORTUYN, A. B.: Histologische Veranderingen in bevrooren vleesch. Tijdschr. v. verglijkende Geneesk. enz. **7**, 1 (1920); BULACIO, A. R.: Experiencias sobre congelación de carne bovina en salmuera, sistema „Ottesen". Ann. de la sociedad rural Argentina **18** (1925). Es wurde versucht, hierdurch auch dem histologisch Ungeschulten ein moglichst übersichtliches Bild der wesentlichen Veränderungen zu geben, die in ihren Hauptpunkten schon in der erstgenannten Arbeit richtig gedeutet worden sind.

[2] Nach den polarisationsoptischen Untersuchungen von LEBEAU konnen Eiskristalle die Zellmembranen der Muskelfasern durchwachsen. Es handelt sich dabei aber weniger um ein mechanisches Durchstoßen als um eine Durchdringung der Membran, wodurch die Einheitlichkeit des außerhalb und des innerhalb der Zelle gelegenen Kristallteiles ermoglicht wird.

[3] BERGH, FR.: Formation of ice in tissues in freezing foods. Ingeniørvidenskabelige skrifter Nr. 3 (Publikation Nr. 9 af Dansk køleteknisk Forskningsinstitut 1948).

weil die Verteilung des Eises beim schnellen Gefrieren den beim Auftauen eintretenden Saftverlust herabsetzt. Weitere Untersuchungen[1] haben nun aber längere Lagerdauer im gefrorenen Zustand mit in die Betrachtung einbezogen. Dabei ergeben sich gewisse Abweichungen, die nicht außer Acht gelassen werden dürfen: Während der Lagerung sind die Temperaturen ja nie völlig konstant. Es ergibt sich dadurch ein dauerndes leichtes Abschmelzen und Rekristallisieren des Eises im Gewebe. Wo noch geringe Mengen von Restlösung vorhanden sind, bleiben die schon erwähnten Unterschiede zwischen intercellularem und intracellularem osmotischem Wert aufrechterhalten, da ja die Membranen zwar durch den Zelltod vergröbert, aber doch noch soweit semipermeabel sind, daß sie Eiweiße nicht durchlassen. Dadurch bleiben die intercellulären Eissäulen dauernd vor den intracellulären bevorzugt, so daß diese immer mehr schwinden, und ihr Wasser den außerhalb der Zellen liegenden Eiskristallen zukommt. Wenn diese dann schließlich noch größer als die intracellulären sind, kommen noch die Dampfdruckunterschiede hinzu, welche die Rekristallisation des Eises in den Gewebslücken fördern. So wird bei längerer Lagerung auch beim schnellgefrorenen Fleisch schließlich ein Zustand erreicht, der beim langsam gefrorenen von Anfang an bestand. Nun ist in vielen Fällen die Qualität des schnell gefrorenen Fleisches trotz dieser histologischen Konvergenz doch von der des langsam gefrorenen deutlich verschieden. Die Gründe hierfür sind aber nicht einfach physikalischer Art wie die soeben besprochenen histologischen Gefrierwirkungen; vielmehr rühren die beobachtbaren Unterschiede von fermentchemischen Vorgängen her, die auch bei Gefriertemperaturen weiterlaufen. Von ihnen ist weiter unten die Rede.

Man sollte meinen, daß man die unerwünschten Wasserverschiebungen während der Gefrierlagerung dadurch verhüten kann, daß man nur genügend tief gefriert. Sehen wir von der oben besprochenen *Zellverglasung* ab, bei der das Wasser ja keine Zeit hat, seinen Aggregatzustand zu ändern, so könnte man wenigstens an Temperaturen denken, bei welchen die Rekristallisation auch nach monatelanger Lagerung unmerklich bliebe. Aber das hat seine Grenzen einmal in der Unwirtschaftlichkeit der hierfür nötigen tiefen Temperaturen, dann aber auch in der Veränderung der Kolloide bei solchen Kältegraden: Die schon auf S. 383 in anderem Zusammenhang betrachtete *Trocknung* der Kolloide durch das Auskristallisieren ihres Hydratationswassers wird nämlich mit fallender Temperatur immer weiter getrieben. Wir wissen, daß beim Quellen von Gelatine Wärme frei wird, und zwar tritt die stärkste Wärmetönung bei der Anlagerung des *ersten* Wassers auf, d. h. des Wassers, das wohl unmittelbar an bzw. in den Micellen angelagert wird. Daß sehr scharf getrocknete Gelatine nicht mehr ihre volle Quellungsfähigkeit hat, ist auch bekannt. Von dem gesamten *gebundenen* Wasser scheint also dem *zuinnerst* gelegenen eine besondere Rolle zuzukommen. Je mehr es durch scharfes Trocknen — oder tiefes Gefrieren — aus den Micellen entfernt wird, desto eher wird deren natives Ladungsmuster gestört, so daß bei späterer Wasserzugabe sich die eingetretene Denaturierung stark bemerkbar macht. In der Tat findet man bei Rindfleisch, das man bei der Temperatur der flüssigen Luft in zentimeterdicken Stücken gefriert, daß es nach dem Auftauen und nachfolgendem Kochen *„strohig“* ist, d. h. die Fasern nicht mehr ganz aufquellen. Ganz ähnliche Überraschungen erlebt man u. U. bei Fischen schon bei höheren Temperaturen. Systematische Versuche über die Artverschiedenheiten im Verhalten der verschiedenen Muskeln gegenüber tiefem Gefrieren stehen noch aus, wie überhaupt vergleichende Untersuchungen über

---

[1] Notevarp, O. u Heen, E.: Fiskeridirektoratets skrifter, Serie: Teknol. Undersökelser, Bd. 1, Nr. 2 (Bergen 1938) und Z. ges. Kälte-Ind. 47; 122; 140 (1940).

das Wesen des *gebundenen* Wassers im tierischen Gewebe immer noch keine Klärung ergeben haben. Im Grunde liegen hier ähnliche Probleme vor wie die der Hydrophilie der Plasmakolloide frostharter, lebender Pflanzenzellen.

Der Unterschied in der schließlichen Qualität schnell und langsam gefrorenen Muskelfleisches hat, wie gesagt, auch chemische Gründe. Wird lebender Muskel schnell, d. h. binnen weniger Minuten, durchgefroren, bei etwa —20° C für einige Tage aufgehoben und sodann wieder schnell aufgetaut, dann läuft die Kontraktion zur Totenstarre bei und kurz nach dem Auftauen ab, soweit sie nicht schon während des Eingefrierens eingesetzt hatte. Bei sehr schnellem Gefrieren millimeterdicker Stücke kann

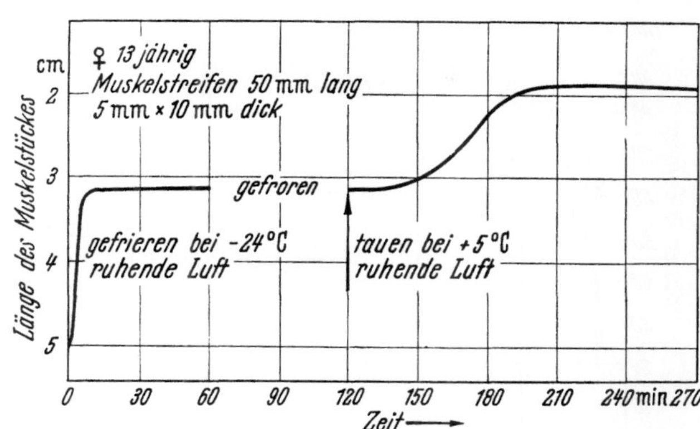

Abb. 115. Längenänderung eines Rindermuskelstreifens von 5 cm Länge während des Gefrierens und Auftauens. Der zunächst noch lebende Muskelstreifen macht einen Teil der Totenstarre-Verkürzung während des Gefrierens, den Rest der Verkürzung während des Auftauens durch.[1]

man den Muskel noch vor der Totenstarre gefrieren und diese erst nach dem Auftauen einsetzen lassen. Je langsamer man aber gefriert, ein um so größerer Teil der postmortalen Veränderungen läuft schon vor dem Gefrieren ab (Abb. 115). Und bei extrem langsamem Gefrieren, wie es bei großen Stücken (z. B. Rindervierteln) in Luft von ca. —8° C geschieht, kann es sein, daß die Totenstarre schon völlig gelöst ist, bevor der Muskel gefroren ist. Ganz entsprechend kann man beim sehr langsamen Auftauen (lebend) schnellgefrorener Muskeln gar keine Totenstarre-Kontraktur feststellen, weil diese Stück um Stück in dem noch halbgefrorenen, mechanisch durch das Eis festgelegten Muskel abläuft. So erklären sich wohl auch die Befunde Moran's[2]. Hierbei ist Folgendes wesentlich: Wenn unterhalb etwa —2° C die Zellen durch Frost getötet sind oder sonstwie schon tot sind, dann werden die Zellkolloide durch den Wasserentzug schon soweit verändert, daß das Chaos der Enzymwirkung, die Autolyse, begünstigt wird, zumal die Restlösung einen Teil der reaktionsfähigen Stoffe nun in erhöhter Konzentration aufweist. In diesem Bereich (—2° bis —7° C), in dem zwar für die Zelle abnorm hohe, die Eiweißdenaturierung fördernde Salzkonzentrationen und auch Verschiebungen der Ionengleichgewichte auftreten, aber andererseits noch genug Wasser zum Stofftransport vorhanden ist (Abb. 116), findet man nun die stärksten und schnellsten Frostveränderungen chemischer Art. Sie wirken sich in den verschiedensten Richtungen aus: Man kennt schon seit langem die schnelle Qualitätsminderung von Fleisch und Fischen in diesem Temperaturbereich. Weiter hat man auch in Preßsäften die hier besonders intensive Eiweißdenaturierung gemessen (Abb. 117). Was im einzelnen die Aktivierung der Gefrierveränderungen bewirkt, weiß man allerdings noch nicht; die bisher gefundenen Wirkungen sind jedenfalls alle sekundärer Natur. Weitere Beiträge zu diesen Fragen findet man in diesem Band in dem Beitrag von F. F. Nord.

---

[1] Steiner, G.: Der Einfluß des Gefrierens auf das mechanische Verhalten des Rindermuskels. Arch. f. Hygiene **123**, 1 (1939). — [2] Moran, T.: Critical temperature of freezing. — Living muscle. Proc. Roy. Soc. B **105**, 177 (1930).

Bei niederen Temperaturen wird die Beweglichkeit der Ionen durch die geringer werdenden Mengen des als Lösungsmittel wirksamen flüssigen Wassers immer weiter verkleinert. Das als Quellungswasser an die Kolloide gebundene Wasser fällt für den Stofftransport praktisch aus. Die enzymatischen Reaktionen werden also stark gebremst, wenngleich nicht ganz stillgelegt. Wenn also während des Gefrorenseins sich z. B. eine Totenstarre auch nicht manifestieren kann, so findet man doch, daß sie chemisch vorgebildet wird, wenn auch nicht innerhalb von Stunden, so doch von Monaten. Gefriert man nämlich lebenden Muskel schnell ein, lagert ihn nachher bei tiefen Temperaturen, taut ihn nach einer bestimmten Zahl von Wochen in kochendem Wasser auf und mißt sodann seine mechanischen Eigenschaften, dann erhält man die dem Verlauf der normalen Totenstarre entsprechende Festigkeitskurve[2] (Abb. 118).

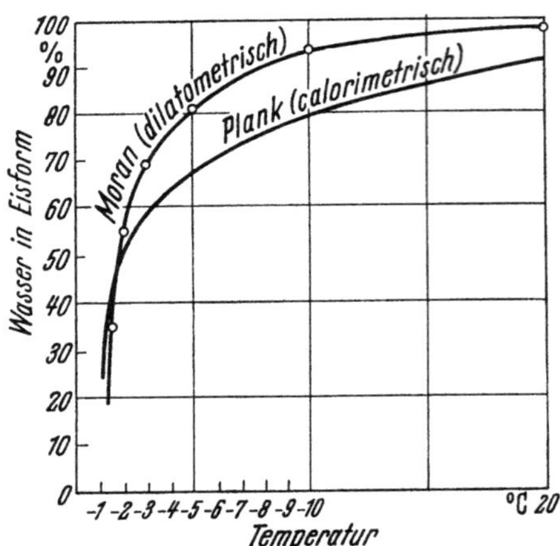

Abb. 116. Abhängigkeit des Anteils aus dem Muskel ausgefrorenen Wassers von der Temperatur. (Aus *Moran*, vgl. Fußnote 2 auf S. 384.)

Mehr der Kuriosität halber sei hier erwähnt, daß das älteste Gefrierfleisch, das wir kennen, nämlich das meist magere Muskelfleisch der vor 15000 bis 20000 Jahren in Eislöchern am Ufer der sibirischen Flüsse Beresowka und Lena eingebrochenen Mammuts, offenbar alle Schäden langer milder Frosttemperaturen über sich hat ergehen lassen: Starke Denaturierung seiner Muskelkolloide (holzartige Zähigkeit) hatte zur Folge, daß auch tagelanges Kochen es nicht mehr richtig weich werden läßt, wenngleich Stücke, die nicht längere Zeit aufgetaut lagen, zum mindesten noch genießbar gewesen sein sollen[3],[4].

Daß neben der Veränderung der Eiweiße auch die der Fette selbst bei recht tiefen Gefriertemperaturen von großer Bedeutung sind, sei hier nur am Rande erwähnt, da hierauf in einem anderen Beitrag (Bd. **10** Abschn. 7) eingegangen wird.

Kältephysiologie der Vorratsschädlinge. Neben den Mikroorganismen spielen die tierischen Schädlinge beim Verderb von Lagergütern eine erhebliche Rolle. Mit wenigen Ausnahmen sind sie durch Kälte auszuschalten. Daß sie dabei aber auch abgetötet würden, braucht durchaus nicht der Fall zu sein. Abgesehen von solchen Vorratsschädlingen gibt es noch einige Parasiten des Menschen[5],[6], deren kältetechnische Behandlung einige Bedeutung erlangt hat. Es kann im folgenden nicht auf die zahlreichen Tierarten eingegangen werden, die als Vorratsschädlinge oder Parasiten in Frage kommen.

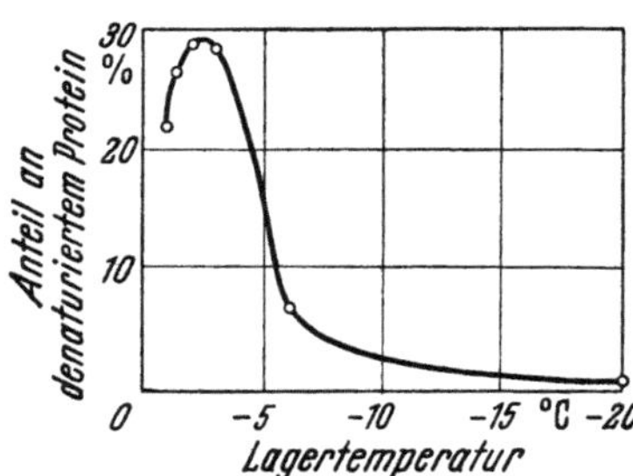

Abb. 117. Eiweißdenaturierung im Fischmuskelpreßsaft nach 30tägiger Lagerung bei verschiedenen Temperaturen (Gefriertemperatur −20° C.) (Nach *Finn*.)[1]

[1] Finn, D. B.: Contributions to Canadian biology and fishery. VIII Nr. 25 (Ser. C., Nr. 18) Toronto 1934. — [2] Steiner, G.: Der Einfluß der Gefrierlagerung auf das mechanische Verhalten des Rindermuskels. Z. f. d. ges. Kälteindustrie **48**, 29 (1941). — [3] Salensky, W.: Über die Hauptresultate der Erforschung des im Jahre 1901 am Ufer der Beresowka entdeckten männlichen Mammutkadavers. C. rend. séances du 6ème congrès international de zoologie à Berne 1904; 67—86 (1905). — [4] Tolmachoff, J. P.: The carcasses of the Mamoth and Rhinoceros found in the frozen ground of Siberia. Transact. Am. philosoph. soc. (N.S.) **23**, Part 1, 48 (1934). — [5] Braun, M. u. O. Seifert: Die tierischen Parasiten des Menschen. Leipzig: Kabitzsch 1925. — [6] Martini, E.: Lehrbuch der medizinischen Entomologie, 3. Aufl. Jena: Fischer 1946.

Hier seien nur einige grundsätzliche Hinweise gegeben und zunächst ein Überblick über die hauptsächlichsten Schädlingsformen gebracht:

Niedere Würmer: Bandwurmfinnen (in Rind- und Schweinefleisch), Trichinen (in Schweinefleisch).
Krebse: Asseln (Kellerasseln u. dgl.).
Spinnentiere: Milben.
Insekten: Zahlreiche Samenkäfer, Mottenarten (z. B. Kakaomotte, Dörrobstmotte, Mehlmotte), Schmeißfliegenarten (Larven), Käsefliege (Larven), Ameisen.
Wirbeltiere: Ratten, Mäuse.

Die Überzahl der Vorratsschädlinge sind Insekten[1,2], die aus den Subtropen oder Tropen stammen und daher für ihr Wohlbefinden und ihre Vermehrung Temperaturen über $+15°$ C benötigen. Unterhalb dieser Temperatur pflegen sie nicht mehr zu fressen und werden lethargisch. Allerdings werden tiefere, aber über $0°$ liegende Temperaturen meist wochenlang ertragen. Abtötung gelingt meist nur mit Kälte unter $—10°$ C. Die Abtötungskurve (% getöteter Tiere über der Expositionszeit für eine bestimmte Temperatur) muß von Fall zu Fall bestimmt werden, wenn man sicher gehen will, daß alle Tiere tot sind. Auch bei solchen Formen, die — wie z. B. Schmeißfliegenlarven — nur schlecht unterkühlen, ist die für andere Arten (besonders die Käfer und Motten nebst ihren Larven und Puppen!) ausgesprochen lange Unterkühlungsfähigkeit noch recht beachtlich (Abb. 119). Die Unterkühlungsfähigkeit der Insekten hat im übrigen mehrere Gründe: 1. sind Insekten kleine Einheiten; das gilt besonders für ihre Eier. Je kleiner die absolute Menge eines unterkühlten Stoffes ist, desto geringer ist die Wahrscheinlichkeit der Eiskeimbildung in ihr. 2. Die meisten Insekten sind durch den wachsimprägnierten Chitinpanzer nach außen gegen Nässe isoliert. Eis, das sich auf ihrer Außenfläche bildet, stört also nicht die Unterkühlung im Körperinnern. 3. Die Körperflüssigkeit und die Gewebe vieler Insekten müssen Kolloide enthalten, welche der Eiskeimbildung entgegenwirken, die Unterkühlung also fördern. 4. Die Fülle hochkomplizierter Strukturen im kleinen Raum des Insektenkörpers hat kapillare Gefrierpunktsdepression zur Folge. In der Tat überwintern viele Insekten bei Temperaturen, welche keine andere Erklärung als die Unterkühlung zulassen, zumal in Europa, wo trockene, kalte Winter die Insektenfauna weniger dezimieren als solche, die weniger kalt, dafür aber nässer sind.

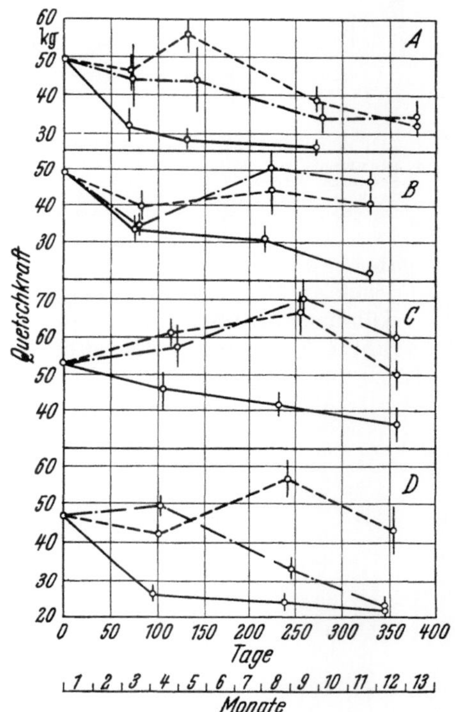

Abb. 118.　Rindermuskel, noch lebend zwischen Metallplatten bei $-18°$ C schnellgefroren. Anschließend gelagert bei ——— $-8,5°$ C; — · — · — $-18,5°$ C; — — — — $-24°$ C. *A* Kuh, 8-jahrig; *B* Kuh, 8-jahrig; *C* Stier, 4-jahrig; *D* Stier, 3-jahrig, (nach *Steiner*). Vergl. vorige Seite Fußnote 2!

---

[1] WEBER, H.: Lehrbuch der Entomologie. Jena: Fischer 1933.
[2] ZACHER, F.: Die Vorrats-, Speicher- und Materialschädlinge. Berlin 1927.

Bei den hygienisch wichtigen Bandwürmern, deren Larvenstadium im Muskelfleisch eingekapselt lebt (Bandwurmfinnen), fehlt solche Unterkühlungsfähigkeit weitgehend. Gefriert das umgebende Gewebe, dann gefrieren die Bandwurmfinnen mit[2, 3]. Die Trichinen erleiden wohl ähnlich wie freilebende Nematoden einen Tod durch Wasserentzug, wenn das umgebende Gewebe gefriert. Wegen ihrer dichten Cuticula, die ähnlich wie bei Insekten mit Lipoiden imprägniert ist, unterkühlen sie aber leicht, so daß sie bei —15° bis zu 4 Tagen überleben können und erst bei ca. —35° C sofort abgetötet werden[3, 4].

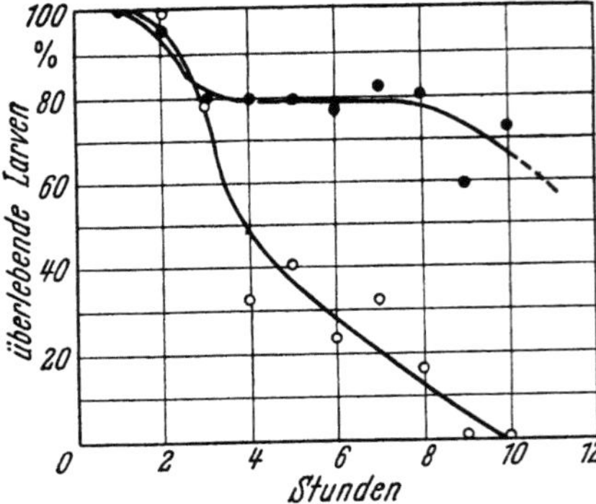

Abb. 119. Einfluß der Feuchtigkeit auf die Überlebensdauer von Schmeißfliegenlarven bei —8° C. Schwarze Kreise: abgetrocknete Larven auf trockener Zellstoffwatte; weiße Kreise: feuchte Larven auf feuchter Zellstoffwatte. (Nach Steiner.)[1]

Warmblüter halten es in Kühlräumen schlecht aus. Mäuse erfrieren schnell, wenn sie nicht die Möglichkeit haben, nach kurzer Zeit ein warmes Nest aufzusuchen. Bei reichlich vorhandenem Packmaterial (z. B. bei Früchte- oder Gemüselagerung) ist allerdings der Nestbau möglich. Ratten sind sehr empfindlich gegen Pneumonien, sterben bei häufigem Kühlhausbesuch jedenfalls bald, werden aber wohl immer wieder durch neue Zuzügler ersetzt, wenn der Bevölkerungsdruck an Ratten in der Umgebung des Kühlhauses groß ist. Bei der modernen Kühlhausbauweise können aber weder Ratten noch Mäuse in nennenswerter Anzahl in Kühlräume gelangen und sich in ihnen halten.

[1] Steiner, G.: Untersuchungen über die Kältewiderstandsfähigkeit der Eier und Larven von Fleischfliegen. Anz. f. Schädlingskunde 17, 133 (1941).

[2] Feldforth: Lebenstätigkeit der Rinderfinne bei Aufbewahrung von Stücken finnigen Fleisches bei Temperaturen von 0° bis 2° C. Dissertation. Hannover 1934.

[3] Iwanitzky: Über die Frage der Kälteanwendung (Gefrieren), um bedingt taugliches Schweinefleisch unschädlich zu machen (russ.). Cholodilnoje Delo 1932, Nr. 5 u. 6, S. 18.

[4] Blair, J. B. u. Lang, O. W.: J. of infect deseases 55, 95 (1934).

Ernährungsphysiologische Grundlagen der Frischhaltung von Lebensmitteln.

Von Dr. phil. habil. **Johannes Erich Wolf.**

Bundesforschungsanstalt fur Lebensmittelfrischhaltung, Karlsruhe.

Mit 9 Abbildungen

A. Einleitung.

Die Lebensmittelfrischhaltung hat sich in ihren Aufgaben lange Zeit vornehmlich darauf beschränkt, die Genußtauglichkeit der Lebensmittel zu bewahren. Im Vordergrunde standen dabei diejenigen Veränderungen, die durch den mittels sinnlicher Wahrnehmungen feststellbaren eigentlichen Verderb oder aber durch einen auf Wasserverlust beruhenden Gewichtsschwund der Ware verursacht wurden. Die erstgenannte recht komplexe Erscheinung, die vornehmlich auf die Tätigkeit der Mikroorganismen, auf Insekten- und Säugetierfraß, auf autolytische und oxydative Vorgänge und — bei lebendigen Lebensmitteln — auf Fortschreiten der Lebensprozesse zurückzuführen ist, macht die Lebensmittel im Sinne des Lebensmittelgesetzes ungenießbar und damit unverkäuflich. Durch den Wasserverlust werden Schrumpfungserscheinungen ausgelöst (vor allem bei Obst und Gemüse, aber auch bei Fleisch und Gebäck), die die Ware unansehnlich machen und sie dadurch in ihrem Verkaufswert mindern. Der Erzeuger bzw. der Händler sucht diesen Wasserverlust vor allem auch wegen der damit verbundenen Gewichtsverminderung der Ware zu vermeiden.

Solange keine andersartigen und weitergehenden Forderungen an die Lebensmittel gestellt werden, war es verständlich, daß der Verkaufswert der Ware als ausschlaggebend gewertet und in der Lebensmitteltechnik nach dem Grundsatz verfahren wurde, daß erlaubt ist, was nicht verboten ist; bevorzugt wird das hergestellt, was im gewünschten Zeitpunkt ohne Risiko abgesetzt werden kann. Ein Lebensmittelbetrieb wurde von rein kaufmännischen Erwägungen aus geleitet. Man wich bald von der Hauptaufgabe ab, die Lebensmittel möglichst unverändert in die Hand des Verbrauchers gelangen zu lassen, sondern wandelte sie weitgehend um und versuchte, durch solche Experimente die Haltbarkeit zu erhöhen und damit das Verkaufsrisiko zu vermindern.

Die Ernährungsphysiologie hat nun in den letzten Jahrzehnten einen ungeahnten Aufschwung erlebt, der bereits heute zu umwälzenden Erkenntnissen geführt hat. Die Entwicklung ist indessen bei weitem noch nicht abgeschlossen. Sie läßt aber bereits jetzt erkennen, welch ungeheure Bedeutung der Nahrung nicht nur hinsichtlich der Quantität, sondern hinsichtlich ihrer qualitativen und quantitativen Zusammensetzung für die normale Entwicklung des Menschen und für sein Wohlbefinden zukommt. Das ist in viel weitergehendem Maße der Fall als man um die Jahrhundertwende hätte ahnen können.

Diese neuen Erkenntnisse sprechen vor allem das Berufsethos des Lebensmittelfachmannes an. Das hohe Ziel besteht darin, dem Menschen eine vollkommene Nahrung in ausreichender Menge und jederzeit zu sichern, um ihm damit zu helfen, seine Gesundheit zu erhalten.

Ohne die Bedeutung des Erzeugers der Lebensmittel — des Bauern, des Fischers usw. — zu unterschätzen, muß doch hervorgekehrt werden, welch hervorragender Anteil an unserer Lebensmittelversorgung und an der Gestaltung unserer Ernährung dem Lebensmittelbewahrer und dem Verarbeiter der Rohrerzeugnisse zukommt. Sein Einfluß erstreckt sich sowohl auf die Art und Menge des dem Boden und dem Wasser abgewonnenen Rohrerzeugnisses, als auch auf die Form und Zubereitung, in der das Lebensmittel letztlich verbraucht wird. Dieser lenkende Einfluß, der sich sowohl auf die Geschmacksrichtung des Verbrauchers als auch auf die Qualität des angelieferten Rohrerzeugnisses erstreckt, bürdet dem Lebensmittelfachmann eine schwere Verantwortung auf, die er nur dann auf sich nehmen darf, wenn er weiß, um was es geht.

Im vorliegenden Abschnitt wird versucht, den zwischen Wissenschaft und Praxis stehenden Leser mit den Grundlagen vertraut zu machen, die für das Verständnis dessen erforderlich sind, was der menschliche Körper an Nährstoffen benötigt und wie er sie verwertet. Aus dieser Betrachtung wird sich ergeben, welche vermeidbaren Fehler bei der Lebensmittelbewahrung bisher gemacht worden sind und in welcher Richtung die Lebensmitteltechnik Verbesserungen anzustreben hat, um den Forderungen nach einer gesunden menschlichen Ernährung zu entsprechen. Es werden auch Vorstellungen gestreift werden müssen, die noch Gegenstand wissenschaftlicher Diskussionen sind. Es wird dabei von der Erwägung ausgegangen, daß die Technik und die Wirtschaft möglichst frühzeitig mit bevorstehenden oder mit heute erst als möglich zu bezeichnenden Wandlungen in unserer Ernährungsweise bekannt gemacht werden müssen, damit sie sich rechtzeitig darauf einstellen können und nicht in der Entwicklung hinterherhinken und diese zum Schaden der Menschen verzögern.

B. Die heutige Lage unserer Ernährungsweise.

Es ist immer wieder darauf hingewiesen worden[1], daß mit unserer neuzeitlichen Ernährung etwas nicht in Ordnung sei. Zwar ist die Lebensdauer des Kulturmenschen dank der überaus weittragenden und bei weitem noch nicht abgeschlossenen Entdeckungen der Naturwissenschaften auf dem Gebiete der Mikroorganismen und deren Bekämpfung beträchtlich erhöht worden. Dem Arzt sind damit schlagkräftige und wirksame Waffen gegen die früher weit zahlreichere Opfer fordernden Infektionskrankheiten in die Hand gegeben. Doch sind andere Krankheiten, die auf einer Minderfunktion von bestimmten Organen bzw. Systemen beruhen, offensichtlich nicht im gleichen Maße zurückgegangen; ja, wie vielfach angegeben wird, soll eine unverkennbare Zunahme der Zahl solcher Erkrankungen in jüngerer Zeit erfolgt sein. Zwar weist Rubner[2] darauf hin, daß in den Frühzeiten der Menschheit die Leute offenbar mehr an Krankheiten zu leiden hatten als die heutige Bevölkerung, wobei es sich keinesfalls nur um das erhöhte Auftreten von Infektionskrankheiten handelte, sondern gerade auch um solche Krankheiten, die, wie Gicht und Krebs, heute vielfach als *Zivilisationskrankheiten* angesprochen werden[3–5]. Es gibt indes Gesund-

[1] Wirz, F. M. G.: Z. ges. Kälte-Ind. 46, 121 (1939). — [2] Rubner, M.: Deutschlands Volksernährung, S. 35. Berlin: Springer 1930. — [3] Sendrail, M.: Neue Auslese 3, H. 9, 12 (1948). — [4] Auler, H.: Ernährung 1, 150 (1936). — [5] Liek, E.: Krebsverbreitung, Krebsbekämpfung, Krebsverhütung. München: Lehmann 1932.

heitsschäden, die zweifellos irgendwie mit den zivilisierten Lebens- und Ernährungsverhältnissen zusammenhängen. Als ein solcher wird z. B. die Zahnfäule (Caries) erachtet[1-6], die bezeichnenderweise auch bei früheren höher zivilisierten Völkern (z. B. den Römern der Kaiserzeit) durchaus nicht unbekannt war[7]. Die Beobachtung, daß die Länder mit den schlechtesten Zahnbefunden von Völkern britischer Abkunft bewohnt werden, erlaubt nicht, dies auf Vererbung zurückzuführen, denn die Eingeborenen fallen der Caries auch zum Opfer, und zwar im selben Maße wie die Briten, jedoch erst dann, wenn sie nach britischer Art kochen und essen. Ganz entsprechende Beobachtungen über den Einfluß der Ernährungsweise auf den Befall mit Caries wurden an der Bevölkerung der vom Verkehr wenig berührten Landschaft der Goms (Schweiz) gemacht[8]: als im Zusammenhang mit dem Bau der Furka-Straße die Zivilisation mit Nahrungsmitteln wie Weißmehl, Teigwaren und Zucker in größerem Umfange den Speisezettel der Bewohner veränderte, trat alsbald Zahnfäule auf, eine bei der früheren Kost völlig unbekannte Erscheinung. Analoge Befunde ergaben sich bei der Bevölkerung der Westküste Grönlands. — Für die Auslösung von Mutationen (dies sind Veränderungen im Erbgefüge der Zelle), die zur Entstehung von bösartigen Geschwülsten (Krebs) führen können, sind noch unbekannte Bestandteile der Nahrung verantwortlich gemacht worden (s. a. S. 452)[9].

Auf solchen Beobachtungen basiert die Ansicht, daß die nationalen Ernährungsformen, die sich auf Grund instinktiver Regulation und Erfahrung über die gesundheitliche Bekömmlichkeit im Laufe von Jahrhunderten und Jahrtausenden im Rahmen der naturgegebenen Möglichkeiten entwickelt haben, durch Maßnahmen, die im wesentlichen die Technisierung der Nahrungsmittelbearbeitung ermöglicht hat, sich in immer stärkerem Maße verändern. Neben den überaus großen, heute nicht mehr wegzudenkenden Vorteilen, die diese Umstellung mit sich gebracht hat, sind damit zweifellos auch Mängel in der Ernährung aufgetreten, die in einer Reihe von Fällen auch bereits kausal begründet werden konnten, in anderen Fällen aber noch ungeklärt sind. Es konnte nicht ausbleiben, daß auf Grund solcher Feststellungen Bestrebungen entstanden, die häufig in überspitzter Weise auf diese Mängel hinwiesen und daß reformerische Sekten entweder versuchten, das Rad der Entwicklung zurückzudrehen oder betont einseitige Ernährungsänderungen zu propagieren, deren Durchführbarkeit vielfach fraglich erscheint. Es kann freilich kein Zweifel bestehen, daß eine maßvolle Berücksichtigung einer Reihe von Vorschlägen dieser Kreise in gesundheitlicher Hinsicht als durchaus empfehlenswert zu beurteilen ist.

Die Entwicklung der Lebensmitteltechnik ist im wesentlichen durch Probleme der Konservierungstechnik ausgelöst und vorangetrieben worden. Daraus ersieht man, welche enge Beziehung zwischen der Erhaltung der Nahrungsmittel und der Ernährungsweise besteht. Hat bisher die Konservierungstechnik ihre Methoden vorwiegend unter dem Gesichtspunkt der Marktgängigkeit geschaffen und damit unsere Ernährungsweise weitgehend modifiziert, so wird es nunmehr als vordringliche Aufgabe hingestellt werden müssen, die Konservierungsverfahren in gesundheitlicher Hinsicht zu überprüfen und den Wert ihrer Produkte mit den gesundheitlichen Erfordernissen in Einklang zu bringen.

---

[1] HEUPKE, E.: Angew. Kochwiss. 5, 153 (1943).
[2] STEUDEL, W.: Ernährung 1, 176 (1936). — [3] VERGIN, F.: Z. Volksernähr. 13, 96 (1938).
[4] CREMER, H. D.: Getreide, Mehl und Brot 4, 141 (1950).
[5] MEYER, W.: Mschr. Kinderhk. 97, 468 (1950).
[6] SHAW, J. H.: Federat. Proc. 8, 536 (1949); zit. nach Physiol. Ber. 147, 33 (1951).
[7] Anonym: Neue Auslese 3, H. 7, 103 (1948).
[8] RUDOLPH, W.: Die Vitamine der Hefe, S. 24. Stuttgart: Wiss. Verlagsges. 1941.
[9] STRONG, L. C.: Yale J. Biol. a. Med. 21, 293 (1949); zit. nach Physiol. Ber. 144, 139 (1951).

Objektiv definierbare und begründbare Forderungen aufzustellen, wurde überhaupt erst möglich durch die in neuester Zeit sprunghaft erfolgende Entwicklung unseres ernährungsphysiologischen Wissens. Da die Bevölkerung der zivilisierten Länder indes weitestgehend auf die bearbeiteten Nahrungsmittel angewiesen ist, müssen diese Forderungen mit allem Nachdruck erhoben werden, und man muß mit allen Mitteln versuchen, ihnen nachzukommen.

Die Ernährungsweise der Menschheit und der Bau des menschlichen Organismus haben sich im Verlaufe der vieltausendjährigen Urgeschichte aufeinander abgestimmt. Der Mensch hat sich seit jenen Urzeiten als Lebewesen bestimmter Art nur unwesentlich verändert, und seine Grundbedürfnisse sind deshalb in der relativ so kurzen Kulturzeit wohl dieselben geblieben. Es waren viel eher Umweltsveränderungen, die seine Ernährungsweise abzuwandeln vermocht haben, als Instinkt und Geschmacksänderungen. Lange Zeiten hindurch, bis etwa vor 100 Jahren, bildeten mechanisches Zerreiben, Erhitzen und Ausnutzung der Gärungsfermente im wesentlichen die Grundlage aller Nahrungsveränderungen, die zur *Kulturkost* führten. Künstliche Konservierungsmethoden, wie Pökeln, Salzen, Räuchern und Säuern, spielten nur eine untergeordnete Rolle. Man beschränkte sich vielmehr auf die Lagerung solcher Nahrungsmittel, die wie Getreidefrüchte, Samen usw. sich in einem gewissen Ruhezustand befinden und deshalb von Natur aus für eine langfristige Aufbewahrung geeignet sind.

Wohl eine der folgenschwersten Ernährungsumstellungen, die sich in unserem mitteleuropäischen Lebensraum im letzten Jahrtausend vollzogen haben, erzwang im vergangenen Jahrhundert die als notwendige Folge der stürmischen Industrialisierung erfolgte Verstädterung der Bevölkerung[1]. Damit wandte sich im Verlaufe einiger Jahrzehnte ein beachtlicher Anteil der Bevölkerung von einer bäuerlich-selbstversorgerischen Ernährung[2,3] zu einer vorwiegend wirtschaftlich und oft auch politisch gelenkten Welthandelsernährung. Den Städtern wurden in erster Linie jene Nahrungsmittel zugeführt, die wie Fleisch und Fleischprodukte, Teigwaren, Zucker, Getreide und Getreideprodukte, Eier, Hülsenfrüchte, Konserven usw. durch ihre natürlichen Eigenschaften und Erzeugungsbedingungen als Handels- und Verbrauchsware begünstigt waren. Demgegenüber waren die zwar weniger in kalorischer Hinsicht, umsomehr aber für die Versorgung mit lebensnotwendigen Wirkstoffen unentbehrlichen Frischgemüse, Obst und Vollkornmehl als wenig haltbare Waren benachteiligt. Somit wurde die Ernährung nicht nur verändert, sondern es entstand auch ein Mißverhältnis zwischen den Lebensbedürfnissen und ihrer Erfüllung. Diese Entwicklung wird durch weitere Zwangsläufigkeiten immer wieder in die gleiche Richtung gedrängt, so z. B. durch wachsende Entfernungen zwischen Wohn- und Arbeitsstätte, dadurch bedingte durchgehende Arbeitszeit und Loslösung von der häuslichen Verpflegungsgemeinschaft mit Übergang zu einer behelfsmäßigen kalten Verpflegung, Restaurationskost und häufig minderwertigen Gemeinschaftsverpflegung. Auch die Zunahme der Frauenarbeit außerhalb des Hauses muß in diesem Zusammenhang erwähnt werden. Die Tendenz der Entwicklung geht somit dahin, die Gewinnung, Vor- und Zubereitung der Nahrung von dem einzelnen Verbraucher immer mehr zu trennen. Am weitesten vorgeschritten auf dieser Bahn dürften die USA sein als Folge einer durch hochgezüchtete Industrialisierung bedingten weitestgehenden Spezialisierung (fertige Mahlzeiten in Dosen oder als Gefrierkonserve).

---

[1] Wirz, F. M. G.: Z. ges. Kälte-Ind. **46**, 121 (1939).
[2] Hoffmann, E.: Forsch. u. Fortschr. **24**, 204 (1948).
[3] Hintze, K.: Geographie und Geschichte der Ernährung. Leipzig: G. Thieme 1939.

Dazu traten, bedingt durch die besondere Tätigkeit des Großstadtmenschen und die städtische Umwelt mit ihren erhöhten Reizeinflüssen aller Art, Wandlungen des Geschmacks und der Werturteile. Der Städter begann eine weniger voluminöse und schlackenarme Kost zu bevorzugen, er stellte sich auf die Verwendung von raffinierten Lebensmitteln ein, und seinem erhöhten Reizbedürfnis kamen wiederum verschiedene Konservierungsverfahren in gewünschtem Maße entgegen. So lehnten z. B. trotz großzügiger Propaganda die Amerikaner nach einem großangelegten Experiment Vollkornbrot ab[1].

Wesentlich für die Beurteilung einer etwaigen gesundheitsschädigenden Ernährung mit Konserven ist das Ausmaß von deren Verwendung. Wie FLEISCH[2] darlegt, liefern die in ihrem biologischen Wert geminderten und praktisch nur noch als Kalorienträger anzusprechenden Industriekonserven, wie weißer Zucker, gehärtete Öle und Weißmehl, mehr als die Hälfte der Kalorien unserer Ernährung, und sie sind in der Regel an der ungenügenden Versorgung des zivilisierten Menschen mit Mineralsalzen und Vitaminen schuld. Ganz anders liegen gegenwärtig noch die Verhältnisse bei den als *eigentliche* Konserven anzusprechenden Dosenkonserven. Nach BÖMMELS[3] kamen im Jahre 1937 auf den Kopf der Bevölkerung (in Belgien und der Schweiz) nur etwa 7 Dosen an Obst und Gemüsekonserven. Selbst wenn man noch mindestens die gleiche Menge an haushaltmäßig hergestellten Konserven hinzurechnet und berücksichtigt, daß der Städter

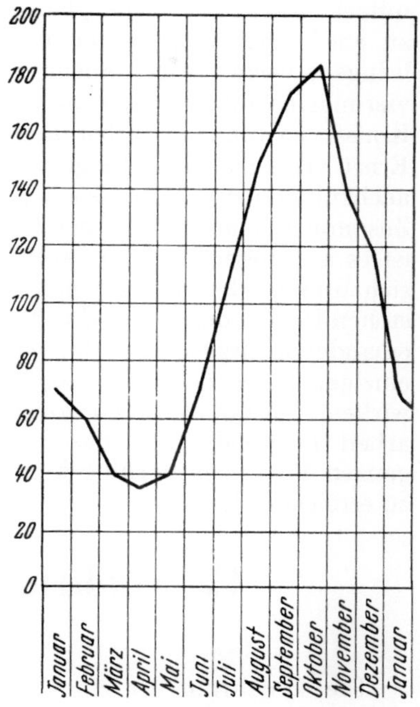

Abb. 120. Marktangebot von Gemüse in Deutschland (in willkürlichen Einheiten, das Durchschnittsangebot gleich 100 gesetzt). (Nach *Metzdorf* aus *K. Paech*: Umschau **44** [1940] S. 276.)

in deren Verbrauch über dem Bevölkerungsdurchschnitt liegt, kann dieser Konsum nicht als übermäßig hoch bezeichnet werden. Erschwerend freilich wirkt hierbei, daß sich dieser Verbrauch auf eine verhältnismäßig kurze obst- und gemüsearme Zeit zusammendrängt (Abb. 120). Vielleicht noch deutlicher ergibt sich der relativ geringe Verbrauch an konserviertem Obst und Gemüse aus Angaben, die PLANK[4] über die Vereinigten Staaten mitteilt: Danach werden von der Zivilbevölkerung etwa 88% der gesamten Obst- und Gemüseernte in frischem Zustande konsumiert, etwa 10% werden eingedost, 1,25% getrocknet und nur 0,74% werden eingefroren. Berücksichtigt man indes die allgemein steigende, durch die Lebensverhältnisse erzwungene Tendenz in der Verwendung von Konserven, so gilt es doch, auf diesem Gebiete besonders wachsam zu sein. Denn zwischen 1939 und 1943 hat in den USA der Konservenverbrauch bei den drei gebräuchlichsten Gemüsesorten: Brechbohnen, Süßmais und Erbsen, eine z. T. kriegsbedingte Steigerung um mindestens 100% erfahren.

Es besteht kein Zweifel, daß unter normalen, ausgeglichenen Verhältnissen beim Einsatz aller vorhandenen Möglichkeiten die Gefahr einer *hungererzeugenden*

[1] DUFRÉNOY, J. u. L. GENEVOIS: Ernähr. u. Verpfl. **1**, 5 u. 38 (1949).
[2] FLEISCH, A.: Schweiz. med. Wschr. **23**, 957 (1942).
[3] BÖMMELS, N.: Schweiz. med. Wschr. **23**, 967 (1942). — [4] PLANK, R.: Kälte **1**, 131 (1948).

Nahrungsnot für die Bevölkerung der Erde gebannt werden könnte. Inwieweit dies auch für die Gefahr der *krankheitserregenden Nahrungsnot*, die die Zivilisation uns brachte, möglich ist, wird u. a. wesentlich davon abhängen, ob die Konservierungstechnik den gesundheitlichen Erfordernissen entsprechende Verfahren entwickelt. Diese Verfahren müßten auch die empfindlichen Nahrungsmittel, vor allem solche pflanzlicher Herkunft, mit unvermindertem Nährwert zu erschwinglichen Preisen und in genügendem Umfang dann auf den Markt bringen, wenn sie gebraucht werden. Die moderne Entwicklung der Konservierungstechnik, die uns in den schnellgefrorenen Lebensmitteln schon heute Konserven von einer bisher unerreichten Qualität beschert hat, zeigt, mit welchem Ernst versucht wird, die gesundheitlichen Forderungen zu verstehen und ihnen nachzukommen. Voraussetzung für ihre Befolgung ist das Wissen um diese Zusammenhänge, die auf den folgenden Seiten dargestellt werden sollen. Freilich ist es auf diesem so komplexen Gebiet der Ernährung erforderlich, daß alle, die sich direkt oder indirekt mit Ernährungsfragen befassen, sich gegenseitig verstehen lernen, denn es sind zahlreiche Forderungen zu berücksichtigen und gegeneinander abzugleichen. Man kann nicht die Ernährung eines Volkes von einer einzigen Seite aus vollwertig leiten. Zahlreiche Disziplinen müssen dabei mitwirken. „Wenn irgendwo, so ist auf diesem so wichtigen Gebiete Gemeinschaftsarbeit notwendig, um das gesteckte Ziel einer vollwertigen Ernährung eines ganzen Volkes, ja darüber hinaus der ganzen Menschheit, in allen seinen Teilen zu erreichen"[1].

C. Ernährung und Nahrungsbedarf.

I. Einleitung.

Die Ernährung ist eine der wesentlichen Grundstützen des Lebens[2]. Sie ermöglicht es dem Organismus, energiereiche Stoffe in sich aufzunehmen und abgenutzte oder verlorengegangene Bestandteile zu ersetzen. Körperaufbau, Stoffersatz und Energiezufuhr sind die Aufgaben der Ernährung bei allen Lebewesen. Ungleich ist die Art der Ernährung. Der Nahrungsbedarf kann auf erstaunlich verschiedenartige Weise gedeckt werden.

Ein hochentwickelter Organismus wie der menschliche Körper braucht die allerverschiedensten Stoffe, wenn er seine volle Leistungsfähigkeit erreichen und erhalten will. Der Ablauf jeder Lebenserscheinung ist an bestimmte Mengen bestimmter Stoffe gebunden. Einen beträchtlichen Teil der benötigten Stoffe vermag der Mensch aus anderen mit der Nahrung aufgenommenen Grundstoffen selbst herzustellen. Werden diese Grundstoffe nicht durch die Nahrung zugeführt, treten Störungen auf, die sich bis zu Mißbildungen, zum Siechtum oder Tod steigern können.

Die Auswertung der aufgenommenen Nahrung vollzieht sich im Stoffwechsel. Die einzelnen Nahrungsbestandteile haben für die einzelnen Aufgabengebiete der Ernährung eine verschieden starke Bedeutung. Bei einem Teil der Nährstoffe liegt das Schwergewicht auf der energetischen Seite, sie dienen vor allem der Zufuhr von Energie, die, im *Betriebsstoffwechsel* frei gemacht, in die für alle Lebensäußerungen jeweils erforderliche Form übergeführt und für die bestimmte Arbeitsleistung verwendbar gemacht wird. Bei einem anderen Teil der Nährstoffe steht das ganz spezifisch Stoffliche im Vordergrund; es sind die Stoffe, die

---

[1] Abderhalden, E.: Die Grundlagen unserer Ernährung und unseres Stoffwechsels, 5. Aufl., S. 24. Bern: Huber 1946.
[2] Siehe hierzu H. Glatzel: Nahrung und Ernährung, S. 14 ff. Berlin: Springer 1939.

im *Baustoffwechsel* für den Körperaufbau und den Stoffersatz benötigt werden. Eine scharfe Trennung beider Gruppen ist nicht möglich.

Bevor wir uns im einzelnen darüber unterrichten, welche Grundstoffe für unsere Ernährung erforderlich sind, seien kurz einige Grundbegriffe erläutert. Unter *Ernährung* verstehen wir die Zufuhr der Stoffe, die im Stoffwechsel verbraucht werden. Die Gesamtheit der zugeführten Stoffe ist die *Nahrung.* Sie besteht in der Regel aus *Nahrungsmitteln* (z. B. Obst, Brot, Gemüse, Fleisch, Milch, Eiern usw.). Die Nahrungsmittel wiederum bestehen aus *Nahrungsstoffen* (*Nährstoffen*). Der Begriff *Lebensmittel* umfaßt Nahrungs- und Genußmittel; im Sprachgebrauch wird er häufig gleichbedeutend mit dem Begriff Nahrungsmittel gebraucht, mitunter aber auch in einem engeren Sinne (lebende, bzw. nicht durch Erhitzen abgetötete Nahrungsmittel[1]) verwendet. Die Nahrungsmittel können dem Pflanzen- oder dem Tierreich entstammen. Tiere, die nur tierische Nahrung aufnehmen, nennt man *Fleischfresser* (*Carnivoren*); andere ernähren sich ausschließlich von pflanzlichen Produkten (*Pflanzenfresser oder Herbivoren*). Schließlich gibt es Tiere, die ihre Nahrung aus beiden Reichen beziehen (*Allesfresser oder Omnivoren*). Jede Nahrungsart erfordert besondere Einrichtungen zu ihrem Ergreifen, zu ihrer mechanischen Zerkleinerung und zu ihrer Verdauung. Nach den gesamten Einrichtungen seines Verdauungsapparates gehört der Mensch ohne jeden Zweifel zu den Omnivoren[2].

Für einen ganz summarischen Überblick genüge die Einteilung der Nahrungsstoffe in anorganische und organische Stoffe. Zu den ersteren gehören Sauerstoff, Wasser und Mineralstoffe; die organischen Nahrungsstoffe umfassen Kohlenhydrate, Fette, Eiweißstoffe und Ergänzungsstoffe im weitesten Sinne (Vitamine usw.).

II. Der Ernährungsvorgang.

Die Ernährung ist, zumal bei den höheren Lebewesen, ein höchst verwickelter Vorgang, bei dem eine Reihe verschiedener Phasen zu unterscheiden sind. Sehen wir vom Vorgang des Erwerbes der Nahrung und der Vorbereitung oder Zubereitung der Nahrungsmittel ab, so wären in diesem Zusammenhang folgende Schritte zu berücksichtigen:

1. Einnahme und Zerkleinerung der Nahrung durch das Kauen,
2. Zerlegen des Eingenommenen in einfachere Bestandteile (Verdauung),
3. Aufnahme des Verdauten aus dem Verdauungskanal (Resorption).

Die Aufnahme der Nahrungsstoffe in den Körper erfolgt durch die Vermittlung der Verdauungsorgane. Als ein zusammenhängendes Rohr (*Verdauungskanal*) durchziehen sie den Körper (Abb. 121); von der Mundhöhle angefangen, geht es über die Speiseröhre zum Magen, weiter zum Dünndarm und über den Dickdarm schließlich zum Enddarm und After. Die einzelnen Teile sind voneinander verschieden und in ihrem Bau den Funktionen angepaßt, für die sie vorgesehen sind. Man kann drei Hauptabschnitte unterscheiden. In dem mittleren, der vom Magen und Dünndarm samt den in diesen einmündenden großen Verdauungsdrüsen, Leber und Bauchspeicheldrüse, gebildet wird, geht die eigentliche Verdauung vor sich: Die in der Nahrung vielfach in hochmolekularer und deshalb in nicht oder nur schwer resorbierbarer Form dargebotenen Nahrungsstoffe werden zerlegt und in eine in den Verdauungssäften lösliche Form gebracht, in der allein die Aufnahme ins Blut und ihre Verwertung im Stoffwechsel möglich ist. Erst dann ist eine Substanz *im* Körper, wenn sie die Wandung des

---

[1] KOLLATH, W.: Zbl. Bakter. I. Orig. **153**, 43 (1949).

[2] ABDERHALDEN, E.: Die Grundlagen unserer Ernährung und unseres Stoffwechsels, 5. Aufl., S. 34. Bern: Hans Huber 1946.

Verdauungskanals passiert hat. Im wesentlichen sind es hydrolytische fermentative Prozesse, durch die aus hochmolekularen Stoffen die niedermolekularen gebildet werden, z. B. aus den Polysacchariden (wie Stärke) Monosaccharide, aus Eiweißkörpern Aminosäuren, aus Fetten Fettsäuren und Glycerin. Die Spaltstücke sind entweder im Darmsaft löslich und damit ohne weiteres zur Aufnahme aus dem Verdauungskanal ins Körperinnere geeignet, oder sie werden durch besondere Umsetzungen resorptionsfähig gemacht.

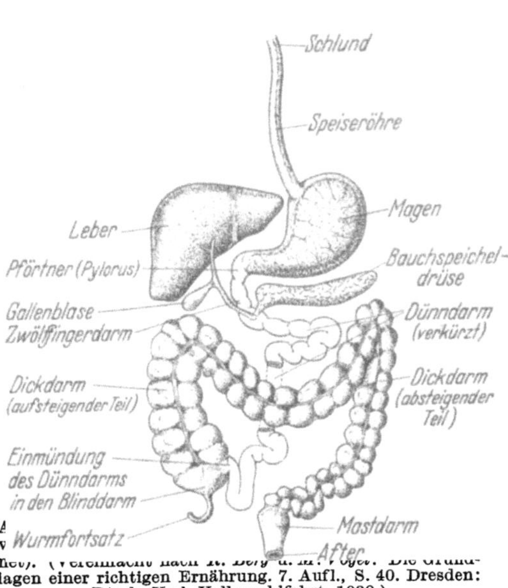

lagen einer richtigen Ernährung. 7. Aufl., S. 40. Dresden: Dtsch. Verl. Volkswohlfahrt, 1930.)

Die resorbierten niedermolekularen Spaltprodukte können nach ihrem Durchtritt durch die Darmwand entweder als solche direkt verarbeitet werden (z. B. Traubenzucker) oder aber zu körperspezifischen hochmolekularen Bausteinen zusammengesetzt werden. Die beiden anderen Abschnitte des Verdauungskanals dienen im wesentlichen nur der Vorbereitung und dem Abschluß dieser Vorgänge. In der Mundhöhle werden die Nahrungsmittel mechanisch zerkleinert, um, mit Speichel durchmischt, durch die Speiseröhre dem Magen zugeführt zu werden; der Dickdarm dagegen bereitet die unverdaulichen Reste für die Ausscheidung vor.

Die Verdauung spielt sich ab als ein enges Miteinanderwirken chemischer und mechanischer Vorgänge. Die feste Nahrung wird durch den Kauapparat zerkleinert, in der Mundhöhle durch das Zusammenwirken der Kaumuskulatur und der Muskeln der Zunge, der Wangen und der Lippen mit den fermenthaltigen Sekreten der Mundspeicheldrüsen innig vermischt und in einen ziemlich gleichförmigen Brei verwandelt. Auf diese Weise wird die Nahrung besser schluckbar und den Fermenten leichter zugänglich gemacht; darüber hinaus macht das Kauen riechende und schmeckende Stoffe frei und verstärkt die von der Nahrung ausgehenden Sinnesreize, wodurch auf reflektorischem Wege die Tätigkeit der Verdauungsorgane günstig beeinflußt wird. Gutes Kauen erleichtert die Magenverdauung („Gut gekaut ist halb verdaut").

Am bedeutsamsten ist der Kauakt bei Aufnahme von Nahrung, die reich an Cellulose ist; denn diese ist den Fermenten unserer Verdauungssäfte nur schwer zugänglich. Nun ist in den Pflanzengeweben der Zellinhalt von cellulosehaltigen Wänden umgeben; um durch diese in das Zellinnere zu gelangen, benötigen die Fermente eine ungewöhnlich lange Zeit. Zu einer möglichst guten Ausnutzung der Pflanzenkost ist deshalb eine besonders weitgehende Zertrümmerung jener Zellwände erforderlich.

Die Kochkunst hat die Bedeutung des Kauaktes ganz wesentlich eingeschränkt. Die Nahrung wird vor der Aufnahme vielfach in der Küche mit immer weiter entwickelten Vorrichtungen zerkleinert, und damit wird eine Leistung vorweggenommen, die sonst dem Kauen zufallen würde. Dazu kommt das Kochen, das zu einer Erweichung von Celluloseanteilen führt und auch die

Festigkeit anderer Bestandteile der Nahrung vermindert. Da die Entwicklung
bzw. der Bestand eines Gebildes unseres Körpers in der Regel ausschlaggebend
von seiner Beanspruchung beeinflußt wird, ist dem Kauen volle Aufmerksamkeit
zu schenken und bei der Nahrungsgestaltung dafür zu sorgen, daß den Zähnen
Funktionen erhalten bleiben.

Die Verdauungsleistung der Mundhöhle erschöpft sich indes nicht im Zerkleinern, sondern es beginnt hier bereits die chemische Verdauung durch die
Fermente des Speichels, insbesondere durch die Speichelamylase. Zusammensetzung und Menge des von Drüsen abgesonderten Speichels hängen (u. a. über
psychische Regulationen), ähnlich wie bei den sonstigen Verdauungssäften,
wesentlich von Art und Beschaffenheit der Nahrung ab. Je trockener sie ist,
desto reichlicher fließt der Speichel; die Gesamtmenge der täglichen Absonderung
schwankt deshalb in ziemlich weiten Grenzen (1 bis 2 Liter). Säurereiche
Nahrung lockt einen stärker alkalischen Speichel hervor. Der Amylase-Gehalt
des Speichels wird vom Stärkegehalt der Speise reguliert. Da der durchspeichelte
Bissen nur kurze Zeit in der Mundhöhle weilt, entfaltet die Speichelamylase ihre
Hauptwirkung im Magen. Zwar ist sie gegen Säure sehr empfindlich, doch verstreicht die Zeit von 1 bis mehreren Stunden bis der gesamte Mageninhalt saure
Reaktion angenommen hat, so daß eine hinreichend lange Wirkungsdauer
gegeben ist, innerhalb der bis zu 60% der Nahrungsstärke zu Dextrin und Maltose
abgebaut zu werden vermögen. Wesentlich erscheint, daß kleine Kochsalzmengen
die Geschwindigkeit der Stärkespaltung beschleunigen, wobei gerade jene Salzkonzentrationen am stärksten wirken, die geschmacklich als die angenehmsten
empfunden werden.

Im Schluckakt wird der gut durchkaute und gegen den weichen Gaumen
gedrückte Bissen völlig unwillkürlich (reflektorisch) in die Speiseröhre hineingetrieben. Die ebenfalls unwillkürliche Fortbewegung in der Speiseröhre erfolgt
peristaltisch, d. h. es bildet sich über dem Bissen eine Einschnürungswelle, die
magenwärts fortschreitet und den Inhalt der Speiseröhre fortlaufend weiter-
schiebt. Dieser Bewegungsmodus ist auch den folgenden Abschnitten des Verdauungskanals eigen.

Im Magen wirken im wesentlichen eiweißspaltende Fermente auf den Speisebrei ein; sie werden in den Magensaft, den bestimmte Drüsen der Magenschleimhaut in reichlicher Menge (ca. 1,5 Liter/Tag) produzieren, sezerniert. Die Sekretion wird quantitativ stark durch die Art der aufgenommenen Speise beeinflußt.
Fleisch regt sie besonders stark an. Das für die Reaktion günstige saure Milieu
wird durch Absonderung von Salzsäure erreicht. Das Nahrungseiweiß wird
zunächst im schwachsauren Milieu vom Magenkathepsin angegriffen, das seine
optimale Wirkung bei einem höheren p_H-Wert hat und schon ab $p_H=6$ wirkt.
Der vom Kathepsin nicht angegriffene restliche Anteil des Eiweißes wird dann
bei stärkerer Ansäuerung ($p_H=1{,}5$ bis 2) des Mageninhalts vom Pepsin hydroly-
siert. Die Eiweiße werden bis zu den bereits wasserlöslichen Peptonen abgebaut.
Fleisch zerfällt bei der Einwirkung der Magenfermente rasch in seine faserigen
Elemente; der Abbau wird damit noch beschleunigt. Außerdem enthält der
Magensaft ein Labferment, das die Milch gerinnen läßt und damit den Abbau des
Milcheiweißes einleitet.

Außer der Fermentproduktion kommen dem Magen noch weitere Aufgaben zu;
er wirkt als Speicherorgan und als Vitaminbildner (s. S. 432). Weitere Funktionen
sind: Sekretion auch bactericid wirkender Salzsäure und motorische Leistung
des Durchknetens des Nahrungsbreies.

Nach dem Verlassen des Magens durch den Pförtner (Pylorus) gelangt der
Speisebrei in den obersten Dünndarmabschnitt, den Zwölffingerdarm. Der

Ringmuskel des Pylorus öffnet sich nur, wenn im Zwölffingerdarm alkalische Reaktion herrscht, d. h. wenn die mit der vorangegangenen Speisebreiportion aufgenommene Salzsäure neutralisiert ist und die Fermente mit ihrer Arbeit fertig sind; dann erst strömt wieder saurer Speisebrei aus dem Magen nach. Befindet sich reines Fett im Zwölffingerdarm, so hören die peristaltischen Bewegungen des Magens auf (Schwerverdaulichkeit sehr fettreicher Kost).

In den Zwölffingerdarm ergießen sich die Sekrete zweier großer Drüsen, der Leber, die die Galle absondert (etwa 1 Liter je Tag) und der Bauchspeicheldrüse. Während die Galle fortlaufend abgesondert wird, fließt das alkalische Sekret der Bauchspeicheldrüse nur in den mit Speisebrei gefüllten Zwölffingerdarm. Das Sekret der Bauchspeicheldrüse enthält auf jede der drei großen Nährstoffgruppen (S. 405) eingestellte Fermente. Die Fette werden zunächst unter Mitwirkung von Gallebestandteilen (Gallensäuren und Cholesterin) emulgiert und nach dieser Vergrößerung der angreifbaren Oberfläche durch Lipase, die durch Galle aktiviert wird, in Fettsäuren und Glycerin gespalten; die bereits im Magen teilweise abgebauten Eiweiße werden durch verschiedene Fermente (Trypsin und Erepsin) bis zu den Aminosäuren und die noch unverdauten Reste der Kohlenhydrate durch Amylase und Maltase völlig in Zucker gespalten. Die Galle enthält keine Fermente, sondern die für Resorption der Fettsäuren äußerst wichtigen Gallensäuren.

Im anschließenden Hauptabschnitt des Dünndarms wird die im Zwölffingerdarm eingeleitete alkalische Verdauung beendet. Gleichzeitig werden in diesem Darmabschnitt die in einfachste unspezifische Bausteine aufgespaltenen Nährstoffe resorbiert (Monosaccharide, Aminosäuren, Fettsäuren). Die durch Falten- und Zottenbildung außerordentlich vergrößerte Oberfläche der inneren Dünndarmwand begünstigt diese Aufsaugung wesentlich.

Monosaccharide werden vor ihrer Resorption mit Phosphorsäure verestert; mit dem Blutstrom werden sie der Leber zugeführt und dort als Glykogen (tierische Stärke) gespeichert. Vorwiegend auf hormonalem Wege (Insulin der Bauchspeicheldrüse — Hypophyse) werden Auf- und Abbau des Leberglykogens gesteuert.

Aminosäuren passieren die Darmwand ohne weitere Umwandlung. Das Blut führt sie an die Stätten ihrer Verwertung; dort werden sie zu körpereigenem Eiweiß aufgebaut; in der Leber werden sie verbrannt oder (nach Umwandlung) als Glykogen gespeichert. Allem Anschein nach können mitunter auch unvollständig abgebaute Eiweißkörper direkt aufgenommen werden. Diese sensibilisieren den Körper, so daß es bei wiederholter Aufnahme des gleichen Eiweißes zu Abwehrerscheinungen gegen das artfremde Eiweiß kommt (Allergie, s. S. 461).

Die Fettsäuren der Nahrungsfette werden erst nach Vereinigung mit Gallensäuren wasserlöslich und damit resorbierbar. Nach der Resorption lösen sich die Gallensäuren wieder ab und wandern zur Leber zurück. Die resorbierten Fettsäuren werden mit dem ohne weiteres resorbierbaren Glycerin zu Fett resynthetisiert; dieses wird über die Lymphbahnen und weiterhin über den Blutstrom der Leber zugeführt und dort gespeichert, um- oder abgebaut.

Aus dem Dünndarm wandert der von resorbierbaren Nährstoffen weitgehend befreite Speisebrei in den *Dickdarm*. Seine Hauptfunktion ist die Wasserresorption, d. h. die Eindickung. Ferner wirken auf die unverdaulichen Nahrungsbestandteile besonders in diesem Darmabschnitt Gärungs- und Fäulnisbakterien ein. Sogar Cellulose wird hier aufgespalten. Die Darmbakterien sind fähig, eine Reihe von Vitaminen zu synthetisieren (vgl. S. 428) und haben auch insofern eine nicht zu unterschätzende ernährungsphysiologische Bedeutung.

Die bei der bakteriellen Eiweißfäulnis entstehenden giftigen Stoffe, wie

Skatol und Indol, die in erster Linie den Kotgeruch bedingen, werden größtenteils über die Blutbahn der Leber zugeführt, dort durch Veresterung mit Schwefelsäure entgiftet und mit dem Harn ausgeschieden.

Schließlich wird der so entstandene Kot in den Mastdarm (Rectum) gepreßt; dessen Füllung bewirkt die Empfindung des Stuhldranges. Kot stellt keineswegs eine ideale Schlacke dar. Er besteht normalerweise zu 70 bis 80% aus Wasser und zu 10 bis 30% aus Bakterienleibern; seine Menge hängt vom Gehalt der Nahrung an unverdaulichen Bestandteilen ab, also vor allem von der mit pflanzlicher Nahrung (Schwarzbrot, Gemüse) aufgenommenen Cellulose. Die Bedeutung dieser *Ballaststoffe*, für die ein optimaler Bereich der Zufuhr besteht, liegt in ihrer die Peristaltik fördernden Wirkung. Mangel an Ballaststoffen kann für die chronische Verstopfung des Städters verantwortlich gemacht werden.

Die Nahrungsaufnahme wird vorwiegend auf nervösem Wege reguliert. Das Hungergefühl zeigt die quantitative Seite des Nahrungsverlangens an, während der Appetit mehr auf dessen Qualität hinzielt und sich oft auf die dem tatsächlichen Gewebsbedarf entsprechenden Stoffe richtet, wenn er auch keineswegs als untrüglicher Naturinstinkt gewertet werden darf. Die bewußte Empfindung des Hungers wird durch die bei erniedrigtem Blutzuckergehalt auftretenden Leerkontraktionen des Magens hervorgerufen; ob sie indes als Gefühl uns bewußt wird, hängt wesentlich von unserem psychischen Zustand ab. Das Sättigungsgefühl wird in erster Linie vom Mageninnendruck ausgelöst, doch wirken auch Erfahrungswerte maßgebend ein. Die einzelnen Nahrungsmittel haben einen verschieden hohen Sättigungswert, der nicht ohne weiteres dem kalorischen Nährwert gleichzusetzen ist. Hohe Sättigungswerte besitzen Fleisch, fette Fische, gekochte Eier, Butter; geringe dagegen pflanzliche Nahrungsmittel, deren Bedeutung auf einem anderen Gebiete liegt. Wichtig erscheint, daß der Sättigungswert der pflanzlichen Nahrungsmittel durch Rösten ganz bedeutend gesteigert wird, ebenso auch durch geeignete, sinnvolle Kombination mit Fleisch und Fett (z. B. Schweinefleisch mit Sauerkraut).

III. Die Nährstoffe.

1. Der Energiestoffwechsel.

Einleitung. In physiologischer Hinsicht bedeutet jede Lebensäußerung Arbeit. Um sie zu bewältigen, bedarf es des Aufwandes einer bestimmten Energie, sei es elektrischer, mechanischer, strahlender, chemischer Energie oder Wärme. Um unsere Körpertemperatur auf der erforderlichen Höhe von etwa 37° zu erhalten, muß unser Körper Wärme produzieren. Energie muß für die in ihrem Ausmaß außerordentlich wechselnde Muskelarbeit zur Verfügung gestellt werden (Herztätigkeit, Atmung, Körperbewegung), ebenso für Wachstumsvorgänge und andere synthetische Leistungen.

ROBERT MAYER[1], Arzt in Heilbronn, hatte, von physiologischen und pathologischen Untersuchungen ausgehend, gefunden, daß zwar die einzelnen Energieformen ineinander übergehen können, daß aber die Summe aller Energien, der aufgewendeten und der entstehenden, stets gleich bleibt. Da alle Energieformen in Wärme verwandelt und damit auf einen Nenner gebracht werden können, ist es möglich, genau zu bestimmen, welche Menge der einen Energieart einer bestimmten Menge einer zweiten Energieart gleichwertig ist.

RUBNER zeigte nun, daß das Gesetz der Erhaltung der Energie auch für unseren Organismus und im Besonderen für die Umsetzungen der Nährstoffe im menschlichen Körper gilt; der Mensch verwendet von außen für den Krafthaushalt

---

[1] PLANK, R.: Naturwiss. **30**, 285 (1942).

seines Körpers keine andere als die in der Nahrung chemisch gebundene Energie. Mit direkt zugeführter Wärme leistet unser Organismus keine Arbeit. Man spricht infolgedessen die Muskelzelle als *chemodynamische Maschine* an, im Gegensatz zu den kalorischen Maschinen, bei denen letzten Endes zugeführte Wärme in Arbeitsenergie verwandelt wird. Eine Ausnahme bilden nur die elektrischen Batterien. Rubner legte in seinem *Gesetz von der Isodynamie der Nährstoffe* die grundlegende und praktisch so bedeutsame Tatsache fest, daß sich die einzelnen Nährstoffe im Energie-(Betriebs-)Stoffwechsel unseres Körpers nach Maßgabe ihres Kalorienwertes ersetzen lassen. Die Kalorienrechnung war die erste Möglichkeit, die Frage unserer Ernährung quantitativ anzugehen; sie gewann deshalb als Grundlage für alle Kostberechnungen bald so festen Fuß, daß die weniger leicht zu übersehenden Eiweiß-, Wirk- und Mineralstoffforschungen nur zögernd anerkannt und ihrer Bedeutung entsprechend verwertet wurden. Wenn man sich stets vor Augen hält, daß der Energiewert der Nahrung nur *einen* der Maßstäbe für ihren Wert darstellt und nicht in den Fehler verfällt, Energiewert (Heizwert) mit Nährwert einfach gleichzusetzen, dann wird die kalorische Bewertung stets ein bedeutendes Interesse beanspruchen dürfen[1] (s. auch Abschnitt *Nährwertdarstellung* S. 465).

Ist der Energieinhalt eines Nährstoffes und derjenige der Stoffe, bis zu denen er im Körper abgebaut wird, bekannt, läßt sich aus der Differenz berechnen, welche Energiemengen ein Nährstoff dem Organismus zu liefern vermag. Für Kohlenhydrate wurde der Wert zu etwa 4,1 kcal/g, für Fett zu 9,3 kcal/g und für Eiweiß zu 4,1 kcal/g bestimmt. Nach dem Gesetz der Isodynamie kann man 100 kcal ebenso gut durch 24,3 g Kohlenhydrate wie durch 10,7 g Fett oder (mit gewissen Einschränkungen) durch 24,3 g Eiweiß zuführen. Bei Kohlenhydraten und Fetten stimmen die chemischen Energiewerte völlig mit den physiologischen überein, denn diese Stoffe werden sowohl im Kalorimeter als auch im Organismus zu den gleichen Endprodukten Kohlendioxyd und Wasser verbrannt. Eiweiß wird dagegen im Organismus nicht so vollständig oxydiert wie im Kalorimeter; der Stickstoff des Eiweißes bleibt unverbrannt und hält darüber hinaus noch Wasserstoff an sich gebunden; dieses zurückbleibende Ammoniak (NH_3) verbindet sich mit Kohlendioxyd zu Harnstoff, der als solcher ausgeschieden wird. Es bleibt somit ein Teil der im Nahrungseiweiß zugeführten Energie unverwertet.

Für ein praktisches Beispiel zur Berechnung des Kaloriengehaltes seien Linsen gewählt, die etwa 25,5% Eiweiß, 1,7% Fett und 55% Kohlenhydrate enthalten. Bei pflanzlichen Nahrungsmitteln hat es sich als angebracht herausgestellt, von den in den Nährwerttabellen angegebenen Kalorienwerten einen Pauschalbetrag von 10% für jenen Stoffanteil abzuziehen, der in den Fäzes wieder erscheint und also nicht ausgenutzt worden ist. Dann sind in 100 g Linsen an faktisch für den Körper nutzbarer Energie enthalten: 0,9 (25,5 · 4,1 + 1,7 · 9,3 + 55 · 4,1) = 312 kcal.

Die Höhe der Umsetzungen im menschlichen Körper ist je nach den Anforderungen, die an ihn gestellt werden, und je nach den sonstigen Umständen naturgemäß sehr verschieden. Der *Gesamtenergiebedarf* (Gesamtumsatz) setzt sich zusammen aus *Grundumsatz* und *Leistungsumsatz* (Leistungszuwachs) für körperliche Betätigung.

Als Grundumsatz (Ruheumsatz) bezeichnet man den Kalorienbedarf des völlig ruhenden, nüchternen Menschen von normaler Körpertemperatur bei einer Umgebungstemperatur von 20° C. In grober Annäherung beträgt er je kg Gewicht und Stunde etwa 1 kcal, für einen Menschen von 70 kg in 24 Stunden also etwa 1700 kcal. Eine verläßlichere Bezugsgröße als das Gewicht stellt die

---

[1] Ertel, H.: Dtsch. Lebensmittel-Rdsch. **45**, 84 (1949).

aus Gewicht und Länge formelmäßig zu berechnende Körperoberfläche dar. Hierbei ergibt sich, daß unter den Bedingungen des Grundumsatzes beim Menschen und bei den meisten Säugetieren die Wärmeproduktion nur wenig von 1000 kcal je Quadratmeter Körperoberfläche abweicht, so daß in der Körperoberfläche ein geeignetes Maß für die Gesamtheit der aktiv tätigen Gewebsmassen des Körpers gesehen werden darf. Im allgemeinen wird der Grundumsatz auf dem methodisch einfacher durchzuführenden indirekten Wege der Berechnung aus dem unter Grundumsatzbedingungen festgestellten Gasstoffwechsel bestimmt. Für praktische Zwecke völlig ausreichende Werte (in kcal) erhält man für den Grundumsatz durch Multiplikation des Sauerstoffverbrauches (in Litern) mit 4,86[1]. Der auf die Oberfläche bezogene Grundumsatz wird mit zunehmendem Alter kleiner, und er liegt bei Frauen niedriger als bei Männern; durch Störungen in der Hormonausschüttung (bes. der Schilddrüse) wird er stark beeinflußt, ebenso bedingen Schwangerschaft und Laktation, Klimaveränderungen (bes. Höhen- und Seeklima) beträchtliche Schwankungen; bei Unterernährung ist er, gleichsam als biologische Anpassung, gesenkt.

Der Leistungszuwachs für eine bestimmte zusätzliche Arbeit läßt sich genau bestimmen. Schon die Nahrungsaufnahme und -verarbeitung, an der zahlreiche Organe sich beteiligen, steigern den Grundumsatz um etwa 10 bis 15%. RUBNER hat diese bis zu 12 Stunden anhaltende Wirkung der Nahrungsaufnahme als *spezifisch-dynamische Wirkung* bezeichnet. Ihre Höhe ist für die verschiedenen Brennstoffe verschieden, im Mittel beträgt sie für Fett etwa 4%, für Kohlenhydrate etwa 6% und für Eiweiße etwa 30% des Heizwertes[2]. Bei normaler gemischter Kost kann man sie für den gesunden, im Stoffwechselgleichgewicht befindlichen Menschen zu etwa 10% des Grundumsatzes annehmen. Unter Berücksichtigung des Ausnutzungsgrades und der spezifisch-dynamischen Wirkung läßt sich berechnen, daß nur etwa 84% der mit der Nahrung zugeführten Energie für die Deckung der Bedürfnisse des Grundumsatzes und der Muskelarbeit zur Verfügung stehen[3]. Besonders auffällig ist die starke Steigerung des Energieumsatzes durch Eiweiß und seine Spaltprodukte, die möglicherweise mit der für die Energiefreilegung aus diesen Stoffen erforderliche Desaminierung zusammenhängt. Praktisch bedeutet die hohe spezifisch-dynamische Wirkung des Eiweißes, daß eiweißreiche Nahrung im Endeffekt weniger ausnutzbare Energie liefert als eiweißärmere, trotz gleichen Heizwertes, wobei aber, wie weiter unten dargelegt wird, beachtet werden muß, daß die Hauptbedeutung des Eiweißes auf einem anderen Gebiet des Stoffwechsels liegt. Die spezifisch-dynamische Wirkung wird als quantitativer Ausdruck eines Stoffwechselsteuerwertes der Nahrung angesehen[4].

Unter normalen äußeren Lebensbedingungen, aber ohne irgendwelche besonderen körperlichen Leistungen, beträgt der Gesamtumsatz etwa 2400 kcal/Tag. Jede wirkliche körperliche Arbeit führt zu weiteren Steigerungen. Zu beachten ist die in praktischer Hinsicht wichtige Tatsache, daß äußerlich gleiche oder gleich erscheinende Leistungen durchaus nicht immer den gleichen Leistungszuwachs erfordern, da die Leistung von zahlreichen Faktoren abhängig ist[5,6]

[1] LEHNARTZ, E.: Einführung in die chemische Physiologie, 8. Aufl., S. 332. Berlin/Göttingen/Heidelberg: Springer 1948.

[2] LANG, K. u. O. F. RANKE: Stoffwechsel und Ernährung, S. 45. Berlin/Göttingen/Heidelberg: Springer 1950.

[3] LANG, K. u. O. F. RANKE: Stoffwechsel und Ernährung, S. 45. Berlin/Göttingen/Heidelberg: Springer 1950.

[4] GREMELS, H.: Naunyn-Schmiedebergs Arch. exp. Patholog. u. Pharmakologie **205**, 57 (1948).

[5] EBBECKE, U.: Naturwiss. **39**, 49 (1952). — [6] LEHMANN, G.: Z. VDI **94**, 185 (1952).

(seelische Einstellung [s. Eiweiß, S. 411], körperliche Verfassung, Übung, Besonderheiten der Umgebung, Witterung usw.). Angaben über den zusätzlichen Energiebedarf, sofern er nicht in jedem Einzelfalle gemessen ist, sind deshalb nur als Näherungswerte zu betrachten. So werden für 1 Stunde Arbeit an *Arbeitskalorien* über den Grundumsatz hinaus verbraucht[1]:

Schreiben	20 kcal	Gehen	100 bis 200 kcal
Nähen	25 bis 30 kcal	Schwimmen	200 bis 700 kcal
Schuhmacherarbeit	um 100 kcal	Radfahren	200 bis 600 kcal
Holzsägen	um 400 kcal	Ringen	um 1000 kcal

Allgemein kann gesagt werden[2], daß für 50000 mkg äußere Arbeitsleistung der Energieverbrauch um rd. 600 kcal steigt. Für die Berechnung des Energieverbrauches des Menschen speziell beim Lastentransport hat SPITZER Formeln angegeben[3].

Wie sich die Beanspruchung durch verschiedene Berufsarten auf den Energieumsatz und -bedarf auswirkt, ergibt sich aus folgender Aufstellung[4]:

Berufsart	Energiebedarf für 24 Stunden in kcal
Überwiegende sitzende Beschäftigung: Kopfarbeiter, Kaufleute, Beamte, Büroangestellte	2200 bis 2400
Leichte Muskelarbeit: Schneider, Feinmechaniker, Setzer, Ärzte	2600 bis 2800
Mäßige Muskelarbeit: Schuhmacher, Briefträger, Laboratoriumsarbeit	3000
Stärkere Muskelarbeit: Metallarbeiter, Maler, Tischler	3400 bis 3600
Schwere Muskelarbeit: Maurer, Schmiede, Erdarbeiter, landwirtschaftliche Arbeiter, Sportsleute	4000 bis 4500
Schwerste Muskelarbeit: Steinhauer, Holzhacker, landwirtschaftliche Arbeiter während Ernte	5000

Vergleichend betrachtet, ist der Anspruch des Nervensystems an den Energiehaushalt sehr gering. Sehr überzeugend wird dies durch den Befund von BENEDICT[5] demonstriert, daß der einstündiger geistiger Tätigkeit von Stundenten entsprechende Mehrverbrauch an Energie demjenigen eines Stubenmädchens entsprach, das 5 Minuten lang Staub wischte! Es ist also die mechanische Arbeitsleistung, die je nach ihrem Ausmaß mehr oder weniger große Energiemengen erfordert.

Da alle Energieumsetzungen mit Verlusten verbunden sind, so wird nur ein Bruchteil der aufgenommenen Energie in nutzbare Muskelarbeit verwandelt werden; ein erheblicher Teil geht z. B. durch Wärmeabgabe an die Umgebung verloren. Der Nutzungsgrad ist bei den einzelnen Leistungsarten verschieden. Mit wachsender Arbeitsleistung steigt er zunächst an und fällt dann wieder ab[6]; im Durchschnitt beträgt er etwa 20% und ist damit den bei technischen Energieumwandlungen (z. B. in Wärmekraftmaschinen) erreichten Werten vergleichbar[7].

[1] GLATZEL, H.: Nahrung und Ernährung, S. 196. Berlin: Springer 1939.

[2] ABDERHALDEN, E.: Die Grundlagen unserer Ernährung und unseres Stoffwechsels, 5. Aufl., S. 175. Bern: Hans Huber 1946. — [3] SPITZER, H.: VDI-Ztschr. **91**, 177 (1949).

[4] LEHNARTZ, E.: Einführung in die chemische Physiologie, 8. Aufl., S. 333. Berlin/Göttingen/Heidelberg: Springer 1948. — [5] ABDERHALDEN, E.: Die Grundlagen unserer Ernährung und unseres Stoffwechsels, 5. Aufl., S. 169. Bern: Hans Huber 1946.

[6] LANG, K. u. O. F. RANKE: Stoffwechsel und Ernährung, S. 54. Berlin/Göttingen/Heidelberg: Springer 1950. — [7] LEHMANN, G.: Der Mensch und seine Arbeit, S. 17. Frankfurt a. M.: Societäts-Verlag 1942.

Durch diese Wärmebildung fällt dem Körper die zusätzliche Aufgabe zu, den weitaus größten Teil der aufgenommenen Energie als Wärme abzuführen. Diese überschüssige Wärme wird durch die Haut an die Umgebung abgegeben, wobei sowohl Wärmeausstrahlung und -konvektion als auch Wärmeaufwand zum Verdunsten von Wasser (rd. 580 kcal/kg) zu berücksichtigen sind. Normalerweise erfolgt die Verdunstung unmerklich; bei stärkerer Muskelarbeit, bei höheren Außentemperaturen wird sie durch Schweißausscheidung in ihrem Ausmaß verstärkt. Wie sich die Wärmeabgabe im einzelnen auf die verschiedenen Wege verteilt, ist aus Tab. 1 zu ersehen.

Tabelle 1. *Wärmeökonomie des ruhenden Menschen bei mittlerer Zimmertemperatur und Luftfeuchtigkeit*[1].

Arbeit	51 kcal/24 h
Atmung	77 "
Wasserverdunstung der Haut	558 "
Wärmeübergang an die umgebende Luft	833 "
Strahlung	1181 "
	2700 kcal/24 h

Die Energieträger. Im folgenden werden die Nahrung und die Nahrungsstoffe in ihrer Bedeutung als Energielieferanten des Körpers betrachtet. Bei dieser Behandlung darf niemals aus dem Auge verloren werden, daß praktisch allen diesen Stoffen neben ihrer energetischen Wirkung auch eine sehr wesentliche spezifisch stoffliche Wirkung zukommt, die auf S. 408 in den Vordergrund gestellt werden wird.

Kohlenhydrate, Fette und Eiweiße decken den Hauptenergiebedarf unseres Organismus. Wie die einseitige Ernährungsweise einzelner Völker überaus deutlich zeigt, vermögen diese Stoffe in dieser Hinsicht einander sehr weitgehend zu ersetzen.

Kohlenhydrate. Unter den Energieträgern der täglichen Nahrung stehen mit der empfehlenswerten Menge von 450 bis 500 g/Tag die Kohlenhydrate an vorderster Stelle. Das Pflanzenreich ist ihr Hauptlieferant. Sie können zwar aus Fett und aus gewissen Aminosäuren nach deren Desaminierung (d. h. Ammoniakabspaltung) im Körper (endogen) aufgebaut werden, doch wird der Bedarf in der Regel durch Zufuhr von außen gedeckt. Die Art ihrer Erzeugung macht sie zu dem für uns billigsten Energieträger. Ein völliger Ersatz der Kohlenhydrate in der täglichen Nahrung ist bedenklich und führt zur Entstehung von bestimmten, unsere Gesundheit nachteilig beeinflussenden Ketonkörpern (Aceton, Acetessigsäure, β-Oxybuttersäure). Die niedrigste Tagesmenge beim ruhenden Menschen sollte 40 bis 60 g nicht unterschreiten, eine Menge, die etwa 10% des Gesamtenergiewertes der Kost entspricht. Im übrigen werden im praktischen Leben Kostformen ohne Kohlenhydrate nicht angewandt. Auch die Völkergruppen, die fast ausschließlich von tierischer Nahrung leben, verzehren infolge des Glykogengehaltes der Leber und des Muskelfleisches meistens 15 bis 20 g Kohlenhydrate am Tage.

Die Kohlenhydrate kommen in verschiedenen Formen vor (vgl. in diesem Band den Beitrag: Grundlagen der Lebensmittelchemie); entweder als isolierte einzelne Bausteine, wie die einfachen Zuckerarten, oder als durch Zusammenschluß dieser Grundelemente entstandene höhermolekulare Stoffe. Solange sich dieser Zusammenschluß auf wenige Zuckermoleküle beschränkt, behalten die Produkte Zuckercharakter und bleiben wasserlöslich. Fügen sich viele dieser

---

[1] LEHNARTZ, E.: Einführung in die chemische Physiologie, 8. Aufl., S. 334. Berlin/Göttingen/Heidelberg: Springer 1948.

Zuckermoleküle aneinander, so entstehen wasserunlösliche, quellbare Stoffe, die keinen Zuckercharakter mehr besitzen (Stärke, Cellulose, und in gewisser Hinsicht auch Pektine).

Verwertbar im Organismus sind alle diejenigen Kohlenhydrate, auf die unser Körper durch seine Fermente eingestellt ist. Dies bezieht sich sowohl auf die einfachen Zucker als auch auf die hochmolekularen Vertreter, die in jedem Falle vor ihrer Verwertung in einfache Bestandteile zerlegbar sein müssen. Vermag der Körper diese Spaltung nicht durchzuführen, dann sind diese Stoffe als Energielieferanten wertlos, auch wenn die Bausteine selbst eine leicht auszunutzende Energiequelle darstellen sollten (z. B. Cellulose). Zwar werden verschiedene durch körpereigene Fermente nicht zerlegbare pflanzliche Zellwand- und Gerüstsubstanzen durch die Darmbakterien angegriffen, doch erfolgt dies gewöhnlich erst im Dickdarm, aus dem indes eine Resorption nur in geringem Ausmaß stattfindet. So bildet z. B. die Cellulose der pflanzlichen Zellwände für die Verdauung ein Hindernis und erschwert damit auch den Abbau der eingehüllten Zellinhaltstoffe. Bei solchen Nahrungsmitteln erscheint deshalb ein weitgehender Aufschluß durch mechanisches Zerkleinern oder Erhitzen als besonders wesentlich für ihre Ausnützbarkeit. Der gegenüber tierischen Nahrungsmitteln merkliche Anteil der pflanzlichen Nahrungsmittel an unverdaulichen Bestandteilen *(Schlacken, Ballaststoffe)* bewirkt, daß mit der erhöhten Kotmenge auch beträchtlich mehr an Verdauungssäften mit viel hochwertigem Stickstoff für den Körper verloren gehen. Diese Ballaststoffe, die den Darminhalt vermehren, wirken indes als Anreiz für die Darmmuskulatur, fördern die Peristaltik und mildern damit die als häufige Krankheit des zivilisierten Menschen bekannte chronische Stuhlverstopfung. Das große Adsorptionsvermögen der stark quellbaren Pektine verleiht diesen darüber hinaus noch eine überaus günstige Wirkung auf die Darmentgiftung.

Als unmittelbaren Brennstoff verwendet unser Körper den Traubenzucker (d-Glucose), den das Blut in einer recht konstanten Konzentration von 100 mg-%[1] an die einzelnen Zellen heranführt. Als Depot für Zucker dient die Leber, die Glucose in der leicht spaltbaren Form von Glykogen speichert. Ihr Gehalt an Glykogen kann nach Aufnahme kohlenhydratreicher Nahrung auf etwa 20% ansteigen. Durch fortgesetzten, dem Bedarf angepaßten Abbau von Leberglykogen wird der Zuckergehalt des Blutes auf seiner erforderlichen Höhe gehalten.

Einfache Zucker sind indes in unseren Nahrungsmitteln normalerweise nur in geringer Menge enthalten. Sie entstammen entweder Früchten und Gemüsen oder aber einem Zusatz von leicht in einfache Zucker spaltbarem Rohr- bzw. Rübenzucker zur Kost. Auch in der Milch ist ein leicht (in Glucose und Galaktose) spaltbarer Zucker (Lactose) enthalten. Die wesentlichste Quelle aber für den Zucker stellt in unserer Nahrung die pflanzliche Stärke dar, der Getreide und Kartoffeln ihren hohen kalorischen Nährwert verdanken. Während rohe Kartoffelstärke praktisch unverdaulich ist, vermag der Organismus vorher mit Wasser erhitzte und gequollene Stärke fast ohne Verlust zu verwerten; Getreidestärke wird auch im rohen Zustand vom Körper praktisch völlig ausgenutzt.

Fette. Fett besitzt von allen Nährstoffen unserer Nahrung den höchsten kalorischen Wert. Es entstammt sowohl tierischen (Butter, Schmalz, fettes Fleisch usw.) als auch pflanzlichen (Palmkernfette, Öle usw.) Quellen.

Eine wirklich fettfreie Nahrung führt zu schweren und charakteristischen Ausfallserscheinungen, die vor allem auf das Fehlen spezieller Fettsäuren (s. S. 410) zurückzuführen sind. Über die Größe des menschlichen Fettbedarfs gehen die Ansichten noch auseinander. Aus der Tatsache, daß der Körper fähig ist, bei

---

[1] mg - % = mg/100 g, eine in Biochemie und Physiologie häufig verwendete Abkürzung.

einer genügenden Versorgung mit Eiweiß und einer überreichlichen Zufuhr an Kohlenhydraten Fett zu bilden, ist versucht worden, eine weitgehende Entbehrlichkeit des Fettes in der Ernährung abzuleiten. Abgesehen von ihrer Bedeutung für die Versorgung des Körpers mit den fettlöslichen Vitaminen (s. S. 431 u. S. 445ff), scheint auch der Bau des menschlichen Körpers einen gewissen Fettanteil in der Nahrung zu erfordern; es ist berechnet worden[1], daß die Kapazität des menschlichen Verdauungstraktus nur dann zwanglos zur Fassung des Nahrungsvolumens ausreicht, wenn 20 bis 25% der zugeführten Kalorien in Form von Fett gegeben werden. Wenn als Fettminimum 25% des Gesamtkaloriengehaltes der Nahrung angesetzt werden[2], so würde dies für einen Erwachsenen ohne besondere berufliche Belastung eine tägliche Fettzufuhr von 66 g bedingen, bei Ausübung einer mittelschweren Tätigkeit aber würde sich dieser Wert auf 85 g erhöhen. Diese Werte entsprechen den Fettmengen, die von der deutschen Bevölkerung in normalen Zeiten durchschnittlich täglich verzehrt werden. Aufschlußreich ist dabei, daß der Anteil des Fettes am Gesamtkaloriengehalt der Nahrung ziemlich unabhängig vom Lebensstandard ist und daß die Unterschiede in der Ernährung bei niederem und hohem Einkommen vielmehr das Eiweiß und den Gesamtkaloriengehalt betreffen. Bemerkenswert erscheint, daß Fette zu den billigsten Kalorienspendern gehören (vgl. S. 469), und LANG und CREMER[3] führen eine ganze Reihe von Gründen an, weshalb eine fettreiche Nahrung einer fettarmen vorzuziehen sei; hier seien nur erwähnt: Die Erhöhung der Leistungsfähigkeit durch Wegfall des störenden Völlegefühls und des rasch wieder auftretenden Hungergefühls, größere Unabhängigkeit von den Pausen zwischen den Mahlzeiten. Dazu kommen noch die küchentechnischen Vorteile einer fettreichen Kost, wobei besonders der erheblichen geschmacklichen Verbesserung gedacht sei.

Eiweißstoffe. Die Eiweißstoffe unterscheiden sich von den übrigen Energiespendern unserer Nahrung insofern wesentlich, als der ihnen innewohnende kalorische Wert unter Berücksichtigung des im Körper unvollkommenen und nur bis zum Harnstoff führenden oxydativen Abbaues zwar vom Organismus ausgenutzt zu werden vermag, daß dieser Energiewert jedoch weit hinter die Aufgabe des Nahrungseiweißes im Baustoffwechsel (s. S. 410) zurücktritt. Daher kommt es auch, daß erst eine den Bedarf des Baustoffwechsels übersteigende Aufnahme von Eiweißstoffen in die eigentliche Kalorienrechnung einbezogen werden darf. Die Frage, ob ein reichlicher Genuß von Eiweiß in der Nahrung (vorwiegend Fleisch) schädlich für den Organismus sei, ist vielfach Gegenstand wissenschaftlicher Diskussionen gewesen. Erfahrungen und Beobachtungen (Festlandeskimos und sibirische Hirten z. B. leben fast ausschließlich von Fleisch und Fisch bzw. Milch) scheinen zu dem Schluß zu berechtigen, daß die Grenze, bis zu der der Kalorienbedarf durch Eiweißstoffe ohne gesundheitliche Nachteile gedeckt werden kann, ziemlich hoch liegt. Wie die Erhebungen über die Ernährung ganzer Nationen[4] erkennen lassen, bewegt sich der durchschnittliche Eiweißgehalt der Kost um 12%, das ist das 2,5- bis 3fache der untersten Grenze des für kurze Zeit möglichen Eiweißminimums (s. S. 411). Bei der Verwendung von tierischem Eiweiß muß berücksichtigt werden, daß es zwar außerordentlich gut verdaulichen Nahrungsmitteln entstammt, daß es aber andererseits einen überaus teuren Kalorienspender darstellt.

---

[1] LANG, K.: Zbl. Bakter. I. Orig. **153**, 22 (1949).
[2] LANG, K. in: PIESZCEK, E. u. W. ZIEGELMAYER: Wehrmachtsverpflegung, Bd. 1, S. 46. Dresden u. Leipzig: Th. Steinkopff 1942.
[3] LANG, K. u. H. D. CREMER: Z. Lebensmittel-Unters. u. -Forsch. **88**, 633 (1948).
[4] RUBNER, M.: Deutschlands Volksernährung, S. 19. Berlin: Springer 1930.

Herkunft der Nahrungsenergie. Die Betrachtung der energetischen Seite unserer Ernährung kann nicht abgeschlossen werden, ohne daß ein Blick auf die Herkunft der Nahrungsenergien geworfen worden sei.

Der Mensch entnimmt, wie auch alle Tiere, seine Nahrung direkt oder indirekt dem Pflanzenreich. Von den Pflanzen beziehen wir letzten Endes alle unsere organischen Nahrungsstoffe einschließlich des in ihnen enthaltenen Energievorrates. Indirekt ist die Beziehung, wenn wir Nahrung aus dem Tierreich zu uns nehmen, denn jenes Tier, dessen Fleisch, Eier oder Milch wir genießen, hat seine Körpersubstanzen direkt oder aber auf einem weiteren Umwege (Carnivoren) aus Pflanzenstoffen aufgebaut. Damit steht fest, daß die Voraussetzung für unser Leben das der Pflanze ist. Die Pflanze ist der ursprünglichere, vielseitigere und weniger spezialisierte Organismus. Sie ist nicht auf andere Lebewesen angewiesen, sie vermag vielmehr aus rein anorganischen Quellen ihren Leib aufzubauen. Mit Hilfe des Chlorophyllapparates der grünen Blätter ist sie fähig, unter Verwendung der im Sonnenlicht verfügbaren Energie aus Kohlendioxyd und Wasser in einer grundlegenden Synthese die Kohlenhydrate zu bilden[1]; die kalorische Ausbeute beträgt bei dieser Synthese 65 bzw. 87% der absorbierten Lichtenergie[2]. Die Kohlenhydrate nehmen damit eine zentrale Stellung ein und von ihnen bzw. ihren Abbauprodukten geht letzten Endes die Bildung aller anderen organischen Verbindungen aus. Die Energie aber, die in allen diesen Verbindungen steckt, ist umgewandelte und gespeicherte Sonnenenergie.

2. Baustoffwechsel.

Einleitung. Außer der Zufuhr von Energie für den Betriebsstoffwechsel benötigt unser Körper auch das Material, aus dem er sein Gewebe aufbauen, es erneuern und Verluste ersetzen kann.

Wie bereits weiter oben erwähnt (S. 398), werden die Nahrungsstoffe im Zuge der Verdauung dadurch resorptionsfähig gemacht, daß sie in einfache niedermolekulare Bausteine zerlegt werden, Fette in Fettsäuren und Glycerin, Kohlenhydrate in einfachste Zucker, Eiweiße in Aminosäuren usw. Der Organismus vollbringt dann eine großartige, synthetische Leistung, indem er aus den resorbierten Stoffen seine vielfach körperspezifischen Bestandteile bildet und diese nach ererbten Bauplänen in höchst komplizierten Feinstrukturen an- bzw. einbaut. Wie Versuche mit Isotopen lehren, findet ein rascher und ständiger Austausch der Bausteine des Körpers gegen die mit der Nahrung zugeführten gleichartigen Stoffe statt[3]. Diese synthetische Leistungsfähigkeit hat indes auch ihre für die Ernährungsphysiologie so bedeutsamen Grenzen. Eine wesentliche Voraussetzung dafür, daß bestimmte, verwickelt gebaute bzw. hochmolekulare Stoffe aufgebaut werden können, ist die Bereitstellung sämtlicher hierfür benötigter Bausteine. Relativ einfache Verhältnisse liegen bei Kohlenhydraten, z. T. auch bei den Fetten vor, deren Aufbau bzw. Umbau aus Zucker keine besonderen Schwierigkeiten für unseren Organismus bedeutet. Recht weitgehende Voraussetzungen hinsichtlich der Bereitstellung der erforderlichen Bausteine müssen dagegen erfüllt sein, soll der Körper sein Eiweiß aufbauen. Gewisse, in kleinsten Mengen erforderliche lebensnotwendige Bestandteile vermag er überhaupt nicht zu synthetisieren und ist auf deren Zufuhr von außen völlig angewiesen.

Methodisch geht man bei der qualitativen Beurteilung der für unsere Ernährung notwendigen Nahrungsstoffe bzw. ihrer Bruchstücke so vor, daß geprüft

---

[1] Vgl. in diesem Band den Beitrag: Biologische Grundlagen der Frischhaltung pflanzlicher Lebensmittel.

[2] Warburg, O. u. D. Burk: Arch. Biochemistry **25**, 410 (1949).

[3] Lehnartz, E.: Einführung in die chemische Physiologie, 8. Aufl., S. 34. Berlin/Göttingen/Heidelberg: Springer 1948.

wird, welche Nahrungsstoffe bei Zufuhr genügender Mengen bestimmte Ausfallerscheinungen zu vermeiden gestatten; für die quantitative Beurteilung geben vergleichende Beobachtungen von Zufuhr und Ausscheidung bzw. (auch hier) das Verhindern von Ausfallserscheinungen Aufschluß. Hierüber wird noch ausführlicher zu berichten sein. Eine für die Beweiskraft solcher Prüfungen vielfach unbeachtete Voraussetzung ist die genügend lange Dauer der Beobachtung. Kostmängel können erst dann sicher erkannt werden, wenn der Fütterungsversuch über die Dauer von 5% der Lebenserwartung ausgedehnt wird; wenn nur sehr geringe Kostmängel vorliegen, können sie noch viel länger und scheinbar symptomlos vertragen werden.

Als Ziel schwebt der Ernährungsphysiologie vor, Richtlinien für eine optimale Zusammensetzung der Nahrung zu geben, d. h. nicht nur die Minimalwerte der einzelnen Nährstoffe zu erkennen, die den Ausbruch einer ausgeprägten Mangelkrankheit verhindern, sondern diejenigen optimalen Mengen aller benötigten Nährstoffe zu erfahren, die den Menschen in voller Gesundheit ein hohes Alter erreichen lassen. Diese Frage nach der optimalen Kostzusammenstellung wird dadurch noch komplizierter, daß es auch eine überoptimale Ernährung gibt. So werden immer mehr Fälle bekannt, bei denen auch eine *Über*dosierung der Vitamine zu einer stärkeren Anfälligkeit gegen Krankheitserreger führte; es können z. B. durch übermäßig hohe Gaben von Vitamin D in Gestalt von Fischleberpräparaten Gesundheitsstörungen eintreten. Auch bei überoptimalen Mengen von Aminosäuren können ungünstige Wirkungen erzielt werden. „Die Definierung der optimalen Menge und Zusammensetzung der Kost ist heute erst in wenigen Fällen und nur bei einfachsten Ernährungs- und Umweltsverhältnissen annähernd möglich"[1]. Für die experimentelle Ermittlung des Optimums verdient das Verfahren der *self selection* (Selbstauswahl der Nahrung nach Art und Menge), besonders auf Grund von Erfahrungen mit Tieren (Ratten), ein großes Interesse.

Die organischen Baustoffe. *Kohlenhydrate.* Die Kohlenhydrate spielen zwar, wie bereits (S. 405) ausgeführt wurde, ihre Hauptrolle im Energiestoffwechsel, doch sind einige Vertreter auch für den Baustoffwechsel bedeutsam.

Ihre Überführbarkeit in Fette (s. S. 407) ist durch die z. T. identischen Zwischenstufen des Abbaues bei Kohlenhydraten und Fetten durchaus verständlich. Darüber hinaus erscheinen eine ganze Reihe der beim Kohlenhydrat-Abbau auftretenden Intermediärprodukte als Bauelemente für die verschiedenartigsten Synthesen geeignet. Ein Weg des Kohlenhydratabbaues führt von Glucose (Traubenzucker) zu Glucuronsäure; dieser Körper verbindet sich mit zahlreichen im Organismus entstehenden oder durch die Nahrung zugeführten Stoffen, die in freier Form störend oder sogar giftig wirken können, entgiftet sie dadurch und scheidet sie in Form der *gepaarten Glucuronsäuren* in den Harn aus. Glucuronsäure ist ferner am Aufbau von Hyaluronsäure und von Chondroitinschwefelsäure beteiligt, die als Hauptbestandteile der Binde- und Stützgewebssubstanz eine wichtige Rolle im menschlichen und tierischen Organismus spielen[2] und etwa den Pektinstoffen in der Pflanze entsprechen. Galaktose, eine Komponente des Zuckers der Milch, ist als Bestandteil der Cerebroside ein unentbehrlicher Baustein des Zentralnervensystems. In Verbindung mit Glucosamin ist Galaktose, ebenso wie auch Mannose, ein Bestandteil fast sämtlicher Eiweißkörper[3,4]. Glucose, Fructose und Mannose können leicht ineinander übergehen. Galaktose wird in der Milchdrüse wahrscheinlich aus Glucose gebildet.

---

[1] ZELLER, A.: Experientia **3**, 267 (1947). — [2] GIBIAN, H.: Angew. Chem. **63**, 105 (1951). [3] LEHNARTZ, E.: Einführung in die chemische Physiologie, 8. Aufl., S. 18 u. 77. Berlin/ Göttingen/Heidelberg: Springer 1948. — [4] MICHEEL, F.: Angew. Chem. **59 A**, 212 (1947).

Von sonstigen einfachen Kohlenhydraten brauchen nur noch die beiden Pentosen Ribose und Desoxyribose erwähnt zu werden, die als Bausteine von Nucleinsäuren, von Vitamin B_2 und von Fermenten unentbehrliche Bestandteile des Körpers darstellen. Inwieweit unser Körper auf ihre Zufuhr von außen angewiesen ist, muß hier offen gelassen werden.

Fette. Es wäre verfehlt, die fetthaltigen Nahrungsmittel lediglich unter dem Gesichtspunkt der Energiebilanz zu betrachten[1]. Abgesehen davon, daß die Fette mit dem Vitaminproblem in innigem Zusammenhang stehen (zwangsläufige Beschränkung der Zufuhr an den fettlöslichen Vitaminen A, D und E und Verschlechterung ihrer Resorption bei Fettmangel in der Kost (s. S. 407), fallen ihnen im Baustoffwechsel weitere Rollen zu.

Der Körper ist nicht imstande, eine Reihe von Fettbestandteilen selbst aufzubauen, die als Rohstoffe für bestimmte Wirkstoffe in den Körperzellen unentbehrlich sind. Es handelt sich dabei durchgehend um ungesättigte Fettsäuren, insbesondere Linol-, Linolen-, Arachidon-, Vaccensäure u. a.[2,3] deren Vorhandensein die Voraussetzung für die Bildung von Abwehrstoffen des menschlichen Organismus gegen Infektionen ist; sie stellen vielleicht sogar selbst die Ausgangsstoffe für die Bildung dieser Abwehrstoffe dar. Der Gehalt der Nahrung an essentiellen ungesättigten Fettsäuren sollte wenigstens 1% der gesamten Kalorienmenge betragen[4]. Gewisse fettartige Stoffe (Lipoide) regulieren über die Beeinflussung der Grenzflächen das Ausmaß der für das Stoffwechselgeschehen so wesentlichen Zellpermeabilität, und es sind gerade jene Lipoide in diesem Zusammenhang von besonderer Bedeutung, die ungesättigte Fettsäuren als Bausteine enthalten. (Über mögliche Wechselbeziehungen zwischen Bildung und Wirkung ungesättigter Fettsäuren und Vitamin B_6 s. S. 437.) In Speisefetten enthaltene Phosphatide vermögen die Ausnutzbarkeit auch hochschmelzender Fette erheblich zu verbessern.

Fettzufuhr und Fetterzeugung im Körper sind noch aus einem anderen Grunde von großer Bedeutung: ein gesunder Mensch muß über ein gewisses Fettpolster verfügen, das ihm einen wirksamen Wärmeschutz verleiht, und das wesentlich dazu beiträgt, die Organe zu schützen und zu fixieren; im Falle einer Erkrankung stellt es auch ein leicht verfügbares Reservematerial dar.

Für die menschliche Ernährung ist damit eine bestimmte Wertigkeit der Naturfette Tatsache geworden; am wertvollsten sind demnach in erster Linie pflanzliche Fette, ferner Butter und Tran, während viele tierische Depotfette (z. B. Speck) in dieser Hinsicht weit in den Hintergrund treten. Ebenso müssen auch die, im Gegensatz zu den äußerst labilen Fetten mit einem Anteil an ungesättigten Fettsäuren, gut haltbaren hydrierten (gehärteten) Öle als biologisch weniger wertvoll erachtet werden, da ihnen die ungesättigten Fettsäuren und bestimmte fettlösliche Vitamine (z. B. Vitamin A) fehlen. Bei der Verarbeitung solcher Fette (z. B. Margarine) wird vielfach durch nachträglichen Zusatz von Wirkstoffen ein diesbezüglicher Mangel weitgehend behoben.

Eiweiße. Eine weit über ihre kalorische Bedeutung hinausgehende Rolle spielen die Eiweißstoffe im Baustoffwechsel des Organismus[5]. Hier dient das Eiweiß zum Aufbau lebenswichtiger Stoffe, wie Fermente, Hormone, Verdauungssäfte und vor allem dem Zellersatz. Wie Versuche mit isotopem Stickstoff gezeigt haben, werden verfütterte Aminosäuren schnell in die Gewebsproteine eingebaut

---

[1] Lang, K.: Fette u. Seifen **53**, 731 (1951).
[2] Groot, E. H.: Chem. Weekbl. **46**, 699 (1950).
[3] Kaufmann, H. P.: Fette u. Seifen **54**, 69 (1952).
[4] National Research Council, Reprint and Circular Series **129**, 17 (1948).
[5] Lang, K. u. H. D. Cremer: Z. Lebensmittel-Unters. u. -Forsch. **88**, 633 (1948).

und nehmen am N-Stoffwechsel in allen Teilen des Körpers teil. Daraus ergibt sich, daß die Substanzerneuerung unseres Körpers in einem bisher nicht vermuteten Ausmaße vor sich geht.

Über den Bedarf des Organismus an Eiweiß für Baustoffzwecke geben Versuche Aufschluß, bei denen in einer im übrigen kalorisch hinreichenden Kost die Eiweißzufuhr variiert wurde. Die Variante, bei der die im zugeführten Eiweiß enthaltene Stickstoffmenge eben hinreicht, um den mit Kot, Harn (und evtl. Schweiß) ausgeschiedenen Stickstoff zu ersetzen, ergibt das *physiologische Eiweißminimum*. Die Werte hierfür liegen erheblich über dem *absolutem Eiweißminimum* (Abnutzungsquote), womit die Stickstoffmenge bezeichnet wird, die bei *eiweißfreier* Kost vom Körper ausgeschieden wird (etwa 0,05 g N je kg Körpergewicht und Tag). Die Höhe des physiologischen Eiweißminimums, für die in den weiten Grenzen von 21 bis 65 g je Tag und 70 kg streuende Angaben vorliegen, hängt von einer Reihe von Faktoren ab[1], deren ausschlaggebender zweifellos die *biologische Wertigkeit* des zugeführten Eiweißes darstellt. Sie wird definiert als die Zahl, die angibt, wieviel Teile Körpereiweiß durch 100 Teile des zu prüfenden Eiweißes ersetzt werden können. Weiterhin ist wesentlich für die Höhe des physiologischen Eiweißminimums die ausreichende Versorgung des Organismus mit einem in pflanzlichen Nahrungsmitteln fehlenden animalischen Protein-Ausnutzungsfaktor (s. S. 440).

Die biologische Wertigkeit eines Eiweißes wird durch den Anteil der für den Baustoffwechsel erforderlichen Aminosäuren bestimmt. Von den etwa 30 bekannten Aminosäuren, die die körpereigenen, organspezifischen Eiweißstoffe aufbauen, können mindestens 8 vom menschlichen Organismus nicht synthetisiert werden. Da auch im Eiweißstoffwechsel das Minimumgesetz gilt, stellen also diese Aminosäuren jeweils den begrenzenden Faktor für die Eiweißbildung im Organismus dar. Sie finden sich vor allem in hochwertigen tierischen Eiweißen, in geringerer Vollständigkeit in pflanzlichen Produkten. Fleisch, Fisch, Milch und ihre Produkte sind die Hauptträger dieser Eiweißgruppen, die demnach in der normalen, gesundheitserhaltenden Ernährung unter allen Umständen vertreten sein müssen. Werden diese Baustoffe nicht in ausreichender Menge zugeführt, dann verschafft sie sich der menschliche Organismus dadurch selbst, daß er seinen eigenen Eiweißbestand, zunächst vor allem sein Muskeleiweiß, angreift und davon zehrt. Diese Einschmelzungen führen bei genügender Dauer des Eiweißmangels zu einer Herabsetzung des Wasserbindungsvermögens des Organismus (Auftreten von Hungeroedemen[2]) und wirken sich weiterhin dadurch höchst ungünstig aus, daß die Fähigkeit des Organismus, Vitamine zu fixieren, herabgesetzt und damit die Möglichkeit der Entwicklung von Vitaminmangelsymptomen gegeben ist[3]. Werden hohe Arbeitsleistungen verlangt, dann muß eine wesentlich über dem physiologischen Minimum liegende Eiweißmenge zugeführt werden, um Stimmung und Verträglichkeit der Versuchspersonen auf der wünschenswerten Höhe zu erhalten („Funktionelles Eiweißminimum"[4]). Da in der Kost des Menschen der Eiweißbedarf nur ausnahmsweise mit einem einzigen Nahrungsmittel gedeckt wird, so ist nicht so sehr die biologische Wertigkeit der Eiweiße *eines einzelnen* Nahrungsmittels von praktischer Bedeutung, als vielmehr diejenige des in der normalen Kost enthaltenen *Eiweißgemisches*. Bei genauer Kenntnis der Zusammensetzung der einzelnen Nahrungseiweiße vermag man durch geschickte Kombination einer Reihe von Nahrungsmitteln (z. B. Weizenmehl mit Sojamehl[5]), deren Eiweiß im einzelnen durch Fehlen jeweils verschiedener

---

[1] HEINTZE, K.: Ernähr. u. Verpfl. **1**, 25 (1949). — [2] ALBERS, D.: Z. ges. Inn. Med., 1947, 327. — [3] KÜHNAU, J.: Angew. Chem. **61**, 357 (1949). — [4] KRAUT, H.: Angew. Chem. **60** A, 85 (1948). — [5] CHICK, H.: Ernähr. u. Verpfl. **1**, 88 (1949).

Aminosäuren biologisch minderwertig ist, dennoch die Wertigkeitslücken zu überdecken und eine hinsichtlich des Eiweißes vollwertige Kost zusammenzustellen (s. S. 414). Jede der 10 unentbehrlichen Aminosäuren wird vom Organismus zu speziellen Zwecken benötigt, und Mangel an einer von ihnen führt zu charakteristischen Ausfallerscheinungen; ebenso aber kann auch ein Überangebot schädigend wirken (s. S. 409). Der Bedarf an diesen essentiellen Aminosäuren ist beim Kind um das Mehrfache größer (je Gewichtseinheit) als beim Erwachsenen; überdies scheinen zwei dieser Aminosäuren (Arginin und Histidin) nur für den wachsenden Organismus essentiell zu sein. Über den Bedarf des erwachsenen Menschen an solchen Aminosäuren unterrichtet Tab. 2.

Tabelle 2. *Der Bedarf des erwachsenen Menschen an essentiellen Aminosäuren*[1].

Aminosäure	Tägliche Zufuhr in g	
	Minimal-bedarf	wünschens-wert
Isoleucin	0,70	1,4
Leucin	1,10	2,2
Lysin	0,80	1,6
Methionin	1,10	2,2
Phenylalanin	1,10	2,2
Threonin	0,50	1,0
Tryptophan	0,25	0,5
Valin	0,80	1,6

Über die physiologische Bedeutung der einzelnen dieser Aminosäuren sind wir vor allem durch Tierversuche unterrichtet; es sei hierzu folgendes angeführt, wobei wir uns an die moderne Übersicht von LANG und CREMER halten[2]:

Arginin scheint für die Spermatocytenbildung erforderlich zu sein. *Histidin* ist bei der Ratte für Wachstum, Neubildung der Blut- und Eiweißserumkörper erforderlich; Mangel erzeugt Gewichtsverlust. Für das Wachstum unentbehrlich ist auch *Lysin*, jene Aminosäure, deren Fehlen bedingt, daß die Getreideproteine biologisch nicht vollwertig sind. In unserem Zusammenhang ist noch wesentlich (s. auch S. 413), daß die biologische Wertigkeit eines lysinhaltigen Proteins durch Erhitzen deutlich herabgesetzt wird. Besonders nachteilig wirkt langsames Backen (Zwieback) bei Temperaturen von 100 bis 130° C. Es wird vermutet, daß das Erhitzen die Entstehung neuer Peptidbindungen, vielleicht mit der ε-Aminogruppe des Lysins, bewirkt und daß diese von den Verdauungsfermenten nicht angegriffen werden. *Tryptophan* ist bei Tieren für Wachstum und Erhaltung erforderlich, im besonderen für Blutbildung, Fortpflanzungsfähigkeit und Epithelfunktionen. Vor allem Kinder sind empfindlich gegen Tryptophanmangel. Tryptophan scheint die Muttersubstanz zu sein, aus der Nicotinsäure (s. S. 435) unter Mitwirkung eines Fermentsystems gebildet wird, an dessen Aufbau offenbar Pyridoxin (s. S. 437) beteiligt ist.

Phenylalanin (kann z. T. durch *Tyrosin* ersetzt werden) ist zur Erhaltung des Stickstoffgleichgewichts erforderlich. Da die Hormone Adrenalin und Thyroxin sich von den beiden Aminosäuren herleiten, dürfte Mangel an ihnen zu innersekretorischen Störungen führen. — *Methionin* und *Cystin* sind zwei schwefelhaltige Aminosäuren; Cystin kann Methionin z. T. ersetzen, aber nicht völlig, da Methionin noch über die wesentliche für Methylierungen (z. B. Bildung des Leberschutzstoffes Cholin) verwendbare CH_3-Gruppe (s. auch S. 439) verfügt. Beide Aminosäuren können durch Abgabe von Schwefelgruppen entgiftend wirken und dürften für den Aufbau von Glutathion wichtig sein, das eine wesentliche Rolle bei biologischen Oxydationen und Reduktionen spielt. — Über *Threonin* ist noch wenig bekannt. — *Valin*-Mangel führt im Tierversuch neben

---

[1] LANG, K. u. O. F. RANKE: Stoffwechsel und Ernährung, S. 133. Berlin/Göttingen/Heidelberg: Springer 1950.
[2] LANG, K. u. H. D. CREMER: Z. Lebensmittel-Untersuch. u. -Forsch. **88**, 633 (1948).

starkem Gewichtsverlust zu Störungen des Nervensystems. Bei Mensch und Tier ist Valinzufuhr für die Erhaltung des N-Gleichgewichts und für normales Wachstum erforderlich. — *Leucin* und *Isoleucin* sind für das Wachstum unentbehrlich.

So wenig im allgemeinen eine wirkliche Verminderung des Gehaltes an Eiweiß als solchem durch die verschiedenen Konservierungsverfahren der Nahrungsmittel zu befürchten ist, weisen doch mannigfache Beobachtungen darauf hin, daß verschiedene Maßnahmen die entscheidende Verdaulichkeit der Eiweißstoffe wesentlich beeinträchtigen können. Diese Gefährdung liegt einmal in dem empfindlichen Kolloid-Charakter der Eiweiße, zum anderen hängt sie mit ihrem Gehalt an reaktionsfähigen Gruppen zusammen, die eine chemische Bindung an andere Stoffe ermöglichen.

Die Verdaulichkeit der Milch hängt in bedeutendem Maße von der Gerinnselgröße der im Magen erfolgenden Eiweißflockung ab. Ein wesentlicher Faktor, der die hierbei maßgeblichen kolloid-chemischen Eigenschaften beeinflußt, ist der Citronensäuregehalt der Milch. Er beträgt bei melkfrischer Milch bis zu 2,8 g/Liter, nimmt aber beim Stehen der Milch überaus rasch ab; die Säure kann nach mehreren Stunden bereits völlig verschwunden sein[1]. Verhinderung des bakteriellen Abbaues der Citronensäure erhält demnach die Verdaulichkeit des Milcheiweißes.

Für die andere Ursache der Minderung der Eiweißverdaulichkeit sei außer den bei Lysin (s. S. 412) erwähnten, beispielsweise die Wechselwirkung (Maillard-Reaktion) zwischen Proteinen und Kohlenhydraten angeführt, die zu einer chemischen, wohl durch Mikroorganismen, nicht oder nur schwer aber durch die proteolytischen Verdauungsfermente spaltbaren und deshalb der Resorption unzugänglichen Festlegung der Eiweiße an Aldehyde, besonders an Acetaldehyd[2] und an aldehydische Zuckerarten führt[3]. Als Eiweißbausteine, die auf solche Weise inaktiviert werden können, sind vor allem Lysin, dann aber auch Arginin, Tryptophan, Methionin, Histidin, Cystin, Asparagin- und Glutaminsäure erkannt worden[4,5]. Der Ablauf solcher Reaktionen erfolgt in Lebensmitteln, die Zucker und Eiweiß gemeinsam enthalten, und er ist häufig durch eine mit Gelb- bis Braunfärbung der Lebensmittel verbundene und damit schon äußerlich erkennbare und als wertmindernde Verfärbung anzusprechende Melanoidinbildung gekennzeichnet[6]. Während indes die Aminogruppen im Gemisch von Casein und Glucose am raschesten bei 65 bis 70% relativer Feuchtigkeit verschwinden, nimmt die Geschwindigkeit der Verfärbung mit steigendem Wassergehalt laufend zu[7]. Vor allem durch Hitzebehandlung, wie Trocknen, Erhitzen im Autoklaven und Rösten, wird das Auftreten solch unerwünschter Veränderungen gefördert[8,9], doch bei längeren Lagerzeiten werden sie auch unter den Bedingungen der normalen Umgebung beobachtet (Getreide- und Hülsenfruchtmehle, Trocken-Vollei, Trockenmilch)[10]. Außer mit Aminosäuren bildet Glucose auch mit verbreiteten

[1] Täufel, K.: Dtsch. Lebensmittel-Rdsch. **45**, 81 (1949).

[2] Mohamed, A., H. S. Olcott u. H. Fraenkel-Conrat: Arch. of Biochemistry **24**, 270 (1949); zit. nach Z. Lebensmittel-Untersuch. u. -Forsch. **93**, 156 (1951).

[3] Täufel, K.: Dtsch. Lebensmittel-Rdsch. **45**, 81 (1949).

[4] Patten, A. R., E. G. Hill u. E. M. Foreman: Science (Lanc.) **107**, 623 (1948).

[5] Lea, C. H.: Chem. and Ind. **1950**, 155; zit. nach Z. Lebensmittel-Untersuch. u. -Forsch. **94**, 30 (1952).

[6] s. Übersichtsbericht von Cremer, H.-D.: Z. Lebensmittel-Untersuch. u. -Forsch. **92**, 407 (1951).

[7] Lea, C. H. u. R. S. Hannan: Biochem. et Biophysica Acta 3, 313 (1949).

[8] Beuk, J. F., F. W. Chornoch u. E. E. Rice: J. biol. Chemistry **180**, 1243 (1949).

[9] Mitchell, H. H., T. S. Hamilton u. J. R. Beadles: J. Nutrit. **39**, 413 (1949); zit. nach Z. Lebensmittel-Untersuch. u. -Forsch. **93**, 269 (1951).

[10] Schormüller, J. u. H. Ballschmieter: Dtsch. Lebensmittel-Rdsch. **47**, 119 (1951).

Carbonsäuren (besonders rasch mit Citronensäure) braune Pigmente[1]. Veränderungen dieser Art wendet deshalb die moderne Ernährungslehre ihr besonderes Augenmerk zu. Ergänzend sei bemerkt, daß weitere wertmindernde Veränderungen das Proteinanteils der Nahrungsmittel durch Oxydation und UV-Bestrahlung erfolgen können.

Bedeutung der Nährstoffmischung und der zeitlichen Verteilung (Gleichzeitigkeit) der Nährstoffaufnahme. Die für den Grundumsatz und für die sonstigen Leistungen unseres Körpers erforderlichen Nährstoffe nehmen wir mit den mehrere Stunden auseinanderliegenden Mahlzeiten auf. Wegen der Speicherfähigkeit unseres Verdauungskanals (Magen, Därme) braucht die Nahrungszufuhr auf den jeweiligen, oft sprunghaft wechselnden augenblicklichen Energiebedarf keine besondere Rücksicht zu nehmen. Darüber hinaus verfügt der Organismus noch über Reserven in Form von Speichern in Geweben, aus denen bei normalem Ernährungszustand das Nahrungsdefizit eines oder mehrerer Tage glatt gedeckt werden kann. So wenig beängstigend die Sorge um die Deckung des Bedarfs kurzer Zeitabschnitte zu sein braucht, um so ernster liegen die Verhältnisse aber, wenn es sich um Dauerzustände handelt. Dann können die täglichen Defizite und die dadurch bedingten Verluste an Körpersubstanz und besonders jene an Eiweiß sehr bedenklich werden und schließlich über Kräfteverfall zu schweren gesundheitlichen Störungen, ja sogar zum Tode führen. Die für viele Stellen der Erde bekannten Hungersnöte beweisen dies im Großversuch.

Die Speicherfähigkeit und die in gewissem Umfange mögliche gegenseitige Vertretbarkeit der Nährstoffe sind auch der Grund dafür, daß die Zusammensetzung der Nahrung nicht an jedem einzelnen Tag den empirisch ermittelten Normwerten zu entsprechen braucht. Es kommt darauf an, daß im Verlaufe von kürzeren oder längeren Zeitspannen — abhängig von der Aufgabe des Nährstoffs und seiner vorhandenen Menge — die den Erfahrungen entsprechenden, zahlenmäßig für diese Periode angebbaren Mengen der einzelnen verschiedenen Stoffklassen zugeführt werden.

Bei einer Reihe von Nährstoffen ist indessen die Freizügigkeit im Zeitabstand der Darreichung offensichtlich äußerst eingeschränkt, und zwar handelt es sich dabei z. B. um solche, von welchen der eine für die Resorption anderer erforderlich ist (z. B. Fett bei fettlöslichen Vitaminen) oder von denen der Körper mehrere gleichzeitig als Bausteine für die Synthese körperspezifischer Substanzen benötigt (s. S. 408). Besonders bekannt geworden sind solche Fälle im Bereiche der Eiweißernährung. Es wurde schon weiter oben (s. S. 411) erwähnt, daß es beim Fehlen einer einzigen der 8 lebenswichtigen Aminosäuren nicht mehr gelingt, Stickstoffgleichgewichte und normales Wachstum zu erzielen. Wohl gelingt dies, wenn die im Nahrungsmitteleiweiß evtl. fehlende Aminosäure getrennt wieder zugegeben wird, doch muß sie gleichzeitig mit den übrigen verabreicht werden; gibt man sie ein paar Stunden später, so ist dadurch kein N-Gleichgewicht mehr zu erzielen[2]. Es ist anzunehmen, daß, so wie es hier für die Synthese körpereigenen Eiweißes ersichtlich geworden ist, auch beim Baustoffwechsel in anderen Stoffgruppen sämtliche erforderlichen Bausteine gleichzeitig und in bestimmten Quantitäten verfügbar sein müssen (s. auch S. 427, Endokarenz); andernfalls kann eine Synthese nur in dem Ausmaße erfolgen, wie es der im Minimum vorhandene Faktor zuläßt. Der zwar vorhandene, aber synthetisch nicht verwertbare Anteil der Bausteine wird offensichtlich nicht gespeichert, sondern alsbald andersartig verbraucht bzw. ausgeschieden. Es ist deshalb naheliegend, Wert auf eine

---

[1] Lewis, V. M., W. B. Esselen u. C. R. Fellers: Ind. Engng. Chem. **41**, 2591 (1949); zit. nach Z. Lebensmittel-Untersuch. u. -Forsch. **94**, 126 (1952).

[2] Pfau, O. P.: Med. Klin. **41**, 249 (1946).

auch bei kurzfristiger Bilanzierung in ernährungsphysiologischer Hinsicht vollständige Kost zu legen. Dabei interessiert nicht so sehr, welche Vollständigkeit den einzelnen Nahrungsmitteln zukommt, sondern die der Gesamtkost.

Die anorganischen Bestandteile. *Wasser.* Unter den anorganischen Bestandteilen unseres Körpers steht das Wasser an erster Stelle. Sein Gehalt nimmt mit dem Alter von 97% beim Ungeborenen über etwa 67% beim Säugling auf etwa 60% beim Erwachsenen ab. Der dem jeweiligen Entwicklungszustand eigene mittlere Gehalt wird mit hoher Genauigkeit gehalten. Das Wasser ist nur zum allergeringsten Teil im freien Zustande lediglich als Lösungsmittel für kristalloide Stoffe im Körper vorhanden, vielmehr findet es sich zum überwiegenden Teil als Hydratations- oder Quellungswasser an die kolloiden Körperbausteine gebunden vor. Wasser ist ein unentbehrlicher Nahrungsstoff. Der Wasserbedarf des erwachsenen Menschen beläuft sich auf etwa 35 g je kg Körpergewicht und 24 Stunden, wodurch die Abgänge durch Ausscheidung über Nieren, Haut, Lungen und mit dem Kot ausgeglichen werden. Der größere Teil der benötigten Wassermenge wird mit der zubereiteten Nahrung aufgenommen. Bei heißem Wetter oder bei Genuß von salzreichen Speisen kann der Bedarf bis auf 13 Liter/ Tag ansteigen. Da bei der Verbrennung der Nährstoffe im Körper Wasser gebildet wird (bei der Durchschnittsernährung des Erwachsenen etwa 200 bis 300 g/Tag) ist die Wasserabgabe des Körpers stets größer als die Wasseraufnahme.

Unter den normalen Verhältnissen des Kulturmenschen bestehen hinsichtlich der Deckung des Wasserbedarfs keine erheblichen Schwierigkeiten. Die Maßnahmen, die der Wasserversorgung gelten, sind deshalb weniger ein quantitatives als ein qualitatives Problem, insofern, als das Wasser häufig durch seinen Gehalt an Mikroorganismen ein ernst zu nehmender Überträger schwerster Seuchen darstellt (vgl. in diesem Band den Beitrag: Mikrobiologische Grundlagen). Mit dem Wasser werden gewisse lebenswichtige Mineralsalze in gelöster Form unserem Körper zugeführt. Dieser Salzgehalt ist insofern von erheblicher Bedeutung, als er die Qualität der mit Wasser zubereiteten Speisen wesentlich beeinflußt. Ein gesteigerter Gehalt an Calcium (weniger ein solcher an Sulfat) beeinträchtigt das Erweichen z. B. von Hülsenfrüchten beim Kochen[1,2]. In einer Reihe von Fällen kann eine Gewebsverfestigung durch calciumreiche Kochwässer indes wiederum nützlich und erwünscht sein[3]. Im übrigen ist die Kalkhärte des Kochwassers ohne Einfluß auf die Ausnutzbarkeit (Verdaulichkeit) von gekochten Hülsenfrüchten[4].

Mineralstoffe. 5% unseres Körpers bestehen aus Mineralstoffen. Abgesehen von ihrer Festlegung im Baustoffwechsel, werden Mineralsalze nicht in nennenswertem Umfang im Körper gespeichert. Aus diesem Grunde ist ein regelmäßiger Ersatz der mit Harn und Stuhl ausgeschiedenen Mengen durch die Kost von besonderer Bedeutung. Die Aufgabe der Mineralsalze ist mannigfaltiger Art: einmal als wesentliche Baustoffe, zum anderen aber erfüllen sie in gelöster und dann weitgehend dissoziierter Form (Ionenbildung) physikalische Funktionen: so sind sie nicht nur an der Ausbildung des erforderlichen osmotischen Druckes der Zellen und an der Aufrechterhaltung eines für die Stabilität der kolloidalen Körperstoffe so wesentlichen Ionenmilieus beteiligt, sondern jedem Salz und jeder Ionenart kommen noch ganz bestimmte physiologische Wirkungen zu. Nach SHERMAN[5] sind Mineralien in ihrer Bedeutung für die Ernährung von

[1] LOCHMÜLLER, K.: Angewandte Kochwiss. **5**, 141 u. 147 (1943).
[2] HEUPKE, W., M. WENZEL u. R. VÖLKER: Volksernähr. u. Kochwiss. **19**, 42 (1944).
[3] GROECK, M.: Volksernähr. u. Kochwiss. **19**, 111 (1944).
[4] HEUPKE, W. u. KREBS: Münch. med. Wschr. **40/41**, 584 (1943).
[5] SHERMAN, H. C.: Calcium and Phosphorus in Foods and Nutrition. New York: Columbia University Press. 1947; zit. nach Ernähr. u. Verpfl. **1**, 63 (1949).

Mensch und Tier den Vitaminen gleichzusetzen. Unsere Kenntnis des menschlichen Mineralhaushaltes ist in vieler Hinsicht noch recht unvollkommen. Wie Abderhalden[1] darlegt, ist es z. B. mit den bisher üblichen Methoden nicht in allen Fällen möglich, eindeutige Angaben über die Ausnutzung der mit der Nahrung aufgenommenen Mineralstoffe zu machen. Dies beruht im wesentlichen darauf, daß z. B. körpereigene Eisen-, Calcium- und Phosphorsäure-Verbindungen, also solche, die sich bereits im Zellstoffwechsel befunden haben, aus dem Gewebe vor allem durch die Dickdarmschleimhaut ausgeschieden werden und in den Fäzes erscheinen, wodurch eine Bilanzierung erheblich gestört wird. Bei den Alkalien, Magnesium, Jod, Chlor usw., bestehen indes solche Schwierigkeiten kaum.

Bei den Salzen ist ein basischer Bestandteil, der durch ein Metall gebildet wird, von einem sauren, an dessen Bildung außer einem Nichtmetall häufig Sauerstoff beteiligt ist, zu unterscheiden. In den Körperstoffen treffen wir nun auch, und zwar in organischer Bindung, *maskierte*, der Säurebildung fähige Nichtmetalle (S und P) an, die beim Abbau dieser Körperstoffe zu den entsprechenden Mineralsäuren oxydiert werden. Ihre Ausscheidung erfolgt in Form von Salzen, für deren Bildung eine der Säuremenge äquivalente Basenmenge erforderlich ist. Fällt bei der oxydativen Verarbeitung solcher säurebildender Nährstoffe (z. B. Eiweiß) eine größere Säuremenge an als die gleichzeitig mit der Nahrung zugeführte Basenmenge zu neutralisieren vermag, dann muß nach Berg und Vogel[2] mit einer Beeinträchtigung unserer Gesundheit gerechnet werden. Berg fordert deshalb eine Nahrungszusammenstellung, die einen *Basenüberschuß* aufweist. Ein solcher Basenüberschuß in der Nahrung wird vorteilhaft durch Nahrungsmittel erzeugt, die Salze enthalten, deren Säureanteil bei der Verbrennung zu solchen Stoffen oxydiert wird, die keine Basen für ihre Ausscheidung benötigen. Solche Salze sind die der organischen Säuren (Milch-, Äpfel-, Citronensäure), deren Säurerest völlig zu CO_2 und Wasser oxydiert wird. Dieses Verhalten im Stoffwechsel hebt die Bedeutung der organischen Säuren weit über die eines an sich wesentlichen Geschmacks- und Geruchsfaktors (Esterbildung) hinaus (s. auch S. 454). Nahrungsmittel, die einen Basenüberschuß garantieren, sind außer Milch und Milchprodukten vor allem Obst und Gemüse. Zugleich stellen diese Salze eine für die Resorption besonders günstige Form dar. Dies hervorzuheben erscheint vor allem deshalb wesentlich, weil die Werte der Aschenanalyse eines Nahrungsmittels keinen Aufschluß darüber geben, inwieweit der Körper fähig ist, die betreffenden Mineralstoffe aufzunehmen und zu verwerten. Die überaus verwickelten Wechselbeziehungen, die zwischen den einzelnen Mineralstoffen bestehen, lassen überdies die in Obst und Gemüse vorliegende, ernährungsphysiologisch außerordentlich günstige Mischung der Salze besonders wertvoll erscheinen. Daß die Mineralsalze wasserlöslich sind, ist besonders bei der Konservierung zu beachten: Kochen und Blanchieren bedeuten eine große Gefährdung der Mineralsalzbestände der pflanzlichen Produkte. Sofern nicht die Blanchierwässer wieder dem Gut zugesetzt werden, kommt das Blanchieren einem teilweisen Auslaugen gleich.

Natrium wird unserem Körper vorwiegend als Kochsalz zugeführt. Es spielt eine maßgebende Rolle bei der Aufrechterhaltung des osmotischen Druckes der Zellen und ist damit für die Speicherfähigkeit des Körpers für Wasser von ausschlaggebender Bedeutung. Kochsalz stellt als Chlorid den Ausgangsstoff für

<hr>

[1] Abderhalden, E.: Die Grundlagen unserer Ernährung und unseres Stoffwechsels, 5. Aufl., S. 139. Bern: Huber 1946.
[2] Berg, R. u. M. Vogel: Die Grundlagen einer richtigen Ernährung, 7. Aufl., S. 102ff. Dresden: Deutscher Verlag f. Volkswohlfahrt 1930.

die Bildung der Magensalzsäure dar, und die Aktivität des Fermentes der Stärkespaltung, der Amylase, ist von der Gegenwart von Kochsalz abhängig. Die tägliche Zufuhr beträgt etwa 5 bis 20 g; zwar vermag der Organismus auch mit etwas größeren Tagesgaben fertig zu werden, doch sind Mengen über 20 g schon nicht mehr indifferent und führen, auf die Dauer genossen, zur Schädigung der Niere, evtl. auch des Magen-Darmkanals. Bestimmte Fleisch- und Fleischdauerwaren, ebenso auch gewisse Käsesorten, haben einen derart hohen Kochsalzgehalt, daß ihr einseitiger fortgesetzter Verzehr bedenklich erscheinen muß. Während wir uns die übrigen Salze bei naturgemäßer Ernährungsweise mit der Nahrung in genügender Menge zuführen, ist Kochsalz das einzige Salz, das wir getrennt von den eigentlichen Nahrungsmitteln zusätzlich zu uns nehmen, besonders dann, wenn die an Natrium relativ arme Pflanzenkost vorherrscht. Unter Bedingungen erhöhter Absonderung von Schweiß, der 2 bis 3 g NaCl/Liter enthält, kann der tägliche Kochsalzbedarf auf 20 bis 30 g ansteigen; Anpassung an diese Bedingungen senkt den Salzgehalt des Schweißes auf 0,5 % und damit auch die mit der Nahrung aufzunehmende Salzmenge.

Kalium. Während sich Natrium vorwiegend in den Körperflüssigkeiten vorfindet, überwiegt Kalium in den Zellen. Die Ionen beider Metalle wirken antagonistisch auf die Kolloide: Natrium fördert die Quellung (Wasserbindung), Kalium wirkt entquellend. Die Steuerung dieses für den Wasserhaushalt des Körpers so wesentlichen Na: K-Verhältnisses erfolgt auf nervösem bzw. hormonalem Wege. In geringen Mengen ist Kalium unbedingt lebensnotwendig, insbesondere auch für die Herz- und Muskeltätigkeit. Der tägliche Bedarf an Kalium von etwa 3 g wird durch die Nahrung in mehr als reichlichem Ausmaße gedeckt. Da die großen, überschüssigen Zufuhren (z. B. bei der Kartoffelkost) indes rasch wieder durch die Nieren ausgeschieden werden, kann es nicht schädlich wirken. Besonders kalireich sind die Wurzelgemüse, weniger die Blattgemüse. Auch mit Fleischspeisen wird dem Körper viel Kalium zugeführt.

Calcium. Calcium ist in Form des Phosphats und in geringerem Anteil auch des Carbonats mit etwa 99 % des Gesamtcalciumgehaltes des Körpers Hauptbestandteil der Knochen und Zähne. Kalkmangel bedingt deren mangelhafte Ausbildung, so daß besonders bei Jugendlichen eine genügende Deckung des Calciumbedarfs sehr wichtig ist; doch auch der Erwachsene bedarf fortgesetzter Kalkzufuhr. Der Körper hält durch Steuerung über ein neben der Schilddrüse gelegenes drüsiges Organ (die Epithel-Körper) den Kalkgehalt seines Blutes mit großer Genauigkeit konstant; droht der Ca-Spiegel unter einen bestimmten Wert zu sinken, dann greift der Körper auf die Ca-Reserven des Skeletts zurück. Die Gerinnungsfähigkeit des Blutes ist von der Anwesenheit der Ca-Ionen abhängig, ebenso sind an Ca-Gegenwart die Kontraktilität der Muskeln, die Funktion des Nervensystems und viele andere lebenswichtige Vorgänge gebunden. Kalkmangel vermindert die Widerstandsfähigkeit des Körpers gegen Entzündungen und Erkrankungen und verursacht gesteigerte, nervöse Erregbarkeit (Tetanie). Da Ca in hohem Maße für Neutralisationszwecke herangezogen wird, die seine Ausscheidung nach sich ziehen, wird der Bedarf um so größer, je mehr anorganische Säuren zugeführt werden. Die Resorption des Calciums wird durch gewisse Nahrungsbestandteile (z. B. Eiweiße) gefördert[1]. In Bindung an Carbonsäuren (Milch-, Äpfel- und besonders Citronensäure) liegt eine für die Resorption und Verwertung besonders günstige Form vor[2,3], sofern gleichzeitig optimale Mengen an Phosphat gegeben werden[4]. Der normale tägliche Bedarf

---

[1] EHRENBERG, R.: Klin. Wschr., **1947**, 711. — [2] HEINZ, E., E. MÜLLER u. E. ROMINGER: Z. Kinderhk. **65**, 101 (1947). — [3] HURNI, H.: Z. Vitaminforsch. **20**, 216 (1948). — [4] THEOPOLD, W. u. W. HENNIG: Mschr. Kinderhk. **97**, 462 (1950).

des Erwachsenen wird mit 1 g anzusetzen sein, bei Kindern und Jugendlichen von 9 bis 20 Jahren werden 1,2 bis 1,4 g, für Schwangere etwa 1,5 g und für stillende Mütter etwa 2 g Ca pro Tag veranschlagt. Außer durch kalkreiches Wasser (Ausfällung des Ca durch Kochen bis zu 50%!)[1] deckt der Mensch den Ca-Bedarf vornehmlich durch die calciumreichen Volksnahrungsmittel Milch, Käse und grüne Gemüse, deren Calcium-Gehalt durch harte Kochwässer erhalten[2] oder sogar noch gesteigert werden kann[3]. Im übrigen erweist sich weitaus die Mehrzahl der Lebensmittel als kalkarm[4]; in 100 g Frischsubstanz ist mit Mengen von Spuren aufwärts bis zu etwa 0,06 g CaO zu rechnen. Bei Haferflocken, Kohlrabi, Karotten, Spinat, Erbsen, Nüssen bewegt sich der Gehalt in einer Größenordnung von 0,1 g CaO je 100 g. Werte bis 0,2 g je 100 g sind als erheblich zu bezeichnen: Milch, Grünkohl, Kakao, Salzhering. Sehr kalkreiche Lebensmittel sind Soja, Aal usw. (0,2 bis 0,4 g je 100 g). Außerordentlich hoch ist der Gehalt vor allem der Labkäse: Magerkäse 1,7 g, Schweizerkäse 2 g und mehr je 100 g. Bei freier Nahrungswahl dürfte der Ca-Bedarf der deutschen Bevölkerung gedeckt werden können. Die in Getreide vorliegenden, an Phytinsäure gebundenen Ca-Mengen werden hinsichtlich ihrer Resorptionsfähigkeit als ungünstig beurteilt[5]; ebenso wird Calcium auch aus oxalsäurereichen Pflanzen (z. B. Spinat) schlecht ausgenutzt. Die Entwicklung der Ca-Versorgung des Menschen kennzeichnet SCHEUNERT[6] mit den Sätzen: „Viele Menschen, Familien, ja ganze Volksteile und Völker haben sich schon in normalen Ernährungszeiten so weit von der natürlichen Ernährungsweise nach althergebrachter und durch Jahrhunderte entwickelter Ernährungssitte abgewandt, daß sie von einer früheren kalkreichen Kost zu kalkarmen Kostsätzen übergegangen sind. Insbesondere hat der seit mehr als einem Jahrhundert bei allen Kulturvölkern eingeleitete Übergang von einer ballastreichen zu einer ballastarmen Kost wesentlich dazu beigetragen". Daß nicht nur in Deutschland gegenwärtig, bedingt durch die Kriegsauswirkungen, der Ca-Gehalt der Kost bedrohlich gesenkt ist, sondern daß dies auch in Friedenszeiten, z. B. in den USA der Fall war, geht aus einer von DUFRÉNOY und GENEVOIS[7] mitgeteilten Übersicht hervor (Tab. 3), die zugleich auch das Defizit in einigen anderen lebenswichtigen Ernährungsfaktoren wiedergibt. Es dürfte deshalb mit Recht zu vermuten sein, daß ein Calciummangel an einer Reihe von häufigen Krankheiten beteiligt ist. SCHEUNERT[6] weist in diesem Zusammenhang auf Zahnschäden, Osteoporose und Tuberkulose hin, und EICHLER[8] auf Krebs.

Magnesium bildet als Phosphat etwa 1,3% der Knochensubstanz. Es ist darüber hinaus in jeder Zelle des Körpers und in den Gewebsflüssigkeiten enthalten, und seine Menge übertrifft die des Calciums im Plasma und Zellkern. Während das Ca-Ion entquellend wirkt, fördert das Mg-Ion die Quellung der Kolloide. Eine ganz spezifische Bedeutung kommt dem Mg als Aktivator des Phosphatumsatzes zu, und es spielt damit eine wesentliche Rolle bei der Verwertung des Zuckers. Der Bedarf des Erwachsenen beträgt etwa 0,5 g je Tag. Lebensmittel tierischer Herkunft sind im allgemeinen arm an Magnesium, reich bis sehr reich dagegen wiederum die pflanzlichen Produkte (Nüsse, Kleiebestandteile des

[1] MORAU, J. u. J. B. HUTCHINSON: Chem. and Ind. **1942**, 416; zit. nach Ernähr. u. Verpfl. **1**, 64 (1949).
[2] BRYANT, G. u. R. JORDAN: Food Res. **13**, 308 (1948).
[3] ZIEGELMAYER, W.: Volksernähr. u. Kochwiss. **19**, 7 u. 51 (1944).
[4] TÄUFEL, K.: Ernähr. u. Verpfl. **1**, 50 (1949).
[5] WALKER, A. R. P., F. W. FOX u. J. T. IRVING: Biochemic. J. **42**, 452 (1948).
[6] SCHEUNERT, A.: Ernähr. u. Verpfl. **1**, 46 (1949).
[7] DUFRÉNOY, J. u. L. GENEVOIS: Ernähr. u. Verpfl. **1**, 5 u. 28 (1949).
[8] EICHLER, P.: Ärztl. Wschr. **1/2**, 464 (1946/1947).

Getreidekorns, Gemüse, weniger die Früchte). Sofern die Kochwässer nicht weggegossen werden, kann durch Verzehr von Gemüse unser Bedarf an diesem Element ausreichend gedeckt werden.

Tabelle 3. *Prozentsatz der Individuen, die weniger als 50 % der vom National Research Council empfohlenen Mengen an einzelnen Nahrungsbestandteilen konsumieren*[1].

| | Pensyl-vanien 748 Kinder | New York 2037 Studenten | Philadelphia | | Burbank (Kaliforn.) 250 Arbeiter | Nordkarolina | |
			562 Kinder	38 Jugend-liche		56 Weiße	39 Neger
Kalorien	22	4	4	7	4	—	—
Proteine	6	1	1	0	0	2	10
Calcium	35	9	10	43	11	25	38
Eisen	9	4	1	0	0	5	18
Vitamin A	24	20	7	14	3	27	44
Vitamin B_1	15	3	2	7	6	43	46
Vitamin B_2	72	9	2	21	22	79	82
Nicotinsäureamid	—	—	25	43	2	—	—
Vitamin C	27	15	13	21	33	77	69

Phosphorsäure. Gebunden an Calcium und Magnesium ist Phosphorsäure ein wesentlicher Bestandteil der Knochen und Zähne. In Form von Estern ist sie in lebenswichtige fettartige Stoffe (Phosphatide) eingebaut; nach Veresterung mit Phosphorsäure wird der Zucker abbaufähig; Umsätze im Phosphorsäurestoffwechsel spielen für den Energiehaushalt der Zelle eine entscheidende Rolle, ebenso auch bei der Muskelkontraktion; Phosphorsäure ist als Bestandteil von Fermenten erkannt worden; sie ist bei der Resorption bestimmter Nahrungsstoffe beteiligt, der Zellkern besitzt einen beachtlichen Gehalt an Phosphorsäure (Nucleoproteide), Phosphate sind wesentlich für die Reaktionsregulierung in Blut und Geweben. Diese Andeutungen zeigen genügend, welch wichtige Funktionen die Phosphorsäure im Organismus zu erfüllen hat. Unter normalen Stoffwechselbedingungen wird fortlaufend Phosphorsäure ausgeschieden, so daß der Körper auf Zufuhr von Phosphorsäure mit der Nahrung angewiesen ist. Der tägliche Bedarf dürfte etwa 1,3 g P betragen; er wird gewöhnlich in organischer Bindung angeboten, die Resorption erfolgt indes wohl vorwiegend in anorganischer Form. Die Bedarfsgröße ist weitgehend von der Größe der Zufuhr an Calcium abhängig. Dem für Kinder, schwangere und stillende Frauen erstrebenswerten P : Ca-Verhältnis kommt ein Wert von etwa 1 zu, für den normalen Erwachsenen sollte das Verhältnis P : Ca etwa 1,5 betragen. Der Phosphorbedarf des menschlichen Körpers wird hauptsächlich durch Milch, Käse, Fleisch, Eier, Hülsenfrüchte und (vor allem hoch ausgemahlene) Mehle und Schwarzbrot gedeckt. Wesentlich für die Ausnutzbarkeit des Phosphorgehaltes der Nahrungsmittel ist, daß nicht Bedingungen belassen oder bei der Bearbeitung geschaffen werden, unter denen Phosphorsäure nicht oder nur unvollkommen resorbiert wird.

In Getreidefrüchten liegen etwa 75 % (in Kartoffeln etwa 20 %) der Phosphorsäure als Phytinsäure (Inosithexaphosphorsäure) vor, die im Darm durch organeigene Fermente nicht zerlegt und nicht resorbiert werden kann; überdies sind die Erdalkalisalze der Phytinsäure (Ca-Salz = Phytin) schwer löslich, so daß bei vorwiegendem Angebot der Phosphorsäure als Phytin nicht nur ein ernster Phosphormangel, sondern auch ein Calciummangel eintritt, mit der Folge, daß rachitische Erscheinungen und Knochenbrüchigkeit auftreten. Inosit

---

[1] DUFRÉNOY, J. u. L. GENEVOIS: Ernähr. u. Verpfl. **1**, 5 u. 28 (1949).

hat sich als physiologischer Wirkstoff erwiesen (s. S. 438). Vor allem in den als Kleie abfallenden Teilen des Roggen- und Weizenkorns (weniger in Gerste, gar nicht in Hafer und Mais) ist ein Ferment, Phytase, enthalten, das Phosphorsäure aus Phytin abspaltet. Dieses Ferment wird zwar beim Backen inaktiviert, doch bereits während der Teigbereitung und während des Aufgehens spaltet Phytase einen wesentlichen Anteil des vorliegenden Phytins. Der diese Spaltung hemmende Einfluß von Calcium wird durch Milchsäure aufgehoben (Bildung einer löslichen komplexen Verbindung mit Calciumphytat; Bedeutung des Sauerteigs!). Auch im Darm fördert Milchsäure die Spaltung von Phytin durch aktive Nahrungsphytase[1]. In Tierversuchen[2] wurde indes der schwer hydrolysierbare Hexaphosphorsäureester des Inosits, der einer rachitogenen Kost zugesetzt war, selbst in Phytase-Gegenwart nicht als Phosphorquelle ausgenutzt. Im Körper scheint eine regulative Anpassung derart zu bestehen, daß, je geringer die aufgenommene Calciummenge ist, ein um so größerer Anteil des gebotenen Phytins hydrolysiert wird[3]. Beim Kochen von Erbsen geht der im Rohprodukt etwa 60% des Gesamtphosphors betragende Anteil des Phytinphosphors auf etwa 37% zurück[4].

Schwefel. Schwefel kommt im Organismus in anorganischer Form (Sulfat) nur in untergeordneten Mengen vor (Entgiftungsfunktion). Der Schwefelgehalt einer Reihe von organischen Bausteinen, besonders einiger Eiweißkörper kann aber recht erheblich sein. Mehrere Wirkstoffe enthalten Schwefel (z. B. Vitamin B_1, Insulin, Hypophysenhormone, Cytochrom c und Biotin, die Enzyme Bernsteinsäuredehydrase, Papain, Kathepsin und Urease). Ausgenommen bei vorwiegender Ernährung mit Weißbrot ist ein Mangel an diesem Stoff bei dem geringen Bedarf nicht zu befürchten. Die erforderlichen Mengen an Schwefel werden unserem Körper in erster Linie durch Milch, Käse, Eier, Fisch und Fleisch zugeführt.

Spurenelemente (Bioelemente, Mikronährstoffe). Als lebensnotwendig haben sich schließlich außer den vorstehend angeführten *Mineralstoffen* noch mehrere Elemente herausgestellt, die, wenn auch nur in geringsten Mengen *(Spurenelemente)* mit der Nahrung zugeführt werden müssen. Es sind dies: Eisen, Kupfer, Zink, Bor, Arsen, Brom, Fluor, Jod, Gallium, Silicium, Molybdän, Mangan, Kobalt und wahrscheinlich auch Aluminium und Vanadium. Der Nachweis ihrer Lebensnotwendigkeit dürfte in vielen Fällen recht schwer zu erbringen sein, da ihr Fehlen sich z. T. erst nach mehreren Generationen (Tierversuch) bemerkbar machen kann[5].

Eisen ist nicht nur ein Baustein des Blutes (im Blutfarbstoff der roten Blutkörperchen organisch gebunden), sondern es findet sich in jeder einzelnen Zelle als Bestandteil von Oxydationsfermenten, die für die Zellatmung unentbehrlich sind. Sein Mangel mag in vielen Fällen der sogenannten Blutarmut mitbeteiligt sein, sofern nicht Resorptionsstörungen und Minderfunktion der blutbildenden Drüsen oder schließlich hypovitaminotische Störungen der Blutbildung (s. S. 440) vorliegen. Der tägliche Bedarf des Erwachsenen wird vom Food and Nutrition Board of the National Research Council (1948) auf 12 mg Fe veranschlagt; Kindern bis zu 6 Jahren sollen etwa 6 bis 8 mg, und Jugendlichen, ebenso wie auch schwangeren und stillenden Frauen, 15 mg Fe täglich zugeführt werden. Obwohl unsere Nahrungsmittel (vor allem Getreideprodukte und Gemüse) gewöhnlich genügend Eisen enthalten, um den Bedarf zu decken, scheint doch mindestens

[1] Lorenzen, K.: Getreide, Mehl u. Brot 3, 128 (1949).
[2] Courtois, J. u. A. Valentino: Bull. Soc. Chim. biol. Paris 29, 615 (1947).
[3] Walker, A. R. P., F. W. Fox u. J. T. Irving: Biochemic. J. 42, 452 (1948).
[4] Lauersen, F. u. G. Fries: Angew. Kochwiss. 4, 117 (1943).
[5] Kollath, W.: Zbl. Bakter. I. Orig. 153, 43* (1949).

in manchen Gegenden ein Defizit in der Eisenbilanz zu bestehen, wie auch neuere amerikanische Nachrichten besagen (s. auch Tab. 3). Dieser Mangel wird auf die Eisenarmut vor allem von Milch und Milchprodukten, von weißem Mehl und von aus solchem gebackenem Brot zurückgeführt.

Jod. Bekannt ist sein gehäuftes Vorkommen in der Schilddrüse, deren jodhaltiges Hormon (Thyroxin) überaus stark die Stoffwechsellage der Zellen beeinflußt. Ungenügende Thyroxinausschüttung verlangsamt den Stoffwechsel und führt, verbunden mit Mißbildungen (Kropf) zur Verblödung (Kretinismus). Einer der Faktoren, die für das Auftreten des in bestimmten Gegenden der ganzen Welt endemischen Kretinismus verantwortlich sind, ist der Mangel an Jod. Der Erwachsene soll zur Vermeidung von Gesundheitsstörungen täglich etwa 0,15 bis 0,3 mg Jod zu sich nehmen[1]. Besonders wichtig ist eine ausreichende Versorgung mit Jod während der Schwangerschaft und während der Pubertät.

Fluor[2] ist ein regelmäßiger Bestandteil des Knochengewebes und der Zahnsubstanz, besonders des Zahnschmelzes (0,1 % F). Unsere Nahrungsmittel enthalten das Element nur in (gut resorbierbaren) Spuren (Größenordnung im Durchschnitt 0,02 bis 0,03 mg%, höher bei Tee[3] und bei den Nahrungsmitteln aus dem Meer)[4]. Der Fluorgehalt des Trinkwassers (optimal ca. 0,05 bis 0,1 mg%) scheint für die Versorgung unseres Organismus mit Fluor eine beachtliche Rolle zu spielen. Optimale Fluorgaben schränken das Entstehen von Zahncaries deutlich ein[5, 6].

Kupfer wird vom Erwachsenen in einer Menge von 1 bis 2 mg/Tag benötigt, von Kindern in einer Menge von 0,05 mg/kg Körpergewicht. Kupfer, Mangan und Kobalt scheinen für die Hämoglobinbildung notwendig zu sein; *Kupfer und Mangan* sind weiterhin von wesentlicher Bedeutung für die Oxydationsvorgänge im Gewebe; *Arsen* fördert den Ansatz, während *Bor* die Verbrennungen beschleunigt, wobei eine vermehrte Fetteinschmelzung stattfindet; *Zink* enthalten die inneren menschlichen Organe in Mengen von 10 bis 50 mg/kg (Austern über 1000 mg/kg)[7]; es spielt als Fermentbestandteil im Kohlenhydratstoffwechsel eine Rolle. Darüber hinaus sind zweifellos noch eine Reihe weiterer Elemente für die biologischen Systeme bedeutam[8, 9]. Wenn auch alle diese notwendigen Stoffe in unserer Nahrung, vorwiegend in der Pflanzenkost, enthalten sind und mit dieser bei schonender Zubereitung (Waschwässer!) in ausreichenden Mengen dem Organismus zugeführt werden, wurden doch ernste Besorgnisse dahingehend geäußert[10], daß unsere Nahrungsmittel über eine u. a. durch zu intensiven Ackerbau bedingte Verarmung der Böden an Spurelementen auch selbst daran verarmen könnten. Sollten diese Bedenken zu Recht bestehen, wäre es auch hier Aufgabe der Nahrungsmittelindustrie, insbesondere der Konservierungsindustrie, ihren maßgebenden Einfluß zur Erzeugung vollwertiger Rohwaren geltend zu machen.

[1] Lang, K. u. O. F. Ranke: Stoffwechsel und Ernährung. S. 198. Berlin/Göttingen/Heidelberg: Springer 1950.

[2] Bredemann, G.: Biochemie und Physiologie des Fluors. Berlin: Akademie-Verlag 1951.

[3] Harrison, M. F.: J. Nutrit. 3, 166 (1949; zit. nach Z. Lebensmittel-Untersuch. u. -Forsch. 93, 246 (1951)

[4] McClure, F. J.: Publ. Health Rep. 64, 1061 (1949).

[5] Klein, H.: Publ. Health Rep. 1947, 1247.

[6] Müller, H.: Dtsch. Lebensmittel-Rdsch. 47, 254 (1951).

[7] zit. nach Z. Lebensmittel-Untersuch. u. -Forsch. 93, 234 (1951).

[8] Schweigart, H. A.: Z. Pflanzenernähr. 54, 36 (1951).

[9] Heupke, W.: Münch. med. Wschr. 92, 351 (1950).

[10] Kollath, W.: Zbl. Bakter. I. Orig. 153, 43 (1949) u. Wiener med. Wschr. 1941, 9.

IV. Die Wirkstoffe (Biotika, Ergänzungsstoffe).

1. Einleitung.

Wir haben mit der vorstehenden Betrachtung im wesentlichen die Behandlung jener Nahrungsbestandteile abgeschlossen, die als Energiespender und als eigentliche Baustoffe für unseren Körper von grundlegender Bedeutung sind. Wenn auch einige Fragen noch nicht völlig befriedigend beantwortet werden können, besteht doch um sie keinerlei tiefere Problematik mehr: Die Notwendigkeit ihrer Aufnahme in den Körper ist bekannt, wir kennen bei den meisten von ihnen auch bereits die erforderlichen Mindestmengen, und wir verfügen über geeignete Methoden, mit deren Hilfe diese Stoffe genügend weitgehend erhalten werden können.

Darüber hinaus gibt es aber noch zahlreiche andere Faktoren, die den ernährungsphysiologischen Wert unserer Nahrung bestimmen. Über die Existenz einiger dieser Faktoren und über ihre Bedeutung für unsere Gesundheit hat uns erst die Forschung der letzten Jahrzehnte unterrichtet. Ihrer Erhaltung gilt es nun gerade die gebührende Aufmerksamkeit von Seiten der Lebensmitteltechnik zu schenken. Das Gebiet ist noch keineswegs erschöpfend behandelt, und neue Befunde folgen rasch aufeinander. Wie bei den meisten der in Entwicklung befindlichen Zweige der wissenschaftlichen Erkenntnis sind, ohne daß es in allen Fällen bereits zu völlig gesicherten Vorstellungen gekommen ist, Ansätze in verschiedenerlei Richtung vorhanden. Sie zeigen, welch komplizierter Vorgang der Stoffwechsel darstellt, wie fein seine Einzelvorgänge aufeinander abgestimmt sein müssen, und von welch mannigfaltigen Faktoren ihr störungsfreies Funktionieren abhängt. Gerade diese Störungen aber sind es, die uns im Gebiet der Stoffwechselphysiologie oft so überraschende Einblicke in das normalerweise so wohl abgestimmte Spiel des Stoffwechsels vermitteln. Der harmonische Stoffwechselablauf läßt uns lediglich die Anfangs- und Endprodukte erkennen; über den Weg, der zwischen ihnen liegt, läßt er uns notwendigerweise im Unklaren, da es gerade im Sinne dieser Harmonie ist, daß die anfallenden Zwischenprodukte ebenso rasch weiter umgesetzt werden, wie sie sich bilden. Erst, wenn einzelne der vielfältigen Reaktionsfolgen *außer Tritt geraten* oder *nachhinken*, so daß ihre gegenseitige Abstimmung nicht mehr vollkommen ist, kann es zur Anhäufung solcher Intermediärprodukte des Stoffwechsels in analytisch faßbaren Mengen kommen; sie stellen gleichsam Marksteine des Stoffwechselweges dar, und fast jede solche neu aufgefundene Substanz verfeinert die Einzelheiten unseres Wissens um die Stoffwechselvorgänge und bereichert damit die Möglichkeiten, Stoffwechselstörungen normalisierend, d. h. heilend, zu beeinflussen. Solche Störungen können auf Veränderungen im rein stofflichen Teil des Getriebes beruhen und durch Verschiebungen von Reaktionsgleichgewichten gemäß dem Massenwirkungsgesetz ausgelöst werden; als weiter zurückliegende Ursachen sind dabei u. a. Anomalien in der Zu- oder Ableitung, Stauungen, pathologische Veränderungen der Gewebe und ihrer Strukturen und damit auch ihrer Funktionen verantwortlich zu machen. Ganz besonders aufschlußreich mußten aber auch Störungen in der Kinetik bestimmter Reaktionen sein, wie sie etwa auf nervösem oder auf hormonalem Wege oder aber durch Mangel an dem den Ablauf der betreffenden Reaktion bewirkenden Fermentsystem (s. S. 423) oder durch Einstellen eines nicht optimalen Milieus erfolgen kann. Gerade abwegige Entwicklungen der Ernährungsweise haben der Ernährungsphysiologie zu wertvollsten Einblicken in die Erfordernisse einer gesunden Ernährung an solchen Faktoren verholfen und wesentlich dazu beigetragen, ein völlig neues Gebiet, das der Ergänzungsstoffe zu erschließen, das in der neueren Entwicklung der Ernährungsphysiologie zu einem Schwerpunkt der Forschung geworden ist.

Solange unsere Ernährung auf möglichst unveränderte Naturerzeugnisse zurückgreift, kann an sich nicht erwartet werden, daß sie auf Grund der Entdeckung solcher Wirkstoffe vollkommener als bisher gestaltet zu werden vermag. Das Wissen um die Erfordernisse eröffnet aber für die praktische Ernährungsphysiologie die unschätzbare Möglichkeit, von vornherein zu prüfen und dann zu entscheiden, ob der Mensch nicht durch irgendwelche künstliche, in gewisser Hinsicht erwünschte Veränderungen seine Nahrung so umgestaltet hat, daß bestimmte Faktoren geschädigt oder gar entfernt worden sind. Der weitere sich daraus ergebende Schritt ist dann der erfolgversprechende Versuch, solche Mängel abzustellen, entweder dadurch, daß das wertmindernde Vorgehen verlassen oder verbessert, oder daß durch anschließenden Zusatz der gefährdeten Komponente der Verlust ausgeglichen wird (s. S. 449).

Wir haben uns hier mit einer Gruppe von Stoffen zu befassen, denen insofern eine besondere biologische Wirkung zukommt, als sie im Verein mit der bestimmten Feinstruktur des Plasmas die Leistungen der Zelle im wesentlichen bedingen und steuern. Einige dieser Stoffe vermag unser Organismus selbst zu bilden, andere wieder muß er der Nahrung entnehmen. Zwischen diesen Gruppen bestehen mancherlei Wechselbeziehungen. Gemeinsam ist ihnen, daß sie in außerordentlich geringer, von Wirkstoff zu Wirkstoff wechselnder Konzentration in den Geweben ihre volle Wirksamkeit entfalten.

Ohne uns in Einzelheiten zu verlieren, seien hier aus dem großen Forschungsgebiet nur einige Erkenntnisse in dem Maße vermittelt, wie es in diesem Rahmen erforderlich erscheint.

2. Wirkstoffe.

Die Fermente[1] sind ihrer Wirkung nach Katalysatoren, d. h. sie beschleunigen den Ablauf der einzelnen Reaktionen des Stoffwechsels und bewirken damit einen praktisch ins Gewicht fallenden Umsatz. Sie schaffen somit die Voraussetzung, daß die in der Nahrung zugeführten Substanzen zerlegt, in körpereigene Verbindungen umgebaut oder zum Zwecke der Energiegewinnung oxydativ abgebaut werden können. Mit Ausnahme der großen Gruppe der Verdauungsfermente ist die Tätigkeit der Fermente im Körper an die Zellen gebunden; sie vermögen jedoch ihre Wirkung auch losgelöst von der lebendigen Substanz (in vitro) zu entfalten. Die weitaus meisten Fermente sind nach dem allgemeinen Bauprinzip aufgebaut: Co-Ferment + Apo-Ferment = Holo-Ferment. Die Wirksamkeit gewisser Fermente wird durch bestimmte Metallionen (vor allem Mg und Mn) stark erhöht. Das Co-Ferment ist eine hitzebeständige, nichtkolloidale Komponente, die für die besondere Wirkungsart des Fermentes maßgebend ist. Das Apo-Ferment ist ein Eiweiß und als solches kolloidal und durch Hitze denaturierbar, d. h. seine Wasserlöslichkeit wird vermindert oder ganz aufgehoben; es ist entscheidend für die Art des fermentativ umzuwandelnden Stoffes (Substratspezifität). Co-Ferment und Apo-Ferment vereinigen sich (auch außerhalb der Zelle) zum aktiven Holo-Ferment, das auf schonende Weise auch wieder in diese Komponenten zerlegbar ist.

Die Einteilung der Fermente erfolgt nach ihrer im allgemeinen recht gut bekannten Wirkung. Ganz grob sind zu unterscheiden:

Hydrolasen. Sie spalten Verbindungen zusammengesetzter Natur unter Aufnahme von Wasser in ihre einfacheren Bausteine (Stärke zu Zucker, Eiweiße in Aminosäuren). Praktisch in Betracht zu ziehende Energieumwandlungen erfolgen bei solchen Vorgängen nicht. Sie sind die Schrittmacher der

---

[1] Ausführliche Darstellung bieten in diesem Band die Beiträge: „Chemische Grundlagen der Lebensmittelfrischhaltung" und „Biologische Grundlagen der Frischhaltung pflanzlicher Lebensmittel".

Desmolasen. Diese lösen festere strukturelle Bindungen. Durch ihre Wirksamkeit, die zudem meist mit oxydativen Veränderungen der umgesetzten Stoffe verbunden ist, wird beim stufenweisen Abbau der einfacheren Bausteine (z. B. Glycerin, Aminosäuren, Glucose, Fettsäuren) deren Gesamtenergiegehalt in Teilbeträgen freigemacht und in solchen verwendet. Die Kenntnis dieser Energietransformationen ermöglicht das Verständnis der kalten *flammenlosen Verbrennung* der organischen Stoffe in unserem Körper.

Hormone. Die Fermente sollen nicht nur eine isolierte für die einzelne Zelle nützliche Leistung vollbringen; um diese den Bedürfnissen des Gesamtorganismus zu koordinieren, verfügt der Körper über zwei Regulationsmöglichkeiten, zwischen denen mannigfache Wechselbeziehungen spielen: über eine nervöse Regulation und eine Regulation durch chemische Stoffe: Hormone (oder Inkrete), die im Körper selbst in besonderen Drüsen mit innerer Sekretion gebildet und mit dem Blutstrom (auf *humoralem* Wege) überall im Körper verbreitet werden. Wachstum und Entwicklung, Erscheinungsform, geistige Veranlagung und soziales Verhalten des Menschen hängen weitgehend von dem harmonischen Zusammenspiel seiner Hormone ab. Die Isolierung der Hormone, ihre Strukturaufklärung und sogar ihre Synthese sind in einer Reihe von Fällen gelungen.

Vitamine. Außer Fermenten und Hormonen gibt es noch eine dritte Stoffgruppe, ohne deren Mitwirkung sich eine geregelte Zellarbeit nicht zu vollziehen vermag: die Vitamine. Durch ihre spezifisch-biologische Wirksamkeit sind sie mit den Fermenten und Hormonen vergleichbar, und zwischen allen drei Gruppen bestehen Wechselwirkungen der verschiedensten Art, und in manchen Fällen müssen die Grenzen zwischen ihnen als fließend angesprochen werden. Die Vitamine unterscheiden sich dadurch von Fermenten und Hormonen, daß der tierische Organismus sie nicht selbst zu synthetisieren vermag. In den wenigen Fällen, in denen dies doch zutrifft (Vitamin C z. B. wird im Körper der meisten Säuger gebildet), müßte dieser Stoff als Hormon angesehen werden. Vitamine bzw. gewisse Vorstufen derselben sind als notwendige Nahrungsbestandteile in unserem Zusammenhang von besonderem Interesse. Über die chemische Zusammensetzung sind wir vielfach bereits gut unterrichtet, und die meisten Vitamine sind synthetisch herstellbar.

Historisches. Die Geschichte der Entdeckung der Vitamine hat mehrere Wurzeln, die zum Teil weit in frühere Jahrhunderte zurückreichen[1],[2]. Einmal waren es bestimmte Gesundheitsstörungen, die unter speziellen Ernährungsverhältnissen regelmäßig auftraten, zum anderen waren es tierphysiologische Versuche, deren Ergebnisse nicht mit den bestehenden Vorstellungen in Einklang zu bringen waren.

Beim seefahrenden Volk war in vergangenen Zeiten eine Krankheit sehr gefürchtet, die sich fast regelmäßig bei den langen Segelschiffreisen einstellte und die viele Opfer kostete, der *Skorbut* oder *Scharbock* (s. S. 444). Auch bei längeren Expeditionen zu Lande durch unwirtliche Gebiete (Arktis usw.) war Skorbut häufig. Es war indes bereits damals bekannt, daß durch die Aufnahme von frischem Gemüse und Früchten die Krankheitserscheinungen rasch zum Verschwinden gebracht werden konnten. Eine erstaunliche Erfahrung ließ das Volk gerade diejenigen Pflanzen als besonders heilkräftig erkennen, die nach unseren modernen Befunden besonders reich an dem Stoff sind, dessen Fehlen für den Ausbruch dieser Krankheit verantwortlich ist. Die Wikinger sollen z. B. lang haltbare pflanzliche Produkte, wie Zwiebeln, verwendet haben, und um 1535 wurden den Europäern von Indianern Auszüge aus Koniferennadeln als Gegen-

---

[1] Scheunert, A. in: Bömer, A., A. Juckenack u. J. Tillmans: Handbuch der Lebensmittelchemie, Bd. 1, S. 768. Berlin: Springer 1933.
[2] Rudy, H.: Vitamine und Mangelkrankheiten, S. 3. Berlin: Springer 1936.

mittel empfohlen. Späterhin diente vor allem Zitronensaft als Heilmittel. 1795 wurde in der britischen Schiffahrt der tägliche Genuß von Lemonen- oder Lime-Saft obligatorisch gemacht; daraus erklärt sich, daß die *Britishers* im Auslande oft den Spitznamen *Limey* erhielten. Die Voraussetzungen, das Wesen der Krankheit zu erkennen, waren trotz Anwendung der richtigen Heilmethode, damals noch nicht gegeben.

Ende des 19. Jahrhunderts gaben zwei zeitlich dicht zusammenfallende, sonst aber voneinander unabhängige Beobachtungen den Anstoß, die Bedeutung gewisser Nahrungsbestandteile für das Auftreten derartiger Erkrankungen eingehender zu untersuchen. Von Bunge hatte sich 1880 die Frage vorgelegt[1], ob die bekannten anorganischen und organischen Nahrungsstoffe ausreichen, um den tierischen Organismus vollständig zu ernähren und damit gesund zu erhalten. In den darauf angestellten Versuchen gelang es nicht, Mäuse, die ausschließlich mit Fett, Zucker, Eiweiß (Casein), Wasser und gewissen Nährsalzen ernährt wurden, am Leben zu erhalten. von Bunge schloß, daß offenbar noch weitere unbekannte Nahrungsstoffe außer den verwendeten für die gesunde Ernährung notwendig sind. Um welche Art von zugesetzten Stoffen es sich dabei handelt, konnte beim damaligen Stand der Wissenschaft nicht angegeben werden; vor allem war zu prüfen, ob die gebotenen Mineral- und Eiweißstoffe in ihrer Zusammensetzung vielleicht unzureichend waren.

In Ostasien war eine Krankheit, *Beri-Beri*, bekannt, die gelegentlich unter ungünstigen Verhältnissen auch Seeleute auf langer Fahrt befiel. In den 80er Jahren des vorigen Jahrhunderts erkannte man in Japan bereits, daß das Auftreten dieser Krankheit durch die Art der Ernährung bedingt ist, denn ihre Symptome verschwanden bei Nahrungswechsel überaus rasch. In den 90er Jahren entdeckte der holländische Arzt Eijkman, daß eine der menschlichen Beri-Beri analoge Krankheit bei Hühnern auftrat, die vorwiegend mit poliertem, d. h. ihrer Samenschale beraubten Reiskörnern ernährt wurden. Die medizinische Gedankenwelt stand damals im Banne der neuen und umwälzenden Pasteur-Koch'schen Erkenntnisse über die infektionsbedingte Entstehung zahlreicher Krankheiten, und so darf es nicht verwunderlich erscheinen, daß damals vermutet wurde, die Beri-Beri sei durch Mikroben verursacht und ansteckend. Diese Vorstellung schien durch die Beobachtungen gestützt, daß die Ausbreitung der Krankheit in Japan genau den Eisenbahnstrecken folgte. Anschließende Arbeiten von Grijns führten dann erstmals zu der Annahme einer Teilhunger-hypothese, nach der also, entsprechend unserer heutigen Erkenntnis, ein unbekannter Stoff, der im Vollreis enthalten ist, dem geschälten Reis aber fehlt, die Beri-Beri verhütet.

Zahlreiche Arbeiten beschäftigen sich mit dem Versuch, den geheimnisvollen Stoff zu finden. Hopkins nahm zu Beginn des 20. Jahrhunderts die von Bunge'sche Fragestellung wieder auf; seine Tierversuche bewiesen die Notwendigkeit besonderer unbekannter Nährstoffe. Damit war eine Brücke geschlagen zwischen den Beobachtungen der Ärzte und denen der Ernährungsphysiologen. Dieser Befund gab in seiner großen und so weittragenden Bedeutung der Forschung einen gewaltigen Auftrieb. Stepp konnte dann 1909 nachweisen, daß es möglich ist, diese lebenswichtigen Stoffe mit Alkohol und Äther zu extrahieren, daß sie aber nicht mit den Neutralfetten der Nahrung identisch sind. Kompliziert wurde die Beantwortung dieser Frage durch die inzwischen entdeckte Bedeutung der verschiedenen Eiweißarten und der Mineralsalze für die Ernährung. Die Bemühungen eines ganzen Heeres von Forschern der verschiedensten Gebiete, Ärzte, Chemiker, Physiologen schafften endlich die

---

[1] ABDERHALDEN, E.: Nova Acta Leopoldina **13**, 381 (1944).

Voraussetzung für den entscheidenden Fortschritt. Funk war 1911 der erste Erfolg beschieden; es gelang ihm, aus großen Mengen von Reiskleie mittels eines komplizierten Fraktionierungsverfahrens eine Substanz in krystalliner Form zu gewinnen, die die Vogelberiberi zu heilen vermochte. Die Lebenswichtigkeit dieses Stoffes und die amidartige Bindungsform des darin neben Kohlenstoff, Wasserstoff und Sauerstoff enthaltenen Stickstoffs bestimmten Funk, diesen Stoff *Vitamin* zu nennen. Diese lautlich ansprechende Bezeichnung hat sich gegenüber vielen anderen Vorschlägen durchgesetzt und ist schließlich als Name für die ganze Klasse von physiologisch einander in gewissem Grade entsprechenden Körpern verwendet worden, die in der Folgezeit entdeckt wurden, auch wenn die bezeichnende Form der Stickstoffbindung nicht vorhanden war.

Die Entwicklung der Vitaminforschung lehrt eindringlich, wie bestehende, und zwar wohl richtige, in ihrer Bedeutung aber als zu umfassend und ausschließlich bewertete Lehren so stark dominieren können, daß die Entwicklung neuartiger, heute als naheliegend empfundener Gedanken gehemmt und vorübergehend zurückgedrängt werden kann. Die Konservierungstechnik war einstmals auf dem Wege, gerade solche Methoden zu entwickeln und bevorzugt zu verwenden, bei denen die Wirkstoffe möglichst weitgehend zerstört oder entfernt wurden. Erfreulicherweise hat sie sich aber den Notwendigkeiten, eine vollwertige Konserve zu schaffen, nicht verschlossen und dahingehende Anregungen aufgegriffen und nach Möglichkeit ausgebaut. Die Forschung ist noch im Fluß; sie versucht, die Fäden zu entwirren, die zwischen den einzelnen Nährstoffen gespannt sind, sie funktionell verbindend, und bemüht sich um die Erkenntnis einer optimalen Ernährung. Die Konservierungstechnik wird ihr folgen. Vielleicht muten uns schon bald gewisse Maßnahmen, die heute noch durchaus üblich sind, als unverständlich an, und wir lehnen sie als schädlich ab.

Da die Aufklärung der chemischen Konstitution der Vitamine erst viel später möglich wurde als die Entdeckung ihrer Wirkung, war zunächst nur eine Einteilung auf Grund biologischer Phänomene durchführbar. Die eine bestimmte Wirkung auslösende Substanz wurde nach der Mangelkrankheit benannt, die sie verhütet; daneben erhielt sie auch eine kurze Bezeichnung in Form eines einzigen großen Buchstabens (Vitamin A, Vitamin B usw.). Bei den Vitaminen B, D und E ist inzwischen eine Unterteilung notwendig geworden, die durch Zahlenindizes durchgeführt wird (Vitamin B_1, B_2 usw.). Eine grobe, in funktioneller und in ernährungsphysiologischer Hinsicht aber wichtige Einteilung der Vitamine kann nach ihrer Löslichkeit erfolgen, wobei eine zahlenmäßig kleine Gruppe der fettlöslichen Vitamine (A, D, E und K) dem Gros der wasserlöslichen Vitamine gegenübersteht.

Die teilweise noch unvollkommene Kenntnis der Chemie der Vitamine und ihr meist nur spurenhaftes Vorkommen, läßt es verständlich erscheinen, daß ihre quantitative Bestimmung auf chemischem Wege, z. T. noch im argen liegt, insbesondere aber häufig durch Begleitstoffe gestört wird. Deshalb sind zweifelsfreie quantitative Angaben vielfach nur auf dem Wege des mikrobiologischen oder des Tierversuchs zu erhalten, der in der Methodik der Vitaminforschung überhaupt einen ersten Platz einnimmt.

Vitaminmangel. Ist ein bestimmtes Vitamin überhaupt nicht in der zugeführten Nahrung enthalten, so treten nach kürzerer oder längerer Zeit die charakteristischen Symptome der *Avitaminose* auf. Besteht dagegen nur ein *Mangel* an einem bestimmten Vitamin, so ergeben sich Krankheitsbilder unklarer Art, ohne daß die typischen Kennzeichen der Avitaminose auftreten: die *Hypovitaminose.* Diese Form der Mangelerkrankungen tritt häufig versteckt auf und ist deshalb leicht zu übersehen; ihr gegenüber gilt es deshalb besonders wachsam zu sein.

Man unterscheidet nach SCHEUNERT[1] drei Arten von Vitamin-Mangel-schäden:

1. Exokarenz: Vitaminmangel durch ungenügende Zufuhr mit der Nahrung.

2. Enterokarenz: es werden zwar genügende Mengen von Vitaminen mit der Nahrung zugeführt; diese werden aber im Verdauungstraktus zerstört oder können nicht resorbiert werden.

3. Endokarenz: es werden genügende Mengen der Vitamine zugeführt und auch resorbiert, sie können aber infolge von Stoffwechselstörungen oder durch Konkurrenz-Wirkung von Antivitaminen[2] (s. unten) nicht verwertet werden. Bei Eiweißmangel kann eine ganze Reihe von Vitaminen nicht im Organismus fixiert und damit nicht wirksam werden[3].

Vitaminwirkung. Das eigentliche Substrat aller Lebensvorgänge ist das aktive Eiweiß der Zelle; so sind die Fermente, die die weitaus größte Gruppe der Wirkstoffe ausmachen, ohne Ausnahme Proteine. Die Vitamine haben nun die Aufgabe, *die präformierte katalytische Potenz der Zellproteine in bestimmte Richtung zu lenken und nach Art und Ausmaß zu spezialisieren*[4]. Die eine Gruppe der Vitamine (B-Vitamine) bewirkt diese Aktivierung dadurch, daß sie z. B. als Cofermente in das Eiweißmolekül eintreten und diesem dadurch katalytisch wirksamen Fermentcharakter verleihen. Die Angehörigen der anderen Gruppe (fettlösliche Vitamine und Vitamin C) aktivieren die Zellproteine dadurch, daß sie *durch vorübergehenden Oberflächenkontakt etwa nach Art einer Schablone oder eines Prägestempels undifferenziertes Eiweiß zu spezifisch strukturiertem und mit spezifischer Funktion begabtem Fermenteiweiß* in unbegrenzter Wiederholung auszuformen vermögen (induktiv wirksame Vitamine[4]).

Die Vitamine der B-Gruppe sind von allgemeinster biologischer Bedeutung, denn die Fermente, an deren Aufbau B-Vitamine beteiligt sind, katalysieren dem Kohlenhydrat-, Fett- und Eiweißstoffwechsel gemeinsame Umsatzreaktionen. Da diese lebenserhaltenden, energieliefernden Stoffwechselprozesse in den Zellen aller Organismen ablaufen, ist jede lebende Zelle auf ihre Mitwirkung angewiesen. Bedarf und Gehalt der Zelle hängt ausschlaggebend von der Stoffwechselintensität dieser Zelle ab.

Die induktiv wirksamen Vitamine werden dagegen nicht von jeder lebenden Zelle benötigt; vielmehr haben sie hochspezialisierte, zeit- und ortsgebundene Sonderaufgaben im Organismus zu erfüllen.

Die in die Zelle eintretenden Vitamine konkurrieren miteinander um das Zellprotein, und die einzelnen Vitamine können damit einander antagonistisch beeinflussen; dies erfolgt vor allem dann, wenn einzelne Vitamine in unphysiologisch großen Mengen (etwa zu therapeutischen Zwecken) aufgenommen werden. Andererseits kann eine Vitamingabe die Synthese eines anderen Vitamins (z. B. durch die Darmbakterien) begünstigen. Darüber hinaus gibt es indes eine Fülle komplizierter funktioneller Querverbindungen zwischen den einzelnen Vitaminen, die aber heute erst teilweise erkannt sind.

Antivitamine.[5] Nicht nur wahre Vitamine konkurrieren miteinander, sondern die natürlichen Biotica können auch durch chemisch ähnlich gebaute, aber inaktive Stoffe von ihrem Wirkungsort in der Zelle verdrängt und damit unwirksam gemacht werden. Diese Antivitamine gehören zur Gruppe der Antibiotica[6], die in der Medizin (Chemotherapie) in neuester Zeit sehr erfolgreich verwendet und die in Form bactericider bzw. bakteriostatischer Mittel bei der Konservierung

[1] SCHEUNERT, A.: Mh. Vet. Med. **4**, 101 (1949).

[2] MARQUARDT, P.: Pharmazie **4**, 249 (1949).

[3] Zit. nach J. KÜHNAU: Physiol. Ber. **136**, 146 (1949).

[4] Zit. nach J. KÜHNAU: Neue med. Welt **1**, 1366 (1950).

[5] KNOBLOCH, H.: Antivitamine. In: Weidenhagen, R.: Ergebn. Enzymforsch. Bd. **11**, S. 67. Leipzig: Akadem. Verlagsges. 1950.

[6] VOGEL, H.: Die Antibiotica. Nürnberg: Hans Carl 1951.

von Nahrungsmittel versucht worden sind (s. auch S. 427, 428 und 459). Es sei hier ergänzend bemerkt, daß ganz entsprechende Konkurrenzerscheinungen auch zwischen Aminosäuren auftreten (s. S. 412); so wirkt z. B. Methionin toxisch, wenn die Nahrung anomal große Mengen davon (3 bis 5%) enthält[1].

Einfluß der Darmflora auf die Vitaminversorgung. Neuere Erfahrungen[2] zeigen, daß die Bakterien des tierischen (und menschlichen) Magendarmkanals nicht nur Substanzverbraucher sind, sondern selbst Produzenten wichtiger, für die Gesunderhaltung des Organismus wesentlicher Wirkstoffe darstellen. So werden vor allem Vitamine der B-Gruppe (z. B. Folsäure, Biotin, Pantothensäure, Inosit, p-Aminobenzoesäure, Pyridoxin Vitamin B_{12}, ebenso auch Vitamin K u. a.) durch die Darmbakterien in z. T. überreichlicher Menge synthetisiert. Da aber andererseits gewisse Vitamine (z. B. Nicotinsäure und B_{12}) durch diese Bakterien zerstört werden, ergibt sich aus dieser Einschaltung der Darmflora eine völlig unkontrollierbare Beeinflussung der menschlichen Vitaminversorgung.

Zwar findet die bakterielle Vitaminsynthese beim Menschen im Gegensatz etwa zum Wiederkäuer vorwiegend im Dickdarm statt, also hinter den gut resorbierenden Darmabschnitten, doch lassen Befunde erkennen, daß außer Biotin und Pantothensäure noch weitere B-Vitamine durch die Dickdarmschleimhaut treten. Unter günstigen Bedingungen ist das Ausmaß dieser Vitaminsynthese so ausreichend, daß der Mensch auf die Zufuhr dieser Vitamine (außer B_1 und B_2) mit der Nahrung normalerweise nicht angewiesen ist. Eine qualitative Veränderung in der Darmflora unter dem Einfluß der aufgenommenen Nahrung kann sich somit infolge des eingeschränkten Angebots von Vitaminen bakterieller Herkunft ungünstig auf unsere Gesundheit auswirken. Dieser Einfluß kann darin bestehen, daß es der Nahrung an Wirkstoffen mangelt, auf deren Zufuhr die Darmbakterien angewiesen sind, oder daß den Bakterien nicht zusagende kalorische Nährstoffe angeboten werden; möglicherweise ist der günstige gesundheitliche Einfluß eines optimalen Gehaltes unserer Nahrung an Ballaststoffen auch in deren Wirkung auf die Darmflora begründet. Weiter aber ist an solche Nahrungsbestandteile zu denken, welche die Darmflora direkt schädigen. So besaßen z. B. ca. 60% von 550 untersuchten Pflanzenarten und -formen Inhaltsstoffe mit bacteriostatischen oder bactericiden Eigenschaften[3]. Ein Inhaltsstoff des Maiskornes z. B. macht die Bakterien unfähig, Nicotinsäure zu bilden; sie entnehmen daher der Nahrung das für ihren Stoffwechsel unentbehrliche Nicotinsäureamid und außerdem die lebensnotwendige Aminosäure Tryptophan. Als Folge hiervon kommt es zu einem Mangel an diesen beiden Stoffen im menschlichen Organismus[4] (s. auch Nicotinsäureamid S. 436). Weitere solche bakterienfeindliche Stoffe sind die Antibiotica (s. Antivitamine S. 427), die als künstliche (z. B. Sulfonamide), oder natürliche Mittel (aus Schimmelpilzen und Bakterien gewonnene) zur Bekämpfung bestimmter Mikroorganismen, vor allem krankheitserregender Bakterien, angewendet werden. Ihre kurzfristige Anwendung als Chemotherapeutica erscheint hierbei weniger bedenklich; ein Zusatz solcher bakteriostatisch wirkender Stoffe (z. B. Subtilin) zu Nahrungsmitteln zum Zwecke der Sterilisation[5], wird erst dann zu befürworten sein, wenn ihre ernährungsphysiologische Unbedenklichkeit auch bei einer unter Umständen lange Zeit währenden Aufnahme feststeht. Eine extensive Prüfung dieser Frage ist besonders auch deshalb wichtig und kann durchaus positiv ausfallen, da

[1] Wretlind, K. A. J.: Acta physiol. scand. (Stockh.) **20**, 1 (1950); zit. nach Physiol. Ber. **145**, 55 (1951).

[2] Scheunert, A.: Mh. Vet. Med. **4**, 101 (1949).

[3] Freerksen, E.: Naturwiss. **37**, 564 (1950).

[4] Abderhalden, R.: Umschau **49**, 373 (1949).

[5] Zit. nach Ind. Obst- und Gemüseverwertung **35**, 33 (1950).

bekannt ist, daß es auch Antibiotica gibt, die vitaminabbauende Darmbakterien ausschalten[1]. So dürfte der Befund, daß das Antibioticum Aureomycin bei Aufnahme durch den Mund sich als wirksames Mittel gegen perniciöse Anämie (s. S. 440) erweist, darauf zurückzuführen sein, daß Aureomycin die normale Darmflora unterdrückt. die gewöhnlich einen Teil des mit der Nahrung aufgenommenen Vitamin B₁₂ (s. S. 440) aufzehrt. Gleichzeitig aber wird der Lebensraum für andere Mikroorganismen erweitert, darunter von solchen, die kräftige Vitamin B₁₂-Bildner sind[2].

Bei bakteriellen Darmstörungen ist die mikrobielle Vitaminproduktion oft stark beeinträchtigt; der günstige regulierende Einfluß von Rohkost bei solchen Störungen wird z. T. auf eine antimikrobielle Wirkung des Pflanzenmaterials zurückgeführt[3, 4].

Tabelle 4.

Vom National Research Council empfohlene tägliche Aufnahmen an Kalorien, Eiweiß, Calcium, Eisen und Vitaminen[5].

	Kalorien	Eiweiß g	Calcium g	Eisen mg	Vitamin A IE	Vitamin B₁ mg	Vitamin B₂ mg	Nicotinsäureamid mg	Vitamin C mg	Vitamin D IE
Mann 70 kg:										
Büroarbeit	2400	70	1,0	12	5000	1,2	1,8	12	75	*
Arbeiter	3000	70	1,0	12	5000	1,5	1,8	15	75	*
Schwerarbeiter ...	4500	70	1,0	12	5000	1,8	1,8	18	75	*
Frau 56 kg:										
sitzend beschäftigt	2000	60	1,0	12	5000	1,0	1,5	10	70	*
arbeitend	2400	60	1,0	12	5000	1,2	1,5	12	70	*
schwer arbeitend..	3000	60	1,0	12	5000	1,5	1,5	15	70	*
schwanger........	2400	85	1,5	15	6000	1,5	2,5	15	100	400
stillend	3000	100	2,0	15	8000	1,5	3,0	15	150	400
Kinder bis zu 12 Jahren:										
unter 1 Jahr	110/kg	3,5/kg	1,0	6	1500	0,4	0,6	4	30	400
1—3 Jahre	1200	40	1,0	7	2000	0,6	0,9	6	35	400
4—6 Jahre	1600	50	1,0	8	2500	0,8	1,2	8	50	400
7—9 Jahre	2000	60	1,0	10	3500	1,0	1,5	10	60	400
10—12 Jahre	2500	70	1,2	12	4500	1,2	1,8	12	75	400
Kinder über 12 Jahre:										
Mädchen 13—15 J.	2600	80	1,3	15	5000	1,3	2,0	13	80	400
Mädchen 16—20 J.	2400	75	1,0	15	5000	1,2	1,8	12	80	400
Knaben 13—15 J.	3200	85	1,4	15	5000	1,5	2,0	15	90	400
Knaben 16—20 J.	3800	100	1,4	15	6000	1,7	2,5	17	100	400

* Gesunde Erwachsene haben bei normalem Leben einen sehr geringen Bedarf an Vitamin D. Personen, die Nachtarbeit haben oder nur wenig an das Sonnenlicht kommen, ferner ältere Menschen, benötigen der Zufuhr von etwas Vitamin D.

Die Zahlen für Vitamin A sind unter der Voraussetzung berechnet, daß etwa $^2/_3$ der Zufuhr in Form von Carotin erfolgt.

---

[1] Kühnau, J.: Neue med. Welt **1**, 1366 (1950).
[2] Zit. nach Umschau **51**, 757 (1951).
[3] Dold, H.: Zbl. Bakter. I. Orig. **155**, 106 (1950).
[4] Baumgärtel, Th.: Z. Volksernähr. **14**, 269 (1938); Milchwiss. **4**, 346 (1949).
[5] Food and Nutrit. Board, Nat. Res. Council: Recommended dietary allowances. Washington 1948.

Tabelle 5.

Gehalt von Nahrungsmitteln an wasserlöslichen Vitaminen. Alle Zahlen beziehen sich auf Milligramme Vitamin in 100 g frischem Nahrungsmittel) [1]

Nahrungsmittel	Aneurin	Lactoflavin	Niacin	Pyridoxin	Pantothen-säure	Biotin	Inosit	Cholin	Pteroylglu-taminsäure	Ascorbin-säure
Fleisch	0,1—0,23	0,2—0,38	4—5	0,4—0,8	0,6—2,0	0,002		100	0,01—0,03	0
Leber	0,38—0,52	1,6—3,7	10—25	0,6—2,5	4—6	0,15—0,2	100	600	0,04—0,1	15—30
Milch (Frau)	0,005—0,02	0,05—0,16	0,2—0,5	0,15	0,25	0,0008			0,045	4—7
Milch (Kuh)	0,02—0,04	0,10—0,25	0,1—0,5	0,1—0,3	0,28—0,37	0,001—0,005	7	15	0,005	0,2—2,5
Ei	0,08—0,14	0,25—0,30	0,8	2,0	0,8—4,8	0,1		350		0
Weizen (Vollkorn)	0,5—1,0	0,18—0,25	3—8	0,4—0,7	0,5—1,5			30	0,05—0,13	0—1,5
Weizenkleie	0,5—1,0	0,6	25—40	2,5	2—3					
Roggen (Vollkorn)	0,24—0,42	0,15—0,20	1,3—2,7		1—2					Spur
Mais (Vollkorn)	0,30—0,40	0,05—0,20	1,0—3,0	0,7—4,0	0,3—0,8					Spur
Hefe (Brauerei-hefe)	3,0—15,0	3,5—8,0	10,0—50,0	3,0—10,0	12,0—25,0	2,0—7,5	80—160	0,2—1,2	0,2—1,2	0
Erbsen (grün)	0,4—0,8	0,16—0,28	0,7—2,1	0,08—0,19	0,38—1,0	0,0035		260	0,2—0,26	15—30
Bohnen (grün)	0,07—0,25	0,20—0,28	0,2—0,6						0,5—0,9	5—15
Sojabohnen	0,3—1,4	0,30—0,75	4—20	0,35—0,64	1,2	0,054—0,061				20—45
Spinat	0,06—0,22	0,16—0,36	0,4—1,7	0,5	0,12	0,007			0,26—0,30	30—80
Salat (Kopfsalat)	0,05—0,1	0,05—0,15	0,2—0,3	0,2—0,3					0,07—0,09	3—15
Karotten	0,06—0,07	0,05—0,10	0,4—1,5	0,1—0,2	0,05—0,25	0,002—0,007			0,04—0,09	2—10
Kartoffel	0,09—0,18	0,03—0,04	1,2—1,3	0,2—0,6	0,2—0,7	0,0006		100	0,1—0,15	6—35
Tomate	0,06—0,12	0,04—0,05	0,3—0,6	0,2—0,3	0,1—0,4	0,004			0,12—0,14	10—24
Kohlarten	0,10—0,20	0,05—0,1	0,1—0,4	0,1—0,3	0,1—1,4	0,002—0,07			0,14—0,50	10—70
Äpfel	0,001—0,04	0,004—0,02	0,09—0,5	0,05—0,2	0,0—0,06	0,001	1—4			1—27
Birnen	0,03—0,04	0,02—0,12	0,2—0,3	0,1—0,2	0,03—0,3					3—6
Zwetschgen	0,01—0,05	0,02—0,1			0,03—0,3					3—10
Johannisbeere rot	0,06—0,1	0,01—0,02								20—60
Johannisbeere schwarz	0,02—0,08	0,01—0,02								100—400
Citrone										40—60
Banane	0,05—0,16	0,05—0,075	0,3—0,6	0,3—0,5	0,18	0,004—0,012				8—12

[1] Entnommen aus: Lang, K. u. O. F. Ranke: Stoffwechsel und Ernährung, S. 45. Berlin/Göttingen/Heidelberg: Springer 1950.

Die speziellen Vitamine.

Vitamin A und Carotin. *Vorkommen.* Die Quelle des Vitamin A bzw. seines Provitamins, des Carotin, ist das Pflanzenreich, besonders das grüne Blatt; häufig weist schon eine stärkere Gelbfärbung auf eine hohe Vitamin-A-Wirksamkeit mancher Pflanzenprodukte hin. Mit der Nahrung aufgenommenes Vitamin A wird vornehmlich im Fettgewebe und in der Leber gespeichert; so sind besonders die Lebern von Polartieren sehr reich an Vitamin A[1]. Der Reichtum von Milch, Butter, Eigelb und Lebertran an Vitamin A erklärt sich dadurch, daß dieses Vitamin letztlich von den Futterpflanzen herstammt. Durch Hydrieren der Fette und Öle geht deren Vitamin-A-Wirksamkeit völlig verloren.

Bedarf. Der tägliche mittlere Bedarf des Menschen wird mit 2 bis 3 mg Vitamin A bzw. 4 bis 6 mg β-Carotin angegeben. Eine internationale Einheit (IE) Vitamin A entspricht der Wirksamkeit von 0,6 γ β-Carotin[2].

Physiologisches Verhalten. Außerordentlich wesentlich für die Deckung des Vitamin-A-Bedarfs aus der Nahrung ist die Möglichkeit seiner Resorption. Vitamin A soll z. B. aus dem Darm nur in Gegenwart von Fetten resorbiert werden, die Provitamine (Carotine) nur bei Anwesenheit von Gallensäuren; andererseits wird angegeben[3], daß Vitamin A aus wässriger Suspension durch den Organismus leichter aufgenommen wird als aus einer Lösung in Öl. In der Butter enthaltenes Carotin und fertig gebildetes Vitamin A werden zwar zu etwa 80% resorbiert, dagegen wird das Carotin der Gemüse vom Menschen nur in sehr unterschiedlichen Ausmaßen resorbiert. So wurde aus gekochten Erbsen und Spinat Carotin besser, aus Karotten dagegen schlechter resorbiert als aus öliger Lösung. Je feiner das Gemüse zerkleinert ist, desto besser wird das Carotin resorbiert. In den Fäzes gesunder Versuchspersonen wurden nach Verabreichung feingeschnittener Mohrrüben 78 bis 80% des darin enthaltenen Carotins wiedergefunden, nach Genuß grobgeschnittener Mohrrüben stieg dieser Prozentsatz bis auf 94,4% an. LEONARDI[4] fand eine bessere Ausnutzung von Carotin bei Frischgemüse als bei gelagertem und bei Trockengemüse; seiner Ansicht nach ist eine Resorption von Carotin aus Gemüsen erst nach vorheriger mechanischer Sprengung der Zellhülle möglich. Auch ZEBEN und Mitarb.[5] finden, daß Carotin aus gekochten Karotten bedeutend schlechter resorbiert wird als aus rohen geschabten Karotten. Wichtig für den Vitamin-A-Haushalt erscheint die Speicherfähigkeit unserer Gewebe, vor allem der Leber, deren Gehalt nach ausreichender Ernährung mit Vitamin A bzw. Carotinen mehrere Monate vorhält, sofern das resorbierte Vitamin A durch genügende Versorgung des Körpers mit Vitamin E (Tokopherol) vor Oxydation hinreichend geschützt ist.

Ausfallerscheinungen. Die Beobachtungen, daß bei jungen Ratten Vitamin-A-Mangel zum Aufhören des Wachstums bzw. zu Gewichtsabnahme führt, ließen in Vitamin A ein ausgesprochenes Wachstumsvitamin erblicken. Es ergab sich indes, daß diese Störungen unspezifische Symptome darstellen, die sich z. B. auch beim Fehlen anderer Vitamine einstellen. Ganz spezifisch aber erkrankt bei ungenügender Deckung des Vitamin-A-Bedarfs die Haut und die mit ihr verwandten epithelialen Gebilde ekto- und endodermaler Herkunft (s. S. 427). So läßt sich verstehen, daß die Symptome der Vitamin-A-Mangelkrankheit sehr vielgestaltig sind und am Oberhautgewebe des Auges, der Haut, der

---

[1] RODAHL, K. u. A. W. DAVIES: Biochemic. J. **45**, 408 (1949).

[2] DROESE, W. u. H. BRAMSEL: Vitamin-Tabellen der gebräuchlichsten Nahrungsmittel, 2. Aufl., S. 3. Leipzig: J. A. Barth 1943.

[3] ROBINSON, F. A.: Food Manufact. **24**, 113 u. 159 (1949).

[4] LEONARDI, G.: Z. inn. Med. **2**, 376 u. 477 (1947).

[5] VAN ZEBEN, W. u. TH. F. HENDRIKS: Z. Vitaminforsch. **19**, 265 (1948).

Schleimhäute, des Magendarmkanals, der Atmungsorgane, des Urogenitalapparates oder auch am Samenepithel auftreten können; auch Knochenbildung und Zahnentwicklung können betroffen werden. Man kann deshalb die Vitamin-A-Mangelkrankheit als *eine ausgesprochene Systemerkrankung im wahrsten Sinne des Wortes* bezeichnen[1]. Vitamin A wird deshalb auch als Epithelschutzvitamin angesprochen. *Äußerlich am frühesten erkennbar sind bei Vitamin-A-Mangel Veränderungen an den Augen*, Entzündung und später Verhornung der Bindehaut. Die auf die Hautschicht gerichtete Wirksamkeit des Vitamin A prägt sich auch darin aus, daß ein mit Vitamin A schlecht ernährter Körper in erhöhtem Maße anfällig gegen Infektionen ist; bei Streptokokken-, Staphylokokken- und Coli-Infektionen sank die Sterblichkeit von Ratten durch Vitamin-A-Zufuhr von 92 auf 29%[2]. Als ein weiteres Symptom der Vitamin-A-Mangelkrankheit hat sich die schon seit altersher bekannte Nachtblindheit herausgestellt, die auf einer Störung in der Regeneration des Sehpurpurs (eines Vitamin-A bzw. Vitamin-A-Aldehyd enthaltenden Eiweißes) besteht. Toxisch wirkt Vitamin A nur in übergroßen Dosen, die mit Nahrungsmitteln nur selten aufgenommen werden. So stellt z. B. die Vergiftung durch Eisbärenleber, welche die höchsten bisher beobachteten Konzentrationen an Vitamin A enthält, eine Hypervitaminose A dar[3].

Vitamin B$_1$ (Aneurin, Thiamin). *Vorkommen.* Vitamin B$_1$ ist in der Pflanzenwelt weit verbreitet, vor allem in Getreidekörnern, im Samen der Hülsenfrüchte und in den Nüssen, d. h. in solchen Teilen, in denen Nährmaterial für den sich entwickelnden Keim angehäuft ist. Im Getreidekorn ist es außer im Keimling selbst und im Scutellum vor allem in der äußeren (Aleuron-) Schicht angereichert; es sind dies also jene Teile, die beim Mahlen des Getreides als Kleie vom Korn abgetragen werden; das Innere des Getreidekornes, der Mehlkörper, ist ausgesprochen Vitamin-B$_1$-arm. Geschälter Reis ist nahezu B$_1$-frei[4]. Vollkorn- und Schwarzbrot, weniger das Graubrot, sind ergiebige Vitamin-B$_1$-Quellen. Der Vitamin-B$_1$-Gehalt des tierischen Organismus entstammt der Nahrung; B$_1$-reiche Organe sind Leber, Herz und Niere, weniger die Skelettmuskulatur. Gewisse Tiere sind durch ihre zur Synthese von B$_1$ befähigte Magendarmflora nicht ausschließlich auf B$_1$-Zufuhr durch die Nahrung angewiesen (z. B. Rind: mikrobielle B$_1$-Synthese im Pansen). Beim Menschen ist eine bakterielle B$_1$-Synthese auf das Säuglingsalter beschränkt, und zwar findet sie nur bei Ernährung mit Frauenmilch statt; diese bewirkt im Dickdarm des Kindes die Entwicklung einer speziell zum Aufbau von Vitamin B$_1$ befähigten Bakterienflora, die durch das Vorherrschen des Bac. bifidus ausgezeichnet ist[5].

Physiologisches Verhalten und Bedarf. Dem Vitamin B$_1$ kommt als Bestandteil des Fermentes Carboxylase eine entscheidende Rolle im Kohlenhydratstoffwechsel zu, und zwar katalysiert es den Um- und Abbau eines der wichtigsten Intermediärprodukte des Stoffwechsels, der Brenztraubensäure (Carboxylierung = CO$_2$-Bindung, Decarboxylierung = CO$_2$-Abspaltung). Daraus ergibt sich, daß der Bedarf des gesunden Menschen an Vitamin B$_1$ nicht nur von der Menge der aufgenommenen Nahrung, sondern vor allem auch von ihrer qualitativen Zusammensetzung abhängt, und zwar ist er um so größer, je mehr Kohlenhydrate,

---

[1] Stepp, W., J. Kühnau u. H. Schroeder: Die Vitamine und ihre klinische Anwendung, 2. Aufl., S. 15. Stuttgart: F. Enke 1937.

[2] Scheunert, A. in: Bömer, A., A. Juckenack u. J. Tillmans: Handbuch der Lebensmittelchemie, 1. Bd., S. 795. Berlin: Springer 1933.

[3] Rodahl, K.: Angew. Chemie **63**, 78 (1951); Nature **164**, 530 (1949).

[4] Svenson: Getreide, Mehl u. Brot **3**, 132 (1949).

[5] Stepp, W., J. Kühnau u. H. Schroeder: Die Vitamine und ihre klinische Anwendung, 2. Aufl., S. 38. Stuttgart: F. Enke 1937.

und um so kleiner, je mehr Fette sie enthält. Es wird demnach bei der Verarbeitung der Kohlenhydrate eine der umgesetzten Menge proportionale B_1-Menge benötigt. Ist die Williams-Zahl

$$= \frac{\text{Vitamin B}_1\text{-Aufnahme in } \gamma \text{ je Tag}}{\text{Nicht-Fettcalorien der Kost je Tag}} \text{ größer als } 0{,}3,$$

so kann die Vitamin-B_1-Versorgung bei im übrigen kalorisch ausreichender Kost als genügend angesehen werden. Bei seiner zentralen Funktion ist es nicht verwunderlich, wenn Mangel an Vitamin B_1 außerdem auch Störungen im Eiweiß- und Fettstoffwechsel nach sich zieht. Weitere Wechselbeziehungen bestehen zwischen Größe des Gesamtstoffwechsels und B_1-Bedarf. Neuere aufschlußreiche Ernährungsversuche lassen erkennen, daß die übliche Kost hinsichtlich der Deckung des Vitamin-B_1-Bedarfs ungenügend ist[1]. Enthält die Nahrung 0,2 mg B_1/1000 Nahrungscalorien (entsprechend dem Durchschnitts-B_1-Gehalt der Vorkriegsnahrung), so treten unter anderem frappante Störungen des Allgemeinbefindens (etwa Neurasthenie) auf, verbunden mit depressiven Verstimmungszuständen unter Abnahme der Leistungsfähigkeit und Initiative, sowie Ermattung, Schlafstörungen, Verdauungstörungen und Unregelmäßigkeiten der Herz- und Kreislauffunktionen. Erst wenn der B_1-Gehalt der Nahrung auf 0,5 bis 0,6 mg B_1/1000 kcal erhöht wurde, gelang es, das Auftreten von sichtbaren B_1-Mangelschäden zu verhindern. Mit einer weiteren Steigerung dieser Menge verbesserte sich das Allgemeinbefinden noch weiter, und erst mit 1 mg B_1/1000 kcal war die optimale Menge erreicht, wie dies bereits STEPP, KÜHNAU und SCHROEDER[2] vermutet hatten. Es ist nun interessant festzustellen, daß im 16. bis 18. Jahrhundert auf 1000 Nahrungscalorien mehr als 1 mg B_1 aufgenommen wurde und erst mit Einbruch der Gewohnheit, weiße Mehle und Zucker zu einem wesentlichen Bestandteil unserer täglichen Nahrung zu machen, die Vitamin-B_1-Zufuhr auf den fünften Teil absank. Die früher übliche Kostform stellte also hinsichtlich des Vitamin-B_1-Anteils ein Optimum dar. Über neuzeitliche Bemühungen, optimale Verhältnisse durch künstlichen Zusatz von Wirkstoffen wieder herzustellen, wird in anderem Zusammenhang näher einzugehen sein (s. S. 449).

Verwertbarkeit. Das mit der Nahrung zugeführte Vitamin B_1 wird bereits bei seiner Resorption in der Darmschleimhaut des Dünndarms unter Aufnahme von Phosphorsäure in die im Körper als Co-Ferment der Carboxylase wirksame Form der Aneurinpyrophosphorsäure umgewandelt. Es wird, in allerdings bescheidenem Ausmaß, als solche im Körper gespeichert, so vor allem in Leber und Muskulatur und relativ stark auch im Nervengewebe, wo Vitamin B_1 auch bei B_1-Mangel noch viel zäher festgehalten wird als in anderen Organen. Den Anteil der aufgenommenen Aneurinmenge, der nicht gespeichert wird, und nicht im Zwischenstoffwechsel zerstört (verbraucht) wird, scheidet der Körper durch den Harn wieder aus. In rohen Fischen, Muscheln und Krebsen, vielleicht aber auch in einer Reihe von Pflanzen, ist ein durch Hitze zerstörbares Ferment (Thiaminase) enthalten, das Vitamin B_1 unwirksam macht[3]. Durch Verfütterung von rohem Fisch kann eine akute B_1-Avitaminose erzeugt werden.

B_1-Mangel-Krankheiten. Die Kennzeichen der B_1-Avitaminose sind: Störungen von seiten des Nervensystems, dessen Gewebe einen besonders lebhaften Kohlenhydratstoffwechsel aufweist (Lähmungen, Krämpfe); schwere Veränderungen

---

[1] SCHÜLER, K.: Eiweißforsch. **1**, 156 (1948).
[2] STEPP, W., J. KÜHNAU u. H. SCHROEDER: Die Vitamine und ihre klinische Anwendung, 2. Aufl., S. 43. Stuttgart: F. Enke 1937.
[3] REDDI, K. K. und K. V. GIRI: Enzymologia (Haag) **13**, 281 (1949).

der Herzfunktion, Verlangsamung der Herztätigkeit. Beide Erscheinungen beruhen auf Störungen des Kohlenhydratstoffwechsels im zentralen Nervensystem, die sich u. a. im Auftreten der im Abbau gehemmten Ketosäuren, Brenztraubensäure (bzw. Milchsäure) und α-Ketoglutarsäure im Blut manifestieren. Erniedrigte Körpertemperatur als Ausdruck eines stark herabgesetzten Stoffwechsels, Ausbildung von Oedemen (Wasseransammlungen im Gewebe), Zunahme des Fettgehaltes im Blut, gestörte Fettresorption, Störungen der Tätigkeit des Magendarmkanals (Verminderung des normalen Spannungszustandes der Magen- und Darmmuskulatur, Stillstand der Magenbewegung und der Darmperistaltik [s. S. 399]) sind weitere Symptome eines Vitamin-B_1-Mangels. Welche dieser Symptome des Aneurinmangels auftreten oder vorherrschen — und analog gilt dies wohl auch für die übrigen Vitamine — ist offensichtlich wesentlich mitbedingt durch erbliche *Abweichungen der chemischen Leistungsfähigkeit des Organismus von der Norm* und ebenso auch durch solche der einzelnen Organe[1].

Während auch in unseren Breiten die B_1-Avitaminose beim Säugling, der einen besonders hohen B_1-Bedarf aufweist, keine unbekannte Erkrankung ist, sind ausgesprochene B_1-Avitaminosen bei Erwachsenen in Europa und Nordamerika kaum zu befürchten; wohl aber kann es zur versteckten Krankheitsform der Hypovitaminose, und zwar fast stets kombiniert mit einem Mangel an den übrigen B-Faktoren, kommen, wenn der unter bestimmten physiologischen Bedingungen auf ein Vielfaches erhöhte Bedarf nicht gedeckt wird (z. B. im Wachstumsalter, bei Fieber, Magen- und Darmleiden mit verminderter B_1-Resorption, wodurch Ursache und Wirkung einander gegenseitig verstärken, bei Überfunktion der Schilddrüse, oder wenn bei den Kulturvölkern mit hohem Verbrauch an Zucker und Weißbrot zu wenig Vitamin B_1 im Verhältnis zum hohen Kohlenhydratverbrauch aufgenommen wird). Da die B_1-Zufuhr häufig mit der „Qualitätsverbesserung" der Nahrung absinkt, spielt die B_1-Hypovitaminose auch in den sozial höher stehenden Schichten eine große, bisher meist unterschätzte Rolle. Höchste Beachtung verdient die Feststellung, daß die gewöhnliche Krankenhauskost in Bezug auf ihren Vitamin-B_1-Gehalt stark unterwertig zu sein pflegt[2]. An sich recht unspezifische Anzeichen für solch eine B_1-Hypovitaminose können u. a. sein: Müdigkeit und Schwere in den Beinen, Unsicherheit beim Gehen und Stehen, nervöses Prickeln und Gefühl des Taubseins in den Beinen, Herzklopfen, Appetitlosigkeit, Verstopfung. In Kombination mit Eiweißmangelschäden (s. S. 411) offenbart sich die B_1-Mangelerkrankung in Kriegs- und anderen Notzeiten in Form des Hungerödems (Wassersucht).

Vitamin B_2 (Lactoflavin, Riboflavin). *Vorkommen.* Vitamin B_2 ist in allen pflanzlichen und tierischen Zellen anzutreffen. In den meisten Nahrungsmitteln kommt es in hochmolekularer Form an Eiweiß gebunden, als *gelbes* Ferment vor, nur die Milch enthält freies Lactoflavin, das den Molken ihre gelbliche Farbe verleiht. Besonders reich an Vitamin B_2 sind Hefe, Käse, Eier, Leber, Niere und Herzmuskel von Säugetieren; Fischorgane und Pflanzensamen sind im allgemeinen arm an B_2, doch nimmt mit der Keimung der Gehalt rasch um das Vielfache zu. Vitamin B_1 und B_2 sind in ihrem Vorkommen nicht streng miteinander gekoppelt.

Bedarf. Der tägliche Mindestbedarf an Vitamin B_2 wird auf 1 mg geschätzt. Das Optimum liegt indes wie bei Vitamin B_1 mit 2 bis 4 mg weit über dem Minimum (s. Tab. 4). Im allgemeinen ist der B_2-Gehalt der menschlichen Nahrung zwar aus-

---

[1] Kühnau, J.: Neue med. Welt **1**, 1360 (1950).
[2] Stepp, W., J. Kühnau u. H. Schroeder: Die Vitamine und ihre klinische Anwendung, 2. Aufl., S. 49. Stuttgart: F. Enke 1937.

reichend, dennoch ist nach neueren Erfahrungen[1] (s. Tab. 3) B$_2$-Hypovitaminose beim Menschen weit verbreitet.

Physiologie und Verhalten. Mit der Nahrung aufgenommenes und gegebenenfalls von Eiweißträgern abgelöstes Lactoflavin wird im Dünndarm resorbiert und z. T. schon in der Darmschleimhaut, in der Leber oder aber in anderen Organen mit Phosphorsäure zu Lactoflavinphosphorsäure verestert. In den Organen, vor allem aber in der Leber, wird dieser Ester an spezifische körpereigene Eiweißstoffe angelagert, dadurch in die als Oxydationskatalysatoren für die Zellen unentbehrlichen *gelben Fermente* umgewandelt und als solche gespeichert. Ihre Funktion als Teilfermente der Atmung erfüllen diese gelben Fermente in der Weise, daß sie zunächst unter Mitwirkung von Zwischenüberträgern Wasserstoff von dem zu veratmenden Material übernehmen, dabei reduziert werden, und diesen Wasserstoff entweder direkt oder über weitere Zwischenüberträger an den Luftsauerstoff (letztlich unter Bildung von Wasser) weitergeben. Die damit wieder oxydierten gelben Fermente vermögen nun wieder Substratwasserstoff zu übernehmen. Sie pendeln also gleichsam fortgesetzt (reversibel) zwischen ihrer oxydierten und reduzierten Form hin und her; beide Formen bilden ein sogenanntes Redoxsystem. Die einzelnen gelben Fermente sind auf verschiedene Substrate eingestellt, ebenso ist auch der Empfänger für den zu übertragenden Wasserstoff bei den einzelnen Arten der gelben Fermente verschieden. Der Stoffwechsel bei Vitamin B$_2$-Mangel kann mit einem bei schlechtem Zug nur schwelenden Feuer verglichen werden.

Gegen Belichtung ist Vitamin B$_2$ nicht unempfindlich; so geht sein Gehalt z. B. in der Milch, unter dem Einfluß des Sonnenlichts, ebenso aber auch bei der UV-Bestrahlung zwecks Vitamin D-Anreicherung, erheblich zurück[2]; gleichzeitig wird etwa vorhandenes Vitamin C völlig oxydiert.

Ausfallerscheinungen. Im Tierversuch wirkt sich die B$_2$-Avitaminose vor allem in einem Stillstand des Wachstums aus; dieser ist wohl hauptsächlich darauf zurückzuführen, daß unter diesen Bedingungen der Ablauf der energieliefernden Oxydationsvorgänge nicht mehr möglich ist. Weiterhin können sich Veränderungen der Haut und der Haare einstellen. Lactoflavin ist für den Auf- und Abbau des roten Blutfarbstoffes notwendig, es begünstigt die Resorption des Zuckers und der Fette, ist an der Regulation des Natrium- und Kalium-Haushaltes beteiligt und aktiviert schließlich die Wirkung des Insulins[3]. Das ubiquitäre Vorkommen des B$_2$ ließ vermuten, daß B$_2$-Mangelschäden beim Menschen nicht zu befürchten seien. Nach neueren Angaben muß dennoch mit dem Vorkommen einer B$_2$-Hypovitaminose (Ariboflavinose) gerechnet werden, die anscheinend nicht nur in Nordamerika (Tab. 3)[4] nicht ganz selten ist und in schweren Fällen zum Tode führt. Sie äußert sich in Augen-, Haut- und Schleimhautveränderungen, häufig z. B. Entzündung der Mundwinkel, Störungen im Hämoglobinstoffwechsel und in schweren Darmsymptomen (chronische Diarrhoe). Meist besteht bei dieser Erkrankung ein gleichzeitiger Mangel an den anderen Faktoren des B$_2$-Komplexes.

Nicotinsäureamid (Antipellagra-Schutzstoff, Niacin, PP-Faktor). *Vorkommen.* Nicotinsäureamid ist in pflanzlichen und tierischen Geweben weit verbreitet. Der Gehalt der einzelnen Erzeugnisse schwankt indes beträchtlich. Die reichsten Quellen für Nicotinsäureamid sind gewisse Pilze (Hefe, Pfifferlinge), Weizenkleie und die Leber von Warmblütlern; reichlich kommt es vor in Rind-, Schweine-,

---

[1] SCHROEDER, H.: Getreide, Mehl u. Brot **4**, 122 (1950).
[2] ZIEGLER, J. A. u. N. B. KEEVIL: J. biol. Chemistry **155**, 605 (1944).
[3] LEHNARTZ, E.: Einführung in die chemische Physiologie, 8. Aufl., S. 178. Berlin/Göttingen/Heidelberg: Springer 1948.
[4] SANDSTEAD, H. R. u. E. S. OSBORNE: Sci. News Lett. **52**, 246 (1947).

Hühner- und Kaninchenfleisch, Schellfisch, Lachs, Mais (Vollkorn), Sojabohnen, Erbsen, Weizenkeimlingen, Eidotter. Unser Bedarf wird hinreichend gedeckt durch den Verzehr von Vollkorn- und Roggenbrot, Reis, Kohlrüben, Kartoffeln, Spinat, Wirsing, Tomaten; arm an diesem Stoff sind Salat, Zwiebeln, Obst, Weißmehle, Milch, Fett (Butter) und Öle.

Bedarf. Der tägliche Bedarf des Menschen an Nicotinsäureamid beträgt 12 bis 18 mg (s. Tab. 4), vgl. auch S. 428.

Physiologisches Verhalten. Ebenso wie Vitamin B_1 und B_2 spielt auch Nicotinsäureamid eine wichtige Rolle im Zwischenstoffwechsel. Seine ursächliche Bedeutung ist wohl im wesentlichen darin zu sehen, daß es als Bestandteil von Fermenten, der Co-Dehydrasen I und II, an den biologischen Oxydationsprozessen beteiligt ist; die Co-Dehydrase übernimmt in ihrer oxydierten Form Wasserstoff von bestimmten Zwischenprodukten des Kohlenhydrat- bzw. Eiweißabbaus und überträgt ihn, wobei sie selbst wieder oxydiert wird, auf die oxydierte Form des *gelben Fermentes* (s. Vit. B_2, S. 435). Wenn bei vielen auf die Zufuhr des Nicotinsäureamids von außen angewiesenen niedersten Lebewesen dieser Stoff eine wachstumsfördernde Wirkung auslöst, so ist dies nicht in einer spezifischen Wirksamkeit, sondern in der allgemeinen Bedeutung als notwendiger Oxydationskatalysator zu verstehen. Darüber hinaus greift Nicotinsäureamid in seiner aktiven Form als Ferment auch in den Umsatz in anderen Stoffwechselsphären ein, und wahrscheinlich ist es auch bei der Verwertung gewisser, besonders pflanzlicher Eiweiße maßgeblich beteiligt. Auch bei nicotinsäurefreier Ernährung treten die Symptome eines Nicotinsäuremangels dann nicht auf, wenn die Nahrung genügende Mengen an Tryptophan (s. S. 412) enthält, denn Mensch und Tier bauen diese Aminosäure unter Mitwirkung von Pyridoxin (s. S. 437) über Nicotinsäure in Nicotinsäureamid um. Diese Zusammenhänge zwischen Nicotinsäure und Tryptophan (s. S. 428) lassen in der Pellagra eher eine Eiweißmangelkrankheit (Mangel an Tryptophan bzw. Störung der Tryptophanverwertung) erblicken als eine primäre Vitaminmangelkrankheit[1].

Ausfallerscheinungen. Pellagra ist eine Krankheit, die vor allem in den südlichen Ländern Europas und Nordamerikas weit verbreitet ist und schon viele Todesopfer gefordert hat; sie ist offensichtlich auf die vorwiegende Ernährung mit Cerealien, besonders Mais, zurückzuführen. Neben dem Mangel an Nicotinsäure dürfte sie in ihrer spontan auftretenden Form auch auf dem Fehlen weiterer B_2-Faktoren beruhen. Mais nimmt insofern eine Sonderstellung unter den Getreidefrüchten ein, als das Maiskorn Gegenspieler des Nicotinsäureamids enthält[2] (Acetylpyridin und relativ große Mengen des pflanzlichen Wuchsstoffes β-Indolylessigsäure, vgl. S. 427); einseitige Ernährung mit Mais kann also eine auf Nicotinsäure-Endo- oder Enterokarenz beruhende Pellagra hervorrufen. Darüber hinaus ist das Maiskorn ausgesprochen arm an Tryptophan.

Die einleitenden Anzeichen der Krankheit sind psychische Störungen (Gemütsverstimmungen, Kopfschmerz, Schlaflosigkeit), Schwäche, Magen-Darmstörungen; die eigentlichen Pellagrasymptome treten als charakteristische Hautveränderungen, besonders an unbedeckten Körperstellen auf; sie bestehen in sonnenbrandähnlicher Rötung und Schwellung der Haut, die sich späterhin nach Braunrot bis Braunschwarz verfärbt; oft bilden sich Blasen und schließlich trockene, rauhe, abschilfernde Flächen (pell agra: rauhe Haut). Im weiteren Verlauf der Krankheit treten z. T. sehr schwere Verdauungsstörungen auf, Zunge und Mundschleimhaut schwellen unter Rötung und Entzündung an. Schließlich kommt es zur schweren

---

[1] Abderhalden, R.: Umschau **49**, 373 (1949).
[2] Marquardt, P. : Pharmazie **4**, 249 (1949).

Schädigung des Zentralnervensystems (u. a. Empfindungsstörungen, Nervenschmerzen oder gar Verblödung).

Vitamin B$_6$ (Adermin, Pyridoxin). *Vorkommen.* Die reichste Quelle an Vitamin B$_6$ ist die Hefe; auch Weizenkeime, Eier, Kleie und die Leber von Warmblütlern und von Fischen sind sehr reich daran. Über einen ansehnlichen Gehalt verfügt auch das Muskelfleisch von Fischen, Hühnern und Rindern; in Milch, Gemüse und Obst sind weit geringere Mengen enthalten (s. Tab. 5). Adermin ist synthetisch hergestellt worden.

Bedarf. Der Tagesbedarf des Menschen an Vitamin B$_6$ beträgt wahrscheinlich 2 bis 4 mg.

Physiologie. Auch beim Adermin scheint es sich um einen Wirkstoff von allgemeiner Bedeutung zu handeln; bei gewissen Hefen und Bakterien, aber auch bei verschiedenen Warmblütlern, in denen es als Aldehyd- bzw. Aminderivat (Pyridoxal bzw. Pyridoxamin) vorliegt, ist es als lebensnotwendiger, von außen zuzuführender Wuchsstoff erkannt worden. Pyridoxin, bzw. seine beiden Abkömmlinge, spielen eine ausschlaggebende Rolle bei den wichtigen Reaktionen des Übergangs zwischen Kohlenhydraten und Eiweißen. So sind sie in Form der Monophosphorsäureester als Co-Enzym bei der Bildung neuer Aminosäuren durch Übertragung von Aminogruppen vorhandener Aminosäuren auf Ketosäuren beteiligt (Transaminierung); sie wirken beim Abbau einer Reihe von Aminosäuren mit als Co-Enzym der Aminosäuredecarboxylasen (CO_2-Abspaltung)[1]; weiterhin bei der Synthese von Tryptophan aus Indol und Serin, bei der Umwandlung von Tryptophan in Nicotinsäure und anschließend auch bei der Bildung von Adrenalin, eines Hormones der Nebennieren, das die Kontraktion der Blutgefäße (Regelung des Blutdruckes) bewirkt.

Ausfallerscheinungen. Sind in der Nahrung aus der Gruppe der B-Vitamine nur B$_1$ und B$_2$ enthalten, so entwickelt sich bei der Ratte ein als Rattenpellagra oder Akrodynie bezeichnetes pellagra-ähnliches Krankheitsbild, das nach Zufuhr von B$_6$ behoben werden kann. Wenn auch beim Menschen noch keine Krankheitssymptome eindeutig auf einen Mangel an Vitamin B$_6$ zurückgeführt werden konnten, so lassen doch überzeugende Heilerfolge mit Pyridoxin bei komplexen Vitaminmangelkrankheiten wie Pellagra und Beriberi schließen, daß auch hier gleichzeitig eine ungenügende Versorgung mit Pyridoxin vorliegt. Mutmaßlich geht aber die Bedeutung des Vitamin B$_6$ noch erheblich über das bisher Bekannte hinaus. Gewisse Fettsäuren, vermutlich ungesättigte, scheinen in bestimmten Fällen Vitamin B$_6$ wirkungsmäßig ersetzen zu können.

Pantothensäure. *Vorkommen.* Pantothensäure kommt, wie der Name bereits ausdrückt, entsprechend ihrer physiologischen Rolle wohl in allen pflanzlichen und tierischen Geweben vor, wenn auch in verschiedener Menge. Hefe und Kleie, ferner Leber und Niere unserer üblichen Schlachttiere und von Fischen sind als sehr reich an diesem Wirkstoff erkannt worden. Im Muskelgewebe ist ihr Gehalt bedeutend geringer. Eigelb, Erdnußmehl, Trockenmolke, enthalten noch beachtliche Mengen an Pantothensäure. Ihr Gehalt in Gemüsen, Milch und Mehl ist von der niedrigen Größenordnung desjenigen der Muskelgewebe. Wesentlich für die Bedarfsdeckung ist die Bildung der Pantothensäure durch die Darmbakterien (s. S. 428).

Bedarf. Der tägliche Mindestbedarf des Menschen an Pantothensäure beträgt wahrscheinlich etwa 5 mg.

Physiologie und Verarbeitung. Außer ihrem ubiquitären Vorkommen hatte die Beobachtung, daß Pantothensäure die Atmung von Geweben verschiedenster

---

[1] WERLE, E.: Angew. Chem. **63**, 550 (1951).

Pflanzenarten und in Abhängigkeit davon auch das Wachstum steigert, bereits eine Schlüsselstellung der Pantothensäure im Stoffwechsel vermuten lassen. Neuere Befunde[1] erlauben zu schließen, daß Pantothensäure in Form eines ihrer (als Co-Enzym A bezeichneten)[2] Derivate die Verarbeitung des wichtigen Stoffwechsel-Zwischenproduktes Essigsäure ermöglicht, und zwar ist es für deren Kondensation mit Oxalessigsäure erforderlich. Damit käme der Pantothensäure eine wesentliche Katalysatorrolle für den Ablauf des Citronensäure-Kreislaufes zu, der wiederum als ein integrierender Teilvorgang des lebensnotwendigen Atmungsprozesses zu betrachten ist. Im Gewebe wird Pantothensäure an Eiweiß gebunden abgelagert. Die Ausgangsstoffe für die Bildung von Pantothensäure im Organismus sind die beiden Aminosäuren Valin und Asparaginsäure (bzw. β-Alanin).

Wahrscheinlich verkörpert Pantothensäure im wesentlichen das wirksame Prinzip der Auxone von Kollath[3] (s. S. 441).

Ausfallerscheinungen. Beim Küken bewirkt eine von Pantothensäure freie Ernährung pellagra-ähnliche Erkrankungen *(Küken-Antidermatitis-Faktor)*, bei der Ratte ein Grauwerden des Fells *(Anti-Graue-Haare-Faktor B_X der Ratte)*. Für den Menschen sind auffällige Ausfallerscheinungen noch nicht bekannt geworden.

Biotin (Vitamin H). *Vorkommen.* Eidotter, Milch (Kuhmilch 10 mal mehr als Frauenmilch!), Leber, Niere, ferner auch Hefe und Reiskleie sind verhältnismäßig reich an Biotin, Rindfleisch ist arm daran; die Kartoffel kommt auch bei einem nur mittleren Gehalt als beachtenswerte Quelle in Frage. Öle und Fette sind frei von Biotin. Vitamin H unterscheidet sich von allen anderen Vitaminen dadurch, daß es in den Nahrungsmitteln, in denen es an Eiweiß gebunden ist, weder fett- noch wasserlöslich ist; erst nach vorangegangener Eiweißverdauung (z. B. im Darm) wird es freigelegt. Das von Darmbakterien in reichlicher Menge gebildete Biotin wird z. T. durch die Dickdarmschleimhaut resorbiert[4] (S. 428).

Bedarf. Der Tagesbedarf wird auf 0,1 bis 0,3 mg veranschlagt; er wird durch die Biotinbildung der Darmbakterien gedeckt.

Physiologie. Biotin ist schon längere Zeit als pflanzlicher Wuchsstoff bekannt[5]. Nach neueren Befunden[6] dürfte seine Mitwirkung im intermediären Zellstoffwechsel (Carboxylierungsreaktionen), ferner bei Bildung und Umbau von Aminosäuren (z. B. Asparaginsäure) erforderlich sein. Die Symptome des Biotinmangels werden außer bei Fehlen des Vitamins auch bei reichlichem Genuß von *rohem* Eiereiweiß (Eiklar) hervorgerufen. Die Giftwirkung des Eiklars beruht auf einem darin enthaltenen Eiweißstoff (das Glykoproteid Avidin), der im nicht denaturierten Zustande das Biotin evtl. unter Verdrängung aus einer vorhandenen Biotin-Trägereiweiß-Bindung in einer von den Verdauungsfermenten nicht angreifbaren Form bindet und es damit unwirksam macht. Durch ranzige Fette wird Biotin zerstört.

Ausfallerscheinungen. Charakteristisch für den Biotinmangel ist das Auftreten von pellagraähnlichen Hautschäden, die hier vorwiegend auf einer vermehrten Talgdrüsentätigkeit und einer fettigen Degeneration der obersten Hautschichten beruhen (Seborrhoe). Im Tierversuch wurde außerdem noch gehemmtes Wachstum beobachtet.

Inosit. *Vorkommen.* Inosit ist in Form des Hexaphosphorsäureesters (Phytinsäure) oder dessen Ca-Mg-Salzes (Ca-Salz = Phytin) im Tier- und Pflanzenreich weit

---

[1] Novelli, G. D. u. F. Lipmann: J. biol. Chemistry **171**, 833 (1947).
[2] Holzer, H.: Angew. Chem. **64**, 248 (1952).
[3] Kollath, W.: Zbl. Bakter. I. Orig. **155**, 383 (1950).
[4] Zeller, A.: Experientia 3, 267 (1947). — [5] Bonner, J.: Science (Lanc.) **85**, 183 (1937).
[6] Shive, W. u. L. L. Rogers: J. biol. Chemistry **169**, 453 (1947).

verbreitet, ferner auch als Bestandteil bestimmter Phosphatide. Die physiologische, als Vitamin wirksame Form ist der Meso-Inosit.

Bedarf schätzungsweise 1 mg/Tag (s. auch S. 428).

Physiologisches. Seit langem ist die Wuchsstoffwirkung von Inosit *(= Bios I)* auf Pilze und Hefen bekannt. Inosit gehört zu den lipotropen Faktoren, er ist an der Fettverteilung in ähnlicher Weise beteiligt wie Cholin und Methionin; Inosit verhindert Leberverfettung und zeigt weitere Wirkstoffeigenschaften (vgl. auch S. 419).

Ausfallerscheinungen. Bei Mäusen entsteht bei inositfreier Ernährung Alopecie (fleckförmiger Haarausfall). Charakteristische Krankheitssymptome treten beim Menschen normalerweise offensichtlich nicht auf.

Cholin. *Vorkommen.* Muskel, Fleisch, Leber, Eier, Erbsen, Kartoffeln sind reich an diesem Stoff; geringere Mengen sind in Getreide (Vollkorn) und Milch enthalten.

Bedarf schätzungsweise 1,5 bis 3 mg/Tag.

Physiologie. Cholin gehört zu den lipotropen Stoffen, d. h. solchen, die der Fettablagerung (vor allem in der Leber) entgegenwirken und sie rückgängig machen. Seine spezifische Wirkung entfaltet Cholin einmal dadurch, daß es leicht Methylgruppen ($-CH_3$) an bestimmte andere Substanzen abgibt (Transmethylierung) und damit die Bildung einer Reihe lebensnotwendiger Verbindungen ermöglicht; zum anderen ist Cholin u. a. ein Bestandteil der Phosphatide (s. S. 410) und von Acetylcholin, das bei der Reizleitung in den Nervenfasern eine wesentliche Rolle spielt. Außer Cholin spielt als Methylgruppenlieferant die auch lipotrop wirkende Aminosäure Methionin eine Hauptrolle (s. auch S. 412).

Ausfallerscheinungen. Auftreten von Leberverfettung und daraus sich ergebender Krankheiten; Blutungen in der Niere und anderen Organen; eingeschränktes Wachstum.

Folsäure (Pteroylglutaminsäure = Vitamin B_c = Lactobacillus casei-Wachstums-Faktor = Vitamin M). *Vorkommen.* Folsäure ist in der Natur weit verbreitet; Leber, Niere, Pilze und Hefen enthalten sie in reichlichen Mengen. Der Name *Folsäure* soll andeuten, daß das Vitamin zuerst aus grünen Blättern isoliert worden ist. Es scheint, daß je jünger und grüner die Blätter sind, um so höher ihr Folsäuregehalt ist[1]. Die Gemüsesorten mit tiefgrüner Blattfarbe stehen mit Gehalten von 120 bis 170 γ/100 g obenan, dann folgen die heller grünen (40 bis 50 γ/100 g); Knollen- und Wurzelgemüse enthalten nur noch wenig Folsäure. Vielfach liegt die Folsäure als komplexes Folsäurekonjugat (mit 3 bis 7 Glutaminsäureresten beschwert) vor, aus dem das aktive Vitamin erst durch die Wirkung des in menschlichen Geweben vorhandenen Fermentes Conjugase frei gemacht wird.

Bedarf: noch nicht sicher anzugeben; er wird normalerweise durch die Darmflora synthetisiert (s. S. 428).

Physiologie. Folsäure greift in die Synthese von Purinen, Pyrimidinen und bestimmten Aminosäuren ein; insbesondere scheint sie die Bildung von Thymin zu begünstigen (s. S. 440) und ist damit für die Bildung der roten Blutkörperchen wesentlich. Ob die als Baustein der Folsäure ermittelte p-Aminobenzoesäure außer bei Mikroorganismen auch beim Menschen spezifische Wirkung entfaltet, ist noch ungeklärt. Zwischen p-Aminobenzoesäure und den therapeutisch wichtigen Sulfonamiden (s. S. 428) besteht ein ausgeprägter Antagonismus.

Ausfallerscheinungen. Beim Menschen ist eine ausgesprochene Folsäuremangelerkrankung bisher nicht mit Sicherheit beobachtet worden[2]. An Tieren wurden mannigfaltige Ausfallerscheinungen bei Folsäuremangel angetroffen (Blutarmut,

---

[1] FAGER, E. E. C., O. E. OLSEN, R. H. BURRIS u. C. A. ELVEHJEM: Food Res. **14**, 1 (1949).
[2] HANNSE, H.: Pharmaz. Ztg. **84**, 437 (1948).

Wachstumshemmung, Lähmungserscheinungen usw.). Immerhin finden sich auch beim Menschen Krankheitszustände, die sehr günstig auf Zufuhr von Folsäure ansprechen. So ist sie ein ausgesprochenes Heilmittel bei gewissen Arten von Blutarmut (makrozytäre Anämie), vor allem aber ist ihr günstiger Einfluß auf die bösartigste Form der Blutarmut, die perniziöse Anämie, praktisch wichtig.

Vitamin B_{12} (antianämisches Vitamin). *Vorkommen.* In Leber, Fischmehl, Eiern, Muskelfleisch, Getreide (besonders Kleie), Sojabohnenmehl, Hefe u. a.; ebenso wird es von Streptomyces griseus produziert, jener Mikrobe, die auch das Antibiotikum Streptomycin bildet.

Bedarf. Größe unbekannt; therapeutisch sind schon Gaben von etwa 10 γ sehr wirksam.

Physiologie. Vitamin B_{12} ist der eigentliche gegen perniziöse Anämie (s. unten und oben: Folsäure) wirksame Stoff der Leber. Es ist der einzige, bisher bekannt gewordene Körperbaustein, der Kobalt enthält.

Das mit der Nahrung zugeführte hitzeverträgliche Vitamin B_{12} bildet als *extrinsic factor* zusammen mit einem von der Magenschleimhaut sezernierten hitzeempfindlichen Stoff, dem Hämopoetin *(intrinsic factor)* einen für die normale Entwicklung der roten Blutkörperchen im Knochenmark notwendigen *Reifungsstoff* (Hämamin, wahrscheinlich identisch mit Vitamin B_{14}).

Vitamin B_{12} wirkt wahrscheinlich dadurch, daß es die Bildung eines von den entstehenden roten Blutkörperchen benötigten Nucleinsäurebausteins (Thymidin) aus Thymin (s. auch Folsäure S. 439) katalysiert. Im Wirkstoffkomplex des animalischen Proteinausnutzungsfaktors (s. S. 411) dürfte Vitamin B_{12} (evtl. neben Folsäure) die wesentlichste Rolle spielen[1]; das Tripeptid Strepogenin dagegen ist in diesem Zusammenhang ohne Bedeutung.

Der *intrinsic factor* scheint hauptsächlich durch Erhöhung der Adsorption (Bindung) von Vitamin B_{12} zu wirken.

Ausfallerscheinungen. Lebensgefährliche Störung der Bildung von roten Blutkörperchen *Blutarmut* perniziöse Anämie), verbunden mit Symptomen an Verdauungskanal und Nervensystem. Auch die im ersten Lebensjahr vorkommende Anämie, bei der rote Blutkörperchen des megalozytären Typs gebildet werden, beruht auf Mangel an Vitamin B_{12}.

Störung der Bildung roter Blutkörperchen kann auch, wie aus vorstehendem hervorgeht, außer durch Mangel an Vitamin B_{12} (und Folsäure) dadurch bedingt sein, daß die Magenschleimhaut ungenügende Mengen an Hämopoetin bereitstellt. Auch dieser Mangel läßt sich durch Verzehr großer Mengen von Leber günstig beeinflussen.

a-Liponsäure. a-Liponsäure[2] stellt wahrscheinlich ein neues, sehr leicht fettlösliches und hochwirksames Glied des Vitamin B-Komplexes dar. Sie wurde in der Leber angetroffen. Ihre Bedeutung liegt in ihrer Beteiligung am Kohlenhydratabbau, und zwar fungiert sie vor allem als Co-Ferment der Oxydation von Brenztraubensäure zu Essigsäure oder als Vorstufe dieses Co-Fermentes (pyruvate oxidation factor).

Vitamin T-Komplex. Der Vitamin T-Komplex[3], der in Hefe und anderen niederen Pilzen vorliegt, wurde noch nicht in seine Teilfaktoren aufgespalten; es ist also fraglich, ob er bisher unbekannte Wirkstoffe enthält. Die Wirkung dieses Komplexes besteht allgemein darin, daß die Lebensvorgänge angekurbelt und die zugeführten Nährstoffe besser verwertet werden. Bei Insekten beschleunigten Vitamin

---

[1] Hartmann, A. M., L. P. Dryden u. Ch. A. Cary: Arch. Biochemistry **23**, 165 (1949).

[2] Gunsalus u. Mitarb.: Science (Lancaster, Pa.) **114**, 93 (1951); zit. nach Angew. Chem. **64**, 87 (1952).

[3] Goetsch, W.: Naturwiss. Rdsch. **1**, 115 (1948); Experientia **3**, 326 (1947).

T-Gaben die Entwicklung und veränderten die Gestalt, bei Säugetieren erhöhten sie die Wurfzahl.

Auxone. Auch die Auxone[1] dürften, sofern nicht ihre Existenz durch die Einwände von GRAB[2] und CREMER[3] überhaupt zu bezweifeln ist, einen Komplex von B-Vitaminen darstellen, wobei wahrscheinlich der Pantothensäure die Hauptbedeutung zukommt[4,5]. Mangel an Auxonen in der Nahrung entsteht bei bevorzugter Verwendung raffinierter bzw. mechanisch verfeinerter Nahrungsmittel. Dieser Auxonmangel führt zu einer *Mesotrophie* genannten Lebensmöglichkeit, die u. a. durch Ausfall der Zellerneuerung charakterisiert sein soll. KOLLATH sieht im Auxonmangel die Ursache zahlreicher, bisher unerklärlicher, spät auftretender und — im Gegensatz zu den Avitaminosen — unheilbarer Ernährungsschäden, unter denen an erster Stelle Zahnkaries und die sogenannten Alterskrankheiten (Verkalkung, erhöhte Empfindlichkeit gegen Belastungen, Neigung zur Bildung von Tumoren usw.) zu verstehen sind.

Die Betonung eines immer spürbarer werdenden Auftretens solcher Alterskrankheiten zwingt freilich dazu, hierfür noch einen anderen naheliegenden, bisher nur wenig berücksichtigten Zusammenhang anzuführen[6]. Die statistischen Erhebungen ergaben, daß das durchschnittliche erreichbare Lebensalter des Kulturmenschen in den letzten Dezennien überaus stark gestiegen ist. Der Altersaufbau der Kulturvölker verschiebt sich, wesentlich unterstützt durch die Verluste junger Menschen in den Weltkriegen, damit nach der Seite der älteren Jahrgänge hin[7]. Es erreicht also ein prozentual immer größer werdender Anteil der Bevölkerung jenes Alter, in dem diese sogen. Alterskrankheiten auftreten. Ein in früheren Zeiten geringeres Auftreten wäre dann die notwendige Folge des Umstandes, daß damals die meisten Menschen das kritische Lebensalter gar nicht erreicht haben. Nach Eichler[8] sprechen indes verschiedene Beobachtungen neuester Zeit dafür, daß eine absolute Zunahme der Krebserkrankungen besteht[9] (vgl. auch S. 392).

Vitamin C (Ascorbinsäure). *Vorkommen.* Gemüse und Obst sind die einzigen bedeutsamen Quellen für Vitamin C; Hagebutten, schwarze Johannisbeeren, Rot- und Weißkohl und Apfelsinen stehen an vorderster Stelle. Für die Ernährung des deutschen Volkes ist besonders die Kartoffel als Vitamin C-Quelle wichtig; denn wenn ihr Gehalt auch nur mittelhoch ist, wird sie doch regelmäßig und in beachtlichen Mengen verzehrt. Ähnliches mag auch für den Apfel zutreffen, denn er wird bei einem zwar nur mittleren Vitamin-C-Gehalt viel häufiger und vor allem auch während der gemüsearmen Zeit gegessen[10]. Der Befund, daß gewisse, als Salate verwendbare Keimpflanzen recht reich an Vitamin C sind, läßt es z. B. ratsam erscheinen, im Winter und Vorfrühling durch Ankeimen etwa von Kressesamen einem Vitamin-C-Mangel vorzubeugen. In tierischen Geweben ist der Vitamin-C-Gehalt ausgesprochen gering, mit Ausnahme einiger innerer Organe, wobei eine

[1] KOLLATH, W.: Dtsch. med. Wschr. **1941**, S. 999; Wiener med. Wschr. **1941**, N. 9; Zbl. Bakter. I. Orig. **153**, 43 (1949).

[2] GRAB, W.: Klin. Wschr. **1950**, S. 230.

[3] CREMER, H. D.: Physiol. Ber. **147**, 32 (1952).

[4] KOLLATH, W.: Zbl. Bakter. I. Orig. **155**, 383 (1950).

[5] KOLLATH, W. u. T. GILLNÄS: Ärztl. Forsch. **3**, 105 (1949).

[6] v. NOORDEN, C.: Alte und neuzeitliche Ernährungsfragen, S. 65. Wien u. Berlin: Springer 1931.

[7] v. d. DECKEN, H.: Entwicklung der Selbstversorgung Deutschlands mit landwirtschaftlichen Erzeugnissen. Ber. über Landwirtschaft (N. F.) 138. Sonderheft, Berlin 1938, S. 82. Siehe in diesem Zusammenhang auch: v. d. DECKEN, H.: Deutschlands Versorgung mit landwirtschaftlichen Erzeugnissen unter besonderer Berücksichtigung der Auslandsabhängigkeit. Ber. über Landwirtschaft (N. F.), 115. Sonderheft, Berlin 1935.

[8] EICHLER, P.: Ärztl. Wschr. 1/2, 464 (1946/1947).

[9] DRUCKREY, H.: Umschau **49**, 423 (1949). — [10] WOLF, J.: Ernährung **8**, 117 (1943).

überraschend hohe Konzentration in hormonbildenden Organen anzutreffen ist. Die hohe Empfindlichkeit von Vitamin C gegen Oxydation läßt Maßnahmen zur Erhaltung von Vitamin C bei Zubereitung und Lagerung der Nahrungsmittel besonders dringlich erscheinen.

Bedarf. Die Angaben über den täglichen Bedarf des Menschen gehen weit auseinander, wobei die sehr hohen Anforderungen unter besonderen Zuständen (Wachstum, Krankheit, Schwangerschaft, Laktation) zunächst ganz außer acht gelassen werden sollen. Die Bedarfsmengen an Vitamin C sind weit größer als diejenigen an den meisten anderen Vitaminen (s. Tab. 4). Der menschliche Körper vermag Ascorbinsäure nur bis zu einem gewissen Gleichgewicht (Sättigungszustand) zu speichern[1]; ist dieser hinsichtlich der Gesundheit optimale Zustand erreicht, genügt eine tägliche Zufuhr von etwa 70 bis 90 mg Vitamin C, um diese Sättigung aufrechtzuerhalten. Höhere Zufuhren werden durch den Harn wieder ausgeschieden. Ein einfaches Kriterium, um den Sättigungszustand zu erkennen, scheint also die Beobachtung des leicht zu bestimmenden Ascorbinsäuregehaltes des Harnes zu sein. Wie Scheunert[2] betont, ist es nicht zu bezweifeln, daß man mit geringeren Zufuhren (15 bis 25 mg) über sehr lange Zeiträume ohne Gesundheitsschädigungen auskommen kann; ein solcher Zustand sei aber unbefriedigend und gefährlich, wenn irgendwelche plötzlich auftretenden Beanspruchungen des Stoffwechsels (Arbeit, Witterung, Hunger usw.) zu Erkrankungen führen. Scheunert schlägt deshalb als durchschnittliche Tagesdosis für optimale Versorgung gesunder Erwachsener 125 mg Ascorbinsäure vor. Bei dem außerordentlich verschiedenen jahreszeitlich bedingten Angebot an Obst und Gemüse (Abb. 120) ist es verständlich, daß auch die Deckung des Vitamin-C-Bedarfes beträchtlichen Schwankungen unterliegt. Die von Scheunert als wünschenswert erachtete Versorgung wird praktisch nicht einmal in der günstigsten Jahreszeit bei relativ hohem Verzehr an Obst und Gemüse erreicht, und in den übrigen Monaten ist unsere Nahrung ausgesprochen arm an Vitamin C, und zwar nicht nur die der breiten Volksmassen, sondern selbst die Krankenhauskost, die aus den oben angeführten Gründen einen weit höheren als den normalen Bedarf decken sollte.

Physiologie. Die biologischen Funktionen der Ascorbinsäure sind noch nicht völlig geklärt. Nach Kühnau[3] kontrolliert Vitamin C die Ausbildung einer bestimmten Gruppe von Geweben, zu denen Bindegewebe, Unterhautgewebe, Knorpel, Blutgefäße, ferner auch Blutbestandteile und Zahnsubstanz gehören. Insbesondere sind es die Synthese und die Erhaltung der diese Gewebe aufbauenden, ihre Zellen miteinander verkittenden Glykoproteidkomplexe (Zucker-Eiweißverbindungen), die auf die Mitwirkung von Ascorbinsäure angewiesen sind (vgl. auch S. 427). Diese Vorstellung läßt die meisten Wirkungen des Vitamin C verständlich erscheinen, so z. B. auch seinen Einfluß auf die Herabsetzung der Infektionsbereitschaft.

Eine weitere — vielleicht unspezifische und von ihrer Vitaminnatur unabhängige — biologische Funktion der Ascorbinsäure beruht auf ihrer Eigenschaft als reversibles Redoxsystem zu wirken und damit für die biologischen Oxydationen eine überaus wichtige Rolle zu spielen. Mit dieser Vorstellung stimmt auch überein, daß dem Oxydationsprodukt der Ascorbinsäure, der Dehydro-Ascorbinsäure, die im Körper zu Ascorbinsäure reduzierbar ist, dieselbe Wirksamkeit als Vitamin C zukommt wie der Ascorbinsäure selbst. Von ausschlaggebender Be-

---

[1] Wachholder, K.: Biochem. Z. **312**, 312 (1942).
[2] Scheunert, A.: Ernähr. u. Verpfl. **1**, 3 (1949).
[3] Kühnau, J.: Neue med. Welt **1**, 1366 (1950).

deutung ist nach WACHHOLDER[1] nicht ein bestimmter Gehalt der Gewebe an Vitamin C, sondern der Vitamin-C-Umsatz im Körper.

WACHHOLDER sieht Vitamin C als Katalysator bestimmter lebenswichtiger Teilprozesse des Stoffwechsels an, wobei es selbst, teilweise reversibel, oxydativ umgesetzt und letzten Endes oxydativ verbraucht wird. WACHHOLDER folgert deshalb, daß es weniger auf einen gewissen Bestand an Vitamin C ankomme, um etwa, wie häufig angenommen wird, ein stark reduzierendes Milieu in den Zellen aufrechtzuerhalten, sondern vielmehr darauf, daß der Umsatz an Vitamin C nicht unter ein gewisses Maß sinkt. Ein Gewebe, in dem Ascorbinsäure als Oxydationskatalysator wirken soll, muß also selbst ein gewisses Oxydationsvermögen gegenüber Ascorbinsäure besitzen. Hierfür ist die Gegenwart einer Oxydase (Ascorbinase) und bestimmter, für deren Wirksamkeit nötiger Hilfsstoffe, wie Polyphenole, Flavone bzw. $Cu^{..}$ und $Fe^{...}$ erforderlich. Aus am Menschen durchgeführten Bilanzversuchen geht hervor, daß bei gleich hoher Zufuhr von Vitamin C beträchtlich mehr davon umgesetzt wird (bzw. viel weniger, ohne benutzt worden zu sein, mit dem Harn wieder ausgeschieden wird), wenn die Nahrung außerdem reich an Oxydasen ist[2]. Diese Vorstellung vermag z. B. den bisher wenig deutbaren Krankheitsbefund bei einem Polarforscher zu erhellen, der bei oxydasefreier Kost und täglicher Aufnahme von 100 mg synthetischer Ascorbinsäure nach einiger Zeit leistungsschwächer wurde und schließlich ausgesprochene Skorbutsymptome aufwies, die erst auf Genuß von oxydasehaltigem Obst und Gemüse rasch verschwanden. Nach dieser Umsatztheorie wirkt somit die Zufuhr von Oxydasen Vitamin-C sparend. Derartige umsatzsteigernde Wirkungen durch pflanzliche Zubereitungen sind auch neuerdings wieder beschrieben und im Sinne WACHHOLDERS gedeutet worden[3].

Verschiedentlich wurde die Ansicht geäußert, daß die mit der Nahrung aufgenommenen Katalysatoren der Ascorbinsäure-Oxydation nicht für den intermediären Stoffwechsel verwertet werden könnten, weil eine Resorption der Oxydasen gar nicht ohne tiefgreifende Spaltung möglich sei. Diesem Einwurf begegnete WACHHOLDER mit dem Hinweis, daß nach der Aufspaltung des Fermentes unter Resorption der Spaltstücke vor allem die niedermolekulare eigentliche Wirkgruppe zum Wiederaufbau der entsprechenden Fermente zur Verfügung stünde; der Einwand treffe von vornherein nicht zu für die Flavone und Polyphenole, ebenso auch nicht für die anorganischen Oxydationskatalysatoren wie Kupfer und Eisen. Es sei in diesem Zusammenhang nicht verschwiegen, daß nach Untersuchungen von SCHEUNERT und RESCHKE[4] ein Unterschied in der antiskorbutischen Wirkung zwischen Ascorbinsäure, wenn sie in natürlichen Vegetabilien gereicht wurde, und synthetischer Ascorbinsäure nicht festzustellen ist.

Kräftige Fermentsysteme zur Oxydation der Ascorbinsäure sind nicht nur regelmäßige Bestandteile von Pflanzen (vor allem der grünen Blätter), sondern kommen auch weitverbreitet in tierischen Organen, vor allem in den Muskeln und in der Leber vor. Schwach ausgeprägt ist dieses Oxydationsvermögen bei Weißkohl, Erdbeere, Rettich und Tomate, etwas besser bei Radieschen, Kohlrüben, Lauch und Pfirsichen; in ziemlicher Stärke ist es anzutreffen bei Salaten, sonstiger Beikost, Gemüsepreßsäften, Gewürzkräutern (auch in getrocknetem und pulverisiertem Zustand) und in Obst. Diese Nahrungsmittel dürfe man durchaus nicht nur nach ihrem Gehalt an Vitamin C beurteilen, sondern auch nach dem an den

---

[1] WACHHOLDER, K.: Klin. Wschr. **21**, 893 (1942); Ernährung **7**, 129 (1942); Klin. Wschr. **19**, 491 (1940).
[2] WACHHOLDER, K.: Ernährung **5**, 79 (1940).
[3] BRAUN, H. u. E. MEYER: Dtsch. Lebensmittel-Rdsch. **44**, 225 (1948).
[4] SCHEUNERT, A. u. J. RESCHKE: Vitamine und Hormone **1**, 195 (1941).

zugehörigen Oxydasen, sonst müßte man bei dem nicht übermäßig hohen Vitamin-C-Gehalt unserer Äpfel, Birnen und Pflaumen zu einer ganz falschen Einschätzung des Wertes ihres Rohgenusses kommen[1]. Der Gefahr, daß das Vitamin C unserer Nahrungsmittel durch die beim Kauakt freiwerdenden Oxydatoren im Magendarmkanal irreversibel zerstört wird, begegnet der Körper durch Absonderung besonderer Schutzstoffe in die Verdauungssäfte (Speichel, Magen- und Duodenalsaft)[2].

Für die biologische Rolle der Ascorbinsäure dürfte fernerhin bedeutsam sein, daß dieser Körper die Aktivität einer Reihe von eiweiß- und stärkespaltenden Fermenten kontrolliert. Bedeutung kommt dem Vitamin C auch für das Blut zu; einmal beschleunigt es die Gerinnung, zum anderen wirkt es sich günstig auf die Blutregeneration aus. Schließlich sei seine günstige Wirkung bei allergischer Disposition (s. S. 461) angeführt. Enge Beziehungen wurden zwischen Ascorbinsäure und einigen Hormonen aufgefunden, ebenso auch zwischen Ascorbinsäure und Vitamin A. Die meisten Tiere (nicht aber z. B. Mensch, Affe und Meerschweinchen) vermögen Vitamin C selbst zu synthetisieren.

Ausfallerscheinungen. Die Vitamin-C-Avitaminose führt zum heute selten gewordenen Auftreten von Skorbut (s. S. 424). Ihre auffälligsten Symptome sind Blutungen und Entzündungen des Zahnfleisches; die Blutungen, bei denen offensichtlich eine erhöhte Durchlässigkeit der Wände der feinsten Äderchen vorliegt, können sich indes auch an anderen Körperstellen, unter der Haut oder im Muskelgewebe, einstellen. Das Knochenwachstum ist gestört. Die Anfälligkeit gegen Infektionskrankheiten ist erhöht. Unser Augenmerk gilt heute weniger der ausgesprochenen Vitamin-C-Avitaminose als vielmehr den hypovitaminotischen Formen, deren klinisches Bild allerdings wenig scharf umrissen ist. Die Meinungen über die Höhe der notwendigen Mindestzufuhr weichen zwar noch beträchtlich voneinander ab, klaffen aber keineswegs so weit auseinander, daß nicht der Schluß gezogen werden dürfte, der Kulturmensch sei dauernd mit Vitamin-C-Mangelschäden behaftet. Solche Krankheitszustände sind nach Stepp, Kühnau und Schroeder[3]: Neigung zu Zahnfleischblutungen, Frühlingsmüdigkeit, Anfälligkeit für katarrhalische Infekte des Magendarmkanals und der Luftwege, hartnäckige Pyurien, gewisse Kapillarblutungen und Zahnkaries; bei Kindern außerdem Wachstumshemmungen, Blässe und verminderte Eßlust.

Vitamin P (Permeabilitätsvitamin). *Vorkommen.* Reichlich in Obst und Gemüse, weit verbreitet in der Pflanzenwelt, z. T. in recht hohen Konzentrationen.

Bedarf (Therapeutische Dosis: 30 mg/Tag).

Physiologie. Nachdem sich herausgestellt hatte, daß nicht, wie anfangs vermutet, ein Gemisch von Hesperitin und Eriodictin, das sogenannte Citrin, das Permeabilitätsvitamin darstellt, das die Durchlässigkeit und Brüchigkeit der Kapillargefäßwände günstig beeinflußt, wurde im Rutin, einem gelben Glykosid des Flavonols Quercetin, ein längst bekannter Naturstoff angetroffen, der bei Tier und Mensch alle Wirkungen des Permeabilitätsvitamins ausübt[4,5]. Da Rutin als kopulationsverhinderndes Hormon bei Pflanzen erkannt wurde, und da das Aglykon stark antibiotisch wirkt, wird vermutet, daß Rutin an gewissen biologischen Fundamentalprozessen (Atmung?) angreift. Rutin bildet ebenso wie andere Flavonolglykoside mit Eiweißen stabile Komplexe, weiterhin bilden Flavonole mit anderen mehrwertigen Phenolen, z. B. Anthozyanen (dies sind die blauen,

[1] Wacholder, K.: Ernährung **7**, 129 (1942).
[2] Wacholder, K.: Vitamine und Hormone **3**, 1 (1942).
[3] Stepp, W., J. Kühnau u. H. Schroeder: Die Vitamine und ihre klinische Anwendung, 2. Aufl., S. 124 ff. Stuttgart: F. Enke 1937.
[4] Plichet, A.: Presse méd. **1947**, 4. — [5] Kühnau, J.: Klin. Wschr. **1949**, 249.

violetten und roten Blütenfarbstoffe) und Katechinen (gewisse Gerbstoffe) reversible Redoxsysteme. Da die Durchlässigkeit semipermeabler Membranen stark durch das Redoxpotential auf beiden Seiten bestimmt wird, könnte auch die Funktion als Permeabilitätsvitamin auf diesem Wege zustande kommen. Möglicherweise kommt damit auch anderen Nahrungsflavonolen eine ernährungsphysiologische Bedeutung zu, worauf u. a. die günstige Beeinflussung des Organismus durch flavonreiche Genußmittel (z. B. Tee) hinweisen würde[1]. Rutin scheint die kapillarabdichtende Wirkung aber auch über einen Eingriff in den Kalkhaushalt des Gewebes auszuüben. Für sich allein vermag das Permeabilitätsvitamin den Skorbut und die Blutungserscheinungen nicht zu beseitigen, die Wirkung tritt aber sofort ein, wenn kleine Mengen Vitamin C damit verabreicht werden[2]. Nach COTEREAU und Mitarbeiter[3] beruht der die Vitamin-C-Wirkung erhöhende Effekt von Vitamin P lediglich auf einer Verhinderung der Oxydation von Vitamin C[4].

Vitamin D (Antirachitisches Vitamin). *Vorkommen.* Die weitaus reichste Quelle für die fettlöslichen D-Vitamine sind die Fischleberöle, wobei die einzelnen Fischarten sich sehr unterschiedlich verhalten (Thunfischlebertran enthält etwa 50mal soviel Vitamin D wie Dorschlebertran). Körperöle der fetten Fische (Heringsfett ist ebenso reich an Vitamin D wie Dorschlebertran!); Butter dagegen enthält nur etwa 1% dieser Mengen. Ausgenommen von Kakaoschalenfett bleiben die übrigen als Vitamin-D-Quellen noch in Frage kommenden Nahrungsmittel (Milch, Eigelb, Leber und Pilze) weit hinter den Ölen der marinen Fische zurück. Wesentlich für eine genügende Versorgung des Organismus mit Vitamin D ist, daß der tierische Organismus die mit pflanzlicher bzw. tierischer Nahrung aufgenommenen Provitamine D (Ergosterin bzw. Dehydrocholesterin) in die Vitamine D_2 bzw. D_3 umzuwandeln vermag. Diese Provitamine finden sich z. T. in beachtlichen Mengen auch in der Haut des Menschen und werden dort durch den kurzwelligen Teil (UV) der Sonnenstrahlung in Vitamin D umgewandelt. Da die Provitamine nur schwer vom Körper resorbiert werden, hat es sich als überaus zweckmäßig erwiesen, diese in bestimmten Nahrungsmitteln (Milch) durch Ultraviolettbestrahlung in das resorbierbare Vitamin D umzuwandeln. Der Wirkstoff scheint auch in Konserven überaus gut haltbar zu sein.

Bedarf. Der tägliche Bedarf des Kleinkindes beträgt etwa 1,5 γ, beim Erwachsenen dürfte er kaum über 0,01 mg hinausgehen. Wesentlich für die Bedarfsdeckung scheint die endogene Bildung von Vitamin D aus seinem Provitamin zu sein.

Physiologie. Vitamin D ist unentbehrlich für die Knochenbildung, und zwar spielt es beim Verkalkungsprozeß für die Knochenbildung (Einlagerung von Calcium und Phosphorsäure) eine noch nicht geklärte, wichtige Rolle (möglicherweise u. a. eine Verbesserung der Resorption des Kalkes aus der Nahrung und eine dadurch bedingte Erhöhung des Calciumgehaltes des Blutes). Vitamin D ist auch verantwortlich für die Einregulierung eines bestimmten Verhältnisses von Calcium zu Phosphorsäure im Blut.

Ausfallerscheinungen. Fehlt Vitamin D in der Nahrung, bzw. kann es wegen mangelnder Sonneneinwirkung auf die Haut dort nicht in erforderlichem Ausmaße aus dem Provitamin gebildet werden, so bleiben beim Kleinkind die Knochen weich, verkrümmen bei Belastung und werden schließlich bei Fortdauer des Mangels an Vitamin D und der Beanspruchung in dieser Form fixiert (Rachitis).

[1] STEPP, W., J. KÜHNAU u. H. SCHROEDER: Die Vitamine und ihre klinische Anwendung, 2. Aufl., S. 173. Stuttgart: F. Enke 1937.
[2] E. MERCK's Jahresbericht, 57.—60. Jahrg., S. 136. Darmstadt: Roether 1948.
[3] COTEREAU, H., M. GABE, E. GERO u. J. L. PARROT: Nature **161**, 557 (1948).
[4] CRAMPTON, E. W. u. L. E. LLOYD: Science (Lancaster) **110**, 18 (1949).

In großen Dosen, die unter normalen Ernährungsverhältnissen nicht zugeführt werden, wirkt Vitamin D als ausgesprochenes Gift, das letzten Endes eine Verlagerung des Calciums aus den Knochen in die verschiedensten Organe hervorruft, wobei schwere Gesundheitsstörungen auftreten (Hypervitaminose).

Vitamin E (Tokopherol, Antisterilitäts-Vitamin). *Vorkommen.* Vitamin E, von dem 3 Spielarten bekannt sind, kommt vor allem in Getreidefrüchten vor; es ist fettlöslich und im Öl der Getreideembryonen *(Kleie)* stark angereichert. Auch andere pflanzliche Öle (Erdnuß-, Lein-, Sesam- und Cocosöl), Sojabohnen, Grünkohl, grüner Salat (auch getrocknet), sind beachtliche Vitamin-E-Quellen; in tierischen Nahrungsmitteln ist der Gehalt im allgemeinen geringer (Eier, Milch, Butter und Schweinefett), beachtlich indes in den innersekretorischen Drüsen; Frauenmilch hat mit etwa 1 mg-% einen in der Regel zehnfach höheren Vitamin-E-Gehalt als die Kuhmilch[1]. Beachtenswert ist, daß die pflanzlichen Öle ihren Gehalt an dem im übrigen gegen Erhitzen (200°) selbst bei Gegenwart von Luft-O_2 ziemlich stabilen Vitamin E beim Verarbeiten (Raffinieren, Bleichen, nicht aber Hydrieren) meist sehr stark vermindern. Überaus empfindlich ist es in freier, nicht aber in veresterter Form gegen Peroxyde, so daß es in Fetten bei deren Ranzigwerden zerstört wird.

Bedarf. Quantitative Angaben liegen noch nicht vor; schätzungsweise werden mit der Nahrung 15 bis 20 mg je Tag aufgenommen[2]. Der menschliche Fötus und das Neugeborene scheinen einen besonders hohen Bedarf an Vitamin E zu haben.

Physiologie. Dem Vitamin E kommt zwar zweifellos eine wichtige Rolle im Stoffwechsel zu, doch ist der Wirkungsmechanismus noch keineswegs geklärt. Das morphologische Substrat seiner Wirkung sind die Muskulatur und die Genitalorgane[3] (s. auch S. 427). Bedeutsam für die Ernährung ist, daß die Tokopherole als Antioxydantien Vitamin A bzw. Carotin im Magendarmkanal und im Gewebe vor der Oxydation schützen. Diese Stabilisierung wirkt sich darin aus, daß Carotin aus Karotten und anderen Vegetabilien im menschlichen Darm viel besser ausgenutzt und im Körper gespeichert wird, wenn gleichzeitig Vitamin-E-haltige Nahrungsmittel aufgenommen werden.

Ausfallerscheinungen. Vitamin-E-Mangel äußert sich bei männlichen Tieren zunächst in einer mit Abnahme des Geschlechtstriebes verbundenen Störung der Samenbildung, bei längerer Dauer degeneriert schließlich der ganze spermabildende Apparat des Hodens irreparabel. Beim Weibchen wirkt sich die Avitaminose weniger in anatomischen Veränderungen aus, die im übrigen heilbar sind, sie betreffen im wesentlichen den Embryo (Totgeburten bzw. Verweigerung der Aufzucht der Jungen seitens der avitaminotischen Mutter). Darüber hinaus führt der Mangel an Vitamin E zu charakteristischen Lähmungserscheinungen an den Extremitäten, zu Muskelschwund und zur Degeneration bestimmter Bahnen des Rückenmarks. Neuerdings ist in der Ratten-Eklampsie (Wachstumsstörung mit Todesfolge unter schwerer Erkrankung der Leber und Niere) eine Krankheit beschrieben worden[4], die sich bei kombiniertem Mangel an Vitamin E und an S-haltigen Aminosäuren einstellt. Schließlich ist als ein weiteres Symptom des Vitamin-E-Mangels eine Störung der Hypophysenfunktion beobachtet worden. Wenn auch beim Menschen bisher noch keine einwandfreie E-Avitaminose festgestellt worden ist, so dürfte doch die Vitamin-E-Versorgung des Menschen nicht

---

[1] Hildebrandt: Umschau **50**, 562 (1950).

[2] Anonym: Brit. med. J. **1949**, 951; Zit. nach Z. Lebensmittel-Unters. u. -Forsch. **93**, 163 (1951).

[3] Kühnau, J.: Neue med. Welt **1**, 1366 (1950).

[4] Schwarz, K.: Hoppe-Seyler's Z. physiol. Chemie **283**, 186 (1948).

viel über dem notwendigen Minimum liegen, und es wird vermutet, daß E-Hypo-vitaminosen (Schwangerschaftsstörungen) weit verbreitet sind. Die nicht ausreichende Zufuhr dürfte durch vermehrten Verzehr von Vollkornbrot und Pflanzenkost ohne weiteres auf das erforderliche Ausmaß gebracht werden können.

Vitamin K (antihämorrhagisches Vitamin; Phyllochinon). *Vorkommen.* Vitamin K kommt besonders reichlich in den grünen Blättern vor; in Früchten (z. B. Tomaten), Kartoffeln und Möhren ist der Gehalt weit geringer, ebenso auch in Samen und tierischer Leber.

Bedarf. Der tägliche Bedarf des Menschen an Vitamin K wird normalerweise durch die Darmflora synthetisiert, so daß Mensch und Säugetiere von einer Vitamin-K-Zufuhr mit der Nahrung unabhängig sind. Beim Säugling (s. unten) ist u. U. Zufuhr von 2 bis 5 mg Vitamin K pro Tag erforderlich.

Physiologie. Vitamin K ist fettlöslich, lichtempfindlich und auch etwas wärmeempfindlich. Vitamin K ist an der Bildung eines der für die Blutgerinnung erforderlichen Faktoren, des Prothrombin, beteiligt (vgl. S. 427); sein Mangel verzögert die Blutgerinnung. Es gibt bereits eine ganze Reihe natürlicher und künstlicher Stoffe mit Vitamin-K-Wirkung. Eine im Süßklee enthaltene Substanz (Dicumarol) wirkt als Antagonist von Vitamin K (Hemmung der Prothrombinbildung und damit der Blutgerinnung).

Ausfallerscheinungen. Sie bestehen vor allem in Blutungen, besonders solchen unter der Haut oder in den Muskeln. Diese Erscheinungen finden sich bei Vögeln. Symptome eines Vitamin-K-Mangels treten auch beim Menschen und dann vorwiegend im Säuglingsalter auf und sind hier durch eine mit der noch ungenügenden Gallesekretion der Leber zusammenhängende Resorptionsstörung der Fette (und des fettlöslichen Vitamin K) in Gemeinschaft mit einem tatsächlichen Vitamin-K-Mangel bedingt. In neueren Erhebungen wurde bei 8% der Kinder eine durch Vitamin-K-Mangel bedingte Hypoprothrombinämie (= zu niedriger Gehalt des Blutes an Prothrombin) festgestellt. Nach GAETHGENS[1] kommen nahezu 70 bis 80% aller Neugeborenen mit einem Prothrombindefizit zur Welt, das durch Vitamin-K-Gaben (entweder direkt an den Säugling oder im Zuge einer richtig gehandhabten Schwangerschaftsfürsorge an die Mutter vor der Geburt) leicht ausgeglichen werden könnte.

Integrität der Nahrung.

In den vorangehenden Abschnitten wurden Stoffe behandelt, die mit der Nahrung zugeführt werden müssen, soll der menschliche Organismus gesund bleiben. Hervorgehoben sei, wie es schon gelegentlich geschehen ist, daß die erforderlichen Mengen der einzelnen Stoffe oft wesentlich von der zugeführten Menge an bestimmten anderen Stoffen abhängen, z. B. Abhängigkeit des Bedarfs an Vitamin B_1 von der Größe des Kohlenhydratanteils der Nahrung; Vitamin-D-Bedarf in Abhängigkeit vom Verhältnis von Phosphorsäure zu Calcium, antagonistische bzw. synergistische Wirkungen zwischen Vitaminen usw. Durch diese Wechselbeziehungen zwischen den einzelnen Nahrungsbestandteilen und durch die Notwendigkeit der Gleichzeitigkeit in der Aufnahme gewisser in ihrer Wirksamkeit gekoppelter Nähr- und Wirkstoffe (s. auch S. 414), wird das an sich schon so komplizierte Bild des Ernährungsbedarfs noch schwerer durchschaubar und übersehbar. Nach Ansicht gewisser Ernährungsreformer (z. B. BIRCHER-BENNER[2,3]) wird die Forderung, daß unsere Nahrung in jeder Hinsicht

---

[1] GAETHGENS, G.: Ärztl. Forsch. **2**, 361 (1948).

[2] BIRCHER-BENNER, M.: Eine neue Ernährungslehre, 4. Aufl. Zürich 1928.

[3] VOGEL, M.: Biologisches-medizinisches Taschenbuch. Stuttgart: Hippokrates-Verlag 1936.

vollständig und ausgeglichen sein muß, dann erfüllt, wenn die der Natur entnommenen Nahrungsmittel in einem möglichst wenig veränderten Zustande verzehrt werden. Es wird dabei vorausgesetzt, daß in den Rohprodukten ein wohlabgewogenes Gleichgewicht zwischen den umzusetzenden Nährstoffen und den dafür erforderlichen Wirkstoffen vorliegt; an diese geschlossene Einheit der natürlichen Nahrungsmittel habe sich der menschliche Organismus hinsichtlich seiner Bedürfnisse und seiner Verdauungsorgane während seiner phylogenetischen Entwicklung angepaßt. Jeder willkürliche Eingriff in diese naturgegebenen Zusammenhänge könne zu Störungen führen, die oft erst in Spätwirkungen sichtbar werden[1]. Wenn auch Anschauungen solcher Art häufig überspitzt vorgebracht und offensichtliche Verbesserungen der Rohstoffe in ernährungsphysiologischer Hinsicht durch technologische oder küchenmäßige Eingriffe dabei übersehen wurden, so ist es doch heute klar geworden, daß der Kern dieser Anschauungen richtig ist. Man erinnert sich auch daran, daß Abderhalden bereits vor 25 Jahren davor gewarnt hat, diese naturgegebenen Zusammenhänge zu zerstören. Ebenso hat auch Rubner, der sich im übrigen weit von jenen ernährungsreformerischen Sekten distanzierte, die Ansicht vertreten, daß je unveränderter die Nahrungsstoffe in den Körper gelangen, sie um so wahrscheinlicher ihre physiologische Aufgabe erfüllen[2]. Und neuerdings betont Kähler[3], daß als Ziel aller industriellen Veredlungsprozesse die Erhaltung der Stabilität des bioharmonischen Gleichgewichts aller pflanzlichen Inhaltsstoffe ohne wesentliche Veränderung der Gefügebildner angestrebt werden müsse[4]. Wie weitgehend diese Forderungen erfüllt werden sollten, illustriert z. B. der Befund, daß der Genuß von Fruchtsäften in stärkerem Ausmaß zu Caries führt als derjenige der ganzen Früchte[5].

Die eingangs (s. S. 392) berührte Entwicklung unserer Ernährungsweise ist nicht mehr aufzuhalten. So entschied sich z. B. trotz großzügiger Propaganda für hochausgemahlenes Mehl in einem Großversuch in den USA die weitaus große Mehrheit der beteiligten Personen für Brot aus hellem Mehl[6]. Eine Möglichkeit, die durch technologische Maßnahmen bedingte Wertminderung unserer Nahrungsmittel (vor allem hinsichtlich ihres Wirkstoffgehaltes) auszugleichen, besteht darin, den entstandenen Mangel durch reichlichen Verzehr solcher Nahrungsmittel zu beheben, die diese im Minimum befindlichen Stoffe in genügender Menge enthalten; denn es ist zu berücksichtigen, daß wir uns nicht nur von verarbeiteten Nahrungsmittel ernähren. Aufgabe der landwirtschaftlichen Forschung und Praxis wird

---

[1] In seiner gesundheitlichen Bedeutung ist der Befund von Kouchakoff (Lancet **1937** I, S. 425) noch ungeklärt, daß unter Erhitzen hergestellte Speisen von naturfrischen sich physiologisch dadurch unterscheiden, daß sie, allein genossen, die Zahl der weißen Blutkörperchen im Blut erhöhen (Verdauungsleukocytose); eine solche Veränderung tritt nicht auf nach Genuß von Rohkost oder von gekochten Speisen nach unmittelbar vorangegangener Aufnahme roher Nahrungsmittel. Nach Kouchakoff sei diese Leukocytose die pathologische Antwort des Organismus auf einen toxischen Reiz, wobei die Noxe (Ursache der Schädigung) durch Hitzeeinwirkung aus einem biologischen Substrat entstanden sein soll. Der Befund, daß sich der Verzehr von Speisen, die bei Temperaturen bis zu 100° bereitet wurden, auf die Blutzusammensetzung anders auswirkt als der Verzehr von Speisen, die über 100° C erhitzt wurden, könnte für die gesundheitliche Beurteilung des Kochens von Speisen unter Druck bedeutsam werden. Siehe hierzu: Rauen, H. M.: Angew. Chem., A **60**, 100 (1948); Glanzmann, E.: Ergebn. Physiol. **44**, 473 (1941); Fleisch, A.: Schweiz. med. Wschr. **23**, 957 (1942); Orley, A.: Brit. med. J. **1949**, 822, zit. nach Z. Lebensmitteluntersuch. u. -Forsch. **93**, 269, (1951).

[2] Ziegelmayer, W.: Natur und Nahrung **1**, H. 13/14, 1 (1947).

[3] Kähler, K.: Dtsch. Lebensmittel-Rdsch. **44**, 138 (1948); Getreide, Mehl u. Brot **1**, 24 (1947).

[4] Kollath, W.: Der Vollwert der Nahrung und seine Bedeutung für Wachstum und Zellersatz. Stuttgart: Wiss. Verlagsges. 1950.

[5] Miller, C. D.: Arch. of Biochemistry **26,**, 159 (1950); zit. nach Physiol. Ber. **145**, 49 (1951).

[6] Dufrénoy, J. u. L. Genevois: Ernähr. u. Verpfl. **1**, 5. u. 28 (1949).

es sein müssen, besonders vitaminreiche Naturprodukte zu züchten und in genügender Menge zu erzeugen. Eine andere Möglichkeit besteht darin, die den Nahrungstoffen entzogenen oder zerstörten Wirkstoffe, Salze usw. nachträglich wieder zuzusetzen, ein Weg, der von fortschrittlichen Ländern in Europa und Nordamerika bereits in größerem Ausmaße begangen wird. Vor allem ist es das Brot, das durch — gesetzlich festgelegte — Zusätze von Vitamin B_1, B_2 Nicotinsäureamid, Eisen und Kalk in seinem ernährungsphysiologischen Wert auf diese Weise wesentlich verbessert wird. Fruchtsäfte reichert man durch Zusätze von Vitamin C, Margarine mit Carotin an[1-3].

Wir kennen zwar noch nicht alle Wirkstoffe und wissen deshalb im einzelnen nicht, welche Faktoren die technologische Bearbeitung entfernt. Beobachtungen erlauben indes zu schließen, daß mit der Vitaminierung einer Reihe von Nahrungsstoffen ein wesentlicher Teil der durch *Denaturierung* bedingten Mängel behoben werden kann. Gewisse Anzeichen deuten bereits darauf hin, daß das bearbeitete und nachträglich vitaminierte Produkt ernährungsphysiologisch höher einzuschätzen sein kann als das Rohprodukt. So ergab sich z. B. im Tierversuch, daß mit Vitaminen angereicherte Mehle besser wachstumsfördernd wirkten als das natürliche Vollkorn[4]. Trotz dieser offensichtlichen Erfolge ist die Warnung, die G. v. BUNGE vor Jahrzehnten aussprach, noch keineswegs gegenstandslos geworden: „Wir können ganz sicher sein, daß wir Mißgriffe begehen werden, wenn wir die Natur meistern wollen und statt des von der Natur gebotenen Gemenges isolierte chemische Präparate oder chemische Mischungen aufnehmen[5]."

V. Sinnesphysiologisch wirkende natürliche und künstliche Bestandteile.

1. Einleitung.

Das Gemisch der Nährstoffe im engeren Sinne, d. h. das aus Eiweiß, Fett, Kohlenhydraten, Vitaminen, anorganischen Salzen und Wasser bestehende Gemenge, wird erst durch eine Reihe von Stoffen, die ihm einen spezifischen Duft und Geschmack, und eine bestimmte Färbung verleihen, zur eigentlichen Nahrung.[6, 7] Außerdem verlangen wir von den Nahrungsmitteln, daß sie eine bestimmte strukturelle Beschaffenheit und eine bestimmte Konsistenz aufweisen.[8] Es genügt nicht, die für Bau- und Betriebsstoffwechsel erforderlichen Nähr- und Wirkstoffe uns in ausreichender Menge zuzuführen, vielmehr müssen sie auch in „einer schmackhaften, ansprechenden und abwechslungsreichen Form und Aufmachung geboten werden, sollen sie auf die Dauer gern verzehrt werden. Jede eintönige, wie auch jede einseitige Kost beeinträchtigt unser körperliches und seelisches Wohlbefinden." RUBNER räumt der Vorprüfung der Nahrung durch die Sinne eine ganz besondere Bedeutung ein; „sie ist eine Maßregel hygienischer Natur, die den Menschen (und die Tiere) vor dem Verzehren ungeeigneter Nahrung schützt und vor Schaden bewahrt." Der Umstand, daß Geschmacks- und

[1] SZASZ, R.: Dtsch. Lebensmittel-Rdsch. **46**, 250 (1950).

[2] WOODSAK, W.: Fette u. Seifen **53**, 533 (1951).

[3] WAGNER, K.-H.: Internat. Z. Vitaminforsch. **22**, 289 (1950); zit. nach Z. Lebensmittel-Unters. u. -Forsch. **94**, 48 (1952).

[4] Zit. nach K. LANG u. O. F. RANKE: Stoffwechsel und Ernährung, S. 262. Berlin-Göttingen-Heidelberg: Springer 1950.

[5] VOGEL, M.: Biologisches-medizinisches Taschenbuch, S. 296. Stuttgart: Hippokrates-Verlag 1936.

[6] GLATZEL, H.: in Naturforschung u. Medizin in Deutschland 1939—1946, S. 140. Wiesbaden: Dietrich 1948. — [7] FINCKE, H.: Z. Lebensmittel-Unters. u. -Forsch. **89**, 1 (1948).

[8] FINCKE, H.: Dtsch. Lebensmittel-Rdsch. **44**, 203 (1948).

Geruchsorgane eine Abwechslung verlangen, erzielt weiterhin einen Wechsel der Nahrung und verhütet Einseitigkeit der Ernährung. Die normalen Gesetze des Geschmackes und Geruchs werden „nur durchbrochen bei quälendem Hunger, der sogar den Menschen zwingt, Widerwärtiges zu genießen[1]". Abderhalden hat bereits vor vielen Jahren auf die Bedeutung z. B. der Geschmackskomponente unserer Nahrung hingewiesen: „Wenn wir jedoch versuchen, eine Nahrung aufzunehmen, die aller Genußmittel entbehrt, und z. B. alle notwendigen Nahrungsstoffe ohne diese zusammenmischen, dann stoßen wir bei ihrer Aufnahme bald auf großen Widerstand. Die Nahrung schmeckt uns nicht. Es gehört eine große Willenskraft dazu, reine Nahrungsstoffe, denen jeder Geschmack und Geruch fehlt, aufzunehmen." Neben den in steigendem Maße faßbar werdenden Beziehungen zwischen Kostzusammenstellung und Gesundheit unseres Körpers würde dieser Faktor der sinnlichen Empfindung, dessen Auswirkungen auf die Funktionen des menschlichen Körpers allerdings nicht so leicht zu überwachen sind[2], in den wissenschaftlichen Fragestellungen oft sehr vernachlässigt. Dies dürfte darauf zurückzuführen sein, daß die diese Empfindungen auslösenden Stoffe ihrer analytischen Erfassung z. T. erhebliche Schwierigkeiten bereiten. Dadurch wird auch verständlich, daß die physiologische Wirkung und Bedeutung dieser Stoffe im einzelnen noch kaum bekannt ist.

Außerordentlich wesentlich nun erweisen sich diese Faktoren bei der Nahrungswahl, die unter normalen Verhältnissen häufig nicht allein vom Nährwert der Nahrungsmittel bestimmt wird, sondern bei der dem Genußwert ein Vorrang eingeräumt werden kann[3]. Der Mensch ist auf Grund seiner Erfahrungen berechtigt anzunehmen, daß bei vielen Nahrungsmitteln bestimmte Eigenschaften miteinander gekoppelt sind (z. B. gefärbter Apfel: säuerlich-süßer, würziger Geschmack, Brot mit brauner Kruste und von guter Form: Wohlgeschmack und erwünschte Konsistenz); es ist daher verständlich, daß er jenen äußeren Faktoren, die die *Marktgängigkeit* eines Nahrungsmittels bestimmen (Farbe, Größe, Form, Festigkeit, Fehlerfreiheit usw.), den Charakter eines Maßstabes verleiht, der ihm auch über innere Qualitäten Aufschluß gibt. In einem nun hoffentlich bald überwundenen Entwicklungsstadium gelang es der Konservierungsindustrie vielfach noch nicht völlig, das Aussehen, die Geschmackswerte und die Struktur der Nahrungsmittel so zu erhalten, wie es den gewohnten und berechtigten Wünschen des Verbrauchers entspricht.

Die Lebensmitteltechnik versuchte die Schwierigkeiten, die ihr die Konservierung und im besonderen Maße die Frischhaltung im engeren Sinne bereiteten vor allem auf zwei Wegen zu umgehen:

1. Durch Umwandlung der Nahrungsmittel in Nährmittel, d. h. durch weitgehende Isolierung der dem jeweiligen Nahrungsmittel eigenen und seinen Nährwert in erster Linie bedingenden Nahrungsstoffe. So zweckmäßig auch die Loslösung der Nahrungsstoffe aus ihrem lebendigen Verbande hinsichtlich ihrer Haltbarkeit ist, und so vorteilhaft sich diese Produkte vielfach in küchentechnischer Hinsicht erweisen, so müssen doch von ernährungsphysiologischer Seite ernste Bedenken gegen solch ein Vorgehen deshalb erhoben werden, weil es die Nahrungsmittel ihrer wertvollen Mineral- und Ergänzungsstoffe beraubt. Solange sich der Verbrauch an solchen fast reinen Nahrungsstoffen in engen Grenzen hält, sind sicher keine ernsteren Gesundheitsschäden zu befürchten. Eindringlicher muß der über die Volksgesundheit wachende Arzt davor warnen, wenn *raffinierte* Hauptnahrungsmittel (z. B. Mehl, Zucker, Schmalz) auf Grund verschiedener

[1] Rubner, M.: Deutschlands Volksernährung, S. 39. Berlin: Springer 1930.
[2] Fincke, H.: Dtsch. Lebensmittel-Rdsch. **46**, 171 (1950).
[3] Gutschmidt, J.: Dtsch. Lebensmittel-Rdsch. **47**, 244 (1951).

Vorzüge sich den Vorrang vor den weniger denaturierten Nahrungsmitteln erringen und ganz allgemein den Wunsch nach Verwendung solcher Produkte fördern, ihn psychisch festigen (Erziehung, Gewohnheit) und die ehedem vorherrschende Geschmacksrichtung abwandeln (Weißbrot). Es wird an anderer Stelle noch auf die Folgen dieser Denaturierung einzugehen sein.

2. Die Umwandlung der Naturprodukte in halb- oder tischfertige Zubereitungen stellt den zweiten Weg dar, die bestehenden Schwierigkeiten der Konservierung zu überwinden. Dieses Vorgehen, worunter Sterilisieren, Räuchern, Rösten, Marinieren usw. verstanden werden soll, ergibt im allgemeinen Nahrungsmittel von hohem Wert, sofern fachgerecht bei ihrer Herstellung vorgegangen wird. Ihre besondere Beliebtheit beruht sowohl auf der Arbeitserleichterung bei ihrer Verwendung, als auch auf ihrem Genußwert. Die Konservierungstechnik zog aus dem gesteigerten Reizbedürfnis vor allem der städtischen Bevölkerung außerordentlichen Nutzen; denn damit war es ihr ohne Schwierigkeiten und ohne auf Widerstand zu stoßen, möglich, wirksame Konservierungsmittel mit eigener, starker Geschmacksnote (z. B. Essig, Salz usw., häufig auch unter Zusatz von Gewürzen) zu verwenden und damit den Genußwert der zu konservierenden Nahrungsmittel vielfältig abzuwandeln. Die verschiedenen Konservierungsverfahren wurden in Zeiten entwickelt, in denen verfeinerte, ernährungsphysiologische Forderungen noch nicht gestellt werden konnten und im allgemeinen auch nicht gestellt zu werden brauchten. Sättigungs- und Genußwert waren ausschlaggebend. Das vertraute Äußere der einwandfreien Ware gab Gewähr für beide. Die Marktgängigkeit eines Produktes war um so größer, je mehr es die Sinne befriedigte. Es konnte deshalb nicht verwunderlich erscheinen, daß versucht wurde, minderen Qualitäten durch Anwendung künstlicher Mittel den Anschein einwandfreier Ware zu geben, oder Unzulänglichkeiten im Verfahren auf ähnliche Weise zu verdecken. Obwohl das Lebensmittelgesetz solche Vorgehen verbietet, durch die der Verbraucher über die Qualität eines Erzeugnisses getäuscht werden kann, sind doch unter dem Eindruck der Bedeutung der von einem Produkt ausgelösten äußeren Sinnesempfindungen gewisse Ausnahmen gestattet worden. Erst in neuerer Zeit ist offenbar geworden, daß einige dieser *Schönungsmaßnahmen* entweder das Nahrungsmittel z. T. gerade in wesentlicher Hinsicht entwerten oder gar zu ernstesten Gesundheitsschädigungen führen. Da derartige Schädigungen schleichend eintreten und ihre Gefahr nur schwer erkannt werden kann, ist der Verdacht nicht von der Hand zu weisen, daß eine Reihe unserer neueren Kulturkrankheiten (z. B. Krebs) durch evtl. langdauernden Genuß von Nahrungsmitteln zurückzuführen ist, die in unsachlicher Weise bearbeitet worden sind. Eine verantwortungsbewußte Lebensmitteltechnik wird deshalb weiterhin bestrebt sein, die Konservierungsverfahren so weit zu vervollkommnen, daß derartige *Verbesserungs*-Versuche überflüssig werden. Soweit aber chemische Mittel in bestimmten Fällen als unentbehrlich angesehen werden müssen, um unerwünschte Lebensmittelveränderungen zu verhindern, wird das Urteil des Physiologen zu respektieren sein, der auf Grund langdauernder Stoffwechseluntersuchungen zu entscheiden hat, welche chemische Behandlung als zulässig zu gelten hat, und welche als gesundheitsschädlich abzulehnen ist [1, 2].

2. Farbe, Form und Oberflächenbeschaffenheit.

Das visuelle Erscheinungsbild vermittelt u. a. den ersten, häufig entscheidenden Eindruck von einem Nahrungsmittel. Neben der äußeren Form und Oberflächengestaltung ist es vor allem die Färbung, die das Urteil

---

[1] KIERMEIER, F.: Angew. Chem. **61**, 19 (1949).
[2] BÄUERLE, A.: Dtsch. Lebensmittel-Rdsch. **45**, 47 (1949).

weitgehend beeinflußt. Leider ist diese Eigenfärbung äußerst empfindlich. Fleisch verliert seine frische Blutfarbe beim längeren Aufbewahren und nimmt eine graue Färbung an. Gefärbte grüne Teile vieler Pflanzenarten verfärben sich beim Erhitzen, eine Reihe anderer dunkelt an den Schnittflächen (Obst, Stengelgemüse), aus farbigen Früchten wird beim Naßkonservieren der Farbstoff z. T. ausgezogen, in Weißblechdosen mit ungenügendem Oberflächenschutz bleicht der Farbstoff aus, oder in Lösung gegangenes Zinn bildet mit dem Farbstoff mißfarbige Farblacke usw. Alle diese Veränderungen bedeuten eine erhebliche Qualitätsminderung und damit verminderte Marktgängigkeit. Die Konservierungstechnik hat deshalb zu verschiedenen Mitteln gegriffen, entweder um die Farbveränderungen zu vermeiden, oder, wenn dies nicht möglich war, durch Zusätze eine der ursprünglichen ähnliche Färbung zu erreichen; so sind Naßkonserven von farbigen Früchten in der Regel künstlich gefärbt. In manchen Fällen ging man noch einen Schritt weiter, und es wurden künstliche Farbstoffe zugesetzt, um lediglich eine bessere Beschaffenheit vorzutäuschen (z. B. Teigwaren, Butter). Abgesehen von der erzielten Täuschung (evtl. nach vorheriger Bleichung mit schwefliger Säure[1]) hat sich die künstliche Färbung vielfach als äußerst nachteilig für die wesentlichen Qualitätsmerkmale des Produktes und darüber hinaus als gesundheitsschädlich für den Menschen erwiesen. Die Verwendung von Kupfer bei der Naßkonservierung erhält zwar dem grünen Gemüse eine fast natürliche grüne Färbung; der Inhaltsstoff aber, der in erster Linie dem Genuß von grünem Gemüse einen hohen gesundheitlichen Wert mitverleiht, das Vitamin C, wird durch den Kupferzusatz vernichtet; darüber hinaus wird der nach Bürgi[2] für die Blutbildung wichtige, nach neueren Untersuchungen[3] allerdings auch nicht in Form seiner Derivate im Magen-Darmkanal resorbierbare Farbstoff der grünen Blätter, das Chlorophyll, in eine unphysiologische und damit wohl nichtverwertbare Form gebracht.

In der Nahrungsmittel- und kosmetischen Industrie in weitem Umfang verwendete künstliche Farbstoffe sind neuerdings als krebserregend erkannt worden. Wie Druckrey und Küpfmüller[4] in jahrelangen Versuchen an Ratten zeigen konnten, erzeugt der allerdingt schon seit längerer Zeit nicht mehr verwendete Butter- und Margarinefarbstoff *Buttergelb* (Dimethylaminoazobenzol) Leberkrebs[5]. Höchst bedeutsam ist dabei, daß die Wirkungen auch der kleinsten Einzeldosen unvermindert fortbestehen, irreparabel sind und sich summieren, bis nach Überschreiten der kritischen Gesamtdosis die Erkrankung manifest wird. Wie aus Abb. 122 hervorgeht, scheinen die Tiere im höheren Alter leichter, d. h. bei einer geringeren Gesamtdosis an Krebs zu erkranken. Die *Krebsdisposition* nimmt auch bei Ratten im Alter ebenso zu, wie das beim Menschen bekannt ist[6]. Der irreparable Charakter der Erscheinung läßt an die Vorstellungen und Befunde von Kollath (s. S. 441) erinnern. Die Schädigungen dürften möglicherweise z. T. darauf beruhen, daß durch basische Farbstoffe strukturgebundene Zellenkernfermente gehemmt werden[7]. Weiterhin hat sich ergeben, daß Farbstoffe in den Konzentrationen, wie sie beim Färben von Nahrungsmitteln angewendet werden, fermentative Vorgänge, z. B. den diastatischen Stärkeabbau, hemmen. Es ist möglich,

---

[1] Rost, E.: in Bömer, A. A. Juckenack u. J. Tillmans: Hdbuch d. Lebensmittelchemie, 1. Bd., S. 1008. Berlin: Springer 1933.

[2] Bürgi, E.: Schweiz. med. Wschr. **77**, 11 (1947).

[3] Kohler u. Mitarb.: J. of biol. Chemistry **128**, 501 (1939); zit. nach Chemiker-Ztg. **76**, 46 (1952).

[4] Druckrey, H. u. K. Küpfmüller: Z. Naturforsch. **3b**, 254 (1948).

[5] Bäuerle, A.: Dtsch. Lebensmittel-Rdsch. **45**, 47 (1949).

[6] Druckrey, H.: Umschau **49**, 423 (1949).

daß damit auch die Verdauungsvorgänge im Organismus ungünstig beeinflußt werden[1]. Solche Erkenntnisse wirkten in hohem Maße alarmierend und haben alsbald zu neuen Bestimmungen über die Färbung von Lebensmitteln geführt.

In bestimmten Fällen wird der Nahrungsmittelverarbeiter durch die Wünsche des Verbrauchers dazu verleitet, statt die natürliche Färbung der Produkte zu erhalten, diese zu entfernen, d.h. die Produkte zu bleichen. Wird dabei ohne die nötige Vorsicht vorgegangen, ergeben sich Produkte mit toxischem Charakter. So ruft z. B. der Genuß von Mehl, das mit Stickstofftrichlorid (NCl_3) gebleicht worden ist, epileptische Krämpfe hervor[2].

Ein Beispiel für einen ernährungsphysiologisch einwandfreien, ja sogar begrüßenswerten Einsatz chemischer Mittel ist die Verwendung von Ascorbinsäure (evtl. in Mischung mit Citronensäure), um oxydative Veränderungen zu verhüten, die bei pflanzlichen Geweben häufig zu einer Verfärbung und daneben zu ungün-

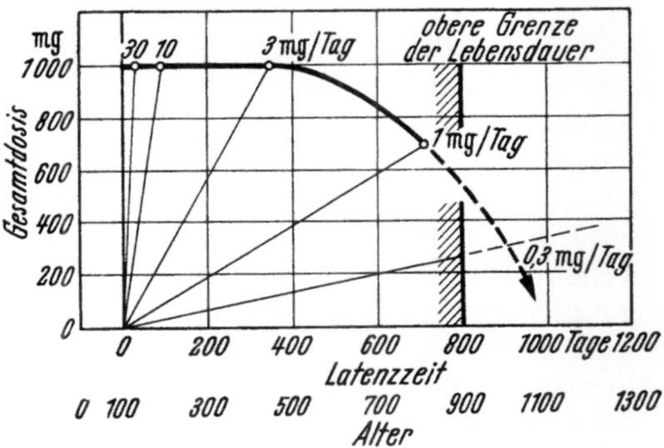

Abb. 122. Abhängigkeit der für die Krebserzeugung erforderlichen Gesamtdosis „Buttergelb" vom Alter der Tiere. (Aus *H. Druckrey*: Umschau **49** (1949) S. 423.)

stigen Geschmacksveränderungen führen[3]. In größerem Ausmaß erfolgt diese qualitätsverbessernde und -erhaltende Maßnahme bei Obst-(Apfel-)Säften[4,5].

In der Form von fettlöslichem l-Ascorbylpalmitat kann von der Schutzwirkung der Ascorbinsäure auch für Fette und Öle Gebrauch gemacht werden, wodurch z. B. die Erhaltung von Vitamin A bzw. Carotin wesentlich verbessert wird[6], doch auch Anwendung wäßriger Ascorbinsäurelösungen verzögert das Ranzigwerden von Gefrierfleisch[7]. Die günstige Wirkung der Ascorbinsäure beruht darauf, daß diese leicht oxydierbare Verbindung den Sauerstoff abfängt. Entsprechend wirken auch Zusätze von Isoascorbinsäure, die noch leichter den Sauerstoff auf sich zieht und damit auch die natürlich vorhandene Ascorbinsäure vor der Oxydation schützt. Glutathion ist in der praktischen Anwendung zu teuer und wird deshalb durch andere Thioverbindungen, z. B. Thiosulfate, Thioharnstoff ersetzt; bei letzterem ist indes eine mögliche pharmakologische Wirkung zu berücksichtigen[8]. Sulfite, die sowohl zum Bleichen als auch dazu dienen, Oxydationsfermente zu inaktivieren, sind in den angewandten Konzentrationen bisher als gesundheitsunbedenklich befunden worden[9], ebenso auch die neuerdings als Antioxydantien empfohlenen Gallussäureester[10] und hochungesättigten Aldehyde[11].

---

[1] DIEMAIR, W. u. H. HÄUSSER: Z. Lebensmittel-Unters. u. -Forsch. **92**, 403 (1951).

[2] CAMPBELL, P. N., T. S. Work u. E. Mellanby: Nature **165**, 345 (1950); zit. nach Physiol. Ber. **145**, 58 (1951)

[3] ESSELEN, W. B., C. R. FELLERS u. J. E. W. McCONNEL: Food Technol. **3**, 121 (1949).

[4] LEE, F. A. u. C. S. PEDERSON: Zit. n. Ind. Obst- u. Gemüseverwert. **34**, 144 (1949).

[5] RÜEGG, W.: Ind. Obst- u. Gemüseverwert. **35**, 353 (1950).

[6] AMBROSE, A. M. u. L. DE EDS: Arch. of Biochemistry **12**, 375 (1947).

[7] Zit. nach Kältetechnik **2**, 171 (1950).

[8] WAGNER-JAUREGG, TH.: Naturwiss. **33**, 52 (1946).

[9] ROST, E.: in A. BÖMER, A. JUCKENACK u. J. TILLMANS: Hdb. d. Lebensmittelchemie, 1. Bd., S. 1044. Berlin: Springer 1933.

[10] ORTEN, J. M., A. C. KUYPER u. A. H. SMITH: Food Technol. **2**, 308 (1948).

[11] WILLSTAED, H. u. H. REINART: Ark. f. Kemi **1**, 319 (1950); zit. nach Angew. Chem. **62**, 393 (1950).

Neben der Färbung kommt der Form der Ware eine außerordentliche Bedeutung für die Marktgängigkeit zu. Nahrungsmittel in naturfrischem Zustand vermag der Kleinverbraucher in der Regel durch Augenschein zu beurteilen. Von Waren, die aus selbständigen Einzelobjekten bestehen (Obst, Gemüse, Eier, z. T. Fisch usw.), zieht der Verbraucher solche vor, die von gleichmäßiger Größensortierung sind. Außer der erwünschten, möglichst intensiven, aber natürlichen Färbung wird der sinnesphysiologische Eindruck durch andere Besonderheiten noch begünstigt (z. B. Äpfel: glatte, glänzende Schale). Wasserverluste schädigen den Verkäufer nicht nur direkt als Gewichtsverluste, sondern auch durch Unansehnlichwerden der Ware indirekt. Soweit solche Mängel nicht durch geeignete Lagerung oder durch die Verpackung verhütet werden, bedient man sich gewisser Überzüge aus hydrophoben (wasserabstoßenden) Stoffen, z. B. Wachse in Emulsionsform, mit denen die Nahrungsmittel wie Obst, Gemüse, Eier, Fleisch[1] in einem Tauchverfahren versehen werden. Solche Maßnahmen haben sich auch als sehr nützlich erwiesen, um hygroskopische Nahrungsmittel vor dem Verderb zu bewahren (Pulver, Zuckerwaren). Ernährungsphysiologische Bedenken gegen solches Vorgehen sind bisher kaum geäußert worden, ebenso wenig auch gegen die Verwendung der als Emulsionsstabilisatoren so nützlichen Derivate der Methylcellulose, wie Tylose usw.[2].

Bei Süßmosten hatte sich eine Wunschrichtung des Verbrauchers herausgebildet, die gegenüber den glanzhell filtrierten Säften die naturtrüben Säfte bevorzugte. Diese Richtung scheint ernährungsphysiologisch gerechtfertigt zu sein, denn die Trübstoffe werden von der Substanz der Zellkerne mit hohem N- und P_2O_5-Gehalt gebildet[3].

3. Duft und Geschmack.

Die physiologische Wirkung der Geschmacks- und Geruchsstoffe ist im einzelnen noch kaum bekannt, doch ist die biologische Bedeutung dieser Stoffe dem Arzt über alle Zweifel erhaben. Diese Stoffe bedeuten mehr „als eine angenehme, im übrigen aber belanglose Begleiterscheinung des Essens"[4,5]; es gibt eine Leistungssteigerung durch den Genußwert[6], deren Ursachen im allgemeinen freilich unbekannt sind. Die oft als ausschlaggebend angesehene Anregung der Verdauungssäfte ist sicher nur eine von vielen Wirkungen. So wird zwar die Magensekretion wohl von Bratenduft, nicht aber z. B. von den einheimischen Gewürzen beeinflußt[7]. Rubner[8] weist in diesem Zusammenhang auf die Bedeutung der Kochkunst hin, die gelehrt hat, sowohl die Verdaulichkeit der Nahrungsmittel zu fördern, als auch die wichtigen Mischungen herzustellen, die den Gesetzen des Geruchs und Geschmacks entsprechen. Wenn der Mensch auch von Natur aus gewisse Duft- und Geschmacksrichtungen bevorzugt, andere aber ablehnt, so werden doch seine Geschmackswünsche im wesentlichen durch Erziehung geformt; hierbei ist sowohl die nationale oder regionale Küche, die sich durch jahrhundertealte Übung und Erfahrung herausgebildet hat, als auch das kulturelle Milieu, aus dem der einzelne stammt, von ausschlaggebender Bedeutung. So verschieden die Speiseweisen der Völker auch sind, haben sie doch alle erfahrungsgemäß die Eigenschaft, daß sie das Wachstum sichern und die Leistungsfähigkeit erhalten.

[1] Kiermeier, F.: Angew. Chem. **61**, 19 (1949).
[2] Shelanski, H. A. u. A. M. Clark: Food Res. **13**, 29 (1948).
[3] Letzig, E.: Z. Lebensmittel-Unters. u. -Forsch. **88**, 39 (1948).
[4] Glatzel, H.: in Naturforschung u. Medizin in Deutschland 1939—1946, Bd. 58, S. 140. Wiesbaden: Dietrich 1948.
[5] Fincke, H.: Z. Lebensmittel-Unters. u. -Forsch. **89**, 1 (1949).
[6] Glatzel, H.: Volksernähr. u. Kochwiss. **19**, 117 (1944).
[7] Harth, V.: Angew. Kochwiss. **1**, 21 (1942).
[8] Rubner, M.: Deutschlands Volksernährung, S. 39. Berlin: Springer 1930.

Da die Nahrungswahl sich weniger auf den Nährwert stützt, sondern in erster Linie auf den Wohlgeschmack und andere geschätzte Eigenschaften, spielt die Erhaltung dieser Faktoren bei der Konservierung eine besonders wichtige Rolle.

Es sei hier eingeschaltet, daß im deutschen Sprachgebrauch unter *Geschmack* der komplexe Genußwert verstanden wird, bei dessen Perzeption außer Geruchs- und Geschmackssinn im engeren Sinne noch Tast-, Druck- und Temperaturempfindungen maßgeblich beteiligt sind[1]. Die englische Sprache dagegen hat neben den Ausdrücken *taste* (Geschmack) und *odour* oder *smell* (Geruch) auch noch das Wort *flavour* welches sowohl Geruch wie Geschmack bedeutet und letzten Endes die Synthese beider darstellt.

Die Leichtflüchtigkeit der Geruchsstoffe und ihre z. T. große chemische Aktivität lassen ihre unversehrte Erhaltung für die Konservierungstechnik als ein Problem ersten Ranges erscheinen.

Darüber hinaus treten aber auf diesem Gebiet noch viel ernstere Schwierigkeiten auf. So sehr auch ein Abflachen der Geschmackswerte die Qualität der Nahrungsmittel vermindert, so beeinträchtigt noch stärker das Auftreten von fremden Geschmacksnoten deren Genußwert bis zur Ungenießbarkeit, oft bei im übrigen guter Erhaltung der sonstigen wertverleihenden Faktoren. Gerade solche Veränderungen demonstrieren die Bedeutung der Geschmackseigenschaften höchst eindringlich.

Geschmacksveränderungen dieser Art sind auf verschiedene Ursachen zurückzuführen. Sie können einmal durch die Stoffwechseltätigkeit von Mikroorganismen bedingt sein, durch die Wirksamkeit organeigener Fermente, durch rein chemische Umsetzungen (Ranzigwerden von Fett) oder schließlich dadurch, daß (besonders von fettreichen Nahrungsmitteln) Fremdgerüche angezogen werden. Bedeutsam ist auch das Auftreten von Fremdgeschmack bei bestimmten Arten von Obst und Gemüse bei der Gefrierkonservierung (z. B. Erdbeeren und Pfirsichen); Auswahl geeigneter Sorten läßt diesen Fehler indes vermeiden. Im allgemeinen handelt es sich bei diesen Geschmacksveränderungen um das Auftreten von fremden Geruchsstoffen in spurenhaftem Ausmaß, denen außer der psychisch-nervösen nur selten eine pharmakologisch-toxische Wirkung zukommen dürfte.

Die Entfernung solcher geschmacklich nicht zusagender Bestandteile spielt vor allem bei Fetten und Ölen eine große Rolle. Leider werden bei den üblichen Raffinationsverfahren (Entsäuern, Bleichen und Desodorieren[2]) auch ernährungsphysiologisch wesentliche Begleitstoffe mit entfernt (Carotine, Sterine, Phosphatide). Auf die Wertminderung anderer Nahrungsmittel und -stoffe durch Raffinieren usw. ist bereits an anderer Stelle (S. 448) hingewiesen worden.

4. Konsistenz.

Überaus wesentlich für das Zustandekommen der erwünschten Vollmundigkeit ist schließlich noch die strukturelle Beschaffenheit des Nahrungsmittels. Mängel in diesem Eigenschaftsbereich lassen das subjektive Werturteil stark absinken, d. h. der Genußwert vermindert sich bedeutend, auch wenn die übrigen sinnesphysiologisch wirksamen Faktoren optimal entwickelt sein sollten. Hinsichtlich der strukturellen Beschaffenheit weichen die an die einzelnen Nahrungsmittel zu stellenden Forderungen stark von einander ab[3]. Bei Käse und Speiseeis verlangen wir eine gewisse Glätte, geringe Zähigkeit bei Fleisch, Spargel soll nicht zäh und holzig-fasrig sein, von Kleingebäck z. B. Biskuit, erwarten wir,

---

[1] PLANK, R.: Der gegenwärtige Stand der Klassifikation und objektiven Bewertung von Geschmacks- und Geruchsempfindungen. Z. Ver. dtsch. Chem. Beiheft. Nr. 52. Berlin: Verlag Chemie 1945.

[2] KAUFMANN, H. P., J. BALTES, H. J. HEINZ u. P. ROEVER: Fette und Seifen **52**, 35 (1949).

[3] FINCKE, H.: Dtsch. Lebensmittel-Rdsch. **44**, 203 (1948).

daß es knusprig sei, Gurken müssen knackig sein, Kartoffeln mehlig, Rahm muß eine gewisse Viscosität aufweisen, Birnen sollen saftig sein und im Munde zerfließen, Äpfel dagegen werden bevorzugt, wenn sie dem Gebiß einen gewissen Widerstand entgegensetzen, bei Früchten sollen die Festigkeiten von Schale und Fruchtfleisch in einem bestimmten günstigen Verhältnis zueinander stehen, damit nicht die Empfindung der Hartschaligkeit entsteht[1]. Bei der Beurteilung einer Reihe dieser Faktoren ist man heute nicht mehr ausschließlich auf subjektive Aussagen angewiesen, vielmehr vermitteln einige neuerdings entwickelte physikalische Meßapparate brauchbare Aufschlüsse[2,3].

Der Erhaltung der wünschenswerten Konsistenz stellen sich bei den einzelnen Konservierungsweisen häufig z. T. spezifische Schwierigkeiten entgegen. Bei pflanzlichen Objekten wird die Straffheit des Gewebes durch das Abtöten (Kochen, Gefrieren) vor allem wegen des relativ geringeren Anteils quellfähiger Körper an der Gesamtsubstanz und wegen des Vorhandenseins eines größeren zentralen Zellsaftraumes meist überaus ungünstig beeinflußt; Trockengemüse wird dann nach der Zubereitung als strohig beurteilt, andere Objekte als schlaff usw. Gefrieren von Fisch und Fleisch kann wegen des quellungsvermindernden Einflusses der zu Beginn der Totenstarre gebildeten Milchsäure besonders bei nicht sachgemäßem Auftauen zu Saftverlust und zu einer den Geschmackswert mindernden strohigen Konsistenz führen (s. Beitrag 5 dieses Bandes)[4]. Doch auch bei der einfachen Kaltlagerung von Obst treten in Form besonderer Kaltlagerfolgen Farb-, Geschmacks- und Konsistenzänderungen auf, von denen bei Äpfeln das Mehligwerden, bei Birnen ein Rübigbleiben und bei Pfirsichen ein Wolligwerden erwähnt seien.

VI. Gesundheitsschädliche Lebensmittelbestandteile und ihre Entstehung bei der Konservierung und Lagerung.

Im Vordergrund unserer bisherigen Betrachtungen stand fast ausschließlich die Forderung der Erhaltung der den natürlichen Nahrungsmitteln innewohnenden Nähr- und Genußwerte. Unserer Darlegung würde ein wesentlicher Gesichtspunkt fehlen, wenn wir es unterließen, solche Nahrungsbestandteile zu berücksichtigen, die für unsere Gesundheit nachteilig sind und die sowohl in gewissen Nahrungsmitteln von vornherein enthalten sein bzw. mit ihnen gemeinsam vorkommen können, oder sich in ihnen bei der Konservierung bilden, und schließlich solche, die den Nahrungsmitteln aus konservierungstechnischen Gründen zugesetzt werden.

1. Krankheitserregende Mikroorganismen.

Allgegenwärtig sind die Sporen von Bakterien und Schimmelpilzen (vgl. Beitrag 3 dieses Bandes). Täglich nehmen wir auch bei größter Sauberkeit Myriaden dieser Keime mit der Nahrung in uns auf. Wenn wir dennoch relativ nicht so häufig, wie zu erwarten wäre, durch Infektion auf diesem Wege erkranken, so erklärt sich das dadurch, daß unser Körper auch im Magen-Darmtraktus über beachtliche Abwehrkräfte verfügt (Magensalzsäure, Verdauungsfermente).

Bereits mit der Muttermilch kann der Säugling die Krebsanfälligkeit erwerben (Bittnerscher Faktor). Säugling und Kind, dessen Darmorgane noch nicht die

---

[1] Krumholz, G. u. N. Wolodkewitsch: Z. Lebensmittel-Unters. u. -Forsch. **88**, 606 (1948).

[2] Kramer, A.: Food Technol. **5**, 265 (1951).

[3] s. auch Beitrag 5 in diesem Band: Biologische Grundlagen der Frischhaltung tierischer Lebensmittel.

[4] Heiss, R.: Dtsch. Lebensmittel-Rdsch. **45**, 86 (1949).

dem Erwachsenen eigene erhöhte Widerstandsfähigkeit aufweisen, sind außerordentlich gefährdet durch die Milch von an Tuberkulose erkrankten Kühen. Es überrascht deshalb nicht zu hören, daß über 90% der Menschen zu irgendeinem Zeitpunkte ihres Lebens an Tuberkulose erkranken. Heute wird dringend empfohlen, alle Milch, soweit sie nicht pasteurisiert worden ist, vor dem Genuß abzukochen, um die Erreger dieser und anderer Krankheiten abzutöten. Durch verunreinigte Milch können Typhus, Cholera, Scharlach und Diphtherie verbreitet werden.

Verheerende Seuchen (Cholera, Typhus, Dysenterie usw.) gingen und gehen z. T. heute noch trotz aller Vorsicht und Aufklärung von einem unserer wichtigsten Nahrungsmittel, dem Wasser, aus. In den zivilisierten Bereichen, insbesondere in den Städten, wird die Bevölkerung mit einwandfreiem, durch Filtration, Chlorierung oder durch Zusatz oligodynamisch wirkender Silbermengen (Katadyn-Verfahren) keimfrei gemachten Wasser versorgt. Wasser zweifelhafter Herkunft muß vor dem Genuß entkeimt werden.

Ähnlich gefährdet sind wir bei der Aufnahme eines weiteren wichtigen Nahrungsstoffes, des Sauerstoffs der Luft im Vorgang der Atmung. Auch hier sind wirksame Abwehrvorrichtungen (Nasenreuse, bactericide Wirkung des Speichels, Schleimhäute) vorgeschaltet, die indes, wie die Erfahrungen lehren, keineswegs stets vor Infektion schützen.

Die eigentlichen Nahrungsmittel enthalten stets, wenn auch vorwiegend harmlose Mikroorganismen. Nicht allzu selten sind indes auch Fälle, in denen krankheitserregende Viren und Bakterien (s. Beitrag 3 dieses Bandes) die Lebensmittel besiedeln. Durch Genuß solcher Nahrungsmittel kann der Mensch infiziert werden und erkranken[1-3]. So kommt der Erreger des Paratyphus auf Fleisch und in Trockeneipulver[4] vor, der Enteritis-Bacillus in Enteneiern. In anderen Fällen kommt es nicht durch übertragene Keime zur Schädigung, sondern dadurch, daß von den im Nahrungsmittel sich vermehrenden Bakterien starkwirkende Gifte gebildet werden, die den Menschen beim Genuß oft tödlich erkranken lassen (z. B. Intoxikation durch Stoffwechselprodukte des auf Fleisch, Fisch, Krebsen, Muscheln, aber auch auf eingemachten Bohnen[5] gedeihenden *Bacillus botulinus*, die zum sog. Botulismus führt).

2. Mikrobielle und autolytische Veränderungen der Nahrungsmittel.

Durch die Tätigkeit sowohl von Mikroben als auch von organeigenen Fermenten verändern sich die Nahrungsmittel und verderben schließlich. Verdorbene Nahrungsmittel sind, wenn ausreichend kenntlich gemacht, vom Verzehr nicht ausgeschlossen (§ 4, 2 des Lebensmittelgesetzes), es sei denn, daß auch § 3 des Gesetzes (Gesundheitsschädigung) zutrifft. Vergegenwärtigt man sich die Situation, so wird man feststellen müssen, daß der Mensch eine ganze Reihe von Nahrungsmitteln in einem mehr oder weniger vorgeschrittenen Zustand des *Verdorbenseins* verzehrt, deren Unschädlichkeit erfahrungsmäßig erwiesen ist. Mag es noch eine Streitfrage sein, den beim Abhängen des Fleisches eintretenden Reifungsvorgang als beginnendes Verderben zu bezeichnen, so steht es aber außer Frage, daß der durch Autolyse beim verlängerten Abhängen von Wild und Geflügel entstehende *Haut goût* das Ergebnis eines Verderbvorganges darstellt. Es ist bekannt, daß verschiedene Völkerstämme Asiens und Afrikas seit Menschengedenken faulendes Fleisch verzehren[6]. Von den Chinesen weiß man, daß sie auf

[1] HAYNES, W. C. u. G. J. HUCKER: J. Bacter. **48**, 262 (1944).
[2] SMITH, W. W. u. S. IBA: Food Ind. **20**, 200 (1948).
[3] WALDER, W. O.: Food **19**, 384 (1950).
[4] ZEMAN, W.: Dtsch. med. Wschr. **74**, 121 (1949).
[5] KNOTHE, H.: Ärztl. Wschr. **3**, 534 (1948).
[6] KAMMEL, O.: Dtsch. Lebensmittel-Rdsch. **44**, 187 (1948).

besondere Weise verdorbene Eier als größte Delikatesse schätzen. Anderenorts hat man eine Vorliebe für saure Heringe aus bombierten Dosen[1]. So ist es wohl bei den meisten Völkern durch Gewohnheit und Erziehung dahin gekommen, auch gewisse mikrobiell oder autolytisch (durch die Tätigkeit organeigener Fermente) veränderte Nahrungsmittel entweder als solche oder in zubereiteter Form zu sich zu nehmen, ja sie sogar als besondere Leckerbissen zu schätzen. Auch saure Milch ist z. B. ein *verdorbenes* Naturprodukt, ebenso Sauerkraut und Wein; es dürfte zwischen dem verdorbenen Fleisch und einem reifen Käse vom chemisch-physiologischen und vom organoleptischen Standpunkt aus kein allzugroßer Unterschied bestehen, und es ist aufschlußreich, daß z. B. penetrant duftender Käse von Individuen, die, wie Kinder, in ihrem geschmacklichen Wahlvermögen noch nicht weitgehend beeinflußt sind, im allgemeinen abgelehnt wird.

In diesem Zusammenhang interessiert nun die Frage, inwieweit die Nahrungsmittel durch Verderbvorgänge an Nährwert einbüßen und evtl. gesundheitsschädliche Eigenschaften erwerben. Die individuell bzw. volksmäßig herausgebildeten Geschmacksrichtungen sind zu verschieden, als daß es möglich wäre, allgemeingültige objektive Aussagen auch über die Beeinträchtigung der Genußwerte zu machen; doch muß betont werden, daß es gerade die bei den zum Verderb führenden Umsetzungen auftretenden Geschmacks- und auch Konsistenzänderungen sind, die in erster Linie den Genuß solcher veränderter Nahrungsmittel begehrenswert und ihn oft nur unter diesem Blickpunkt verständlich erscheinen lassen.

Die vielfach beobachtete Giftigkeit in Zersetzung befindlicher Nahrungsmittel wurde bisher vorwiegend auf gewisse, bei der Eiweißfäulnis auftretende basische Proteinspaltprodukte (Ptomaine) zurückgeführt. Der Ab- und Umbau der Eiweißkörper geht unter diesen Verhältnissen offensichtlich weiter und schlägt andere Wege ein als bei der Verdauung im menschlichen Magen-Darmkanal, und es bilden sich physiologisch höchst aktive Substanzen, welche die Funktionen der Zellen bis zu letalen Ausmaßen beeinträchtigen können. Bei solchen Folgerungen ist indes die Giftigkeit dieser Substanzen bei direktem Einbringen in die Blutbahn (Wundsepsis) stark in den Vordergrund gerückt und wenig die Gegebenheit berücksichtigt worden, daß die Eiweißfäulnis im Dickdarm des Menschen in wechselndem Ausmaß zum normalen Verdauungsprozeß gehört. Da der Organismus normalerweise mit dabei entstehenden giftigen Eiweißspaltprodukten fertig wird (Entgiftung in der Leber), scheint die Gefahr einer Gesundheitsschädigung durch Genuß verdorbener Lebensmittel auf dieser Grundlage erst in zweiter Linie zu befürchten zu sein.

Dagegen hat die vor allem in neuester Zeit vorangetriebene Entwicklung der Erkenntnis, daß besondere Stoffwechselprodukte von Mikroorganismen hochgradig giftig wirken können, die Gesundheitsschädlichkeit mancher verdorbener Nahrungsmittel offensichtlich weit zutreffender zu erklären vermocht (alimentäre Intoxikation). Da diese Toxine, wie sie schon lange (z. B. für den besonders auf Fleisch vorkommenden Bacillus botulinus) bekannt sind, wird der Grad der Giftigkeit von der Art des toxigenen Saprophyten abhängen, und nicht jedes mikrobiell veränderte Lebensmittel ist ohne eingehendere Untersuchung als gesundheitsschädlich zu beurteilen, wie es schon das Beispiel von Käse, Sauerkraut und Wein beweist. Weiterhin erwies sich der Genuß von Nahrungsmitteln, die durch Befall mit *Pseudomonas-, Achromobacter-* und *Actinomyces*arten einen ausgesprochen muffigen Geschmack angenommen hatten, als nicht gesundheitsstörend[2].

[1] Behre, A.: Z. Lebensmittel-Unters. u. -Forsch. **89**, 299 (1949).
[2] Jensen, L. B.: Food Res. **13**, 89 (1948).

Von Schwarzfäule *(Monilia)* befallene Äpfel konnten in Form von Preßsaftkonzentraten unbedenklich für die menschliche Ernährung verwendet werden[1], während Befall mit Penicillium-Arten so unangenehme Geschmacksstoffe entstehen läßt, daß die Lebensmittel ungenießbar werden. Vom Schimmelpilz *Nigrospora oryzae* befallene Maiskörner wiesen gegenüber gesunden Körnern gleicher Herkunft bei nahezu gleicher chemischer Beschaffenheit in Ausnutzungsversuchen an Ratten zwar eine geringere Verdaulichkeit des Stickstoffs auf, doch wurde dieser im Stoffwechsel besser ausgenutzt. Da sich die beiden Effekte nahezu ausgleichen, kann der Nährwert von 1 g Stickstoff aus dem pilzbefallenen Mais gleich dem des gesunden gesetzt werden[2]. Schließlich darf aber nicht übersehen werden, daß insofern durch Befall mit Mikroben auch der Nährwert gesteigert werden kann, als solche befähigt sind, Vitamine zu synthetisieren; im schimmeligen Mais z. B. war der Gehalt an Nicotinsäureamid und Panthothensäure erheblich höher als im nichtbefallenen Mais[3].

Wesentlich erschien es noch zu überprüfen, inwieweit, abgesehen von den vorstehend angeführten eigentlichen Toxinen, von den Mikroben erzeugte Stoffwechselprodukte möglicherweise auch die menschliche Gesundheit entweder direkt oder indirekt beeinflussen. Es wäre dabei einmal zu beachten, daß die Mikroorganismen in reichlicher Menge dem jeweiligen Substrat angepaßte Fermente produzieren, deren Ingestion verdauungsfördernd wirken dürfte (verdauungsfördernde Heilmittel aus Schimmelpilzen); zum anderen gilt es zu bedenken, daß vor allem Schimmelpilze bactericid wirkende Substanzen (Antibiotica, s. auch S. 428) produzieren, welche die Darmflora schädigen und damit die Bildung einer Reihe von Vitaminen durch die Darmbakterien hemmen könnten[4].

Sehen wir von diesem möglichen und in einigen Fällen sichergestellten Einfluß solcher spezieller Stoffwechselprodukte auf die Gesundheit ab, dann könnten die mikrobiellen und autolytischen Vorgänge als eine Art *Vorverdauung* aufgefaßt werden. In der Regel verbrennen die Mikroorganismen die Nährstoffe nicht völlig, sondern häufen bestimmte Zwischenprodukte an. Sofern es dem Menschen nicht gerade auf diese Zwischenprodukte ankommt (Duftstoff-, Säure- oder Alkoholbildung), wird man diese Vorverdauung stets mit einem beachtlichen Nährwertverlust erkaufen, der durch den bei Mikroorganismen ausgeprägten luxurierenden und unökonomischen Stoffwechsel bedingt ist. Vor allem Kohlenhydrate werden dabei verschwendet. Praktisch bedeutsam erscheint es, daß Befall der Nahrungsmittel mit Mikroorganismen wenn nicht mit dem Auge, dann doch meist durch Auftreten von Geruchsstoffen leicht erkannt wird. So entstehen bei der Proteolyse u. a. Ammoniak, bei Seefischen wird Trimethylaminoxyd zum übelriechenden Trimethylamin reduziert[5]. Der Mensch wird dadurch vor einer möglichen Gefährdung seiner Gesundheit gewarnt. Bei infizierten Dosenkonserven kann die durch Stoffwechselgase der Bakterien verursachte Auftreibung von Boden und Deckel als Warnungszeichen dienen (bakterielle, im Gegensatz zu chemischer Bombage). Geeignete Vorbehandlung der Nahrungsmittel (Erhitzen, Gefrieren, Trocknen) vermag das Auftreten solcher gesundheitsschädigender Veränderungen zu verhindern; weniger sicher wirkt Zusatz bactericid oder bakteriostatisch wirkender Konservierungsmittel. Nach RUBNER[6] ist der Hauptvorteil der mit Feuer zubereiteten Nahrung in sanitärer Richtung zu suchen.

[1] MIELLER: Z. Pflanzenkrankh. **56**, 258 (1949).

[2] MITCHELL, H. H., J. R. BEADLES, B. KOEHLER u. G. H. DUNGAN: J. anim. Sci. **6**, 352 (1947).

[3] HUNT, C. H., L. R. RODRIQUEZ, R. M. BETHKE u. R. C. THOMAS: Cereal Chemistry **27**, 342 (1950).

[4] RICE, E. E., E. M. SQUIRES u. J. F. FRIED: Food Res. **13**, 195 (1948).

[5] WINTER, H.: Dtsch. Lebensmittel-Rdsch. **46**, 210 (1950).

[6] RUBNER, M.: Deutschlands Volksernährung, S. 32. Berlin: Springer 1930.

3. Parasiten.

Unsere Lebensmittel können außer Mikroorganismen noch andere unsere Gesundheit schädigende Lebewesen beherbergen, von denen die parasitischen Würmer erwähnt seien. Die Eier der Darmschmarotzer (Maden- und Spulwürmer) nehmen wir vorwiegend mit jauchegedüngten Salaten und Gemüsen auf, und sie haben zu einer weitverbreiteten, wenn auch mehr lästigen als gefährlichen Infektion der Bevölkerung geführt.

Weit gefährlichere Parasiten stellen für den Menschen die Trichinen dar, die er mit infiziertem Schweinefleisch aufnimmt und die ernsteste Gesundheitsstörungen auszulösen vermögen. Die obligate Fleischbeschau stellt nach amerikanischen Urteilen keinen völlig sicheren Schutz gegen Trichinose dar; als wirklicher Schutz ist nach diesen Berichten Einfrieren bei etwa — 20° C bzw. Pökeln der Fleischteile anzusprechen[1]. Auch intensives Kochen und Braten tötet diese Parasiten ab.

Eine weitere im Gefolge der Lagerung auftretende Schädigung der Nahrungsmittel (Getreide- und Hülsenfruchtprodukte) erfolgt durch den Befall mit Milben, Mehlmotten, Käfern usw.; sie ist weniger gefährlich für die menschliche Gesundheit als widerlich für den Genuß, so daß der Mensch die Aufnahme auf derartige Weise verdorbener Lebensmittel ablehnt.

4. Gesundheitsschädliche normale Bestandteile der Rohprodukte.

Sehen wir von der Gefahr der Verwechslung giftiger und eßbarer Pilze ab, so verwenden wir doch Rohprodukte, die mehr oder weniger starken Giftcharakter aufweisen. So kommen z. B. glykosidische Saponine, deren hämolytische (die roten Blutkörperchen auflösende) Wirkung bekannt ist, an sich weitverbreitet im Pflanzenreich vor. Im allgemeinen werden sie beim Garkochen hydrolytisch gespalten, und dadurch verlieren auch jene ihre Giftigkeit, die beim Genuß der rohen Pflanzenteile (z. B. Gartenbohne) Verdauungsstörungen hervorrufen[2]. Dies gilt auch für gewisse andere Glykoside, wie z. B. für das überaus giftige blausäurehaltige Phaseolunatin der Limabohne (*Phaseolus lunatus*), das bereits beim Einweichen der Bohnen fermentativ gespalten und dessen Blausäure beim anschließenden Kochen ausgetrieben wird.

Verschiedene Bohnensorten (der Gattung *Phaseolus* und *Soja*) enthalten darüber hinaus einen Stoff, der das Verdauungsferment Trypsin hemmt und damit die Eiweißausnützung der Nahrung ungünstig beeinflußt. Durch feuchte Erhitzung im Autoklaven bei 105 bis 108° C während einer Dauer von 20 bis 30 Minuten oder beim haushaltüblichen Garkochen (1 ½ bis 2 h) wird dieser Hemmstoff weitgehend zerstört und damit der ernährungsphysiologische Wert wesentlich verbessert[3-6].

Sämtliche Kohlsorten enthalten in allen Organen kropferzeugende Substanzen[7]. Die Schilddrüsenentwicklung wird indes bei reichlichem Verzehr von Kohl nur dann gestört, wenn die Nahrung gleichzeitig arm an Vitamin C ist. Der den Kropf erzeugende Stoff wird mit dem Koch- (bzw. Blanchier-) Wasser weitgehend entfernt. Auch in Steckrüben sind ähnliche, wohl schwefelhaltige Substanzen vorhanden, die durch Kochen sogar noch gesundheitsschädlicher werden[8]. Eine

---

[1] Gould, S. E. u. L. J. Kaasa: Refr. Engng. **57**, 138 (1949).

[2] Täufel, K.: Dtsch. Lebensmittel-Rdsch. **46**, 104 (1950).

[3] Klose, A. A., B. Hill u. H. L. Fevold: Proc. Soc. expt. Biol. a. Med. **62**, 10 (1946).

[4] Heintze, K.: Lebensmittel-Unters. u. -Forsch. **91**, 100 (1950).

[5] Heintze, K., u. J. Fränz: Dtsch. Lebensmittel-Rdsch. **45**, 222 (1949).

[6] Riesen, W. H., D. R. Clandinin, C. A. Elvehjem u. W. W. Cravens: J. biol. Chemistry **167**, 143 (1947). — [7] Wagner-Jauregg, Th.: Med. Klin. **41**, 433 (1946).

[8] Hess, M., R. Kopf u. A. Loeser: Klin. Wschr. **27**, 164 (1949); zit. nach Z. Lebensmittel-Unters. u. -Forsch. **93**, 180 (1951).

ähnlich sich auswirkende Substanz enthält das Weizenmehl; auch hier kann der auf die Schilddrüsenentwicklung ungünstige Einfluß dieser Substanz durch reichliche Versorgung mit Vitamin C fast völlig beseitigt werden. Roggenmehl enthält diesen Faktor, wenn überhaupt, dann offensichtlich in viel schwächerem Maße.

Erwähnt sei ferner Rhabarber, der bei reichlichem Genuß durch seinen hohen Gehalt an Oxalsäure schädigend wirken kann.

Zahlreiche Personen reagieren regelmäßig auf den Genuß bestimmter, an sich völlig einwandfreier und unschädlicher Nahrungsmittel mit Vergiftungserscheinungen. Es liegt dabei ein angeborener oder erworbener Zustand von Überempfindlichkeit (Idiosynkrasie) des Magen-Darmkanals (oder auch der Haut und der Atmungsorgane) gegen spezielle artfremde Eiweißkörper vor. Bedingt ist dieser allergische Zustand dadurch, daß das in die Blutbahn gelangte artfremde Eiweiß als Antigen wirkt und die Bildung von Antikörpern veranlaßt, die mit dem fremden Protein höchst spezifisch reagieren. Am bekanntesten ist diese Reaktion als Heuschnupfen (durch Eiweiß von Gräserpollen) und als Nesselausschlag (Fisch, Erdbeeren- usw. Eiweiß). Beim Säugling werden dyspeptische und intoxikationsartige Erscheinungen häufig durch Kuhmilchallergene ausgelöst[1,2].

In früheren Zeiten wirkten regelmäßige Verunreinigungen von Getreide durch *Mutterkorn* überaus gesundheitsschädigend. Es handelte sich dabei um Getreide, das durch den Pilz *Claviceps purpurea* infiziert war. Von den ehemals häufigen Getreideverunreinigungen waren besonders die giftigen (saponinhaltigen) Samen der Getreidenelke (*Agrostemma Githago*) gefürchtet; der vermutete Zusammenhang zwischen Genuß von derartig verunreinigtem Getreide und dem Auftreten der Lepraseuche hat sich nicht beweisen lassen. Heute werden solche Verunreinigungen durch maschinelle Verfahren völlig entfernt.

Kartoffeln neigen bei vorgeschrittener Lagerdauer (im Frühjahr) zum Auskeimen. Durch die Bildung der nicht verwertbaren Triebe entsteht ein Nährstoffverlust; gleichzeitig aber reichert sich in der Knolle das giftige Solanin an, so daß reichlicher Genuß solcher Altkartoffeln insbesondere bei herzleidenden älteren Personen die Gesundheit schädigen kann[3].

In den durch Überreife untauglich gewordenen Obst- und Beerenfrüchten entstehen normalerweise keine schädlichen Stoffe.

5. Zusatz chemischer Mittel.

Die praktische Erfahrung hat gezeigt, daß es bei einer Reihe von Nahrungsmitteln (bisher) nicht zu umgehen war, bestimmte Stoffe als Konservierungsmittel solchen leicht verderblichen Produkten zuzusetzen, die längere Zeit gelagert werden müssen, bzw. bei denen Erzeugungs- und Verbrauchsort weit voneinander entfernt liegen. In Deutschland werden unter Konservierungsmitteln chemische Stoffe verstanden, „die bei der Gewinnung, Herstellung, Zubereitung und Aufbewahrung von Lebensmitteln dazu dienen, Kleinlebewesen in ihrer Entwicklung zu hemmen oder abzutöten, hierdurch das Verderben der Lebensmittel zu verzögern oder zu verhindern und die Lebensmittel länger genußtauglich zu erhalten[4]." Die chemische Konservierung hat sich erst nach Überwindung anfänglichen Widerstandes durchsetzen können (etwa ab 1900), und sie ist wohl von allen mit der Überwachung der Volksgesundheit betrauten Fachleuten als ein leider notwendiges Übel eingeschätzt worden. JUCKENACK[5] will sie nur dort angewandt

[1] GRÜNHOLZ: Mschr. Kinderhk. **96**, 398 (1949).
[2] TILING, W.: Z. Kinderhk. **67**, 261 (1949).
[3] BRAUN, H.: Beitr. Agrar.-Wiss. **2**, 61 (1948).
[4] DIEMAIR, W.: Die Haltbarmachung von Lebensmitteln, S. 489. Stuttgart: F. Enke 1941.
[5] JUCKENACK, A.: Z. Unters. Lebensmittel **56**, 25 (1928).

wissen, wo sie unmöglich entbehrt werden kann, denn zweifellos liegt in den Stoffen zur Haltbarmachung von Nahrungsmitteln eine Gefahrenquelle. Es konnte nicht ausbleiben, daß diese Gefahren von der einen Seite maßlos übertrieben, von der anderen dagegen bagatellisiert wurden. Auch neuere Darstellungen von lebensmitteltechnologischer Seite[1] zeigen, mit welchem Ernst und Verantwortungsbewußtsein diese Frage behandelt wird. „Unser Streben geht dahin, in jeder Hinsicht unschädliche und doch wirksame Mittel zu benutzen, und wo irgend möglich, ohne solche Mittel auszukommen[2]." Bequemlichkeitsgründe müssen völlig außer acht gelassen werden, und auch die Wirtschaftlichkeit kann nicht allein entscheidend sein für die Zulassung von Konservierungsmitteln. ROST[3], der das einschlägige Schrifttum zu dieser Frage in einer gründlichen Bearbeitung zusammengefaßt hat, forderte schon 1907 für Fleisch statt der Anwendung von Antiseptica den Ausbau der Kältekonservierung als hygienisch einwandfreies Verfahren. Eine die neuen Erkenntnisse berücksichtigende Verordnung über Konservierungsmittel ist in Vorbereitung[4-6]. Die z. Zt. (1951) in der Deutschen Bundesrepublik maßgebenden gesetzlichen Verlautbarungen über Konservierungsmittel hat HAMANN[7] zusammengefaßt.

Wir sehen von den alterprobten und als unbedenklich erkannten Mitteln, wie Kochsalz und Zucker ab, deren Wirkung darauf beruht, daß sie den Mikroorganismen das lebensnotwendige Wasser streitig machen; Essig, Milchsäure und Alkohol stellen körpereigene Stoffe dar und werden als solche leicht in den Stoffwechsel einbezogen und schaden nur bei Anwendung in unsachgemäß großen Gaben unserer Gesundheit. Öl ist ebenfalls nicht zu beanstanden; die Stoffe des heißen Holzrauches, vorwiegend Phenole, Kreosot, Formaldehyd, haben zwar bisher als Räucherkonservierungsmittel kaum Bedenken erregt, die neueren Befunde über cancerogene Wirkungen von Teer lassen aber gewisse Vorbehalte bei der Beurteilung angebracht erscheinen[8]. Borsäure und Borax haben eine nur geringe antiseptische Kraft und gehören zu den für Menschen keineswegs wirkungs- und gefahrlosen Stoffen. Schweflige Säure (und Sulfite) wirken deutlich, wenn auch nur vorübergehend antiseptisch; die für die Konservierung erforderlichen Mengen sollen im allgemeinen für den Menschen unbedenklich sein[9]. Gegen ihre Verwendung spricht, daß sie in der Lage sind, besonders bei Fleisch- und Fleischprodukten, über die tatsächliche Beschaffenheit der Ware zu täuschen. Wasserstoffsuperoxyd hat den Vorzug, daß es bei Berührung mit der Schleimhaut in Wasser und Sauerstoff zerfällt, dem Organismus also keine körperfremden Stoffe zuführt; als Nachteil seiner Verwendung z. B. bei Milch, muß erachtet werden, daß es bestimmte Wirkstoffe zerstört. Formaldehyd verändert die Eiweißstoffe (z. B. der Milch) ungünstig hinsichtlich ihrer Löslichkeit und Ausflockbarkeit, er schädigt schon in verhältnismäßig geringer Konzentration die Verdauungsfermente und kann unter Umständen geeignet sein, über die wirkliche Beschaffenheit der Ware zu täuschen. Seine Verwendung wird als gesundheitlich bedenklich abgelehnt.

Hexamethylentetramin muß in ernährungsphysiologischer Hinsicht wie Formaldehyd beurteilt werden. Bei einer nur beschränkten Verwendung (z. B. bei

[1] KIERMEIER, F.: Angew. Chem. **61**, 19 (1949).
[2] GLATZEL, H.: Nahrung u. Ernährung, S. 168. Berlin: Springer 1939.
[3] ROST, E.: Im Handb. der Lebensmittelchemie, Bd. I, S. 995. Berlin: Springer 1933.
[4] LUDORFF, W.: Dtsch. Lebensmittel-Rdsch. **46**, 219 (1950); **47**, 25 (1951).
[5] WURZSCHMITT, B.: Chemiker-Ztg. **1950** Nr. 33.
[6] SOUCI, S. W.: Z. Lebensmittel-Unters. u. -Forsch. (Ges. u. VO) **93**, 37 u. 61 (1951).
[7] HAMANN, V.: Z. Lebensmittel-Unters. u. -Forsch. (Ges. u. VO) **93**, 93 (1951).
[8] FARK, G.: Z. Krebsforsch. **56**, 583 (1950).
[9] ROST, E.: in BÖMER, A., A. JUCKENACK u. J. TILLMANS: Hdb. der Lebensmittelchemie, 1. Bd., S. 1011. Berlin: Springer 1933.

Fischkonserven) werden sich ausgesprochene Schäden indes nur schwer bemerkbar machen. Ameisensäure wird in den verwendeten geringen Konzentrationen (Gurken, Fruchtsäfte) als nicht gesundheitsschädlich bezeichnet. Benzoesäure bzw. ihre Salze wirken in saurer Lösung hinreichend antiseptisch, gesundheitsschädigende Wirkungen bestehen offenbar nicht. Noch günstiger werden in dieser Hinsicht die Ester der Oxybenzoesäure beurteilt. Salicylsäure dagegen muß als gesundheitlich nicht einwandfrei gelten (u. a. schädigt sie die Darmflora und kann dadurch eine Vitamin-Enterokarenz hervorrufen).

Zur Bekämpfung der Speicherschädlinge (Milben, Mehlmotte, Kornkäfer usw.) werden eine Reihe von chemischen Mitteln (z. B. Blausäure, Fluorverbindungen, Chlorbenzole usw.) angewandt, von denen wir nicht in jedem Falle sicher wissen, ob ihre Verwendung keine nachteiligen Folgen für die Gesundheit der Verbraucher haben. Gegen Obstschädlinge werden eine Reihe z. T. überaus giftiger Substanzen eingesetzt (Arsen, Kupfer, Blei usw.). Obwohl man zweckdienlicherweise gerade solche Zubereitungen anwendet, die besonders fest an der Frucht haften, scheint doch die gesundheitliche Gefährdung durch Genuß dermaßen behandelter Früchte weit überschätzt worden zu sein. Einmal ist das Besprühen auf bestimmte frühe Entwicklungsstadien beschränkt, zum anderen lösen der Regen und das Waschen vor dem Verzehr doch den größten Teil der Spritzmittelrückstände ab. Vom ubiquitär verbreiteten Arsen wird nach FELLENBERG beim Verzehr von damit behandelten Äpfeln (0,05 mg As/100 g Frischware) weniger aufgenommen, als wenn man einen Hering ißt (bis zu 0,45 mg As/100 g Trockensubstanz).

Zumindest in geschmacklicher Hinsicht ist bei der Verwendung der sehr wirksamen Kontaktinsecticide Vorsicht geboten, denn einige dieser Stoffe werden von der Pflanze resorbiert, finden sich dann z. T. im Fruchtfleisch bzw. in den Knollen und fallen hier durch einen durch Begleitstoffe bedingten unangenehmen Geschmack auf[1,2]. Dies gilt besonders für Hexachlorcyclohexan[3]. Neuerdings indes werden diese Präparate in so reinem Zustand in den Handel gebracht, daß z. B. der Geschmack von damit bestäubten Kartoffeln praktisch nicht beeinflußt wird[4]. Die Entfernung der DDT-Spritzrückstände von Äpfeln auf ein zulässiges Maß von maximal 7 Teilen auf 10^6 Teile Frucht bietet noch Schwierigkeiten[5].

In diesem Zusammenhang sei noch des Übergangs gewisser Metalle in die Nahrungsmittel während deren Verarbeitung gedacht. Die früher in der Konservenindustrie obligaten Kupferkessel werden in fortschrittlichen und verantwortungsbewußten Betrieben durch solche aus nicht gesundheitsabträglichen Metallen ersetzt (Aluminium, Chrom-Nickel-Legierungen, Verzinnung). Besonders saure Nahrungsmittel lösen das Metall, ebenso auch das der Zinkbehälter, in beträchtlichen Mengen, und deren fortgesetzte Aufnahme in den Körper führt zu Schädigungen des Verdauungstraktus; über die indirekte Schädigung durch Zerstörung des Vitamin C ist weiter oben (S. 452) schon berichtet worden. Das Zinn der Weißblechdosen wird von den in Nahrungsmitteln enthaltenen organischen Säuren z. T. in beträchtlichem Ausmaße gelöst. Bei weit vorgeschrittenem Angriff des Metalls treibt der dabei entstehende Wasserstoff die Dosendeckel auf; mit dieser chemischen Bombage ist nicht eine derart starke Geschmacksverschlechterung des Produktes verbunden, wie in der Regel mit der mikrobiologischen Bombage. Es muß deshalb als Fortschritt gewertet werden, daß solche Nahrungsmittel heute vorwiegend in lackierten Dosen verpackt werden, wodurch das Metall an der

[1] GRIFFITH, J. T., H. J. REITZ u. R. W. OLSEN: Agricult. Chem. 5, Nr. 9, S. 41 u. 99 (1950).
[2] BRIESKORN, C. H.: Z. Lebensmittel-Unters. u. -Forsch. 93, 292 (1951).
[3] DIEMAIR, W.: Dtsch. Lebensmittel-Rdsch. 46, 89 (1950).
[4] SCHÖNHERR, K. E.: Nachrbl. dtsch. Pflanzenschutzdienst 2, 135 (1950).
[5] WALKER, K. C.: J. agric. Res. 78, 383 (1949).

Reaktion mit dem sauren Gut verhindert ist, falls der Vernierungslack porenlos eingebrannt ist. Die Lacke für Dosen müssen sehr sorgfältig ausgewählt werden, da ungeeignete Lacke — und ähnliche Bedenken gelten auch für das gummiartige Dichtungsmaterial aus Kunststoffen — dem Füllgut recht abstoßende Geschmackseigenschaften verleihen können; allerdings sind die Verbraucher in unterschiedlichem Ausmaße für diese Geschmackseigenschaften empfindlich, wie es z. B. auch für die Empfindung des Bittergeschmackes von Thioharnstoff, der gelegentlich als Antioxydans (s. unten) verwendet wurde, bekannt ist. Wegen der Abgabe unangenehmer Geschmacksstoffe ist es auch abzulehnen, Innenteile fabrikationswichtiger Maschinen oder Apparate, die mit heißem Wasser bzw. Wasserdampf in Berührung kommen, mit Farbe anzustreichen[1]. Dagegen sind die sich aus dem Leitungswasser abscheidenden und den Kesselstein bildenden Mineralstoffe farblich und geschmacklich indifferent; sie bilden einen natürlichen Schutz gegenüber der Eisenaufnahme. In unveröffentlichten Versuchen des Verfassers wurde beim Kochen von Marmelade in Kupferkesseln Vitamin C sehr bemerkenswert durch die sich an der Behälterinnenwand ausbildende Kruste geschützt. Die Vorteile, die solche Belagbildungen für die Nähr- und Genußwerterhaltung bedeuten, müssen natürlich mit den wirtschaftlich-betriebstechnischen Erwägungen in Einklang gebracht werden.

Außer den Chemikalien, die zum Abtöten von pflanzlichen und tierischen, die Haltbarkeit der Nahrungsmittel verkürzenden Mikroorganismen bestimmt sind, verwendet die Konservierungstechnik noch zahlreiche andere, stabilisierend wirkende chemische Mittel (Überblick über die neuere Entwicklung bei KIERMEIER[2]), von denen wir eine Anzahl schon in anderem Zusammenhang erwähnt haben. Eine besondere Rolle spielen vor allem bei Fett und lipoidhaltigen Nahrungsmitteln Zusätze, die den Zweck haben, oxydative Veränderungen aufzuhalten (Antioxydantien); bevorzugt werden dabei als wirksame Stoffe solche biologischer Herkunft verwendet (Flavone, Gallensäure, Carotin, Tokopherol usw.), von denen bei den angewandten geringen Mengen eine nachteilige Beeinflussung des menschlichen Organismus nicht nur nicht zu befürchten ist, deren Zusatz im Gegenteil, vielfach als eine willkommene Bereicherung unserer Nahrung an Wirkstoffen erachtet werden kann. Ebenso dürften vom ernährungsphysiologischen Standpunkt aus keine Bedenken bestehen, wenn die Konsistenz zarter oder empfindlicher pflanzlicher Gewebe im Konservierungsverfahren durch Behandlung mit verdünnten Lösungen (z. B. 0,1%) von Calciumsalzen verbessert wird; die Verfestigung beruht dabei vornehmlich auf dem *natürlichen* Vorgang der Bildung eines Calciumpektatgels. Überhaupt ist die neuere erfreuliche Entwicklung der Nahrungsmittelfrischhaltung dadurch ausgezeichnet, daß sie den Ablauf der Veränderungen durch Mittel und Maßnahmen lenkt, die dem physiologischen Geschehen selbst abgelauscht sind. Weitere Beispiele dafür sind: 1. die künstlich beschleunigte Reifung von Obst durch Anwendung des bei der natürlichen Reifung in den Früchten entstehenden katalytisch wirksamen Äthylens, 2. das erleichterte und ergiebigere Auspressen und das glanzhelle Filtrieren von Obst- und Gemüsesäften durch Aufspaltung der Pectinstoffe mittels pflanzeneigener Fermente (Pectinol, Filtragol), 3. die Unterdrückung der Keimung von lagernden Kartoffeln durch pflanzeneigene *Wuchsstoffe* und 4. die erfolgversprechende Anwendung antibiotischer Substanzen, die durchaus noch im Anfang steht und bei der jeweils erst eingehend geprüft werden muß, inwieweit die Substanzen, die dem Organismus des bekämpften Mikroorganismus die Lebensmöglichkeiten nehmen, für den

---

[1] NEHRING, E.: Ind. Obst- u. Gemüseverwert. **36**, 255 (1951).
[2] KIERMEIER, F.: Angew. Chem. **61**, 19 (1949).

menschlichen Körper schädlich sein könnten[1-3]. Entsprechende Vorsicht wird zunächst auch noch am Platze sein bei der Anwendung pflanzenfremder Hemmstoffe des Wachstums (z. B. Maleinsäurehydrazid).

VII. Nährwertdarstellung und Nährgeldwert.

1. Nährwertdarstellung.

Da der Nahrungsbedarf des Menschen durch eine Vielheit innerer und äußerer Faktoren bestimmt wird, kann es dafür nicht eine einzelne, erschöpfend zusammenfassende Wertzahl geben[4]. Mit der Bewertung des Nahrungsbedarfs nach Kalorien ist eine teilweise Lösung erzielt, die in energetischer Hinsicht eine zuverlässige objektive Beurteilung ermöglicht. Wie vorstehend ausgeführt wurde, muß aber eine gesunderhaltende Nahrung noch eine sehr große Zahl kalorisch weniger oder gar nicht ins Gewicht fallender, in quantitativer Hinsicht ausreichender Substanzen enthalten, und außerdem muß die Nahrung so beschaffen sein, daß sie uns geschmacklich befriedigt. Da die Forschung auf dem Gebiete der Ernährungslehre durchaus noch im Fluß ist, wird unser Wissen um eine optimale Zusammensetzung der menschlichen Nahrung fortlaufend erweitert. Neu erkannte Faktorenkomplexe führen dabei leicht zu einer vorübergehenden Einseitigkeit in der Bewertung (*Vitaminrummel* in den Jahren vor dem II. Weltkrieg), während in Notzeiten die den Hunger stillenden Kalorien als Maß für den Wert einer Kost dominieren (z. B. in Deutschland im und nach dem II. Weltkrieg).

Ist auch eine an sich hocherwünschte zahlenmäßig vereinfachte Erfassung aller wertgebenden Nahrungsfaktoren nach dem jetzigen Stand der Erkenntnis weder möglich, noch zu erwarten[5], so sind doch verschiedentlich Versuche in dieser Richtung unternommen worden. Es ist dabei kennzeichnend, daß neuerdings Vorschläge fast nie von eigentlichen Ernährungsphysiologen gemacht werden, denen die mit einem solchen Versuch verbundenen Schwierigkeiten nur zu geläufig sind, sondern von der Praxis nahestehenden Männern, aus der Erwägung heraus, daß die Erfassung von *Ernährungsindizes* für die Bewertung der Nahrungsmittel einen großen Nutzen bedeuten würde.

Die ersten Versuche einer zahlenmäßigen Nahrungsbewertung stammen wohl von KELLNER[6]; er fand, daß bei der Mast der Wiederkäuer ein Kilogramm Stärke, als überschüssige Zulage zu einem bestimmten, das Gewicht erhaltenden Grundfutter, durchschnittlich die Speicherung von 250 g Fett bewirkt. Ein Nahrungsmittel, von dem ein Kilogramm nur die halbe Fettmenge, also 125 g zum Ansatz bringt, hat in 100 kg den Wert von 50 kg Stärke oder den *Stärkewert* 50. Diese bei der Produktion des Fettes empirisch gewonnenen Werte können nach KELLNER auch für die Muskelarbeit und die Milchproduktion zur Bewertung der Futtermittel dienen.

Von PIRQUET[7] erachtete die chemischen und physikalischen Berechnungen des Nährwertes als ungenau und irreführend und verlangte, daß sich die Nahrungsbewertung auch auf die Lebensfunktionen (Wachstum, Muskelarbeit usw.) stützt. Er führte deshalb eine physiologische Einheit des Nährwertes ein, der eine Milch

---

[1] ANDERSON, A. H., H. D. MICHENER u. G. S. BOHART: Food Ind. **22**, 1419 (1950).

[2] ANDERSEN, A. H. u. H. D. MICHENER: Chem. Ind. **1950**, 176.

[3] MORSE, R. E.: Food Ind. **22**, 1679 (1950); zit. nach Z. Lebensmittel-Unters. u. -Forsch. **93**, 271 (1951).

[4] TÄUFEL, K.: Dtsch. Lebensmittel-Rdsch. **45**, 81 (1949).

[5] ERTEL, H.: Dtsch. Lebensmittel-Rdsch. **45**, 84 (1949).

[6] KELLNER, O.: Die Ernährung der landwirtschaftlichen Nutztiere, 6. Aufl. Berlin: Parey 1912.

[7] PIRQUET, C. VON: Z. Kinderhk. **14**, 197 (1916).

zugrunde liegt, die bei der Verbrennung im menschlichen Organismus 667 cal/g freiwerden läßt. Den Nährwert von 1 g solcher Milch bezeichnete von Pirquet mit 1 Nem (Nahrungs-Einheit-Milch); 100 Nem = 1 Hektonem. Als Methode der Kontrolle des physiologischen Vergleichswertes anderer Nahrungsmittel im Verhältnis zur Milch diente das Ersatzverfahren. Bei Erwachsenen wurde im Rahmen einer Grundnahrung zuerst Milch zugeführt und dann experimentell ermittelt, durch welche Menge des zu prüfenden Nahrungsmittels das Körpergewicht auf gleicher Höhe gehalten bzw. bei Kindern die Zunahme des Körpergewichtes in gleichem Ausmaß wie vorher bewirkt wird. Diese Kriterien lassen erwarten, daß mit dieser Methode doch weit mehr gewonnen ist als lediglich eine andere Zahlengröße (1 Nem etwa 0,67 kcal) bei im übrigen gleichbleibendem kalorischem Maßstab.

Die neueren Vorschläge versuchen nun nicht, einen alle Nährwerte widerspiegelnden Ernährungsindex für jedes einzelne Nahrungsmittel zu ermitteln; sie gehen vielmehr vom Organismus aus und geben an, welcher Anteil des täglichen Bedarfs des Menschen an den verschiedenen wesentlichen Nährstoffen durch eine bestimmte Menge der einzelnen Nahrungsmittel gedeckt wird.

Lutz[1] geht von einer durchschnittlichen Tageskost aus, die 100 g Eiweiß (EW), 66 g Fett (F) und 500 g Kohlenhydrate (KH) enthält und die einen Energiegehalt von etwa 3000 kcal repräsentiert. Dieser Kost schreibt er 3000 Nährwerteinheiten (NE) zu, und zwar so, daß die 100 g Eiweiß, die 66 g Fett und die 500 g Kohlenhydrate je 1000 NE darstellen. Damit wird der Gewichtseinheit an Eiweiß und der an Fett eine weit größere Bedeutung beigemessen als der Gewichtseinheit an Kohlenhydraten. Einem Gramm Eiweiß werden statt 4,1 kcal 10,0 NE zugeschrieben. Ein Gramm Fett liefert 15,2 NE statt 9,3 kcal, demgegenüber werden 1 g Kohlenhydrat statt 4,1 kcal nur 2,0 NE zuerkannt. Um den Wert der 3 Grundnahrungsstoffe anschaulich zu machen, wählt Lutz die kurvenmäßige Darstellung in einem Koordinatensystem (Abb. 123). In diesem erscheinen die Grammzahlen der 3 Grundnahrungsstoffe auf der Ordinate, die ihnen entsprechenden NE auf der Abscisse. Um auch den Umstand rechnerisch zu erfassen, daß ein Mangel an Eiweiß und auch an Fett sich bei einer an sich schon zu knappen Kost stärker auswirkt als bei kalorisch ausreichender Ernährung, nimmt Lutz keine einfache lineare Beziehung zwischen der in der Kost vorhandenen Menge der Grundnahrungsstoffe und der Zahl ihrer NE an, sondern läßt sie als besondere, kurvenmäßig dargestellte Funktionen erscheinen. Zum Verständnis dieser Bewertungsweise seien von Lutz gegebene Beispiele angeführt (Tab. 6), wobei unter A der NE- und Kaloriengehalt einer Ernährung bei gleichbleibender KH- und Fettmenge und fallender Eiweißmenge vergleichend dargestellt wird, unter B werden allein die Fettmengen und unter C die Kohlenhydratmengen variiert.

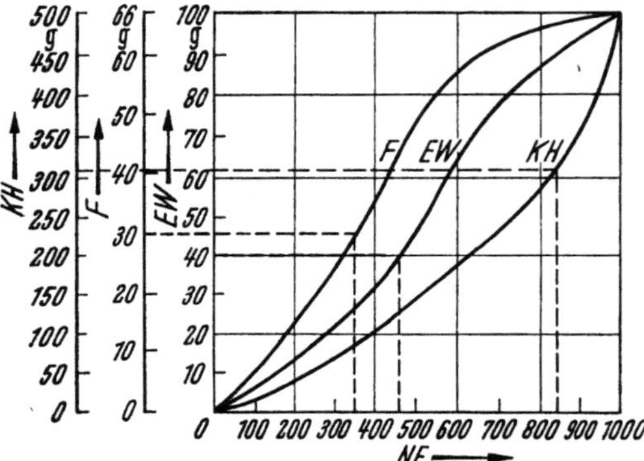

Abb. 123. Graphische Darstellung der Beziehung zwischen der in der Kost vorhandenen Menge an Grundnahrungsstoffen und der Zahl ihrer Nährwerteinheiten. (Aus G. Lutz: Dtsch. med. Wschr. **73** (1948) S. 84.)

---

[1] Lutz, G.: Dtsch. med. Wschr. **73**, 84 (1948).

Aus der Zusammenstellung wird ersichtlich, daß bei verminderter Eiweiß-
und Fettmenge der Kaloriengehalt nicht wesentlich beeinflußt wird, daß hingegen
der Wert der NE ganz erheblich sinkt, während umgekehrt bei abnehmender
Kohlenhydratmenge der NE-Abfall sich in relativ bescheidenen Grenzen hält
bei starker Verminderung der Kalorienzahl. Die NE beziehen sich allerdings
nur auf die 3 Hauptnährstoffe, und auch hierbei wird nicht feiner differenziert

Tabelle 6.

A. Variation des Eiweißgehaltes der Nahrung.

Kohlenhydrate	500	500	500	500	500	500
Eiweiß............	100	80	60	40	20	10
Fett..............	60	60	60	60	60	60
NE...............	2660	2380	2245	2125	1950	1830
Kalorien	3018	2936	2836	2772	2690	2649

B. Variation des Fettgehaltes der Nahrung.

Kohlenhydrate	500	500	500	500	500	500
Eiweiß	100	100	100	100	100	100
Fett..............	60	50	40	30	20	10
NE...............	2660	2515	2435	2350	2255	2140
Kalorien	3018	2906	2832	2739	2646	2553

C. Variation des Kohlenhydratgehaltes der Nahrung.

Kohlenhydrate	500	400	300	200	100
Eiweiß............	100	100	100	100	100
Fett..............	60	60	60	60	60
NE	2660	2605	2500	2295	2050
Kalorien	3018	2608	2198	1788	1173

(z. B. Eiweiß), ebenso bleiben die besonderen Werte, die etwa Obst und Gemüse
innewohnen, unberücksichtigt. Dennoch wird dieser Vorschlag zweifellos als ein
Fortschritt zu werten sein (vgl. hierzu GABEL[1]).

HARTLEBEN[2] geht bei seiner Aufstellung von Nährwertindizes so vor, daß er
die in der Kost vorhandenen Mengen an den 3 Hauptnährstoffen als Kalorie-
prozente eines täglichen, für jede Verbrauchergruppe besonders festzusetzenden
Normal-Solls ausdrückt. Beträgt dieses Normal-Soll z. B. 2400 kcal (= 100%),
dann verteilen sich die Prozentwerte in einer wünschenswert zusammengestellten
Kost folgendermaßen: 410 g KH = 1680 kcal = 70%, 46,5 g Fett = 430 kcal =
18% und 70 g Eiweiß (davon die Hälfte hochwertiges tierisches) = 290 kcal =
12 (6) %. Eine energetisch und biologisch mangelhafte Kost wäre dann z. B. zusammengesetzt aus:

KH: 300 g = 1230 kcal = 51,3 % des Normal-Solls

F: 10 g = 93 kcal = 3,9 % ,, ,, ,,

EW: 30 g = 123 kcal = 5,1 % ,, ,, ,,

davon hochwertiges

EW: 10 g = 41 kcal = 1,7 % ,, ,, ,,

In Indexform wäre diese Kostzusammenstellung zu schreiben:

KH	F	EW		
70	18	12 (6)	= 100 %	= 2400 Normal-Soll-Kalorien
51,3	3,9	5,1 (1,7)	= 60,3 %	= 1446 Ist-Kalorien.

Vielleicht wäre es zweckmäßig, nicht dabei stehen zu bleiben, die Indexzahlen
als Prozente des Gesamt-Normal-Solls von 2400 kcal = 100% anzugeben, sondern
als Prozente der Einzelindexzahlen des Normalsolls (= 100%); man käme dann
mit 4 bzw. 5 Zahlen aus (statt, wie nach dem Vorschlag, mit 2 Zeilen). Diese
Prozentwerte hießen dann abgerundet:

73 KH   21,5 F   42,5 (28) EW   60 kcal.

---

[1] GABEL, W.: Dtsch. Lebensmittel-Rdsch. **45**, 108 (1949).
[2] HARTLEBEN, H.: Dtsch. med. Wschr. **74**, 213 (1949).

Angeregt durch die Arbeit von Hartleben, veröffentlichte Kern[1] einen von ihm seit einigen Jahren benutzten Nährwertindex, der durch Einfachheit und Anschaulichkeit besticht, wie ein Beispiel zeigt:

Ein gewährter Satz von 2500 Kalorien mit 30 g Eiweiß und 20 g Fett (geschrieben 25—3—2) steht einem Soll von 2500 Kalorien mit 60 g Eiweiß und 50 g Fett gegenüber. Der Bruch $\dfrac{25,\ 3,\ 2}{25,\ 6,\ 5}$ läßt den Wert der Kost hinsichtlich der berücksichtigten Anteile mit einem Blick erfassen.

Sowohl nach dem Vorgehen von Hartleben wie auch nach demjenigen von Kern läßt sich in übersichtlicher Weise der Wert unserer Kost nur in einem gewissen Bereich anschaulich darstellen; denn auch diesen Vorschlägen haftet der Mangel an, daß die Ergänzungsstoffe unberücksichtigt bleiben.

Auch Mühlschlegel[2] macht im Bestreben, der breiteren Allgemeinheit ein anschauliches Bild des Nährwertes der Kost zu vermitteln, den Vorschlag, Nährwerttabellen einzuführen, in denen bei den einzelnen Nährstoffen das Verhältnis zum Tagesbedarf angegeben ist. Den Tabellen wird der mittlere optimale Tagesbedarf eines erwachsenen Mannes von 70 kg Gewicht zugrunde gelegt, der eine mittelschwere Arbeit verrichtet. Der Vorschlag bedeutet insofern einen Fortschritt, als auch wesentliche Wirkstoffe (Vitamine A, B_1 und C) mitberücksichtigt werden; er entfernt sich damit allerdings von dem Ziel eines möglichst kurzgefaßten *Index*. Der Einbezug weiterer Nahrungsfaktoren würde die Tabellen zu unübersichtlich gestalten. Mühlschlegel ist überdies der Ansicht, daß dies auch überflüssig sei; denn man könne mit großer Wahrscheinlichkeit annehmen, daß eine Nahrung, die alle berücksichtigten Bestandteile in ausreichender Menge enthält, unter mitteleuropäischen Kostverhältnissen im allgemeinen zwangsläufig so vielseitig sein wird, daß sie auch den Bedarf an den übrigen Wirk- und den Mineralstoffen zu decken vermag.

Der oben erwähnte mittlere Tagesbedarf wird auf folgende, wirklich verwertbare Mengen veranschlagt:

Energie	3000 kcal
Eiweiß	85 g (davon die Hälfte hochwertiges Eiweiß)
Fett	80 g
Kohlenhydrate	465 g
Vitamin A	4 mg berechnet als β-Carotin
Vitamin B_1	1,8 mg
Vitamin C	80 mg.

Diese Werte sind als *Norm* zu betrachten, und sie werden dadurch auf einen gemeinsamen Nenner gebracht, daß sie jeweils gleich 100 gesetzt werden. Den hundertsten Teil der Norm stellt die Centinorm (cn) dar; 85 g Eiweiß z. B. ent-

Nahrungsmittel	100 g rohe, abfallfreie Substanz enthalten in cn						
	Ei-weiß	Fett	Kohlen-hydrat	Nahrungs-energie	A	B_1	C
Vollmilch (3,1 % Fett)	3,5	4	1	2,0	1,5—3	2	1,5
Rindfleisch (mittelfett)....	23	9	0	5,0	10	7	1
Mischbrot	5,5	1	11	7,8	0	6	0
Grünkohl	4	1	2	1,9	66	7	125

sprechen also 100 cn Eiweiß. Mit Hilfe dieser Centinormen läßt sich der Gehalt der einzelnen Nahrungsmittel an den aufgeführten Nährstoffen und an Nahrungsenergie ausdrücken. Es seien hier einige Beispiele aus einer größeren, bisher nur im Auszug veröffentlichten Tabelle Mühlschlegels wiedergegeben.

[1] Kern, H.: Dtsch. med. Wschr. **74**, 927 (1949).
[2] Mühlschlegel, H.: Dtsch. Lebensmittel-Rdsch. **45**, 75 (1949).

2. Nährgeldwert.

Abschließend sei die für die Praxis der Verpflegung nicht unwesentliche Frage nach dem Preis erwähnt, den der Verbraucher für eine bestimmte Menge von Kalorien oder von einzelnen Nähr- bzw. Wirkstoffen in den verschiedenen Nahrungsmitteln bezahlt[1]. Die Preise der Nahrungsmittel richten sich u. a. nach der Höhe der Produktions-, Transport- und Lagerkosten und nach Angebot und Nachfrage, und sie stehen zu dem Nährwert in keinem oder in einem sehr lockeren Zusammenhang[2,3]. So wird es verständlich, daß z. B. in Bohnen oder Magerkäse 10 g Eiweiß etwa 5 bis 8 Pfennige kosten, in Eiern und Schinken aber 40 bis 60 Pfennige; 1000 Kalorien kosten in Form von Pflanzenfett oder Kartoffeln etwa 15 bis 30 Pfennige, in Gestalt von Schinken (Äpfeln bzw. Spinat) aber 1,— (0,90 bzw. 0,80) DM[4].

VIII. Die Erhaltung der Nähr- und Genußwerte durch Frischhalteverfahren.

1. Einleitung.

Das Problem, das die Lebensmittelfrischhaltung vordringlich zu lösen hat, ist heute weniger die Erhaltung der in der Zusammensetzung der Nahrungsmittel quantitativ besonders hervortretenden Bestandteile (Makronährstoffe); es gilt vielmehr vor allem diejenigen in quantitativer Hinsicht meist völlig zurücktretenden Stoffe vor Verlust und Zerstörung zu bewahren, denen im Gesamtstoffwechsel unseres Körpers entweder eine katalytische (z. B. Vitamine) oder eine über die Erregung gewisser nervöser Apparate erfolgende Wirkung zukommt (Genußwerte), wobei die Forderung nach Erhaltung einer ansprechenden Konsistenz eingeschlossen ist. Die Schwierigkeiten in der Erhaltung der reinen Nährstoffe sind auf ein Minimum zusammengeschmolzen. Der Lebensmitteltechniker vermag Stärke, Zucker, Fette, Eiweiß usw. praktisch unbegrenzt lange unverändert aufzubewahren; aber er ist noch nicht in der Lage, beliebige Gewebe in einem naturfrischen Zustande zu fixieren. Dieses ehemals weit entfernte Ziel ist durch die Kälteanwendung in greifbare Nähe gerückt worden. Wir sind heute berechtigt, im Unterschied zum Konservieren von einem Frischhalten durch Kälte zu sprechen.

Vielfach bringt der Kälteanwendung erst die Verbindung mit gewissen, auch in der sonstigen Konservierungstechnik üblichen Zu- und Vorbereitungsmaßnahmen den erwünschten Erfolg. Andererseits zeigt die neuere Entwicklung (z. B. Gefriertrocknung), daß die Kälteanwendung geeignet ist, Verfahren, deren Produkte in der Qualitätsskala untere Plätze einnehmen, derart zu verbessern, daß sie als bestgeeignete Verfahren zur Haltbarmachung hochempfindlicher biologischer Präparate zu bezeichnen sind. Auch die Verbindung der Kälteanwendung mit der Küchentechnik (Gefrieren tischfertiger Mahlzeiten) hat sich vielfach bewährt. Diese Verflechtung läßt es gerechtfertigt erscheinen, den Rahmen dieses Abschnittes auf Kosten der Details etwas weiter zu spannen und auch die wesentlichsten sonstigen Verfahren vergleichend einzubeziehen. Schon aus Raumgründen kann es sich bei der folgenden Darstellung nur um eine erste orientierende Übersicht handeln. Die kältetechnologischen Verfahren werden in den Bänden X und XI eingehend behandelt.

---

[1] PIRQUET, C. v.: Z. Kinderhk. **15**, 136 (1916/17).

[2] DURIG, A.: In Grafes Hdbch. der organischen Warenkunde, Bd. V, 1, S. 13. Stuttgart: Poeschel 1928.

[3] DIENST, C.: Rationelle Küchenwirtschaft und Gesundheit. Berlin: Springer 1940, S. 190.

[4] ZIEGELMAYER, W.: Unsere Lebensmittel und ihre Veränderungen, 2. Aufl. Dresden u. Leipzig: Th. Steinkopff 1940.

2. Einfluß der einzelnen Maßnahmen und Frischhalteverfahren auf die Erhaltung der Nähr- und Wirkstoffe und der Genußwerte.

Behandlung der Rohprodukte. Für die Qualität der Fertigprodukte ist bereits die Behandlung der Rohware vor ihrer Verarbeitung zur Konserve bedeutsam. Ungenügende Vorsicht und Schonung bei der Ernte und beim Transport bedingen erheblichen Qualitätsabfall, der sich erst in einer anschließenden Lagerung durch erhöhten mikrobiellen Verderb (z. B. an Wundstellen beginnend) und durch Bildung unansehnlicher Druckstellen (bei Obst) von verminderter Resistenz auswirkt. Verletzungen, die bei der maschinellen Bearbeitung entstehen, können ebenfalls zu ungünstigen Verfärbungen und (z. B. beim Entschoten von Erbsen) zur Anhäufung des für viele Wundgewebe charakteristischen Stoffwechselprodukts Acetaldehyd führen, der ein abweichendes Aroma bedingt[1].

Aufbewahrung der Rohprodukte; Kaltlagerung[2]. Eine Aufbewahrung der Rohprodukte erfolgt regelmäßig im Zuge der Konservierung. Soll das Rohprodukt weiter verarbeitet werden (Gefrieren, Sterilisieren, Trocknen), so ist sie meist von kürzerer Dauer und erfolgt dann gewöhnlich noch bei normaler Umgebungstemperatur. Ist eine zeitlich ausgedehntere Lagerung vorgesehen, so müssen niedere Temperaturen angewendet werden (Kaltlagerung); Fische stellen hierbei besonders hohe Anforderungen[3]. Da indes auch eine nur kurzfristige Aufbewahrung bei gewöhnlicher Temperatur in der Regel zu bedeutsamen Qualitätsverlusten führt, geht das Streben dahin, die Spanne zwischen Ernte und Verarbeitung möglichst zu verkürzen; so verstreicht in modernsten Anlagen der USA bei Erbsen zwischen Ernte und Fertigstellung der Dosenkonserve etwa nur eine Stunde[4]. Eine zusätzliche Kühlung wird sich im Normalbetrieb stets als nützlich für die Qualitätserhaltung erweisen, vor allem auch deshalb, weil bei gestapelter oder gehäufter Ware die Abführung der Atmungswärme stark verzögert erfolgt und das Gut sich dadurch beträchtlich erwärmt.

In vielen Fällen der Praxis ist der Verlust an Vitamin C während des Transportes und der Lagerung im Zuge der Zurichtung bedeutend größer als durch die Verarbeitung selbst. Als besonders krasses Beispiel hierfür seien folgende Befunde aus der Praxis eines rückständigen Betriebes wiedergegeben[5]:

Freitag: Einlieferung von ca. 20000 kg frischer Bohnen mit einem Ascorbinsäuregehalt von 91 mg/kg.

Sonnabend, vormittags: Abgabe der Bohnen an die Heimarbeiterinnen, Ascorbinsäuregehalt 72 mg/kg.

Dienstag, vormittags: Verarbeitung der gerüsteten und sortierten Bohnen mit einem Ascorbinsäuregehalt von nur noch 28 mg/kg.

Rohprodukte pflanzlicher Herkunft werden in lebendem Zustand eingelagert. Da ihr Stoffwechsel weiterläuft, vermindert sich ihr Gehalt an Kohlenhydraten, die das Atmungsmaterial darstellen, erheblich (vgl. auch Beitrag 4 in diesem Band). 50 kg frisch gepflückter Erdbeeren z. B. veratmen bei 18° innerhalb von 24 Stunden etwa 1 kg Zucker. Der Einfluß der Temperatur auf die Größe des Zuckerverlustes ist beträchtlich: während 50 kg Spargel bei 18° innerhalb 24 Stunden etwa 135 g Zucker veratmen, d. h. etwa 10% des Gesamtzuckergehaltes, beträgt der Zuckerverlust bei — 0,5° C nur etwa 16 g. Ins Gewicht fallende Verluste an stickstoffhaltigen Inhaltsbestandteilen dürften erst dann auftreten,

---

[1] Campbell, H.: Refrig. Engng. **52**, 428 (1946).

[2] Vergl. in diesem Band Beitrag 4: Biologische Grundlagen der Frischhaltung pflanzlicher Lebensmittel.

[3] Young, O.C.: Food Techmol. **4**, 447 (1950); zit. nach Z. Lebensmittel-Unters. u. -Forsch. **93**, 249 (1951).

[4] Westkott, W.: Ind. Obst- u. Gemüseverwert. **34**, 18 (1949).

[5] Dienst, C.: Z. Volksernähr. **15**, 318 (1940).

wenn die Kohlenhydratvorräte weitgehend aufgebraucht sind und sich Anzeichen des Verderbs einstellen. Anders verhalten sich Fische, bei denen es durch mikrobielle und autolytische Umsetzungen überaus rasch zu einem weitgehenden Eiweißabbau kommt, der allerdings durch Temperatursenkung oder durch Einsalzen[1] in erträglichen Grenzen zu halten ist. Mineralstoffverluste sind bei der Lagerung naturgemäß nicht zu befürchten. Der allmählich fortschreitende Abbau der organischen Säuren bei der Lagerung kann sich nachteilig auf die Resorption der Mineralstoffe auswirken und deren Vermögen, dem Körper einen Basenüberschuß zuzuführen (s. S. 416), vermindern; in gewissen Lebensmitteln (z. B. Milch) beeinträchtigt der Schwund an organischen Säuren die Verdaulichkeit[2].

Der Gehalt an einigen Vitaminen vermindert sich im Verlaufe einer Lagerung erheblich (zusammenfassende Übersichten bei LUNDE[3] und KROKER[4]). Vitamin A und Carotin sind relativ stabil, so daß höchstens bei Blattgemüsen geringe Verluste der Vitamin-A-Wirksamkeit eintreten. Langes Lagern von Kartoffeln, Karotten und Äpfeln vermindert den Gehalt nicht oder doch nur unwesentlich, doch scheint die Resorbierbarkeit durch Lagern vermindert zu werden[5]. Vitamin D und E und die Vitamine der B-Gruppe scheinen bei der Aufbewahrung bei niederen Temperaturen im wesentlichen erhalten zu bleiben. Beträchtliche Verluste können indes an dem so überaus labilen und oxydationsempfindlichen Vitamin C bei der Aufbewahrung eintreten. Bei keller- bzw. kaltgelagerten Kartoffeln z. B. geht der Vitamin-C-Gehalt (gemessen in der gedämpften Knolle) in folgendem Ausmaß zurück[6]: Oktober 18, November 15, Dezember 13, Januar 11, Februar 10, März 9, April 8, Mai und Juni 7 mg in 100 g Ware. Als Ausnahme muß hingestellt werden, daß Weiß- und Rotkohl bei 0° C praktisch ohne Vitamin-C-Verluste etwa 5 Monate gelagert werden können[7]. Gering war auch der Verlust der bei + 2,5° C kaltgelagerten Äpfel, beachtlich dagegen bei + 5° oder gar bei + 10° C[8]. In zarten Gemüsen vermindert sich der Gehalt an Vitamin C in Abhängigkeit von der Temperatur in der Regel überaus rasch. Kaltlagerung in einer Atmosphäre mit erhöhtem Kohlendioxydgehalt (Gaskaltlagerung) hat nach THORNTON[9] einen ungünstigen Einfluß auf die Vitamin-C-Erhaltung in pflanzlichen Produkten. Als nützlich für die Erhaltung von Marktfähigkeit und Vitamingehalt hat sich indes die kurzfristige Lagerung gewisser Gemüse mit kleinstückigem Eis vermischt oder von empfindlichen Gemüsen und Früchten über Eis erwiesen[10]. Diese Kühlungsart ist auch für Fische üblich, wobei man bestrebt ist, die Haltbarkeit des Gutes durch bactericide Zusätze zum Eis noch zu verbessern (s. auch Bd. X, Abschnitt Fische).

Auch Veränderungen der sinnesphysiologisch zu wertenden Merkmale treten bei der Lagerung auf. Bei Fleisch äußern sie sich insofern in erwünschter Weise als das Gewebe zarter wird. Bei Fetten kommt es durch hydrolytische und oxydative Umwandlungen zur Bildung einer Reihe von Stoffen, die oft bereits in Spuren die Ware genußuntauglich machen; auch hier wirkt eine möglichst weitgehende Senkung der Lagertemperatur verzögernd auf den Qualitätsabfall. Bei pflanzlichen Objekten geht die Entwicklung weiter, die Früchte reifen, werden schließlich

[1] WINTER, H.: Dtsch. Lebensmittel-Rdsch. **46**, 210 (1950).
[2] TAUFEL, K.: Z. Lebensmittelunters. u. -Forsch. **89**, 341 (1949).
[3] LUNDE, G. u. L. ERLANDSEN: Vitamine in frischen und konservierten Nahrungsmitteln, 2. Aufl., S. 153. Berlin: Springer 1943.
[4] KROKER, F.: Forschungsdienst **7**, 619 (1939).
[5] LEONHARDI, G.: Z. ges. inn. Med. **2**, 376 (1947); **2**, 477 (1947).
[6] SCHEUNERT, A., J. RESCHKE u. E. KOHLEMANN: Biochem. Z. **305**, 4 (1940).
[7] WOLF, J.: Vorratspfl. u. Lebensmittelforsch. **4**, 241 (1941).
[8] PAECH, K.: Z. Unters. Lebensmittel **76**, 234 (1938).
[9] THORNTON: Proc. Amer. Soc. horticult. Sci. **35**, 200 (1938); Contrib. Boyce Thompson Inst. **14**, 295 (1947).
[10] FLYNN, L. M., V. M. WILLIAMS u. A. G. HOGANN: Food Res. **14**, 231 (1949).

überreif (Erbsen mehlig, Birnen teigig usw.) und damit wertgemindert. Selbst für die technische Verwertung der überreifen Früchte, insbesondere von Birnen, sind die beim Morsch- und Teigigwerden stattfindenden Veränderungen — sowohl das Auftreten neuer Stoffwechselprodukte (Alkohol, Acetaldehyd) als auch das fast vollständige Verschwinden von Gerbstoff und Fruchtsäure, — von ungünstigem Einfluß[1]. Als Ausnahme zu werten sind jene besonders stark gerbstoffhaltigen Früchte (z. B. Schlehen, Mispeln, Kaki), die erst dann ihre Genußreife erlangen, wenn ihre Zellen durch Überreife oder Frost weitgehend abgetötet worden sind; hierbei verbinden sich vermutlich die vorherrschenden Catechin-Gerbstoffe mit Acetaldehyd und verlieren dadurch ihre adstringierende und die Empfindung für sauer verstärkende Geschmackswirkung[2].

Kaltlagerung, besonders in der Form der Gaskaltlagerung, verzögert die Entwicklung ganz erheblich; allerdings ist eine für jede Sorte empirisch zu ermittelnde optimale Temperatur (bzw. und Gaszusammensetzung) einzuhalten. Wird dies nicht beachtet, können sich Stoffwechselanomalien einstellen, die, häufig unter Bräunung des Gewebes (Birne, Apfel) bzw. *Wollig*-werden (Pfirsich), zur Genuß-untauglichkeit der Ware führen[3-7]. In anderen Fällen (z. B. Birnen) bleiben die Früchte zwar im Kaltlager unter nicht optimalen Bedingungen visuell beurteilt gesund, doch verlieren sie dann nach und nach die Fähigkeit der Nachreifbarkeit, und die Ware bleibt rübig, duft- und geschmacklos. Werden Kartoffeln kaltgelagert, häuft sich Zucker durch Hydrolyse der Stärke an, wodurch der Genußwert stark beeinträchtigt wird; Einhaltung optimaler Temperaturen vermindert die Zuckeranhäufung, die indes auch durch Nachlagerung bei geeigneten höheren Temperaturen wieder weitgehend zurückgedrängt zu werden vermag. Bei lang ausgedehnter Lagerung der Kartoffeln unter nicht optimalen Temperaturen treiben die Knollen aus, wodurch ein beachtlicher Nährstoffverlust entsteht (s. auch Solaninanhäufung, S. 461). Durch physiologische Kaltlagerschäden für den Frischverzehr nicht mehr geeignete pflanzliche Produkte dürften in geeigneter Zubereitung ohne gesundheitliche Bedenken der Ernährung zugeführt werden, wobei im einzelnen die lebensmittelgesetzlichen Bestimmungen zu beachten sind.

Als überaus wesentlich für die Erhaltung der Nähr- und Genußwerte hat sich die Unverletztheit der Schalenteile bei Obst, Gemüse, Eiern und anderen Rohwaren mit entsprechenden natürlichen Schutzoberflächen erwiesen.

Vorbereitung der Rohprodukte. *Zurichten (Putzen, Schälen, Zerkleinern, Pressen usw.).* Mit dem Zurichten ist in der Regel ein beachtlicher, sich auch im Nährwert auswirkender Mengenabfall verbunden, der bei animalischen Lebensmitteln 0,5 bis 90% (im Mittel 21%) und bei den Vegetabilien 0 bis 90% (Mittel 24%) beträgt[8]. Da die einzelnen Nährstoffe keineswegs gleichmäßig in den Nahrungsmitteln verteilt sind, bedeutet ein bestimmter Prozentsatz an Abfall eine höhere oder niedrigere prozentuale Einbuße an Nährwert. Überaus deutlich wird dieser durch Lokalisation einzelner Nährstoffe in bestimmten Gewebsteilen bedingte Unterschied beim Vergleich des Kleieanfalls beim Ausmahlen von Getreide und dem damit verbundenen weit stärker verminderten Prozentgehalt des Mehles an Vitamin B_1 (s. auch S. 432). Da Vitamin C in Früchten und manchen Gemüsen

[1] Schneider-Orelli, O.: Landwirtsch. Jb. Schweiz **22**, 774 (1908).

[2] Griebel, C.: Z. Untersuch. Nahr.- u. Genußmittel **49**, 94 (1925).

[3] Plank, R.: Vorkühlanlagen für Obst. Ergebnisse einer Studienreise nach Südafrika. Beiheft Z. ges. Kälteind., Reihe 3, H. 8 (1937).

[4] Plank, R.: Pflügers Archiv f. d. ges. Physiol. d. Menschen u. Tiere **239**, 74 (1937).

[5] Plank, R.: Food Res. **3**, 175 (1938).

[6] Plank, R.: Planta (Berl.) **32**, 364 (1941).

[7] v. d. Plank, J. E. u. R. Davies: J. of Pomol. **15**, 226 (1937).

[8] Dienst, C.: Rationelle Küchenwirtschaft u. Gesundheit, S. 189. Berlin: Springer 1940.

in oder dicht unter der Schale besonders reichlich angehäuft vorliegt, ist das geschälte pflanzliche Organ in dieser Hinsicht ernährungsphysiologisch nicht nur absolut sondern auch relativ ärmer geworden. Die beim Schälen von Kartoffeln entstehenden Verluste an besonders wertvollen Inhaltsstoffen liegen offensichtlich höher als der prozentuale Schalenverlust, der zwischen 10 und 40% beträgt[1]. Weißkraut, das ohne Umblatt im Kühlhaus eingelagert wird, hat bedeutend (30%) größere Abfallverluste als mit Umblatt eingelagerter Kohl[2].

Die Zerstörung der Zellstruktur beim Auspressen von Frucht- und Gemüsesäften führt häufig (z. B. Äpfel) zu vitamin-C-armen Erzeugnissen; denn unter diesen Bedingungen wird Ascorbinsäure rasch in die zwar noch antiskorbutisch wirksame, aber sehr empfindliche Dehydroascorbinsäure übergeführt, die bei kurzer Lagerung der Säfte zu inaktiven Stoffen abgebaut wird[3, 4].

Waschen. Um die Oberfläche von Obst und Gemüse nicht nur von Schmutz und Resten gesundheitsschädlicher Spritzmittel sondern auch von Kleinlebewesen (Schnecken, Würmer, Wurmeier, Maden, Larven, vor allem aber auch von Mikroorganismen und deren Sporen) zu befreien, ist ein Waschen bzw. Wässern der Ware unbedingt erforderlich. Durch Wässern kann der Genußwert streng schmeckender pflanzlicher Rohprodukte, ebenso auch die Turgeszenz (Straffheit bzw. Knackigkeit) bereits gewelkter Gemüse gebessert und damit der Nährwert gehoben werden. Andererseits können Nachteile durch die Behandlung mit Wasser dadurch erwachsen, daß organische Säuren, Pflanzenalbumine, lösliche Kohlenhydrate, Mineralsalze und Vitamine ausgelaugt werden und, da das Spülwasser nicht mehr für die weitere Verarbeitung verwendet wird, für die menschliche Ernährung verlorengehen[5]. Gering und ohne praktische Bedeutung sind die Einbußen an Eiweiß (1 bis 4% je nach der Dauer des Wässerns). Wesentlich höhere Verluste aber erleiden die Mineralsalze; die Verlusthöhe ist abhängig von der Dauer der Wassereinwirkung, von dem Zustand des Gemüses, sowie vom Verhältnis der Oberfläche zum Volumen; bei geschnittenen Produkten lagen die Verluste meist doppelt so hoch wie bei ungeschnittenen. Zu den auch für sich allein gesehen nicht unerheblichen Abnahmen (z. B. bei 6stündigem Wässern beträgt die Einbuße an Kalium 5 bis 30%, an Calcium 20 bis 75%, an Natrium 5 bis 15%), kommt noch erschwerend hinzu, daß die basischen Bestandteile (Salze der organischen Säuren, s. S. 416) bevorzugt ausgelaugt werden und die Säurebildner (vor allem Phosphate und Sulfate) sich relativ anreichern[6]. Die Verluste an Vitamin C wurden bei kurzem Wässern selbst eines zerkleinerten Gemüses als unerheblich befunden; auch einstündiges Wässern vermindert den Vitamin-C-Gehalt der zerschnittenen Gemüse kaum, erheblich dagegen (Verlust 40 bis 50%) ein 12stündiges Wässern. Werden indes die Gemüse unzerkleinert gewässert, dann treten auch beim Einweichen über 12 Stunden keine erheblichen Verluste an Vitamin C ein. Über die Stoffverluste beim Wässern von Spargel unterrichtet summarisch Tab. 7 und über jene von geschälten Kartoffeln Tab. 8.

Auffälligerweise ist der wohl auf GUTHRIE[7] zurückgehende Befund, daß eine Reihe zerschnittener pflanzlicher Organe (z. B. Kartoffelknollen) beim Lagern in feuchter Atmosphäre erheblich an Vitamin C durch Neubildung an den Schnittflächen zunehmen, offenbar bisher kaum in der Praxis ausgewertet worden. Dies

---

[1] VÖLKSEN, W.: Z. Lebensmittel-Unters. u. -Forsch. **91**, 7 (1950).
[2] SCUPIN, L.: Vorratspfl. u. Lebensmittelforsch. **3**, 492 (1940).
[3] ZIMMERMANN, W. u. L. MALSCH: Vorratspfl. u. Lebensmittelforsch. **1**, 311 (1938); **3**, 1 (1940).
[4] WOLF, J.: in E. PIESZCZEK und W. ZIEGELMAYER: Ernährung der Wehrmacht. Wehrmacht-Verpflegung, Bd. 1, S. 348. Dresden u. Leipzig: Th. Steinkopff 1942.
[5] DIENST, C.: Z. Volksernähr. **15**, 318 (1940). — [6] wie [1]
[7] GUTHRIE, J. D.: Contribut. from Boyce Thompson Inst. **9**, 17 (1937/38).

mag z. T. damit zusammenhängen, daß bei manchen Organen (z. B. Kartoffelknollen) an den Schnittflächen bald eine Verfärbung auftritt, die allerdings durch
kurzes Waschen der Stücke unmittelbar nach dem Zerschneiden stark zurückgedrängt werden kann[1]. Die beachtliche absolute Vermehrung der Vitaminmenge
beim Keimen von Samen ist bereits industriell in der Herstellung von Keim-
mehlen usw. *(Keimdiät)* verwertet worden[2].

Neuere Beobachtungen geben erfolgversprechende Hinweise auf Möglichkeiten, die Auslaugverluste beim Wässern einmal dadurch zu verringern, daß
das Waschwasser kräftig durchlüftet wird[3] und zum anderen durch Verwendung von Lösungen geeigneter Salze als Waschflüssigkeit[4].

Tabelle 7.
Stoffverluste beim Wässern von Spargel (nach Krumbholz)[5].

	Abnahme in % der Ausgangs-menge beim Wässern nach		
	1 Tag	2 Tagen	3 Tagen
Extrakt..........	1,38	1,81	2,00
Mineralstoffe	3,36	4,15	4,65
Stickstoff	1,31	3,08	4,20

Neben den Stoffverlusten kann indes zeitlich ausge-
dehnteres Bedecktlassen der Obst- und Gemüseprodukte
mit Wasser, vor allem bei leb-haft atmenden Produkten, zu
einem Geschmacksabfall durch einsetzende intramolekulare
Atmung (Gärung) führen.

Blanchieren. Unter dem Blanchieren von Obst und Gemüse versteht man ein
kurzfristiges (ein bis mehrere Minuten dauerndes) Erhitzen der Ware in Wasser
oder Wasserdampf oder neuerdings versuchsweise auch durch Diathermie (Hoch-
frequenzerwärmung). Es bezweckt in erster Linie, die organeigenen Fermente der
Rohprodukte zu inaktivieren und damit vor allem unerwünschte fermentbedingte

Tabelle 8.
*Prozentuale Verluste an Trockensubstanz, Stickstoff und Mineralstoffen bei der
Wässerung geschälter Kartoffeln (nach Lauersen und Orth)[6].*

Ausgangswerte bezogen auf Frischgewicht		nach Analyse des Waschwassers Verluste in % des Ausgangswertes			
		ganze Kartoffeln gewässert, in Stunden		gevierteilte Kar-toffeln, gewässert, in Stunden	
		1 bis 2	14 bis 16	1 bis 2	14 bis 16
24 %	Trockensubstanz	0,7	0,8	1,3	1,6
0,28 %	Stickstoff	0,9	1,3	1,4	2,3
0,87 %	Mineralstoffe	2,3	3,3	3,4	5,7

Veränderungen (z. B. Verfärbungen) der Ware im Verlauf der weiteren Behandlung
und Lagerung zu verhindern; daneben kann es durch Auslaugung strenger oder
unangenehmer Geschmacks- und Geruchsstoffe (z. B. bei Kohl) den Genußwert
der Ware verbessern, und schließlich kann es noch Vorteile für die Bearbeitung
und Verpackung der Ware mit sich bringen. Hier interessieren die Nachteile, die
mit dieser Behandlung hinsichtlich des Nähr- und Genußwertes verbunden sind.
Im wesentlichen beruhen diese darauf, daß lösliche Inhaltsstoffe aus dem Gewebe
herausgelaugt werden. Es ist leicht zu verstehen, daß in dieser Hinsicht das

[1] Kljatschina, K. N.: Hyg. und Sanitätswesen **1950**, N. 7, S. 29 (russisch); zit. nach
Chem. Z. **1951** I, 1955.
[2] Lemmerich, E.: in E. Pieszczek u. W. Ziegelmayer: Wehrmachtverpflegung, Bd. 1,
S. 66. Dresden u. Leipzig: Steinkopff 1942.
[3] Steward, F. C.: Protoplasma **18**, 208 (1933).
[4] Hackney, F. M. V.: Proc. Linn. Soc. N.S. Wales **70**, 333 (1945).
[5] Krumbholz, G.: Obst- u. Gemüsebau **73**, 162 (1927).
[6] Lauersen, F. u. W. Orth: Z. Unters. Lebensmittel **84**, 501 (1942).

Blanchieren in Wasser demjenigen in Dampf[1] oder dem im Kurzwellen- evtl. auch im Hochfrequenzfeld unterlegen ist; doch wurden durch zusätzliche Sulfitanwendung (s. S. 483) bei Kohl Produkte erzielt, die den dampfblanchierten in geschmacklicher Hinsicht überlegen waren[2]. Verwendet man im sogenannten Serienblanchieren das Blanchierwasser mehrmals und wählt man die Gutsmenge zur Wassermenge ziemlich groß, so hat man die Möglichkeit, das Konzentrationsgefälle und damit die Auslaugverluste zu verringern.

Substanzverluste: Je größer das Verhältnis von Oberfläche zu Volumen ist, und je weniger eine schützende Schicht die Außenfläche der Gutsbestandteile abdeckt, um so größer sind die Verluste. So werden z. B. aus zerschnittenem Gemüse beim Blanchieren 19 bis 35% des Zuckers, 17 bis 30% der Mineralsalze und 14 bis 22% der Proteine ausgelaugt, während bei unzerteilter Ware nur 10 bis 21% des Zuckers, 8 bis 16% der Mineralsalze und 2 bis 8% der Proteine verlorengehen. Wurde in Wasser blanchiert (1 bis 3 Minuten), vermindert sich der Trockensubstanzgehalt der zerkleinerten Ware um 8 bis 26%, derjenige der unzerteilten Ware um 3 bis 9%, während beim Dampfblanchieren (3 Minuten) die Abnahme im ersteren Falle 10%, im letzteren Falle 4% betrug. Wird das dampfblanchierte Gut anschließend im Luftstrom gekühlt, so sind die Verluste an gelösten Stoffen am geringsten[3]. Besonders gefährdet gegen die Auslaugung sind die Blattgemüse (z. B. Spinat), wo Blanchierverluste an Zucker von 56 bis 60%, an Mineralstoffen von 25 bis 30% und an Eiweißstoffen von 5 bis 10% festgestellt wurden. Wesentlich geringere Verluste erlitt die Rohware, wenn sie in vorgewelktem Zustande dampfblanchiert wurde. Vorteilhaft ist es, wenn das Blanchierwasser zum Auffüllen der Dosen bei Naßkonserven verwendet wird[4]. Weitere vergleichende Angaben sind u. a. von HEISS[5] und von HEIMANN-GEIERHAAS[6] zusammengestellt worden.

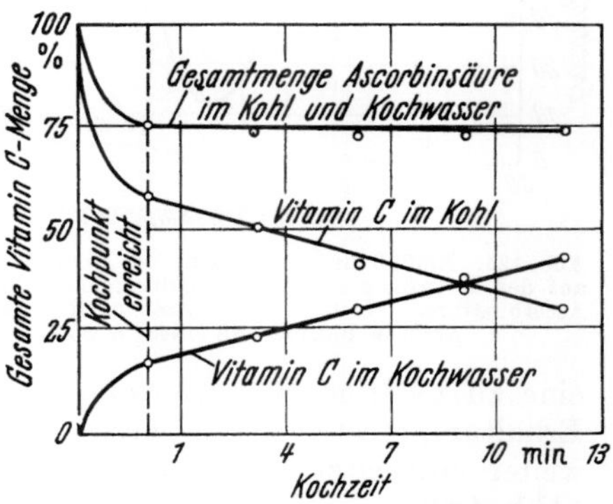

Abb. 124. Verlust an Vitamin C beim Kochen von Kohl. (Nach *S. Gould,, D. K. Tressler* u. *C. G. King*: Food Res. **1** (1936) S. 427, aus *G. Lunde* u.*L. Erlandsen*: Vitamine in frischen und konservierten Nahrungsmitteln. 2. Aufl., S. 168. Berlin: Springer 1943.)

Vitaminverluste: Die Größe der erwähnten, in ernährungsphysologischer Hinsicht bedenklichen Substanzverluste wird durch diejenige an Vitaminen z. T. noch übertroffen. Dies ist vor allem deshalb besorgniserregend, weil wir darauf angewiesen sind, den Bedarf an diesen lebenswichtigen Stoffen in erster Linie durch den Verzehr von Obst und Gemüse zu decken. Es seien auch hierfür nur einige Beispiele zur Information angeführt, die den genannten Übersichten entnommen sind. Besonders eingehend wurde dabei Vitamin C berücksichtigt, da es einen der labilsten Wirkstoffe der Nahrungsmittel darstellt. Wie GOULD, TRESSLER und KING[7] zeigten (s. Abb. 124), treten die hauptsächlichen Verluste an Ascorbinsäure in der allerersten Zeit des Aufwärmens ein, in der die Oxydasen noch nicht

---

[1] GUERRANT, N. B., M. G. VAVICH, O. B. FARDIG, H. A. ELLENBERGER, R. M. ITERN u. N. H. COONEN: Ind. Engng. Chem., ind. Edit. **39**, 1000 (1947).
[2] ALLEN, R. J. L., J. BARKER u. L. W. MAPSON: J. Soc. chem. Ind. **62**, 145 (1943).
[3] HOHL, L. A., J. SWANBURG, J. DAVID u. R. RAMSEY: Food Res. **12**, 484 (1947).
[4] SCHEUNERT, A.: Angew. Chem. **1940**, S. 119.
[5] HEISS, R.: Dtsch. Lebensmittel-Rdsch. **45**, 57 (1949).
[6] HEIMANN-GEIERHAAS, A.: Dtsch. Lebensmittel-Rdsch. **43**, 126 (1947).
[7] GOULD, S., D. K. TRESSLER u. C. G. KING: Food Res. **1**, 427 (1936).

inaktiviert sind, späterhin wird Ascorbinsäure nicht mehr in nennenswertem Umfange oxydiert, doch schreitet die Auslaugung durch das Kochwasser weiter.

Wurde Weißkohl 2 bis 3 Minuten in Wasser blanchiert, dann trat ein Verlust an Vitamin C von 55% ein, wovon 33% auf einfache Auslaugung zurückzuführen und 22% zerstört worden sind. Wurde die Blanchierdauer auf eine Minute verkürzt, dann verminderte sich der Gesamtverlust auf 28%. Wesentlich ist auch hier das Verhältnis von Wassermenge zu Gutsgewicht: im vorstehenden Beispiel war es 3:1; wurde es auf 24:1 erhöht, dann war der Verlust bei 1 Minute Blanchierdauer 76%. Vor allem bei längerer Blanchierdauer vergrößert sich dieser Auslaugeeffekt, wenn das Verhältnis der Mengen von Blanchierwasser zu Gut erhöht wird[1]. Bei kurzer Blanchierdauer kann die Ascorbinsäureauslaugung [durch NaCl-Zusatz zum Blanchierwasser verringert werden. Beim Serienblanchieren im Großversuch betrugen die Ascorbinsäureverluste 22% (2 Minuten) bzw. 34% (4 Minuten Blanchierdauer). Beim Dampfblanchieren nahm der Vitamin-C-Gehalt um 8% (2 Minuten) bzw. 12% (4 Minuten) ab. Vielfach verursachte kürzeres Blanchieren bei höheren Temperaturen (94° C) geringere Verluste als längeres Blanchieren bei niederen Temperaturen (77° C). Zu ganz entsprechenden Befunden gelangten Scheunert[2] und andere Forscher[3–6]. Bei konstanter Blanchierdauer (3 Minuten) wirkt sich

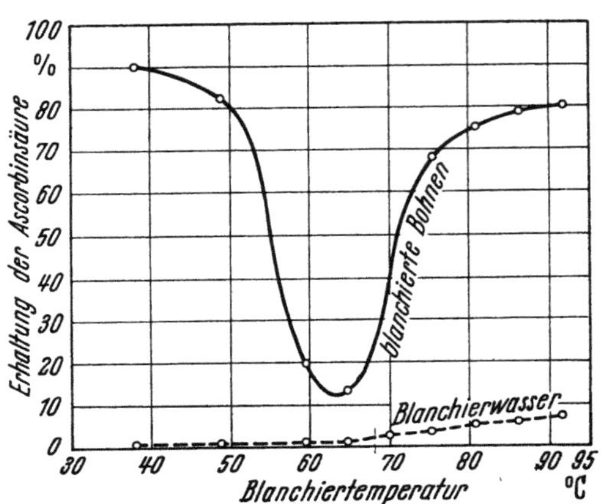

Abb. 125. Einfluß der Temperatur des Blanchierwassers auf den in grünen Bohnen zurückbleibenden Gehalt an Ascorbinsäure. (Nach *N. B. Guerrant* u. *R. A. Dutcher*: Arch. of Biochem. **18** (1948) S. 353.)

eine zu niedrige Blanchiertemperatur besonders nachteilig auf die Vitamin-C-Erhaltung aus (Abb. 125), besonders dann, wenn das blanchierte Gut nicht sofort weiterverarbeitet, sondern einige Zeit bei Zimmertemperatur aufbewahrt wird (Abb. 126).

Abb. 127a gibt die Verluste an Trockensubstanz und Abb. 127b die Verluste an Vitamin C bei einer Reihe von Gemüsen unter verschiedenen Blanchierbedingungen wieder[7]. Andere Vitamine erleiden, da sich bei ihnen im allgemeinen zur Auslaugung keine damit mengenmäßig vergleichbare Zerstörung zugesellt, geringere Verluste, die sich in der Größenordnung von 0 bis 10% halten. Versuche über Blanchieren im Hochfrequenzfeld ergaben unter günstigen Bedingungen (sehr hohe Frequenzen) praktisch keine Vitamine-C-Verluste. Bei Kohl, der jeweils 2,5 Minuten blanchiert wurde, ergaben sich vergleichsweise folgende Vitamin-C-Verluste: Blanchieren in heißem Wasser 40%, Blanchieren in Dampf 32% und Erhitzen mit Hochfrequenzströmen 3%[8]. Bei den z. Z. noch für die Praxis in Frage

[1] Allen, R. J. L., J. Barker u. L. W. Mapson: J. Soc. chem. Ind. **62**, 145 (1943).

[2] Scheunert, A.: Angew. Chem. **1940**, S. 119.

[3] Kramer, A. u. M. H. Smith: Ind. Engng. Chem., ind. Edit. **39**, 1007 (1947).

[4] Guerrant, N. B., M. G. Vavich, O. B. Fardig, H. A. Ellenberger, R. M. Itern u. N. H. Coonen: Ind. Engng. Chem., ind. Edit. **39**, 1000 (1947).

[5] Guerrant, N. B. u. R. A. Dutcher: Arch. of Biochem. **18**, 353 (1948).

[6] Cameron, E. J., R. W. Pilcher u. L. E. Clifcorn: Amer. J. publ. Health **39**, 756 (1949); zit. nach Z. Lebensmittel-Unters. u. -Forsch. **93**, 273 (1951).

[7] Heiss, R.: Dtsch. Lebensmittel-Rdsch. **45**, 57 (1949).

[8] Zit. nach: Heimann-Geierhaas, A.: Dtsch. Lebensmittel-Rdsch. **43**, 126 (1947).

kommenden Verhältnissen waren aber wegen der langen Anwärm- und vor allem Abkühlzeiten die Vitamin-C-Verluste und der Geschmacksabfall beim Hochfrequenzblanchieren verpackter oder großstückiger Güter sehr hoch[1] (etwa 55 bis 75%). Überaus wichtig für die Vitamin-C-Erhaltung ist rasches Abkühlen und Weiterverarbeiten der blanchierten Ware. Da gegen diese Forderung die Methode des Warmhaltens von Gemüsezubereitungen in Kochkisten verstößt, ist bei solchen Speisen der Vitamin-C-Gehalt gegen den der frisch gekochten Speisen beträchtlich erniedrigt (um 40 bis 80% bei 2 stündigem Warmhalten)[2].

Beeinträchtigung der Genußwerte: Die Erscheinung, daß in saurer Lösung (z. B. auch schon durch sauren Zellsaft) das Blattgrün (Chlorophyll) mißfarbig olivbraun wird, verleitet bei grünen Blattgemüsen dazu die Reaktion (p_H-Wert) des Blanchierwassers auf den günstigen neutralen Bereich ($p_H = 7$) zu puffern, wobei man allerdings in Kauf nehmen muß, daß unter diesen Bedingungen Vitamin C in größerem Ausmaß zerstört wird als bei einer sauren Reaktion.

Das Verfahren, Chlorophyll durch Kupfersalzzusatz zu stabilisieren *(Grünen)*, verwendet man in der Praxis wegen der damit verbundenen Zerstörung von Vitamin C

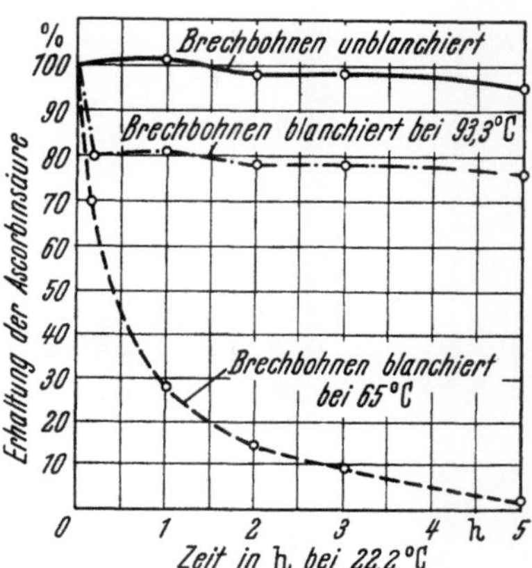

Abb. 126. Einfluß der Aufbewahrung unblanchierter und blanchierter grüner Bohnen bei Zimmertemperatur auf deren Gehalt an Ascorbinsäure. (Nach *N. B. Guerrant* u. *R. A. Dutcher*: Arch. of Biochem. **18** (1948) S. 353.)

nicht mehr allgemein, sondern nur noch bei bestimmten Produkten, um den Wünschen rückständiger Verbraucher zu entsprechen. Aus dem gleichen Grunde ist es zu begrüßen, daß die kupfernen Blanchierkessel immer mehr durch solche aus gesundheitlich unbedenklichem Material verdrängt werden. Die Verwendung von Sulfiten bedeutet zwar eine bessere Erhaltung von Vitamin C und in gewissen Fällen auch der Farbe, doch bringt sie bei grünen Gemüsen eine unerwünschte bleichende Wirkung mit sich und ist insofern nachteilig, als Vitamin B_1 dadurch größtenteils zerstört wird. Sulfitieren beschränkt man fast ausschließlich auf solches Gut, das zu Trockenware weiterverarbeitet werden soll.

In manchen Fällen ist es erwünscht, die Konsistenz des unter dem Einfluß des Erhitzungsvorganges erweichten Gutes zu verfestigen. Sofern dies dadurch geschieht, daß dem Blanchierwasser Calciumsalze zugesetzt werden (versteifende Wirkung des sich im Gewebe bildenden Calciumpektats[3 – 5] ist unbedenklich. Nährwertvermindernd sind dagegen jene Verfahren, bei denen dieser Effekt durch Zusatz von Erdalkalihydroxyden (Ca[OH]$_2$) hervorgerufen wird, da in dem hierdurch erzeugten alkalischen Milieu nicht nur Vitamin C sondern auch Vitamin B_1 zerstört werden.

Gefrieren. Zwar kommt das Verfahren der Kaltlagerung den Anforderungen der Frischhaltung gütemäßig überaus nahe, doch hat es sich gezeigt, daß die Wirksamkeit dieses Verfahrens in vielen Fällen nicht ausreicht, um den mikrobiellen Verderb, die fermentativen Umsetzungen und den Ablauf der Stoffwechselvorgänge

[1] GUTSCHMIDT, J.: Ind. Obst- u. Gemüseverwertg. **35**, 244 (1950).
[2] LAMPITT, L. H., L. C. BAKER u. T. L. PARKINSON: J. Soc. chem. Ind. **62**, 61 (1943).
[3] KERTESZ, Z. I.: Pectic enzymes. In: Nord-Weidenhagen, Ergebn. Enzymforsch., S. 233. Leipzig: Akad. Verlagsges. 1936.
[4] KERTESZ, Z. I.: The pectic substances, s. 551, New York, London: Interscience Publ. 1951.
[5] HOTTENROTH, B.: Die Pektine und ihre Verwendung. S. 172, 185. München: R. Oldenbourg 1951.

so weit abzubremsen, daß auch bei empfindlicheren Waren eine längere Aufbewahrung bei Erhaltung aller Nähr- und Genußwerte möglich wird. Die konsequente Anwendung des Prinzips der Temperatursenkung (van't Hoffsche Regel) führte zum Gefrierverfahren (vgl. die Beiträge 2, 4 u. 5 dieses Bandes).

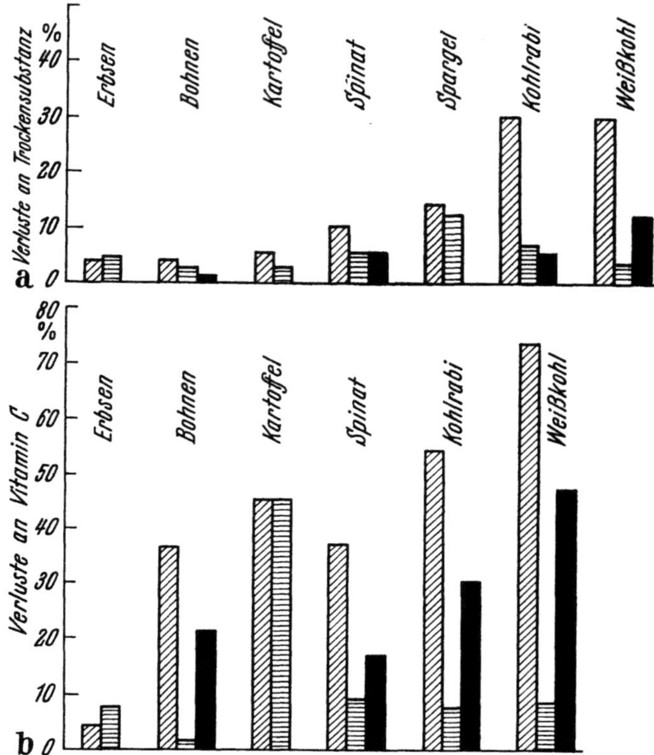

Abb. 127 a u. b. Verluste an Trockensubstanz (Abb. 127 a) und Vitamin C (Abb. 127 b) beim Blanchieren von Gemuse. (Nach *R. Heiss*: Dtsch. Lebensmittel-Rdsch. **45** (1949) S. 57.)

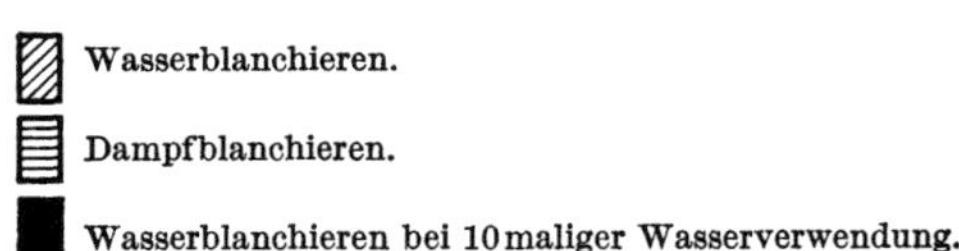

Wasserblanchieren.

Dampfblanchieren.

Wasserblanchieren bei 10 maliger Wasserverwendung.

Werden alle Erfahrungen verwertet, die hinsichtlich des Einflusses des Zustandes der Rohprodukte, der Sorte, der Art der Vorbehandlung, der Gefriermethode, der Gefrierlagerung und der Auftauweise auf die Güte der tischfertigen Produkte erarbeitet worden sind, dann stellen gefrorene Nahrungsmittel Waren von höchster Qualität dar[1]. Eine Beeinträchtigung der Makronährstoffe ist dann nicht zu befürchten.

Wegen des betont hohen Qualitätsanspruches der Gefrierwaren hat man von Anfang an der Erhaltung der Vitamine besondere Beachtung geschenkt, wobei naturgemäß vor allem die Produkte pflanzlicher Herkunft im Vordergrunde

---

[1] The Refrigerating Data Book: Amer. Soc. of Refrig. Engin., S. 86. Menasha (Wisconsin) 1946.
[2] Paech, K.: Die Gefrierkonservierung von Gemüse, Obst und Fruchtsäften, 2. Aufl. Berlin: Parey 1945.

stehen[2]. Das besonders gefährdete, höchst oxydationsempfindliche Vitamin C erleidet in Gefrierobst nur geringe Einbußen (20 bis 25%), vor allem, wenn ein Oxydationsschutz, etwa durch Zuckerlösung, angewandt wird, der bei einigen Sorten nicht zu umgehen ist. Gegenüber anderen Konservierungsverfahren arbeiten die modernen Gefrierverfahren mit den geringsten Vitamin-C-Verlusten (Tab. 9).

Tabelle 9. *Durchschnittlicher Vitamin-C-Verlust beim Konservieren*[1].

	Gemüse		Obst	
	Gewebe %	Koch-wasser %	Frucht %	Saft %
Sterilisieren und haushaltübliches Einmachen .	45—55	70—75	35—45	55—60
Sterilisieren und Grünen mit Kupfersalzen . .	75—85	—	—	—
Gefrierkonservierung	20—30	—	20—25	—
Trocknen	70—80	—	70—80	—
Marmelade- und Geleeherstellung	—	—	50—60	60—70 Syrup

Da Gemüse für den Verzehr in der Regel gekocht wird, könnte in dem zur Inaktivierung der Fermente erforderlichen Blanchieren kaum eine Wertbeeinträchtigung der Gefrierware gesehen werden, wenn dieses Vorgehen nicht zusätzliche Auslaugverluste mit sich bringen würde, die sich allerdings in erträglichen Grenzen halten. Versuche, das Blanchieren bei Gemüse und bei gewissen Obstarten überflüssig zu machen[2], haben bisher noch zu keinem überzeugenden Erfolg geführt[3]. Ein Beispiel erläutert das mit den einzelnen Vorbehandlungsschritten verbundene Absinken des Vitamin-C-Gehaltes von Erbsen in der Zeit von der Ernte bis zum Gefrieren[4]:

mg Ascorbinsäure/100 g
Frischgewicht

	mg Ascorbinsäure/100 g Frischgewicht
Frisch geerntet	23
Nach dem Waschen.	23
Nach dem Blanchieren	21
Vor der Qualitätstrennung	21
Nach der Qualitätstrennung	18
Vor der Handsortierung am laufenden Band	16
Nach der Handsortierung am laufenden Band	16
Vor dem Abfüllen (Kleinpackung)	16
Nach dem Verpacken	16.

„Wenn das Gefrieren unmittelbar anschließend an die Ernte stattfindet, was leichter durchzuführen ist, als dem Verbraucher unmittelbar vom Felde frischgeerntetes Gemüse zuzuführen, so ist es ohne Schwierigkeiten möglich, Gefrierkonserven von Gemüse herzustellen, die einen höheren Vitamin-C-Gehalt aufweisen als die frische Marktware[5]."

Werden die optimalen Bedingungen nicht eingehalten, so treten erhebliche Wertabfälle ein. So ist nur eine beschränkte Auswahl von Obst- und Gemüsesorten für die Gefrierkonservierung wirklich gut geeignet, und es wird Aufgabe der Züchtungsforschung sein, dieses Sortiment dem Bedarf entsprechend zu erweitern[6]. Vor allem ist aber auch die erforderliche tiefe Senkung der Lagertemperatur und ihre Konstanterhaltung Voraussetzung für die Erhaltung der Nährwerte;

---

[1] DROESE, W. u. H. BRAMSEL: Vitamintabellen. Ernähr., Beih. Nr. 8, S. 25. Leipzig: J. A. Barth 1943.

[2] SCHUPHAN, W.: DRP. 746674, Kl 53 c, Gr. 601.

[3] HERRLINGER, F.: Dtsch. Lebensmittel-Rdsch. **44**, 231 (1948).

[4] FITZGERALD, G. A.: Refrig. Engng. **37**, 33 (1939).

[5] PAECH, K.: Naturwiss. **28**, 97 (1940).

[6] Über hervorragende Gefriereigenschaften neugezüchteter Erdbeersorten („Senga") siehe Gutschmidt, J.: Kältetechnik **4**, 38 (1952).

in Abb. 128 dargestellte Versuchsbefunde verdeutlichen diese Forderung hinsichtlich der Vitamin-C-Erhaltung[1]. Ungünstige Lagerungsbedingungen lassen bei nicht oder nicht ausreichend blanchierten Gütern eine meßbare Wirksamkeit der organeigenen Fermente zu, die nun nicht mehr durch den lebenden Organismus gesteuert werden und in chaotischer Tätigkeit zu gutsfremden Produkten führen. Vor allem bei längerer Lagerdauer können somit Farb-, Geruchs- und Geschmacksveränderungen entstehen, die schließlich den Genußwert völlig vernichten können.

Weiterhin sind den Genußwert und z. T. auch den Nährwert beeinträchtigende strukturelle Veränderungen zu vermeiden. Ebenso wie beim Trocknen erfolgt auch beim Gefrieren eine weitgehende Trennung des Wassers von den festen und gelösten Gewebsbestandteilen. Insofern bestehen aber wesentliche Unterschiede zwischen beiden Verfahren, als beim Gefrieren das Wasser als Eis in feinster Verteilung im Gewebe verbleibt und als Hydratwasser sogar mit gewissen gelösten Salzen auskristallisiert, so daß die Resorption beim Auftauen unter bedeutend günstigeren Voraussetzungen vor sich geht als die Quellung der Trockenware. In gewissen Fällen hat es sich aber doch gezeigt, daß Saftverluste beim Auftauen von gefrorenem Fleisch und Fisch eintreten[2,3] und daß eine unvollständige Resorption des ausgefrorenen Wassers eine etwas strohige Konsistenz der aufgetauten Waren hervorrufen kann. Die Auftau- und Kochmethoden können deshalb wesentlich sein für Schmackhaftigkeit und Nährwert von Gefrierfleisch[4]. Bei pflanzlichen Objekten ist ein Ausfließen des Saftes nach dem Auftauen wegen des ganzen Baues der pflanzlichen Zelle auch durch sehr schnelles Einfrieren[5] nicht völlig zu verhindern; doch läßt sich durch entsprechende Zubereitung leicht vermeiden, daß der ausfließende Saft für die Ernährung verlorengeht.

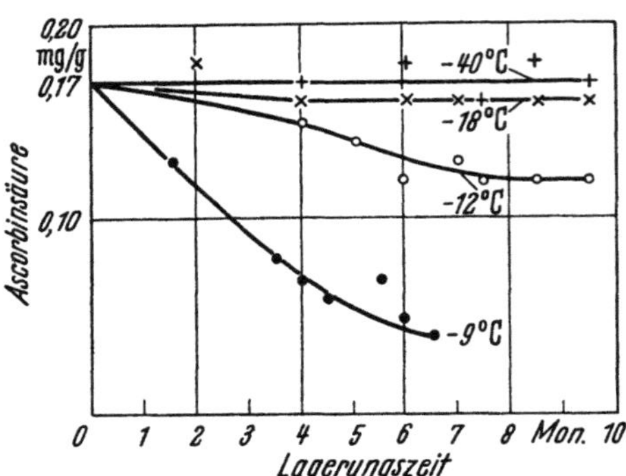

Abb. 128. Verluste an Vitamin C in gefrorenen Erbsen bei Lagerung unter verschiedenen Temperaturen. (Nach R. R. Jenkins, D. K. Tressler u. G. A. Fitzgerald: Ice and Cold Storage 41 (1938) S. 100, aus G. Lunde u. L. Erlandsen: Vitamine in frischen und konservierten Nahrungsmitteln. 2. Aufl., S. 168. Berlin: Springer 1943.

Nicht oder schlecht verpackte Gefrierwaren trocknen im Verlaufe der Gefrierlagerung aus. Im allgemeinen (Ausnahme z. B. Kirschen) scheint bei pflanzlichen Gefrierprodukten hierdurch nur das Aussehen im gefrorenen Zustande nachteilig beeinflußt zu werden. . Im tischfertigen Zustande war bei Gefrierwaren, die bis zu 25% Wasser verloren hatten, keine Verschlechterung im Aussehen, Nährwert, Geschmack und Konsistenz gegenüber den gut verpackt gelagerten Kontrollproben festzustellen; hinsichtlich der Blattgrünerhaltung und der Konsistenz waren leicht ausgetrocknete Proben von Gemüse sogar besser als die Kontrollproben[6-8]. Für das Auftreten von *Gefrierbrand* (starkes Austrocknen der

---

[1] Jenkins, R. R., D. K. Tressler u. G. A. Fitzgerald: Ice and Cold Storage 41, 100 (1938).

[2] Heiss, R.: Dtsch. Lebensmittel-Rdsch. 45, 86 (1949).

[3] Über die damit verbundenen Verluste an B-Vitaminen siehe: Pearson, A. M. u. Mitarb.: Food Res. 16, 85 (1951); ref. in Z. Lebensmittel-Untersuch. u. -Forsch. 93, 249 (1951).

[4] Causey, K. u. Mitarb.: Food Res. 15, 237 (1950).

[5] Kaloyereas, S. A.: Food Res. 12, 419 (1947).

[6] Volz, F. E., W. A. Gortner u. C. V. Delwiche: Food Technol. 3, 307 (1949).

[7] Gutschmidt, J. u. N. Wolodkewitsch: Kältetechnik 2, 49 (1950).

[8] Schurr, S.: Mechanische Frostschädigungen pflanzlicher Tief-Kühlkonserven und die Möglichkeit ihrer Verhütung. Stuttgart: Techn. Hochschule. Dissertation. 1951.

Oberflächenschichten z. B. bei Gemüse) scheint der durch Inkonstanz der Lagertemperatur begünstigte Wasserdampftransport innerhalb der Packung eine weit größere Rolle spielen zu können als die Wasserdampfdiffusion durch die Wand der Packung in die Umgebung[1].

Beim Konservieren von Obstpulpen und Obstmark hat sich das Gefrieren als Methode der Wahl erwiesen[2]. Gegenüber den mit Sulfit oder Benzoat behandelten oder durch Hitze sterilisierten Fruchtzubereitungen erhielt sich in den bei — 20° gelagerten Proben (vor allem bei den Konzentraten) sowohl der Vitamin-C-Gehalt als auch die Gelierfähigkeit am besten.

Wird mit dem Gefrieren gleichzeitig und absichtlich ein teilweiser Wasserentzug verbunden, so entstehen Gefrierkonzentrate[3] oder Gefriertrockenwaren. die in wirtschaftlicher Hinsicht begünstigt sind gegenüber den nicht eingedickten bzw. nicht getrockneten Gefrierkonserven und in ernahrungsphysiologischer Hinsicht (Farbe, Geschmack, Konsistenz, Nahrstoffgehalt) wahrscheinlich mindestens ebenso gut sind wie gewöhnliche Gefrierwaren[4] (vgl. Abschnitt Frischhaltung von Obst und Gemüse, Bd. X).

Sterilisieren. *Durch Hitze.* Nach Dosenverschluß und hinreichender Sterilisation. wobei besonders Vitamin B_1 und C gefährdet sind[5], ist mit einer merklichen chemischen Veränderung der quantitativ hervortretenden (Makro-)Nährstoffe nicht mehr zu rechnen. Die durch die Sinne wahrnehmbare qualitative Beschaffenheit des Doseninhaltes kann über Jahrzehnte günstig bleiben. Der Gehalt an Vitaminen, besonders der an B_1 und C[6] nimmt indes bei der Lagerung der Dosenkonserven in Abhangigkeit von der Lagertemperatur, der Art der Doseninnenwandung und der Zusammensetzung des miteingeschlossenen Gases in verschiedenem Ausmaße ab. Für Vitamin C führen wir einige Befunde von WENDLAND[7] in Tab. 10 und 11 an.

Tabelle 10.
Vitamin-C-Verluste von Sanddornbeerenmark unter verschiedenen Lagerungsbedingungen (nach Wendland).

| | Ascorbinsaureabnahme in % des Ausgangswertes | | | | | | Weithalsglasflasche |
| | Weißblechdose | | | Schwarzblechdose | | | |
	feuerverzinnt	sparverzinnt	lackiert	spritzlackiert	phosphatiert	mit Luvithermfolie	
nach 2 Monaten	18,5	32,5	17,5	14,0	26,0	15,0	22,0
nach 4 Monaten	33,5	—	32,5	29,5	—	29,5	34,5

Wurde eingedostes Schweinefleisch bei 21 bis 27° C aufbewahrt, dann nahm der anfängliche Vitamin-B_1-Gehalt im Verlaufe von 12 Monaten um 25% bis 45% ab gegenüber 0 bis 10% bei kaltgelagerter Ware[8]. Tomatensaft verlor nach GUERRANT und Mitarbeitern[9] in einem Jahr bei — 1° und bei + 6° praktisch kein Vitamin B_1, dagegen etwa 70% bei + 29°; die Verluste an Vitamin B_2

[1] HEISS, R.: Kältetechnik 3, 248 (1951).

[2] MEHLITZ, A.: Ind. Obst- u. Gemüseverwert. 35, 127, 162, 182, 200, 219, 237 (1950).

[3] HEISS, R. u. L. SCHACHINGER: Kaltetechnik 1, 216 (1949).

[4] Zit. nach: Ind. Obst- u. Gemüseverwert. 35, 171 (1950).

[5] LAMB, F. C., A. PRESSLEY u. T. ZUCH: Food Res. 12, 273 (1947).

[6] FEASTER, J. F., M. D. TOMPKINS u. W. E. PEARCE: Food Res. 14, 25 (1949).

[7] WENDLAND, G.: Z. Lebensmittel-Unters. u. -Forsch. 88, 618 (1948).

[8] FEASTER, J. F., J. M. JACKSON, D. A. GREENWOOD u. H. R. KRAYBILL: Ind. Engng. Chem. 38, 87 (1946).

[9] GUERRANT. N. B., M. G. VAVICH u. R. A. DUTSCHER: Ind. Engng. Chem. 37, 1240 (1945).

betrugen bei — 1 und bei + 6° praktisch null, bei + 29° aber 10 bis 25% und bei 43° C bereits 40%; an Pantothensäure verlor kaltgelagerter Tomatensaft während eines Jahres etwa 15% seines anfänglichen Gehaltes, bei 43° C dagegen 55%. Der Vitamin-A- bzw. Carotin-Gehalt nahm in kaltgelagerten Tomatensaftkonserven innerhalb der ersten 6 Monate wenig, deutlich dagegen bei länger ausgedehnter Lagerung ab. Nicotinsäureamid wurde bei der Lagerung praktisch nicht zerstört. Weitere Angaben verdanken wir Sheft und Mitarbeitern[1].

Weitere Güteeinbußen im Verlaufe der Lagerung gewisser eingedoster pflanzlicher Produkte bestehen in Verfärbungen, Geschmacks- und Konsistenzänderungen,

Tabelle 11.
Vitamin-C-Gehalt von Johannisbeermarmelade in lackierter Weißblechdose bei verschiedenen Temperaturen (nach Wendland).

	mg% Vitamin C		
	bei 0,5°	bei+22 bis 25°	bei + 45°
Ausgangswert	59,1	59,1	59,1
nach 2,5 Monaten	55,0	50,0	29,7
nach 4,5 Monaten	49,3	43,0	29,1
nach 9 Monaten.......	42,9	38,5	—

die durch niedere Lagerungstemperaturen verzögert werden können[2]; durch Gefrieren der Dosenkonserven wird die Struktur der Ware ungünstig beeinflußt.

Durch Elektronenbestrahlung[3,4]. Sterilisieren durch Elektronenbestrahlung stellt ein völlig neuartiges und im Betrieb billiges Verfahren dar, über dessen Wert allerdings keine zuverlässigen Aussagen gemacht werden können. Gegenüber UV-Strahlen haben die verwendeten schnellen Elektronen den Vorteil der großen Eindringtiefe, so daß einwandfreie Sterilisation auch in verpacktem Zustande möglich ist; damit werden auch sekundäre Luftinfektionen verhindert. Da praktisch keine Erwärmung (höchstens um 10° C) im Verlaufe der Behandlung eintritt, vermag man mit dieser Methode also auch Lebensmittel in rohem Zustande zu sterilisieren. Bei einigen Gütern empfiehlt sich Bestrahlung bei niederer Temperatur, um Verfärbungen zu verhindern.

Die ernährungsphysiologische Bedeutung des Verfahrens kann zwar noch nicht abschließend beurteilt werden, doch hat sich bereits ergeben, daß die Vitamine A (und Carotin), B_1, B_2, C, Nicotinsäureamid sowohl durch harte wie auch durch weiche Röntgenstrahlen in recht starkem Ausmaße zerstört werden[5]. Dem steht die Angabe gegenüber, daß in festen Nahrungsmitteln Vitamine und Aminosäuren durch ionisierende Bestrahlung in Stärken, die zur Sterilisation hinreichen, nicht zerstört werden; wohl aber können unter solchen Bedingungen Fremdgeschmack und Veränderungen in Farbe und Konsistenz auftreten[6,7].

Trocknen. Bei den Trockenverfahren spielen einmal Temperatur und Trocknungsgeschwindigkeit eine wesentliche Rolle für die Qualitätserhaltung, zum andern hängt der Einfluß des Trocknens stark von der Empfindlichkeit des Gutes ab, wobei es für die Erhaltung der Nährwerte vor allem wesentlich ist, ob die Ware blanchiert oder unblanchiert getrocknet wird. Wertmindernde Veränderungen

[1] Sheft, B. B., R. M. Griswold, E. Tarlowsky u. E. G. Halliday: Ind. Engng. Chem. **41**, 144 (1949).

[2] Feaster, J. F., M. D. Tompkins u. W. E. Pearce: Food Res. **14**, 25 (1949).

[3] Plank, R.: Kältetechnik **1**, 92 (1949).

[4] Brash, A. u. W. Huber: Science (Lancaster, Pa.) **105**, 112 (1947).

[5] Die Vitamine. Wissensch. Dienst „Roche" **1950**, Nr. 1, S. 15.

[6] Procter, B. E. u. S. A. Goldblith: Food Technol. **5**, 376 (1951).

[7] Procter, B. E. u. S. A. Goldblith: Science (Lancaster, Pa.) **109**, 519 (1949); zit. nach Z. Lebensmittel-Unters. u. -Forsch. **93**, 274 (1951).

werden besonders dann auftreten, wenn unblanchierte Ware einer nur wenig erhöhten Temperatur ausgesetzt wird, so daß fermentative Umsetzungen evtl. sogar bei einer günstigen Temperatur ablaufen können. Mit dem Wasserverlust geht gleichzeitig ein Verlust an Duftstoffen einher; da dieser nicht alle Komponenten in gleichem Ausmaß betrifft, kann es zu einer Verschiebung des für das Lebensmittel charakteristischen Aromas kommen, so daß der Geschmack der Ware u. U. grundlegend geändert wird. Nur bei Lebensmitteln mit großem Aromareichtum (z. B. Zwiebeln) fällt die Menge der verflüchtigten Aromastoffe nicht wesentlich ins Gewicht[1]. Als vorteilhaft für die Erhaltung von Farbe und Aroma hat es sich erwiesen, Früchte, Gemüse, Fleisch usw. vor dem Trocknen zu gefrieren, wodurch die Ware eine erhöhte Porosität erhält, die das Verdampfen des Wassers erleichtert[2].

Bei ausreichend blanchierter Ware sind eigentliche Substanzverluste nicht mehr zu erwarten; doch können immerhin noch merkliche Umwandlungen labiler Substanzen vor sich gehen, die zu beträchtlichen Nährwertverlusten führen können. Vermindert werden solche vorwiegend oxydativ bedingten Verluste (z. B. bei Vitamin C), wenn die Ware vor dem Trocknen, evtl. auch vor oder gleichzeitig mit dem Blanchieren, mit Lösungen leicht oxydierbarer Stoffe, z. B. Sulfiten, behandelt wird. Deren Wirkung beruht weniger darauf, daß sie den Sauerstoff abfangen, als auf einer Inaktivierung der oxydierenden Fermentsysteme, wodurch der Luftsauerstoff daran gehindert wird, die oxydationsempfindlichen Zellinhaltsstoffe anzugreifen[3]. Es wird vermutet[4], daß Sulfit die Chlorophyllerhaltung mindestens z. T. dadurch begünstigt, daß seine Lösungen alkalisch reagieren; Sulfit verhindere wegen seiner Reduktionswirkung die Bildung dunkler Oxydationsprodukte. Sulfitbehandeltes Gemüse (Kohl) ist außerdem beim Kochen in kürzerer Zeit gar als mit gewöhnlichem Wasser blanchiertes oder frisches Gemüse. Bei blanchiertem Kohl betrug der eigentliche Trocknungsverlust an Ascorbinsäure ohne Sulfitbehandlung 20% des Frischwertes, dagegen nur 9% nach Sulfitbehandlung; außerdem wurde die Gefahr der Verfärbung während der Lagerung gemindert.

Auch das Carotin von Karotten wird durch Sulfitbehandlung gegen Zerstörung besser geschützt. Auf Vitamin B_1 allerdings hat schweflige Säure einen schädigenden Einfluß[5]. Die Haltbarkeit mit Sulfit vorbehandelter und in gasdichte Behälter eingeschlossener Trockenfrüchte (Äpfel) wird erhöht durch niederen Wassergehalt, relativ hohen SO_2-Überschuß und ein Minimum an Luft in der Packung[6].

Einfach verpackte Trockenvegetabilien erleiden bei langdauernder Lagerung außer beachtlichen Vitamin-C-Verlusten auch deutliche Vitamin-A- bzw. Carotin-Verluste, wobei eine klare Abhängigkeit von der Lagerungstemperatur besteht[7]. Die Vitamine B_1, B_2, B_6, D, E, Nicotinsäure, Pantothensäure werden durch das Trocknen und die anschließende Lagerung nur unbeträchtlich vermindert. Es scheint notwendig zu sein, das vernichtende Urteil, das hinsichtlich des Vitamin-C-Verlustes über die vor 10 Jahren noch hergestellten Trockengemüse gefällt werden mußte[8], für die neuen Trockenprodukte zu revidieren.

---

[1] KIERMEIER, F.: Dtsch. Lebensmittel-Rdsch. **44**, 2 (1948).
[2] KELLOGG, J. L.: Am. Pat. 2467318 (1949); zit. nach Chem. Z. 1950 I, S. 1797.
[3] BERGNER, K. G.: Dtsch. Lebensmittel-Rdsch. **43**, 95 (1947).
[4] ALLEN, R. J., J. BARKER u. L. W. MAPSON: J. soc. chem. Ind. **62**, 145 (1943).
[5] Wie [4].
[6] THOMPSON, A. H. u. A. L. SCHRADER: Proc. Amer. Soc. horticult. Sci. **54**, 73 (1949).
[7] KROKER, F.: Forschungsdienst **7**, 619 (1939).
[8] SCHEUNERT, A. u. J. RESCHKE: Hauswirtsch. Jb. **1941**, S. 69.

Schwerwiegende Vitamin-C-Verluste entstehen nun nicht nur beim eigentlichen Trocknungsvorgang, sondern auch durch die Vorbehandlung und durch die Umsetzungen im Verlaufe der Lagerung[1]. Vor allem auf letztere ist deshalb das besondere Augenmerk zu lenken. Während die Verluste an Ascorbinsäure in getrockneten Gemüsen, ebenso auch diejenigen an Vitamin B_1 in Trockenei[2] beim Lagern um so geringer sind, und allgemein die Haltbarkeit von Trockenprodukten um so besser ist, je wasserärmer die Ware ist[3], erweist sich das Carotin in Trockengemüse am stabilsten bei einem Feuchtigkeitsgehalt des Gutes von 18%[4]. Der übernormale Wassergehalt wirkt sich dahin aus, daß unter diesen Bedingungen noch ein geringer Gasumsatz (Sauerstoffverbrauch und Kohlendioxydproduktion) vor sich geht, wodurch eine nicht nur Carotin, sondern auch die Farb- und Geschmacksstoffe schützende Atmosphäre ausgebildet wird[5]. Der geringste Wertabfall trat bei 12% Gutsfeuchtigkeit ein. Ähnliche Beobachtungen über die Existenz eines für die Haltbarkeit optimalen Wassergehaltes wurden bei der Lagerung von Stockfisch gemacht: trocknet man Stockfisch auf weniger als 8% Wassergehalt, dann verändern sich die beiden wesentlichen Qualitätsmerkmale Aussehen und Geschmack, und die Haltbarkeit beträgt nur 6 Wochen gegenüber einem Jahr bei einem Wassergehalt von 16%[6].

Als wertmindernd müssen die beim Lagern von Trockengemüse und Obst eintretenden Verfärbungen erachtet werden. Wie oben (s. S. 413) erwähnt wurde, handelt es sich dabei vorwiegend um Reaktionen, an denen Aminosäuren und Zucker beteiligt sind; wie neuerdings erkannt wurde, bildet sich bei solchen Umsetzungen, die, wie z. B. bei Aprikosen, durch Formaldehyd verhindert werden können, intermediär Furfural[7].

Außer durch den Wassergehalt wird die Haltbarkeit der Trockenware wesentlich bestimmt durch den Sauerstoffgehalt der die Ware umgebenden Atmosphäre; denn zahlreiche der zu Geschmacksabfall oder Verfärbung führenden Vorgänge sind oxydativer Natur. Als überaus haltbarkeitsverlängernd hat sich infolgedessen eine Lagerung in verpacktem Zustand erwiesen, wobei der Sauerstoffgehalt der Innenatmosphäre entweder durch Evakuieren oder durch Stickstoffzusatz erniedrigt wird. Bei manchen Gütern genügt es, den Sauerstoffgehalt auf 2 bis 5% zu senken, bei anderen erweist es sich als erforderlich unter 2% zu gehen. In manchen Fällen ist es empfehlenswert, in Kohlendioxydatmosphäre zu lagern[8].

Die in Trockenwaren mit intakten Fermentsystemen bei der Lagerung ablaufenden Umsetzungen vermindern die Qualität der Ware u. U. erheblich. So ist von hochausgemahlenem Roggenmehl bekannt, daß dieses vor allem wegen seiner hohen amylotischen Aktivität, z. T. auch wegen der voranschreitenden Fettspaltung, mit wachsender Lagerdauer ein qualitativ immer mehr absinkendes Brot ergibt[9].

Einen für die Qualität weiterhin wesentlichen Faktor stellt bei Trockengemüse die Quellbarkeit bzw. Ausgiebigkeit dar[10,11]. Bei schonendem Vorgehen werden Trockengemüse erhalten, die mindestens in dieser Hinsicht einen Vergleich mit

[1] HEISS, R. u. J. WOLF: Vorratspfl. u. Lebensmittelforsch. 4, 141 (1941).
[2] OLSEN, A. L., J. A. WEYBREW u. R. M. CONRAD: Food Res. 13, 184 (1948).
[3] HEISS, R. u. J. WOLF: Vorratspfl. u. Lebensmittelforsch. 4, 141 (1941).
[4] PETERSEN, E. E. u. F. SCHØENHEYDER: Arch. of Biochem. 13, 245 (1947).
[5] HALVERSON, A. W. u. E. B. HART: J. of Nutrit. 34, 565 (1947).
[6] WYK, G. F. van: Nature (London) 160, 872 (1948).
[7] HAAS, V. A., E. R. STADTMAN, F. H. STADTMAN u. G. MACKINNEY: J. amer. chem. Soc. 70, 3576 (1948).
[8] Zusammenfassender Bericht bei HEISS, R.: VDI-Ztschr. 92, 452 (1950).
[9] KRETOWITSCH, W.: C..R.Acad.Sci. URSS 58, 1989 (1947).
[10] DIEMAIR, W. u. E. LÖTZBEYER: Z. Lebensmittelunters. u. -Forsch. 88, 594 (1948).
[11] FRESENIUS, PH. u. B. ROSSMANN: Dtsch. -Lebensmittel-Rdsch. 44, 34 (1948).

Frischgemüse aushalten können; doch auch hinsichtlich des Appetitwertes nähert sich die Trockenware dank verbesserter Herstellungs- und Zubereitungsverfahren immer mehr der Frischkost.

Die Ausnutzbarkeit der in den Trockengemüsen verschiedener Art enthaltenen Grundnährstoffe (Kohlenhydrate, Fette und Eiweiße) ist nach neueren Untersuchungen[1,2] als sehr gut zu bezeichnen und eher noch vollständiger als die der entsprechenden frischen Gemüse, so daß also in dieser Hinsicht keine Wertminderung bei der Trockenkonservierung eintritt. Hingegen sind offensichtlich gewisse, gerade den besonderen Wert der Pflanzenkost bedingende, nicht kalorische Nährstoffe, z. B. Carotin (vgl. S. 431), aus Trockengemüse nur vermindert resorbierbar.

Gefriertrocknung[3]. Das Verfahren der Gefriertrocknung, das schon seit längerer Zeit zur schonenden Trocknung (anglo-amerikanische Bezeichnung: *lyophilizing*) höchst empfindlicher biologischer und pharmazeutischer Präparate, ebenso auch zum Fixieren der mikroskopischen Strukturen biologischer Objekte, verwendet wird, verändert die charakteristischen Eigenschaften der behandelten Güter kaum. Der Anwendungsbereich wurde deshalb neuerdings versuchsweise auch auf die Nahrungsmittelkonservierung ausgedehnt; es wird dem Verfahren nachgerühmt, daß es neben anderen Vorzügen besonders auch Geschmack und Aroma der Nahrungsmittel weitestgehend erhalt[4]. Vergleichende Versuche ergaben, daß nach 11 monatiger Lagerung im gefrorenen Zustand getrocknete Erbsen sich in Farbe und Geschmack den normal gefrorenen annähernd gleich, in der Konsistenz sich aber letzteren etwas unterlegen erweisen. Die Verluste an Vitamin C während der Lagerung waren (mit 13 bis 18 %, 11 Monate bei $-20°$ C) bei den normal schnellgefrorenen Erbsen geringer als bei den gefroren getrockneten (20 bis 55 %, 11 Monate bei $+15°$ C, Wassergehalt 1,9 bis 4,5 %), doch konnte im zweiten Fall durch Lagerung in Stickstoffatmosphare der Vitamin-C-Verlust erheblich vermindert werden. Auch nach 4½ jähriger Lagerung bei $+15°$ C hatten die gefroren getrockneten Erbsen noch eine bemerkenswert gute Qualität[5]. Damit dürfte ein in ernährungsphysiologischer Hinsicht wertvolles neues Konservierungsverfahren für Nahrungsmittel seine Eignung erwiesen haben, das wesentliche Vorzüge des Trocknungs- und des Gefrierverfahrens vereint. Es bleibt freilich abzuwarten, ob die noch recht geringe Wirtschaftlichkeit des Verfahrens seine praktische Anwendung erlaubt.

[1] HEUPKE, W., H. RASCHIG, K. ANDRAE u. W. NEUMANN: Angew. Kochwiss. **2**, 41 (1943).

[2] DEUEL, H., R. M. JOHNSON, C. E. CALBERT, M. FIELDS, J. GARDNER u. B. THOMAS: J. of Nutrit. **34**, 507 (1947).

[3] FLOSDORF, E. W.: Freeze Drying (Drying by Sublimation) New York: Reinhold Publishing Corp., 1949.

[4] PLANK, R.: Angew. Chem., B. **19**, 36 (1947); Kälte **1**, 131 (1948).

[5] BARKER, J. u. Mitarb.: Food Manufact. **21**, 385 (1949); zit. nach Kältetechnik **2**, 171 (1950).

Namenverzeichnis.

Sachverzeichnis.